中国科学院地质与地球物理研究所深部资源探测先导技术与装备研发中心
中国科学院页岩气与地质工程重点实验室   联合资助

王妙月文集

王妙月   底青云   等   著

地震出版社

作者简介

王妙月：研究员，1941 年出生，1965 年毕业于中国科技大学，同年到中国科学院地球物理研究所工作，历任第八研究室综合组组长、室副主任、主任、业务副所长，曾任第四届地球物理学会常务理事和固体专业委员会主任，美国哥伦比亚大学高级访问学者，2006 年退休，退休后返聘至 2016 年。从事过地下核侦察研究、地震预报研究、富铁矿地球物理找矿标志和方法研究，承担过"六五""七五""八五""九五"国家油气、矿产资源科技攻关课题，参加过"十一五"国家重大科技基础设施项目等科研任务，以及南水北调西线长隧道薄弱结构地球物理探测等工程项目。科研工作涉及固体地球物理的重、磁、电、震不同学科。王妙月研究员是中国科学院杰出贡献教师，获得过全国科学大会先进工作者奖，国家地震局科技进步二等奖，中国科学院科技进步一等奖、二等奖及中国地球物理学会顾功叙奖等奖项。

底青云：研究员，1964 年出生，1987 年毕业于长春地质学院，加拿大 Alberta 大学、美国 Utah 大学高级访问学者，现工作于中国科学院地质与地球物理研究所，任副所长、博士生导师。从事电磁法探测技术与方法、随钻测井技术与方法、旋转导向钻井技术与方法等研究工作。主持了国家重大科研装备研制项目，国家重大科技基础设施项目，国家重点研发计划项目，中国科学院知识创新工程重要方向项目，中国科学院战略性先导科技专项，中国科学院装备研制项目，国土资源部行业公益性项目等科研、装备项目以及南水北调西线一期工程深埋长隧洞围岩结构研究等多个工程项目。发表学术论文 153 篇，其中被 SCI 收录 79 篇（第一 / 通讯作者 50 篇），出版专著 4 部，授权国际发明专利 10 项，中国发明专利 24 项。研究成果获得了国家科技进步二等奖、中国科学院杰出科技成就奖、中国地球物理科学技术科技进步一等奖、中国岩石力学与工程学会科学技术一等奖等多项科技奖励。获得了"赵九章"优秀中青年科学工作奖和中国科学院"巾帼建功"先进个人等人才奖励。

王妙月研究员

前　言

首先我要感谢我的学生们，是他们努力促成了这本专集的出版。专集主要收集了我本人以及和同事、学生们共同研究且已经公开出版的学术论文。由于论文是从承担的科研任务中提炼出来的，这里也就从某些侧面，将两者的关系以及与有关的个人经历做一些必要的说明，以便对文集中学术论文的意义和在解决国民经济问题中的作用提供依据。

我出生在上海北郊区（后归上海宝山县）的一个小村里（淞南乡丁刘村刘家浜），父亲是铁路工人，母亲是农民。儿童时期成长在战争年代。中华人民共和国成立后才有机会进了村西的西塘桥小学学习。一年级第一课就是"东方红，太阳升，中国出了个毛泽东……"，使我从小对毛主席有亲近感。四年级后转到上海铁路职工第一小学，后来在上海闸北区市北中学念初中，上海铁路中学念高中。在中学阶段，正是毛主席、党和国家领导人号召青年向科学进军的年代。我遵循祖国的召唤，想在科学进军的路上添砖加瓦，努力学习，考上了北京中国科学技术大学地球物理系，后被合并到物理系地壳物理专业。1965年毕业后，被分配到中国科学院地球物理研究所七室，从师于傅承义先生。1999年，地球物理所和地质所整合成中国科学院地质与地球物理研究所，工作到2006年退休，被返聘到2016年。现在仍然从事力所能及的科研工作。

在科大又红又专校训的感召下，我一直以国家的需要作为我的科研方向和动力，积极承担和国民经济建设密切相关的各类课题，不仅努力拼搏完成攻关任务，而且还走以任务带学科的路，努力解决科技进步中的一些学术难点。我承担的不同性质的任务涉及固体地球物理的重、磁、电、震不同学科，利用这个优势实现各学科的理论方法相互融合，努力实践用综合定量的学术途径和方法来解决所承担任务中的问题。20世纪70年代初，任国家地震局震源机制会战组组长；1976年起，历任中国科学院第八研究室（应用地球物理研究室）综合组组长、室副主任、主任，研究所业务副所长。在傅承义先生指导下，从事过地下核侦察研究、地震预报研究及富铁矿地球物理找矿标志和方法研究，承担过"六五""七五""八五""九五"国家油气、矿产资源科技攻关课题，参加过"十一五"国家重大科技基础设施项目"极低频探地工程"等科研项目，以及南水北调西线长隧道薄弱结构地球物理探测等工程项目。

在1970年代初（1972~1973年），任国家地震局震源机制会战组组长期间，负责处理1933年至1970年间发生于我国的218个较大地震的P波初动方向资料的震源机制解，分机器解和手工解两部分。这是一项集体性的工作，有地震局系统的地球物理所、地质所、兰州地震大队、昆明地震大队等 15 个单位的相关科研人员参加，地震局科技处刘蒲雄进行组织和协调。地震局卫一清领导多次看望并鼓励大家努力拼搏争取好成绩。所得结果汇集于中国地震震源机制研究的第一集和第二集，给出了每个地震两个可能的断层面方向。对其中 106 个地震用谱方法在两个可能的断层面中确定了断层方向、断层长度、滑动方向和地震矩等震源参数。研究报告根据这些结果还分析了我国大地震的成因和发生地震的构造运动方式和应力场特征。该成果曾获国家地震局科技进步二等奖。

1975 年，国际上要在加拿大阿尔伯特大学召开首届诱发地震讨论会。所领导让我组织一篇新丰江水库地震的震源机制及其成因初步探讨的论文。论文内容涉及新丰江水库地震的地震活动性，水库蓄水引起的应力变化，主震和前震、余震的震源机制以及主震前兆等方面。我个人主要研究一系列前震和余震的震源机制，以及每发生一个小地震引起的应力变化。当时水库区只有四个台站，用四个台站记录的 P 波初动方向资料无法确定每个小地震的震源机制，通过研究，我解决了用四个台站记录的 P 波初动振幅资料和网格参数非线性反演方法获得了一系列小地震中每个小地震的滑动矢量的三个角度参数和强度参数。实践表明，反演时给的初始参数为多个初始模型，通过搜索后的最终解是类似的，因此结果是可靠的。我还对小地震发震后引起的应力场集中的空间分布采用静态位错理论进行了数值模拟。由于新丰江水库地震一系列前震、余震的时间跨度很大，故所得的系列小地震的结果结合了地震会战时所得的主震的结果，为论文讨论新丰江水库地震成因和发震过程提供了地震学依据。论文在诱发地震讨论会上宣读，并收集在大会的论文集中。论文也是 1978 年科学大会受奖的水库地震项目三篇国际论文之一。由于有上述震源机制会战成果和水库地震论文成果，我个人也在科学大会上获先进科技工作者称号。

1989 年，在傅承义先生的推荐下，我被美国哥伦比亚大学录取为访问学者，从师于郭宗汾教授。郭宗汾教授正承担着美国 17 个石油公司资助的 MIDAS（偏移，反演衍（绕）射和散射）项目，于是，我开始从天然地震的研究转入对石油反射地震的研究。当时传统的反射地震主要采用声波反射方法，而实际地震波是弹性波，对于复杂介质除考虑反射弹性波外还需考虑衍射（绕射）和散射弹性波，当时对此研究较少。显然郭先生的项目是一个为石油地震服务的超前项目。作了一些调研后，我选择了弹性波克希霍夫积分叠前偏移作为我的研究课题。在郭先生的指导下，我在传统声波克希霍夫积分偏移的基础上将其推广到了弹性波。理论成果和对理论资料应用的实例结果发表在 MIDAS 年度报告第一集和第二集，部分内容在当年美国 51 届 SEG 年会作了报告，刊出了详细摘要。1981 年回国后恰逢国家计委实施"六五""七五""八五"油气科技攻关，我和学生共同承担了地矿部主办的"六五""七五"油气科技攻关课题和石油部主办的"八五"油气科技攻关课题，借此和学生们一起完善了当访问学者时研究成功的克希霍夫弹性波偏移方法和软件，并用弹性波有限元生成的理论资料和攻关中的实际资料来检验结果的可靠性。经专家组评审，认为此方法在转换波定位上已经达到了国际领先水平。有限元软件和弹性波偏移软件移植到地矿部南京石油物探研究所计算机上。在此基础上，应用有限元正演资料，开展了天然地震孕育发生发展过程模拟以及弹性波正反演的一些方法研究。反映这方面的学术论文收集在本集地震学部分。

1976 年国家开始富铁会战。中国科学院成立海南、宁芜、许昌等富铁科研队。希望寻找到大型富铁矿以满足日益发展的国民经济对富铁矿的需求。我被分配到许昌富铁矿科研队的许昌物探分队，任物探分队分队长，组成物探分队的有我所科研人员和西北大学的老师和学生。当时国内有海南石绿型和辽宁鞍山型磁富铁矿，但规模较小，会战希望能在国内找到大型富铁矿。会战期间报道的澳大利亚风化淋漓型大型富铁矿很吸引人，这种富铁矿是由含铁石英岩风化淋漓富集成的大型红富铁矿。含铁石英岩磁性较高，风化淋漓富集的红铁矿磁性较小，密度较大，判断在强的磁异常背景下，弱磁异常和高重力异常是否有可能成为这种矿的找矿标志。许昌队的找矿地域是河南，我们希望在这里实践一下这一想法。

许昌地区包括舞阳和君召。我们收集了河南许昌地质队许昌矿区的地磁航磁资料、钻井资料以及君召 45 号航磁异常资料，想在这里开展找矿标志的试验性研究。为此在君召 45 号航磁异常上还开展了地面重磁野外观测。对收集的资料以及野外观测的君召重磁资料开展了地球物理资料的地质解释研究。会战期间，著名的地球物理学家顾功叙先生强调，中国科学院的富铁会战队伍，要加强科学研究，不能成为第 101 个生产队。因此我们加强了对重磁法在富铁会战中的应用研究。考虑到君召 45 号异常可能是火成岩入侵到沉积岩时在接触带上形成的，我们研究了求重磁接触参数的空间域滤波法，求出了君召 45 号异常相应的接触面参数。许昌矿区地面磁测资料给出的是地表重磁场的特征信息，它们是由地面下不同深度磁性体的磁性和不同深度密度体的密度产生的，无法直接解释矿体深度的磁性体磁化强度和密度体密度大小的空间分布。但是这里的钻井资料已经揭示矿体目的层的平均埋深。因此我们研究了在已知埋深的条件下，由地面观测的磁场资料计算目的层深度上磁性体磁化强度的空间分布方法，并处理了许昌几个矿区的实际资料，在美国 49 届 SEG 年会上报告（Wang M Y, Zhu L, Li X Y, 1979, Calculation of Distribution of Intensity of Magnetization and Delineation of the Horizontal Extent of Highly Magnetic Bodies Under the Ground, Presented at the 49th SEG Annual Meeting）。富铁会战 4 年多就结束了，在承担"六五""七五""八五"油气攻关和"九五"金属矿攻关课题时，为了开展重、磁、震、电综合研究，我和刘长风以及我的学生开展了面积性重磁资料的三维正反演研究，并分别用不同的软件研究成功了反演标量磁化强度和密度分布的方法。在此基础上，我和我的同事及学生们进一步研究成功了反演矢量磁化强度分布的方法和软件，并且处理了塔里木盆地、巴颜喀拉块体东南缘、山西平遥、甘肃北山等实际资料，发表的相关论文收集在本集重磁学部分。

1996 年开始，地球物理所从日本引进了高密度电法仪，一直闲置着，而课题组在重、磁、震方面已经有过很多研究，作为综合组，在解决国民经济建设中遇到的问题时未掌控电法仍是软肋，于是课题组利用闲置的高密度电法仪器也开始承担电法勘探任务，开展电法理论方法及其在获取地球内部电性结构中的应用研究。到 1999 年中国科学院地球物理研究所和地质所合并，综合组被整合到工程地质与浅层地球物理室（简称工程室）我的学生底青云是该室的副研究员，被任命为组长。在工程室开始更多地接触工程地质中的地球物理问题，且底青云有电法背景，综合组在重、磁、震研究的基础上开拓电法研究，重磁震电的综合研究已水到渠成。在此归纳一下这一阶段总的情况，从承担的项目看有山东水库堤坝漏水隐患探测，山东莱芜铁矿开采顶板涌水隐患探测，珠海海上防波堤质量检测，河北峰峰、唐山等煤矿开采水灾隐患探测，宜万铁路、石太铁路长隧道开挖隐患探测，南水北调西线长隧道隐患磁电综合探测和核废料地质储库选址磁、震、电综合探测，在学生们的努力下，这些项目都完成得不错。到了 21 世纪，2010 年开始承担中国科学院知识创新项目、先导项目，地矿部 Sinoprobe 项目以及以陆建勋院士为首席科学家的国家重大科技基础设施项目——"极低频探地工程"，在"极低频探地工程"项目中承担了在 10km 深度范围内深部资源详测的子项目。从承担的各类项目的学科发展方向来看，学科组加强了高密度直流电法、可控源音频电磁法、探地雷达法、多通道瞬变电磁法以及大功率固定源极低频电磁法的理论、资料处理、正反演新方法新技术的研究和新装备的研制，大部分是由我的学生们努力完成的，反映这方面研究成果的学术论文收集在本集电磁学与直流电法中。

王妙月

2020 年 4 月

目　　录

第 I 部分　重　磁　学

　　这里收集的 8 篇文章主要是重磁正反演的理论方法及其应用的研究论文，其中前 3 篇文章为正反演理论方法研究；接下来的 3 篇文章为应用研究；最后 2 篇为资料处理解释方法。其中标量层析成像（磁化强度绝对值，密度）方法已处理过塔里木盆地、巴颜喀拉块体东南缘、山西平遥、甘肃北山等地大量实际资料。矢量磁化强度层析成像方法的可靠性也已得到理论资料和实际资料的检验。若将航磁资料或地面磁测资料的矢量磁化强度反演结果和古地磁标本测定结果相结合，可为岩浆活动、磁极倒转以及矿产形成的年代和机制研究提供剩磁磁化强度等基础性资料。

Magnetization vector tomography[*]

Wang Miaoyue and Di Qingyun

Institute of Geophysics, Chinese Academy of Sciences

Abstract：The paper introduces how to get magnetization vector distribution by magnetization vector tomography and reports some modeling results. We divide 2D−research domain into a series of rectangular boxes and derive the Jacobian matrix element A_{ij} that represents the relation between the magnetization of the i th box and the j th observed data on or above surface. Then we form the magnetization vector tomography equations and use Gauss − Seidel iteration method to solve such equations with proper depth weight coefficients for each equation and zero values for initial magnetization. Model tests are employed. The modeling result show that the inverse magnetization values are very close to model's ones respectively except for few boxes. In the same time, the successful test demonstrates that there is a great potentiality to determine magnetization vector distribution in detail with this method in practice, and the further research for the method will bring outstanding progress.

1　Introduction

Rock magnetization vector contains rich information about rock's composition, formation, evolution and environment. How to determine rock magnetization vector distribution in detail by magnetic field data is very important.

The effort to get rock magnetic vector from magnetic field data has been made for a very long time. There is a study on remnant magnetization of seamount in 1967, the remnant magnetization was determined through analyzing magnetic anomaly features and shape of seamount surveyed by sounding in advance (Richards et al., 1967). The magnetization also was determined by comparing gravity field and magnetic field features (Cordel et al., 1967; Shurtet et al., 1967).

Magnetic tomography was developed in 1970s. In 1990s, much more progress has been achieved in the field (Mark Pilkington, 1997; Liu et al., 1996). However all these research only concerned with imaging of magnitude of magnetization, which is the magnetic potential scalar tomography.

Here we present a magnetization vector tomography method, it is a new research direction of magnetic potential tomography.

2　Tomography equations

According to magnetic field theory, the potential U is

　＊　本文发表于《CT 理论与应用研究》，2000，9（增刊）：48~50

$$U = \int_v \vec{m} \cdot \nabla \frac{1}{R} dv \tag{1}$$

The magnetic field F is

$$F = \vec{S}_0 \cdot \nabla U \tag{2}$$

where $\vec{m} = m \vec{m}_0$, $\vec{m}_0$ is magnetization direction, $\vec{m}_0 = m_x \vec{i} + m_z \vec{k}$, $m = \sqrt{m_x^2 + m_z^2}$, $\theta = \tan^{-1} \dfrac{m_z}{m_x}$, m is magnitude, θ is dip, $\vec{S}_0$ is observation direction. Let's divide 2D research area into a series of rectangle boxes, then we have approximately F_j

$$F_j = \vec{S}_0 \cdot \nabla \sum_I \vec{m}_I \cdot \nabla \frac{1}{R_{IJ}} V_I \tag{3}$$

where V_I is area of a box, R_{IJ} is the distance from center of the I th box to J th observed point. From equation (3) we can form

$$F = AM \tag{4}$$

where F can be one of column vectors which are column vectors consisting of vertical component, or horizontal component or magnitude of total magnetization. A is Jacobian matrix correspondingly which can be got from equation (3). M is the column vector that consists of two components of all box's magnetization, it is unknown.

3　Improved Gauss-Saddle iteration

During the period of the Gauss-Sadell iteration, a depth depended weight factor RR_1 is added. We call it improved Gauss-Sadell iteration method. The iteration procedure is

$$A_{kj} = A_{kj} RR_1$$

$$X_k^{new} = \frac{\Delta F_k - \sum_{j=1}^{M_P} A_{kj} \Delta P_j^{(new)} + X_k^{(old)} \sum_{j=1}^{M_P} A_{kj}^2}{\alpha + \sum_{j=1}^{M_P} A_{kj}^2} \tag{5}$$

$$\Delta P_j^{(new)} = \Delta P_j^{(old)} + A_{kj} (X_k^{(new)} - X_k^{(old)})$$

$$P_j^{(new)} = P_j^{(old)} + \Delta P_j^{(new)}$$

where X_k is the k th component of middle variable vector, its new value can be obtained through the k th data ΔF_k, old X_k and new solution $\Delta P^{(new)}$ new parameters $P^{(new)}$ can be obtained by its old values, new and old X_k.

4 Modeling result discussion/conclusion

We test three models, the first model consists of one layer, it contains five boxes, the second model consists of two layers, each layer has five boxes, the third model consists of three layers, each layer has also five boxes. The model parameters and inverse values of magnetization for all boxes are given in table 1, 2, and 3. Comparing the model parameters and inverse values respectively, we find that the results are quite good except for individual boxes in third layer of the third model.

Up to now we have not considered constraint condition, and the depth weight factor can also be improved further, so there is still great potentiality to improve the result. Magnetization vector tomography can determine not only the magnetization magnitude but also the magnetization direction, it is obviously the study of magnetization vector tomography will have great significant in practice.

Table 1 One-layer model and its inversed values

		Box 1		Box 2		Box 3		Box 4		Box 5	
		m_x	m_z	m_x	m_z	m_x	m_z	m_x	m_z	m_x	m_z
Layer 1	Model	10	20	50	50	10	20	50	50	10	20
	Inversed value	10.7	20.0	48.0	48.0	10.0	24.0	53.0	48.0	9.0	20

Table 2 Two-layers model and its inversed values

		Box 1		Box 2		Box 3		Box 4		Box 5	
		m_x	m_z	m_x	m_z	m_x	m_z	m_x	m_z	m_x	m_z
Layer 1	Model	10	20	50	50	10	20	50	50	10	20
	Inversed value	10.0	20.0	50.0	50.0	10.0	24.0	50.0	50.0	9.9	20
Layer 2	Model	10	20	10	20	10	20	10	20	10.0	20.0
	Inversed value	10.0	19.9	9.9	20.0	10.0	19.9	9.9	20.0	10.0	20.0

Table 3 Three-layers model and its inversed values

		Box 1		Box 2		Box 3		Box 4		Box 5	
		m_x	m_z	m_x	m_z	m_x	m_z	m_x	m_z	m_x	m_z
Layer 1	Model	10	20	10	20	50	50	10	20	10.0	20
	Inversed value	10.0	20.0	10.0	20.0	50.0	50.0	10.0	20.0	10.0	20.0
Layer 2	Model	10	20	50	50	10	20	50	50	10	20
	Inversed value	9.1	20.0	44.0	51.0	0.0	20.0	43.0	49.0	9.0	19.5
Layer 3	Model	10	20	10	20	10	20	10	20	10	20
	Inversed value	4.0	19.0	24.0	0.4	18.0	20.0	26.0	40.0	4.5	19.5

References

Cordel L et al., 1971, Investigation of magnetization and density of a north Atlantic seamount using poison's theorem, Geophysics, 36 (5): 919-967

Liu C F, Wang M Y et al., 1996, Magnetic tomography, ACTA Geophysica, 9 (1): 89-96, in Chinese

Mark Pilkington, 1997, 3-D magnetic imaging using conjugate gradients, Geophysics, 62 (4): 1132-1142

Richards M L et al., 1967, Calculations of the magnetization of uplifts from combining topographic and magnetic surveys, Geophysics, 32 (4): 678-707

Shurtec D H et al., 1976, Remnant magnetization from comparison of gravity and magnetic anomalies, Geophysics, 41 (1): 56-61

磁化强度矢量反演方程及二维模型正反演研究[*]

王妙月　底青云　许　琨　王　若

中国科学院地质与地球物理研究所

摘　要　推导了磁化强度矢量层析成像方程，并与磁化强度标量层析成像方程进行了对比。使该矢量层析成像方程既适用于三维的也适用于二维的，既适用于使用磁场垂直分量资料，也适用于使用磁场总强度资料。本文采用改进的高斯-赛德尔迭代求解磁化强度矢量层析成像方程，在求解方程中引进了与深度有关的权系数。并对二维模型开展了正反演研究。当模型层数为二层，且每层 51 个柱体时，采用零初始模型就能获得较好的磁化强度垂直分量和水平分量反演结果，除了异常体边部外，磁化方向比较可靠。当模型层数为五层，且每层 51 个柱体时，采用零初始模型不能得到较好结果，改用接近背景值的均匀初始模型，反演的磁化强度垂直分量和水平分量大致接近真实，但不能刻画某些细节。

关键词　磁化强度　矢量　反演　层析成像

1　引　言

层析成像研究是位场反问题研究中的一个重要方面。早在 20 世纪 70 年代已经开始了位场层析成像方法研究[1~4]。80 年代开始，国内科学家也开始有关研究[5~7]。90 年代，位场层析成像研究有了很大进展，使得不仅可以处理模型资料，而且可以处理实际资料[8~13]。然而这些研究只涉及密度和磁化强度幅值的层析成像，因而是标量层析成像。本论文提出磁化强度矢量层析成像，这是磁化强度层析成像研究的一个新方向。

岩石的磁化强度方向为剩磁方向和感磁方向的矢量和。感磁方向取决于磁化率的性质和地磁场方向。当磁化率各向同性时，磁化率为标量，感磁方向和地磁场方向一致。当磁化率各向异性时，磁化率为张量，感磁方向和地磁方向可以不一致。古地磁研究表明，地球磁场的极性方向在地质历史时期内发生过十分频繁的变化。不同的构造事件板块漂移的方向各不相同。因此不同地质时期、不同构造事件、不同地点形成的岩石剩磁方向各不相同。此外磁化率的各向异性和磁性物质的有限形状、矿物晶体的排列以及磁性物质的结构和构造有关。磁化率的各向异性使岩石磁化强度的方向性复杂化，同时也使磁场的特征复杂化。有关各向异性和磁场特征的关系停留在理论研究阶段[14]。

岩石的磁化强度方向携带有岩石物质组成、结构、各向异性、岩石演化过程、构造演化过程的十分丰富的地质信息。如何从观测的磁场数据确定岩石的磁化强度方向，一直是地球物理学家需解决的问题。古地磁在板块构造、大陆动力学、磁性地层、古环境变迁研究中的成就使这种宿愿更加强烈。古地磁标本的采集受到很大的地理限制、深度限制和经济代价限制。由观测的磁场数据确定岩石的磁化强度方向可以突破这些限制，而同时可为反演剩磁方向以及岩石磁化率各向异性提供基础，因此磁化强度矢量层析成像的研究是非常有意义的。

＊　本文发表于《地球物理学报》，2004，47（3）：528~534

　　早在 1967 年，在海山剩磁方向的研究中，由水下测深探明海山的位置和几何形状，然后通过磁异常特征的分析确定磁化方向，并消去感磁方向后可以得到剩磁方向[15]。也可以通过重力场和磁异常的比较中确定剩磁方向，重力场用来确定异常体的形状，磁场用来确定磁化强度的方向[16~17]。在国内，也有已知铁矿体形态后，由观测的磁场确定磁化方向的研究①。这些方法不是层析成像方法，因此难于得到磁化强度方向分布的细结构。

　　本文试图开展磁化强度矢量层析成像的尝试性研究，推导了磁化强度矢量层析成像方程，开展了正反演模型研究。

2　磁化强度矢量层析成像方程的推导

　　对于一个矩形柱体产生的磁场，已有解析表达式②。仔细研究这些解析表达式，要获得数值解，代入积分限时需要考虑各种复杂情况，实际上是相当繁琐的，对于矩形柱体产生重力场的例子，已有作者讨论了这些情况[18]。此外矩形柱体产生磁场的解析表达式的数值计算并不省时，要获得地下磁化强度矢量分布像的细节，需要足够多的柱体来描述，因此对每个柱体贡献的计算机时也是很重要的。这促使我们采用如下的计算矩形柱体场的近似数值解。由于地面任一点的场是由一系列柱体的贡献组合而成的，只有邻近计算点的柱体的贡献才会产生有意义的误差，且这种误差对所有计算点差不多是共同的，所有柱体的组合将降低这种误差的影响，在精确计算时，这种误差才需要仔细研究。由于本文的重点是发展一个磁矢量反演成像的方法，暂时不讨论这种近似计算对结果造成的影响。

　　按文献[19~21]，一个磁化强度为 $\boldsymbol{m}$ 的体元 $\mathrm{d}V$ 在笛卡儿坐标系内 P 点（图 1）。产生的磁位为

$$\mathrm{d}U = \int \frac{\boldsymbol{m} \cdot \boldsymbol{R}}{R^3} \mathrm{d}V = \int \frac{m(m_{0x}x + m_{0y}y + m_{0z}z)}{R^3} \mathrm{d}V \tag{1}$$

式中，m_{0x}、m_{0y}、m_{0z} 为磁化强度矢量 $\boldsymbol{m}$ 相应的单位矢量 $\boldsymbol{m}_0$ 的分量；x、y、z 为积分点到 P 点的坐标差；R 为积分点到 P 点的距离。

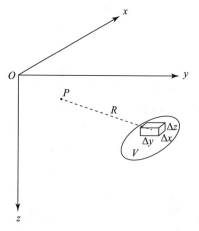

图 1　磁性体几何及坐标系

　　对于如图 1 中的一个矩形柱体 i，若柱体内磁化强度 $\boldsymbol{m}_i$ 分布均匀，柱体的边长 $a = \Delta x$，$b = \Delta y$，$c = \Delta z$ 相对于 R 足够小，将 P 点的坐标写成 x_j、y_j、z_j，柱体中心的坐标写成 x_i、y_i、z_i，则柱体 i 在 P 观

　　①　朱连，白象山铁矿的磁化强度和磁化方向，1978 个人通讯
　　②　黄树棠、顾学新，地球物理与地球化学探矿研究报告文集（二），原地质部地球物理与地球化学勘探研究所

测点产生的磁位近似地为

$$U_{ji} = m_i \frac{m_{0x}(x_j - x_i) + m_{0y}(y_j - y_i) + m_{0z}(z_j - z_i)}{\left[(x_j - x_i)^2 + (y_j - y_i)^2 + (z_j - z_i)^2 \right]^{\frac{3}{2}}} abc \tag{2}$$

式中，m_i 表示 i 点或第 i 个柱体的磁化强度矢量 $\boldsymbol{m}_i$ 的幅值。

若将计算区域 V 分割成一系列的矩形柱体，每个柱体的几何尺寸一致，柱体内的磁化强度分布均匀，只是各个柱体的磁化强度矢量 $\boldsymbol{m}_i$ 可能各不相同，于是一系列矩形柱体在 P 点产生的总磁位可近似地表示为

$$U_j = \sum_i U_{ji} = \sum_i m_i \frac{m_{0x}(x_j - x_i) + m_{0y}(y_j - y_i) + m_{0z}(z_j - z_i)}{\left[(x_j - x_i)^2 + (y_j - y_i)^2 + (z_j - z_i)^2 \right]^{\frac{3}{2}}} abc \tag{3}$$

P 点的磁场 $\boldsymbol{F}_j$ 可表示成

$$\boldsymbol{F}_j = - \nabla U_j = - \nabla \sum_i m_i \frac{m_{0x}(x_j - x_i) + m_{0y}(y_j - y_i) + m_{0z}(z_j - z_i)}{\left[(x_j - x_i)^2 + (y_j - y_i)^2 + (z_j - z_i)^2 \right]^{\frac{3}{2}}} abc \tag{4}$$

记 $\boldsymbol{s}_0$ 为磁场观测方向的单位矢量，

$$\boldsymbol{s}_0 = s_x \boldsymbol{i} + s_y \boldsymbol{j} + s_z \boldsymbol{k} \tag{5}$$

则

$$F_{js} = \boldsymbol{s}_0 \cdot \boldsymbol{F}_j = \boldsymbol{s}_0 \cdot (- \nabla U_j) = - s_x \frac{\partial U_j}{\partial x_j} - s_y \frac{\partial U_j}{\partial y_j} - s_z \frac{\partial U_j}{\partial z_j} = \sum_i B_{ji} m_i \tag{6}$$

式中，

$$\begin{aligned}
B_{ji} &= - V_0 \left[\frac{\boldsymbol{s}_0 \cdot \boldsymbol{m}_0}{R_{ji}^3} - \frac{3(\boldsymbol{R}_{ji} \cdot \boldsymbol{s}_0)(\boldsymbol{m}_0 \cdot \boldsymbol{R}_{ji})}{R_{ji}^5} \right] \\
\boldsymbol{s}_0 &= s_x \boldsymbol{i} + s_y \boldsymbol{j} + s_j \boldsymbol{k} \\
\boldsymbol{m}_0 &= m_{0x} \boldsymbol{i} + m_{0y} \boldsymbol{j} + m_{0z} \boldsymbol{k} \\
\boldsymbol{R}_{ji} &= (x_j - x_i) \boldsymbol{i} + (y_j - y_i) \boldsymbol{j} + (z_j - z_i) \boldsymbol{k} \\
R_{ji} &= | \boldsymbol{R}_{ji} | = \sqrt{(x_j - x_i)^2 + (y_j - y_i)^2 + (z_j - z_i)^2} \\
V_0 &= abc
\end{aligned} \tag{7}$$

其中，$\boldsymbol{i}$、$\boldsymbol{j}$、$\boldsymbol{k}$ 分别为坐标轴 x、y、z 的方向矢量。将式（6）写成矩阵形式成为

$$\boldsymbol{F}_s = \boldsymbol{B} \boldsymbol{m} \tag{8}$$

式（8）即是磁化强度标量层析成像的基本方程，为了由观测的磁场资料 F_{js} 组成的列矢量 $\boldsymbol{F}_s$ 求得磁化强度分布 m_i 组成的列矢量 $\boldsymbol{m}$，必须首先知道矩阵 $\boldsymbol{B}$ 的各个元素 B_{ji} 的值，$\boldsymbol{B}$ 称为磁化强度标量层析成像相应的雅可比矩阵或灵敏度矩阵。式（7）表明，灵敏度矩阵的元素 B_{ji} 是由观测方向 s_0，第 i 个柱体的磁化强度矢量的方向 $\boldsymbol{m}_0$，以及观测系统和柱体分布的相对空间位置关系决定的。为了求得 B_{ji} 必须事先知道 $\boldsymbol{m}_0$，在磁化强度标量层析成像方法中，假定 $\boldsymbol{m}_0$ 方向为地磁场方向。而在磁化强度矢量层析成像中，$\boldsymbol{m}_0$ 实际上是待求的，需改写式（8）。

取

$$\boldsymbol{m}_i = m_i \boldsymbol{m}_0 = m_i m_{0x} \boldsymbol{i} + m_i m_{0y} \boldsymbol{j} + m_i m_{0z} \boldsymbol{k} = m_{ix} \boldsymbol{i} + m_{iy} \boldsymbol{j} + m_{iz} \boldsymbol{k} \tag{9}$$

则式（6）为

$$\boldsymbol{F}_{js} = \boldsymbol{A}_{ji} \boldsymbol{m}_i \tag{10}$$

式中，

$$\begin{cases} A_{ji1} = -V_0 \left(\dfrac{s_x}{R_{ji}^3} - \dfrac{3(x_j - x_i)}{R_{ji}^5} B_i \right) \\[2mm] A_{ji2} = -V_0 \left(\dfrac{s_y}{R_{ji}^3} - \dfrac{3(y_j - y_i)}{R_{ji}^5} B_i \right) \\[2mm] A_{ji3} = -V_0 \left(\dfrac{s_z}{R_{ji}^3} - \dfrac{3(z_j - z_i)}{R_{ji}^5} B_i \right) \end{cases} \tag{11}$$

$$B_i = \boldsymbol{s}_0 \cdot \boldsymbol{R}_{ji} = s_x(x_j - x_i) + s_y(y_j - y_i) + s_z(z_j - z_i)$$

写成矩阵形式

$$\boldsymbol{F}_s = \boldsymbol{A}\boldsymbol{m} \tag{12}$$

式（12）即为所求的磁化强度矢量层析成像方程，式（11）表明，灵敏度矩阵 $\boldsymbol{A}$ 只和观测方向 s_0 以及观测系统和柱体分布的空间位置有关。通过式（12）由一系列 j 点的观测资料 F_{js} 可以获得各个柱体的磁化强度分量 m_{ix}、m_{iy}、m_{iz} 的分布，从而不仅可以获得各个柱体磁化强度的幅值，而且可以获得它们的方向，即

$$m_i = \sqrt{m_{ix}^2 + m_{iy}^2 + m_{iz}^2}$$

$$\boldsymbol{m}_0 = \frac{m_{ix}}{m_i} \boldsymbol{i} + \frac{m_{iy}}{m_i} \boldsymbol{j} + \frac{m_{iz}}{m_i} \boldsymbol{k} \tag{13}$$

当使用磁场垂直分量资料作为观测资料时，$s_x = s_y = 0$，$s_z = 1$，灵敏度矩阵的元素退化为

$$A_{ji1} = 3 \frac{(x_j - x_i)(z_j - z_i)}{R_{ji}^5} V_0$$

$$A_{ji2} = 3 \frac{(y_j - y_i)(z_j - z_i)}{R_{ji}^5} V_0 \qquad (14)$$

$$A_{ji3} = \left(3 \frac{(z_j - z_i)(z_j - z_i)}{R_{ji}^5} - \frac{1}{R_{ji}^3}\right) V_0$$

当使用磁场的总强度资料作为观测资料时，磁场是在地球的主磁场方向上测量的[22]。因此可以认为 $s_0 = t_0$，t_0 为地磁场方向的单位矢量，于是

$$A_{ji1} = -V_0\left(\frac{t_x}{R_{ji}^3} - \frac{3(x_j - x_i)}{R_{ji}^5} C_i\right)$$

$$A_{ji2} = -V_0\left(\frac{t_y}{R_{ji}^3} - \frac{3(y_j - y_i)}{R_{ji}^5} C_i\right) \qquad (15)$$

$$A_{ji3} = -V_0\left(\frac{t_z}{R_{ji}^3} - \frac{3(z_j - z_i)}{R_{ji}^5} C_i\right)$$

$$C_i = t_x(x_j - x_i) + t_y(y_j - y_i) + t_z(z_j - z_i)$$

t_x、t_y、t_z 为地磁场方向单位矢量的方向余弦。

3 磁化强度矢量层析成像方程求解方法

比较式（12）和式（8），可知磁化强度矢量层析成像方程和磁化强度标量层析成像方程在形式上是类似的，在求解中，可以借鉴求解磁化强度标量层析成像方程的经验[12]。

求解成像方程已经有许多方法，例如阻尼最小二乘法，共轭梯度法，广义逆法，奇异值分解法，高斯-赛得尔迭代法等。我们将按照方程（12）中灵敏度矩阵 A 的特点来选择。

方程（11）表明，矩阵 A 的每一个元素都是非零的。当柱体分割较多时，它是一个大型非稀疏矩阵，当柱体个数相同时，磁化强度矢量层析成像方程的未知数是标量层析成像方程的三倍，灵敏度矩阵的元素个数扩大了九倍，因此相对于标量层析成像方程矢量层析成像方程的灵敏矩阵是一个规模更大的大型非稀疏矩阵。然而对于埋藏很深的柱体，它对场点的贡献很小，贡献大小反比例于 R_{ji}^3。因此，其相应的灵敏度矩阵的元素的值将很小，甚至接近于零。因此选用的方法既要适应求解大型方程组的特点，又要便于处理矩阵元素值随深度减小引起的反演结果不稳定问题。此外，当希望反演磁化强度矢量的细结构时，问题常常是欠定的，选用的方法也要适应这个特点。

高斯-赛德尔迭代法采用降维技术，计算起来快速、省内存，而且对于欠定形式效果也很好[23]。为此，我们将选用此方法，并针对磁化强度矢量层析成像方法的特点，做某些改进。

将式（12）改写成

$$F = AM \qquad (16)$$

式中，F 是由观测资料组成的列矢量；M 是需要反演的由各个柱体的磁化强度矢量分量组成的列矢量；A 为灵敏度矩阵。解式（16）时引进辅助矢量 X，其分量可迭代求得

$$X_k^{(\text{new})} = \frac{\Delta F_k - \sum_{j=1}^{M_\text{P}} A_{kj} \Delta M_j^{(\text{new})} + X_k^{(\text{old})} \sum_{j=1}^{M_\text{P}} A_{kj}^2}{\alpha + \sum_{j=1}^{M_\text{P}} A_{kj}^2} \tag{17}$$

式中，old 表示上一次迭代的值；new 表示本次迭代的值；A_{kj} 为 A 的第 k 行第 j 列元表；ΔM_j 为迭代地求得的未知数的增量，即

$$\Delta M_j^{(\text{new})} = \Delta M_j^{(\text{old})} + A_{kj}(X_k^{(\text{new})} - X_k^{(\text{old})}) \tag{18}$$

$$M_j^{(\text{new})} = M_j^{(\text{old})} + \Delta M_j^{(\text{new})} \tag{19}$$

式中，ΔF_k 为观测资料和上一次迭代解的理论资料之间的差值；k 表示资料的第 k 个值；M_P 为总的未知数个数；α 为一个阻尼系数，用于增加解的稳定性。迭代过程式（17）至式（19）表明，对于每一个 k，只用到 A 的一列元素的值（M_P 个），因此求解过程是降维的，无需同时存储同时使用 A 的所有元素值（$M_\text{P} \times M_\text{P}$ 个）。

考虑到磁化强度矢量层析成像 A_{kj} 的特点，即对于埋藏很深的柱体 A_{kj} 将很小，有可能导致解不稳定，或导致深部解的误差较大，为此我们将 A_{kj} 修改成新的 A_{kj}，即让

$$A_{kj} = A_{kj}R_1 \tag{20}$$

式中，R_1 为和深度有关的比例因子，对于同一个深度，R_1 有相同的值，随着深度的增加，R_1 增加。R_1 和深度的比例关系可通过模型实验获得，也可通过钻井地区野外资料反演结果的比对获得。按照我们初步试验，R_1 比例于柱体中心埋深的立方分之一。

最后的解答为最后的迭代解乘以 R_1，即

$$M_j^{(\text{Solution})} = M_j^{(\text{final})} \cdot R_1 \tag{21}$$

4　二维模型试验

式（10）正演和式（17）至式（19）反演公式是在三维情况下求得的。当第三维方向上除了中心部分以外，其余部分的柱体磁性很弱，对这些柱体的积分近似可略，在这种情况下可让第三维方向的柱体数取 1，问题退化为二维情况，此时式（10）、式（17）至式（19）同样适用。但需注意，它和传统意义上第三维方向均匀无限延伸退化的二维问题是不同的，无论是传统意义上沿走向方向无限延伸的整个长度上都是均匀的，以及这里所说的在无限远的整个长度上磁化强度都为零，只在计算的地方不为零，在真实地球介质中是很难找到的。前者如正交于很长走滑断层走向的截面上对应此种二维问题，后者如火成岩岩墙对应此种二维问题。不论哪一种二维模型都只是真实情况的某种近似。在这里讨论的二维问题的情况下，我们对式（10），式（17）至式（19）自编了程序。为了检验方法和程序的可靠性，设计了若干模型进行了试验。试验中，只考虑了垂直分量资料的情况。

4.1　正演

图 2 为一个不同磁化类型的柱体分布在地表产生的磁场垂直分量的正演结果。

图 2 表明不同磁化方向的磁性柱体在地面产生的磁场的垂直分量 M_z 记录与正演程序是可靠的。

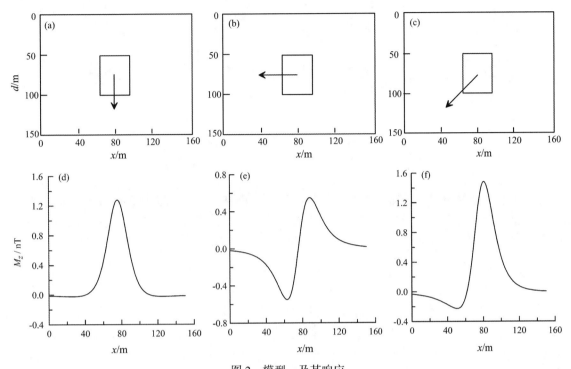

图 2　模型一及其响应

（a）垂直磁化模型；（b）水平磁化模型；（c）斜磁化模型；
（d）垂直磁化地面垂直分量记录；（e）水平磁化地面垂直分量记录；（f）斜磁化地面垂直分量记录

4.2　反演

对于水平方向有 5 个柱体的一层、二层、三层的模型反演结果见文献［24］。为了进一步探讨方法实用化的可能性，使用较大模型试验。图 3 为一个二层模型，每层 51 个柱体，其中 5 个柱体磁化强度的水平分量和垂直分量分别是 50×10^{-6} 和 80×10^{-6} nT，而其余柱体磁化强度水平分量和垂直分量分别是 10×10^{-6} 和 20×10^{-6} nT。

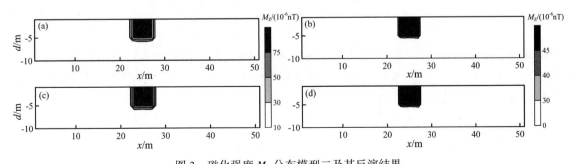

图 3　磁化强度 M_z 分布模型二及其反演结果

（a）模型垂直分量；（b）模型水平分量；（c）反演垂直分量；（d）反演水平分量

对比模型和反演结果表明，磁化强度和磁化方向异常都得到了较好的反演，但是在异常体的边部反演值有较大误差。

图 4 为一个由不同磁化类型的柱体组合成的另一个二层模型，水平方向 51 个柱体，其中存在左右二个异常体，宽度为 5 个柱体，其磁化强度和磁化方向与其他柱体不同。

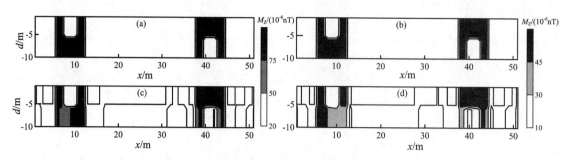

图 4　磁化强度分布模型三及其反演结果

（a）模型垂直分量；（b）模型水平分量；（c）反演垂直分量；（d）反演水平分量

对比模型和反演结果表明，对于二个异常体的磁化强度和磁化方向也能得到较好的反演，同样在异常体的边部，反演值有较大误差。图③、图④中的反演结果是用零初始模型获得的。图 5 为一个由不同磁化类型的柱体组合成的一个五层模型，水平方向 51 个柱体。

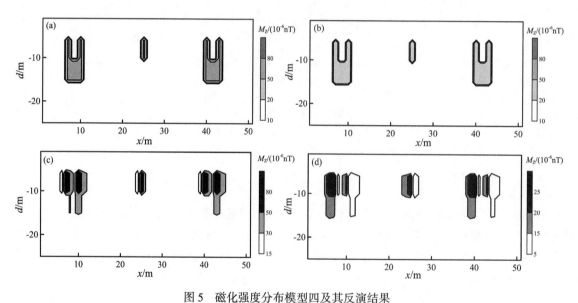

图 5　磁化强度分布模型四及其反演结果

（a）模型垂直分量；（b）模型水平分量；（c）反演垂直分量；（b）反演水平分量

对于此五层模型，用零初始模型难于获得较好结果，我们改用接近于背景值的均匀初始模型，结果表明，对于五层模型采用均匀初始模型后反演的异常体的磁化强度和磁化方向和模型有较好的对应性，但在反演的异常体结构的细节上尚存在较大误差，需进一步克服。

5　结论和讨论

模型试验表明本文提出的磁化强度矢量层析成像方法在理论和方法上是可行的，目前对二层的较大模型能得到较好的结果，对五层模型的结果尚需进一步改进。结果表明，对某些地质情况比较简单的实际问题已经可以用本方法开展试验性研究，为了使方法实用化，尚需在以下几方面加强研究，首先是开展扩大模型的研究，例如七层，八层或更多层的模型研究，以便适应反演复杂地磁结构的实际需要，其次是开展抗干扰能力的研究。

参 考 文 献

［1］ William R, Green Inversion of gravity profiles by use of a Backus-Gilbert approach, Geophysics, 1975, 40 (5)：765-772

［2］ Grib J, Application of generalized linear inverse to the inversion of Static Potential Data, Geophysics, 1976, 41 (6)：1365 -1369

［3］ Braile L, Inversion of gravity data for two-dimensional density distributions, J. G. R., 1974, 79：2021-2025

［4］ Bott M H P, Solution of the linear inverse problem in magnetic interpretation with application to oceanic anomalies, Geophys. J. R. Astron, 1976, 13 (2)：313-323

［5］ 申宁华、禹惠民、许延清，线性反演求磁源分布，物化探电子计算技术，1980，(1)：15~23

［6］ 于德伍，用超定方法求磁异常线性反演，长春地质学院学报，1982，(2)：115~128

［7］ 冯锐，三维物性分布的位场计算，地球物理学报，1986，29 (4)：399~406

［8］ Veloria Cristina, Barbosa F, Generalized Compact inversion, Geophysics, 1994, 59 (1)：57-68

［9］ Bear G W, Linear inversion of gravity data for 3－D distribution, Geophysics, 1995, 60 (4)：1354-1364

［10］ Li Y G, 3－D inversion of magnetic data, Geophysics, 1996, 61 (2)：394-408

［11］ Mark Pilkington, 3－D magnetic imaging using conjugate gradients, Geophysics, 1997, 62 (3)：1132-1142

［12］ 刘长风、王妙月，磁性层析成像——塔里木盆地（部分）地壳磁性结构反演，地球物理学报，1996，39 (1)：89~96

［13］ Maurizio Fedi, 3－D inversion of gravity and magnetic data with depth resolution, Geophysics, 1999, 64 (2)：452-460

［14］ 王书惠，关于用有限元方法作磁法勘探正演计算的理论问题，地球物理学报，1981，24 (2)：207~217

［15］ Richards M L, Calculations of the magnetization of uplifts from combining topographic and magnetic Survegs, Geophysics, 1967, 32 (4)：678-707

［16］ Cordel I, Investigation of magnetization and density of a North American Seamount Using Poisson's theorem, Geophysics, 1971, 36 (5)：919-967

［17］ Shurtct D H, Remnant magnetization from comparison of gravidity and magnetic anomalies, Geophysics, 1976, 41 (1)：56-61

［18］ Dezso Negy, The gravitational attraction of a Right Rectangular Prism, Geophysics, 1966, 31 (2)：362-371

［19］ Marlk Tawani, Computation with the help of a digital computer of magnetic anomalies caused by bodies of arbitrary shape, Geophysics, 1965, 30 (5)：797-817

［20］ Barnett C T, Theoretical modeling of the magnetic and gravitational fields of an arbitrarily shaped three-dimensional body, Geophysics, 1976, 41 (6)：1353-1364

［21］ Bbattcharyya B K, A Generalized multibody model for inversion of magnetic anomalies, Geophysics, 1980, 45 (2)：255-270

［22］ Grant F S, West G F, Interpretation Theory in Applied Geophysics, New York：McGraw-Hill Book Company, 1965

［23］ Cutler R T, A tomographic solution to the travel-time problem in general inversion seismology, Advance in Geophysical Data Processing, 1985, 2：199-221

［24］ Wang M Y, Di Q Y, Magnetization vector tomography, CT Theory and Application (in English), 2000, 9 (Suppl)：48-50

I — 3

地球物理随机联合反演*

王　赟[1)]　　王妙月[2)]　　彭苏萍[3)]

1）中国矿业大学（北京校区）信息处理中心
2）中国科学院地球物理研究所
3）中国矿业大学（北京校区）地质系

摘　要　基于场方程的地球物理联合反演隐含着两个基本过程：正演的联合与反演的联合。当用遗传算法解决这类问题时，它蕴含着一个反演的随机联合的过程。尽管目前无法实现联合正演这一过程，我们称遗传算法实现的地球物理多参数反演为随机联合反演。借鉴模拟退火和禁区搜索方法的思想，通过对遗传操作对象、操作过程以及迭代过程的改进，使改进后的遗传算法表现较快的收敛速度和良好的全局收敛性；通过模型数据的反演，我们从理论上证明改进的遗传算法能较好地解决非线性、复杂、大尺度离散反问题，使随机联合反演问题的解决成为可能。

关键词　地球物理联合反演　改进的遗传算法　随机联合反演　模拟退火　禁区搜索

1　概　　述

地球物理反问题可分为广义与狭义两大类[1]。其中狭义反演又可以分为两类：一类基于模型的正演拟合重建地下的异常结构；另一类则是在简化场方程的基础上求解算子（或算子矩阵）中的未知系数[2]。但正如文献[1, 2]中所指出的，在许多复杂问题中，无法表达出算子形式；或算子矩阵严重不适定、或稀疏病态，产生多解性，而使得反演结果严重依赖于算子阵的性态。而基于模型的正演拟合反演方法是近年来，尤其是计算机技术发展以来，出现并取得广泛发展的一种反演方法。它是在正演模拟的基础上，用差分或有限元的方法将欲反演的模型进行网格剖分，通过与正演数据的拟合迭代反演各个单元格的物性参数等未知量[3,4]。

2　地球物理联合反演

地球物理联合反演是多参数的相互约束反演，因此它比单一参数（物性结构）的反演更加复杂[5~7]。当根据地表测得的各种地球物理场数据反演地下异常体分布时，在某些地质情况下，各数据反映的异常几何结构具有一致性；而某些情况下，这些数据反映的异常不一致，甚至相悖，所以用算子反演方法很难将这些数据统一起来。故我们在地质模型网格剖分的基础上，用基于模型的正演拟合反演方法来反演各单元格的物性参数。这样就可以在同一个地质模型之上，联合应用多种地球物理数据反演地下物性参数；在最小二乘准则下，将各种数据反演结果的误差和作为系统的总体误差，进行迭代反演。

设地质模型被剖分成 m 个单元格，每个单元格需反演 n 个物性参数。这样可以用一个矩阵 X 的形

* 本文发表于《地球物理学报》，1999，42（增刊1）：141~150

式将这些未知量表示出来，如下所示：

$$X = \begin{pmatrix} x_{00} & x_{01} & \cdots & x_{0n} \\ x_{10} & x_{11} & \cdots & x_{1n} \\ \vdots & \vdots & \vdots & \vdots \\ x_{m0} & x_{m1} & \cdots & x_{mn} \end{pmatrix} = \begin{pmatrix} x_0 \\ x_1 \\ \vdots \\ x_m \end{pmatrix}$$

一般意义上的联合反演问题是在已知地表观测数据 Y

$$Y = \begin{pmatrix} y_{00} & y_{01} & \cdots & y_{0s} \\ y_{10} & y_{11} & \cdots & y_{1s} \\ \vdots & \vdots & \vdots & \vdots \\ y_{t0} & y_{t1} & \cdots & y_{ts} \end{pmatrix} = \begin{pmatrix} y_0 \\ y_1 \\ \vdots \\ y_t \end{pmatrix}$$

的基础上，由 $X = F^{-1}(Y)$ 解得未知参数阵的过程（实际上这是确定性的联合反演，也可以称为狭义联合反演）。式中 s 表示地表的采样点数，t 是每个采样点处获得的地球物理数据种类数。这是确定性联合反演的基本出发点，它的默认前提是：存在一联合关系式 F，满足 $Y=F(X)$ 这一正演过程。在最小二乘意义下，可将反演的过程转化为优化问题，其系统总体误差定义为：

$$E = \frac{1}{2} \sum_{i=0}^{t} y_i - \hat{y}_i$$

式中，$\hat{y}_i$ 为期望向量。以梯度法迭代寻优，则物性结构的反演有

$$X|_{k+1} = \alpha X|_k - \eta \frac{\partial E}{\partial X}$$

式中，k 代表迭代次数；α 是记忆因子；η 是迭代步长[5]。写成通式的形式，即有：

$$\frac{\partial E}{x_j} = \sum_{i=0}^{t} (y_i - \hat{y}_i) \frac{\partial y_i}{\partial x_j} \tag{1}$$

如果将 $y_i = F_i(X)$ 代入，显然其中任一种物性结构的反演同其他种物性结构有关系。这种关系除表现在：①正演 y_i 的生成不仅同 x_i（同一种物性）有关，还同 $x_j(j \neq i)$ 有关（即正演的联合）；②在反演中，x_i 的更新同 $x_j(j \neq i)$ 的更新量有关（即反演的联合）。而物性参数的单独反演或同时反演，其物性结构的迭代为：

$$\frac{\partial E}{\partial x_j} = (y_j - \hat{y}_j) \frac{\partial y_j}{\partial x_j} \tag{2}$$

通过式（1）、式（2）对比可以说明联合反演绝不是简单的多参数同时反演。从确定性的思维出发，不仅需要寻找各物性参数间存在的正演函数关系，而且需要它们之间的逆函数关系。而在目前地

球物理发展状况下，除了密度同磁性（即它们所反映的重力场和磁场）存在一定的近似关系外，其他物性参数间的关系是尚不明了的；或许某些参数间不存在关系。因此用确定性思维解决联合反演问题时，是目前也许"永远"无法解决的。为此，在下面介绍的遗传算法中，我们提出随机联合反演的概念。

3　改进的遗传算法

遗传算法（GA，Genetic Algorithms）[8]是受达尔文的物种进化论及其近几年对生物微观结构研究的启发而产生的一种随机搜索方法。随着近几年对非线性反演方法越来越高的要求，它在非线性反演中扮演着举足轻重的角色[9~11]。

3.1　简单的遗传算法

遗传算法仿生生物遗传过程，包括 3 个基本部分：再生、杂交、变异。对这 3 个遗传过程的具体实现方法，不同的应用微有差别[10]，但共同之处是都需实验地给定一些参数，调节收敛性与收敛速度。针对 GA 应用于地球物理联合反演时存在的不足之处[11]，借鉴模拟退火（SA，simulated annealing）[12]和禁区搜索（TS，taboos search）[13]的方法原理，我们对遗传操作对象、操作过程及迭代过程等几个方面做了改进，提出了适用于地球物理反演的改进的遗传算法[14]。

3.2　改进的遗传算法

3.2.1　基因及其相关概念（搜索步长的改进）

在地球物理多参数反演中，由于反演单元数多及物性参数的多样性，利用遗传算法中变量的二进制串表示形式，我们将每一个二进制数称为基因位。它是染色体的最基本组成单位，也是遗传操作的最小实施对象。由于每个单元格要反演的参数多，所以我们将单元格中每一种物性参数所占的定长的二制位串称为一个基因段。基因段的长度也就是所反演物性参数的示数精度。不同物性参数基因段首尾相连，形成一个基因组，它也是每个单元格在染色体中所占基因位的长度。遗传操作的最大对象是基因组。所有单元格的基因组连起来称为一个染色体。一个染色体表示一个模型，它是迭代反演中可行解组的基本元素。一定数目的染色体的集合称为可行解组，又称可行集。它是状态空间的子集，随机搜索正是在此空间中进行的。如图 1a 是上述概念的模拟显示。通过定义及运用以上概念，可以改进随机搜索的步长。通过搜索步长的变化，可以改善算法的收敛速度和全局收敛性。

3.2.2　对遗传操作的改进

简单 GA 中的再生过程很容易破坏解组的性态，即损害了全局寻优性。为此，我们将再生过程加以改进，即以随机生成的染色体替换较差的样本（或简单地舍弃再生过程），称为随机再生。在遗传算法的杂交阶段，我们称相似或相同基因（位、段、组）或染色体的杂交为近亲繁殖。显然，这对保持寻优的全局性和加快收敛速率是十分不利的。所以在遗传算法中，要防止近亲繁殖。遗传算法中的变异又可以称为无性生殖。只是在此阶段，为保证搜索的收敛性，子体对母体的替换以概率进行。在局部搜索过程中，我们模拟退火过程，完全接收优秀子体，对变差的子体以概率接收；在搜索陷入局部凹陷时，完全接收变差的子体，以概率接收优秀子体。无性生殖在遗传算法中的作用，不仅进一步使迭代收敛；它的主要任务使解组更新，保持解组中解分布的均匀性，保证搜索有跳出局部凹陷的能力。在遗传算法的杂交阶段，为保证子体比母体更优，且系统误差有足够的下降，我们人为地在解组中添加一些同解组中大多数解差异较大的染色体，使它们同其他解的杂交可以产生更优的解。我们称这一过程为差异繁殖。

如图 2a 所示是有（▲号标记线）和没有再生过程（●号标记线）的 GA 迭代曲线（迭代次数 20）。从图上可以看到，虽然再生过程的加入在迭代的开始部分使系统误差下降速度较快；但在解组趋于相似后，迭代速度明显下降；使后续搜索陷入局部凹陷中，不利于搜索的全局性。所以在遗传算法中可

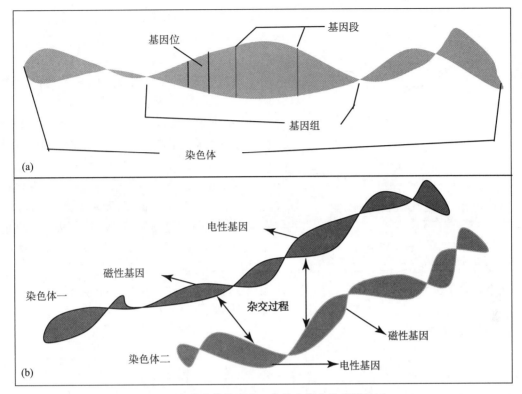

图 1　改进遗传算法中一些基本概念的模拟显示

（a）染色体及其相应位段的定义；（b）杂交过程示意图

以舍弃这一过程或以随机再生代替。如图 2b 所示是允许（▲号标记线）与禁止近亲繁殖（●号标记线）的 GA 迭代曲线（迭代次数 20）。从图中可以看到禁止近亲繁殖的迭代误差小于有近亲繁殖的误差；且迭代速率明显快于有近亲繁殖的情况。经过大量的数值模拟可以发现，防止近亲繁殖不仅可以提高算法的收敛速度，而且可以改善搜索的全局性；当搜索靠近局部极值，迭代步长变小时，这一特点更加明显。图 2c 是加入差异繁殖（●号标记线）与没有差异繁殖（▲号标记线）的算法迭代曲线对比。对比可以发现它们的差别较小，这是因为在例中我们舍弃了再生操作。如果有再生过程的加入，差异繁殖的作用是明显的，其可以作为再生的一种弥补过程（同图 2a 的▲号标记线对比）。从数值分析中，还可以有结论：差异繁殖的加入保持了解组的分布性态，从而有利于搜索的全局性。

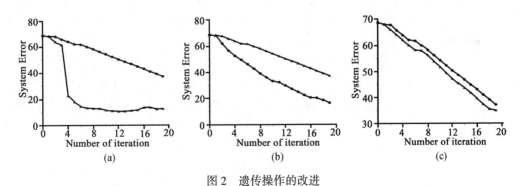

图 2　遗传操作的改进

（a）再生过程的改进；（b）近亲繁殖的改进；（c）差异繁殖

3.2.3　迭代反演的改进（全局收敛性的改进）

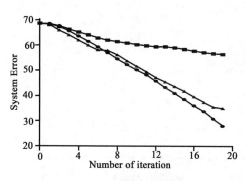

图 3　操作对象的改进对迭代速率的影响

在上述基本概念阐述的基础上，我们对迭代反演过程也做了一些有意义的改进，即在迭代过程中动态地改变搜索步长，使之成为可针对不同情况的有效的迭代方法。如图 3 所示是遗传操作对象变化时的系统迭代曲线。图中■号标记线是对基因位操作时的误差迭代曲线；▲号标记线是对基因段操作时的误差迭代曲线；●号标记线是对基因组操作时的误差迭代曲线。迭代速率的改进是明显的。

此外，在复杂模型或精细结构反演中，为克服反演单元格多，速度慢的缺点，我们采用模型剖分粗化→细化逐渐过渡的方法，同时又提高了反演精度。而且在反演中，我们多采用位、段、组操作相结合的方法。为防止在某些问题中，在一定条件下无法搜索到全局最优解，我们利用 TS 法的原理，记录每一个局部极值点，再进行后续的细化搜索，以便从其中选择一个相对合理的解。此外还有一些重要的参数对遗传算法的收敛性和收敛速率也是很重要的，我们都作了详细的讨论。这种改进的遗传算法被称为 STGA[10]。

4　随机联合反演

当考虑地球联合反演问题时，参考图 1b 可以发现，此时的杂交操作会使两个染色体不同的物性参数间发生随机的基因信息互换；在每次杂交时，这种互换表现为随机的、偶然的，但其总体趋势却是向系统总体误差下降的方向发展。因此可以有结论：不同物性参数间的相互约束在局部表现为随机性质，总体上表现为迭代的收敛，即不同物性参数间的约束关系是确定的。我们称这样的联合反演为随机联合反演。而对于单种物性参数的反演，由于各基因位代表相同的物性信息，在遗传过程中不会产生不同物性参数的相互约束关系。所以以 GA 实现的多参数反演绝不是简单的多参数同时反演，更不是单独反演。

4.1　模型分析

根据实际地质条件，构造两种地球物理模型：模型 1：重、磁、电具有相同的几何结构；模型 2：重、磁、电具有不同的几何结构。

4.1.1　模型 1

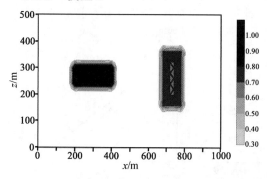

图 4　模型 1 网格化后形成的剖面图

如图 4 所示是模型 1 网格化后的剖面图。在这个模型中，分别有一个水平和直立的板状体。在生成模型数据时，采用的网格剖分为：$\Delta x = 20\mathrm{m}$，$\Delta z = 20\mathrm{m}$，即共有 1250 个网格单元。

在反演的状态空间剖分中，由于反演中各网格单元的物性参数值未知，我们并不人为地指定参数的变化范围，而只是做物性参数相对大小的反演，即假定它们的变化范围在（0，1）之间变化，并给定剖分间隔 1/255（当然各物性参数的剖分方式可以不同）。这样反演的结果只是表示异常的相对强弱。在这个例子中，每个单元格可取 255 个不同的值。那么此反问题的状态空间的容量是 255^{25}。显然最优解的搜索空间是十分巨大的。如果我们已知某些约束条件，那么就可以缩小搜索范围，减少搜索时间。而在此模型的反演中，没有加任何约束条件，初始模型随机地给定。在反演迭代中，采用基因组同单基因位遗传操作相结合的方式进行最优解的搜索，加速收敛速度，提高反演精度。如图5所示为系统误差迭代曲线，其中a是采用基因组迭代时的收敛曲线；图5b是在5a搜索的基础上，进一步进行局部优化的迭代曲线。图6所示是反演的结果，其中图6a~c分别代表重、磁、电的反演结果。图7是利用反演模型生成的合成数据同反演数据的对比，从它们的对比可以显示反演模型的精度。图7a~c分别是重、磁、电的曲线对比。

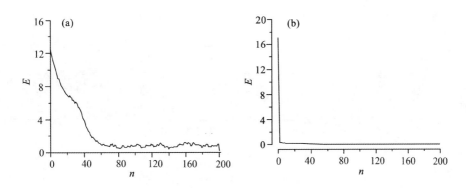

图5　模型1的反演迭代系统误差曲线

（a）是基因组遗传时的总体迭代曲线；（b）是在（a）收敛的基础上局部搜索的迭代曲线

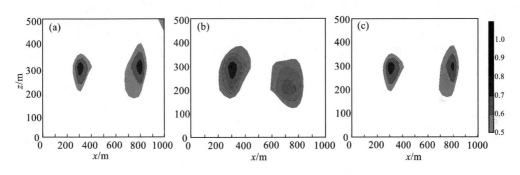

图6　模型1的反演结果

（a）、（b）、（c）分别是重、磁、电的反演剖面

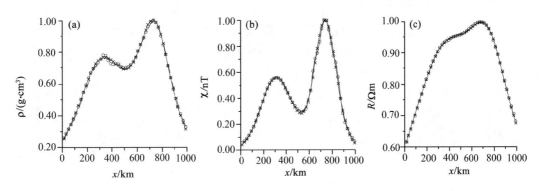

图7　反演模型同理论模型的合成数据对比

（a）、（b）、（c）分别是重、磁、电的曲线对比；○+实线是理论曲线，×+虚线是反演曲线

在模型 1 的反演中，由于缩图的变形作用，使两个异常体的形态差别没有体现出来。而实际上我们的反演结果基本正确地反映异常体的水平和垂直延展程度。

4.1.2　模型 2

由于模型 1 较为简单，所以采用较粗的网格距剖分就可以较为准确地反演出理论地质体的空间展布。在此基础上，我们构造一个较为复杂的地质模型，使重、磁、电具有形态各异的几何结构。图 8 所示是构造的第二个地质模型的网格化后的剖面图。其横向长度 1000m，纵向长度 500m；剖分 $\Delta x = \Delta z = 20$m。为阐述问题的方便，且不失一般性，构造了图示的字母模型。

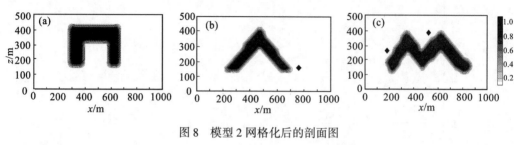

图 8　模型 2 网格化后的剖面图

(a)、(b)、(c) 分别是重、磁、电异常剖面

在此模型的反演过程中，采用粗细剖分相结合的方法，首先对模型空间进行粗剖分，进行反演迭代。在反演达到一定精度后，重新细网格化模型，在原来反演的基础上，继续优化搜索。如图 9 所示分别是粗、细剖分模型时的反演迭代误差曲线。如图 10 和图 11 分别是粗剖分和细剖分后得到的反演剖面。通过反演结果对比可以发现采用这种方法既可以加速迭代，又可以提高反演的分辨率。同时可以发现反演结果基本反映了模型的形态，但细网格部分的反演结果比粗部分的结果更接近真实理论模型；但同时也出现了一些随机噪声[14]。

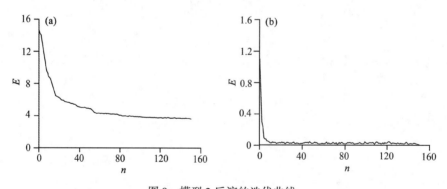

图 9　模型 2 反演的迭代曲线

(a)、(b) 分别是粗、细剖分的系统误差迭代曲线

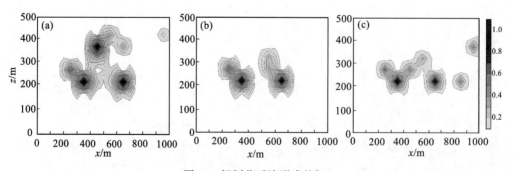

图 10　粗剖分反演形成的解

(a)、(b)、(c) 分别代表重、磁、电

　　从上图可以发现反演结果基本反映了模型的大体形态。但由于剖分网格较粗，模型的精细结构无法获得，所以在此反演结果的基础上，我们进一步将模型细化剖分，采用小步长进行随机搜索，反演结果如图11所示。

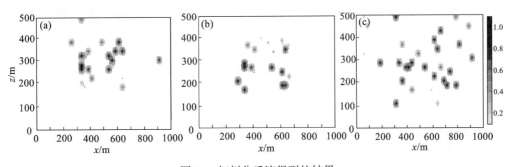

图 11　细剖分反演得到的结果
（a）、（b）、（c）分别代表重、磁、电

　　从图11可以看出，网格变细后，反演结果比图10更接近真实理论模型。但同时我们也应发现，网格细化后，在提高了反演精度的同时，也出现了一些随机噪声。而且，从更高精度要求审视反演结果，它同真实模型还存在不小的误差，对 W 模型更是如此。将反演模型的合成数据同反演所用数据进行对比，就可以找到误差存在的原因。如图12所示为反演结果的理论曲线同用于反演的曲线对比显示。

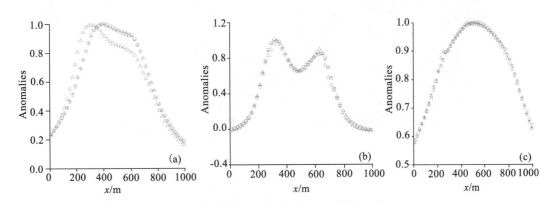

图 12　反演结果和真实模型所对应的位场曲线对比
（a）、（b）、（c）分别代表重、磁、电的地表异常曲线
+号是反演曲线；△号是粗剖分模型时得到的合成曲线；○号是细剖分模型时得到的合成曲线

　　从反演曲线、粗剖分曲线和细剖分曲线对比可以有如下结论：粗→细剖分的改变确实降低了系统误差，提高了反演精度。虽然细剖分产生的反演结果同真实模型有一定的差异，但它们所对应的曲线拟合程度却非常好。因此可以认为反演中所用的模型参数同地表异常间的关系（公式）将会大大地影响反演的精度：如果公式能够准确地反映这种关系，那么根据此关系进行反演就能获得准确的模型；否则，反演结果也只能是某种程度上的近似。例如，对 W 字母模型，由于电位场的正演模拟是用点电荷近似的，相对于重、磁位场所用关系式而言，它的精度较低，因而反演的结果也较差。

4.2　随机反演结果同位场层析成像结果的对比

　　仍然用上节模型2的数据与结果，我们用目前常规的确定性层析成像方法反演模型参数（模型剖分方法为 $\Delta x = \Delta z = 20\mathrm{m}$，共1250个网格单元），得重、磁、电的异常剖面如图13所示。

　　将之同上一节的图9对比，并考虑反演的参数量、计算时间、反演精度及反演方法的稳定性等因

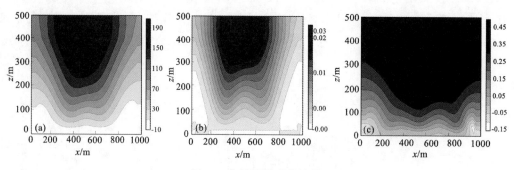

图 13　位场层析成像结果

(a)、(b)、(c) 分别代表重、磁、电的物性参数分布

素，可以说明在本例中随机反演方法优于确定性层析成像方法。

4.3　随机联合反演结果同单独反演结果的对比

图 14 所示是模型 1 重、磁、电性结构单独反演（在迭代达到 250 次时强行终止）的结果，反演中所用参数与联合反演的参数相同。将之同图 6 的结果对比，可以发现：各类型参数的反演结果好坏不同，且与真实模型相差较大。从而证明：对具有相同几何结构的物性参数的反演，联合反演方法同单独反演相比具有明显的优势。单独反演虽然可以进一步收敛至真解，但收敛速率却明显的慢。

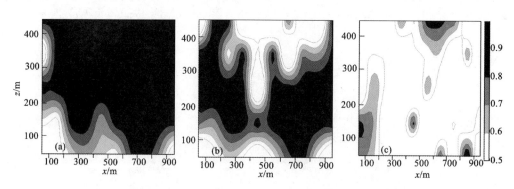

图 14　模型 1 重（a）、磁（b）、电（c）性结构单独反演的结果

图 15 所示是模型 2 粗剖分情况下的重、磁、电性结构单独反演的结果（在迭代达到 200 次时强行终止），将之同图 10 的结果对比可得，对具有不同物性结构的参数反演，联合反演并不会损害反演结果，即随机联合反演并不会使几何结构各异的物性参数反演得到结构相似的结果。通过随机的联合和寻优过程，它能自我调节参数间的关联度。

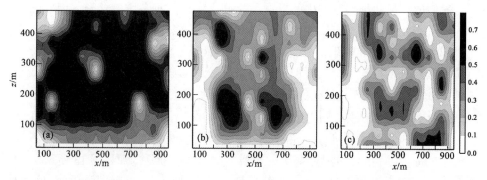

图 15　模型 2 重（a）、磁（b）、电（c）性结构单独反演的结果

5　结　　论

如果将联合反演的定义放松一些约束，即抛弃正演的联合过程时，应用遗传算法，由于杂交过程使各染色体的基因位（段、组）之间随机相互作用和约束，使得每种物性结构的反演随机地同其他物性结构发生关联，这种关联在单个时间片段内表现为随机性质的，但在总体趋势上，使得系统总体误差向合理的方向努力，所以可以说遗传算法实现的多参数反演是近似意义上的联合反演。我们将之称为随机联合反演，以示区别于确定性联合反演。而且由于改进的遗传算法良好的全局寻优性，使得复杂非线性问题的解决成为可能。

致　谢　对于联合反演的概念及随机联合反演的合理性，中国地质大学（北京）的许云教授、中国地质科学院的杨文采研究员、中国科学院地球物理研究所的姚振兴研究员和国家地震局数据中心的冯锐研究员均提出了疑义并提供了许多有益的建议，在此深表感谢。在模型和实测数据的分析过程中，要特别感谢中国科学院的石昆法研究员、郝天姚研究员和刘长风副研究员所给予的指导和帮助；另外于昌明和姜为为两位同志提供了野外实测数据，在此一并致谢。

参　考　文　献

[1] 马在田等，计算地球物理学概论，上海：同济大学出版社，1997，1~121

[2] 杨文采，地球物理反演的理论和方法，北京：地质出版社，1997，34~210

[3] 底青云、王妙月，直流电阻率法正、反演数值模拟，地球物理学报，1997，40（4）：570~579

[4] 刘长风，磁性层析成像——塔里木盆地（部分）地壳磁性结构反演，地球物理学报，1996，39（1）：89~96

[5] 赫尔曼 G T 等，层析成像和反演问题的基本方法，北京：石油工业出版社，1997，101~167

[6] Adebayo A et al., An integration of aeromagnetic and electrical resistivity methods in dam site investigation, Geophysics, 1996, 61 (2), 349-356

[7] Art Riche, A pattern recognition approach to geophysical inversion using neural nets, Geophys J. Int, 1991, 105, 629-648

[8] Antti Autere, Comparison of Genetic and other Unconstrained Optimization Methods, Artificial Neural Nets and Genetic Algorithms, Springer-Verlag, Wien, New York, 1995, 348-351

[9] Rinnooy A G T, Timmer G T, Stochastic methods for global optimization, American J. Math. And Management Sciences, 1984, 4 (1): 7-40

[10] Berg E, Convergent genetic algorithms for inversion, SEG Abstract, No. 61, 1991, 948-950

[11] Berg E, Simple genetic algorithms for inversion of multiparameter data, SEG Abstract, No. 60, 1990, 1126-1128

[12] Kirkpatrick S, Gelatt C D, Vecchi Jr M P, Optimization by simulated Annealing, Science, 13 May 1983, 220 (1598): 671-680

[13] Cvijovic D, Klinowski J, Taboo Search: an approach to the multiple minima problem, Science, 1995, 267, 664-666

[14] 王赟，非线性随机反演方法及其在地球物理联合反演中的应用［博士学位论文］，北京：中国科学院地球物理研究所，1998

I — 4

空间域滤波在求二维重磁接触面参数中的应用[*]

王妙月　刘长风　李晓燕

中国科学院地球物理研究所

摘　要　1975 年、1976 年格林和斯坦利发表了求二维接触面参数的一个方法。本文试图在他们工作的基础上，用空间域滤波来代替格林和斯特利用差商求水平导数和用希尔伯特变换求垂直导数的方法。文中给出了应用空间域滤波计算重、磁异常水平和垂直导数的方法。模型试验证实了理论上的推断。与差商和希尔伯特变换方法相比，优点在于它既能同时滤掉高频干扰，又能使求得的垂直导数和水平导数具有相同的精度，进而提高反演结果的精确度。

一、引　　言

格林（R. Green）和斯坦利（J. N. Stanley）于 1975 年、1976 年先后提出了利用磁测及重力剖面资料的水平导数和垂直导数，进而利用这些导数求接触面参数的方法[1~3]。在他们的方法中，求水平导数进行了一次差商运算，求垂直导数时又做了一次希尔伯特（Hilbert）变换的运算，因此，求得的垂直导数和水平导数的精度是不等的。此外，当原始资料存在高频干扰时，由差商求水平导数也将会有较大的误差。为克服这些缺点，本文利用空间域滤波的方法，求水平导数和垂直导数。它既可以压制高频干扰的影响，又能以相同的精度同时求出水平导数和垂直导数，然后求出接触面的各个参数。为说明问题，同时简要介绍了格林和斯坦利方法的主要结论。

二、理　　论

1. 利用重磁异常水平导数及垂直导数求接触面参数的方法

对于如图 1 所示的一个二维模型接触面产生的理论重力场的水平导数和垂直导数的解析式分别是

$$g_x(x) = 2G\rho\sin\alpha\left[\sin\alpha\ln\frac{r_B}{r_A} + \cos\alpha(\varphi_B - \varphi_A)\right] \tag{1}$$

$$g_z(x) = 2G\rho\sin\alpha\left[\cos\alpha\ln\frac{r_B}{r_A} + \sin\alpha(\varphi_B - \varphi_A)\right] \tag{2}$$

式中，G 是万有引力常数；ρ 是密度差；其他参数意义如图 1 所示。$g_x(x)$、$g_z(x)$ 以及它们之间关系的图形表示分别如图 2 和图 3 所示。图 3 中 α 是椭圆长轴和 $g_z(x)$ 轴的夹角，OP 平行于长轴，OQ 正交于 OP，SR 切于椭圆。P、Q 分别和图 1 上的位置相对应，R 在图 1 上的位置满足

＊ 本文发表于《地球物理学报》，1980，23（1）：46~54

$$PR^2 = PA \cdot PB \tag{3}$$

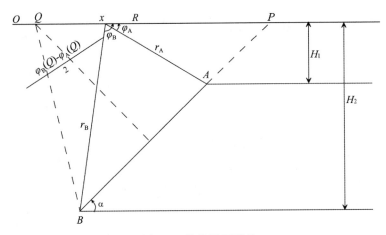

图 1　二维接触面模型

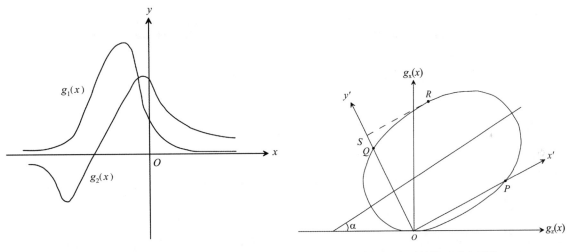

图 2　二维接触面产生的水平导数和垂直导数　　　图 3　水平导数对垂直导数

对于重力剖面格林和斯坦利利用图 3 求得 P、Q、R、α 的值后，然后用下面的公式求得重力接触面上界面深度 H_1、下界面深度 H_2 及密度差 ρ。

$$H_1 = \sin\alpha\cos\alpha\big[PQ - (PQ^2 - PR^2\cos^{-2}\alpha)^{\frac{1}{2}}\big] \tag{4}$$

$$H_2 = \sin\alpha\cos\alpha\big[PQ + (PQ^2 - PR^2\cos^{-2}\alpha)^{\frac{1}{2}}\big] \tag{5}$$

$$\rho = \big[g_z(P)\cos\alpha + g_x(P)\sin\alpha\big]\Big/\Big[2G\sin\alpha\ln\Big(\frac{H_1}{H_2}\Big)\Big] \tag{6}$$

图 1 所示的模型磁性接触面产生的磁场的水平导数和垂直导数分别是

$$T_x(x) = 2kT_0 C\sin\alpha \left[\frac{\cos(\varphi + \varphi_A)}{r_A} - \frac{\cos(\varphi + \varphi_B)}{r_B} \right] \tag{7}$$

$$T_z(x) = 2kT_0 C\sin\alpha \left[\frac{\sin(\varphi + \varphi_A)}{r_A} - \frac{\sin(\varphi + \varphi_B)}{r_B} \right] \tag{8}$$

式中，k 是接触面两侧磁化率的差；T_0 是地磁场总强度；T 是接触面引起的磁场总强度；$C = (1 - \cos^2 I\cos^2\lambda)$；$I$ 是地磁场倾角；λ 是接触面相对于磁北方向的方位角；$\varphi = \alpha - 2b$；$b = \tan^{-1}(\tan I/\sin\lambda)$；$\alpha$、$r_A$、$r_B$、$\varphi_A$、$\varphi_B$ 意义同前。

当 $H_2 \to \infty$ 时，即考虑接触面向下无限延伸的情况时，式（7）和式（8）成为

$$T_x(x) = 2kT_0 C\sin\alpha \frac{\cos(\varphi + \varphi_A)}{r_A} \tag{9}$$

$$T_z(x) = 2kT_0 C\sin\alpha \frac{\sin(\varphi + \varphi_A)}{r_A} \tag{10}$$

式（9）和式（10）是格林和斯坦利 1975 年给出的公式，但是他们没有说明这是当 $H_2 \to \infty$ 时的特殊情况。

令 $A(x) = T_z(x) - iT_x(x)$，$i = \sqrt{-1}$，在式（9）和式（10）的特殊情况下，其模等于

$$|A(x)| = \frac{2kT_0 C\sin\alpha}{r_A} \tag{11}$$

它是 x 的偶函数，其曲线如图 4 所示。其相角是

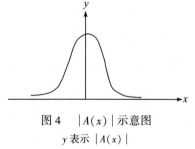

图 4　$|A(x)|$ 示意图
y 表示 $|A(x)|$

$$\Theta(x) = \tan^{-1} \frac{-T_x(x)}{T_z(x)} \tag{12}$$

由 $|A(x)|_{\max} = |A(0)|$ 可确定接触面的位置。

由 $|A(H_1)| = 0.707|A(0)|$ 可确定 H_1。

由 $\Theta(x) + \Theta(-x) = 2\varphi = 2(\alpha - 2b)$ 可确定接触面倾角 α。求得原点、H_1 和 α 后，可由式（11）确定接触带的磁化率差 k。

由于 $|A(x)|$ 是一个对称于纵轴的曲线，原点、H_1 可以求得较准。当剖面上得到一系列对称曲线时，可求得一系列磁性接触面的参数。

2. 用空间域滤波法求水平导数和垂直导数

由式（1）、式（2）、式（7）、式（8），经简单推导不难得到重磁接触面产生的场的频率域的表达式。

若令

$$H(\omega) = e^{-H_1\omega} \cdot e^{-i\omega H_1 \text{ctan}\alpha} - e^{-H_2\omega} \cdot e^{-i\omega H_2 \text{ctan}\alpha}$$

则

$$G_x(\omega) = \int_{-\infty}^{\infty} g_x(x) e^{-i\omega x} dx = 2\pi G\rho\omega^{-1} H(\omega)(-i\sin\alpha\cos\alpha + \sin^2\alpha) \tag{13}$$

$$G_z(\omega) = -2\pi G\rho\omega^{-1} H(\omega)(i\sin^2\alpha + \cos\alpha\sin\alpha) \tag{14}$$

$$T_x(\omega) = 2\pi kT_0 C\sin\alpha[i\cos(\alpha - 2b) - \sin(\alpha - 2b)]H(\omega) \tag{15}$$

$$T_z(\omega) = 2\pi kT_0 C\sin\alpha[\cos(\alpha - 2b) + i\sin(\alpha - 2b)]H(\omega) \tag{16}$$

另一方面，设 $G(\omega)$ 是原始场 $g(x)$ 的谱，则

$$G_x(\omega) = i\omega G(\omega) \qquad G_z(\omega) = |\omega| G(\omega) \tag{17}$$

$$T_x(\omega) = i\omega T(\omega) \qquad T_z(\omega) = |\omega| T(\omega) \tag{18}$$

于是

$$G(\omega) = -2\pi G\rho\omega^{-2} H(\omega)(i\sin^2\alpha + \cos\alpha\sin\alpha) \tag{18}$$

及

$$T(\omega) = 2\pi kT_0 C\omega^{-1} H(\omega)\sin\alpha[\cos(\alpha - 2b) + i\sin(\alpha - 2b)] \tag{19}$$

式（18）、式（19）表明接触面产生的重力异常场 $g(x)$ 和磁异常场 $T(x)$ 的谱主要集中在低频段。我们以 * $\alpha = \dfrac{\pi}{2}$，$H_1 = 2$，$H_2 = 4$ 的情况来说明这一点。此时

$$G(\omega) = -i2\pi G\rho\omega^{-2}(e^{-2\omega} - e^{-4\omega}) \tag{20}$$

$$T(\omega) = 2\pi kT_0 C[\sin(2b) + i\cos(2b)]\omega^{-1}(e^{-2\omega} - e^{-4\omega}) \tag{21}$$

由此若令 $\omega_2 = 0.0001$，可得表 1 和表 2 中所示的结果。这些表表明，当 $\omega > \dfrac{\pi}{2}$ 时，各频率分量的谱可以忽略。

由式（17），若令 $W_x(x)$ 和 $W_z(x)$ 分别是 $i\omega$ 和 $|\omega|$ 在空间域的值，则

$$W_x(x) = \int_{-\infty}^{\infty} i\omega e^{i\omega x} d\omega \tag{22}$$

$$W_z(x) = \int_{-\infty}^{\infty} |\omega| e^{i\omega x} d\omega \tag{23}$$

＊ 选 $\alpha = \pi/2$ 不失一般性。因为 α 仅出现在和频率 ω 无关的一个因子中以及 $H(\omega)$ 中，而 $H(\omega)$ 中和 α 有关的因子是小于 1 和随 ω 振荡的数，随 ω 的衰减主要反映在 $e^{-H_1\omega}$ 和 $e^{-H_2\omega}$ 中。

表 1

ω_1	0.00001	0.0001	0.01	0.1	1
$\dfrac{G(\omega_1)}{G(\omega_2)}$	10	1	0.01	0.00074	0.000006

表 2

ω_1	0.0001	0.01	0.1	1	3
$\dfrac{T(\omega_1)}{T(\omega_2)}$	1	0.97	0.74	0.06	0.0004

根据褶积定理，频率域中的乘积等于空间域中的褶积，于是相应于式（17）有

$$g_x(x) = \int_{-\infty}^{\infty} g(x') W_x(x - x') \, dx'$$
$$g_z(x) = \int_{-\infty}^{\infty} g(x') W_z(x - x') \, dx' \tag{24}$$

及

$$T_x(x) = \int_{-\infty}^{\infty} T(x') W_x(x - x') \, dx'$$
$$T_z(x) = \int_{-\infty}^{\infty} T(x') W_z(x - x') \, dx' \tag{25}$$

式（24）、式（25）中的 W_x、W_z 可由式（22）、式（23）求得，但一般地式（22）和式（23）并不收敛。然而由前面的讨论可知，对于 $G(\omega)$ 和 $T(\omega)$，谱率分量的谱主要集中在低频段。设 $\omega > \omega_0$ 时，它们的谱可以忽略。于是由式（24）、式（25）计算时，$W_x(x)$、$W_z(x)$ 亦可取 $\omega < \omega_0$ 时的值。此时，由式（22）、式（23）得

$$W_x(x) \doteq -2 \int_0^{\omega_0} \omega \sin(\omega x) \, d\omega = \frac{2}{x} \omega_0 \cos(\omega_0 x) - \frac{2}{x^2} \sin(\omega_0 x) \tag{26}$$

$$W_z(x) \doteq 2 \int_0^{\omega_0} \omega \cos(\omega x) \, d\omega = \frac{2}{x} \omega_0 \sin(\omega_0 x) + \frac{2}{x^2} \cos(\omega_0 x) - \frac{2}{x^2} \tag{27}$$

在离散情况下，并考虑到 $x = 0$ 时的极限情况有

$$W_x[0] = 0$$
$$W_x[I] = \frac{2}{I} \omega_0 \cos(\omega_0 I) - \frac{2}{I^2} \sin(\omega_0 I) \tag{28}$$
$$I = -M, \ -M+1, \ \cdots, \ -1, \ 1, \ 2, \ \cdots, \ M$$

及

$$W_z[0] = 0$$

$$W_z[I] = \frac{2}{I}\omega_0\sin(\omega_0 I) + \frac{2}{I^2}\cos(\omega_0 I) - \frac{2}{I^2} \tag{29}$$

$$I = -M, \ -M+1, \ \cdots, \ -1, \ 1, \ 2, \ \cdots, \ M$$

和

$$g_x[I] = \sum_{I'=-M}^{M} g[I']W_x[I-I']$$

$$g_z[I] = \sum_{I'=-M}^{M} g[I']W_z[I-I'] \tag{30}$$

及

$$T_x[I] = \sum_{I'=-M}^{M} T[I']W_x[I-I']$$

$$T_z[I] = \sum_{I'=-M}^{M} T[I']W_z[I-I'] \tag{31}$$

理论上估计式（26）、式（27）或式（30）、式（31）的误差是困难的。但是所求导数的可靠程度并不完全取决于式（26）、式（27）逼近式（22）、式（23）的程度，而且还取决于式（24）、式（25）。即虽然式（26）、式（27）的高频分量和原式（22）、式（23）比较有较大的误差，但当使用于式（24）、式（25）时，由于 $g(x)$ 和 $T(x)$ 高频成分可略，仍然可以得到较满意的结果。

三、方 法 试 验

1. 理论模型的试验

在滤波法中最后归结为由式（28）至式（31）来求重磁剖面的水平导数和垂直导数。可靠程度取决于截止频率 ω_0 和滤波系数 $W_x[I]$、$W_z[I]$ 的项数指标 M 的选择。由于 ω_0 及 M 的选择不合适，所求的水平导数和垂直导数会产生误差。由前所述，ω_0 必须足够高，以保证接触面产生的场高于 ω_0 的频率分量的谱可以忽略，这样可以由式（30）、式（31）求得场的水平导数和垂直导数。这个限制要求 ω_0 最好大于 $\frac{\pi}{2}$。但在实际问题中，接触面常被其他类型的源所干扰。一般较多的是高频干扰源。这样，原始的场中包含高频干扰场。因此，过高的 ω_0 虽然使接触面场频率分量的谱可以完全忽略，实际上并不为零，从而使求得的结果变坏。从理论上说，由式（30）、式（31）求水平导数和垂直导数，M 应该越大越好；但在实际问题中，过大的 M 表示在求某一测点的场的导数时利用了离该点过远的测点上的场的值，对于这个值不能保证完全是由接触面产生的，因此过大的 M 反而会引进误差。

对于重力的情况，我们使用如图 1 所示的模型接触面，取 $H_1 = 1.22$km，$H_2 = 10.72$km，$\rho = 0.5$g/cm³，$\alpha = 45°$，$I_0 = 27.8$（格点距，接触面原点的位置），用它产生的理论重力场进行了试验。试验时取 $\omega_0 = \frac{\pi}{2}$，$M = 27$。求得的水平导数 $g_x(x)$、和垂直导数 $g_z(x)$ 给在图 5 内。作图时做了规范校正。

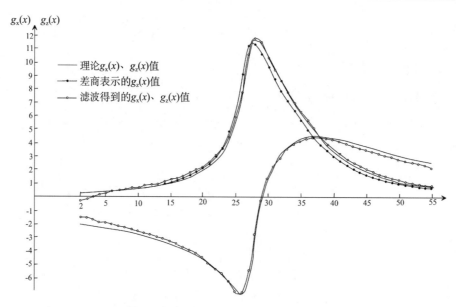

图 5　滤波法得到的水平导数和垂直导数

　　由图 5 中曲线对比表明，由差商得到的水平导数 $g_x(x)$ 和理论的 $g_x(x)$ 在曲线的两侧，即远离接触面的点上拟合较好；在接触面附近的点上存在一定的误差。用滤波法得到的 $g_x(x)$ 和理论的 $g_x(x)$ 在接触面附近的点上拟合优于差商法。用滤波法求得的垂直导数 $g_z(x)$ 和理论的 $g_z(x)$ 之间的拟合情况和水平导数类似。对比试验表明，两者的精度是相等的。由差商法求得的水平导数在接触面附近的畸变，将会由希尔伯特变换运算加剧垂直导数的畸变，这将影响到接触面参数的确定，而用滤波法则克服了这一弱点。滤波法带来的毛病是远离接触面的点上误差大一些，由于椭圆主要是由接触面附近的点决定的，因此它的畸变比接触面附近的点产生的畸变对求接触面参数的影响小。

　　由滤波法求得的 $g_x(x)$ 对 $g_z(x)$ 的关系图在图 6 上给出。由图 6 按第二节中所述方法反演求得的参数列在表 3 内。

　　表 3 中计算值与原始值比较进一步表明，当选 $\omega_0 = \dfrac{\pi}{2}$，$M = 27$ 时，对重力模型资料用空间域滤波法求的 $g_x(x)$、$g_z(x)$ 基本上是可靠的，反演接触面参数，结果是满意的。

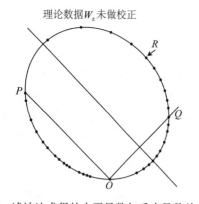

图 6　滤波法求得的水平导数与垂直导数关系图

表 3

	H_1	H_2	α	ρ	l_0
原始值	1.22	10.72	45°	0.5	27.8
计算值	1.4	10.0	45°	0.52	27.8
残　差	0.18	0.72	0	0.02	0

2. 实际重力剖面的试验

　　我们利用某实测剖面的重力资料（图 7），选 $\omega_0 = \dfrac{\pi}{2}$，$M = 27$，对这个剖面进行了试验。用滤波法求得的 $g_x(x)$、$g_z(x)$ 如图 8 所示。图 8 也显示了由差商法得到的水平导数 $g_x(x)$。图 8 表明，由滤波法和差商法分别得到的 $g_x(x)$ 有些接近，但前者更圆滑些，高频干扰显得更少些。

比较图8及图2表明，对于图7所示的实测剖面，计算的水平导数和垂直导数不是唯一的和图2所示的理论曲线对应。图8中的 A 部分（虚线以左）和 B 部分（虚线以右），可能分别对应图7中的 A 部分与 B 部分。图8中的 A 部分可以画出一个类椭圆形曲线，如图9a 所示。B 部分则不然，如图9b 所示，它可能是由其他类型的异常源造成的。图9a 中靠近 B 部分的点由于 A 部分和 B 部分的相互影响，使计算的 $g_x(x)$ 与 $g_z(x)$ 和实测的有误差，以虚线表示。因此，只有当两个接触面相距一定的距离，或由非接触面产生的干扰场较小时，真正的接触面才有可能用这种方法探测出来。

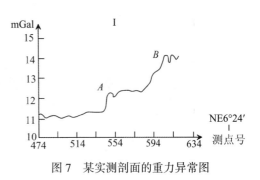

图7　某实测剖面的重力异常图

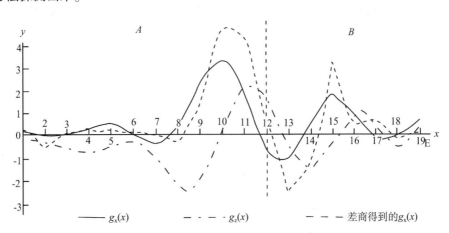

图8　对某实测剖面用滤波法求得的重力水平导数和垂直导数

由图9a 反演得到的接触面参数：上界面埋深88m，下界面埋深125m，倾角27°。当然，由于 B 部分的影响，求得的参数可能带有误差。

对于如图7所示的实测资料，也选用 $\omega_0 = \pi$，$M = 17$ 进行了试验。计算结果如图10所示。比较图9a 和图10可见，由于高频干扰的影响，使结果变坏。看来，缩小 ω_0 可压低高频干扰。最佳 ω_0 的确定应通过预试验，以能较好地滤掉高频干扰和保持接触面的信息，作为 ω_0 的选取准则。此外，增加 M 可增加滤波结果的可靠性。在我们的问题里，选 $\omega_0 = \dfrac{\pi}{2}$，$M = 27$ 是合适的。

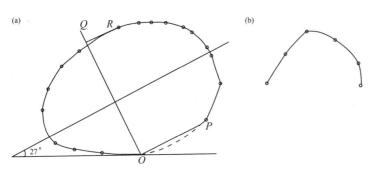

图9　某实测剖面水平导数对垂直导数图

$$\omega_0 = \frac{\pi}{2}，M = 27$$

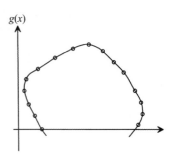

图10　某实测剖面 A 部分水平导数对垂直导数图

$$\omega_0 = \pi，M = 17$$

四、简单的结论

通过对重力的模型例子和实际剖面的试验表明，用空间域滤波法求观测剖面资料的水平导数和垂直导数，然后应用格林和斯坦利方法求接触面的参数是有效的。由于接触面产生的重力异常和磁异常的谱主要集中在低频段，采用空间域滤波可以通过适当选取截止频率 ω_0 有效地滤掉高频干扰。由于实际的观测数据往往存在高频干扰，所以采用滤波法将更为适宜。

参 考 文 献

［1］Green R and Stanley J M, Application of a Hilbert transform method to the interpretation of surface-vehicle magnetic data, Geophysical Prospecting, 23（1）: 18-27, 1975

［2］Green R, Accurate determination of the dip angle of geological contact using the gravity method, Geophysical Prospecting, 24: 265-272, 1976

［3］Stanley J M and Green R, Gravity gradients and the interpretation of the truncated plate, Geophysics, 41（6）: 1370-1376, 1976

磁性层析成像

——塔里木盆地（部分）地壳磁性结构反演*

刘长风　王妙月　陈　静　底青云　汪鹏程

中国科学院地球物理研究所

摘　要　在磁源空间设计模型，建立模型磁化强度和磁场间的系数矩阵，研究磁性层析成像（MCT）。模型和塔里木盆地（部分）磁场反演表明，磁性层析成像能够揭示岩石磁性的强弱，磁性体在三维空间中的位置和形态特征，展示不同深度的线性构造。

关键词　磁性层析成像　塔里木盆地

1　引　言

至今，位场反演主要从两个方面研究场源。设定已知物性结构，反演空间位置、形态，或者反之。以界面为例：已知物性分布，计算埋深、起伏[1]；反之，已知界面埋深、起伏，反演物性的横向分布[2]。实际上，耦合在一起的物性结构和几何结构都是未知的，两种方法都不完善。由于不能准确分离数个场源由两种结构耦合而成的场，研究仅限于浅部的源。磁性层析成像（MCT）将模型设定在对场影响可及的场源空间，从而可以解决上述方法的局限性[3]。

众所周知，解决位场反演中存在的不适定问题，一般采用减少未知数或加进约束条件的办法。研究位场和场源之间的线性关系，Cribb[4]曾给出一个基本的场源模型。他加进约束条件，研究了求取"最佳近似解"的广义线性反演方法。Bhattacharyya[5]确定了一个简单的条件，从而不难得到正定的实对称系数矩阵。为了能够对依照文献［5］的条件建立的方程组稳定求解，于德伍[6]从方程的条件数入手做了一些探索，对模型和算法提出了一些有益的建议。但由于模型和算法的研究未能取得突破性进展，目前，仍是根据先验信息加入约束条件后，才能够求解具有较大系数矩阵的方程组。Barbosa等[7]在二维致密源重力重构（CGR）中，采用了约束密集源的长度、方向等办法，成功地反演了岩脉、岩墙、岩盖等模型和矿区实际资料。

我们在建立模型时，考虑了使系数矩阵具有好的条件，以减少解的不适定性。为此，我们设计了一种模型，可以在缺乏先验信息的情况下，用于研究磁场层析成像。在模型试算的基础上，结合塔里木盆地中部丙区航磁资料，对磁性层析成像方法做了探讨。计算结果表明，MCT可以给出地壳中磁源的磁性大小、空间位置、形态特征和它们的三维分布结构。

2　原　理

按照Cribb[4]的思想，磁源可以离散化为一系列的点源模型，它于空间某点引起的场值可简化为如

* 本文发表于《地球物理学报》，1996，39（1）：89~96

下关系：

$$\boldsymbol{F} = \boldsymbol{GM} \tag{1}$$

式中，$\boldsymbol{M}$ 为磁化强度矢量；$\boldsymbol{G}$ 是由磁性点源和场点的几何参数决定的系数矩阵，写成分量的形式则有

$$F_j = \sum_i^m M_i G_{ij} \tag{2}$$

其中，$i = 1、2、\cdots、m$，为 m 个点源；$j = 1、2、\cdots、n$，为 n 个场值。通过解 n 个方程的线性方程组，即可获得 m 个点源的磁化强度值 M_i。

3　模型试算

3.1　模型设计

将设定的模型空间划分成若干正方棱柱体。假定在每一棱柱体中磁化强度是常量，允许不同的棱柱体磁化强度不同。若某棱柱体的磁化强度为 $\boldsymbol{M}$，在直角坐标系 (x, y, z) 中左下角坐标为 a_0、b_0、h_0，长、宽、高分别为 Δa、Δb、Δh，并分别平行于相应各轴。为简化计算，取其垂直磁化时的垂直分量。当 z 轴向正下为正时，此柱体在某点产生的场值 $\boldsymbol{F}$ 为

$$F(x, y, z) = \boldsymbol{M}\arctan\left(\frac{\alpha\beta}{rh}\right)\Bigg|_{a_0}^{a_0+\Delta a}\Bigg|_{b_0}^{b_0+\Delta b}\Bigg|_{h_0}^{h_0+\Delta h} \tag{3}$$

式中，竖线后边的值分别表示该柱体长、宽、高的积分限。若令 x_0、y_0、z_0 为磁源坐标，则

$$\alpha = x - x_0$$
$$\beta = y - y_0$$
$$h = z - z_0$$
$$r = \sqrt{\alpha^2 + \beta^2 + h^2}$$

整个模型空间由同层相等、各层不等的棱柱体水平分层排满，且随深度增大各层模型的尺度也增加，从而使系数矩阵的元素在量级上是可比的。若令取值平面为 $z = 0$，则模型顶面深度为第 1 层棱柱体的高度。取值区域略小于模型第 1 层平面。本文模型在不少地方与文献 [5，6] 的做法相符，文献 [5] 所确定的条件是单个棱柱体必须满足 $h/s \geqslant 1$（h 为棱柱体中心点的深度，s 为棱柱体的水平尺度）。本文模型也符合文献 [6] 的一些建议，但是，该文献的模型结构不宜于做层析成像研究；况且，由于未能设计出条件较好的系数矩阵，柱体个数太少，结果文献 [6] 得出用 3 层模型做反演"往往是不稳定的"。采用本文模型，当棱柱体数（即未知数）较小时，比如在 100 以内，我们已经验证了系数矩阵是满秩的，且没有很小的本征值。采用 QR 法[8]和改进的高斯-赛德尔迭代法[9]试算，都能较快地逼近真值。后一种方法是在地震反射波层析成像研究中有 Bishop 提出，它更适用于未知数多的情况，在这里也是有效的。由于它用实对称矩阵，计算比较稳定。为了增加求解的稳定性，计算又分成内、外两层迭代，数值采用双精度。

3.2　计算实例

模型分 3 层，第 1 层无磁性，棱柱体为 61 个，场值取 100 个（即方程数）。采用后一种方法做内

层迭代，第 1 次内迭代 15 次，以后均为 10 次，外迭代 20 次。表 1 给出其中 6 次外迭代完成后，7 个棱柱体的磁化强度解、该次的计算残差和它们的真值。它们分别为居于第 1 层中心的棱柱体，下面两层则是磁化强度具有最大值和最小值以及另外选定的一个棱柱体。

表 1 迭代结果、残差和模型磁化强度真值

迭代次数	1 层中心	2 层			3 层			计算残差
		最大	选定	最小	最大	选定	最小	
1	19.65	34.06	29.33	-6.02	39.45	7.59	-1.38	20.07
2	6.65	48.20	39.36	-5.49	53.88	10.62	-0.59	7.78
3	2.54	54.07	42.47	-3.90	59.11	10.57	0.62	3.30
5	0.52	58.54	43.58	-2.21	62.30	10.06	1.45	0.73
10	0.20	61.27	42.88	-1.51	63.31	9.74	1.29	0.27
20	0.13	62.06	42.09	0.79	66.02	6.67	-0.68	0.16
真值	0.00	56.77	36.78	0.24	71.40	3.12	0.07	…

注：表中"最大""最小"指该层具有最大和最小磁化强度值的棱柱体，"选定"是由作者选定的棱柱体

为了使方法适应实际问题的需要，我们取了较大的棱柱体数进行试算。将模型空间共分 4 层，仍让第 1 层无磁性，第 2，3，4 层磁化强度的分布分别如图 1b~d 所示。共计由 1400 余个棱柱体组成。此模型产生的磁异常见图 1a，取 2100 余个。由于实际测量只能获得异常场的相对值，因而将异常的值化为 0。受微机的限制，需采用改进的高斯-赛德尔迭代法做内层计算，它能够节省内存空间，但增加了计算时间。这里给出内、外两层累积 115 此内迭代的结果，每次内迭代完成后，残差（表 2）单调见效，可见计算在稳定收敛。显然，改进系数矩阵的办法是可行的。

表 2 10 次外迭代的计算残差

迭代次数	残差	迭代次数	残差
1	6.95	6	1.98
2	5.25	7	1.84
3	3.81	8	1.53
4	3.03	9	1.39
5	2.43	10	1.29

模型场的数值实例也表明，采用本文给出的系统矩阵做磁性层析成像反演，结果基本上是可靠的。图 1e~h 显示了第 1~4 层磁化强度分布的反演结果。对于无磁性的第 1 层仅出现了很小幅度的扰动，其他各层则都较好地反映了该层的磁化强度分布；并且能够分辨出非同层磁化强度的不同分布。由于受模型、算法、设备等因素的限制，反演给出的三维图像存在以下几个问题：①与模型磁化强度的变化幅度相比，浅层结果偏小，深层偏大，因而不能准确地给出磁化强度随深度的分布；②每一层的磁化强度对相邻的层有影响，可参见第 1 层；③模型和强异常边缘出现负值，前者于浅层较强，后者则于深层稍强。

为了利用磁源和场值间的线性关系反演磁化强度分布，对建立的系数矩阵给出某种约束条件。由于约束条件一般也是未知的，因而限制了该方法的应用。模型试算表明，模型采用合理的配置，使系

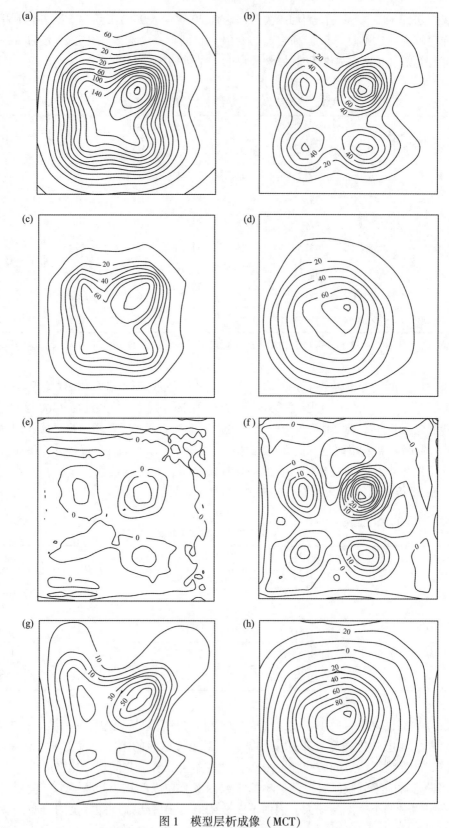

图 1　模型层析成像（MCT）

（a）模型磁异数；（b）~（d）分别为模型第 2~4 层磁化强度分布；

（e）~（h）分别为模型反演的第 2~4 层 MCT 图

单位：10^{-2}A/m

数矩阵具有好条件，就可以不用难以了解的物理条件约束，这是研究磁性层析成像的一个有希望的途径。但是在计算中，数值用双精度，系统矩阵须占内存 16M；现采用的算法在 486/66 微机上得到上面的结果需要 12h。对于小的棱柱体数用 QR 法计算，收敛快、精度高；可是，对于大的棱柱体数，内存占用量太大。可见，这里提出的磁性层析成像方法也受到一定的限制，特别是影响了深入研究系数矩阵的各项特性，因此，本文的方法尚有待进一步完善。

4　塔里木盆地丙区层析成像研究

塔里木盆地中部丙区在东经 81°00′~84°00′和北纬 38°40′~40°00′。在剩余异常等值线图（图 2）内又给出了东经 82°00′、83°00′和北纬 39°20′线，它们将盆地划分为 6 个小区。由西向东，北半区分别成为 4、5、6 号区，南半区则为 10、11、12 号区。

依反演的要求，对丙区航磁异常场作了化极处理。位于 12 号区的孤立磁异常，北侧较强的负值基本消除，证实化极效果较好。区域西缘，特别是尖陡狭长异常上取值过少，频率域中做数值处理，化极结果有畸变。丙区的区域性磁场估计属大型构造单元磁性特征的反映。

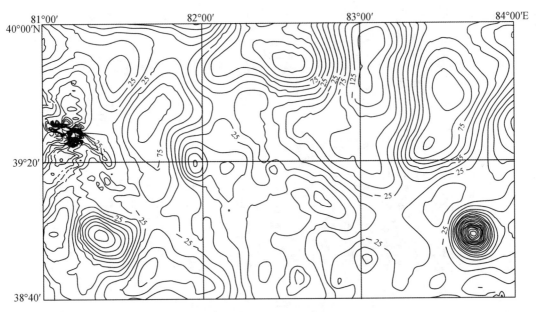

图 2　塔里木盆地中部丙区航磁剩余异常场

单位：10^{-2}A/m

为了初步了解研究区磁性体最小埋深，我们做了 Euler 反褶积计算[10,11]。结果表明，区内磁性体都很深，较浅的西南部也在 5km 以上，而且相互间深度值差距也很大。它们孤立存在，显然岩性成因不尽相同，磁化强度呈非均匀分布。

我们用化极和消除区域场后的剩余异常场做了丙区以及丙区西南部的层析成像研究。

4.1　模型设计

反演实际资料的模型配置和实验模型相同。根据模型计算经验，参考反褶积计算结果，我们仅确定了模型的尺度和空间位置。

丙区层析成像模型分 4 层。第 1 层所在的空间无磁性，第 2、3、4 层的层中间深度分别为 7.5、15 和 30km。全区分作 18 片计算。为了了解不同尺度模型的成像效果，我们又对较浅的西南部做了层析成像计算。第 1 层也没有磁性，第 2~5 层的层中间深度依次为 4.5、9、18 和 36km。分 12 片计算。在做上述两个区域的计算中，相邻片均有大于 1/2 的重叠。拼接时，衔接片边缘各舍弃垂向边长 1/6 的结果值，即它们不参加计算。事实上，重叠部分计算结果的分布时比较接近的。

两个区域的计算结果示于图版 I。丙区示于图 3a~c，丙区西南部示于图 3d~g。除最大和最小的数值段，均按等差用不同颜色表示（见色标）。

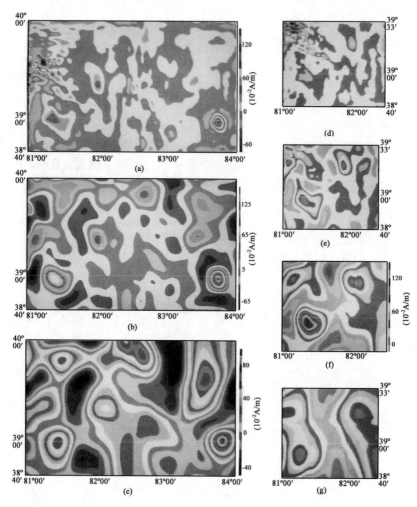

图 3　塔里木盆地中部层折成像结果

（a~c）丙区；（d~g）丙区西南部

4.2　丙区层析成像

第 1 层：计算结果与模型实验相比，扰动更加严重，它们杂乱无章地布满全区。不过除西缘狭长异常带之外，均于 0 值上下浮动，估计收到了测量，取值和化极等因素引起的误差影响。

第 2 层（图 3a）：层中间深度 7.5km。此层大部分地区仍无磁性，仅 10 号和 12 号区显示出 3 个磁性体。11 号区南、北边缘的稍强磁性显示似应斟酌。西缘中部计算数值也不准确，但是其间的 3 种线性构造较清晰，分别为北东、北西和北西西走向。此层仍有与第 1 层相同性质的干扰。

第 3 层（图 3b）：层中间深度 15km。此层新出现了 5 个磁性体，它们多在磁源较深的研究区北半部，可能是古生代（或早期）的侵入体，其中北缘西段的磁性体有畸变。第 2 层出现的 3 个磁性体在这一层规模增大。引起西缘狭长异常的磁源小时，此异常南边的磁性体得到证实，而且它由北西西转呈北东走向。此层对线性构造由较好显示，他们以北东和北西向为主，两种构造间的相互关系也较清晰。不仅反映在长大的线性构造上，而且展示出 6 号区两掩体的相互错动。

第4层（图3c）：层中间深度30km。此层5和6号区的磁性体已经（或近于）合二为一。10号区东北部的磁性体形状发生了很大变化，它在测量场上仅引起较小的异常值。西缘中部的磁性体可能消失，12号区的强磁性体磁性仍很强，显然，它的物质来源很深，可能是基性（或者超基性）侵入体。随着深度加大，此磁性体向东稍有偏移，它是异常等值线东西两边带宽不同的原因所致。这一层古构造线清晰，南北、东西、北东、北西4中走向。前两种构造在第3层已有显示，不过都被后两种构造所改造。

4.3 丙区西南部层析成像（位于10及11号区西部）

第1层：和丙区第1层的计算结果相似。

第2层（图3d）：层中间深度4.5km。西北部显示出两条北西向条带状磁性体，可能是丙区最晚的侵入。

第3层（图3e）：层中间深度9km。位居南边的条带状磁性体变为等轴状。与丙区成像比较，图中线性构造不仅清晰，且更为详尽。

第4层（图3f）：层中间深度18km。显示两条带状磁性体已经合一。位居东北和西南的两个磁性体于这一层规模最大。

第5层（图3g）：层中间深度36km。此层磁化强度数值小么，变化幅度也较小。

上述层析成像模型尺度小，成像分辨率相应也高。根据丙区及西南部的两项计算，可以对强磁性体做比较准确的推断。以10号区为例，东北部的磁性体顶深约5km，在18km左右向东展宽；西南部的磁性体顶深约7km。由于18km深度以下信息较少，分辨率较差。两项计算后，磁性体的下部情况仍不明朗。不过，比较丙区第4层及其西南部第5层的磁化强度分布，两者间有明显得水平位移。对比两种模型的所在空间，原因可能是深度在20~30km间存在磁性基底的顶面。这与丙区的Euler反褶积的结果吻合。由于受浅部磁性体干扰，反褶积计算恰在西南部未获得深度较大的解。最后指出，深度达35km时，显然已经接近了盆地磁性地壳的底界面。

5 结论与讨论

根据塔里木盆地中部丙区航磁异常场做磁性层析成像研究表明：

（1）由所设计模型建立的系数矩阵能够反演复杂的地壳磁性结构。每种尺度模型的反演结果，相邻片重叠部分都吻合较好，将两种尺度的模型（共计30片）反演结果做对照比较，两者磁化强度的空间分布相互印证，是合理的。

（2）在测量、取值中存在的误差虽然于浅层引起了较明显的扰动，但是整个迭代反演稳定收敛，从而获得了深部的磁化强度分布。此外我们还注意到：将模型设定的空间尺度大于取值区域，且其深度已超过磁性地壳底界面，使得异常赖以产生的磁源尽可能在模型空间中，从而限制了解的随意性。

（3）反演结果证明，不仅由模型建立的线性方程组能够做层析成像研究，而且航磁测量资料也能够反映地壳的磁性结构。为了提高方法的实用性，我们还必须对影响处理实际资料的相关特性做进一步研究。

（4）使用486微机，受速度、内存限制，仅能进行层析成像的初步研究。然而，在模型试算和实际资料处理中，依设计模型和取值场点建立具有好条件的系数矩阵，可以使计算残差单调见效，迭代稳定收敛。本文中，模型和实际资料反演都未能准确地获取岩石磁化强度值，所获得的信息量特别是深部信息相当有限。若能使用较大内存、更高速度的计算机，则可以改进模型设计；选用更合适的计算方法，将会较大幅度地提高数值精度和分辨率，甚至推算出岩石磁化强度的绝对值。

尽管如此，磁性层析成像技术的初步研究成果已经勾画出地壳中磁性岩石的三维图像：他们的磁性大小，在三维空间中的位置、形变和消长，以及线性构造的展布等。仅就现在的结果不难预料，层析成像可为深入研究板块结构、板块划分及其历史演化提供较完整的信息。方法还易于推广到密度层析成像，做重、磁复合研究，两者互映互补，则能够获得更加详实可靠的信息和图像。从位场方面，为研究物性（磁性、密度、弹性、电性）复合以及它们的机理奠定基础。

参 考 文 献

［1］刘元龙、王谦身，用压缩质面法反演重力资料以估算地壳构造，地球物理学报，20：59~69，1977

［2］Wang Miaoyue, Zhu lian, Calculation of distribution of the high magnetic bodies under the ground, SEG U. S. A., Abs., 56, 1979

［3］王妙月，地球内部成像、演化和动力学，地球物理研究所四十年，北京：地震出版社，110~115，1977

［4］Cribb J, Application of the generalized Linear inversion of static potential data, Geophysics, 41：1365-1369, 1976

［5］Bhattcharyya B K, A Generalized multibody model for inversion of magnetic anomalies, Geophysics, 45：255-270, 1980

［6］于伍德，用超定方程求磁异常线性反演，长春地质学院学报，2：155~128，1982

［7］Barbosa V C, Joao B C, Generalized compact gravity inverse, Geophysics, 59：57-68, 1994

［8］何旭初、苏煜城、包雪松，计算数学简明教程，北京：人民教育出版社，229~254，1980

［9］Cutler R T, langan R, Love P L, Bishop T N, A Tomographic solution to the travel-time problem in general inverse seismology, Advance in Geophysical Data Processing, 2：199-221, 1985

［10］Read A B, Allsop J M, Granser H et al., Magnetic interpretation. in three dimensions using Euler deconvolution, Geophysics, 55：80-91, 1990

［11］刘长风、刘慧洁，用 Euler 反褶积方法反演台湾海峡磁异常，地球物理学报，37：345~352，1977

Ⅰ—6

巴颜喀拉块体东南缘地质构造的航磁反演成像①

王若[1)]　　王妙月[1)]　　底青云[1)]　　王光杰[1)]　　周坚鑫[2)]

1) 中国科学院地质与地球物理研究所
2) 中国国土资源航空物探遥感中心

摘　要　本文对研究区（东经 98°～103°，北纬 31.5°～34°）1∶50 万航磁资料的 476 条南北向剖面采用磁性标量层析成像方法进行了 2D 成像反演。每条剖面资料点距 1km，反演的磁性柱体剖面方向宽度 1km，共约 277 个柱体，深度方向共 8 层柱体，每层厚度 4km。反演的 476 个断面的磁性柱体相对磁化强度幅值组成了 3D 磁性数据体。对 5.5km、17.5km、21.5km、29.5km 深的磁性水平切片和 7 个北东向的磁性垂直切片表现的磁性特征进行了研究，并进行了地质解释。结合研究区已经公布的地质、地球物理资料，讨论了磁性细结构能提供工程地质灾害数值模拟仿真结构模型的信息，得到了反演的磁性细结构特征比场的特征能提供更多的断层和岩体 3D 细节信息的初步认识。

关键词　巴颜喀拉块体东南缘　航磁资料　磁性标量层析成像　二维　假三维

1　引　言

无论是在内动力作用下还是在外动力作用下，工程地质灾害是否发生，除了和内外动力源有关以外，还和工程地质构造的结构及其力学性质有关。本文的目的是想通过已经积累的区域性航磁资料来讨论这个问题。由于如何由航磁资料来反演岩体的力学性质至今还没有完全解决，所以本文重点讨论由航磁资料反演磁性细结构，并进行推断地质细结构和实例研究。所得的结果可为工程地质灾害的数值模拟研究提供仿真模型的信息。

研究区选为青藏高原巴颜喀拉块体的东南缘，经度从东经 98°到 103°，纬度从北纬 31.5°到 34°，约 15 万平方千米。此处是南水北调西线工程的通过区域。这将使地质结构的研究有的放矢。

由于印度板块和欧亚大陆板块的最新碰撞挤压作用使该区的内动力作用十分强烈。由地震学推知：其南侧的鲜水河断裂的左旋滑动速率每年可达 0.5cm②。该区属于由天然地震划分的巴颜喀拉应力区（B217）的东部、龙门山—松潘应力区（B218）的西侧以及川—滇应力区（B219）的北部[1]，地震活动十分频繁。该区位于由 GPS 资料划分的昆仑块体的东端，该块体的南北边界变形显著[2]。研究区的南北边界和文献 [2] 所述的昆仑块体南北边界基本一致。地震学和变形 GPS 观测研究表明区内的内动力作用十分强烈。

由于研究区位于青藏高原巴颜喀拉山的东南缘，此处地形起伏很大，高程变化剧烈，雨量充沛，边坡地层陡倾，许多地方岩体近乎直立，垂直节理发育，岩体的自重滑动、崩塌、泥石流至今时有发生，显然外动力作用也十分强烈。

① 本文发表于《地球物理学报》，2007，50（6）：1787～1793
② 中国地震震源机制研究，第二集，国家地震局震源机制研究小组，1973

在如此大的内外动力作用下，地质构造结构细节的知识对认识重大工程的稳定性、隐患和安全性认识，以及指导工程建设安全措施的制订十分重要。随着西部地区工程建设项目的增加，工程区地质构造细结构及其与工程安全和稳定性之间关系的研究普遍受到关注。长期以来，构造活动和工程稳定性的研究主要靠地质、地球物理和地球化学等观测手段，而像深埋长隧道等工程在洞线深度上的观测资料很少，需要靠地表地质观测和地震深度上的地震活动性观测资料来外推，数值模拟是外推的一个好方法，然而数值模拟结果的好坏依赖于模型的仿真程度。

中国国土资源航空物探遥感中心（简称航遥中心）多年来在该地区做过航空磁测，在此基础上，由航遥中心编制了研究区统一的 1∶50 万的航磁资料。经过对该区 1∶50 万航磁资料 476 条剖面进行磁性 2D 标量反演成像，获得了研究区相对磁化强度分布的 3D 数据体。分析相对磁化强度分布的 3D 数据体表明，3D 相对磁化强度分布比观测航磁特征资料能更好地识别研究区的 3D 磁性细结构，特别能更好地识别断层和局部磁性体的 3D 图像。除已经发表的应力和变形等资料以外，本研究结果可为研究区在强内外动力耦合作用下工程安全和稳定性数值模拟研究提供 3D 结构仿真模型信息。

2　反演成像原理

近 20 多年来磁标量位场反演成像研究已经取得了很大的成功，并已处理了实际资料[3~7]。磁矢量反演成像的方法也已有人研究[8]。

本文使用文献［5］中的磁性标量反演成像方法，考虑到航磁具有一定的飞行高度，将飞行高度和地面之间的空间当作无磁性空间。

将计算区域地面下的成像空间分成一系列的柱体，这些柱体的相对磁化强度幅值（不考虑方向）是待求的未知数。磁性柱体在空间任一点产生的磁场已有解析表达式，但这个解析表达式的数值计算非常花费时间，因此考虑了航磁具有飞行高度后，我们用放在柱体中心的一个等效磁偶极子产生的场来近似替代磁性柱体的精确场。等效磁偶极子的磁矩等于柱体内均匀分布的磁化强度乘以柱体的体积，并采用假三维技术，用每个剖面经过 2D 处理得到的结果组合成 3D 数据体（由于这里计算范围大，柱体多，可能会遇到相对比较严重的欠定问题，真三维技术的有效性需进一步探讨）。

具体的计算公式如下：

$$AM = D \tag{1}$$

式中，M 为由一系列柱体的相对磁化强度幅值组成的未知量列矢量；D 为航磁资料列矢量；A 为灵敏度矩阵，其元素：

$$A_{ij} = \left(\frac{3(R_{ji} \cdot S_0) \cdot (m_0 \cdot R_{ji})}{R_{ji}^5} - \frac{(S_0 \cdot m_0)}{R_{ji}^3} \right) a_i b_i c_i \tag{2}$$

$$R_{ji} = |R_{ji}| = |r_j - r_i| \tag{3}$$

r_i 表示第 i 个磁性柱体中心的位置矢量；r_j 表示第 j 个观测点的位置矢量；m_0 表示柱体的磁化方向单位矢量，并假设各个柱体的磁化方向相同。当不考虑岩石的剩磁时，可取现代地磁场在计算点的基本磁场方向作为 m_0 的方向。S_0 为磁场的观测方向。

当采用磁场总强度异常作为观测资料时，S_0 方向可取为和 m_0 方向相同。a_i、b_i、c_i 为柱体的边长，对于 2D 柱体，取 $b_i = 1$。采用改进的高斯赛德尔迭代方法[8,9]求解方程（1），引进辅助变量 X，其分

量 X_k 和迭代解分量增量 ΔM_j 之间的迭代关系为：

$$X_k^{(\text{new})} = \frac{\Delta D_k - \sum\limits_{j=1}^{M_\text{P}} A_{kj}\Delta M_j^{(\text{new})} + X_k^{(\text{old})}\sum\limits_{j=1}^{M_\text{P}} A_{kj}^2}{\alpha + \sum\limits_{j=1}^{M_\text{P}} A_{kj}^2} \tag{4}$$

式中，old 表示上一次迭代的值；new 表示本次迭代的值；A_{kj} 为 $\boldsymbol{A}$ 的第 k 行第 j 列元素；ΔM_j 为迭代求得的未知数的增量，即

$$\Delta M_j^{(\text{new})} = \Delta M_j^{(\text{old})} + A_{kj}(X_k^{(\text{new})} - X_k^{(\text{old})}) \tag{5}$$

$$M_j^{(\text{new})} = M_j^{(\text{old})} + \Delta M_j^{(\text{new})} \tag{6}$$

式中，ΔD_k 为观测资料和上一次迭代解的理论资料之间的差值；k 表示资料的第 k 个值；M_p 为总的未知数个数；α 为一个阻尼系数，值为一小量（取值为 0.00001），用于增加解的稳定性。

考虑到磁化强度标量反演成像灵敏度矩阵元素 A_{kj} 的特点，对于埋得很深的柱体，对地面场值的贡献比较小，因此相应于这些柱体的 A_{kj} 将很小，有可能导致解不稳定，或导致深部解的误差较大。为此我们将 A_{kj} 修改成新的 A'_{kj}，即让

$$A'_{kj} = A_{kj} R_n \tag{7}$$

式中，R_n 为和深度有关的比例因子，对于同一个深度；R_n 有相同的值，随着深度的增加 R_n 增大，R_n 和深度的比例关系可通过模型实验获得，也可通过钻井地区野外资料反演结果的比对获得。此次计算中取

$$R_n = z^3 / n^{\frac{3}{2}} \tag{8}$$

式中，z 为柱体的埋深；n 为垂直方向的层数。

最后的解答为最后的迭代解乘以 R_n，即

$$M_j^{(\text{solution})} = M_j^{(\text{solution})} \cdot R_n \tag{9}$$

我们称此种方法为改进的高斯赛德尔迭代法。迭代时，初值模型取为"0"值模型。取 $R_e = [(D - D_t)^\text{T}(D - D_t)]^{0.5}$ 为每次迭代的残差值，式中，T 表示转置；D 为观测资料；D_t 为理论资料；残差 R_e 随着迭代次数增加而减小，一般做 10 次迭代已足够。

3 不同深度上相对磁化强度分布的特征

研究区 476 条剖面原始航磁资料组成的平面区域的磁场等值线如图 1 所示。飞行高度为 500m。南北向剖面资料采集点距为 1km，全长约 277 个资料点。图上标出了文献［10］在研究该区时得到的断裂分布。文献［10］中断裂分布区域比本文研究区大，本文进行了截取，断层编号同文献［10］。由

于图1是场的特征图像,它们是地下所有深度的磁性体产生的场的总体表现。图1表明场的特征形态和断层分布的对应性并不十分好,有的断层如F_2、F_3,有明显的线性异常与之一一对应,有的断层如F_7、F_8、F_{10}等,线性异常不明显,也很难判断断层是如何向下延伸的。因此,很难由图1所示的场的特征来勾划埋藏的断层等地质构造的细节。

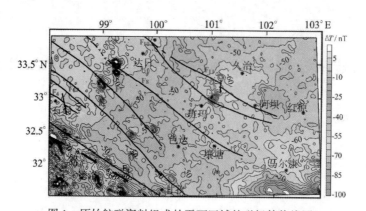

图1　原始航磁资料组成的平面区域的磁场等值线图

F_2:巴塘—邓柯—上拉秀断层;　F_3:当江—歇武—甘孜断层;　F_4:曲麻莱—称多—石渠断层;

F_5:秋智—清水河南—温波断层;　F_6:清水河—长少贡玛—大塘坝断层;　F_7:主峰—下红科断层;

F_8:野牛沟—桑日麻—南木达断层;　F_{10}:玛多—甘德—阿坝南断层;　F_{11}:甘德—阿坝北断层

我们采用2中所述的磁性标量层析成像的基本原理和文献[5]中的方法对研究区476条南北向剖面进行了反演成像处理。处理中采用了1995年的全国基本磁场图[11],查得研究区磁场倾角为40°～43°,取平均值$I = 41.5°$,偏角$D = 0°$,由此计算得到磁化方向单位矢量$\boldsymbol{m}_0$的方向余弦为(0.74895572, 0.66262025)。计算的2D磁性柱体剖面方向277个柱体,宽1km,深度方向8层柱体,每层厚4km。476个剖面反演的所有磁性柱体的相对磁化强度组成反演后的3D相对磁化强度数据体。5.5、17.5、21.5、29.5km 4个深度上的相对磁化强度分布的水平切片如图2所示。

在图2中,磁化强度的数值只具有相对意义,负值并不表示磁化强度的数值是负的,而是表示磁化强度相对较小,负值的绝对值越大,磁化强度越小。图中给出了相对磁化强度的等值线及彩色分级,蓝色表示相对磁化强度的值低,红色表示相对磁化强度的值高。

靠近南北边界的区域为诸原始测线的两个端部,反演的磁化强度值因边部效应,其数值可能已发生畸变,随深度增加,数值畸变的宽度增宽,这是反演中的资料窗口效应。为了减小边部效应的影响,对边部数据做了插值处理。

我们首先来分析图2中相对磁化强度分布的特征。图2a为埋深5.5km处的相对磁化强度水平切片图。比较图2a的相对磁化强度分布等值线和图1航磁磁场分布等值线特征表明,两者有明显的差异。图2a中的相对磁化强度分布特征大致可分为三个部分,第一部分为F_2、F_3断层以南,以德洛为中心的这一块,第二部分为石渠至久治一线以北这一块,而第三部分为图内的其余部分。第一部分为相对磁化强度的高值区,第二部分相对磁化强度的低值区,第三部分的相对磁化强度介于二者之间。图1中磁场特征和图2a有明显差异,反映了在地表之下5.5km以浅的深度上可能存在着磁化强度分布不均匀的磁性体;在图2a二区内,这一深度范围应该分布着一些磁化强度较高的磁性体;而三区内,大致在久治、阿坝、班玛、马尔康、壤塘所围的这一范围内,应该分布一些磁化强度较低的磁性体。这一特征和北部深大断裂侵入一些基性、超基性岩体和在阿坝盆地沉积有磁化强度较低、较厚的沉积岩相[10]一致。

图2b为埋深17.5km处相对磁化强度分布的水平切片图。比较图2b和图1表明17.5km深处的相对磁化强度分布特征和图1航磁磁场分布特征比较接近。图2a中的二区基本消失,图2a中的三区被

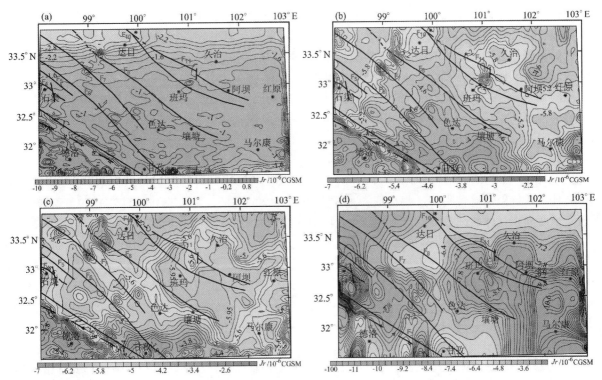

图 2　（a）5.5km、（b）17.5km、（c）21.5km、（d）29.5km 深度处相对磁化强度分布水平切片

分割成 4 个子区。

第一个子区为以石渠为中心的低磁化强度区，它在图 1 的磁场特征中也有一定的反映；第二个子区为色达、壤塘以南的高磁区，它在图 1 的磁场特征中不存在，高磁区的磁化强度和以德洛为中心的一区基本相似，估计可能和深部的岩浆活动有关；第三个子区为久治、班玛、马尔康所围的低磁化强度区，它们反映磁性较低的深部岩石在这一区域分布相对较浅；第四个子区为区中的其余部分，为相对较高磁性区。

图 2c 为埋深 21.5km 处的相对磁化强度分布水平切片图。比较图 2c 和图 1 表明，21.5km 深处的相对磁化强度分布和图 2b 的相对磁化强度分布有一定的对应性，但其等值线特征开始和图 1 的磁场等值线特征显示偏离。在图 2b 中，阿坝、红原、马尔康的相对低值区在图 2c 中向西扩展至班玛，石渠子域的相对低值区，也有向东扩大的趋势。综观全区无论是一区还是二区（包括各子区），和图 2b 比较起来，相对磁化强度的数值都有减弱趋势，表明随着深度增加磁性在减弱。

图 2d 为埋深 29.5km 处计算的相对磁化强度分布水平切片图，比较图 2d 和图 1 表明，在 29.5km 深处，等值线特征偏离场等值线特征的程度进一步加剧，许多北西走向的等值线，从 21.5km 深至 29.5km 深逐步转向南北。若将数值小于等于 -6.5 的区域都称为极低磁区，则这一深度的磁化强度分布总体特征皆为极低磁区，虽然内部存在一些细微结构。总体结构特征和 17.5km 以浅的总体结构特征不一样，17.5km 以浅的总体特征是由一系列北西、北北西向的局部磁性体构成，而 29.5km 以深的总体结构特征是由一系列北北西、南北向的局部磁性体构成的。

从图 2a~d 层析成像结果水平切片图上叠加的文献 [10] 中的断层分布和这些切片上相对磁化强度分布的特征关系来看，F_2、F_3 从浅到深，即从图 2a 到图 2b 都有明显反映。地质上 F_3 断层为当江—歇武—甘孜断层，是巴颜喀拉褶皱带与唐古拉褶皱带的分界断层，是青藏高原上一条重要的深大断层，下部为海相基性超基性火山岩，上部为基性火山岩和灰岩，总体倾向南西，倾角一般为 50°~60°。而 F_2 断层在地质上为巴塘—邓柯—竹庆断层，为玉树—临秀构造混杂带和杂多江达断褶带的分界断层，断层以北发育大量火山岩和有岩浆岩体侵入，断层以南岩浆活动不发育，总体倾向北东，倾角 40°~70°。从图 2a~d 看断层位置处，多个深度上的磁化强度分布除了数值上随深度有小幅度的有降有升外，基本特征维持不变，表明断层延深比较深，为深大断层，且断层面倾角较陡。在深部断层南侧也是明显的高磁性区，和地质上描述的 F_2 南侧岩浆岩不发育，略有出入，而地质上观测到的，应是较浅层的地质现象，深部存在磁性较高的层，应该仍是可能的。

从图 2a~d 相对磁化强度分布的特征看，F_5、F_6 应为同一断层或为相互有关联的断层。F_6 断层地质上称为清水河—长沙贡玛—大塘坝断层，为南巴颜喀拉褶皱构造带和中巴颜喀拉断褶带分界断层，属区域性大断层，对两侧沉积、岩浆活动有明显控制作用，倾向北东，倾角 55°~80°，在大塘坝，炉霍一带分布有基性火山岩，基性侵入岩和中酸性岩浆岩体，是切穿地壳的深断层，规模宏大。从图 2b~d 相对磁化强度水平切片图看，在 F_6 研究区东端和西端两头，断层两侧相对磁化强度数值突变明显，在甘孜附近磁性比较高，这些特征和地质上的描述是一致的。如完全按地球物理的特征来勾划，则断层从西向东延伸的细节上会有一些变化，但总体走向是一致的。

从图 2a 看，F_8 断层在 5.5km 深的相对磁化强度分布水平切片图上表现不明显，而在图 2b~d 上南东段的相对磁化强度等值线特征和 F_8 有较好的吻合。地质上 F_8 是野牛沟—桑日麻—南木达断层，为中巴颜喀拉褶皱带与北巴颜喀拉褶皱带分界断层。属地壳型断层，规模相对较小，这和只有在图 2b、c 所示的 17.5 和 21.5km 深处的水平切片图上断层两侧有明显的高磁性反差相一致。此外也和该带 MT（大地电磁测深）资料深部的 15~30km 处存在南倾的低阻层相吻合[10]。

从图 2a 看，F_{10}、F_{11} 断层在 5.5km 深处相对磁化强度水平切片图上反映不明显，而在图 2b~d 上有一定的反映，表现为弧形特征。在地质上 F_{10} 称为玛多—甘德—阿坝南断层，为阿尼玛卿褶皱带和巴颜喀拉褶皱带分界断层，F_{11} 为其分支断层，为红原弧形构造北界，相对磁化强度等值线变化剧烈处的几何形态和弧形构造特征相似。地质上沿断层可见中酸性及基性—超基性岩分布，南侧为北巴颜喀拉构造泥砂岩、火山岩不发育，北侧为阿尼玛卿构造单元碎屑岩、火山岩建造，岩浆活动强烈。图 2b~d 上的相对磁化强度分布的等值线特征及相对磁化强度的数值大小特征和这些地质现象吻合。

4　北东向典型剖面的相对磁化强度分布特征

图 2 表明磁性结构的长轴方向为北西，为了进一步研究这些结构体沿倾向方向的延伸情况，我们对 3D 数据体切了 7 个北东 45° 方向的垂直切片图。垂直切片水平位置如图 3 所示，结果如图 4 所示。

图 3 中给出了 7 个垂直切片剖面的水平位置图，每个垂直切片剖面的走向都为北东 45°。图中也标出了文献［10］中给出的各断层在垂直切片剖面的位置，图中显示的为研究区内截断的部分。7 个垂直切片和这些断层以大角度相交，目的是希望能进一步分析这些断层在倾向方向的相对磁化强度分布

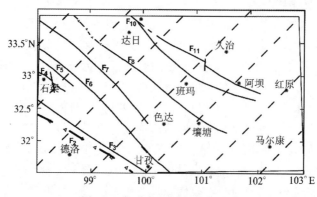

图 3　7 条垂直切片水平位置图

特征，以及断层在倾向方向的延伸特征。

图4为7个相对磁化强度垂直切片图。相对于图3中所示位置，由左至右依次编号为a、b、c、d、e、f、g。

从图4c、d看，虽然剖面的两端可能存在一些边部效应，但总体上说，F_2、F_3断层在垂直切片图上，反应是明显的，其特征和不同深度的水平切片揭示的特征类似，首先它延伸得比较深，已经切穿研究范围的底部，是深大断层。

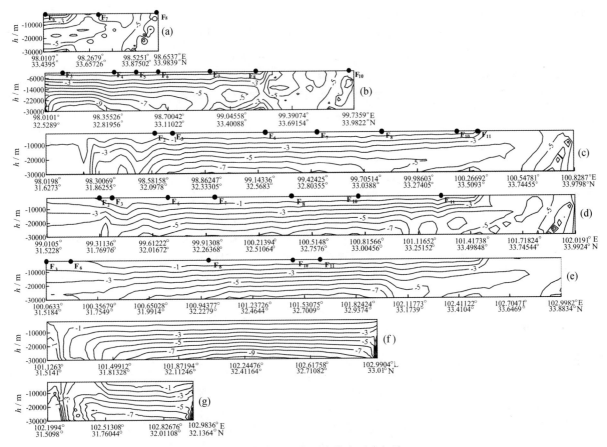

图4 7条相对磁化强度分布垂直切片

F_6断层在图4a中位于边界上，我们不做分析。在图4b、c上反映不明显，在图4d上有较明显反映，延伸深度较大，达到研究范围的底部，倾角很陡。图4d的西南端F_6反映更为明显，规模也增大。在图4e上，深部由于边界的影响，F_6断层的特征可能受到畸变。

F_7断层除在图4b上有一定显示外，在其余断面上表现不明显。

F_8断层在图4c~e上只有深部略有一些反映，而在图4a中被边界效应所掩盖。在图4b上有较明显的反应。倾向南西和水平切片特征一致，从相对磁化强度分布的总体特征看，规模小一些，尤其是南东段。F_8断层表现明显的只在它的北西端，图4b所示。

F_{10}、F_{11}断层在图4c上都有不太明显的反应。在图4d上，右端部的相对磁化强度等值线的线状特征，存在受研究区北部南倾的花石峡—玛心—玛曲断层的影响引起的可能性，在图4e现有的F_{10}、F_{11}的位置上，F_{10}、F_{11}没有反映，从相对磁化强度等值线特征看，不排除在（102.1°E，33.1°N）和（102.4°E，33.4°N）的位置上有小断层通过的可能性。

从图4f、g看已知断层不在此处通过，与平面图相对应。此外，从垂直切片等值线特征看，除端部因边界效应不好判断外，等值线均匀，不像有其他断层存在。

5　结论和讨论

文章应用 2 中给出的 2D 磁性标量层析成像原理和文献［5］给出的层析成像方法将图 1 所示的经度 98°~103°，北纬 31.5°~34°区域 1:50 万航磁资料 476 条南北向剖面组成的航磁总强度资料转换成了 8 个深度层磁性柱体的相对磁化强度组成的 3D 相对磁化强度数据体，分析这些数据并和已知地质资料对比表明，结果是可靠的。对比研究表明磁性标量层析成像结果比航磁磁场平面结果能提供更多的研究区磁性结构特征的信息。层析成像结果和地质资料对比也表明所得的层析成像结果不仅和地质信息吻合，而且能初步勾划出研究区地质体和断层的 3D 磁性特征和几何结构特征的细节，可为研究区工程安全和稳定性数值模拟研究仿真模型的建立提供参考。研究中深度方向采用了 8 层，如果采用 16 层并减小浅层（如 3km 以浅）柱体的几何尺寸，有可能在获得深部信息的同时获得更细的 3km 以浅的浅层信息，从而不仅可以改进垂直切片的质量，而且可以改进浅层的结果，这对工程研究是很重要的，是下一步研究的方向。

参　考　文　献

［1］谢富仁、崔效峰、赵建涛等，中国大陆及邻区现代构造应力场分区，地球物理学报，2004，47（4）：654~662

［2］黄立人、符养、段五杏等，由 GPS 观测结果推断中国大陆活动构造边界，地球物理学报，2003，46（5）：609~615

［3］申宁华、禹惠民、许延清，线性反演求磁源分布，物化探电子计算技术，1980，（1）：15~23

［4］于德伍，用超定方法求磁异常线性反演，长春地质学报，1982，（2）：115~128

［5］刘长风、王妙月，磁性层析成像——塔里木盆地（部分）地壳磁性结构反演，地球物理学报，1996，39（1）：89~46

［6］Mark Pilkington，3－D magnetic imaging using conjugte gradients，Geophysics，1997，62（3）：1132-1142

［7］Maurizio Fedi，3－D inversion of gravity and magnetic data with depth resolution，Geophysics，1999，64（2）：452-460

［8］王妙月、底青云、许琨等，磁化强度矢量反演方程及二维模型正反演研究，地球物理学报，2004，47（3）：528~534

［9］Cutler R T，A tomagraphic solution to the travel-time problem in general inversion seismology，Advance in Geophysical data processing，1985，2：199-221

［10］王学潮、陈书涛、张辉等，南水北调西线工程地质条件研究，郑州：黄河水利出版社，2005

［11］安振昌，利用第 7 代 IGRF 计算 1995.0 年中国及邻邦区地磁场，地球物理学进展，1997，12（3）：721~725

Ⅰ—7

应用句法识别实现地球物理磁异常的自动划分*

王　赟　王妙月

中国科学院地球物理研究所

摘　要　地球物理磁数据中蕴含着丰富的数值信息和结构信息。综合运用数值信息中的统计特征和结构信息，并结合地质和实际情况是磁异常解释的一条重要途径。本文在前人工作的基础上[1]，尝试应用句法模式识别和聚类分析的方法，根据磁异常的结构和统计特征对磁异常进行图形化、机器自动地划分，为高精度、快速和可靠的磁测解释提供一种手段。本文首先用句法模式识别方法对磁异常进行结构划分，找出基节点，提取基元，然后用"衍生树"[2]的方法形成基类；最后用聚类分析方法将各基类按距离相似性规则进行归类，从而达到磁异常分类解释的目的。文章在理论分析和正演模拟的基础上，验证了方法的可行性；进一步结合三峡某地考古的实测磁数据证实了方法的实用性；取得了较为明显的效果，为模式识别技术在地球物理综合解释中的应用开辟了一条新路子，奠定了进一步应用研究的基础。

关键词　磁异常　句法模式识别　基元　基类　衍生树　聚类分析

1　概　　述

1.1　应用模式识别技术实现磁异常解释的必要性一

由于磁异常的反问题是多解性的，因而磁异常的解释非唯一；同时磁异常的复杂性又增加了这种解释的不可靠程度。例如，相同尺寸、形态（直立或倾斜）、磁化强度和磁化偏角的地质体由于埋深的不同，在地表磁测中会产生不同大小、形态的异常；而相同埋深、不同磁化强度（或磁化偏角）的地质体也会在地表磁测中产生不同大小和形态的异常。地质体的大小、形态、磁化方向、磁化强度以及埋深等因素是构成磁异常解释复杂程度的主要因素，同时由于测量中地表存在的磁性干扰也增加了磁异常解释的复杂程度，如图1a和b所示的合成磁场强度是所述复杂因素的综合反映。

在图1a中，我们根据异常的峰值、梯度变化等特征大致可以区分这三种地质体之间的关系。在图1b中，我们可以根据异常的形态变化（例对称与非对称等关系）也大致可以解释这些地质体之间的相互关系（实际上对C、D、E三种地质体进行准确的判断并不容易）。上述例子的解释过程阐明我们在对异常做出正确判断时必须依赖多方面的综合信息。而物探和地质人员在磁异常的解释中也正是综合上述异常形态、峰值、梯度变化（水平梯度和垂直梯度）加之地质因素对异常做出判断解释的。在对信息综合运用方面，模式识别技术恰恰具有强大的优势。

因此在本文中，我们运用模式识别的方法，综合运用各异常的数值特征（峰值、水平梯度、垂直梯度、横向展布、对称性等）作为模式向量的分量，运用聚类分析等模式识别方法对之进行分类判别。

1.2　应用模式识别技术实现磁异常解释的必要性二

同时，由于地表测得的离散物理点反映的是地下连续空间磁性质的变化，所以地表每个测点并不

＊　本文发表于《地球物理学进展》，1988，13（2）：103~116

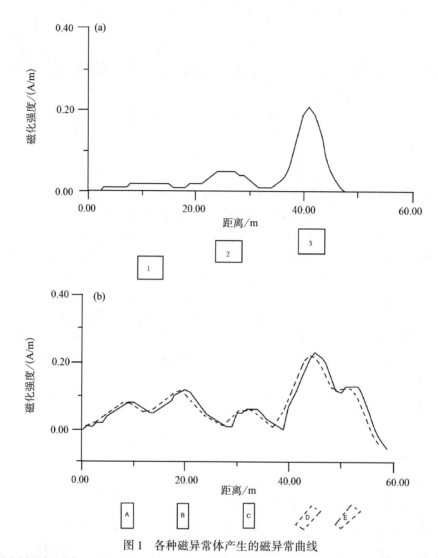

图 1　各种磁异常体产生的磁异常曲线

（a）为相同尺寸、形态、磁化强度（0.10A/m）、磁化方向，埋深不同的三个地质体（分别用数字 1、2、3 表示）在地表产生的不同形态和峰值的总磁场强度（正演模型体取直立板状体，垂直磁化）；

（b）为相同埋深，不同形态、磁化强度和磁化方向的五个地质体（分别用字母 A、B、C、D、E 表示）在地表产生的不同形态和峰值的总磁场强度（正演模型体分别取：A 为直立板状体、垂直磁化、磁化强度 0.1A/m；B 为直立板状体、垂直磁化、磁化强度 0.15A/m；C 为直立板状体、斜磁化（偏角 30°）、磁化强度 0.1A/m；D 为斜板状体（倾角 45°）、垂直磁化、磁化强度 0.1A/m；E 为斜板状体（倾角 45°）、斜磁化（偏角 30°）、磁化强度 0.1A/m）

是孤立反映地下某一点的性质，它是多种因素与地质体的综合地表反映。因而在运用模式识别技术时，不能简单地将单个点作为待分类的样本进行划分。而且地质磁异常体具有一定的空间展布，我们亦不能只根据实测异常的数值特征进行分类，例如图 2 所示。不同空间展布产生的异常，其局部极值点同地下地质异常体有一定的对应关系，因此我们必须考虑异常的结构信息。用句法模式识别方法对异常进行结构划分，将数据中蕴含的对应于地下同一个异常体的数据划归一类，再根据各类之间的相似性，用某种距离准则函数合并各种异常体，组成大的结构单元，达到异常体识别的目的。

因而，磁数据中的数值统计特征和结构特征必须综合运用，即在磁异常结构划分的基础上，再运用统计模式识别的各种技术进行最终的分类。

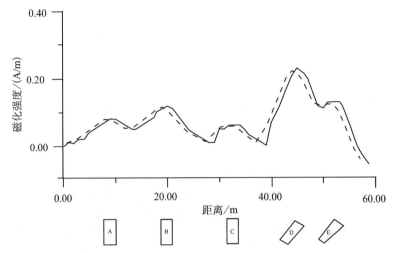

图 2　相同磁化强度、磁化偏角，相同顶深和底深，不同尺寸的磁性体产生的异常

2　原　　理

2.1　模式识别

　　模式识别是人工智能领域一门成熟并取得广泛应用的方法技术。它是利用计算机对某些物理对象进行分类，在相似性或错误概率等各种准则（代价）函数最小的条件下，使识别的结果尽量与客观事物相符。这门技术目前已广泛应用于地球物理领域[1,8]。根据应用对象的不同，模式有不同的概念内涵，用不同的向量表示，称为模式向量。

　　模式识别分两个步骤：预处理和分类。预处理主要包括模式向量的归一化、特征提取和特征选择等。根据研究问题的不同，预处理过程可以包含不同的具体步骤和方法。在这篇文章中，我们对不同的数据，在不同的阶段，选用了不同的特征，并使用相关法和离散 Karhunen-Loeve 变换法进行特征提取。这一过程形成的模式向量输入到分类器中待分类。在分类过程中，我们用无导师的自组织聚类分析方法，根据模式向量间的相似性，以欧氏距离为准则函数实现模式间的合并归类。

　　下面我们着重阐述将要用到的模式识别方法。

2.2　句法模式识别

　　因为磁异常的差别，并非用磁异常的数值大小就可以表示和识别。而句法识别方法则是基于模式的结构信息，利用形式语言中的语法规则对模式进行分类。所以本文我们用此方法首先对异常数据进行结构划分。

　　如图 3 所示为野外一条磁测线的磁场强度测量值。

　　在磁异常结构的分析中我们把磁异常极值点作为图像的基节点，将各测点称为节点，根据图 4 所示的树形结构，把各节点归入基节点所表示的类中，即各节点不能独立存在，它们必然同基节点有树形结构联系，即节点相当于从基节点中分出的枝。基节点和其邻近的节点组成一个基节点类，我们称之为基类。其他的节点依次以距离最小的准则划分到相应的基类中。一个基类至少包括一个基节点和两个节点（对于三维数据体，一个基类则至少包括一个基节点和四个节点）。一个基类可以从属于另一个基类，但节点不能分出一个基类。

　　在图 3 磁异常的基元划分中，我们把所有采样点称为节点，其中局部极值点称为基节点；把基节点及其相邻节点称为基元。那么，我们首先寻找基节点，然后把邻近的四个（相对于三维，或两个，

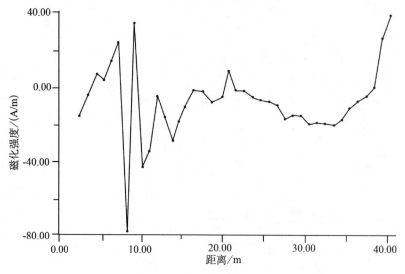

图 3　野外实测的磁异常曲线

相对于二维数据体）非极值节点同邻近的基节点划分为一类，选取合适的参数作为这五个点的特征表示，再根据近邻准则将余下的节点划分到相邻的基元中，从而形成基类。这一过程好像图 4 所示的从基节点向下生长繁衍过程，因而我们称之为"衍生树"方法。衍生的结果是每一个基类由一个基节点和多个节点组成。但有些情况下，一个基类中可以含有多个基节点（因为有些基节点同时又是另一基节点的邻节点）。如图 5 所示为图 3 结构划分结果。然后我们提取新特征作为每一基类的模式表示。再根据相似性欧氏距离准则进行聚类分析，将基类合并，形成不同的异常类。

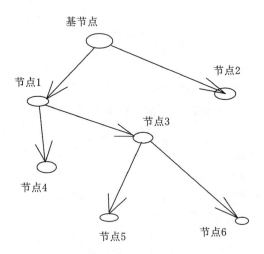

图 4　结构划分的"衍生树"法

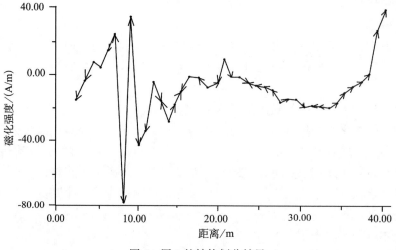

图 5　图 3 的结构划分结果

2.3 聚类分析

聚类分析是根据模式间的相似程度和某种准则函数将模式分类的方法。它是一种无导师的模式识别方法。由于在实际的磁异常解释中已知信息的缺乏，我们都采用这种方法。其基本原理是：

设有 N 个模式样本，$i=1$、2、$\cdots$、N，每个样本 $\vec{X}_i$ 有 n 个分量。

设欧氏距离准则函数：

$$D(\vec{X}_i\vec{X}_j) = \parallel \vec{X}_i - \vec{X}_j \parallel \qquad i、j = 1、2\cdots、N,\ j \neq i$$

如果 $D(\vec{X}_i\vec{X}_j)$ 取得最小值，则将它们归为一类。

在目前的聚类分析方法中，应用比较成熟的是系统聚类分析、动态聚类分析和 K 均值聚类分析[3]。在实际资料的解释中，我们使用稳定性较好的系统聚类分析方法对基类进行合并和分解，形成最终的异常类。

在本文的磁异常识别中，我们用磁异常的大小（峰值）、极性（峰值的正负）、梯度变化（水平梯度和（或）垂直梯度的变化）、异常的空间展布（例如水平延展）、均值、方差特征来表示磁异常各基类模式，从而将具有相似磁化方向、磁化强度、形状、地下赋存状态等特征的磁异常划为一类。由于各种特征都只反映地下地质体的某一方面性质，地下地质体又千差万别，所以各种特征组合使用能够克服用单一磁异常特征解释所存在的缺陷。同时各种特征对识别分类的贡献不一，所以我们根据特征分量的协方差矩阵，求出几种相关性较差、对应大特征值的分量来表示模式。

系统聚类方法是一相当成熟的方法，其详细说明可参见文献 [3]。

2.4 特征选择和提取

在句法模式识别的基类提取过程中，各点的空间坐标是结构划分的重要特征，此外，我们用基元的地表异常平均值、水平梯度（X 向和 Y 向）平均值和垂直梯度平均值作为基元的特征表示，用聚类分析法将剩下的节点划分到各基元中，形成基类。

基类生成后，我们提取组成基类所有点的异常均值、方差，梯度的均值和方差，基类的极值、大小（以基类点数占总点数比值表示）和形状（以基类的 X 向长度和 Y 向长度比值表示）作为基类特征，再用相关分析法提取对分类有益的特征。

下面我们将就模型数据和实测数据讨论此方法的应用。

3 正演模型数据分析

为了证明方法的有效性，我们构造了如图所示的正演模型。图 6 为模型，我们假设地下有八个地质磁异常立方体，其两两相同，参数如图中所示。在地表布设 30 条测线，每条测线上有 60 个采样点。得到如图 7 所示的总磁场强度平面等值线图。应用此方法的目的，希望该方法能够将相同地质异常体所产生的异常准确地归为一类，并且为磁异常的定量解释提供约束依据。

运用上述方法，对模型数据进行结构分析，得基元散点分布和基类散点分布分别如图 8 和图 9 所示。最终的分类结果如图 10 所示。

如图 10 所示，我们已将同类异常成功地划归一类。虽然从图中无法确定异常体的准确尺度和埋深信息，但通过图 8、图 9、图 10 的连续显示，却可以提供异常体间的相对关系。

由于在基元的搜索过程中，我们只用各点的异常值作为竞争特征向量，所以基元的分布提供异常体的位置和尺度关系。例如，从基元分布图，我们可以确定 1、8 号异常体顶板尺寸最大；2、5 号异常体和 3、4 号异常体次之，但它们之间的大小关系不明；而 6、7 号异常体最小。在由基元衍生基类的过程中，我们还使用了异常的梯度信息，故由基类图可确定异常体间的埋深关系。如在基类分布散点

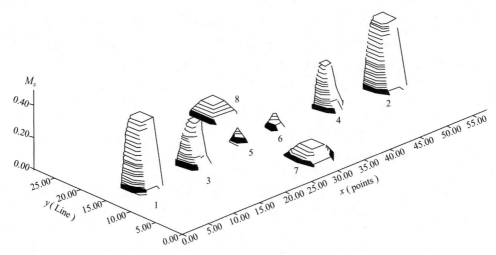

图6 三维磁异常体模型

假设它们均为垂直磁化, 1和2模型体为4×4×4, 顶深11, 底深14; 3和4模型体为3×3×3, 顶深7, 底深9;
5和6模型体为2×2×2, 顶深4, 底深5; 7和8模型体为5×5×5, 顶深8, 底深12

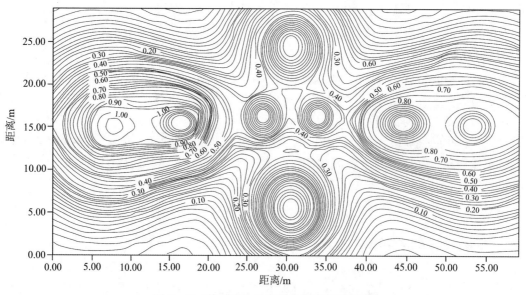

图7 图6模型产生的磁异常平面等值线图

图中, 3、4号异常体表现了很强的竞争力, 从而可以断定这两个异常体顶板埋深最浅; 1、8号异常体的竞争力也较强, 但同3、4号异常体相比, 它们的埋深要深些, 但浅于2、5号异常体的埋深; 由于2、5号异常体和3、4号异常体的尺度关系不明, 所以, 即使2、5号异常体和3、4号异常体的竞争能力相差较大, 也难以确定2、5号异常体的埋深要小于3、4号异常体的埋深; 另外较难确定的是1、8号异常体的埋深同3、4号异常体的埋深之间的关系。最后我们提取基类的极值、均值、方差、形态和面积作为模式特征向量的各分量进行系统聚类, 形成最终的分类图10, 通过此图可对上述关系模糊的异常体给予校正。从而我们可以确定3、4号异常体的尺度和埋深小于2、5号异常体的尺度和埋深; 1、8号异常体的埋深同3、4号异常体的埋深接近。异常体间竞争过程的连续显示可以较好地表明各类异常体间的埋深及尺度关系。上述分析结果同模型的实际情况吻合。

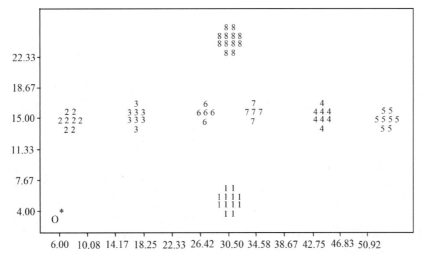

图8　模型数据的句法分析基元分布散点图

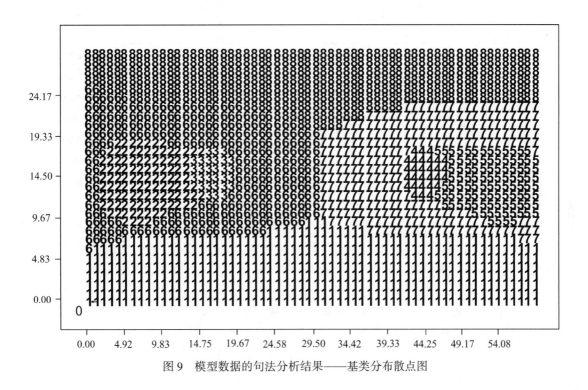

图9　模型数据的句法分析结果——基类分布散点图

　　实际磁异常体并不像此模型所讨论的那么简单，但由于解析磁异常[6]的形态分布只同地质体的埋深和顶面水平尺寸有关，即地质体倾斜和斜磁化并不影响解析磁异常的形态，对解析磁异常分析的结果表明此方法同样有效，所以上述模型并不失其一般性。

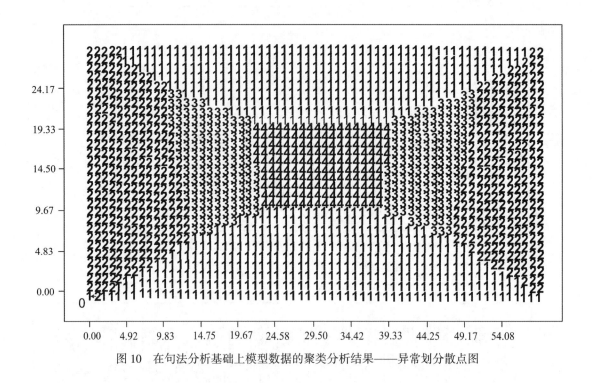

图 10　在句法分析基础上模型数据的聚类分析结果——异常划分散点图

4　实 例 分 析

　　在实例分析中，我们以三峡某地考古的磁测数据为例，尝试用句法模式识别的方法对地表磁异常进行分类，分离干扰，识别可能的目标异常。

　　此次磁测主要目的是确定是否存在反映古墓的磁异常。野外施工共布置了 18 条测线，每条测线上测量 45 个点，在三个高度平面进行，因而通过简单计算可以直接获得磁异常的垂向梯度变化。在测区中分布很多地表和地上干扰。由于地形条件复杂，地表干扰和障碍物多，各条测线并不完整。测区中干扰主要为地表大面积的现代坟，分砖石结构、水泥结构和土坟三种。有的出露地表，有的年代久远，埋在地表下 1m 左右的位置，如图 11 东北部的陡坎处就可见埋藏于 1~2m 处的现代坟墓。各种坟墓的磁性干扰大小不同，水泥较强，砖石次之，土坟较弱。同时工区的中下部有埋深 3m 左右的浅层汉代墓（砖结构）。地上一定高度处又存在变压器、高压电线、电话线、家用电线和各种拉线以及砖窑（图 11）。在野外数据采集过程中，由于干扰的存在，网格点采集并不全。为此，我们只截用了其中 28 线至 56 线，30 号点至 80 号点，共 312 个点。我们将网格测复合在工区地形图上，便于后来的推断解释。

　　干扰大大地增加了磁测、磁处理和磁解释的难度。但干扰因素虽然多，各种磁异常的大小、梯度（水平与垂直梯度）变化是有差别的。我们试图根据这些差别以及已知的地表及地质信息，将干扰分离出来，并加以压制，以突出有效信息。

　　如图 12 所示为 0.5m 高度磁异常平面等值线图。从图上可见，有多个异常块体，但由于它们同干扰的位置重合，不能贸然的解释为目标信号或干扰。常规的磁异常解释是绘制各种图件（包括总磁异常、水平与垂直梯度平面等值线图），然后各种图件综合对比，判断总结各异常区块的性质，从而分析各异常体的形态、埋深等性质，然后作滤波处理。但综合对比是一高度复杂和关键的过程，很容易添加人为的因素；而且滤波处理参数很难选定，可能将叠合的目标异常压制。故我们利用前述的方法将各种异常分离，再压制干扰，突出目标异常，克服常规磁异常处理解释的缺点，综合分析异常体的各种特征，以便于提供更精确的异常划分和解释结果。

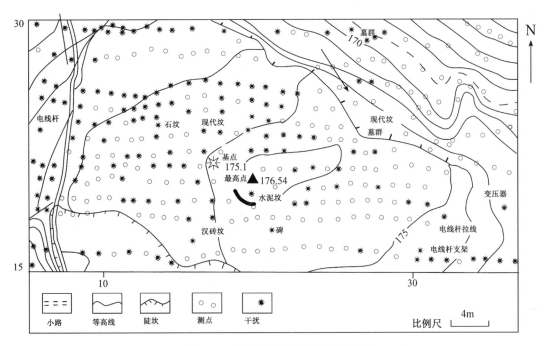

图 11　三峡某地磁法勘探测网布设图

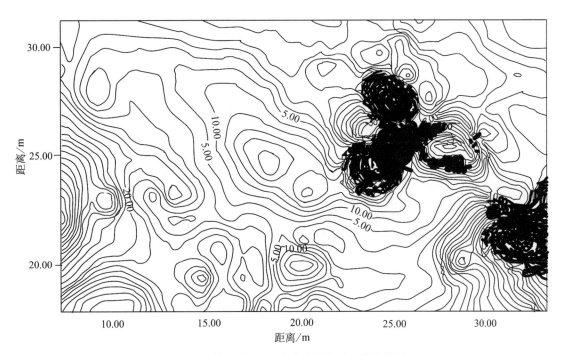

图 12　野外实测 0.5m 高度磁异常平面等值线图

　　我们按照前面原理部分所述的方法步骤形成如图 13 所示的初始基类分布散点图。从图中可见，共有 41 个异常单元，它们分别由一个极值点同其邻点组成，代表可能的磁异常单元体。

　　在句法分析的基础上，用系统聚类分析方法对新形成的基类模式向量进行分类。分类结果如图 14 所示，图中的数字代表类别号。

　　结合图 11、图 12、图 13 和图 14 分析，可确定 2、5 号异常是地表电线杆支架和拉线产生的异常；

3 号异常代表电线杆；4 号异常是工区的现代墓群产生；6~11 是陡坎处的群与北部的墓群产生。由于它们在基类图中占据的点数少，可以断定是小面积、浅层的干扰。故用周围点的插值代替这些干扰，然后重新代回识别，直到消除所有的干扰。最后的识别结果就是可能的目标异常。如图 15 所示为最终的分类结果。

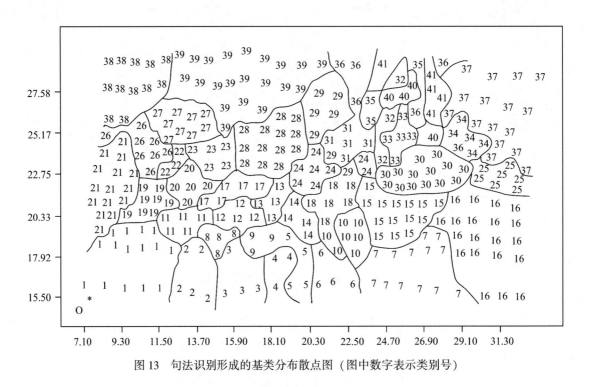

图 13　句法识别形成的基类分布散点图（图中数字表示类别号）

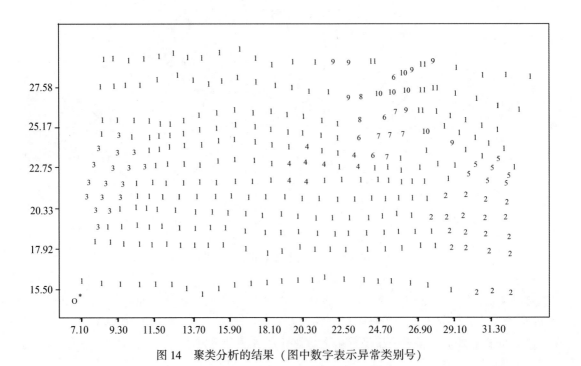

图 14　聚类分析的结果（图中数字表示异常类别号）

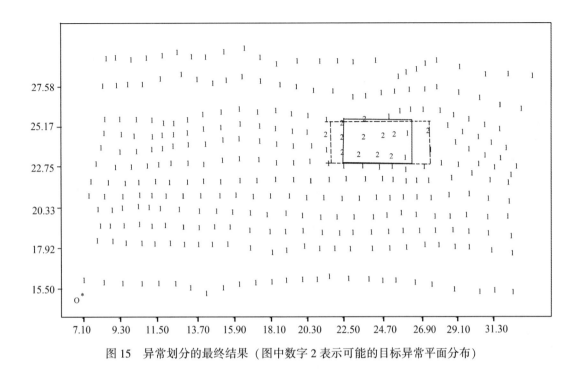

图 15　异常划分的最终结果（图中数字 2 表示可能的目标异常平面分布）

在图 15 中，2 号异常对应可能的目标异常。根据已识别的干扰异常的几何形态，判断可能目标异常的相对赋存状态在地面 4m 以下，其可能平面展布为图中的方框所示。此结果同其他地球物理方法提供的解释图基本一致。

5　结　　论

使用模式识别方法可以综合考虑异常数据所蕴含的各种统计特征，克服了利用单一数值特征进行解释处理的局限性；同时用结构模式识别方法又兼顾了数据本身存在的结构信息，从而可能为磁异常解释提供更精确、直观的辅助方法手段。利用此方法对数据进行单元划分，可以识别干扰和目标异常，并进一步滤除噪声。同常规的滤波方法相比，它在压制噪声的同时，并不损失有效信号，并可以将有效信号同噪声有效地区分开来，进一步达到识别目标异常的目的。由于此方法无需常规处理，且快速易行，所以可以应用于野外数据的实时处理和解释。

6　展　　望

从上述模型和实例数据的分析，证明此方法可以有效地用于地球物理磁法勘探的数据处理解释。尽管我们使用的是浅层磁异常数据，勘探目标为局部异常，但相信此方法也可以成功地应用于深部区域磁测数据的解释。在磁异常的处理解释中，除了求取异常的水平和垂直导数（有些仪器可自动测得垂直导数）外，我们并没有使用常规的化极、延拓等手段，且在模型数据的讨论中，我们只考虑了垂直磁化异常体，是因为我们通过对解析异常[6]进行相同的分析处理，得到了相似的结果。

致　谢　在此方法的研究过程中，闫雅芬老师和刘长风老师在磁异常的处理和解释方面给予了很多有益的指导和帮助，在此深表感谢。

参 考 文 献

［1］ 汪凯仁、庄成三，模式识别方法及其在地球物理勘探中的应用，石油地球物理勘探，4：49~59，1993

［2］ Pavlidis T, Structural Pattern Recognition, Springer-Verlag Berlin Heidelberg New York, 1977

［3］ 蔡元龙，模式识别，西安电子科技大学出版社，1986

［4］ 边肇祺等，模式识别，清华大学出版社，1988

［5］ 迈拉登著，李衍达等译，模式识别与图像处理，石油工业出版社，1991

［6］ Shuang Qin, An analytic signal approach to the interpretation of total field magnetic anomalies, Geophysical Prospecting, 42：665~675, 1994

［7］ 张立敏，三峡库区地下文物勘探方法研究（子题报告），中国科学院地球物理研究所，1995，9

［8］ 王碧泉、陈祖荫，模式识别理论方法和应用，地震出版社，1989

I — 8

A possible archaeological site in the three gorge area of China： a new method applied to the processing and interpretation of magnetic data[*]

Wang Yun　Wang Miaoyue　Yan Yafen

The Institute of Geophysics, China Academy of Science (CAS),
People's Republic of China

Abstract：Locating the possible archaeological site quickly and accurately became very important in the Three Gorge area of China after the Three Gorge Project (TGP) started. The Chu Culture is a very important part of Chinese civilization, which originated in the middle of the Three Gorgearea. A historic book records that there are six large and old graves in this area. Location of these graves will help increase our knowledge about the Chu Culture. A magnetic survey was therefore used at Hetu Hill, and a triangular shaped anomaly was found. We could not determine whether this anomaly was an interesting body because of some near-surface and surface noise. In this paper, we introduce a new automatic method, pattern recognition (cluster analysis), to process and interpret the magnetic data. In this way, a possible interesting anomaly was recognized, which will be proved by excavation later in the year.

Key words：Three Gorge　Chu Culture　Hetu Hill　magnetic survey　pattern recognition cluster analysis

1　Introduction

The drainage area of the Changjiang River is animportant original site of the Chinese civilization, and the Chu Culture is the oldest, as has been proved by many archaeological findings. For example, a few graves of Chu King were found in the city of Jinger (in the following we call it Jinger Grave), a small city lying on the south bank of the Changjiang River. It is believed that there are many graves of kings and relics to be discovered because the kingdom of Chu occupied this area during 1000−677 BC.

Since the commencement of the Three Gorge Project (TGP), it has become urgent to find possibly valuable graves and relics in a very short time, protecting the legacy of the Chu Culture. According to a historic book written by a famous tourist and historian of China 1500 years ago, there are six graves of Chu kings (Li Daoyuan, 527). Yunyang lies in the Sichuan Province of China, in which there are six low hills, which may be six graves. Archaeologists have not begun their work in detail because the area is very large and they are not certain whether there are valuable graves. Therefore geophysical survey was used to determine whether there are geophysical anomalies of interest that may represent old graves or relics. Rayleigh wave prospecting, magnetic sur-

---

＊ 本文发表于《Archaeological Prospection》，1999，5，81−89

vey, CSAMT (controllable source audio magnetotelluric) survey and Hg measurement, a geochemical method (in China, there is usually Hg present in a grave because in ancient times it was used to prevent the body from decaying), were carried out at Hetu Hill, one of the six hills. The geophysical work on the remaining five hills will be carried out later.

In ancient times in China, when a man died, there were usually some funeral goods, such as arms and ceramics, buried with him. The more he owned in his life, the more were buried with him. There are possibly many goods and ceramics in the grave of a Chu king, which will give a significant magnetic anomaly. Moreover, the grave was built with clay, which was beaten to strengthen it. It is has been proved that the beating of clay is responsible for a slight remnant magnetization (we have tested some samples of beaten clay in our laboratory). In our field survey an IGS-2/MP-4 proton magnetometer was used to record the magnetic data at each station, another magnetometer was used as a base station to record the diurnal variation in the magnetic field for later correction. By varying the height of the detector, magnetic data at different heights (including 0.5m, 1.0m, 1.5m, 2.0m and 2.5m), were gained and the vertical derivatives were calculated, which will help determine which anomalies are disturbances according to these gradient data in the field.

A grave of a Chu king is usually 10×10×5m (length, width, height) in size according to the Jinger Grave in the south of China. At the top of Hetu Hill, except for the possible deeply buried Chu grave, there are many modern graves (approximately 0.0-3.0m deep) which cover the area at very small intervals (<1.5m) and graves belonging to the Han Dynasty at shallow depth (approximately 3.0-5.0m). Therefore, the intervaln of geophysical prospecting cannot be less 2m in the field, so that these disturbances can be depressed and enough data points are acquired from which to determine the presence of anomalies representing a Chu grave. We therefore designed a grid of 18 lines with a 4-m interval (reduced to 2m in the middle of the field area because it was most likely there that the grave was buried), with 45 stations in one line at 2m intervals, totalling 52×88m, to cover the area. The relief of Hetu Hill is very large, and is complicated by many superficial buildings and disturbances, such as AC lines, telephone lines, a power station, kilns, modern graves and many metal poles used to hold the lines. Some Han graves can even be seen on the steep slopes. It was impossible to record data at some stations because of disturbances in the field. In the field work, we identified subsurface disturbances relative to surface noises by changing the height of the detector. Figure 1 shows the contours of magnetic anomalies when the detector is at a height of 0.5m (Yan Yafen, 1995). After the usual processing and interpretation, we focused our interest on the triangular anomalies and reduced the grid to 26×12 (12 lines and 26 stations in one

line), cutting down some lines and points (see Figure 1) in which the magnetic data are occupied mainly by known noise. The measuring stations, after cutting, are shown in Figure 2 with dots. During field work, several methods were used to improve the accuracy, and decrease the effect of near-surface noise, such as decreasing the intervals of lines and acquiring data at different heights.

We also measured the residual magnetization of some samples, and found that bricks fired in the Han Dynasty showed high magnetism. At the same time, we compared the magnetism of various graves, and found that the

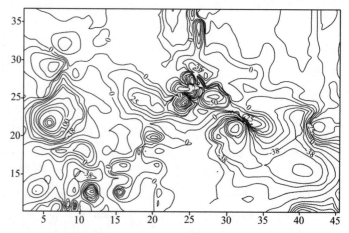

Figure 1   Isopleth diagram of magnetic data in the field, the height of the detector is 0.5m (Yan Yafen, 1995)

graves built with cement showed highest magnetism, graves built with stone showed less magnetism and the magnetism of graves built with earth was very low. There are some types of graves shown in Figure 2, of which the graves built with brick from the Han Dynasty are the oldest, and graves built with stone were made before 1949. The modern graves include three kinds of structure: built with cement, stone or earth. These graves were stacked upon each other because of the age difference. That is to say, the Han graves were buried deeper, and the modern graves shallower. This information can help us to recognize different magnetic sources.

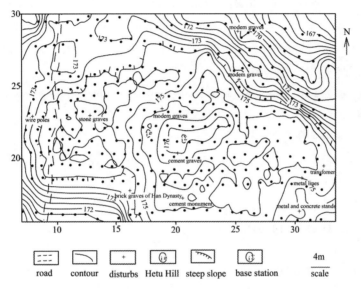

Figure 2   The reduced grid and relief map in the field (Yan Yafen, 1995)

The triangular shaped anomaly lying in the middle of the measuring area may be of interest, see Figure 3 (which shows the contours of magnetic anomalies after cutting down some lines and points) and Figure 1. However, we found that magnetic noise was the main signal when we changed the height of the detector. Because of the disturbances in data, it is difficult to process and interpret the data by common methods. We therefore introduced a new method to identify all undesirable signals, filter them out, and locate the interesting anomalies.

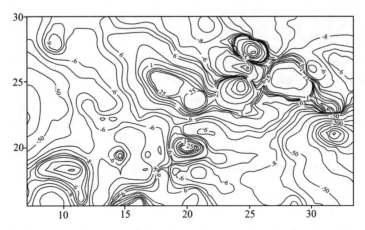

Figure 3   Isopleth diagram of magnetic data for reduced grid in the field

2　Magnetic data preprocessing

2.1　Separating the regional and local field

Regional and local field are relative concepts. In this geophysical work, we define the field generated by bedrock as the regional field because the possible interesting magnetic bodies were usually buried on top of the bedrock. We can calculate the regional field by establishing many measuring stations across and out of the whole area and calculating their mean value, and at the same time referring to some regional magnetic maps. After subtracting the regional field, we obtained the local magnetic field, which includes the local anomalies and noise.

2.2　Calculating horizontal derivatives

We calculated the horizontal derivatives (x direction and y direction) without reduction to pole because the method of analytical anomaly was introduced by Qin (Qin Shuang, 1994).

2.3　Interpolation and extrapolation

Because some stations were lost during field work, we had to interpolate and extrapolate the data to repair the grid to give a regular 26×12 (50×32m) stations of gridded data.

3　Processing and interpreting

Because of the complexity of field conditions, it is difficult to apply the common processing and interpretive method to the magnetic data if we want to obtain an accurate final result. We have considered using the upward continuation, downward continuation, Euler's deconvolution (Thompson, 1982; Reid et al., 1990) and other-methods to process the magnetic data. Strongnoise, however, will affect the results of processing greatly. Because we know that noise is present, we can invoke a new approach to utilize this information completely. We therefore introduced the new method of structural recognition (Pavlidis, 1977) integrated with cluster analysis (Bian Zaoqi, 1986) to identify noise and possible target anomalies, and then to filter out the noise and thus recognize interesting anomalies.

Pattern recognition is a relatively new technology, used mainly in the field of automation, which is divided into two classes: statistic classifier and structural recognition. In this paper, we use non-teacher (self-organizing) clustering analysis to classify patterns and recognize different pattern vectors. Structural recognition was used to find the structural information stored in the magnetic data, and label the data into many structural units, one unit representing an anomaly body. However, we revised this method from that reported in the literature (Wang Yun, 1998). Although the method is used mainly in language and sound recognition, we applied its basic concepts and ideas to the problems of geophysics, and found a new method to label images, which we will discuss in detail later.

3.1　Feature identification and selection

Features were chosen as the components of a pattern vector. Identifying and selecting suitable features is a very important step in pattern recognition. The results of classification are affected greatly by the features chosen. In this paper, we identified and selected different features in different processes using the method of correlation analysis and K-L transform. Each feature presents a particular attribute of a magnetic anomaly. We chose features that can map the differences between different classes so that classification would be successful. In different processes, the features chosen are different. Classification involved the following methods.

3. 2   Cluster analysis

Cluster analysis is a non-teacher classifier, which classifies the patterns according to the rule of similarity between them. Assuming that there are N pattern samples X_i, $i = 1, 2, \cdots, N$, which have m components, and each component represents one feature of the pattern, i. e.

$$X_i = (x_{i1}\ x_{i2} \cdots x_{im})^{\mathrm{T}}$$

In our case, N is the number of sampling points, and m is the number of features chosen by us, such as the horizontal derivatives, vertical derivatives, x and y coordinates, which are different in different stages of our processing.

We define the Euler distance of X_i and X_j

$$D(X_i,\ X_j) = \| X_i - X_j \| \qquad i, j = 1, 2, \cdots, N; j \neq i$$

where 11×11 represented the second-order norm.

If $D(X_i,\ X_j)$ is the minimum value of all distances, we say the similarity of pattern vectors X_i and X_j is the best and they belong to the same class. We repeat this step until we have classified all patterns into certain classes.

3. 3   Structural recognition

Because there is more important structural information in magnetic data, it is not ideal to use only statistical pattern recognition. We therefore borrowed some basic concepts and ideas from the method of structural recognition (Pavlidis, 1977); revising it to make it suitable for the magnetic data. For example, we assume that the extreme points, of a magnetic anomaly in the field, and near points map the magnetic dipoles. So we first find the extrema, then search for their near points with respect to the rule of similarity, just like a tree growing. In this process, the extreme points are regarded as roots of trees, and their near points as branches. Finally, we sorted the magnetic anomalies into many point sets, which have the structure of trees. In this example, the results of structure labelling will form many sets of closed circles in which the extrema lie in the middle, with their near points around them. We will discuss this process in detail through a simple single dimensional curve.

Figure 4 shows a magnetic curve and the process of structure labelling. We show the extreme points with filled circles, the remaining points with circles, and arrows present the direction of searching and trees growing. We judge the attribute of a point, i. e. which root it belongs to, according to the distance between the point and a root, and the attribute of its near points. Eventually we locate 11 trees, which are sets of points. We believe that the process of tree growing can capture the structural information of magnetic data, so that we can classify different patterns effectively.

For example, nodes 1 and 4 are basic nodes, which represent the roots of trees; nodes 2 and 3 are general nodes, which are not extreme points. We think that node 2 belongs to the root 1, just like a branch, because it is nearer node 1 than to node 4. The same theory can be applied to node 3. That is to say that node 3 belongs to root 4. In Figure 4, the direction of the arrows shows the direction of a tree growing. In fact, we use only the maximum extrema as the middle points (roots) in our example, because a positive anomaly corresponds to a dipole, after the analytical transform is performed (Qin Shuang, 1994).

Firstly, during structure searching of field data, we regarded every point as a pattern, presenting a pattern vector with the magnetic intensity and x, y, and z direction coordinates of every point. We called these points

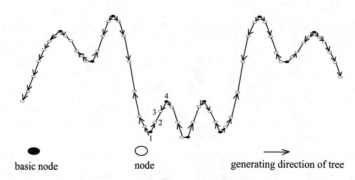

basic node	node	generating direction of tree

Figure 4　The process of 'tree growing'

nodes, which resulted in $26 \times 12 = 312$ nodes, and the extreme points were called basic nodes. The basic nodes and their near nodes consisted of sets; we called them basic units. There is only one basic node in every basic unit (and at least four nodes for threedimensional data and two nodes for a twodimensional curve), but different basic units can have the same nodes because some nodes are near to more than one basic node at the same time. We then collected the means of magnetic intensity, horizontal derivatives and vertical variative as the new features of each basic unit pattern.

Secondly, all basic units compete for the ownership of the remaining nodes, after the pattern of the basic unit is formed. All remaining nodes will belong to a basic unit according to the rule of similarity of distance. Finally, a balance is achieved, i. e. all remaining nodes have been sorted into a basic unit. After this step, the number of nodes in a basic unit will increase (but some basic units may be unchanged). This is the final stage of structural recognition and we call the basic units, basic classes. We think every basic class maps an anomaly body of subsurface and surface in the field, and is the smallest element of an anomaly body set. Figure 5 is the scattering map of basic classes. Giving a number to each class we obtain classes represented by numbers. Points which have same numbers belong to the same basic class.

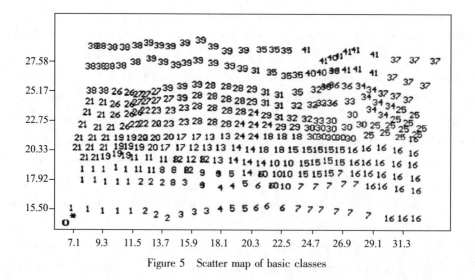

Figure 5　Scatter map of basic classes

After we have sorted basic classes, we then merge these basic classes into several large classes using the method of cluster analysis. In this process, we identified extreme values, means of magnetic anomaly, means of x, y, and z gradients, shape and area ratio of basic classes as features of a pattern vector.

The theory of clustering analysis has been described previously. We used this classifier to recognize noise and possible target anomalies so that we can depress or filter out noise. Because the shape, size and depth of anomaly bodies are different, the anomaly's scatter in the space domain is different too. We defined the shape and area ratios as features of basic classes. Thus:

$$area = \frac{points\ in\ a\ basic\ class}{total\ points}$$

Here, $area_i$ E $[0, 1]$, is a ratio and maps the size of an anomaly; and

$$shape = \frac{length\ in\ x\ direction}{length\ in\ y\ direction}$$

in which *shape* maps the shape of an anomaly, such as a circle or an ellipse and so on.

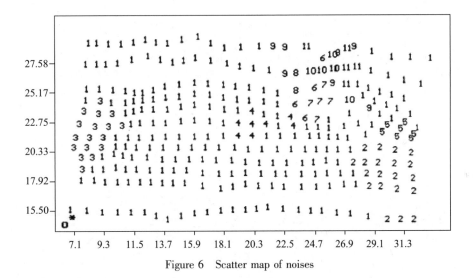

Figure 6   Scatter map of noises

Furthermore, we chose the square error of gradient and anomaly as features of a new pattern vector.

In Figure 6, the anomalies are classified into 11 classes. It is easy to see that anomaly classes 2−11 most likely corresponded to the known near-surface noise by comparing this map with Figure 2. Thus we can determine that these classes map mainly the noise. When we look at Figure 5, we can also see that most of the basic classes that comprised the classes 2−11 occupy few points, except for the class 2 set, which represents the high-magnetism metal. So we concluded that these anomalies presented the near-surface magnetic variance. We filtered out this noise with a simple linear interpolation and extrapolation to replace the noise classes. After that, we repeated the initial step, putting new patterns into the former iteration until we recognized all noise and depressed it. The final results of classification then revealed the possible target anomalies, see Figure 7. Number 1 shows the background magnetic intensity, and number 2 may represent the interesting anomalies. However, the boundary points of class 2 are not target anomalies, because we assume that the points mapping an anomaly body will cluster into a power group instead of scattering as single points or lines. Comparing the class 2 with the noise filtered out, we can infer that class 2 maps a magnetic body of deeper depth than 4m (because the depth of some shallow anomalies and the relief of bedrock were known), and of 8×6m in length and width. We show the range of the possible target by a rectangle (20. 30–24. 70, 22. 75) in Figure 7. These results, such as the location, size and depth, were identified approximatelyby the results obtained by routine magnetic processing and interpretative methods and also by the results of the geochemical survey, Rayleigh wave prospecting, and CSAMT survey. Figure 8 is the synthetic interpretation based on the results of the above methods.

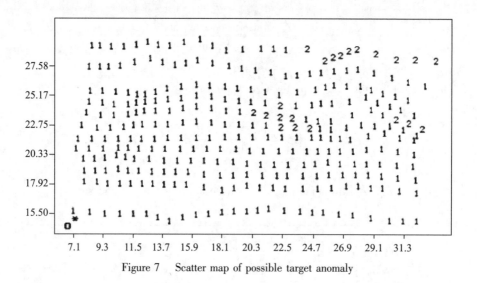

Figure 7　　Scatter map of possible target anomaly

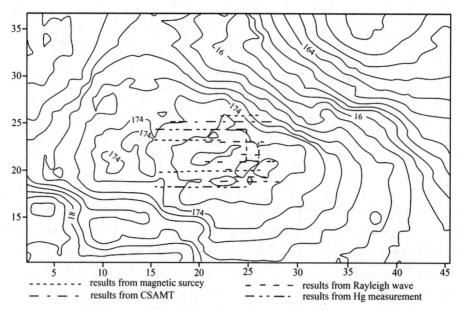

Figure 8　　Results of synthetic interpretation with Rayleigh wave, magnetic survey,
CSAMT, and Hg measuring methods (Yan Yafen, 1995)

4　Conclusions

Though we cannot determine whether there are graves or relics, or that the size and depth of an anomaly is accurate, we can locate the range of interesting geophysical anomalies, and the possible size and depth of anomalies in spite of much noise. This is very important when working in the field, and where there is a lot of disturbance. We can recognize the noise and possible target anomalies quickly and accurately in real time with the method introduced. At present, there are many similar archaeological problems in the Three Gorge area. We must locate the possible graves and relics in a short time so as to protect the bequests of the Chinese civilization. The results will be proved or otherwise later in the year by drilling and excavation. No matter whether there really are graves in Hetu Hill, this paper has introduced a new and effective method of processing and interpreting the magnetic data, by applying pattern recognition to archaeogeophysics.

5 Acknowledgements

The authors would like to thank the archaeogeophysist Mr Gao (the Institute of Archaeology, China Academy of Society) for archaeological information provided during the research. Associate Professor Li (the Institute of Geophysics, China Academy of Science) provided the field data and other information about the relief and field conditions. We would also like to thank Associate Professor Liu (the Institute of Geophysics, China Academy of Science) for his help in the processing and interpretation of the magnetic data.

References

Bian Zaoqi, 1986, Pattern Recognition, Tsing Hua University Press

Chèvez R E et al., 1995, A magnetic survey over La Maja, an archaeological site in northern Spain, Archaeometry, 371: 171–184

Goodman D et al., 1994, A ground radar survey of medieval kiln sites in Suzu city, western Japan, Archaeology, 36 (2): 317–326

Goulty N R and Hudson A L, 1994, Completion of the seismic refraction survey to locate the vallum at Vindobala, Hadrian's Wall. Archaeometry, 36 (2): 327–335

Jiang Hongrao and Zhang Limin, 1997, Progress of archaeogeophysics in China, Acta Geophysics Sinica, 40 (supplement): 379–384

Li Daoyuan, Notes about River, The Dynasty of North Wei (China), 465–527

Meats C, 1996, An appraisal of the problems involved in three dimensional ground penetrating radar imaging of archaeological features', Archaeometry, 38 (2): 359–379

Pavlidis T, 1977, Structural Pattern Recognition, Berlin: Springer–Verlag

Qin Shuang, 1994, An analytic signal approach to the interpretation of total field magnetic anomalies, Geophysical Prospecting, 42: 665–675

Reid A B et al., 1990, Magnetic interpretation in three dimensions using Euler deconvolution, Geophysics, 55 (1): 80–91

Thompson D T, 1982, EULDPH: a new technique for making computer–assisted depth estimates from magnetic data, Geophysics, 47 (1): 31–37

Tsokas G N and Hansen R O, 1995, A comparison of inverse filtering and multiple source Werner deconvolution for model archaeological problems, Archaeometry, 37 (1): 185–193

Wang Yun, 1998, Automatic labeling of magnetic anomalies using structural recognition, Progress in Geophysics (China), 13 (2)

Yan Yafen, 1995, Research on the Prospecting Methods of Subsurface Relics in Three Gorge Area (magnetic survey report), The Institute of Geophysics, China Academy of Science

第II部分　地　震　学

　　这里首先收集了天然地震震源机制、地震成因和地震学孕育发生发展过程的数据模拟方面的论文 12 篇。这部分的突出贡献是实现了利用中小地震震中周围 4 个台站的 P 波初动振幅资料求中小地震的地震机制，实现了用静位错理论求解每个地震发生引起的应力调整的空间分布图样。主震、前震、余震系列的震源机制结果和地震发生后的应力调整结果有利于更好地认识地震孕育发生发展过程，而这个过程的三维有限元数值模拟是实时认识地震前兆的重要手段。由于地震的孕育过程受控于构造运动方向，在时间上是一个缓慢不断积累的单向过程，地震的瞬时前兆信息强度虽然弱，但这一单向积累的过程为提取震前前兆的弱信号提供了一种可能性，也就是对时间采样点采集的各种场信息进行时间叠加，长时间的叠加可以去除随机干扰，不断增加前兆信号的强度，因此研究一种适合地震孕育特征的信号叠加技术是识别地震前震的关键。此外采用反射地震叠前叠加偏移成像技术，对粘弹性介质中的地震孕育过程产生的介质形变、位移及粘弹性参数变化等前兆扩散信号（二次源）进行偏移结果实时监视，有可能识别出未来某时地震发生的空间位置与地震强度，这就为真正实现时、空、强物理预报提供了理论基础。此外，对地震孕育、发生、发展过程的时间、强度、三维空间能实时监控的五维有限元模拟系统的建立也为地震时、空、强预测提供了一种手段。

　　随后收集了关于石油地震中弹性波正演、几何结构偏移成像、物性参数反演成像以及应用等论文共 27 篇。其中弹性波偏移 4 篇；弹性波正演、反演及解释 12 篇；地震勘探及实际应用 11 篇。传统的石油地震主要是声波反射地震，然而固体地球是弹性或非弹性介质，声学介质只是一种近似，要想全面地获取固体介质的物性和构造信息，以便更有利于进行地质解释，服务于资源环境探测等，发展弹性和非弹性地震波（包括反射波、衍射波、散射波在内的地震波）探测新方法势在必行。作者沿这一方向使用三维克希霍夫积分法和有限元微分方程法研究了弹性非弹性波的偏移几何结构成像和物性参数层析（反演）成像，使得可以将 P 波，S 波（包括转换 S 波）同时处理，得到更好的处理效果，能从观测的地震波获得密度压缩系数，波速各向异性参数等更多的物性参数。文集也给出了对天然气机理、识别标志、滑坡可能性和 VSP 野外观测等应用研究以及势能、随机联合反演等综合解释方法研究。

Mechanism of the reservoir impounding earthquakes at Hsinfengkiang and a preliminary endeavour to discuss their cause[*]

Wang Miaoyueh[1)]   **Yang Maoyuan**[2)]   **Hu Yuliang**[3)]
Li Tzuchiang[1)]   **Chen Yuntai**[1)]   **Chin Yen**[1)]   **Feng Rui**[1)]

1) The Institute of Geophysics, Academia Sinica

2) The Seismological Brigade of Kwangtung, National Seismological Bureau

3) The Institute of Geology, Academia Sinica

Abstract: After the filling up of the Hsinfengkiang Reservoir in Kwangtung Province, seismicity was greatly increased. The majority of earthquakes occurred in the deep water gorge close to the dam, concentrated within a northwest belt. They are usually of shallow focal depths. A strong earthquake with magnitude 6. 1 took place on March 19, 1962, about two and a half years since the impounding of the reservoir.

According to the results of analysis of data from geodetic leveling and the spectra of seismic waves, the fault parameters of the main shock were determined. The fault plane solutions of 150 small earthquakes, occurring within a period of 18 months before and after the main shock were determined from the amplitudes of the first motion of P wave. The directions of the earthquake generating stress of about 2000 small earthquakes were obtained by smoothing the first motion patterns. Displacement field and stress field in the rock bodies underneath the reservoir caused by the loading of the reservoir water were obtained by smoothing the first motion patterns. Displacement field and stress field and stress field in the rock bodies underneath the reservoir caused by the loading of the reservoir water were calculated. Variations of the velocity ratio of the P and S waves prior to the main shock and several strong aftershocks were analysed.

In consideration of the seismicity as well as the geological background, we endeavor to discuss the cause of reservoir impounding earthquakes at Hsinfengkiang. We have the opinion that the penetration of water along fissures becomes the most important cause of the main shock of March 19, 1962 at Hsinfengkiang.

The Hsinfengkiang Reservoir is situated in Hoyuan County of Kwangtung Province, China. After the impounding of the Reservoir in October, 1959, small shocks occurred almost incessantly and on March 19, 1962, an earthquake of magnitude 6. 1 occurred. Since then more than two hundred thousand small shocks were recorded. The characteristics and causes of these shocks have previously been reported[1,2]. In the present paper, we shall give a preliminary study of the mechanism of inducting of these reservoir earthquakes, based on the data of focal mechanism and velocity anomalies and on the result of calculation of the effect of water loading.

---

* 本文为"加拿大首届国际诱发地震讨论会报告（英文）"

1 Focal mechanism

We shall first give some pertinent results concerning the focal mechanisms of the Hsinfengkiang earthquakes, since these are of importance in the understanding of the focal processes.

1.1 The fault-plane solutions of the main shock of March, 1962.

The fault-plane solutions of this shock were given in paper [1] (see table 1). In order to ascertain which of the two nodal planes corresponds to the fault plane, we made use of the amplitude spectrum of the Rayleigh waves as well as of the leveling data of the reservoir region.

Table 1 Fault-plane solutions of the main shock and the principal axes of stresses

	Fault-plane Solutions		Principal Axes of Stresses		
	Nodal Plane 1	Nodal Plane 2	P	T	B
strike direction	N28°W	N62°E	N73°W	N17°E	S51°E
dip direction	SW	NW	SE	SW	NW
dip angle	88°	80°	8°	6°	80°

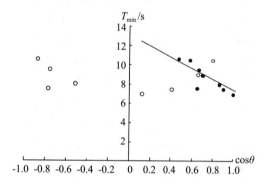

Fig. 1   Azimuthal distribution of the minimum of
the amplitude spectrum of the Rayleigh waves

● ——data of the NNW nodal plane;

○ ——data of the NEE nodal plane

Owing to the finite velocity of the propagation of rupture, there will be minima in the amplitude spectrum of the Rayleigh waves which are related to the parameters of the fault. From the first minimum, it is possible to determine the fault plane and simultaneously the length, direction and propagation velocity of the rupture. Since a minimum in the spectrum may also be caused by some other factors, such as the effects of the propagation paths and the effects of the truncation of data and so forth, it is important to be sure to pick out the minimum which is related to the fault parameters. In paper [1], the nodal plane striking NEE was taken as the fault plane, whereas in the fault plane, whereas in the present work, we have examined carefully the variations of the spectrum minimum of the Rayleigh waves as well as the effects of the truncation of data and obtained the results as shown in Fig. 1. From this figure, it is seen that for the NNW nodal plane, the distribution of the spectrum minimum with azimuth is linear, while for the NEE nodal plane, it is not so. This indicates that the NNW nodal plane corresponds to the fault plane. Assuming this to be the case, we obtained the parameters of the main shock as shown in Table 2.

Table 2 Source parameters of the main shock obtained from the amplitude spectrum of the Rayleigh waves

strike direction	dip direction	dip angle	slip angle	fault length/km	
N28°W	SW	88°	10°	19	
dislocation (cm)	seismic moment (dyne · cm)		stress drop (bar)	propagating direction of the rupture	rupture velocity (km/s)
14.5	1.5×10^{25}		9	SSE—NNW	1.4

Three months before the main shock and one month after it, precise leveling surveys were carried out in the reservoir region. The vertical displacements of the earth's surface thus obtained are shown in Fig. 2. Water load may cause considerable depression of the reservoir. However, since the time interval between the two surveys is quite short, the vertical deformations of the earth's surface reflects principally the static displacements due to the main shock. By use of the method as explained in detail in paper [3], we have calculated a set of source parameters which would give the best fit of the calculated vertical displacements with observations. These are given in Table 3 and Fig. 3. It should be noted that owing to the lack of corresponding data on horizontal displacements, the strike slips cannot be calculated reliably by use of leveling data alone. Therefore, only dip slips and the corresponding seismic moments and stress drops are listed. In Fig. 4, the theoretical vertical deformations of the earth's surface as calculated according to the composite fault model as shown in Fig. 3 are given. By comparing Fig. 2 and Fig. 4, it is seen that the theoretical results agree fairly well with observations. The strike of the fault plane as obtained from leveling data is somewhat to the west of that obtained from the solution of initial motions of P waves. This is possible caused by the effect of water loading. By comparing the results as obtained by both Rayleigh wave spectrum and leveling data, it is seen that the dislocation of the fault is predominantly a strike-slip. This is in agreement with the solution from P wave initial motions.

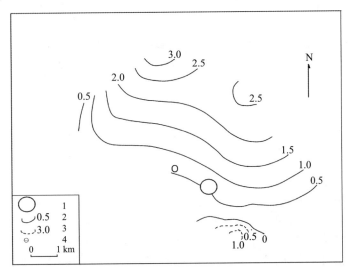

Fig. 2　Vertical deformation of the reservoir region before and after the main shock in March, 1962

(1961. 12—1962. 04)

1. main shock; 2. uplift (cm); 3. depression (cm); 4. stationary point

Table 3　Source parameters of the main shock as obtained from observations

of the vertical displacements of the earth's surface

strike of the fault	dip direction	dip angle	total length of the fault (km)	total width of the fault (km)
N40°W	SW	80°	12	10
No[1]	dip slip[2] (cm)		seismic moment corresponding to the dip slip (10^{22} dyne · cm)	stress drop corresponding to the dip slip (bar)
I	−0. 4		1. 7	0. 4
II	−0. 7		3. 6	0. 8
III	20. 4		100. 9	22. 8
IV	11. 0		54. 4	12. 3

[1]Serial numbers refer to Fig. 3. [2]−: reversed fault; +: normal fault.

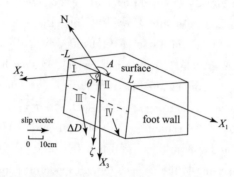

Fig. 3   A composite fault model of the main shock

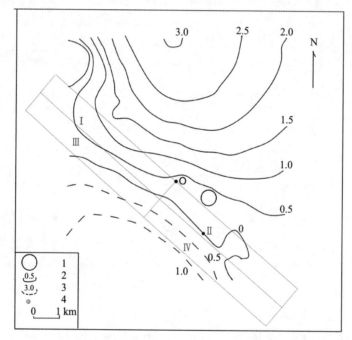

Fig. 4   Contours of vertical deformations of the earth's surface as calculated by using the
composite fault model shown in Fig. 3

1. main shock; 2. uplift (cm); 3. depression (cm); 4. Stationary point

The rectangle shown in the figure is the projection of the fault plane on the earth's surface

The above results indicate that the NNW nodal plane corresponds to the fault plane of the main shock. This may be further confirmed by examining the spatial distribution of the small shocks associated with this main shock. Fig. 5 gives the distribution of the epicenters of the small shocks which occurred from eight months before until ten months after the main shock. These were located principally in a northwest direction.

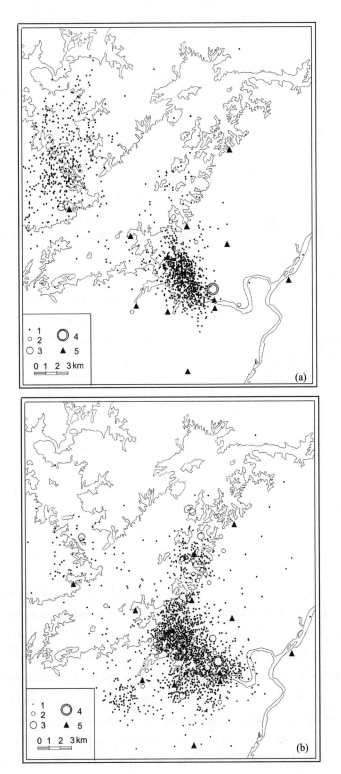

Fig. 5.   Distribution of epiceners ($M_S \geqslant 1.0$) in the Hsinfengkiang Reservoir region （1961. 07−1962. 12）
(a) 1961. 07. 08−1962. 03. 19；（b）1962. 03. 19−1962. 12. 31
1. $M_S = 1.0 \sim 2.9$；2. $M_S = 3.0 \sim 3.9$；3. $M_S = 4.0 \sim 4.9$；4. $M_S = 6.1$；5. seismic station

1. 2   Focal mechanisms of the micro-earthquakes which occurred in an 18 month period around the time of the main shock

The physical processes for the generation of the main shock and the associated small shocks are closely related. In order to obtain a better understanding of the focal process of the main shock, we made a study of the focal mechanisms of the micro-earthquakes which occurred in an 18-month period, including their fault-plane solutions, mean directions of the generating stresses and the source parameters.

1. 2. 1   Fault-plane solutions of 150 micro-earthquakes

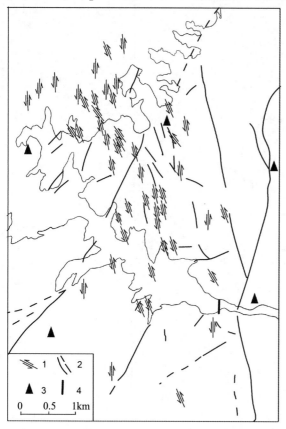

Fig. 6   Fault-plane solutions for 49 fore-shocks of the strike-slip type in the gorge area

1. Fault plane solutions, azimuth of the line indicates strike of the nodal plane, arrow indicates direction of dislocation; 2. Fracture, dotted line is hypothetical; 3. Seismological stations; 4. Site of the water dam

The data used are the amplitudes of initial motions recorded by a 4-station network especially established in the reservoir region. Adopting the double-couple model, we made a grid search on the focal sphere of the fault-plane solution which would give the best fit of the theoretical amplitudes with observations and thus obtained the solutions for 150 small shocks, $M_L \geqslant 1.5$, which occurred from eight months before the main shock until ten months after it. Of these, 80 are fore-shocks, 70% with strike-slips (slip angle $< 40°$) and 21.1% with dip-slips (slip angle $> 50°$) ; 70 are after-shocks, 61.4% with strike-slips and 27.1% with dip-slip. The orientations of the two nodal planes of these micro-earthquakes are in general agreement with those of the joints in the rocks which were visible on the earth's surface and are NNW and NEE in directions. For most of the strike-slip type micro-earthquakes, one of the nodel planes is nearly in the direction of the fault plane of the main shock. Assuming this to correspond to the fault plane and connecting end to end all the fault planes of the main shock. The directions of the dislocations also agree. The solutions for the fore-shocks in the gorge area are shown in Fig. 6.

1. 2. 2   Mean direction of the earthquake generating stresses of the micro-earthquakes

By use of the method of smoothing the first motion patterns[4,5], we have calculated the mean direction of the earthquake generating stresses of 2038 small shocks which occurred in the gorge area during 1961.07 – 1962.12. For the period before 1962.04, we took shocks with $M_L \geqslant 1.5$ and for the period after 1962.5, we took shocks with $M_L \geqslant 2.2$. The data were treated in two ways. One was to take monthly means for the whole region and the other was to take average of different areas for the foreshocks. The results are shown in Fig. 7. They indicate that,

(1) Before the main shock, the direction of the generating stress is comparatively stable in both space and time;

(2) After the main shock, the directions of the principal stresses changed slightly but deviated not much

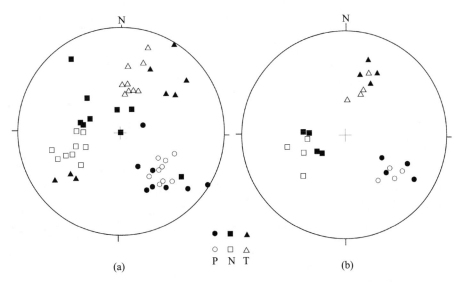

Fig. 7   Mean direction of the generating stresses of the micro-earthquakes
(a) Monthly results from 1961. 07 to 1962. 12, ●——foreshocks, ○——aftershocks
(b) Data of foreshocks for different areas, ●——depths 5–12km, ○——depths 0–7km

from the directions of the principal stresses of the main shock, indicating that most of the after-shocks are gener-
ated in a stress field similar to that of the main shock.

Of the fault-plane solutions of 207 micro-earthquakes which occurred in a later period of seismic activity
(Jan. to Mar. of 1972), 62% are of the dip-slip type and 10. 6% are of the transition type between dip-slips and
strike-slips but their nodal planes are mainly in the NNW and NEE directions[2]. The stereographic projections of
the P-axes of the dip-slip type shocks are shown in Fig. 8. By comparing these last two figures, it is seem that
they are quite different. This shows that even though the orientations of the nodal planes are similar, the domi-
nant direction of the generating stress of the micro-earthquakes changes with time. It is similar to that of the main
shock when they occurred not long from the time of occurrence of the main shock, but deviates considerably in
the later period of the seismic activity.

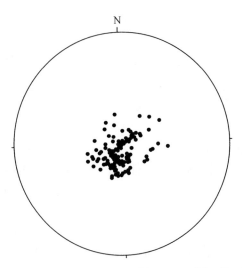

Fig. 8   Stereographic projections of the P-axes of the dip-slip type
micro-earthquakes occurring during Jan. to Mar. 1972

1. 2. 3 Source parameters of the micro-earthquakes

The source parameters of micro-earthquakes and the Q value of the propagating medium may be determined directly from the amplitude of the initial P motions and the first half period. This may be accomplished by first constructing theoretical seismograms with assigned Q values and source parameters and with due considerations of the effects of source functions and instrument responses. From these, a set of curves can be drawn from which the Q value and source parameters an be read off when the initial amplitude of the P wave and the first half period are measured from the real seismogram. In this way, we have determined the source parameters and the corresponding Q value for 124 out of 144 well recorded micro-earthquakes with magnitudes ranging between $M_L = 1.5$ and 4.1. The results are: Q value of the medium in that region ≈ 700; linear dimensions of the earthquake foci $\approx 50-700\mathrm{m}$; seismic moments $\approx 10^{17}-10^{21}$ dyne · cm. In Fig. 9 are plotted the values of the dimensions of the foci and the seismic moments with straight lines representing different values of the stress drop. There seems to be no obvious relation among these parameters, except that the stress drops of the micro-earthquakes are all nearly equal before the main shock, amounting to about 10 bars; but after the main shock, the values of the stress drop are comparatively scattered, with an average of about 10 bars.

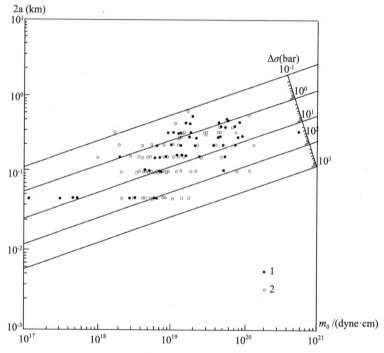

Fig. 9   Source dimensions and seismic moments of micro-earthquakes

1. before the main shock, 2. after the main shock

Summarizing, we have the following results: (1) The main shock is a steep, left lateral strike-slip fault, striking NNW, with stress drop amounting to about 9 bars. (2) Most of the foreshocks are generated by a stress field similar to that of the main shock and their planes of fracture are nearly parallel to that of the main shock. Their stress drops all approximate to that of the main shock. (3) The direction of the generating stress drop of the early aftershocks is very near to that of the main shock. The values of the stress drop of these aftershocks are rather scattered but with an average of about 10 bars. (4) The direction of the generating stresses of later after shocks deviates considerably from that of the main shock.

2 Displacement and stress fields caused by the loading of water

In order to estimate the effect of the loading of water on the reservoir, we made a calculation of the displacement and stress fields created in the basement rock of the reservoir by use of the well known solutions of the Boussinesq problem[6,7]. Fig. 10 gives the configuration of the reservoir and some of the profiles. Taking the Poisson ratio of the basement rock as 0. 28 and Young's modulus as 4.9×10^{11} dynes/cm^2, we calculated the displacements and stresses at 1, 3, 5, 7, and 9km depths in the reservoir region. We give here only the results for the full water load (depth ≈ 115 m). Fig. 11 gives the displacements at different depths along the profiles $M_a - M_b$ and $N_a - N_b$ of Fig. 10. It is seen that the region with displacement larger than 3 cm far exceeds the region of seismic activity. The water load caused considerable vertical displacements and in the central region of the reservoir, the depression amounts to about 10 cm. The horizontal displacement is smaller than the vertical displacement by one order of magnitude and at the depths of 3−5km. , the horizontal displacement is nearly zero.

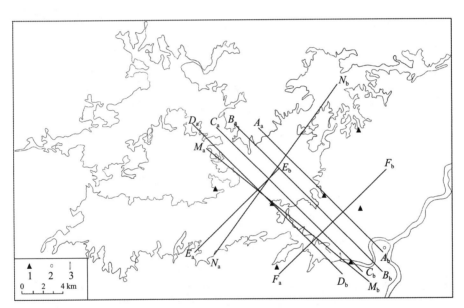

Fig. 10   Configuration of the reservoir and some of the profiles
1. seismological stations；2. Hoyuan County；3. water dam

Fig. 12 gives the contour lines of equal maximum shear stresses along profiles $A_a - A_b$, $B_a - B_b$, $C_a - C_b$, $D_a - D_b$, $E_a - E_b$, $F_a - F_b$ of Fig. 10. In the central part of the reservoir, the maximum shear is about 3 bars, and it decreases with the distance from this region. In the gorge area where the small shocks are concentrated, the maximum is about 0. 5 bars.

Below a depth of 3km, the azimuth of most of the principal axes of stresses lie between 250° and 305° (Fig. 13), rather close to the azimuth of the P axis of the main shock or to that of most of the small shocks, but the dip angles of the principal axes are mostly larger than 45°. These agree only with some of the after shocks.

By comparing the focal mechanism with the stress field caused by the water load, it can be concluded that the dislocation of the main shock cannot be produced by the latter, since the average horizontal dislocation of the main shock is about 15 cm while the horizontal displacement due to water loading is only one tenth of the vertical displacement.

In the previous section, we obtained the result that the stress drops of the main shock and of most of the as-

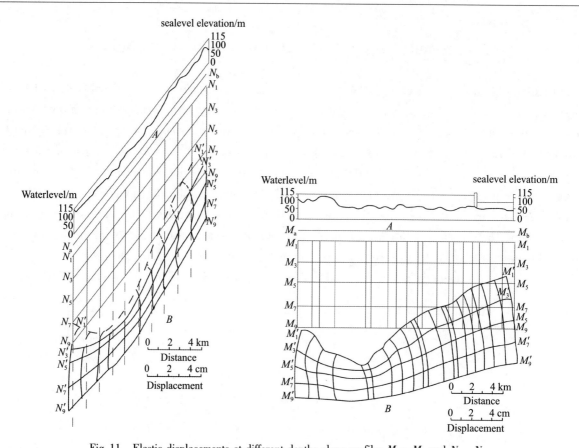

Fig. 11　Elastic displacements at different depths along profiles M_a—M_b and N_a—N_b

A. Depth profiles of the water body along M_a—M_b and N_a—N_b

B. Displacements of the basement rock along M_a—M_b and N_a—N_b in the depth range 1–9km.

The distance scale is 1：1km；the displacement scale is 1：1cm

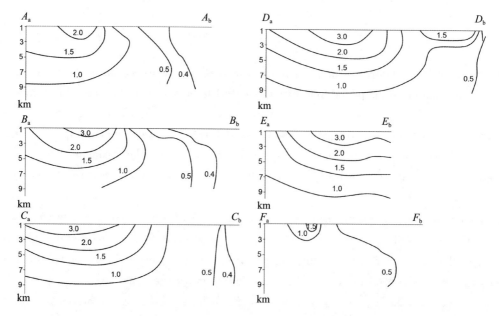

Fig. 12　Contours of maximum shear stresses along profiles A_a—A_b，B_a—B_b，C_a—C_b，

D_a—D_b，E_a—E_b，F_a—F_b（Unit：bar）

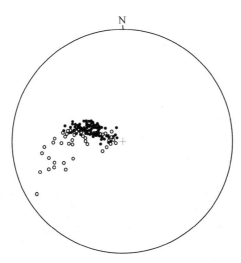

Fig. 13   Stereographic projections of the principal axes of stress at different points of the gorge area
●——points deeper than 3km; ○——points shallower than 3km

sociated small shocks are nearly 10 bars. After an earthquake, the stress is generally not completely released. So the initial stress is generally larger than the stress drop. The maximum shear stress caused by the water load in the gorge area is smaller than 1 bar and it is even smaller in the fault plane of the main shock. It is inconceivable that initial shear stress of the main shock can be generated by the water load directly.

We may, therefore, conclude that the stress released by the main shock and the associated small shocks at Hsinfengkiang reservoir comes from the initial stress stored before impounding of the reservoir and not from stresses caused by the water load.

3   Anomalies of the rations of seismic velocities

If the stress released by the main shock is the initial stress stored before impounding of the water reservoir, is it possible that this stress may still be released even without the action of water? To answer this question, we analyzed the variations of the ration of the velocity of compressional waves to that of the shear waves for 257 earthquakes which occurred in the period from February, 1961 to March, 1975 to access the degree of stress release before the impounding.

By use of seismic records from one of the stations in the reservoir area and the seismological station in Canton, we computed the velocity ratios by means of Wadati's method. From data of 188 earthquakes which occurred during the ten years since the main shock of 1962, we obtained a mean value of the velocity ratios of (1. 69± 0. 03) km/s which we took as the normal value.

Fig. 14 shows the variation of the velocity ratio with time. It is seen that before the main shock or before some larger after shocks there were evident anomalies of velocity ratios. But in the later period of activity, the anomalies were smaller.

The time of duration of the anomaly of velocity ratios before the main shock was about eleven months and the ratio reached its maximum value of 0. 18 toward the end of October, 1961. For ordinary tectonic earthquakes, the duration of this anomalous period of velocity ratios for a shock of magnitude 6. 1 would be about two and a half years. The duration is much shorter for the Hsinfengkiang reservoir earthquakes.

The space distribution of the ration of the seismic velocities is shown in Fig. 15. During the period of nega-

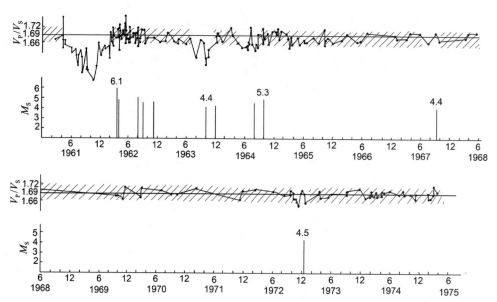

Fig. 14　The variation of velocity ratio with time for the Hsinfengkiang reservoir earthquakes

(February, 1961 – March, 1975)

All of those with $M_S \geqslant 4.3$ are indicated in the figure

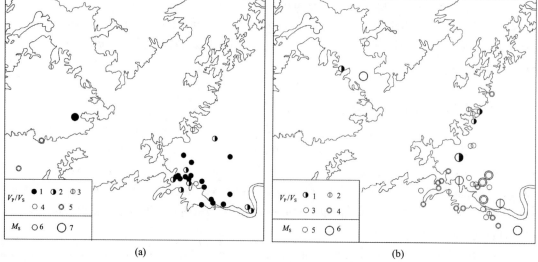

Fig. 15　Spatial distribution of the velocity ratios

(a) 1: $1.63 \geqslant V_P/V_S$; 2: $1.63 < V_P/V_S \leqslant 1.66$; 3: $V_P/V_S = 1.67$;

4: $1.68 \leqslant V_P/V_S < 1.72$; 5: $1.72 \leqslant V_P/V_S$; 6: $M < 4.0$; 7: $4.0 \leqslant M < 5.0$;

(b) 1: $1.63 < V_P/V_S \leqslant 1.66$; 2: $V_P/V_S = 1.67$; 3: $1.68 \leqslant V_P/V_S < 1.72$

4: $1.72 \leqslant V_P/V_S$; 5: $M < 4.0$; 6: $4.0 \leqslant M < 5.0$

tive anomaly (Fig. 15a), the ratio remains normal in the gorge area upstreams form the reservoir. Shocks of largest negative anomalies were located in the northwest of the focus of the main shock whose depth is about 5km (Fig. 16) . Fig. 15b gives the spatial distribution of the velocity ratios in the normal period after the main shock. It is seen that for shocks occurring in the area upstreams from the reservoir, the velocity ratios always remain normal.

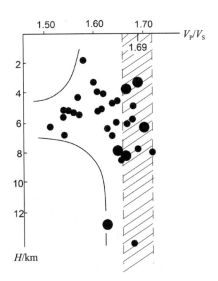

Fig. 16 Depth distribution of earthquakes accompanied by anomalies of velocity ratios
• ——$M<4.0$; ●——$M\geqslant 4.0$

The preceding results indicate that the measured negative anomalies of the velocity ratios are mostly con-
fined to a region whose linear dimension is of the order of 20km. This is comparable with the fault length of the
main shock as determined by seismological and geodetical data but is smaller than the anomalous region of an or-
dinary tectonic earthquake[10,11] .

The correlation between the seismic activity and the impounding of the Hsinfengkiang reservoir is quite ob-
vious. Historically, the seismicity of this area was rather low. During the twenty fives years before the
impounding of the reservoir, there were only four felt earthquakes in Hoyan and Buoluo counties. After the im-
pounding, the seismic activity increases sharply. Up to the time of the main shock of 1962, 81719 small shocks
recorded by the network of seismic stations in that area. Of these, about 120 were of $M_L \geqslant 3$, but none was re-
corded outside the reservoir area. Most of the shocks occurred at the time when the water level was rather
high. They were shallow shocks and 80% of them occurred within an area of about 20km^2 on the north side of the
gorge[1] . The small extent of this active area and the small extent of the region where anomalies of the velocity
ratios were found, both indicate that the volume of rocks affected reaching the breaking strength was small.

The results of the preceding paragraphs may be summarized as follows: The seismic activity of Hsinfengki-
ang was suddenly started after the impounding of the reservoir and becoming intensified thereafter. The anomalies
of the velocity ratios began only 18 months after the occurrence of the seismic activity. The volume of rocks af-
fected was smaller than that ordinarily pertaining to the tectonic earthquakes. The impounding of the water reser-
voir merely affected the strength and state of stress of a limited volume of rocks and thereby induced the release
of the initial stresses.

4 Discussion of the mechanism of induction

In the preceding discussions, we came to the conclusion that the seismic activity in Hsinfengkiang was in-
duced by the impounding of the water reservoir. We shall now make a preliminary analysis of the mechanism of
induction.

4. 1　Effect of the loading of water

Although the water pressure cannot generate the earthquakes directly, it may play a part in the mechanism of induction of these earthquakes in the presence of initial stresses.

Since the additional shear stresses created by the loading of water along the planes of fracture are rather small, it is not likely that water load will play a significant role in the generation of the main shock; but still it may play a part in its induction, because the dip slip component of the fault dislocation causes down throw of the block where the reservoir is situated.

However, water loading may play a more active role in the induction of the micro-earthquakes. For instance, the stress so generated may add to the gravity component of the forces acting along the dipping directions of the fault planes in inducing micro-earthquakes with dominant dip slippings. Comparing Fig. 13 with Fig. 8, we can discern this kind of action in the later period of the seismic activity.

4. 2　Effect of water pressure in the cracks of rock

The basement of the Hsinfengkiang reservoir is a large mass of Mesozoic granitic intrusion. The existence of a large number of cracks in this rock mass is a favorable condition for the infiltration of water. However, the Q value of the gorge area in this region is about 700, as found in a previous section of this paper. This seems to indicate that the rock mass is not quite fractured. Under this condition, it is pertinent to investigate whether the water in the reservoir could infiltrate to the depths of the earthquakes foci in this region.

At shallow depths, the rock pressure is small. Under the action of its weight, water may easily infiltrate to shallow depths and induce the release of initial stresses for shallow shocks. Since the rock mass is not quite fractured, the infiltrate of water was at first limited to shallow depths. As the fracture planes were extended by the occurrence of these shocks to greater depths, infiltrate of water followed, and deeper foci were induced. In fact, it took about two and a half years since the commencement of the activity of the small shocks for the main shocks of 1962 to take place. This shows that the rate of extension of the depth of infiltration is quite slow. From the distributions of the number of earthquakes with depths (In Fig. 17, errors of depth determinations are not greater than 2. 5km.), it is seen that the depth of maximum number of earthquakes increases with the lapse of time. This also reflects the mode of increase of the depth of infiltration of water. That the duration of the period of negative anomaly of the ratio of seismic velocities before the occurrence of a reservoir earthquake of magnitude 6. 1 is shorter than that before an ordinary tectonic earthquake of the same magnitude is due to the fact that water is more accessible in the reservoir case.

Therefore, it may be concluded that one of the mechanisms of the induction of Hsinfengkiang reservoir earthquakes is that water infiltrates along the NNW fracture zone and decreases the shear strength of the rocks according to the modified Coulomb formula[12,14]. In those places where water can infiltrate, the decrease of shear strength of rocks would far exceed the added shear stress due to loading of wa-

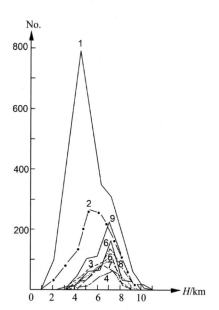

Fig. 17　Distributions of the number of earthquakes
with depths for different periods of time
1: 1962. 03. 19—07. 23; 2: 1962. 07. 24—11. 27;
3: 1962. 11. 28—1963. 04; 14; 4: 1963. 04. 15—08. 08;
5: 1963. 08. 09—12. 14; 6: 1963. 12. 15—1964. 04. 19;
7: 1964. 04. 20—08. 24; 8: 1964. 08. 25—12. 29;
9: 1964. 12. 30—1965. 05. 05

ter. Hence, it is the water pressure in the cracks of the rock which plays the leading role in the induction of earthquakes, but not the stress field due to the loading of water.

4.3   Effect of stress concentration due to small earthquakes in the induction of the main shock

The existence of negative anomalies of the velocity ratios before the occurrence of the main shock shows that there existed a large number of dry-fissures that were not filled with water. These might be caused by the stress concentration due to the occurrence of a series of micro-earthquakes.

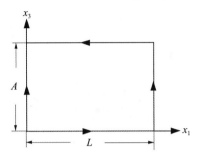

Fig. 18   A model of rectangular fault

From the result of paper [15], a formula for the shear stress in the plane of a rectangular fault as shown in Fig. 18 can be obtained as follows:

$$\sigma_{12} = F_{12}(L, A) - F_{12}(0, A) - F_{12}(L, 0) + F_{12}(0, 0)$$

$$F_{12}(x_1', x_3') = -\frac{Gb_1}{4\pi}\left\{\frac{1}{1-v}\left[\frac{(x_1 - x_1')x_2^2(x_3' - x_3)}{r^2 R}\left(\frac{1}{R^2} + \frac{1}{r^2}\right) - \frac{(x_1 - x_1')(x_3' - x_3)}{r^2 R}\right]\right.$$
$$\left. - \frac{(x_1' - x_1)(x_3 - x_3')}{q^2 R}\right\}$$

where b_1 is dislocation, G the modulus of rigidity and v, the Poisson ratio. The stress drops for most of the fore-shocks in Hsinfengkiang are of the order of 10 bars. From this value, the shear stresses σ_{12} in the plane of fault may be calculated and are shown in Fig. 19. It can be seen that in the plane of faulting the stress drops within the boundary of the fault, but outside it, the stress actually increases outside the boundary owing to the static displacement of the fault. Within a distance of $A/4$ from the boundary, the shear stress increases by more than 3 bars, within a distance of $A/2$, by more than 1 bar and within a distance of A, by more than 0.3 bars. Because there were many micro-earthquakes before the occurrence of the main shock and because the orientations of the fault plane and directions of dislocations of most of the small shocks are very close to those of the main shock, the cumulative effect of stress concentration in the plane of faulting cannot be neglected. The total effect is larger than that of the loading of water. We can say, therefore, that although the loading of water plays a part in the induction of earthquakes in the Hsinfengkiang region, especially in the later period of activity, the dominant role was played by the pressure of water and the micro-earthquakes produced by it.

Because of the stress concentration induced by the micro-earthquakes and because of the more or less random distribution of the cracks of the rocks, the heterogeneity of the strength of the medium was accentuated after the impounding of the reservoir. These were reflected in the higher b values and in the lesser difference between the magnitude of the main shock and that of the largest aftershock. As the stress drop of the main shock is of the same order as that of other tectonic earthquakes, the higher b values are not due to larger stress drops, but probably due to the heterogeneity of the strength of the medium.

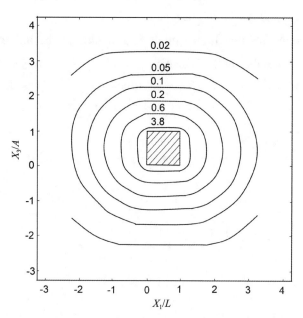

Fig. 19　Shear stresses in the plane of a rectangular fault
$L = A$; b_1 = dislocation; mean stress drop ≈ 10bars.

5　Conclusions

（1）The fault plane of the main shock（$M = 6.1$）of the Hsinfengkiang earthquakes sequence is almost vertical and strikes NNW. Its strike slip is left-lateral and the stress drop is about 9 bars. The directions of the earthquake generating stresses and fault planes and magnitudes of the stress drops of most of the foreshocks are all similar to those of the main shock. The directions of the stress fields of the aftershocks changed with time and in the later period of activity, they were decidedly different from that of the main shock. Values of the stress drops of the earlier after-shocks are scattered, but their mean is about 10 bars.

（2）The load of water caused considerable depressions of the basement of the reservoir with a maximum of about 10 cm, but the horizontal displacement was only one tenth of this value. The maximum shear stress caused by the water load in the region where micro-earthquakes were concentrated was about 0.5 bars. This shows that the release of the initial stress of the main shock was not due to the loading of water.

（3）There is a close time correlation between the seismic activity and the impounding of the reservoir. Before the occurrence of the main shock, there appeared a period of negative anomalies of the ratios of seismic velocities which lasted for eleven mouths. The duration of this period and the extent of the region where anomalous velocity ratios were detected are smaller than the corresponding quantities for ordinary tectonic earthquakes. These facts show that the Hsinfengkiang reservoir earthquakes were induced by the impounding of the reservoir.

（4）Water infiltrated into the cracks of the basement rocks increases the liquid pressure in the cracks. This is the main cause that induced the release of the initial stresses in the Hsinfengkiang region. Stress concentration due to the micro-earthquakes also play a part in the induction, but loading of water plays only a secondary role.

References

[1] 沈崇刚等，新丰江水库地震及其对大坝的影响，中国科学，187~205，1974

[2] 中国科学院地质研究所破裂与震源力学组、广东省科技局新丰江地震总结组，新丰江水库库区微震震源力学的初步研究，地质科学，234~245，1974

[3] 陈运泰等，根据地面形变的观测研究 1966 年邢台地震的震源过程，地球物理学报，18：164~182，175

[4] Aki K, Earthquake generating stress in Japan for the years 1961 to 1963 obtained by smoothing the first motion patterns, Bull. Earthq. Res. Inst., 44：477-471, 1966

[5] 李钦组等，由单台小地震资料所得两个区域的应力场，地球物理学报，16：49~61，1973

[6] 钱伟长、叶开沅，弹性力学，科学出版社，1956

[7] Gough D I and Gough W I, Stress and deflection in the lithosphere near Lake Kariba-I, Geophys. J. R. Astr. Soc., 21：79-101, 1970

[8] Gough D I and Gough W I, Load-induced earthquakes at Lake Kariba-Ⅱ, Geophys. J. R. Astr. Soc., 21：79-101, 1970

[9] Whitcomb J H and others, Earthquake prediction: variation of seismic velocities before the San Fernando earthquake, Science, 180：632-635, 1973

[10] Кондраяенко AM, Нерсесов ИЛ, Некоторые резулвтаты изучения нзменения скоростей продолвных волн и отношения скоростей продолвных и поперечных волн в очагоной зоне, Труоынф3 AH CCCP, 25, 1962

[11] Scholz chr H and others, Earthquake prediction: A physical basis, Science, 181：803-809, 1973

[12] Hubbert M K and Rubey W W, Role of fluid pressure in mechanics of overthrust faulting, Bull. Geol. Soc. Am., 70：115-166, 1959

[13] Božogié A, Review and appraisal of case histories related to seismic effects of reservoir impounding, Engineering Geology, 8：9-27, 1974

[14] Brace W F, Laboratory studies of stick-slip and their application to earthquake, Tectonophys, 14：189-200, 1972

[15] De Wit R, The continuum theory of stationary dislocations, in Solid Sate Physics, 257, 1959

[16] Gibowicz S. J., Stress drop and aftershocks, Bull. Seism. Soc. Am., 63：1433-1446, 1973

Ⅱ — 2

新丰江水库地震的震源机制及其成因初步探讨*

王妙月[1)]　杨懋源[2)]　胡毓良[3)]　李自强[1)]　陈运泰[1)]　金　严[1)]　冯　锐[1)]

1) 中国科学院地球物理研究所
2) 国家地震局广州地震大队
3) 中国科学院地质研究所

摘　要　广东省新丰江水库蓄水后地震活动性有很大增高，大部分地震发生在大坝附近的深水峡谷区，形成一条北西方向的密集带，震源深度极浅，随后，在蓄水后约两年半于1962年3月19日发生了6.1级强地震。

根据水准测量和地震波波谱资料的分析确定了主震的断层参数；用 P 波初动振幅确定了主震前后18个月内150次小地震的断层面解，用平滑 P 波初动图案求得了2000余次小地震的发震应力方向；计算了水库荷载在库基岩体中产生的位移场和应力场；分析了主震及其几次大余震前的地震纵波与横波的速度比变化情况。

结合地震活动性和地质背景初步讨论了新丰江水库地震的诱发机制，认为：水的渗透作用是诱发这次地震的主要原因。

引　言

新丰江水库位于我国广东省河源县内。1959 年 10 月水库蓄水后连续发生地震，1962 年 3 月 19 日发生 6.1 级主震。十几年来系统地记录了前震、主震和余震达 20 多万次。对地震活动特点和地震成因有文章涉及过[1,2]。本文主要根据震源机制、水库荷载的计算结果及波速异常资料初步讨论了新丰江水库地震的诱发机制。

一、震 源 机 制

研究地震的震源机制对了解地震的发生过程是很重要的，因此我们将首先叙述新丰江水库地震震源机制的研究结果。

（一）主震的震源机制解答

参考资料［1］已经给出了主震的断层面解答，如表 1 所示。

表 1　主震断层面解答和应力主轴

产状	断层面解答		应力主轴		
	节面 1	节面 2	主压应力轴	主张应力轴	中间应力轴
走　向	北 28°西	北 62°东	北 73°西	北 17°东	南 51°东
倾　向	南　西	北　西	南　东	南　西	北　西
倾　角	88°	80°	8°	6°	80°

* 本文发表于《地球物理学报》，1976，19（1）：1~7

为了从两个节面中选择真正的断层面，我们利用了瑞利波波谱资料和库区水准测量资料。

利用以有限破裂速度传播的震源在瑞利波振幅谱中产生的极小值可以确定真正的断层面，并同时确定破裂长度、破裂速度以及破裂方向。由于振幅谱中的极小值也可以由波传播途径的介质特性、震相、资料截取长度等造成，因此这个方法的关键是正确地从观测到的瑞利波振幅谱中辨认出与断层参数有关的极小值。参考资料［1］曾选北东东截面为断层面。本文进一步分析了极小值的变化，反复进行了资料截取长度试验，得到了如图1所示的结果。由图可见，对北北西节面而言，与断层参数有关的极小值随方位分布呈线性，而北东东节面却不然，这表明北北西节面为真正的断层面，由此求得主震震源参数，如表2所示。

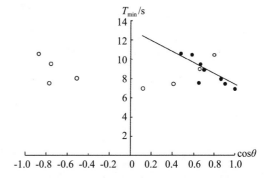

图1 从主震的瑞利波振幅谱得到的极小值的方位分布
实心圆表示相对于北北西节面的资料点
空心圆表示相对于北东东节面的资料点

表2 由瑞利波振幅谱资料得到的主震震源参数

断层走向	倾向	倾角	滑动角	断层长度/km
北28°西	南西	88°	10°	19
错距/cm	地震矩/（dyne·cm）	应力降/bar	破裂传播方向	破裂速度/（km/s）
14.5	1.5×10^{25}	9	南南东—北北西	1.4

主震前三个月和主震后一个月在库区进行过精密水准测量，所得的地面垂直形变如图2所示。水库荷载可以引起很大的沉陷量，但由于两次水准测量的时间间隔较短，因此测得的库区地面的垂直形变主要反映了主震断层引起的静力学位移。运用参考资料［3］所用的方法确定了使地面垂直形变的

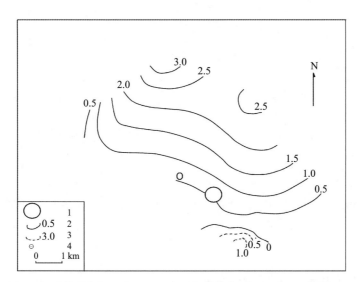

图2 主震前后库坝区的地面垂直形变等值线图（1961.12~1962.04）
1. 主震震中；2. 上升（cm）；3. 下降（cm）；4. 不动点

理论计算值最适合观测值的震源参数。所得结果如图 3 和表 3 所示。由于缺少相应的水平形变资料，单独由水准资料不能可靠地测定走滑错距，表中仅列出倾滑错距及相应的地震矩和应力降。图 4 是根据图 3 所示的复合断层模式计算的主震引起的地面垂直形变等值线图。对比图 2 和图 4，可以看出，计算结果与观测结果基本上是符合的。由水准测量资料得到的断层面走向比由 P 波初动解得到的结果略向西偏，可能是水体影响所致。比较波谱和水准资料得到的错距，可见断层错动以走向滑动为主，这和 P 波初动解是一致的。

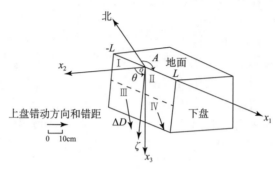

图 3　主震的复合断层模式

以上结果表明，北北西节面为主震的断层面，这还可以由主震前后小地震活动的空间分布得到进一步的证实。图 5 是主震前 8 个月和主震后 10 个月的震中分布图，它表明小地震主要分布在北西方向上。

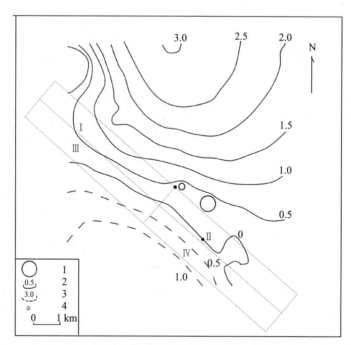

图 4　由图 3 所示的复合断层模式计算得到的地面垂直形变的等值线图

1. 主震震中；2. 上升（cm）；3. 下降（cm）；4. 不动点
图中矩形表示断层面在地面的投影

（二）主震前后 18 个月内小地震震源机制解

小地震的发震过程与主震的发震过程有密切联系，为加深对主震发震过程的认识，研究了主震前后 18 个月内小地震的震源机制，包括小地震的断层面解答，平均发震应力方向和震源参数三个方面。

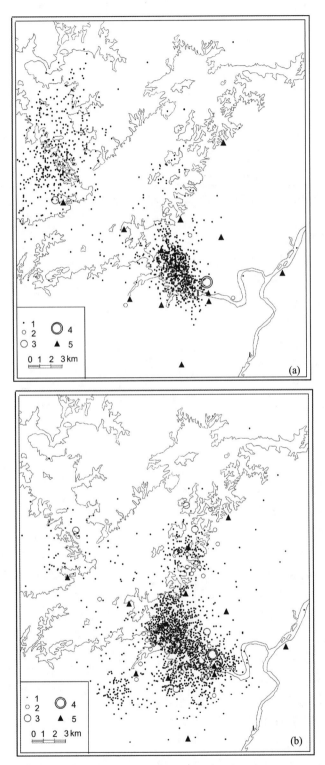

图5　新丰江水库区 1961.07~1962.12 $M_S \geq 1.0$ 级地震震中分布

(a) 1961.07.08~1962.03.19；(b) 1962.03.19~12.31

1. $M_S = 1.0 \sim 2.9$；2. $M_S = 3.0 \sim 3.9$；3. $M_S = 4.0 \sim 4.9$；4. $M_S = 6.1$；5. 地震台

表3　由地面垂直形变的观测资料得到的主震震源参数

断层走向	倾向	倾角	断层总长度/km	断层总宽度/km
北40°西	南西	80°	12	10
编号①	倾向滑动错距② （cm）		倾向滑动的地震矩 （10^{22} dyne·cm）	倾向滑动的应力降 （bar）
Ⅰ	-0.4		1.7	0.4
Ⅱ	-0.7		3.6	0.8
Ⅲ	20.4		100.9	22.8
Ⅳ	11.0		54.4	12.3

注：①断层各部分的编号见图3。②负号表示逆断层，正号表示正断层。

1. 150 个小地震的断层面解答

使用库区 4 个台站的初动振幅资料，采用点源双力偶模式，在震源球球面上用网格尝试法，最佳拟合理论振幅与观测振幅，求得了震前 8 个月到震后 10 个月 $M_L \geqslant 1.5$ 级的 150 次小地震的解答。其中前震 80 次，走滑型占 70%（滑动角小于 40°），倾滑型占 21%（滑动角大于 50°）；余震 70 次，走滑型占 61%，倾滑型占 27%。这些地震二个节面的取向和地表可见的北北西和北东东节理面的取向基本一致。大部分走滑型地震的一个节面和主震的断层面十分接近，假定这个面就是小地震的断层面，将这些面首尾相连，则得到与主震断层面相近的破裂面，且错动性质也和主震一致。峡谷区前震的情况如图 6 所示。

2. 小地震的平均发震应力方向

使用光滑 P 波初动符号的方法[4,5]和库区 4 个台记录到的 P 波初动符号，计算了 1961 年 7 月至 1962 年 12 月内 2038 次小地震的平

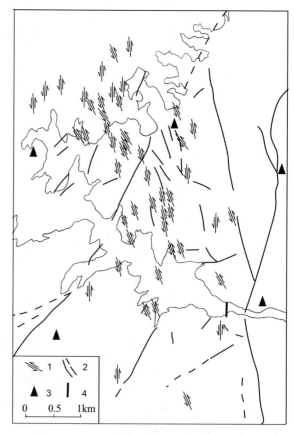

图 6　峡谷区 49 次走滑型前震的断层面解答
1. 断层面解答结果，中间长线方位表示节面走向，箭头表示错动方向；
2. 断裂，虚线表示推测的；3. 地震台；4. 大坝

均发震应力方向。1962 年 4 月前取 $M_L \geqslant 1.5$ 级的资料，1962 年 5 月后取 $M_L \geqslant 2.2$ 级资料。用全区分月和震前分区二种方式处理，结果如图 7 所示。这些结果表明：

（1）大震前，小地震的发震应力方向在时间上和空间上都是比较稳定的。

（2）大震后，主应力方向发生了偏移，但 P 轴仍保持南东—北西向，T 轴仍保持北东—南西方向。这个结果与主震的主应力方向大体一致，表明大部分小地震是在与主震相似的应力场作用之下发生的，在地震活动的后期（1972 年 1~3 月）的 207 次小地震的震源机制解中，有 62% 属于倾滑型断层，11%

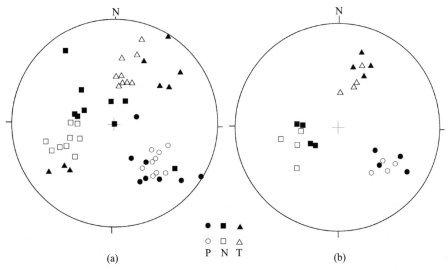

图7　小地震的平均发震应力方向

（a）1961 年 7 月至 1962 年 12 月各月结果，实心符号表示大震后结果，空心符号表示大震前结果；

（b）震前分区结果，实心符号表示震源深度为 5~12km，空心符号表示震源深度为 0~7km

属于倾滑型和走滑型的过渡类型，但节面仍以北北西和北东东为主[2]。倾滑型地震的主压应力轴的球极投影见图8。对比图8和图7可见二者图像明显地是不同的。它表明虽然节面的取向都是相似的，但小地震发震应力的优势方向随着时间的推移发生了变迁，紧临主震前后的小地震发震应力方向与主震相似，而后期与主震明显不同。

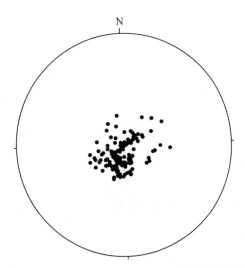

图8　1972 年 1~3 月倾滑型地震主压应力轴的球极投影

取自参考资料 [2]

3. 小震震源参数

利用 P 波初动振幅和半周期，可以直接测定介质品质因数（Q 值）和小地震震源参数。考虑到震源时间函数、介质的吸收、仪器的频率特性，结算了理论地震图，得到了测定震源尺度、地震矩、应力降等震源参数的量板。选取了震相清晰的 144 次地震，这些小地震的震级 M_L 大都在 1.5~4.1。运用测定上述震源参数的量板测定了其中 124 次小地震的参数。测定结果表明，地震区介质因数约 700 左右，小地震的震源尺度在 50~700m，地震矩在 $10^{14} \sim 10^{21}$ dyne·cm。图9表示了这些小地震的震源尺度、地震矩与应力降之间的关系。可以看出，应力降与震源尺度、地震矩二者虽无明显的关系，但在主震之前的小地震其应力降数值比较接近，约 10bar 左右，主震后小地震的应力降则数值比较分散，但平均仍约 10bar 左右。

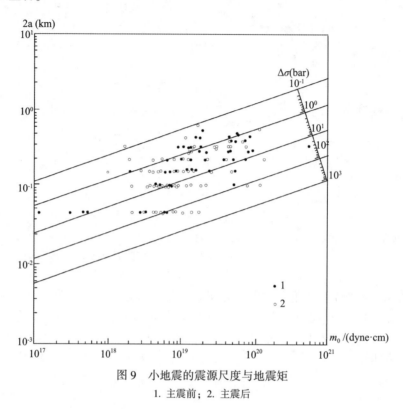

图 9　小地震的震源尺度与地震矩
1. 主震前；2. 主震后

综上所述：主震是沿北北西向较直立的断层面的逆时针走滑型错动，应力降约 9bar。大部分前震是在与主震相似的应力场作用下发生的，破裂面与主震破裂面几乎平行，应力降都比较接近于主震的应力降值；早期余震的发震应力方向与主震相近，应力降较分散，但平均仍约 10bar 左右；后期余震的发震应力方向与主震明显不同。

二、水压位移场和水压应力场

为了估计水库荷载的影响，我们使用熟知的布希涅斯克问题的解[6,7]分析水库荷载在库基岩体中产生的位移场和应力场（以下称水压位移场和水压应力场）。

水库的一般形状及部分测线如图 10 所示。取库基岩石的泊松比 $v = 0.28$，杨氏模量 $E = 4.9 \times 10^{11}$ dyne/cm^2，计算了库区 1、3、5、7、9km 深处的水压位移场和水压应力场。这里仅列举满库（水位 115m）时的部分结果。图 11 中表示了沿图 10 所示 M_a—M_b、N_a—N_b 剖面内不同深度的位移。由图可见：弹性位移超过 3cm 的区域远远大于地震活动的区域；水体引起较大的垂直位移，库区中心下沉量最大约 10cm；岩体的水平位移比垂直位移约小一个量级，在 3~5km 深度上水平位移几乎为零。

图 12 显示了沿图 10 中 A_a—A_b 等剖面内最大剪应力的等值线。它们表明，最大剪应力在库区中心约 3bar，它随着离库区距离的加大而减小，在峡谷区地震密集带内最大剪应力为 0.5bar 左右。

峡谷区 3km 以下各测点的主压应力轴方位角大部分位于 250°~305°（图 13），与主震的压力轴方位相近，也与主震前后大部分小地震的压力轴方位相近。但压力轴与水平面之间的夹角一般大于 45°，这与主震压力轴及前震的平均压力轴不同，而与部分余震的平均压力轴相同。

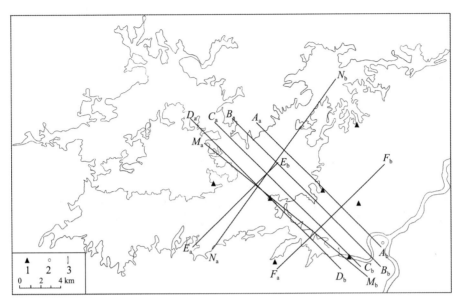

图 10　水库的形状和部分测线的分布

1. 地震台；2. 河源县；3. 大坝

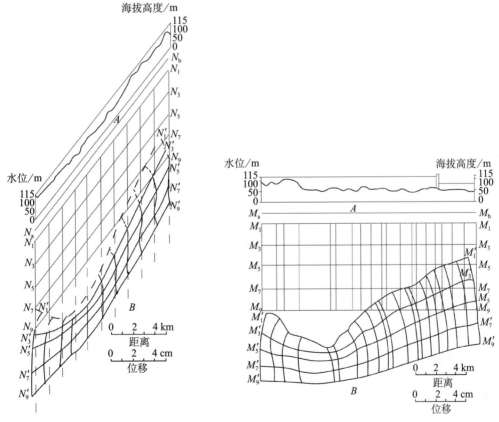

图 11　沿 M_a—M_b、N_a—N_b 垂直剖面内的水压位移

A 沿 M_a—M_b、N_a—N_b 水体的深度剖面；B 沿 M_a—M_b、N_a—N_b 剖面内深度 1~9km 计算的库基岩体位移

在这些剖面内规则的长方形 $M_1 M_1 M_9 M_9$、$N_1 N_1 N_9 N_9$ 在水体荷载作用下形变成曲边形 $M_1' M_1' M_9' M_9'$、$N_1' N_1' N_9' N_9'$。

距离比例尺为 1：1km，位移比例尺为 1：1cm

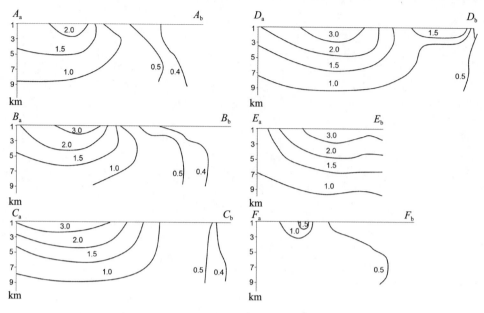

图 12　沿 A_a—A_b、B_a—B_b、C_a—C_b、D_a—D_b、E_a—E_b、F_a—F_b
线段垂直剖面内最大剪应力等值线图（单位：bar）

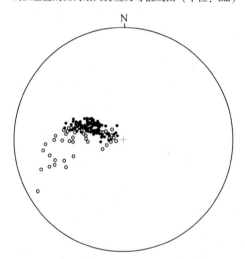

图 13　峡谷地震区各测点主压应力轴球极投影图
实心圆表示深度大于等于 3km；空心圆表示深度小于 3km

对比震源机制和水压应力场的结果，可以看到：主震的平均水平错距约 15cm，而水压位移场的水平位移仅是垂直位移的十分之一；因此主震的错距不能由水压位移场得到解释。由前可知主震及震前大部分小地震的应力降约 10bar。一次地震后，剩余应力一般不为零，因此初始应力总时要比应力降高。而水压应力场的计算表明地震密集区最大剪应力不到 1bar，主震断层面上的平均值将更小。

三、波速比异常

既然主震释放了水库蓄水前已经存在的初始应力，那么如果没有水库的蓄水作用，这个应力是否会自行释放呢？为此，我们分析了 1961 年 2 月到 1975 年 3 月 14 年间 257 次地震纵横波速度比的变化，以探讨水库蓄水前初始应力达到的程度。

利用处于库区的一个地震台和震源区外的广州地震台的记录资料，采用和达方求得纵横波速度比。根据主震后 10 年间 188 次地震资料求得平均波速比为 1.69±0.03。取 1.69±0.03 为波速比的正常变化范围。

图 14 为所得到的波速比随时间的变化。可以清楚地看出，主震及后期几次较大地震前都有明显的波速比异常，但后期异常幅度较小。主震前异常的总持续时间约为 11 个月，异常幅度至 1961 年 10 月底达最大为-0.18。对于一般构造地震，由参考资料 [9] 给出的异常持续时间与震级的经验关系式可估算 6.1 级地震的异常持续时间约两年半左右。可见，新丰江 6.1 级地震前波速比异常持续时间比一般构造地震为短。

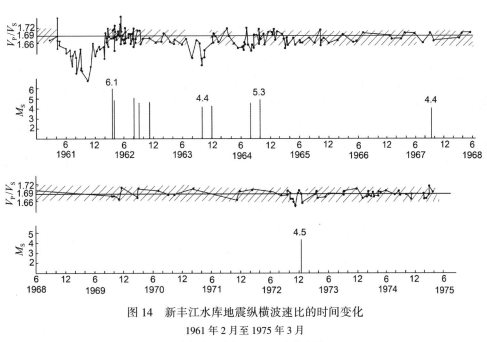

图 14　新丰江水库地震纵横波速比的时间变化

1961 年 2 月至 1975 年 3 月

图中标出了所有 $M_S \geq 4.3$ 级的地震

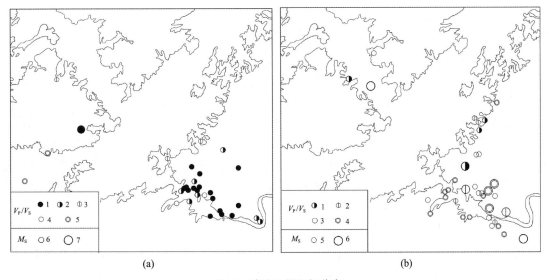

(a) 　　　　　　　　　　　　　　　　　　　(b)

图 15　波速比的空间分布

(a) 1：$V_P/V_S \leq 1.63$；2：$1.63 < V_P/V_S \leq 1.66$；3：$V_P/V_S = 1.67$；4：$1.68 \leq V_P/V_S < 1.72$；5：$V_P/V_S \geq 1.72$；6：$M < 4.0$；7：$4.0 \leq M < 5.0$；

(b) 1：$1.63 < V_P/V_S \leq 1.66$；2：$V_P/V_S = 1.67$；3：$1.68 \leq V_P/V_S < 1.72$；4：$V_P/V_S \geq 1.72$；5：$M < 4.0$；6：$4.0 \leq M < 5.0$

波速比的空间分布如图 15 所示。在负异常期间（图 15a）水库上游峡谷区地震的波速比仍属正常值，而负异常幅度最大的地震集中在大坝西北的小地震密集区，尤其是主震震源附近，从深度剖面

（图 16）上看，正是在主震深度（5km）附近，即 4.5 ~ 6.5km 处的地震测得的波速比负异常幅度最大。图 15b 给出了主震后的正常期的波速比空间分布图。可以看到对水库上游区的地震，测得的波速比始终处在正常值的范围内。以上情况表明，测得波速比负异常的地震大都局限在线度约 20km 的范围内。这个线度和由地震与大地测量资料得到的主震断层长度的量级相近而比一般构造地震的异常区线度要小[10,11]。

新丰江水库的地震活动与蓄水的关系是明显的。历史上本区地震活动相当低，蓄水前 25 年间河源、博罗两县境内仅发生过有感地震 4 次。水库蓄水后地震活动性急剧增强，至主震前的地震区的台网记录到库区 81719 次小地震，$M_L \geqslant 3$ 级的地震约达 120 次，而库区以外仍无地震发生。大部分地震在水库蓄水至高水位时发生，震源深度极浅。80% 以上的地震集中在峡谷北岸地震密集带内（面积约 20km²）[1]。小的地震活动范围和小的波速异常区线度意味着应力达到的介质破裂强度的范围也是小的。

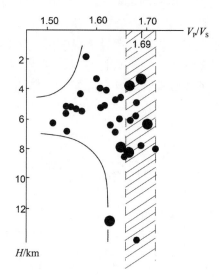

图 16　测得波速比异常地震的深度分布图
小实心圆表示震级小于 4.0；
大实心圆表示震级大于等于 4.0

上述分析表明：新丰江的地震活动是在水库蓄水之后突然开始并加剧的；只是在小地震活动 18 个月后波速异常才出现的；应力达到介质破裂强度的范围相对于一般构造地震是小的。这些使我们有理由认为水库蓄水前这里的初始应力没有积累到将要发生地震的程度。水库蓄水作用仅仅在很局部范围内改变了那里的介质强度及应力状态，从而诱发了初始应力的释放。

四、诱发机制讨论

前面论述了新丰江库区的地震是由水库蓄水诱发的。这里对诱发机制再作一些初步的分析和讨论。

（一）水压应力场的作用

虽然水压应力场不足以直接产生地震，但当存在初始应力的情况下，对地震的发生可以起着某些诱发作用。

由于水压应力场在断层面上附加的剪切力数值较小，因此水压应力场对主震的发生不像是会起重要的作用。但是诱发作用可能是存在的，表现在主震错动的倾滑分量使水库区一盘向下运动。

水压应力场在诱发小地震中的作用是积极的。例如，在某些局部地点上，完全可能由于重力差产生沿裂隙面倾向方向的最大剪应力，叠加的水压应力场可以诱发以倾滑为主的小地震。对比图 13 和图 8 可见，对于后期的小地震，这种作用是明显的。

（二）裂隙中液压的作用

新丰江水库库基是中生代侵入于基岩之上的花岗岩体。地质调查表明，震源区存在着有利于水渗透的多裂隙地质条件。然而由小地震求得的在峡谷震区的 Q 值约为 700 左右可知震源区介质不像是十分破碎的。在这种情况下水库内的水能否渗透到震源区去呢？

在浅部，岩体的压力较小，在水体重量的作用下，水将比较容易地沿裂隙深入到较浅部位，渗透的水产生的液压可以降低面上的剪切强度[12,14]，于是首先在浅部诱发初始应力的释放。由于震源区并不十分破碎，限制了液体向深部渗透。但浅部地震的发生可以使某些裂隙面串通并向深部扩展，有利于水向较深部位渗透，也可以在这些深度上诱发地震。

事实上，从水库截流蓄水开始发生小地震到发生主震经历了约二年半的时间，表明水向深部渗透的速度不是很快的，反映了液体向深部渗透受到限制的事实；从地震个数与震源深度分布图（图17[1]，震源深度的测定误差不大于 2.5km）可见地震个数峰值随时间推移逐步向深处发展，反映了水由浅入深的渗透过程；6.1 级主震波速比负异常时间比同震级的一般构造地震负异常时间明显为短，是水库内的水能够补给到震源区去的另一证据；主震前发生的 8 万多次小地震绝大多数麕集于主震断层面上，主震及其大部分前震的破裂面与地表见到的节理面几乎一致，发生了以走向滑动为主的错动，发震应力方向，无论在时间和空间上都比较稳定，相似于主震的发震应力方向，这个图像与在存在方向上比较均一的初始应力场的情况下，液压诱发地震的机制是不矛盾的。

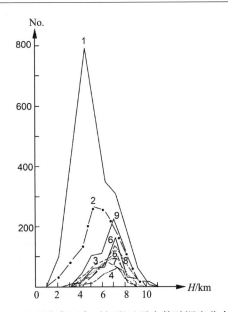

图17　地震密集区各时间段地震个数随深度分布图

1：1962.03.19~07.23；2：1962.07.24~11.27；
3：1962.11.28~1963.04；14；4.1963.04.15~08.08；
5：1963.08.09~12.14；6：1963.12.15~1964.04.19；
7：1964.04.20~8.24；8：1964.08.25~12.29；
9：1964.12.30~1965.5.5

因此，可以认为引起新丰江地震的一个原因是水沿北北西向的裂隙面渗透降低了裂隙面剪切强度所致。在水能渗入到的地方，剪切强度降低的数值就要比水压应力场附加的剪应力值大许多，因此在诱发地震的过程中，液压可能是更为主要的因素。

（三）小地震引起的应力集中对诱发主震的作用

主震前纵波波速比异常的存在表明，干裂隙扩展了，并出现了大量未被水充填的新的微裂隙，这可能是由一系列小地震引起的应力集中造成的。

由参考资料［15］可以求得图 18 所示的矩形断层引起的剪应力公式：

$$\sigma_{12} = F_{12}(L, A) - F_{12}(0, A) - F_{12}(L, 0) + F_{12}(0, 0)$$

式中，

$$F_{12}(x_1', x_3') = -\frac{Gb_1}{4\pi}\left\{\frac{1}{1-v}\left[\frac{(x_1-x_1')x_2^2(x_3'-x_3)}{r^2R}\left(\frac{1}{R^2}+\frac{1}{r^2}\right) - \frac{(x_1-x_1')(x_3'-x_3)}{r^2R}\right]\right.$$
$$\left. -\frac{(x_1'-x_1)(x_3-x_3')}{q^2R}\right\}$$

$$r^2 = R^2 - (x_3'-x_3)^2, \quad q^2 = R^2 - (x_1'-x_1)^2, \quad R = (X_iX_i)^{\frac{1}{2}}, \quad X_i = x_i - x_i'$$

b_1 为错距；G 为剪切模量；v 为松柏比。新丰江主震前大部分小地震的应力降约为10bar，由此得到断层面平面内 σ_{12} 的数值结果如图19 所示。从图中可见，一次小地震后，在断层面上，除断层面区域应力降落外，地震引起的静力学位移造成剪应力不同程度地加强。在离断层面边缘外 $A/4$ 处，剪应力增加约 3bar，$A/2$ 处增加约 1bar，A 处增加约 0.3bar。由于震前小地震很多，并由于大部分小地震的断层面取向、错动方向均与主震地接近，因此这些小地震在主震断层面内引起的剪应力集中的综合作用是不可忽视的，由此因素增加

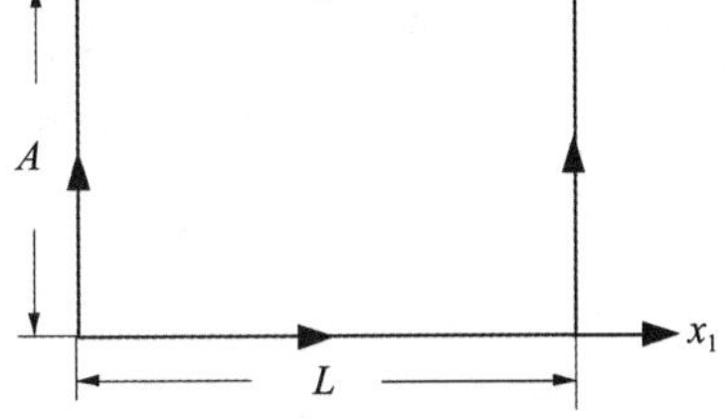

图18　矩形断层模式

的剪应力总和比水压应力大。

　　综合前面的分析，我们见到水压应力场在诱发新丰江地震中虽然也起到了某些积极作用，特别在地震后期这种作用尤为明显。但主要因素是液压和由此产生的小地震。

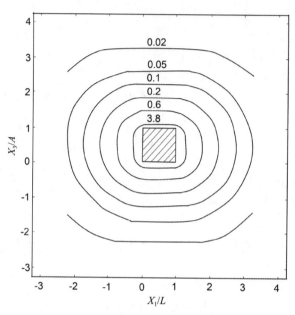

图 19　断层面平面内矩形断层引起的剪应力
$L=A$，错距 b_1 取断层平均应力降为 10bar 时的值，图中线条区域表示断层

　　由于小地震引起地应力集中和裂隙分布的不均匀，蓄水后介质强度的不均匀性加剧了。这反映在小地震的 b 值高，主震与最大余震的差值小等等特点中。主震的应力降与同等强度地震的正常应力降相当[16]。所以余震的 b 值高不是由主震应力降大而引起的，主要是介质强度不均匀性加剧造成的。

结　　论

　　（1）1962 年 3 月 19 日 6.1 级主震沿北北西较直立的断层面发生了左旋走滑型错动，应力降约9bar。大部分前震在与主震相似的应力场方向下发生，破裂面也与主震相似，应力降接近于主震的应力降。余震的应力场方向随着时间的推移逐渐发生变化，到后期与主震明显不同，早期余震的应力降数值较前震的分散，但平均仍约 10bar。

　　（2）水库荷载引起库基岩体的沉陷较大，最大约 10cm，水平位移是垂直位移的十分之一。小地震密集区水压应力场的最大剪应力为 0.5bar 左右。表明新丰江主震释放的初始应力主要不是由水库荷载造成的。

　　（3）6.1 级主震前，纵横波速比出现了明显的负异常，异常时间约 11 个月。在主震震源附近的小地震密集区，负异常最明显，波速比异常的延续时间和范围比一般构造地震的小，地震活动与蓄水之间有着密切的关系，这些表明：新丰江库区初始应力的释放是由水库蓄水诱发的。

　　（4）沿裂隙内渗透的水使液压增加，这是诱发新丰江初始应力释放的主要原因。在诱发主震中，小地震引起的应力集中也起了重要作用，而水压应力场的作用是次要的。

参 考 文 献

［1］沈崇刚等，新丰江水库地震及其对大坝的影响，中国科学，2：184~205，1974

［2］中国科学院地质研究所破裂与震源力学组、广东省科技局新丰江地震总结组，新丰江水库区微震震源力学的初步研究，地质科学，3：234~245，1974

［3］陈运泰等，根据地面形变的观测研究 1966 年邢台地震的震源过程，地球物理学报，18：164~182，1975

［4］Aki K, Earthquake Generating Stress in Japan for the years 1961 to 1963 obtained by smoothing the first motion patterns, Bull. Earthq. Res. Inst., 44：447-471, 1966

［5］李钦组等，由单台小地震资料所得两个区域的应力场，地球物理学报，16：49~61，1973

［6］钱伟长、叶开沅，弹性力学，科学出版社，1956

［7］Gough D I. and Gough W I, Stress and deflection in the lithosphere near Lake Kariba-I, Geophys. J. T. Astr. Soc., 21：65-78, 1970

［8］Gough D I and Gough W I, Load-induces earthquakes at Lake Kariba-Ⅱ, Geophys. J. R. Astr. Soc., 21：79-101, 1970

［9］Whitcomn J H and others, Earthquake prediction：Variation of Seismic velocities before the San fernando earthquake, Science, 130：632-635, 1973

［10］Кондраяенко АМ, Нерсесов ИЛ, Некоторые резулвтаты изучения изменения скоростей продолвных волн и отношения скоростей продолвных и поперечных волн в очагоной зоне, Труоынф3 АН СССР, 25, 1962

［11］Scholz C H and others, Earthquake Prediction：A physical basis, Science, 181：803-809, 1973

［12］Hubbert M K and Rubey W W, Role of Fluid pressure in Mechanics of overthrust Faulting, Bull. Geol. Soc. Am., 70：115-166, 1959

［13］Božogié A, Review and appraisal of rase histories related to seismic effects of reservoir impounding, Engineering Geology, 8：9-27, 1974

［14］Brace W F, Laboratory Studies of Stick-Slip and their Application to Earthquake, Tectonophys, 14：189-200, 1972

［15］De Wit R, The continum Theory of Stationary dislocations, in Solid State Physics, 257, 1959

［16］Gibowisz S J, Stress drop and aftershocks, Bull. Seism. Soc. Am., 63：1433-1446, 1973

II — 3

新丰江水库地震的震源机制及其成因的初步探讨[*]

王妙月[1)]　　杨懋源[2)]　　胡毓良[3)]　　李自强[1)]　　陈运泰[1)]　　金　严[1)]　　冯　锐[1)]

1) 中国科学院地球物理研究所
2) 国家地震局广州地震大队
3) 中国科学院地质研究所

摘　要　广东省新丰江水库蓄水后地震活动性有很大增高，大部分地震发生在大坝附近的深水峡谷区，形成一条北西方向的密集带，震源深度极浅。在蓄水后约二年半于1962年3月19日发生了6.1级强地震。

本文根据水准测量和地震波波谱资料的分析，确定了主震的断层参数；用P波初动振幅，确定了主震前后18个月内150次小地震的断层面解，用平滑P波初动图案，求得了2000余次小地震的发震应力方向。文中还计算了水库荷载在库基岩体中产生的位移场和应力场，并分析了主震及其几次大余震前的地震纵波与横波的速度比变化情况。最后，结合地震活动性和地质背景，初步讨论了新丰江水库地震的诱发机制，认为：水的渗透作用是诱发这次地震的主要原因。

新丰江水库位于我国广东省河源县境内。1959年10月水库蓄水后连续发生地震，1962年3月19日发生6.1级主震。十几年来，系统地记录了前震、主震和余震达20多万次。对地震活动特点和地震成因曾在资料 [1，2] 讨论。本文主要根据震源机制、水库荷载的计算结果及波速异常资料，初步讨论了新丰江水库地震的诱发机制。

一、震 源 机 制

研究地震的震源机制对了解地震的发生过程是很重要的，故首先叙述震源机制的研究结果。

1. 主震的震源机制解答

资料 [1] 中已经给出了主震的断层面解答，如表1所示。

表 1　主震断层面解答和应力主轴

产状	断层面解答		应力主轴		
	节面1	节面2	主压应力轴	主张应力轴	中间应力轴
走　向	北28°西	北62°东	北73°西	北17°东	南51°东
倾　向	南西	北西	南东	南西	北西
倾　角	88°	80°	8°	6°	80°

为了从两个节面中选择真正的断层面，我们利用了瑞利波波谱资料和库区水准测量资料。利用以

＊ 本文发表于《中国科学》，1976，1：85~97

有限破裂速度传播的震源在瑞利波振幅谱中产生
的极小值，可以确定真正的断层面，并同时确定
破裂长度、破裂速度以及破裂方向。由于振幅谱
中的极小值，也可以由波传播途径的介质特性、
震相、资料截取长度等造成，因此这个方法的关
键是正确地从观测到的瑞利波振幅谱中，辨认出
与断层参数有关的极小值。资料［1］曾选北东东
截面为断层面。本文进一步分析了极小值的变化，
反复进行了资料截取长度试验，得到了如图1所
示的结果。由图可见，对北北西节面而言，与断
层参数有关的极小值随方位分布呈线性，而北东
东节面却不然，这表明北北西节面为真正的断层
面，由此求得主震震源参数如表2所示。

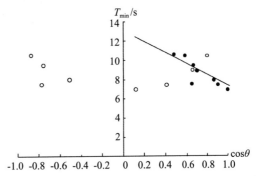

图 1　从主震的瑞利波振幅谱得到的极小值的方位分布
实心圆表示相对于北北西节面的资料点，
空心圆表示相对于北东东节面的资料点

表 2　由瑞利波振幅谱资料得到的主震震源参数

断层走向	倾向	倾角	滑动角	断层长度/km	
北 28°西	南西	88°	10°	19	
错距/cm	地震矩/（dyne·cm）	应力降/bar	破裂传播方向	破裂速度/（km/s）	
14.5	1.5×10^{25}	9	南南东—北北西	1.4	

　　主震前三个月和主震后一个月在库区进行过精密水准测量，所得的地面垂直形变如图2所示。水
库荷载可以引起很大的沉陷量，但由于两次水准测量的时间间隔较短，因此测得的库区地面的垂直形
变主要反映了主震断层引起的静力学位移。运用资料［3］所用的方法，确定了使地面垂直形变的理
论计算值最适合观测值的震源参数。所得结果如图3和表3所示。由于缺少相应的水平形变资料，单
独由水准资料不能可靠地测定走滑错距，因此表中仅列出倾滑错距及相应的地震矩和应力降。图4是

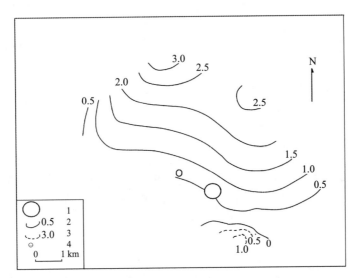

图 2　主震前后库坝区的地面垂直形变等值线图（1961.12~1962.04）
1. 主震震中；2. 上升（cm）；3. 下降（cm）；4. 不动点

根据图 3 所示的复合断层模式计算的得到的由于主震引起的地面垂直形变等值线图。对比图 2 和图 4 可以看出，计算结果与观测结果基本上是符合的。由水准测量资料得到的断层面走向比由 P 波初动解得到的结果略向西偏，可能是水体荷载的影响所致。比较波谱和水准资料得到的错距，可见断层错动以走向滑动为主，这和 P 波初动解是一致的。

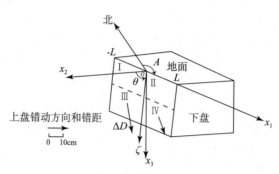

图 3　主震的复合断层模式

以上结果表明，北北西节面为主震的断层面，这还可以由主震前后小地震活动的空间分布得到进一步的证实。图 5 是主震前 8 个月和主震后 10 个月的震中分布图，它表明小地震主要分布在北西方向上。

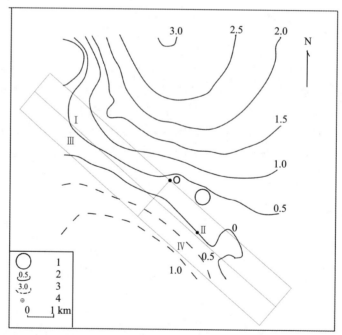

图 4　由图 3 所示的复合断层模式计算得到的地面垂直形变的等值线图
1. 主震震中；2. 上升（cm）；3. 下降（cm）；4. 不动点
图中矩形表示断层面在地面的投影

2. 主震前后 18 个月内小地震震源机制解

小地震的发震过程与主震的发震过程有密切联系，为加深对主震发震过程的认识，我们研究了主震前后 18 个月内小地震的震源机制，包括小地震的断层面解答，平均发震应力方向和震源参数三个方面。

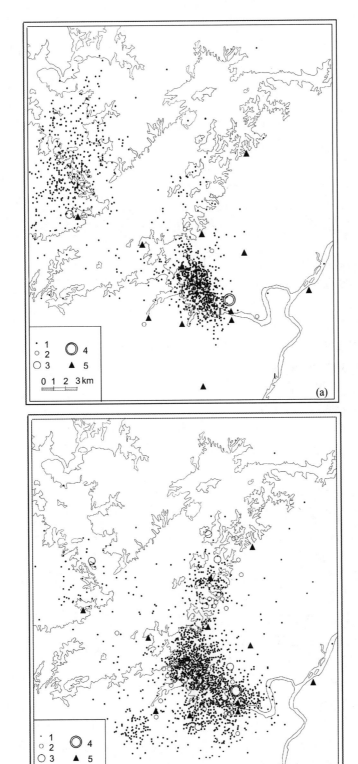

图 5 新丰江水库区 1961.07~1962.12 M_S≥1.0 级地震震中分布

(a) 1961.07.08~1962.03.19；（b）1962.03.19~12.31

1. M_S=1.0~2.9；2. M_S=3.0~3.9；3. M_S=4.0~4.9；4. M_S=6.1；5. 地震台

表3　由地面垂直形变的观测资料得到的主震震源参数

断层走向	倾　向	倾　角	断层总长度/km	断层总宽度/km
北40°西	南　西	80°	12	10
编号①	倾向滑动错距② （cm）		倾向滑动的地震矩 （10^{22}dyne·cm）	倾向滑动的应力降 （bar）
Ⅰ	-0.4		1.7	0.4
Ⅱ	-0.7		3.6	0.8
Ⅲ	20.4		100.9	22.8
Ⅳ	11.0		54.4	12.3

注：①断层各部分的编号见图3。②负号表示逆断层，正号表示正断层。

Ⅰ. 150个小地震的断层面解答

使用库区4个台站的初动振幅资料，采用点源双力偶模式，在震源球球面上用网格尝试法，最佳拟合理论振幅与观测振幅，求得了震前8个月到震后10个月 $M_L \geq 1.5$ 级的150次小地震的解答。其中前震80次，走滑型占70%（滑动角小于40°），倾滑型占21%（滑动角大于50°）；余震70次，走滑型占61%，倾滑型占27%。这些地震二个节面的取向和地表可见的北北西和北东东节理面的取向基本一致。大部分走滑型地震的一个节面和主震的断层面十分接近，假定这个面就是小地震的断层面，将这些面首尾相连，则得到与主震断层面相近的破裂面，且错动性质也和主震一致。峡谷区前震的情况如图6所示。

Ⅱ. 小地震的平均发震应力方向

使用光滑P波初动符号的方法[4,5]和库区4个台记录到的P波初动符号，计算了1961年7月至1962年12月内2038次小地震的平均发震应力方向。1962年4月前取 $M_L \geq 1.5$ 级的资料，1962年5月后取 $M_L \geq 2.2$ 级资料。用全区分月和震前分区二种方式处理，结果如图7所示。这些结果表明：

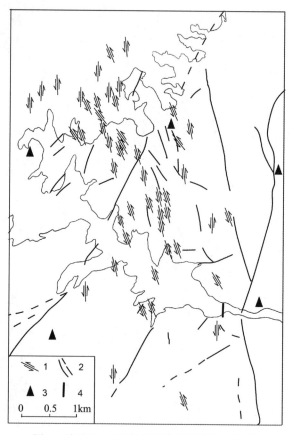

图6　峡谷区49次走滑型前震的断层面解答

1. 断层面解答结果，中间长线方位表示节面走向，箭头表示错动方向；
2. 断裂，虚线表示推测的；3. 地震台；4. 大坝

（1）大震前，小地震的发震应力方向在时间上和空间上都是比较稳定的。

（2）大震后，主应力方向发生了偏移，但P轴仍保持南东—北西向，T轴仍保持北东—南西方向。这个结果与主震的主应力方向大体一致，表明大部分小地震是在与主震相似的应力场作用之下发生的，在地震活动的后期（1972年1~3月）的207次小地震的震源机制解中，有62%属于倾滑型断层，11%

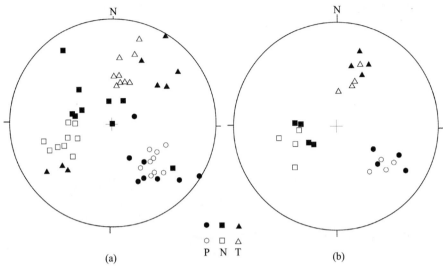

图7 小地震的平均发震应力方向

(a) 1961年7月至1962年12月各月结果，实心符号表示大震后结果，空心符号表示大震前结果；

(b) 震前分区结果，实心符号表示震源深度为5~12km，空心符号表示震源深度为0~7km

属于倾滑型和走滑型的过渡类型，但节面仍以北北西和北东东为主[2]。倾滑型地震的主压应力轴的球极投影见图8。对比图8和图7可见，二者图像明显地是不同的。它表明虽然节面的取向都是相似的，但小地震发震应力的优势方向随着时间的推移发生了变迁，紧临主震前后的小地震发震应力方向与主震相似，而后期与主震明显不同。

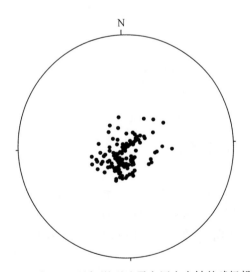

图8 1972年1~3月倾滑型地震主压应力轴的球极投影[2]

Ⅲ. 小震震源参数

利用P波初动振幅和半周期，可以直接测定介质品质因数（Q值）和小地震震源参数。考虑到震源时间函数、介质的吸收、仪器的频率特性，结算了理论地震图，得到了测定震源尺度、地震矩、应力降等震源参数的量板。选取了震相清晰的144次地震，这些小地震的震级M_L大都在1.5~4.1。运用测定上述震源参数的量板，测定了其中124次小地震的参数。测定结果表明，地震区介质因数约700左右，小地震的震源尺度在50~700m，地震矩在10^{14}~10^{21}dyne·cm。图9表示了这些小地震的震源尺度、地震矩与应力降之间的关系。可以看出，应力降与震源尺度、地震矩二者虽无明显的关系，但在主震之前的小地震其应力降数值比较接近，约 10bar 左右，主震后小地震的应力降则数值比较分散，但平均仍约 10bar 左右。

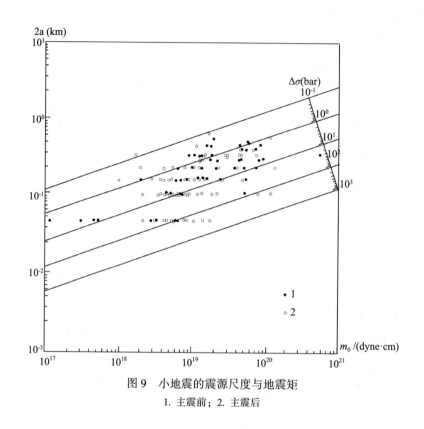

图 9　小地震的震源尺度与地震矩
1. 主震前；2. 主震后

综上所述：主震是沿北北西向较直立的断层面的逆时针走滑型错动，应力降约 9bar。大部分前震是在与主震相似的应力场作用下发生的，破裂面与主震破裂面几乎平行，应力降都比较接近于主震的应力降值；早期余震的发震应力方向与主震相近，应力降较分散，但平均仍约 10bar 左右；后期余震的发震应力方向与主震明显不同。

二、水压位移场和水压应力场

为了估计水库荷载的影响，我们使用熟知的布希涅斯克问题的解[6,7]分析水库荷载在库基岩体中产生的位移场和应力场（以下称水压位移场和水压应力场）。

水库的一般形状及部分测线如图 10 所示。取库基岩石的泊松比 $v = 0.28$，杨氏模量 $E = 4.9×10^{11}$ dyne/cm^2，计算了库区 1、3、5、7、9km 深处的水压位移场和水压应力场。这里仅列举满库（水位 115m）时的部分结果。图 11 中表示了沿图 10 所示 M_a—M_b、N_a—N_b 剖面内不同深度的位移。由图可见，弹性位移超过 3cm 的区域远远大于地震活动的区域；水体引起较大的垂直位移，库区中心下沉量最大约 10cm；岩体的水平位移比垂直位移约小一个量级，在 3~5km 深度上水平位移几乎为零。

图 12 显示了沿图 10 中 A_a—A_b 等剖面内最大剪应力的等值线。它们表明，最大剪应力在库区中心约 3bar，它随着离库区距离的加大而减小，在峡谷区地震密集带内最大剪应力为 0.5bar 左右。

峡谷区 3km 以下各测点的主压应力轴方位角，大部分位于 250°~305°（图 13），与主震的压力轴方位相近，也与主震前后大部分小地震的压力轴方位相近。但压力轴与水平面之间的夹角一般大于 45°，这与主震压力轴及前震的平均压力轴不同，而与部分余震的平均压力轴相同。

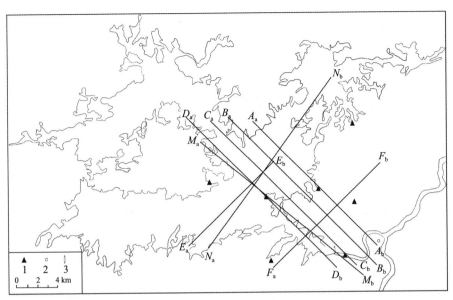

图 10　水库的形状和部分测线的分布

1. 地震台；2. 河源县；3. 大坝

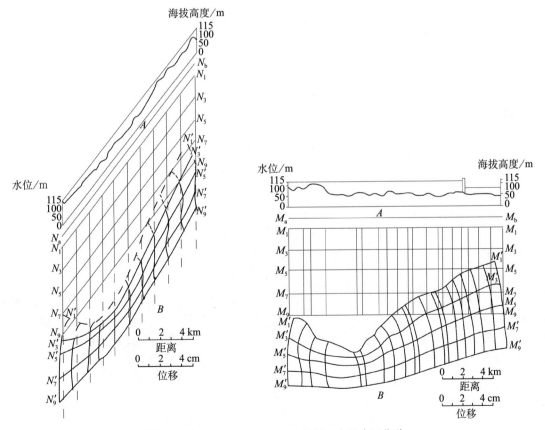

图 11　沿 M_a—M_b、N_a—N_b 垂直剖面内的水压位移

A 沿 M_a—M_b、N_a—N_b 水体的深度剖面；B 沿 M_a—M_b、N_a—N_b 剖面内深度 1~9km 计算的库基岩体位移

在这些剖面内规则的长方形 $M_1M_1M_9M_9$、$N_1N_1N_9N_9$ 在水体荷载作用下形变成曲边形 $M_1'M_1'M_9'M_9'$、$N_1'N_1'N_9'N_9'$

距离比例尺为 1∶1km，位移比例尺为 1∶1cm

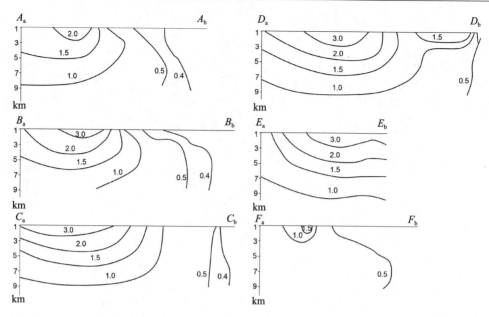

图 12　沿 A_a—A_b、B_a—B_b、C_a—C_b、D_a—D_b、E_a—E_b、F_a—F_b
线段垂直剖面内最大剪应力等值线图（单位：bar）

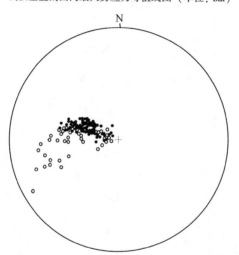

图 13　峡谷地震区各测点主压应力轴球极投影图
实心圆表示深度大于等于 3km；空心圆表示深度小于 3km

对比震源机制和水压应力场的结果，可以看到：主震的平均水平错距约 15cm，而水压位移场的水平位移仅是垂直位移的十分之一；因此主震的错距不能由水压位移场得到解释。由前可知，主震及震前大部分小地震的应力降约 10bar。一次地震后，剩余应力一般不为零，因此初始应力总时要比应力降高。而水压应力场的计算表明，地震密集区最大剪应力不到 1bar，主震断层面上的平均值将更小。

三、波速比异常

既然主震释放了水库蓄水前已经存在的初始应力，那么如果没有水库的蓄水作用，这个应力是否会自行释放呢？为此，我们分析了 1961 年 2 月到 1975 年 3 月 14 年间 257 次地震纵横波速度比的变化，以探讨水库蓄水前初始应力达到的程度。

利用处于库区的一个地震台和震源区外的广州地震台的记录资料，采用和达方程求得纵横波速度比。根据主震后 10 年间 188 次地震资料求得平均波速比为 1.69±0.03。取 1.69±0.03 为波速比的正常变化范围。

　　图 14 为所得到的波速比随时间的变化。可以清楚地看出，主震及后期几次较大地震前都有明显的波速比异常，但后期异常幅度较小。主震前异常的总持续时间约为 11 个月，异常幅度至 1961 年 10 月底达最大为 -0.18。对于一般构造地震，由资料 [9] 给出的异常持续时间与震级的经验关系式，可估算 6.1 级地震的异常持续时间约两年半左右。可见，新丰江 6.1 级地震前波速比异常持续时间比一般构造地震为短。

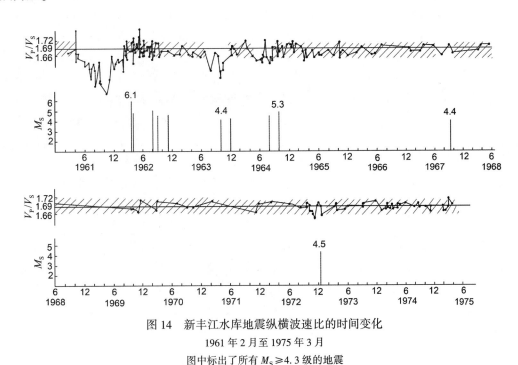

图 14　新丰江水库地震纵横波速比的时间变化

1961 年 2 月至 1975 年 3 月

图中标出了所有 M_S ≥4.3 级的地震

图 15　波速比的空间分布

(a) 1：V_P/V_S≤1.63；2：1.63<V_P/V_S≤1.66；3：V_P/V_S = 1.67；4：1.68≤V_P/V_S<1.72；5：V_P/V_S≥1.72；6：M<4.0；7：4.0≤M<5.0；

(b) 1：1.63<V_P/V_S≤1.66；2：V_P/V_S = 1.67；3：1.68≤V_P/V_S<1.72；4：V_P/V_S≥1.72；5：M<4.0；6：4.0≤M<5.0

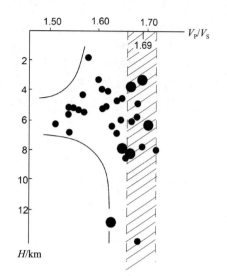

图 16　测得波速比异常地震的深度分布图
小实心圆表示震级小于 4.0；
大实心圆表示震级大于等于 4.0

波速比的空间分布如图 15 所示。在负异常期间（图 15a）水库上游峡谷区地震的波速比仍属正常值，而负异常幅度最大的地震集中在大坝西北的小地震密集区，尤其是主震震源附近，从深度剖面（图 16）上看，正是在主震深度（5km）附近，即 4.5~6.5km 处的地震测得的波速比负异常幅度最大。图 15b 给出了主震后正常期的波速比空间分布图。可以看到对水库上游区的地震，测得的波速比始终处在正常值的范围内。以上情况表明，测得波速比负异常的地震大都局限在线度约 20km 的范围内。这个线度和由地震与大地测量资料得到的主震断层长度的量级相近而比一般构造地震的异常区线度要小[10,11]。

新丰江水库的地震活动与蓄水的关系是明显的。历史上本区地震活动相当低，蓄水前 25 年间河源、博罗两县境内仅发生过有感地震 4 次。水库蓄水后地震活动性急剧增强，至主震前的地震区的台网记录到库区 81719 次小地震，$M_L \geq$ 3 级的地震约达 120 次，而库区以外仍无地震发生。大部分地震在水库蓄水至高水位时发生，震源深度极浅。80% 以上的地震集中在峡谷北岸地震密集带内（面积约 20km²）[1]。小的地震活动范围和小的波速异常区线度，意味着应力达到的介质破裂强度的范围也是小的。

上述分析表明：新丰江的地震活动是在水库蓄水之后突然开始并加剧的；只是在小地震活动 18 个月后波速异常才出现的；应力达到介质破裂强度的范围相对于一般构造地震是小的。这就使我们有理由认为水库蓄水前这里的初始应力没有积累到将要发生地震的程度。水库蓄水作用仅仅在很局部范围内改变了那里的介质强度及应力状态，从而诱发了初始应力的释放。

四、诱发机制讨论

前面论述了新丰江库区的地震是由水库蓄水诱发的。这里对诱发机制再作一些初步的分析和讨论。

1. 水压应力场的作用

虽然水压应力场不足以直接产生地震，但当存在初始应力的情况下，对地震的发生可以起着某些诱发作用。

由于水压应力场在断层面上附加的剪切力数值较小，因此水压应力场对主震的发生不像是会起重要的作用。但是诱发作用可能是存在的，表现在主震错动的倾滑分量使水库区一盘向下运动。

水压应力场在诱发小地震中的作用是积极的。例如，在某些局部地点上，完全可能由于重力差产生沿裂隙面倾向方向的最大剪应力，叠加的水压应力场可以诱发以倾滑为主的小地震。对比图 13 和图 8 可见，对于后期的小地震，这种作用是明显的。

2. 裂隙中液压的作用

新丰江水库库基是中生代侵入于基岩之上的花岗岩体。地质调查表明，震源区存在着有利于水渗透的多裂隙地质条件。然而由小地震求得的在峡谷震区的 Q 值约为 700 左右，可知震源区介质不像是十分破碎的。在这种情况下水库内的水能否渗透到震源区去呢？

在浅部，岩体的压力较小，在水体重量的作用下，水将比较容易地沿裂隙深入到较浅部位，渗透的水产生的液压可以降低面上的剪切强度[12,14]，于是首先在浅部诱发初始应力的释放。由于震源区并不十分破碎，限制了液体向深部渗透。但浅部地震的发生可以使某些裂隙面串通并向深部扩展，有利于水向较深部位渗透，也可以在这些深度上诱发地震。

事实上，从水库截流蓄水开始发生小地震到发生主震经历了约二年半的时间，这表明水向深部渗透的速度不是很快的，反映了液体向深部渗透受到限制的事实；从地震个数与震源深度分布图可见（图17，震源深度的测定误差不大于 2.5km），地震个数峰值随时间推移逐步向深处发展，反映了水由浅入深的渗透过程。6.1级主震波速比负异常时间，比同震级的一般构造地震负异常时间明显为短，是水库内的水能够补给到震源区去的另一证据。主震前发生的 8 万多次小地震绝大多数麇集于主震断层面上，主震及其大部分前震的破裂面与地表见到的节理面几乎一致，发生了以走向滑动为主的错动。发震应力方向，无论在时间和空间上都比较稳定，相似于主震的发震应力方向，这个图像与在存在方向上比较均一的初始应力场的情况下，液压诱发地震的机制是不矛盾的。

因此，可以认为引起新丰江地震的一个原因是，水沿北北西向的裂隙面渗透降低了裂隙面剪切强度所致。在水能渗入到的地方，剪切强度降低的数值就要比水压应力场附加的剪应力值大许多，因此在诱发地震的过程中，液压可能是更为主要的因素。

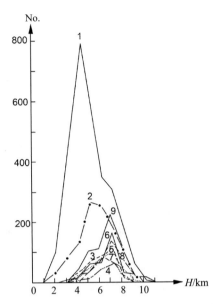

图17 地震密集区各时间段地震个数随深度分布图
1：1962.03.19~07.23；2：1962.07.24~11.27；
3：1962.11.28~1963.04.14；4：1963.04.15~08.08；
5：1963.08.09~12.14；6：1963.12.15~1964.04.19；
7：1964.04.20~8.24；8：1964.08.25~12.29；
9：1964.12.30~1965.5.5

3. 小地震引起的应力集中对诱发主震的作用

主震前纵波波速比异常的存在表明，干裂隙扩展了，并出现了大量未被水充填的新的微裂隙，这可能是由一系列小地震引起的应力集中造成的。

由资料［15］可以求得图18所示的矩形断层引起的剪应力公式：

$$\sigma_{12} = F_{12}(L, A) - F_{12}(0, A) - F_{12}(L, 0) + F_{12}(0, 0)$$

式中，

$$F_{12}(x_1', x_3') = -\frac{Gb_1}{4\pi}\left\{\frac{1}{1-v}\left[\frac{(x_1-x_1')x_2^2(x_3'-x_3)}{r^2R}\left(\frac{1}{R^2}+\frac{1}{r^2}\right) - \frac{(x_1-x_1')(x_3'-x_3)}{r^2R}\right]\right.$$
$$\left. - \frac{(x_1'-x_1)(x_3-x_3')}{q^2R}\right\}$$
$$r^2 = R^2 - (x_3'-x_3)^2, \quad q^2 = R^2 - (x_1'-x_1)^2, \quad R = (X_iX_i)^{\frac{1}{2}}, \quad X_i = x_i - x_i'$$

b_1 为错距；G 为剪切模量；v 为松柏比。新丰江主震前大部分小地震的应力降约为 10bar，由此得到断层面平面内 σ_{12} 的数值结果如图19所示。从图中可见，一次小地震后，在断层面上，除断层面区域应力降落外，地震引起的静力学位移造成剪应力不同程度地加强。在离断层面边缘外 $A/4$ 处，剪应力增加约 3bar，$A/2$ 处增加约 1bar，A 处增加约 0.3bar。由于震前小地震很多，并由于大部分小地震的断层面取向、错动方向均与主震地接近，因此这些小地震在主震断层面内引起的剪应力集中的综合作用是不可忽视的，由此因素增加的剪应力总和比水压应力大。

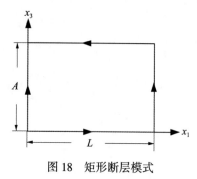

图 18　矩形断层模式

综合前面的分析，我们见到水压应力场在诱发新丰江地震中虽然也起到了某些积极作用，特别在地震后期这种作用尤为明显。但主要因素是液压和由此产生的小地震。

由于小地震引起地应力集中和裂隙分布的不均匀，蓄水后介质强度的不均匀性加剧了。这反映在小地震的 b 值高，主震与最大余震的差值小等等特点中。主震的应力降与同等强度地震的正常应力降相当[16]。所以余震的 b 值高，不是由主震应力降大而引起，主要是介质强度不均匀性加剧造成的。

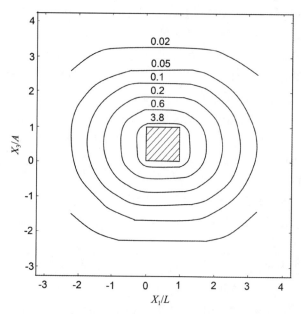

图 19　断层面平面内矩形断层引起的剪应力

$L=A$，错距 b_1 取断层平均应力降为 10bar 时的值，图中线条区域表示断层

结　　论

（1）1962 年 3 月 19 日 6.1 级主震沿北北西较直立的断层面发生了左旋走滑型错动，应力降约 9bar。大部分前震在与主震相似的应力场方向下发生，破裂面也与主震相似，应力降接近于主震的应力降。余震的应力场方向随着时间的推移逐渐发生变化，到后期与主震明显不同，早期余震的应力降数值较前震的分散，但平均仍约 10bar。

（2）水库荷载引起库基岩体的沉陷较大，最大约 10cm，水平位移是垂直位移的十分之一。小地震密集区水压应力场的最大剪应力为 0.5bar 左右。表明新丰江主震释放的初始应力主要不是由水库荷载造成的。

（3）6.1 级主震前，纵横波速比出现了明显的负异常，异常时间约 11 个月。在主震震源附近的小地震密集区，负异常最明显，波速比异常的延续时间和范围比一般构造地震的小，地震活动与蓄水之间有着密切的关系，这些表明：新丰江库区初始应力的释放是由水库蓄水诱发的。

（4）沿裂隙内渗透的水使液压增加，这是诱发新丰江初始应力释放的主要原因。在诱发主震中，小地震引起的应力集中也起了重要作用，而水压应力场的作用是次要的。

参 考 文 献

[1] 沈崇刚等，中国科学，1974，2，184~205

[2] 中国科学院地质研究所破裂与震源力学组、广东省科技局新丰江地震总结组，地质科学，1974，3，234~245

[3] 陈运泰等，地球物理学报，18（1975），164~182

[4] Aki, K., Bull. Earthq. Res. Inst., 44（1966），447-471

[5] 李钦组等，地球物理学报，16（1973），49~61

[6] 钱伟长、叶开沅，弹性力学，科学出版社，1956

[7] Gough, D. I . & Gough, W. I., Geophys. J. T. Astr. Soc. 21（1970），65-78

[8] Gough, D. I. & Gough, W. I., Geophys. J. R. Astr. Soc. 21（1970），79-101

[9] Whitcomn, J. H. & others, Science, 130（1973），632-635

[10] Кондраяенко АМ, Нерсесов ИЛ, Некоторые резулвтаты изучения нзменения скоростей продолвных волн и отношения скоростей продолвных и поперечных волн в очагоной зоне, Труоынф3 АН СССР, 25, 1962

[11] Scholz, C. H. & others, Earthquake Prediction: A physical basis, Science, 181（1973），803-809

[12] Hubbert, M. K. & Rubey, W. W., Bull. Geol. Soc. Am. 70（1959），115-166, 1959

[13] A. Božogié, Engineering Geology, 8（1974），9-27

[14] Brace, W. F., Tectonophys., 14（1972），189-200

[15] De Wit, R., in Solid State Physics, 1959, 257

[16] Gibowisz, S. J., Bull. Seism. Soc. Am, 63（1973），1433-1446

II — 4

A preliminary study on the mechanism of the reservoir impounding earthquakes at Hsinfengkiang[*]

Wang Miaoyueh[1]　**Yang Maoyuan**[2]　**Hu Yuliang**[3]

Li Tzuchiang[1]　**Chen Yuntai**[1]　**Chin Yen**[1]　**Feng Rui**[1]

1) Institute of Geophysics, Academia Sinica
2) Seismological Brigade of Kwangchow, National Seismological Bureau
3) Institute of Geophysics, Academia Sinica

Abstract: After the filling up of the Hsinfengkiang Reservoir in Kwangtung Province, seismicity was greatly increased. The majority of earthquakes occurred in the deep water gorge close to the dam, concentrated within a northwest ward belt. They are usually of shallow focal depths. A strong earthquake with a magnitude of 6.1 took place on March 19, 1962, about two and a half years after the impounding of the reservoir.

According to the data analysed from geodetic leveling and the spectra of seismic waves, the fault parameters of the main shock were determined. The fault plane solutions of 150 small earthquakes, occurring within a period of 18 months before and after the main shock, were determined by the amplitudes of the first motion of P wave. The directions of the earthquake generating stress of about 2000 small earthquakes were obtained by smoothing the first motion patterns. The displacement and stress field in the rock bodies underneath the reservoir caused by the loading of the reservoir water were calculated. Variations of the velocity ratio of the P and S waves prior to the main shock and several strong aftershocks were analysed.

In consideration of the seismicity as well as the geological background, we try to discuss the cause of reservoir impounding earthquakes at Hsinfengkiang. We are of opinion that the penetration of water through fissures becomes the chief cause of the main shock on March 19, 1962 at Hsinfengkiang.

The Hsinfengkiang Reservoir is situated in Hoyuan County of Kwangtung Province. After the impounding of the Reservoir in October, 1959, small shocks occurred almost incessantly and an earthquake of magnitude 6.1 occurred on March 19, 1962. Since then more than two hundred thousand small shocks have been recorded. The characteristics and causes of these shocks have previously been reported[1,2]. In the present paper, we shall give a preliminary study on the mechanism of induction of these reservoir impounding earthquakes on the basis of the data of focal mechanism and velocity anomalies as well as the result of calculation of the effect of water loading.

I　Focal mechanism

First of all we shall give some results concerning the focal mechanisms of the Hsinfengkiang earthquakes,

---

* 本文发表于《SCIENTIA SINICA》, 1976, XIX (1): 146—169

because of its importance in the understanding of focal processes.

I . 1 The fault-plane solutions of the main shock of March 1962

The fault-plane solutions of this main shock have been given in paper [1] (see Table 1). In order to ascertain which of the two nodal planes corresponds to the fault plane, we made use of the amplitude spectrum of the Rayleigh waves as well as of the leveling data of the reservoir region.

Table 1 Fault-plane Solutions of the Main Shock and the Principal Axes of Stresses

	Fault-plane Solutions		Principal Axes of Stresses		
	Nodal Plane 1	Nodal Plane 2	P	T	B
Strike Direction	N28°W	N62°E	N73°W	N17°E	S51°E
Dip Direction	SW	NW	SE	SW	NW
Dip Angle	88°	80°	8°	6°	80°

Owing to the finite velocity of the propagation of rupture, there will be minima in the amplitude spectrum of the Rayleigh waves which are related to the parameters of the fault. From the first minimum, it is possible to determine the fault plane and simultaneously the length, direction and propagation velocity of the rupture. Since the minimum in the spectrum may also be caused by some other factors, such as the effects of the propagation paths and the truncation of data and so forth, it is highly important to pick out the minimum related to the fault parameters. In paper [1], the nodal plane striking NEE was taken as the fault plane, whereas in the fault work, we have examined carefully the variations of the spectrum minimum of the Rayleigh waves

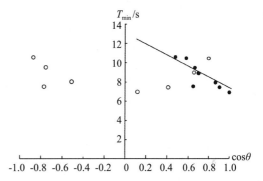

Fig. 1   Azimuthal distribution of the minimum of
the amplitude spectrum of the Rayleigh waves
● data of the NNW nodal plane;
○ data of the NEE nodal plane

as well as the effects of the truncation of data and obtained the results as shown in Fig. 1. From this figure, it is seen that for the NNW nodal plane, the distribution of the spectrum minimum with azimuth is linear, while for the NEE nodal plane, it is not. This indicates that the NNW nodal plane corresponds to the fault plane. Assuming this to be the case, we have obtained the parameters of the main shock as shown in Table 2.

Table 2 Source parameters of the main shock obtained from the amplitude spectrum of the Rayleigh waves

Strike Direction	Dip Direction	Dip Angle	Slip Angle	Fault Length/km	
N28°W	SW	88°	10°	19	

Dislocation (cm)	seismic moment (dyne · cm)		stress drop (bar)	propagating direction of the rupture	rupture velocity (km/s)
14.5	1.5×10^{25}		9	SSE—NNW	1.4

Three months before and one month after the main shock, precise leveling surveys were carried out in the reservoir region. The vertical displacements of the earth's surface thus obtained are shown in Fig. 2. Water load may cause a considerable depression of the reservoir. However, since the time interval between the two surveys is quite short, the vertical deformations of the earth's surface reflects principally the static displacements due to the main shock. By making use of the method explained in paper [3], we have calculated a set of source parameters which would give the best fit of the calculated vertical displacements with observations (see Table 3 and Fig. 3). It should be noted that owing to the lack of corresponding data on horizontal displacements, the strike slips cannot be calculated reliably by using of leveling data alone. Therefore, only dip slips and the corresponding seismic moments and stress drops are listed in Table 3. The theoretical vertical deformations of the earth's surface as calculated by use of the composite fault model (as shown in Fig. 3) are shown in Fig. 4. By comparing Fig. 2 with Fig. 4, it is seen that the theoretical results agree fairly well with observations. The strike of the fault plane as obtained from leveling data is somewhat to the west of that obtained by the solution of initial motions of P waves. This is possible caused by the effect of water loading. By comparing the results obtained by both Rayleigh wave spectrum and leveling data, it is seen that the dislocation of the fault is predominantly a strikeslip. This is in agreement with the solution from P wave initial motions.

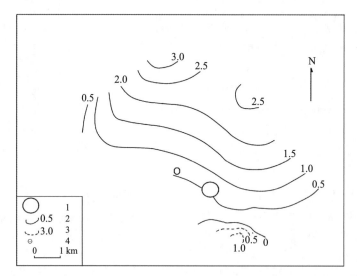

Fig. 2　Vertical deformation of the reservoir region before and after the main shock in March, 1962

(December, 1961—April, 1962)

1. epicenter of the main shock; 2. uplift (cm); 3. depression (cm); 4. stationary point

Table 3　Source parameters of the main shock obtained from observations
of the vertical displacements of the earth's surface

Strike of the Fault	Dip Direction	Dip Angle	Total Length of the Fault (km)	Total Width of the Fault (km)
N40°W	SW	80°	12	10
No[1]	dip slip[2] (cm)		seismic moment corresponding to the dip slip (10^{22} dyne · cm)	stress drop corresponding to the dip slip (bar)
I	−0. 4		1. 7	0. 4
II	−0. 7		3. 6	0. 8
III	20. 4		100. 9	22. 8
IV	11. 0		54. 4	12. 3

①Serial numbers refer to Fig. 3. ②− reversed fault; + normal fault.

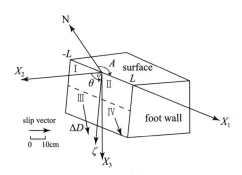

Fig. 3 A composite fault model of the main shock

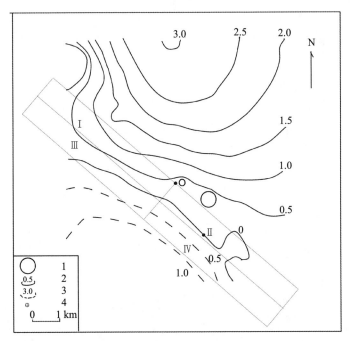

Fig. 4 Contours of vertical deformations of the earth's surface as calculated by using the
composite fault model shown in Fig. 3

1. Epicenter of the main shock; 2. uplift (cm); 3. depression (cm); 4. Stationary point
The rectangle shown in the figure is the projection of the fault plane on the earth's surface

The above results indicate that the NNW nodal plane corresponds to the fault plane of the main shock. This may be further confirmed by examining the spatial distribution of the small shocks associated with this main shock. Fig. 5 gives the distribution of the epicenters of the small shocks occurred in the period between eight months before and ten months after the main shock. The small shocks were located principally in a northwestward direction.

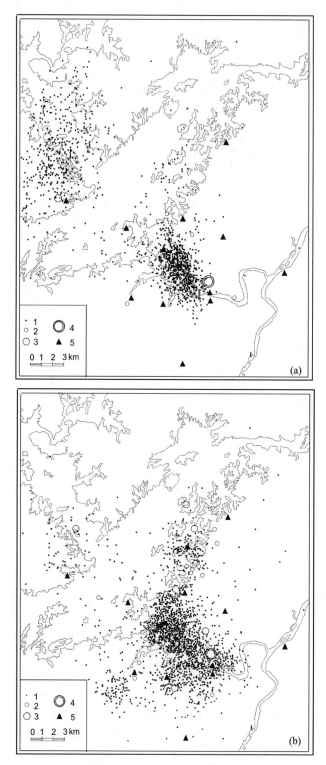

Fig. 5　Distribution of epicenters （$M_S \geqslant 1.0$）in the Hsinfengkiang reservoir region （1961. 07－1962. 12）

（a）1961. 07. 08～1962. 03. 19；（b）1962. 03. 19～1962. 12. 31

1. $M_S = 1.0 \sim 2.9$；2. $M_S = 3.0 \sim 3.9$；3. $M_S = 4.0 \sim 4.9$；4. $M_S = 6.1$；5. seismic station

Ⅰ. 2   Focal mechanisms of the micro-earthquakes occurred in an 18-month period around the time of the main shock

The physical processes for the generation of the main shock and the associated small shocks are closely related. In order to obtain a better understanding of the focal process of the main shock, we have studied the focal mechanisms of the micro-earthquakes which occurred in an 18-month period, including their fault-plane solutions, mean directions of the earthquake generating stresses and the source parameters.

1. Fault-plane solutions of 150 micro-earthquakes

The data used are the amplitudes of initial motions recorded by a 4-station network especially set up in the reservoir region. Adopting the double-couple model, we made a grid search on the focal sphere of the fault-plane solution which would give the best fit of the theoretical amplitudes with observations and thus obtained the solutions for 150 small shocks, $M_L \geq 1.5$, which occurred between eight months before and ten months after the main shock. Of these, 80 are fore-shocks, 70% are of strike-slips type (slip angle < 40°) and 21.1% with dip-slips type (slip angle > 50°); 70 are after-shocks, 61.4% with strike-slips and 27.1% are of dip-slip type. The orientations of the two nodal planes of these micro-earthquakes are in general agreement with those of the joints planes in the rocks which were visible on the earth's surface and are NNW and NEE in directions. One of the nodal planes of most of the micro-earthquakes of strike-slip type is nearly in the direction of the fault plane of the main shock. Assuming this plane to be the fault plane and connecting end to end all the fault planes of the micro-earthquakes. We obtain a zone of fracture which is very close to the fault plane of the main shock. The directions of the dislocations also agree. The solutions for the fore-shocks in the gorge area are shown in Fig. 6.

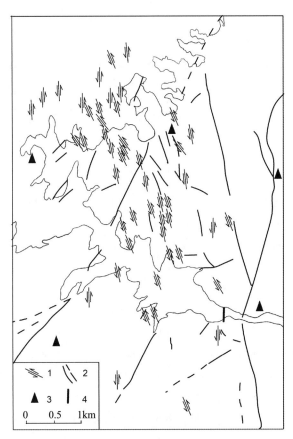

Fig. 6   Fault-plane solutions for 49 fore-shocks of the strike-slip
type in the gorge area

1. Fault-plane solutions, azimuth of the line indicates strike of the nodal plane, arrow indicates direction of dislocation; 2. Fracture, dotted line is hypothetical; 3. Seismological stations; 4. Site of the water dam

2. Mean direction of the earthquake generating stresses of the micro-earthquakes

By using the method of smoothing the first motion patterns[4,5], we have calculated the mean direction of the earthquake generating stresses of 2038 small shocks which occurred in the gorge area from July, 1961 to December 1962. For the period before April, 1962 we took shocks with $M_L \geq 1.5$, and for the period after May, 1962 with $M_L \geq 2.2$. The data were treated in two ways. One was to take monthly means for the whole region and the other was to take the average of different areas for the foreshocks (the results are shown in Fig. 7). They indicate that:

(1) Before the main shock, the direction of the generating stress is comparatively stable in both space and

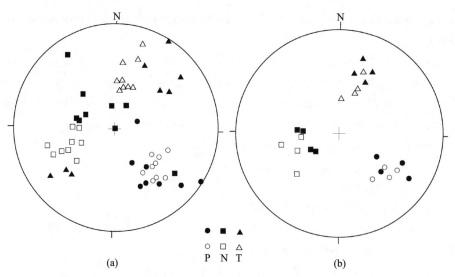

Fig. 7　Mean direction of the generating stresses of the micro-earthquakes

(a) Monthly results from 1961. 7 to 1962. 12, ◯——foreshocks, ●——aftershocks

(b) Data of foreshocks for different areas, ●——depths 5—12km, ◯——depths 0—7km

in time;

(2) After the main shock, the directions of the principal stresses changed slightly but deviated not much from the directions of the principal stresses of the main shock, this fact indicating that most of the after-shocks are generated in a stress field similar to that of the main shock.

Of the fault-plane solutions of 207 micro-earthquakes which occurred in the later period of seismic activity (from January to March, 1972), 62% are of the dip-slip type and 10. 6% are of the transition type between dip-slips and strike-slips but their nodal planes are mainly in the NNW and NEE directions[2]. The stereographic projections of the P-axes of the shocks of dip-slip type are shown in Fig. 8. By comparing Fig. 8 with Fig. 7, it is seem that they are quite different. This shows that though the orientations of the nodal planes are similar, the dominant direction of the generating stress of the micro-earthquakes changes with time. They are similar to the directions of the principal stresses of the main shock when they occurred immediately before or after the main shock, but differs considerably in the later period of the seismic activity.

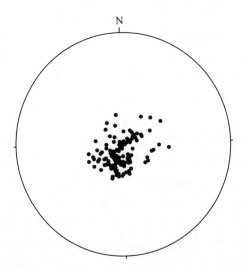

Fig. 8　Stereographic projections of the P-axes of the micro-earthquakes of dip-slip

type occurring from January. to Mar. 1972 (from reference [2])

3. Source parameters of the micro-earthquakes

The source parameters of the micro-earthquakes and the Q value of the propagating medium may be deter-
mined directly by the amplitude of the initial P motions and the first half period. This may be accomplished by
first constructing theoretical seismograms with assigned Q values and source parameters and with due considera-
tions of the effects of source functions and instrument responses. From these, we have drawn a set of curves from
which the Q value and source parameters an be read off when the initial amplitude of the P wave and the first
half period are measured from the real seismogram. In this way, we have determined the source parameters and
the corresponding Q value for 124 out of 144 well recorded micro-earthquakes with magnitudes ranging from
$M_{\mathrm{L}} = 1.5$ to 4.1. The results are: Q value of the medium in that region ≈ 700; linear dimensions of earthquake
foci $\approx 50-700$m; seismic moments $\approx 10^{17}-10^{21}$ dyne · cm. In Fig. 9 are plotted the values of the dimensions of
the foci and the seismic moments with straight lines representing different values of the stress drop. There seems
to be no obvious relation between these parameters, except that the value of the stress drops of the micro-earth-
quakes are all nearly equal to each other before the main shock, amounting to about 10 bars; but the values of
the stress drops are comparatively scattered after the main shock, with an average of about 10 bars.

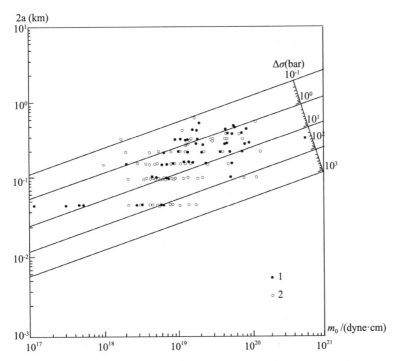

Fig. 9   Source dimensions and seismic moments of micro-earthquakes
1. before the main shock, 2. after the main shock

In summarizing the above, we have the following results: ①The main shock is a steep, left lateral strike-
slip fault, striking NNW, with stress drop amounting to about 9 bars. ②Most of the foreshocks are generated by
a stress field similar to that of the main shock and their planes of fracture are nearly parallel to the plane of frac-
ture of the main shock. The value of heir stress drops all approximate to the value of the main shock. ③The di-
rection of the generating stress of the early aftershocks is very near to that of the main shock. The values of the
stress drops of these aftershocks are rather scattered with an average of about 10 bars. ④The direction of the
generating stresses of later after shocks deviates considerably from that of the main shock.

II   Displacement and stress fields caused by the loading of water

In order to estimate the effect of the loading of water on the reservoir, we have made a calculation of the displacement and stress fields created in the basement rock of the reservoir by using the well-known solutions of the Boussinesq problem[6,7]. Fig. 10 gives the configuration of the reservoir and some of the profiles. Taking the Poisson ratio of the basement rock as 0. 28 and Young's modulus as $4. 9\times10^{11}$ dynes/cm^2, we calculated the displacements and stresses at 1, 3, 5, 7, and 9km depths in the reservoir region. Here only the results for the full water load (depth ≈ 115 m) are given. Fig. 11 gives the displacements at different depths along the profiles M_a – M_b and N_a – N_b shown in Fig. 10. It is seen from Fig. 11 that the region with displacement over 3 cm is larger than the region of seismic activity; the water load caused considerable vertical displacements; in the central region of the reservoir, the depression amounts to about 10 cm. The horizontal displacement is smaller than the vertical displacement by one order of magnitude and the horizontal displacement is nearly zero at the depths of 3–5km.

Fig. 12 gives the contour lines of equal maximum shear stresses along profiles A_a—A_b, B_a—B_b, C_a—C_b, D_a—D_b, E_a—E_b, F_a—F_b shown in Fig. 10. It is seen from Fig. 12 that in the central part of the reservoir, the maximum shear is about 3 bars, and it decreases with the distance apart from this region; in the gorge area where the small shocks are concentrated, the maximum is about 0. 5 bars.

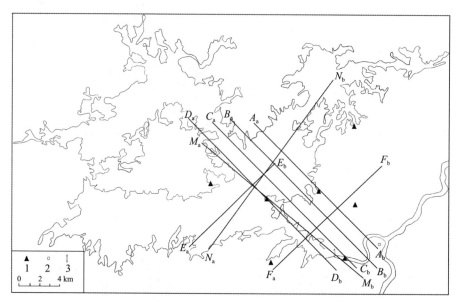

Fig. 10   Configuration of the reservoir and some of the profiles
1. seismological station; 2. Hoyuan County; 3. water dam

Below a depth of 3km, the azimuth of most of the principal axes of stresses lie between 250° and 305° (Fig. 13), rather close to the azimuth of the P axis of the main shock or to the azimuths of most of the small shocks before and after the main shock. But the dip angles of the principal axes are generally larger than 45°. These agree only with some of the aftershocks.

By comparing the focal mechanism with the stress field caused by the water load, it can be concluded that the dislocation of the main shock cannot be produced by the latter, since the average horizontal dislocation of the main shock is about 15 cm while the horizontal displacement due to water loading is only one tenth of the vertical displacement.

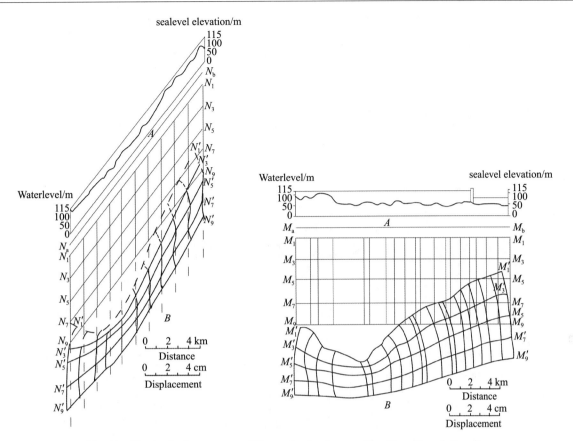

Fig. 11   Elastic displacements at different depths along profiles M_a—M_b and N_a—N_b

A. Depth profiles of the water body along M_a—M_b and N_a—N_b

B. Displacements of the basement rock along M_a—M_b and N_a—N_b in the depth range 1–9km.

The distance scale is 1 : 1km; the displacement scale is 1 : 1cm

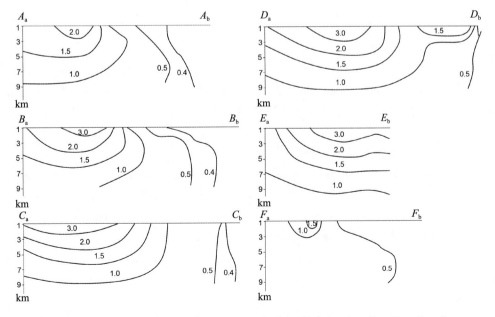

Fig. 12   Contours of maximum shear stresses along profiles A_a—A_b, B_a—B_b, C_a—C_b,

D_a—D_b, E_a—E_b, F_a—F_b (Unit: bar)

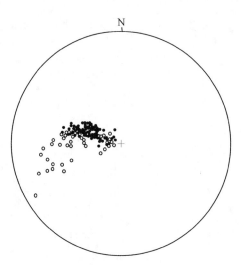

Fig. 13   Stereographic projections of the principal axes of stress at different points of the gorge area

●——points≥3km; ○——points<3km

As mentioned above, we have the result that the stress drops of the main shock and the stress drops of most of the small shocks before the main shock are nearly 10 bars. After an earthquake, the stress as a general rule is not completely released, so the initial stress is generally larger than the stress drop. The maximum shear stress caused by the water load in the gorge area is smaller than 1 bar and the average value is even smaller in the fault plane of the main shock. It is inconceivable that initial shear stress of the main shock can be generated by the water load directly.

We may, therefore, conclude that the stress released by the main shock and the associated small shocks at Hsinfengkiang reservoir comes from the initial stress stored before impounding of the reservoir instead of the stresses caused by the water load.

Ⅲ   Anomalies of the rations of seismic velocities

If the stress released by the main shock is the initial stress stored before the impounding of the water reservoir, is it possible that this stress may still be released even without the action of water? To answer this question, we analyzed the variations of the ration of the velocity of compressional waves to those of the shear waves for 257 earthquakes which occurred in the period of 14 years from February, 1961 to March, 1975 so as to investigate the degree of stress release before the impounding.

Using of seismic records from one of the stations in the reservoir area and the seismological station at Kwangchow, we computed the velocity ratios by means of Wadati's method. From data of 188 earthquakes which occurred during ten years since the main shock of 1962, we obtained a mean value of the velocity ratios of 1. 69±0. 03km/sec taken as the normal value.

Fig. 14 shows the variation of the velocity ratio with time. It is seen that before the main shock or before some greater aftershocks there were evident anomalies of velocity ratios. But the anomalies were smaller in the later period of seismic activity.

The time of duration of the anomaly of velocity ratios before the main shock was about eleven months and the ratio reached its maximum value of 0. 18 toward the end of October, 1961. For ordinary tectonic earthquakes, the duration of this anomalous period of velocity ratios for a shock of magnitude 6. 1 would be about two

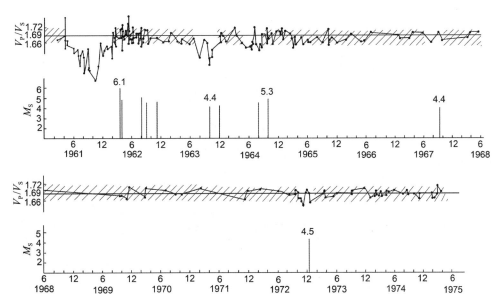

Fig. 14   The variation of velocity ratio with time for the Hsinfengkiang reservoir earthquakes

(February, 1961–March, 1975)

All of those with $M_S \geqslant 4.3$ are indicated in the figure

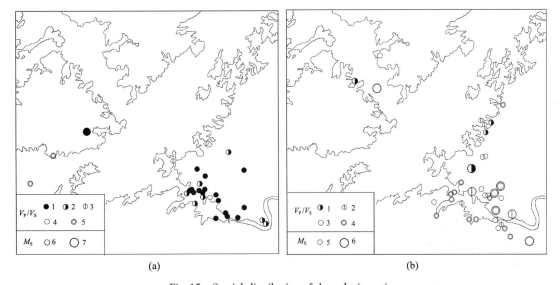

(a)   (b)

Fig. 15   Spatial distribution of the velocity ratios

(a) 1——$1.63 \geqslant V_P/V_S$; 2——$1.63 < V_P/V_S \leqslant 1.66$; 3——$V_P/V_S = 1.67$;

4——$1.68 \leqslant V_P/V_S < 1.72$; 5——$1.72 \leqslant V_P/V_S$; 6——$M < 4.0$; 7——$4.0 \leqslant M < 5.0$;

(b) 1——$1.63 < V_P/V_S \leqslant 1.66$; 2——$V_P/V_S = 1.67$; 3——$1.68 \leqslant V_P/V_S < 1.72$

4——$1.72 \leqslant V_P/V_S$; 5——$M < 4.0$; 6——$4.0 \leqslant M < 5.0$

and a half years. The duration is much shorter for the Hsinfengkiang reservoir earthquakes.

The spacial distribution of the ration of the seismic velocities is shown in Fig. 15. During the period of negative anomaly (Fig. 15a), the ratio remains normal in the gorge area upstreams form the reservoir. Shocks of largest negative anomalies were located in the northwest of the water dam where small shocks were concentrated, especially in the vicinity of the focus of the main shock whose depth is about 5km (Fig. 16) .

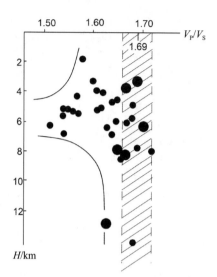

Fig. 16　Depth distribution of earthquakes accompanied by anomalies of velocity ratios.

●——$M<4.0$; ●——$M \geqslant 4.0$

The preceding results indicate that the measured negative anomalies of the velocity ratios are mostly confined to a region whose linear dimension is of the order of 20km. The linear dimension is approximate to the fault length of the main shock as determined by seismological and geodetical data, but is smaller than that of the anomalous region with an ordinary tectonic earthquake[10,11].

The correlation between the seismic activity and the impounding of the Hsinfengkiang reservoir is quite obvious. Historically, the seismicity of this area was rather low. During twenty fives years before the impounding of the reservoir, there had been only four felt earthquakes in Hoyan and Buoluo counties. After the impounding, the seismic activity increases sharply. Up to the time of the main shock of 1962, 81, 719 small shocks were recorded by the network of seismic stations in that area. Of these, about 120 were of $M_L \geqslant 3$, but none was recorded outside the reservoir area. Most of the shocks occurred at the time when the water level was rather high. They were shallow shocks and 80% of them occurred within an area of about 20km² on the north side of the gorge[1]. Both the small extent of this active area and the small linear dimension of the anomalous region of the velocity ratios imply that the volume of rocks affected reaching the breaking strength was small.

The results mentioned in the preceding paragraphs may be summarized as follows: The seismic activity of Hsinfengkiang was suddenly started after the impounding of the reservoir and becoming intensified thereafter. The anomalies of the velocity ratios appeared only 18 months after the occurrence of the seismic activity. The volume of rocks affected was smaller than that ordinarily pertaining to the tectonic earthquakes. The impounding of the water reservoir merely affected the strength and state of stress of a limited volume of rocks and thereby inducing the release of the initial stresses.

Ⅳ　Discussion of the mechanism of induction

From the preceding discussions, we came to the conclusion that the seismic activity in Hsinfengkiang was induced by the impounding of the water reservoir. We now make a preliminary analysis of the mechanism of induction.

1. Effect of the stress field of the loading of water

Although the water pressure cannot generate the earthquakes directly, it may play a part in the mechanism of induction of these earthquakes in the presence of initial stresses.

Since the values of additional shear stresses created by the loading of water along the planes of fracture are rather small, it is unlikely that water load will play a significant role in the generation of the main shock; but it may still play a part in its induction, because the dip slip component of the fault dislocation causes downthrow of the block where the reservoir is situated.

However, water loading may play a more active role in the induction of the micro-earthquakes. For instance, the stress so generated may add to the gravity component of the forces acting along the dipping directions of the fault planes in inducing micro-earthquakes with dominant dip slippings. Comparing Fig. 13 with Fig. 8, we can discern this kind of action in the later period of the seismic activity.

2. Effect of water pressure in the cracks of rock

The basement of the Hsinfengkiang reservoir is a large mass of Mesozoic granitic intrusion. The existence of a large number of cracks in this rock mass is a favorable condition for the infiltration of water. However, the Q value of the gorge area in this region is about 700, this seems to indicate that the rock mass is not quite fractured. It is pertinent to investigate whether the water in the reservoir could infiltrate, under this condition, to the depths of the earthquakes foci in this region.

The rock pressure is small at shallow depths. Under the action of its weight, water may easily infiltrate to shallow depths and induce the release of initial stresses for shallow shocks. Since the rock mass is not quite fractured, the infiltrate of water was at first limited to shallow depths. As the fracture planes were extended by the occurrence of these shocks to greater depths, infiltrate of water followed, and deeper foci were induced. In fact,

it took about two and a half years since the first occurrence of the small shocks to the main shocks in 1962. This shows that the rate of extension of the depth of infiltration is quite slow. From Fig. 17 it is seen that the depth of the peak value of the number of earthquakes increases with the lapse of time[1]. This also reflects the increase mode of the depth of water infiltration. That the duration of the period of negative anomaly of the ratio of seismic velocities before the occurrence of a reservoir earthquake of magnitude 6.1 is shorter than that before an ordinary tectonic earthquake of the same magnitude is due to the fact that water is more accessible in the reservoir case. Therefore, it may be concluded that one of the mechanisms of the induction of Hsinfengkiang reservoir earthquakes is that water infiltrates along the NNW fracture zone and decreases the shear strength of the rocks according to the modified Coulomb formula[12,14]. In places where water can infiltrate, the decrease of shear strength of rocks would far exceed the added shear stress due to the loading of water. Hence, the water pressure in the cracks of the rock plays the leading role in the induction of earthquakes, in stead of the stress field due to the

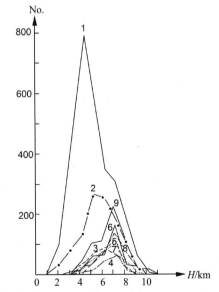

Fig. 17 Distributions of the number of earthquakes
with depths for different periods of time
1——1962. 03. 19—07. 23; 2——1962. 07. 24—11. 27;
3——1962. 11. 28—1963. 04. 14; 4——1963. 04. 15—08. 08;
5——1963. 08. 09—12. 14; 6——1963. 12. 15—1964. 04. 19;
7——1964. 04. 20—08. 24; 8——1964. 08. 25—12. 29;
9——1964. 12. 30—1965. 05. 05

loading of water.

3. Effect of stress concentration due to small earthquakes in the induction of the main shock

The existence of negative anomalies of the velocity ratios before the occurrence of the main shock shows that there existed a large number of dry-fissures not to be filled with water that existed. That might be caused by the stress concentration owing to the occurrence of a series of micro-earthquakes.

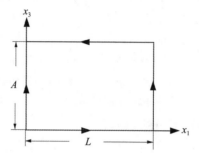

Fig. 18　A model of rectangular fault

From the result of [15], a formula for the shear stress in the plane of a rectangular fault as shown in Fig. 18 can be obtained as follows:

$$\sigma_{12} = F_{12}(L,\ A) - F_{12}(0,\ A) - F_{12}(L,\ 0) + F_{12}(0,\ 0)$$

in which

$$F_{12}(x_1',\ x_3') = -\frac{Gb_1}{4\pi}\left\{\frac{1}{1-v}\left[\frac{(x_1-x_1')x_2^2(x_3'-x_3)}{r^2R}\left(\frac{1}{R^2}+\frac{1}{r^2}\right) - \frac{(x_1-x_1')(x_3'-x_3)}{r^2R}\right]\right.$$
$$\left.-\frac{(x_1'-x_1)(x_3-x_3')}{q^2R}\right\}$$
$$r^2 = R^2 - (x_3'-x_3)^2$$
$$q^2 = R^2 - (x_1'-x_1)^2$$
$$R = (X_iX_i)^{\frac{1}{2}}$$
$$X_i = x_i - x_i'$$

where b_1 is dislocation, G the modulus of rigidity and v, the Poisson ratio. The stress drops for most of the fore-shocks in Hsinfengkiang region are of the order of 10 bars. From this value, the shear stresses σ_{12} in the plane of fault may be calculated and are shown in Fig. 19. It can be seen that in the of fault plane the stress drops within the boundary of the fault, but the stress actually increase outside the boundary due to the static displacement of the fault. Within a distance of $A/4$ from the boundary, the shear stress increases by more than 3 bars, within a distance of $A/2$, by more than 1 bar and within a distance of A, by more than 0. 3 bars. Because there were many micro-earthquakes before the occurrence of the main shock and because the orientations of the fault plane and directions of dislocations of most of the small shocks are very close to those of the main shock, the cumulative effect of stress concentration in the fault plane cannot be neglected. The total effect is larger than that of the loading of water. We can say, therefore, that although the loading of water plays a part in the induction of earthquakes in the Hsinfengkiang region, especially in the later period of activity, the dominant role was played by the pressure of water and the micro-earthquakes produced by it.

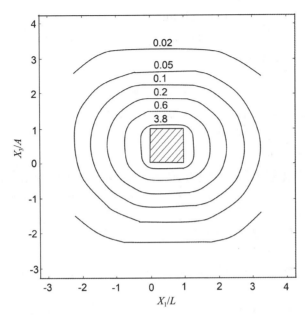

Fig. 19   Shear stresses induced by a rectangular fault in the plane of the fault plane hatched area indicates the fault

$L=A$; b_1 =dislocation; mean stress drop ≈ 10bars.

Because of the stress concentration induced by the micro-earthquakes and the more or less random distribution of the cracks of the rocks, the heterogeneity of the strength of the medium became increased after the impounding of the reservoir. That was reflected in the higher b values and in the lesser difference between the magnitude of the main shock and the greatest aftershock. As the stress drop of the main shock is of the same order as that of other tectonic earthquakes, the higher b values of the aftershocks are not due to larger stress drops, but mainly due to the heterogeneity of the strength of the medium.

V   Conclusions

（1）The fault plane of the main shock （ $M=6.1$ ） of the Hsinfengkiang earthquakes sequence is almost vertical and strikes NNW. Its strike slip is left-lateral and the stress drop is about 9 bars. The directions of the earthquake generating stresses and fault planes and magnitudes of the stress drops of most of the foreshocks are all similar to those of the main shock. The directions of the stress fields of the aftershocks changed with time and are markedly different from that of the main shock in the later period of the seismic activity. Values of the stress drops of the earlier after-shocks are scattered, but their mean is about 10 bars.

（2）The load of water caused considerable depressions of the basement of the reservoir with a maximum of about 10 cm, but the horizontal displacement is only one tenth of this value. The maximum shear stress caused by the water load in the region where micro-earthquakes are concentrated is about 0. 5 bars. This shows that the release of the initial stress of the main shock was not due to the loading of water.

（3）There is a close time correlation between the seismic activity and the impounding of the reservoir. Before the occurrence of the main shock $M=6.1$, there appeared a period of negative anomalies of the ratios of seismic velocities which lasted for eleven mouths. The duration and the extent in which anomalous velocity ratios were detected are shorter and smaller than those of ordinary tectonic earthquakes. These facts show that the Hsinfengkiang reservoir earthquakes are induced by the impounding of the reservoir.

（4）Water infiltrated into the cracks of the basement rocks makes the liquid pressure increase in the cracks, which is the main cause that induced the release of the initial stresses in the Hsinfengkiang region. Stress concentration due to the micro-earthquakes also plays an important part in the induction, while the loading of water plays only a secondary role.

References

［1］沈崇刚等，新丰江水库地震及其对大坝的影响，中国科学，187～205，1974

［2］中国科学院地质研究所破裂与震源力学组、广东省科技局新丰江地震总结组，新丰江水库库区微震震源力学的初步研究，地质科学，234～245，197

［3］陈运泰等，根据地面形变的观测研究 1966 年邢台地震的震源过程，地球物理学报，18，164～182，175

［4］Aki K, Earthquake generating stress in Japan for the years 1961 to 1963 obtained by smoothing the first motion patterns, Bull. Earthq. Res. Inst., 44 (1966), 477-471

［5］李钦组等，由单台小地震资料所得两个区域的应力场，地球物理学报，16，49～61，1973

［6］钱伟长、叶开沅，弹性力学，科学出版社，1956

［7］Gough D I and Gough W I, Stress and deflection in the lithosphere near Lake Kariba-I, Geophys. J. R. Astr. Soc. 21 (1970), 79-101

［8］Gough D I and Gough W I, Load-induced earthquakes at Lake Kariba-Ⅱ, Geophys. J. R. Astr. Soc. 21 (1970), 79-101

［9］Whitcomb J H and others, Earthquake prediction: variation of seismic velocities before the San Fernando earthquake, Science, 180 (1973), 632-635

［10］Кондраяенко А М, Нерсесов И Л, Некоторые резулвтаты изучения нзменения скоростей продолвных волн и отношения скоростей продолвных и поперечных волн в очагоной зоне, Труоынф3 АН СССР, 25, 1962

［11］Scholz chr H and others, Earthquake prediction: A physical basis, Science, 181 (1973), 803-809

［12］Hubbert M K and Rubey W W, Role of fluid pressure in mechanics of overthrust faulting, Bull. Geol. Soc. Am. 70 (1959), 115-166

［13］Božogié A, Review and appraisal of case histories related to seismic effects of reservoir impounding, Engineering Geology, 8 (1974), 9-27

［14］Brace W F, Laboratory studies of stick-slip and their application to earthquake, Tectonophys., 14 (1972), 189-200

［15］De Wit R, The continuum theory of stationary dislocations, in Solid Sate Physics, 257, 1959

［16］Gibowicz S J, Stress drop and aftershocks, Bull. Seism. Soc. Am., 63 (1973), 1433-1446

Ⅱ—5

二维弹性波的有限元模拟及其初步实践[*]

王妙月　郭亚曦

中国科学院地球物理研究所

摘　要　本文讨论了二维介质中弹性波有限元模拟的一种方法；导出了二维无界空间中集中力点源的理论初动表达式和位移波形表达式，并和相似情况下的有限元结果进行了比较；对用有限元方法算得的几个中小模型的节点位移进行了分析。从所能鉴别的震相的到时、初动符号分布、波形、瑞利波质点运动轨迹等证据看，在得到比较真实的全波理论地震图方面，有限元方法具有很大的潜力。

关键词　二维　有限元　全波地震图　可靠性

引　言

弹性波有限元模拟正在朝两个方向发展：一个方向是已知地面的位移，求波场的向下延拓，服务于弹性波偏移[1~3]；另一个方向是已知力的分布求弹性波场[4~8]。无论是哪个方向上的工作，都处于探索阶段。有限元方法在解决静态和准静态问题中已得到很大的成功，但在解弹性波动问题时还处在不十分成熟的阶段。

本文将不再去阐述用有限元方法模拟弹性波的基本原理，这在所引的文献中足以查到，而将讨论的重点放在二维介质中弹性波有限元模拟的一个具体方法及初步实践上。

在实践中使用的计算机程序以美国哥伦比亚大学邓玉琼博士的二维水平层状半空间弹性动力学问题的程序为基础。为了说明计算结果的可靠性，导出了三维无界空间中力函数为钟形函数时无穷长集中力线源的理论初动和位移表达式，它等价于无界二维空间集中力点源的理论初动和位移表达式，并和相似条件下的有限元结果进行了比较，两者比较一致。对若干中小型的有限元结果进行了分析解释，表明在得到比较真实的全波理论地震图方面，有限元模拟存在很大的潜力。

一、二维弹性波有限元模拟的一个方法

如熟知的，在有限元方法中，位移矢量 u 可以由节点位移 q 通过插入而得到

$$u = Nq \tag{1}$$

式中，N 为插入函数或形函数，使用变分原理，如不考虑阻尼项，制约节点位移 q 的基本方程可以写成[9,10]

＊　本文发表于《地球物理学报》，1987，30（3）：292~306

$$M\ddot{q} + Kq = Q \tag{2}$$

其中，M、K、Q 分别是质量矩阵、刚度矩阵和力矢量。对于第 n 个单元

$$\left.\begin{array}{l} M_n = \iint\limits_{S_n} \rho N^T N \mathrm{d}S \\[3mm] K_n = \iint\limits_{S_n} B^T D B \mathrm{d}S \\[3mm] Q_n = \iint\limits_{S_n} N^T b \mathrm{d}S + \iint\limits_{L_n} N^T t \mathrm{d}l + F \end{array}\right\} \tag{3}$$

式中，ρ 为密度；B 为梯度矩阵；D 为材料性质矩阵；b 为体力分布；t 为面力分布；F 为节点集中力。M、K、Q 可分别由 M_n、K_n 和 Q_n 的集合而得到。

求解方程（2）时，通常采用差分法[1,9]，这里采用迭代法[6]。步骤如下：

（1）首先在初始时刻（$t = 0$）时，置节点位移 q、位移速度 $\dot{q}$ 和位移加速度 $\ddot{q}$ 为零。

（2）在 $t = \Delta t$ 时刻（Δt 为时间步长），通过方程（2）由节点力 Q 及前一时刻的 q 求出该时刻节点位移加速度 $\ddot{q}$，并由

$$\dot{q} = \ddot{q}\Delta t$$

求出该时刻的节点位移速度 $\dot{q}$。

（3）在 $t = 2\Delta t$ 时刻，通过 $q = \dot{q}\Delta t$ 及前一时刻的 $\dot{q}$，求出该时刻的位移 q，并进而由式（2）求出 $\ddot{q}$，及由 $\dot{q} = \ddot{q}\Delta t$ 求出 $\dot{q}$。

（4）在 $t = 3\Delta t$、$4\Delta t$、$5\Delta t$、$\cdots$，重复步骤（3），直至迭代得到所有时刻各个节点的位移、位移速度和位移加速度。

当时间步长 Δt 满足[5]

$$\Delta t \leqslant \frac{\Delta l_{\min}}{V_{\max}} \tag{4}$$

时，实践表明，上述求解方程（2）的迭代过程是稳定的。式（4）中 $\Delta l_{\min}$ 为所有单元的最短边长；$V_{\max}$ 为所有单元中速度的最大值。

三、二维均匀介质模型中弹性波初动的有限元结果

有限均匀介质模型 I 几何及单元划分如图 1 所示。集中力 F 作用在模型中间，作用力方向垂直向下。由于问题的对称性，只需计算图示部分。介质的弹性参数为 $V_P = 2.000\mathrm{m/ms}$，$V_S = 1.155\mathrm{m/ms}$，$\rho = 2.400\mathrm{g/cm^3}$。将计算区域分成 15×21 个正方形单元，单元的边长 $\Delta x = \Delta y = 15.00\mathrm{m}$，按稳定性条件，时间步长取 $\Delta t = 7.500\mathrm{ms}$。各单元节点总体顺序号自上向下、自右向左编，图 1 上标出了部分节点号（以下各模型节点顺序号编法相同）。集中力分布 F 只有一个分量 F 作用于节点 344，方向垂直向下（平行于 x 轴），F 的时间函数为

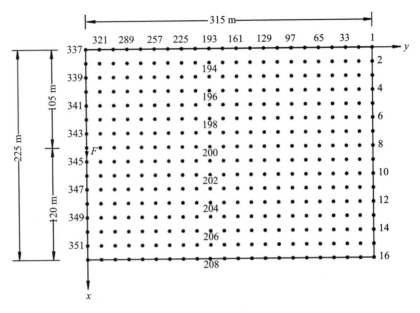

图1　二维有限均匀介质模型Ⅰ几何

（左边对称部分未画出）

$\Delta x = 15.00\text{m}$；$V_P = 2.000\text{m}／\text{ms}$；$\Delta y = 15.00\text{m}$；$V_S = 1.155\text{m}/\text{ms}$；$\Delta t = 7.500\text{ms}$；$\rho = 2.400\text{g}/\text{cm}^3$

$$F(t) = \begin{cases} F_0 t^2 & \text{当 } 0 \leq t \leq t_0 \\ F_0(t^2 - 2(t - t_0)^2) & \text{当 } t_0 < t \leq 3t_0 \\ F_0(4t_0 - t)^2 & \text{当 } 3t_0 < t \leq 4t_0 \\ 0 & \text{其余 } t \end{cases} \tag{5}$$

它的几何形状为钟状。$t_0 = I\Delta t$，I 是一个整数，它决定了钟形函数尖锐的程度，计算中取 $I = 2$。区域底部和右部边界取刚性边界条件，左部边界位移水平分量固定为零，上部边界取为自由面（以下各模型，边界条件取法相同）。

对于如图1所示的有限均匀介质模型Ⅰ，有限元算得的节点位移垂直分量和水平分量的初动符号分别如图2a和2c所示。

为了验证有限元算得的初动符号分布的可靠性，我们推导了三维无界空间中无穷长集中力线源的理论位移初动分布，它等价于无界二维空间集中力点源产生的理论位移初动分布。

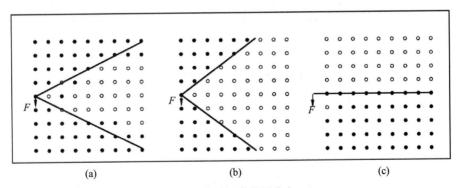

图2　位移初动符号分布

（a）有限元（垂直分量）；（b）理论（垂直分量），其中"●"表示初动和力 $\boldsymbol{F}$ 方向一致；"○"表示初动和力 $\boldsymbol{F}$ 方向相反；（c）有限元（水平分量），其中"●"表示初动向右；"○"表示初动向左

　　按勒夫的工作[10,11]，无界三维空间中沿 x 方向的单力产生的位移量的 x 分量是

$$u_1 = \frac{1}{4\pi\rho} \frac{\partial^2 r^{-1}}{\partial x^2} \int_{\frac{r}{a}}^{\frac{r}{b}} t' g(t - t') \, \mathrm{d}t' + \frac{1}{4\pi\rho r} \left(\frac{\partial r}{\partial x}\right)^2$$
$$\times \left\{ \frac{1}{a^2} g\left(t - \frac{r}{a}\right) - \frac{1}{b^2} g\left(t - \frac{r}{b}\right) \right\} + \frac{1}{4\pi\rho b^2 r} g\left(t - \frac{r}{b}\right) \tag{6}$$

式中，$g(t)$ 是集中力点源的力的强度的时间函数；a、b、ρ 分别为 P 波、S 波速及介质密度。

　　为了便于和有限元结果比较，我们选 $g(t)$ 如式（5）所示。在仅研究初动符号的情况下，考虑 $t \leqslant t_0$ 已足够，于是

$$g(t) = F_0 t^2 \qquad 0 \leqslant t \leqslant t_0 \tag{7}$$

将式（7）代入式（6），并算出各个积分项，分离 P 波和 S 波，整理后得到在条件式（7）下三维无界空间中 P 波位移垂直分量的初动表达式为

$$u_{\mathrm{P1}} = -\frac{F_0}{4\pi\rho} \left[3a_0 x^2 \frac{1}{r^5} + 3a_1 x^2 \frac{1}{r^4} - (a_0 - 3a_2 x^2 + b_3 x^2) \frac{1}{r^3} \right.$$
$$\left. - (a_1 - 3a_3 x^2 + b_2 x^2) \frac{1}{r^2} - (a_2 + b_1 x^2) \frac{1}{r} - a_3 \right] \tag{8}$$

式中，$a_0 = \frac{1}{2} t^2 t_0^2 + \frac{2}{3} t t_0^3 + \frac{1}{4} t_0^4$

$a_1 = -\frac{t^2 t_0}{a} - \frac{2t t_0^2}{a} - \frac{t_0^3}{a}$，$a_2 = \frac{2t t_0}{a^2} + \frac{3}{2} \frac{t_0^2}{a^2}$，$a_3 = -\frac{t_0}{a^3}$

$b_1 = \frac{1}{a_4}$，$b_2 = -\frac{2t}{a^3}$，$b_3 = \frac{t^2}{a^2}$，$0 \leqslant \left(t - \frac{r}{a}\right) \leqslant t_0$

　　二维问题的波场等价于三维问题中和二维问题的平面正交的 z 方向的无穷长的线源产生的场，也就是沿 z 轴方向各个集中力点源产生的场之和。

　　对于 $x - y$ 平面内的观察点 $o = o(x, y)$，初动早期的波场性质是由 x 轴上 $|z| \leqslant z_0$ 点上的波源发出的信号叠加的结果。对于 $|z| > z_0$ 点上的源发出的信号，在 $\left(t - \frac{r_0}{a}\right)$ 时刻还来不及传到 o 点（r_0 为 r 在 $z = 0$ 时的值），对 o 点的波场性质不起作用。因此，o 点 P 波初动早期的场为

$$u_{\mathrm{P}} = \frac{1}{2z_0} \int_{-z_0}^{z_0} u_{\mathrm{P1}} \, dz \tag{9}$$

将式（8）代入式（9），并求出积分得

$$u_{\mathrm{P}} = \left[-3a_0 x^2 I_3 - 3a_1 x^2 I_1 + (a_0 - 3a_2 x^2 + b_3 x^2) I_4 \right.$$
$$\left. + (a_1 - 3a_3 x^2 + b_2 x^2) I_2 + (a_2 + b_1 x^2) I_5 + a_3 z_0 \right]/2z_0 \tag{10}$$

式中，

$$I_1 = \frac{z_0}{[2(x^2 + y^2)(x^2 + y^2 + z_0^2)]} + \frac{1}{2}(x^2 + y^2)^{\frac{3}{2}} \arctan\left(\frac{z_0}{\sqrt{x^2 + y^2}}\right)$$

$$I_2 = \frac{1}{\sqrt{x^2 + y^2}} \arctan\left(\frac{z_0}{\sqrt{x^2 + y^2}}\right)$$

$$I_3 = \frac{z_0}{3(x^2 + y^2)(z_0^2 + x^2 + y^2)^{\frac{3}{2}}} + \frac{2z_0}{3(x^2 + y^2)^2} \cdot \frac{1}{\sqrt{z_0^2 + x^2 + y^2}}$$

$$I_4 = \frac{z_0}{(x^2 + y^2)\sqrt{z_0^2 + x^2 + y^2}}$$

$$I_5 = \ln\frac{z_0 + \sqrt{z_0^2 + x^2 + y^2}}{\sqrt{x^2 + y^2}}$$

$$0 \leqslant \left(t - \frac{r}{a}\right) \leqslant t_0$$

其中 (x, y) 为位移初动计算点的坐标（已令 $\frac{F_0}{4\pi\rho} = 1$）。数值计算时可取

$$t - \frac{r_0}{a} = n\Delta t \tag{11}$$

n 是一个整数。下面的计算中取 $n = 1$，$\Delta t = 7.500\text{ms}$，$t_0 = 30.00\text{ms}$，并使

$$r = r_0 + a\left(t - \frac{r_0}{a}\right) \qquad z_0 = \sqrt{r^2 - r_0^2} \tag{12}$$

将式（11）、式（12）代入式（10）得理论初动的数值解，其符号分布如 2b 所示。对于水平分量，$x = 0$ 是线源产生的位移场的水平分量的节线。因此，图 2c 中有限元算得的结果是符合理论预期的。比较有限元结果和理论公式结果表明，有限元得到的初动符号分布和二维无限问题中近源处的理论初动符号分布比较一致。一些微小的差别可能是由于有限元计算的误差造成的。

三、几个模型的有限元结果

除了"二"中的模型以外，为了进一步研究有限元模拟的潜力和存在的问题，我们已经使用"一"中的方法，对模型尺寸和图 1 中模型类似的六个中小模型进行了集中力产生的弹性波的有限元模拟。下面给出其中两个模型的结果及其初步分析。

模型Ⅱ除了力的作用点更靠近模型表面以外（位于节点 339），与图 1 所示的模型Ⅰ完全相同。

有限元得到的该模型的零炮井距和炮井距为 12 个节点距时的 VSP 剖面分别如图 3a、图 3b 所示。该模型表面的水平剖面如图 4 所示。另一个模型（模型Ⅲ）如图 5 所示。它是一个双层模型，作用力位于节点 340，层间界面有 345、201、9 等节点组成，单元划分和节点数同于前面两个模型。上层纵、横波速度 V_{P1}、V_{S1} 和密度 ρ_1 与下层的 V_{P2}、V_{S2}、ρ_2 值如图中所示。节点间距 $\Delta x = \Delta y = 15\text{m}$。按稳定性条件（式（4）），时间步长取 $\Delta t = 2.900\text{ms}$，力的作用时间函数等同于式（5），该函数的零炮井距 VSP 剖面（集中力所在的垂直剖面）显示在图 6 中。层间界面上的水平剖面示于图 7 中。

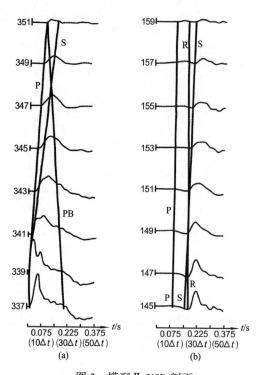

图3　模型 II VSP 剖面

（a）零炮井距，垂直分量；（b）非零炮井距（炮井距等于12个节点距），垂直分量

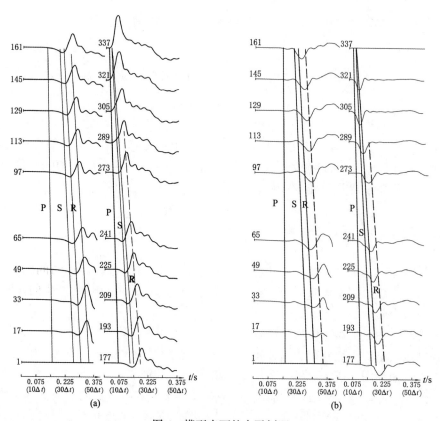

图4　模型表面的水平剖面

（a）垂直分量；（b）水平分量

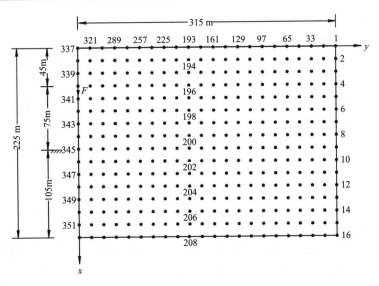

图 5 模型Ⅲ（二层介质模型）

$V_{P1} = 2.500\text{m/ms}$；$V_{P2} = 5.200\text{m/ms}$；$V_{S1} = 1.443\text{m/ms}$；$V_{S2} = 3.002\text{m/ms}$；$\rho_1 = 2.400\text{g/cm}^3$；$\rho_1 = 2.400\text{g/cm}^3$

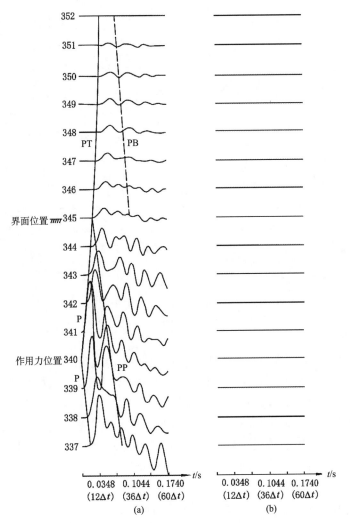

图 6 模型Ⅲ零炮井距 VSP 剖面

（a）垂直分量；（b）水平分量

由图 7 所示的结果中，曲线左端的数字表示有限元计算中的节点号（编号如模型图所示），图中所标的 P、S、R、PP、PT、PB、PF 表示理论上预期的震相到时线，分别表示直达 P 波、S 波、R 波（瑞利面波），层间界面的反射 P 波、透射 P 波、刚性底界面反射 P 波及自由面反射 P 波。这些结果图表面，由于模型较小以及源的时间函数的宽度取得偏大，各种震相的走时比较接近，许多不同的震相重叠在一起，只有在合适的条件下，除初动以外的某个震相才有可能被鉴别出来。例如图 7 中的 PF，它是明显地可以被追踪的。又例如图 3b 中，由于 R 波随深度衰减很快，在较深的 153、155、157、159 节点上 S 波似乎明显地被分离出来。在图 7 上，在大的水平距离上，即在节点号 169 到 25 诸节点上，层间界面的首波 P_n 成为初至波，在水平分量上（图 7b）明显地被显示出来，而垂直分量没有明显初至。由于这些节点位置正好在层间界面上，这是符合理论预期的。此外在垂直分量上（图 7a），在大的水平距离上，底界面的反射波 PB 超前直达 P 波到达，因而被明显地显示出来。但在大多数情况下，具体震相的分析都比较困难。然而研究这些中小模型的结果的可靠程度，也是研究有限元方法潜力的重要方面。为此，本节和下一节，我们将在第二节对初动符号分布结果检验的基础上，进一步通过定性和定量的分析，检验所得结果的可靠性。

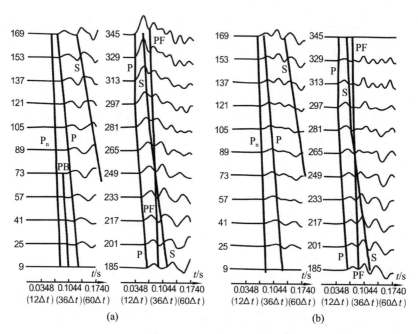

图 7　模型 Ⅲ 层间界面上的水平剖面

（a）垂直分量；（b）水平分量

首先，对图 3、4、6、7 的分析表明，直达 P 波的走时（初动到时）基本上是可靠的。图 6 表明，层间界面透视 P 波 PT 的走时也是可靠的。图 4 表明，对于小的偏移距，初动垂直分量对水平分量比的绝对值明显比大偏移距时的值大，这是符合理论预期的。因为对于小的偏移距，波几乎垂直地入射到自由面，而对于大偏移距，几乎近水平地入射到自由面。再次，从图 3、图 4 中看出，这些剖面上存在一个振幅相对较大的震相，其周期较大，沿深度方向衰减较快，垂直分量相对水平分量发育，并出现在理论上预期达到的时间之后。这些特征表明，这恰恰是瑞利波的震相。由于集中力同时激发了 P 波和 S 波，当 SV 波以临界角入射到自由面使反射 P 波为不均匀波时，P 波和 SV 波的相互作用生成了 R 波[12]。上述有限元计算得到的 R 波特征是符合其生成机制的。

表1 瑞利波垂直分量 V 和水平分量 H 相对振幅值

N	289	273	241	209	193	177	145	113	97	81	65	49	17
V	24	25	26	27	25	25	22	19	16.5	15	15	17	20
H	-3	-4.5	-6	-7	-8	-9	-11	-11	-11	-9	-5	-4	-3

注：起始后第 5 个时间步时的值，N 为节点号。

表 1 所示的是从图 4 中取下的 R 波的垂直分量和水平分量的相对振幅值（对于每一道皆取理论预期到时后第 5 个时间步时的值）。将这些数据点成图 8，表明是一个逆进的椭圆，椭圆的长轴接近于垂直轴。长短轴之比为 1.6，接近于理论值 1.5，这正是 R 波的质点运动轨迹[10]。

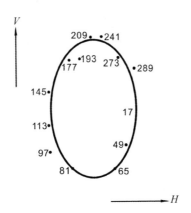

图 8 有限元算的模型 Ⅱ 的瑞利波偏振
曲线上的数字为资料点节点号

四、波形研究和改善反射波分辨力的一个方法

为了研究中小模型有限元结果中重叠的 P 波、S 波波形是否可靠，我们导出了二维无界空间集中力点源产生的理论位移波形，并和这里给出的相似条件下近源点位移的有限元结果进行了比较。

将式（5）代入式（6），求出作用力方向沿 x 轴正方向的集中力和时间函数为钟形时的点源产生的三维无界空间位移波形的垂直分量表达式，然后如"二"中求理论初动那样对 z 从 $-z_0$ 到 $+z_0$ 积分求得二维无界域中集中力点源产生的位移波形垂直分量的理论表达式为

$$u(m) = \sum_{i=0}^{4} \sum_{j=1}^{3} \sum_{k=1}^{2} a_{ijk} \frac{B_{jk}}{z_e - z_f} + \frac{x^2}{a^2} \sum_{i=5}^{7} \sum_{j=1}^{3} a_{ij} \frac{B_{ij}}{z_e - z_f} - \frac{1}{b^2} \sum_{i=8}^{10} \sum_{j=1}^{3} a_{ij} \frac{B_{ij}}{z_e - z_f} \tag{13}$$

若令　　　$t_m = m\mathrm{d}t$，$R_0 = \sqrt{x^2 + y^2}$，$R_e = \sqrt{R_0^2 + z_e^2}$，$R_f = \sqrt{R_0^2 + z_f^2}$，

$$t_n = \frac{R_0}{b} - \frac{R_0}{a}，t = \frac{R_0}{a} + t_m，t_0 = 2\mathrm{d}t，t_1 = t - t_0，t_3 = 4t_0 - t，$$

$$R_{a0} = at，R_{b0} = bt，R_{a1} = R_0 + (m-2)\,\mathrm{d}t，R_{b1} = \frac{b}{a}R_0 + (m-2)\,\mathrm{d}t$$

当 $m \leqslant 2$ 时，$R_{a1} = R_{b1} = R_0$，$R_{a2} = R_0 + (m-6)\,\mathrm{d}ta$，$R_{b2} = \frac{b}{a}R_0 + (m-6)\,\mathrm{d}tb$

当 $m \leqslant 6$ 时，$R_{a2} = R_{b2} = R_0$，$R_{a3} = R_0 + (m-8)\,\mathrm{d}ta$，$R_{b3} = \dfrac{b}{a}R_0 + (m-8)\,\mathrm{d}tb$

当 $m \leqslant 8$ 时，$R_{a3} = R_{b3} = R_0$，$z_{0a} = \sqrt{R_{a0}^2 - R_0^2}$，$z_{1a} = \sqrt{R_{a1}^2 - R_0^2}$，$z_{2a} = \sqrt{R_{a2}^2 - R_0^2}$，

$$z_{3a} = \sqrt{R_{a3}^2 - R_0^2}，\quad z_{0b} = \sqrt{R_{b0}^2 - R_0^2}，\quad z_{1b} = \sqrt{R_{b1}^2 - R_0^2}，\quad z_{2b} = \sqrt{R_{b2}^2 - R_0^2}，$$

$$z_{3b} = \sqrt{R_{b3}^2 - R_0^2}，\quad z_{4a} = \sqrt{(R_0 + 4\mathrm{d}ta)^2 - R_0^2}，\quad z_{5a} = \sqrt{(R_0 + 2\mathrm{d}ta)^2 - R_0^2}.$$

及令　　　　$B_0(m) = 3x^2 I_3(m) - I_4(m)$，$B_1(m) = 3x^2 I_1(m) - I_2(m)$，$B_2(m) = 3x^2 I_4(m) - I_3(m)$，

$$B_3(m) = 3x^2 I_2(m) - z_0(m)，\quad B_4(m) = 3x^2 I_5(m) - I_6(m)，$$

$$z_0(m) = z_e(m) - z_f(m) = z_e - z_f，\quad B_5(m) = I_4(m)，\quad B_6(m) = I_2(m)，\quad B_7(m) = I_5(m)，$$

$$B_8(m) = x^2 I_4(m) - I_5(m)，\quad B_9(m) = x^2 I_2(m) - z_0(m)，\quad B_{10}(m) = x^2 I_5(m) - I_6(m)$$

和 $I_1(m)$、$I_2(m)$、$I_3(m)$、$I_4(m)$、$I_5(m)$ 分别为式（10）中相应的 I_1，I_2，I_3，I_4，I_5 当 $z_0 = z_e$ 与 $z_0 = z_f$ 时的值之差。而

$$I_6(m) = \frac{1}{2}(z_e R_e - z_f R_f) + \frac{R_0}{2}\ln\left(\frac{z_e + R_e}{z_f + R_f}\right)$$

及令　　　　$a_{01}(m) = \dfrac{1}{2}t^2 W^2 - \dfrac{2}{3}tW^3 + \dfrac{1}{4}W^4$，$a_{11}(m) = \dfrac{1}{V}t^2 W - \dfrac{2}{V}tW^2 + \dfrac{1}{V}W^3$，

$$a_{21}(m) = \frac{t^2}{2V^2} - \frac{2}{V^2}tW + \frac{3}{2V^2}W^2，\quad a_{31}(m) = -\frac{2}{3V^3} + \frac{1}{V^3}W，$$

$$a_{41}(m) = \frac{1}{4}\frac{1}{V^4}，\quad a_{02}(m) = \left(\frac{1}{2}t^2 - t_1^2\right)W^2 - \frac{2}{3}(t - 2t_1)W^3 - \frac{1}{4}W^4，$$

$$a_{12}(m) = (t^2 - 2t_1^2)\frac{W}{V} - \frac{2}{V}(t - 2t_1)W^2 - \frac{1}{V}W^3，$$

$$a_{22}(m) = \frac{1}{2V^2}(t^2 - 2t_1^2) - \frac{2W}{V^2}(t - 2t_1) - \frac{3}{2}\frac{W^2}{V^2}，$$

$$a_{32}(m) = -\frac{2}{3V^3}(t - 2t_1) - \frac{1}{V^3}W，\quad a_{42}(W) = -\frac{1}{4}\frac{1}{V^4}，$$

$$a_{03}(m) = \frac{1}{2}t^2 W^2 + \frac{1}{3}tW^3 + \frac{1}{4}W^4，$$

$$a_{13}(m) = \frac{1}{V}Wt^2 + \frac{2t}{3}W^2 + \frac{1}{V}W^3，\quad a_{23}(m) = \frac{1}{2V^2}t^2 + \frac{2tW}{V^2} + \frac{3W^2}{2V^2}，$$

$$a_{33}(m) = \frac{2t}{3V^3} + \frac{W}{V^3}，\quad a_{43}(m) = \frac{1}{4}\frac{1}{V^4}，\quad a_{51} = t^2，\quad a_{61} = -\frac{2t}{a}，\quad a_{71} = \frac{1}{a^2}，$$

$$a_{52} = t^2 - 2t_1^2，\quad a_{62} = -\frac{2t}{a} + \frac{4t_1}{a}，\quad a_{72} = -\frac{1}{a^2}，\quad a_{53} = (4t_0 - t)^2，$$

$$a_{63} = \frac{2}{a}(4t_0 - t)，\quad a_{73} = \frac{1}{a^2}，\quad a_{81} = t^2，\quad a_{91} = -\frac{2t}{b}，\quad a_{101} = -\frac{1}{b^2}，$$

$$a_{82} = t^2 - 2t_1^2，\quad a_{92} = -\frac{2t}{b} + \frac{4t_1}{b}，\quad a_{102} = -\frac{1}{b^2}，\quad a_{83} = (4t_0 - t)^2，$$

$$a_{93} = \frac{2}{b}(4t_0 - t)，\quad a_{103} = -\frac{1}{b^2}$$

则，如果 $m = 1$，

$B_{i1} = R_0^i(z_0 - z_f)$,

B_{i2} 取 $z_e = z_{0a}$, $z_f = 0.0$ 时 $B_i(m)$ 的值,

a_{i11} 取 $W = dt$, $V = a$ 时 $a_{i1}(m)$ 的值,

a_{i12} 取 $W = 0.0$, $V = a$ 时 $a_{i1}(m)$ 的值的负值;

如果 $t_m \leqslant t_n$ 和 $m > 1$,

$B_{i1} = R_0^i(z_e - z_f)$,

B_{i2} 取 $z_e = z_{0a}$, $z_f = 0.0$ 时, $B_i(m)$ 的值,

a_{i11} 取 $W = mdt$, $V = a$ 时, $a_{i2}(m)$ 的值,

a_{i12} 取 $W = (m - 2) dt$, $V = a$ 时, $a_{i1}(m)$ 的值的负值;

如果 $(t_m - 2dt) < t_n$, $t_n < t_m$, 和 $m \geqslant 2$,

B_{i1} 取 $z_e = z_{0b}$, $z_f = z_{1b}$ 时 $B_i(m)$ 的值,

a_{i11} 取 $W = 0$, $V = b$ 时, $a_{i1}(m)$ 的值,

B_{i2} 取 $z_e = z_{0a}$, $z_f = 0$ 时, $B_i(m)$ 的值,

a_{i12} 取 $W = (m - 2) dt$, $V = a$ 时, $a_{i1}(m)$ 的值的负值;

如果 $3 \leqslant m \leqslant 5$ 和 $(m - 2) dt \leqslant t_n$,

$B_{i1} = R_0^i(z_e - z_f)$,

B_{i2} 取 $z_e = z_{1a}$, $z_f = z_{2a}$ 时 $B_i(m)$ 的值,

a_{i22} 取 $W = 0$, $V = a$ 时 $a_{i2}(m)$ 的值的负值,

a_{i21} 取 $W = (m - 2) dt$, $V = a$ 时 $a_{i2}(m)$ 的值;

如果 $3 \leqslant m \leqslant 5$ 和 $(m - 2) dt \leqslant t_n$,

B_{i1} 取 $z_e = z_{1b}$, $z_f = z_{2b}$ 时 $B_i(m)$ 的值,

a_{i21} 取 $W = 0$, $V = b$ 时 $a_{i2}(m)$ 的值,

B_{i2} 取 $z_e = z_{1a}$, $z_f = z_{2a}$ 时 $B_i(m)$ 的值,

a_{i22} 取 $W = 0$, $V = a$ 时, $a_{i2}(m)$ 的值的负值;

如果 $(t_m - 2dt) \leqslant t_n$ 和 $m = 6$,

$B_{i1} = R_0^i(z_e - z_f)$,

B_{i2} 取 $z_e = z_{4a}$, $z_f = 0$ 时 $B_i(m)$ 的值,

a_{i22} 取 $V = a$, $W = (m - 6) dt$ 时 $a_{i2}(m)$ 的值的负值,

a_{i21} 取 $V = a$, $W = (m - 2) dt$ 时 $a_{i2}(m)$ 的值;

如果 $(t_m - 6dt) < t_n$, $t_n < (t_m - 2dt)$ 和 $m \geqslant 6$,

B_{i1} 取 $z_e = z_{1b}$, $z_f = z_{2b}$ 时 $B_i(m)$ 的值,

a_{i21} 取 $W = 0$, $V = b$ 时 $a_{i2}(m)$ 的值,

B_{i2} 取 $z_e = z_{4a}$, $z_f = 0$ 时 $B_i(m)$ 的值,

a_{i22} 取 $W = (m - 6) dt$, $V = a$ 时 $a_{i2}(m)$ 的值的负值;

如果 $m = 7$,

$B_{i1} = R_0^i(z_e - z_f)$,

B_{i2} 取 $z_e = z_{2a}$, $z_f = z_{i3a}$ 时 $B_i(m)$ 的值,

a_{i32} 取 $W = 0$, $V = a$ 时 $a_{i3}(m)$ 的值的负值,

a_{i31} 取 $W = (m - 6) dt$, $V = a$ 时, $a_{i3}(m)$ 的值;

如果 $(t_m - 6dt) \leqslant t_n$ 和 $m \geqslant 8$,

$B_{i1} = R_0^i(z_e - z_f)$,

B_{i2} 取 $z_e = z_{5a}$, $z_f = 0$ 时 $B_i(m)$ 的值,

a_{i32} 取 $W = (m - 8)\,\mathrm{d}t$ ，$V = a$ ，$a_{i3}(m)$ 的值的负值，

a_{i31} 取 $W = (m - 6)\,\mathrm{d}t$ ，$V = a$ 时，$a_{i3}(m)$ 的值；

如果 $(t_m - 8\mathrm{d}t) < t_n$ ，$t_n < (t_m - 6\mathrm{d}t)$ 和 $m \geqslant 8$ ，

B_{i1} 取 $z_e = z_{2b}$ ，$z_f = z_{3b}$ 时 $B_i(m)$ 的值，

a_{i31} 取 $W = 0$ ，$V = b$ 时 $a_{i3}(m)$ 的值，

B_{i2} 取 $z_e = z_{5a}$ ，$z_f = 0$ 时，$B_i(m)$ 的值，

a_{i32} 取 $W = (m - 8)\,\mathrm{d}t$ ，$V = a$ 时，$a_{i3}(m)$ 的值的负值。

以上 $\mathrm{d}t$ 为时间步长，a 为 P 波速度，b 为 S 波速度，$i = 0$，1，2，3，4。

此外，当 $i = 5$，6，7 时

B_{i1} 取 $z_e = z_{0a}$ ，$z_f = z_{1a}$ 时 $B_i(m)$ 的值，

B_{i2} 取 $z_e = z_{1a}$ ，$z_f = z_{2a}$ 时 $B_i(m)$ 的值，

B_{i3} 取 $z_e = z_{2a}$ ，$z_f = z_{3a}$ 时 $B_i(m)$ 的值；

当 $i = 8$，9，10 时，

B_{i1} 取 $z_e = z_{0b}$ ，$z_f = z_{1b}$ 时 $B_i(m)$ 的值，

B_{i2} 取 $z_e = z_{1b}$ ，$z_f = z_{2b}$ 时 $B_i(m)$ 的值，

B_{i3} 取 $z_e = z_{2b}$ ，$z_f = z_{3b}$ 时 $B_i(m)$ 的值。

取 $x = I\mathrm{d}x$ ，$y = J\mathrm{d}y$ ，$t = \dfrac{R_0}{a} + m\mathrm{d}t$ ，便可由式（13）求得二维无界域中任意点 $(x，y，z)$ ，任意时刻 t 集中力产生的理论位移垂直分量波形。为了和模型Ⅰ、Ⅱ的有限元结果进行比较，取 $\mathrm{d}x = \Delta x = \Delta y = 15.00\mathrm{m}$ ，$\mathrm{d}t = \Delta t = 0.0075\mathrm{s}$ ，$a = 2.00\dfrac{\mathrm{m}}{\mathrm{ms}}$ ，$b = 1.1155\dfrac{\mathrm{m}}{\mathrm{ms}}$ ，求得近源点 $I = 2$，$J = 0$ 和 $I = 4$，$J = 0$ 时的理论位移波形分别如图 9a、9b "。" 线所示。模型Ⅰ相应的有限元位移波形如 "△" 所示。

图 9 表明，有限元结果和理论公式结果比较一致。表明在近源处，有限元算得的 P、S 重叠波形以相当可靠的程度和无界域的理论结果吻合。仅当边界效应到达后（图 9b，$m > 8$ 时），符合程度才变坏，这和预期的结果一致。

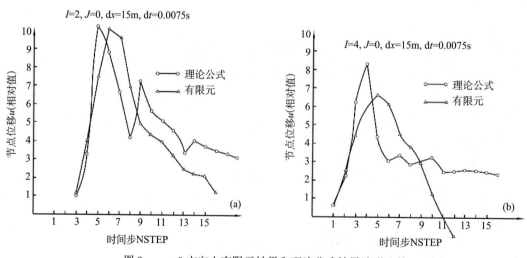

图 9 $y = 0$ 方向上有限元结果和理论公式结果波形比较

(a) $x = 2\mathrm{d}x$ ，$y = 0$；(b) $x = 4\mathrm{d}x$ ，$y = 0$

图 6 表明，对于中小模型，刚性底界面的反射波 PB 是有显示的，但层间界面的反射波 PP 因其他震相的干扰而被淹没。我们曾试图用压缩子波的方法来突出层间界面的反射波，即取 Δx 、Δy 是模型Ⅲ

的 4 倍（$\Delta x = \Delta y = 60\text{m}$），时间步长取为模型Ⅲ的 2 倍，即取 $\Delta t = 5.00\text{ms}$，相当于子波延续时间压缩为原来的一半。所得零炮井距的 VSP 剖面垂直分量如图 10a 所示。对此情况垂直反射波单程旅行时约为 38 个时间步长，而源函数为 8 个时间步长，然而比较图 10a 和图 6b 表明，对于相同的几何模型，用压缩子波来突出 PP 的效果仍不很显著，在相同的空间格距下，继续压缩子波会带来损失结果精度的新问题。事实上在满足稳定性条件下，取最大的时间步长 Δt 仅是减少计算费用的需要，而且提供的结果精度最好[5]。这里讨论相减模型法，为此设计一个均匀有限介质模型使其密度、弹性参数和前一个模型完全一样，将前后两个模型的有限元结果相应的节点位移值相减，我们称所得结果为相减模型结果。对于前述双层模型的相减结果示于图 10b。图 10b 为零炮井距 VSP 剖面垂直分量，图中 PP 和 PT 是理论上预期的层间界面反射 P 波和透射 P 波的到时线。结果表明，相减后，直达波、瑞利面波、自由面反射波的影响大部分被消去。而和层间界面有关的反射波 PP、透射波 PT 被明显地突出了出来。图 10b 也表明，其后部的波形发生了畸变，这是因为参与相减的新的均匀介质模型的下部边界效应对结果产生了新的干扰。但无论如何，它使第一个层间界面的规则弱反射波得到了增强（相对地）。在实际地震勘探中，礁块油藏是一种非常重要的油藏，礁块的顶面是弱反射面，和礁块顶面有关的规则弱反射波常被其他震相淹没掉。如能像在这里突出中小模型层间界面的反射波那样，能有一个合适的处理方法将礁块顶面的反射波突出出来是非常有实用意义的。这里的结果为这一方向的努力提供了一点线索。

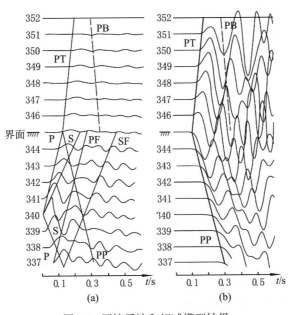

图 10　压缩子波和相减模型结果

（a）压缩子波结果；（b）相减模型结果，振幅比相减前扩大 5 倍

　　通过对几个中小模型有限元结果的检验，表明本文使用的有限元方法和程序看来是可靠的。加大模型后（增加节点数），本工作在中小模型中存在的一些问题，例如震相重叠问题、层间界面反射波 PP 追踪问题自然可以得到解决，进一步的结果可参考作者有关的工作[12]，而采用吸收边界和考虑介质阻尼以及采用爆炸型震源等将是进一步的课题。

　　作者之一应邀访问美国哥伦比亚大学期间，在掌握有限元方法方面得到了郭宗汾教授和邓玉琼博士的许多帮助，邓玉琼博士还提供了原始的程序，在此表示深切的谢意！

参 考 文 献

[1] 牟永光，有限单元法弹性波偏移，地球物理学报，27：268~278，1984

[2] 杜世通，变速不均匀介质中波动方程的有限元方法数值解，华东石油学院学报，2：1~20，1982

[3] 崔力科，波动方程有限元解的几个算例，石油物探，4：78~87，1984

[4] Kuo J T, Chen K H and Gong C, The Finite Element Method in Space and Time for Solving Elastodynamic Problems, MIDAS 1st Annual Meeting, New York, 4-26, 1980

[5] Marfurt Kurt J, Finite Element Modeling of Seismic Wave Propagation, MIDAS 1st Annual Meeting, New York, 27-80, 1980

[6] Teng Y C, Preliminary Version of The Aldridge Finite Element Algorithm for Three Dimensions, AFE-A3, MIDAS 2nd Annual Meeting, New York, 333-386, 1981

[7] Asten M W et al., In-seam seismic Love wave scattering modeled by the finite element method, Geophysical Prospecting, 32: 649-661, 1984

[8] Schlue J W, Seismic surface wave propagation in three-dimensional finite element structures, Bull. Seism Soc. Amer., 71, 1003-1010, 1981

[9] 德赛 C. S、阿贝尔 J. F，有限元素法引论，江伯南、尹泽勇译，科学出版社，1978

[10] 傅承义等，地球物理学基础，科学出版社，1985

[11] 徐果明等，地震学原理，科学出版社，1982

[l2] 王妙月、郭亚曦、秦福浩，矩形柱体地震波响应的有限元模拟，碳酸盐岩地区油气普查勘探方法技术国际讨论会，南京，1986 年 11 月

板内地震成因研究[*]

王妙月

中国科学院地球物理研究所

地震是危及人类生命财产安全的地质灾害之一，如唐山地震一次就死亡 24 万多人。实现地震预报是多地震国家地学工作者共同的愿望。日本是地震最多的国家，首先提出了实现地震预报的计划。1966 年 3 月 8 日，河北省邢台地震是我国 1949 年后第一次在人口稠密地区发生的大地震，损失惨重，在现场工作的科学工作者开始实践地震预报。以后在我国东部、四川、云南一带相继发生了大地震，在国家地震局的领导下制订了中国的地震预报研究计划。在这期间里，苏联、美国的地震学家也相应地制订苏联和美国的地震预报研究计划，在不同的国度内从事地震预报的实践。1975 年 2 月 4 日海城 7.3 级强震预报成功，被认为是世界首次成功预报地震的例子，使中国在地震预报的研究方面一度处于世界领先地位。

海城地震的预报成功主要是靠临震前有一系列的小地震发生。而 1976 年唐山大地震则没有这样的小地震发生，致使唐山地震漏报而造成了惨重的损失。地震存在着不同的类型，地震发生的规律还没有完全摸清楚，地震预报没有过关，而且相当一部分地震工作者认为地震预报无望。地震预报的实现是一项艰巨的任务，它需要克服速胜论和怀疑论两方面的干扰。

对于地震预报，时间、地点、强度三要素都必须报准才能起到经济和社会效益，这就要求物理预报方法的成功。物理预报的目标是通过大地震前兆的识别及前兆和地震发生之间规律性的认识来精确地确定所有的地震预报的三要素，它是地震预报任务的最终目标。实现物理预报的基本必要条件是对地震过程物理规律的足够知识和在一个地震区对与地震的物理过程有关的地震前兆的精确监视。国际上美国、苏联、日本都在开展物理预报的研究。在苏联通过地震地质、地震活动性，结合破裂实验和破裂理论的研究，预报中短期地震已开始有一点门。在美国结合板块构造理论、现场观测和实验开始在加利福尼亚试验场作物理预报的试验。我国自海城地震预报成功后，一直非常重视地震预报的研究，但研究力量比较分散，研究思路不够明确，研究目标不够集中，致使海城地震后，预报水平提高不大。

地震成因问题的解决是实现物理预报的关键。地震成因可以分为三部分：一部分是构造应力作用的原因称为远因；一部分是震源区自身发展过程的原因称为近因；再则就是外界的触发因素，称为临震原因。

构造应力和板块最新构造运动紧密相关，大地震是岩石圈中的动力过程的标志之一，是岩石圈自身运动的结果。反之地震成因的认识为认识岩石圈的性质和运动提供了依据，因此地震及其成因的研究是岩石圈研究的重要组成部分。构造地震为板块构造学说的诞生提供了非常重要的证据。除了板内地震以外，大部分地震都发生在板块边界上。海岭上只发生中等强度的地震，张应力轴正交于海岭。转换断层上发生的大地震的震源机制和转换断层的走向滑动性质一致。俯冲带和碰撞带是强地震集中的地方，多倾滑断层，贝尼奥夫带是板块俯冲的标志，震源机制压应力轴和俯冲方向一致。因此在板块边界上，可以认为大地震是板块间相对运动的直接结果。研究板间地震的震源过程可以阐明最新板块运动在板块边界上的运动方式。

板块内部不是完全的刚体，也不是完全的弹性体，由板块间相对运动产生的、作用在板块边界上

　＊ 本文发表于《学科发展与研究》，1988，6：16~18

的构造力可以被传递到板块内部，致使板块内部的岩石圈也积累起构造应力。由于板块内部存在着内部构造，岩石圈的物质组成存在着垂向和横向差异，应力应变的分布也存在着垂向和横向差异。在弱化带或已经存在的断层上介质的剪切强度一般比较低，当某个部分应力的积累逐渐超过其剪切强度时，突然的剪切错动发生，形成板内构造地震。因此板内地震，究其根本原因，也和板间地震一样，是由板块间的相对挤压运动造成的。

在构造力的作用下，每个板内地震都有其自身的孕育发展发生过程。在板内不同地点上孕育的地震，孕育处的物质的力学性质和弱化带的几何性质不一样，因而孕育过程也千差万别。但根本上符合应力作用下裂缝扩展的理论。在一定的几何性质和力学性质条件下，裂缝缓慢扩展，到一定程度时，在宏观上，区域内的平均应力大于平均剪切强度时，发生突然的大扩展而发生地震，这是板内地震的近因。

当板内地震孕育到一定程度后，地球自转变化，日月引力变化引起的微小的力都有可能触发地震，这是板内地震的触发因素。可能的触发因素还有水压和热状态的变化等。

因此，为了研究板内地震的成因，首先要研究构造原因、地震自身的孕育过程和地震的触发因素等。

我国的板内地震约占世界板内地震的 1/3。许多板内地震发生在人口稠密的地区，板内地震对我国人民生命财产安全威胁很大。因此在近期内，我们应将板内地震及其成因的研究列为地震研究的重点。

如前所述，板内地震的原因在一定程度上来说已经为地震学家所认识，但是为了达到物理预报的目的，尚有许多艰巨的任务有待地球科学家去解决。

（1）研究板内地震带内地壳和上地幔构造的细结构和力学性质。监视和测量地震带断层和其他活动断层的变形以及区域的应力场。

地震是在力和强度矛盾下发生的，是剪应力超过剪切强度的结果，剪应力和剪切强度都不是一个固定不变的量，随着时间动态地变化。为了预报地震，必须查清剪切强度的分布和构造力作用下应力应变的分布。也就是要查清地壳、上地幔内构造的细结构、弱化带（或已有断层）的几何性质和力学性质，例如断层的产状，几何形状，剪切强度等。一般地讲，断层带强度要比新鲜的未断的介质的强度弱；断层上锁住段的剪切强度一般要比未锁住段的强；不同岩性的岩石剪切强度不一样；同一种岩石在不同的温度和围压条件下强度不一样；断层上充填不同物质时强度不一样；断裂长度不一样，抗拒断裂继续扩展的强度不一样等。对于每个地震带，这些具体的细节都应该查清楚。此外必须查清构造力作用的方向和大小，查清构造力作用下应力应变的分布及其随时间的变化。

监测手段可用 GPS 或其他能连续地监测位移的仪器监测断层位移，海平面变化，盆地沉降速率等。也可沿地震断层带（例如郯庐大断裂）用高灵敏度的地震仪记录超微地震，并在整个地震断层带上进行时间扫描。

（2）研究断层运动的不同形式，蠕滑，超微地震，小地震和大地震之间的关系及其转换。研究地震活动性。

地震断层的各种不同形式的运动，例如蠕滑、超微地震、小地震和大地震都是在构造力作用下形成的。所以产生这些不同的形式，完全是由地震带断层面不同部位的几何性质和力学性质决定的。地震断层带是一个很长的大断层带，断层带上的不同地段。由于其几何性质、力学性质的不同，或变形过程中孕育阶段的差别，它们的运动方式是不同的，然而不同地段不同形式的运动之间是相互关联的，应该作为一个统一的整体来研究。有的地段只能蠕滑不能孕育地震，有的地段能孕育小地震不能孕育大地震，有的地段能孕育大地震。随着时间的推移，这种情况可能会变化，例如由于一个大地震的发生，使只能发生蠕滑的地段被锁住，而大地震发生处断层面被磨光而易于蠕滑。因此结合断层带的具体产状和几何结构研究这些运动形式之间的关系和转换是很重要的。小地震的地震活动性也是地震带断层运动的一种反映，通过上述运动关系的研究，有可能从小地震的活动性或超微地震和蠕滑的活动特点来定量地决定大地震是否到来。

（3）研究破裂理论、地震的孕育过程及其物理前兆。

地震的孕育过程是一个应力应变积累的过程和破裂发展的过程。在这个过程中震源区的物理性质，例如弹性（地震波速度及衰减）、磁性、电性、放射性、热、微破裂等会发生变化，地震学家按照观测事实、实验室实验和破裂扩展理论提出了膨胀扩容模式和膨胀失稳模式及其相应的可能的物理前兆变化。震源区的具体条件不同，例如几何性质、力学性质、构造力作用方式等条件不同，裂缝扩展方式及其伴随的物理前兆强弱种类也不同。因此结合具体条件进一步从理论上、实验室和野外观测深入研究地震孕育过程中震源区发生的物理过程是非常必要的和很重要的。

此外地震前的物理前兆强度一般较弱，常被随机噪音或其他规则干扰淹没，研究强干扰背景下提取规则地震前兆的有效方法也是很重要的。

（4）研究温度、孔隙水压在地震孕育发生过程中的作用。

温差可以产生热应力，迭加到构造应力上，可利于或阻止地震的发生。温度提高可以降低介质的剪切强度，到一定程度后可利于蠕滑。孔隙水压可以降低介质的剪切强度，因此在地震孕育发生过程中研究温度和孔隙水压的特殊作用是很重要的。研究水库地震、注水地震、火山地震有助于这几个问题的解决。

（5）研究由地面观测的变形资料，地球物理、地质、地球化学资料反演地震带内岩石圈内部的复杂构造物性、内部应力应变状态、热状态的方法。由地震带的构造、物质性质和构造应力的作用方式，正演地震发生的时间、地点、强度，预告地震发生后的烈度分布。在华北和云南二个地震顶报试验场，开展板内地震物理预报试验研究。

II — 7

板内地震成因与物理预报*

王妙月

中国科学院地球物理研究所

摘　要　讨论了板内地震预报和地震成因之间的关系及其实现地震物理预报的两条重要途径。评述了由板内地震的直接原因和前兆之间关系的物理预报的第一条途径。对基于板内地震的各种原因造就的地震带地震孕育、发生、发展过程和地震前兆之间的关系的总体动态过程，进行物理预报第二条途径的潜在可能性进行了探讨，并指出了第二条途径的研究方向。

关键词　板内地震　成因　物理预报

一、引　言

从中国地球物理学会成立和《地球物理学报》创刊到现在已经 45 年了。45 年来，我国的地球物理科学已经取得了巨大的进展。而岩石层动力学等科学问题的解决、地震预报的实现、油气矿产资源的勘探以及工程地球物理的实际需要，要求地球物理科学有进一步的发展。为了能更好地解决国民经济建设中提出的问题，要求地球物理科学家优先解决地球物理学中和国民经济建设关系密切的重大科学问题，并向生产延伸。研究板内地震成因、解决地震预报便是固体地球物理学中这样的研究课题之一，这要求基础、应用基础到应用开发研究一条龙，整体考虑，以便使板内地震成因的研究形成生产力。

二、地震预报和地震成因

地震是危及人类生命财产安全的最大的地质灾害之一。唐山大地震一次就夺走了 20 万余人。实现地震预报是多地震国家地学工作者共同的愿望。日本是地震最多的国家之一，1965 年就提出了实现地震预报的计划[1]。1966 年 3 月 8 日，河北省邢台地震是我国 1949 年后第一次在人口稠密地区发生的大地震，损失惨重。在现场工作的科学工作者认识到地震预报的重要性，开始了系统的地震预报实践。以后在我国东部、四川、云南一带相继发生了大地震，在国家地震局领导下制订了中国的地震预报研究计划。1975 年 2 月 4 日，海城 7.3 级强震预报成功，被认为是世界首次成功预报地震的例子，使中国在地震预报研究方面一度曾处于世界领先地位。

海城地震的预报成功主要是靠临震前有一系列的小地震发生。而 1976 年唐山大地震，则没有这样的小地震发生，致使唐山地震漏报而造成了惨重的损失。显然地震存在着不同的类型。震后研究表明，唐山地震前存在蠕滑[22]。蠕滑也是地震过程的一部分，可以认为是唐山地震的前兆，只是当时未被人们所发现。蠕滑不仅可以是地震的前兆，而且也可以是断层释放构造应力的一种途径。地震的孕育、发生、发展过程是一个非常复杂的过程，地震预报的实现是一项艰巨的任务。它需要克服速胜论和怀

* 本文发表于《地球物理学报》，1994，37（增刊1）：208~213

疑论两方面的干扰。

按照文献[3]，地震预报分为统计预报、构造预报、物理预报和快速警报。统计预报仅对抗震研究和编制最佳的长期监测计划有贡献。构造预报难于给出地震发生的精确时间。对于地震预报，时间、地点、强度三要素都必须报准才能起到最佳的经济和社会效益，这就要求物理预报方法的成功。物理预报的目标是通过大地震前兆的识别及前兆和地震孕育、发生、发展之间规律性的认识来可靠地确定所有地震预报的三要素，它是地震预报任务的最终目标，是决定性的预报。快速警报严格地说，已不属于预报的范畴，然而它是减少灾情的必不可少的步骤。警报的成功依赖于一个完全自动化的监视系统。为了实现地震预报的最佳经济效益和社会效益，实现物理预报是关键。实现物理预报的基本必要条件是对地震过程物理规律的足够知识和在一个地震区对和地震的物理过程有关的地震前兆的精确监视。

就目前对地震过程的认识，地震的原因可以分为三部分：一是构造应力作用的原因，称为远因；二是在构造应力作用下，震源区自身发展过程的原因，称为近因；再则就是外界的触发因素，称为临震原因。

构造应力原因和板块最新构造运动紧密相关。大地震是岩石层中动力过程的表现形式之一，是岩石层自身运动的结果。除了板内地震以外，大部分地震都发生在板块边界上。海岭上只发生中等强度的地震，张应力轴正交于海岭。转换断层上发生的大地震的震源机制和转换断层的走向滑动性质一致。俯冲带和碰撞带是强地震集中的地方，多倾滑断层，贝尼奥夫带是板块俯冲的标志，震源机制压应力轴和俯冲方向一致。因此在板块边界上，可以认为大地震是板块间相对运动的直接结果。

板块内部的介质既不是完全的刚体，也不是完全的弹性体。因板块间相对运动在板块边界上产生的作用力（构造力）可以以某种方式被传递到板块内部，致使板块内部的岩石层也积累起构造应力[4]。由于板块内部存在着内部构造，介质的力学性质存在着垂向和横向差异，因此板内变形以及应力应变分布存在着垂向和横向差异。在某些弱化带或已经存在的断层上介质的剪切强度一般比较低。或者由于水和温度的作用，非弹性成分比较大，致使在板内某些地区的某些带上经常发生稳定滑动或蠕滑而消耗掉由板块边界传递进来的应力；而在某些断层带或弱化带，由于几何或者物理的原因被锁住，可以积累比较大的应力，它们的剪切强度低于非断层带、非弱化带而高于稳定滑动带，当应力的积累逐渐超过其剪切强度时，突然的剪切错动发生，形成板内构造地震。因此板内地震，究其根本原因，也和板间地震一样是由板块间的相对运动造成的。板内地震和板内变形及某些地带的稳定滑动有着来自板块边界驱动的共同的构造运动原因。

在构造力的作用下，每个板内地震都有其自身的孕育、发生、发展过程。在板内不同地点上孕育的地震，孕育处的物质的力学性质和几何结构千差万别，因而孕育、发生、发展过程也千差万别。但从根本上来说，是一个在应力作用下裂缝带如何扩展的问题。在一定的几何结构和力学性质的条件下，裂缝带缓慢扩展。裂缝带的扩展在一些裂缝上释放应力，从而导致裂缝带另一些部分应力集中。在一定的条件下，较小局部范围内的应力释放，导致更大范围内的应力积累。由于裂缝带不断扩展，宏观地，扩展带的平均剪切强度降低。当带内的平均应力大于平均剪切强度时（粗略地说），发生突然的大扩展而发生地震，这是板内地震的近因。

当板内地震孕育到一定程度后，地球自转变化、日月引力变化引起的微小的力都有可能触发地震，这是板内地震的触发因素。可能的触发因素还有孔隙水压和热状态的变化等。水库地震的诱发机制的研究[5]，为我们深入这方面的认识提供了依据。

三、板内地震近因和物理预报

从物理预报的目标看，预报板内地震有两个不同的重要途径。一是通过对板内地震近因的具体研究来实现物理预报；二是通过板内地震远因、近因及临震原因的整体研究来实现物理预报。本节讨论第一种途径。

这个途径主要是研究单个地震或单个地震群的震源物理及其物理前兆，通过观测系统监测这些物理前兆从而实现物理预报。围绕这个思路，我国的地震工作者已经做了许多有价值的研究工作。对此，傅承义教授曾在《我国的震源物理研究》和《地震预测工作的一些反思》[6,7]中做了简要的概括。

1. 震源机制的研究

日本、苏联、美国等国的地震学家非常注重大小地震的断层面解和应力降地震错距等震源力学参数的确定，以此为依据公布了全球的应力分布图和一些地震带的滑动率[8]。国家地震局震源机制会战组得到了自1933~1972年间发生在我国及邻近地区的几百个大地震的断层面解和上百个地震的应力降地震错距等震源力学参数[9]。其后，许多作者公布了我国一些地震，包括1972年至今大地震断层面解和中小地震的震源力学参数。其中邢台地震系列和以炉霍地震为标志的鲜水河断裂带的系列地震的震源机制的研究结果，以及新丰江水库地震主震前震余震系列震源机制的研究结果[5]特别有意义。因为它们给出了一个带上系列地震的震源机制解。鲜水河地震带的滑动速率和邢台地震带的滑动速率大小上有很大的差别。滑动率既是应变释放速率的一种度量，同时也是地震孕育带应变孕育速率的一种度量，表明鲜水河断裂带大震孕育的速率比邢台地震带大得多[6]。

2. 破裂过程的实验和理论研究

各种实验室条件下岩石标本破裂过程的实验研究，是认识地震近因及其前兆标志的重要途径。20世纪70年代陈颖等研究了不完整岩石样品的断裂与摩擦滑动特征以及应力途径岩石强度和体积膨胀之间的关系[6]。80年代陈颙、郭自强、尹祥础、马瑾、耿乃光等在实验室内研究了岩石破坏过程中的声发射，降维现象，闭合裂缝面的相互作用，雁列式裂缝的相互作用及其稳定性，裂纹扩展过程的变形场，岩石破裂的变形前兆，断层泥的摩擦滑动特征，水对岩石粘滑特征的影响[10]。这些研究结果以及震源机制和震源力学参数的观测结果，为地震过程的理论研究和数值研究提供了合理的模式和约束条件。

L. Knopoff曾用弹簧滑块实验来模拟地震系列，表明一系列的小震动发生后，可有大震动发生。小震动局部地释放了应力而却使更大的范围孕育了大震动。上节所述的裂缝带扩展的理论为实验所证实，这对于认识地震过程的规律是很有意义的。陈运泰[11]等对粘弹性介质中剪切裂纹在非均匀应力场影响下的复杂扩展进行了模拟。一个重要的结果是裂纹的蠕变和滑动可增长为快速扩展，在适当的预应力和摩擦条件下，一个地震的震后蠕变状态可能成为一个接着发生的地震的震前蠕变状态。这个结果明确了无震滑动和地震之间的内在联系。这对于认识地震过程的本质和地震前兆是有意义的。

在理论上，罗灼礼[12]等对板内地震震源力学性质和地震位移场之间的关系进行了讨论。滕春凯、张之立、陆远忠[13,14]等从断裂力学的角度对地震过程进行了理论研究。梅世蓉、邓玉琼[16~18]等则对一些大地震的孕震过程进行了数值模拟研究。由于数值模拟有可能使孕震过程模拟得比较真实，使得数值模拟为物理预报的实现提供更加现实的方法途径。

3. 地震模式和地震前兆的研究

地震模式将地震的物理过程和地震前兆联系起来。在国外通过破裂过程的理论和实验研究以及地震前兆的观测研究提出了地震发生的理论模式"膨胀-失稳模式"和"膨胀-扩散模式"[19]。按照这两个模式，地震前的地震波速、电阻率、水氢等应该有一种相互协调的规律性的能指示地震发生的前兆变化。冯锐、冯德益等[5]对大地震前的波速和地震波振幅变化进行了研究。傅征祥、张国民等[20]研究了走滑型地震前断面位错加速运动作为一种可能的前兆。梅世蓉[21]在本刊中对我国45年来地震预报工作，特别是地震前兆的研究进行了总结。

上述单个地震或单个地震群的震源物理为基础的物理预报的理论研究和预报实践的尝试虽然进行了多年，但是由于地震过程的复杂性，理论研究尚未尽善尽美。加之非地震因素对地震前兆的干扰，使物理预报的目标还有很远的距离。要实现物理预报还有许多问题要解决，特别要解决地震带内介质几何结构和物性结构的细节，获取水热因素知识，解决地震孕育过程和前兆变化的仿真数值模拟技术及强干扰背景下地震前兆的识别技术等。

四、板内地震孕育发生发展整体过程的数值模拟和物理预报

实现板内地震物理预报的另一个途径是对板内地震孕育发生发展整体时空过程的仿真数值模拟。这就要求将板内地震的远因、近因及临震原因结合起来进行仿真模拟，以实现板内地震的物理预报。模拟涉及的空间范围从板块边界到包含板内一系列的地震带的广大区域。在垂直方向上包括了从表面到软流层以上的整个岩石层。同时考虑所模拟区域内的具体的几何结构，例如垂向分层、横向分带、断层产状、板块俯冲带或碰撞带边界的具体几何结构等。模拟涉及的介质性质包括介质的非弹性性质（粘弹性体或一般线性流变体）。考虑温度的空间分布和热源，既考虑热应力又考虑热对介质强度的影响。对含水的断层带可考虑固液双相介质。同时考虑介质的垂间和横向力学性质的差异，特别考虑地震带和非地震带的差异等。模拟中，将时间和空间耦合在一起考虑，使模拟的时间过程，小到地震孕育发生的时间尺度几年、几十年到几百年，大到几千年、几万年，甚至地质事件的尺度，百万年。

模拟中，边界条件尽可能给得合理，例如板块相对运动的方向，相对位移及其速率的数值等。对于人为截断边界进行合理的截断边界处理。模拟中，模拟区内任何已知的事件和已知的物理量都可以作为约束因子或是解因子。例如，历史地震记录，某年以前的历史地震记录可以作为已知量从而预测某年以后的地震记录，可以检验模拟结果的可靠性。又例如，地形变测量，跨断层带位移测量数据，盆地沉降速度和高山增高速度记录等都可以作为已知量输入。模拟中可以随时对模拟区域内的地震进行预测，对于预测错误的地震可作为新的约束条件来修改模型参数。这样一次一次的修改，直到模型参数合理为止，从而有可能比较可靠地预报地震。对于导源于板块间相对运动的地震事件和非地震事件作统一考虑，都被认为是在板间的动力向板内传递过程中发生的事件。无论是断层的蠕滑、超微地震、地震还是盆地高山的沉陷与升高，都在同一种模式下来模拟。断层的蠕滑、超微地震、小地震和大地震在模拟过程中同等对待。

此种途径的物理预报有以下特点，模拟所得的结果主要是时空中的位移分布和应力分布，在此基础上，结合介质强度理论的研究来预报地震。这类似于反问题中从正问题结果求反问题。

目前这样的物理预报的研究工作开展得还比较少。已有一些前期的工作。例如，汪素云[22]等用二维有限元方法计算了全国范围内的应力分布。宋惠珍等[23]用二维有限元方法开展了断层运动学和静力学性质的演化特征的研究，计算了区域应力场和断层应力场，从中寻找地震发生的规律性，并应用于唐山地区、北京地区及怀来地区的地震危险性的趋势分析。虽然这些工作还比较粗糙，仿真性不够，涉的物理参数和条件还不够全面、不够真实，不能直接用于物理预报。但已有的这些工作为实现物理预报打下了前期工作的基础。

实现这种性质物理预报需要从两方面努力。一方面为了仿真，需要得到模拟区仿真的几何结构和物性结构；另一方面，为了仿真，需要在现有的计算机条件下，建立仿真的方法技术。两方面的工作都有一定的难度，需同步进行。

此外，为了实现第二条途径的物理预报，必须配合介质强度理论的研究。除了仿真条件下的实验研究以外，需要加强理论研究，以便得到各种条件下介质强度值的定量结果。

如将物理预报的两种途径有机地结合起来，有可能最终解决地震三要素的决定性预报。

参 考 文 献

［1］市川政治，日本地震研究：地震预报问题（编译），蒋淳译，世界地震译丛，6：1～13，1988

［2］陈运泰，用大地测量资料反演的 1976 年唐山地震的位错模式，地球物理学报，22：201～217，1979

［3］Tatsch J H, Earthquake, Cause, Prediction and Control, Tatsch Associates, Sudbury, Massachusetts, U. S. A., 1977

［4］Wang Miaoyue, Guo Y X, Qin F H, Seismicity and characteristics of focal mechanism of strong earthquakes in the western Pacific transition zone and its neighborhood, Geology, Geophysics Geochemistry and Metallogeny of the Transition Zone from the Asiatic Continent to the Pacific Ocean, 24~41 (Two Volumes) volume 1part 1, Pacific Oceanological Institute, Valdivostok, 1993

［5］王妙月、杨懋源、胡毓良等，新丰江水库地震的震源机制及其成因的初步探讨，地球物理学报，19：1～7，1976

［6］傅承义、陈运泰、陈颙，我国的震源物理研究，地球物理学报，22：315～320，1979

［7］傅承义，地震预测工作的一些反思，八十年代中国地球物理学进展——纪念傅承义教授八十寿辰，1～4，北京：学术书刊出版社，1989

［8］Pavoni N, Regularities in global tectonic stress patterns, 2-580, 28th International Geological Congress Washington, D. C. USA, July 9~19, 1989

［9］国家地震局震源机制研究小组，中国地震震源机制的研究，第一集，第二集，1973

［10］地球物理学报编辑委员会，实验地球物理研究文集，地球物理学报，32，专辑 1，1989

［11］Knopoft L，地震序列的模拟，陈运泰译，世界地震译丛，1：1～19，1988

［12］罗灼礼、程万正，地震位移场和板内地震震源力学性质的讨论，地震学报，3：351～360，1981

［13］滕春凯、白武明、王新华，流变介质中亚临界扩展前地震孕育过程的能量积累，地球物理学报，34：32～41，1991

［14］张之立、刘新美，三维断裂扩展方向理论分析和余震分布图像的预报，地球物理学报，28（Supp）：569～581，1982

［15］陆远忠、沈建文，地震破裂过程的研究，地球物理学报，23：156～171，1980

［16］朱岳清、梅世蓉、梁北援，唐山地震孕震过程的三维有限元分析及其在地震预报研究上的意义，地球物理学报，31：399～409，1988

［17］余洋、梅世蓉、庄灿涛，模拟震源动力学破裂过程的数值方法研究，地球物理学报，29：567～577，1986

［18］张之立、邓玉琼、王成宝等，华北大震序列的断裂系模式及破裂过程的联合反演，地震学报，12：335～347，1990

［19］傅承义、陈运泰、祁贵仲，地球物理学基础，北京：科学出版社，1985

［20］傅征祥、张国民，走滑型地震前断面位错加速运动和一种可能的短期前兆机制，地球物理学报，29：345～354，1986

［21］梅世蓉，45 年来我国地震预报工作的进展，地球物理学报，37，增刊 1，1994

［22］汪素云、陈培善，中国及邻区现代构造应力场的数值模拟，地球物理学报，23：35～45，1980

［23］宋惠珍、黄立人、华祥文，地应力场综合研究，北京：石油工业出版社，1989

A simulation system of seismogeny, occurrence and development of earthquakes[*]

Wang Miaoyue   Zhang Meigen
Di Qingyun   Chen Jing   Zhu Ling

Institute of Geophysics, Academia Sinica

Abstract: A personal computer processing system for simulation of earthquake seismogeny, occurrence and development is given in this paper. It can automatically process the discontinuous events such as earthquake occurrence during computation. The program can be paused when you want to display the computation results. After you analyze these graphical results the simulation process can be continued.

Key words: earthquake dynamic process   microcomputer   simulation system

Introduction

According to the aim of physical prediction, there are two important ways to predict intraplate earthquakes. One is the prediction according to immediate causes, and the other according to all the immediate causes, remote causes and critical causes.

There are important meanings to simulate earthquake seismogeny, occurrence and development with 3−D finite element method, and consider all the earthquake causes as a whole. The paper (Wang et al. , 1999) has discussed the theory of digital simulation . This paper discusses how to solve real problems in the 5-D large scale model simulation of time, space and strength on personnel computer, and a simulation system of earthquake seismogeny, occurrence and development, which has instant control function , has been developed .

1   Realization of 5-D simulation of time, space and strength on personnel computer

The 5-D earthquake equations of time, space and strength are

$$KU + K'U = F \tag{1}$$

$$SUB(U) \geqslant U_\mathrm{T} \tag{2}$$

* 本文发表于《ACTA SEISMOLOGICA SINICA》, 1999, 12 (1): 73−77

$$f(\boldsymbol{U}) = 0 \tag{3}$$

Equation (1) is the equation of earthquake seismogeny, equation (2) is earthquake equation met on earthquake occurrence, and equation (3) is the equation which after an earthquake the displacement field is adjusted according to $\boldsymbol{K}$ is stiffness matrix; $\boldsymbol{K}'$ is damping matrix; $\boldsymbol{F}$ are the external forces acting on boundary; $\boldsymbol{U}$ are the displacement vector of nodes; $\boldsymbol{U}$ are the displacement velocity vectors of nodes; SUB means local area, $\boldsymbol{U}_{\mathrm{T}}$ is strength vector, and $f(\boldsymbol{U})$ is an equation to the components of $\boldsymbol{U}$.

We use Sadel-iteration method to solve equation (1)

$$\begin{cases} X_k^{\mathrm{new}} = \dfrac{F_k - \sum_{j=1}^{M_{\mathrm{P}}} K_{kj}' U_j^{\mathrm{new}} + X_k^{\mathrm{old}} \sum_{j=1}^{M_{\mathrm{P}}} K_{kj}'^2}{Q + \sum_{j=1}^{M_{\mathrm{P}}} K_{kj}'^2} \\ U_j^{\mathrm{new}} = U_j^{\mathrm{old}} + K_{kj}'(X_k^{\mathrm{new}} - X_k^{\mathrm{old}}) \end{cases} \tag{4}$$

where $\boldsymbol{X}$ is a temp vector, and X_k is its element; K_{kj}' is the element in row k and column j of $\boldsymbol{K}'$; M_{P} is the total number of freedoms of $\boldsymbol{U}$; "new" refers to the new value in iteration, "old" refers to the old value; Q is a little value to make iteration process stable U_j is the j-th component of $\boldsymbol{U}$; and F_k is the k-th component of $\boldsymbol{F}$.

The formation of stiffness matrix $\boldsymbol{K}$ and damping matrix $\boldsymbol{K}'$, and the determination of the distribution of forces $\boldsymbol{F}$ of boundary nodes have relation to the geometrical structure and physical property structure of earthquake zone. Referring to the data of a real earthquake zone, we can design a concrete model, and then $\boldsymbol{K}$, $\boldsymbol{K}'$ and $\boldsymbol{F}$ are determined. The program flow charts of designing model and iterating calculation are shown as Figure 1.

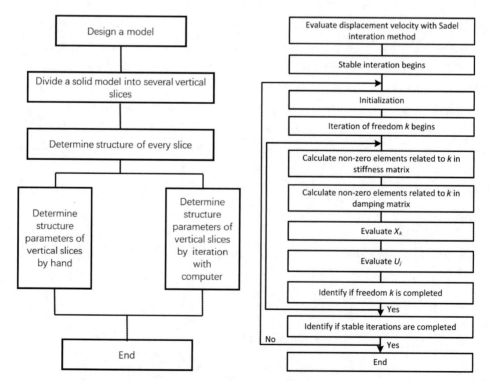

Figure 1　Program flow charts of designing model and iterating calculation

Displacement U of every step can be derived by iteration as Figure 1. Add a threshold value U_T in program, and if max $U_k \geqslant U_T$ an earthquake may happen. At this time, the program can see over node forces. The area where both U_k and node forces are large is supposed to be danger area, and the place where U_k are large but node forces are very small is supposed to be creeping area. In another way, we can calculate $G = \dfrac{(\mu F_y - F_x)}{\mu F_y}$, where μ is the static friction coefficient of a fault , F_y is the normal stress and F_x is the shear stress on fault plane. The place where $G \rightarrow 0$ is danger area and where $G \rightarrow 1$ is safe area. Earthquake magnitude can be determined by how much the area where both U_k and node forces are large or how much the area where $G \rightarrow 0$, as can be represented by experience formula of earthquake magnitude with fault length or that of earthquake scale with the volume of earthquake.

The development of earthquake is related to the adjustment of displacement field and the propagation of stresses. The adjusting formula of displacement field in paper (Wang et al., 1999) is very complex. Here we give a more convenient method.

The shear stress in a rectangle dislocation plane meets the following equations

$$
\begin{aligned}
\sigma_{12} &= F_{12}(L,\ A) - F_{12}(0,\ A) - F_{12}(L,\ 0) + F_{12}(0,\ 0) \\
F_{12}(x_1',\ x_3') &= -\frac{Gb_1}{4\pi}\left\{\frac{1}{1-v}\left[\frac{(x_1-x_1')x_2^2(x_3'-x_3)}{r^2 R}\left(\frac{1}{R^2}-\frac{1}{r^2}\right)\right.\right. \\
&\quad \left.\left. -\frac{(x_1-x_1')(x_3'-x_3)}{r^2 R}\right] - \frac{(x_1'-x_1)(x_3-x_3')}{q^2 R}\right\} \\
r^2 &= R^2 - (x_3'-x_3)^2 \qquad q^2 = R^2 - (x_1'-x_1)^2 \\
R &= (X_i X_i)^{\frac{1}{2}} \qquad X_i = x_i - x_i'
\end{aligned}
\tag{5}
$$

where b_1 is the value of shear dislocation, which is equal to the stress drop of an earthquake and is of 10^6 Pa scale, G is the value of shear modulus, and v is Poisson ratio (Wang et al., 1976). We can calculate stress drop of an earthquake by equation (5), and then rectify the stress value in other place on the basis of the geometrical divergence principle of static displacement.

2   Real time simulation system on microcomputer

Referring to Dr. Teng's (1981) finite element program for 3-D wave simulation, we developed a finite element method simulation system for earthquake seismogeny, occurrence and development, which can be run on 486 or higher computer . The most difficult part in modifying Teng's program is to get lumped stiffness matrix K and lumped damping matrix K' to freedom k of Sadel iteration. After more than a year's hard work, we solved the problem at last.

Another hard nut to crack is to realize instant control in program, which enables us to check the possible earthquake area and interfere into the simulation process instantly and conveniently. The flow chart of this function is shown in Figure 2.

As above, the system can identify by itself if an earthquake will happen. If there is a possible earthquake, the program can give a warning, determine the earthquake location and its magnitude, adjust parameters to imitate a shock, and then continue the simulation for another possible earthquake. The work can also be done through the instant control function, which enables interaction with computer.

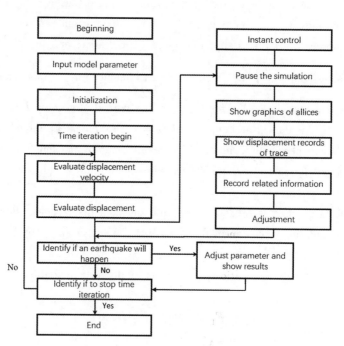

Figure 2   Program flow chart of the simulation system

During the imitation course, the calculation of modeling can be suspended at any time, and the display mode will be changed to graphical mode. Following the clues of the interactive system, the following work can be done. ①Researcher can look over a number of slice graphics that he is interested in. These graphical results include horizontal slice at any depth and vertical slices in x or y direction . The slices can show results of force, displacement and displacement velocity, which have the three x , y and z components , respectively; ②At the same time, time records of forces, displacements and displacement velocities at some nodes can be displayed; ③ After looking over above data , researcher can identify if an earthquake will happen or not on the basis of his know ledge and experience. If there is no anomaly, modeling process can be continued after quitting instant control system. If an earthquake is sure to happen, next is to record the area location, identify the scale and adjust displacement field and parameters such as λ , μ , λ' , μ' , etc., to imitate a shock.

Instant simulation system makes the simulation of earthquake seismogeny, occurrence and development more convenient. It enables researcher to carry out his research easily. New known constrained conditions can also be added easily. Though the instant simulation system is not very complete, it gives a basis to the whole dynamic modeling of earthquake seismogeny, occurrence and development.

3   Reliability of results

In order to check the reliability of the system, we designed a small model, which has $10 \times 10 \times 20$ elements, to do some experiments. Geometrical structure and parameters of the model are shown as Figure 3.

3. 1   Results with concentrated force added in the center of the model

To check the reliability of results, we add concentrated force in the center of the model shown in Figure 3. Figure 4 shows the results. Figure 4 shows that, due to the incomplete elasticity of the media, the stress added in the center and the displacement caused by it spread outward as time goes on. The results are reasonable.

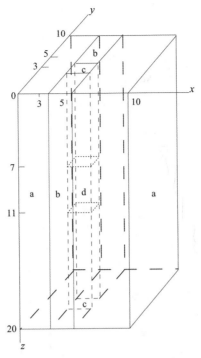

Figure 3　Geometrical structure and parameters (10×10×20 model)

(a) $v_P = 3600$, $v_S = 2080$, $\rho = 3.0$; (b) $v_P = 3300$, $v_S = 1905$, $\rho = 2.7$; (c) $v_P = 1600$, $v_S = 930$, $\rho = 2.1$;

(d) $v_P = 3000$, $v_S = 1732$, $\rho = 2.6$

The unit of v and ρ is m/s and g/cm^2, respectively. $\mu' = 0.001\lambda$, $\mu' = 0.001\mu$, $\Delta_x = 10$m, $\Delta_z = 10$m

3. 2　Results with forces added on the left and right sides of the model

We add vertical and horizontal forces on the left and right sides of the model, positive forces on the left and negative forces on the right, to imitate oblique tectonic forces acting on both sides. The results are shown in Figure 5.

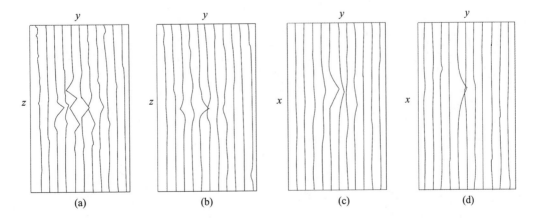

Figure 4　Results with concentrated force added in the center of the model in Figure 3

(a) Vertical forces of nodes at the third time step in the vertical plane which is $x = 5$ and through the center;

(b) Vertical displacement velocities of nodes at the third time step in the vertical plane which is $x = 5$ and through the center;

(c) Vertical forces of nodes at the 10-th time step in the horizontal plane through the center;

(d) Vertical displacement velocities of nodes at the 10-th time step in the horizontal plane through the center

Similarly, Figure 5 shows that, due to the incomplete elasticity of the media, the forces added on both sides and the displacement caused by them propagate to the inside as time goes on, and displacement time records increase as time goes on, as shows the accumulation of strain energy.

This project is sponsored by the State Natural Science Foundation and the Chinese Joint Seismological Foundation.

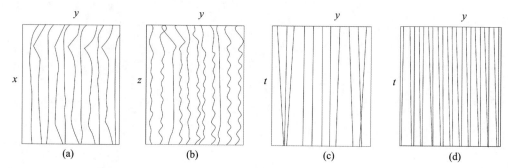

Figure 5　Results with forces acting on both sides (positive forces on the left and negative forces on the right)

(a) Vertical displacements of nodes at the 10-th time step in the same horizontal plane as Figure 4 shows (top is the left side, and down is the right side to Figure 3); (b) Vertical displacement velocities of nodes at the 10-th time step in the same vertical plane as Figure 4 shows; (c) Displacement time records of 11 nodes in a line parallel to coordinate axis x in the horizontal plane where $z=5$; (d) VSP records of 21 vertical nodes lining through the center

References

Teng Y C, 1981, Preliminary Version of the Aldridge Finite Element Algorithm for Three Dimensions, Midas Report II, New York: Columbia University, 333–386

Wang M Y, Di Q Y, Zhang M G et al., 1999, Earthquake dynamic modeling with 3D finite element method, Acta Geophysica Sinica, 42 (2) (in Chinese)

Wang M Y, Yang M Y, Hu Y L, 1976, A preliminary study on the mechanism of the reservoir impounding earthquakes at Xingfengjiang. Scientia Sinica, 19 (1): 149–169

地震孕育、发生、发展动态过程的三维有限元数值模拟*

王妙月　底青云　张美根　刘　飒　朱　玲

中国科学院地球物理研究所

摘　要　为探讨用数值方法模拟地震孕育、发生、发展动态过程的途径，从线性流变体介质内制约质点运动的运动方程出发，导出了模拟地震孕育、发生、发展动态过程的三维有限元方程及程序。还给出了模拟进程中地震孕育、发生、发展过程的约束条件，使得可以用同一个程序完整地模拟地震孕育、发生、发展的全过程，为地震过程本质的认识以及物理预报的实现提供了一个潜在的新手段。

关键词　地震动态过程　三维有限元　数值模拟　地震预报

1　引　　言

地震预报的研究和实践表明，地震的孕育、发生、发展是一个非常复杂的过程。地震预报分为统计预报、构造预报、物理预报和快速警报[1]。对于地震预报，时、空、强三要素都必须报准才能有最佳的效益，这就要求物理预报方法的成功。物理预报的目标是通过大地震前兆的识别及前兆和地震孕育、发生、发展之间规律性的认识来可靠地确定所有地震预报的三要素。

从物理预报的目标看，板内地震预报的实现有两个不同的重要途径[2]，一是通过板内地震近因的具体研究来实现物理预报；第二是通过板内地震孕育、发生、发展动态过程的整体研究来实现物理预报。至今为止，物理预报的研究和实践主要围绕第一条途径。国内外地震工作者都已做了大量的研究和实践工作。傅承义和梅世蓉对这一方面的研究工作做出了总结和反思[3,4]。

为了进行地震预报，应用有限元方法研究地应力场，特别是断层带的应力场已有许多报道。早期应用平面应力应变的有限元方法模拟了中国及邻区的现代构造应力场[5]。在华北地区，比较典型的有将二维有限元技术与地形变测量、小震综合断层面解、物理模拟及岩石力学实验的方法和资料结合起来，研究区域应力场与断层应力场，并且具体应用于唐山地区、北京地区及怀来地区的地震危险性的趋势分析[6]。有限元方法可应用于个别断层和多断层的应力分布研究[7]。假设地球介质为非弹性，从而考虑在构造力作用下和时间有关的应力应变场的二维有限元数值模拟，可以研究地震的迁移，并对地震的危险性趋势进行预测，这样的工作已向地震孕育过程的数值模拟方向前进了一步[8~10]，更多的文献可在有限元方法在地球科学中应用的评述性文章中查到[11]。直接涉及有关地震孕育过程的有限元数值模拟的文章尚比较少，朱岳清等首先结合唐山地震的孕育过程，开展了这方面的研究[12,13]。但在这些文章中，作者强调的是孕震区介质的非均匀性，强调莫霍面上隆对地震的影响，在构造力和莫霍面上隆力作用于非均匀的弹性介质的构架下来计算震区应力场的分布特征，从而未能考虑时间上的孕育过程。本文采用和前述有限元方法文献中的不同的思路，从一般线性流变体介质内的运动方程出发导出板内地震的孕育、发生发展的动态过程的三维有限元方程，解决时、空、强大模型数值模拟的方

---

* 本文发表于《地球物理学报》，1999，42（2）：218~227

法及实用化中的难点。

2　板内地震孕育、发生、发展的原因及其动态过程总体模拟

板块内部的介质既不是完全刚体，也不是完全的弹性体。因此板块间相对运动在板块边界上产生的作用力（构造力）可以以某种方式被传递到板块内部，致使板块内部的岩石层积累起随时间变化的构造应力。由于板块内部存在着内部构造，介质的力学性质存在着垂向和横向差异，因此板内变形以及应力应变分布存在着垂向和横向差异。在某些弱化带或已经存在的断层上介质的剪切强度一般比较低。或者由于水和温度的作用，非弹性成分比较大，致使在板内某些地区的某些带上经常发生稳定滑动或蠕动而消耗掉由板块边界传递过来的应力；而在某些断层带或弱化带，由于几何或者物理的原因，可以积累比较大的应变能，它们的剪切强度低于非断层带和非弱化带而高于稳定滑动带，当应力的积累逐渐超过其剪切强度时，突然的剪切错动发生，形成板内构造地震。因此板内地震，究其根本原因，也和板间地震一样是由板块间的相对运动造成的。板内地震和板内变形及某些地带的稳定滑动有着来自板块边界驱动的共同构造运动原因[14]。

板内不同地点上孕育的地震、孕育处物质的力学性质和几何结构千差万别，因而孕育、发生发展过程也千差万别，每个板内地震都有其自身的孕育、发生、发展过程。但从根本上来说，是一个在应力作用下裂缝如何扩展的问题。在一定的几何结构和力学性质的条件下，当裂缝端部的应力超过裂缝的强度时，裂缝带缓慢扩展，裂缝的长度加长，含裂缝长度加长部分的介质体的平均强度降低。裂缝带的扩展在一些裂缝上释放应力，从而导致裂缝带另一些部分的应力集中。在一定的条件下，较小局部范围内的应力释放，导致更大范围内的应力积累，由于裂缝带的不断扩展，宏观地，扩展带的平均剪切强度降低。当带内的平均应力大于平均剪切强度时（粗略地说），发生突然大扩展而发生地震，这是板内地震的近因。

当板内地震孕育到一定程度后，地球自转变化、日月引力变化引起的微小的力都有可能触发地震，这是板内地震的触发因素。触发因素有时是相当复杂的，不光是加一个微小的力的问题，还和触发因素自身的物理、化学性质有关。最明显的例子是水库地震，其诱发机制[15]为我们加深这方面的认识提供了依据。

因此板内地震的孕育、发生、发展是一个动态过程，整体动态过程的仿真数值模拟要求将板内地震的远因、近因及临震原因结合起来进行仿真模拟。这表明从完整性考虑，模拟涉及的空间范围应该从板块边界到包含板内一系列的地震带的广大区域。在垂向上包括了从表面到软流层以上的整个岩石层。同时考虑所模拟区域内的具体的几何结构，例如垂向分层、横向分带、弱化带产状、板块俯冲带或碰撞带边界的具体几何结构等。模拟涉及的介质性质包括介质的非弹性性质（粘弹性体或一般线性流变体）。考虑温度的空间分布和热源，既考虑热应力又考虑热对介质强度的影响。对含水的弱化带可考虑固、液双相介质。同时考虑介质的垂向和横向力学性质的差异，特别考虑地震带和非地震带的差异等。模拟中，将时间和空间耦合在一起考虑，使模拟的时间过程小到地震孕育发生的时间尺度几年、几十年到几百年，大到几千年、几万年，甚至用地质事件的时间尺度（百万年）。

模拟中，边界条件尽可能合理，例如板块相对运动的方向，相对位移及其速率的数值等，采取优化方式对于未知边界作为人为截断边界处理。模拟中，模拟区内任何已知的事件和已知的物理量都既可以作为约束因素，又可以作为解因子。例如，历史地震记录，某年以前的历史地震记录可以作为已知量从而预测某年以后的地震记录，可以检验模拟结果的可靠性。又例如，地形变测量，跨断层带位移测量数据，盆地沉降速度和高山增高速度记录等都可以作为已知量输入。模拟中可以随时对模拟区域的地震可能性进行预测，对于预测错误的地震可作为新的约束条件来修改模型参数。这样一次次的修改，直到模型参数合理为止，从而有可能比较可靠地预报地震。对于导源于板块间相对运动的地震事件和非地震事件作统一考虑，都被认为是在板间的动力向板内传递过程中发生的事件。无论是断层

的蠕滑、超微地震、地震还是盆地高山的沉陷与升高，都在同一种模式下来模拟。断层的蠕滑、超微地震、小地震和大地震在模拟过程中同等对待。

实现地震孕育、发生、发展动态过程的总体仿真模拟需要从两方面努力。一方面为了仿真，需要得到模拟区仿真的几何结构和物性结构；另一方面，为了仿真，需要在现有的计算条件下，建立仿真的方法技术。两方面的工作都有一定难度，需同步进行。此外为了实现仿真模拟，还必须配以介质强度理论的研究，以得到各种条件下介质强度值的定量结果，建立起地震是否发生的某种标准。

上述的仿真模拟是一个庞大的工程，用有限元方法进行该类数值模拟尚属首次，不可能用完备的标准来要求。我们在现有的微机条件下，偏离完备标准的要求，选择一个地震断层带进行地震孕育、发生、发展过程的仿真性模拟试验研究，暂不考虑水、触发因素和热的作用。

3　地震孕育、发生、发展动态过程三维有限元方程

3.1　有限元方程及其求解

一般线性流变体介质中运动方程的有限元形式[16]为

$$MÜ + KU + K'\dot{U} = F \qquad (1)$$

式中，M 是质量阵；K 是刚度阵；K' 是跟非弹性有关的阻尼阵；U 是节点位移矢量；F 是节点外力矢量；$\dot{U}$ 是节点位移速度矢量；$\ddot{U}$ 是节点位移加速度矢量。

在地球介质中，当质点运动的惯性力 $M\ddot{U}$ 明显大于粘滞力 $K'\dot{U}$ 时。式（1）表现为波动方程。然而，地震的孕育过程是缓慢的。在构造力 F 的作用下，由于介质的非完全弹性和裂缝介质的缓慢扩展，构造力、介质的位移及其位移速度由构造作用的边界缓慢地逐步向内部传递，并随时间缓慢变化，因此介质质点运动的惯性力为小量，于是式（1）退化为

$$KU + K'\dot{U} = F \qquad (2)$$

式中左端第1、2项分别是介质弹性性质、非弹性性质的贡献，于是使应力应变随着时间可以改变。加上地震带几何结构和物性结构的差异，使是否地震的可能性千变万化。F 为边界上的构造外力，在地震孕育过程的时间尺度内，可以认为它是一个常数，即不随时间而变化。

邓玉琼给出了方程（1）的三维波动有限元方程的程序[17]。我们将该程序修改成适合于模拟地震震育、发生、发展过程的三维有限元方程（2）的程序。

解三维有限元方程（1）的方法如下

1　　　$M\ddot{U} = F$

　　　　$\dot{U} = \dot{U}_0 + \ddot{U} \times \Delta t$

　　　　$U = U_0 + \dot{U} \times \Delta t$

2　　　$M\ddot{U} = F - KU - K'\dot{U}$

　　　　$\dot{U} = \dot{U} + \ddot{U} \times \Delta t$

　　　　$U = U + \dot{U} \times \Delta t$

式中，Δt 是时间步长；U_0、$\dot{U}_0$ 分别是初始位移、初始位移速度。仿照波动有限元方程的求解步骤，地震孕育有限元方程（2）的求解步骤如下

1　　　　$K' \dot{U} = F$

　　　　　$U = U_0 + \dot{U} \times \Delta t$

2　　　　$K' \dot{U} = F - KU$

　　　　　$U = U + \dot{U} \times \Delta t$

重复 2 可获得任意时间的节点位移矢量 U 和节点位移速度矢量 $\dot{U}$。

对于波动方程问题的有限元方程（1），由于 M 是对角阵，解 $M \ddot{U} = F - KU - K' \dot{U}$ 时比较简单，令 j 是他们的自由度分量，则

$$\ddot{U}_j = \frac{F_j - K_{jj} U_j - K'_{jj} \dot{U}_j}{M_{jj}}$$

式中，M_{jj} 是 M 的第 j 个对角元素。对于地震孕育问题的有限元方程（2），由于 K' 不是对角阵，解 $K' \dot{U} = F - KU$ 时没有简单的方法。若采用将矩阵分解成对角阵上三角阵的 QR 分解法，解得的 $\dot{U}$ 将比较稳定，但占用计算机内存太大，对于复杂大模型，地震孕育过程的三维有限元方程的求解，采用 QR 分解法是不太现实的。这里我们采用既比较稳定又比较省内存的降阶赛德尔迭代法[18,19]

$$X_k^{\text{new}} = \frac{F_k - \sum_{j=1}^{M_{\text{P}}} K'_{kj} \dot{U}_j^{\text{new}} + X_k^{\text{old}} \sum_{j=1}^{M_{\text{P}}} K'^2_{kj}}{Q + \sum_{j=1}^{M_{\text{P}}} K'^2_{kj}} \tag{3}$$

$$\dot{U}_j^{\text{new}} = \dot{U}_j^{\text{old}} + K'_{kj} (X_k^{\text{new}} - X_k^{\text{old}})$$

式中，X 是一个中间矢量；X_k 是其元素；K'_{kj} 是 K' 的 k 行 j 列元素；M_{P} 是 $\dot{U}$ 的自由度总数；上标 new 表示迭代中的新值；old 表示老值；Q 是一个使解稳定的小量；$\dot{U}_j$ 是 $\dot{U}$ 的第 j 个分量；F_k 是 F 的第 k 个分量。

3.2　刚度阵 K 和阻尼阵 K' 元素的建立

3.2.1　断层带的表示

断层的处理有两种方法。一种将断层两侧之间处理为不连续面。在理论上不连续面可以用位错面模拟。位错面是一个纯粹的数学模型，它等价于连续介质中的一系列双力偶点源模型。断层不连续面也可以用裂纹模拟。裂纹模型是一个物理模型。按裂纹的几何结构性，又可细分为节理单元模型、裂纹单元模型和劈理单元模型。其有限单元可用双节点节理单元表示，裂纹或劈理的端部与其两侧连接在一起时用单节点表示，否则用双节点表示。对于计算区域来说，裂纹面是内边界，它可以被处理为 3 种类型。

（1）上下裂纹面相互粘结时，法向位移差 ΔU_{n} 和切向位移差 ΔU_{s} 等于零，即

$$\Delta U_{\text{n}} = 0$$
$$\Delta U_{\text{s}} = 0 \tag{4}$$

（2）上下裂纹面对张开时，法向力、切向力为常数，即

$$\Delta F_n = F_{n0}$$

$$\Delta F_s = F_{s0} \tag{5}$$

（3）上下裂纹面相对错动时，法向位移差为零，法向力和切向力服从摩擦定律，即 $\Delta U_n = 0$，$F_s = f(F_n)$，对于线性摩擦定律

$$F_s = C_0 + C_1 \cdot F_n \tag{6}$$

式中，F_s 为断层面上切应力；F_n 为法向应力；C_0 和 C_1 分别为裂纹面上的内聚力和摩擦系数[20]。另一种考虑认为断层有一定的宽度，将断层问题处理为非均匀的连续介质问题，将断层单元处理为介质强度较低的单元[9]。

考虑到物理断层总有一定厚度，断层中常有断层泥或其他物质充填。此外由于计算机内存的限制，我们取有限单元的几何尺度量级为 km，而大地震的错距量级为 m，这就远远小于单元的线度。作为地震孕育过程有限元模拟的初次尝试，我们采用较为容易处理的断层连续介质模型，考虑断层具有一定的厚度。采用此种模型可以暂时避开地震发生的细节，即忽略了在老断层上的重新错动和弱化带的新破裂及其错动之间的差异。

3.2.2 K、K' 元素的建立

一个单元的刚度阵 K 和阻尼阵 K' 和该单元的几何尺寸及材料性质有关。由于我们采用矩形柱体网格单元，几何尺寸是一致的。因此不同单元的刚度阵和阻尼阵的差别仅仅取决于材料性质的差别，一般说来，计算区域的材料性质的数目总是小于单元的数目。因此我们可以先算出相应材料性质单元的刚度阵和阻尼阵，使用时调用他们即可，当材料性质数不是很多时，可将它们直接储存在内存中，刚度阵 K、阻尼阵 K' 的元素的排列方式将影响到求解有限元方程（2）的速度。

配合降阶赛德尔迭代方法（3），我们集成总体刚度阵、阻尼阵时采用如下方式：对于赛德尔迭代求解中的某个自由度 k，为了节约内存空间，只集成相应于 k 的刚度阵 K、阻尼阵 K' 的第 k 行（或第 k 列）元素，由于第 k 列元素中只有相邻 27 个节点 81 个自由度的元素不为零，其余的自由度都为零元素。考虑到这个特点，采用分条分块的方式可以节约计算时间。

如图 1 所示为由 8 个单元组成的局部体域，先计算相应于该局部体域中和赛德尔迭代的自由度 k 有关的集成后不为零的刚度阵元素。在这个局部域中，某些节点的自由度的刚度阵（阻尼阵）元素已经完备，如图中 D、E、F 等节点，它们不需要其他单元的贡献。某些节点的自由度刚度阵（阻尼阵）元素并不完备，例如图中 A、B、C 等节点，A 节点的自由度的刚度阵（阻尼阵）元素需下方单元的贡献，B 节点需右方的单元参与，C 节点由右方、背（后）方单元的参与，程序中一并予以考虑。然后由 8 个单元组成的局部体域向右移动直至 X 方向的边界，向 Y 方向（背方）移动直至 Y 方向的边界，向下移动直至 Z 方向的边界。由此过程获得全部不为零的刚度阵及阻尼阵元素。

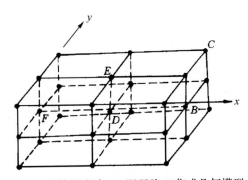

图 1　总体刚度阵 K、阻尼阵 K' 集成几何模型

4　地震孕育、发生、发展过程的表述

4.1　孕育速度的表述

地震孕育的速度是由板块构造运动的速度决定的，板块间相互汇聚的速度是每年厘米量级，至于板内地震，由于板间构造力向板内传递的过程中的非弹性耗散，块体间的相对运动速度有可能小于这个量级，而大地震时的剪切错距是米的量级，因此孕育一个大地震需要 100 年甚至更长的时间，这给解有限元方程（2）中时间步长的选择提出了难题。按照地震孕育有限元方程（2），地震的动态孕育过程是通过介质的非完全弹性实现的，如果假设断层位移速度也是每年厘米的量级，则板内大地震孕育的时间也需 100 年甚至更长的时间。

至今我们尚不具备解地震孕育有限元方程（2）中时间步长和非完全弹性参数值之间的关系的知识。显然，步长选得越小，解越稳定，但计算 100 年所需的时间步则越多，这是一个矛盾。计算中非弹性参数值越小，允许解稳定的时间步越多。某个时间步后解的不稳定也许是一个地震的标志，但也有可能是解的方法不完善造成的，这将在今后的研究实践中加以澄清。如果不是因为解的方法不完善造成的，不稳定则意味着地震的发生，通过监测不稳定的起始空间点可以预测未来地震的地点。同时我们可以通过加大非弹性参数的值，用较少的时间步来模拟地震的孕育过程。

4.2　地震过程的表述

由式（6）可以定义一个安全系数

$$G = (C_1 F_n - F_s) / C_1 F_n$$

当 $G \to 0$ 时，发生剪破裂，即发生一个地震。$G \to 1$ 时，表示安全[10]。

当断层面平行于 X 轴，Y 轴正交于断层面时，G 也可以表示成

$$G = (C_1 F_y - F_x) / C_1 F_y \tag{7}$$

将式（7）加到程序中，可以判断老断层重新错动时地震发生的地点和时间。除了判断标志式（7）以外，我们在程序中加进了最大位移阀门标志，对于达到最大位移阀门值时，检查相应的节点力的值，节点力小表示蠕滑区的情况，节点力大表示孕震区的情况。由此，判断来临地震的可能性。

4.3　地震强度的表述

地震的强度是由地震面的尺度决定的，通常大地震的断层长度可达几十千米至上百千米，中等地震的断层长度可有几千米，小地震的断层长度很短，于是可由式（7）中 $G \to 0$ 范围，或由位移 U 接近于阀门值，而弹性节点力又较大的范围来判断未来地震的震级。此标准既适用于老断层重新错动地震也适用于弱化带新破裂并错动的地震。

4.4　地震发生的表述

当一个地震发生时，模拟这一事件，应将该用时间步计算的 U 进行调整，同时将地震发生区的介质强度进行调整。对于 U 的调整，可以采用无限介质或成层介质中一个剪切位移位错产生的位移场的理论值来调整，可以证明对于一个位错面 ε，位移间断 ΔU_k 对弹性体内节点 t 时刻的位移 U_m 的贡献可以表示为对 ε 面的面积分

$$U(P) = \iint_\varepsilon T^m \mathrm{d}\varepsilon \tag{8}$$

式中，

$$
\begin{aligned}
T^m = \frac{1}{4\pi\rho}\Bigg\{ & 6\mu\left[-\delta_{kl}\frac{r_m}{r^5}-\delta_{mk}\frac{r_l}{r^5}-\delta_{lm}\frac{r_k}{r^5}+5\frac{r_k r_l r_m}{r^7}\right]\left[\psi_k\left(t-\frac{r}{a}\right)-\psi_k\left(t-\frac{r}{b}\right)\right] \\
& -6\mu\left[-\delta_{kl}\frac{r_m}{r^4}-\delta_{mk}\frac{r_l}{r^4}-\delta_{lm}\frac{r_k}{r^4}+5\frac{r_k r_l r_m}{r^6}\right]\left[\frac{1}{\alpha}\psi'_k\left(t-\frac{r}{a}\right)-\frac{1}{b}\psi'_k\left(t-\frac{b}{r}\right)\right] \\
& +\left[(\lambda-2\mu)\delta_{kl}\frac{r_m}{r^3}-2\mu\delta_{mk}\frac{r_l}{r^3}-2\mu\delta_{lm}\frac{r_k}{r^3}+12\mu\frac{r_k r_l r_m}{r^5}\right]\left[\frac{1}{a^2}\psi''_k\left(t-\frac{r}{a}\right)\right] \\
& +\left[2\mu\delta_{kl}\frac{r_m}{r^3}+3\mu\delta_{mk}\frac{r_l}{r^3}+3\mu\delta_{lm}\frac{r_k}{r^3}-12\mu\frac{r_k r_l r_m}{r^4}\right]\left[\frac{1}{b^2}\psi''_k\left(t-\frac{r}{b}\right)\right] \\
& +\left[\lambda\delta_{kl}\frac{r_m}{r^2}+2\mu\frac{r_k r_l r_m}{r^4}\right]\left[\frac{1}{a^3}\psi'''_k\left(t-\frac{r}{a}\right)\right] \\
& +\left[\mu\delta_{mk}\frac{r_l}{r^2}+\mu\delta_{lm}\frac{r_k}{r^2}-2\mu\frac{r_k r_l r_m}{r^4}\right]\left[\frac{1}{b^3}\psi'''_k\left(t-\frac{r}{b}\right)\right]\Bigg\}v_l
\end{aligned}
$$

$$
\psi_k(t)=\int_0^t \mathrm{d}t'\int_0^{t'}\Delta U_k(t'')\,\mathrm{d}t''=\Delta U_{k_0}\int_0^t \mathrm{d}t'\int_0^{t'}X(t'')\,\mathrm{d}t''
$$

ΔU_{k_0} 是一个常数值；$X(t)$ 是错距的时间函数；$\psi'_k(t)$、$\psi''_k(t)$、$\psi'''_k(t)$ 分别是表示 $\psi_k(t)$ 的一阶导数、二阶导数和三阶导数；δ_{kl}、δ_{mk}、δ_{lm} 等为 δ 函数，当 $k=l$，$m=k$，$l=m$ 时为 1，否则为零；v_l 是位错面的法向单位矢量；a 表示纵波速度；b 表示横波速度；r 为 ε 上一点到观察点 P 的距离；λ、μ 为拉梅常数。

　　紧临地震发生后的那个时间步上，对所有的节点位移减去由式（8）计算的 U 即可。由于源的时间函数 $X(t)$ 尚是一个未知数，计算时可以根据已有地震的观测资料作假设。

4.5　地震发展

　　继续模拟过程可以获得地震发展的结果。根据本文的思想和程序对华北地震带内的部分地震带和唐山地震带的实例研究结果将另文发表。

参 考 文 献

[1] Tatsch J H, Earthquakes, Cause, PredictionandControl, SudburyMasschusetts: TaTschAssociats, 1977

[2] 王妙月，板内地震成因与物理预报，地球物理学报，1994，37（增刊）：208～231

[3] 傅承义，地震预测工作的一些反思，见：八十年代中国地球物理学进展——纪念傅承义教授八十寿辰，北京：学术期刊出版社，1989

[4] 梅世蓉，40 年来我国地震监测预报工作的主要进展，地球物理学报，1994，37（增刊）：196～207

[5] 汪素云、陈培善，中国及邻区现代构造应力场的数值模拟，地球物理学报，1980，23（Ⅰ）：35～45

[6] 宋惠珍、黄立人、华祥文，地应力场综合研究，北京：石油工业出版社，1990

[7] 滕春凯、白武明、王新华，用有限元方法研究含摩擦多断层周围的应力场，地球物理学报，1992，35（4）：469～478

[8] 王仁、何国琦、殷有泉等，华北地区地震迁移规律的数学模拟，地震学报，1980，（20）：32～42

[9] 王仁、孙荀英、蔡永恩，华北地区近 700 年地震序列的数学模拟，中国科学，1982，88：745～753

[10] 蒋伟、宋惠珍，北京及邻区地震迁移的粘弹性有限模拟，地震学报，1987，9（增刊）：337～344

[11] 王仁，有限单元等数值方法在我国地球科学中的应用和发展，地球物理学报，1994，37（增刊）：128～139

[12] 朱岳清、梅世蓉、梁北援，唐山地震孕育过程的三维有限元分析及其在地震预报研究上的意义，地球物理学报，1988，31（4）：399～409

[13] 梅世蓉、朱岳清，唐山地震孕育环境、孕育过程与前兆机理研究，见：八十年代中国地球物理学进展——纪念傅

承义八十寿辰，北京：学术期刊出版社，1989

[14] Wang Miaoyue, Guo Y X, Qin F H, Seismicity and characteristics of focal mechanism of strong earthquakes in the western Pacific transition zone and its neighborhood, Geology, Geophysics, Geochemistry and Metalogy of the Transition Zone from the Asia Continent to the Pacific Ocean, 24-4l (TwoVolumes) Vladivostok, 1993

[15] 王妙月、杨懋源、胡毓良等，新丰江水库地震的震源机制及其成因的初步探讨，地球物理学报，1976，19（1）：1~7

[16] 王妙月、郭亚曦、底青云，二维线性流变体介质中的有限元模拟，地球物理学报，1995，38（4）：494~506

[17] Guo J T, MAIDS Project annual Report 2, NewYork：ColumbiaUniversity，1981

[18] Culter R T, Atomographic solution to the traveltime problem in general inverse seismology, Advancein Geophysical Data Processing, 2, 1985

[19] 刘长风、王妙月、陈静等，磁性层析成像——塔里木北缘地壳磁性层析成像研究，地球物理学报，1996，39（1）：89~96

[20] 曾海容，裂纹扩展与固液耦合三维有限单元正反演模型［研究博士论文］，北京：国家地震局地质研究所，1996

地震孕育、发生、发展动态过程模拟系统[*]

王妙月 张美根 底青云 陈 静 朱 玲

中国科学院地球物理研究所

摘 要 给出了模拟地震孕育、发生、发展动态过程的微机处理系统。系统可在 486 以上微机上运行；程序在运行中可自动处理地震发生发展瞬间的时间不连续过程。该系统同时具有实时监控功能，可随时暂停模拟进程，用图形功能显示当前和历史上有关的计算结果。退出图形功能后，可在原来计算结果的基础上继续运行。

关键词 地震动态过程 微机 模拟系统

引 言

从物理预报的目标看，板内地震预报的实现有两个不同的重要途径：一个是通过板内近因的具体研究来实现物理预报；另一个是通过板内地震远因、近因及临震原因的整体研究来实现物理预报。

应用 3D 有限元方法对板内地震孕育发生发展的整体过程进行动态数值模拟，模拟中将地震孕育、发生、发展的远因、近因结合在一起是很有意义的。王妙月等（1999）已对整体动态数值模拟的理论思路进行了讨论。

本文就如何在微机上解决时空强 5 维大模型数值模拟方法的具体难点进行阐述。在高档微机上形成板内地震带孕育、发生、发展动态过程的模拟和实时监视处理系统。

1 时、空、强 5 维过程模拟在微机上的实现

时、空、强 5 维方程是

$$KU + K' \dot{U} = F \tag{1}$$

$$\mathrm{SUB}(U) \geqslant U_\mathrm{T} \tag{2}$$

$$f(U) = 0 \tag{3}$$

式（1）$\dot{U}$ 是地震孕育过程满足的方程，式（2）是地震发生时满足的方程，式（3）则是地震发生后位移场调整所满足的方程。式中，K 为刚度矩阵；K' 为阻尼阵；F 为边界上的构造应力；U 为节点位移矢量；$\dot{U}$ 为节点位移矢量速度；SUB 表示局部；U_T 表示强度矢量；$f(U)$ 是关于 U 分量的一个方程式。

采用降阶的赛德尔迭代法求解方程（1）。

* 本文发表于《地震学报》，1999，21（1）：65~69

$$\begin{cases} X_k^{\text{new}} = \dfrac{F_k - \displaystyle\sum_{j=1}^{M_P} K'_{kj} \dot{U}_j^{\text{new}} + X_k^{\text{old}} \displaystyle\sum_{j=1}^{M_P} K'^2_{kj}}{Q + \displaystyle\sum_{j=1}^{M_P} K'^2_{kj}} \\ \dot{U}_j^{\text{new}} = \dot{U}_j^{\text{old}} + K'_{kj}(X_k^{\text{new}} - X_k^{\text{old}}) \end{cases} \tag{4}$$

式中，X 是一个中间矢量；X_k 是其元素；K'_{kj} 是 K' 的 k 行 j 列元素；M_P 是 $\dot{U}$ 的自由度总数；new 表示迭代中的新值，old 表示老值；Q 是一个使解稳定的小量；$\dot{U}_j$ 是 $\dot{U}$ 的第 j 个分量；F_k 是 F 的第 k 个分量。

刚度阵 K 阻尼阵 K' 的形成以及边界节点力 F 分布的确定与地震带的几何结构及物性结构有关。按照具体地震带这方面的知识，可以构筑具体的模型，从而也就确定了 K、K' 和 F。构筑模型和式（4）迭代的程序框图如图 1 所示

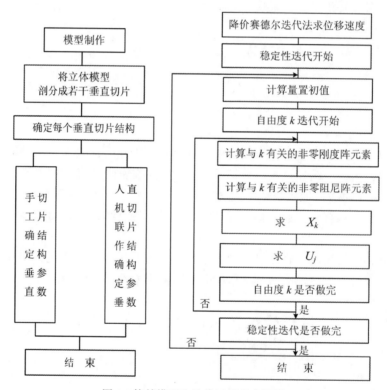

图 1　构筑模型和迭代运算程序框图

按图 1 右侧程序框图反复迭代式（4），就可以得到相继时间步的位移 U_k 的分布 $\dot{U}$。在程序中加入一个阀门值 U_T。当 $\max U_k \geq U_T$ 时，认为有可能要发生地震，让程序搜索节点力 XXX。对于 U_k，XXX_k 同时大的区域被推断为是地震的区域；U_k 大而 XXX_k 很小的区域，被推断为是蠕滑区。或者判断 $G = (\mu F_y - F_x)/\mu F_y$ 的数值，其中，μ 是断层摩擦系数，F_y 是断层面法向力；F_x 是断层面的切向力。$G \to 0$ 的区域被视为地震危险区，$G \to 1$ 被视为安全区。我们可依据 $G \to 0$ 空间范围的大小，或 U_k 接近于阀门值而 XXX_k 较大的空间范围的大小来确定地震的震级。这个知识可由震级-地震断层长度的经验公式，或震级-地震体积的经验公式得到。

地震发展与地震后位移场的调整，以及继续在 F 的作用下应力的传递有关。王妙月等（1999）应用的位移场调整公式过于复杂，这里给出一个更为简便的方法。

一个矩形位错平面内的切应力分布满足

$$
\begin{cases}
\sigma_{12} = F_{12}(L, A) - F_{12}(0, A) - F_{12}(L, 0) + F_{12}(0, 0) \\[2mm]
F_{12}(x_1', x_3') = -\dfrac{Gb_1}{4\pi}\left\{\dfrac{1}{1-v}\left[\dfrac{(x_1-x_1')x_2^2(x_3'-x_3)}{r^2R}\left(\dfrac{1}{R^2}+\dfrac{1}{r^2}\right) - \dfrac{(x_1-x_1')(x_3'-x_3)}{r^2R}\right]\right. \\[4mm]
\left. \qquad\qquad\qquad - \dfrac{(x_1'-x_1)(x_3-x_3')}{q^2R}\right\} \\[4mm]
r^2 = R^2 - (x_3'-x_3)^2, \quad q^2 = R^2 - (x_1'-x_1)^2, \quad R = (X_iX_i)^{1/2}, \quad X_i = x_i - x_i'
\end{cases}
\tag{5}
$$

式中：b_1 为错位值，相当于地震应力降，10^6Pa 量级；G 为剪切模量；v 为泊松比（Wang et al., 1976）。由式（5）算出断层面内的应力降后，再按静位移几何扩散规律校正其他地方的应力值。

2 微机实时模拟系统

我们在微机上编制了有限元地震孕育、发生、发展动态过程模拟系统的程序。设计时参考了 Teng（1981）博士编的三维波动方程有限元程序。将 Teng 博士的三维波动有限元程序修改成能模拟地震孕育、发生、发展动态过程的程序。修改中最繁琐的部分是，对于赛德尔迭代自由度 k，获取相应于 k 的集成刚度阵 $\boldsymbol{K}$ 和集成阻尼阵 $\boldsymbol{K}'$ 不为零的元素。通过一年多的努力解决了此问题。

另一个繁琐的部分是对计算结果实现实时监视。对计算结果的实时监视使我们能动态地监视可能的地震危险区，实现了计算过程的人工干预调控。程序框图如图 2 所示。

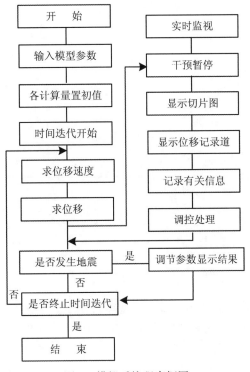

图 2 模拟系统程序框图

如上所述，程序在运行中已经能够自动判断地震是否会发生。如果有可能发生，将会给出一个提示，会确定地震的位置地震的震级，并能处理地震后的调整过程，开始新的孕震过程的模拟。这些功能也可以通过实时监视系统，通过人机联作来实现。

模拟中，可以随时通过实时监控功能暂停系统的计算进程。这时，系统将保留计算现场并进入图形方式。在监控状态下，通过人机交互的方式，可以进行如下操作：①查看所有感兴趣的当前步切片图。这些切片包括不同深度的水平切片，x 方向的垂直切片，切片内给出位移、位移速度和力。每个量都可分 x、y、z 三个分量；②查看模拟前设定的感兴趣节点的时间记录。这些记录同样包括位移、位移速度和力的三分量情况；③研究人员可以凭自己的知识和经验，根据以上结果资料，判断地震发生的可能性。如果没有异常情况，可退出监控状态，恢复模拟进程。如果认为有地震危险，可圈定危险区范围，确定地震强度，并可通过人工干预修改位移和 λ、μ、λ'、μ' 等参数，以模拟一次地震的发生。

实时模拟系统使地震孕育、发生、发展过程的模拟更加灵活，便于研究人员有目的地进行各种干预尝试，也便于加进新的已知约束条件。尽管这里给出的实时模拟系统尚是初步的，但它已为地震孕育、发生、发展过程的整体动态模拟打下了一个基础。

3　结果的可靠性

为了检验程序的可靠性，我们用有 10×10×20 个单元的小模型进行了试验，模型的几何结构及参数如图 3 所示。

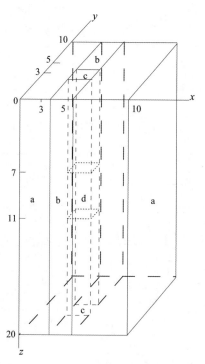

图3　10×10×20 模型的几何结构及参数

（a）$v_P = 3600$，$v_S = 2080$，$\rho = 3.0$；（b）$v_P = 3300$，$v_S = 1905$，$\rho = 2.7$；

（c）$v_P = 1600$，$v_S = 930$，$\rho = 2.1$；（d）$v_P = 3000$，$v_S = 1732$，$\rho = 2.6$

v 的单位是 m/s，ρ 的单位是 g/cm²；$\lambda' = 0.001\lambda$，$\mu' = 0.001\mu$；$\Delta x = 10\text{m}$，$\Delta y = 10\text{m}$，$\Delta z = 10\text{m}$

3.1　集中力置于模型中心时的结果

为了检验结果的可靠性，对于图 3 的模型几何，我们将垂直方向集中力置于模型的中心，图 4 是此情况时的某些结果。

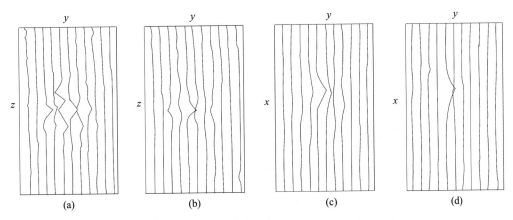

图4 图3模型中心置集中力时的结果

（a）过力中心 $x=5$ 垂直平面内第3时间步时垂直节点力分布；（b）过力中心 $x=5$ 垂直平面内第3步时垂直节
点位移速度分布；（c）过力中心水平面内第10步时垂直节点力分布；（d）过力中心水平面内第10步时垂直节
点位移速度分布

图4表明，由于介质的非完全弹性，随着时间的推移，中心点处的力，及由此产生的位移速度逐渐向外推移，这个结果似乎是符合常理的。

3.2 作用力置于模型左右侧面时的结果

在图3模型的左右侧面加力，左面上的节点 z 分量和 y 分量加正力，右面上的节点 z 分量和 y 分量加负力，模拟有一个斜交的构造力作用于左右侧面。图5是此种情况的一些结果。

图5表明，由于介质的非完全弹性，随着时间的推移，力和位移逐渐向离开边界的地方推移，节点的位移时间记录随着时间的推移逐渐加大，预示着应变能的积累。

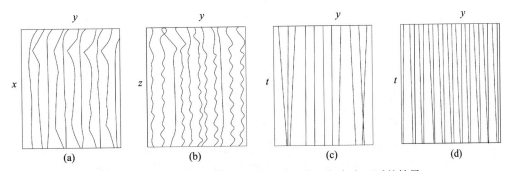

图5 图3模型侧面加力（左面加正力，右面加负力）时的结果

（a）与图4相当的水平切片内，第10步时的节点位移分布。上半部相当于图3左面，下半部相当于图3右
面；（b）与图4相当的垂直切片内第10步时的节点位移速度分布；（c）$z=5$ 水平面内平行于 x 轴的11个节
点的位移时间记录；（d）过中心垂向21个节点的VSP位移时间记录

（以上结果均为垂直分量）

参 考 文 献

王妙月、底青云、张美根等，1999，地震孕育、发生、发展动态过程的3维有限元数值模拟，地球物理学报，42（2）：
    218~227

Teng Y C, 1981, Preliminary Version of the Aldridge Finite Element Algorithm for Three Dimensions, Mid as Report Ⅱ, New
    York：Columbia University, 333~386

Wang M Y, Yang M Y, Hu Y L, 1976, A preliminary study on the mechanism of the reservoir impounding earth quakes at Xin-
    fengjiang, Scientia Sinica, 19（1）：149~169

小议板内强地震预报*

王妙月

中国科学院地质与地球物理研究所

本文从地震发生的原因，地震孕育发生过程，地震有关的深部构造背景，岩石介质的应力积累释放与岩石介质的强度关系，以及从我国地震预报实践中的经验教训和从方法论的角度小议实现板内强地震预报的可能途径和数值预报实验研究的重要性。

引　　言

在滕吉文院士 80 华诞之际，为了庆贺滕吉文院士从事地球物理学和大陆动力学研究 60 年所取得的成绩，弘扬他的学术思想和科学精神，编辑出版中国《地球内部物理与大陆动力学研究》论文专辑。专辑中，第 4 部分讨论强烈地震孕育、发生和发展的深部介质和构造环境与预测的内容，笔者在过去科研生涯中对此有所涉及，特尝试撰写此文，以表庆贺，并和广大读者共勉。

一、地震预报的简单历程

100 年前，美国地质学家 Gilbert 就期望地震预测的研究，地震预报一直在坎坷起伏中发展，直到 20 世纪 60~70 年代后，因智利、阿拉斯加特大地震的发生，促使美国、日本、苏联等国掀起了探索地震短期预报的热潮，并着手制定各自的地震预报研究计划[1]。按照当时的研究，地震学家已经对地震预报的实施方案提出了系统的理论思路，J. H. Tatsch 在他的专著中讨论引起地震的原因、预测，甚至讨论如何控制地震的发生，即对于孕育中的大地震，如何可以通过钻井注水诱发小地震，释放积累的应变能量来控制大地震的发生[2]。文献［2］将地震预报分为统计预报、构造预报、物理预报和快速警报。认为统计预报对抗震研究和编制最佳的长期监测计划有用，构造预报难于给出地震发生的精确时间。对于地震预报，时间、地点、强度三要素都必须报准才能得到最佳的经济和社会效益，这就要求物理预报方法的成功，物理预报的目标是通过大地震前兆的识别及前兆和地震孕育、发生、发展之间规律性的认识来可靠地确定所有地震预报的强度、地点、时间三要素，它是地震预报任务的最终目标，是决定性的预报。快速警报严格地说，已不属于预报的范畴。然而它是减少灾情的必不可少的步骤，警报的成功依赖于一个完全自动化的监测系统。为了实现地震预报的最佳经济效益，实现物理预报是关键，实现物理预报的基本必要条件是对地震过程物理规律的足够知识和在一个地震区对和地震的物理过程有关的地震前兆的精确监视[3]。国际上，基于实验室中岩石标本的压力实验，破坏前观察到膨胀现象，孕育出两个主要的孕震模型，IPE（Institute of physics of the earth，膨胀失稳）模型及 DD（dilataucy-diffusion，膨胀扩容）模型。与此相关的前兆，例如波速比（V_P/V_S）变化，电阻率、水氡变化等被认为有着不可动摇的物理基础，指导着地震物理预报的实践。然而自 1975 年前后两种模型发展到现在，乐观情绪不是增加，而是减小，而主张采用低应力孕震模型，它将具有和 IPE、DD 模型不同的地震前兆[4]。

* 本文原载于《中国大陆地球内部物理学与动力学研究——庆贺滕吉文院士从事地球物理学研究 60 周年》，科学出版社，2014

在我国，地震预报的规划和实践也是比较早的国家之一。傅承义教授在1956年率先提出了我国地震预报研究工作规划，指出了实现地震预报的科学途径和实施方法[5]。1966年，邢台地震发生造成了极大的生命和财产损失，在周总理的关怀和推动下，开始了有组织的地震预报的实践，并成立了国家地震局，专门从事地震预报研究工作和地震预报实践的日常工作。通过40多年的地震预报实践，既有成功的喜悦，也有失败的痛苦。在这里首先举一些成功和失败的例子。在邢台地震余震监测期间，梅世蓉领导了在邢台现场的地震工作者利用余震活动性和南北两头跳的特点，预测过几次中强余震，这是据地震活动性用"以震报震"的方法预测部分中强余震成功的一个例子。邢台地震发生后，李四光先生从活动断裂及构造体系和地应力指出：邢台地震后，地震会向北东方向发展，预测了1967年的河间地震[6]。

1975年，海城7.3级地震前发生了一系列小地震，并观测到动物和地下水等异常震兆。得益于邢台地震的经验，现场工作的同志做了一次短临预报获得了成功，减少了地震灾害的损失。这是国内外地震短临预报获得成功的首个实例，也是至今唯一一次短临预报获得成功、减少损失的实例。时任国家地震局副局长查杰远率地震代表团访问日本，中国地震预报的首次成功得到了日本同行的赞许。

1976年，梅世蓉和成都地震局的科研人员对于地震活动性和邢台、海城有相似之处的四川松潘7.2级地震也作了较成功的预报[7]。

还可以举的成功例子是翁文波先生的统计预报成功预报了1992年6月28日美国加利福尼亚州发生的7.4级强烈地震。预报的震级、地点、时间都和实际比较接近。翁先生的这个预报事先写信告诉了美国的地震学家G先生，不过没有被转化成官方的预报，地震依然造成了极大的损失[8]。这是首次用统计预报的方法如此接近实际地预测了一个大洋彼岸的强地震，可见只要强地震样本足够多，统计预报的功能可能会超出文献[2]作者的预期。

地震预报失败或没有作预报而造成重大生命财产损失的例子数不胜数。就国外而言，近年来印度尼西亚8.7级大地震、海地7级地震、日本东部9级大地震因没有预报而造成了极大的人员伤亡和财产损失，教训十分沉痛。就国内而言，三次熟知的震级接近或大于8级的地震都没有正式预报。其中，1978年唐山7.8级大地震约24万人遇难；2008年，汶川8级大地震死亡和失踪人数约8万7千人；2001年，昆仑山口西预报为无震区，结果却发生了国内近年来最大的8.1级地震，由于这里人员稀少，才没有造成巨大的财产损失和人员伤亡[6]。目前，地震预报不仅短临预报的成功率很低，就是中长期预报离过关也还差得很远，反映在烈度没有定准是经常发生的。唐山地震和汶川地震区的烈度都定得偏低，这也是伤亡惨重的原因之一。在地震预报实践中，还有一种情况也是值得关注的。如果大地震预报了而没有发生，也会造成社会不稳定和经济损失问题，因此会发生预报意见未被采纳成为管理机构的正式预报意见的情况。这样的情况也是经常发生的，最近一次就是四川芦山（雅安）地震，四川省地震局测绘工程院曾提前57天预测雅安一带将发生6~6.9级地震，虽向有关部门做了预测，但未能成为管理部门的正式预报意见，因而失去了一次成功预报的机会[9]。

从地震预报的历程来看，由于大地震的发生过程至今仍没有完全被人们所认识，地震三要素很难完全报准，就是报得最好的海城地震，强度这一因素也明显低于实际发生的强度。而三要素都报不准可能会造成人心惶惶和经济损失。最明显的例子是唐山地震刚发生后，许多地方都报有地震，造成当地群众都搬到户外居住。所以地震预报要制订一些规则是必要的，这次四川省地震局的测绘工程院的预报应该说非常接近实际的，只因预报意见未能被这个程序和规则采纳而有些遗憾。这是审查这些意见的过程中，对地震是否会发生的认识还存在偏差，也可以说是地震预报还没有完全过关导致，但是这样的预测例子可以为进一步研究如何报准地震提供重要的素材。

国内外大地震短临预报的困难导致在地震界地震不能预报的声音出现[10]，也有一些自己的预测意见未被采纳，事后证明，这些意见是对的，因而产生了怨言。但我国的地震工作者包括那些自己的正确预报意见未被采纳的同志都能采取务实的态度，不折不挠，兢兢业业。相信地震的预报虽有困难，但只要努力，正如文献[6]所说，一定会有一个光明的未来。

二、板内地震的原因及孕震过程可能的地震前兆

国内或发生在国外但对国内有重要影响的板块边界处的破坏性大地震，主要发生在西藏、台湾等地区。大部分影响国计民生和造成人员伤亡的国内破坏性地震主要是板内地震。因此，这里主要讨论板内地震。

板块边界处每年以 3~10cm 的速度相对运动，或碰撞，或俯冲，或拆离，或滑动，孕育着板块边界处的大地震。板块内部也不是刚性一块，板内介质对十分短周期力的作用，表现为刚性或弹性，对于缓慢的长周期力的作用则表现为粘弹性或流变特性。板块边界处的相对运动形成的作用力会向板内转移（或传递）。由于板块内部也不是完整的一块而是分割成一系列的块体，因此板块内部应力的分布也是不均匀的，在块体的边界处，应力容易集中，但一般强度相对较低，因此块体之间随着板块不断相对位移，也会随着时间发生不断变化着的块体间边界相对位移，块体内部也会发育一些几近平行的或曲线形态相似但相距一定间距的断层，断层两盘之间也会形成随时间不断变化的相对位移。这些相对位移，有的表现为山脉高原隆起，有的表现为盆地下陷，有的表现为断层两盘间的蠕滑，有的表现为块体间的相对旋转，有的则表现为块体间断层两盘间的弹性形变积累而孕育地震。对于板内浅源地震，一般地震深度约 10km 深度左右到 20km 深度左右，孕育地震块体边界或块体内部断层边界在浅表部分，静压力比较小，强度相对也比较小，30km 以下由于温度较高，粘、流变性会增加，因此，在大地震孕育的时间段 100 年至数百年尺度内容易发生蠕滑，不积累构造应力，因此能够积累弹性应变能的深度范围是有限的，也就是这个范围是未来发生地震的范围，在这个将要发生大地震范围内的未来破裂面上，在孕震期内，其剪切强度小于块体内其他部分的介质的剪切强度，但大于浅表和深部介质的剪切强度。这个将要发生的大的破裂面的剪切强度随时间是变化的，在孕震初期，它的剪切强度比较大，例如至少大于该处完全破裂时两盘间的最大静摩擦力和地震时的应力降之和（大地震的应力降一般是数十巴量级）。因此孕震区孕震过程中，应力积累到最大导致失稳，大破裂发生而释放应力后的剩余应力和震前最大应力之差其实不是很大的，差异的量级是大地震时的应力降，数十巴的量级，如果按照板块边界每年 3~10cm 量级的相对位移，100 年的孕震期的应力变化的量级会似乎应该超过这数十巴的量级。但是大地震应力释放的量级的观测值就这么大。因此我们有必要进一步分析板内地震的孕震过程。

在文献［3］中，提出板内地震的原因分为远因、近因和临震原因。远因就是本文内提到的板块边界的相对位移传递到板内，特别传递到块体边界和断层两盘和强度上的弱化带，属构造运动的原因。近因，就是这里要进一步分析的板内单独地震或同一孕震带内一串地震孕震的动力过程。临震原因就是板内地震孕震到临失稳前的触发因素，包括地球转动、日月引力变化、天气因素等，从孕震过程分析看，决定地震是否发生的关键并不是应力集中到多高的程度，而是决定于地震失稳前的大地震将要失稳的破裂面范围内的平均剪切强度。我们观测一张全球大地震的震中分布图或全国大地震的震中分布图，这些地震都发生在板块之间的边界上、或块体之间边界上、或块体内的已有断层或弱化带上，在这些地方，或平均剪切强度相对较低可发生蠕滑，或在有些区域，它的平均剪切强度暂时较大，处于孕震状态，随着时间的推移，按照裂缝在端部应力集中和裂缝可以在任何能量状态下扩展（例如因热应力，流体的化学作用，应力积累等因素而扩展）也就是其破裂长度随时间推移而越来越长，裂缝长度因扩展而增长的结果是在一个邻近的较小的局部区域内的平均剪切强度降低，如果该局部区域内积累的剪应力超过了这个平均剪切强度，则这个小的含裂缝的局部区可以失稳而发生一次较小的地震。一个较小的局部区域的小地震可以在这个区域释放剪应力的结果有可能导致一个更大范围局部区域更容易应力积累，而加速一些未连通的小裂缝的扩展，最终导致更大范围的平均剪切强度的降低，导致一个更大范围的失稳和更大震级的地震的发生。剪应力的积累和集中导致裂缝发生，而使该裂缝处的剪切强度降低，裂缝的扩展会导致大范围剪切强度降低而使更大范围的区域孕震，我们可以用一个劈

毛竹的例子来加以形象地说明。

完整竹子的剪切强度实际上是很大的，当用刀从竹子的一端劈开一点后，相当于增大剪应力而在头部产生了一个裂缝，由于裂缝端部的应力集中，使竹子靠近刀口的一个局部段内，总体剪切强度因裂缝的存在而降低，继续向下劈使裂缝增长所需的力明显减小，裂缝的增长，使竹子更大的一个局部段内的平均剪切强度降低，当裂缝增长到一定长度后，竹子的整体平均剪切强度已降得很低，只需再轻轻一劈，很长的一个未裂的局部竹子段就被劈开了，这最后劈开的瞬间对应的竹子段的剪裂就对应大地震。最后这一瞬间裂开的段越长，对应的地震就越大。因为决定地震是小地震、大地震、破坏震，震级大小的主要因素是地震的断裂面积，或释放应变能的体积，而不是应力降，或不是平均剪应力的大小。

实际的野外地震断层或孕震带，全部贯通的可能性很小，否则它要蠕滑了。断层面也不是笔直的，有许多的拐弯，或分成许多小段，有的闭锁，有的断开。因此发生如上描述的过程是一个合理的过程，这就是大地震在块体间，地震断层两盘间，弱化带的孕震过程，是大地震的近因。

日月引力、地球转动、天气异常等触发因素，虽然影响力较小，但在孕震区孕震到失稳的临震时刻，可能会对大地震的发生有诱发作用或推迟作用。它们是大地震的触发因素。

按照地震的远因、近因、临震原因，地震的前兆可以分为三类：

第一类是和远因有关的，起源于板块间的相对运动。这种相对运动形成的力被传递到块内部边界或板内块体间边界或块体内部剪切强度弱化带或断层两盘边界时在地震带边界或与将要发生地震的地震带内和相邻的其他地震带内部及边界形成的地震震兆。

这种震兆是一种总体震兆，它既和地震带内某个具体的地震的孕育相关联，又和地震带内不同孕震单元之间的相互作用关联，或和不同地块的相互作用关联。这种震兆，可以理解为是傅承义教授提倡的红肿区内的红肿现象，它主要是单一的一个大地震孕震区和关联的孕震区之间以及和关联的块体边界或邻近地震带之间的相互作用形成的震兆[11,12]，这种震兆属低应力震兆者居多。

李钦祖分析了昆明、会东、澜沧、耿马1998年间发生的一些相关地震的时纬残差（天文台观测点的铅垂线变化）变化前兆的关系和1976年河北唐山、内蒙古林格尔、天津大城地震对应的前兆特征，进一步说明红肿区内不同地震的震兆是混在一起的[13,14]，很难说震兆对应的是哪个地震，或者有可能认为前一次地震的发生，即例如海城地震的发生，震后在唐山观测到的震兆有可能误作海城的震兆而被忽视。所以红肿区的震兆需作专门的研究，一般地说，更可能是GPS的位移、遥感的地热、电磁的电性结构等方面的震兆。

第二类是和近因有关的单个大地震的前兆。这一类前兆和单个大地震或单个地震群的孕育过程有关系，按照目前的单个大地震的孕育过程，孕震体在孕育过程中，临震前到大地震突然发生前孕震体内会发生膨胀失稳（IPE）或膨胀扩容（DD），与此相关的前兆，例如地震波速度、地震波振幅、电阻率、电磁、水氡、地应变、地下水等。由于地震的这个孕育过程，或者说IPE或DD模式得到岩石标本在实验室中发生大破裂的观测结果支持的，所以一般认为属于地震孕育的高应力模式。文献［4］认为国内外地震预报的实践表明，高应力模式愈来愈困难，因此文献［4］提出了地震孕育的低应力模式，因而认为存在和高应力模式不同的震兆。笔者感到，提低应力震兆假没更合适些。前面提到的红肿区的震兆很可能是低应力震兆，然而，单个大地震的孕育，前面提到类似于劈竹子的过程中，大地震的孕育可能也是一个未来大范围的平均剪切强度随孕震时间加长而不断降低的过程，但这不等于孕震体内即包含未来破裂面的广大区域内的压应力会随着孕震过程加剧而降低，相反，随着孕震过程加剧，压应力越来越大，导致未来大破裂面二侧的孕震区内发生一系列微破裂而发生膨胀，因而IPE、DD模式预期的地震前兆应该在大地震发生前存在。只不过由于与此有关的这些前兆的干扰因素很多，此外由于孕震体的介质的物理性质和内部结构差异也会导致异常的表现形式有所不同，至今大地震前捕捉到的这些被认可的异常毕竟比较少，因此异常的识别可能是一个主要问题，而不是不存在这些异常，因此需要在异常识别上下功夫。

目前前兆的观测手段除地震本身以外，有变形类（位移类、应力类，GPS，包括过去的水准测量、形变测量、长基线测量等）、生物类（动物异常）、地下水类（地下水位、水氡等）和电磁类（自电、形变、电阻率、电磁异常等）。电磁类以天然场为主。最近发改委已经批准，正在建设的 WEM（主动源）观测系统更有助于电磁类前兆的捕捉。位移类、应力类、地下水类的前兆适宜近距离观测，即离未来震中的距离近的区域的前兆的幅度大，容易被观测，到了一定距离后，衰减很快将不易被观测到，而电磁类方法则不同，电磁类异常，来源于孕震区，孕震过程中，由于膨胀而造成的电性结构的差异，特别是当微裂隙中渗流进水后，电性性质的变化量级会比较大，远远大于弹性性质的变化，因而它激发的电磁异常信号有可能比较大，但这些电磁异常信号通过地下传到远距离的观测台时，由于固体地球介质是吸收介质，这些有用信号也将很弱而不能被观测到，可幸的是，孕震区的这些电磁信号传播 10~20km 后就能到达地面，在空气中，对电磁波吸收很小，因此，可通过空气中传到很远的台，甚至通过电离层反射形成的波导传到更远的台，因此，WEM 主动源电磁信号可能会在识别孕震过程中的电磁前兆起到很重要的作用。电磁类和位移类前兆的联合识别更有助于膨胀区的确定的大地震前兆的捕捉，并且这二种手段既能用于高应力前兆探测，也能用于低应力前兆探测。

第三类是临震前兆。触发型前兆，有地球转动，日月引力，动物异常，突发异常天气等，这里不再细说。

三、加强地震数值预报实验研究

从方法论上说，要实现地震预报，理论、物理实验和数值实验都非常重要。在过去的地震预报实践历程中，更多关注的是理论研究和物理实验研究。当然也有一定数量的数值模拟研究，实际上可以认为是数值地震预报的预研究，为加强数值预报实验研究提供了坚实的基础。

在理论研究方面，地震的孕育破裂过程和裂缝扩展的动态过程等方面以及与此相关的预期的地震前兆的理论研究都非常重要，也有很大的研究进展，对指导孕震过程和前兆过程的识别很有帮助[15,16]。然而由于地震的构造背景、深部介质的物性结构和构造都非常复杂，导致孕震过程非常复杂，理论研究将很难仿真和深入，只能采用简化模型，即使如此，所得结果对破裂准则，大震后应力场调整的计算等都有指导意义。

震源物理的实验研究也是解决地震物理预报的重要途径之一。在国内，震源物理实验研究做了许多工作。例如在摩擦和断裂，断层滑动的时空不均匀性，特别是从实验室，标本在加载过程中的破裂和失稳滑动中对其伴随的可能的前兆都进行了观测研究，包括电磁辐射与光辐射、岩石电阻率、弹性波速、水化学、声发射、磁化率、S 波极化与分裂，岩石变形等方面。实验室观测研究也已取得了可喜的成绩[17,18]。然而，岩石标本的物质性质在实验过程中直至破坏常常是均匀的，不均匀的模型中的仿真的标本常常很难制作。因此和震源物理的理论研究一样，结果也将具有一定的局限性。但无论如何，这些实验研究的结果是支持国际上的 IPE 和 DD 模式的，对于强地震的前兆识别是有重要指导意义的，但更仿真的标本制作的困难导致需将物理模型实验进一步引向深入。

在理论研究和物理模型研究进一步引向深入时所遇到的困难促进了在理论研究和物理模型研究结果指导下数值模型实验被提到日程上来，并取得了重要进展。文献［1］在回顾数值天气预报的成功经验后，强调了在地震预报中也要和天气预报一样，加强和发展数值地震预报的研究，这是很对的。石耀霖还在文献［1］中给出了他对开展这方面工作的设想。

纵观我国地震工作者在过去数十年间的数值模拟研究工作，实际上这一方面的研究成果已经为大地震的数值预报实验研究提供了很好的基础。王仁对我国在构造应力场和应变场，包括构造应力场的震应力场等静态和准静态应力场的有限元数值模拟以及地球物理场的有限元数值模拟做过很好的评述[19]，主要涉及地震带尺度和地震孕震区尺度。更大的区域性甚至全球性尺度的应力场的数值模拟工作也已开展[20~22]，这些[19~22]的结果对于构建各种尺度的地震孕育模型是有帮助的。对单个强震，地震孕震环境、孕震过程与前兆机理的研究[23]，为如何通过数值模拟开展地震物理数值预报提供了线索。对强震孕育及高潮期中空间和时间上成串的地震发生过程的实例，进行了 2D 粘弹性有限元动态模拟，模拟中采用分区分时的方法，分时中考虑了地震后地震应力场的调整[24]。得到了几条对地震预报有指导意义的几点认识，例如板内地震的动力主要来自相邻板块间的相互作用，其基本应力场决定着大陆强震的分布格局；地壳介质的粘弹性横向非均匀性可以造成板内应力应变的集中，形成强震危险区（孕震区）；成串强震中，地震与地震之间相互的影响较小。但可通过强震区内外中小地震和断层蠕动而产生强震间的间接相互作用，可能在强震成串发生过程中起到重要调节作用。

笔者本人在地震孕育、发生、发展动态过程模拟系统和 3D 有限元数值模拟开展过研究[25,26]。按文献［25］，要求对 3D 孕震区离散成一系列的矩形单元，每个的粘弹性参数均匀，每个单元之间的物性参数可以不同，按照孕震区的已知知识来构建计算模型。文献［26］给出了微机实时模拟系统的程序框图。程序开始运行时，需输入模型的边界条件、初始条件和模型的粘弹性参数，程序执行过程中可实时监视和干预暂停，和输出已算结果进行分析，对参数进行调控处理后，继续运行。按地震是否发生准则，判断是否发生地震，若发生可停止运行。若想继续运行，则按文献［25］中的方法，调整模型参数后继续运行。遗憾的是现在只保存不做实时监控的程序，张美根所编的实时监控程序部分在研究所搬家时丢失。若要恢复监控部分，只有请文献［26］的作者之一张美根重新编排。

笔者感到，开展物理数值预报的实验研究的条件已经成熟，可选择唐山地震、汶川地震、邢台地震、海城地震等一系列观测资料比较多的地震开展数值预报实验研究。研究的内容是多方面的，例如，如何从多尺度的数值模拟结果来确定特定地震，或特定地震群孕震区模型的初始条件，边界条件；如何模拟地震孕育、发生、发展过程中的地震前兆；如何模拟大地震发生前，小地震到大地震发生的过程中，大破裂面的介质剪切强度随时间的变化过程；如何模拟蠕滑，小地震群而无大震的构造运动；如何通过模拟区分高应力前兆和低应力前兆；如何模拟触发因素等等。通过观测资料的反复实验和检验，由表及里，由浅入深，逐步掌握数值预报的方法。

模型建立中，模型的仿真性是非常重要的。只有几何结构、物性结构、边界条件、初始条件仿真的模型才能得到仿真的数值结果。目前根据重、磁、电、震观测资料的几何结构偏移成像技术以及物性结构层析成像技术已基本成熟[27]，使用这些技术我们可以在进行地震预报数值实验的区域首先利用已有的（或重新观测的）资料获得比较仿真和精细的几何结构和物性结构，利用板块边界相对位移的观测值和多尺度模拟技术获得计算区边界条件并通过实验确定初始条件，在此基础上进行数值地震预报的实验研究。不断实验，不断修改，去伪存真，以达到有希望的实验结果。

参 考 文 献

［1］石耀霖等，2013，地震数值预报，科学网电子杂志，302，芦山地震专题

［2］Tatsch J H, 1977, Earthquake, cause, prediction and control, Tatsch Associates, Sudbury, Massachusetts, U. S. A.

［3］王妙月，1994，板内地震成因和物理预报，地球物理学报，37（Suppl.）：208~213

［4］高龙生、张东宇，1989，低应力孕震模型及地震前兆，八十年代中国地球物理学进展——纪念傅承义教授八十寿辰，学术书刊出版社，38~48

［5］庆祝傅承义教授八十诞辰，八十年代中国地球物理学进展——纪念傅承义教授八十寿辰，学术书刊出版社，1989

［6］赵文津，2013，地震预报一定能取得进展，博文，科学网电子杂志，304

［7］梅世蓉同志生平，2013 年 4 月

［8］蒂娥君，2000，当代先知大师，《读者》，十年精华合订本，甘肃人民出版社，兰州，466~469

［9］四川地震局曾提前 57 天预测雅安地震，科学网电子杂志，2013，305：5~17

［10］Geller R J et al., 1997, Geoscience-earthquakes cannot be predicted, Science, 275（5306）：1616-1617

［11］傅承义，1991，关于地震发生的几点认识，地震战线，8：35~36

［12］傅承义，1996，地球十讲，科学出版社

［13］李钦祖，1989，关于地震预报问题的思考，八十年代中国地球物理学进展——纪念傅承义教授八十寿辰，学术书

　　刊出版社，32~37

[14] 梅世蓉，1994，40 年来我国地震监测预报工作的主要进展，地球物理学报，37（Suppl.）：196~208

[15] 陈运泰、王璋，1989，具有滑动弱化区的二维地震断层的动态扩展，八十年代中国地球物理学进展——纪念傅承义教授八十寿辰，学术书刊出版社，16~31

[16] 王新华、白武明、滕春凯，1989，地震过程中的流变断裂力学研究，八十年代中国地球物理学进展——纪念傅承义教授八十寿辰，学术书刊出版社，217~230

[17] 实验地球物理研究文集，地球物理学报，32（专辑 1），1989，地球物理学报编辑委员会

[18] 陈颙、韩彪，1994，震源物理实验进展，地球物理学报，37（Suppl.）：172~195

[19] 王仁，1994，有限单元等数值方法在我国地球科学中的应用和发展，地球物理学报，37（Suppl.）：128~137

[20] 汪素云、陈培善，1980，中国及邻区现代构造应力场的数值模拟，地球物理学报，23：35~45

[21] 傅容珊、黄培华，1983，利用卫星重力数据计算中国及邻区岩石层内应力场，地球物理学报，26（Suppl.）：641~650

[22] 李志雄、傅容珊、黄建华，1992，全球岩石应力场的有限元模拟，35（Suppl.）：132~141

[23] 梅世蓉、朱岳清、梁北援，1989，唐山地震孕震环境、孕震过程与前兆机理的研究，八十年代中国地球物理学进展——纪念傅承义教授八十寿辰，学术书刊出版社，5~14

[24] 陈修启、张国民，1989，强震孕育及高潮期中成串地震发生的数值模拟分析，八十年代中国地球物理学进展——纪念傅承义教授八十寿辰，学术出版社，83~99

[25] 王妙月、底青云等，1999，地震孕育、发生、发展动态过程的 3 维有限元数值模拟，地球物理学报，42（2）：218~227

[26] 王妙月、张美根等，1999，地震孕育、发生、发展动态过程模拟系统，21（1）：65~69

[27] Zhdanov M S，2002，Geophysical Inverse Theory And Regularization Problems，University of Utah，U. S. A.

巧家、石棉的小震震源参数的测定及其地震危险性的估计[*]

陈运泰[1)]　　林邦慧[1)]　　李兴才[1)]　　王妙月[1)]

夏大德[2)]　　王兴辉[2)]　　刘万琴[3)]　　李志勇[3)]

1）中国科学院地球物理研究所
2）国家地震局成都地震大队
3）中国科学院地球物理研究所

摘　要　根据巧家、石棉的小地震的观测资料，指出 P 波初动半周期在震级比较小时几乎是恒定的，在震级比较大时随震级的增大而增大；并指出 P 波初动振幅的对数也随震级的增大而增大，以圆盘形均匀位错面作为中、小地震震源的理论模式，计算了它所辐射的地震波远场位移，从而导出了体波初动半周期及振幅与震源尺度及波速等物理量的定量关系，解释了 P 波初动半周期及振幅与震级之间的经验关系，考虑到波在介质中的衰减和频散，地表面的影响以及地震仪器的频率特性，通过褶积方式合成了上述位错源产生的理论地震图，提出了直接由实际地震图上的初动半周期及振幅测定震源尺度、地震矩、应力降和错距等震源参数以及介质的品质因数 Q 的方法。运用上述方法，测定了巧家、石棉两地区介质的品质因素 Q 和小震的震源参数。这两个地区介质的品质因素 Q 分别为 620 和 560。石棉地区小地震的应力降大约在 2～30bar，巧家地区小地震的应力降比较接近，平均约 1.4bar。将这个结果和1962 年 3 月 19 日新丰江地震于 1975 年 2 月 4 日海城地震的前、主震的应力降作对比，我们看到，巧家地区小震的应力降的特征与上述两次大地震的前震的应力降的特征是类似的，因此不能排斥巧家地区的小震是一个较大地震的前震的可能性，以测得的小震应力降得平均值（约 1.4bar）作为这个可能发生的较大地震应力降的下限估计值，从主震震级和主震应力降的经验关系可以推知，其震级的下限是 5.2 级。

一、引　　言

在地方震的地震图中，有许多值得注意的现象。例如，体波初动的周期和震级有关系；S 波初动的周期通常比 P 波的大，它们的比值与波速比有关；等等。可是，体波初动的周期和震级的确切关系究竟是什么？S 波初动的周期和 P 波初动的周期之间确切关系是什么？迄今仍缺乏系统的研究。至于这些现象究竟反映震源和传播地震波的介质的什么特性？从这些现象中能否获得有关震源和它所处环境的更多的信息？这些问题也很值得深究。

这里将试图从地方震的记录图中，寻找 P 波初动半周期及振幅和震级的经验关系，并进一步从震源理论的角度阐明这些关系，试验从这些现象推知一些有意义的震源参数（震源尺度、地震矩、应力降和错距）以及介质的特性（品质因数）的测量方法。

---

* 本文发表于《地球物理学报》，1976，19（3）：206~233

二、P 波初动半周期及振幅和震级的经验关系

为研究 P 波初动半周期及振幅和震级的关系，分析四川省两个地震台的电流计记录地震仪在 1970～1973 年记下的震源位置相近的小地震。图 1 是普格地震台记录的巧家附近的小震震中分布图，这些小地震震中距平均约 60km。图 2 和图 3 分别是这些小地震的 P 波初动半周期 t_2 及振幅 A_m 和地方震震级 M_L 的关系，从图 2 可见，在 $M_L < 2.5$ 级时，t_2 随 M_L 的变化不明显，大约保持在 0.1～0.3s；而在 $M_L \geqslant 2.5$ 级时，t_2 随 M_L 的增大而增大。从图 3 可见，A_m 的对数也随 M_L 的增大而增大。

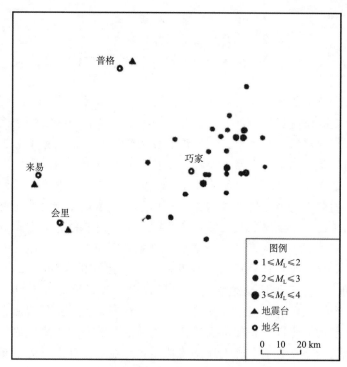

图 1　普格地震台记录的巧家地震的震中分布图

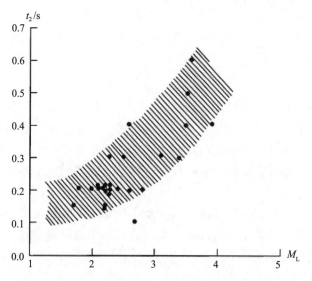

图 2　普格台记录的巧家地震的 P 波初动半周期和地方震震级的关系

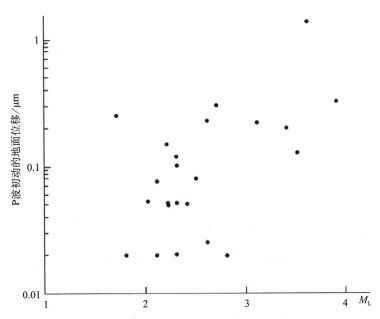

图3 普格台记录的巧家地震的P波初动振幅和地方震震级的关系

石棉地震台记录的石棉附近的小地震也有类似的情况（图4至图6），所不同的是，在M_L<2级时。t_2随M_L的变化不明显，大约保持在0.1s左右；而在M_L≥2级时，t_2才随着M_L的增大而增大。

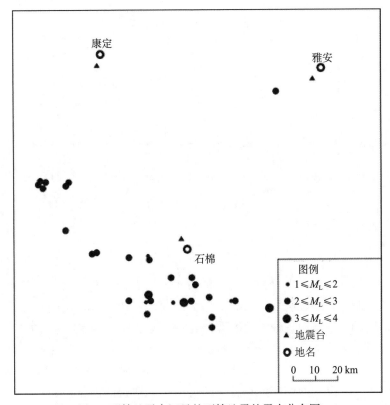

图4 石棉地震台记录的石棉地震的震中分布图

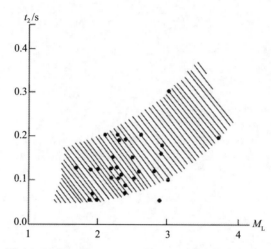

图 5　石棉台记录的石棉地震的 P 波初动半周期和地方震震级的关系

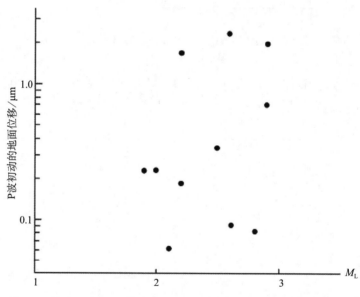

图 6　石棉台记录的石棉地震的 P 波初动振幅和地方震震级的关系

三、定性解释

从以上例子看，虽然资料点有点分散，但总的看来，当震级比较小时，P 波初动半周期几乎是恒定的；而当震级比较大时，它随着震级的增大而增大。此外，初动振幅也随着震级的增大而增大，这两个经验关系还是清楚的，从震源理论的角度看，这两个关系是可以得到理解的。

定性地说，根据对浅源大地震的断层长度的统计研究[1~5]，可知浅源大地震得断层长度的对数和震级成正比。就中、小地震而言，因为在地表一般无从发现其断层长度（或断层尺度），而从地震波资料得到的结果也不多，所以其断层尺度和震级的关系还不清楚。但是，如果浅源大地震的断层长度和震级的经验关系也适用于中、小地震，并且如果初动半周期和断层尺度成正比，那么就不难理解中、小地震的 P 波初动半周期和震级的经验关系。再者，如果中、小地震初动振幅的对数和断层尺度的对数成正比，那么也可以解释初动振幅的对数和震级成正比的关系。

地震时，由距离观测点最近的破裂点发出的扰动先到达观测点，距离它最远的点发出的扰动则后到，它们的时间差决定了初动的持续时间，也就是初动的半周期。很明显，这个时间差和震源的尺度成正比，而和震源所在处的体波速度成反比。

地震的强度跟断层面的面积与错距成正比，而断层面面积正比于震源尺度的平方、错距则正比于震源尺度，因此，地震的强度跟震源尺度的立方成正比。由于断层错动所引起的观测点的初动振幅不但和地震的强度成正比，还和振动的持续时间成反比。既然初动半周期正比于震源尺度，那么初动振幅便应当是和震源尺度的平方成正比，地方震震级是由最大地动位移的对数定义的。倘若认为，最大地动位移与初动振幅成正比，那么地方震震级便应当与初动振幅的对数成正比。

在地震波从震源传播到地震台时，由于它所通过的介质非完全弹性，对它有吸收作用，从而使得初动的半周期增大。显然，当震源尺度和震级较大时，介质吸收的影响可以忽略，因而初动半周期仍和震源尺度成正比。当震源尺度和震级较小，以至介质吸收所引起的初动半周期的变化比初动半周期本身还要大得多时，记录下来的初动半周期就不再由震源尺度和破裂速度之比决定，而是由介质的吸收性能决定。对于同一地震台记录的相同地区的地震，介质吸收的影响是一样的，因而，记录到的震级较小的地震，其初动半周期应当也是一样的。在这种情形下，初动半周期的数值应当和传播路径（震源距）的长短以及介质的吸收性能（品质因数）有关。震源距和品质因数的比值越大，吸收的影响就越大，即记录到的震级较小的地震的初动半周期越大。

以上简单的定性分析清楚地表明，初动半周期及振幅和震级的经验关系跟震源的尺度、错距、震源区的波速以及介质的吸收性能有关。这样，由初动半周期及振幅的测定便有可能推知震源参数（震源尺度、地震矩、应力降、错距等）及介质的性质（震源区的波速或波速比、波所通过的介质的品质因数）。为了做到这点，就需要建立初动半周期及振幅和上述震源参数及介质特性的定量关系。

四、圆盘形断层辐射的地震波

就浅源大地震而言，它的破裂面（断层面）的上界为地表面所限制，下界因为随深度而增加的摩擦应力，也受到限制，所以，以长度和宽度不一样的位错面（例如矩形或椭圆形位错面）模拟它是合适的，和浅源大地震的情况不同，对中、小地震来说，上述限制不那么显著；因此，以相等尺度的位错面（例如圆盘形或正方形位错面）模拟它则更合适一些。这里以圆盘形位错面作为中、小地震震源的理论模式。

图 7 表示完全弹性的无限介质中一个半径为 a 的圆盘形断层。断层面 Σ 的两侧分别以 Σ_+、Σ_- 表示，以从 Σ_- 指向 Σ_+ 的方向为其法线方向 $\boldsymbol{n}$。采用直角坐标系 (x_1, x_2, x_3)，原点与圆盘中心重合，x_3 轴与位错面的法向一致，x_1 轴与 Σ_+ 对于 Σ_- 的错动方向一致。

在均匀、各向同性和完全弹性的无限介质中，圆盘形位错面 Σ 引起的地震波远场位移的频谱 $\boldsymbol{U}(\omega)$ 是[6~13]：

$$\boldsymbol{U}(\omega) = U_r(\omega)\boldsymbol{e}_r + U_\theta(\omega)\boldsymbol{e}_\theta + U_\varphi(\omega)\boldsymbol{e}_\varphi \tag{1}$$

$$U_j(\omega) = \frac{m_0}{4\pi\rho c^3 r}\mathscr{R}_j\mathrm{i}\omega C(\omega)\mathrm{e}^{-\mathrm{i}\frac{\omega}{c}r}F_c(\omega)$$
$$j = r,\ \theta,\ \varphi$$
$$c = \alpha,\ \text{当} j = r$$
$$c = \beta,\ \text{当} j = \theta,\ \varphi \tag{2}$$

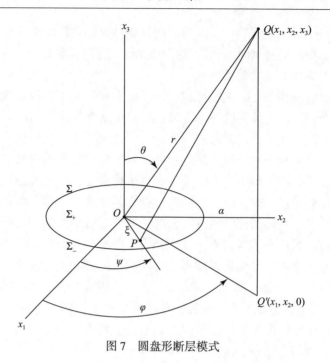

图 7　圆盘形断层模式

式中，(r, θ, φ) 是观测点 Q 的球极坐标（图 7）；$\boldsymbol{e}_r$、$\boldsymbol{e}_\theta$、$\boldsymbol{e}_\varphi$ 是球极坐标中的基向量；m_0 是地震矩：

$$m_0 = \mu \Delta \bar{u} S \tag{3}$$

μ 是刚性系数；$\Delta \bar{u}$ 是平均错距；S 是断层面面积；ρ 是介质的密度；α、β 分别是 P 波和 S 波的波速；$\mathscr{R}_i$ 是辐射图形因子，对于 Σ_+ 相对于 Σ_- 沿 x_1 向滑动的剪切错动，

$$\begin{cases} \mathscr{R}_r = \sin 2\theta \cos \varphi \\ \mathscr{R}_\theta = \cos 2\theta \cos \varphi \\ \mathscr{R}_\varphi = -\cos \theta \sin \varphi \end{cases} \tag{4}$$

$G(\omega)$ 是震源时间函数 $g(t)$ 的频谱；$F_c(\omega)$ 是和断层面的几何形状、错距的分布以及破裂扩展方式有关的函数，在错距均匀分布的情况下，当破裂从圆心开始以有限的速度 v_b 向四周扩展时，它由以下的面积分表示：

$$F_c(\omega) = \frac{1}{S} \iint^{\Sigma} e^{-i\frac{\omega}{v_b}\xi + i\frac{\omega}{c}\xi \sin\theta\cos\psi} \xi \mathrm{d}\xi \mathrm{d}\psi \tag{5}$$

(ξ, ψ) 是元位错面的平面极坐标（图 7）。

在 $F_c(\omega)$ 的表示式中，对 ξ 的积分容易做出，结果是：

$$F_c(\omega) = \frac{iv_b}{\omega S} \int_0^{2\pi} \left[\frac{a}{q_c(\psi)} e^{-i\frac{\omega}{v_b}q_c(\psi)a} + \frac{v_b}{i\omega q_c^2(\psi)} \left(e^{-i\frac{\omega}{v_b}q_c(\psi)a} - 1 \right) \right] \mathrm{d}\psi \tag{6}$$

其中，

$$q_c(\psi) = 1 - \varepsilon_c \cos\psi \tag{7}$$

$$\varepsilon_c = \frac{v_b}{c}\sin\theta \tag{8}$$

返回时间域, 便得到圆盘形位错面引起的地震波远场位移 $\boldsymbol{u}(t)$ 的表示式:

$$\boldsymbol{u}(t) = u_r(t)\boldsymbol{e}_r + u_\theta(t)\boldsymbol{e}_\theta + u_\varphi(t)\boldsymbol{e}_\varphi \tag{9}$$

$$u_j(t) = \frac{m_0}{4\pi\rho c^3 r}\mathscr{R}_j \dot{g}(t) * f_c\left(t - \frac{r}{c}\right) \qquad j = r,\ \theta,\ \varphi$$
$$c = \alpha \qquad \text{当 } j = r$$
$$c = \beta \qquad \text{当 } j = \theta,\ \varphi \tag{10}$$

式中, · 表示对时间的微商; * 表示褶积; $f_c(t)$ 是 $F_c(\omega)$ 的反演:

$$
\begin{aligned}
f_c(t) = \frac{v_b^2 t}{S}\Bigg\{ &\frac{2\pi}{(1-\varepsilon_c^2)^{3/2}}\big[H(t) - H(t - t_2)\big] \\
&- \Bigg[\frac{2}{(1-\varepsilon_c^2)}\frac{\sqrt{(t - t_{1c})(t_{2c} - t)}}{t} \\
&+ \frac{4}{(1-\varepsilon_c^2)^{3/2}}\tan^{-1}\sqrt{\frac{1+\varepsilon_c}{1-\varepsilon_c}\frac{t - t_{1c}}{t_{2c} - t}}\Bigg]\big[H(t - t_{1c}) - H(t - t_{2c})\big]\Bigg\}
\end{aligned}
\tag{11}
$$

其中, $H(t)$ 是单位函数,

$$t_{1c} = \frac{a}{v_b}(1 - \varepsilon_c) \tag{12}$$

$$t_{2c} = \frac{a}{v_b}(1 + \varepsilon_c) \tag{13}$$

若震源时间函数是单位函数, 那么式 (10) 就简化为

$$u_j(t) = \frac{m_0}{4\pi\rho c^3 r}\mathscr{R}_j f_c\left(t - \frac{r}{c}\right) \tag{14}$$

$u_r(t)$ 就是 P 波的远场位移 $u_\alpha(t)$; $[u_\theta^2(t) + u_\varphi^2(t)]^{1/2}$ 就是 S 波的远场位移 $u_\beta(t)$; 因此,

$$u_c(t) = \frac{m_0}{4\pi\rho c^3 t}\mathscr{R}_c f_c\left(t - \frac{r}{c}\right) \qquad c = \alpha,\ \beta \tag{15}$$

其中，$\mathscr{R}_\alpha$ 表示 P 波的辐射图形因子，也就是 $\mathscr{R}_r$；$\mathscr{R}_\beta$ 表示 S 波的辐射图形因子，它等于 $[\mathscr{R}_\theta^2 + \mathscr{R}_\varphi^2]^{1/2}$。

由式（15）可见，地震波远场位移的波形由 $f_c\left(t - \dfrac{r}{c}\right)$ 决定。图 8 是 $f_c(t)$ 的图形。当 $t < 0$ 时，位移为零；当 $0 < t < t_{1c}$ 时，位移随 t 线性增加；当 $t_{1c} < t < t_{2c}$ 时，它随 t 单调下降；最后，当 $t > t_{2c}$ 时，位移等于于零。

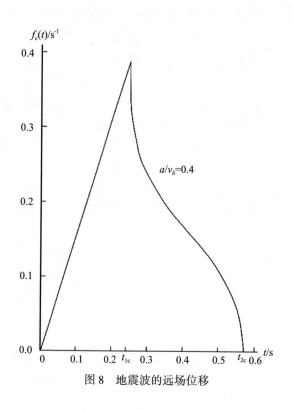

图 8　地震波的远场位移

五、初动半周期及振幅和震源尺度及波速等物理量的关系

前面得到的式（13）表明，体波初动的半周期 t_{2c} 除了和震源尺度、体波速度及破裂速度有关外，还和观测点在震源球球面上的位置有关。对于在震源球球面上均匀分布的观测点，初动半周期在震源球球面上的平均值 $\langle t_{2c} \rangle$ 为：

$$\langle t_{2c} \rangle = \frac{a}{v_b}\left(1 + \frac{\pi}{4}\frac{v_b}{c}\right) \tag{16}$$

这相当于 $\theta = \theta_0 = \sin^{-1}\left(\dfrac{\pi}{4}\right) = 51°45'$。就是说，$\theta = \theta_0$ 的初动半周期等于它在震源球球面上的平均值。

由式（5）容易证明 $F_c(0) = 1$，从而可以证明，体波初动的位移曲线下的面积 A_c 为

$$A_c = \frac{m_0}{4\pi\rho c^3 r}\mathscr{R}_c \tag{17}$$

A_c 和观测点的震源球球面上的位置有关，对于在震源球球面上均匀分布的观测点，A_c 在震源球球面上的均方根为

$$\langle A_c^2 \rangle^{1/2} = \frac{m_0}{4\pi\rho c^3 r}\langle \mathscr{R}_c^2 \rangle^{1/2} \tag{18}$$

由式（4）容易求得：$\langle \mathscr{R}_\alpha^2 \rangle^{1/2} = \sqrt{4/15}$，$\langle \mathscr{R}_\beta^2 \rangle^{1/2} = \sqrt{2/5}$。

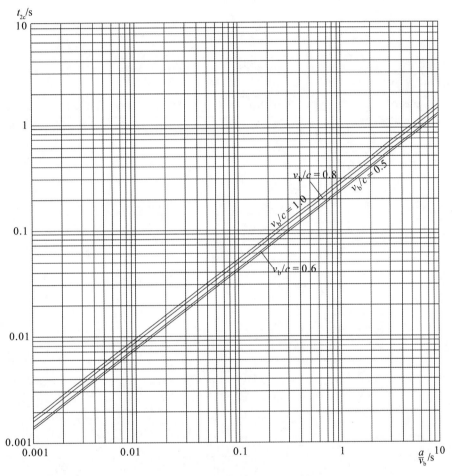

图 9 体波初动半周期和震源尺度的关系

当观测点所在位置使得，$\mathscr{R}_c^2 = \langle \mathscr{R}_c^2 \rangle^{1/2}$ 且 $t_{2c} = \langle t_{2c} \rangle$ 时，体波的位移表示式为

$$u_c(t) = \frac{m_0}{4\pi\rho c^3 r}\langle \mathscr{R}_c^2 \rangle^{1/2} f_{c0}\left(t - \frac{r}{c}\right) \tag{19}$$

其中，

$$f_{c0}\left(t - \frac{r}{c}\right) = f_c\left(t - \frac{r}{c}\right)\bigg|_{\theta=\theta_0} \tag{20}$$

　　式（19）有一定的代表性，它所给出的体波初动的半周期代表了初动半周期的震源球球面上的平均值；和地震矩成正比的初动位移曲线下的面积则代表了初动位移曲线下的面积在震源球球面上的均方根。因此，我们在下面将运用式（19）来分析初动半周期及振幅和震源尺度等物理量的关系。

　　如同式（16）所表明的，体波初动半周期和 a/v_b 成正比，比例系数和 v_b/c 有关（图9）。由式（19）可以得出，对于地震矩同样大小的震源，体波初动的振幅 u_{cm} 和 a/v_b 成反比，比例系数也和 v_b/c 有关（图10）：

$$u_{cm} = \frac{m_0}{4\pi\rho c^3 r} \langle \mathscr{R}_c^2 \rangle^{1/2} \Theta_c \frac{v_b}{a} \tag{21}$$

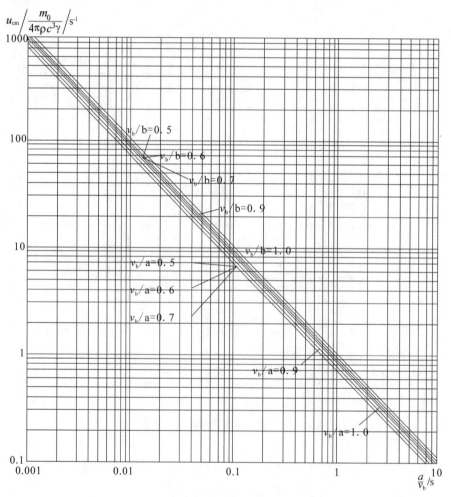

图 10　体波初动振幅和震源尺度的关系

$$\Theta_c = \frac{2}{\left(1 + \dfrac{\pi}{4}\dfrac{v_b}{c}\right)^{3/2}\left(1 - \dfrac{\pi}{4}\dfrac{v_b}{c}\right)^{1/2}} \tag{22}$$

　　对于圆盘形断层面，平均错距和应力降的关系为[14,15]：

$$\Delta\bar{u} = \frac{16}{7\pi}\frac{\Delta\sigma a}{\mu} \tag{23}$$

将上式代入式（21），就得到初动振幅的另一个表示式：

$$u_{cm} = \frac{4}{7\pi}\langle\mathscr{R}_c^2\rangle^{1/2}\frac{\Delta\sigma}{\rho r}\left(\frac{a}{v_b}\right)^2\Theta'_c \tag{24}$$

$$\Theta'_c = \left(\frac{v_b}{c}\right)^2\Theta_c \tag{25}$$

式（24）表明，$\Delta\sigma$ 若和 a' 成正比，那么初动振幅就和 a^{r+2} 成正比；也就是说，初动振幅的对数和 a 的对数成正比。

六、震源参数的测定原理

运用上面得到的结果，可以测定断层面的尺度、地震矩、应力降和错距等震源参数。下面分述这些参数的测定原理。

1. 断层面尺度

由式（16）可知

$$a = \frac{v_b}{\left(1 + \frac{\pi}{4}\frac{v_b}{c}\right)}\langle t_{2c}\rangle \tag{26}$$

设 v_b 和 c 已知，那么由初动半周期 $\langle t_{2c}\rangle$ 的测定便可求得断层面的尺度 $2a$。

2. 地震矩

式（21）提供了由初动振幅求地震矩的方法。设 ρ、c、r、v_b 已知，a 已由 $\langle t_{2c}\rangle$ 按上述方法测得，那么由初动振幅 u_{cm} 的测定便可求得地震矩 m_0。

3. 应力降

断层面尺度和地震矩的测定是基本的测定。在测定这两个参数的基础上，可以由应力降和地震矩及震源尺度的关系式[14,15]计算应力降：

$$\Delta\sigma = \frac{7}{16}\frac{m_0}{a^3} \tag{27}$$

4. 平均错距和最大错距

平均错距可以由式（23）计算，而最大错距 Δu_m 可以由下式[14,15]计算：

$$\Delta u_m = \frac{3}{2}\Delta\bar{u} = \frac{24}{7\pi}\frac{\Delta\sigma a}{\mu} \tag{28}$$

七、理论地震图的合成

通过测定地震图上的 P 波或 S 波的初动半周期及振幅，可以得到许多有意义的震源参数。然而，在实际应用之前，还必须考虑到地震波在传播过称中的衰减；地壳和上地幔的分层结构以及地表面的影响；最后，还要考虑到地震仪的频率特性的影响。

1. 体波的衰减和频散

观测和试验表明，地震体波的衰减系数在所观测的频段内与频率呈线性关系[16,17]。考虑到体波的衰减，必须在前面得到的体波远场位移谱（式（2））中乘上因子 $\mathrm{e}^{-\frac{|\omega|r}{2cQ_0}}$ 才能得到远场地动位移谱。这里，Q_0 表示介质的品质因数。体波的频散总是和衰减成对出现（通常称为"吸收-频散对"）[16]，所以，与此同时，式（2）中因子 $\mathrm{e}^{-\mathrm{i}\frac{\omega}{c}r}$ 里的体波速度 c 要代之以相速度 c_p，对于弗特曼（W. I. Futterman[17]）的第一种形式的吸收-频散对，相速度 c_p 为

$$c_P = \frac{c}{1 - \dfrac{1}{2\pi Q_0}\ln\left|\left(\dfrac{\omega}{\omega_0}\right)^2 - 1\right|} \tag{29}$$

式中，ω_0 表示低频截止频率。在这里，ω_0 取超出地震仪频带的数值，即 $f_0 = \omega_0/2\pi = 10^{-3}\mathrm{Hz}$。

这样，在考虑了地震波的衰减和频散之后，地动位移谱为

$$U_c(\omega) = \frac{m_0}{4\pi\rho c^3 r}\mathscr{R}_c\mathrm{i}\omega G(\omega)\mathrm{e}^{-\mathrm{i}\frac{\omega}{c}r}F_c(\omega)B_c(\omega) \tag{30}$$

其中，

$$B_c(\omega) = \mathrm{e}^{-\frac{|\omega|r}{2cQ_0}+\mathrm{i}\frac{\omega r}{2\pi cQ_0}\ln\left|\left(\frac{\omega}{\omega_0}\right)^2-1\right|} \tag{31}$$

相应的地动位移为

$$u_c(t) = \frac{m_0}{4\pi\rho c^3 r}\mathscr{R}_c\dot{g}(t) * f_c\left(t - \frac{r}{c}\right) * b_c(t) \tag{32}$$

$b_c(t)$ 是 $B_c(\omega)$ 的反演，也就是衰减的脉冲响应，只考虑衰减不考虑频散就会出现违背因果律的情况，衰减和频散两者均加以考虑后就不会出现违背因果律的情况。图 11 是一个例子，说明衰减和频散均考虑后，衰减的脉冲响应。计算中，取 $r/Q_0 = 0.04$，$c = 6.06\mathrm{km/s}$。

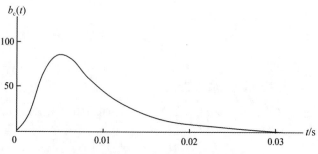

图 11　考虑了频散衰减的脉冲响应

2. 震源时间函数

这里设震源时间函数的形式为

$$g(t) = \frac{1}{2}\left(1 - \cos\frac{\pi t}{T_s}\right)\left[H(t) - H(t - T_s)\right] + H(t - T_s) \tag{33}$$

这个形式和观测结果及理论推算结果很接近[18,19]，因此可以将它作为震源时间函数的合理的一级近似。至于震源时间常数 T_s，则通过以下的考虑估算。

在断层面上的某一点刚发生破裂时，破裂点附近的质点运动速度

$$\dot{u}_1^+(t) = \frac{\beta_s}{\mu_s}\sigma_e(t) \tag{34}$$

式中，β_s 是震源处的横波速度；μ_s 是震源处的刚性系数；$\sigma_e(t)$ 是有效应力，它等于初始应力 σ_b 和摩擦应力 $\sigma_f(t)$ 之差：

$$\sigma_e(t) = \sigma_b - \sigma_f(t) \tag{35}$$

由式（33）可知，当 $t = T_s/2$ 时，破裂点附近的质点运动速度达到最大，今以 $\dot{u}_{1m}^+$ 代表它，那么

$$\dot{u}_{1m}^+ = \frac{\pi\Delta\bar{u}}{4T_s} \tag{36}$$

从而

$$T_s = \frac{\pi\mu_s}{4\beta_s}\frac{\Delta\bar{u}}{\sigma_{em}} \tag{37}$$

式中，σ_{em} 代表有效应力得最大值。

由于平均错距 $\Delta\bar{u}$ 和应力降 $\Delta\sigma$ 及震源半径 a 有个简单关系（式（28）），所以

$$T_s = \frac{4}{7}\frac{a}{\beta_s}\frac{\Delta\sigma}{\sigma_{em}} \tag{38}$$

这个结果意味着，震源时间常数 T_s 不仅和 a/β_s 有关，还和 $\Delta\sigma/\sigma_{em}$ 有关，如果剩余应力 σ_a 等于摩擦应力的最小值，那么 $\Delta\sigma = \sigma_{em}$，从而

$$T_s = \frac{4}{7}\frac{a}{\beta_s} \tag{39}$$

在数值计算中，以上式估算震源时间常数。图 12 是个例子，表示当 $v_b/\beta = 0.9$ 而 a/v_b 分别为 0.2、0.4 和 1.0s 时的。

3. 地壳和上地幔的分层结构以及地表面的影响

这里没有考虑地壳和上地幔的分层结构的影响，至于地表面的影响，简单地用未考虑自由表面影响的地动位移谱乘上二倍的因子。

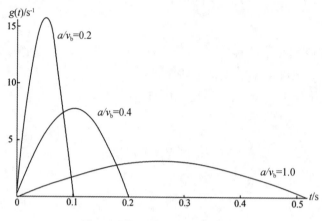

图 12　震源时间函数的时间微商

4. 地震仪的影响

为了直接从地震图上的初动半周期及振幅的测量求得震源参数，必须在前面得到的地动位移谱上乘以仪器的频率特性 $I_n(\omega)$ 才能得到观测地震图的频谱：

$$U_c(\omega) = \frac{m_0}{2\pi\rho c^3 r} \mathscr{R}_c i\omega G(\omega) e^{-i\frac{\omega}{c}r} F_c(\omega) B_c(\omega) I_n(\omega) \tag{40}$$

仪器的频率特性可以表示为

$$I_n(\omega) = V_0 W(\omega) e^{-ir(\omega)} \tag{41}$$

式中，V_0 是静态放大倍数，它和频率无关；$W(\omega)$ 是振幅特性；$\gamma(\omega)$ 是相位特性。由于 V_0 和频率无关，且因台、因时而异，所以在测定振幅时均先归算到 $V_0 = 1$ 的情形，从而

$$I_n(\omega) = W(\omega) e^{-ir(\omega)} \tag{42}$$

普格地震台和石棉地震台所使用的维开克地震仪（配 Fc6 - 10 型震子），其频率特性的表示式是：

$$W(\omega) = \frac{2D_2/T_2}{\sqrt{\left(\dfrac{2\pi}{\omega}\right)^{-2} + a_1 + b_1\left(\dfrac{2\pi}{\omega}\right)^2 + c_1\left(\dfrac{2\pi}{\omega}\right)^4 + d_1\left(\dfrac{2\pi}{\omega}\right)^6}} \tag{43}$$

$$\gamma(\omega) = \tan^{-1} \frac{s_1\left(\dfrac{2\pi}{\omega}\right)^4 - p_1\left(\dfrac{2\pi}{\omega}\right)^2 + 1}{q_1\left(\dfrac{2\pi}{\omega}\right)^3 - m_1\left(\dfrac{2\pi}{\omega}\right)} \tag{44}$$

式中，

$$\begin{cases} a_1 = m_1^2 - 2p_1 \\ b_1 = p_1^2 - 2m_1q_1 + 2s_1 \\ c_1 = q_1^2 - 2p_1s_1 \\ d_1 = s_1^2 \end{cases} \tag{45}$$

$$\begin{cases} m_1 = 2\left(\dfrac{D_1}{T_1} + \dfrac{D_2}{T_2}\right) \\ p_1 = \dfrac{1}{T_1^2} + \dfrac{1}{T_2^2} + \dfrac{4D_1D_2}{T_1T_2}(1 - \sigma^2) \\ q_1 = 2\left(\dfrac{D_1}{T_1T_2^2} + \dfrac{D_2}{T_2T_1^2}\right) \\ s_1 = \dfrac{1}{T_1^2T_2^2} \end{cases} \tag{46}$$

摆的周期 $T_1 = 1s$，阻尼系数 $D_1 = 0.5$；电流计的周期 $T_2 = 0.1s$，阻尼系数 $D_2 = 8$；耦合系数 $\sigma^2 = 0.4$，图 13 是维开克地震仪的振幅特性和相位特性。图中，T 是周期。

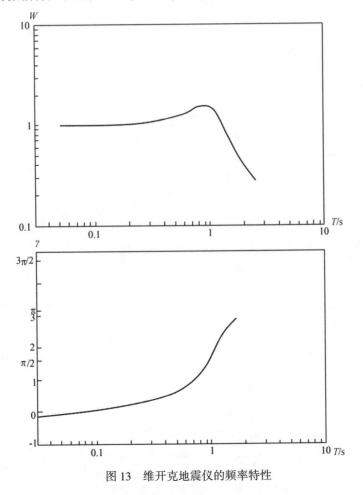

图 13　维开克地震仪的频率特性

由式（40）反演，便可得到合成地震图：

$$u_c(t) = \frac{m_0}{2\pi\rho c^3 r} \mathscr{R}_c \dot{g}(t) * f_c\left(t - \frac{r}{c}\right) * b_c(t) * t_n(t) \tag{47}$$

$i_n(t)$ 表示 $I_n(\omega)$ 的反演，即地震仪的脉冲响应。

八、数值计算结果

1. P 波的远场位移

在数值计算中，取 $\beta = 3.50\text{km/s}$，$\alpha : \beta : v_b = \sqrt{3} : 1 : 0.9$，故 $\alpha = 6.06\text{km/s}$，$v_b = 3.15\text{km/s}$，由这些数据计算了 P 波的远场位移。图 14 是当 $a/v_b = 0.01$、0.02、0.04 和 0.06s 四种情形下的 P 波远场位移。由式（11）可见，当 a/v_b 增大 n 倍时，只要把图 14 的横坐标的单位缩小 n 倍，纵坐标的单位放大 n 倍，就可以得到相应的 a/v_b 的地震波远场位移图。

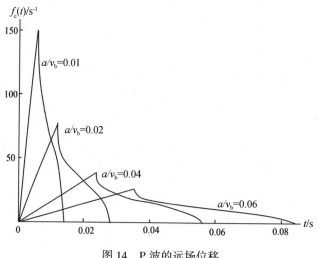

图 14　P 波的远场位移

2. 介质的吸收

图 15 是一个例子，表明当震源距 r 和介质的品质因数 Q_0 的比值为 0.12、0.20、0.32km 时，衰减的脉冲响应，由图可以看出，脉冲的宽度随着 r/Q_0 的增大而增大。

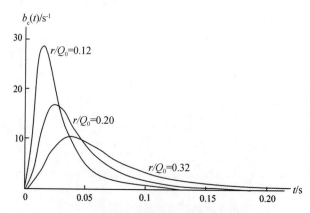

图 15　取不同数值时衰减的脉冲响应

3. 地震仪的脉冲响应

根据式（42）至式（44），计算了维开克地震仪的脉冲响应，结果如图 16 所示。

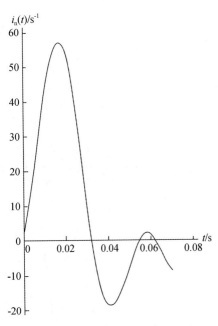

图 16　维开克地震仪的脉冲响应

4. 合成地震图

按照式（40），依次对 P 波远场位移 $f_c(t)$ 震源时间函数的时间微商 $\dot{g}(t)$、介质的吸收的脉冲响应 $b_c(t)$ 以及地震仪的脉冲响应 $i_n(t)$ 进行褶积，便得到合成地震图。图 17 是一个合成地震图的例子，$a/v_b = 0.04\text{s}$，$r/Q_0 = 0.04\text{km}$，为便于做比较，逐次褶积的结果也表示于同一图上。图 18 和图 19 是另两个例子，其中图 18 的 $a/v_b = 0.04\text{s}$，$r/Q_0 = 0.20\text{km}$；图 19 的 $a/v_b = 1.0\text{s}$，$r/Q_0 = 0.04\text{km}$。图中也绘上逐次褶积的结果。从这些数值计算结果可以看到，介质的吸收和仪器的影响，使得初动的半周期、振幅和波形均发生畸变。

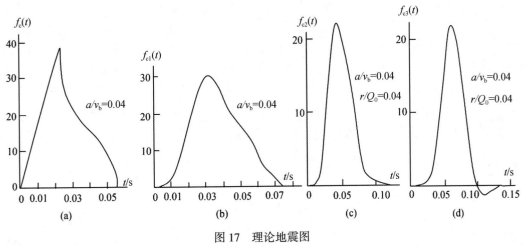

图 17　理论地震图

$$f_{c1}(t) = f_c(t) * \dot{g}(t), \quad f_{c3}(t) = f_{c1}(t) * b_c(t), \quad f_{c3}(t) = f_{c2}(t) * t_n(t)$$

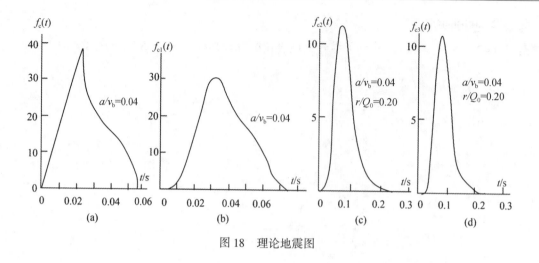

图 18　理论地震图

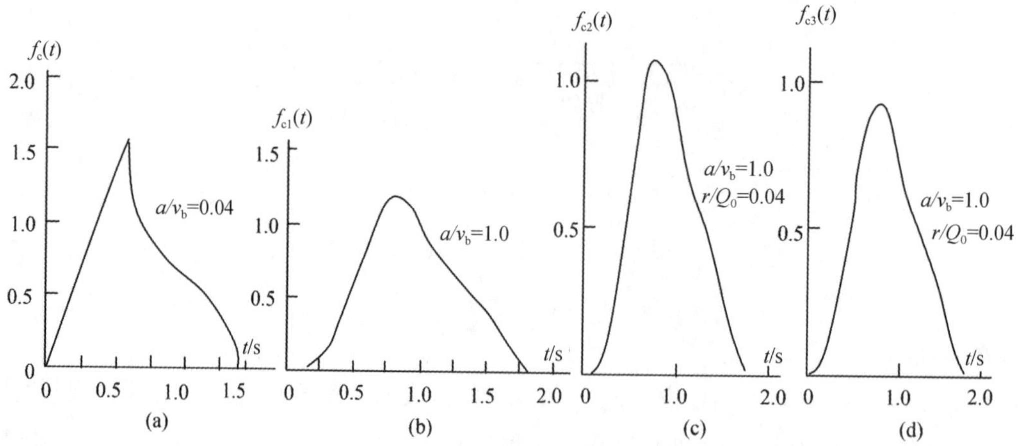

图 19　理论地震图

九、测定震源参数的理论曲线

由于介质的吸收作用、地表面的影响以及地震仪的影响，初动半周期和振幅跟震源尺度的关系不再如式（16）和式（21）所示。根据上节的数值计算结果，可以得到地震图上的初动半周期和震源尺度的关系。图 20 是 $r/Q_0 = 0.01$、0.04、0.08、0.12 和 0.20km 时初动半周期 t_{2a} 和震源半径 a 的关系，它清楚地表明，当 a 较大时，t_{2a} 和 a 成正比；当 a 较小时，t_{2a} 趋近于和 a 无关的数值，这个数值随 r/Q_0 的增大而增大，以 $(t_{2a})_{极小}$ 表示这个数值，它和 r/Q_0 的关系如图 21 所示。由观测到的 t_{2a}-M_L 曲线的极小值便可确定 r/Q_0 的数值。r 是已知的，这样便可估算介质的品质因数 Q_0，在由 $(t_{2a})_{极小}$ 确定了 r/Q_0 后，就可由相应于该 r/Q_0 值的 t_{2a}-a 曲线测定震源尺度。

图 22 是 u'_{am} 和 a 的关系曲线。由 a 可以读得相应于该 r/Q_0 值的 u'_{am}。u'_{am} 表示 u_{am} 和 $\dfrac{m_0}{2\pi\rho\alpha^3 r}$ 的比值。观测到的初动振幅 u_{am} 与 u'_{am} 的比值和地震矩有关。当 ρ、α、r 已知后，由图 23 所示的曲线便可读得该地震的地震矩。这种由初动振幅测地震矩的方式是和奥涅尔与希利（M. E. O'Neill and J. H. Healy）用 M_L 测地震矩的方法[20]不同的，他们需要先从理论上建了 M_L 和地震矩的关系，然后由 M_L 测地震矩，我们则不必。在我们的方法中，地震矩由初动振幅测得，而它和 M_L 的关系则靠观测数据来建立。

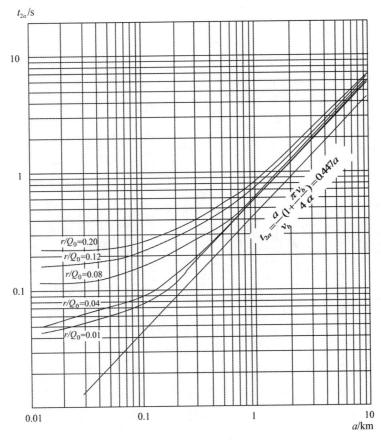

图 20 P 波初动半周期与震源半径的关系

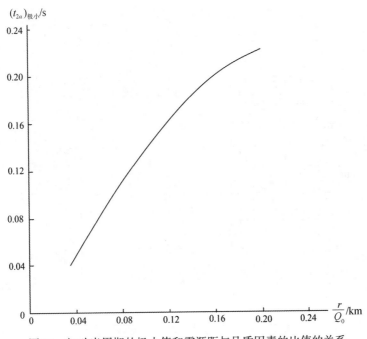

图 21 初动半周期的极小值和震源距与品质因素的比值的关系

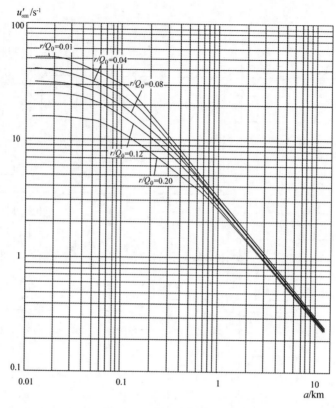

图 22 u'_{am} 与 a 之间的关系

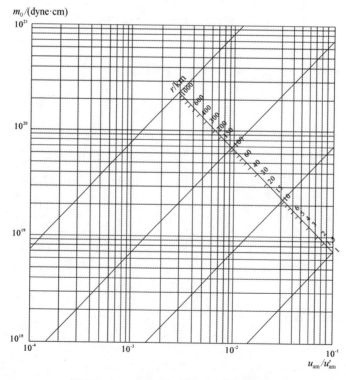

图 23 由 u_{am}/u'_{am} 和 r 测定 m_0 的理论曲线

在测得 a、m_0 后，由图 24 所示的曲线可以测得该地震的应力降，由图 25 所示的曲线可测得该地震的平均错距。

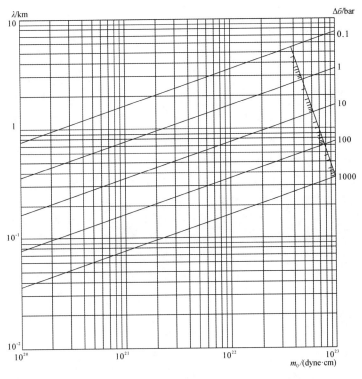

图 24　由震源半径和地震矩测定应力降得理论曲线

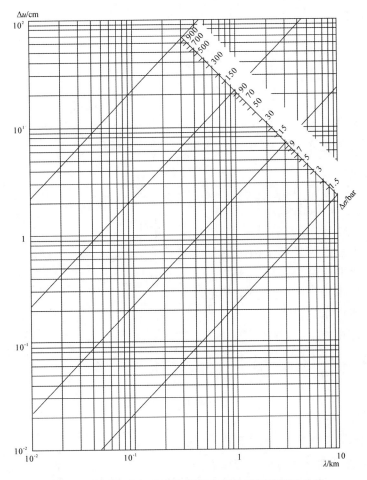

图 25　由震源半径和应力降测定平均错距的理论曲线

十、巧家、石棉的小震震源参数及其地震危险性的估计

按照上节叙述的步骤，运用计算得到的理论曲线，测定了巧家附近地区和石棉附近地区的小震震源参数。表 1 和表 2 是测定结果。

由观测到的 P 波初动半周期的极小值 $(t_{2a})_{极小}$ 测定了上述两个地区的 P 波的 Q 值。巧家地区的 Q 值约为 620，石棉地区的约为 560，两者很接近。这些结果和普雷斯（F. Press）[21]、萨顿（G. H. Sutton）[22] 对地壳中的 Q 值的估计一致。

图 26 是小震的震源尺度和震级的关系，它表明，震源尺度的对数虽然大体上和震级成正比，但资料的离散较大。这一结果说明用一个简单的公式表示震源尺度和震级的关系看来是不可能的[11]。

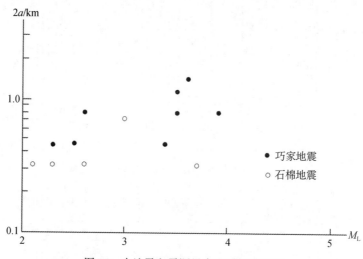

图 26　小地震和震源尺度和震级的关系

图 27 是地震矩的对数和震级的关系。为了做比较，图中也绘上外斯和布龙（M. Wyss and J. N. Brune）[23]、道格拉斯和赖亚尔（B. M. Douglas and A. Ryall）[24] 以及史密斯等（R. B. Smith et al.）[25] 的研究结果。可以看到，本文得到的结果和上述作者的结果是一致的。值得指出的是，其他作者的结果都是由频谱分析测得的，而这里的结果却是直接从地震图上测得的；所用的方法虽不同，而彼此的结果都是比较一致。另一个值得指出的事实是，本文测定的结果，其震级范围在 2.1～3.9 级之间，地震矩在 10^{19}～10^{21} dyne·cm，这个范围大部分是上述作者的工作未涉及的范围。上述作者的工作加上本文的工作完整地显示了 $\lg m_0$ 和 M_L 的关系在 $1 \leqslant M_L \leqslant 6$ 的范围内大体上是线性的。资料的离散也较大，同样说明用一个简单的公式表示地震矩和震级的关系看来是不可能的[11]。

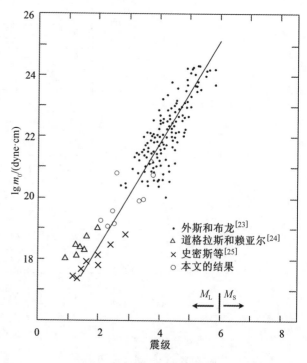

图 27　地震矩和震级的关系

表 1　由普格台的记录测定的巧家附近地区的小震震源参数

$(t_{2a})_{极小}=0.15s$　　　$r/Q_0=0.12km$　　　$\bar{r}=74km$　　　$Q_0=620$

编号	日期 年.月.日	发震时刻 时:分:秒	震中位置 东经	北纬	震级 M_L	震中距 (km)	震源深度 (km)	震级距* (km)	t_{2a} (s)	u_{am} (μm)	a (km)	m_0 (dyne·cm)	$\Delta\sigma$ (bar)	$\bar{u}_i$ (cm)
1	1970.07.03	01:19:38	103°07′	27°10′	2.8	55			0.2	0.02				
2	08.09	12:39:11	102°41′	26°57′	2.3	50			0.2	0.12				
3	08.14	01:52:27	102°42′	26°42′	1.7	74			0.15	0.25				
4	10.05	07:41:08	103°18′	26°54′	1.8	85			0.2	0.02				
5	11.13	06:24:11	102°50′	27°03′	2.3	44			0.2	0.10				
6	12.07	21:13:59	102°54′	26°48′	2.2	71			0.15	0.05				
7	1971.03.29	21:54:13	103°06′	26°48′	2.2	81			0.2	0.05				
8	04.04	11:36:35	103°12′	27°18′	2.0	59			0.2	0.05				
9	04.28	09:36:29	103°09′	27°04′	3.6	65		(70)	0.6	1.35	0.76	1.9×10^{21}	2	0.32
10	04.28	10:32:19	103°06′	27°06′	2.2	59			0.2	0.15				
11	07.22	09:22:24	103°00′	26°54′	2.5	68		(73)	0.3	0.08	0.23	4.4×10^{19}	1.6	0.08
12	10.28	19:54:59	102°58′	26°52′	3.9	70		(75)	0.4	0.32	0.4	2.8×10^{20}	2	0.18
13	1972.05.02	06:39:10	103°00′	27°00′	2.6	58			0.2	0.23				
14	06.23	21:52:30	103°01′	27°07′	2.6	52		(58)	0.4	0.025	0.40	1.7×10^{19}	0.12	0.01
15	06.24	12:16:29	103°06′	26°56′	3.5	70		(75)	0.5		0.57			
16	08.22	00:11:28	103°12′	27°06′	3.5	66		(71)	0.4	0.13	0.4	1.1×10^{20}	0.7	0.06
17	1973.01.05	00:40:24	103°12′	27°04′	3.4	68		(73)	0.3	0.20	0.23	1.1×10^{20}	3	0.15
18	01.18	03:46:08	103°00′	26°36′	2.3	96		(10)	0.3	0.02	0.23	1.5×10^{19}	0.6	0.03
19	03.02	04:34:02	103°00′	26°54′	2.1	68			0.2	0.02				
20	03.02	08:02:30	103°12′	26°54′	2.2	78			0.15	0.05				
21	05.15	16:30:47	103°06′	26°54′	2.3	73			0.2	0.05				
22	11.16	09:56:33	102°48′	26°42′	2.2	80			0.2					
23	1974.03.26	21:01:37	103°06′	27°00′	2.1	65			0.2	0.075				
24	03.29	14:49:42	103°12′	26°54′	3.1	80			0.3	0.22				
25	04.04	07:05:07	103°17′	27°04′	2.4	76			0.2	0.05				
26	05.05	13:49:01	103°04′	27°04′	2.7	58	26		0.1	0.30				

* 因为缺乏可靠的震源深度资料，震距系按震源深度为26km 估算的。

表2 由石棉中的记录测定的石棉附近地区的小震震源参数

$(t_{2a})_{级小}=0.15s$, $r/Q_0=0.12km$, $\bar{r}=74km$, $Q_0=620$

编号	日期 年.月.日	发震时刻 时:分:秒	震中位置 东经	震中位置 北纬	震级 M_L	震中距 (km)	震源深度 (km)	震级距* (km)	t_{2a} (s)	u_{am} (μm)	a (km)	m_0 (dyne·cm)	$\Delta\sigma$ (bar)	$\Delta\bar{u}_i$ (cm)
1	1971.02.10	22:01:06	102°30'	28°53'	2.9	43			0.05	1.90				
2	05.09	00:49:03	102°12'	29°02'	3.7	30			0.2		0.16			
3	05.22	08:42:14	102°25'	29°04'	2.2	23			0.15					
4	06.02	12:58:09	102°18'	29°00'	1.7	30			0.12					
5	10.04	12:36:43	102°12'	29°12'	1.9	18			0.05					
6	10.20	19:05:23	102°22'	29°00'	3.0	30	16		0.1					
7	12.25	01:29:02	102°29'	29°02'	2.4	30			0.07					
8	1972.02.23	18:30:55	103°30'	28°54'	2.3	39			0.1					
9	02.28	09:07:01	102°12'	29°00'	1.9	34			0.12					
10	04.04	15:08:27	102°06'	29°02'	2.4	38			0.07					
11	05.20	01:51:43	101°54'	29°12'	2.3	42			0.12					
12	05.20	02:26:31	101°54'	29°12'	2.5	42			0.15					
13	05.24	04:14:22	102°18'	29°06'	2.3	19	15		0.1					
14	05.29	22:06:25	102°46'	28°58'	3.0	51			0.3		0.36			
15	06.25	16:51:35	101°48'	29°18'	2.3	54			0.2		0.16			
16	08.02	17:10:21	101°42'	29°30'	2.4	69			0.19					
17	08.02	18:08:59	101°42'	29°30'	2.3	69			0.19					
18	11.01	11:15:02	102°24'	29°00'	2.9	30	17		0.18					
19	02.12	02:45:34	102°24'	29°06'	2.2	19			0.1	1.65				
20	1973.04.11	02:37:55	102°36'	29°00'	1.9	37			0.05	0.23				
21	04.18	06:23:56	102°06'	29°12'	2.0	26			0.05	0.23				
22	04.24	13:25:02	102°36'	29°00'	2.2	38			0.12	0.18				
23	04.26	10:30:21	101°48'	29°30'	2.9	59			0.16	0.68				
24	05.13	18:26:57	102°12'	29°12'	2.6	19		(26)	0.2	2.30	0.16	2.8×10^{20}	28	0.92
25	05.17	04:57:44	101°42'	29°30'	2.1	69		(72)	0.2	0.06	0.16	2.8×10^{19}	2.3	0.08
26	05.19	05:40:38	101°42'	29°30'	2.6	69			0.12	0.09				
27	05.21	10:27:07	102°12'	28°54'	2.5	39			0.1	0.33				
28	05.31	10:21:33	101°48'	29°30'	2.8	59			0.12	0.08				
29	06.26	02:20:19	102°12'	29°00'	2.0	33			0.12	0.08				

*震源距按震源深度16km估算。

　　图 28 是小地震的震源尺度和地震矩的关系。从这幅图所表示的结果可以看到：石棉附近的小地震，应力降大约在 2~30bar；巧家附近的小地震的应力降较小，且比较接近，平均约 1.4bar。

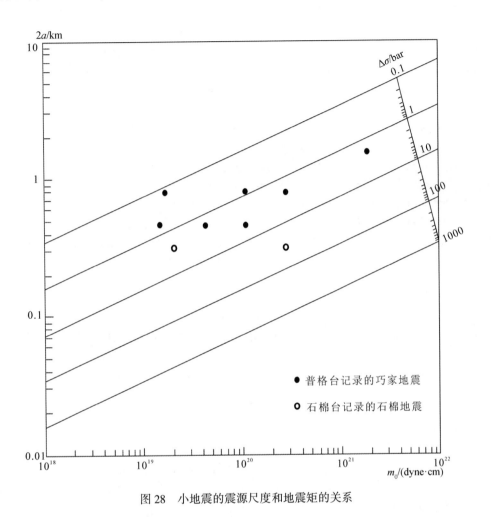

图 28　小地震的震源尺度和地震矩的关系

　　吉博维茨（S. J. Gibowicz）[26] 根据 18 个地震的资料，统计出主震震级 M_L 和主震应力降 $\Delta\sigma$ 有如下关系：

$$M_L = 1.5 \lg\Delta\sigma + 5.0 \tag{48}$$

前震系列的小震应力降和主震震级有无关系，迄今仍缺乏系统的观测资料。在 1962 年 3 月 19 日新丰江地震中，可以看到[27]，其主震得应力降约 10bar，和按式（48）估算的一个 6.1 级地震的应力降相近；而其前震的应力降和主震的很一致。这说明，新丰江地震是发生在一种和 6.1 级地震相称的地质构造环境内。与新丰江地震不同，在海域地震中，可以看到，其主震得应力降低于按式（48）估算的一个 7.3 级地震的应力降；而其前震的应力降虽然彼此相近，但低于主震的应力降。这说明，海城地震发生在一种比 7.3 级地震的平均地质构造环境要薄弱一些的构造环境内。单从巧家地区小震的应力降比较接近这一事实，目前还难以判断这些小震究竟是一个较大地震的前震还是一般的小地震。即便能够肯定这些小震是一个较大地震的前震，也难以判断它究竟是属于新丰江地震这种情况还是属于海城地震这种情况。尽管如此，按目前的认识水平我们仍然不能排斥巧家地区的小震可能是一个较大地震的前震的可能性。果如其然，那么这个地震的应力降可能大于其前震的应力降（类似于海城地震），也可能等于其前震的应力降（类似于新丰江地震）。按照式（48），可知这个地震的震级应大于或等于5.2 级。因此，不能排斥巧家附近地区有发生 5.2 级地震的潜在危险性。

参 考 文 献

[1] Tocher D, Earthquake energy and ground breakage, Bull. Seism. Soc. Am, 48, 2, 147-152, 1958

[2] Iida K, Earthquake energy and earthquake fault, J. Earth Sci., Nagoya Univ., 7, 2, 98-107, 1959

[3] Iida K, Earthquake magnitude, earthquake fault, and source dimensions, J. Earth Sci., Nagoya Univ., 13, 2, 115-132, 1965

[4] King C Y and Knopoff L, Stress drop in earthquakes, Bull. Seism. Soc. Am., 58, 1, 249-257, 1968

[5] Chinnery M A, Earthquake magnitude and source parameters, Bull, Seism. Soc. Am., 59, 5, 1969-1982, 1969

[6] Chinnery M A, Theoretical fault models, Publ. Dominion Obs., 37, 7, 211-233, 1969

[7] 克依利斯-博罗克 B H 等，地震机制的研究，科学出版社，1961

[8] Maruyama T, On the force equivalents of dynamical clastic dislocations with reference to the earthquake mechanism, Bull. Earthq. Res. Inst., Tokyo Univ., 41, 3, 467-486, 1963

[9] Savage J C, Radiation from a realistic model of faulting, Bull, Seism. Soc. Am., 56, 2, 577-592, 1996

[10] Ben-Menahem A and Singh S J, Multipolar elastic fields in a layered half space, Bull. Scism. Soc. Am., 58, 5, 1519-1572, 1968

[11] Randall M J, The spectral theory of seismic sources, Bull. Seism. Soc. Am., 63, 3, 1133-1144, 1973

[12] Sato T and Hirasawa T, Body wave spectra from propagating shear cracks, J. Phys. Earth, 21, 4, 415-432, 1973

[13] Dahlen F A, On the ratio of P-wave to S-wave corner frequencies for shallow earthquake sources, Bull. Seism. Soc. Am., 64, 4, 1159-1180, 1974

[14] Keilis-Borok V I, On estimation of the displacement in an earthquake sources, Bull. Seism. Soc. Am., 64, 4, 1159-1180, 1974

[15] Eshelby J D, The determination of the elastic field of an ellipsoidal inclusion and related problems, Proc. Roy. Soc. (London), A, 241, 376-396, 1957

[16] Knopoff L, Q, Bev. Geophys., 2, 4, 625-600, 1964

[17] Futterman W I, Dispersive body waves, J. Geophys. Res., 67, 13, 5279-5291, 1962

[18] Usami T, Odaka T and Sato Y, Theoretical seismograms and earthquake mechanism, Bull. Earthq. Res. Inst., Tokyo Univ., 48, 4, 533-579, 1970

[19] Ida Y and Aki K, Seismic source time function of propagating longitudinal-shear cracks, J. Geophys. Res., 77, 11, 2034-2044, 1972

[20] O'Neill M E and Healy J H, Determination of source parameters of small earthquakes form P-wave rise time, Bull. Seism. Som., Am., 63, 2, 599-614, 1973

[21] Press F, Seismic wave attenuation in the crust, J. Geophys. Res., 69, 2, 4417-4418, 1964

[22] Sutton G H, Mitronovas W and Poineroy P W, Short-period seismic energy radiation patterns form underground nuclear explosions and small magnitude earthquakes, Bull. Seism. Soc. Am., 57, 2, 249-267, 1967

[23] Wyss M and Brune J N, Seismic moment, stress, and source dimension for earthquake in the California-Nevada region, J. Geophy. Res., 73, 14, 4681-4694, 1968

[24] Douglas B M and Ryall A, Spectral characteristic and stress drop for microearthquakes in the California-Nevada region, J. Geophys. Res., 73, 14, 4681-4694, 1968

[25] Smith R B, Winkler P L, Anderson J G and Scholz C H, Source mechanisms of microearthquakes associated with underground mines in eastern Utah, Bull. Seism. Soc. Am., 64, 4, 1295-1317, 1974

[26] Gibowicz S J, Stress drop and aftershocks, Bull. Seism. Soc. Am., 63, 4, 1433-1446, 1973

[27] 王妙月等，新丰江水库地震的震源机制及其成因初步探讨，地球物理学报，19, 1, 1~17, 1976

弹性波克希霍夫积分偏移法*

秦福浩　郭亚曦　王妙月

中国科学院地球物理研究所　北京

摘　要　P、S 波同时偏移法是为了适应复杂构造地区勘探情况而开始研究的一种偏移方法。在前人工作的基础上，应用弹性波克希霍夫积分偏移的基本原理，改进了纵波（PP）及转换波（PS）的同时克希霍夫积分偏移方法，给出了一种近于实用的计算机流程和程序；并用其分别对射线理论合成反射波资料、有限元模拟地震波传播资料进行了检验，证明此种方法是有效的。在解决复杂构造地区的地震波成像方面，该方法具有很大的潜力。

关键词　弹性波　转换波　克希霍夫积分　偏移

一、引　　言

从 20 世纪 70 年代初至今，作为地震资料数据处理、用于反演地下浅部地质构造的波动方程偏移方法，得到了很大发展，并在实际地震勘探中得到了广泛应用。

波动方程偏移方法主要分为三类，即有限差分法[1]、克希霍夫积分法[2]以及波数频率法[3]。这些方法已广泛用于生产中，实践证明，当地层倾角比较平缓、构造不很复杂时，它们是有效的；然而，对于复杂地质构造地区，现有的偏移方法都还不够理想。

人们注意到，由于传统的偏移中只用到 P 波资料，所以，即使原始资料中有十分发育的 S 波信号，也要在预处理中用滤波将其压制，浪费了相当一部分有利用价值的信息。

充分利用地震图上的有用信息，有可能较容易地解决复杂构造问题。为此，在复杂构造情况下的成像研究中，开始了对 P、S 波同时偏移方法和原理的研究。1980 年，作者之一在郭宗汾教授指导下提出了弹性波克希霍夫积分偏移法的理论公式和实现方法[4~6]；1982 年，戴霆范首先利用单层水平界面、倾斜界面及水平接倾斜界面模型的射线理论合成反射纵波和反射转换横波资料，对弹性波克希霍夫积分偏移法进行了验证，证实了此方法要比单独用纵波方法有大的成像振幅，并且对倾角的限制可以放宽[7]。1984 年，牟永光提出了利用弹性波波动方程的有限元解进行偏移的方法[8]，能同时对反射纵波及反射横波进行偏移，并用射线理论合成的二维层状模型资料进行了检验，在不存在干扰的资料上得到了令人满意的结果。但实际的地震图是有干扰的，因此有限元方法尚待深入研究。

本文试图改进和完善弹性波克希霍夫积分偏移法，使此方法臻于实用化。鉴于在多波联合勘探方法试验中，野外实际记录只有二个分量，我们重点研究二分量 P 波和转换 S 波的联合偏移方法，即考虑绕射纵波（包括反射波）和绕射转换横波，并使用全波克希霍夫积分偏移公式。研究的重点是从理论上确定方法的有效性和潜力，用二分量的射线理论地震图、有限元理论地震图来检验和完善方法本身。

* 本文发表于《地球物理学报》，1988，31（5）：577~587

二、弹性波克希霍夫积分偏移的理论依据与实现方法

弹性体的波动方程可以写成

$$\nabla \cdot T + \rho f = \rho \frac{\partial^2 u}{\partial t^2} \tag{1}$$

式中，$u(x, t)$ 为位移矢量；$\rho(x)$ 为密度；$T(x, t)$ 为应力张量；$f(x)$ 为体力。T 可以写为

$$T = \lambda(\nabla \cdot u)I + \mu(\nabla u + u\nabla)$$

式中，I 为单位张量。

对于如图 1 所示的弹性区域，波动方程（1）的解可以写成[9]

$$u(x) = \oint_S \{ t'(x') \cdot G(x|x') - u(x') \cdot [n' \cdot \sum(x|x')] \} dS'$$
$$+ \int_V \rho f(x') \cdot G(x|x') dV' \tag{2}$$

式中，dS' 为闭曲面 S 上积分面元；dV' 为 S 积分体元；$t' = n' \cdot T$ 为法向为 n' 的面元上的应力；$G(x|x', \omega)$、$\sum(x|x', \omega)$ 分别为格林位移和应力张量[9]：

$$G_{mn}(x|x', \omega) = \frac{1}{4\pi\omega^2} \left[\delta_{mn} k_S^2 \frac{\exp(ik_S r)}{r} - \frac{\partial}{\partial x_m} \frac{\partial}{\partial x_n} \times \left(\frac{\exp(ik_P r)}{r} - \frac{\exp(ik_S r)}{r} \right) \right]$$

$$\sum_{lmn} = \lambda \delta_{lm} \frac{\partial}{\partial x_k} G_{kn} + \mu \left(\frac{\partial}{\partial x_l} G_{mn} + \frac{\partial}{\partial x_m} G_{ln} \right)$$

其中，ω 为时间频率；$k_P = \dfrac{\omega}{V_P}$、$k_S = \dfrac{\omega}{V_S}$ 分别为 P 波和 S 波波数。

假设 V' 内不存在体力，即 $f(x') = 0$，将格林位移和格林应力张量形式代入式（2），可得[4]

$$u_m = \oiint_{S'} (B_m - A_m) dS' \tag{3}$$

式中，A_m、B_m 分别是坐标、波数和闭曲面上质点位移及位移速度的函数；B_m 为闭曲面上应力的贡献；A_m 为闭曲面上位移的贡献。当略去 $\left(\dfrac{1}{r}\right)$ 的高阶项后，A_m 和 B_m 分别可写成[4]

$$A_m \approx \left[i \frac{\lambda k_P^3}{r^2} \exp(ik_P r) \right] x_m u_3' + \left[\mu \frac{ik_S^3}{r^2} \exp(ik_S r) \right] x_3 u_m'$$
$$+ \left[ui \frac{2k_P^3}{r^4} \exp(ik_P r) - \mu i \frac{2k_S^3}{r^4} \exp(ik_S r) \right] x_m x_3 x_l u_l'$$

$$+\left[\mu \mathrm{i}\frac{k_{\mathrm{S}}^3}{r^2}\exp(\mathrm{i}k_{\mathrm{S}}r)\right]\delta_{m3}x_l u_l' \tag{4}$$

$$\begin{aligned}
B_m \approx -\frac{1}{4\pi\rho\omega^2}\Bigg\{&\left[\lambda\left(\frac{\partial}{\partial x_j'}u_j'\right)\left(\frac{k_{\mathrm{P}}^3}{r^3}x_3 x_m\right)+\mu\frac{k_{\mathrm{P}}^2}{r^3}x_m\left(x_j\frac{\partial}{\partial x_3'}u_j'+x_j\frac{\partial}{\partial x_j'}u_3'\right)\right]\exp(\mathrm{i}k_{\mathrm{P}}r)\\
&+\left[\lambda\left(\frac{\partial}{\partial x_j'}u_j'\right)\left(-\frac{k_{\mathrm{S}}^2}{r^3}x_m x_3+\frac{k_{\mathrm{S}}^2}{r}\delta_{m3}\right)+\mu\left(\left(-\frac{k_{\mathrm{S}}^2}{r^3}\right)x_m\left(x_j\frac{\partial}{\partial x_3'}u_j'+x_j\frac{\partial}{\partial x_j'}u_3'\right)\right.\right.\\
&\left.\left.+\frac{k_{\mathrm{S}}^2}{r}\left(\delta_{mj}\frac{\partial}{\partial x_3'}u_j'+\delta_{mj}\frac{\partial}{\partial x_j'}u_3'\right)\right)\right]\exp(\mathrm{i}k_{\mathrm{S}}r)\Bigg\}
\end{aligned} \tag{5}$$

考虑闭曲面由地面和无穷远处的半球面组成，则在有限时间内，半球面上尚没有波传到，积分贡献为零，再利用地面是自由面和应力为零的条件，略去 B_m 项的贡献，则在时间域中，u_m 可以写为

$$\begin{aligned}
u_m(\boldsymbol{x},\ t)=\frac{1}{4\pi}\int\int_{-\infty}^{\infty}\Bigg\{&\frac{1}{rV_{\mathrm{P}}}\left((1-2v^2)\delta_{l3}\frac{x_m}{r}+2v^2\frac{x_m}{r}\frac{x_3}{r}\frac{x_l}{r}\right)\dot{u}_l\left(x',\ t+\frac{r}{V_{\mathrm{P}}}\right)\\
&+\frac{1}{rV_{\mathrm{S}}}\left(\delta_{ml}\frac{x_3}{r}+\delta_{m3}\frac{x_l}{r}-2\frac{x_m}{r}\frac{x_3}{r}\frac{x_l}{r}\right)\dot{u}_l\left(x',\ t+\frac{r}{V_{\mathrm{S}}}\right)\Bigg\}\mathrm{d}x_1'\mathrm{d}x_2'
\end{aligned} \tag{6}$$

式中，$\dot{\boldsymbol{u}}(x',\ t)$ 为地面位移速度矢量，x'、x 分别为资料点与求值点坐标；r 为求值点与资料点的距离；V_{P}、V_{S} 分别为 P 波与 S 波速度。式（6）是克希霍夫积分类型的弹性波场下延公式。

为便于计算，这里将积分化为有限项求和的形式，即假定资料窗以外的地方信号很小，对积分的贡献略去不计，则可得到

$$\begin{aligned}
u_3(I,\ J,\ K,\ I_{\mathrm{t}})=a_0\sum_l\sum_m\Bigg\{&\left[a_3\frac{K^2(I-l)}{r^4}\right]\dot{u}_1(l,\ m,\ 0,\ I_{\mathrm{t}}+I_{r\mathrm{P}})\\
&+\left[a_3\frac{K^2(J-m)}{r^4}\right]\dot{u}_2(l,\ m,\ 0,\ I_{\mathrm{t}}+I_{r\mathrm{P}})\\
&+\left[a_1\frac{K^3}{r^4}+a_2\frac{K}{r^2}\right]\dot{u}_3(l,\ m,\ 0,\ I_{\mathrm{t}}+I_{r\mathrm{P}})\\
&-a_4\left[a_3\frac{K^2(I-l)}{r^4}+a_2\frac{(I-l)}{r^2}\right]\dot{u}_1(l,\ m,\ 0,\ I_{\mathrm{t}}+I_{r\mathrm{S}})\\
&-a_4\left[a_3\frac{K^2(J-m)}{r^4}+a_2\frac{(J-m)}{r^2}\right]\dot{u}_2(l,\ m,\ 0,\ I_{\mathrm{t}}+I_{r\mathrm{S}})\\
&+a_4\left[a_1\left(\frac{K}{r^2}-\frac{K^3}{r^4}\right)\right]\dot{u}_3(l,\ m,\ 0,\ I_{\mathrm{t}}+I_{r\mathrm{S}})\Bigg\}
\end{aligned} \tag{7}$$

式中，$I_{r\mathrm{P}}$ 为 P 由计算点到资料点的走时；$I_{r\mathrm{S}}$ 为 S 波从计算点到资料点的走时；K 为计算点深度；I、J 分别为计算点水平向与测线垂直和平行的坐标；l、m 分别为资料点相应的水平坐标；$a_0=1/4\pi V_{\mathrm{P}}^3$；$a_1=3V_{\mathrm{S}}^2$；$a_2=V_{\mathrm{P}}^2-a_1$；$v=V_{\mathrm{S}}/V_{\mathrm{P}}$，$a_3=4V_{\mathrm{S}}^2-V_{\mathrm{P}}^2$，$a_4=v^3$，对于二维剖面问题，令 $I\equiv1$。

为了说明如何由式（7）成像，现用图 2 来作一介绍。

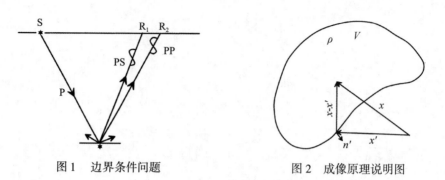

图1　边界条件问题　　　　　　　　　图2　成像原理说明图

把界面上的绕射点作为二次源，那么，从几何意义与物理关系上可以看出：

如果式（7）中计算点取在界面上，则在地表接收到的绕射波信号（图2中只画出了反射波）反推到 x 点零时刻（即波从一次源点传到此点的时刻 I_t，）应重合在一起。因此叠加求和后，振幅 $u(x, I_t)$ 应在此时刻取到最大值。反之，计算点不在界面上时，则不会有二次源，也就不会有全部绕射信号叠加相长的情况。因此，当对所有的点按该点的 I_t 时刻由式（7）计算 $u(x, I_t)$，所得到的结果为成像后的剖面。对二维问题，式（7）中令 $\dot{u}_2 \equiv 0$。

在 CYBER 机上的计算机程序框图如图3所示。其中某一道的处理按图4流程进行。

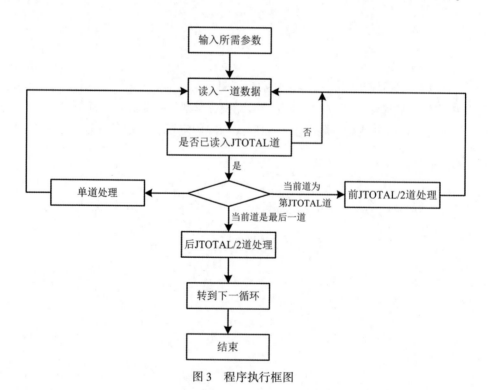

图3　程序执行框图

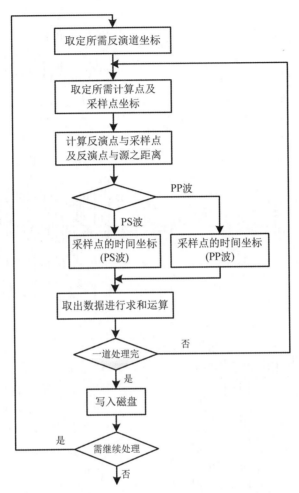

图 4　处理某道数据的程序框图

三、结 果 分 析

为了说明所提出的偏移方法的可行性和有效性，我们用几何参数、物性参数已知的模型的理论地震图资料作了检验。

1. 射线理论合成反射波资料

用射线理论合成的反射波资料，弹性波克希霍夫积分法可以比单一纵波波动方程偏移法得出更好的结果，这一点戴霆范的工作已予以证实[7]。为了较全面地考核方法的有效性，这里也做了类似文献 [6] 的工作。

倾斜界面模型和水平界面接倾斜界面组合模型分别如图 5a 和图 6a 所示。它们的射线理论合成地震图分别如图 5b、c 和图 6b、c 所示。$\dot{u}_z$ 代表垂直向分量，$\dot{u}_y$ 代表水平向分量，时间采样率为 5ms，记录时间长度为 1000ms，每个理论地震图剖面的记录道数为 51 道。

使用式 (7) 和弹性波 P、S 同时偏移成像原理，图 5b、c 和图 6b、c 的偏移结果分别如图 5d 和图 6d 所示。结果表明，和文献 [6] 的结果相似，对于射线理论合成反射波资料，此种基于弹性波克希霍夫积分的 P 波和转换 S 波同时偏移方法基本上是有效的。

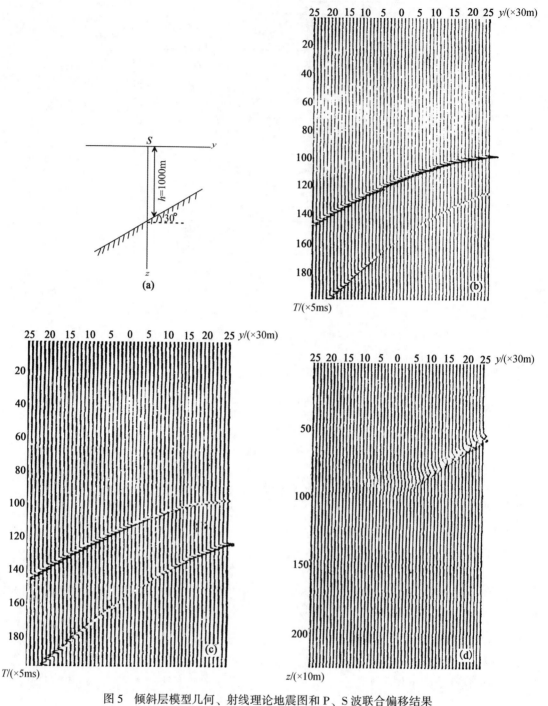

图 5　倾斜层模型几何、射线理论地震图和 P、S 波联合偏移结果

（a）模型几何图；（b）理论合成地震图的垂直分量；（c）理论合成地震图的水平分量；（d）偏移结果

2. 有限元模拟资料的偏移

由于前述所用射线理论合成的反射波剖面资料比较简单，不包括绕射波以及多次干扰波，尚不能说明该方法用于处理实际资料的能力。为此，我们用有限元法模拟的地震波传播资料[10]来做进一步检验。

用于有限元计算的模型几何如图 7 所示，用有限元法模拟出的 51 个表面节点位移速度如图 8 所

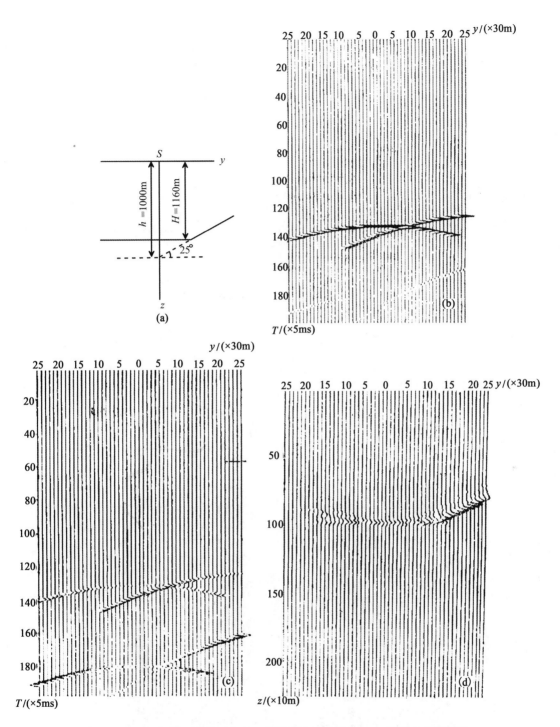

图6　水平、倾斜组合模型几何、射线理论地震图和 P、S 波联合偏移结果

（a）模型几何图；（b）理论合成地震图的垂直分量；（c）理论合成地震图的水平分量；（d）偏移结果

示。图 8 已经进行了消除直达波干扰的处理，即利用了一个空模型。其内，源及边界等性质与图 7 中模型完全相同，介质弹性和密度与图 7 模型柱体外介质相同。用图 7 模型的有限元结果减去空模型的有限元结果，得到剖面图（图 8），已有效地消除了直达波干扰。

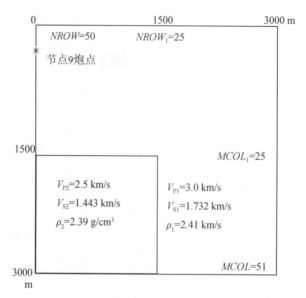

图 7　用于有限元计算的模型几何图

节点间距 $xx=yy=60$m，时间步间距 $DELAT=0.02$s，时间采样长度 $200×0.02$s，
$NROW$ 为水平方向单元数，$MCOL$ 为垂直方向节点数

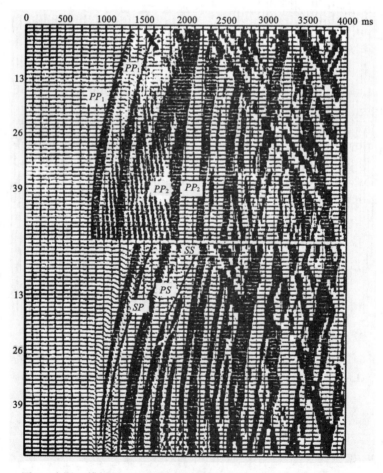

图 8　有限元模拟图 7 几何模型的地震剖面图（表面节点运动速度）

利用图 8 中的资料进行 P、S 波克希霍夫积分偏移，偏移深度采样率为 20m，偏移总深度为 3200m，结果如图 9 所示。图 9 表明，直达波的干扰已基本得到了消除，内部柱体顶界面以及刚性底边界有了一定的显示。但和图 5、图 6 的射线理论地震图偏移结果比较，成像的效果是不理想的。

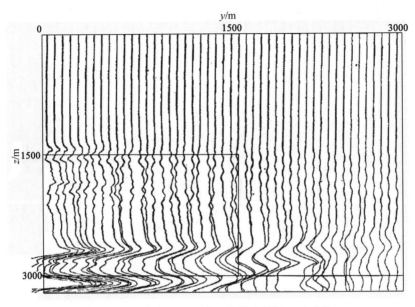

图 9 有限元资料 P、S 波联合偏移结果（改进前）

同样的程序，用于简化了的理想的射线理论地震图偏移结果较好，而用于比较接近实际的有限元理论地震图时结果较差，表明方法还需进一步改进。

分析式（7）和有限元理论地震图，我们作了三点改进：

（1）程序中加进了横向不均匀性的处理，即对走时的计算考虑了速度随区域的不同。

（2）采用了简单滤波法消除由源→地表面→柱体顶界面→地表面的 pPP 波，以及空模型底界面虚假的反射波 PP′ 和转换波 PS′（图 10），在这些波的到时上不采样。

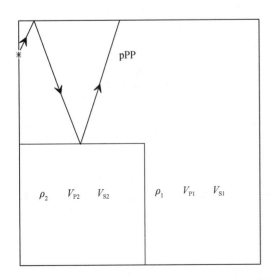
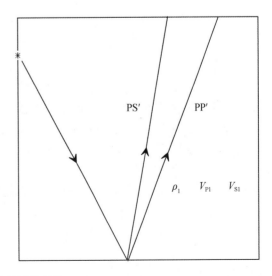

图 10 所滤掉波的射线

（3）为了突出计算点的一次绕射波而压制非计算点绕射波的影响，考虑了纵横波的偏振特性，由此得到的改进后的偏移结果如图 11 所示。

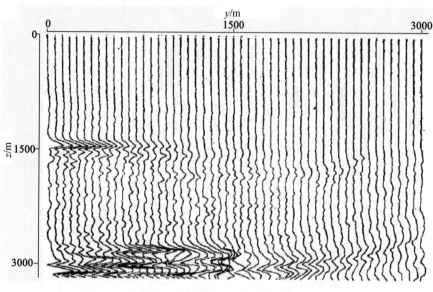

图 11　有限元资料 P、S 波联合偏移结果（改进后）

对比图 11 与图 9，可见柱体顶界面得到了较好的显示，干扰背景基本消失，底边界的像虽然偏宽，但较清楚。底边界左部反射波能被表面检波点接收，反射波相对绕射波能量较强，因此左部主要是反射波的像。右部底边界的反射波传到表面时出了资料窗的范围，因此表面检波点主要记录的是右部底边界的绕射波。图 11 右部底边界的像是绕射波成的像，表明弹性波 P、S 波同时偏移能利用绕射波资料成像。由于复杂结构区绕射波比较发育，预示着该方法在解决复杂结构的成像中具有很大的潜力。

在图 11 中，内部柱体右界面（倾角为 90°的界面）的像未能显示，其中一个可能的原因是该界面上的绕射波相对于刚性底界面的绕射波弱得多，因而被淹没掉了。进一步工作时，需要考虑强的反射波和弱的绕射波如何更好地匹配的问题，使反射波的像和绕射波的像更好地融合在一张图中，以提高复杂结构的分辨率。

四、讨　论

（1）本方法利用了两个分量记录中的两种绕射波信号（包括反射波和转换波），因而偏移结果的信噪比要比单独使用纵波时的偏移结果的信噪比高。

（2）由于本方法采用了绕射波叠加，又利用了绕射 S 波信号，不仅可以使反射波成像，而且可以使绕射波成像，再加上在时间—空间域中偏移可以把横向速度变化考虑进去的条件，使偏移方法在处理复杂结构成像方面具有较大的潜力。

本文给出的近于实用、较为灵活的程序，可以进一步在野外实际资料处理中加以验证和改进。

（3）鉴于已有大量的单分量地震勘探资料，应尽可能发展出一种单分量 P、S 波同时偏移的方法，以使弹性波波动方程偏移在地震勘探中起到更大作用。

感谢地质矿产部和中国科学院研究生院计算站、中国科学院地球物理研究所计算机房和八室地震组的大力协助。

参 考 文 献

［1］ Claerbout J F, Downward continuation of moveout-corrected seisrnograms, Geophysics, 37：741-768, 1972

［2］ Schneider W A, Integral formulation for migration in two and three dimensions, Geophysics, 43：49-76, 1978

［3］ Stolt R H, Migration by Fourier transform, Geophysics, 43：23-48, 1978

［4］ Wang M Y and Kuo J T, The P and S wave simultaneous migration based on the Kirchhoff-Helmholtz integrals for elastic wave, Project MIDAS annual report I, 81-114, 1980

［5］ Wang M Y and Kuo J T, Implementation of the simple P and S simultaneous migration method, Project MIDAS annual report, 11：1-35, 1981

［6］ Wang M Y, Kuo J T and Teng Y C, The P and S simultaneous migration based on the Kirchoff-Helmholtz type integral for elastic waves, Presented at the 51st Annual international Meeting of the society of Exploration Geophysicists, 1981

［7］ Kuo J T, Dai T F and Wang M Y, The Kirchhoff elastic wave migration for the case of source and receiver non-conincidence, Project MIDAS annual report Ⅲ, 1982

［8］ 牟永光, 有限元法弹性波偏移, 地球物理学报, 27：268~278, 1984

［9］ Pao Y H and Varatgarazulu, Huggon's principle, radiation conditions, and integral formulas for the scattering of elastic waves, J. Acoust. Soc. Am., 58：1361-1371, 1976

［10］ 王妙月、郭亚曦、秦福浩, 矩形柱体地震波响应的有限元模拟, 碳酸盐岩区油气普查勘探方法技术国际讨论会, 南京, 1986

［11］ 别尔豪特 A J, 马在田、张叔伦译, 地震偏移——波场外推法声波成像, 石油出版社, 1983

Ⅱ — 14

弹性波有限元逆时偏移技术研究*

底青云   王妙月

中国科学院地球物理研究所

摘 要 改善弹性波有限元逆时偏移剖面的质量是目前该方法面临的难题，为此，首先在有限元方程中，合理地加入边界力项，并找到准确的成像条件，以及对炮集资料用惠更斯（Huygens）原理消除直达波和面波干扰等措施，提高了复杂含油气结构的偏移剖面质量。本文重点研究单分量资料弹性波偏移的可靠性，利用单分量、抽炮集资料，模拟实际资料处理典型含油气构造，得到了高质量的自激自收和炮集资料的偏移剖面。

关键词 弹性波   有限元   逆时偏移

1 引　　言

弹性波有限元逆时偏移能够充分利用地震图上的信息，不仅能够使反射波归位，也能使衍射波归位。它既能处理叠前地震记录数据资料，又能用于叠后偏移，可同时充分利用 P 波和 S 波的速度资料，也可只用其中之一。只要速度分析比较可信，有限元逆时偏移对于复杂结构和精细结构的偏移效果较好。

牟永光[1]与一些国内外学者都做了不少研究工作[2~6]，使得有限元偏移技术从算法本身到偏移效果都有了较大的改善，并逐步走向应用阶段。但从目前发表的成果看，基本上可以分为两种情况，其一，理论模型偏移，对水平层状介质等简单模型进行逆时偏移，结果比较理想，未见到较复杂或更加仿真模型的偏移结果。其二，二分量实际数据的偏移，尽管在有限元偏移之前做了各种滤波、去噪等处理工作，但偏移效果仍不太理想。这就促使我们从方法本身寻找原因，首先，理论上实现仿真模型的高质量的偏移剖面，才能达到处理实际资料的需求。为此，本文的研究首先从方法本身着手，通过在有限元方程中合理地加入边界项和找到准确的成像条件来提高复杂含油、气结构的偏移归位的质量。其次，主要体现在实现了单分量资料及抽炮集资料的叠加偏移。弹性波偏移原则上需要二分量和三分量资料，考虑到现有大量的地震资料都是单分量的，我们重点研究单分量资料弹性波偏移的可靠性。发现采用炮集资料，虽然炮的数量较少，但偏移结果明显优于自激自收时间剖面的偏移结果。

2 有限元逆时偏移方法原理

2.1 有限元逆时偏移基本原理

用加里津方法重新推导了有限元方程[7]，导出了包含边界项的新的弹性波有限元方程

---

* 本文发表于《地球物理学报》，1997，40（4）：570~579

$$M\ddot{q} + K_1 q_1 + K_{c1} q_3 = F_1 + F'_1$$

$$M\ddot{q}_3 + K_3 q_1 + K_{c3} q_3 = F_3 + F'_3$$

$$(1)$$

式中，q_1、q_3 为节点位移；F_1、F_3 为节点集中力；M、K 分别为质量阵和刚度阵，其意义和表达式与其他方法一致；而 F'_1、F'_3 为边界力项，其积分表达式为

$$F'_1 = \int_L \left((\lambda + 2\mu) \frac{\partial N^T}{\partial x} N l_x + \mu \frac{\partial N^T}{\partial z} N l_z \right) dL q_1 + \int_L (\lambda + \mu) \frac{\partial N^T}{\partial z} N l_x dL q_3$$

$$F'_3 \int_L \left((\lambda + 2\mu) \frac{\partial N^T}{\partial z} N l_z + \mu \frac{\partial N^T}{\partial x} N l_x \right) dL q_3 + \int_L (\lambda + \mu) \frac{\partial N^T}{\partial x} N l_x dL q_1$$

$$(2)$$

其中，L 为边界线；λ、μ 为拉梅常数；N 为形状函数；(l_x, l_z) 为边界线法线方向余弦。对于自由面和刚性边界面 $F'_1 = F'_3 \equiv 0$，对于人为边界则不为零，它们的作用在于吸收在人为边界上被反射和衍射回来的波，或虚拟地认为这些波被自动地完全透射出去。当边界位移取 u 值时，相当于自由边界；取零值 $0.5u$ 时，相当于刚性边界；取时，相当于叠加边界。我们在边界上选取 $\alpha F' + \beta u$，调节 α 和 β，使得吸收效果最佳，从而消除人工边界的影响。

　　我们分别推导了该边界力项的差分格式和直接积分的表达式，从理论上和模型实验上充分论证了其吸收效果[8,9]，通过大量模型的试算，得到了复杂结构介质仿真性较高的理论地震图，并在此基础上开展了逆时偏移研究。

　　利用新推导的含边界力项的有限元方程[10]，正演的过程可认为波从源向外扩散的过程，那么逆时偏移则是波从某一时刻收缩回来的过程。只有保证过程的严密才能得到高质量的偏移结果。但是为了使方法适用于实际资料处理的情况，模型试验过程均仅仅利用地面记录作时间偏移。

　　对于共中心点记录，把地面记录的叠加时间剖面作边界值，由记录的第 N 个时刻开始逆时推算出地下各节点处的值，那么零时刻的深度剖面即为所求的偏移剖面。

　　对于多炮检距炮集资料的偏移，除了和上面的边界项作同样的处理外，为了消除直达波、面波对偏移结果的影响，着重研究偏移过程对反射波和衍射波归位的性能，用改进的正演有限元程序生成了不含直达波和面波的炮集资料。生成时采用了惠更斯原理，假设反射面和衍射面由一系列的二次源构成，在一次源传到二次源的时刻，施加和该时刻有关的作用力。这样生成炮集资料从原理上等价于不同时刻在二次源处加上不同力时的自激自收剖面。所以炮集资料的偏移成像时刻应该是二次源激发的时刻，即二次源激发时刻的深度剖面为所求的偏移剖面。

2.2　单分量资料弹性波偏移的可靠性论证

　　在地震勘探野外资料采集中，二分量和三分量的记录很少。在已有的资料库中，大量存在的是单分量的记录。为了说明由单分量记录获得多分量偏移剖面的可能性，借助于弹性波克希霍夫（Kirchhoff）积分的表达式，并从理论上给予简单的论证。

　　弹性波克希霍夫积分的基本公式[11]为

$$U_m(\boldsymbol{x}, t) = \frac{1}{4\pi} \iint_{-\infty}^{\infty} \left\{ \frac{1}{r v_P} \left((1 - 2v^2) \delta_{j3} \frac{x_m}{r} + 2v^2 \frac{x_m}{r} \frac{x_3}{r} \frac{x_j}{r} \right) \dot{U}_j \left(x', t + \frac{r}{v_P} \right) \right.$$

$$\left. + \frac{1}{r v_S} \left(\delta_{mj} \frac{x_3}{r} + \delta_{m3} \frac{x_j}{r} - 2 \frac{x_m}{r} \frac{x_3}{r} \frac{x_i}{r} \right) \dot{U}_j \left(x', t + \frac{r}{v_S} \right) \right\} dx'_1 dx'_2$$

$$(3)$$

$$v = \frac{v_S}{v_P} \qquad m = 1, 2, 3$$

式中，x 是射点沿炮到检波点方向的坐标；x' 是检波点沿炮到检波点方向的坐标；r 是射点到检波点的距离；t 为波的走时 v_P 表示纵波速度，v_S 表示横波速度；U 为射点位移；$\dot{U}$ 为射点位移时间导数。

对于二维问题，假定不存在正交于剖面方向的变化，该方向上的积分可以用乘一个单位长度来代替，于是式（3）成为

$$U_m(\boldsymbol{x},\ t) = \frac{1}{4\pi}\int\left\{\frac{1}{rv_P}\left((1-2v^2)\delta_{j3}\frac{x_m}{r} + 2v^2\frac{x_m}{r}\frac{x_3}{r}\frac{x_j}{r}\right)\dot{U}_j\left(x',\ t+\frac{r}{v_P}\right)\right.$$
$$\left. + \frac{1}{rv_S}\left(\delta_{mj}\frac{x_3}{r} + \delta_{m3}\frac{x_j}{r} - 2\frac{x_m}{r}\frac{x_3}{r}\frac{x_j}{r}\right)\dot{U}_j\left(x',\ t+\frac{r}{v_S}\right)\right\}dx_1' \qquad m = 1,\ 3 \qquad (4)$$

由于式（4）中 $\dot{U}_j\left(x',\ t+\frac{r}{v_P}\right)$、$\dot{U}_j\left(x',\ t+\frac{r}{v_S}\right)$ 实际上是未知的，因此无法计算。为了理论分析的目的，如图1所示，假设它们由一次源在地表下一个水平界面上激发的一系列二次源产生，从而能够对 $\dot{U}_j\left(x',\ t+\frac{r}{v_P}\right)$、$\dot{U}_j\left(x',\ t+\frac{r}{v_S}\right)$ 估计。为了计算方便，我们略去在水平界面上二次源强度的横向变化，假设所有的二次源比例于一个强度单位。并略去自由面对二次源激发的波入射到自由面的影响。则有

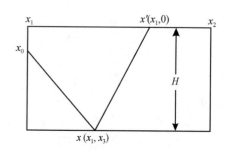

图 1 理论偏移模型几何图
x_0 为一次源位置，一系列二次源 $x(x_1,\ x_3)$ 位于深度为 H 的水平界面上，$x'(x_1',\ 0)$ 为地表观测点坐标，x_1、x_2 为资料窗口边界点的水平坐标

$$\dot{U}_1\left(x',\ t+\frac{r}{v_P}\right) = -\frac{x_1'-x_1}{r^2}$$
$$\dot{U}_1\left(x',\ t+\frac{r}{v_S}\right) = -\frac{x_3'-x_3}{r^2}$$
$$\dot{U}_3\left(x',\ t+\frac{r}{v_P}\right) = -\frac{x_3'-x_3}{r^2}$$
$$\dot{U}_3\left(x',\ t+\frac{r}{v_S}\right) = -\frac{x_1'-x_1}{r^2}$$

$$(5)$$

将式（5）代入式（4），注意到式（4）中的 x_m 实际为 x_m-x_m'，$m=1,\ 3$。

对于只有地表垂直分量资料的情况，H 深度上的偏移值是

$$U_{33} = U_{33}(x) = \frac{1}{4\pi}\left\{\frac{(1-2v^2)}{v_P}H^2R_4 + \frac{2v^2H^4}{v_P}R_6 - \frac{2H}{v_S}R_{41} + \frac{2H^3}{v_S}R_{61}\right\}$$
$$U_{13} = U_{13}(x) = \frac{1}{4\pi}\left\{\frac{(1-2v^2)}{v_P}HR_{41} + \frac{2v^2H^3}{v_P}R_{61} + \frac{2H}{v_S}R_{61}\right\}$$

$$(6)$$

对于只有地表水平分量资料的情况，H 深度上的偏移值为

$$U_{31} = U_{31}(x) = \frac{1}{4\pi}\left\{\frac{2v^2}{v_P}H^2R_{62} + \frac{H}{v_S}R_{41} - \frac{2H^3}{v_S}R_{62}\right\}$$

$$U_{11} = U_{11}(x) = \frac{1}{4\pi}\left\{\frac{2v^2}{v_P}H^2R_{63} - \frac{H^2}{v_S}R_4 - \frac{2H^2}{v_S}R_{62}\right\}$$

(7)

其中

$$R_4 = \int_{x_1}^{x_2}\frac{1}{r^4}\mathrm{d}x_1 = \frac{1}{H^3}\left(\frac{y}{2} + \frac{1}{4}\sin2y\right)\Big|_{y_1}^{y_2}$$

$$R_6 = \int_{x_1}^{x_2}\frac{1}{r^6}\mathrm{d}x_1 = \frac{1}{H^5}\left(\frac{3}{8}y + \frac{3}{16}\sin2y + \frac{1}{4}\cos^2y\sin y\right)\Big|_{y_1}^{y_2}$$

$$R_{41} = \int_{x_1}^{x_2}\frac{x_1}{r^4}\mathrm{d}x_1 = -\frac{1}{2}\frac{1}{(x_1^2 + H^2)}\Big|_{x_1}^{x_2}$$

$$R_{61} = \int_{x_1}^{x_2}\frac{x_1}{r^6}\mathrm{d}x_1 = -\frac{1}{4}\frac{1}{(x_1^2 + H^2)}\Big|_{x_1}^{x_2}$$

$$R_{62} = \int_{x_1}^{x_2}\frac{x_1^2}{r^6}\mathrm{d}x_1 = R_4 - H^2R_6$$

$$R_{63} = \int_{x_1}^{x_2}\frac{x_1^3}{r^6}\mathrm{d}x_1 = R_{41} - H^2R_{61}$$

$$y_1 = \arctan\left(\frac{x_1}{H}\right) \qquad y_2 = \arctan\left(\frac{x_2}{H}\right)$$

$U_{ij}(x)$ 表示使用第 j 分量的资料得到的第 i 分量偏移剖面。

对于同时使用两个分量资料的情况，有

$$\begin{cases}U_1 = U_{11} + U_{13}\\U_3 = U_{31} + U_{33}\end{cases}$$

(8)

若 $X_1 \to -\infty$，$X_2 \to +\infty$，即资料窗口为无限的情况，则式（6）至式（8）退化为

$$\begin{cases}U_{33} \equiv \dfrac{2 - v^2}{16v_PH}\\[2ex]U_{13} \equiv \dfrac{1}{16v_SH}\\[2ex]U_{31} \equiv \dfrac{v^2}{16v_PH}\\[2ex]U_{11} \equiv \dfrac{1}{16v_PH}\\[2ex]U_1 \equiv \dfrac{1}{8v_SH}\\[2ex]U_3 \equiv \dfrac{1}{8v_SH}\end{cases}$$

(9)

偏移分量比剖面 R 分别为

$$\begin{cases} R_1 = \dfrac{U_3}{U_1} = v \\[2mm] R_2 = \dfrac{U_{13}}{U_{33}} = \dfrac{1}{v(1 - v^2)} \\[2mm] R_3 = \dfrac{U_{31}}{U_{11}} = v^3 \end{cases} \tag{10}$$

这个结果和我们最初求 $\dot{U}_j\left(x', \ t + \dfrac{r}{v_P}\right)$、$U_j\left(x', \ t + \dfrac{r}{v_S}\right)$ 时的假设，即在水平界面上每个二次源的强度比例于一个单位值是一致的。

实际问题中，资料窗口总是有限的。取 $H = 1000\text{m}$，$x_1 = 0$，$x_2 = 2000\text{m}$，$v_S = 2000\text{m/s}$，$v_P = 3500\text{m/s}$。对于由 x_1、x_2 规定的有限资料窗口的情况，由式（6）~式（8）求得的 U_1、U_{11}、U_{13}、U_3、U_{31}、U_{33} 的结果分别如图 2a、b 所示。偏移分量比剖面 $R_1 = U_3/U_1$，$R_2 = U_{13}/U_{33}$，$R_3 = U_{31}/U_{11}$，见图 2c。

图 2a、b 表明，用单分量理论观测资料获得的水平分量偏移剖面 U_{11}、U_{13} 以及垂直分量偏移剖面 U_{31}、U_{33} 和利用二分量理论观测资料获得的水平分量偏移剖面 U_1 以及垂直分量偏移剖面 U_3 之间存在某种相似性。这种相似性表明，至少在获得几何结构图像方面，用单分量资料获得多分量偏移剖面的设想是可行的，虽然，由于有限的资料窗口由单分量资料获得的分量偏移剖面的幅值发生了畸变（图上表现为横向变化），但是这种畸变对于由二分量资料获得的分量偏移剖面 U_1、U_3 中也存在的，这是因资料窗口有限造成的。但偏移分量比剖面图 2c，即使是在有限料窗口的情况下，畸变（横向变化）明显地减少，而和由式（10）表明的资料窗为无限大时无横向变化时的极限情况接近。

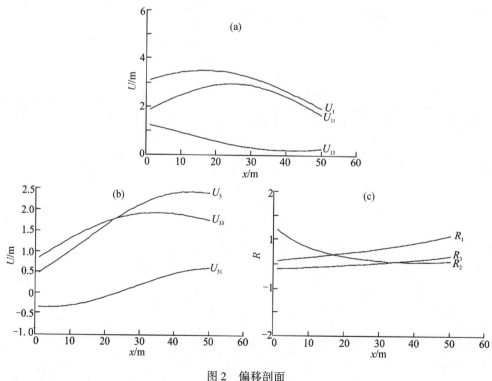

图 2　偏移剖面

(a) U_{13}、U_{11}、U_1；(b) U_{31}、U_{33}、U_3；(c) R_1、R_2、R_3

2.3 抽炮集资料偏移

对于理论模型的模拟计算，其排列方式可以比较灵活机动。如果把地表每一剖分网格节点看作一个地面检波点，我们可以在任一点激发，地面所有检波点接收。地面单点激发，地面整个排列接收，然后对此次炮集资料作叠前有限元逆时偏移，对于偏移化弧现象比较严重。为此我们沿地面隔一段距离激发一次，整个排列接收，分别对每个炮集资料偏移，将其偏移结果叠加，这样处理后，哪怕是仅仅很少的几炮叠加，偏移效果则大大改观。

3 偏移结果

3.1 叠加剖面（自激自收剖面）偏移

对于 25×25 个节点，节点距为 5m 的小模型，首先利用有限元正演程序得到地表的时间记录，分别试算了模拟二次源的垂直力、水平力及二者同时加时的偏移结果。从小模型试算的结果看，偏移的界面比较清晰，再经偏移后的垂直分量和水平分量相结合调整后，背景干扰被压制了许多。

基于小模型的试验结果及符合实际典型的含油、气圈闭构造，我们分别设计了水平方向节点数 N 为 25 及垂直方向节点数 M 为 101，节点距 $\Delta x = \Delta y = 5m$ 的 "A" 字模型及 $N = 157$、$M = 171$ 个节点，节点距 $\Delta x = \Delta y = 20m$ 的含油、气的"背斜"构造模型。"A" 字模型由均匀背景上的一些离散的散射点组成。几何结构和物性参数见图3a，利用地面垂直分量记录做逆时偏移，其偏移剖面比 25×25 个节点的剖面分辨率高，背景干扰小，界面归位准确，"A" 字轮廓非常清晰，图3b 为 "A" 字模型节点偏移结果图。"背斜"模型的几何结构和物性参数如图4a，顶面单分量资料的偏移结果见图4b。和原始模型相比，除深部信息反映稍弱外其界面归位是非常准确的，尤其在边界上没有任何因边界影响造成的畸变。

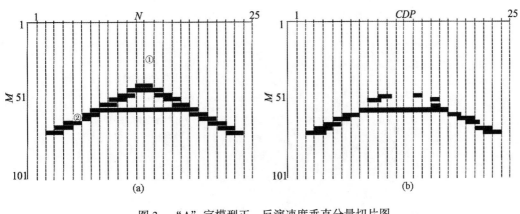

图 3 "A" 字模型正、反演速度垂直分量切片图

（a）$IT = 1$；（b）$IT = 100$

① $v_{1P} = 1500 m/s$；$v_{1S} = 1000 m/s$；$\rho_1 = 2.6 kg/m^3$

② $v_{2P} = 2200 m/s$；$v_{2S} = 1800 m/s$；$\rho_2 = 3.2 kg/m^3$

3.2 叠前（单炮或多炮叠加）模型偏移

首先做了单炮水平三层的弹性波叠前偏移，由于模型仅为 25×25 个节点的小模型，单炮结果划弧现象严重。因此对结果作了多炮叠加处理，除在左右边界处稍有上翘外，整个偏移剖面很清晰，位置归位也很准确。

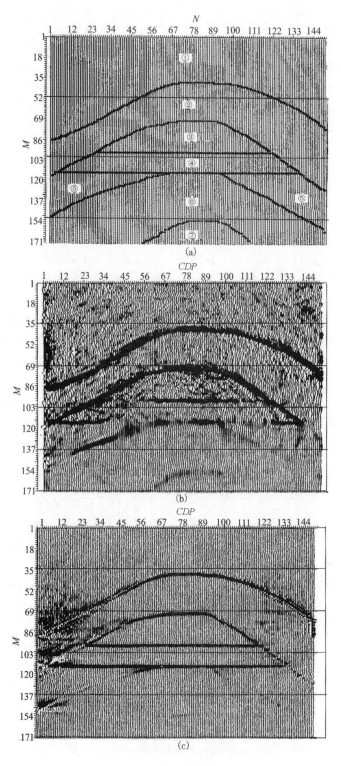

图 4　背斜模型及偏移剖面

（a）背斜圈闭模型；（b）自激自收记录时间偏移（v_P）剖面；（c）四炮叠加记录时间偏移（v_P）剖面

①页岩 1：$v_P = 2500$m/s，$v_S = 1440$m/s，$\rho = 2.4$kg/m³；②页岩 2：$v_P = 3000$m/s，$v_S = 1732$m/s，$\rho = 2.6$kg/m³

③含气砂岩：$v_P = 1600$m/s，$v_S = 930$m/s，$\rho = 2.1$kg/m³；④含油砂岩：$v_P = 2400$m/s，$v_S = 1400$m/s，$\rho = 2.3$kg/m³

⑤含水砂岩：$v_P = 3300$m/s，$v_S = 1905$m/s，$\rho = 2.7$kg/m³；⑥页岩 3：$v_P = 4200$m/s，$v_S = 2425$m/s，$\rho = 2.8$kg/m³

⑦页岩 4：$v_P = 4500$m/s，$v_S = 2600$m/s，$\rho = 2.9$kg/m³

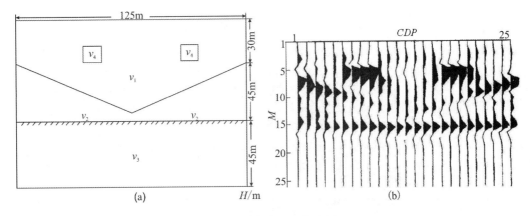

图 5　"V"字模型及偏移剖面

（a）"V"字模型几何结构；（b）仅用地表速度垂直分量记录 13 炮叠加 "V" 字模型速度垂直分量偏移剖面

$v_{1P} = 1800\text{m/s}$，$v_{1S} = 1000\text{m/s}$，$\rho_1 = 2.0\text{kg/m}^3$

$v_{2P} = 2200\text{m/s}$，$v_{2S} = 1270\text{m/s}$，$\rho_2 = 2.3\text{kg/m}^3$

$v_{3P} = 3000\text{m/s}$，$v_{1S} = 1480\text{m/s}$，$\rho_1 = 2.6\text{kg/m}^3$

$v_{2P} = 3500\text{m/s}$，$v_{2S} = 1520\text{m/s}$，$\rho_2 = 2.8\text{kg/m}^3$

为了突出反映有较小散射体的情况，我们设计了"向斜"模型（如图 5a），在"向斜"的凹槽里分布着两个比较小的散射体，并且向斜下部还存在一水平分界面，模型水平方向节点数 N 为 25，垂直方向节点数 M 为 101，点距为 5m，对 13 炮的偏移结果进行叠加，偏移剖面很理想，尤其散射体位置很准确，其向斜下部的水平界面也十分清晰（图 5b）。

对图 4a 的含油、气"背斜"圈闭模型进行顶面 4 炮炮集资料的叠前单分量（垂直分量）偏移，偏移剖面为 4 炮叠加的垂直分量剖面（图 4b），通过和原始模型及自激自收偏移剖面对比，该偏移剖面很清晰，明显比自激自收剖面归位准确。从该剖面上也可以看出，呈水平界面的油、气分界面更加清晰，归位准确，层间干净。

4　讨论及结论

（1）从小到稍大模型，从简单的水平层、单倾模型到复杂含油、气圈闭构造，研究表明，叠后和叠前的偏移结果和原始模型相比很相像，界面归位很准确。

（2）炮集资料抽炮集叠加偏移结果比自激自收剖面的偏移效果好。对于如图 4b 所示的偏移结果我们只使用了 4 个炮集的资料。理论模拟的结果提示一个大胆的设想，即在实际勘探中，若采用本文中的资料采集方式（即接收装置不动，每隔一定间隔激发一次，整个排列接收），有可能用较少炮的资料就能获得比较精细的剖面，这样有可能降低勘探成本。此种潜在的功能必须结合浅层实际勘探通过大量的工作来加以确认。对于理论炮集资料，我们精确地消除了直达波和面波，在实际资料处理时达到相同的效果，则需要研究实际资料直达波和面波干扰的有效消除方法。

（3）利用地面和左右边界 VSP 记录的三面资料进行偏移，更加严密了偏移的过程，偏移结果图像比仅用地表资料的偏移效果好，背景干扰小，界面清晰。

（4）偏移时仅使用波的垂直分量，采用弹性波偏移方法，得到偏移的垂直分量剖面和水平分量剖面。虽然偏移后的幅值已经发生了畸变，但几何结构是可靠的。本文的结果充分展示了该方法应用于复杂地质结构偏移归位的实用化的前景。如果能获得偏移后的垂直分量和水平分量的比值剖面，不仅几何结构是可靠的，幅值的畸变也较小。

参 考 文 献

［1］牟永光，有限单元法弹性波偏移，地球物理学报，27，268~278，1984

［2］戴霆范、邓玉琼，实际数据的弹性波有限元反时偏移结果，石油物探，28，32~45，1989

［3］邓玉琼、戴霆范、郭宗汾，弹性波叠前有限元反时偏移，石油物探，29，22~33，1990

［4］王尚旭、牟永光，有限元素法全倾角波动方程偏移，地球物理学报，32，308~319，1989

［5］张剑锋、孙焕纯，有限元法弹性波反演，石油物探，32（2）：17~27，1993

［6］王润秋、姜华方，改进的有限元波动方程偏移方法，石油物探，34（2）：8~15，1995

［7］王妙月、郭亚曦、秦福浩，矩形柱体地震波传播的有限元计算，中国南方油气勘查新领域探索论文集，第一集，187~1997，北京：地质出版社，1988

［8］王妙月、郭亚曦，二维弹性波的有限元模拟及初步实践，地球物理学报，30，292~306，1987

［9］王妙月、袁晓晖、郭亚曦等，衍射波地震勘探方法，地球物理学报，36，396~401，1993

［10］王妙月、郭亚曦、底青云，二维线性流变体波的有限元模拟，地球物理学报，38，494~505，1995

［11］Wang M Y, Kuo J T, The P and S wave simultaneous migration based on the Kirchhoff-Helmholtz integrals for elastic wave, the SEG annual meeting, 81-114, Beijing: Petroleum industry press, 1981

各向异性弹性波有限元叠前逆时偏移*

张美根　　王妙月

中国科学院地质与地球物理研究所

摘　要　利用有限元法和最小走时射线追踪的界面点法，实现了各向异性弹性波的叠前逆时偏移。理论模型资料的偏移结果清晰准确，证实了该系统的可靠性。通过对各向异性模型资料的各向同性偏移处理，发现常规偏移剖面存在较大误差，地质体的垂向深度和横向位置与实际模型有偏离。

关键词　各向异性弹性波　有限元　叠前逆时偏移　射线追踪　吸收边界条件

1　引　　言

随着弹性波理论研究的深入和野外勘探的精细化，一系列研究成果表明，地球介质具有很广泛的波动各向异性效应[1~3]。其中，最为常见的要数薄互层和具有定向分布裂隙的介质产生的视各向异性（横向各向同性），这两类介质在油气藏中占有重要地位。当前生产实际中大都将地下介质视为各向同性介质，这必然存在一定的误差，因而研究适用于各向异性波场的正反演问题的方法技术具有实际意义。国外已有多人研究过各向异性波的偏移问题[4,5]，但国内这方面的研究相对较少，滕吉文等[6]和张秉铭[7]研究过各向异性波的有限差分偏移。

有限元法是当今波场数值计算中的一种非常有效的方法，自1980年美国哥伦比亚大学将有限元法引入到地震波动研究领域以来，有限元法已被成功地应用到各向同性波的数值正演模拟[8,9]和反演[10~12]，在各向异性波场的正演方面也有文章发表[13]。本文研究有限元法应用于各向异性弹性波场的叠前偏移。

2　方法原理

有限元叠前偏移的实现包括射线追踪和有限元逆时延拓两大部分，即先用射线追踪方法得到炮点到空间各离散节点直达波的走时；然后以共炮点记录作为地面边界值，利用有限元逆时算法反推地下各节点各时刻的波场值，记录各节点直达波到达时刻的波场值，其结果输出即为偏移剖面。

2.1　各向异性介质中空间直达波射线追踪

射线追踪有多种方法，两种较传统的方法是打靶法和弯曲法。打靶法计算量大，且当追踪区域较复杂时，可能会存在追踪不到的盲区；弯曲法一个最显著的缺点是其射线路径的走时不能保证为全局最小。Nakanishi等[14]于1986年提出了一种基于图论的全局最小走时射线追踪算法。该方法克服了传统方法的毛病，但精度不是很高。本文提出一种与它类似，但精度和效率均较高的界面点射线追踪方法，它能够较好地满足叠前偏移对追踪速度和精度的要求。

*　本文发表于《地球物理学报》，2001，44（5）：711~719

　　追踪方法的实现：将追踪区域划分为一系列的小矩形单元，从震源出发，向空间所有可直接发出直射线的单元节点（即单元节点与震源连线经过的路径上无波速变化）发射直射线，以直射线路径来计算震源到达此节点的走时；记录下射线到达节点中落在介质分界面上的节点，它们组成集合 Q，从 Q 中选取走时最小的节点作为新的二次波源，由它再向空间除震源点和已做过二次波源的界面节点外的其他可以用直射线相连的节点发出直射线，这些节点的波至时间为二次源到达它们各自的走时加上震源到达二次源的走时，如果某节点先前已有射线到达，即已具有一个走时，则需将后面的走时与它进行比较，选取其中的最小走时路径；与此同时，将二次源到达的新的界面节点加入到 Q 中，并将二次源本身从 Q 中除掉；重复选取 Q 中的最小走时节点作为二次源，即可实现整个区域各节点直达波的追踪。

　　对于各向异性介质来说，追踪中还有一个射线速度的问题。各向异性波的波速是随着传播方向的不同而变化的，一般情况下无法写出射线速度的精确解析表达式。这里给出 Sena[15] 提出的具有垂直对称主轴的横向各向同性介质中射线波速的近似表达式

$$V(\theta) = \left[\sqrt{A_0 + A_1 \sin^2\theta + A_2 \sin^4\theta} \right]^{-1} \tag{1}$$

对于 qP 波

$$A_0 = \alpha_0^{-2} \qquad A_1 = -2\delta\alpha_0^{-2} \qquad A_2 = 2(\delta - \varepsilon)\alpha_0^{-2}$$

对于 qSV 波

$$A_0 = \beta_0^{-2} \qquad A_1 = 2\beta_0^{-2}\left(\frac{\alpha_0}{\beta_0}\right)^2(\delta - \varepsilon) \qquad A_2 = -\beta_0^{-2}\left(\frac{\alpha_0}{\beta_0}\right)^2(\delta - \varepsilon)$$

对 SH 波

$$A_0 = \beta_0^{-2} \qquad A_1 = -2\gamma\beta_0^{-2} \qquad A_2 = 0$$

式中，θ 为射线方向与介质对称主轴间的夹角；α_0、β_0、δ、ε 和 γ 为 Thomsen 参数[16]。

2.2　有限元逆时延拓方程

　　利用 Galerkin 方法或动态问题的 Hamilton 原理，可以导出线性弹性介质中弹性波的有限元方程[8]

$$M\ddot{U} + KU = F \tag{2}$$

式中，M、K 分别为质量矩阵和刚度矩阵；U 为节点位移列向量；$\ddot{U}$ 为 U 对时间的二阶导数；F 为节点所受外力列向量，在逆时延拓中，如果不考虑边界条件的影响，它一般为零向量。对于二维情况，M 和 K 的表达式分别为

$$\begin{cases} M = \sum_{i=1}^{n} \iint \rho N^{\mathrm{T}} N \mathrm{d}s \\ K = \sum_{i=1}^{n} \iint B^{\mathrm{T}} D B \mathrm{d}s \end{cases} \tag{3}$$

式中，n 为整个区域剖分的单元个数，求和符号后的积分运算在每一单元上进行；ρ 为介质的密度；N 为形函数的行向量，它与单元位移所采用的插值形式有关；B 为梯度矩阵；D 为弹性矩阵，它随介质弹性性质的不同而不同；ds 代表单元上的面积微元。

　　方程（2）的求解必须配以一定的初始条件和边界条件。对于叠前偏移，地下节点的初始条件（本文以记录的 $t=T$ 时刻为初始值，然后反推到 $t=0$ 时刻）为

$$\begin{cases} U(x,\ z,\ T) = 0 \\ \dot{U}(x,\ z,\ T) = 0 \end{cases} \tag{4}$$

对于地表边界，有

$$U(x,\ 0,\ t) = U_0(x,\ t) \tag{5}$$

式中，$U_0(x,\ t)$ 为地表记录；$\dot{U}$ 代表 U 对时间的一阶导数。由于其他边界为人工截断边界，必须加上吸收效果好的吸收边界条件，才能得到较真实的结果。

2.3　吸收边界条件

　　边界条件吸收边界反射的好坏影响到偏移结果的好坏，甚至能够决定偏移的成功与否。本文采用的是廖振鹏提出的离散透射边界[17]和 Sarma 提出的衰减边界[18]的组合边界。

　　令 $x=0$，$x=a$ 及 $z=h$ 分别表示模型的左边界，右边界和底边界，则廖振鹏提出的离散透射边界的二维表达形式为

$$\begin{cases} U(0,\ z,\ t+\Delta t) = \displaystyle\sum_{i=1}^{n} (-1)^{i+1} C_i^n U(iv\Delta t,\ z,\ t-(i-1)\Delta t) \\ U(a,\ z,\ t+\Delta t) = \displaystyle\sum_{i=1}^{n} (-1)^{i+1} C_i^n U(a-iv\Delta t,\ z,\ t-(i-1)\Delta t) \\ U(x,\ h,\ t+\Delta t) = \displaystyle\sum_{i=1}^{n} (-1)^{i+1} C_i^n U(x,\ h-iv\Delta t,\ t-(i-1)\Delta t) \end{cases} \tag{6}$$

式中，$U(0,\ z,\ t+\Delta t)$、$U(a,\ z,\ t+\Delta t)$、$U(x,\ h,\ t+\Delta t)$ 分别表示 $t+\Delta t$ 时刻左边界、右边界和底边界节点的位移值；n 为边界条件的阶数；$C_i^n = \dfrac{n!}{(n-i)!\ i!}$；$v$ 可取介质最大最小波速间的某一值。可以看出，式中右边所取的 U 值点通常不会正好属于剖分网格的节点，故需利用网格节点进行插值计算。

　　Sarma 提出的衰减边界采用有限元方程（2）中引入 Rayleigh 阻尼衰减项来实现

$$M\ddot{U} + C\dot{U} + KU = F \tag{7}$$

式中，C 为衰减（阻尼）矩阵。在边界部位的吸收带内，$C = \zeta M + \eta K$，ξ、η 为吸收系数；对于其他节点，$C = 0$。

　　本文研究表明，透射加衰减组合边界是一种较好的吸收边界处理方案，特别是对于各向异性介质，这种组合尤其有效，不仅能增强吸收效果，还能延长数值计算的稳定时间。

3　模型实例计算

为检验本文的各向异性弹性波有限元叠前偏移系统的可靠性，设计了一个断层模型和一个前积结构模型，分别进行了偏移计算。

3.1　模型 I （断层模型）

图1是模型 I 的几何结构，其物性参数见表1。采用中间放炮观测系统，利用有限元法合成了地面共炮点接收记录。炮点位于地面 1010m 处，道间距 5m。图2a 为炮集资料的 X 分量和 Z 分量剖面，可以清楚地观察到 X 分量上的 qPSV 反射波和 Z 分量上的 qPP 反射波。

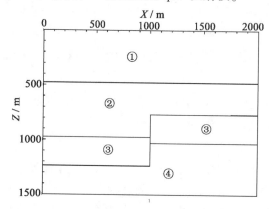

图1　模型 I 几何结构 （①~④见表1）

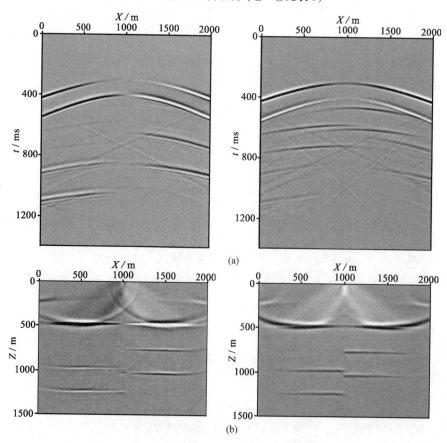

图2　模型 I 炮集记录 （a） 和叠前深度偏移剖面 （b）

左：X 分量；右：Z 分量

表 1　模型 Ⅰ 物性参数

介质	$\alpha_0/(\text{m}\cdot\text{s}^{-1})$	$\beta_0/(\text{m}\cdot\text{s}^{-1})$	ε	δ	$\rho/(\text{kg}\cdot\text{m}^{-3})$
①	3550	2049	0	0	2480
②	3600	1740	0.16	0.047	2500
③	3800	2000	0.15	0.081	2540
④	4000	2309	0	0	2600

注：α_0、β_0、ε、δ 为介质的 Thomsen 参数，ρ 为介质的密度，下同。

图 2b 是应用本文有限元叠前偏移系统对图 2a 炮集记录的偏移成像结果。可见，无论是 X 分量还是 Z 分量，成像剖面都很清晰，层位和断层断点位置都很准确。图中岩层分界面在两边界部位出现向上弯曲现象，是由于地面接收的范围有限而导致的，属合理现象。只要采用合适间距的多炮偏移结果相叠加，即可消除图中的划弧等干扰现象。

3.2　模型 Ⅱ（前积结构模型）

图 3 是模型 Ⅱ 的几何结构，其物性参数见表 2。图 4a 是地面合成炮集记录，炮点位于地面 850m 处，道间距为 5m。从图中可以看出，前积结构模型的反射波资料比较复杂。图 4b 是相应的有限元叠前逆时偏移深度剖面。可以看出，本文有限元叠前逆时偏移系统对于较为复杂的前积结构模型也能得到清晰准确的成像剖面。

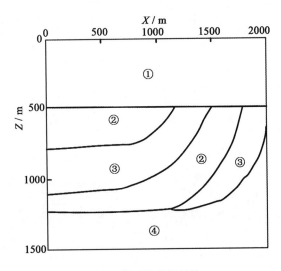

图 3　模型 Ⅱ 几何结构

表 2　模型 Ⅱ 物性参数

介质	$\alpha_0/(\text{m}\cdot\text{s}^{-1})$	$\beta_0/(\text{m}\cdot\text{s}^{-1})$	ε	δ	$\rho/(\text{kg}\cdot\text{m}^{-3})$
①	3350	1934	0	0	2480
②	3390	1840	0.19	0.17	2500
③	3500	2000	0.18	0.20	2540
④	3800	2194	0	0	2600

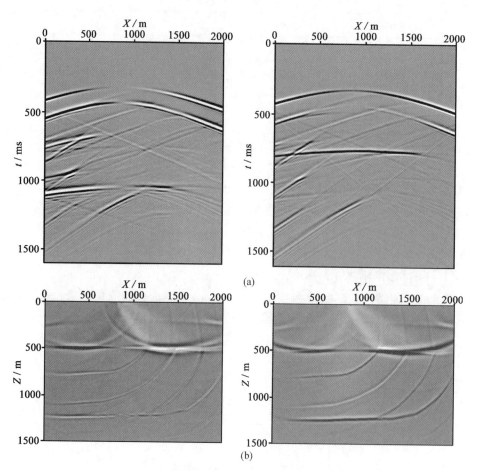

图 4　模型 II 炮集记录（a）和叠前深度偏移剖面（b）

左：X 分量；右：Z 分量

4　波动各向异性对常规偏移的影响

实际生产中的常规资料处理基本上都是建立在各向同性假设的基础上的，然而地下岩石的各向异性效应是客观存在的，采用各向同性的处理必然会引入一定的误差。这里，分析一下岩层的波动各向异性效应对常规偏移的影响。

在常规偏移处理中，岩层的速度参数大都由叠加速度计算出层速度。对于各向同性介质来说，均匀介质空间中的点源波前面为球面，勘探中地表接收到的水平层同类反射波同相轴可近似看成双曲线，特别是对于小偏移距勘探，这种处理的精度较高；而各向异性介质，速度随方向变化，且这种变化很复杂，依各向异性的类型和强度的不同而不同，各向异性波的波前面也是相当复杂的一种曲面。即使是单层反射波，其同相轴也不再总是双曲线形状。因此，如果还采用常规速度分析的方法来计算层速度，所获得的速度参数就不能很好地体现地下介质的物性，用来进行常规各向同性偏移，得到的也是带有误差的像。

以横向各向同性介质为例，分析一下各向异性层的 NMO（正常时差）速度。Thomsen[16] 给出了一水平横向各向同性层反射纵波和横波小炮检距 NMO 速度表达式

$$
\begin{cases}
V_{\mathrm{NMO}}(\mathrm{P}) = \alpha_0 \sqrt{1 + 2\delta} \\[2mm]
V_{\mathrm{NMO}}(\mathrm{SV}) = \beta_0 \left[1 + 2\dfrac{\alpha_0^2}{\beta_0^2}(\varepsilon - \delta) \right]^{\frac{1}{2}}
\end{cases}
\tag{8}
$$

从式（8）不难看出，可近似看成叠加速度的 NMO 速度既不是垂向速度，也不是水平速度（P 波水平速度可近似为 $\alpha_0(1 + \varepsilon)$，SV 波水平速度为 β_0）。

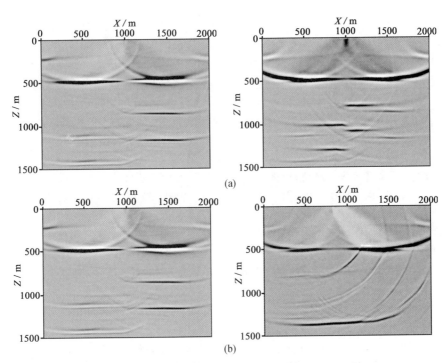

图 5　模型 Ⅰ（a）和模型 Ⅱ（b）各向同性叠前偏移剖面

为了更直观地观察各向异性对常规偏移的影响，对模型 Ⅰ、Ⅱ 的炮集资料进行了常规各向同性偏移，即采用的层速度参数是由小炮检距叠加速度（NMO 速度）得到的。为简便起见，没有考虑岩层的倾角影响。图 5 是两个模型的各向同性偏移深度剖面。将它们与真实模型比较，则有

（1）由于第 1 层为各向同性层，所以两个模型的第 1 个层界面成像都很准确，但其他界面成像结果都不够准确。模型 Ⅰ 的 X 分量偏移剖面上，最下边一个层界面比实际深度深 190m 左右。模型 Ⅱ 的 Z 分量偏移剖面上，最下边一个层界面比实际深度深约 80m。

（2）两个模型的各向同性偏移结果显示，断层断点的成像位置不够清晰准确，倾斜层界面的倾斜情况也与实际情况有一定偏差。

（3）由于速度不准确，以及纵、横波速度偏差情况的不同，从而导致 qPP 波与转换 qPSV 波成像步调不一致，图中可以看到剖面上出现虚假的层，这对解释工作非常不利。

5　结果与讨论

（1）模型实例计算表明，本文在考虑适合各向异性介质的人为截断边界处理、精细的走时追踪后，单炮炮集记录的有限元叠前偏移成像效果好、精度高。

（2）常规各向同性偏移应用于各向异性波，会产生较大的误差，主要表现在地质体的成像深度和

位置不准等方面，因此发展各向异性波处理方法非常必要。

（3）Zhu 等[19]的研究表明，在已知准确的速度结构的情况下，逆时偏移能得到比 Kirchhoff 偏移更为精确的结果。对于各向异性介质来说，如何获得准确的物性结构资料是一个尚待解决的难题。另外，模型计算表明，有限元逆时偏移计算量大，比较费机时，如何提高其计算效率值得做更细致的工作。

参 考 文 献

[1] White J E, Martineau Nicoletis L, Monash C, Measured anisotropy in Pierre shale, Geophys. Prosp, 1983, 31 (4): 709-725

[2] Helbig K, Transverse isotropy in exploration seismics, Geophys. J. Roy. Astr. Soc., 1984, 76 (1): 79-88

[3] Stephen R A, Seismic anisotropy in the upper oceanic crust, J. Geophys. Res., 1985, 90 (BB): 11383-11396

[4] Alkhalifah T, Gaussian beam depth migration for anisotropic media, Geophysics, 1995, 60 (5): 1474-1484

[5] Verstrum R W, Lawten D C, Schmid R, Imaging structures below dipping TI media, Geophysics, 1999, 64 (4): 1239-1246

[6] 滕吉文、张中杰、杨顶辉，各向异性介质中三分量弹性波场叠前偏移，见：中国地球物理学会年刊（1994），北京：地震出版社，1994，160~160

[7] 张秉铭，各向异性介质中弹性波数值模拟与偏移研究［博士论文］，北京：中国科学院地球物理研究所，1997

[8] 王妙月、郭亚曦，二维弹性波的有限元模拟及初步实践，地球物理学报，1987，30 (3): 292~306

[9] 邓玉琼、张之立，弹性波的二维有限元模拟，地球物理学报，1990，33 (1): 44~51

[10] 牟永光，有限元法弹性波偏移，地球物理学报，1984，27 (3): 268~278

[11] 底青云、王妙月，弹性波有限元逆时偏移技术研究，地球物理学报，1997，40 (4): 570~579

[12] 张剑锋、孙焕纯，有限元法弹性波反演，石油物探，1993，32 (2): 97~107

[13] 牛滨华、何樵登、孙春岩，裂隙各向异性介质波场 VSP 多分量记录的数值模拟，地球物理学报，1995，38 (4): 519~527

[14] Nakanishi I, Yamaguchi K., A numerical experiment on nonlinear image reconstruction from first arrival times for two dimensional island arc structure, J. Phys. Earth, 1986, 34 (2): 195-201

[15] Sena A G, Seismic travel time equations for azimuthally anisotropic and isotropic media: Estimation of interval elastic properties, Geophysics, 1991, 5 (12): 2090-2101

[16] Thomsen L, Weak elastic anisotropy, Geophysics, 1986, 51 (10): 1954-1966

[17] 廖振鹏、黄孔亮、杨柏坡等，暂态波透射边界，中国科学，1984，6 (A): 556~564

[18] Sarma G S, MallickK, Gadhinglajkar V R, Nonreflecting boundary condition in finite element formulation for an elastic wave equation, Geophysics, 1998, 63 (3): 1006-1023

[19] Zhu J, Lines L R, Comparison of Kirchhoff and reverse time migration methods with applications to prestack depth imaging of complex structures, In: SEG Annual Meeting Abstracts, 1996, 539-542

Ⅱ — 16

各向异性弹性波叠后逆时深度偏移[*]

张美根　　王妙月

中国科学院地质与地球物理研究所

摘　要　大量数据表明地下岩层的地震各向异性是广泛存在的，然而在常规偏移中，通常视地下介质为各向同性介质，这必然存在一定的误差。本文研究了各向异性弹性波的有限元逆时延拓算法及有关人工吸收边界条件等问题，实现了各向异性弹性波有限元逆时深度偏移系统。两个理论模型的自激自收资料实算表明，该系统能够清晰准确地进行偏移成像。另外，对这两个模型资料的各向同性偏移证实，常规各向同性偏移剖面上存在较大误差。

关键词　各向异性弹性波　逆时深度偏移　有限元　吸收边界条件　理论模型

偏移作为传统地震资料处理的一项重要技术，在有关地震勘探领域发挥了非常重要的作用。常规偏移处理通常基于各向同性波动理论，然而，大量资料表明，地下介质存在广泛的地震各向异性[1~3]。因此，常规偏移剖面肯定或多或少地存在一定的误差。要想适应当今勘探精细化的要求，发展基于各向异性波动理论的偏移方法是非常必要的。目前，国内这方面的研究还不是很多，滕吉文和张秉铭等利用有限差分方法进行过相关的工作[4,5]。

本文研究了各向异性弹性波的有限元逆时延拓算法及人工吸收边界条件等问题，实现了各向异性弹性波的有限元逆时深度偏移系统，对两个 TI（横向各向同性）介质模型的叠后（自激自收）资料进行了偏移实算。并且，通过对各向异性波资料的各向同性偏移，研究了常规各向同性偏移所带来的误差。

1　方法原理

1.1　各向异性弹性波有限元逆时延拓与成像

有限元逆时偏移包括延拓与成像两个基本步骤。延拓又称外推，它将地面记录的波场值通过运算推算到地下，从而得到地下各点不同时刻的波场值。在延拓的同时，根据成像条件，将地下各点在成像时刻的波场记录下来，其输出结果即为偏移剖面。

用于逆时延拓的各向异性弹性波有限元方程为

$$M\ddot{U} + KU = F \tag{1}$$

式中，M、K 分别为质量矩阵和刚度矩阵；U 为节点位移列向量；$\ddot{U}$ 为 U 对时间的二阶导数；F 为节点所受外力列向量，在逆时延拓中，如果不考虑边界条件的影响，它一般为零向量。M 和 K 的表达式分别为

＊　本文发表于《石油物探》，2002，41（3）：259~263

$$\begin{cases} \boldsymbol{M} = \sum_{i=1}^{n} \iint \rho \boldsymbol{N}^{\mathrm{T}} \boldsymbol{N} \mathrm{d}s \\ \boldsymbol{K} = \sum_{i=1}^{n} \iint \boldsymbol{B}^{\mathrm{T}} \boldsymbol{D} \boldsymbol{B} \mathrm{d}s \end{cases} \tag{2}$$

式中，n 为整个区域剖分的单元总数，求和符号后的积分运算在每一单元上进行；ρ 为介质的密度；$\boldsymbol{N}$ 为形函数的行向量，它与单元位移所采用的插值形式有关；$\boldsymbol{B}$ 为梯度矩阵；$\boldsymbol{D}$ 为弹性矩阵，它随介质弹性性质的不同而不同。对于 TI 介质，有

$$\boldsymbol{D} = \begin{bmatrix} c_{11} & c_{13} & 0 \\ c_{13} & c_{33} & 0 \\ 0 & 0 & c_{55} \end{bmatrix} \tag{3}$$

在本文的各向异性弹性波有限元逆时延拓计算中，我们采用正方形剖分单元和双线性插值函数。微分方程（1）的求解采用中心差分方法。其递推形式为

$$\boldsymbol{U}_{t-\Delta t} = \Delta t^2 \boldsymbol{M}^{-1}(\boldsymbol{F} - \boldsymbol{K}\boldsymbol{U}_t) + 2\boldsymbol{U}_t - \boldsymbol{U}_{t+\Delta t} \tag{4}$$

式中，Δt 为时间步长。当然，方程（1）的求解还需要合适的初始条件和边界条件。设输入资料的最后时刻为 T，则地下节点的初始条件为

$$\begin{cases} \boldsymbol{U}(x, z, t) = 0 & (t \geq T) \\ \dot{\boldsymbol{U}}(x, z, t) = 0 & (t \geq T) \end{cases} \tag{5}$$

设 $\boldsymbol{U}_0(x, t)$ 为输入资料，则地表边界的边界条件为

$$\boldsymbol{U}(x, 0, t) = \boldsymbol{U}_0(x, t) \tag{6}$$

地表边界之外的其他边界为人工截断边界，需要加上合适的吸收边界条件（见下一小节）。

结合初始条件和边界条件，利用方程（4）便可实现各向异性弹性波的有限元逆时延拓计算，其过程如下：从输入资料的最后时刻点 T 开始，依次将资料波场值 $\boldsymbol{U}_0(x, T-n\Delta t)$（$n = 0, 1, 2\cdots, N-1$）（$N$ 为采样点数）赋予相应的地表边界节点，再通过式（4）求出地下节点的波场值 $\boldsymbol{U}_{T-(n+1)\Delta t}$，重复此过程，一直推算到输入资料的 0 时刻为止，相应地可得到地下节点 $T-\Delta t$ 时刻到 0 时刻的波场值。从波场传播的角度来说，这一计算过程可以看成是有限元正演过程的逆过程，在具体的数值计算方面也没有实质的区别，关于其计算精度和效率方面的问题，我们在文 [6] 中已做了较详细地研究。

延拓的同时，针对不同的资料以及应用的方便性，可以采用不同的成像条件进行成像。本文偏移的是相当于叠后资料的自激自收记录，故可选用爆炸反射界面成像原理来成像。在各向同性波场偏移中，可以将地下介质的波速减半，利用逆时延拓算法将地表记录从 T 时刻向下延拓至 0 时刻，0 时刻的地下波场描述的就是地下反射地质体的位置，其输出结果即为叠后深度偏移剖面。在各向异性介质中，波速是传播方向的复杂的函数，因而无法对地下介质的速度减半。通过将采样时间减半的办法，即取延拓时间步长为输入资料采样间隔的一半，同样可以实现 0 时刻的波场成像。

1.2　吸收边界条件

在偏移计算时，模型的左右边界及底边界均为人工截断边界，必须加上吸收效果后好的吸收边

条件，消除或减弱截断边界反射的影响，才能得到真实的偏移剖面。

本文采用的吸收边界为廖振鹏离散透射边界[7]和 Sarma 衰减边界[8]的组合边界。我们的正演数值研究已经表明它具有较好的吸收效果和稳定性能[6]。

令 $x = 0$，$x = a$ 及 $z = h$ 分别表示模型的左边界、右边界 和底边界，廖振鹏离散透射边界的二维表达形式为

$$\begin{cases} U(0,\ z,\ t+\Delta t) = \sum_{i=1}^{n} (-1)^{i+1} C_i^n U(iv\Delta t,\ z,\ t-(i-1)\Delta t) \\ U(a,\ z,\ t+\Delta t) = \sum_{i=1}^{n} (-1)^{i+1} C_i^n U(a-iv\Delta t,\ z,\ t-(i-1)\Delta t) \\ U(x,\ h,\ t+\Delta t) = \sum_{i=1}^{n} (-1)^{i+1} C_i^n U(x,\ h-iv\Delta t,\ t-(i-1)\Delta t) \end{cases} \qquad (7)$$

式中，$U(0,\ z,\ t+\Delta t)$、$U(a,\ z,\ t+\Delta t)$、$U(x,\ h,\ t+\Delta t)$ 分别表示 $t+\Delta t$ 时刻左边界、右边界和底边界节点的位移值；n 为边界条件的阶数；$C_i^n = \dfrac{n!}{(n-i)!\ i!}$；$v$ 为人工透射速度。

Sarma 衰减边界采用有限元方程（1）中引入 Rayleigh 阻尼衰减项来实现

$$M\ddot{U} + C\dot{U} + KU = F \qquad (8)$$

式中，C 为衰减（阻尼）矩阵。在边界部位的吸收带内，$C = \xi M + \eta K$，ξ 和 η 为吸收系数；对于其他节点，$C = 0$。

2　模型计算

我们对两个理论模型进行了偏移实算，以检验本文有限元逆时偏移系统的效果和适应能力。所用资料均以自激自收资料来模拟叠后资料，是通过在界面上加二次源的方法来合成得到的。为了较全面地研究 qP 波和 qSV 波，我们分别制作了两类波的自激自收剖面，并进行了相关偏移处理。

模型 I 是一个断层模型（图 1a），其物性参数见表 1，我们以 Themsen 参数[9] α_0、β_0、ε 和 δ 来表征介质的物性。图 1b 和图 1c 为模型的 qP 波和 qSV 波自激自收剖面，剖面上可清晰地见到断层的断点绕射波。图 1d 和图 1e 为相应的逆时深度偏移剖面。可以看出，各层位均得到了准确清晰地成像，断点绕射波也准确地收敛到了断点上。

表 1　介质的物性参数表

介质编号	$\alpha_0 / (\mathrm{m \cdot s^{-1}})$	$\beta_0 / (\mathrm{m \cdot s^{-1}})$	ε	δ	$\rho / (\mathrm{kg \cdot m^{-3}})$
①	3248	1875	0	0	2480
②	3400	1850	0.19	0.17	2500
③	3700	2040	0.18	0.20	2540
④	4200	2424	0	0	2600

模型 II 是一个前积结构模型（图 2a），其物性参数同表 1。图 2b 和图 2c 分别为合成的 qP 波和 qSV 波自激自收剖面，模型结构的复杂性使剖面上的反射波形态也很复杂。图 2d 和图 2e 为相应的逆时深度偏移剖面。可以看出，本文的逆时偏移系统对于复杂的前积结构也能够进行准确的偏移成像。

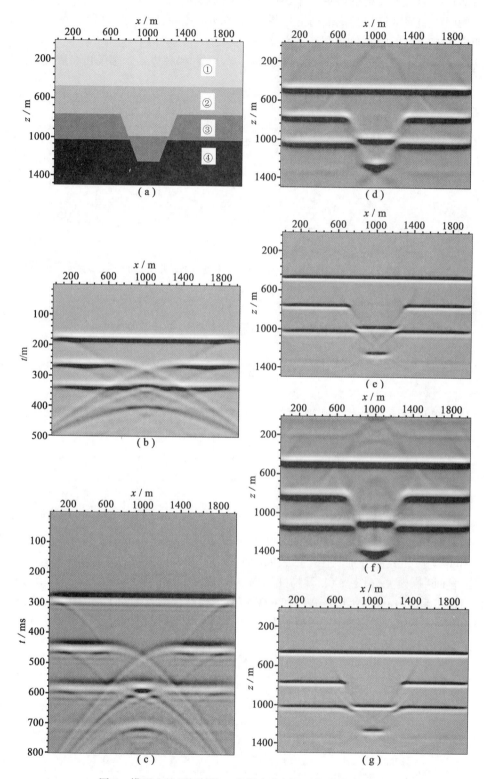

图 1　模型 I 的几何结构、自激自收剖面及深度偏移剖面

（a）模型几何结构；（b）qP 波自激自收剖面；（c）qSV 波自激自收剖面；（d）qP 波各向异性偏移剖面；
（e）qSV 波各向异性偏移剖面；（f）qP 波各向同性偏移剖面；（g）qSV 波各向同性偏移剖面

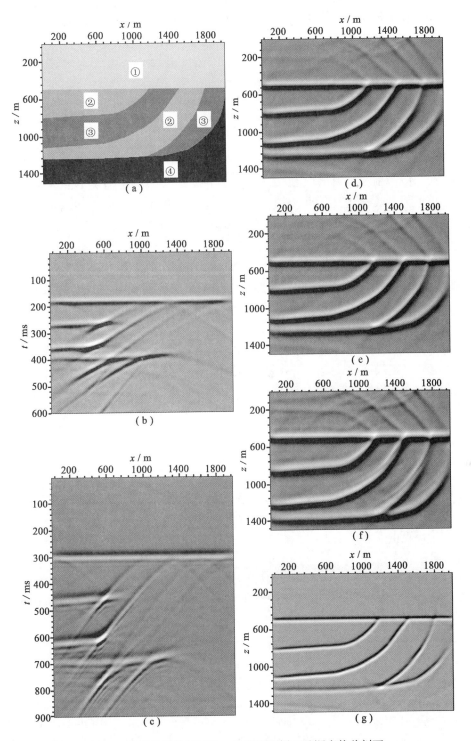

图 2 模型 Ⅱ 的几何结构、自激自收剖面及深度偏移剖面

(a) 模型几何结构;(b) qP 波自激自收剖面;(c) qSV 波自激自收剖面;(d) qP 波各向异性偏移剖面;

(e) qSV 波各向异性偏移剖面;(f) qP 波各向同性偏移剖面;(g) qSV 波各向同性偏移剖面

在以上的偏移剖面上,或多或少地存在一些干扰,其中图 2d 浅部最为明显。这是因为,本文的有限元逆时深度偏移是一种全波动方程偏移方法,上下行波都满足逆时偏移方程,所以在介质分界面上会产生反射波,导致零时刻的成像剖面出现干扰,这种干扰随物性差异的变化而变化。要想消除这些

干扰，就要选用无反射的偏移方程，对于复杂的各向异性波来说，这是需进一步研究的课题。

为了研究传统各向同性偏移剖面可能引入的误差，我们分别对两个模型的观测资料进行了各向同性偏移计算。所用的偏移速度由 Thomsen 公式[9]计算得到，其表达形式为

$$\left.\begin{array}{l} V_{NMO}(qP) = \alpha_0\sqrt{1+2\delta} \\ V_{NMO}(qSV) = \beta_0\left[1+2\dfrac{\alpha_0^2}{\beta_0^2}(\varepsilon-\delta)\right]^{\frac{1}{2}} \end{array}\right\} \tag{9}$$

式（9）表达的是一水平横向各向同性层反射 qP 波和 qSV 波小炮检距情况下的 NMO（正常时差）速度。不难看出，可近似看成叠加速度的 NMO 速度既不是各向异性波的垂向速度也不是水平速度。为了研究的方便，计算层速度时我们没有考虑岩层的倾角影响。

图 1f、图 1g、图 2f 和图 2g 分别是两个模型的各向同性偏移剖面。比较可知，由于第一层均为各向同性层，其界面成像结果准确，但其他层界面成像的清晰度和准确性都多少存在不足。相对来说，qP 波资料的偏移结果较差。模型 I 和模型 II 的最下边一个层界面比真实深度均深 140m 左右，并且，模型 II 的岩层在倾斜部位成像不好，甚至出现假象。在 qSV 波资料的偏移剖面上，层位归位要比 qP 波资料好，但断层断点位置成像不好（图 1g）。

以上研究表明，采用各向同性偏移算法去偏移实际包含各向异性波的剖面，确实会导致较大的误差。除了算法本身外，造成这种误差的一个根本的原因是，常规速度分析得到的各向同性速度不能很好地表述地下介质的真实物性，最终也就不能得到真实的偏移剖面。另外，偏移误差的大小与各类波的各向异性的大小、地下地质结构的形态等因素有关。

3 结 论

（1）本文研究了各向异性弹性波的有限元逆时延拓算法及有关吸收边界条件等问题，实现了各向异性弹性波的有限元逆时深度偏移。

（2）两个理论模型的实算结果表明，本文偏移系统具有较好的偏移效果和适应性能，能够应用于复杂地质结构的偏移成像。

（3）两个理论模型观测资料的各向同性偏移剖面，在清晰度和准确性上都存在很大不足，证实传统各向同性偏移算法已不能较好地适应当今精细化勘探的要求。因此，研究各向异性波的正反演问题对于了解地下地质体的精细结构有着非常重要的促进作用。

参 考 文 献

[1] Helbig K, Transverse isotropy in exploration seismics, Geophys J Roy Astr Soc, 1984, 76 (1): 79-88
[2] Stephyen R A, Seismic anisotrophy in the upper oceanic crust, J Geophys Res, 1985, 90 (BB): 11383-11396
[3] Crampin S, Chesnokov E M, Hipkin R A, Seismic anisotrophy—the state of the art, First Break, 1984, (3): 9-18
[4] 滕吉文、张中杰、杨顶辉，各向异性介质中三分量弹性波场叠前偏移，中国地球物理学会年刊（1994），北京：地震出版社，1994，160~160
[5] 张秉铭，各向异性介质中弹性波数值模拟与偏移研究［博士论文］，北京：中国科学院地球物理所，1997
[6] 张美根、王妙月，各向异性弹性波场的有限元数值模拟，地球物理学进展，2002，17 (3)：410~416
[7] 廖振鹏、黄孔亮、杨柏坡等，暂态波透射边界，中国科学，1984，6 (A)：556~564
[8] Sarma G S, Mallick K, Gadhinglajkar V R, Nonreflecting boundary condition in finite-element formulation for an elastic wave equation, Geophysics, 1998, 63 (3): 1006-1023
[9] Thomsen L, Weak elastic anisotrophy, Geophysics, 1986, 51 (10): 1954-1966

固体地球内部几何结构成像和物性结构成像[*]

王妙月

中国科学院地质与地球物理研究所

摘　要　本文评述了过去 60 年内固体地球内部几何结构和物性结构成像的进展，包括地震学研究的进展；重磁位场研究的进展；电磁学研究的进展，文章还指出了他们进一步发展的某些方面。

关键词　固体地球　几何结构　物理结构　成像

引　言

固体地球的物质组成、结构、演化与动力学的理论、实验、观测研究是研究固体地球的基本内容。而认知地球内部的几何结构和物性结构是固体地球物理学最重要的任务之一。由于认识地球内部的几何结构和物性结构也和地下资源探测、地质灾害预防和减灾、地球环境保护的社会需求密切相关，因此固体地球物理学应用分支科学也发展很快。新中国成立以来，随着国民经济建设的发展，地球内部的几何结构和物性结构成像的理论方法技术有了突飞猛进的发展，具有影响力的成果层出不穷。在 GGT 项目[1]、INDEPTH 项目[2]、全国应力图[3]、深钻[4]、大陆和板块结构[5,6]、资源勘探方法[7]等方面都已做出了重要的结果。由于这些研究成果的诸多方面已有文章阐述，本文只是着重讨论固体地球物理重、磁、电、震四个基本分支学科在地球内部结构研究方面的进展。虽然在理论上物性结构和几何结构可以同时反演，但是在现有的软件及方法的制约下，地球内部结构的几何结构常常是分开来研究的。例如，限定物性参数来反演几何结构，限定几何参数来反演物性结构两个方面。

1　地球内部结构成像的地震学研究

自 1909 年南斯拉夫的莫霍洛维奇首先发现莫霍面以来，地球内部的圈层结构已为广大地球物理工作者所熟知和认可。圈层结构是地球内部结构的一级近似。地壳厚度从海上不足 10km 到青藏高原至 65km 以上，表明地壳厚度在横向上是不均匀的。20 世纪 60 年代国际上地幔计划，它的一个重要的认知基础就是在地球圈层结构的背景上对地壳上地幔横向不均匀结构的认识。板块结构可以认为是地球内部结构的二级近似。板块构造学使全球性的地质现象和构造运动在统一的学说下得到了解释，被认为是地球科学的一次革命。20 世纪 70 年代的地球动力学计划试图解决驱动板块运动和动力学的来源，由于这个问题难度太大，10 年的地球动力学计划进展不大。20 世纪 80 年代以后，研究的重点又回到研究地球的内部结构上来，特别是大陆板块内部和板块边界的内部细节构上来。在这个动力驱动下利用天然地震体波面波的地壳上地幔内部结构三维不均匀体成像识别曾被认为是新的地学革命的前奏。另一方面，地球地下资源深度范围内的内部结构的反射地震探测，随着资源勘探的深入其细微程度和

---

* 本文发表于《地球物理学进展》，2007，22（4）：1126~1129

分辨率越来越高，在认识地球内部结构上二者之间起到了相互促进的作用。从地震学的角度地球内部结构的成像分为两个层次，一个是利用石油地震重发展起来的反射地震技术给出板块内部及其边界的几何结构图像，另一个是采用地学层析成像技术研究地壳上地幔物性结构图像。由于这两个技术本质上是相互促进的，可以交互使用，在研究复杂结构，特别是研究和地下资源探测、地质灾害防治、生态环境保护相关的结构时，二者之间的交互应用，可以提高探测地下复杂结构图像的分辨率和可靠性。

我国的地震学工作这在这方面已经做出了卓越的贡献。在物性结构成像方面开展较多的是在深部结构探测领域。例如人工源爆炸地震探测[8, 9]；全国台网、区域台网、临时台网记录的地震波各种震相的地震波层析成像[10~12]。在几何结构成像方面主要是在石油、煤田勘探领域，在 2D、3D 探测方法技术方面取得了重大进展[13]。石油地震中发展起来的反射地震方法也应用到了青藏高原地壳上地幔结构的探测[2]，提高了对青藏高原深部结构的认识。

2　地球内部结构成像的位场研究

和地球密度分布相关的重力场和与地球内部磁性分布相关的磁场观测资料用于研究地球内部的密度和磁性结构，分定性研究和定量研究两个方面。定性研究主要是用重磁场的场特征来定性估计引起重磁异常的密度体和磁性体的几何结构和物性机构，例如异常体是等轴状的，还是长轴状的，是线性构造（断层、接触面）还是斜坡构造，是强磁体还是弱磁性体，是高密度体还是低密度体等。延拓、倒数、化极等处理可突出某些限定条件下的场特征，例向上延拓可突出深部信息，方向导数可突出异常的方向性等。在研究密集型场源体的几何结构时，通常采用等效层的概念，即用一个面密度分布（或一个面磁性分布）来等效体密度分布（或体磁性分布），使它们各自产生的重力场（或磁场）完全相同，这时的一个面密度分布成为密度等效层，而磁性分布称为磁性等效层。等效层的物理意义可以理解为在界面上和界面下的物性都是均匀的，但上下有一个物性差的条件下界面形态起伏的一种表示，利用这个性质，国内已发展用重力资料和压缩质面法计算莫霍面起伏的方法[14]，并采用这个方法计算了全国和各构造区的莫霍面埋深分布[15]。这个方法也可利用磁场资料计算结晶基底埋深和居里面埋深分布。

密集型场源的物性结构（密度和磁场）图像通常是在一系列几何规则体的假定下采用线性反演方法或称层析成像方法获得。在 20 世纪 80 年代初开始，我国许多重磁工作者开始开展这方面的理论方法和实例应用研究[16~18]。当只反演磁性强度时，只反演磁性的模，和密度反演一样同属标量反演。地壳的磁性由感磁和剩磁组成，感磁和现代地磁场以及岩石的磁化率有关，剩磁和岩石形成时的地磁场以及当时岩石的磁化率有关。当岩石各向同性时，岩石的磁化率为标量，各向异性时为张量。由观测的磁场资料反演岩石磁性的方向可用来研究岩石磁化率的各向异性对于研究古环境变迁也非常有意义。洋钻标本磁化率测定解释了磁化率是各向异性的[19]。因此研究磁性矢量层析成像和磁性标量层析成像一样也是非常重要的，一些作者对此已经进行了摸索，并取得了可喜的初步结果[20]。

3　地球内部结构的电磁学研究

地球内部的电性参数主要有电导率、介电常数和导磁率。地球介质的导磁率和真空中的导磁率差异很小，一般在电磁剖面的解释中取导磁率为真空中的导磁率。地球介质的介电常数和真空中的介电常数可以有比较大的差异，特别是水和某些矿物的介电常数可以比真空中的介电常数差数十倍。然而只有频率很高的探地雷达（GPR）才可以探测到地球的介质介电常数变化。雷达波的强衰减动力学特征使得中等公里处的探地雷达设备探测深度不足 50m。探测深度更深的大功率探地雷达设备正在研究之中。而对于音频和低于音频的电磁波的探测深度可以从数十米到地壳上地幔。在这个频率范围内，电磁波从波动波退化为扩散波，介电常数已不起作用，因此反演的电性结构主要是电导率结构。大地电磁法（MT）从20世纪40年代以来一直是探测地壳上地幔电导率结构的主要手段，在我国MT研究在地壳上地幔电导率结构与大陆动力学研究以及资源评价结构格局研究中取得了很好的结果[21~23]。

由于MT测得的是电离层天然场源的信号，信号比较弱，需用垂直叠加的方法提高有用信号的强度，当探测深度较深（频率较低）时，叠加的次数很多，每个测点占用的测量时间较长，限制了该方法采用信息多次覆盖的拟地震资料采集和资料处理方法的应用。为了克服这个缺点，20世纪70年代提出了音频可控源频率域电磁测深法（CSAMT）和时间域电磁测深法（TEM）。那些方法在我国得到了推广和发展，在资源探测和工程探测等方面获得了广泛的应用，取得了很好的应用效果[24~26]，在1km左右深度范围内重构的电性结构的分辨率要优于MT。为了进一步提高CSAMT、TEM探测电性结构的分辨率，一个努力的方向是采用拟地震的资料采集、资料处理方法。拟地震处理在GPR中已经取得了很好的效果，在MT中已经做了大量的理论方法研究，只是缺乏适合拟地震处理的MT拟地震采集的资料，使方法在MT中的推广受到了限制[23]。一个多道的EMAP采集资料，采用拟地震偏移处理的结果明显优于传统的电磁处理得到的结果[27]。在海底TEM观测中，一个拟地震的资料采集和处理已经出现，在墨西哥湾、地中海、印度洋得到了应用。在我国CSAMT、TEM的拟地震处理处在理论和方法研究阶段。音频TEM和CSAMT遵循扩散方程，扩散场对应存在介质吸收的波动场，如果能将介质的吸收补偿掉，则扩散场就可用处理波动场的方法来处理扩散场，这是TEM和CSAMT拟地震处理的一个途径，扩散场的脉冲函数法和微分方程偏移方法属于这一类[23]，另一类是将扩散场转换成等效的波动场，而等效的波动场不存在介质的吸收，因此可借用地震处理的方法[28]。理论上考虑，不论是采用介质吸收补充的方法，还是采用扩散场到等效波动场转换的方法都有可能使TEM和CSAMT探测深度和分辨率得到提高，这些方法的焦点是提高来自地下电性结构反射/散射回来的二次源有效信号的强度。采用提高一次源（人工信号源）强度的大功率人工源是提高地下电性结构反射/散射二次源有效信号强度的另一种方法。酝酿中的我国"十一五"12个工程项目之一的探地工程项目（WEM）[29]将专门研究提高二次源信号强度的两种方法相结合的方法。

参 考 文 献

[1] 吴功建、高锐，青藏高原"亚东—格尔木地学断面"综合地球物理调查研究 [J]，地球物理学报，1991，34（5）：552~562

[2] 赵文津及INDEPTH项目组，喜马拉雅山及雅鲁藏布江缝合带深部构造及构造研究 [M]，北京：地质出版社，2001

[3] 谢富仁、崔效峰、赵建涛等，中国大陆及邻区现代构造应力场分区 [J]，地球物理学报，2004，47（4）：654~662

[4] 杨文采，后板块地球内部物理学导论 [M]，上海：上海科学技术出版社

[5] 金性春，板块构造学基础 [M]，上海：上海科学技术出版社

[6] 陈良君、臧绍先，地幔粘度结构的反演 [A]，见：寸丹集——庆贺刘光鼎院士工作50周年学术论文集 [C]，北京：科学出版社，1998，655~667

[7] 李庆忠，走向精确勘探的道路——高分辨地震勘探系统工程剖析 [M]，北京：石油工业出版社，1994

[8] 滕吉文、冯炽芬、李金森等，华北平原地区深部构造背景及邢台地震（一）（二）[J]，地球物理学报，1974，17（4）；1975，18（3）

[9] 张先康、刘国栋、刘泰升等，华北地壳结构的三维探测和研究 [A]，见：寸丹集——庆贺刘光鼎院士工作50周年学术论文集 [C]，北京：科学出版社，1998，715~720

[10] 刘福田、曲克信、吴华，中国大陆及其邻近地区的地震层析成像 [J]，地球物理学报，1989，32（3）：281~291

[11] 曾融生、朱介寿、周兵等，青藏高原及东北邻区的三维地震波速度结构与大陆碰撞模型 [J]，地震学报，1992，14（supp）：523~533

[12] 宋仲和、安昌强、陈国英，中国西部速度结构及各向异性 [J]，地球物理学报，1991，34（6）：649~706

[13] 王妙月，我国地震勘探研究进展 [J]，地球物理学报，1997，40（supp）：257~265

［14］刘元龙、郑建昌、吴传珍，利用重力资料反演三维密度界面的质面系数法［J］，地球物理学报，1987，30（2）：186～196

［15］王谦身、刘元龙，辽南地区地壳构造轮廓［J］，地球物理学报，1976，19（3）：165～176

［16］申宁华、禹惠民、许延清，线性反演求磁场分布［J］，物化探电子计算技术，1980，（1）：15～23

［17］冯锐，三维物性分布的位场计算［J］，地球物理学报，1986，29（4）：399～406

［18］刘长风、王妙月，磁性层析成像——塔里木盆地（部分）地壳磁性结构反演［J］，地球物理学报，1996，39（1）：89～96

［19］卢博，南沙群岛海域浅层沉积物物理性质的初步研究［J］，中国科学 D 辑，1997，27（1）：77～81

［20］王妙月、底青云、许琨等，磁化强度矢量反演方程及二维模型正反演研究［J］，地球物理学报，2004，47（3）：528～534

［21］潘裕生、孔祥儒，青藏高原岩石圈结构演化和动力学［M］，广州：广东科技出版社，1998，65～93

［22］刘国栋，我国大地电磁测深的发展［J］，地球物理学报，1994，37（supp）：301～310

［23］王家映，大地电磁拟地震解释法［M］，北京：石油工业出版社，1995

［24］何继善，可控源音频大地电磁法［M］，长沙：中南工业大学出版社，1990

［25］石昆法，可控源音频大地电磁法理论与应用［M］，北京：科学出版社，1999

［26］底青云、伍法权、王光杰等，地球物理综合勘探技术在南水北调西线工程深埋长隧洞勘察中的应用［J］，岩土工程学报，2005，24（20）：631～638

［27］于鹏、王家林，有限差分法大地电磁多参数偏移成像［J］，地球物理学报，2001，44（4）：552～562

［28］陈本池、李金铭、周凤桐，瞬变电磁场拟波动方程偏移成像［J］，石油地球物理勘探，1999，34（5）：366～373

［29］"十一五"将建 12 项重大科技基础设施，科技日报，2007.02.26

Ⅱ — 18

密度和压缩系数的散射层析成像法[*]

袁晓晖　　王妙月

中国科学院地球物理研究所

摘　要　本文在速度成像的基础上研究了同时对密度和压缩系数成像的散射波层析成像法。对不同散射角度的计算可以得到一系列反演图像，拟合这些图像，从而可以有效地达到对密度和压缩系数（或速度）成像的目的。与单纯的速度成像相比，增加了反演的难度。首先是对资料的方位性要求增加；其次是对资料的利用率下降。即便如此，从对较少量的炮点和检波点资料的数值计算来看，仍取得了满意的成像结果。我们对组成字母"A"的散射体结构进行了成像计算，结果能够同时再现密度和压缩系数，成像清晰，表明了方法的可行性，并能应用于复杂结构的成像问题。

关键词　散射波　层析成像　Radon 变换　密度　压缩系数

一、引　　言

20 世纪 80 年代，叠前深度偏移取得了很大进展。为了提高偏移效果，必须对地下波速结构有比较清楚的了解，从而能够提供一个正确的模型。在这方面，地震波层析成像是一个有效的途径。从近年的发展来看，层析成像不仅出于深度偏移的要求，在对油气田的开发和强化采油中，它能提供地下岩性圈闭和油气储的高精度图像。许多地球物理学家致力于这方面的研究，并取得了很大成就。在这些研究中，最常用的是射线理论，它建立在程函方程的基础之上，当成像区域的不均匀尺度比波长大得多时，程函方程成立，这时层析成像可以给出很好的结果。

当成像区域不均匀尺度与波长可以相比拟或小于波长时，射线方法显出了明显的不足，重建图像的失真是相当大的，这时必须用波长和不均匀性引起的散射场概念来分析问题。由此发展起来了散射波层析成像理论。在纵波地震勘探中，虽然接收到的是压力波或位移速度的某个分量而不是声波，但作为弹性波动方程的一级近似，声波理论可以应用到地震勘探中来。

一般说来，层析成像有两种方法，一种是级数法，把图像离散化，通过解代数方程组来成像；一种是变换法，通过寻求逆 Radon 变换导出反演算子。散射层析实际上是一种变换法，虽然近几年来刚刚开展起来，但已有很大进展。Devaney[1~4]研究了透射模式的衍射层析（TMDCT），利用测量透过物体方向的散射波进行成像，提出了滤波反传播法，其成像结果明显优于滤波反投影法。Roterts 和 Kak[5]研究了反射模式的衍射层析（RMDCT）。Harris[6]提出了线源阵列衍射层析理论，其方法能够适用于离散源和接收器放在重建目标附近的非远场的成像问题。吴如山[7]研究了衍射层析在地震成像中的应用，就它们对地面反射剖面、垂直地震剖面以及井间测量中的应用进行了评价，对线震源和线接收器给出了二维分布公式。Beylkin[8~10]从数学理论上取得了突破性进展，在他的一系列文章中，系统地研究了广义 Radon 变换及其反演问题，把 GRT 问题归结为求解 Fredholm 积分方程，并利用 Fourier

---

　*　本文发表于《地球物理学报》，1991，34（6）：753~761

算子导出了求解这些问题的渐近公式，从而统一了声波方程反演、逆散射和声层析成像问题。在他以后的研究中，根据地震波的高频特性，导出了高频近似解，为介质的间断面成像提供了理论依据。他还讨论了成像算法的空间分辨问题。Miller 等[11,12]根据 Bylkin 的理论，具体地导出了广义 Radon 变换的近似反演公式，并做了理论和实际数据的计算。杨文采[13]也做了类似的工作，他把逆散射走时反演结合起来，区分开了反射波与散射波，提高了波速成像的分辨率和保真度。

上述工作均已取得了较好的声速成像。为了进一步能够同时对介质密度成像，我们需要有不同的炮检距的资料。Bras 和 Clayton[14]用反向投影迭代反演了多炮检距资料，得到了密度和压缩系数的成像。

本文使用散射层析成像法，应用 Radon 变换的反演方法进行密度和压缩系数成像，我们用声波的 Born 弱散射理论，计算出散射波的理论数据，然后使用我们导出的成像公式进行反演计算，从而验证了成像方法的可行性。

二、成像的原理和公式

ρ 和 κ 分别表示介质的密度和压缩系数，密度的倒数为 $\sigma = 1/\rho$，$\boldsymbol{x}$ 表示空间位置，$\boldsymbol{s}$ 和 $\boldsymbol{r}$ 分别表示震源和检波点的位置，p 表示压力。对一个 δ 函数的点源，其标量波动方程为

$$\kappa \frac{\partial^2 p}{\partial t^2} - \nabla \cdot (\sigma \nabla p) = \delta(\boldsymbol{x} - \boldsymbol{s})\delta(t) \tag{1}$$

对于不均匀介质，用 κ_e 和 σ_e 表示参数扰动量，κ_0 和 σ_0 表示背景场参数，有

$$\kappa = \kappa_0 + \kappa_e$$
$$\sigma = \sigma_0 + \sigma_e$$

总波场 $p = p_0 + p_s$，p_0 和 p_s 分别为入射和散射波场，其中 $\sigma_e \ll \sigma_0$，$\kappa_e \ll \kappa_0$，$p_s \ll p_0$。

利用摄动法将方程（1）线性化，并利用格林函数 $G(\boldsymbol{s}, \boldsymbol{x}, t)$ 和 $G(\boldsymbol{r}, \boldsymbol{x}, t)$，得到散射波场

$$p_s(\boldsymbol{s}, \boldsymbol{x}, t) = \int d\boldsymbol{x} \left\{ -\kappa_e \frac{\partial^2}{\partial t^2} G(\boldsymbol{s}, \boldsymbol{x}, t) + \nabla \cdot [\sigma_e \nabla G(\boldsymbol{s}, \boldsymbol{x}, t)] \right\} * G(\boldsymbol{r}, \boldsymbol{x}, t) \tag{2}$$

式中，$*$ 表示关于时间 t 的褶积。

对于非均匀背景场，将格林函数表示为

$$G(\boldsymbol{s}, \boldsymbol{x}, t) \approx A(\boldsymbol{s}, \boldsymbol{x})\delta(t - \tau(\boldsymbol{s}, \boldsymbol{x}))$$
$$G(\boldsymbol{r}, \boldsymbol{x}, t) \approx A(\boldsymbol{r}, \boldsymbol{x})\delta(t - \tau(\boldsymbol{r}, \boldsymbol{x})) \tag{3}$$

式中，$A(\boldsymbol{s}, \boldsymbol{x})$ 和 $A(\boldsymbol{r}, \boldsymbol{x})$ 表示振幅项，走时满足程函方程

$$|\nabla \tau(\boldsymbol{s}, \boldsymbol{x})|^2 = |\nabla \tau(\boldsymbol{r}, \boldsymbol{x})|^2 = \frac{\kappa_0(\boldsymbol{x})}{\sigma_0(\boldsymbol{x})} \tag{4}$$

把式（3）代入式（2）可得

$$p_s(s, x, t) = -\int dx\, \kappa_0(x)A(s, x)A(r, x) \times \delta''(t - \tau(s, x)$$

$$- \tau(r, x))\left(\frac{\kappa_e(x)}{\kappa_0(x)} + \frac{\sigma_e(x)}{\sigma_0(x)}\cos 2\alpha\right) \tag{5}$$

这里 2α 为入射方向与散射方向的夹角，也即 $\nabla\tau(s, x)$ 和 $\nabla\tau(r, x)$ 的夹角，如图 1 所示。

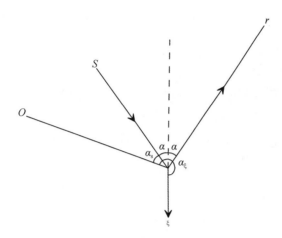

图 1　散射关系几何图示

对于正问题，如果给出了地下介质参数 κ 和 σ，就可以通过公式（5）计算出各个检波点处的散射波记录。对于反问题，p_s 是我们的地震记录，我们的目的是从这些数据资料计算介质的声学参数 κ_e 和 σ_e。

式（5）实际上是一个广义 Radon 变换。我们知道经典的 Radon 变换具有如下的形式[16]

$$\mathscr{R}f(p, \boldsymbol{\xi}) = \int_{p = \boldsymbol{\xi}\cdot x} f(x)\delta(p - \boldsymbol{\xi}\cdot x)dx \tag{6}$$

积分是沿超平面 $p = \boldsymbol{\xi}\cdot x$ 进行的，对于奇维空间和偶维空间的不同情况，Deans 给出了反变换的一般公式[16]。与式（6）相比，式（5）积分号下出现了一个权因子 $\kappa(x)A(s, x)A(r, x)$，另外 δ 函数对时间 t 取了两次导数，这两点是广义 Radon 变换的扩展。

利用 $\nabla\tau(s, x)$ 和 $\nabla\tau(r, x)$ 的合向量的单位向量 $\boldsymbol{\xi}$，把式（5）化为

$$p_s(s, r, \tau(s, x) + \tau(r, x)) \approx -\frac{\kappa_0(x)A(s, x)A(r, x)}{8\cos^3\alpha\left(\dfrac{\kappa_0(x)}{\sigma_0(x)}\right)^{\frac{3}{2}}}$$

$$\cdot \int dx'\left(\frac{\kappa_e(x')}{\kappa_0(x')} + \frac{\sigma_e(x')}{\sigma_0(x')}\cos 2\alpha\right)\delta''(\boldsymbol{\xi}\cdot(x - x')) \tag{7}$$

我们知道 $\delta(x)$ 的 Radon 变换为 $\delta(p)$，根据 Deans 的反变换公式可写出

$$\delta(\boldsymbol{x}) = -\frac{1}{8\pi^2}\int_{|\boldsymbol{\xi}|=1}\delta''(p)\mathbf{d}\boldsymbol{\xi} \tag{8}$$

根据式（7）、式（8），最后得到成像公式

$$\frac{\kappa_e(\boldsymbol{x})}{\kappa_0(\boldsymbol{x})} + \frac{\sigma_e(\boldsymbol{x})}{\sigma_0(\boldsymbol{x})}\cos 2\alpha \approx \frac{\cos^3\alpha}{\pi^2 c_0^3(\boldsymbol{x})\kappa_0(\boldsymbol{x})}\int_{|\boldsymbol{\xi}|=1}\frac{p_s(\boldsymbol{s},\ \boldsymbol{r},\ \tau(\boldsymbol{s},\ \boldsymbol{x}) + \tau(\boldsymbol{r},\ \boldsymbol{x}))}{A(\boldsymbol{s},\ \boldsymbol{x})A(\boldsymbol{r},\ \boldsymbol{x})}\mathbf{d}\boldsymbol{\xi} \tag{9}$$

积分区域为包围点 $\boldsymbol{x}$ 的单位球面，即等时面。通过对不同角度 α 情况的计算，就可分别得到 κ_e 和 σ_e 的值。

对于二维情况，使用二维时的 Radon 反变换公式和格林函数公式，可以推出下面的成像公式

$$\frac{\kappa_e(\mathrm{x})}{\kappa_0(\mathrm{x})} + \frac{\sigma_e(\mathrm{x})}{\sigma_0(\mathrm{x})}\cos 2\alpha \approx \frac{\cos^3\alpha}{\pi\kappa_0(\mathrm{x})c_0^2(\mathrm{x})}\int_{|\boldsymbol{\xi}|=1}\frac{\mathscr{K}[p_s(\boldsymbol{s},\ \boldsymbol{r},\ \tau(\boldsymbol{s},\ \boldsymbol{x}) + \tau(\boldsymbol{r},\ \boldsymbol{x}))]}{A(\boldsymbol{s},\ \boldsymbol{x})A(\boldsymbol{r},\ \boldsymbol{x})}\mathbf{d}\boldsymbol{\xi} \tag{10}$$

其中，$\mathscr{K}[\cdots]$ 表示希尔伯特变换。

三、数值检验

我们对二维情况做了数值计算。在图 1 所示的关系中，

$$\alpha_\xi = \alpha_s + \alpha + \pi$$
$$\mathbf{d}\boldsymbol{\xi} = \mathrm{d}\alpha_\xi = \mathrm{d}\alpha_s$$

二维格林函数的振幅项

$$A(\boldsymbol{x},\ \boldsymbol{y}) = \sqrt{\frac{c_0}{8\pi|\boldsymbol{x} - \boldsymbol{y}|}} \tag{11}$$

式中，c_0 为波速。这样成像公式（10）变为

$$\frac{\kappa_e}{\kappa_0} + \frac{\sigma_e}{\sigma_0}\cos 2\alpha = \frac{8\cos^2\alpha}{\kappa_0^2 c_0^3}\int_0^{2\pi}|\boldsymbol{x} - \boldsymbol{s}|^{\frac{1}{2}}|\boldsymbol{x} - \boldsymbol{r}|^{\frac{1}{2}}$$
$$\times \mathscr{K}[p_s(\boldsymbol{s},\ \boldsymbol{r},\ \tau(\boldsymbol{s},\ \boldsymbol{x}) + \tau(\boldsymbol{r},\ \boldsymbol{x}))]\mathrm{d}\alpha_s \tag{12}$$

为了更好地检验散射层析的效果，在正演散射记录时不用式（5），而用文献［17］中的声散射公式，利用 Born 近似计算散射波的理论记录，

$$p_s = f(\hat{\boldsymbol{o}},\ \hat{\boldsymbol{i}})\frac{\mathrm{e}^{ikR}}{R}$$

$$f(\hat{\boldsymbol{o}},\ \hat{\boldsymbol{i}}) = \frac{k^2}{4\pi}\int_V\left(v_\kappa p - iv_p\frac{\hat{\boldsymbol{o}}}{k}\cdot\nabla'p\right)\exp(-ik\hat{\boldsymbol{o}}\cdot\boldsymbol{r}')\mathrm{d}v \tag{13}$$

式中，p_s 为散射的压力；$\hat{o}$ 和 $\hat{i}$ 分别为散射和入射方向的单位向量；k 是波数；r' 是散射体内部矢量；$v_k = \dfrac{\kappa_e}{\kappa_0}$；$v_p = \dfrac{-\sigma_e}{\sigma_0}$，积分在散射体内进行，见图2。

　　下面，我们通过几个算例，讨论成像理论的应用情况。对模型中任意一点的成像原则是通过检测这一点的散射波场来成像，即按走时反推，如果计算点 X 是一个二次源，由震源出发的波通过这一点再传到检波点的走时为 t_X，那么在记录中 t_X 处必将对应一散射震相，把此处的振幅提取出来作为这一道的信息，这样按成像公式要求提出每一炮记录中指定道上的信息（应都对应着散射震相）叠加起来，便将这一点的真实参数重建出来。相反，如果 X 不是二次源，那么按走时 t_X 将在大部分记录中找不到相应的震相，这样叠加后的值将没有前者的特点。按照这样的反演方法，就会把所有能够在记录中产生散射记录的异常区重建出来。这就是成像原理的物理意义。

　　在计算中，正方形模型的边长为1000m，震源和接收器都排列在边界上，即地面和井中。成像区在模型内每边长为600m，见图3。模型中背景场取为均匀的各向同性介质，在中心有一直径为5m的异常区。背景场介质参数 $\rho_0 = 1.5 \text{g/cm}^2$，$\kappa_0 = 0.06 \times 10^{-9} \text{Pa}$，异常区参数扰动量 $\rho_e = 1.6 \text{g/cm}^2$，$\kappa_e = 0.07 \times 10^{-9} \text{Pa}$。沿模型四周均匀排放着40个震源和40个检波器，震源和检波器置于同一位置，间隔100m。为说明有限方位数据对成像效果的影响，假定在模型底边也排放震源和检波器。对每一个震源，我们在每个检波点接收散射记录，采样间隔为5ms，记录长度0.1~0.74s。图3b是1炮记录，图中可见，沿入射方向的散射波较强，沿与入射相反的方向散射波较弱。

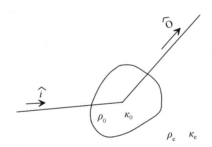

图2　粒子对声波的散射

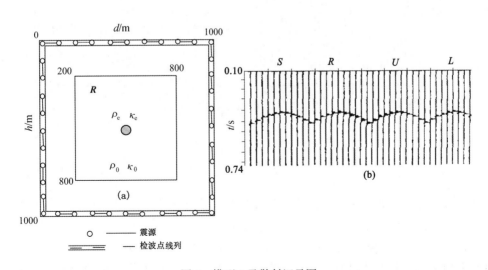

图3　模型1及散射记录图

（a）几何图；（b）1炮记录，震源在（0, 0）处，S 为地面记录，L 和 R 分别为左右侧井中记录，U 为地下记录

对每一个计算点，使其对震源和检波点的张角在一次计算中为固定值，即计算某一炮数据时，根据成像点和事先给定的角度，找到相应的检波点进行计算（如果这一点不是实际的检波点位置，则取最邻近点近似）。逐炮计算下来，得到这一点在这一角度下的反演值。然后对不同的角度进行拟合，分别得到这点的密度和压缩系数值。我们选择 6 个不同的角度进行计算，角度值分别为 $n\pi/12$（$n = 0$，1，…，5），拟合后的结果示于图 4 至图 7。

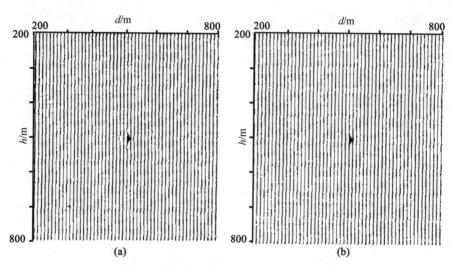

图 4　模型 1 的四边资料（SRUL）的成像
（a）密度成像；（b）压缩系数成像

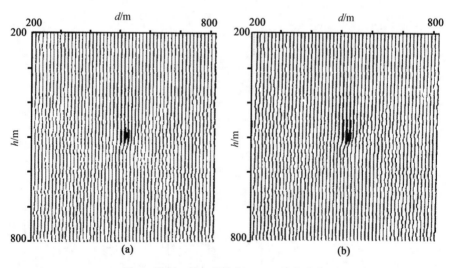

图 5　模型 1 的三边资料（SRL）的成像
（a）密度成像；（b）压缩系数成像

图 4 是假设 4 个方向都有震源和检波器的成像结果，即所谓全方位数据成像。它对散射体成像清晰。如果考虑比较实际一些的情况，去掉最下面一排震源和检波器，留下地面和两个井的资料，利用这 3 方向资料成像为图 5，其结果虽不及图 4，但模型仍可以比较清晰地再现出来。图 6 和图 7 分别是利用地表和单井资料以及只有地表资料的反演结果。成像效果逐渐下降。只用地表资料时，虽然可重建散射体，但分辨率大为下降。

为了检验复杂结构的成像质量，我们计算了多个散射体的情况（模型 2）。如图 8a 所示，由 13 个

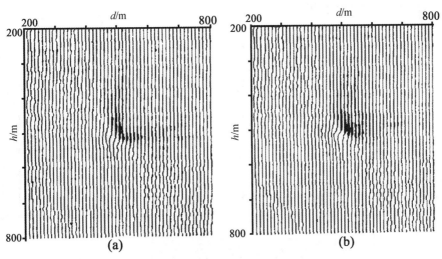

图 6　模型 1 的两边资料（SR）的成像

（a）密度成像；（b）压缩系数成像

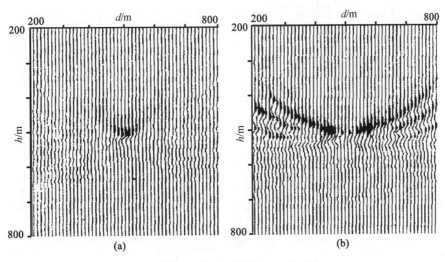

图 7　模型 1 的地面资料（s）的成像

散射体组成字母"A"，每个散射体直径 10m，其背景介质参数和异常区扰动量均与模型 1 相同，有 31 个震源和 31 个检波器均匀分布在地面和两侧的井中。图 8b 是震源位于（0，0）点处的记录图。图 9 是密度和压缩系数的成像。我们清楚地分辨出了每一物体，其中压缩系数成像相对较为清晰。可见本文的成像算法是可以应用于复杂结构成像的。

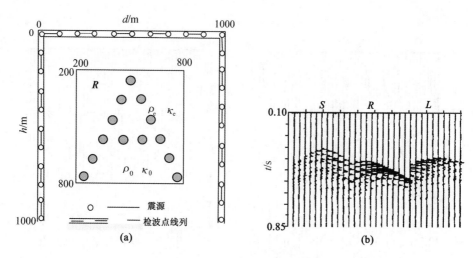

图 8　模型 2 及散射记录图

（a）几何图；（b）1 炮记录，震源在（0，0）处，S 为地面记录，L 和 R 分别为左右侧井中记录

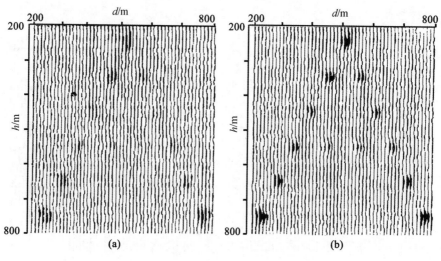

图 9　模型 2 的成像

（a）密度成像；（b）压缩系数成像

四、结　　论

我们推导了对炮点和检波点装置任意排列的散射层析重建公式，能够同时恢复介质的密度和压缩系数。通过数字检验，验证了成像算法。

（1）本文中的重构方法，能够再现介质的密度和压缩系数，成像清晰，基本上可以反映出地下介质参数真值和扰动区域的大小，并能够应用于较复杂的结构。通过使用少量炮点和检波点装置进行检验，结果较为满意。

（2）与射线层析成像理论相比，散射层析对空间方位（成像积分孔径）的依赖虽然较弱，但仍然有关。我们认为，单纯使用地面资料目前不能给出满意的成像，地面资料与井中资料的结合可以提高成像的清晰度和分辨率。

（3）本文虽然未做抗噪音试验，但由于方法本身运算时对资料取叠加，相当于一个积分过程，在这个过程中，随机干扰会自动消除一部分，因此方法将具有较强的抗噪音能力。

（4）我们的计算都是针对背景场是无限均匀介质情况，我们将进一步计算分层均匀甚至更为复杂的横向、纵向都不均匀的实际模型，算法是可以应用于这些复杂结构的。

（5）这里建立的散射理论采用了一阶 Born 近似，要求弱散射条件。弱散射条件有两个含义，其一是扰动量与背景场参数相差不大，其二是扰动体的尺寸不能过大。在不满足弱散射条件时，就有必要考虑高阶逼近。

（6）进一步的研究，需要考虑只使用单井和地面资料、双井资料或只使用地面资料的情况，以及如何在资料孔径不完全的情况下改进成像清晰度和分辨率的方法。需要研究不同的背景场对散射场成像的影响以及散射场和背景场的分离技术。

参 考 文 献

［1］Devaney A J, A filtered backpropagation algorithm for diffraction images, Ultrasonic Imaging, 4, 336-350, 1982

［2］Devaney A J, A computer simutation study of diffraction tomography, IEEE Trans, Biomed, Eng., BME-30, 337-386, 1983

［3］Devaney A J, Geophysical diffraction tomography, IEEE Trans. Geosci. Remote Sensing, GE-22, 3-13, 1984

［4］Devaney A J, Diffraction tomography, in Boerner W M et al., Inverse Methods in Electromagetic Imaging, Part 2: D, Rcidel Publ. Co., 1107-1135, 1985

［5］Roterts B A and Kak A C, Reflection mode diffraction tomography, Ultrasonic Imaging, 7, 300-320, 1985

［6］Harris J M, Diffraction tomography with arrays of discrete sources and receivers, IEEE Trans. Geosci. Remote Sensing, GE-25, 448-445, 1987

［7］Wu R S and Nafi Toksoz M, Diffraction tomography and multisource holography applied to seismic imaging, Geophysics, 52, 11-25, 1987

［8］Beylkin G, The inversion problem and applications of the generalized Radon transform, Comm. On Pure and Applied Math., XXXVII, 579-599, 1984

［9］Beylkin G, Imaging of discontinuities in the inverse scattering problem by inversion of a causal generalized Radon transform, J. Math. Phys., 26, 99-108, 1985

［10］Beylkin G, Oristaglio M and Miller D, Spatial resolution of migration algorithms, in Berhout, A. J., Ridder, J. and Van der wal L F, Aconstical Imaging, 14, 155-168, Plenum Pub. Co., 1985

［11］Miller D, Oristaglio M and Beylkin G, A new slant on seismic imaging: Migration and integral geometry, Geophysics, 52, 943-967, 1987

［12］Dupal L and Miller D, Reef delination by multiple offset borehole seismic profiles: A case study: Presented at 55th Ann. Internat. Mtg., Soc. Explor. Geophys., Washington D. C., abstracts and biographies 105-107, 1985

［13］杨文采，不均匀层状介质中地震波速成像，见：地球物理学报编委会，八十年代中国地球物理学进展——纪念傅承义教授八十寿辰，学术书刊出版社，379~400，1989

［14］Ronan Le Bras and Clayton R W，对多炮检距资料进行反向投影迭代以估算声学参数，美国勘探地球物理家学会第 55 届年会论文集，132~135，1985

［15］Aki K and Richards P G，定量地震学，地震出版社，65~77，1980

［16］Deans S R, The Radon Transform and Some of Its Applications, J. Wiley & Sons, Inc, 1983

［17］Akira Ishimaru, Wave Propagation and Scattering in Random Media, Chap. 2, New York, Academic press, 1978

Ⅱ — 19

各向异性弹性波场的有限元数值模拟*

张美根[1)]　　王妙月[1)]　　李小凡[1)]　　杨晓春[1)]　　王　磊[2)]

1) 中国科学院地质与地球物理研究所
2) 胜利油田地质科学研究院

摘　要　研究了各向异性弹性波有限元正演系统的精度和效率问题，提出了一种透射加衰减的组合人工边界方案（吸收边界条件），它对各向异性波具有较好的吸收效果，并且有较好的稳定性能。均匀 TI 介质中的模拟获得了非常清晰的波场快照，其波场特征与理论分析能够准确吻合。各向异性介质模型的地表地震记录表明，各向异性波炮集记录在波的类型、同相轴形态、能量分布和相位等方面与各向同性波都有很大差别。

关键词　各向异性弹性波　吸收边界条件　有限元数值模拟　TI 介质

1 引　言

地球介质具有广泛的地震各向异性，地震各向异性与油气田的勘探和开发及地球深部动力学系统都有很密切的关系，在地下水资源评价、矿山开采中的应力监测、核废料垃圾场的热开裂监测等水文、工程问题中也都有很好的应用前景[1,2]。研究地震各向异性具有非常重要的实际意义。为了认识各向异性波的传播机理和传播规律，目前人们在各向异性波的数值模拟方面做了大量工作。涉及到的正演方法包括传播矩阵法、伪谱法、有限差分法、有限元法等多种方法[3~8]。由于计算机速度和内存的限制，人们在有限元各向异性波动模拟方面的研究相对较少。有限元法具有精度高、可模拟任意复杂结构、易于进行边界处理等优点，当前计算机的速度有了极大提高，有限元法必将在地震波动研究中发挥越来越重要的作用。本文重点研究了二维有限元各向异性弹性波波场数值模拟的精度与效率，以及人工吸收边界条件等问题。利用所实现的有限元各向异性波数值模拟系统，计算了均匀 TI（Transversely isotropy）介质中的波场，获得了与理论分析一致的结果。并且，计算了各向异性介质模型的地面接收记录，揭示出各向异性波炮集记录的复杂性。

2 各向异性弹性波有限元数值模拟系统

2.1 各向异性弹性波的有限元方程

利用 Galerkin 方法或动态问题的 Hamilton 原理，导出各向异性弹性波的有限元方程

$$M\ddot{U} + KU = F \tag{1}$$

式中，M、K 分别为质量矩阵和刚度矩阵；U 为节点位移列向量；$\ddot{U}$ 为 U 对时间的二阶导数；F 为节点所

---

* 本文发表于《地球物理学进展》，2002，17（3）：384~389，413

受外力列向量。M 和 K 的表达式分别为

$$\begin{cases} M = \sum_{i=1}^{n} \iint \rho N^{\mathrm{T}} N \mathrm{d}s \\ K = \sum_{i=1}^{n} \iint B^{\mathrm{T}} D B \mathrm{d}s \end{cases} \tag{2}$$

式中，n 为整个区域剖分的单元个数，求和符号后的积分运算在每一单元上进行；ρ 为介质的密度；N 为形函数的行向量，它与单元位移所采用的插值形式有关；B 为梯度矩阵；D 为弹性矩阵，它随介质弹性性质的不同而不同。

2.2　吸收边界条件

在地震学中，通常视地下介质为半无限空间，然而在使用计算机进行波场的正反演计算中，计算机的存储量和运算速度决定了只能选取一块非常有限的计算区域。除了地表是自由边界外，这块计算区域的其他边界都是人工截断边界。必须在人工截断边界上加上能够较好地吸收边界反射的吸收边界条件，才能保证正反演工作的可靠性与真实性。综合考察现有的各类边界条件，并考虑到各向异性波场的特殊性，我们将廖振鹏透射边界[9] 和 Sarma 衰减边界[10] 组合起来，得到一种效果很好的组合边界。

令 $x = 0$、$x = a$ 及 $z = h$ 分别表示模型的左边界、右边界和底边界，廖振鹏离散透射边界的二维表达形式为

$$\begin{cases} U(0,\ z,\ t + \Delta t) = \sum_{i=1}^{n} (-1)^{i+1} C_i^n U(iv\Delta t,\ z,\ t - (i-1)\Delta t) \\ U(a,\ z,\ t + \Delta t) = \sum_{i=1}^{n} (-1)^{i+1} C_i^n U(a - iv\Delta t,\ z,\ t - (i-1)\Delta t) \\ U(x,\ h,\ t + \Delta t) = \sum_{i=1}^{n} (-1)^{i+1} C_i^n U(x,\ h - iv\Delta t,\ t - (i-1)\Delta t) \end{cases} \tag{3}$$

式中，$U(0,\ z,\ t + \Delta t)$、$U(a,\ z,\ t + \Delta t)$、$U(x,\ h,\ t + \Delta t)$ 分别表示 $t + \Delta t$ 时刻左边界、右边界和底边界节点的位移值；n 为边界条件的阶数；$C_i^n = \dfrac{n!}{(n-i)!\ i!}$；$v$ 为人工透射速度。

Sarma 衰减边界采用有限元方程（1）中引入 Rayleigh 阻尼衰减项来实现，即

$$M\ddot{U} + C\dot{U} + KU = F \tag{4}$$

式中，C 为衰减（阻尼）矩阵。在边界部位的吸收带内，$C = \xi M + \eta K$，ξ、η 为吸收系数；对于其他节点，$C = 0$。

2.3　正演系统的效率和精度

（1）在相同节点的情况下，矩形单元的计算精度要比三角形单元高许多[11]，同时考虑到设计震源和边界处理的方便性，我们采用相同大小正方形单元来剖分求解区域。由于正方形单元的长短边之比为 1，故避免了解的方向性偏差。这种统一正方形单元剖分还有一个最大的好处是，在计算单元刚度矩阵和单元质量矩阵时，一种物性单元只用计算一次，不需要对整个区域每个单元都进行计算。这样，计算效率得到了很大提高。

（2）由于协调质量矩阵会给有限元方程的求解带来大量的矩阵求逆运算，数值计算误差引入的可能性也增大。因此，我们以集中质量矩阵代替协调质量矩阵，使得有限元方程的求解更加快速，同时也使内存使用量得到减少。

（3）考虑到存取和计算的效率，采用如下方式集成和存储总体刚度矩阵。如图 1 所示，对于计算区域内除边界外的任一节点，我们都可以将它看成是图中的节点 n（其局部编号 5），采用局部编号 1、2、3、…、9 对与节点 n 有关的 9 个节点进行编号。在二维二分量问题中，这 9 个节点共有 18 个自由度（位移分量），它们的变化对节点 n 的位移产生影响，故与节点 n 的位移有关、可能不为零的总体刚度系数最多只有 18 个。所以在集成总体刚度矩阵时，我们只用将这 18 个刚度系数填入到节点 n 的位移分量对应的行中。对于边界上的节点，也可以采用类似方案处理，只不过其周围 9 个节点中，有一些可能是不存在的，在运算中，我们需要将它们剔除掉。

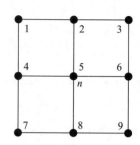

图 1　局部节点编号

（4）动态内存管理和灵活的数据类型分配有助于提高系统的灵活性和精度。在本文的正演系统中，我们采用动态内存管理模式。对于大型和大小变化的数组，系统对它们按需要进行动态分配内存，并及时释放闲置的占用空间，使得内存使用合理，程序的适应性也更强。对于科学数值计算，数据类型的选择也是相当重要的。我们将包括刚度矩阵在内的最重要的数据定义为双精度实型，以便增加它们的有效数字位数，而对那些不太重要的数据采用单精度实型。这种处理既保证了计算精度，也尽可能地节省了内存。

3　均匀 TI 介质中的波场

根据理论分析，C_{13} 和 C_{55} 是影响 TI 介质中各类波的波速和波前面形态的重要参数[12]。这里给出在能量约束条件下 C_{13} 和 C_{55} 变化的几种均匀 TI 介质中的模拟波场快照。表 1 是 C_{13} 和 C_{55} 选取不同值时的六种物性参数情况，图 2 是相应的模拟波场快照，其中（a）到（d）用的是 Z 方向集中力源，（e）和（f）用的是一种等能量纵横波源（在模拟爆炸球腔的单元的四节点上加等量的径向力和切向力），以获得更清晰的波前图像。

表 1　C_{13} 和 C_{55} 取不同值时的物性参数表

介质编号	C_{13} ($10^{10}\mathrm{N/m^2}$)	C_{11} ($10^{10}\mathrm{N/m^2}$)	C_{33} ($10^{10}\mathrm{N/m^2}$)	C_{55} ($10^{10}\mathrm{N/m^2}$)	ρ ($\mathrm{kg/m^3}$)
（a）	−3.0				
（B）	−0.5	5.1	3.7	1.1	2200
（c）	2.07				
（d）	3.5				
（e）	2.1	5.1	3.7	4.4	2200
（f）	2.1	5.1	3.7	6.0	2200

我们发现，随着 C_{13} 从最小值附近逐渐增大，慢波在对角线方向出现三叉区现象（图 2a），三叉区增大后与快波相融合，C_{13} 再增大，快慢波又分离，此时的波场 X 分量（图 2b）与图 2a 反相；C_{13} 进一步增大，慢波对角线方向的三叉区逐渐变小直至消失（图 2c），C_{13} 向最大值靠近时在两对称轴方向又

出现了逐渐增大的三叉区（图2d）。对于（a）到（d）这四种情况，有 $C_{11} > C_{33} > C_{55}$，它们在两对称轴方面的快波为qP波，慢波为qS波；当 $C_{11} > C_{55} > C_{33}$ 时（图2e），Z 轴方向的快波变为qS波，X 轴方向依然是qP波；当 $C_{55} > C_{11} > C_{33}$ 时（图2f），两个坐标轴方向的快波的主要成分均是qS波。

　　模拟表明，各向异性波场波前面形态复杂，三叉区现象普遍，纵波和横波耦合在一起传播，只在特殊方向上有纯的纵波和横波存在，qP波可以是快波也可以是慢波，qS波亦然。这些结果与理论分析一致[12]。

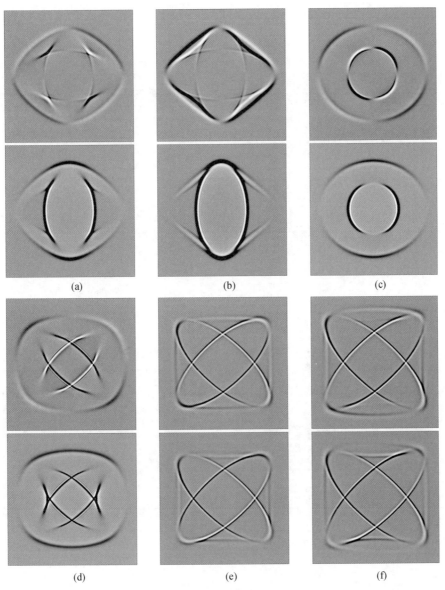

(a)　　　　　　　　　　(b)　　　　　　　　　　(c)

(d)　　　　　　　　　　(e)　　　　　　　　　　(f)

图2　C_{13} 和 C_{55} 取不同值时的波场快照

（上：X 分量；下：Z 分量）

4　各向异性介质模型的地面合成记录

　　为简明地分析各向异性波的地面合成记录特征，用本文各向异性弹性波正演系统制作了一个两层TI介质模型的地面合成记录。模型上层厚255m，下层无限厚，震源为爆炸源，在模型中点。表2是模型的物性参数。图3a是模型的地面合成记录，图3b是模型第一层对称主轴倾斜45°后的地面合成记录。

表 2 TI 介质模型的物性参数（Thomsen 参数形式）

层位	α_0 (m/s)	β_0 (m/s)	ε	δ	ρ (kg/m³)
1	3062	1493	0.2511	0.2521	2420
2	3688	2774	0.081	0.057	2730

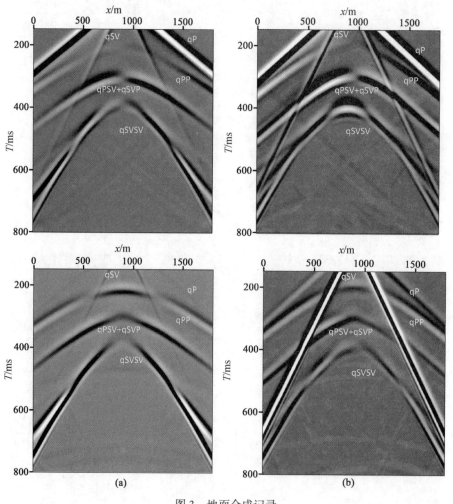

图 3 地面合成记录

（上：X 分量，下：Z 分量）

从图 3a 中可以观察到：①虽然是爆炸源，但由于各向异性介质中 qP 波和 qSV 波相互耦合，在剖面上除了 qP 直达波外，还出现了 qSV 直达波，相应地也存在 qSVSV 反射波。②反射波同相轴偏离双曲线形态，qSVSV 反射波的偏离最为明显。

对比图 3a 和图 3b 可以看出：①倾斜前后，qP 和 qSV 直达波的到时不同，能量也有变化。②倾斜后，各反射波同相轴的形状和能量分布都有变化。其中，qPSV+qSVP 反射波同相轴变得很不对称。③倾斜后，Z 分量上炮点两侧的直达 qP 波和 qSV 波变成反相，而 X 分量上的 qSVSV 反射波在炮点两侧同相。

5　结　　论

（1）研究了各向异性弹性波有限元数值模拟系统的精度与效率以及吸收边界条件等问题。所提出的透射加衰减组合人工边界具有较好的吸收效果和稳定性能。

（2）均匀 TI 介质中波场的模拟，得到了与理论上一致的波场快照，表明各向异性波比各向同性波复杂得多，其纵横波耦合在一起传播，具有变化复杂的波前形态。TI 介质模型的地面合成记录在波的类型、同相轴形态、能量分布和相位等方面都具有不同于各向同性波的特点。

（3）本文只是二维波动模拟，由于各向异性波是具有很复杂的空间变化特征，要想对各向异性波有全面的认识，还须做三维模拟的工作。

参 考 文 献

[1] Crampin S, Chesnokov E M, Hipkin R A, Seismic anisotropy — the state of the art [J], Frist Break, 1984, 3：9-18

[2] Crampin S, Lovell J H, A decade of shear-wave splitting in the Earth's crust：what does it mean? What use can we make of it? And what would we do next [J], Geophys. J. Int., 1991, 107：387-407

[3] Fryer G J, Frazer N, Seismic wave in stratified anisotropic media-Ⅱ：Elastodynamic eigensolutions for some anisotropic systems [J], Geophys. J. R. astr. Soc., 1987, 91：73-101

[4] Carcione J M, Kosloff D et al., A spectral scheme for wave propagation simulation in 3–D elastic-anisotropic media [J], Geophysics, 1992, 57：1593-1607

[5] Juhlin C, Finite-difference elastic wave propagation in 2D heterogeneous transversely isotropic media [J], Geophys. Prosp., 1995, 43：843-858

[6] 何樵登、张中杰，横向各向同性介质中地震波及其数值模拟 [M]，吉林：吉林大学出版社，1996

[7] 牛滨华、何樵登、孙春岩，裂隙各向异性介质波场 VSP 多分量记录的数值模拟 [J]，地球物理学报，1995，38（4）：519~527

[8] 刘洋，裂缝性油气藏多分量地震勘探方法研究 [D]，[博士学位论文]，北京：石油大学，1999

[9] 廖振鹏、黄孔亮、杨柏坡等，暂态波透射边界 [J]，中国科学，1984，6（A）：556~564

[10] Sarma G S, Mallick K, Gadhinglajkar V R, Nonreflecting boundary condition in finite-element formulation for an elastic wave equation [J], Geophysics, 1998, 63（3）：1006-1023

[11] 蒋友谅，有限元法基础 [M]，北京：国防工业出版社，1980

[12] 张美根，各向异性弹性波正反演问题研究 [D]，[博士学位论文]，北京：中国科学院地质与地球物理研究所，2000

Ⅱ — 20

时间域全波场各向异性弹性参数反演*

张美根　　王妙月　　李小凡　　杨晓春

中国科学院地质与地球物理研究所

摘　要　从各向异性弹性波的有限元正演方程出发，导出了反问题中时间域雅可比矩阵求解的计算公式。它具有与时间域有限元正演方程相同的表达形式，故可通过有限元正演计算来获得雅可比矩阵。研究了有限元正演算法的效率和精度、吸收边界条件等方面的问题，以提高反演系统的效率和精度。在此基础上，实现了叠前全波场各向异性弹性参数反演。实算表明，在初始模型偏离真实模型较大的情况下，层状模型和横向不均匀模型的反演结果均准确地收敛到真实模型上。

关键词　时间域　各向异性弹性波　弹性参数　全波场反演

1　引　言

近二三十年来，基于声波和各向同性弹性波的物性参数反演理论得到了快速发展[1,2]。在现有的反演方法中，走时反演因其稳定性好、计算量较小等优点在理论上和实际应用中都已取得可喜成果[3~7]，但走时反演只利用了一定类型波场的走时信息，并且走时只对速度的长波长部分敏感，因此走时反演得到的是一种经过圆滑的分辨率较低的结果。要想更多地利用地震波的运动学和动力学信息，以获取分辨率较高的结果，只有走波形反演的路[8,9]。特别地，对于各向异性地震波来说，波速随传播方向和介质各向异性的强弱发生复杂的变化，在弱各向异性介质中，可以通过近似算法来得到波的走时和射线路径，从而进行走时成像反演[6,7]，当介质的各向异性较强时，计算走时和射线路径就变得极其困难，相应的走时反演也就难以实现。因而，研究波形反演技术对各向异性介质显得尤为重要。

目前，各向异性波波形反演方面的工作还不是很多。何樵登等[10]研究了层状裂隙介质的遗传算法反演问题；周辉等[11]对各向异性波形的最优化反演方法做了理论研究；傅旦丹等[12]采用坐标扰动法进行了一维正交各向异性介质的波形反演；Sen 等[13]、Plessix[14]和 Ji 等[15]在 $\tau—p$ 域内对层状 TI（横向各向同性）介质进行了反演研究；de Hoop 等[16]研究了基于 GRT（广义拉当变换）的三维散射波线性渐近各向异性参数反演。以上工作都不是地面叠前全波场反演，然而，地面叠前全波场炮集记录是勘探中采集得最多的第一手原始资料，它包含面波、直达波、各类反射波、绕射波及其他一切波动效应，含有最充分的地震波运动学和动力学信息，因此，采用叠前全波场资料来反演各向异性弹性参数，对于减小反演的多解性、提高解的精度有重要意义。并且，叠前全波场反演无需进行波场的识别与分离及其他有关处理工作，因而极大地减轻了处理中的困难和处理人员的工作量，也减少了处理中的人为因素。对叠前全波场反演的优越性开始引起了研究者的兴趣，杨顶辉等[17]用有限差分法对全波场各向异性弹性参数反演进行了研究，但只实现了用 qSH 波资料反演一个两层 TI 模型的垂向和水平速度；张秉铭等[18]对杨顶辉等的方法做了进一步发展，利用两分量炮集记录反演了一个三层 TI 模型的 C_{11} 和

* 本文发表于《地球物理学报》，2003，46（1）：94~100

C_{33}两个弹性参数。鉴于有限元算法的高精度性及其在地震波正反演方面的成功应用[19,20]，本文利用有限元方法实现了各向异性弹性参数的时间域叠前全波场反演。许琨等[21]的同期工作采用类似方法实现了频率域声波介质的单参数反演。

2 方法原理

2.1 反问题线性方程组的建立

按非线性问题线性化的反问题求解的一般步骤，首先对将要求解的二维区域参数化，反映在本文的有限元反演系统中，就是将待求解模型剖分成一系列小单元，在每一小单元内，取各弹性参数为常数。设参数化之后模型的弹性参数向量 $\boldsymbol{C} = (C_1, C_2, \cdots, C_L)^{\mathrm{T}}$，$L$ 为总参数个数，则参数化之后的非线性方程组为

$$U_k = U_k(\boldsymbol{C}) \qquad k = 1, 2, \cdots, K \tag{1}$$

式中，U_k 为第 k 个观测值；K 为资料点数目或方程个数。如果可以根据先验知识给出模型参数的初始猜测为 $\boldsymbol{C}_0 = (C_1^0, C_2^0, \cdots, C_L^0)^{\mathrm{T}}$，则在 $\boldsymbol{C}_0$ 点，可以把式（1）用 Taylor 级数进行展开为

$$U_k = U_k(\boldsymbol{C}_0) + \sum_{l=1}^{L} \frac{\partial U_k(\boldsymbol{C}_0)}{\partial C_l}(C_l - C_l^0) + \sum_{l=1}^{L} \frac{\partial^2 U_k(\boldsymbol{C}_0)}{\partial^2 C_l} \frac{(C_l - C_l^0)^2}{2!} + \cdots \tag{2}$$

将式（2）中二次以上的项忽略掉，就可得到线性化的反演表达式

$$U_k = U_k(\boldsymbol{C}_0) + \sum_{l=1}^{L} \frac{\partial U_k(\boldsymbol{C}_0)}{\partial C_l}(C_l - C_l^0) \tag{3}$$

式中，$U_k(\boldsymbol{C}_0)$ 为模型参数为 $\boldsymbol{C}_0$ 时第 k 点的理论正演结果。

$$
\Delta\boldsymbol{C} = \begin{bmatrix} C_1 - C_1^0 \\ C_2 - C_2^0 \\ \vdots \\ C_L - C_L^0 \end{bmatrix}, \quad
\Delta\boldsymbol{U} = \begin{bmatrix} u_{11x} - u_{11x}(\boldsymbol{C}_0) \\ u_{11z} - u_{11z}(\boldsymbol{C}_0) \\ \vdots \\ u_{1Nx} - u_{1Nx}(\boldsymbol{C}_0) \\ u_{1Nz} - u_{1Nz}(\boldsymbol{C}_0) \\ \vdots \\ u_{M1x} - u_{M1x}(\boldsymbol{C}_0) \\ u_{M1z} - u_{M1z}(\boldsymbol{C}_0) \\ \vdots \\ u_{MNx} - u_{MNx}(\boldsymbol{C}_0) \\ u_{MNz} - u_{MNz}(\boldsymbol{C}_0) \end{bmatrix}, \quad
\boldsymbol{A} = \begin{bmatrix} \dfrac{\partial u_{11x}(\boldsymbol{C}_0)}{\partial C_1} & \cdots & \dfrac{\partial u_{11x}(\boldsymbol{C}_0)}{\partial C_L} \\[2mm] \dfrac{\partial u_{11z}(\boldsymbol{C}_0)}{\partial C_1} & \cdots & \dfrac{\partial u_{11z}(\boldsymbol{C}_0)}{\partial C_L} \\ \vdots & & \\ \dfrac{\partial u_{1Nx}(\boldsymbol{C}_0)}{\partial C_1} & \cdots & \dfrac{\partial u_{1Nx}(\boldsymbol{C}_0)}{\partial C_L} \\[2mm] \dfrac{\partial u_{1Nz}(\boldsymbol{C}_0)}{\partial C_1} & \cdots & \dfrac{\partial u_{1Nz}(\boldsymbol{C}_0)}{\partial C_L} \\ \vdots & & \\ \dfrac{\partial u_{M1x}(\boldsymbol{C}_0)}{\partial C_1} & \cdots & \dfrac{\partial u_{M1x}(\boldsymbol{C}_0)}{\partial C_L} \\[2mm] \dfrac{\partial u_{M1z}(\boldsymbol{C}_0)}{\partial C_1} & \cdots & \dfrac{\partial u_{M1z}(\boldsymbol{C}_0)}{\partial C_L} \\ \vdots & & \\ \dfrac{\partial u_{MNx}(\boldsymbol{C}_0)}{\partial C_1} & \cdots & \dfrac{\partial u_{MNx}(\boldsymbol{C}_0)}{\partial C_L} \\[2mm] \dfrac{\partial u_{MNz}(\boldsymbol{C}_0)}{\partial C_1} & \cdots & \dfrac{\partial u_{MNz}(\boldsymbol{C}_0)}{\partial C_L} \end{bmatrix}
$$

式中，M 为总道数；N 为每道的采样点数；A 为雅可比矩阵，又称灵敏度矩阵；u_{ijx} 与 u_{ijz} 分别表示第 i 道第 j 个采样点的观测值的 x 分量和 z 分量；$u_{ijx}(C_0)$ 与 $u_{ijz}(C_0)$ 分别表示第 i 道第 j 个采样点在参数 C_0 点的理论正演值的 x 分量和 z 分量。这时，由式（3）有

$$\Delta U = A \Delta C \tag{4}$$

式（4）即为反演方程的矩阵形式。通过求解式（4），可以获得对初始模型参数的修正值 ΔC，通过迭代求解，直至修正量小到可以忽略，就可以得到模型参数的逼近值。

2.2　雅可比矩阵的求解

由式（4）可知，反演的一个关键点是求解雅可比矩阵。本文采用精度高、灵活性好的有限元素法求取雅可比矩阵。弹性波的有限元方程为

$$M\ddot{U} + KU = F \tag{5}$$

式中，M 为质量矩阵；K 为刚度矩阵；F 为节点外力向量；U 为节点位移向量；$\ddot{U}$ 为 U 对时间的二阶导数。

将式（5）两边同时对弹性参数 $C_l(l = 1, 2, \cdots, L)$ 求偏导，有

$$M\frac{\partial \ddot{U}}{\partial C_l} + K\frac{\partial U}{\partial C_l} + \frac{\partial K}{\partial C_l}U = 0 \tag{6}$$

这里，称 $\dfrac{\partial K}{\partial C_l}$ 为刚度矩阵对弹性参数 C_l 的刚度偏导数矩阵。令 $G_l = \dfrac{\partial U}{\partial C_l}$，$R_l = -\dfrac{\partial K}{\partial C_l}U$，则式（6）变为

$$M\ddot{G}_l + KG_l = R_l \tag{7}$$

以上表明，通过正演得到了模型各节点各时刻的波场数据之后，就可以通过式（7）再利用有限元正演系统获得地面各接收点不同时刻对应 C_l 的雅可比矩阵系数。经过多次正演即可求出全部弹性参数对应的雅可比矩阵系数，将它们组合在一起就形成了求解反问题的雅可比矩阵。

2.3　反演方程组的求解

得到了雅可比矩阵之后，由实际观测资料与迭代模型的正演波场相减得到 ΔU，从而可进行反演方程组（4）的求解。关于线性方程组的求解有多种方法，由于在地球物理反问题中，式（4）往往具有欠定病态的特征，故在反演系统中采用阻尼最小二乘 QR 分算法求解。它是一种比较成熟的算法，在此就不再赘述。利用求得的 ΔC 修改迭代模型，重复迭代反演过程，直到获得最后的稳定解。

3　反演系统中的几个技术要点

3.1　弹性参数的刚度偏导数阵的计算

记弹性参数 $C_l(l = 1, 2, \cdots, L)$ 的总体刚度偏导数矩阵为 K'，即

$$K' = \frac{\partial K}{\partial C_l} \tag{8}$$

式中, K 为总体刚度矩阵。

根据总体刚度矩阵的形式, 有

$$K' = \frac{\partial \left(\sum\limits_{j=1}^{N_e} K_e \right)}{\partial C_l} = \sum_{j=1}^{n} \frac{\partial K_e}{\partial C_l} \tag{9}$$

式中, K_e 为单元刚度矩阵; n 为单元总个数。式 (9) 表明, 只要分别求出各单元刚度矩阵对 C_l 的偏导数阵, 然后采用集成总体刚度矩阵相同的办法来组合全体单元刚度矩阵的偏导数阵, 便可以得到弹性参数 C_l 的总体刚度偏导数阵 K'。

将 $K_e = \iint\limits_{S_e} B^T C B \mathrm{d}s$ 代入式 (9) 得

$$\frac{\partial K_e}{\partial C_l} = \iint\limits_{S_e} B^T \left(\frac{\partial C}{\partial C_l} \right) B \mathrm{d}s \tag{10}$$

式中, C 为单元介质的弹性矩阵; $B = LN$; L 为偏导数算子矩阵; N 为插值函数矩阵。由式 (10) 可知, $\dfrac{\partial K_e}{\partial C_l}$ 只与单元形状和位移插值函数的形式有关, 与单元介质的物性无关。

3.2 吸收边界条件

人工截断边界上吸收边界条件的好坏对波场正反演问题有着十分重要的作用。本文采用的是廖振鹏离散透射边界[22]和 Sarma 衰减边界[23]的组合边界。

令 $x = 0$、$x = a$、$z = h$ 分别表示模型的左边界、右边界和底边界, 则廖振鹏离散透射边界的二维表达形式为

$$\begin{cases} U(0, z, t + \Delta t) = \sum\limits_{i=1}^{n} (-1)^{i+1} C_i^n U(iv\Delta t, z, t - (i-1)\Delta t) \\ U(a, z, t + \Delta t) = \sum\limits_{i=1}^{n} (-1)^{i+1} C_i^n U(a - iv\Delta t, z, t - (i-1)\Delta t) \\ U(x, h, t + \Delta t) = \sum\limits_{i=1}^{n} (-1)^{i+1} C_i^n U(x, h - iv\Delta t, t - (i-1)\Delta t) \end{cases} \tag{11}$$

式中, $U(0, z, t + \Delta t)$、$U(a, z, t + \Delta t)$、$U(x, h, t + \Delta t)$ 分别表示 $t + \Delta t$ 时刻左边界、右边界和底边界节点的位移值; v 为人工透射速度; n 为边界条件的阶数; $C_i^n = \dfrac{n!}{(n-i)! \, i!}$。等式右边所取的 U 值点通常不会正好落在网格节点上, 故需利用网格节点进行插值计算, 本文采用的是二次内插。

Sarma 衰减边界是在有限元方程中引入 Rayleigh 阻尼衰减项得到的, 其形式为

$$M\ddot{U} + C\dot{U} + KU = F \tag{12}$$

式中，C 为衰减（阻尼）矩阵。在边界部位的吸收带内，$C = \xi M + \eta K$，ξ、η 为吸收系数；对于其他节点，$C = 0$。

研究表明[10]，透射加衰减组合边界是一种较好的吸收边界处理方案，对于各向异性波，它具有较好的吸收效果和稳定性能。

由于 G_l 在空间的分布也是一种场，其有限元求解过程类似于位移场的传播，故可采用与位移场相似的吸收边界条件。

3.3　正演系统的效率和精度

在反演中，为提高正演系统的效率和精度，采取了如下措施：

（1）在相同节点的情况下，矩形单元的计算精度要比三角形单元高许多[24]，同时考虑到设计震源和边界处理的方便性，采用相同大小正方形单元剖分求解区域。由于正方形单元的长短边之比为 1，故避免了解的方向性偏差。

（2）以集中质量矩阵代替协调质量矩阵，避免了协调质量矩阵给有限元方程求解带来的巨大的矩阵求逆运算，同时也减少了数值计算误差引入的可能性。

（3）采用动态内存管理和灵活的数据类型分配技术，提高了系统的灵活性和精度。

4　模型反演实算

下面通过两个理论模型的反演实算来验证本文有限元各向异性弹性参数反演系统的可行性与可靠性。考虑到在实际生产中，常规解释结果可以较为准确地给出地下介质的初步几何结构，为此，按几何结构进行物性分块。认为同一几何结构分块中的有限元各单元具有相同的物性，以减少未知数的个数，从而大大减少了内存使用量和计算量，同时也提高了反演的稳定性和精度。在下面的反演模型中，各向异性介质为最为常见的一类重要的各向异性介质——TI 介质。反演时，假定震源子波和介质的密度均已知，只反演与 qP 波和 qSV 波有关的 C_{11}、C_{13}、C_{33} 和 C_{55} 这 4 个参数。

4.1　模型 I（均匀层状模型）

图 1（a）为 3 层的均匀层状模型，其物性参数见表 1，为清楚起见，表中给出了弹性参数和 Thomsen 参数两种形式。其中，介质①、②为 TI 介质，介质③为各向同性介质。

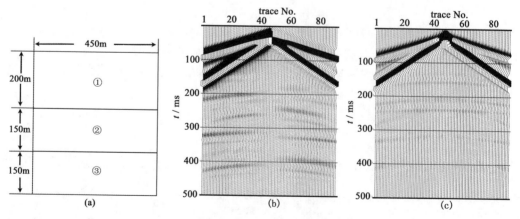

图 1　模型 I 几何结构合成炮集记录

（a）模型 I；（b）x 分量；（c）z 分量

表 1　模型 I 物性参数

介质编号	C_{11} $(10^{10}\text{N}\cdot\text{m}^{-2})$	C_{13} $(10^{10}\text{N}\cdot\text{m}^{-2})$	C_{33} $(10^{10}\text{N}\cdot\text{m}^{-2})$	C_{55} $(10^{10}\text{N}\cdot\text{m}^{-2})$	α_0 $(\text{m}\cdot\text{s}^{-1})$	β_0 $(\text{m}\cdot\text{s}^{-1})$	ε	δ	ρ $(\text{kg}\cdot\text{m}^{-3})$
①	3.9882	1.6218	2.8900	0.8556	3400.0	1850.0	0.19	0.17	2500
②	4.7291	1.9800	3.4773	1.0570	3700.0	2040.0	0.18	0.20	2540
③	4.5864	1.5288	4.5864	1.5288	4200.0	2424.9	0	0	2600

注：C_{11}、C_{13}、C_{33}、C_{55} 为介质的弹性参数，α_0、β_0、ε、δ 为 Thomsen 参数，ρ 为密度，下同。

图 1b、c 是采用有限元法制作的地面观测记录。炮点位于模型地表中点，震源为爆炸源，震源子波为高斯子波，道间距为 5m，采样间隔为 0.5ms。图 1b、c 经过了振幅增强处理，但反射波还是很弱，面波及直达波都很强，它们的真实强度要比层界面反射波高出 2~3 个数量级，这种资料对反演方法是一个很大的挑战。

由于实际生产中，通常只能较方便地给出地层的 P 波和 S 波初始速度，而且要求初始速度与真实模型能够有较大的偏差。因此，这里给出一个匀速各向同性模型作为初始模型。设定的初始速度 V_P = 3800.0m/s，$V_\text{S}=V_\text{P}/\sqrt{3}\approx 2194.0$m/s。显然，这个初始模型与真实模型有很大偏差。

表 2 是迭代反演的最后结果。可以看出，各向同性层和各向异性层都被准确地反演出来，反演结果很好地收敛到真实模型上。

表 2　模型 I 反演结果

介质编号	C_{11} $(10^{10}\text{N}\cdot\text{m}^{-2})$	C_{13} $(10^{10}\text{N}\cdot\text{m}^{-2})$	C_{33} $(10^{10}\text{N}\cdot\text{m}^{-2})$	C_{55} $(10^{10}\text{N}\cdot\text{m}^{-2})$	α_0 $(\text{m}\cdot\text{s}^{-1})$	β_0 $(\text{m}\cdot\text{s}^{-1})$	ε	δ
①	3.9882	1.6218	2.8900	0.8556	3340.0	1850.0	0.19000	0.17000
②	4.7290	1.9800	3.4773	1.0570	3700.0	2040.0	0.17999	0.19998
③	4.5861	1.5284	4.5863	1.5288	4200.0	2424.9	-0.00003	-0.00007

4.2　模型 Ⅱ（横向不均匀模型）

横向不均匀模型的反演比层状模型的反演具有更重要的实际意义，难度也更大。图 2a 是模型 Ⅱ 的几何结构，其物性参数见表 3。对于此模型，采用与模型 I 相同的正演方式得到了合成地面观测记录（图 2b、c）。可以看出，剖面中的反射信号很弱，淹没在能量极强的面波和直达波之中。反演时，也采用一个与真实模型有很大偏差的匀速各向同性模型作为初始模型。初始模型的速度为：V_P = 3900m/s，$V_\text{S}=V_\text{P}/\sqrt{3}\approx 2251.7$m/s。表 4 是反演迭代稳定后的结果，它同真实模型能够较好地吻合，表明本文反演系统能够较精确地反演复杂的横向不均匀模型。

表 3　模型 Ⅱ 物性参数

介质编号	C_{11} $(10^{10}\text{N}\cdot\text{m}^{-2})$	C_{13} $(10^{10}\text{N}\cdot\text{m}^{-2})$	C_{33} $(10^{10}\text{N}\cdot\text{m}^{-2})$	C_{55} $(10^{10}\text{N}\cdot\text{m}^{-2})$	α_0 $(\text{m}\cdot\text{s}^{-1})$	β_0 $(\text{m}\cdot\text{s}^{-1})$	ε	δ	ρ $(\text{kg}\cdot\text{m}^{-3})$
①	3.9882	1.6218	2.8900	0.8556	3400.0	1850.0	0.19	0.17	2500
②	4.7291	1.9800	3.4773	1.0570	3700.0	2040.0	0.18	0.20	2540
③	4.1280	1.3760	4.1280	1.3760	4000.0	2309.4	0	0	2580
④	4.7291	1.9800	3.4773	1.0570	3700.0	2040.0	0.18	0.20	2540
⑤	4.5864	1.5288	4.5864	1.5288	4200.0	2424.9	0	0	2600

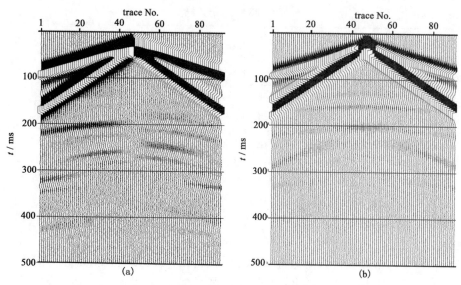

图2 模型Ⅱ几何结构及合成炮集记录

（a）模型Ⅱ；（b）x分量；（c）z分量

表4 模型Ⅱ反演结果

介质编号	C_{11} $(10^{10}\text{N}\cdot\text{m}^{-2})$	C_{13} $(10^{10}\text{N}\cdot\text{m}^{-2})$	C_{33} $(10^{10}\text{N}\cdot\text{m}^{-2})$	C_{55} $(10^{10}\text{N}\cdot\text{m}^{-2})$	α_0 $(\text{m}\cdot\text{s}^{-1})$	β_0 $(\text{m}\cdot\text{s}^{-1})$	ε	δ
①	3.9882	1.6218	2.8900	0.8556	3400.0	1850.0	0.19000	0.17000
②	4.7291	1.9800	3.4772	1.0570	3700.0	2040.0	0.18001	0.20002
③	4.1280	1.3760	4.1280	1.3760	4000.0	2309.4	0.00000	0.00000
④	4.7291	1.9800	3.4772	1.0570	3700.0	2040.0	0.18001	0.20001
⑤	4.5869	1.5292	4.5864	1.5288	4200.0	2424.9	0.00005	0.00010

　　为检验本文反演系统的抗噪能力，在图2b、c合成记录中加入约为反射波能量的50%左右的随机噪声，得到了含噪声剖面（图3），采用与上面相同的匀速各向同性初始模型，对含噪声资料进行反演，表5是最后的反演结果。可以看出，本文反演系统具有一定的抗噪能力，对含噪声资料也能得到较好的结果。反演结果同时也表明，噪声对波形反演的影响随介质所处深度的增加（即信噪比的减小）而增大。

表5 模型Ⅱ含噪声资料反演结果

介质编号	C_{11} $(10^{10}\text{N}\cdot\text{m}^{-2})$	C_{13} $(10^{10}\text{N}\cdot\text{m}^{-2})$	C_{33} $(10^{10}\text{N}\cdot\text{m}^{-2})$	C_{55} $(10^{10}\text{N}\cdot\text{m}^{-2})$	α_0 $(\text{m}\cdot\text{s}^{-1})$	β_0 $(\text{m}\cdot\text{s}^{-1})$	ε	δ
①	3.9878	1.6215	2.8901	0.8556	3400.1	1850.0	0.18990	0.16981
②	4.7243	1.9968	3.4976	1.0545	3710.8	2037.5	0.17537	0.19553
③	4.1765	1.3732	4.1309	1.3737	4001.4	2307.5	0.00552	-0.00247
④	4.7176	1.9844	3.4782	1.0563	3700.5	2039.3	0.17816	0.20067
⑤	4.5021	1.5357	4.5772	1.5196	4195.8	2417.5	-0.00821	-0.00054

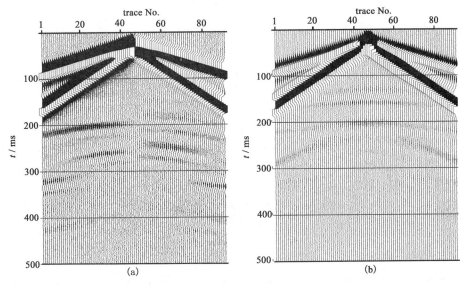

图 3 模型 Ⅱ 含随机噪声合成记录

(a) x 分量；(b) z 分量

5 结论与讨论

从时间域有限元正演方程出发，导出了直接计算雅可比矩阵的表达式，它具有较高的计算精度。虽然其计算非常费时，但由于采取了一系列提高正演效率的措施，使本文提出的方法仍有较高的计算效率。另外，本文的透射加衰减边界条件具有较好的吸收效果和稳定性能，它进一步保证了反演系统的成功。

在初始模型偏离真实模型较大的情况下，层状模型和横向不均匀模型的反演结果均能准确地收敛到真实模型上去，表明本文反演方法具有较高的精度。含噪声资料的反演结果也能较好地逼近真实模型，表明反演系统具有一定的抗噪能力。并且，由于反演时所用资料为包括面波、直达波和各类反射波在内的全波场资料，含有最充分的地震波运动学和动力学信息，避免了波场识别与分离的困难，因而本文反演方法在各种地震勘探中均有较好的实用化前景。

在本文中，为减小计算量、降低反演的多解性，模型的几何结构是假定已知的。实际勘探中，常规处理解释可以给出一个比较准确的工区几何结构模型，但是，这个模型多少会有一定的误差，这种误差对反演结果的影响怎样，如何克服它，需做进一步的研究。另外，实际资料中不可避免存在各种噪声，它们影响波形反演的精度和稳定性能，因此提高反演系统的抗噪能力是全波场反演的一项重要内容。

本文全波场各向异性弹性参数反演数据多，计算量大，要想达到实用化的目标，还需进一步提高反演系统的计算效率，减少系统的内存占用量，以适应当前的计算机性能状况。

参 考 文 献

［1］ Tarantola A 著，反演理论——数据拟合和模型参数估算方法，张先康等译，刘福田校，北京：学术书刊出版
　　　社，1989

［2］ 杨文采、李幼铭，应用地震层析成像，北京：地质出版社，1993

［3］ Bois P, LaPorte M, Lavergne M et al., Well-to-well seismic measurements, Geophysics, 1972, 37 (3): 471-480

［4］ Peterson J E, Paulsson B N P, McEvilly T V, Applications of algebraic reconstruction techniques to crosshole seismic data,
　　　Geophysics, 1985, 50 (10): 1566-1580

［5］ Bregman N D, Bailey R C, Chapman C H, Crosshole seismic tomography, Geophysics, 1989, 54 (2): 200-215

［6］ Chapman C H, Pratt R G, Traveltime tomography in anisotropic media — Ⅰ, Theory, Geophys. J. Int., 1992, 109 (1):
　　　1-19

［7］ Pratt R G, Chapman C H, Traveltime tomography in anisotropic media — Ⅱ, Application, Geophys. J. Int., 1992, 109
　　　(1): 20-37

［8］ Zhou C, Schuster G T, Hassanzadeh S et al., Elastic wave equation traveltime and waveform inversion of crosswell data, Geo-
　　　physics, 1997, 62 (3): 853-868

［9］ Pratt R G, Seismic waveform inversion in the frequency domain, part 1: Theory and verification in a physical scale model,
　　　Geophysics, 1999, 64 (3): 888-901

［10］ 何樵登、陶春辉，用遗传算法反演裂隙各向异性介质，石油物探，1995, 34 (3): 46~50

［11］ 周辉、何樵登，非线性各向异性波形反演方法，石油地球物理勘探，1995, 30 (6): 725~735

［12］ 傅旦丹、何樵登、刘一峰等，一种新的全局最优化反演方法，石油地球物理勘探，2000, 35 (4): 536~542

［13］ Sen M, Xia G, Parameter estimation in anisotropic media, In: Ann. Mtg. Abstracts, Soc. Expl. Geophys., 1997,
　　　1559-1562

［14］ Plessix R E, A full waveform inversion example in VTI media, In: Ann. Mtg. Abstracts, Soc. Expl. Geophys., 1998,
　　　1562-1565

［15］ Ji Y, Singh S, Anisotropy from waveform inversion of multi-component data using a hybrid method, In: Ann. Mtg. Ab-
　　　stracts, Soc. Expl. Geophys., 1999, 796-799

［16］ De Hoop M V, Spencer C, Burridge R, The resolving power of seismic amplitude data: An anisotropic inversion/migration
　　　approach, Geophysics, 1999, 64 (3): 852-873

［17］ 杨顶辉、滕吉文、张中杰，各向异性动力学方程反演新算法，地震学报，1997, 19 (4): 376~382

［18］ 张秉铭、张中杰，一种新的地层弹性参数直接反演方法，地震学报，2000, 22 (6): 654~660

［19］ 张美根，各向异性弹性波正反演问题研究［博士论文］，北京：中国科学院地质与地球物理研究所，2000

［20］ 张美根、王妙月，各向异性弹性波有限元叠前逆时偏移，地球物理学报，2001, 44 (5): 711~719

［21］ 许琨、王妙月，声波方程频率域有限元参数反演，地球物理学报，2001, 44 (6): 852~864

［22］ 廖振鹏、黄孔亮、杨柏坡等，暂态波透射边界，中国科学，1984, 6 (A): 556~564

［23］ Sarma G S, Mallick K, Gadhinglajkar V R, Nonreflecting boundary condition in finite-element formulation for an elastic
　　　wave equation, Geophysics, 1998, 63 (3): 1006-1023

［24］ 蒋友谅，有限元法基础，北京：国防工业出版社，1980

声波方程频率域有限元参数反演[*]

许 琨 王妙月

中国科学院地质与地球物理研究所

摘 要 推导出频率域有限元声波正演方程。为了消除边界反射，将 Clayton-Engquist 旁轴波动方程吸收边界条件引入频率域，并对有限元刚度矩阵和质量矩阵进行压缩存储，利用广义共轭梯度法求解有限元方程获得正演解。在此基础上，推导出在某一频率下波场数据残差 $\delta \dot{U}$ 与单元物性参数修改量 $\delta \lambda$ 之间关系的 Jacobi 矩阵，反演方法允许利用地面二维炮集全波场资料与给出初始模型参数的正演值的差值 $\delta \dot{U}$，迭代求得 $\delta \lambda$。由于计算机内存的限制，方法计算不允许有过多数目的未知数个数，因此还提出了对同一介质物性单元的 Jacobi 矩阵元素进行压缩组装的措施，从而使反演的未知量个数减少，结合采用共轭梯度迭代法，使得只需利用有效波频段的少数一些频率即可进行迭代反演。正演和反演理论模型的数值模拟结果表明方法是有效的。

关键词 有限元 频率域 正演 反演 Jacobi 矩阵 共轭梯度法

1 引 言

地震波波动方程非线性反演是地震勘探反演领域中一类很重要的方法，其基本思想是根据波场观测数据和模型正演数据的残差最小二乘的准则，从目标泛函中导出模型参数的梯度公式，再利用梯度类方法、Gauss-Newton 法等来实现非线性迭代反演，求出介质的物性参数。此类方法首先由 Tarantola，Mora 等[1~4]提出，大多在时间域进行，由于需要在时间域做大量的正演、反演运算，其成本很高。20世纪 90 年代初，Pratt 和 Forgues 等[5~9]利用频率域有限差分方程[10]，提出了在频率域反演的方法，由于利用了在频率域大型稀疏矩阵分解的技术，计算效率得到很大提高。最近，Shin Changsoo 等[11]又提出了利用频率域的有限元方程进行反演的方法。

上述方法的关键在于求解 Jacobi 矩阵，由于 Jacobi 矩阵直接求解的计算量十分巨大，大多数学者都避免直接求解，而改为求解使目标泛函迭代收敛的梯度方向或 Jacobi 矩阵的近似形式[1~9,11]。

本文在频率域有限元方程的基础上，推导出直接求解 Jacobi 矩阵的精确公式，并采用有限元刚度矩阵和质量矩阵压缩存储、广义共轭梯度算法、同一介质单元 Jacobi 矩阵压缩组装等措施以降低计算成本，提高算法稳定性。

2 频率域有限元正演

2.1 时间域有限元方程
对于二维声波波动方程

---

[*] 本文发表于《地球物理学报》，2001，44（6）：852~864

$$\rho \frac{\partial^2 u}{\partial t^2} - \lambda \left(\frac{\partial^2 u}{\partial x^2} + \frac{\partial^2 u}{\partial z^2} \right) = f \tag{1}$$

式中，ρ 为密度；λ 为 Lame 系数；u 为位移；f 为震源函数。

为了进行数值模拟计算，将空间划分为多个小矩形网格，网格的横向节点数为 n_x，纵向节点数为 n_z，总节点数为 $m_f = n_x \cdot n_z$，总的网格单元数为 $m_e = (n_x - 1) \cdot (n_z - 1)$。节点与单元编号为从左到右，从上到下，一行一行进行。又假设在每个小矩形网格单元内物性参数 ρ、λ 不变，按网格单元序号离散为向量形式 $\boldsymbol{\rho} = (\rho_1 \rho_2 \cdots \rho_{m_e})^{\mathrm{T}}$，$\boldsymbol{\lambda} = (\lambda_1 \lambda_2 \cdots \lambda_{m_e})^{\mathrm{T}}$。

利用 Galerkin 方法，列出方程（1）在时间域的有限元方程[12, 13]为

$$\boldsymbol{M}\ddot{\boldsymbol{u}} + \boldsymbol{K}\boldsymbol{u} = \boldsymbol{f} \tag{2}$$

式中，$\ddot{\boldsymbol{u}}$ 为节点的加速度列向量；$\boldsymbol{u}$ 为节点的位移列向量；$\boldsymbol{f}$ 为节点的震源力项列向量；$\boldsymbol{M}$ 为质量矩阵。在时间域中为了能够在时间步上应用比较快速的差分法或迭代法求解方程（2），用的是集中质量矩阵；在频率域中为了计算更精确，采用一致质量矩阵。$\boldsymbol{K}$ 为刚度矩阵，对第 k 个单元，单元一致质量矩阵 $\boldsymbol{M}_k$ 和单元刚度矩阵 $\boldsymbol{K}_k$ 分别为

$$\boldsymbol{M}_k = \rho_k \iint\limits_{A(k)} \boldsymbol{N}^{\mathrm{T}} \boldsymbol{N} \mathrm{d}x \mathrm{d}z \tag{3a}$$

$$\boldsymbol{K}_k = \lambda_k \iint\limits_{A(k)} \left(\frac{\partial \boldsymbol{N}^{\mathrm{T}}}{\partial x} \frac{\partial \boldsymbol{N}}{\partial x} + \frac{\partial \boldsymbol{N}^{\mathrm{T}}}{\partial z} \frac{\partial \mathrm{N}}{\partial z} \right) \mathrm{d}x \mathrm{d}z \tag{3b}$$

式中，$\boldsymbol{N}$ 为单元的形函数；$\boldsymbol{M}$、$\boldsymbol{K}$ 可由所有单元的 $\boldsymbol{M}_k$、$\boldsymbol{K}_k (k = 1, 2, \cdots, m_e)$ 集合而成。在时间域正演中，本文采用迭代法进行时间步上的推算。

2.2　有限元吸收边界力项的引入

为了消除数值模拟过程中人为截断边界的反射，需加入吸收边界条件，尤其在频率域，边界条件对解影响很大。这里用 Clayton 和 Engquist 的旁轴波动方程[14]的一阶形式给出

$$\frac{\partial u}{\partial \eta} + \frac{b}{v} \frac{\partial u}{\partial t} = 0 \tag{4}$$

式中，η 为边界的外法向方向；b 为随波场入射到边界的角度而变化的调节因子；v 为波场传播速度。

为了使吸收边界条件式（4）能够加入到有限元方程（2），对式（4）进行空间插值离散化，将 $v = \sqrt{\lambda / \rho}$ 代入式（4），形成了在边界上的吸收边界矩阵 $\boldsymbol{K}_{\mathrm{B}}$。对在边界上的第 k 单元，单元吸收边界矩阵 $\boldsymbol{K}_{\mathrm{B}k}$ 为

$$\boldsymbol{K}_{\mathrm{B}k} = b \sqrt{\rho_k \lambda_k} \int \boldsymbol{N}^{\mathrm{T}} \boldsymbol{N} \mathrm{d}l \tag{5}$$

式中，l 为此单元在边界上的边长。

$\boldsymbol{K}_{\mathrm{B}}$ 由边界上的单元吸收边界矩阵 $\boldsymbol{K}_{\mathrm{B}k} (k = 1, 2, \cdots, m_b)$（$m_b$ 为边界上的单元数目，在横向 x 方

向上 $m_b = n_x - 1$，在纵向 z 方向上 $m_b = n_z - 1$）集合而成。将 K_B 加入到有限元方程（2）中有

$$M\ddot{u} + K_B \dot{u} + Ku = f \tag{6}$$

式中，$\dot{u}$ 为节点速度组成的列向量，相当于给边界加上一个与节点速度 $\dot{u}$ 有关的衰减边界力项 $K_B \dot{u}$，它的作用在于阻止波从人为截断边界返回到计算区域内部。

2.3　频率域的有限元方程

对方程（6）进行傅氏变换，得到频率域的有限元波动方程

$$(K + i\omega K_B - \omega^2 M)U = F \tag{7}$$

式中，ω 为角频率。

由于在实际地震勘探中，在地面上常用的是速度检波器，得到的是节点速度 $\dot{u}$ 资料，将节点位移 u 与节点速度 $\dot{u}$ 在频率域的关系：$U(\omega) = 1/i\omega \cdot \dot{U}(\omega)$ 代入式（7）得

$$((1/\omega) \cdot K + iK_B - \omega M) \cdot \dot{U} = iF \tag{8}$$

式（8）是一个复数方程。为了求解方便，将其实部、虚部分开。令：$K_\omega = (1/\omega) \cdot K - \omega M$，$\dot{U}_R$、$\dot{U}_I$ 分别表示所有 m_f 个节点 $\dot{U}$ 的实部和虚部，F_R、F_I 分别表示所有 m_f 个节点 F 的实部和虚部。式（8）则为

$$K_\omega \dot{U}_R - K_B \dot{U}_I = -F_I$$
$$K_B \dot{U}_R - K_\omega \dot{U}_I = F_R$$

写成矩阵形式，有

$$\begin{pmatrix} K_\omega & -K_B \\ K_B & K_\omega \end{pmatrix} \begin{pmatrix} \dot{U}_R \\ \dot{U}_I \end{pmatrix} = \begin{pmatrix} -F_I \\ F_R \end{pmatrix} \tag{9}$$

2.4　利用共轭梯度法解频率域有限元方程

式（9）K_ω 为依赖于频率 ω 的高度稀疏的大型矩阵，为节省存储空间，采用压缩法存储各单元非零的 K_ω 值。因某一节点的节点力只和此节点及其相邻的几个 K_ω 值不为零的节点有关，计算时先计算每个单元的节点力向量，再组装成总的节点力向量，大大节省存储空间与总的节点力向量的计算时间；而吸收边界矩阵 K_B 则只与边界单元上的节点有关，计算时先计算人为截断边界引起的每个边界单元的节点力向量，再组装成与截断边界有关的总的节点力向量。

解方程（9）时采用近年来比较流行的解大型稀疏矩阵的共轭梯度法[15]。设方程（9）的左端系数矩阵为 $A = \begin{pmatrix} K_\omega & -K_B \\ K_B & K_\omega \end{pmatrix}$，$A$ 为一个非正定、非对称的矩阵，对某些角频率 ω，有可能出现病态现象。因此，本文采用了抗病态能力较强的广义共轭梯度算法（阻尼最小二乘共轭梯度法），对系数矩阵 A 进行最小二乘正则化，形成新的系数矩阵 $A^T A$。$A^T A$ 为对称半正定的，由于 $A^T A$ 的条件数是 A 的条件数的平方，因此 $A^T A$ 往往比 A 的病态程度更严重。为此，设置阻尼因子，使矩阵 $A^T A$ 的条件数减小，将方程转化为良性，以利于稳定求解，使迭代加速收敛。

3　频率域有限元反演

为了求解声波方程（1）中的 Lame 系数 λ，首先需给出 λ 的初始值，这里直接给出与介质真实 Lame 系数 λ 相近的值作为初始值，在实际问题中一般可采用常规速度分析得到地下介质声波速度 v，再利用关系式 $\lambda = \rho v^2$ 转化为 Lame 系数的初值。

为了减少反演的难度和复杂性，假设地下介质密度 ρ 已知，并且变化不大，本文将所有介质的密度设定为 $1000\text{kg}/\text{m}^3$。

3.1　求 Jacobi 矩阵

在频率域有限元正演方程（8）中，采用类似位场有限元层析成像求取 Jacobi 矩阵的方法[16]，两边对第 j 单元的 Lame 系数 λ_j 求偏导，得

$$\left(\frac{1}{\omega}\frac{\partial \boldsymbol{K}}{\partial \lambda_j} + \mathrm{i}\frac{\partial \boldsymbol{K}_\mathrm{B}}{\partial \lambda_j}\right)\dot{\boldsymbol{U}} + \left(\frac{1}{\omega}\boldsymbol{K} + \mathrm{i}\boldsymbol{K}_\mathrm{B} - \omega\boldsymbol{M}\right)\frac{\partial \dot{\boldsymbol{U}}}{\partial \lambda_j} = 0$$

提取有 $\partial\dot{\boldsymbol{U}}/\partial\lambda_j$ 有

$$\left(\frac{1}{\omega}\boldsymbol{K} - \omega\boldsymbol{M} + \mathrm{i}\boldsymbol{K}_\mathrm{B}\right)\frac{\partial \dot{\boldsymbol{U}}}{\partial \lambda_j} = -\left(\frac{1}{\omega}\frac{\partial \boldsymbol{K}}{\partial \lambda_j} + \mathrm{i}\frac{\partial \boldsymbol{K}_\mathrm{B}}{\partial \lambda_j}\right)\dot{\boldsymbol{U}} \tag{10}$$

式（10）也是一个复数方程，为了求解简便，首先将其转化为实数方程，令

$$\frac{\partial \dot{\boldsymbol{U}}}{\partial \lambda_j} = \frac{\partial \dot{\boldsymbol{U}}_\mathrm{R}}{\partial \lambda_j} + \mathrm{i}\frac{\partial \dot{\boldsymbol{U}}_\mathrm{I}}{\partial \lambda_j}$$

通过和得到式（8）类似的推导过程，得

$$\begin{pmatrix} \boldsymbol{K}_\omega & -\boldsymbol{K}_\mathrm{B} \\ \boldsymbol{K}_\mathrm{B} & \boldsymbol{K}_\omega \end{pmatrix} \begin{pmatrix} \dfrac{\partial \dot{\boldsymbol{U}}_\mathrm{R}}{\partial \lambda_j} \\ \dfrac{\partial \dot{\boldsymbol{U}}_\mathrm{I}}{\partial \lambda_j} \end{pmatrix} = \begin{pmatrix} -\dfrac{1}{\omega}\dfrac{\partial \boldsymbol{K}}{\partial \lambda_j} & \dfrac{\partial \boldsymbol{K}_\mathrm{B}}{\partial \lambda_j} \\ -\dfrac{\partial \boldsymbol{K}_\mathrm{B}}{\partial \lambda_j} & -\dfrac{1}{\omega}\dfrac{\partial \boldsymbol{K}}{\partial \lambda_j} \end{pmatrix} \begin{pmatrix} \dot{\boldsymbol{U}}_\mathrm{R} \\ \dot{\boldsymbol{U}}_\mathrm{I} \end{pmatrix} \tag{11}$$

式中，$\left(\dfrac{\partial \dot{\boldsymbol{U}}_\mathrm{R}}{\partial \lambda_j}\right) = \left(\dfrac{\partial \dot{\boldsymbol{U}}_\mathrm{R1}}{\partial \lambda_j}\ \dfrac{\partial \dot{\boldsymbol{U}}_\mathrm{R2}}{\partial \lambda_j}\ \cdots\ \dfrac{\partial \dot{\boldsymbol{U}}_{\mathrm{R}m_\mathrm{f}}}{\partial \lambda_j}\right)^\mathrm{T}$ 为在频率 ω 下，所有 m_f 个节点速度频率值 $\dot{\boldsymbol{U}}$ 的实部对第 j 单元

Lame 系数 $\lambda_j (j = 1, 2, \cdots, m_\mathrm{e})$ 的偏导数向量；$\left(\dfrac{\partial \dot{\boldsymbol{U}}_\mathrm{I}}{\partial \lambda_j}\right) = \left(\dfrac{\partial \dot{\boldsymbol{U}}_\mathrm{I1}}{\partial \lambda_j}\ \dfrac{\partial \dot{\boldsymbol{U}}_\mathrm{I2}}{\partial \lambda_j}\ \cdots\ \dfrac{\partial \dot{\boldsymbol{U}}_{\mathrm{I}m_\mathrm{f}}}{\partial \lambda_j}\right)^\mathrm{T}$ 为在相同条件下 $\dot{\boldsymbol{U}}$ 的虚部对第 j 单元 Lame 系数 λ_j 的偏导数向量。

在已知密度向量 ρ 和 Lame 系数向量 $\boldsymbol{\lambda}$ 初始值的情况下，式（11）左右端项中的 $\begin{pmatrix} \dot{\boldsymbol{U}}_\mathrm{R} \\ \dot{\boldsymbol{U}}_\mathrm{I} \end{pmatrix}$ 可以通过频率域有限元正演方程（9）事先给出。

整体刚度矩阵 $\boldsymbol{K}$ 由单元刚度矩阵 $\boldsymbol{K}_k$ ($k=1$, 2, $\cdots$, m_e) 集合而成，因此式（10）右端项中的 $\partial\boldsymbol{K}/\partial\lambda_j$ 由所有单元刚度矩阵 $\boldsymbol{K}_k$ 对 λ_j 的偏导数矩阵 $\partial\boldsymbol{K}_k/\partial\lambda_j$ ($k=1$, 2, $\cdots$, m_e) 集合而成，根据式（3b）可知：

当 $k=j$ 时

$$\frac{\partial\boldsymbol{K}_k}{\partial\lambda_j}=\iint_{A(j)}\left(\frac{\partial\boldsymbol{N}^{\mathrm{T}}}{\partial x}\frac{\partial\boldsymbol{N}}{\partial x}+\frac{\partial\boldsymbol{N}^{\mathrm{T}}}{\partial z}\frac{\partial\boldsymbol{N}}{\partial z}\right)\mathrm{d}x\mathrm{d}z$$

当 $k\neq j$ 时

$$\frac{\partial\boldsymbol{K}_k}{\partial\lambda_j}=\boldsymbol{0}\qquad\text{其中 }\boldsymbol{0}\text{ 为零矩阵。}$$

整体吸收边界矩阵 $\boldsymbol{K}_\mathrm{B}$ 由边界单元的吸收边界矩阵 $\boldsymbol{K}_{\mathrm{B}k}$ 集合而成，因此式（11）右端项中的 $\partial\boldsymbol{K}_\mathrm{B}/\partial\lambda_j$ 由所有边界单元的吸收边界矩阵 $\boldsymbol{K}_{\mathrm{B}k}$ 对 λ_j 的偏导数矩阵 $\partial\boldsymbol{K}_{\mathrm{B}k}/\partial\lambda_j$ ($k=1$, 2, $\cdots$, m_b) 集合而成，根据式（5）可知

当 $k=j$ 时

$$\frac{\partial\boldsymbol{K}_{\mathrm{B}k}}{\partial\lambda_j}=\frac{1}{2}b\sqrt{\frac{\rho_j}{\lambda_j}}\int\boldsymbol{N}^{\mathrm{T}}\boldsymbol{N}\mathrm{d}l$$

当 $k\neq j$ 时

$$\frac{\partial\boldsymbol{K}_{\mathrm{B}k}}{\partial\lambda_j}=\boldsymbol{0}$$

式（11）也用广义共轭梯度法求解，相当于求解一个左端系数矩阵 $\boldsymbol{A}=\begin{pmatrix}\boldsymbol{K}_\omega & -\boldsymbol{K}_\mathrm{B}\\ \boldsymbol{K}_\mathrm{B} & \boldsymbol{K}_\omega\end{pmatrix}$ ，与正演方程（9）相同，而右端震源项与新的正演方程不同。解向量为 $\left(\dfrac{\partial\dot{\boldsymbol{U}}_\mathrm{R}}{\partial\lambda_j}\quad\dfrac{\partial\dot{\boldsymbol{U}}_\mathrm{I}}{\partial\lambda_j}\right)$ ，针对 m_e 个单元的物性参数 λ ，共得到 m_e 个解，从而得到了 Jacobi 矩阵的所有元素：$\partial\dot{\boldsymbol{U}}_{\mathrm{R}m}/\partial\lambda_j$ 、$\partial\dot{\boldsymbol{U}}_{\mathrm{I}m}/\partial\lambda_j$ ，（ $m=1$, 2, $\cdots$, m_f ），（ $j=1$, 2, $\cdots$, m_e ），将其按单元序号组装成 Jacobi 矩阵

$$\begin{pmatrix}
\dfrac{\partial\dot{\boldsymbol{U}}_{\mathrm{R}1}}{\partial\lambda_1} & \dfrac{\partial\dot{\boldsymbol{U}}_{\mathrm{R}1}}{\partial\lambda_2} & \cdots & \dfrac{\partial\dot{\boldsymbol{U}}_{\mathrm{R}1}}{\partial\lambda_{m_e}}\\[2ex]
\dfrac{\partial\dot{\boldsymbol{U}}_{\mathrm{R}2}}{\partial\lambda_1} & \dfrac{\partial\dot{\boldsymbol{U}}_{\mathrm{R}2}}{\partial\lambda_2} & \cdots & \dfrac{\partial\dot{\boldsymbol{U}}_{\mathrm{R}2}}{\partial\lambda_{m_e}}\\[2ex]
\vdots & \vdots & \vdots & \vdots\\[1ex]
\dfrac{\partial\dot{\boldsymbol{U}}_{\mathrm{R}m_\mathrm{f}}}{\partial\lambda_1} & \dfrac{\partial\dot{\boldsymbol{U}}_{\mathrm{R}m_\mathrm{f}}}{\partial\lambda_2} & \cdots & \dfrac{\partial\dot{\boldsymbol{U}}_{\mathrm{R}m_\mathrm{f}}}{\partial\lambda_{m_e}}\\[2ex]
\dfrac{\partial\dot{\boldsymbol{U}}_{\mathrm{I}1}}{\partial\lambda_1} & \dfrac{\partial\dot{\boldsymbol{U}}_{\mathrm{I}1}}{\partial\lambda_2} & \cdots & \dfrac{\partial\dot{\boldsymbol{U}}_{\mathrm{I}1}}{\partial\lambda_{m_e}}\\[2ex]
\dfrac{\partial\dot{\boldsymbol{U}}_{\mathrm{I}2}}{\partial\lambda_1} & \dfrac{\partial\dot{\boldsymbol{U}}_{\mathrm{I}2}}{\partial\lambda_2} & \cdots & \dfrac{\partial\dot{\boldsymbol{U}}_{\mathrm{I}2}}{\partial\lambda_{m_e}}\\[2ex]
\vdots & \vdots & \vdots & \vdots\\[1ex]
\dfrac{\partial\dot{\boldsymbol{U}}_{\mathrm{I}m_\mathrm{f}}}{\partial\lambda_1} & \dfrac{\partial\dot{\boldsymbol{U}}_{\mathrm{I}m_\mathrm{f}}}{\partial\lambda_2} & \cdots & \dfrac{\partial\dot{\boldsymbol{U}}_{\mathrm{I}m_\mathrm{f}}}{\partial\lambda_{m_e}}
\end{pmatrix}$$

3.2   求单元 Lame 系数向量 λ 的修改量 δλ

假设已有地面二维炮集全波场资料 $s_n(t)$ （ $n=1$, 2, $\cdots$, n_x ），将其在时间域上按道进行快速傅氏

变换，得到其在频率域中复数值 $S_n(\omega)$（$n=1$，2，$\cdots$，n_x）的实部 $S_{Rn}(\omega)$ 和虚部 $S_{In}(\omega)$，提取在频率 ω 下的值组装成 n_x 维列向量：$S_R = (S_{R1}\ S_{R2}\ \cdots\ S_{Rn_x})^T$，$S_I = (S_{I1}\ S_{I2}\ \cdots\ S_{In_x})^T$。

给定模型单元 Lame 系数向量 λ 的初值，利用在频率域中的有限元方程（9）正演求得相应于 S_R，S_I 节点位置的理论值列向量 $\dot U_R$ 和 $\dot U_I$，其残差向量为 $\delta \dot U_R = \dot U_R - S_R = (\delta \dot U_{R1}\ \delta \dot U_{R2}\ \cdots\ \delta \dot U_{Rn_x})^T$，$\delta \dot U_I = \dot U_I - S_I = (\delta \dot U_{I1}\ \delta \dot U_{I2}\ \cdots\ \delta \dot U_{In_x})^T$。

在前面的 Jacobi 矩阵中抽取针对地面记录部分的 Jacobi 矩阵，与残差向量 $\delta \dot U_R$、$\delta \dot U_I$ 联立形成反演方程组

$$
\begin{pmatrix}
\dfrac{\partial \dot U_{R1}}{\partial \lambda_1} & \dfrac{\partial \dot U_{R1}}{\partial \lambda_2} & \cdots & \dfrac{\partial \dot U_{R1}}{\partial \lambda_{m_e}} \\[2mm]
\dfrac{\partial \dot U_{R2}}{\partial \lambda_1} & \dfrac{\partial \dot U_{R2}}{\partial \lambda_2} & \cdots & \dfrac{\partial \dot U_{R2}}{\partial \lambda_{m_e}} \\[2mm]
\vdots & \vdots & \vdots & \vdots \\[2mm]
\dfrac{\partial \dot U_{Rn_x}}{\partial \lambda_1} & \dfrac{\partial \dot U_{Rn_x}}{\partial \lambda_2} & \cdots & \dfrac{\partial \dot U_{Rn_x}}{\partial \lambda_{m_e}} \\[2mm]
\dfrac{\partial \dot U_{I1}}{\partial \lambda_1} & \dfrac{\partial \dot U_{I1}}{\partial \lambda_2} & \cdots & \dfrac{\partial \dot U_{I1}}{\partial \lambda_{m_e}} \\[2mm]
\dfrac{\partial \dot U_{I2}}{\partial \lambda_1} & \dfrac{\partial \dot U_{I2}}{\partial \lambda_2} & \cdots & \dfrac{\partial \dot U_{I2}}{\partial \lambda_{m_e}} \\[2mm]
\vdots & \vdots & \vdots & \vdots \\[2mm]
\dfrac{\partial \dot U_{In_x}}{\partial \lambda_1} & \dfrac{\partial \dot U_{In_x}}{\partial \lambda_2} & \cdots & \dfrac{\partial \dot U_{In_x}}{\partial \lambda_{m_e}}
\end{pmatrix}
\begin{pmatrix}
\delta \lambda_1 \\ \delta \lambda_2 \\ \vdots \\ \delta \lambda_{m_e}
\end{pmatrix}
=
\begin{pmatrix}
\delta \dot U_{R1} \\ \delta \dot U_{R2} \\ \vdots \\ \delta \dot U_{Rn_x} \\ \delta \dot U_{I1} \\ \delta \dot U_{I2} \\ \vdots \\ \delta \dot U_{In_x}
\end{pmatrix}
\tag{12}
$$

用广义共轭梯度法求解式（12），可得到模型单元 Lame 系数的修改量列向量 $\delta\lambda$。

3.3　同一介质所有单元 $\delta\lambda_j$ 的合并

按 3.1 和 3.2 节的方法需对每个单元的 Lame 系数修改量 $\delta\lambda_j$（$j=1$，2，$\cdots$，m_e）进行计算，其计算量十分巨大。为此，本文提出了对同一介质的所有单元 $\delta\lambda_j$ 合并成一个未知数 $\delta\lambda_p$ 的措施。假设地下介质分布的几何结构已知，将地下介质编号，共有 n_{mat} 种介质，如对实际资料进行反演，可通过常规处理的叠加剖面或叠后偏移剖面，划分出地下介质的几何结构。假设第 p 种介质内共有 m_p 个有限单元，其在整体有限元单元编号系统 $j=1$、2、$\cdots$、m_e 中的编号为 j_1、j_2、$\cdots$、j_{m_p}，其在反演方程组（12）中的位置为

$$
\begin{pmatrix}
\cdots & \dfrac{\partial \dot U_R}{\partial \lambda_{j_1}} & \dfrac{\partial \dot U_R}{\partial \lambda_{j_2}} & \cdots & \dfrac{\partial \dot U_R}{\partial \lambda_{j_{m_p}}} & \cdots \\[3mm]
\cdots & \dfrac{\partial \dot U_I}{\partial \lambda_{j_1}} & \dfrac{\partial \dot U_I}{\partial \lambda_{j_2}} & \cdots & \dfrac{\partial \dot U_I}{\partial \lambda_{j_{m_p}}} & \cdots
\end{pmatrix}
\begin{pmatrix}
\vdots \\ \delta \lambda_{j_1} \\ \delta \lambda_{j_2} \\ \vdots \\ \delta \lambda_{j_{m_p}} \\ \vdots
\end{pmatrix}
=
\begin{pmatrix}
\delta \dot U_R \\ \delta \dot U_I
\end{pmatrix}
\tag{13}
$$

设同一介质的物性参数 λ 变化很小，则其修改量相等：$\delta\lambda_{j_1} = \delta\lambda_{j_2} = \cdots \delta\lambda_{jm_p} = \delta\lambda_p$。根据线性方程组的性质，将 $\delta\lambda_{j_1}$、$\delta\lambda_{j_2}$、$\cdots$、$\delta\lambda_{jm_p}$ 项看作为同一变量 $\delta\lambda_p$，其系数合并为 $\delta\lambda_p$ 对应的系数，即

$$\frac{\partial \dot{U}_{\mathrm{R}}}{\partial \lambda_p} = \frac{\partial \dot{U}_{\mathrm{R}}}{\partial \lambda_{j_1}} + \frac{\partial \dot{U}_{\mathrm{R}}}{\partial \lambda_{j_2}} + \cdots + \frac{\partial \dot{U}_{\mathrm{R}}}{\partial \lambda_{jm_p}} \qquad \frac{\partial \dot{U}_{\mathrm{I}}}{\partial \lambda_p} = \frac{\partial \dot{U}_{\mathrm{I}}}{\partial \lambda_{j_1}} + \frac{\partial \dot{U}_{\mathrm{I}}}{\partial \lambda_{j_2}} + \cdots + \frac{\partial \dot{U}_{\mathrm{I}}}{\partial \lambda_{jm_p}}$$

则方程组（13）变为

$$\begin{pmatrix} \cdots & \dfrac{\partial \dot{U}_{\mathrm{R}}}{\partial \lambda_p} & \cdots \\[2mm] \cdots & \dfrac{\partial \dot{U}_{\mathrm{I}}}{\partial \lambda_p} & \cdots \end{pmatrix} \begin{pmatrix} \vdots \\ \delta\lambda_p \\ \vdots \end{pmatrix} = \begin{pmatrix} \delta\dot{U}_{\mathrm{R}} \\ \delta\dot{U}_{\mathrm{I}} \end{pmatrix} \tag{14}$$

设介质种类共 n_{mat}，此时式（14）变成

$$\begin{pmatrix} \dfrac{\partial \dot{U}_{\mathrm{R1}}}{\partial \lambda_1} & \dfrac{\partial \dot{U}_{\mathrm{R1}}}{\partial \lambda_2} & \cdots & \dfrac{\partial \dot{U}_{\mathrm{R1}}}{\partial \lambda_{n_{\mathrm{mat}}}} \\[3mm] \dfrac{\partial \dot{U}_{\mathrm{R2}}}{\partial \lambda_1} & \dfrac{\partial \dot{U}_{\mathrm{R2}}}{\partial \lambda_2} & \cdots & \dfrac{\partial \dot{U}_{\mathrm{R2}}}{\partial \lambda_{n_{\mathrm{mat}}}} \\[3mm] \vdots & \vdots & \vdots & \vdots \\[3mm] \dfrac{\partial \dot{U}_{\mathrm{R}n_x}}{\partial \lambda_1} & \dfrac{\partial \dot{U}_{\mathrm{R}n_x}}{\partial \lambda_2} & \cdots & \dfrac{\partial \dot{U}_{\mathrm{R}n_x}}{\partial \lambda_{n_{\mathrm{mat}}}} \\[3mm] \dfrac{\partial \dot{U}_{\mathrm{I1}}}{\partial \lambda_1} & \dfrac{\partial \dot{U}_{\mathrm{I1}}}{\partial \lambda_2} & \cdots & \dfrac{\partial \dot{U}_{\mathrm{I1}}}{\partial \lambda_{n_{\mathrm{mat}}}} \\[3mm] \dfrac{\partial \dot{U}_{\mathrm{I2}}}{\partial \lambda_1} & \dfrac{\partial \dot{U}_{\mathrm{I2}}}{\partial \lambda_2} & \cdots & \dfrac{\partial \dot{U}_{\mathrm{I2}}}{\partial \lambda_{n_{\mathrm{mat}}}} \\[3mm] \vdots & \vdots & \vdots & \vdots \\[3mm] \dfrac{\partial \dot{U}_{\mathrm{I}n_x}}{\partial \lambda_1} & \dfrac{\partial \dot{U}_{\mathrm{I}n_x}}{\partial \lambda_2} & \cdots & \dfrac{\partial \dot{U}_{\mathrm{I}n_x}}{\partial \lambda_{n_{\mathrm{mat}}}} \end{pmatrix} \begin{pmatrix} \delta\lambda_1 \\ \delta\lambda_2 \\ \vdots \\ \delta\lambda_{n_{\mathrm{mat}}} \end{pmatrix} = \begin{pmatrix} \delta\dot{U}_{\mathrm{R1}} \\ \delta\dot{U}_{\mathrm{R2}} \\ \vdots \\ \delta\dot{U}_{\mathrm{R}n_x} \\ \delta\dot{U}_{\mathrm{I1}} \\ \delta\dot{U}_{\mathrm{I2}} \\ \vdots \\ \delta\dot{U}_{\mathrm{I}n_x} \end{pmatrix} \tag{15}$$

这样，反演方程组求解的未知数由 m_e 个减少到 n_{mat} 个。

　　由上所述，反演可分为两个步骤：①已知物性参数 λ_j（$j=1$，2，$\cdots$，m_e）的初始值，通过求解式（10）正演求取节点速度 $\dot{U}$ 对 Lame 系数 λ_j 的偏导数向量，通过合并相同物性参数单元的系数组装成新的 Jacobi 矩阵，形成反演方程组（15）；②解方程组（15）求 Lame 系数向量的修改量 $\delta\lambda_p$（$p=1$，2，$\cdots$，n_{mat}）。

4　方法实施时的一些具体措施

4.1　震源子波 $f(t)$ 的选取

在波动方程正演中，选取常用的 Ricker 子波函数为震源函数，其数学表达式为

$$f(t) = (1 - 2(\pi f t)^2) e^{-(\pi f t)^2}$$

其中子波持续时间 $t = -T \sim T$，主频 $f = 20 \sim 40$Hz，取对称波形，$f(t)$ 关于 $t = 0$ 对称。

将 $f(t)$ 在时间域离散采样后，经快速傅氏变换到频率域，形成在频率域中震源子波列向量 $\boldsymbol{F} = \boldsymbol{F}_R + \mathrm{i}\boldsymbol{F}_I$。

4.2　反演时频率的选取

为了减少求解的多解性和不稳定性，可选取多个频率联立形成统一的反演方程组来求解。在实际应用时，可不必选择所有频率，而只选择有效波频段内由低到高的一组频率进行反演，以减少计算量。

5　模　型　实　验

为了验证方法的可行性，本文做了一个几何结构复杂的介质模型的正演和反演数值试验，所有计算都是在 550MHz 主频、128MB 内存的 P Ⅲ 微机上完成的。

5.1　介质模型参数

模型采用的网格参数为 $n_x = 20$，横向网格节点数 $n_z = 50$，横向网格单元数 $n_{xe} = n_x - 1 = 19$，纵向网格单元数 $n_{ze} = n_z - 1 = 49$，总的节点数：$m_f = 20 \times 50 = 1000$，总的单元数：$m_e = 19 \times 49 = 931$。点与单元编号为从左到右，从上到下，一行一行进行。纵向和横向节点间距均为 6m。震源安置在横向第 10 个节点，即横坐标中间位置纵向第 2 个节点处，以模拟地面放炮记录。震源子波选用 4.1 节中的 Ricker 子波函数，子波长度为 31 个采样点，主频为 30Hz。在地面放置检波器，每个节点放置一个检波器，共有 20 道记录，时间采样间隔为 2ms，采样点数为 200。

图 1 为模型的介质种类编号图，含倾斜界面、高速异常体、断层、薄层等结构，共划分有 6 种介质 Ⅰ ~ Ⅵ。表 1 为此模型编号的 6 种介质的物性参数表。

5.2　频率域正演剖面和时间域正演剖面的对比

图 2 为图 1 模型的声波方程有限元时间域正演的地面单炮时间记录；图 3 为图 1 模型的声波方程有限元频率域正演的地面单炮时间记录。

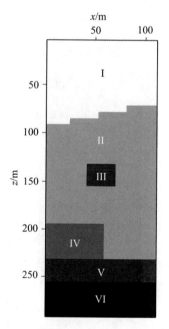

图 1　模型的介质种类编号图

表 1　模型介质物性参数表

No.	$\rho/(\mathrm{kg \cdot m^{-3}})$	$\lambda/(10^9 \mathrm{N \cdot m^{-2}})$	$V/(\mathrm{m \cdot s^{-1}})$
Ⅰ	1000	3.24	1800
Ⅱ	1000	4.41	2100

续表

No.	$\rho/(kg \cdot m^{-3})$	$\lambda/(10^9 N \cdot m^{-2})$	$V/(m \cdot s^{-1})$
Ⅲ	1000	5.76	2400
Ⅳ	1000	5.29	2300
Ⅴ	1000	6.25	2500
Ⅵ	1000	7.29	2700

注：λ 为 Lame 系数。

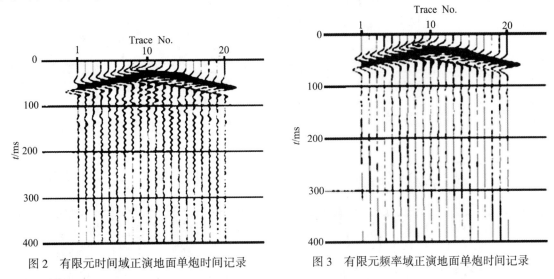

图 2 有限元时间域正演地面单炮时间记录　　　图 3 有限元频率域正演地面单炮时间记录

由图 2 和图 3 比较看出，由于有限元频率域正演可以采用比较精确的一致质量矩阵，而时间域一般只能采用集中质量矩阵，并且频率域正演可以通过解矩阵的方式得到每个频率下精度很高的波场值，因此频率域正演剖面质量明显比时间域正演要高，边界反射吸收很干净，有效波形清晰，且不容易出现时间域正演经常出现的频散、数值发散等现象。虽然频率域正演耗时较多，但仍不失为一种精确研究波场传播的方法。

由图 4 至图 8 可以看出加入较大的随机噪声后，时间记录的反射波同相轴已基本上湮没在噪声中，很难分辨出来，但变换到频率域中，噪声和有效波大部分分离，在有效波优势频段（约 20~60Hz），有效波同相轴清晰连续、波形完整。下一步反演可只选取有效波优势频段的频率，而不用选取整个频段的频率，既降低了计算成本，又提高了抗噪能力。

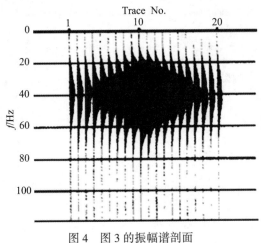

图 4 图 3 的振幅谱剖面

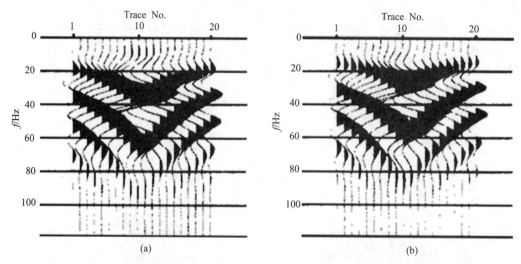

图 5　图 3 的频谱实部剖面（a）与图 3 的频谱虚部剖面（b）

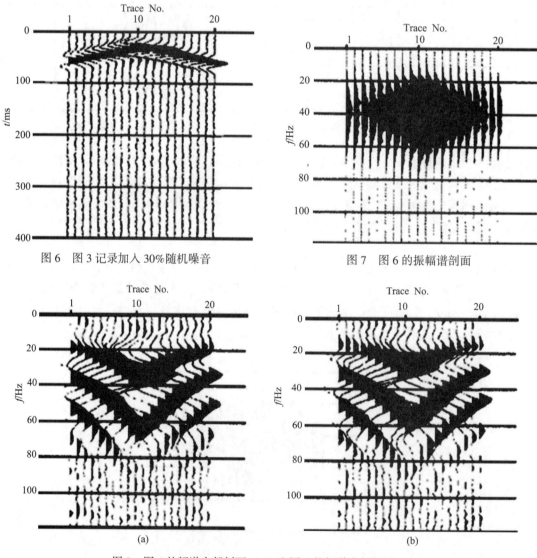

图 6　图 3 记录加入 30% 随机噪音　　　　　　　图 7　图 6 的振幅谱剖面

图 8　图 6 的频谱实部剖面（a）和图 6 的频谱虚部剖面（b）

5.3 频率域反演的数值结果

计算中选取 19.531~56.641Hz 共 20 个频率进行反演，频率间隔为 1.953125Hz。

表 2 为利用图 3 未加噪声的炮集记录、介质 Lame 系数 λ 的反演结果（假设密度 ρ 已知），在微机上共进行了 56 次迭代运算，耗时 6.3h。

表 2 图 3 记录的 Lame 系数 λ 反演结果

No.	$\lambda/(10^9 \mathrm{N} \cdot \mathrm{m}^{-2})$	$\lambda/(10^9 \mathrm{N} \cdot \mathrm{m}^{-2})$	$\lambda/(10^9 \mathrm{N} \cdot \mathrm{m}^{-2})$	反演误差/%
Ⅰ	3.24	4.592 449	3.239999576474369	0
Ⅱ	4.41	4.592 449	4.409 999319255119	0
Ⅲ	5.76	4.592449	5.759 998969316 937	0
Ⅳ	5.29	4.592449	5.289999168168227	0
Ⅴ	6.25	4.592449	6.249998934973018	0
Ⅵ	7.29	4.592449	7.289998728363648	0

表 3 为利用图 6 加入 30%随机噪声的炮集记录、介质 Lame 系数 λ 的反演结果（假设密度 ρ 已知），在微机上共进行了 84 次迭代运算，耗时 9.4h。

表 3 图 6 记录的 Lame 系数 λ 反演结果

No.	$\lambda/(10^9 \mathrm{N} \cdot \mathrm{m}^{-2})$	$\lambda/(10^9 \mathrm{N} \cdot \mathrm{m}^{-2})$	$\lambda/(10^9 \mathrm{N} \cdot \mathrm{m}^{-2})$	反演误差/%
Ⅰ	3.24	4.592449	3.239125026411431	0.027
Ⅱ	4.41	4.592449	4.404030882410 935	0.135
Ⅲ	5.76	4.592449	5.814709198268483	0.950
Ⅳ	5.29	4.592449	5.432324125436 276	2.690
Ⅴ	6.25	4.592449	6.223326389578464	0.427
Ⅵ	7.29	4.592449	7.156706989545631	1.828

由表 2、表 3 表明，本文方法的稳定性比较好，当给出的均匀介质初始模型参数与真实介质模型参数相差较大（可达到 40%~50%），以及正演记录加入较强的随机噪声（可达到 30%）的情况下，只用 1 炮记录就能收敛到真值附近，达到较高的精度。

5.4 频率域反演的耗用内存

表 4 为在不同数目的网格划分下，有限元频率域反演方法与有限元时间域正演所需内存的比较，表明本文方法所需内存略大于时间域正演，基本上是同一个数量级。

表 4 有限元频率域反演和时间域正演耗用内存比较

$n_x n_z$	有限元频率域反演数据约占内存/MB	有限元时间域正演数据约占内存/MB
1000	0.47	0.26
5000	2.3	1.3
30000	14	7.7

6　结论与讨论

（1）本文针对地面二维炮集全波场资料，在频率域有限元方程基础上提出了一种比较新的反演思路。广义共轭梯度法显式求解了 Jacobi 矩阵。假设地下介质几何结构已知情况下，Jacobi 矩阵按不同介质进行分块处理，压缩组装，大大降低了计算成本；同时，由于求解目标减少，降低了求解时的多解性和不稳定性，提高了解的精度。通过数值验证，在理论上是可行的。

仿照解 Lame 系数 λ 的方法，同样可推出求密度 ρ 的 Jacobi 矩阵。可通过二维炮集全波场资料分别迭代求取地下介质的 λ 和 ρ，由此可得地下的速度 $v = \sqrt{\lambda/\rho}$ 分布和波阻抗 ρv 分布。为了减少反演难度，假设 ρ 已知。

（2）本文利用了频率域中的有效波优势频段进行反演，并且利用带有阻尼项的广义共轭梯度法求解大型稀疏矩阵，既降低了计算成本，又提高了抗噪能力；当给出的均匀介质初始模型参数与真实介质模型参数相差较大，以及正演记录加入较强的随机噪声的情况下，仍具有比较好的稳定性，利于今后用于实际资料处理；但当初始模型参数与真实介质模型参数相差过大或随机噪声过大时，此方法收敛变得缓慢，并且难以达到很高的精度。

（3）通过常规的速度分析手段给出初始模型参数，进行有限元逆时偏移[17]划分出比较精确的地下介质分层，再进行频率域有限元参数反演提供给偏移更精确的模型参数。偏移几何结构成像和反演物性结构成像迭代进行，可充分利用地震资料的波场信息，期望给出比常规处理方法更精确的地下介质信息[18]。

参 考 文 献

[1] Tarantola A, Inversion of seismic reflection data in the acoustic approximation, Geophysics, 1984, 49：1259-1266

[2] Tarantola A, A strategy for nonlinear elastic inversion of seismic reflection data, Geophysics, 1986, 51：1893-1903

[3] 陈小宏、牟永光，二维地震资料波动方程非线性反演，地球物理学报，1996, 39（3）：401~408

[4] Mora P R, Nonlinear two-dimensional elastic inversion of multi-offset seismic data, Geophysics, 1987, 52：1211-1228

[5] Gerhard Pratt R, Worthington M H, Inverse theory applied to multi-source cross-hole tomography, Part 1：Acoustic wave-equation method, Geophysical Prospecting, 1990, 38：287-310

[6] Gerhard Pratt R, Worthington M H, Inverse theory applied to multi-source cross-hole tomography, Part 2：Elastic wave-equation method, Geophysical Prospecting, 1990, 38：311-329

[7] Gerhard Pratt R, Seismic wave form inversion in the frequency domain, Part 1：Theory and verification in a physical scale model, Geophysics, 1999, 64（3）：888-901

[8] Gerhard Pratt R, Seismic wave form inversion in the frequency domain, Part 2：Fault delineation in sediments using cross-hole data, Geophysics, 1999, 64（3）：902-914

[9] Eric Forgues, Emma Scala, Gerhard Pratt R, High resolution velocity model estimation from refraction and reflection data, In：SEG international exposition and 68th annual meeting, SEG, Expanded Abstracts, 1998

[10] Kurt J. Marfurt, Accuracy of finite-difference and finite-element modeling of the scalar and elastic wave equations, Geophysics, 1984, 49（5）：533-549

[11] Changsoo Shin, Kwangjin Yoon, Kurt J. Marfurt, Efficient calculation of partial derivative wavefield using reciprocity for seismic imaging and inversion, In：SEG international exposition and 70th annual meeting, SEG Expanded Abstracts, 2000

[12] 王妙月、郭亚曦、底青云，二维线形流变体波的有限元模拟，地球物理学报，1995, 38（4）：494~505

[13] 邵秀民、蓝志凌，非均匀各向同性弹性介质中地震波传播的数值模拟，地球物理学报，1995, 38（Supp. 1）：39~55

[14] Robert W Clayton, Bjorn Engquist, Absorb boundary conditions for wave-equation migration. Geophysics, 1980, 45（5）：895-904

[15] 周竹生、何继善、赵荷晴，利用广义共轭梯度算法求解地震道反演问题，石油地球物理勘探，1998, 33（4）：

439~447，476

［16］底青云、王妙月，二维电阻率成像的有限元解法，岩石力学与工程学报，1999，18（3）：317~321

［17］底青云、王妙月，弹性波有限元逆时偏移技术研究，地球物理学报，1997，40（4）：570~579

［18］王妙月、袁晓晖、郭亚曦等，衍射波地震勘探方法，地球物理学报，1993，36（3）：396~401

II — 22

利用地质规则块体建模方法的频率域
有限元弹性波速度反演[*]

许　琨　王妙月

中国科学院地质与地球物理研究所

摘　要　在频率域弹性波有限元正演方程的基础上，依据匹配函数（也就是观测数据和正演数据残差的二次范数）最小的准则，用矩阵压缩存储与 LU 分解技术来存储和求解频率域正演方程中的大型稀疏复系数矩阵、用可调阻尼因子的 Levenberg Marquard 方法求解反演方程组，直接求取地下介质的弹性波速度，导出了频率域弹性波有限元最小二乘反演算法。为了利用地下地质体的分布规律，减少反演所求的未知数个数，本文又提出了将规则地质块体建模方法引入到反演中来。经数值模型验证，在噪声干扰很大（噪声达到 50%）或初始模型与真实模型相差很大的情况下，反演也能取得很满意的效果，证明本方法具有很好的抗噪性与"强壮性"。

关键词　频率域　弹性波　有限元　反演　矩阵压缩存储　LU 分解技术
　　　　　Levenberg-Marquard 方法　地质规则块体建模方法

1　引　言

非线性最小二乘最优化迭代波形反演方法是一类基于数据拟合的波动方程反演算法，它依据使匹配函数（也就是观测数据和正演数据残差的二次范数）最小的准则，首先从地震波动方程中导出修改模型弹性参数的梯度方向，然后利用一些梯度类算法如共轭梯度法、高斯-牛顿法、全牛顿法等，迭代改进模型参数，使匹配函数达到最小，这时的模型参数就认为是最接近真实情况的反演结果。此反演方法首先由 Tarantola[1]、Mora[2] 等人提出，陈小宏[3]、张美根等[4] 也对此反演方法进行了深入的研究，但大多在时间域用有限差分、有限元方法进行，需要对每炮都进行一次正演和一次数据残差的反传播，多炮记录的计算成本很高。Pratt[5]、Changsoo Shin 等[6] 提出利用频率域有限差分或有限元方程法，许琨等[7] 也在频率域对地震声波方程的系数进行了反演，此法一般在频域率对地震波方程中的大型稀疏复系数矩阵进行 LU 分解，分解得到的系数矩阵可重复利用，从而大大地提高了对多炮记录的运算效率，成为当前国际上比较流行的研究方向，并已在一些实际资料中得到很好的验证，本文所用的频率域有限元最小二乘反演算法就属于此类频率域算法。

本文提出近似于 GOCAD 方法[8] 的地质规则块体建模方法，将它引入到频率域有限元反演中划分和参数化地质模型，减少未知数的数目，以提高反演的精度和稳定性。另外，为了消除在非线性迭代反演中的混沌现象，如不稳定、发散等，本文提出了阻尼因子随着数据残差的平方模调节的 Levenberg-Marquard 方法[9]。

────────────────
　　[*]　本文发表于《地球物理学报》，2004, 47 (4): 708~717

2　频率域弹性波有限元正演

2.1　频率域弹性波有限元方程

在空间域将地下各向同性非均匀弹性介质划分为许多大小形状一致的小矩形网格。网格节点的总数为 $m_n = n_x \times n_z$，其中 n_x 为 x 方向的个数，n_z 为 z 方向的个数。网格单元的总数为：$m_e = (n_x - 1) \times (n_z - 1)$。在矩形单元中任一点位移或速度、加速度可以被此单元 4 个角上的线性插值。对于二维空间的弹性波方程，任一点的位移或速度，加速度的总的自由度为 $m_f = 2 \times n_x \times n_z$。根据 Hamilton 最小能量理论，地震波方程被转化为最小能量变分方程。参照文献 [10]，推导出时间域弹性波有限元方程，转换到频率域，

$$(K + i\omega C - \omega^2 M)u = f \tag{1}$$

式中，ω 是角频率；M 是 $m_f \times m_f$ 的总体质量矩阵；C 是 $m_f \times m_f$ 的吸收边界矩阵；K 是 $m_f \times m_f$ 总体刚度矩阵；u 是 m_f 位移矢量；f 是 m_f 震源矢量。

利用 Rayleigh 阻尼边界条件[11]构成吸收边界矩阵 C，为

$$C = \alpha M + \beta K \tag{2}$$

式中，α 和 β 是调节系数，可由经验公式得到。

简化式（1），得到

$$Su = f \tag{3}$$

式中，$S = K + i\omega C - \omega^2 M$，是 $m_f \times m_f$ 大型稀疏复系数矩阵。

2.2　用 LU 分解法解正演方程矩阵

在每个离散频率 0、$\Delta\omega$、$2\Delta\omega$、$\cdots$、$(n-1)\Delta\omega$ 上求解 u，将其快速傅里叶反变换到时间域，为便于快速傅里叶变换，n 设为 2^m 个，m 为正整数，如果不够，就要补零到 2^m 个。由于地震波信号在快速傅里叶离散频率域具有对称性，且地震波的频谱有一定分布范围，不需要计算过高的频率，零频率也不计算，所以实际需要计算的离散频率数比时间域的采样点数 n 少很多，其余频率下的 u 值充零即可，大大提高了频率域的计算速度。

由于 S 是对角线占优的稀疏矩阵，利用矩阵等带宽压缩存储技术来减少内存量。考虑到 S 在以后会多次重复出现，先对它进行分解，分解后的矩阵可在以后的运算中利用多次，以缩短运算时间。由于需要 S 分解后的矩阵依然用等带宽压缩方式存储在原来的空间内，QR、SVD 等分解技术会破坏 S 的稀疏性质，分解后不能再按压缩方式存储，在此并不适用。因此本文采用不会破坏矩阵稀疏性质的 LU 分解技术，先将复数阻抗矩阵 S 分解为上三角矩阵和下三角矩阵，依然存储在原来存储矩阵 S 的内存空间内，在以后的正演计算中不需再做矩阵分解，只需用分解的矩阵做向前、向后回代计算即可。

矩阵被分解后在多炮资料的正演与反演计算中重复利用是频率域反演比时间域更快、更实用的关键。

3　频率域最小二乘反演方法的原理

3.1　反演参数的选择

在作反演之前，首先要选择反演的参数，反演参数要求各自独立。对于弹性波反演，有几种弹性

参数和密度的不同组合方式，可以是拉梅系数 λ、μ 和密度 ρ；也可以是纵波速度 $v_P = \sqrt{\dfrac{\lambda + 2\mu}{\rho}}$、横波

速度 $v_S = \sqrt{\dfrac{\mu}{\rho}}$ 和密度 ρ；还可以是纵波波阻抗 $I_P = \rho v_P$、横波波阻抗 $I_S = \rho v_S$ 和密度 ρ。根据 Taranto-

la[12] 的分析，利用地面标准反射资料，通常只能恢复出地下长波长平滑的速度信息或短波长波阻抗扰

动信息，而对于某些中等波长成分，既不能解出速度，也不能解出波阻抗。在这里，选择纵波速度

v_P、横波速度 v_S 和密度 ρ 的组合作为反演目标。

3.2　解 Jacobi 矩阵

在频率域有限元正演方程（3）两边对某一反演参数 $p_i(i = 1, 2, \cdots, m; m = 3m_e)$（包括 v_P、v_S、

ρ）求导产生

$$S \frac{\partial \boldsymbol{u}}{\partial p_i} = - \frac{\partial S}{\partial p_i} \boldsymbol{u} \tag{4}$$

式中，S 由 $p_i(i = 1, 2, \cdots, m)$ 的初始值或上一次反演修改过的 $p_i(i = 1, 2, \cdots, m)$ 给出；$\boldsymbol{u}$ 是知道

S 后用式（3）已算出的正演记录。由于 S 在前面已做过 LU 分解，将前面分解的结果代入方程（3）

求取正演波场 $\boldsymbol{u}$ 对反演参数 p_i 的偏导数向量 $\dfrac{\partial \boldsymbol{u}}{\partial p_i}$。

这样可以将所有对于 $p_i(i = 1, 2, \cdots, m)$ 的偏导数向量 $\dfrac{\partial \boldsymbol{u}}{\partial p_i}$ 求出，组合成总的 Jacobi 矩阵

$$\hat{\boldsymbol{J}} = \begin{bmatrix} \dfrac{\partial \boldsymbol{u}}{\partial p_1} & \dfrac{\partial \boldsymbol{u}}{\partial p_2} & \cdots & \dfrac{\partial \boldsymbol{u}}{\partial p_m} \end{bmatrix} \tag{5}$$

3.3　形成反演方程组

选择不同炮、不同频率的 $\hat{\boldsymbol{J}}$ 中向量对应着地面检波器处的数据残差 $\delta \boldsymbol{d}$，形成一个广义线性反演方

程组，以此求解 $p_i(i = 1, 2, \cdots, m)$ 的修改向量 δp，

$$\boldsymbol{J} \delta \boldsymbol{p} = \delta \boldsymbol{d} \tag{6}$$

式中，$\boldsymbol{J}$ 是抽取 $\hat{\boldsymbol{J}}$ 中元素，对应着地面检波器接收分量，并按实部和虚部重新排列的实系数 Jacobi 矩

阵；δp 是模型参数 $p_i(i = 1, 2, \cdots, m)$ 的修改量向量；$\delta \boldsymbol{d} = \boldsymbol{u} - \boldsymbol{d}$ 为在检波器处正演数据 $\boldsymbol{u}$ 与实际接收

记录 $\boldsymbol{d}$ 的数据残差。

3.4　用 Lenvenberg-Marquard 方法解反演方程组

在反演方程组（6）中，由于 Jacobi 矩阵 $\boldsymbol{J}$ 有可能病态或接近奇异，用直接的矩阵分解技术很难得

到满意的结果，在迭代过程中经常产生发散现象。因此 Levenberg-Marquardt 方法[9] 被引入以提高稳定

性。方程（6）转化为

$$(J^\mathrm{T}J + \eta I)\,\delta p = J^\mathrm{T}\delta d \tag{7}$$

式中，η 是小的正实数阻尼因子；I 是单位矩阵。

应用 SVD 方法将实系数矩阵 J 分解为三个矩阵：两个正交矩阵 U 和 V 及一个对角线矩阵 Λ，即

$$J = U\Lambda V^\mathrm{T}$$
$$J^\mathrm{T}J = V\Lambda U^\mathrm{T}U\Lambda V^\mathrm{T} = V\Lambda^2 V^\mathrm{T}$$
$$J^\mathrm{T}J + \eta I = V\Lambda^2 V^\mathrm{T} + \eta I = V(\Lambda^2 + \eta I)\,V^\mathrm{T}$$
$$(J^\mathrm{T}J + \eta I)^{-1} = V(\Lambda^2 + \eta I)^{-1}V^\mathrm{T} = V \cdot \mathrm{diag}\left(\frac{1}{\Lambda_j^2 + \eta}\right) \cdot V^\mathrm{T}$$
$$\delta p = (J^\mathrm{T}J + \eta I)^{-1}J^\mathrm{T}\delta d = V \cdot \mathrm{diag}\left(\frac{1}{\Lambda_j^2 + \eta}\right) \cdot V^\mathrm{T}V\Lambda U^\mathrm{T}\delta d = V \cdot \mathrm{diag}\left(\frac{\Lambda_j}{\Lambda_j^2 + \eta}\right) \cdot U^\mathrm{T}\delta d \tag{8}$$

式中，Λ_j 是 Λ 的对角线元素。这样可以求解模型参数的修正向量 δp。

在迭代反演中，可以注意到，当阻尼因子 η 设置为大的正实数时，迭代收敛稳定，但缓慢，不能达到所需的精度；当阻尼因子 η 设置为小的正实数或零时，迭代收敛快并能达到很高的精度，但不稳定，在初始模型参数与真实模型参数差别较大时容易发散。

为了解决这个问题，本文设置阻尼因子在迭代反演中可以调节。在迭代开始时，模型参数与真实地质参数差别比较大（也就是说，数据残差的平方模比较大），采用大的阻尼因子 η 来改进稳定性。迭代中，随着数据残差的平方模逐渐变小，反演程序自动选择小的或零阻尼因子 η 加速迭代，能保证反演收敛到比较高的精度。

4 地质规则块体建模方法

4.1 块体概念的引入、定义与划分

在进行有限差分或有限元正演时，地下模型参数化通常是将地质模型划分为很多的矩形网格。反演时，要反演的模型参数一般对应着正演的模型划分，被放置在每个网格内或网格点上。为保证正演不发生频散，并保证正演结果的精度，正演模型划分的网格比较致密，则对应着的反演参数的数量也非常大，导致反演中出现计算量过大，不稳定，发散等现象。

实际上，地下介质的分布有一定规律。如果能利用这些规律，未知数的个数可以大大的减少。目前，率先由 Mallet[8] 提出的 GOCAD 方法利用了这种地质分布规律，但它的构造模型和参数化过程相对复杂和困难。参照 GOCAD 方法，本文提出了相对简单且实用的方法：地质规则块体建模方法。

众所周知，传统的地震资料处理是基于地下接近于水平的层状介质的假设上，有些反演方法也是基于层状介质的前提下展开的，如常见的反射波层析成像、AVO 反演方法、$\tau - p$ 平面波分解反演算法等，都是首先将地下模型划分为很多层状介质，每层介质赋予不同的弹性参数。层状介质可以适合于大多数相对简单的地下地质构造，但不适合复杂的地质构造。块体模型的概念是水平层状介质模型的改进。在本文中，和 GOCAD 方法的定义一致，块体定义为封闭的地质体，是地下构造的基本单元。任何地质体可以由一个块体或多个子块体组合构成，在一个块体中，速度或其他物性参数保持恒定或连续变化，在块体的边界处，这些参数值出现间断。

在 GOCAD 中，每个块体在三维空间中由几个曲面定义，在二维空间中由几条曲线定义，但由曲面或曲线构成的块体与正演计算中的致密矩形网格不匹配，见图 1a。为了减小反演的复杂性，本文采

用了一种折衷的办法。把致密的计算网格划分为很多子区域，由多个邻近的网格构成的一个子区域就是一个块体。在二维空间内，两个块体间的边界就是计算网格间的折线，这样，由曲线构成的块体（图 1a）就简化成由折线构成的块体（图 1b）。计算网格越密，折线就越接近曲线，越接近真实的地质体分界。

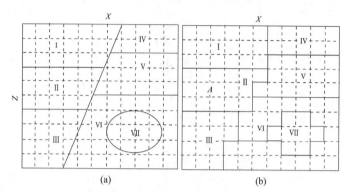

图 1　由曲线构成的块体与由折线构成的块体之比较
（a）曲线构成的块体模型；（b）折线构成的块体模型

4.2　在一个块体中模型参数的表示

在有限元计算中，为了方便，一个网格中的物性参数被认为是恒定的。这样，一个网格内的物性参数值可由在此网格中心位置的值来表示，下面也按照此种方式来表示速度。

经过分析以前的地质资料，可以得出结论：纵波速度或其他物性参数在一个地质体（也就是块体）中是缓慢连续变化的，可以由一个线性函数来表达[13]。GOCAD 采用其基准点放在块体边界上的样条函数来插值出在这个块体中任一点的物性参数值。这种方法经分析是相当复杂的，它首先定义多个点为参考点。为了插出一个块体中任一点的值，它通常将参考点定义在此块体与其他块体之间的边界线上。由于在块体边界上的物性参数是不连续的，也就是说，物性参数在边界线上的一个点可能针对邻近不同的块体有不同的值，这样会给反演带来很大的麻烦。另外，块体通常是不规则的，需要更多的参考点去控制，会增加反演中未知数的个数，并使插值公式更复杂。为了解决以上这些问题，本文提出了一个新方法，在一个块体中设置一个参考点，然后从这一点展开表示物性参数的线性公式（图 1b）。图中的块体由多个网格构成。块体 II 的参考点设置在 A，为某一网格的中心点，其坐标位置为 (x_0, z_0)，在点 A 的纵波速度为 v_{P0}，则在块体 II 中其他网格的纵波速度 $v_P(x, z)$ 被定义为

$$v_P(x, z) = v_{P0} [a(x - x_0) + b(z - z_0) + 1] \tag{9}$$

式中，a 是纵波速度在块体 II 中的横向梯度；b 为纵向梯度；(x, z) 为块体 II 中其他网格的中心点。

实际应用中，根据不同的情况，也许会遇到一些地质体的物性参数有横向或纵向的不同变化，也就是横向或纵向的梯度也会发生变化，我们可以用分段线性函数拟合之。一种情况见图 2a，平滑变化的高速异常体 II 被虚线划分为 4 个子区域（也称子块体），每个子区域有不同的纵波速度梯度，可以将参考点 A 放在地质体的中间（4 个子块的交点），作为 4 个子块共同的参考点，然后在不同的子块里定义不同的线性函数，它们在参考点 A 上有同样的 v_{P0}，但是不同的子块有不同速度梯度 a 或 b。由于通常纵波速度的变化相对比较缓慢（也就是 a 和 b 较小），则纵波速度在整个高速异常体中的连续性基本上得到了保证。另一种情况见图 2b，地质体是一个背斜（或向斜）体。我们将背斜用虚线划分为 3 个子块，然后固定主参考点 A 在中间的子块，两个辅助参考点 B、C 在子块之间的分界（虚分割线）上。在 B、C 的纵波速度可以通过在中间子块（也就是主子块）以 A 点出发的线性公式得到，这样纵

波速度在左边子块Ⅱ内可以通过从点 B 展开的另一个线性公式得到，在右边子块Ⅲ也通过从点 C 展开的一个线性公式得到。这样在整个背斜体内的纵波速度由从 A 点出发的分段线性函数表示，其连续性也基本上得到了保证。和以上两种情况类似，如果地质体根据其中纵波速度梯度变化不同被划分为更多的子块体，可以将主参考点放置在中间的子块体上，辅助参考点放置在子块体之间的辅助分割线上，然后在不同的子块体里展开不同的线性函数，则在这个地质体内的纵波速度的连续性就基本上得到了保证。

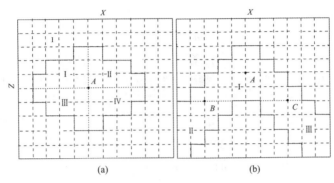

图 2   高速异常体与背斜体的块体模型
（a）高速异常体；（b）背斜体

和纵波一样，本文用同样的方法处理横波速度。在图 1b 中块体Ⅱ的横波速度 $v_S(x, z)$ 表示为

$$v_S(x, z) = v_{S0}[c(x - x_0) + d(z - z_0) + 1] \tag{10}$$

式中，v_{S0} 是在参考点 (x_0, z_0) 的横波速度；c、d 分别为横向和纵向梯度。

根据以往的地质经验，存在着密度和纵波速度的经验公式，通常用 Gardner 公式表示[13]为

$$\rho = 0.31 v_P^{1/4} \tag{11}$$

可以看出密度 ρ 随着纵波速度 v_P 的 $\frac{1}{4}$ 次幂线性变化，变化比纵波速度 v_P 慢很多，且密度的变化对正演记录波形的影响也相对较小。因此合理地认为密度在一个地质体中保持不变。

4.3   地质规则块体建模方法在反演中的应用

在弹性波反演之前，利用偏移剖面划分出大致的层位，并用由速度分析或反射层析成像得到的物性参数作为初始参数进行反演。每次反演结束，得到新的物性参数分布，可以利用新的更准确的物性参数分布进行深度偏移，得到更准确的地下构造分布，重新划分块体进行反演。这样，通过反复的物性和构造的同时反演、偏移，达到满意的效果。

在弹性波反演中，首先将地质模型划分为一些块体（假设共有 m_m 个），每个块体由许多计算网格构成，在每个块体中设置参考点的位置，然后只反演 7 种类型的物性参数：v_{P0}、v_{S0}、ρ、a、b、c 和 d，未知数的个数由 $3m_e$ 变为 $7m_m$，因为地质模型中块体的个数 m_m 远远小于计算网格的个数 m_e，所以反演的未知数的个数大大减少了。通常变化梯度 a、b、c、d 的数量值大大小于速度和密度，为了加强反演的稳定性，首先反演 v_{P0}、v_{S0}、ρ，当数据残差的二次模比较小时，反演参数再加上 a、b、c、d，反演能更快、更稳定地收敛。

5　频率域弹性波有限元反演的数值模拟实验与分析

为了验证反演方法，在一个复杂的地质体模型上进行了频率域弹性波有限元正演和反演运算，所有计算是在一台 AMD Athlon（tm）XP 1700+，CPU1.47GHZ，内存 256MB 的微机上进行。在反演中，假设地下介质的地质构造已通过偏移等成像手段准确地知道，也就是说已经划分好地质块体，在反演中不需要修改地质块体的划分，只需反演物性参数的分布。

5.1　模型参数及正演记录

此模型的网格参数为：$n_x = 50$，$n_z = 120$，$m_e = 49 \times 119 = 5831$，$m_f = 2 \times 50 \times 120 = 12000$；节点的垂直和水平间隔都是 6m。在频率域进行正演计算时，计算了包括所有地震波场频率，从 0.48828 ~ 63.4764Hz，间隔 0.48828Hz，共 130 个离散频率；为了适合快速傅氏变换，时间步上的采样点数设为 2048 个，采样间隔为 1ms。震源是爆炸震源，爆炸源的左上角坐标水平方向为从第 11 个节点到第 38 个节点，每炮间隔 3 个节点，垂直方向都为第 7 个节点，一共 10 炮。震源子波函数由 Ricker 子波函数给出，子波长度为 131 个采样点，主频为 20Hz。检波器模仿地面二分量记录，布置在垂直方向第 9 个节点的水平方向所有的节点分量上。为了消除顶部地面多次反射波对记录的"污染"，人工边界的顶部也加入了吸收边界条件。

模型为包含高速异常体和断层的三层弹性介质（图 3a），其中高速异常体中的纵波与横波速度都是渐变的，其中心速度最高，向周围方向速度逐渐降低。用公式（9）和式（10）来参数化此类较常见的渐变速度模型。对于高速异常体，参考点设在其中心，由于变化梯度 a、b、c 和 d 在参考点的不同方向是不同的，有正负号的差异，将高速异常体划分为 4 个子块，此模型共被划分为 6 个块体（图 3a）。6 个块体的物性参数见表 1。表中坐标系的原点（0，0）在模型的左上角，为了方便，坐标位置和速度梯度的单位都以每个网格的长度（6m）为基准，如横向第 i_x 个，纵向第 i_z 个的网格中心点的坐

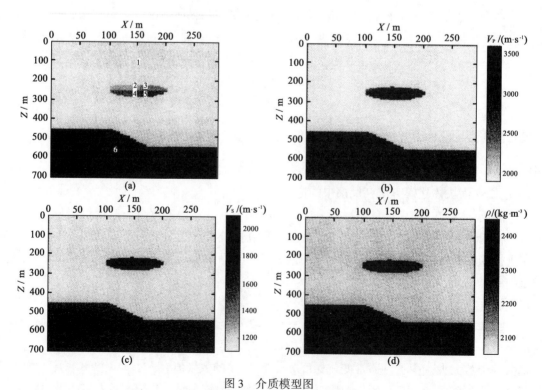

图 3　介质模型图

（a）模型的块体划分；（b）原始纵波速度图；（c）原始横波速度图；（d）原始密度图

标为 $(i_x-0.5，i_z-0.5)$。序号为 2、3、4、5 的块体为高速异常体划分出的 4 个子块，参考点设在高速异常体的中心网格点上，坐标为（26，42）。

表 1 图 3 中模型的物性参数

序号	$(x_0，z_0)$	v_{P0} $(\mathrm{m \cdot s^{-1}})$	v_{S0} $(\mathrm{m \cdot s^{-1}})$	ρ $(\mathrm{kg \cdot m^{-3}})$	a $\left(\dfrac{\mathrm{m \cdot s^{-1}}}{6\mathrm{m}}\right)$	b $\left(\dfrac{\mathrm{m \cdot s^{-1}}}{6\mathrm{m}}\right)$	c $\left(\dfrac{\mathrm{m \cdot s^{-1}}}{6\mathrm{m}}\right)$	d $\left(\dfrac{\mathrm{m \cdot s^{-1}}}{6\mathrm{m}}\right)$
1	(24.5, 27.5)	2000	1200	2100	0	0	0	0
2	(26, 42)	3500	2000	2400	0.02	0.03	0.015	0.02
3	(26, 42)	3500	2000	2400	−0.02	0.03	−0.015	0.02
4	(26, 42)	3500	2000	2400	0.02	−0.03	0.015	−0.03
5	(26, 42)	3500	2000	2400	−0.02	−0.03	−0.015	−0.03
6	(24.5, 99.5)	2800	1600	2300	0	0	0	0

图 4 是爆炸源的左上角坐标在水平方向第 20 个节点，垂直方向第 7 个节点的单炮垂直和水平分量记录，为了突出有效波场的显示效果，只显示了 1000 个采样点长度的时间记录（为突出剖面显示效果，对它作了单道振幅增益处理）。

图 5 是图 4 炮集记录的振幅谱 w，从振幅谱可看出频率在 50Hz 以下的波场为集中了绝大部分能量的有效波场。

图 6 是图 4 炮集记录加上 50% 随机噪声的记录（为突出剖面显示效果，对它作了单道振幅增益处理），可看出噪声干扰很严重，深层的反射波同相轴基本上"湮没"在随机噪声中。

图 7 是图 4 炮集记录的振幅谱，可看出随机干扰由于是随机过程，其振幅谱布满整个频谱，能量因此分散；但在 5~50Hz 去除了面波等低频干扰波的有效波场内（此模型由于顶边界加了吸收边界条件，没有面波干扰），有效波能量集中，有效波振幅谱波形清晰可见，受随机干扰影响很小，依然保持

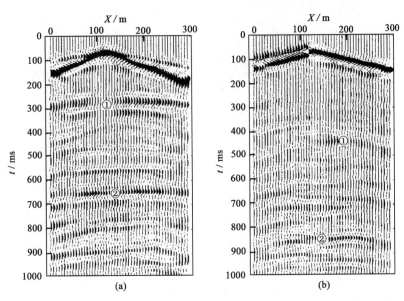

图 4 原始炮集记录（没加噪声）

(a) 垂直分量；(b) 水平分量

①高速异常体绕射波；②底层反射波

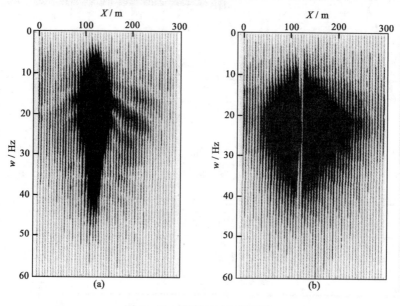

图5　图4炮集记录的振幅谱

（a）垂直分量；（b）水平分量

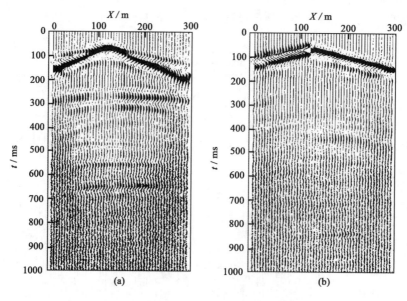

图6　原始炮集记录加上50%的随机噪声

（a）垂直分量；（b）水平分量

着极高的信噪比。

　　从图4至图7中也可以看出频率域反演的固有优越性，在频率域中，不同波的频谱会分开来，利用有效波占优势的频段作反演，比时间域反演的抗干扰性要强很多。

5.2　频率域弹性波有限元反演结果

　　本节在做频率域弹性波有限元反演时，假设已知模型块体的精确划分。反演所用的炮集资料包括直达波、折射波、反射波、衍射波等全波场资料（面波在理论上也可用于此反演，但它会严重地影响深层的物性参数反演，在此不包括在反演中），都可作为有效波来参与反演。在选取反演所用频率时，考虑到5Hz以下一般有面波等低频干扰波（此模型由于顶边界加了吸收边界条件，没有面波干扰），所以选取

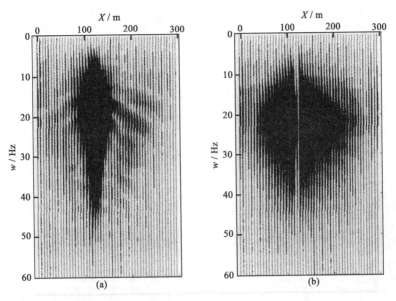

图 7   加上 50% 随机噪声的炮集记录的振幅谱
（a）垂直分量；（b）水平分量

5. 8594~49. 3164Hz 之间的有效波频谱范围，间隔 0. 48828Hz，共 90 个离散频率进行反演。反演所用的初始模型为均匀弹性介质，其介质参数为：$v_P = 3000\text{m/s}$、$v_S = 1600\text{m/s}$、$\rho = 2200\text{kg/m}^3$、$a = b = c = d = 0$。

首先用没有噪声干扰的原始炮集记录（图 4）进行反演，共进行了 20 次迭代，花费了大约 10h 的时间，其反演结果见表 2。从表 2 可看出其反演所得物性参数基本为真实的物性参数，基本上没有误差；用反演得到的物性参数作为模型参数进行正演，所得记录与真实记录的数据残差的平方和与真实记录的数据平方和之比 $\left[\dfrac{\delta d^T \delta d}{d^T d}\right]$ 接近于零，这也从另一方面说明反演所得物性参数基本为真实的物性参数。其反演所得的层析成像图基本上和真实图像（图 3）一样。

再用加上 50% 随机噪声的炮集记录（图 6）进行反演，也进行 20 次迭代，用时 10h，其反演结果见表 3。从表 3 可看出频率域反演抗噪性很好，反演所得参数依然很接近真实的物性参数；数据残差的平方和与数据平方和之比 $\left[\dfrac{\delta d^T \delta d}{d^T d}\right]$ 依然很小。用误差公式

表 2   没有噪声的原始炮集记录反演结果

序号	v_{P0} (m·s^{-1})	v_{S0} (m·s^{-1})	ρ (kg·m^{-3})	a $\left(\dfrac{\text{m·s}^{-1}}{6\text{m}}\right)$	b $\left(\dfrac{\text{m·s}^{-1}}{6\text{m}}\right)$	c $\left(\dfrac{\text{m·s}^{-1}}{6\text{m}}\right)$	d $\left(\dfrac{\text{m·s}^{-1}}{6\text{m}}\right)$	$\left[\dfrac{\delta d^T \delta d}{d^T d}\right]$
1	2000	1200	2100	9.336×10^{-11}	-1.13×10^{-10}	-6.818×10^{-11}	-3.13×10^{-10}	
2	3500	2000	2400	0.02	0.03	0.015	0.02	
3	3500	2000	2400	-0.02	0.03	-0.015	0.02	2.802×10^{-15}
4	3500	2000	2400	0.02	-0.03	0.015	-0.03	
5	3500	2000	2400	-0.02	-0.03	-0.015	-0.03	
6	2800	1600	2300	4.921×10^{-8}	-6.25×10^{-8}	5.538×10^{-8}	-2.405×10^{-8}	

$$误差 = \frac{反演所得参数的平方和 - 真实物性参数的平方和}{真实物性参数的平方和} \tag{12}$$

计算每个网格中反演所得 v_P、v_S、ρ 值与真实的 v_P、v_S、ρ 值之间的误差图（为方便，将 3 个物性参数的误差放在一起估算）。图 8 是此次反演所得的物性参数层析成像图及误差图，可以看出误差依然非常小，反演精度依然很高。

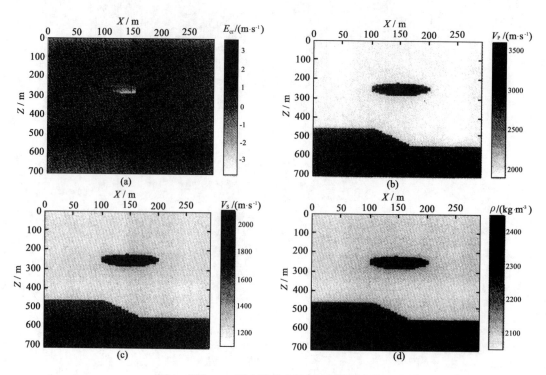

图 8　用加 50% 噪声的炮集资料反演的结果图
（a）物性参数平方和误差 E_{er} 图；（b）反演的纵波速度图；（c）反演的横波速度图；（d）反演的密度图

表 3　加上 50% 随机噪声的炮集记录反演结果

序号	v_{P_0} (m·s^{-1})	v_{S_0} (m·s^{-1})	ρ (kg·m^{-3})	$a\left(\dfrac{m·s^{-1}}{6m}\right)$	$b\left(\dfrac{m·s^{-1}}{6m}\right)$	$c\left(\dfrac{m·s^{-1}}{6m}\right)$	$d\left(\dfrac{m·s^{-1}}{6m}\right)$	$\left[\dfrac{\delta d^T \delta d}{d^T d}\right]$
1	1999.9	1200.0	2099.9	-3.368×10^{-7}	-1.168×10^{-6}	-2.923×10^{-6}	-3.208×10^{-7}	
2	3498.2	2000.2	2397.9	1.994×10^{-2}	2.984×10^{-2}	1.511×10^{-2}	1.964×10^{-2}	
3	3498.2	2000.2	2397.9	-1.975×10^{-2}	2.995×10^{-2}	-1.481×10^{-2}	2.022×10^{-2}	6.871×10^{-8}
4	3498.2	2000.2	2397.9	1.975×10^{-2}	-3.05×10^{-2}	1.508×10^{-2}	-2.018×10^{-2}	
5	3498.2	2000.2	2397.9	-1.991×10^{-2}	-2.943×10^{-2}	-1.512×10^{-2}	-1.92×10^{-2}	
6	2800.3	1600.6	2298.8	1.387×10^{-5}	-3.689×10^{-5}	5.125×10^{-6}	2.186×10^{-6}	

6 结 论

经过前面的数值实验与分析，验证了本方法可以直接利用地震波的全波场记录（不包括面波）进行反演，省去了分离波场与识别反射波同相轴的麻烦；由于在频率域，有效波和干扰波频段有比较好的分开，其抗噪性也表现得很好；在离散频率域用 LU 分解法解矩阵的方式来求解地震波场，分解后的矩阵可供以后多次调用，大大节省了反演时逆散射波场的反传播（计算 Jacobi 矩阵）与同时反演多炮记录的计算时间；变阻尼因子 Lenvenberg-Marquard 方法的引入提高了反演的稳定性；而地质规则块体建模方法充分利用了地下介质物性参数的分布规律，用很少的参数尽量真实的参数化地下介质模型，大大减少了未知数的个数，提高了反演的稳定性与精度。但本方法依然存在着对计算机的内存要求过大，不利于在微机上反演大型地质模型的问题。

本方法相当于对地下物性参数进行层析成像，在实际应用时可与对地下构造进行成像的叠前深度偏移等方法相结合，深度偏移等方法为反演提供更精确的地下构造，而反演也可以为深度偏移等方法提供更精确的物性参数，反复迭代可同时得到地下更精确的物性参数与地质构造。

本反演方法在模型实验中已取得很好的效果，但为了能将本法走向实用，在下一步应从两方面考虑改进：一方面是在反演时不但能修改块体内物性参数，还能修改块体的形状，同时得到地下介质的物性参数与地质构造；另一方面，也可以考虑能通过偏移剖面自动划分出真实反映地下地质构造的块体来，实现反演与深度偏移迭代进行的自动化。

参 考 文 献

[1] Tarantola A 著，张先康译，反演理论——数据拟合和模型参数估算方法，北京：学术书刊出版社，1989
[2] Mora P R, Nonlinear two dimensional elastic inversion of muti offset seismic data, Geophysics, 1987, 52：1211–1228
[3] 陈小宏、牟永光，二维地震资料波动方程非线性反演，地球物理学报，1996，39（3）：401~408
[4] 张美根、王妙月、李小凡，时间域全波场各向异性弹性参数反演，地球物理学报，2003，46（1）：94~100
[5] Pratt R G, Changsoo Shin, Hicks G J, Gauss Newton and full Newton methods in frequency space seismic wave form inversion, Geophys. J. Int., 1998, 133：341–362
[6] Changsoo Shin, Kwang jin Yoon, Kurt J Marfurt et al., Efficient calculation of apartial derivative wave field using reciprocity for seismic imaging and inversion, Geophysics, 2001, 66：1856–1863
[7] 许琨、王妙月，声波方程频率域有限元参数反演，地球物理学报，2001，44（6）：852~864
[8] Mallet J L, Discrete smooth interpolation in geometric modeling, CAD, 1992, 24：177–191
[9] Lines L R, Treitel S, Tutorial：A review of least squares inversion and its application to geophysical problems, Geophysical Prospecting, 1984, 32：159–186
[10] Marfurt K J, Accuracy of finite difference and finite element modeling of the scalar and elastic wave equations, Geophysics, 1984, 49：533–549
[11] Sarma G S, Mallick K, Gadhinglajkar V R, Nonreflecting boundary condition infinite element formulation for an elastic wave equation, Geophysics, 1998, 63：1006–1016
[12] Tarantola A, A strategy for nonlinear elastic inversion of seismic reflection data, Geophysics, 1986, 51：1893–1903
[13] 陆基孟，地震勘探原理，石油大学出版社，1993

Ⅱ — 23

地震势能剖面[*]

王　赟[1)]　许　云[2)]　王妙月[1)]

1) 中国科学院地球物理研究所
2) 中国地质大学应用地球物理系

摘　要　地质体在应力场的作用下发生弹性形变，从而具有应变位能（势能）。应用应变位能公式，可以将位或位移转化为势能，用势能剖面代替常规地震剖面。由于势能转换能拓宽地震信号的有效频谱，具有高通滤波性质，同时又不损害低频信号，所以，同常规地震剖面相比，势能剖面在保持信噪比的前提下，有更高的纵、横向分辨率。通过势能转换的理论分析及合成数据和实际数据的势能转换处理，本文系统地研究了势能转化问题和实现方法，从而证明势能转换确实是行之有效的高分辨率地震处理方法，可用于实际地震资料的处理。

关键词　势能　信噪比　高分辨率

1　引　言

随着石油勘探开发的深入发展，已从寻找大型生储油构造转向小型构造的圈定及储集层的描述。现代地震、测井、石油地质等资料的综合研究分析组成了油藏描述的主要内容，其中高分辨率地震勘探是油藏描述的基本前提。

由于生储油构造多发育于沉积岩地区，而沉积环境的变化，影响到沉积相变的多旋回，从而形成储集层中的薄互层。目前，油藏描述问题的关键就是要求地震方法提供更准确、更精细的储集层分层情况（<1.0m），以及小区域、小构造圈定。这一切都对当前高分辨率地震勘探提出更苛刻的要求。在目前仪器设备的状况下，各种地震处理方法技术的改进对薄层沉积的高分辨率地震勘探具有重要意义。各种高分辨率处理方法的研究大多以改善信噪比谱，即扩展优势信噪比频带宽度为指导思想。由此产生的空间域（或波数域）滤波方法已在生产中广泛应用[1,2]。

和已有的文献不同，本文试图用势能转化方法，通过逆时延拓，求取势能剖面，以改善信噪比谱，提高分辨率。

2　势能的概念及高通滤波特性

2.1　势能的概念

根据弹性动力学[3]，在各向同性的弹性介质中，弹性波传播过程时，每一个质元应变位能（势能）的 Kronecker 表示为

---

* 本文发表于《地球物理学报》，1998，41（4）：555~560

$$\omega = \frac{1}{2}\lambda\theta^2 + \mu e_{ji}e_{ji}$$

式中，λ、μ 表示介质的拉梅常数；θ 为体应变；e_{ji} 为张量分量。

$$\theta = \frac{\partial u_i}{\partial x_i} \qquad e_{ji} = \frac{1}{2}\left(\frac{\partial u_j}{\partial x_i} + \frac{\partial u_i}{\partial x_j}\right)$$

式中，u_i 为质元在应力作用下的位移张量分量；i、$j = 1$、2、3 分别代表 x、y、z 方向。对于声波勘探纵波速度 $v_p = \sqrt{\frac{\lambda + 2\mu}{\rho}}$，且 μ 很小可以忽略。在油气勘探感兴趣的深度范围内，密度变化相对于速度变化要小得多，波阻抗的差异主要是由于速度变化引起的[4]。因此我们把密度假定为常数，从而波阻抗只与速度有关。在小应变的假设条件下[5]，忽略导数的高次项，于是有

$$\omega = \frac{1}{2}v_p^2(x,\ y,\ z)\left[\left(\frac{\partial \boldsymbol{u}}{\partial x}\right)^2 + \left(\frac{\partial \boldsymbol{u}}{\partial y}\right)^2 + \left(\frac{\partial \boldsymbol{u}}{\partial z}\right)^2\right]\text{sign}(\boldsymbol{u})$$

式中，$v_p(x,\ y,\ z)$ 为空间任意点的纵波速度。势能本身是标量，为不丢失波场的相位信息，引进符号函数 $\text{sign}(\boldsymbol{u})$。由于符号函数的频谱是一条白化线，所以它对转换后信号的频谱没有影响[6]。

在已知地表记录 $\boldsymbol{u}(x,\ y,\ z=0,\ t)$ 的条件下，我们采用逆时延拓的方法[7]求解地下任一深度处的波场值。形成的定解问题（以吸收边界条件的二维声波方程为例）[8~11]为

$$\begin{cases}
\dfrac{\partial^2 \boldsymbol{u}}{\partial x^2} + \dfrac{\partial^2 \boldsymbol{u}}{\partial z^2} = \dfrac{1}{v^2} + \dfrac{\partial^2 \boldsymbol{u}}{\partial t^2} \\[2mm]
\boldsymbol{u}(x,\ z,\ t=t_{\max}) = \begin{cases} \boldsymbol{u}(x,\ z=0,\ t_{\max}) & z=0 \\ 0 & z \neq 0 \end{cases} \\[2mm]
\boldsymbol{u}(x,\ z,\ t=t_{\max}) = 0 \\[2mm]
\boldsymbol{u}(x,\ z=0,\ t) = u_a(x,\ t) \\[2mm]
\left(\dfrac{\partial}{\partial z} + \dfrac{1}{v}\dfrac{\partial}{\partial t}\right)\left(\dfrac{\partial}{\partial z} + \dfrac{q}{v}\dfrac{\partial}{\partial t}\right)\boldsymbol{u} = 0 \\[2mm]
\left(\dfrac{1}{v}\dfrac{\partial}{\partial t} - \dfrac{1}{v}\dfrac{\partial}{\partial x}\right)\left(\dfrac{p}{v}\dfrac{\partial}{\partial t} - \dfrac{\partial}{\partial x}\right)\boldsymbol{u} = 0 \\[2mm]
\left(\dfrac{1}{v}\dfrac{\partial}{\partial t} + \dfrac{1}{v}\dfrac{\partial}{\partial x}\right)\left(\dfrac{p}{v}\dfrac{\partial}{\partial t} + \dfrac{\partial}{\partial x}\right)\boldsymbol{u} = 0
\end{cases}$$

式中，$q = t\Delta v/\Delta z$；$p = t\Delta v/\Delta x$；$u_a(x,\ t)$ 是地表接收到的记录。

2.2　高通滤波特性

文献［8，10］曾作过势能剖面的探索。从理论上，本文第一次系统全面地研究了势能转换方法的可行性，并证明了此方法可以应用到实际地震资料的处理中。

因为势能的求取实质是 x、y、z 空间方向的求导，微分算子在频率域是一高通滤波的过程。这种 x、y、z 向的波数域滤波可以提高信噪比谱的频带宽度，这已由频谱分析理论得到证明[6]。

3　模型数据分析

为了证明势能转换能提高地震数据的纵横向分辨率，我们用了大量的正演模型合成数据进行验证。

3.1　单界面模型

图 1a 为单界面的地质模型，合成的正演数据及转换后的势能剖面见图 1b、c（$\Delta z = 20$m）和图 1d（$\Delta z = 10$m）。结果显示势能剖面的同相轴比正演位移剖面的同相轴变细，说明视觉分辨率[1]提高；频谱分析证明高频成分增强，分辨率有所改善。频谱分析结果（取单道）如图 1e 所示，在势能剖面频谱曲线上，低频信号受到压制，高频信号得到加强，主频右移，且频带加宽。

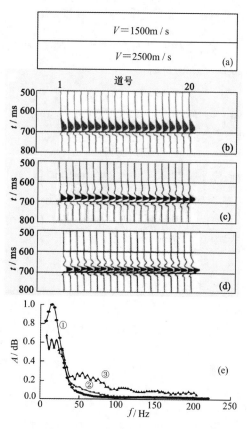

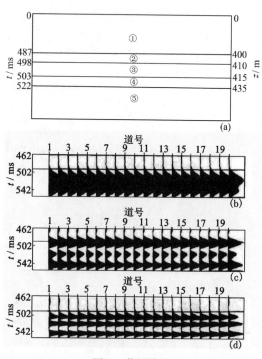

图 1　单界面模型

（a）单界面地质模型；（b）此模型的正演位移剖面；（c）$\Delta z = 20$m 势能剖面；（d）$\Delta z = 10$m 的势能剖面；（e）位移剖面与势能剖面（$\Delta z = 20$m，$\Delta z = 10$m）的振幅谱对比
①位移场的振幅；②$\Delta z = 20$m 时势能的振幅谱；③$\Delta z = 10$m 的势能的振幅谱

图 2　薄层模型

（a）薄层模型；① $v = 1600$m/s 的介质；② $v = 1700$m/s 的介质；③ $v = 1900$m/s 的介质；④ $v = 2050$m/s 的介质；⑤ $v = 2150$m/s 的介质；（b）正演位移剖面；（c）$\Delta z = 20$m 的势能剖面；（d）$\Delta z = 5$m 的势能剖面

3.2　薄层模型

如图 2a 所示为薄层模型。图中有 4 个速度界面，左侧是各界面在地震剖面上对应的到达时间（单位：ms），右侧是各界面的埋深（单位：m）。合成的正演记录如图 2b 所示，对应的势能剖面如图 2c（$\Delta z = 20$m）和图 2d（$\Delta z = 5$m）所示。由于各层较薄，层之间的波相互干涉，在正演剖面上只表现为二个同相轴。而在势能剖面上，分出了几个能量较弱的小波形；当空间步长进一步缩小，这些小波形

的能量变强，说明势能转换提高了地震信号的纵向分辨率，且逆时延拓的空间步长越小这种高通滤波作用越明显。这种纵向分辨率的提高使我们有可能识别薄层，实现精细勘探的目的。

3.3　断层模型

高分辨率地震勘探，除了要求提高纵向分辨率，识别薄层外，还要求准确地断定小构造、小圈闭，识别小断层，精确地确定断点的位置。为了检验势能剖面的横向分辨能力，我们构造了图 3a 所示的模型，图中左右两侧的数字分别是界面的初至时间和埋深。

其合成地震记录如图 3b 所示：对应的势能剖面如图 3c（$\Delta z = 10\text{m}$，$\Delta x = 10\text{m}$），图 3d（$\Delta z = 10\text{m}$，$\Delta x = 5\text{m}$）所示。图 3a 中的断点在势能剖面图 3c 与图 3d 中得以清晰地显示，而在原始的正演剖面上（图 3b）却不是很清楚。图 3c 与图 3d 的区别在于 Δx 的缩小提高了势能剖面的横向分辨率。剖面上的断点位置如图中的 * 所示。显然，势能剖面的断点位置比正演剖面中的更接近真实情况（断点的准确位置由图 3a 中的 15、19、20、24 道号表示）。

通过以上的正演模型合成数据的势能剖面分析，证实了势能转换的高通滤波特性。它可以使地震剖面反映纵、横向小尺度构造的分辨率得以提高。

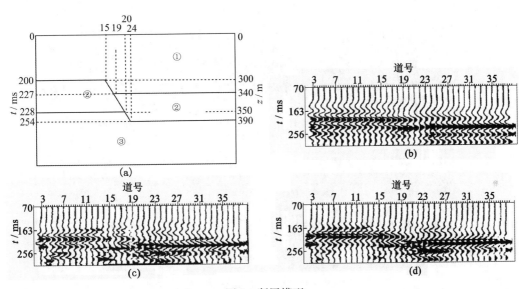

图 3　断层模型

（a）断层模型：① $v = 1500\text{m/s}$ 的介质；② $v = 1800\text{m}$ 的介质；③ $v = 2200\text{m/s}$ 的介质；

（b）正演位移剖面；（c）$\Delta z = 10\text{m}$，$\Delta x = 10\text{m}$ 时势能剖面；（d）$\Delta z = 10\text{m}$，$\Delta x = 5\text{m}$ 的势能剖面

4　实际数据分析与结论

用大庆某地区的高分辨率叠后时间剖面对不同的目的层进行追踪处理与分析，如图 4 所示。对比图中 * 号所标记的位置（图中数字标号位置），不难发现，时间剖面上有的较粗的同相轴分裂为势能剖面上多个同相轴；势能剖面上的断点比时间剖面上的断点位置更加清晰与准确。通过频谱分析可以证明分辨率提高。从这些实际资料的分析，得到了与正演及理论分析相同的结论，势能转换可以提高地震信号的纵、横向分辨率，且没有损害地震资料的信噪比。

关于势能剖面对速度准确性的依赖[12]以及空间步长的选择，我们都作了详细的分析讨论。从而最终证明了势能转换是一种行之有效的高分辨率处理方法。

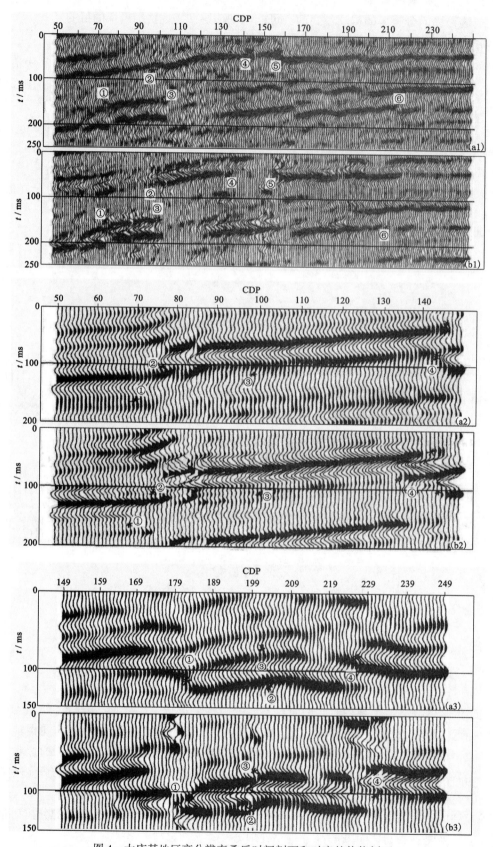

图 4　大庆某地区高分辨率叠后时间剖面和对应的势能剖面

（a_1）（a_2）（a_3）分别是 T_1、T_2、T_3 时间段的叠后时间剖面；（b_1）（b_2）（b_3）是对应的势能剖面（$\Delta z = 5m$）

参 考 文 献

[1] 李庆忠著，走向精确勘探的道路，北京：石油工业出版社，1994，12~30

[2] 俞寿朋著，高分辨率地震勘探，北京：石油工业出版社，1993，1~34

[3] 王宝昌、张伯军，弹性波理论，长春：长春地质学院出版社，1986，124~149

[4] 何樵登，地震勘探原理和方法，北京：地质出版社，1986，45~200

[5] 何樵登，地震波理论，北京：地质出版社，1989

[6] 奥本海姆 A V、谢弗 R W，数字信号处理，北京：科学出版社，1983，60~89

[7] 克莱波特 J F，地震成像原理及方法，北京：石油工业出版社，1989，127~154

[8] 艾印双，波动方程偏移滤波 [硕士论文]，北京：中国地质大学（北京）研究生院，1993

[9] 张芬芷、丁同仁，微分方程定性理论，北京：科学出版社，1985

[10] 古学进，双相介质中地震波传播有限元数值模拟和奇异性地震势能时间剖面研究 [博士论文]，北京：中国地质大学（北京）研究生院，1992

[11] 郭本瑜，偏微分方程的差分方法，北京：科学出版社，1988，21~143

[12] Versteeg R G，叠前深度偏移对速度模型的灵敏度，石油物探译丛，1994，1（4）：89~93

II — 24

目前多分量地震勘探中的几个关键问题[*]

张永刚[1)]　　王　赟[2)]　　王妙月[2)]

1)　中国石油化工科技开发部
2)　中国科学院地质与地球物理研究所

摘　要　基于地震各向异性理论的多分量地震勘探技术已得到一定程度的应用，以解决复杂油气藏的勘探问题。然而在陆上油气勘探中，在多分量数据采集、处理方法和解释方面还存在一些问题。为此，本文针对多分量数据采集、处理、解释过程中的三分量检波器、观测系统设计、各向异性处理方法和处理解释一体化进行了探讨。指出在有关研究与应用时要特别注意观测系统设计、各向异性处理模块的开发和处理解释一体化思路的实现，同时提出相应的解决办法。

关键词　油气藏　各向异性　多分量地震技术　陆上油气

1　引　　言

岩性油气藏、复杂裂隙裂缝型油气藏是目前我国陆上油气勘探主要的对象。相对于以往的构造油气藏，这些复杂油气藏难以用常规纵波 P 波勘探方法解决。理论上，多分量地震勘探技术在解决复杂结构与各向异性上有独到的优势，因此得到越来越多的研究，有许多石油公司开始进行这项技术的应用试验[1]。

目前这项技术的应用，国外大多用于海上油气勘探，并取得较好的勘探效果。美国 Colorado 矿院和加拿大的 Calgary 大学在这项研究上已积累了一定的成果[2]。但对于陆上油气勘探的研究较少，一些好的应用效果至今尚未见报道。近几年国内在这方面的研究也逐渐地增加，但除了中国海洋石油公司在莺歌海所做的海上多分量勘探试验有较好的效果以外，陆上塔指、大庆、胜利等油田取得的试验数据和结果均不理想。大港油田所做的浅滩海四分量地震试验，也未能取得应有的好结果[3,4]。

对多分量地震技术的需求是明显的，期望值也很高。各向异性理论与方法的研究也日趋完备，并趋于应用阶段[5]。那么是什么问题使多分量地震技术难以在陆上取得预期的结果？作者认为根本原因在于陆上油气勘探中地表及浅层地震、地质条件的复杂性使得浅地表的干扰信号严重降低了野外采集数据的信噪比，而现有的处理技术又很难消除这些地表和浅层干扰以获取油气深度处的复杂结构和各向异性信息，并进一步导致数据解释难度加大。本文将从复杂地表、复杂油气藏条件下的多分量数据采集、处理、解释等各个角度逐一剖析，将关键的、最主要的问题提出来，以供大家研究。

2　多分量地震数据采集

就我们目前所参与的国内大多数多分量地震试验，难以取得好的结果的最根本、最主要原因是采

*　本文发表于《地球物理学报》，2004，47（1）：151~155

集的数据质量太差，使后续的研究成为无源之水。而在数据采集中，存在以下两方面的问题。

2.1　多分量检波器

目前国内生产的多分量检波器质量存在一定问题，难以同现已成熟的常规垂直分量检波器相比较。其主要表现参数为：3 个方向分量的响应一致性较差，频带较窄、频率偏低，使采集的数据在处理解释上不具备可比性。其次对国外的相应仪器引进太少（仅几百台），而且这些检波器还都存在主频太低的缺点。由于检波器的缺乏，使得很多单位在试验时采用垂直检波器与水平检波器组合模拟三分量检波器，采集的信号一致性差，难以对比解释，需要我们加强信号非一致性校正的研究。第三，由于合格检波器数量少，在野外生产中，无法采取检波器组合，使得面波信号能量过强，其扇形分布范围同横波走时相近，对横波压制严重，随机噪音无法得到有效的压制。而又由于这些噪音信号与横波信号在频率特征上的相似性，给后续处理带来了困难。

2.2　观测系统设计

对于爆炸震源的转换波勘探，其观测系统的设计主要有以下两点不同于 P 波勘探的观测系统设计：一是横波时窗，另一个是面波时窗。

2.2.1　横波时窗

多分量转换波地震勘探的观测系统要综合考虑两个主要的指标，一是要利于反射 P 波的接收；另一个是在 P 波有效接收的基础上，要激发接收能量足够强的、具有与 P 波能量可比的转换横波，而转换横波的产生只在入射 P 波角度达到一定大时，才有足够强的转换横波产生，这就是横波时窗。如图1 所示为入射 P 波角度从 0 开始逐渐增大到 90° 时，反射 P 波与转换横波反射振幅的绝对值变化情况。从图上可以看到，对于表 1 中所示的地层参数，横波时窗以 25° 为中心；当兼顾考虑 P 波反射能量时，我们可以得出结论：在 10°～50° 范围内，P 波与转换 S 波具有能量可比性，是最佳的观测时窗。

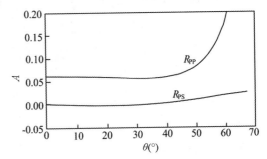

图 1　反射 P 波与转换 S 波振幅绝对值
随入射角度变化曲线
A 表示振幅；R_{PP} 为 P 波的反射系数；
R_{PS} 为 PS 波的反射系数

以往的野外观测设计中，有人认为：入射角越大，越有利于转换 S 波的产生和接收，而设计了相当大的炮检距，这反而不利于 P 波与 PS 波的接收和对比解释。

表 1　地层模型参数

参数	第一层	第二层
$V_P/$（$m \cdot s^{-1}$）	2438	2638
$V_S/$（$m \cdot s^{-1}$）	1025	1125
$\rho_P/$（$g \cdot cm^{-3}$）	2.14	2.23

2.2.2　面波时窗

面波呈扇形展开的角度范围称为面波时窗。面波时窗宽度与炮检距、低速带的横波速度大小有关。由于转换 S 波的低传播速度特点，使得转换 S 波的到达时窗范围同面波时窗总有一部分重合。如图 2 所示为某油田采集的多分量地表数据中的 X 分量，可见 X 分量上的有效 S 波信号几乎都淹没在面波的扇形区域内。因此观测系统设计就要考虑：①尽量压制面波信号强度；②尽量压缩面波扇形展开的角度。

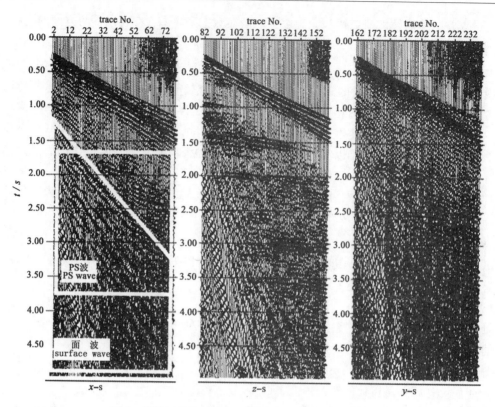

图 2　某油田采集的 2D3C 数据中的 x、z、y 分量记录

2.2.3　野外速度调查

野外低降速带速度结构的调查对陆上油气地震勘探至关重要。由于横波传播速度小，横向变化大，所以野外横波速度结构调查对于多分量勘探尤为重要。南京石油物探所曾就此问题在松辽平原做过专项的试验研究①,②，研究结果表明：即使在平坦的平原区，横波的静校正量也很大，不可忽略。如图 3 所示为我们曾处理过的某地区一条三分量数据的 P 波与 S 波静校正量对比。从图上可以看到：S 波的静校正量是 P 波的 2 倍多，且横向变化较大，而且同高程变化不一致。因此，在多分量数据采集中进行低降速带的横波速度调查是至关重要的。

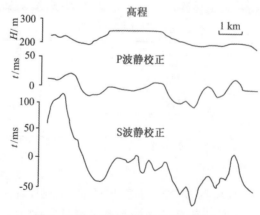

图 3　P 波与转换 S 波的静校正量对比

---

① 三分量地震勘探方法在天然气勘探中的应用研究，地质矿产部石油物探研究所，1995
② 三维三分量地震勘探方法在松南天然气勘探中的应用研究，中国新星石油物探研究所，1998

3　数据处理及存在问题

基于各向异性理论的地震数据处理方法、模块的缺乏是目前多分量地震勘探发展的瓶颈之一。尽管地震各向异性理论发展较早，但离实用化尚存在一定的距离。这主要是因为还存在着极大量的数据处理、参数的非直观物理与地质意义解释、参数多、反演难等一系列问题。而目前流行的做法仍然是在常规 P 波资料处理的基础上，加入一些近似、必要的处理模块，例如抽 CCP（common convert point）道集；或将一些主要的处理模块，例如速度分析、DMO、偏移等进行修改，使之适应多分量数据处理的需要。尽管这种近似的处理方法在一定程度上可以近似解决多分量数据处理问题，但以下几点的缺欠是毋庸置疑的。

（1）各向同性假设的处理方法有可能损坏或遗失信号中蕴含的各向异性信息。例如图 4 所示为各向同性假设的动校正与各向异性假设的动校正的对比，从对比中我们可以看到：在远炮检距处的各向异性信息在各向同性处理中被当作干扰而切除，不利于后续这些信息的发掘和利用。

（2）由于各向异性的存在被忽略，可能引起处理产生的假象或存在误差。例如图 4 中的远炮检距在各向同性动校正中出现同相轴上翘的假象，而在各向异性动校正中恢复为正常的同相轴拉平。如图 5 所示为同一过井地震测线在各向同性与各向异性假设下的两种叠前深度偏移方法对比。从剖面中可以看到，由于没有考虑各向异性，目的层位偏移的结果同井上显示层位无法对应，存在垂向与水平两个方向的误差。层位归位误差深度上达 200m（构造的水平归位误差达 120m，图中未显示）。对于此类问题，目前一般处理人员的做法是手工调节速度模型，生硬地向井上的层位靠拢，显然这是不可取的。

（3）传统的处理观念，尤其是对速度的过分认可与依赖也在一定程度上限制了处理人员得到一张好的多分量剖面。目前广泛认可使用的是 Thomson 参数。综上分析，若要处理好多分量地震数据，在各向异性假设的基础上，新编一些关键的处理模块是必须而紧迫的[6,7]。

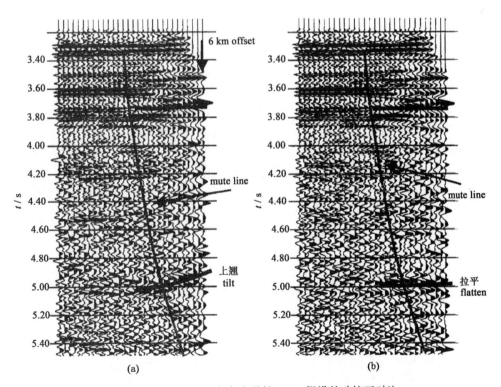

图 4　各向同性（a）与各向异性（b）假设的动校正对比

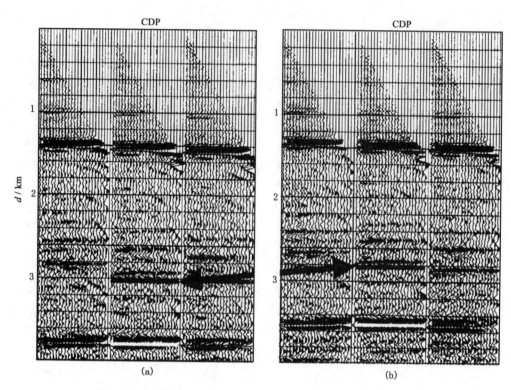

图 5　各向同性（a）与各向异性（b）假设下的偏移效果对比

4　数据解释

多分量地震数据的解释并不是简单的层位与构造解释，也不是可以同处理分离，由两部分完全不相干的人可以完成的。但这一点在目前的生产与研究单位并没有得到广泛的认可。

纵波、横波传播机理不同、传播路径及反映介质的性质不同，在剖面上所表现的特征（如波形、振幅、频率、相位、偏振）都会有所不同，所以在层位的解释、对比上会有一定难度。

三分量技术的应用是为更精确描述岩性油气藏、裂缝油气藏的物性特征，甚至描述其中的充填物特征，这就需要地质人员和地球物理人员更紧密的结合，相互"激励"和"约束"，利用三分量技术和已知的地质信息来发掘更多的地球物理信息以达到进一步对地质信息的认知、认识和推测。"采集、处理、解释一体化"的概念在三分量多波实际应用中更为迫切和突出。此外，在已开发的油田中，结合各种测井资料和已建立的地质模型，应用三分量地震技术可能更有利于对储层的孔隙度、渗透率及所含流体进行定量分析。

5　结　　论

为解决多分量地震数据采集、处理、解释三方面存在的问题，首先要保证野外采集数据可靠性与高质量，使之最大限度地包含纵波和横波的信息；其次是建立新的、能获取油气藏复杂结构信息、各向异性信息、流体信息的纵横波联合处理观念和处理系统，更重要的是要建立多分量数据处理、解释一体化的模式，注意已获取的地质信息在处理解释过程中的指导作用，推动复杂油气藏勘探开发问题的解决。

感谢大庆油田研究院、胜利油田物探院等单位和个人对本研究的支持与关心。

参 考 文 献

[1] 何樵登、张中杰，横向各向同性介质中地震波及其数值模拟，长春：吉林大学出版社，1996

[2] Gaiser James, Moldoveanu Nick, Multicomponent technology: the players, problems, applications, and trends, The Leading Edge, 2001, 20 (9): 974-977

[3] 李建荣、王磊、王赟，开发地震中的几个问题初探，石油物探，2003，42 (2)：279~281

[4] 王磊、李建荣、王赟，多分量转换波地震勘探技术综述，油气地质与采收率，2002，9 (6)：1~4

[5] 杨德义、高远、王赟，3D3C 多波地震资料在煤层顶底板岩性及相变预测中的应用，地学前缘，2003，10 (1)：56

[6] 张中杰，地震各向异性研究进展，地球物理学进展，2002，17 (2)：281~293

[7] 张中杰，多分量地震资料各向异性处理与解释，哈尔滨：黑龙江教育出版社，2002

II — 25

非规则网带断层地震数据的网格化[*]

张美根[1)]   乌达巴拉[2)]   王妙月[1)]

1) 中国科学院地球物理研究所
2) 中国地质大学（北京）物探系

摘　要　非规则网地震勘探中，由解释人员解释出来的层位信息包括大量无规律分布的高程数据和断层构造的断点数据，因而其构造图成图前的网格化是一件相当复杂而又难度较大的工作。本文较全面地研究了非规则网带断层地震数据的网格化过程（本文针对的是正断层情况），提出了一种快速实用的正方形网格化方法。经对实际资料处理证明，它能够适用于非常复杂的情况，并且处理效果理想。

关键词　网格化　构造图　非规则网

1　引　言

构造图是常规地震勘探最终成果图件之一，它对工区油气资源评价和确定钻探井位具有非常重要的指导作用。在计算机绘制构造图的过程中，网格化是一项很关键的数据处理技术，其结果好坏直接影响到等值线的追踪和最终成图质量。在规则网地震勘探中，解释人员解释出来的层位数据是有规律分布的，网格化也就是一件比较容易的事，国内外已有多家地球物理软件公司设计出了较好的软件。但在实际野外工作中，有时由于地形地物的限制，人们不得不采取包括弯曲测线在内的非规则网观测系统。这种非规则网地震勘探所得的层位解释结果包含的是大量无规律分布的数据，在网格化过程中，无论是对已知点（即层位解释结果数据）的搜索还是对断层的处理，都是相当复杂而又难度较大的工作。若采用常规随机点数据网格化方法，虽然程序设计难度较小，但经本人实践，发现其处理速度极慢，基本上不能满足实际生产的需要。目前，国内外断断续续都有一些人在研究这个问题，但从公开发表的论著中还没有见到令人十分满意的结果。

本文所提出的正方形网格化方法是以正方形网格剖分整个工区，以单个小网格块为单位，记录其中的已知点和断层分布信息，也就是对全区已知点和断层进行一次性定位。当对给定节点进行网格化插值时，只需查看其周围若干小网格块信息，而不用牵涉到整个工区的已知点和断层，这就极大地减少了机器运算量，也使对网格节点、已知点和断层的关系的处理上更加准确可靠。经对大庆某工区三维地震解释结果数据的实算处理表明，此方法快速实用，网格化效果理想，能较好地处理网格节点、已知点和断层间的复杂关系。

2　方法实现

针对非规则网带断层地震数据的特点，以及提高算法运行速度和保证断层处理准确性的需要，本

* 本文发表于《地球物理学进展》，1999，14（1）：69~77

文提出的正方形网格化方法主要包括网格剖分与边界圈定、断层求交与抽空、网格信息记录与已知点排序、已知点选取与网格化插值等几部分内容。下面分别对各技术要点加以阐述。

2.1　网格剖分与边界圈定

网格剖分是整个网格化过程中的第一步，指根据工区构造层解释结果数据，圈定一包含所有已知点的最小矩形，再根据实际情况需要设定网格间距大小，将整个矩形区域划分成一系列正方形网格块（图1）。

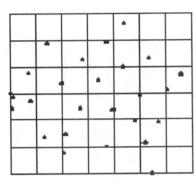

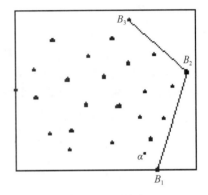

图1　网格剖分　　　　　　　　　　　　　图2　边界圈定

网格节点有关信息可记录在一组不同类型的变量中，在 C 语言里可选用结构体变量。结构体类型可定义为：

```
struct      {
    int     fSN;
    int     i,    j;
    double  x,    y;
    double  value;
}
```

结构体中：

fSN 用于判断相应节点是否进行网格化插值，只有当它为 0 时才进行插值，其值在边界圈定和断层抽空时设定；

i 和 j 分别记录节点所在的行号和列号；

x 和 y 记录的是节点的横坐标和纵坐标（如果内存确实不够，可以不定义这两个变量，但会增加一些计算量）；

value 用于记录节点的网格插值结果。

显然，网格剖分的矩形域边界并不一定是工区的真实边界。通常，网格分布的矩形域要比实际工区大，其中包含一些无已知数据分布的空白区。如果也对这些空白区的网格节点进行插值，不仅插值结果不可信，而且也会浪费宝贵机时。所以，在插值前，要根据用户提供的边界数据文件对工区网格节点作一次筛选，给边界外的节点相应的结构体变量的 fSN 赋上非零值（为同断层内节点区别开来，可设定为某一负值），表示它们将不被插值。

一般来说，边界数据文件是很容易获得的。假如用户不能提供边界数据文件，则可采用一包含所有已知点的最小凸多边形作为工区边界。凸多边形可按如下方案确定：

如图 2 所示，设图中小黑点为工区已知点，先选取最外层的一个已知点 B_1 作为多边形的一个顶点，寻找一已知点 B_2 使角 α 为最大，B_2 便是多边形的第二个顶点，再寻找一已知点 B_3 使得 $B_1 B_2$ 与 $B_3 B_2$ 所成的夹角最大，这样，B_3 就是第三个顶点，同理依次找下去，直到与 B_1 相接，多边形也就确定。

2.2　断层求交与抽空

地震资料经剖面解释后，将构造层内信息投影至平面上时，由于断层上下盘的错动，断层在平面上表现为闭合多边形。断层求交是指，在整个工区内进行行列扫描，计算工区内断层多边形与网格的相交情况，这些信息在定位断层时非常有用。

断层抽空就是利用多边形内点判断算法，找出断层多边形内包含的网格节点，并给它们相应的结构体变量的 fSN 赋上相应的正的断层序号，因为这些节点不能被插值。具体实现时，为减少一些不必要的测试，先根据断层多边形顶点的坐标确定一包含此断层多边形的最小矩形，再对落入矩形内的网格节点运用多边形内点判断算法，判断它们与断层多边形的关系。

主要的多边形内点判断算法有夹角求和算法和射线交点数算法两种。夹角求和算法简单明了，易于程序实现，但计算量大、费机时。而对于采用编码方案来实现的射线交点数算法，虽然程序设计较复杂，但处理速度非常快，所以本文选用了射线交点数算法。

2.3　网格信息记录与已知点排序

为达到快速搜寻已知点的目的，我们以网格化后的单个正方形网格块为单位，一次性地定位全区的已知点，即确定已知点相对正方形网格块的归属情况。对落在网格块周边上的已知点，我们规定，网格块左边和下边的点归入其内，上边和右边的点则归入另外的网格块，在工区边界的网格还应包括无相邻网格的那些边上的点。

根据已知点的定位情况，按行列顺序对已知点作一次排序，使属于同一网格块的点排在一起，记录下每一网格块的第一个已知点的序号，以便于已知点的快速检索提取。

在定位已知点的同时，也一并记录下网格块与断层的相交情况，也就是利用上一步断层求交结果对全区的断层进行一次性定位，使判断网格节点、已知点和断层的关系的工作更加快速准确。

所有网格信息都放在各网格块相应的结构体变量中，结构体类型可定义为：

```
struct    {
            int     totalnumber;
            long    No1;
            int     faultn;
            int     fSN [N];
                                    }
```

其中：

totalnumber 记录网格块内已知点总数；

No1 记录网格块内已知点在排序完毕后的已知点序列中的开始位置；

faultn 记录与网格块相交的断层总数；

fSN 为一数组，它存放与网格块相交的断层的序号，其元素个数 N 为一常量，按实际情况一般取 4 便足够了。

2.4　已知点选取与网格化插值

经过以上三步工作之后，我们就可以逐行扫描网格节点，给那些 fSN 值为零的节点逐个进行插值计算。在对给定节点进行插值计算前，先要确定参与插值的已知点，即在该节点周围最近区域选取一定数量的已知点。已知点选取数要根据插值算法和实际情况需要而定。在给定已知点选取数时，不必给一固定值，可以给定具有较小间隔的上下限，这能够减少关于近点远点的判断。实验表明，只要上下限的间隔不是太大，这种处理对插值效果没多大影响，却能减少机时。

在已知点选取过程中，有一点需要特别注意的是，要保证所选取的已知点与网格节点在断层的同一侧区域。这是因为：由于断层的截断作用，使得原本连续的岩层面变得不连续，往往存在强烈的突变，故不能用断层一侧的已知点对另一侧的网格节点进行插值。可以通过判断已知点与待插值节点连线是否与断层多边形相交来确定它们之间的关系。如果不相交，我们就认为节点和已知点在断层的同一侧区域，反之则认为不在同一侧区域。

实验与有关资料表明，已知点选取的区域分别为圆域和正方形域时，插值效果基本一致，而采用圆域会增加不少计算量，所以本文建议采用正方形域，这样能大大提高网格化速度。

已知点选取遵循如下步骤：

（1）根据网格节点的行列号，检索并记录下节点周围的四个小正方形网格块（图3a中标有数字的四个网格块）区域范围内的已知点和相应断层信息。若插值算法为按距离倒数加权平均法，需判断是否有已知点与节点重合。如果出现重合的情况，则返回该已知点的值作为节点的插值结果，否则进入下一步。

（2）判断已知点是否跟节点在断层的同一侧区域，记下跟节点在断层的同一侧区域的已知点。如果已知点数超过要求，则选取离节点最近的要求数目的点。否则，将搜索范围扩大一倍网格间距（图形3a中的阴影区），寻找新区满足条件的已知点，如果总的点数还没达到要求，则接着扩大搜索范围，直到已知点找够为止。

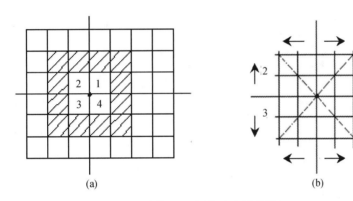

图3 已知点选取示意图

为使已知点选取的工作更加高效地进行，我们对给选点过程作如下规定：

（1）已知点选取时，将搜索区以网格节点为中心划分成四个象限域（图3b），每个象限域都各有一组变量记录已知点和断层信息，相应的处理工作在四个象限域为分别独立进行。

（2）对每一新增范围进行已知点搜索时，在每个象限域内，均由节点所在轴线往对角线方向进行（图3b）。这一条与上一条最大可能地减少了关于节点和已知点相对断层的位置关系的判断。

（3）当某象限域的两条轴线与同一断层相交或搜索抵达工区边界时，该象限域的搜索将停止。这样，减少了许多无意义的操作，节省了机时，也避免了程序运行死循环的可能性。

对于给定节点，其周围参与网格化插值的已知点选取完毕后，便可调用插值算法对该节点进行插值。

在二元插值算法中，具有普遍实用性且为人们所常用的有三种：按距离倒数加权平均插值法、最小二乘曲面拟合法和样条函数方法。其中，样条函数插值对已知点的分布等条件有特殊要求，一般随机点网格化很难用上它。

按距离倒数加权平均插值法适用广、耗机时少，但计算结果的局部特征较强。应用此算法时，已知点选取不宜太多也不宜太少，太多会出现因平均效应过强而使插值结果大大偏离真实值的情况，太少又会使得过多的有碍等值线追踪和成图质量的局部细节得不到压制。

最小二乘曲面拟合法能够较好地压制局部特征而反映总体趋势特征，其计算结果的圆滑性好，有利于等值线追踪，所成图幅较美观，但相对于按距离倒数加权平均插值法，它耗机时要多一些，适用性要差点。它要求待插值网格节点邻域要有一定数量的已知点，而且这些点最好能够均匀地分布在节点的周围。应用最小二乘曲面拟合法时，已知点选取数的多少要视实际需要而定，点数愈多所得拟合曲面愈光滑。

3　实算与分析

为检验本文提出的网格化方法的实际处理效果，我们利用所设计的程序对大庆油田某工区 T_2 标准反射层的三维解释结果进行了网格化计算。值得一提的是，虽然实算资料并不是非规则网地震数据，但它具有构造复杂、数据量大的特点，故能很好地检验本文的网格化方法。

图 4 是由解释人员解释出来的工区断层平面组合图，其左下角空白区为无资料区。可以看出，工区断层构造相当发育，且组合形态复杂多样。工区总面积约为 $63km^2$，为使作图方便美观起见，实算时选取的是图中虚线右侧的矩形块。实算区测网密度为 292×260，线距为 30m，CDP 点距为 20m。实际解释的测线密度为 73×52，即横测线每 4 条解释一条，纵测线每 5 条解释一条。处理的数据是从 LANDMARK 解释系统上卸载下来的解释结果 t_0 值。

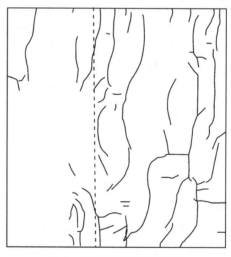

图 4　工区断层平面组合图

我们分别采用按距离倒数加权平均法和最小二乘二次曲面拟合法按不同已知点选取数对工区进了网格化实算，网格化密度为 292×260。表 1 是在 SUN 4/75 工作站上的工区实算时间表，从表中可以看出，本文所提出的正方形网格方法是一种比较快速的方法。

表 1　工区实算时间表

时间　　　　已知点数 算　　法	20 点	30 点	100 点
按距离倒数加权平均法	3′13″	4′55″	13′14″
最小二乘二次曲面拟合	6′20″	10′23″	30′00″

图 5 是将网格化结果按不同颜色表示不同时间段投影到屏幕上的拷贝图像（由于原图为彩图，复印后成了灰度图，故图中不同灰度并不代表 t_0 值的相对大小）。所用算法为最小二乘二次曲面拟合法，

已知点选取数为30。从图中可以看出，工区构造层的高程情况总体表现明确，且相邻时间带的分界线相当圆滑。虽然工区断层组合系列相当复杂，但图4中的所有断层在图5中都能够看出来，断层的截断作用表现得相当明显，未出现等值穿越断层的不合理的现象，这说明本文的网格化方法对断层的处理效果理想。

图5 工区网格化结果显示图

4 结 语

本文的正方形网格化方法理论完整，实算速度快，处理效果好。它不同于常规随机点网格化方法，其运行时间并不与工区已知点总数的增加而成比例的增加。已知点数增加时，它只是在已知点排序上要增加一定的很少的时间。

虽然本文网格化方法的提出主要是针对非规则网带断层地震数据的网格化这一难题，但由于非规则网带断层地震数据的网格化是所有网格化问题中最困难、最复杂的一种情况，故本文的网格化方法可以适用其他一切随机点数据的网格化工作。

由于时间等原因，本文网格化方法还不能说十分完善，在断层处理和已知点选取上还存在一些可以进一步改进的地方。

参 考 文 献

[1] 冯国强、王永福，一种应用计算机绘制地质构造图的方法，石油地球物理勘探，23（4），1988.8
[2] 王跃，在计算机上绘制含断层的等值线图，石油物探，30（1），1991.3
[3] 张思群，绘制具有断层的等值线图的方法，物探化探计算技术，13（3），1991.8
[4] 胡坤、卢铁贵，近点按距离加权平均的快速网格化算法及其 FORTRAN 源程序，物探化探计算技术，14（4），1992.11
[5] 林存山，不连续地质面的等值线画法，物探化探计算技术，10（2），1988.5

［6］李千万，PC-1500 机自由网等值线绘图程序，物探化探计算技术，10（4），1988.11

［7］侯遵泽，随机观测数据网格化的一种快速计算方法，物探化探计算技术，第九卷.第四期，1987.12

［8］侯遵泽，映射定点法随机数据网格化，物探化探计算技术，第十六卷，第一期，1994.2

［9］杜鲍夫 Р И 等，普查地球化学资料的数学处理，地质出版社，1984.10

［10］黄友谦、李岳生，数值逼近，高等教育出版社，1987.5

［11］何樵登、熊维纲，应用地球物理教程——地震勘探，地质出版社，1991.10

［12］Paul M. Tucker, Seismic contouring: A unique skill, Geophysics, 53（6），1988.6

［13］张美根，非规则网带断层地震数据网格化方法研究，中国地质大学硕士论文，1997.6

改进 Moser 法射线追踪[*]

许　琨[1)]　吴　律[2)]　王妙月[1)]

1）中国科学院地球物理研究所

2）石油大学

摘　要　地震波场正演模拟、层析成像、偏移成像经常需要用到射线追踪，本文在基于图形理论的 Moser 法基础上，改进其网格节点的划分、追踪时路径的选取，并增加直射线追踪以消除在速度变化不大时射线受节点布置影响出现不合理的折曲现象。

关键词　图形理论　堆排序算法　直射线追踪

1　前　言

射线追踪方法在正演模拟、层析成像、偏移成像及其他地震数字处理与反演中都有广泛的应用。众所周知，图像重建属于反问题，它所对应的正问题是在已知介质分布的条件下，求得地震波穿过成像区域的射线轨迹及时间。在一般情况下需要借助于数值计算方法得到。在地震层析成像中由于成像介质的非均匀性，使地震波在地下沿弯曲路径行进。因此我们要获得地下构造的清晰图像，其关键环节是实现源检之间地震波路径的定位，即要用到射线追踪。

现在射线理论由古老的几何射线法发展到现在的旁轴射线法理论、渐近射线法理论以及高斯射线束法理论。

射线追踪方法也取得了很大进步，射线追踪一般都或多或少用到四个基本定律：①费马（Fermat）原理：即关于波传播总是选择最小旅行时的路线。②惠更斯–菲涅耳（Huygens-Fresnel）原理：即关于波传播的子震源的问题。③Snell 定律：即关于波传播到的界面上的反射、透射、和折射现象的规律。④互易性原理：将震源与接收点互换，传播路径不变的原理。还用到两个公式①射线方程 $\dfrac{\mathrm{d}}{\mathrm{d}s}\left[\dfrac{1}{C(r)}\dfrac{\mathrm{d}r}{\mathrm{d}s}\right] = V_r\left[\dfrac{1}{C(r)}\right]$；②程函方程(eikonal 方程)：$(Vf)^2 = 1/V^2$。

常规应用的射线追踪方法主要有打靶法（shooting）和弯曲法（bending），打靶法是初值问题，弯曲法是边值问题。这两类方法的提出都是基于比较简单的原理，打靶法的基本思想是通过调整初值，即调整射线入射角来逐步逼近终点，但它存在很多问题，诸如对速度结构较为复杂的情况存在盲区，首波无法处理，计算量过大。弯曲法是假设一条连接炮点 S 到检波点 R 的曲线作为初始路径，然后逐步调整修正，直到修正量很小为止。它的优点是速度较快，但对速度分布函数复杂和两点距离较远的情况，弯曲法不如打靶法有效，且弯曲法有时很难追踪到时间最短路径。

为了解决上述问题，最近又研究出了几种新的射线追踪技术有：程函方程有限差分法（1988 年）、扫描法射线追踪（1992）、线性旅行时插值法（LTI）法射线追踪（1993），它们都分为向前和向后两步：

---

　*　本文发表于《地球物理学进展》，1998，13（4）：60~66

向前处理时求取旅行时，向后处理则利用①旅行时的最大梯度方向；②互易性原理；③Fermat 原理等原则求取射线路径。

2　基本原理

本文所作的方法是基于图形理论的射线追踪技术（Moser 法）。将二维介质模型离散化，并假定每个网格内慢度 S 为常数。在每个网格边界上设置节点，并在每个网格内部将各节点联结起来，在整个空间形成一个空间网络图，在图中的从一个节点出发到另一个节点接收的射线可通过网络图中的几条路径联结起来来表示，实际上就是将在此介质中可能出现的所有射线离散化为空间网络图，然后根据费马原理将图论中两点间的时间最短路径认为是两点间地震射线的近似。见图 1。

寻找最短路径是这样实现的：首先将坐标图上的节点分为两部分：一部分节点与震源的最短路径和旅行时是已知的，另一部分节点是未知的。最初震源位于第一部分，而其他节点位于第二部分。然后进行迭代，在每次迭代中，最接近于震源的"未知"节点先变成已知节点，该节点到震源点的旅行时和最短路径是根据已知节点以递推方式建立的。如果在某个网格点上，计算出好几个旅行时，那么总值最小的旅行时应与优先。见图 2。

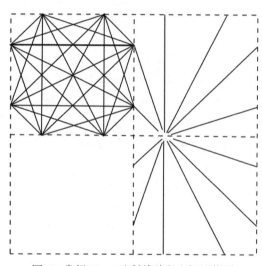
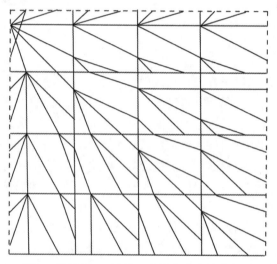

图 1　常规 Moser 法射线路径空间网络图　　　　图 2　常规 Moser 法从一点出发追踪的路径图

设任意相邻两点 i、j 的波旅行时为：$d(i, j)$，$i, j \in N$；震源到 j 点的最短走时为：$tt(j)$ 则到 i 点的最短走时满足 Bellman 方程：

$$tt(i) = \min_{(j \neq i)}\big[tt(j) + d(i, j)\big]　　　i, j \in N$$

由此从 j 点可求出点的最短走时。

重复这一步骤，直到所有节点都变成已知为止。

3　堆排序算法介绍

Moser 算法核心部分就是通过排序寻找出全局最小走时的点，以此作为二次震源再传播到其他其周围的节点上去。

有多种排序算法可以选择，如 DIJK－STRA 算法、单向队列排序算法、双向队列排序算法、堆

（HAEP）排序等，moser 原文中对几种算法的效率进行过认真的分析比较，得出堆（HEAP）排序是其中最适合的算法。

本文选用了堆（HEAP）排序算法，其具体实现如下：

首先将算出的各点的走时，建成一个堆，堆的定义如下：

n 个序列 $\{k_1, k_2, \cdots, k_n\}$ 当且仅当满足以下关系时，称之为堆。

$$\begin{cases} k_i \leqslant k_{2i} \\ k_i \leqslant k_{2i+1} \end{cases} \text{或} \begin{cases} k_i \geqslant k_{2i} \\ k_i \geqslant k_{2i+1} \end{cases}$$

可用完全二叉树的形式表示，见图3。

以后再算出新的走时，就可通过调整已建立好的堆来获取全局最小走时，不用再重新排序。可大大提高效率。

4 改进 Moser 法具体实施措施

本文在 Moser 法基本原理的基础上，增加了许多改进措施。

其具体步骤如下：

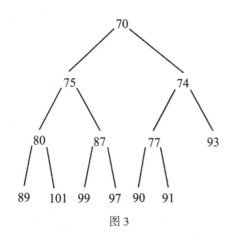

图 3

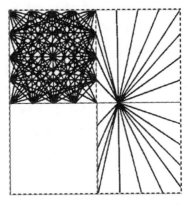

图 4 改进 Moser 法射线路径空间网络图

（1）首先，在网格节点的布置上与传统的 Moser 法不一样，增加了网格的四个角点，即增加了射线激发方向的数目，提高了精度。见图4。

（2）本文对网格节点可自动布置，且可自动控制网格边界上节点（不包括角点）的数目，这样可通过控制边界节点数来达到不同要求的精度。当节点数多时，射线追踪精度高，但运算量大；反之则精度低，运算量小。可根据实际情况来加以控制。

（3）可事先将网格内各节点之间的路径计算好编制成一张表，以后的迭代运算过程中，直接查表取得距离值再乘以此方格内的慢度即为此段的旅行时，不需要再重复运算，由于迭代中只涉及乘加运算，比其他射线追踪要节省许多机时。

（4）为了照顾层析成像的需要并考虑到实际介质的情况，合理的假设射线在单个像元之间只以直线通过，不会出现折射或弯曲现象，这样还避免了重复扫描的现象，提高了效率；并且射线不能经过两个像元之间的边界，避免出现上的慢度不好确定的现象。

（5）在速度变化很小的区域内，当网格节点布置过于稀疏时，许多情况下常规 Moser 法会不可避免地发生不合理的射线路径折曲现象；并且造成激发点和接收点之间同时有几条旅行时相同的射线出现，即多值现象。见图5。一般情况下，为追踪到真实射线路径，需要增加网格点的数目，势必要增大计算量。本文针对此问题，增加了直射线追踪部分，事先计算好炮点至各个点的直射线的距离和旅行时，每次通过网络图追踪到的各点的最小时都和此点直射线旅行时做比较，选取其中最小一个作为它的旅行时，然后进行下一次迭代。这样不需要增加过多的节点，就可以在速度变化不大的情况下获得较高的精度。在完全匀速的情况下，就自动成为直射线追踪，这样还更有利于层析成像。

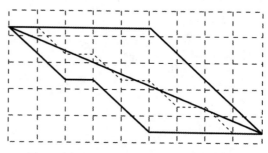

图 5　常规 Moser 法由于节点布置稀疏造成的射线折面和多值现象

（6）本文在每次迭代选取全局最小旅行时点时，采用了对此种情况排序速度最快的堆（HEAP）排序法，计算速度大大提高。

5　改进 Moser 法模型实验

图 6 为在匀速介质中节点数设置为两个的改进 Moser 法、常规 Moser 法与直射线追踪的等时线图，改进 Moser 法与直射线追踪完全一致，它们的等时线（实线）重合在一起，说明了改进 Moser 法采用了最接近最小走时的路径——直线路径。改进 Moser 法（实线）比常规 Moser 法（虚线）射线追踪在相同的走时下传播的要远，即选取了比常规 Moser 法走时更小的射线路径，更符合 Fermat 原理，更接近于初至波射线路径。

图 7 为在变速介质中节点数设置为两个的改进 Moser 法、常规 Moser 法与直射线追踪的等时线图，改进 Moser 法（实线）与常规 Moser 法射线追踪的等时线（实线）基本上重合在一起，改进 Moser 法比常规 Moser 法射线追踪在相同的走时下传播的稍微远一些，说明了改进 Moser 法更接近最小走时路径。改进 Moser 法（实线）比直射线追踪（虚线）在相同的走时下传播的明显要远一些，说明了在这种情况下改进 Moser 法比直射线追踪明显要好。

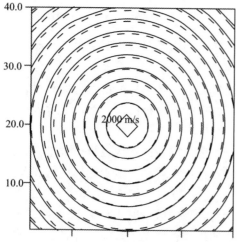

图 6　改进 Moser 法（实线）、常规 Moser 法（虚线）与直射线追踪（实线）在匀速介质中的等时线图

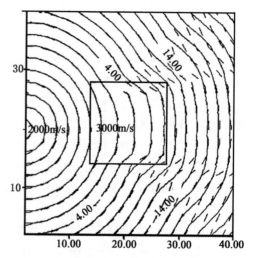

图 7　改进 Moser 法（实线）、常规 Moser 法（实线）与直射线追踪（虚线）在变速介质中的等时线图

图 8 为一复杂地质体的慢度模型图。

图 9 为改进 Moser 法射线追踪等时线图。

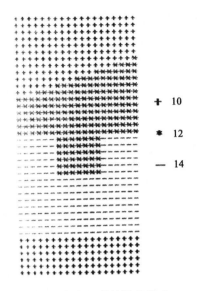

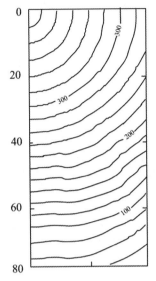

图 8 复杂地质体慢度模型   图 9 改进 Moser 法等时线图

6 结 论

本法继承了原有 Moser 法优点，并有进一步的改进：

（1）由于它没有一般射线追踪复杂的数值计算，只涉及简单的乘加运算和非常快速的堆排序算法，所以运行速度极快。

（2）它追踪的总是最先到达的初至波，包括直达波、折射波和绕射波，不像常规方法如打靶法只能追踪直达波。

（3）它对于匀速或速度变化不大的介质模型，可不受节点布置的影响出现弯曲现象，能追出直线或接近与直线的最优路径。

（4）它不存在盲区，可追踪到空间所有点上的初至旅行时。

（5）它可以不像一般射线追踪方法需作向前和向后处理，分别求出旅行时和射线路径，而是一次计算出所有点的旅行时和射线路径。

（6）它可以通过调节边界上的节点数以增大计算代价来达到任意要求的精度。在程序研制期间获得了石油大学王宏伟老师和 CT 实验室同学与老师们的大量帮助。

参 考 文 献

[1] 杨文采、李幼铭等，应用地震层析成像，地质出版社，1993

[2] Moser T J, Shortest path calculation of seismic rays, Geophysics, No1, 1991

[3] ASchneider W etc., Adynamic programming approach to first arrival Traveltime computation in media with arbitrarily distributed velocities, Geophysics, No2, 1992

[4] Toshifumi Matsuoka and Teruya Ezaka, Ray tracing using reciprocity, Geophysics, No. 2, 1992

[5] Robert L Coultrip, High-accuracy wavefront tracing traveltime calculation, Geophysics, No. 2, 1993

[6] Robert Fischer and Jonathan M Lees, Shortest path ray tracing with sparse graphs, Geophysics, No. 7, 1993

[7] Eiichi Asakawa and Taku Kawaka, Seismic ray tracing using linear traveltime interpolation, Geophysics Prospecting, 41, 1993

II — 27

界面二次源波前扩展法全局最小走时射线追踪技术*

张美根　贾豫葛　王妙月　李小凡

中国科学院地质与地球物理研究所　岩石圈演化国家重点实验室

摘　要　以 Moser 方法为代表的最短路径射线追踪算法可以快速稳定地获得整个追踪区域的全局最小走时和路径，但它存在两个缺陷：一是射线大多由折线呈锯齿状相连，长度和位置偏离真实射线路径；二是在低变速区容易出现射线路径多值现象。本文提出的界面二次源波前扩展法全局最小走时射线追踪技术（以下简称界面源法）旨在解决上述两个问题。不同于 Moser 方法，界面源法只在物性分界面上设置子波源点，子波出射射线可以到达任何不穿越物性界面而直接到达的空间点和界面离散点，在均匀块体内或层内地震波以精确的射线路径传播。显然，界面源法的子波出射方向数远远大于传统方法，算法的追踪误差主要只是由界面离散引起的，因此，界面源法很好地解决了 Moser 法存在的问题，大大提高了追踪的精度。同时，由于界面源法的子波源点数远远小于 Moser 法，因而效率也很高。模型实算证实了该算法的高效性。

关键词　最短路径射线追踪　界面源法　波前扩展法　全局最小走时

1　引　言

射线追踪技术在震源定位、走时反演、叠前偏移以及波场正演等领域有着非常广泛的应用。针对不同的应用情况，人们开展了大量的研究工作，目前已存在多种射线追踪方法，不同方法有着不同的精度、效率和应用条件。打靶法和弯曲法是两种传统的射线追踪方法[1,2]。打靶法处理首波时不稳定，不能追踪绕射波路径，当追踪区域较复杂时，还会存在追踪不到的盲区。弯曲法一个最显著的缺点是其射线路径的走时不能保证为全局最小。并且，两种方法的计算量都较大。地震射线辛几何算法[3~5]是近年来发展起来的一种重要的走时计算方法，它计算速度快且有较强的阴影区穿透能力，由于它是一种适用于 Hamilton 力学性质的射线算法，因此理论上比一些传统方法更完善，解决实际问题还需深入系统的研究。当前应用广泛的另一类射线追踪算法是基于费马（Fermat）原理和惠更斯—菲涅耳（Huygens-Fresnel）原理的最短路径（最小走时）算法，它最早由 Nakanishi et al.[6] 提出，后来 Moser[7] 对此方法做了全面的研究并引起了人们的关注。其追踪算法是这样实现的：将整个追踪区域剖分成一系列的网格单元，在单元顶点或边界上设置节点，从震源发出的波首先到达最相邻的单元节点，从中选取走时最小的节点作为波前子波源点（看成新震源点），由它向除已做过震源点之外的其他邻近节点发出射线产生新波前，这样，波动就像接力棒一样地被传播至整个模型空间，相应地也就得到了空间各点的初至波走时和射线路径。

最短路径方法计算速度快且稳定，可一次性地得到整个空间任一节点的全局最小走时和路径，可追踪绕射波，对速度模型的维数和复杂性没有限制。但是，这种方法也有自身的弱点：一是追踪得到

---

* 本文发表于《地球物理学报》，2006，49（4）：1169~1175

的射线大都是由折线呈锯齿状相连，比真实射线路径长，即使在速度均匀区块也是如此；二是该方法不能处理低变速区容易出现的射线路径多值现象，使得最终的走时和路径位置出现较大的偏差。虽然加大网格剖分密度以及增加子波出射方向可以部分地改善追踪结果，但运算量又会显著增加。为此，不少学者开展了大量的研究工作寻求解决上述问题的方案。Fisher et al.[8] 根据斯奈尔（Snell）定律修正射线路径，并在射线多值点增加直射线追踪，在较少的剖分节点的情况下获得了很大改善的结果。Klimeš et al.[9] 详细地分析了算法的误差来源，并根据误差情况优化了子波源的出射方向数。Zhang et al.[10] 通过选择合理的节点分布提高了追踪的精度。Van Avendonk et al.[11] 发现在原有结果跟真实情况偏离不大的情况下，利用弯曲法可以很好地提高结果的精度，而计算量增加不多。王辉等[12] 优化了波前点的排序和子波射线路径的速度，实现了三维射线追踪。赵爱华等[13,14] 通过改进波源点选取办法和子波路径构成，改善了算法的效率和精度。刘洪等[15] 采用波前点扫描代替波前点搜索，并利用双曲线近似对波前点插值，也改善了算法的效率和精度。张建中等[16,17] 采用线形内插算法对子波路径进行修正，明显提高了算法的精度。概括地说，上述研究都对原来算法进行了发展，使原有方法在精度和效率方面得到了提高。但是，应该说它们都未能从根本上解决原有方法的缺陷。

基于最短路径算法原理，本文提出一种适用于层状或块状模型的界面二次源波前扩展法全局最小走时射线追踪技术（以下简称界面源法），并用它实现了二维模型的射线追踪实算。

2 方法原理

2.1 模型剖分与子波传播方向与路径

传统最短路径方法一般对模型采用等矩形单元剖分，在单元顶点或边界上设置节点，所有节点在追踪过程中都会作为子波源点。界面源法也采用等矩形单元剖分，节点设在单元顶点，不同的是只选取物性分界面上的离散点作为子波源点，其出射射线可以直接到达任何不穿越物性界面而能到达的空间点和界面点。

界面上子波的传播分两种情况，即空间初至波追踪和反射波追踪。图1是子波传播示意图，其中白色和灰色代表两不同的弹性介质，S 点为当前子波源点，A、B、$\cdots$、G 代表离散后的物性界面点。追踪空间初至波时，S 的子波传播路径为图中由 S 点发出的实直线，连接了所有由 S 点可直接到达的节点（包括邻近界面点），它们不可以穿越物性界面。如果只追踪反射波，则 S 的子波射线只连接可到达的界面点，即图中的 A、B、$\cdots$、G。显然，界面源法单个子波源的出射方向远远多于 Moser 方法，因而其追踪结果的精度高于传统方法。

2.2 直达节点的搜索

从 2.1 节介绍可知，界面源法中子波源点只连接可直接到达的空间节点，所以，在追踪中必须判断一个节点是否能与当前子波源直接相连。在二维追踪系统中，我们以当前子波源点为原点，建立平行于总体坐标系的局部笛卡儿坐标系，划分出四个象限，分别在四个区域内进行走时追踪，即进行直达节点的搜索与走时计算。这种分区处理方便了追踪与程序设计。

在单个象限内，我们采用夹角扫描搜索法来搜索直达节点，它计算快且易于实施。图2是该方法的一个示意图，其中白色和

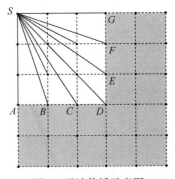

图 1 子波传播示意图

S 为子波源点；A、B、$\cdots$、G 为界面点

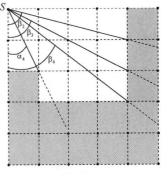

图 2 夹角扫描法直达
节点搜索示意图

S 为子波源点；α、β 代表不同角度

灰色代表两不同的弹性介质，S 点为当前子波源点，当前追踪在第四象限进行，以 α_i 和 β_i（i 为序号）分别表示从 S 点发出的射线与 Z 轴方向的最小夹角和最大夹角。对直达节点的搜索是按行进行的。首先，记录下 S 点右下角第一个单元的物性编号，设定 $\alpha_1 = 0°$、$\beta_1 = 90°$。从第二行第二列的节点开始（轴向的节点另外处理），一直搜索到该行的最后一列节点，最后一个节点左侧单元为另一物性单元，故它是不能以直射线连接的节点。这时，对扫描搜索的最小角和最大角做调整，调整后的最小角 α_2 依然是 $0°$，最大角度为 β_2。对于第三行，在 α_2 到 β_2 之间搜索，第四行的搜索在 α_3（$\alpha_3 = 0°$）到 β_3 之间，第五行的搜索在 α_4（$\alpha_4 \neq 0°$）到 β_4 之间。第五行搜索结果是无一个节点可直接到达，此时，本象限的追踪完成。对于更复杂的情况，可能一行会存在几个搜索区间，分别对各个区间采用上面的搜索方法即可。

2.3　追踪计算步骤

（1）搜索震源周围震源射线可直接到达的节点，并计算相应射线的走时，将震源射线所到达的界面点记入集合 Q 中。

（2）从 Q 中选出最小走时点作为当前子波源点，搜索它可直接到达的节点，计算出相应的子波射线走时，再加上震源到达子波源点的走时，得到这些节点的总走时。如果某节点先前已有一个走时，需将它与新的走时比较，选取其中的最小走时。同时，将子波源到达的未做过子波源的界面点加入到 Q 中。计算完毕后将当前子波源点从 Q 中剔除。

（3）判断 Q 是否为空集，是则表明初至波追踪结束，否则重复第二步。

（4）若要追踪反射波，在初至波追踪结束后，选取要追踪的反射界面，把其所有界面点记入 Q 中，这些点的走时为初至波走时，其他节点又都成为待求走时的点。转第二步，直至 Q 为空集。

（5）在追踪过程中，每个节点都会记录下其上一级子波源点的位置，故从接收点依次回溯，直到震源点，就能得到射线路径。

追踪空间初至波时，需搜索子波源的所有直达空间节点，并计算这些节点的走时。若追踪反射波，则只需搜索子波源的直达界面节点，并计算它们的走时，无需计算其他节点的走时，也就节省了大量的计算。

2.4　走时表

为提高追踪系统的效率，可以事先对模型中包含的几种介质各制作一个走时表，这样，在计算子波源点到其直达节点的走时时，就能直接从走时表上查到走时，而不用进行距离和走时的烦琐计算。走时表只占用不到几兆的内存空间，却大幅度地减少了走时计算量。

走时表是一个按子波源点与可能的直达节点的坐标关系排列的子波走时记录。根据对称性，走时表中只需覆盖一个象限即可。为了使走时表能够适用于整个模型内的子波源点，制作走时表的象限应取得足够大，要包括所有可能的直达节点。

3　计 算 实 例

通过计算两个模型的 P 波初至波和 PP 反射波的走时，来对比一下界面源法和 Moser 方法的精度和效率。在比较时，我们通过加密界面点，来提高界面源法的走时计算精度，当走时随界面点密度的增大而减小的量在一个很小的误差范围内时，把此时的结果作为精确值去衡量其他计算情况的精度。为初步检验本文追踪方法的应用效果，我们还进行了反射波的走时反演试验。所有计算都是在一台 CPU 为 P4 2.4GHZ 的微机上进行的。

3.1　初至波追踪

图 3 是一个较为复杂的不均匀模型。模型被剖分成 100×120 个正方形网格，网格边长 25m，震源位于坐标（0，0）处。分别采用界面源法和 Moser 法追踪了 P 初至波，界面源法 CPU 耗时 0.4306s，

Moser 法单元边界上分别设有 4、7 和 10 个节点，计算耗时分别为 1.2117、5.8384 和 15.5724s。可以看出，Moser 法计算量大，耗时是界面源法的几倍到数十倍。

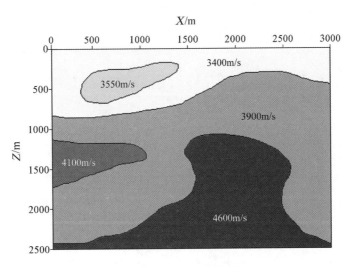

图 3　初至波追踪模型

图 4 和图 5 是界面源法和 4 点 Moser 法追踪的初至波射线路径和等时线图。显然，界面源法得到的射线路径更加合理，而 Moser 法在速度均匀区出现了明显的锯齿状折线路径，这种折线路径降低了走时计算精度，并可导致路径多值现象。从等时线图上看，界面源法曲线更流畅，而 Moser 法有一些明显的局部误差扰动；另外，界面源法得到的走时梯度小于 Moser 法，说明界面源法精度高。

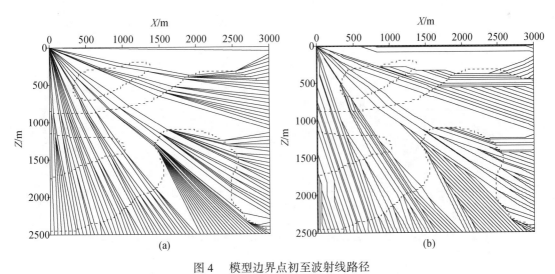

图 4　模型边界点初至波射线路径

(a) 界面源法；(b) 4 点 Moser 法

图 6 显示的是两种方法追踪的初至波到时误差。可以看出，界面源法精度很高，其最大误差不超过 1ms，而 4 点 Moser 法的最大误差达到了 9ms 之多，7 点和 10 点的最大误差也分别有近 3ms 和超过 1.2ms。另外，Moser 法的整体误差都很大，并沿射线路径积累，而界面源法的大误差的分布非常局部，沿路径积累现象不太明显。

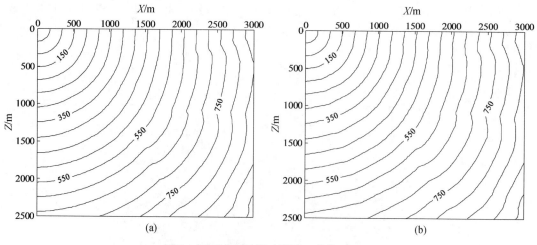

图 5　初至波到时等时线图（单位：ms）

（a）界面源法；（b）4 点 Moser 法

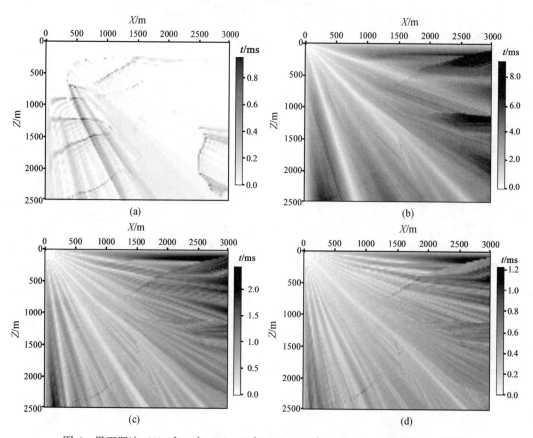

图 6　界面源法（a）和 4 点（b）、7 点（c）、10 点（d）Moser 法追踪走时误差

3.2　反射波追踪

图 7 是一个用于反射波追踪的 4 层层状模型，被剖分成 100×150 个正方形网格，网格边长 25m，震源位于坐标（0，0）处。分别采用界面源法和 Moser 法计算了 PP 反射波走时。界面源法 CPU 耗时 0.3505s，Moser 法单元边界上还是分别设有 4、7 和 10 个节点，计算耗时分别是 6.5094、34.0389 和 91.2512s。可以看出，Moser 法反射波追踪耗时远远大于界面源法，反射波追踪中界面源法的高效性体现得比初至波追踪更为明显。

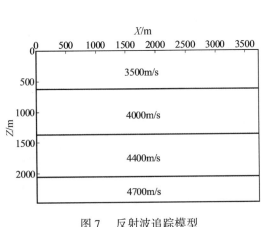

图 7　反射波追踪模型

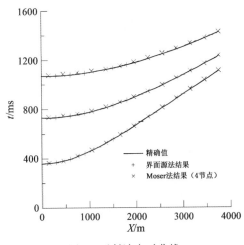

图 8　反射波走时曲线

　　图 8 是三个层面的反射波走时曲线（注：由于追踪的是最小走时，第一个界面的反射曲线尾部对应的是折射波）。由于比例关系，图中显示的结果间的差异不是特别明显，但还是可以看出，界面源法结果跟精确值吻合得很好，Moser 法结果多少有些偏离，并且随着层位的加深偏离越多。图 9 显示的是界面源法和 4 点、7 点、10 点 Moser 法追踪的反射波走时误差曲线。Moser 法整体误差比界面源法大数十到上百倍，并且随着界面深度的增加，Moser 法整体误差呈明显增加，界面源法则不太明显。另外，Moser 法的误差随炮检距的增大而振荡变化，表现出明显的与射线角度的相关性，界面源法则基本上没有这种方向特性，这种现象在前面的初至波追踪结果中也能看到。这是因为，Moser 法的子波源出射方向非常有限，当真实射线方向跟子波源出射方向吻合度较高时，该射线的走时误差就较小，反之则较大；对于界面源法来说，其子波源出射方向非常多，跟真实射线的偏离度很小，故无明显的方向特性。

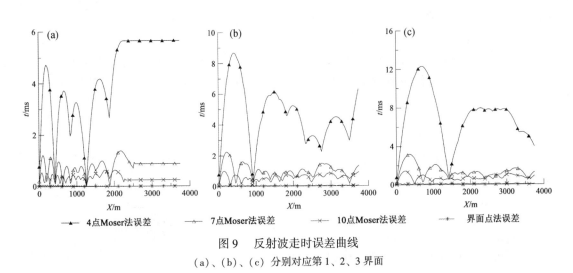

图 9　反射波走时误差曲线

（a）、（b）、（c）分别对应第 1、2、3 界面

3.3　反射波走时反演应用

　　为检验本文追踪方法的应用效果，我们对图 7 模型进行了反射波走时反演试验。所用反演算法为广义线性反演方法，反演时所用初始模型为一均匀模型，其 P 波速度值为第四层基底的速度。图 10a 显示的是真实模型与初始模型，显然初始模型偏离真实模型很大，最大偏离达到了 34% 之多。图 10b 显示的是经过 10 步迭代后的反演结果，可以看出，反演结果非常好地收敛到了真实模型上。

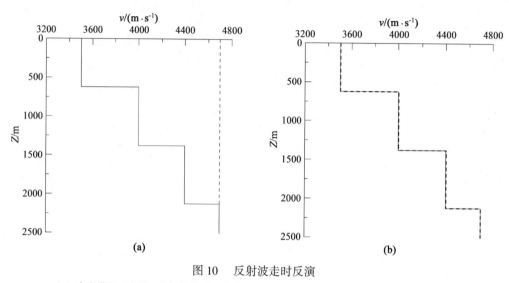

图 10　反射波走时反演

（a）真实模型（实线）与初始模型（虚线）；（b）真实模型（实线）与反演结果（虚线）

4　结　论

本文实现了一种以界面离散点为二次源的全局最小走时射线追踪技术。不同于 Moser 传统方法，它只在物性分解面上设置子波源点，在均匀块体内或层内地震波以直射线传播。由于子波出射方向数远远多于传统方法，并且均匀块体内以精确的直射线追踪，因此，界面源法基本上消除了 Moser 法中的射线路径多值现象和锯齿状现象，大大提高了追踪的精度。同时，由于界面源法的子波源点数少于 Moser 法，因而效率也很高。该追踪方法无盲区，可适用于非常复杂的层状或块状模型，且容易推广到三维情况。反射波走时反演试验表明，本文方法可以很好地应用于地震波反演领域。

除了本文的规则离散外，还可以采用精度更高的不规则离散化方式来离散物性界面，并可以任意加密界面节点，使追踪结果更好地靠近真解。另外，如果块体或层内的地震波速连续变化，且可获得内部的解析时间场，界面源法也可适用，只不过此时界面点与其他节点间不再是直射线连接，而是弯曲射线[18]。

参 考 文 献

[1] Julian B R, Gubbins D, Three-dimensional seismic ray tracing, J. Geophys., 1977, 43（1）：95–114

[2] Thurber C H, Ellsworth W L, Rapid solution of ray tracing problems in heterogeneous media, Bull. Seis. Soc. Am., 1980, 70（4）：1137–1148

[3] 高亮、李幼铭、陈旭荣等，地震射线辛几何算法初探，地球物理学报，2000, 43（3）：402~410

[4] 秦孟兆、陈景波，Maslov 渐近理论与辛几何算法，地球物理学报，2000, 43（4）：522~533

[5] 陈景波、秦孟兆，射线追踪、辛几何算法与波场的数值模拟，计算物理，2001, 18（6）：481~487

[6] Nakanishi I, Yamaguchi K, A numerical experiment on nonlinear image reconstruction from first arrival times for two dimensional island arc structure, J. Phys. Earth, 1986, 34（1）：195–201

[7] Moser T J, Shortest path calculation of seismic rays, Geophysics, 1991, 56（1）：59–67

[8] Fisher R, Lees J M, Shortest path ray tracing with sparse graphs. Geophysics, 1993, 58（7）：987–996

[9] Klimeš L, Kvasni? ka M, 3-D network ray tracing, Geophys. J. Int., 1994, 116（3）：726–738

[10] Zhang J, Toksoz M N, Nonlinear refraction traveltime tomography, Geophysics, 1998. 63（6）：1726–1737

[11] Van Avendonk H J A, Harding A J, Orcutt J A et al., Hybrid shortest path and ray bending method for traveltime and

raypath calculations，Geophysics，2001，66（2）：648-653

［12］王辉、常旭，基于图形结构的三维射线追踪方法，地球物理学报，2000，43（4）：534~541

［13］赵爱华、张中杰、王光杰等，非均匀介质中地震波走时与射线路径快速计算技术，地震学报，2000，22（1）：151~157

［14］Zhao A，Zhang Z，Teng J，Minimum travel time tree algorithm for seismic ray tracing：improvement in efficiency，J. Geophys. Eng.，2004，1（2）：245-251

［15］刘洪、孟凡林、李幼铭，计算最小走时和射线路径的界面网全局方法，地球物理学报，1995，38（6）：823~832

［16］张建中、陈世军、余大祥，最短路径射线追踪方法及其改进，地球物理学进展，2003，18（1）：146~150

［17］张建中、陈世军、徐初伟，动态网络最短路径射线追踪，地球物理学报，2004，47（5）：899~904

［18］何樵登、熊维纲，应用地球物理教程——地震勘探，1991，第一版，北京：地质出版社

Ⅱ — 28

一种最短路径射线追踪的快速算法*

张美根　程冰洁　李小凡　王妙月

中国科学院地质与地球物理研究所　岩石圈演化国家重点实验室

摘　要　为提高最短路径射线追踪的精度，需要增加模型的剖分网格和离散节点，并增加子波传播方向，或者采用其他方法改善计算结果，这些处理会带来大量的额外计算。本文的快速算法改进了波前点的管理和子波传播的计算这两项耗时的工作，较大幅度地提高了传统算法的效率。在波前点的管理上，采用按时间步划分区间的方法，实现了波前点的桶排序管理，其效率高于传统方法中常用的堆排序算法。在子波传播的计算上，利用斯奈尔定律，同时参考来自邻近节点的波的走时，来限定当前子波传播的有效区域，排除大量不需要计算的子波传播方向。模型实算表明，本文快速算法的计算速度是传统方法的几倍至十多倍。

关键词　最短路径射线追踪　全局最小走时　斯奈尔定律　桶排序

1　引　言

射线追踪技术一直是地震学的一项重要研究内容，从计算走时和射线路径的运动学追踪到计算振幅信息的动力学追踪，各种方法层出不穷。动力学方法有旁轴近似[1]、高斯射线束[1,2]和渐近射线[3]等方法。运动学方面，传统的方法有打靶法和弯曲法[4,5]，随后发展起来的有基于程函方程、费马（Fermat）原理和惠更斯（Huygens）原理的波前扩展类方法[6~14]、基于哈密顿（Hamilton）系统的地震射线辛几何算法[15~17]、基于图论和费马原理的最短路径算法[18~28]等。其中，最短路径方法因其灵活而稳定，且适用于任意复杂的介质模型，在地震波正反演领域得到了广泛应用[18,28~30]。

最短路径算法最早由 Nakanishi 等[18]提出，后来 Moser[19]对此方法做了全面的研究并引起了人们的关注。它以一系列的规则的空间离散点来代替所要追踪的介质模型，并根据惠更斯原理依次将空间离散点看成子波源，以有限的离散方向来代替子波射线的全方位传播，逐步获得整个空间离散点的全局最小走时和路径。这种方法是无条件稳定的，对模型的维数和复杂性没有任何限制。但是，由于它以离散节点来代替实际连续模型，并以有限离散射线方向来代替子波的连续传播，在稀疏离散点的情况下，所得到的走时和路径位置会出现较大的偏差[20]。加大网格剖分密度并增加子波出射方向或者通过其他方法修正追踪结果是改善算法精度的有效办法，但会显著增加运算量，降低追踪系统的效率。

目前的许多研究工作都侧重于改善算法的精度。Fisher 等[20]利用斯奈尔定律修正追踪得到的锯齿状射线路径，以减小走时误差，并在射线多值点处增加直射线追踪，很好地改善了追踪结果。Klimeš 等[21]详细地分析了算法的误差来源，以此优化了子波源的出射方向。Van Avendonk 等[22]利用弯曲法来提高最短走时追踪结果的精度。王辉等[23]、赵爱华等[24,25]通过合理地选取子波源出射方向和出射路径速度，改善了算法的精度和效率。张建中等[26,27]利用线形内差算法实现的动态网络技术也明显提高了算法的精度。Zhang 等[29]通过选择合理的节点分布提高了追踪的精度。

---

*　本文发表于《地球物理学报》，2006，49（5）：1467~1474

本文关心的重点是算法的效率问题，对传统算法中波前点的管理和子波射线的计算这两个最耗时部分进行了改进。采用链表实现的桶排序方法提高了波前点的处理速度，并根据斯奈尔定律和邻近节点的走时信息来确定子波传播的有效区域，排除了较大范围的不需要计算的子波射线方向，大大减少了算法的计算量。

2 最短路径算法原理

传统最短路径射线追踪算法将模型剖分成一系列的正方形网格单元，节点和速度的设置有两种方式[19]：一是在单元的边界上设置规则节点（图1a），在单元内波速设定为常数；另一种方式把节点设在单元角点（图1b），在各个节点设定波速值。前一种方式特别适用于地震层析成像，后一种方式便于引入物性分界面。

图1a的节点设置有利于在计算子波传播时考虑斯奈尔定律，本文快速算法的节点设置是这种方式的改进（图2）。与一般方法不同的是，本文算法在单元角点也设置节点，并且允许子波沿着单元边界传播，传播速度取相邻单元中速度较大的值。增加角点节点便于我们改进子波传播的计算，也增加了子波的出射方向。图2中显示了本文算法中行节点（行源）、列节点（列源）和角点节点（角源）的全方位子波射线。

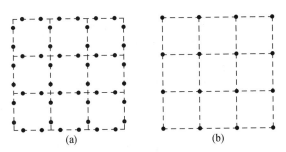

图1 传统方法的两种节点设置方式
虚线：单元边界；黑圆点：节点

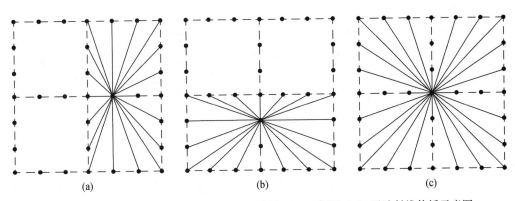

图2 本文方法的节点分布与行源（a）、列源（b）、角源（c）子波射线传播示意图

最短路径射线追踪从震源开始，波首先到达震源邻近的单元节点，从中选取走时最小的节点作为波前上的二次源点，它再向它的邻近节点发出子波射线，进一步产生新的波前点，重复以上过程，波动就像接力棒一样地被传播至整个空间，相应地也就获得了空间各节点的初至波走时和射线路径。若要追踪反射波，则以反射界面上的节点的初至波走时为约束条件，追踪出从反射界面至地表接收点的最小走时。

最短路径射线追踪算法最耗时的部分包括波前点的管理和子波传播的计算。波前点的管理包括波前最小走时点的选取和删除、波前点走时的更新以及新波前点的添加等操作。为提高这些操作的效率，自始至终让波前点排成一个走时由小到大的序列是一个好办法。Moser 分析了几种常用的排序方法，认为堆排序是处理速度最快的一种[19]，此后人们在研究和应用中大都沿用了他的方法，只有 Klime et al.[21] 提出过一种间隔排序方法。在计算子波传播时，传统算法要计算子波源周围 360° 方位的所有离散射线所连接的节点的走时，显然，从斯奈尔定律的角度考虑，其中有很大一部分方向是不必要的。下两节我们将给出以上两方面的快速算法。

3　波前点管理的桶排序实现

最短路径追踪算法中波前点的管理问题是一个最小优先队列的问题。这个队列从零个元素逐渐增多，然后又逐渐减少至零个元素。队列中各元素的权值就是各点的走时，每次都是走时最小的元素出列。队列涉及的操作有 4 种：①查找；②插入；③删除；④元素权值的减小。提高波前点管理的效率就是要减少以上操作时发生的比较次数和元素移动次数。

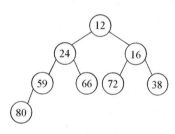

图 3　一个堆的树状结构

传统最短路径追踪算法采用的堆排序是在直接排序法的基础上借助于完全二叉树结构而形成的一种排序方法[19,31]。它将记录序列建成一个堆，堆是一个有 n 个元素的数组，其中第 i（$i=1$, 2, $\cdots$, $n/2$）个元素不大于第 $2i$ 和第 $2i+1$ 个元素。例如，图 3 就是一组数建成的一个堆。显然，堆顶元素为最小元素。将它输出后，再调整剩余的记录成为一个新堆，再输出堆顶元素；如此反复进行，直至输出所有元素。一个有 n 个元素的堆包括 $\lg n$ 层结点，因此，容易得到最短路径算法中涉及到的操作次数为

$$\lg n + \lg(n-1) + \cdots + \lg 1 + mn = O(n\lg n)\,(n \to \infty) \tag{1}$$

式中，m 为一次元素更新涉及的最多操作次数。

本文采用一种高效的分配排序方法——桶排序[31]，它的平均时间复杂度是线性的，即为 $O(n)$，因而在一些合适的应用中会表现得比堆排序更为优秀。其思想是把记录关键字所在区间划分为 m 个大小相同的子区间，每一子区间是一个桶。然后将记录按关键字大小分配到各个桶中。落入同一桶中的记录按其关键字大小进行比较排序，然后依次将各非空桶中的记录收集起来即可。显然，桶排序要求记录关键字的范围有限并且事先已知，而最短路径追踪计算中波前点的走时范围事先是未知的，且是动态变化的，这给桶排序的应用带来一定难度。下面给出一个巧妙的处理办法。

最短路径射线追踪实际上可以看作是模拟波传播的一个过程，只不过这个模拟量是走时。如果给定一个 Δt 作为波传播的时间步长，那么空间任一节点都可按走时归为某一时间步。若以时间步作为桶的编号，我们就可以把节点按走时步归入到相应的桶中。由于波前点是动态的，相应的走时也是在 0 到某个未知数之间动态变化，现在的问题是如何事先确定存放波前点的桶的个数，以及如何对这些桶进行编号。

图 2 所示的子波射线中，设最短射线和最长射线的长度分别为 $d_{\min}$ 和 $d_{\max}$，另设模型中介质的最小波速和最大波速分别为 $V_{\min}$ 和 $V_{\max}$，则波沿子波射线传播的最小和最大走时增量 $\tau_{\min}$ 和 $\tau_{\max}$ 分别为

$$\tau_{\min} = d_{\min}/V_{\max} \qquad \tau_{\max} = d_{\max}/V_{\min} \tag{2}$$

设追踪过程中当前子波源点的走时为 t_p，则所有当前波前点的走时必定在区间 $[t_p, t_p + \tau_{max}]$ 之内。因此，以 Δt 为桶排序的时间步长时，在任一时刻用于存放波前点的桶的最大个数 N 为

$$N = \text{int}(\tau_{max}/\Delta t) + 1 \tag{3}$$

在追踪过程中，编号最小的桶总是随着最小走时点的移出而逐渐清空，故我们只需事先设置 N 个桶，让这 N 个桶首尾相连成为一个环，并让它们的编号动态变化，当编号最小一个桶中的节点清空后，其编号增大 N，也就从桶链的头变成了尾，用于存放具有更大走时的新的波前点，循环往复，直到追踪结束。上述处理技巧避开了模型节点最大走时未知而造成的最大桶编号未知的难题，同时避免了分配大量空桶的麻烦，提高了系统的效率和灵活性。

考虑到落入每一编号的桶中的节点个数是不确定的，我们采用链表的形式来实现波前点的桶排序。图 4 是链表管理波前点的一个示意图。其中，定义了一个具有 N 个元素的指针数组，每个元素代表一个桶指针，投入桶中的节点连成一个链表，桶指针指向相应的链表表头。

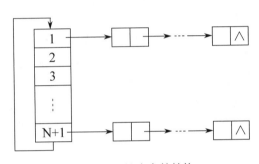

图 4　桶的链表存储结构

在追踪过程中，总是从编号最小的桶中寻找走时最小的节点作为新的二次源点，因此，编号最小的桶中的节点通常需要排列成一升序序列，其他桶中的节点则可以保持无序状态。存放波前点的桶的个数取决于 Δt 和 τ_{max}，其中，τ_{max} 随模型及其剖分和节点设置形式而定，理论上 Δt 可在区间 $(0, \tau_{max})$ 上取任意值。Δt 越小，要设置的桶就越多，它们会占用大量内存资源，也会降低管理的效率；Δt 越大，需要的桶就越少，但由于平均单个桶中存放的节点数较多，故会严重增加单个桶内的排序计算量。从前面的分析有，沿任一子波源点的子波射线的走时增量 τ 满足 $\tau \geqslant \tau_{min}$。如果 $\Delta t \leqslant \tau_{min}$，那么子波源点子波的传播就不会影响到它所在桶中的其他节点，因此，选取的子波源点也就可以不是走时最小的点，也就是说，编号最小的桶中的节点也可以保持无序状态。因此，计算中我们选取 $\Delta t \leqslant \tau_{min}$ 来避免对编号最小的桶中的节点进行排序，以获得更高的波前点管理效率。

4　子波传播有效区域的确定

传统最短路径算法要计算子波源全方位传播的离散射线，根据波的传播规律，其中必然有一部分方位是不必计算的。本文利用斯奈尔定律和来自邻近节点的波动走时信息来限定子波的有效传播区域，排除不需要计算的其他方位。

行源子波的有效传播区域的确定分两种情况（图 5）。波由非水平方向传向行源时，先由斯奈尔定律确定波经过行源后的出射射线方向，进一步确定了射线方向，射线在前进方向与单元边界的交点，越靠近交点的节点的最短走时路径越有可能来自当前子波源，相应的这些节点的走时也就越需要计算。如图 5a 所示，经过子波源点 P 的射线的实际路径在节点 2 和 3 之间交于单元边界，故节点 2 和 3 的最

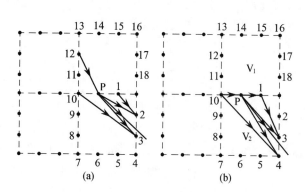

图 5　行源子波的有效传播范围确定

短走时路径最有可能来自 P 点，波经过 P 点到达它们的走时需要计算。如果只计算节点 2 和 3 的走时，由于最短路径方法的离散特性，在速度变化大的区域，可能会因为某些节点远离交点而没有走时，从而出现盲区，因此，通常将计算范围扩大是有必要的，比如选择 1、2、3、4 四个节点，最大的选择范围包括图中的 1~6 这六个节点，这也比传统方法计算子波源 18 条传播射线要节省很多计算量。一个更好的办法是通过比较来自相邻节点的波的走时来减少不必要的计算，即在依次计算实际射线路径下方的 3、4、5、6 节点的走时时，不仅计算来自 P 点的波的走时，同时

也计算来自节点 10 的波的走时，如果从节点 10 来的波的走时小于从节点 P 来的波的走时，表明其后的节点的波不可能来自 P 点，计算停止；计算实际射线路径上方的节点的走时也类似处理，这时需同时计算来自节点 P 和 1 的波的走时并进行比较。

如图 5b 所示，当波沿着水平方向（即单元边界）传播至行源 P 时，首先计算前方节点 1 的走时。若上下单元介质速度不等，还要考虑在低速区产生的折射波。设图 5b 中 $V_1 > V_2$，可由斯奈尔定律确定折射波的下传方向，并进一步计算得到射线与单元边界的交点，此时可以采用与图 5a 情况相同的处理方式来计算 P 点的子波传播。计算实际射线路径下方节点的走时时，需同时计算来自节点 P 和 10 的波的走时，并进行比较；计算实际射线路径上方节点的走时时，需计算并比较来自节点 P 和 1 的波的走时。

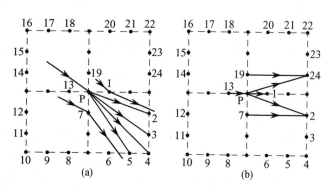

图 6　角源子波的有效传播范围的确定

子波源为列源的情况可以完全参照行源的情况来处理，在此就不赘述了。当子波源为角源时，有效子波传播区域的确定也分两种情况（图 6）。波由非单元边界传向角源时（图 6a），角源子波的有效传播范围在其对角象限内。通过计算经过邻近节点 1 和 7 的射线与单元边界的交点，可以将有效传播范围缩小至两交点之间。图中情况只用计算波经 P 点传播至节点 2、3、4、5 这 4 个节点的走时，其他 20 个传播方向得以排除。

当波沿着单元边界传向角源时（图 6b），传播正前方为一个有效传播方向，波经过 P 点至节点 1 的走时需要计算。另外，角源右侧上下两个单元均可能存在有效传播区域。在右下单元，依次向下计算波经过节点 P 和 7 传播至 2、3 等节点的走时，当经过节点 7 的波的到时小于经过节点 P 的波的到时时，右下单元内的有效传播计算即停止；在右上单元，依次向上计算波经过节点 P 和 19 传播至 24、23 等节点的走时，当经过节点 19 的波的到时小于经过节点 P 的波的到时时，右上单元内的有效传播计算也就完成。

以上是一般子波源点子波有效传播的计算，初始震源是一个特殊的源点，其传播范围不同于一般子波源点，应该涵盖 360° 全方位，即如图 2 所示。在追踪反射波时，反射界面上的节点也是一类特殊的子波源点，它们也跟初始震源同样处理。

5 模型验算

下面通过模型实算来检验本文快速算法的效率。图 7 是一个较为复杂的横向不均匀模型，被剖分成 150×120 个正方形网格，网格边长 20m，震源位于坐标（1500，0）处。分别采用了传统 Moser 算法、仅桶排序改进后的算法和本文最终的快速算法进行了纵波初至波的追踪计算，所有计算都是在一台 CPU 为 P4 2.4GHz 的微机上进行的。

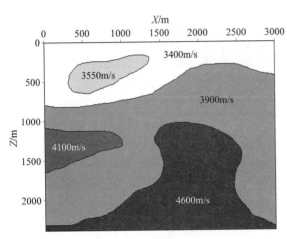

图 7 检验模型

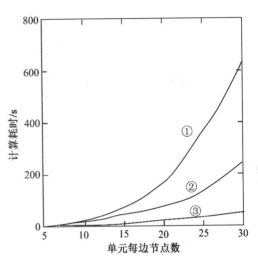

图 8 Moser 方法①、仅桶排序改进后算法②
和本文快速算法③的计算耗时曲线

图 8 显示的是三种算法系统的计算耗时曲线。可以看出，桶排序和子波传播计算的改进较大幅度地提高了传统算法的效率，节点数越多改进的效果越明显。利用桶排序替代 Moser 方法中的堆排序后，在单元每边节点数较少的情况下（如小于 7 节点），算法的效率没有得到明显提高，这是因为桶排序在节点少的情况下对波前点管理的效率提高不多，而链表的生成和删除等操作又比较费时。随着节点数的增多，桶排序的高效性得到了较好的体现，当单元每边超过 20 节点时，采用桶排序的算法比传统算法快 1.5 倍以上。经过子波传播计算的改进后，算法的计算效率得到了更大的提高。在单元每边 5 节点的情况下，本文最终快速算法的计算速度是传统 Moser 方法的 2.5 倍；当单元每边节点数增至 30 时，快速算法的计算速度是 Moser 方法的 12.5 倍以上。

在桶排序中，需要选定一个时间间隔 Δt。我们选取不同的 Δt 对模型进行了追踪计算，以比较不同 Δt 对算法效率的影响。图 9 是三种不同 Δt 情况下的追踪耗时曲线，可以看出，Δt 分别取 0.5 τ_{min}、0.8 τ_{min} 和 1.0 τ_{min} 时，算法的效率没有明显的变化，这说明 Δt 可以在一个较大范围内灵活取值。因此，在 τ_{min} 不太容易确定的情况下，如层析成像和各向异性地震波走时追踪计算中，Δt 可以取得尽量小些，以确保它不会超过 τ_{min}。

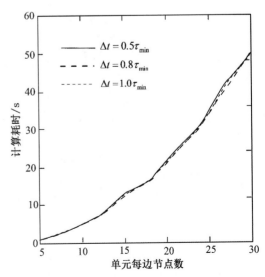

图 9 本文快速算法在不同 Δt 情况下
的计算耗时曲线

　　图 10 显示的是追踪的初至波等时线和边界点的初至波射线路径，所得到的射线路径和走时是合理的。本文未涉及算法精度的改进，在相同节点数的情况下本文算法跟 Moser 方法的追踪结果一致。由于本文快速算法提高了计算效率，故可以通过设置更多的节点来获得更高的精度。

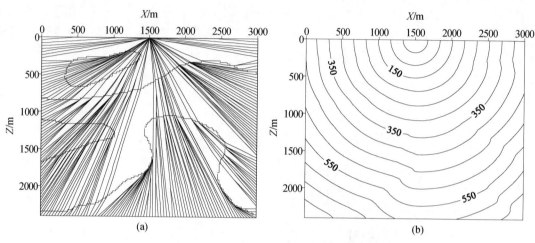

图 10　模型边界点初至波射线路径（a）和等时曲线（b）

6　结　论

　　本文采用桶排序方法管理波前点，代替了传统 Moser 算法中的堆排序，并利用斯奈尔定律和来自邻近节点的波动走时信息来限定子波的有效传播区域，排除了传统算法中的大量不必要的子波传播方向，大幅度提高了最短路径射线追踪算法的计算效率。模型实算证明，本文算法的改进效果随节点的增多体现得越明显。因此，本文的快速算法可以在同等计算时间的情况下，计算更多的节点和子波传播方向，从而得到比传统方法更高的追踪精度。本文快速算法的高效性也有利于在最短路径算法中融入其他算法（如弯曲法等），构成精度和效率均较高的混合追踪算法。本文方法可以很直观地拓展到计算量巨大的三维最短路径射线追踪计算中，且预期会取得比二维问题更好地改善效果。

参 考 文 献

［1］ Červenyý V, Pšencik I, Gaussian beams and paraxial ray approximation in three-dimensional elastic inhomogeneous media, J. Geophys., 1983, 53: 1-15

［2］ 周熙襄、刘学才、蒋先艺，二维高斯射线束地震模型，石油地球物理勘探，1991, 26: 452~464

［3］ Chapman C H, Ray theory and its extensions: WKBJ and Maslov seismograms, J. Geophys., 1985, 58: 27-43

［4］ Julian B R, Gubbins D, Three-dimensional seismic ray tracing, J. Geophys., 1977, 43: 95-114

［5］ Thurber C H, Ellsworth W L, Rapid solution of ray tracing problems in heterogeneous media, Bull. Seis. Soc. Am., 1980, 70: 1137-1148

［6］ Vidale J E, Finite-difference calculation of traveltimes, Bull. Seis. Soc. Am., 1988, 78: 2602-2076

［7］ Schneider W A, Ranzinger K A et al., A dynamic programming approach to first arrival traveltime computation in media with arbitrarily distributed velocities, Geophysics, 1992, 57: 39-50

［8］ 朱金明、王丽燕，地震波走时的有限差分法，地球物理学报，1992, 35: 86~92

［9］ 刘清林，地震波初至射线的追踪，石油物探，1993, 32: 14~20

［10］ 张霖斌、姚振兴、纪晨，地震初至波走时的有限差分计算，地球物理学进展，1996, 11: 47~52

［11］ 徐昇、杨长春、刘洪等，射线追踪的微变网格方法，地球物理学报，1996, 39: 97~102

［12］赵改善、郝守玲、杨尔皓等，基于旅行时线性插值的地震射线追踪方法，石油物探，1998，37：14~24

［13］王华忠、方正茂、徐兆淘等，地震波旅行时计算，石油地球物理勘探，1999，34：55~163

［14］刘洪、孟凡林、李幼铭，计算最小走时和射线路径的界面网全局方法，地球物理学报，1995，38：823~832

［15］高亮、李幼铭、陈旭荣等，地震射线辛几何算法初探，地球物理学报，2000，43：402~410

［16］秦孟兆、陈景波，Maslov 渐近理论与辛几何算法，地球物理学报，2000，43：522~533

［17］陈景波、秦孟兆，射线追踪、辛几何算法与波场的数值模拟，计算物理，2001，18：481~487

［18］Nakanishi I，Yamaguchi K，A numerical experiment on nonlinear image reconstruction from first arrival times for two dimensional island arc structure，J. Phys. Earth，1986，34：195-201

［19］Moser T J，Shortest path calculation of seismic rays，Geophysics，1991，56：59-67

［20］Fisher R，Lees J M，Shortest path ray tracing with sparse graphs，Geophysics，1993，58：987-996

［21］Klimeš L，Kvasni? ka M，3-D network ray tracing，Geophys. J. Int.，1994，116：726-738

［22］Van Avendonk H J A，Harding A J，Orcutt J A et al.，Hybrid shortest path and ray bending method for traveltime and raypath calculations，Geophysics，2001，66：648-653

［23］王辉、常旭，基于图形结构的三维射线追踪方法，地球物理学报，2000，43：534~541

［24］赵爱华、张中杰、王光杰等，非均匀介质中地震波走时与射线路径快速计算技术，地震学报，2000，22：151~157

［25］Zhao A，Zhang Z，Teng J，Minimum travel time tree algorithm for seismic ray tracing：improvement in efficiency，J. Geophys. Eng.，2004，1：245-251

［26］张建中、陈世军、余大祥，最短路径射线追踪方法及其改进，地球物理学进展，2003，18：146~150

［27］张建中、陈世军、徐初伟，动态网络最短路径射线追踪。地球物理学报，2004，47：899~904

［28］李文龙，最短路径树法井间地震层析成像及应用，石油地球物理勘探，1996，31：633~642

［29］Zhang J，Toksoz M N，Nonlinear refraction traveltime tomography，Geophysics，1998. 63：1726-1737

［30］张美根、王妙月，各向异性弹性波有限元叠前逆时偏移，地球物理学报，2001，44：711~719

［31］Shaffer C A 著，张铭、刘晓丹译，数据结构与算法分析，第一版，电子工业出版社，1998

Ⅱ — 29

二维线性流变体波的有限元模拟[*]

王妙月　郭亚曦　底青云

中国科学院地球物理研究所

摘　要　用加里津方法推导了二维线性流变体内波传播的有限元方程，方程内包含了边界项，使得处理人工边界影响有较好的结果。同时考虑了其他一些因素，例如，吸收介质、爆炸源、自激自收等。实例表明，作者在仿真性方面的努力是成功的，计算的垂直地震剖面理论地震图质量比较好，结果也显示了地表低速层对地表水平记录剖面的干扰。

关键词　线性流变体　地震波　有限元　模拟

一、引　言

全波理论地震图可以提供地震波传播的各种波场特征和规律。它对于地震勘探资料的处理解释、反演方法的研究有着极为重要的价值，特别对于复杂介质结构的情况更是如此。所得的理论地震图仿真度越高，其应用价值和作用便越高。

本文试图在我们已有工作的基础上[1, 2]，为如何得到一张复杂结构真实可靠的仿真理论地震图工作方法理论研究，为此首先考虑了地球介质的属性。地球介质是非完全弹性的，但究竟符合什么样的非完全弹性体还缺乏应有的研究。为不失一般性，选择二维线性流变体。它可以退化为粘弹性体、弹滞性体、弹性体等，其次考虑人工边界的处理。对于复杂结构，当复杂结构和人工边界离得比较近时，人工边界的影响将比较大。近年来，虽然有限元方法在解决波动问题时取得了较大的进展[3~7]，但都未能从有限元方程推导中直接引入人工边界项。在减少人工边界影响时，一般都采用间接引入边界项处理的方法，文献[4]评述了一系列引入边界项处理方法的优缺点。本文采用加里津方法推导了二维线性流变体的有限元方程，和朱元清等[7]的推导结果不同，在有限元方程中直接引入了边界项。正是由于这个边界项的存在可以减少人工边界的影响，从而使复杂结构的理论地震图比较仿真。

二、二维线性流变体波的有限元方程

一般线性流变体虎克定律可以写成[8]

$$\sigma_{ij} + \tau\dot{\sigma}_{ij} = 2\mu e_{ij} + 2v\dot{e}_{ij} \tag{1}$$

上式未包括 $i = j$，我们假设它能推广到 $i = j$ 时的情况，即

$$\sigma_{ij} + a_1\dot{\sigma}_{ij} = (a_2\theta + a_3\dot{\theta})\delta_{ij} + a_4 e_{ij} + a_5\dot{e}_{ij} \tag{2}$$

* 本文发表于《地球物理学报》，1995，38（4）：494~506

式（1）、式（2）中，σ_{ij} 表示应力；e_{ij} 表示应变；"·"表示时间的导数；θ 表示体应变。

设 a_1、a_2、a_3、a_4、a_5 在单元内为常数，将式（2）对 x_j 求偏导数，并应用运动方程

$$\rho \ddot{u}_i = \frac{\partial \sigma_{ij}}{\partial x_j} + \rho x_i \tag{3}$$

及其对时间的导数，以及应变和位移的关系式

$$\frac{\partial e_{ij}}{\partial x_i} = \frac{1}{2}\Delta u_i + \frac{1}{2}\frac{\partial \theta}{\partial x_i} \tag{4}$$

考虑到 $a_2 = \lambda$，$a_4 = 2\mu$，有

$$\rho \ddot{u}_i + a_1 \rho \,\dddot{u}_i = \left[(\lambda + \mu)\frac{\partial}{\partial x_i}\theta + \mu \Delta u_i + \rho X_i \right] + \left[\left(a_3 + \frac{a_5}{2}\right)\frac{\partial}{\partial x_i}\dot{\theta} + \frac{a_5}{2}\Delta \ddot{u}_i + \rho a_1 \dot{X}_i \right] \tag{5}$$

这是一般线性体的运动方程，当 $a_1 = 0$ 时退化为粘弹性体，当 $a_1 = a_3 = a_5 = 0$ 时退化为弹性介质的运动方程。λ、μ 为拉曼常数，ρ 为密度，u_i 为位移分量，X_i 为外力分量。令

$$R_i = \left\{ \rho \ddot{u}_i - \left[(\lambda + \mu)\frac{\partial}{\partial x_i}\theta + \mu \Delta u_i + \rho X_i \right] \right\} + \left\{ a_1 \rho \,\dddot{u}_i - \left[\left(a_3 + \frac{a_5}{2}\right)\frac{\partial}{\partial x_i}\dot{\theta} + \frac{a_5}{2}\Delta \dot{u}_i + \rho a \dot{X}_i \right] \right\} \tag{6}$$

并令

$$u_i = N q_i \tag{7}$$

式中，N 为线性插值时的形状函数；q_i 为单元上用于插值求得 u_i 的节点位移第 j 分量组成的矢量，则按加理津方法[9]，一般二维边值问题的有限元方程为

$$\sum_e \int_{A_e} N^T R \mathrm{d}x\mathrm{d}z = 0 \tag{8}$$

A_e 为单元 e 的面积。将式（6）、式（7）代入式（8）。由高斯定理得

$$\sum_e \int_{A_e} \frac{\partial}{\partial x}\left(\frac{\partial N^T}{\partial x}N\right)\mathrm{d}x\mathrm{d}z = \int_l \frac{\partial N^T}{\partial x}N l_x \mathrm{d}l \tag{9}$$

式（9）右端积分号下的 l 表示沿边界的积分，被积式中的 l_x 二是 x 方向的方向余弦。于是式（8）成为

$$\begin{cases} M_e\ddot{q}_1 + K_{e1}q_1 + K_{e1}q_3 + M'_e\dddot{q}_1 + K'_{e1}\dot{q}_1 + K'_{e1}\dot{q}_3 = F_1 + F_{\text{边1}} + \dot{F}'_1 + \dot{F}'_{\text{边1}} \\ M_e\ddot{q}_3 + K_{e3}q_1 + K_{e3}q_3 + M'_e\dddot{q}_3 + K'_{e3}\dot{q}_1 + K'_{e3}\dot{q}_3 = F_3 + F_{\text{边3}} + \dot{F}'_3 + \dot{F}'_{\text{边3}} \end{cases} \tag{10}$$

其中

$$
\begin{cases}
\boldsymbol{K}_{e1} = \int_{A_e} \left[(\lambda + 2\mu) \dfrac{\partial \boldsymbol{N}^{\mathrm{T}}}{\partial x} \dfrac{\partial \boldsymbol{N}}{\partial x} + \mu \dfrac{\partial \boldsymbol{N}^{\mathrm{T}}}{\partial z} \dfrac{\partial \boldsymbol{N}}{\partial z} \right] \mathrm{d}x\mathrm{d}z \\[2mm]
\boldsymbol{K}_{e1} = \int_{A_e} \left[(\lambda + \mu) \dfrac{\partial \boldsymbol{N}^{\mathrm{T}}}{\partial z} \dfrac{\partial \boldsymbol{N}}{\partial x} \right] \mathrm{d}x\mathrm{d}z \\[2mm]
\boldsymbol{K}_{e3} = \int_{A_e} \left[(\lambda + 2\mu) \dfrac{\partial \boldsymbol{N}^{\mathrm{T}}}{\partial z} \dfrac{\partial \boldsymbol{N}}{\partial z} + \mu \dfrac{\partial \boldsymbol{N}^{\mathrm{T}}}{\partial x} \dfrac{\partial \boldsymbol{N}}{\partial x} \right] \mathrm{d}x\mathrm{d}z \\[2mm]
\boldsymbol{K}_{e3} = \int_{A_e} \left[(\lambda + \mu) \dfrac{\partial \boldsymbol{N}^{\mathrm{T}}}{\partial x} \dfrac{\partial \boldsymbol{N}}{\partial z} \right] \mathrm{d}x\mathrm{d}z \\[2mm]
\boldsymbol{F}_{\text{边}1} = \int_{l} \left[(\lambda + 2\mu) \dfrac{\partial \boldsymbol{N}^{\mathrm{T}}}{\partial x} \boldsymbol{N} l_x + \mu \dfrac{\partial \boldsymbol{N}^{\mathrm{T}}}{\partial z} \boldsymbol{N} l_z \right] \mathrm{d}l\boldsymbol{q}_1 + \int_{l} \left[(\lambda + \mu) \dfrac{\partial \boldsymbol{N}^{\mathrm{T}}}{\partial z} \boldsymbol{N} l_z \right] \mathrm{d}l\boldsymbol{q}_3 \\[2mm]
\boldsymbol{F}_{\text{边}3} = \int_{l} \left[(\lambda + 2\mu) \dfrac{\partial \boldsymbol{N}^{\mathrm{T}}}{\partial z} \boldsymbol{N} l_z + \mu \dfrac{\partial \boldsymbol{N}^{\mathrm{T}}}{\partial x} \boldsymbol{N} l_x \right] \mathrm{d}l\boldsymbol{q}_3 + \int_{l} \left[(\lambda + \mu) \dfrac{\partial \boldsymbol{N}^{\mathrm{T}}}{\partial x} \boldsymbol{N} l_x \right] \mathrm{d}l\boldsymbol{q}_1 \\[2mm]
\boldsymbol{F}_i = \int_{A_e} \rho X_i \boldsymbol{N} \mathrm{d}x\mathrm{d}z \qquad i = 1,\ 3 \\[2mm]
\boldsymbol{M}_i = \int_{A_e} \rho \boldsymbol{N}^{\mathrm{T}} \boldsymbol{N} \mathrm{d}x\mathrm{d}z
\end{cases}
\tag{11}
$$

相应地

$$
\begin{cases}
\boldsymbol{K}'_{e1} = \int_{A_e} \left[(a_3 + a_5) \dfrac{\partial \boldsymbol{N}^{\mathrm{T}}}{\partial x} \dfrac{\partial \boldsymbol{N}}{\partial x} + \dfrac{a_5}{2} \dfrac{\partial \boldsymbol{N}^{\mathrm{T}}}{\partial z} \dfrac{\partial \boldsymbol{N}}{\partial z} \right] \mathrm{d}x\mathrm{d}z \\[2mm]
\boldsymbol{K}'_{e1} = \int_{A_e} \left[\left(a_3 + \dfrac{a_5}{2}\right) \dfrac{\partial \boldsymbol{N}^{\mathrm{T}}}{\partial z} \dfrac{\partial \boldsymbol{N}}{\partial x} \right] \mathrm{d}x\mathrm{d}z \\[2mm]
\boldsymbol{K}'_{e3} = \int_{A_e} \left[(a_3 + a_5) \dfrac{\partial \boldsymbol{N}^{\mathrm{T}}}{\partial z} \dfrac{\partial \boldsymbol{N}}{\partial z} + \dfrac{a_5}{2} \dfrac{\partial \boldsymbol{N}^{\mathrm{T}}}{\partial x} \dfrac{\partial \boldsymbol{N}}{\partial x} \right] \mathrm{d}x\mathrm{d}z \\[2mm]
\boldsymbol{K}'_{e3} = \int_{A_e} \left[\left(a_3 + \dfrac{a_5}{2}\right) \dfrac{\partial \boldsymbol{N}^{\mathrm{T}}}{\partial x} \dfrac{\partial \boldsymbol{N}}{\partial z} \right] \mathrm{d}x\mathrm{d}z \\[2mm]
\dot{\boldsymbol{F}}'_{\text{边}1} = \int_{l} \left[(a_3 + a_5) \dfrac{\partial \boldsymbol{N}^{\mathrm{T}}}{\partial x} \boldsymbol{N} l_x + \dfrac{a_5}{2} \dfrac{\partial \boldsymbol{N}^{\mathrm{T}}}{\partial z} \boldsymbol{N} l_z \right] \mathrm{d}l\dot{\boldsymbol{q}}_1 + \int_{l} \left[\left(a_3 + \dfrac{a_5}{2}\right) \dfrac{\partial \boldsymbol{N}^{\mathrm{T}}}{\partial z} \boldsymbol{N} l_x \right] \mathrm{d}l\dot{\boldsymbol{q}}_3 \\[2mm]
\dot{\boldsymbol{F}}'_{\text{边}3} = \int_{l} \left[(a_3 + a_5) \dfrac{\partial \boldsymbol{N}^{\mathrm{T}}}{\partial z} \boldsymbol{N} l_z + \dfrac{a_5}{2} \dfrac{\partial \boldsymbol{N}^{\mathrm{T}}}{\partial x} \boldsymbol{N} l_x \right] \mathrm{d}l\dot{\boldsymbol{q}}_3 + \int_{l} \left[\left(a_3 + \dfrac{a_5}{2}\right) \dfrac{\partial \boldsymbol{N}^{\mathrm{T}}}{\partial x} \boldsymbol{N} l_z \right] \mathrm{d}l\dot{\boldsymbol{q}}_1 \\[2mm]
\dot{\boldsymbol{F}}'_i = a_1 \int_{A_e} \rho \dot{X}_i \boldsymbol{N} \mathrm{d}x\mathrm{d}z \qquad i = 1,\ 3 \\[2mm]
\boldsymbol{M}^e_i = c_1 \boldsymbol{M}_e
\end{cases}
\tag{12}
$$

式（11）是弹性性质的贡献，式（12）是非弹性性质的贡献。当非弹性性质参数 a_1、a_3、a_5 为零时，式（10）完全退化为弹性波的有限元方程。$\boldsymbol{F}_{\text{边}}$、$\boldsymbol{F}'_{\text{边}}$ 是边界的贡献，当边界为自由面时应力恒为零，边界为刚性面时位移恒为零，因此 $\boldsymbol{F}_{\text{边}}$、$\boldsymbol{F}'_{\text{边}}$ 的贡献也恒为零。对于任意的人工边界，应力、位移都不为零，因此 $\boldsymbol{F}_{\text{边}}$、$\boldsymbol{F}'_{\text{边}}$ 的贡献存在。

现在我们考虑 $a_1 = 0$ 的情况即考虑粘弹性介质，此时，$\boldsymbol{M}'_e \equiv 0$，$\dot{\boldsymbol{F}}'_1 = \dot{\boldsymbol{F}}'_3 \equiv 0$，式（10）退化为

$$\begin{cases} M_e \ddot{\boldsymbol{q}}_1 + \boldsymbol{K}_{e1}\boldsymbol{q}_1 + \boldsymbol{K}_{e1}\boldsymbol{q}_3 + \boldsymbol{K}'_{e1}\dot{\boldsymbol{q}}_1 + \boldsymbol{K}'_{e1}\dot{\boldsymbol{q}}_3 = \boldsymbol{F}_1 + \boldsymbol{F}_{\text{边}1} + \dot{\boldsymbol{F}}'_{\text{边}1} \\ M_e \ddot{\boldsymbol{q}}_3 + \boldsymbol{K}_{e3}\boldsymbol{q}_1 + \boldsymbol{K}_{e3}\boldsymbol{q}_3 + \boldsymbol{K}'_{e3}\dot{\boldsymbol{q}}_1 + \boldsymbol{K}'_{e3}\dot{\boldsymbol{q}}_3 = \boldsymbol{F}_3 + \boldsymbol{F}_{\text{边}3} + \dot{\boldsymbol{F}}'_{\text{边}3} \end{cases} \tag{13}$$

$\boldsymbol{q}_1$、$\boldsymbol{q}_3$ 分别是节点位移 $\boldsymbol{q}$ 的二个分量，将式（13）中二个方程按单元集合并，则得

$$M\ddot{\boldsymbol{q}} + \boldsymbol{K}\boldsymbol{q} + \boldsymbol{K}'\dot{\boldsymbol{q}} = \boldsymbol{F} + \boldsymbol{F}_{\text{边}} + \dot{\boldsymbol{F}}'_{\text{边}} \tag{14}$$

除了增加边界项 $\boldsymbol{F}_{\text{边}}$、$\dot{\boldsymbol{F}}'_{\text{边}}$ 以外，其他部分与熟知的粘弹性介质的有限元方程完全一致。

三、人工边界的数值求解

从加里津方法导得的有限元方程式（13）出发，在底边界和右边界上计算边界项 $\boldsymbol{F}'_{\text{边}1}$、$\boldsymbol{F}'_{\text{边}3}$ 和 $\boldsymbol{F}_{\text{边}1}$、$\boldsymbol{F}_{\text{边}3}$ 在形式上完全相同，只要分别将 λ、μ、$\boldsymbol{q}_1$、$\boldsymbol{q}_3$ 替换成 a_3、$\dfrac{a_5}{2}$、$\boldsymbol{q}_1$、$\boldsymbol{q}_3$ 就行。

按式（11）对于底边界

$$\begin{cases} \boldsymbol{F}_{\text{边}11} = \int_l \left[(\lambda + 2\mu)\dfrac{\partial \boldsymbol{N}^{\text{T}}}{\partial x}\boldsymbol{N} \right] \mathrm{d}l\boldsymbol{q}_1 + \int_l \left[(\lambda + \mu)\dfrac{\partial \boldsymbol{N}^{\text{T}}}{\partial z}\boldsymbol{N} \right] \mathrm{d}l\boldsymbol{q}_3 \\ \boldsymbol{F}_{\text{边}13} = \int_l \left[\mu \dfrac{\partial \boldsymbol{N}^{\text{T}}}{\partial x}\boldsymbol{N} \right] \mathrm{d}l\boldsymbol{q}_3 \end{cases} \tag{15}$$

对于右边界

$$\begin{cases} \boldsymbol{F}_{\text{边}11} = \int_l \left[\mu \dfrac{\partial \boldsymbol{N}^{\text{T}}}{\partial z}\boldsymbol{N} \right] \mathrm{d}l\boldsymbol{q}_1 \\ \boldsymbol{F}_{\text{边}13} = \int_l \left[(\lambda + 2\mu)\dfrac{\partial \boldsymbol{N}^{\text{T}}}{\partial z}\boldsymbol{N} \right] \mathrm{d}l\boldsymbol{q}_3 + \int_l \left[(\lambda + \mu)\dfrac{\partial \boldsymbol{N}^{\text{T}}}{\partial x}\boldsymbol{N} \right] \mathrm{d}l\boldsymbol{q}_1 \end{cases} \tag{16}$$

式中，$\boldsymbol{q}_1$、$\boldsymbol{q}_3$ 分别表示节点垂直位移和节点水平位移矢量；$\boldsymbol{F}_{\text{边}11}$、$\boldsymbol{F}_{\text{边}13}$ 分别表示力 $\boldsymbol{F}_{\text{边}1}$ 的垂直和水平分量。有一些不同方法都可以求出式（15）、式（16）的贡献。这里采用一种比较简单而意义明显的方法。对于底边界

$$\boldsymbol{F}_{\text{边}11} \approx \left[(\lambda + 2\mu)\dfrac{\partial \bar{u}_1}{\partial x} + (\lambda + \mu)\dfrac{\partial \bar{u}_3}{\partial y} \right] \int_l \boldsymbol{N}\mathrm{d}l \tag{17}$$

如图 1 所示，对于底界面上的一个局部三角形单元 i、j、k，在 jk 边上

$$\boldsymbol{N} = \left(0,\ \dfrac{1}{2A}\left(\dfrac{X_0 Y_0}{2} - \dfrac{X_0}{2}y \right)\ \dfrac{1}{2A}\left(\dfrac{X_0}{2}y_0 \right) \right)$$

式中，A 为三角形面积；X_0、Y_0 分别为矩形单元边长；y 为单元内的坐标。

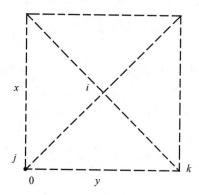

图1 底界面上局部单元几何结构

$$\int_l \boldsymbol{N} \mathrm{d}l = \int_0^{Y_0} \boldsymbol{N} \mathrm{d}y = \left(0, \ \frac{Y_0}{2}, \ \frac{X_0}{2}\right)^{\mathrm{T}}$$

于是，底边界位移对节点 j、k 力的贡献的垂直分量可写成

$$\boldsymbol{F}_{\text{边}11} = \left[(\lambda + 2\mu)\frac{\partial \bar{u}_1}{\partial x} + (\lambda + \mu)\frac{\partial \bar{u}_3}{\partial y}\right]\left(0, \ \frac{Y_0}{2}, \ \frac{X_0}{2}\right)^{\mathrm{T}} \tag{18}$$

同理，水平分量是

$$\boldsymbol{F}_{\text{边}13} = \mu \frac{\partial \bar{u}_3}{\partial x}\left(0, \ \frac{Y_0}{2}, \ \frac{X_0}{2}\right)^{\mathrm{T}} \tag{19}$$

式中，$\dfrac{\partial \bar{u}_3}{\partial x}$、$\dfrac{\partial \bar{u}_1}{\partial x}$、$\dfrac{\partial \bar{u}_3}{\partial y}$ 为其平均值，近似地可写成

$$\begin{cases} \dfrac{\partial \bar{u}_1^{①}}{\partial x} = \dfrac{(U(N_7) - U(N_3)) + (U(N_9) - U(N_5))}{2X_0} \\[3mm] \dfrac{\partial \bar{u}_3^{①}}{\partial x} = \dfrac{(U(N_8) - U(N_4)) + (U(N_{10}) - U(N_6))}{2X_0} \\[3mm] \dfrac{\partial \bar{u}_1^{②}}{\partial x} = \dfrac{(U(N_7) - U(N_3)) + (U(N_{13}) - U(N_{11}))}{2X_0} \\[3mm] \dfrac{\partial \bar{u}_3^{②}}{\partial x} = \dfrac{(U(N_8) - U(N_4)) + (U(N_{14}) - U(N_{12}))}{2X_0} \\[3mm] \dfrac{\partial \bar{u}_3^{①}}{\partial y} = \dfrac{U(N_4) - U(N_6)}{Y_0} \\[3mm] \dfrac{\partial \bar{u}_3^{②}}{\partial y} = \dfrac{U(N_{12}) - U(N_4)}{Y_0} \end{cases} \tag{20}$$

其中①、②的意义如图2所示，表示紧邻节点 II 的两个三角形。N_3、N_4、$\cdots$表示节点的总体自由度，单数表示垂直分量，双数表示水平分量，N_0 表示水平方向矩形元个数，M_0 表示垂直方向节点数。边界吸收项引起的节点等效力分别是

$$\begin{cases} \boldsymbol{F}(N_3) = \frac{Y_0}{2}\left[(\lambda + 2\mu)\left(\frac{\partial \overline{u}_1^{①}}{\partial x} + \frac{\partial \overline{u}_1^{②}}{\partial x}\right) + (\lambda + \mu)\left(\frac{\partial \overline{u}_3^{①}}{\partial y} + \frac{\partial \overline{u}_3^{②}}{\partial y}\right) \right] \\ \boldsymbol{F}(N_4) = \frac{Y_0}{2}\mu\left(\frac{\partial \overline{u}_3^{①}}{\partial x} + \frac{\partial \overline{u}_3^{②}}{\partial x}\right) \end{cases} \tag{21}$$

$$II = 2, \ 3, \ \cdots, \ N_0$$

对于 $II = 1$

$$\begin{cases} \boldsymbol{F}(N_3) = \frac{Y_0}{2}\left[(\lambda + 2\mu)\frac{\partial \overline{u}_1^{②}}{\partial x} + (\lambda + \mu)\frac{\partial \overline{u}_3^{②}}{\partial y} \right] \\ \boldsymbol{F}(N_4) = \frac{Y_0}{2}\mu\frac{\partial \overline{u}_3^{②}}{\partial x} \end{cases} \tag{22}$$

对于 $II = N_0 + 1$

$$\begin{cases} \boldsymbol{F}(N_3) = \frac{Y_0}{2}\left[(\lambda + 2\mu)\frac{\partial \overline{u}_1^{①}}{\partial x} + (\lambda + \mu)\frac{\partial \overline{u}_3^{①}}{\partial y} \right] \\ \boldsymbol{F}(N_4) = \frac{Y_0}{2}\mu\frac{\partial \overline{u}_3^{①}}{\partial x} \end{cases} \tag{23}$$

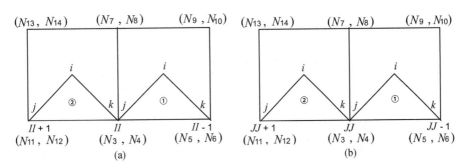

图 2 单元节点力集成示意图

（a）底边界；（b）右边界；（N_3，N_4）等为节点总自由度

相应地，对于右界面

$$
\begin{cases}
\dfrac{\partial \overline{u}_1^①}{\partial y} = \dfrac{(U(N_7) - U(N_3)) + (U(N_9) - U(N_5))}{2Y_0} \\[3mm]
\dfrac{\partial \overline{u}_1^②}{\partial y} = \dfrac{(U(N_7) - U(N_3)) + (U(N_{13}) - U(N_{11}))}{2Y_0} \\[3mm]
\dfrac{\partial \overline{u}_1^①}{\partial x} = \dfrac{U(N_5) - U(N_3)}{X_0} \\[3mm]
\dfrac{\partial \overline{u}_1^②}{\partial y} = \dfrac{U(N_3) - U(N_{11})}{X_0} \\[3mm]
\dfrac{\partial \overline{u}_3^①}{\partial y} = \dfrac{(U(N_8) - U(N_4)) + (U(N_{10}) - U(N_6))}{2Y_0} \\[3mm]
\dfrac{\partial \overline{u}_3^②}{\partial x} = \dfrac{(U(N_8) - U(N_4)) + (U(N_{14}) - U(N_{12}))}{2Y_0}
\end{cases}
\tag{24}
$$

$$
\begin{cases}
\boldsymbol{F}(N_3) = \dfrac{X_0}{2}\mu\left(\dfrac{\partial \overline{u}_1^①}{\partial y} + \dfrac{\partial \overline{u}_1^②}{\partial y}\right) \\[3mm]
\boldsymbol{F}(N_4) = \dfrac{X_0}{2}\left[(\lambda + 2\mu)\left(\dfrac{\partial \overline{u}_3^①}{\partial y} + \dfrac{\partial \overline{u}_3^②}{\partial y}\right) + (\lambda + \mu)\left(\dfrac{\partial \overline{u}_1^①}{\partial x} + \dfrac{\partial \overline{u}_1^②}{\partial x}\right)\right]
\end{cases}
\tag{25}
$$

$$JJ = 2, \ 3, \ \cdots, \ M_0 - 1$$

对于 $JJ = 1$

$$
\begin{cases}
\boldsymbol{F}(N_3) = \dfrac{X_0}{2}\mu\,\dfrac{\partial \overline{u}_1^②}{\partial x} \\[3mm]
\boldsymbol{F}(N_4) = \dfrac{X_0}{2}\left[(\lambda + 2\mu)\,\dfrac{\partial \overline{u}_3^②}{\partial y} + (\lambda + \mu)\,\dfrac{\partial \overline{u}_1^②}{\partial x}\right]
\end{cases}
\tag{26}
$$

对于 $JJ = M_0$

$$
\begin{cases}
\boldsymbol{F}(N_3) = \dfrac{X_0}{2}\mu\,\dfrac{\partial \overline{u}_1^①}{\partial y} \\[3mm]
\boldsymbol{F}(N_4) = \dfrac{X_0}{2}\left[(\lambda + 2\mu)\,\dfrac{\partial \overline{u}_3^①}{\partial y} + (\lambda + \mu)\,\dfrac{\partial \overline{u}_1^①}{\partial x}\right]
\end{cases}
\tag{27}
$$

边界项的作用在于吸收被人工边界反射和衍射回来的波，或虚拟地认为，这些波被自动地全部透射出去。此外当边界位移取自由值 u 时，相当于自由（Newman）边界，取零值时，相当于刚性（Dirichlet）边界，取 $0.5u$ 时，相当于叠加边界。我们在人工边界上取 $\alpha\{F_{边}\} + \beta u$。$\alpha$、$\beta$ 为 0、1 之间的常数，调节 α、β 使吸收效果最佳。图 3 为边界项吸收效果说明。

图 3a 表明，自由面边界（图中为左侧）表现为强反射界面，刚性底界面（图中为右侧）在不使用吸收边界条件时也应为强反射界面，量级和自由面相同。现在使用边界项条件后，强反射波得到吸

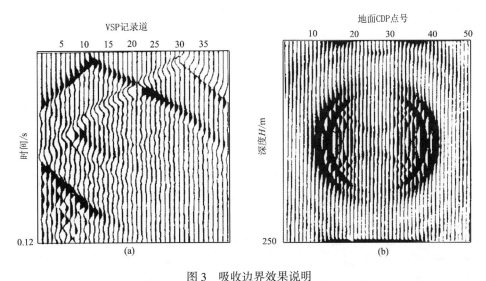

图 3 吸收边界效果说明

（a）界面源垂直地震剖面；（b）位于模型中心的爆炸源产生的弹性波（0.12s时间切片图）

收，表明本研究中采用的吸收边界方法效果较好。图 3b 所示的是 $t = 0.22$s 时径向分量的时间切片，上部为自由面，底部和右部为吸收边界面。图中表明，自由面为强反射面，而底部和右部的吸收边界面有较好的吸收。上述人工边界面处理时，采用了和域内相同的线性插值形状函数，因此，原则上边界节点的计算值具有相同的一阶精度，具体的精度问题尚待进一步研究。此外本文提出的人工边界是一种整体人工边界，边界上所有节点是耦联的。当前研究的一个热点是节点间运动解耦的局部人工边界，这已超出了本文的范围。

四、爆炸源、自激自收和介质吸收效果检验

二维爆炸源可由图 4b 所示的 4 个单力来模拟，它们组成两对无矩偶极。4 个集中力作用点的坐标分别为 (X_1, Y_1)、(X_2, Y_2)、(X_3, Y_3)、(X_4, Y_4)。每个集中力的强度相等。在有限元计算中，所有形式的外力分布应等效成节点力。对于如图 4a 所示的单元 $ijk1$ 内的点源，$Q = Q_0 \delta(x - x_0) \delta(y - y_0)$，积分 $\int_v N^{\mathrm{T}} \mathrm{d}v$ 可写成（取单位厚度）[9]

$$\int_v N^{\mathrm{T}} Q \mathrm{d}v = Q_0 \int_A (N_i N_j N_k N_i)^{\mathrm{T}} \delta(x - x_0) \delta(y - y_0) \mathrm{d}x \mathrm{d}y$$
$$= Q_0 (N_i N_j N_k N_i)^{\mathrm{T}}$$
$$x = x_0 \qquad y = y_0$$

表明一个四边形单元内的点源按照形状函数 N 的分量 N_i、N_j、N_k、N_1 被分配到节点上去。同样，对于集中力结果为

$$b \delta(x - x_n) \delta(y - y_n) \qquad n = 1, 2, 3, 4$$

节点力的分布为

$$F = \int_v N^{\mathrm{T}} b \mathrm{d}v = b (N_i N_j N_k N_l)^{\mathrm{T}} \qquad x = x_n, \ y = y_n, \ n = 1, 2, 3, 4 \tag{29}$$

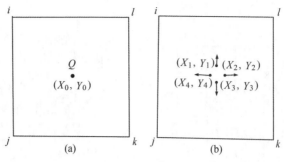

图 4 爆炸源模型

（a）标量点源；（b）4 个矢量点源 (X_n, Y_n)，$n = 1$、2、3、4 为矢量源端点坐标

集中所有 4 个集中力后，便可得到爆炸源的等效节点力。

图 5 所示的是位于模型中间的集中力和有 4 个单力组成的等效爆炸源产生的弹性波的时间切片图。图 5b 表明，从 P、S 波振幅的辐射图案和初动符号看，和预期的结果相同。图 5a 表明，对于有 4 个力组成的等效爆炸源，S 波被一定程度地消弱，P 波辐射图案的圆对称性有很大的加强，在一定程度上接近于爆炸源产生的波。若要改进结果，可在原点中心的圆周上圆对称地布满沿着离心方向的一系列强度相等的集中力，每个集中力类似于式（29）被分配到单元的节点上，形成集合后的等效节点力。

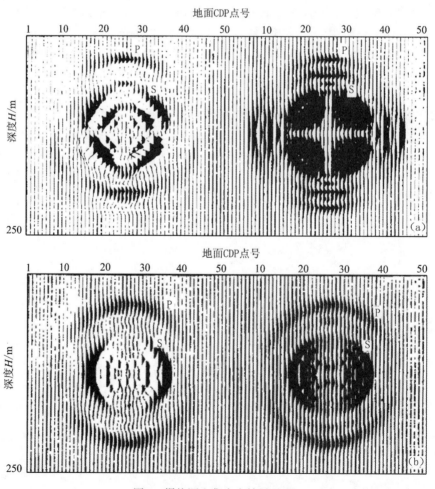

图 5 爆炸源和集中力结果对比

（a）爆炸源，作用在均匀介质模型中心的一个矩形单元上，力偶个数为 2；

（b）集中力，作用在均匀介质模型中心。左方为垂直分量，右方为径向分量粘弹性介质有限元方程（13）和（14）中的阻尼阵 $[k']$ 表征了介质对波的吸收和频散性质。我们对结果的可靠性作了检验。粘弹性介质中传播的波满足射线近似条件时，位移、速度可以近似地表示为[①]

$$U = Ae^{-\alpha t}$$

$$\alpha = \begin{cases} \dfrac{a_3}{2}\omega^2 & \text{对于 P 波} \\[2mm] a_3\omega^2 & \text{对于 S 波} \end{cases}$$

式中，α 为吸收系数；ω 为波的圆频率；a_3、a_5 意义同前。假设爆炸源产生的波是 P 波，于是

$$\ln\frac{U(t)}{U_0(t)} = -\alpha t$$

图 6 表明，实际计算的粘弹性介质的有限元理论地震图符合此线性规律，由图 6 得表 1。

表 1　吸收系数与子波周期的关系

a_3	0.01	0.10	1.00
α	0.5	14.5	50.0
T	10	6	10

　　表 1 表明子波周期约为 8 个时间步长，较接近实际。图 6 的线性规律和频散波的周期表明，有限元计算的粘弹性介质中的非弹性性质是可靠的。有限元方法可以模拟通过多炮水平叠加得到的自激自收记录，或可模拟物理模拟中单炮单道自激自收记录，这样得到整张自激自收记录所需的计算量太大。

　　邓玉琼博士建议[②]用有限元计算自激自收记录的近似方法，地面上的一个自激自收源发射信号到界面或某个衍射体，产生反射波或衍射波，返回地面源处被接处，这是自激自收的根本思想。界面上产生波的点被考虑为二次源。界面上同时搁置一系列二次源，产生自激自收剖面。我们还没有从理论上来证明方法的可靠性，只是从所得到的有限元自激自收计算剖面的结果来判断方法的合理性及其意义。

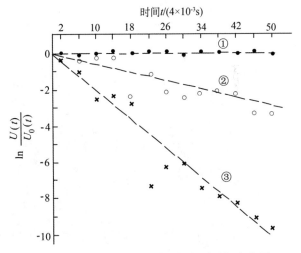

图 6　源点节点位移速度相对振幅随时间变化图

$U(t)$ 存在衰减时的位移速度；$U_0(t)$ 完全弹性时的位移速度

①$\lambda' = \mu' = 4 \times 10^{-5}\lambda$；②$\lambda' = \mu' = 4 \times 10^{-4}\lambda$；

③$\lambda' = \mu' = 4 \times 10^{-3}\lambda$

五、模型结果及讨论

　　图 7a 为断隆模型几何图，界面微扰幅值大小反映了波阻抗的大小，6 种介质的参数见图注，图中

①　王妙月，群速、射线和质点力学，中国科技大学毕业论文，1965。
②　邓玉琼，个人通讯，1989。

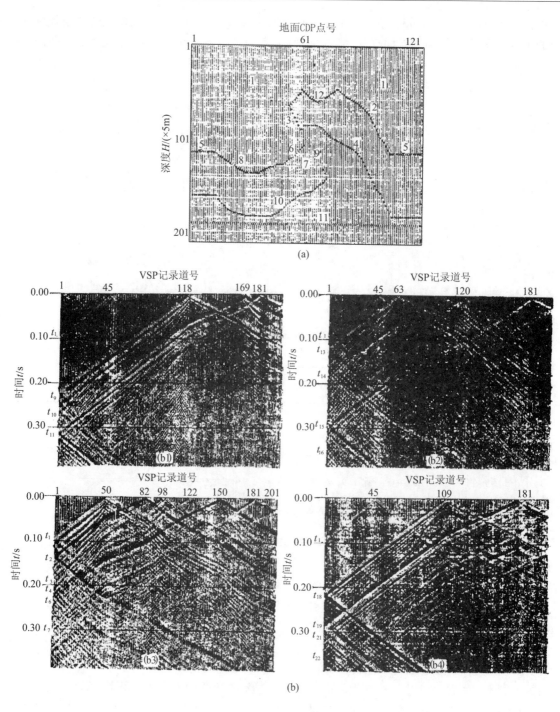

图 7   断隆模型几何结构与震剖面图

(a) 几何结构图:

1: $V_P = 2600$m/s, $V_S = 1501$m/s, $\rho = 2000$kg/m³; 2: $V_P = 2750$m/s, $V_S = 1588$m/s, $\rho = 2100$kg/m³;

3: $V_P = 3500$m/s, $V_S = 2020$m/s, $\rho = 2350$kg/m³; 4: $V_P = 4300$m/s, $V_S = 2483$m/s, $\rho = 2520$kg/m³;

5: $V_P = 3050$m/s, $V_S = 1761$m/s, $\rho = 2260$kg/m³; 6: $V_P = 4500$m/s, $V_S = 2589$m/s, $\rho = 2560$kg/m³;

$\lambda' = \mu' = 0.0$, $N_0 = 120$, $M_0 = 201$; $\Delta X = 5$m, $\Delta Y = 20$m, $\Delta t = 0.0011$s; (b) 垂直剖面图 (垂直分量):

(b1) $N = 20$; (b2) $N = 90$; (b3) $N = 120$; (b4) $N = 60$

的数字为界面编号。图 7b1 中, $M = 45$、118、169、181 为 $N = 20$ 垂直剖面上界面二次源的位置; 图 7b2 中的 $M = 45$、63、120、181 为 $N = 90$ 垂直剖面上界面二次源的位置; 图 7b3 中 $M = 50$、82、98、

122、150、181 为 $N=90$ 垂直剖面上界面二次源的位置；图 7b4 中的 $M=45$、109、181 为在 $N=60$ 垂直剖面上界面二次源的位置。从图中可以看出波向上（向 M 减少方向）和向下（向 M 增加方向）传播的情况。界面上二次源到达地表的时刻 t_1、t_2、$\cdots$、t_{21} 等均在图 7b1、b2、b3、b4 的左边标出。图 7b4 表明，$M=98$、122 两个二次源激发的波到达地表的时间 t_3 和 t_4 值比较接近，难以分辨。这些垂直剖面上的时间 t_1、t_2、$\cdots$、t_{21} 等可以帮助识别地表水平剖面上波事件的性质和来源。可见在分析复杂结构中波的传播特征和规律时，有限元模拟得到的垂直剖面记录是非常有用的工具。在野外作业中，得到的 VSP 的质量还不够理想，妨碍了 VSP 在资料处理解释中的应用，应继续为得到野外高质量的 VSP 记录而努力。

　　图 8a 为倾斜层模型几何图。并给出各层的弹性参数和非弹性参数。源位于地表左侧地面下 5 个节点处。图 8b 是单炮零偏移距垂直地震剖面。图中各层面的透射波、反射波是很清楚的。值得一提的是模型的第一层为低速层。由图表明，波在低速层内上下界面的来回反射，使地表的记录有很强的干扰，确似海上勘探的记录中含有海水层的干扰一样。因此对于陆上低速表层干扰的清除可参照消除海水混响的方法。还有些实例见文献［10］。

　　非完全弹性介质中复杂结构的有限元正演理论地震图的理论方法是正确的。特别在人工边界的处理、吸收介质、爆炸源、自激自收记录方面所取得的效果是令人满意的，所得地震图的仿真性比较好。进一步的工作需要在计算速度和三维结构方面下功夫。

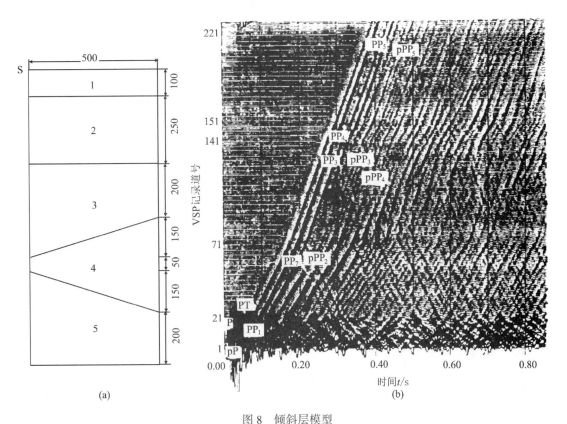

图 8　倾斜层模型

（a）几何结构图（单位：m）

1：$V_P=1500$m/s，$V_S=866$m/s，$\rho=1300$kg/m³；2：$V_P=2500$m/s，$V_S=1443$m/s，$\rho=1700$kg/m³；

3：$V_P=3500$m/s，$V_S=2021$m/s，$\rho=2700$kg/m³；4：$V_P=2000$m/s，$V_S=1155$m/s，$\rho=2040$kg/m³；

5：$V_P=4500$m/s，$V_S=2589$m/s，$\rho=2560$kg/m³；$\lambda'=\mu'=0.001$，$N_0=25$，$M_0=221$；$\Delta X=5$m，$\Delta Y=20$m，$\Delta t=0.0014$s

（b）单炮垂直地震剖面：$N=25$（零偏移距），垂直分量

　　感谢南京石油物探研究所，国家自然科学基金委员会，中国科学院地球物理研究所给予本课题的所有支持。

参 考 文 献

［1］王妙月、郭亚曦，二维弹性波的有限元模拟及其初步实践，地球物理学报，30：292~306，1987

［2］王妙月、郭亚曦、秦福浩，矩形柱体地震波传播的有限元计算，中国南方油气勘探新领域探索论文集，第一集，187~199，北京：地质出版社，1988

［3］唐振鹏，近场波动问题的有限元解法，地震工程与工程振动，4：1~14，1984

［4］刘晶波，波动的有限元模拟及复杂场地对地展动的影响，博士学位论文，国家地震局工程力学研究所，1989

［5］范祯祥、邓玉琼，准各向异性粘弹性介质地震波的数字仿真，地球物理学报，31：148~210，1984

［6］邓玉琼、张之立，弹性波的三维有限元模拟，地球物理学报，33：44~53，1990

［7］朱元清、胡天跃、郭自强，地震波在粘弹性介质中的传播及地形效应，地震学报，13：442~449，1991

［8］傅承义、陈运泰、祁贵仲等，地球物理基础，北京：科学出版社，1985

［9］Lary J. Sgerlind, Applied Finite Element, Analysis Michisan Srate Univ, 1976

［10］郭亚曦、王妙月，复杂结构模型的地震波有限元模拟，中国南方油气勘查新领域探索论文集，北京：地质出版社，1994

我国地震勘探研究进展*

王妙月

中国科学院地球物理研究所

摘　要　综述了中国地球物理学会成立 50 年来我国地震勘探事业及其研究工作的进展。研究进展主要包括：①探测地质体几何结构的进展；②探测地质体物性结构的进展；③复杂结构勘探研究进展；④精细结构勘探研究进展；⑤岩性勘探研究进展。

关键词　中国　地震勘探　研究进展

1　概　　况

中国地球物理学会已成立 50 周年（1947~1997 年）。50 年来，特别是新中国成立以来，随着我国地震勘探事业的飞速发展，地震勘探研究工作也取得了长足的进展。

在地球物理勘探中与资源环境有关的项目是相当广泛的，包括石油物探、煤田物探、铀矿物探以及工程物探等。在上述各种物探方法中，地震勘探法已经成为主要的手段[1]。

石油埋藏于数千米的深度，地质学家很难对这个深度上的地质目标进行直接观测，盲目打钻代价太高，因而在石油勘探这个舞台上，地震勘探有了用武之地。随着对石油的需求增加，石油地震勘探迅速发展起来，地震勘探在我国石油工业的发展中发挥了重要作用。我国现有的油气田中，大部分是利用地震勘探方法找到的[2]。石油地震勘探的发展史概括了我国地震勘探发展的主要历程。

新中国成立前，地震勘探几乎是空白。新中国成立后，在 50 年代，石油地震勘探主要在西部地区，采用老式照相记录地震仪，地震勘探的水平不是很高[3,4]，但还是用光点照相记录发现了大庆长垣，为 20 世纪 60 年代出油打下了基础。60 年代到 70 年代，石油地震勘探转移到我国东部地区，地震队伍迅速扩大，采用模拟磁带地震仪和多次覆盖技术，在发现大庆油田的基础上又找到了胜利、华北、辽河、江汉等油田[4]。70 年代中期到 80 年代，西部地区的石油地震勘探重又得到加强，东部和海上的勘探进一步深入。地震队在 1974 年开始使用数字仪，到 1986 年全部数字化。1980 年开始第一次三维数字地震勘探，到 1988 年已有 20 个三维地震队。三维工区遍及海上、四川、中原、江汉、大港等地区。由于这一时期的勘探难度加大，针对勘探难点，设置了两轮国家级南方海相碳酸盐油气攻关和天然气地质科技攻关。这一切促进了石油地震勘探研究工作的进展[2,4,5~10]。到了 90 年代，为在塔里木、吐哈、陕北、川东、南海等地找到一系列大中型油气田和深入开发大庆、胜利等老油田，国家塔里木油气、天然气科技攻关以及国家自然科学基金委员会大庆薄互层油储科技攻关中进一步开展了石油地震勘探新理论、新方法、新技术的研究。三维及高分辨率勘探的进步以及计算机技术的迅猛发展，GRISYS 地震数据处理系统的问世，使地震资料处理从传统的批处理向勘探开发交互处理方向演变，使处理和解释一体化。井间地震、井中地震、VSP、多波多分量地震的逐步实用化，使油气地震勘探的研究工作在 90 年代达到了一个更高的水平[11~15]。

---

* 本文发表于《地球物理学报》，1997，40（增刊）：257~265

同一时期，煤田地震队伍也迅速扩展，煤田地震勘探及其相应的研究工作也有了长足的进步。石油地震勘探中的一切重要研究成果在煤田地震勘探中得到应用和发展。虽然我国的煤炭资源丰富，探明储量占世界第一位，1988 年已一跃成为世界最大的产煤国家之一，然而由于沿海、中部缺煤省寻找后备基地以及机械化采煤的需要，要求解决小断层、陷落柱、顶板漏水定位、煤层精细划分的问题，煤田高分辨地震勘探和岩性地震勘探得到了发展[16~18]。

工程地震勘探是水文地质、工程地质、环境地质调查和岩土力学参数原位测试的主要方法之一，随着我国城市建设、工程勘查、环境监测的需要，工程地震勘探也取得了很大的发展，特别是从 20 世纪 80 年代开始，加强了沿海城市、开发区、铁路、高速公路、港口及水电站的建设工程勘探，出现高速发展的趋势，工程地震勘探的研究工作也有了很大进展[19]。表 1 是 1990 年到 1996 年中国地球物理学会年会有关地震勘探学术报告的分类统计，表明工程地震勘探学术报告的数量已经超过煤田和金属矿地震勘探学术报告的数量而位居第二位。

表 1　1990~1996 年中国地球物理学会年会地震勘探学术报告分类统计

分类	油气	煤	金属矿	工程
篇数	419	14	8	58

工程地震勘探中应用最多的是折射波法，近些年来还积极研究反射波法、面波法、透射波法[20,21]。工程地震勘探的目的层很浅，自由面干扰波很强，问题的解决具有挑战性。井间层析成像在工程中的应用以及掌子面前方薄弱地质结构超前预测等方面，取得了进展[18,22,23]。

由于金属矿地震勘探地震地质条件的复杂性，目前金属矿地震勘探队伍很少，研究报告也比较少（表 1）。石油地震勘探中发展起来的一些新技术在金属矿地震勘探中的应用尚处于探索阶段[24,25]。采用坑道间透射波层析成像方法预测矿体取得了可喜的进展[26]。

2　探测地质体几何结构像的进展

传统反射地震勘探方法可以获得水平叠加剖面。水平叠加剖面上同相轴的展布及其形态是地下地质体几何结构的像，当水平叠加剖面质量较好时可以识别出诸如背斜、向斜、断层、刺穿、礁体、砂体等构造或地质体。应用 20 世纪 70 年代发展起来的地震地层学、层序地层学，还可由地震剖面来解释沉积相、海平面变化以及整个沉积体系，被誉为能透视地下地质结构的透视技术[27]。由于水平叠加剖面是在水平层状介质模型假设下获得的，地下地质体几何结构的像在多数情况下是被畸变的，当遇到倾斜构造时，被畸变的地质体几何结构像可用偏移技术来校正。

自 20 世纪 70 年克莱布特实现声波波动方程有限差分偏移以来，各种波动方程偏移方法应运而生。在解决高倾角偏移方面，我国学者有很深的研究，发展了有限差分分裂算法和因子分解算法，取得了非常好的地质效果[28~30]①，除了 $x-t$ 域（空间–时间域）的偏移技术以外，$f-k$ 域（频率–波数域）、$\tau-p$ 域（垂向视速度–横向视速度域）等的偏移技术也得到了发展[13~33]。研究表明，$\tau-p$ 深度偏移可以适应强干扰、速度纵横变化的情况，并有省时的优点[34]。

深度偏移比时间偏移更能可靠地获得陡倾复杂地质体的几何结构像。20 世纪 80 年代以来，我国研究深度偏移的学者明显增多②。至今在实践上最成功的例子是胜利油田古潜山二维地震剖面的叠前深度偏移结果。在深度偏移剖面上，古潜山内幕得到了清晰的反映[35]。

为了得到地质体几何结构的立体图像，发展了三维技术。多道、超多道地震仪观测使其成为可能，

---

① 程东峰、何樵登，三维偏移分裂算法，中美石油物探学术讨论会论文，1981
② 何樵登、李建朝，三维波动方程深度偏移，"六五"国家攻关课题报告，长春地质学院应用地球物理系，1985

目前不仅海上而且陆上三维观测的成本也大大降低。三维地震勘探在20多年的时间内虽然取得了很大的进展，也取得了明显的地质效果和经济效益，但和二维相比，三维地震数据处理仍有许多不完善之处，特别是实用化的三维叠前偏移尚在研究之中[36]。

解决陡倾复杂几何结构成像的另一个途径是发展弹性波（多波）偏移。弹性波偏移充分利用地震图上的信息，除纵波信息以外，还可利用横波信息。这样有可能在达到相同几何结构精度的条件下降低勘探成本，同时有可能得到比声波勘探更多的岩性信息，而有助于地质问题的解决。弹性波有限元逆时偏移是弹性波偏移的一项重要技术，目前主要处于理论研究阶段[37~39]。弹性波克希霍夫积分偏移是弹性波偏移的另一项重要技术，该技术不仅在理论模型研究方面取得了进展，而且向实用化方向迈进了一步[40]，近年来成功地处理了一些实际资料*。

3 探测地质体物性结构的进展

如能获得地下详细的弹性结构图像，则地质体的几何结构图像也可通过某种规则由弹性结构图像勾画出来。然而要获得详细的弹性结构图像甚至比获得几何结构图像更困难。无论是水平叠加还是偏移，都事先需要知道速度。为了获得水平叠加剖面，先进行速度分析，获得水平叠加速度后，通过动校正获得水平叠加剖面。一系列的研究表明，水平叠加速度和地层的均方根速度颇为接近，由Dix公式可转化为层速度，从一系列的横向资料窗口的水平叠加速度可以得到该窗口下地层的层速度，给出了层速度的横向变化结构。将此速度作为偏移速度输入可以得到偏移剖面。偏移速度也可以通过偏移自身得到，选择一个资料窗口，通过速度扫描，选择偏移效果最佳的速度作为偏移速度。无论是叠加速度还是偏移速度，都是在一定资料窗口内的平均值，因而都是比较粗略的。虽然输入的速度结构比较粗略，但好的偏移方法可以改进地质体几何结构图像的质量。可以设想，如果输入的速度结构越精细，获得的偏移剖面的质量就越高，地质体几何结构的图像也就越精细可靠。此外，精细可靠的速度结构也是岩性勘探、储层描述的需要。因此，尽可能地获得精细的速度结构图像一直是地震勘探学家努力追求的目标。

3.1 散射（衍射）层析成像研究

声波的散射层析成像方法可以获得纵波速度或密度、压缩系数的图像[38,39]。弹性波衍射成像方法可以获得纵、横波速度或密度、拉梅常数[43~45]。散射波、衍射波场物性层析成像的研究大部分处在理论研究阶段，主要是常背景下的结果。变背景的文章也偶有发表[46]。虽然密度、压缩系数图像[42]及拉梅常数图像[45]的理论结果很令人鼓舞，然而在实用化方面的主要障碍在于如何在实际地震图上识别散射波、衍射波以及如何精确地确定它们的走时。

3.2 波动方程系数反演研究

通过地震记录反演获得波动方程的系数就相当于获得了地下各层介质的密度和速度结构。由于它潜在的科学价值，很快成为热门研究课题，不断有新方法产生。然而和散射波、衍射波层析成像一样，将这一方法用于实际地震资料处理与解释时还有很多困难有待克服，目前能实际应用的仅限于一维[47,48]。

3.3 反射波层析成像研究

反射波走时层析成像可以获得反射层速度、厚度及其横向变化。固定层的速度可以得到界面的起伏，固定界面的形态可以改变层的速度的横向变化，通常采用逐层求取的办法[49]。用广义逆射线反演

---

* 王妙月、汪鹏程，塔里木深目的层油气圈闭探测方法技术，（85-101-05-07成果报告），中国科学院地球物理研究所，68~107，1995

也可同时求取横向变化的速度及界面深度两种参数的结果①。反射波层析成像结果的可靠性和精度依赖于反射走时拾取的可靠性和精度。当原始剖面质量较差时，反射走时的自动拾取是很困难的。一般采用人机联作的办法拾取反射波走时，因此只对目的层（在石油地震勘探中只对储层）用反射波层析成像研究其速度横向变化是现实的、切实可行的，这方面已有很好的实例研究结果发表[50]。

4　复杂结构研究进展

80 年代，随着油气勘探的深入，到复杂结构中去要油要气成为不可避免。20 世纪 80 年代开始的第二轮油气普查，对象之一是到南方海相碳酸盐岩层中去要油气[6]。由于中、下扬子地下地质结构比较复杂，上扬子地表地震地质比较复杂，遇到了一系列复杂盆地的地震勘探问题[51]；复杂结构问题也在华北古潜山油气勘探中遇到。发展三维反射地震勘探方法是解决复杂结构勘探的有效途径，但不能完全停留在传统的反射地震勘探的思路上。

对于复杂结构，不仅水平层反射假设的理论基础受到动摇，而且散射波、衍射波比较发育，从本质上已不再是反射勘探，而是反射波加衍射波（含散射波）勘探问题。"3.3"节中阐述的偏移几何结构成像和物性结构成像是相互耦合的，对于复杂结构，相互耦合的程度将更加紧密。在这种情况下，发展二维、三维叠前处理技术是必然的趋势。笔者[52]曾提出衍射波勘探方法，提出了偏移几何结构成像和物性结构反演相互迭代的构想，这可能是解决这个问题的重要途径。由于有限元逆时偏移、克希霍夫积分偏移等偏移方法不仅已经考虑了反射波的归位，而且已经考虑了衍射波的归位，解决复杂结构勘探的核心问题是得到尽可能详细而又真实的速度结构。"3"节中所述，一些反演精细速度的方法，例如散射波、衍射波层析成像尚未实用，反射波速度层析成像工作量比较大，叠加速度、偏移速度太粗。因此，在目前的研究水平下，利用多种方法，例如 VSP（垂直地震剖面）、测井、速度分析、层析成像、射线追踪等，通过人机联作综合成一个详细的速度模型，然后做叠前深度偏移，是一个比较现实有效的方法[35]。

复杂结构勘探问题不仅体现在复杂的勘探对象，而且也涉及作业空间的复杂性。工程勘探中掌子面前方薄弱地质结构的超前预测就是一个明显的例子。掌子面的尺度比起希望预测的薄弱结构的距离来小很多，隧道内的地震波场是三维波场，这就增加了地震勘探的难度，铁道部在这一问题的解决中取得了进展[18]。

对于金属矿地震勘探，不仅勘探对象小而复杂，而且作业环境十分恶劣，弹性差异又比较小。解决如此复杂的问题，采用井间、坑道间、绕山包等高线的透射波层析成像技术是一个值得提倡的途径。采用此种方法对金川龙首铜镍矿区预测了超基性侵入岩体，经钻探得到了证实[26]。进一步的研究表明，透射波 Q 层析成像和透射波波速层析成像相结合可以排除非超基性侵入岩体引起的假异常②。

5　精细结构勘探研究进展

如"1"节中所述，在资源勘探、环境监测等勘探实践中，经常遇到精细结构勘探问题。大庆米级薄互层油田的开发、塔中深目的层低幅油气圈闭的勘探、南方碳酸盐岩中小盆地的勘探、煤田小断层探测、工程地基精细分层等，都要求提高地震勘探的分辨率。迅速普及、发展高分辨率地震勘探一直是地震勘探学家努力追求的目标[53]。

高分辨率地震勘探涉及资料采集、资料处理、探测方法等许多方面。就资料采集而言，国外已取

---

①　何樵登、刘学伟，速度剧变及大倾角条件下偏移方法的研究，"六五"国家攻关课题报告，长春地质学院应用地球物理系，1985

②　徐国新，走时层析成像、纵波速度 V_p 与品质因子 Q 的关系研究，中国科学院地球物理研究所，1996

得惊人的突破，浅层主频由原来的 10~100Hz 拓宽到 300~1000Hz，中层 （2.5~3s） 已拓宽到 250~600Hz[14]，在国内也有很大进展。在资料处理中，为了提高分辨率，剔除噪音是很重要的，我国的许多学者在这方面开展了研究，取得了很好的地质效果[54]。近年来在地震信号处理中引进了一些新技术，例如分形内插、小波变换、人工神经网络等。小波变换实现了复合地震波变焦高精度分离，并使地震波的横向偏移和纵向高分辨率处理同步进行。理论计算和大港油田等地的实际资料处理表明，该方法可在提高分辨率的同时压制干扰，且处理结果保真度和可信度高，还可突出不同岩层的弱反射信号[15]。带有智能性质的信号处理技术也被逐渐应用到地震勘探中来，从而可以提高资料信号处理的精度[55,56]。

提高分辨率和探测方法也有很大关系。要解决油气储层米级分辨率，VSP 和井间层析成像、偏移成像是不可缺少的技术①。在工程勘测中，井间层析成像技术在解决高速公路桥墩施工、小浪底地下厂房区精细结构勘测中已经取得很大成功[22,57]。瞬态瑞利面波勘探技术可以解决近地表岩层的详细分层[23]。

高分辨勘探理论研究结果表明，应当限制最大炮检距，采用小偏移距、小道间距，应当减小叠加次数，减小检波器组合[58,59]。一般认为横波勘探分辨率比纵波高，然而横波的主频比纵波低，又使横波的垂向分辨率降低[60]。这些理论研究结果可用于指导高分辨率勘探实践。高分辨率地震勘探更系统更全面的论述可在最新发表的 2 部专著中查阅[61,62]。

6　岩性勘探进展

地震波的观测、数据处理和信息构成了地震勘探的三个基本问题，它们决定着地震勘探技术的科学内部结构组成。当重心由观测转移到处理时，出现了 “数字” 革命，这个过程发生于 20 世纪 60 年代，衰减于 20 世纪 70 年代。当重心由处理转移到信息时，出现了 “岩性” 革命，这个过程发生于 70 年代[63]。反射地震学的研究从 80 年代开始已经从单纯构造研究转向岩性与储层描述研究，当然构造研究也更深入了。为了实现反射地震学研究方向的历史性转变，近十多年来开展了一系列新理论、新方法和新技术研究。在这方面比较突出的有层析成像、多波多分量地震法、多相孔隙介质中地震波传播理论、各向异性的影响问题等[64]。研究表明，用 AVO 技术直接找油气的地球物理方法是可取的，是有前途的，但是还不够有效，需进一步加强基础性实验研究[65]。

基础性研究之一是需要建立弹性参数与岩性参数之间的定量关系。这方面测井研究和实验室测定研究是至关重要的，已有一系列研究成果发表。对准噶尔盆地东部 58 口井的 2257 块油气储层岩芯标本在常温常压下测定了纵、横波速度及衰减系数等弹性参数。结合测井资料获得了波速反映岩性的经验公式[66]。对塔北的 176 块标本，除测定密度和纵、横波速度等弹性参数以外，还测定了抗剪强度、杨氏模量等力学参数，由此研究了区域层滑系统[67]。对塔北和大庆岩芯标本，在高温高压条件下测定了弹性参数和储层参数，结合测井资料，获得了有温压条件的弹性参数与储层参数及岩性之间的经验公式②。结合钻井、测井实际资料，也可获得岩性和弹性参数之间的关系[68]。岩性参数和物性参数之间的关系具有很强的地域性；此外，无论是实验室研究，还是实验资料的经验总结，都还仅仅是初步的，这种很重要的研究有待深入。

实验室测定、测井、VSP 只能获得井中或局部点上的弹性参数与岩性之间的关系。以此种先验知识作为约束，通过井间层析成像、储层反射波层析成像技术、振幅比技术等（见 “3” 节），可以使这种先验知识外推到井间或其他区域。横波分裂研究、各向异性研究、多相介质中波传播的研究可使储层孔隙性质和岩性性质的研究引向深入[57,68,70]，非线性混沌反演理论对于解决岩性问题将有促进

　　① 刘清林、王世库、管路平，井间地震技术在松南油气开发中的初步应用研究，南京石油物探研究所，1997
　　② 徐果明、白武明、石昆法，塔里木盆地典型井油气藏温压条件下井中岩芯标本物性参数研究，（85-101-05-07 成果报告），中国科学院地球物理研究所、中国科技大学，5~64，1995

作用[71]。

作者感谢何樵登教授对本文提供的有关材料和提出的有益意见。

参 考 文 献

[1] 王维佳、欧庆贤，我国能源勘探中应用各种地震波的现状和前景，石油物探，23（4）：335~342，1984

[2] 程金箴、李光文，我国石油地球物理勘探技术现状与展望，石油地球物理勘探，25（1）：1~9，1990

[3] 陆邦干，石油工业地球物理勘探早期发展大事记（1939~1952），石油地球物理勘探，20（4）：338~343，1985

[4] 陈俊生，中国石油地球物理勘探工作的三个阶段，石油地球物理勘探，15（1）：1~6

[5] 黄绪德，石油物探的现状、方向和任务，石油地球物理勘探，15（1）：28~38，1979

[6] 欧庆贤，中国南方海相碳酸盐岩区油气普查勘探物探技术方法进展，地球物理学报，31（专辑）：202~217，1988

[7] 谢剑鸣，海上地震勘探的发展，石油地球物理勘探，19（3）：193~199，1984

[8] 顾功叙，关于碳酸盐岩物探工作的几点意见，石油物探，19（3）：1~2，1980

[9] 李光文，我国三维地震勘探的历史及现状，石油地球物理勘探，20（3）：225~234，1985

[10] 刘光鼎、肖一鸣，油气沉积盆地的综合地球物理研究，石油地球物理勘探，20（5）：445~454，1985

[11] 刘光鼎、杨文采，迈向新体系的应用地震学，地球物理学进展，5（1）：1~7，1990

[12] 马在田、徐仲达，石油物探技术的进展，地球物理学进展，8（3）：29~44，1993

[13] 欧庆贤，中国石油物探技术发展的回顾与展望，地球物理学报，37（增刊I）：378~384，1994

[14] 陈祖传，地球物理勘探技术的进展，地球物理学进展，10（3）：1~20，1995

[15] 何继善，跨世纪的中国地球物理，中国地球物理学会第十二届年会报告，西安，1996

[16] 方正，中国煤田勘探地球物理技术，地球物理学报，37（增刊I）：396~407，1994

[17] 年宗元，我国勘查地球物理的若干进展（1990年），物探与化探，15（6）：401~414，1991

[18] 年宗元，我国勘查地球物理的若干进展（1993年），物探与化探，18（6）：401~412，1994

[19] 张世洪，工程地震勘探的科技进展，物探与化探，13（5）：386~391，1989

[20] 王立群，中国工程物探的现状与发展，地球物理学报，37（增刊I）：385~395，1994

[21] 赵鸿儒、郭铁栓，工程地震勘探综述，地球物理学进展，（3）：80~85，1994

[22] 杨文采、杜剑渊，层析成像新算法及其在工程检测上的应用，地球物理学报，37：239~244，1994

[23] 严寿民，瞬态瑞雷波勘探方法，物探与化探，16（2）：113~118，1992

[24] 孙文珂，我国固体矿产物探现状与展望，物探与化探，14（3）：161~171，1990

[25] 年宗元，我国勘查地球物理的若干进展（1989），物探与化探，14（6）：413~423，1990

[26] 赵永贵，地震CT，在寻找隐伏铜镍矿中的应用，地球物理学报，39：272~278，1996

[27] 徐怀大，地震地层学解释基础，武汉：中国地质大学出版社，1990

[28] 马在田，高阶方程偏移的分裂算法，地球物理学报，26：377~389，1983

[29] 马在田，标量波动方程全倾角有限差分偏移，地球物理学报，31：678~686，1988

[30] 张关泉、侯唯健，三维叠后差分偏移的因子分解法，地球物理学报，39：382~391，1996

[31] 何玉春，$\tau-p$ 变换偏移，石油物探，25（4）：1~13，1986

[32] 李建朝，水平叠加剖面的 $\tau-p$ 域偏移，石油物探，27（1）：48~59，1988

[33] 刘清林、何樵登，$\tau-p$ 变换与 $\tau-p$ 域偏移，石油地球物理勘探，23（2）：171~187，1988

[34] 聂勋碧、郭宗汾、何玉春，$\tau-p$ 深度偏移，地球物理学报，32：569~579，1989

[35] 杨长春、刘兴材、李幼铭，地震叠前深度偏移方法流程及应用，地球物理学报，39：409~415，1996

[36] 马在田，三维地震勘探数据处理的问题及其解决方法，地球物理学报，31：99~107，1988

[37] 牟永光，有限单元法弹性波偏移，地球物理学报，27：268~278，1984

[38] 邓玉琼、戴霆范、郭宗汾，弹性波叠前有限元反时偏移，石油物探，29（3）：22~34，1990

[39] 底青云、王妙月，弹性波有限元逆时偏移技术研究，地球物理学报，40（4）：1997

[40] 袁晓晖、王妙月，P波和转换S波振幅比剖面的方法研究及其对四川大足野外资料的应用，见：中国南方油气勘查新领域探索论文集，北京：地质出版社，207~215，1993

[41] 彭成斌、陈顺，衍射CT技术和多源全息成像技术的比较研究，地球物理学报，33：154~162，1990

［42］袁晓晖、王妙月，密度和压缩系数的散射层析成像法，地球物理学报，34：753~761，1991

［43］刁顺、杨慧珠、许云，弹性波衍射 CT，石油物探，33（3）：47~53，1994

［44］孙豪志、范祯祥，弹性波介质中纵横波速度反演，石油地球物理勘探，29（6）：678~684，1994

［45］陈湛文、尹峰、李幼铭，弹性介质中密度 ρ 与拉梅常数几，群的衍射层析成像方法研究，地球物理学报，38：234~242，1995

［46］黄联捷、吴如山，垂向非均匀背景多频背向散射层析成像，地球物理学报，37：87~99，1994

［47］刘家琦、刘克安、刘维国，微分方程反演声阻抗剖面，地球物理学报，37：101~107，1994

［48］陈小宏、牟永光，二维地震资料波动方程非线性反演，地球物理学报，39：401~408，1996

［49］黄鑫、王妙月，地震层析成像技术在测井和地面反射资料集中的应用研究，地球物理学报，32：319~328，1989

［50］常旭、刘伊克、王志君，用波速层析成像方法提高储层横向预测精度，地球物理学报，39：813~822，1996

［51］黄绪德，复杂盆地的地震勘探，地球物理学报，22（2）：109~139，1979

［52］王妙月、袁晓晖、郭亚曦，衍射波地震勘探方法，地球物理学报，36（3）：398~401，1993

［53］欧庆贤，论高分辨力地震勘探——要迅速普及发展高分辨力地震，石油物探，30（1）：1~23，1991

［54］李庆忠，地震信号内插与噪声剔除（一）、（二），地球物理学报，30：514~531，1987；31：329~341，1988

［55］张学工、李衍达，用人工神经网络实现地震记录中的废道自动切除，地球物理学报，35（5）：637~643，1992

［56］李衍达，神经网络信号处理，北京：电子工业出版社，1993

［57］杨国宪、张可霓、李王武，层析成像技术在黄河小浪底工程地下厂房区域的应用研究，地球物理学报，36：106~112，1993

［58］钱绍瑚，地震勘探中的分辨率问题，石油物探技术，8（3）：1~28，1987

［59］姚姚，高分辨率勘探中几个理论问题的探讨，石油物探，30（1）：31~38，1991

［60］钱绍瑚，横波的分辨率比纵波高吗？石油物探，33（4）：1~9，1994

［61］李庆忠，走向精确勘探的道路——高分辨地震勘探系统工程剖析，北京：石油工业出版社，1994

［62］俞寿朋，高分辨率地震勘探，北京：石油工业出版社，1994

［63］许云，岩性革命与波动理论，石油物探，20（4）：1~12，1981

［64］马在田，当前反射地震学研究中的问题浅析，地球物理学进展，（1）：84~89，1994

［65］顾功叙，直接找油气的地球物理新原理的进展现状，地球物理学报，34：107~114，1991

［66］季钟霖、李建林、熊舜华，含油岩石弹性特征及其与油气的关系，地球物理学报，36：242~255，1993

［67］孙岩、贾承造，塔里木北部地区岩石物性参数测试和区域层滑系统的确定，地球物理学报，39：660~671，1996

［68］刘国强、谭廷栋，岩性和孔隙流体性的弹性模量识别法，石油物探，32（2）：88~96，1993

［69］滕吉文、张中杰、王爱武，弹性介质各向异性研究沿革、现状与问题，地球物理学进展，7（4）：14~28，1992

［70］何樵登、张中杰，横向各向异性介质中地震波及其数值模拟，长春：吉林大学出版社，1996

［71］杨文采，地震道的非线性混沌反演——Ⅰ.理论和数值试验，地球物理学报，36（2）：222~232，1993

Ⅱ — 31

垂直地震剖面法的几个应用问题[①]

蒋宏耀　王妙月　严寿民　倪大来　史保平

中国科学院地球物理研究所

摘　要　根据我们在不同的技术要求和不同的地震地质条件下进行的工作，本文讨论垂直地震剖面工作中地震波的激发和接收，以及薄层和断层的探测问题，得出了四点结论：

（1）可控震源及浅水中爆炸能较好地保持地震波激发条件的一致性。

（2）小口径的井下检波器通用性好，下井时所遇流体的阻力小，且在井中流体上涌时能降低记录的噪音水平。

（3）垂直地震剖面资料也证明了薄层顶面及底面的合成反射波的主要频率高于入射波的频率。

（4）直达波穿过断层后，高频成分显著减弱。这可作为有断层存在的一个判据。

几年来，我们与中国科学院广州地质新技术研究所和湖南省电力局、山西煤田地质勘探公司、新疆石油局等单位合作，在湖南、山西和新疆一些地区，进行了垂直地震剖面的实验工作。工作中，我们使用了自己研制的井下三分量地震检波器。井深从数百米到5000m以上。工作是在不同的任务要求和不同的地震地质条件下进行的。现将我们工作中遇到的几个问题，总结讨论如下。

一、地震波激发条件一致性的探讨

在垂直地震剖面工作中，往往是用一个地震检波器进行观测，为了获得井中不同深度处的地震记录，不得不重复进行激发，这就要求尽可能地保持激发条件的一致性。我们在工作中曾经用过三种震源，即可控震源、浅水中爆炸和浅井中爆炸。这三种震源保持激发条件一致性的能力讨论如下。

图1是四台可控震源，同步振动时得到的一张垂直地震剖面直达波记录。由图可见，虽然记录是在不同井深处进行的，但在岩性可以认为是均匀的。即长度不太大的一段区间内，同一炮点，不同时间用可控震源激发所得的直达波的波形没有显著的变化，这说明用可控震源做震源时，激发条件的一致性保持得很好。

图2是用小包炸药在浅水（水深1~1.5m，水底为细沙）中爆炸，同一钻井，偏移距都为24m，不同井深处记录的直达波波形。爆炸是在直径为5m的面积区域内进行的，由图可见，虽然记录深度不同，又不是同一次爆炸所得的记录。但直达波的波形变化不明显。

图3是用小包炸药在河中爆炸，炮点的位置不同（偏移距分别为24m，52m和127m）。但记录点相同，即图3a的220m和图3b的300m时所得的直达波波形图。河水深约1~1.5m，河底为西沙。地层倾角约20°。由图可见，在该实验条件下，水中爆炸，炮点位置虽然变化比较大，但对直达波的波形仍然没有明显的影响。

以上事实说明，在浅水中用小包炸药爆炸，激发条件的一致性也是很良好的，

众所周知，井中爆炸很难保持激发条件的一致性，其实采用Radler所说的用炸药先在炮井底部形

---

①　本文发表于《石油物探》，1987，26（3）：14~23

成空洞，并用套管稳定上方井壁等方法[1]，在许多情况下也是难以奏效的，当然还可以采用波形整形等办法来补救。但他终归不如激发条件一致时取得观测资料那么方便和可靠。

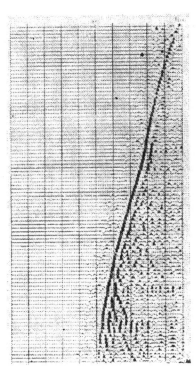

图1　用可控震源得到的 VSP 直达波记录

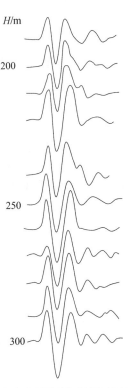

图2　浅水中爆炸所得到的直达波波形

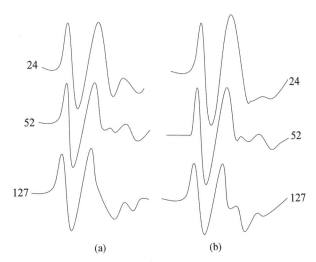

(a)　　　　　　(b)

图3　小包炸药在河中爆炸，炮点位置不同，但记录深度相同时的直达波波形图

二、地震波接收条件的探讨

在讨论地震波的接收条件时，首先要涉及检波器的性能问题。我们所用的检波器是我们自制的 JDJ－1 型井下三分量地震检波器，其外径为 60mm。检波器与井壁的耦合是用被动式推靠器来实现的。从它取得的地震记录（图1至图3）来看，在相当大的范围内，直达波形是稳定的，说明 JDJ－1 型检波器的性能稳定，与井壁耦合良好。

　　为了进一步检验我们自制检波器的性能，我们将它与美国类似的井下检波器做了比较。

　　图 4 是 JDJ - 1 型检波器与美国 SWC - 3C 型井下三分量地震检波器（带主动式推靠器）在同一口钻井 4000m 左右深处地震记录的对比。从图来看，二者记录的深度虽有一点差别，但三个分量的波形是相当近似的。

　　我们在实际使用中发现 JDJ - 1 型检波器还有一些其他优点。首先，它外径小，仅 60mm。因此通用性好，可在内径大小不同的各种钻井中使用，其次，由于外径小，在下井时所遇的流体阻力比较小，不需加挂重物；最后，特别重要的是在井中，流体上涌的情况下，当井径一定时，外径小的井下检波器所受上涌流体的影响，要比外径大的检波器所受的影响小得多。图 5 就是一口有地下水涌出地面的钻井中的地震记录，含水层在井的底部，箭头指示处是套管口径变化的地方，上部套管的口径为 194mm。下部套管口径为 146mm，井下检波器为 JDJ - 1 型检波器。由图可见。以套管口径变化点为界，其上部与下部地震记录的噪声水平发生了突变。在检波器外径与套管内径的比值比较小（1：3.23）的上部，地震记录的噪音水平要比检波器外径与套管内径的比值比较大（1：2.43）的下部各检波点的记录的噪音水平低的多。

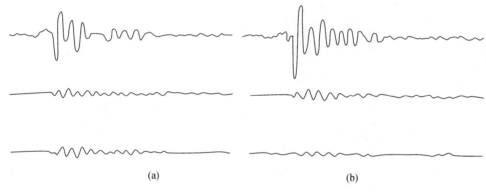

(a)　　　　　　　　　　　　　　(b)

图 4　JDJ - 1 型检波器与美国 SWC - 3C 型检波器记录的对比

(a) JDJ - 1，H = 4020m；(b) SWC - 3C，H = 4000m

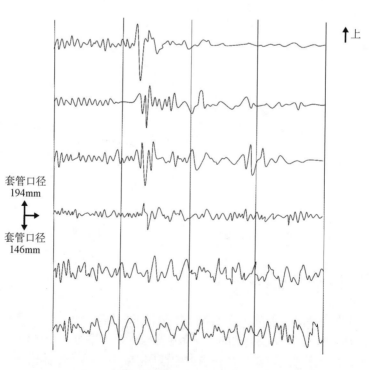

图 5　井径变化对流体上涌井中检波器记录噪音水平的影响

三、薄层的探测

地震波对薄层的分辨能力问题，是地震勘探的重要问题之一。目前，为了提高地震波的分辨率，往往采用高频地震波，但是频率提高的。波在介质中能量的衰减就比较快，因而波传播的距离变小，从而又减小了地震勘探方法的勘探深度，这是一个难以克服的矛盾，我们曾经通过理论分析和模拟实验，对薄层问题做过一些探讨[2]，结果表明，有薄层顶面及底面反射而来的频率往往高于入射波的频率。

这个结论，从我们用橡胶、有机玻璃、石膏和铝在水中所做的薄层模拟实验中可以清楚地见到（图6）。如图可见，合成反射波的主要频率分别为 26.2、31.5、32、48 千周，都高于入射波的频率（25 千周），而且合成反射波的主要频率向高频方向移动的幅度又与薄层的波阻抗有关，波长与其上、下层的波阻抗差越大，一般来说，反射波主频与入射波频率间的差别也就越大。实际上，薄层起着低频滤波器的作用。

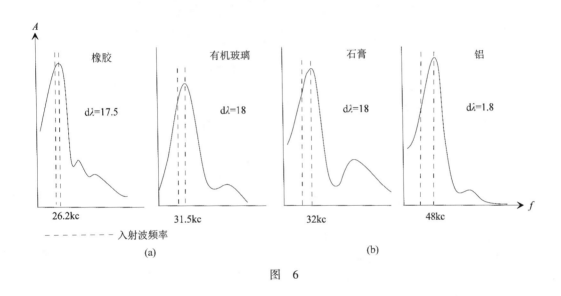

图 6

在垂直地震剖面记录里，由于入射波和反射波记录都有一定的延续时间，以致从相距不远界面上来的反射波，难以在地震记录上直接识别。不过，垂直地震剖面能够在界面附近记录入射波和反射波；在有薄层存在的情况下，能记录到上述反射波主频相对于入射波频率向高频方向移动的信息。我们曾用频率不同的滤波窗口对一口钻井的垂直地震剖面记录进行滤波处理。图7为由滤波窗口 [11，14，17，21] 滤波后的垂直地震剖面记录。从图的中央部分可以明显地看到直达 S 波和反射 S 波，但直达波比反射波更清楚。

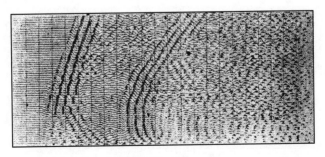

图7 经滤波窗口 [11，14，17，21] 滤波后的垂直地震剖面记录

　　图 8 为经滤波窗口［17，21，25，30］滤波后的垂直地震剖面记录。这个滤波窗的频率比上一个窗口更高一些。由图可见，与图 7 上入射及反射 S 波相应的波都还存在。与图 7 不同的是，图 8 上的反射 S 波比入射 S 波更清晰。这就说明，反射 S 波的频率比入射 S 波高，反应相应部位（深度在1250m 至 1350m 间）有薄层存在。这一点被该井的测井资料所证明（图 9），从图 9 的声测井曲线可以看到，在该钻井内 1280m 及 1320m 左右深处，确实有两个厚约 10m 的薄层存在。根据垂直剖面资料，这个深度范围内介质中 S 波的波速约为 2300m/s，S 波的波长为 70m，由此得出薄层厚度与波长之比为1：7，假如只利用运动学特征，这样的薄层是难以分辨的。

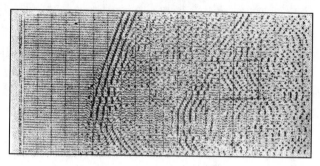

图 8　经滤波窗口［17，21，25，30］滤波后的垂直地震剖面记录

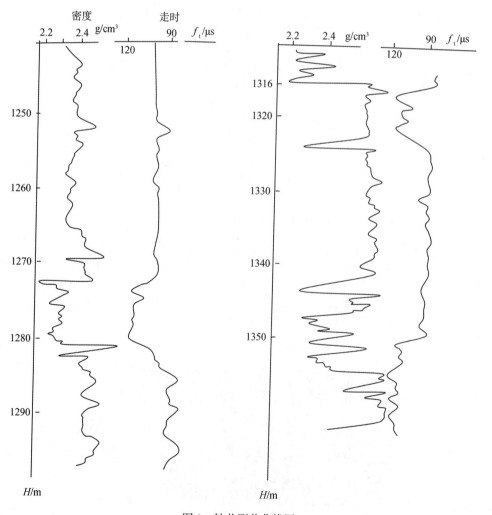

图 9　钻井测井曲线图

四、断层的探测

在地质勘探工作中，断层的存在与否及其空间位置的确定，具有极为垂要的意义。但是，在许多情况下，断裂带比较窄，断层面倾角很大，尤其是一些平移断层，地层无明显的垂向错动，因而用地面地震勘探方法往往难以发现。然而，当断层位于钻孔附近（穿过或不穿过钻井）时，用垂直地震剖面法就可以得到它的信息。加尔别林曾谈到如何在垂直地震剖面记录上识别断层波，并举了一些垂直地震剂而观测断层的实际例子[3]，С. П. Старогудробскаq 及 А. Г. Гаубуplsel 等也做了垂直地震剖面探测断层的模拟实验研究工作，记录到了断面波[4]。他们主要都是利用了断层波的运动学特征。我们对用垂直地震剖面法找断层，也做了一些探讨。结果表明，在不少情况下要得到能明显识别的断层反射波是不容易的，因而除波的运动学特征外，更需从波的动力学特征方面想办法。我们曾对花岗岩内的断层进行了探测试验。这是一条含热水的断层。穿过断层前后的直达波振幅无明显变化，但直达波的频率含量却有显著的差别，如图 10 所示。图中，F_H 为直达波的高频含量；F_T 为直达波总的频率含量。穿过断层后，直达波的高频含量的减少是突变性的。这个现象，我们在探测沉积岩中的断层时也同样见到。

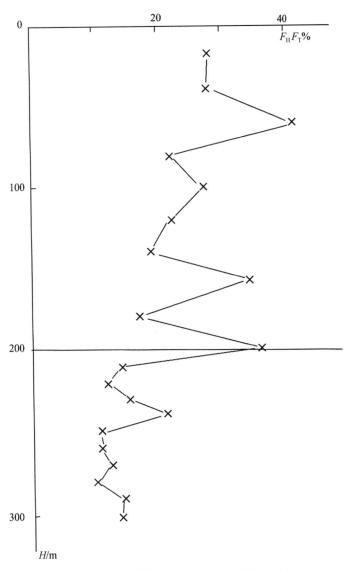

图 10　穿过断层前、后，直达波频率含量的变化

我们分析，产生这种现象的原因，主要有两个：一是破碎带对高频能量的吸收比对低频能量的吸收要强烈得多。这在破碎带的厚度比较大时，更是导致波经过断层后高频含量减小的最主要因素。二是断层面对高频成分的反射（包括槽波），当破碎带比较薄时，这可能是高频含量减小的主要因素。因为这时的断层事实上起了一个薄层的低频滤波作用。这在上面讨论薄层的探测时已讨论过了。

五、结　语

我们根据近几年做过的工作，对垂直地震剖面法的几个应用问题，阐述了我们的观点。许多问题都有待于进一步系统、深入地探讨。然而，根据上述讨论，我们可以得出以下几点结论：

（1）可控震源和小包炸药在浅水中爆炸，一般可以保持激发条件的一致性。

（2）外径小的井下三分量地震检波器与外径大的井下检波器比较，不但通用性强，下井时所遇流体阻力小，而且在井中流体上涌的情况下，其记录的噪音水平也低得多。特别是最后一点恐怕是外径小的井下检波器最突出的优点。

（3）根据薄层合成反射波主要频率高于入射波频率这一薄层反射特征，垂直地震剖面能够提供有关薄层存在的信息。

（4）直达波穿过断层前后高频含量的显著变化，可以作为判断是否有断层存在的一个标志。

参 考 文 献

[1] Balch A H & Lee Myung W, 1981, Vertical Seismic Profiling-Technique, Application and case Histories, International Human Resources Development Corporation, 112-113

[2] 史保平、蒋宏耀，地震波的薄层分辨力，地球物理学报（实验地球物理专辑），1987

[3] Гальперцн Е П, 1982, Вертцкалъное сеисиическое проерилироъание, СТР. 218-258, М. Недра

[4] Стародуброъская С П и др., 1978, Моделцроьанце волиоъых полец, ъозужденных зоноц разлоца, Сецсцщгескце ьолиоъые поля в зонах разлоцоъ, СТР. 79-97

地震层析成像技术在测井和地面反射资料集中的应用研究[*]

黄　鑫　王妙月

中国科学院地球物理研究所

摘　要　本文以射线的折射和反射定律为基础，采用阻尼最小二乘法（在 CT 技术中，常称为 SIRT 算法）和单井单侧多偏移距的反射资料以及地面反射资料，研究反射波层析成像技术对二维弯曲界面的成层结构进行重构的情况。数字模拟试验表明，本文提出的逐层成像方法对透镜体和尖灭地层的成像颇为有效，反演结果对误差扰动是稳定的。

本文所述的成像方法及处理技术可推广到只用地面反射资料进行地层重构的情形。

关键词　射线　反射波层析成像　逐层成像　弯曲界面　阻尼最小二乘法

一、引　　言

自 20 世纪 60 年代医学诊断中的 CT 技术问世以来，图像的重构技术有了飞速发展。其先驱 G. N. Housfield[1] 和 A. M. Cormack[2] 曾荣获 1979 年诺贝尔医学奖。美国科学家 G. T. Helman[3,4] 对 CT 技术的理论和应用做了系统的研究和介绍。在地球物理反演中，$\tau-p$ 变换、最小二乘求解等一些成像方法同医学中的 CT 技术极为相似。K. Aki[5] 曾用最小二乘求解方法得出地下三维速度结构图像。

CT 技术之所以如此成功，原因在于它采用了全方位的资料收集方式。鉴于这种收集方式，20 世纪 70 年代以来，不少地球物理学家相继开展了 CT 技术在地震波反演中的应用研究，取得了可喜成绩，并且形成了地震波层析成像技术（seismotomography）。D. L. Anderson[6] 使用全球 1000 多个常规地震台和新型数字化地震台网的记录，给出了比传统地震学的结果更为精细的上地幔三维速度分布。刘福田等[7] 给出了华北地区上地幔三维速度分布的彩色图像。在地震勘探中，最早于七十年代开展了井间透射波的研究[8~10]；G. Neumann[11] 研究了反射波和透射波的成像；Kjartansson[12] 的博士论文首次把层析技术应用到地震波反射资料中。T. N. Bishop[13] 研究了作为二维结构广义线性反演的反射波层析技术。

众所周知，当地层有弱扰动区时，其边界产生的反射波很弱，不便识别和应用，射线穿过弱扰动区时可近似为直线。而在强扰动区内，射线的折射和反射就比较明显，直线假设已不够精确，而反射波信息丰富。这类强扰动区的边界往往起伏不平，形状复杂。CT 技术在这方面的应用还有待深入研究。本文旨在探讨界面任意弯曲、层速度均匀的层状结构的反演情况。反演原理就是使地震波反射同相轴的走时和假定模型的反射波射线追踪走时之间的残差达到最小，来确定层状结构的速度和界面深度。对地层尖灭或透镜体存在的情形，可引入虚层位、虚界面以及相应的虚走时，在问题的分辨力允许的条件下，利用逐层成像方法，使这类复杂结构的反演获得良好结果。考虑到方法将来的可行性，这里将应用单井单侧多偏移距的井中反射资料和地面反射资料的组合进行反演。

＊　本文发表于《地球物理学报》，1989，32（3）：319~328

二、成像的原理及公式

用矢量 t_d 表示观测走时资料（在数字模拟试验中表示理论走时资料），对于给定的震源-检波器排列，我们选定一种初始模型，它的层速度均匀，但界面可以弯曲。将模型的边界按横向等间隔离散，离散点称为节点。然后把各层的慢度参数和节点深度参数依次排列成模型参数矢量 P，于是模型和矢量 P 就建立了相互对应的关系。根据选定的初始模型，我们用射线追踪方法产生一组与实测资料（或理论走时资料）对应的迭代模型走时资料，记为矢量 $t(P)$。求解的目的就是使走时残差矢量

$$r(P) = t_d - t(P) \tag{1}$$

或其 Euclidean 范数

$$\varphi(P) = \| r(P) \|_2^2 = [t_d - t(P)]^T [t_d - t(P)] \tag{2}$$

达到最小。这里我们将采用 Gauss-Newton 法来求使 $\varphi(P)$ 达到最小的模型参数矢量 P，即给出解的第 k 次估计值 $P^{(k)}$，用 $t(P)$ 对 t_d 的线性近似算出校正量 $\Delta P^{(k+1)}$，得 $P^{(k+1)} = P^{(k)} + \Delta P^{(k+1)}$，以此完成一次迭代。重复这个过程，直到残差的均方根值满足所需精度或迭代收敛速度接近零时为止。于是，由

$$\nabla \varphi(P) = 0 \tag{3}$$

可推出[13]

$$A^{(k)T} A^{(k)} \Delta P^{(k+1)} = A^{(k)T} r^{(k)} \tag{4}$$

式中

$$A^{(k)}(P) = \left\{ \frac{\partial t_i^{(k)}}{\partial P_j^{(k)}} \right\}_{ij}$$
$$r^{(k)} = r(P^{(k)})$$

为克服实际问题中 $A^{(k)}$ 的奇异性，我们利用加权阻尼最小二乘法，把式（4）化为适定方程

$$[A^{(k)T} A^{(k)} + q(W^{(k)})^2] \Delta P^{(k+1)} = A^{(k)T} r^{(k)} \tag{5}$$

求解。式中，q 为阻尼因子；$W^{(k)}$ 为加权矩阵[13]。由式（5）得到 $\Delta P^{(k+1)}$ 后，就可获得迭代 $k+1$ 次的模型参数

$$P^{(k+1)} = P^{(k)} + \Delta P^{(k+1)} \tag{6}$$

算法的效果用走时残差的均方根值

$$E = (\| \mathbf{r}^{(k)} \|_2^2/N)^{1/2} \tag{7}$$

来评价，其中 N 为射线总数；E 和算法有关，故可定义为求解精度或迭代精度。实算中，对变阻尼因子过程，一般作 5 次左右的有效迭代便可使收敛速度接近于零。

矩阵 $\mathbf{A}^{(k)}$ 由走时对慢度、节点深度的偏导数构成。Bishop 等[13]根据 Fermat 原理，导出了这些求导公式。对慢度的求导公式为

$$\frac{\partial t_i}{\partial \omega_l} = u_l \tag{8}$$

式中，ω_l 为 l 层的慢度；u_l 为射线在第 l 层中的路径总长（对有射线往返的情形，u_l 为两者之和）。节点深度的求导公式仅限于曲折界面的情形，而在本研究中，我们看到如果用样条函数将离散界面表成连续界面，该公式同样适合于连续界面的情形。如图 1 所示，x 表示水平坐标；z 表示深度；(x_R, z_R) 表示第 ρ 个界面上的反射点位置；$(x_{m-1}, z_{\rho, m-1})$、$(x_m, z_{\rho, m})$ 为相邻的节点位置；ω_ρ 为该层慢度；$z_{\rho, m}$ 为节点深度改变量；θ 为射线入射角；β 为反射点处界面的倾角。于是第 i 条射线对 $z_{\rho, m}$ 的偏导数为

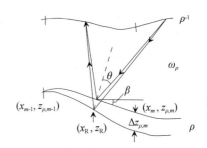

图 1　走时对节点深度的偏导数示意图

$$\frac{\partial t_i}{\partial z_{\rho, m}} = 2\omega_\rho \cos\beta \cos\theta \left(\frac{x_R - x_{m-1}}{x_m - x_{m-1}} \right) \tag{9}$$

实际上，另外一个节点 $z_{\rho, m-1}$ 的变化也会引起 t_i 的改变。为了数学上的完美，反演速度的提高，本研究加入 $\partial t_i/\partial z_{\rho, m-1}$ 对矩阵 $\mathbf{A}^{(k)}$ 的贡献：

$$\frac{\partial t_i}{\partial z_{\rho, m-1}} = 2\omega_\rho \cos\beta \cos\theta \left(\frac{x_R - x_m}{x_{m-1} - x_m} \right) \tag{10}$$

三、成像方法及数字试验

成像处理过程中的第一步是将模型界面作横向等间隔离散。通常，模型两侧反射点的稀少或者欠缺，会导致边界及其附近上的节点深度定得不好，甚至是不可定的。另外，随着勘探深度的增加，界面可定的范围缩小，因此边界及其附近节点深度的数学反演结果一般是不可信的，除非根据钻井资料、地质资料等其他勘探资料做出适当的判断。这种情况，我们称之为边界效应。

理论走时由射线追踪产生，射线追踪是依据 Fermat 原理，用逐次逼近的方法来实现。为提高计算速度，对多源多偏移距的情形，我们把同一个震源发出的传到前一个检波器的射线出射角作为当前射线追踪的初始逼近出射角。数字试验还表明增大离散间隔，减少深度节点的数目，能使追踪速度有较大的提高。因此，在对模型实施离散时，我们不仅要考虑到模拟界面对实际界面的逼近程度，迭代的稳定性，同时还需顾及经济效益。对尖灭界面的情形，将引入虚层位，把尖灭部分开拓成成层结构。而尖灭部分的反射走时，用上一层对应的反射点的走时来表示。实算中，由于界面的倾角对射线方向，

从而射线走时的影响较大，所以射线在界面上的精度取得高一些，为2m，而检波器上的精度取得低一些，为5m。

　　具体方法除了采用通常使用的全层位成像方法（即对模型所有层速度和界面深度节点同时成像）以外，为了适应存在尖灭、透镜体等复杂结构的情况，本文提出逐层成像的方法。具体步骤是先根据第一层的反射波走时资料对该层成像；然后固定该层的速度和界面，对第二层成像。以此类推，我们可由浅到深地得到整个剖面的重构图像。研究表明，这种成像方法有两大优点；第一，能消除下层误差对上层反演结果的影响；第二，有利于初始模型的选择。两种成像方法的效果都在试验中做了比较。另外，我们就检波器、震源、初始模型对反演结果的影响、边界效应、解向量的空间特性以及误差扰动等作了数字试验。

　　图2表示用两个震源和三个震源的走时资料进行重构的结果对比。图2a为理论模型以及单向反射线的分布。第一层速度为800m/s，界面为倾斜平界面；第二层速度为1500m/s，界面为水平平界面。图2b为初始模型的界面和速度。图2c、d分别为采用图2a中右边两个震源和全部三个震源的资料迭代4次的重构结果。显然三个震源的重构图像要比两个震源的好得多。

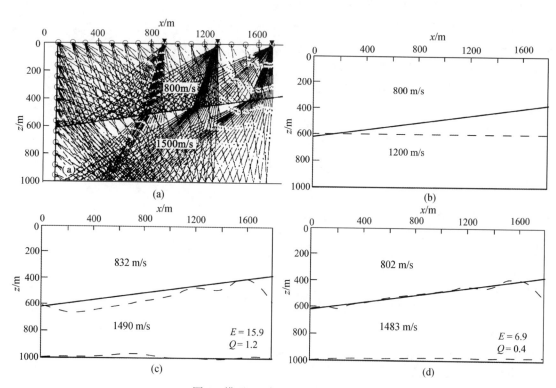

图2　模型1几何及重构结果对比

（a）模型1几何，其中地面有15个检波器，3个震源，井中有13个检波器；（b）初始模型结构图，其中界面为水平平面（虚线），第2层的初始界面和理论界面（粗实线）重合；（c）使用（a）中二个震源资料的4次迭代重构结果，其中，虚线为迭代界面，水平离散间隔为200m，E为走时残差的均方根值，单位为ms，Q为阻尼因子；（d）使用（a）中三个震源资料的4次迭代重构结果

　　当反射界面弯曲或倾斜时，反射点有可能处于地面的勘探窗口之外。为避免反射点出格，把迭代模型取得比理论模型或实测剖面的勘探窗口宽一些，这样就可能引入更多的弱定甚至不可定深度节点参数。迭代校正之后，由于边界附近的弱定参数变动很小，不可定参数固定不动，它们对解的超定参数（资料信息过多的参数，如速度参数、界面中部的节点参数）的迭代精度影响不大。至于边界附近的参数解，除非依据其他条件做出合理估计，否则即使碰巧和实际界面相符，也都是没有物理意义的。

　　图3是利用图2a中的三个震源向左移动400m后所产生的双向反射走时资料，用图2b的初始模型

迭代 4 次的重构图像，其中右边的边界效应对超定参数几乎不产生影响。

下面给出反映初始模型对重构图像的质量影响的一个数字试验。理论模型见图 4，所用的两个初始模型见图 5，两者除第二层界面（分别为界面 A 和界面 B）不同之外，第一层界面及两层的速度值均相同。迭代 6 次的重构图像如图 6 所示。图 6b 的重构质量（精度 13.5ms）显然要比图 6a 的重构质量（精度 45.3ms）好得多。在一般情况下，第一层界面的大致形状可由反射波同相轴判断，但对深层界面形状的判断就比较困难。一种办法是对不同的初始模型进行尝试，选用其中精度最高的一个。

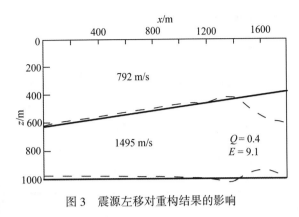

图 3　震源左移对重构结果的影响

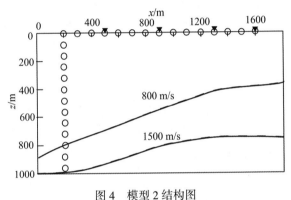

图 4　模型 2 结构图

其中地面有 4 个震源，14 个检波器；井中有 13 个检波器

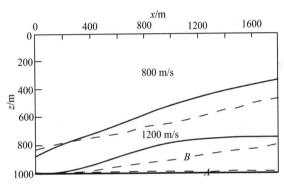

图 5　图 4 模型结构的两种初始模型

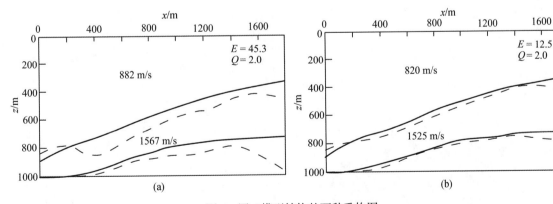

图 6　图 4 模型结构的两种重构图

（a）用界面 A，迭代 6 次重构图；（b）用界面 B，迭代 6 次重构图

图 7 给出用全层位成像方法和逐层成像方法进行重构的数字试验。其中图 7c 为采用变阻尼因子（最后变为 144.0）全层位成像方法作 9 次有效迭代之后所得的图像。由图 7 可见，尽管初始模型的第一层结构和速度与理论模型的相同，但其反演精度由于受第二层的影响而有所下降。如采用逐层成像法，则可得图 7d 中的理想结果。这里由于第一层的初怡模型和理论模型一致。试验中，我们视该层的迭代结果和理论模型重合，则可直接取其理论模型作为迭代图像，只需对第二层采用逐层成像方法反

演。实算中，迭代了 2 次。若考虑第三层，全层位成像方法的结果恐怕更坏；而逐层成像在获得上两层理想的图像之后，有可能较好地获得第三层的图像。

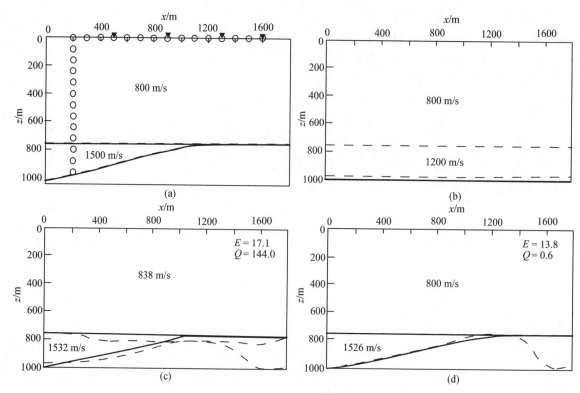

图 7　模型 3 结构及重构图

（a）模型 3 结构，其中地面有 2 个震源，12 个检波器，井中有 13 个检波器，模型的第二层速度为 1500m/s，右部层位尖灭；（b）初始模型；（c）全层位成像 9 次迭代重构图；（d）逐层成像 2 次迭代重构图

图 8a 是一个透镜体结构，图 8b 为用变阻尼因子的逐层成像方法得到的图像。其中，第一层迭代 4 次（精度 3.5ms，阻尼因子 0.6），所用的初始速度为 850m/s，界面为水平平面；第二层迭代 5 个有效次（精度 7.6ms，阻尼因子为 0.8、0.8、16.0、16.0、16.0），所用的初始速度为 1200m/s，界面为水平平面。

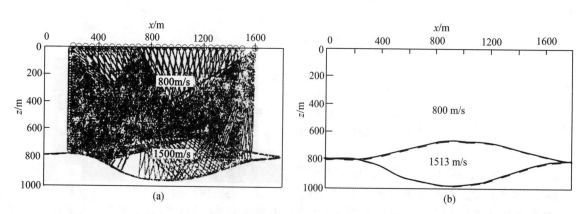

图 8　模型 4 结构和重构图

（a）透镜体结构和射线，其中，地面有 2 个震源，26 个检波器，间距为 50m，井中有 39 个检波器，间距为 20m；
（b）逐层成像重构图

四、反演结果的讨论

在采用阻尼最小二乘法求解时，由于迭代过程有限，阻尼因子将影响到迭代的敛散性、收敛的速度、解的精度、唯一性及分辨力等。一般在分辨力较高的情况下，只要解的精度足够好，便认为解（准确地说是良定参数的解）在要求的精度范围内是唯一的。

此外，通过 SVD 分析，我们还对解向量的空间特征作了考查。结果表明速度参数的可定性最好，抗扰能力最强；解向量的低频成分定得较好，高频成分次之；界面左边和右边的边界节点在整个迭代过程中几乎是不可定的。

这里给出一个反演结果抗扰能力的试验例子（图 9）。反演时，模型的离散间隔为 400m。由此例可见，本研究所讨论的方法对资料噪音是比较稳定的。

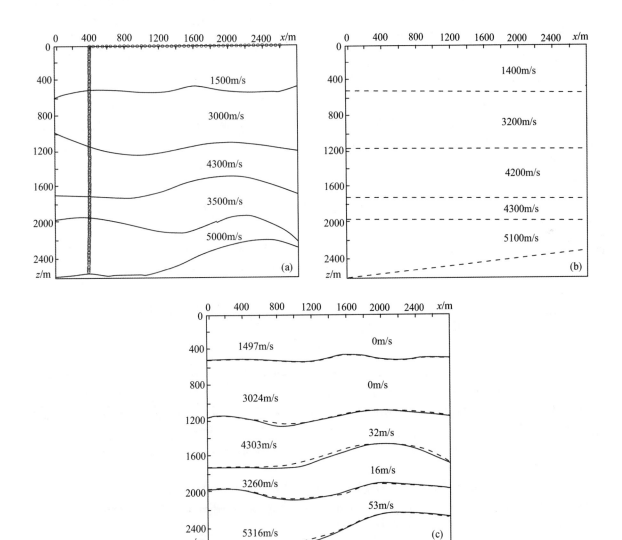

图 9　理论模型、初始模型及重构图

（a）模型 5 结构图，其中地面有 3 个震源，41 个检波器，井中有 125 个检波器，追踪理论反射走时的模型水平离散间隔为 200m；（b）初始模型；（c）无误差逐层成像重构结果（实线和左列速度值所示）和资料叠加标准方差为 20ms 的伪随机误差后的重构结果（虚线和右列的速度扰动值所示）对比图

这里，有一点需要加以注意。由于在反演过程中始终假定重构区域是分层均匀的，射线以折射路径传播。实际上，速度不可能绝对均匀，因而从测井资料中获得的速度值只反映局部岩性，有必要在重构过程中对速度参数校正，以获得宏观的平均速度值。在实际应用中，这种方法仅限于层内是弱非均匀性或强扰动区极小的情形。

五、结　　论

（1）数字模拟试验表明，本研究所用的算法和提出的逐层成像技术对界面弯曲的成层结构具有一定的反演能力，尤其对浅部的尖灭地层、透镜体这类复杂结构，可获得良好的重构图像。当反演深度增加层数增多时，由于勘探窗口的限制，浅层反演误差的影响，较为复杂的深层结构难以重构成像。

（2）选择适当的初始模型是提高成像质量的一个重要环节。通常，可以根据反射波的同相轴，钻井资料等其他资料判断界面的大致形状及其在井中的位置（该位置在校正过程中保持不变）。较好地估计层速度，选择尽可能和实际剖面结构以及层速度相符的模型作为起始条件是十分经济的。如能把尝试法和迭代校正法联合起来反演，效果更佳，但代价也相应提高。

（3）增加震源数，扩大勘探窗口，对成像质量的提高也很有效。由于相邻接收器接收到的来自同一震源的射线独立性不好，所以增加接收器，对成像质量的提高影响不大。而增加震源数，则可大大增加观测资料中的独立射线数，有效地提高解的分辨力。震源彼此不宜靠近。单震源的重构几乎是失败的（除界面水平的最简单结构外）。这些结论已为试验所证实。

（4）阻尼因子的调节极有意义。对分辨力高、稳定性好、精度高的问题，阻尼因子宜小不宜大，否则会失去迭代校正的意义。阻尼因子的有效作用范围与问题本身（即剖面结构、震源和检波器排列）有关。在本研究中，其有效范围为 $10^{-1} \sim 10^2$ 的量级。反演中，通常采用变阻尼方法，在迭代中自动调整阻尼因子。

（5）方法的稳定性，尤其是速度参数可谓较好。目前由于缺少这方面的实际资料，本文研究的方法和实际应用尚有一定的距离，但对将来这方面的研究工作和应用工作的深入和实施，无疑是具有指导意义的。

衷心感谢中国科学院地球物理研究所 VAXⅡ-780 计算机全体人员的热情支持。

参 考 文 献

[1] Housfield G N, A method and apparatus for examination of a body by radiation such as X or gamma radiation, Patent Specification 1283915, The Patent Office, London, England, 1972

[2] Cormack A M, Representation of a function by its line integrals with some radiological applications, J. Appl. Phys., 34, 2722-2727, 1963

[3] Herman G T ed., Image Reconstruction from Projections: Implementation and applications, Springer-Verlag, Berlin and New York, 1979

[4] 赫尔曼 G T 著，严洪范等译，由投影重建图像，CT 的理论基础，科学出版社，1985

[5] Adi K and Lee W H K, Determination of three-dimensional velocity anomalies under a seismic array using first P. arrival times from local earthquakes: I. A homogeneous initial model, J. Geophys. Res., 81, 4381-4399, 1976

[6] Anderson D L and Dziewonski A M, Seismic tomography, Scientific American, 251, 60-68, 1984

[7] 刘福田、曲克信、吴华、李强、刘建华、胡戈，华北地区的地震层面成像，地球物理学报，29, 442~449, 1986

[8] Bois P, La Porte M, La Vergne M and Thomas G, Determination of seismic velocities by measurements between wells, Geophys. Prosp., 19, 42, 1971

[9] Dines K A and Lytle R J, Computerized geophysical tomography, IEEE. Proc., 67, 1065, 1979

[10] Lytle R J and Dines K A, Iterative ray tracing between boreholes for underground image reconstruction, IEEE Trans. on Ge

osciences and Remote Sensing, GE-18, 234, 1980

[11] Neumann G, Determination of Lateral inhomogeneities in reflection seismics by inversion of traveltime residuals, Geophys. Prosp., 29, 161-177, 1981

[12] Kjaransson E, Attenuation of seismic waves in rocks and applications in energy exploration, Ph. D. Thesis, Stanford University, 1980

[13] Bishop T N, Bube K P, Curler R T, Langau R T, Love P L, Resnick J R, Shuey R T, Spindler D A and Wyld H W, Tomography determination of velocity and depth in laterally varying media, Geophysics, 50, 903-923, 1985

II — 33

地震法直接检测油气的机理及识别标志[*]

底青云　王妙月

中国科学院地球物理研究所

摘　要　亮点技术和 AVO 技术曾使油气勘探工作取得了巨大成功。若利用弹性波有限元数值模拟技术，则可以更加深入地探讨含油气地层的振幅异常特征。基于这个想法，本文归纳、总结并设计了六种国内外典型含油气圈闭模型，并且计算了这些模型的全波理论地震图。文章通过对仿真全波地震波场特征的分析认为：基于波动理论的全波仿真有限元数值模拟研究结果，支持基于合成记录模型的亮点技术结果，而对基于射线理论的 AVO 研究结果要给出修正。在具有地面地震记录和 VSP 记录的条件下，通过该模拟技术可获得可靠的油气藏波场特征识别标志。

主题词　波动理论　有限元　数值模拟　波场特征　仿真　油气识别　振幅　异常

1　引　言

在油气地震勘探中，利用地震波的动力学特征直接检测油气，早在 20 世纪 50 年代初苏联人就开始了探索性的尝试[1~3]。但直到 70 年代初，随着西方地震数字采集和数字处理技术的飞速发展，特别是使用保持振幅处理技术以后，使得利用波场动力学特征信息来直接检测油气的技术得到了发展。油气检测初期，只是简单地在地震剖面上直接寻找振幅异常。使用合成地震记录模拟，发展了亮点技术，利用"亮点"标志来指示油气地层。但实践表明，油气地层的振幅异常是相当复杂的，简单的亮点准则，有时也会误判[4]。进而发展了 AVO 技术，并取得了卓越的成就[5,9]。其中 Zoeppritz 方程近似公式[10]的应用，给在地震剖面上识别 AVO 异常，检测油气层，提供了更坚实的理论基础。

本文试图在已有的亮点技术和 AVO 技术研究的基础上利用弹性波有限元数值模拟技术更深入地探讨含油气地层的振幅异常特征，为提供更为可靠的指示油气存在的识别标志打下方法技术基础。在研究中注重识别标志的可操作性。为此，我们选择了国内外典型含油气模型构造，计算了这些模型的全波理论地震图。并与亮点技术（以合成记录为基础）、AVO 技术（以射线理论为基础）相比较，以期通过对油气复杂构造的仿真全波地震波场特征的分析，实现直接检测油气的目标。

2　地震法直接检测油气存在的机理

地震勘探所依据的是岩石的弹性性质，地震波在地下介质中传播时，其振动强度和波形将随所通过介质的弹性及几何形态的不同而变化。如果掌握了这些变化规律，根据接收到的波的旅行时间、速度和振幅特征等信息，便可推断波的传播路径特征和介质的结构；而根据波的振幅、频率及地层速度等参数，则有可能推断岩石的性质，判断是否存在油气，从而达到直接找油气的目的。

---

* 本文发表于《石油地球物理勘探》，1997, 32 (1)：1~15

波在岩石中的传播速度与岩石的成分和孔隙率有关。描述速度与孔隙率之间的关系式称为时间平均方程[11, 12]，即

$$\frac{1}{v} = \frac{1-\phi}{v_m} + \frac{\phi}{v_l} \tag{1}$$

式中，ϕ 为孔隙率；v 为岩石速度；v_m 为波在岩石骨架中的传播速度；v_l 为孔隙中充填介质的波速。式（1）可改写成

$$\frac{1}{v} = \frac{1-c\phi}{v_m} + \frac{c\phi}{v_l} \tag{2}$$

式中，c 为常数，一般取 0.85。当砂层孔隙中含油气时，速度将有明显的变化。由式（2）计算了几种岩石的有关物性参数列于表1。

由表1可知，以地震波速度区分砂岩和含气砂岩在理论上是可行的。然而精细的地震波速度结构的反演问题尚未解决，若想直接由速度参数指示油气的存在，实现起来尚有许多困难。

在分块均匀的介质中，地震波的传播满足如下波动方程，即

$$\frac{\partial^2 u}{\partial t^2} - v^2 \nabla^2 u = \psi(t) \tag{3}$$

式中，$\psi(t)$ 是震源力函数；u 是波场；v 是地震波速度。式（3）表明：当砂层储存油气，引起速度 v 改变后，必然引起地震波波场 u 的动力学特征的变化。因而存在着由波的振幅特征直接识别油气的可能性。

表 1 几种岩石与其有关的物性参数

岩性	孔隙率/%	密度/（g·cm³）	速度/（m·s⁻¹）	反射系数
页岩		2.25	4300	
砂岩	10	2.41	5200	±0.12
含气砂岩	10	2.41	2100	±0.23
含气砂岩	20	2.07	1610	±0.49

上述理论推断已被一些油气区存在的地震反射异常所证实。这些异常包括：振幅增强、极性反转、吸收系数增大、主频降低、出现气—油—水分界面的水平反射等。

方程（3）是声波标量波动方程，与弹性波矢量波的方程相类似。应用有限元仿真模拟技术，可以得到因波速变化而引起的波场特征变化的精细描述，从而可以获得识别油气的更为可靠的标志。

3 地震法检测油气的识别技术及标志

为了更好地实现含油气复杂构造模拟，我们采用黏弹性介质中的弹性波有限元方法计算其地震波场特征。

3.1　黏弹性介质中的有限元计算

考虑识别标志的可操作性，我们主要研究波场的振幅特征标志。有限元模拟的仿真性比较好，含油气构造的黏性和不含油气比较也有很大不同。因此我们选择黏弹性介质的波场有限元数值模拟为波场仿真模拟的主要方法。

弹性介质的有限元方程为

$$[M]\{\ddot{q}\} + [K]\{q\} = \{F\} \tag{4}$$

与式（4）相比，二维黏弹性介质的有限元方程一般可写成

$$[M]\{\ddot{q}\} + [C]\{\dot{q}\} + [K]\{q\} = \{F\} \tag{5}$$

式中，$[M]$ 为质量矩阵；$[C]$ 为阻尼矩阵；$\{k\}$ 为刚度矩阵；$\{q\}$ 为节点位移；$\{F\}$ 为节点外力；"·"和"··"分别表示对时间的一次和二次偏导数。上式中几个矩阵可表示为

$$[M] = \Sigma \int A(e)\rho^{(e)} N^{\mathrm{T}} N \mathrm{d}A$$

$$[C] = \Sigma \int A(e)\eta^{(e)} N^{\mathrm{T}} N \mathrm{d}A$$

$$[K] = \Sigma \int A(e) B^{\mathrm{T}} D B \mathrm{d}A$$

式中，ρ 为密度；$\eta^{(e)}$ 为 $A(e)$ 上的黏滞系数；$A(e)$ 是第 e 个单元的面积；N 是形状系数，N^{T} 表示 N 的转置。对方程（5）利用迭代法求解，各系数矩阵的详细推导及表达式见《黏弹性介质中弹性波的有限元计算及其应用》（75-54-02-08-03 国家科技攻关成果报告）。

众所周知，对于炮集有限元理论地震图，由于油气圈闭上的反射波容易被直达波和面波掩盖掉。因此，为了达到研究油气圈闭反射波、衍射波振幅特征的目的，本文研究了用惠更斯原理消除有限元理论地震图上直达波、面波的方法。按照惠更斯原理，二次源是由一次源按照波的走时旅行到二次源的位置上，所有二次源产生的波的叠加即为一次源产生的波。模拟这个过程，我们将地面上的炮点（一次源）按波的旅行时分解成界面、圈闭等一系列不连续面上的二次源，这些二次源产生的波的叠加自动地消除了直达波、面波，突出了圈闭的反射波和衍射波。此法为研究与油气圈闭有关的波的振幅特征提供了基础。

3.2　程序设计

我们针对炮集记录和自激自收记录两种情况设计程序，并考虑了以下几个方面：

（1）在单炮和自激自收剖面中，设局部含油气的单元为黏弹性，围岩为弹性。或设局部含油气单元黏性大，围岩黏性偏小。

（2）为了和基于 Zoeppritz 公式计算的 AVO 计算结果作对比，遵照上述惠更斯原理，在界面上加力，加力的时间为炮点到加力点的走时，该走时由简单的直射线追踪获得。采用此种方法后，明显地提高了反射波、衍射波—透射波振幅的质量。然而由于射线追踪时采用了简单的直射线追踪，不够精细，故走时特征上略有误差。

（3）对于模型数据组织，编排了有限元网格自动剖分软件，自动生成界面节点坐标及界面物性参数文件。软件灵活方便，10min 之内即可完成一个复杂模型的剖分。

3.3　应用实例研究

3.3.1　典型圈闭模型

圈闭是油气聚集的场所，也是形成油气藏的基本条件之一。根据控制圈闭形成的地质因素可将圈闭分为三大基本类别[13]：构造圈闭、地层圈闭和水动力（流体）圈闭。此外还有由上述基本类型相结合的复合圈闭，合计四大类。各类圈闭可根据形成条件的差异进一步划分为若干亚类和具体类型，详见表2。

表2　圈闭分类系统表

大类	构造圈闭	地层圈闭	水动力（流体）圈闭	复合圈闭
亚类	背斜圈闭 断层圈闭 裂缝性背斜 刺穿圈闭	岩性圈闭 不整合圈闭 礁型圈闭 沥青封闭圈闭	构造鼻和阶地型水动力圈闭 单斜型水动力圈闭 单独水动力圈闭	构造-地层型 流体-构造型 地层-流体型 构造-地层-流体

综合考虑各种圈闭，我们设计了六种具有代表性的典型含油、气构造，用有限元方法分别得到了单炮和自激自收情况下的地面地震记录、VSP剖面图及时间切片图。为了对比研究，还分别计算了各种构造圈闭不含油、气时的相应地震图。选择的六种典型圈闭为：

（1）岩性油气藏。以霍戈登气田剖面为模型。

（2）背斜油气藏。以提塔斯气田、沙特阿拉伯加瓦尔油气田及大庆油田为例归纳而成。

（3）刺穿油气藏。以西北德意志盆地、美国墨西哥湾盆地的油气藏为例。

（4）不整合油气藏。以委内瑞拉东路马图林盆地夸仑夸尔油田为例，对其典型剖面稍做简化。

（5）礁型油气藏。以墨西哥黄金巷环礁带和扎波里卡礁型油气田的岩相构造为例。

（6）断层油气藏。我国新疆克拉玛依油田可作为断层油气藏群体的典型实例。

3.3.2　计算结果分析

对于所涉及的六个典型油气圈闭的物理参数的确定，是依据每个模型所代表的油气田的岩性组合，并查阅了大量的参考文献，以及参考高温高压试验结果而选定的。参数说明详见各模型图。其中各图中的NROW表示水平方向单元数，MCOL表示垂直方向节点数，ITT表示时间步长。

1. 岩性圈闭模型

图1属于上倾尖灭型岩性油气藏，油气层为下二叠统多孔鲕状石灰岩和白云岩。

对该模型分别计算了单炮（非零炮检距）和自激自收两种情况下含油、气和不含油、气的地面地震记录和垂直剖面地震记录，并对气层上界面的振幅特性做了分析。

（1）自激自收记录。

模拟的岩性圈闭地表自激自收记录分别如图2和图3所示，图中A部分表示盖层和储层分界面标志。图2为储层含油结果，图3为储层不含油结果。比较两图的A部分，可见含油时振幅明显增强。波动结果支持基于合成记录的亮点技术结果。

对于VSP记录，分别输出了第48个CDP号点、第80个CDP号点及第125个CDP号点的含油气及不含油气的垂直分量剖面。不同CDP号点的VSP记录特征是一致的。图4是第80个CDP号点的含油气VSP剖面，可以清楚地看到地震波在穿过含油气地层段（VSP剖面点97～135段）时波的幅值和振动时间明显增大，高频波明显被吸收，图上最直观的特点是黑白区分明。图5为该模型不含油气的VSP剖面，从图中可见在97～135区间不存在上述振幅异常特征。因此，在自激自收VSP剖面上，含油气和不含油气的波场特征之间的差别是明显的。

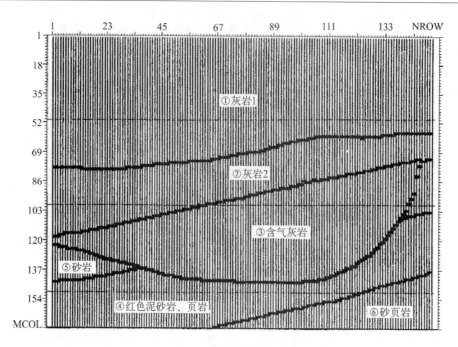

图 1　岩性油气藏模型

①$v_P = 2600\text{m/s}$，$v_S = 1500\text{m/s}$，$\rho = 2.4\text{g/cm}^3$；②$v_P = 3000\text{m/s}$，$v_S = 1732\text{m/s}$，$\rho = 2.6\text{g/cm}^3$；

③$v_P = 1600\text{m/s}$，$v_S = 930\text{m/s}$，$\rho = 2.1\text{g/cm}^3$；④$v_P = 4000\text{m/s}$，$v_S = 2310\text{m/s}$，$\rho = 2.8\text{g/cm}^3$；

⑤$v_P = 3600\text{m/s}$，$v_S = 1080\text{m/s}$，$\rho = 2.7\text{g/cm}^3$；⑥$v_P = 3300\text{m/s}$，$v_S = 1905\text{m/s}$，$\rho = 2.7\text{g/cm}^3$；

$\Delta X = 20\text{m}$，$\Delta Y = 20\text{m}$，$\Delta t = 0.003\text{s}$，$\lambda' = 0.001$，$\mu' = 0.001\mu$

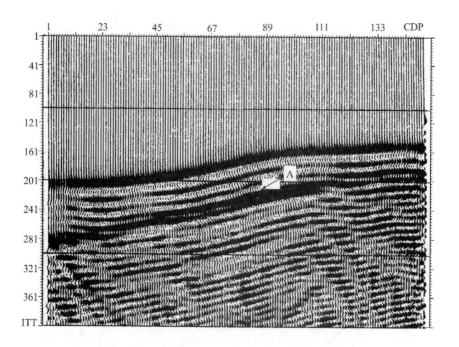

图 2　岩性油藏地面自激自收记录（垂直分量）

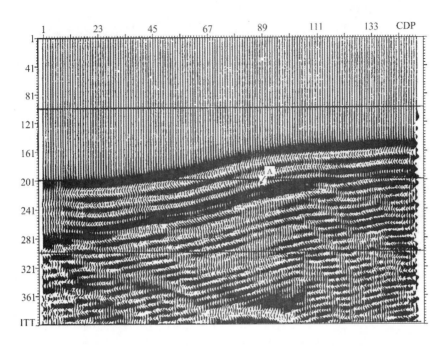

图 3　岩性圈闭不含油的地面自激自收记录（垂直分量）

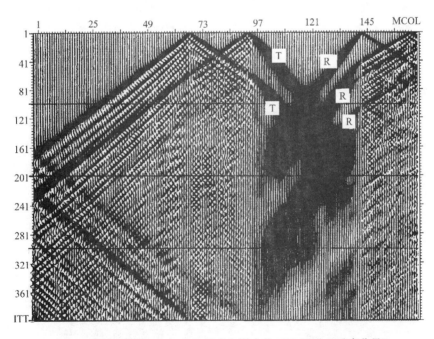

图 4　岩性油藏第 80 个 CDP 号点自激自收 VSP 记录（垂直分量）

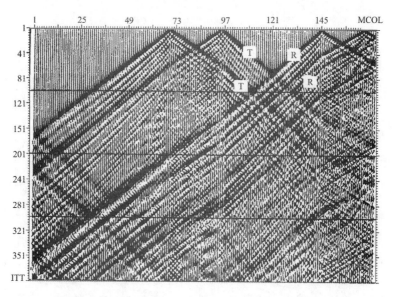

图 5　岩性圈闭不含油气第 80 个 CDP 号点自激自收 VSP 记录（垂直分量）

（2）单炮记录。

岩性圈闭模型单炮记录的炮点在地面第 76 个 CDP 点处，加力时刻是炮点到界面点的时，加力大小按炮点到反射点距离的倒数为系数。因此远离炮点的反射点加力晚，加力也小，这是对实际情况的一种近似模拟。

图 6a 是岩性气藏的单炮地面记录。不含油气时的单炮记录如图 6b 所示。含气藏顶界面位置如图 6a 的标志②所示。表明气层顶界面反映得很清晰，其反射波振幅是明显增大的，并且气层顶界面下方具有规则的负、正交替强振幅特性。但对单炮地面记录，含气和不含气之间的差别不是很显著。为了更好地分析气层顶面的振幅特性，提取了该剖面上第 80~118 号点的气层顶界面的振幅信息。如图 7 所示，这是由波动理论得到的结果，并不明显地遵循基于射线理论的 AVO 异常规律，而表现出交替逐渐增大的特征，其原因有待进一步探讨。

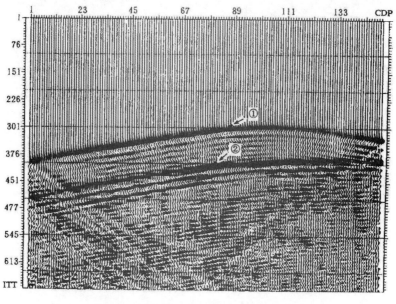

图 6a　岩性气藏单炮地面记录（垂直分量）

炮点在地面第 70 个 CDP 号点；①第一个反射面；②气层顶界面

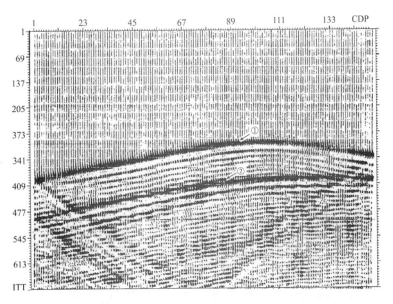

图 6b 岩性圈闭不含油气单炮地面记录（垂直分量）
炮点在地面第 70 个 CDP 号点

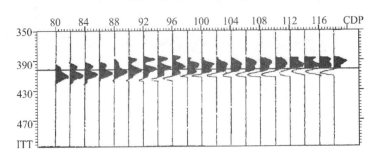

图 7 岩性油气藏 CDP 第 80~118 号点段记录的油层上界面反射波振幅

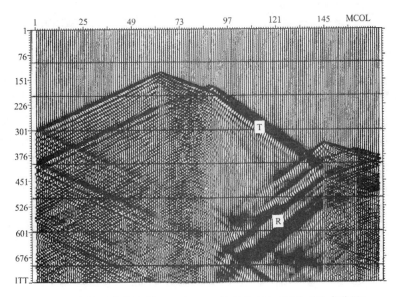

图 8 岩性油藏单炮第 100 个 CDP 号点的 VSP 记录（垂直分量）

　　对于单炮记录，我们同样对该模型做了 VSP 剖面。以第 100 个 CDP 号点的记录为例，图 8 是圈闭含油的 VSP 剖面，图 9a 是圈闭含气的 VSP 剖面，图 9b 是圈闭不含油气时的 VSP 剖面。含油、气的两图有共同的特点，即过油、气段（97~135 号点段）出现透射波和反射波振幅周期明显增大的低速区。图 8 含油段对高频振幅的吸收明显大于图 9a 中的含气段。单独提取的透射波振幅特性见图 10，它表现出透射波振幅随炮检距增大而增大的趋势。

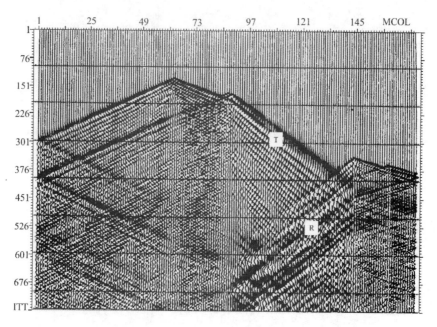

图 9a　岩性气藏单炮第 100 个 CDP 号点的 VSP 记录（垂直分量）

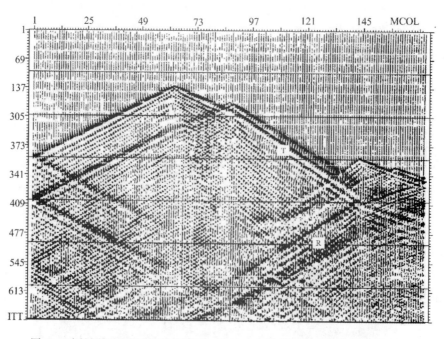

图 9b　岩性圈闭不含油气单炮第 100 个 CDP 号点的 VSP 记录（垂直分量）

2. 背斜油气藏圈闭模型

该模型和岩性圈闭模型的处理过程类似。如图 11 所示，在背斜的顶部形成油、气圈闭，其中，③为含气砂岩，④为含油砂岩，⑤为含水砂岩。

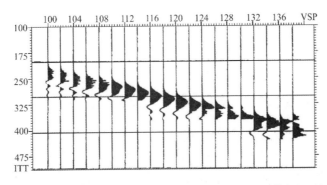

图 10 岩性油藏单炮第 100 个 CDP 号点的 VSP 过油藏段记录振幅

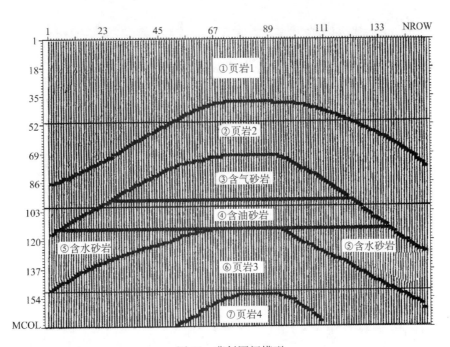

图 11 背斜圈闭模型

①$v_P = 2500\text{m/s}$, $v_S = 1440\text{m/s}$, $\rho = 2.4\text{g/cm}^3$; ②$v_P = 3000\text{m/s}$, $v_S = 1732\text{m/s}$, $\rho = 2.6\text{g/cm}^3$;

③$v_P = 1600\text{m/s}$, $v_S = 930\text{m/s}$, $\rho = 2.1\text{g/cm}^3$; ④$v_P = 2400\text{m/s}$, $v_S = 1400\text{m/s}$, $\rho = 2.3\text{g/cm}^3$;

⑤$v_P = 3300\text{m/s}$, $v_S = 1905\text{m/s}$, $\rho = 2.7\text{g/cm}^3$; ⑥$v_P = 4200\text{m/s}$, $v_S = 2425\text{m/s}$, $\rho = 2.8\text{g/cm}^3$;

⑦$v_P = 4500\text{m/s}$, $v_S = 2600\text{m/s}$, $\rho = 2.9\text{g/cm}^3$;

$\Delta X = 20\text{m}$, $\Delta Y = 20\text{m}$, $\Delta t = 0.003\text{s}$, $\lambda' = 0.003$, $\mu' = 0.003\mu$

（1）自激自收记录。

图 12 是背斜油气藏地面自激自收垂直分量记录。从剖面上可清晰地辨别在气、油界面，油、水界面处形成的典型的亮点特征，如图中①、②所示。这里的波动理论计算结果再一次验证了亮点技术的结果。结合第 80 个 CDP 点处的 VSP 剖面（图 13），可以看出第 75~95 个 VSP 点是含气的低速区；第 97~110 个 VSP 点是含油的低速区。其透射波（T）和反射波（R）的振幅与周期有明显的增大特征，并且油对波场的吸收大于气对波场的吸收。

（2）单炮记录。

图 14 是背斜单炮地面垂直分量记录，炮点在地面第 76 个 CDP 号点处。气层顶界面也比较清楚地反映了出来，在气层顶界面下面中间部位出现规则的正、负强振幅交替而整体呈含油气低速区特征。提取的气层顶界面振幅特征见图 15，图中不表现出基于射线理论的 AVO 技术中振幅随炮检距增大的特

征，而是交替增大。

　　另外，该模型的 VSP 剖面和自激自收的 VSP 剖面结论一致，见图 16。图 17 是从 VSP 剖面上提取的透射波振幅特征，总体上看有增大的趋势，但仍有交替现象。

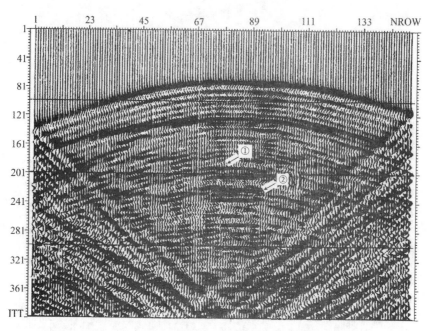

图 12　背斜油气藏地面自激自收记录（垂直分量）

①气、油分界面；②油、水分界面

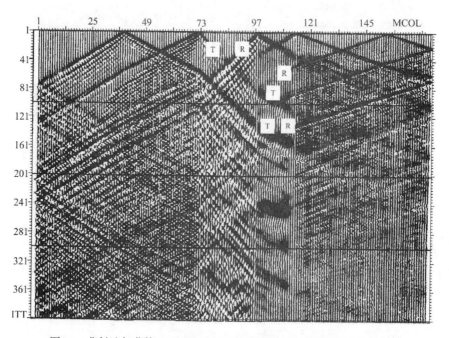

图 13　背斜油气藏第 80 个 CDP 号点自激自收 VSP 记录（垂直分量）

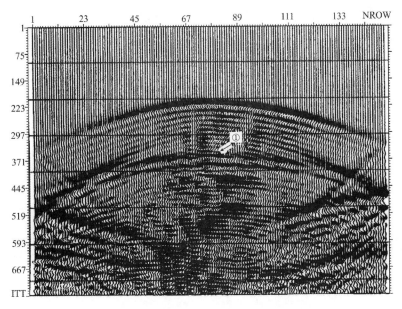

图 14 背斜气藏单炮地面记录（垂直分量）

炮点在地面第 70 个 CDP 号点；①气层顶界面

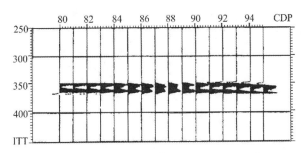

图 15 背斜气藏单炮 CDP 第 80~95 号点记录的气层上界面反射波振幅

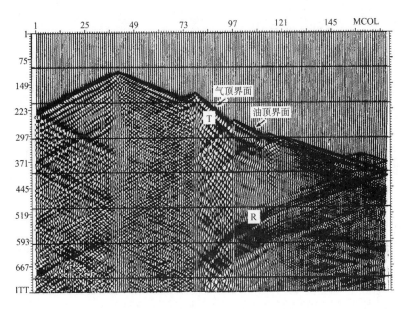

图 16 背斜油、气藏单炮第 100 个 CDP 号点的 VSP 记录（垂直分量）

炮点在地面第 70 个 CDP 号点

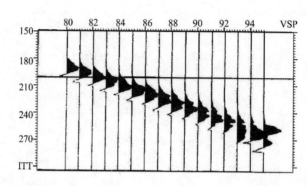

图 17　背斜气藏单炮第 100 个 CDP 号点的 VSP 过气藏段的记录（垂直分量）

对于另外几个圈闭模型的记录剖面，我们也作了详细的对比研究，和上述模型剖面有类似的特征。由于图件太多，这里就不一一叙述。

4　结论和建议

（1）不论是地表水平叠加剖面还是 VSP 剖面，也不论其含油、气顶面位置的深浅，其反射波振幅和相位都有明显增大的特点。

（2）与基于射线理论的 AVO 线性增大结果不同，在气、油和油、水的分界面上呈现负、正交替的增大振幅异常。

（3）在含油、气层的内部中心部位存在规则的强振幅正、负交替的波列特征。

（4）在 VSP 剖面上，含油、气地层段波场呈低速区特征。油对波场的吸收大于气对波场的吸收。总之，VSP 剖面上含油、含气、不含油气三种情况的波场表现出明显不同的特征（振幅、吸收、周期），这对油气藏的直接识别及其位置和范围的精确勾划非常有利。

（5）基于波动理论的全波仿真有限元实例模型的研究结果支持基于合成记录模型研究的亮点技术结果，而对于基于射线理论的 AVO 结果则提出某些修正。考虑到识别标志的可操作性，最好同时具有地震水平叠加剖面和 VSP 剖面，结合二者的计算结果，使油气藏波场特征的直接判别标志更加明显。

参　考　文　献

［1］顾尔维奇 И И，地震勘探教程，地质出版社，1957

［2］Гурвич И И，Прикладная Геофнзика，1952

［3］Гурвич И И，Справочник Геофизиков，1966，IV，614-622

［4］Allen J，Some AVO failures and that（we think）we have learned，The Leading Edge，1993，12（3）：162-167

［5］Ostrander W J，Plan-wave Reflection Coefficients for gas and sands at nonnormal angles of incidence，Geophysics，1984，49（10）：1637-1648

［6］Shuey R T，A Simplification of the Zoeppritz Equations，Geophysics，1985，50（4）：609-614

［7］Yu G，Offset-amplitude variation and controlled-amplitude processing，Geophysics，1985，50（12）：2697-2708

［8］Castagna J and Backus M，Offset-dependent-reflectiveity-theory and practice of AVO analysis，The leading Edge，1993

［9］Dehaas J C and Betkhout A J，Nonlinear Inversion of AVO，The leading Edge，1990

［10］Aki K and Richards P，Quantitative seismology，theory and methods，Freman and Company，1980

［11］Wyllie et al.，Applied geophysics，Published by the press syndicate of the University of Cambridge，1956

［12］Telford W M et al.，Applied geophysics，Published by the press syndicate of the University of Cambridge，1990

［13］潘钟祥等，石油地质学，地质出版社，1986

黏弹性参数地震波测定理论及应用实例[*]

底青云 王妙月

中国科学院地球物理研究所

摘 要 本文在频率域导出了线性流变体介质内的波动方程，同时也给出了黏弹性参数随空间坐标缓变时的近似波动方程表达式，明确了黏弹性参数和波相速度及各类波初动振幅之间的关系。作为例证，先用有限元方法生成黏弹性介质中的理论波场，用其直达波、透射波、反射波初动振幅获得了衰减系数，并进而反演得到黏滞性参数和弹性参数的比值。与模型值的对比表明，所得反演值合理，该方法可靠。

主题词 黏弹性 参数测定 地球介质 线性流变体 波动方程

1 引 言

地球介质在短时间作用力下表现为完全弹性，但在长时间作用力下则表现出非完全弹性。地球介质的非完全弹性性质由其应力、应变、应力速度、应变速度等参数之间的关系决定，并可将介质分为黏滞体、完全塑性体、宾干体、黏弹性体、弹滞性体和更一般化的普通线性体[1]。

地球介质非完全弹性参数对于工程勘探、资源勘探是非常重要的。如滑坡、工程地基的稳定性、油气藏直接识别标志的研究等都和地球介质的非完全弹性参数有关。

地球介质非完全弹性参数对研究地球的内部活动及过程更是必不可少的。造山带的形成、地幔对流、地震的孕育过程等都和地球介质的非完全弹性性质有关。

地球介质的非完全弹性性质可以由地震波观测资料得到。经观测表明，地震波在地球介质中传播时很快衰减殆尽。即使特大地震激起的地球自由震荡，虽然持续较长时间，但最终也还是衰减消失。一般认为，造成这种现象的主要原因是地球介质的非完全弹性，部分原因可能是地球介质弹性性质的非均匀性。地球介质的这种使地震波能量衰减的特性可以用品质因子 Q 来描述，其定义为

$$\frac{1}{Q} = \frac{1}{2\pi} \frac{\Delta E}{E}$$

式中，E 是在一定体积的介质中波动在一个周期内所积累的最大能量；ΔE 是在一个周期内消耗于该体积介质中的能量；$\frac{1}{Q}$ 被称为耗损因子。

地球介质对波的吸收效应可由吸收系数 β 来描述。设平面波 $\alpha = A(x)\,\mathrm{e}^{\mathrm{i}(\omega t - \kappa x)}$ ，则吸收系数 β 满足

———————
* 本文发表于《石油地球物理勘探》，2000，35（1）：51～55

$$\frac{A(x + \mathrm{d}x) - A(x)}{A(x)} = -\beta \mathrm{d}x$$

Q 和吸收系数 β 之间满足如下关系式[2]

$$\frac{1}{Q} \approx \frac{\beta\lambda}{\pi} = \frac{2\beta\nu}{\omega}$$

式中，λ 为波长；ν 为波速；ω 为频率。文献[2]对 Q 值的各种测定方法和衰减机理进行了讨论。

国外地震波衰减的观测研究很多，国内这一领域也非常活跃，包括长周期面波和体波 Q，短周期地震波 Q 值的研究。如利用 P 波初动半周期测定 Q_P 频率域求 Q 值、用地震烈度资料估计算 Q 值，用尾波求 Q 值等[3]。这些方法均可得到地球介质的品质因子 Q 或相应的吸收系数 β。近年来，为了满足工程勘探、资源勘探的需要，正在研究探索求取品质因子 Q 的层析成像法及其应用[4,5]。作者在最近曾提出和上述文献不同的测定地球介质非弹性参数的方法[6]。

本文在此基础上重点探讨了非弹性介质中利用直达波、透射波、反射波测定地球介质黏弹性参数的方法。为完整起见，也简述了测定地球介质黏弹性参数的基本原理[6]。

2　普通线性流变体介质中的波动方程

为简单起见，在下面的讨论中，将把地球介质当作各向同性、缓变的非完全弹性介质；讨论线性模式时，认为应力和应力速度不仅和应变有关，而且和应变速度有关，即考虑所谓的线性流变体。线性流变体内应力和应变之间的一般关系为[6~8]

$$\sigma_{ij} + a_1\dot{\sigma}_{ij} = (a_2\theta + a_3\dot{\theta})\delta_{ij} + a_4 e_{ij} = a_5\dot{e}_{ij} \tag{1}$$

式中，σ_{ij} 为应力分量；$e_{ij} = \frac{1}{2}\left(\frac{\partial u_i}{\partial x_j} + \frac{\partial u_j}{\partial x_i}\right)$ 为应变分量；u_i 和 u_j 是位移分量；$\theta = e_{11} + e_{22} + e_{33}$；$\delta_{ij} = 1(i = j)$ 或 $0(i \neq j)$；a_1、a_2、a_3、a_4、a_5 是地点的缓变实函数，它们在一个波长内的变化可被忽略；"·"表示对时间的导数。

当运动随时间简谐变化时（因为各种振动原则上都可以分解为若干种频率简谐振动的叠加，因此这里仅讨论运动随时间呈简谐变化的情形），式（1）可以写成

$$\sigma_{ij} = \lambda\theta\delta_{ij} + 2\mu e_{ij} \tag{2}$$

式中，λ、μ 为复拉梅常数，它们的具体表达式是

$$\lambda = \frac{a_2 - \mathrm{i}\omega a_3}{1 - \mathrm{i}\omega a_1} \qquad \mu = \frac{a_4 - \mathrm{i}\omega a_5}{2(1 - \mathrm{i}\omega a_1)} \tag{3}$$

其中，ω 为圆频率。

式（2）在形式上和完全弹性体模式内的虎克定律完全相同。因此和完全弹性体一样，当介质参数在一个波长上的变化可被忽略时，位移位 χ 满足波动方程式

$$\nabla^2 \chi = \frac{1}{v^{*2}} \frac{\partial^2 \chi}{\partial t^2} \tag{4}$$

式中, χ 可以是纵波的位移位, 也可以是横波的位移位; v^* 可以是纵波速度 $\sqrt{\frac{\lambda + 2\mu}{\rho}}$, 也可以是横波速度 $\sqrt{\frac{\mu}{\rho}}$。在完全弹性体中 v^* 是实量, 表示相传播速度。此时, 由式 (3) 可知 λ 和 μ 是复量, 因此 v^* 也是复量, 它的物理意义在下文将做进一步阐明。

在式 (4) 中, 令 κ、σ 分别表示 $\frac{1}{v^*}$ 的实部和虚部。由于假定运动随时间简谐变化, 因此有

$$\nabla^2 \chi = (\kappa + i\sigma) \frac{\partial^2 \chi}{\partial t^2} = \kappa \frac{\partial^2 \chi}{\partial t^2} + \sigma\omega \frac{\partial \chi}{\partial t} \tag{5}$$

令

$$\chi = \exp(-\beta t) G \tag{6}$$

其中, β 是待定的缓变实函数, 它在一个波长上的变化可被忽略。由文献 [6] 可知

$$\beta = \frac{\sigma\omega}{2\kappa} \tag{7}$$

及

$$\nabla^2 G = \frac{1}{v^2} \frac{\partial^2 G}{\partial t^2} \tag{8}$$

式中, G 为地震波; $v = \frac{2\sqrt{\kappa}}{\sqrt{4\kappa^2 + \sigma^2}}$ 是 ω 的实函数, 为 G 的传播速度。综合式 (5) 至式 (7), 式 (4) 即为

$$\chi = \exp\left(-\frac{\sigma\omega}{2\kappa}t\right) G \qquad \nabla^2 G = \frac{1}{v^2} \frac{\partial^2 G}{\partial t^2} \tag{9}$$

式 (9) 就是变形后的线性流变体内的波动方程式。对于纵波

$$v = v_1 = \sqrt{\frac{(\tau_1 + a_1\varepsilon_1\omega^2)(\tau_1^2 + \varepsilon_1^2\omega^2)}{\rho\left((\tau_1 + a_1\varepsilon_1\omega^2)^2 + \frac{1}{4}\omega^2(\varepsilon_1 - a_1\tau_1)^2\right)}} \tag{10}$$

$$\beta = \beta_1 = (\beta_1)_1 = \frac{(\varepsilon_1 - a_1\tau_1)\omega^2}{2(\tau_1 + a_1\varepsilon_1\omega^2)}$$

对于横波

$$v = v_2 = \sqrt{\frac{(\tau_2 + a_1\varepsilon_2\omega^2)(\tau_2^2 + \varepsilon_2^2\omega^2)}{\rho\left((\tau_2 + a_1\varepsilon_2\omega^2)^2 + \frac{1}{4}\omega^2(\varepsilon_2 - a_1\tau_2)^2\right)}}$$

$$\beta = \beta_2 = (\beta_2)_1 = \frac{(\varepsilon_2 - a_1\tau_2)\omega^2}{2(\tau_2 + a_1\varepsilon_2\omega^2)}$$

(11)

式中，$\tau_1 = a_2 + a_4$；$\varepsilon_1 = a_3 + a_5$；$\tau_2 = a_4$；$\varepsilon_2 = a_5$；$\rho$ 为密度；ω 为频率；a_1、a_2、a_3、a_4、a_5 为虎克定律系数。文献 [6] 表明：a_3、a_5、a_1、a_2、a_4 必须满足如下关系式

$$a_3 + a_5 - a_1a_2 - a_1a_4 > 0 \qquad a_5 - a_1a_4 > 0$$

式 (10、式 (11) 表明：可以由观测的纵横波相速度 v_1、v_2 和纵横波的吸收系数 β_1、β_2 反演求得地球介质的非弹性参数 a_1、a_2、a_3、a_4、a_5。

3 由地震波振幅求非完全弹性参数

式 (9) 表明黏弹性介质是吸收介质。当黏弹性参数的空间变化在一个波长的范围内可被忽略时，黏弹性介质的波场除了要乘上一个因子 $e^{-\beta t}$ 以外，和弹性介质的波场在形式上完全一样，其中 β 为吸收系数（对于纵波和横波分别如式 (10) 和式 (11) 所示）。

从式 (9) 不难看出吸收系数 β 和频率 ω 有关可把频率范围有限的一个窄频波列视作一个波包。在黏弹性介质中，一个中心频率为 ω 的波包在传播过程中其波形会因波散而变形，其振幅因吸收而衰减，假设波包的传播规律遵循式 (9)，则可由观测到的多类波场近似求得介质的吸收系数 β，进而可反演求得黏弹性参数 a_3、a_5。

式 (9) 还表明当 $\beta = -\frac{\sigma\omega}{2\kappa} = 0$ 时为弹性介质，G 为弹性介质中的波设炮集记录为 G_i（$i = 1, 2, \cdots, N$；N 为总的记录道数），则对于做过几何扩散校正的波包振幅 G_{i0}，存在

$$\ln G_{i0} = C = 常数$$

(12)

而对于黏弹性介质中的波，令做过几何扩散校正的波包振幅为 X_{i0}，则由式 (9) 可得

$$\ln X_{i0} = -\beta t_i + C$$

(13)

式中，C 为常数；β 为待求的吸收系数；t_i 为第 i 个记录道的初至时间，一般取波前面的到达时间，或取波动第一个最大振幅（绝对值）的到达时间；X_{i0} 为做过几何扩散校正后的相应的初至振幅。式 (13) 表明 $\ln X_{i0}$ 与 t_i 之间存在线性关系，其直线的斜率为 $-\beta$；吸收越大，β 值越大。这样由观测的波的振幅可求取介质的吸收系数 β，进而由式 (10) 或式 (11) 求得介质的黏弹性参数 a_3、a_5。

现用几个数值例子来说明该方法的可行性。

选取一个两层介质模型，给出其弹性参数，用有限元方法计算波场 G；采用雷克子波、中心频率 f 为 50Hz 或 100Hz 炮点置于地面来计算直达 P 波（采用地面记录）、透射 P 波和反射 P 波（采用 VSP

记录），再选择合适的几何扩散校正参数使式（12）成立；然后对模型赋予黏弹性参数，计算式（13），进而可求得 β 值。

对所得数值进行对比发现，若理论的黏弹性参数 a_3、a_5（即理论的 β）值越大，则用上述方法反演求得的 β 值也越大。这就证明反演的相对值是可靠的，但其绝对值存在一定的差异。通过分析，认为误差可能和量纲或观测系统等有关。因此，需要对其进行校正，即对某个理论黏弹性参数 a_3、a_5 的反演值 $\beta_{计}$ 乘上一个校正系数 b，使 $b\beta_{计}=\beta_{理}$；然后对任意其他黏弹性参数 a_3、a_5 的模型反演值都乘上 b。

表 1 至表 3 分别为直达波透射波和反射波的反演结果。表中：a_3 为黏弹性参数 λ' 对拉梅常数 λ 的比值；a_5 为黏弹性参数 μ' 对拉梅常数 μ 的比值；$\beta_{理}$ 为吸收系数的理论值，由式（10）计算；$\beta_{计}$ 为吸收系数的计算值，由式（13）计算；$(a_3/a_2)_{计}$ 和 $(a_5/a_4)_{计}$ 为由计算的 β 值从式（10）反演的黏弹性参数值。由于采用泊松固体（$\lambda=\mu$），因此 (a_3/a_2) 和 (a_5/a_4) 在数值上是一致的；如果 $\lambda\neq\mu$，则必须同时使用 S 波和 P 波才能定解。

所得的反演值和模型值是接近的，表明本文提出的方法是有效的。

表 1　直达波反演结果（$\omega=100\pi$）

$(a_3/a_2)_{理}$	$(a_5/a_4)_{理}$	$\beta_{理}$	$\beta_{计}$	$(a_3/a_2)_{计}$	$(a_5/a_4)_{计}$
1E-4	1E-4	19.7	14.7	7.45E-5	7.45E-5
3E-4	3E-4	59.2	39.7	2.01E-4	2.01E-4
5E-4	5E-4	98.6	77.3	3.90E-4	3.90E-4
7E-4	7E-4	138.0	129.2	6.55E-4	6.55E-4
9E-4	9E-4	177.5	177.8	9.02E-4	9.02E-4

表 2　透射波反演结果（$\omega=100\pi$）

$(a_3/a_2)_{理}$	$(a_5/a_4)_{理}$	$\beta_{理}$	$\beta_{计}$	$(a_3/a_2)_{计}$	$(a_5/a_4)_{计}$
1E-4	1E-4	19.7	26.8	1.4E-4	1.4E-4
2E-4	2E-4	39.4	43.1	2.2E-4	2.2E-4
3E-4	3E-4	59.2	54.8	2.8E-4	2.8E-4
4E-4	4E-4	78.8	61.9	3.1E-4	3.1E-4

表 3　反射波反演结果（$\omega=100\pi$）

$(a_3/a_2)_{理}$	$(a_5/a_4)_{理}$	$\beta_{理}$	$\beta_{计}$	$(a_3/a_2)_{计}$	$(a_5/a_4)_{计}$
1E-4	1E-4	19.7	31.9	1.6E-4	1.6E-4
2E-4	2E-4	39.4	39.3	2.0E-4	2.0E-4
3E-4	3E-4	59.2	47.3	2.4E-4	2.4E-4
4E-4	4E-4	78.8	70.1	3.6E-4	3.6E-4

参 考 文 献

［1］傅承义、陈运泰、祁贵仲，地球物理学基础，科学出版社，1985，286~291

［2］周惠兰，地球内部物理，地震出版社，1990，218~264

［3］陈培善，地震波衰减研究在我国的进展，地球物理学报，1994，37（增刊）：231~241

［4］徐国新，走时层析成像、纵波速度 V_p 与品质因子 Q 的关系研究，中国科学院地球物理研究所，硕士论文，1996

［5］常旭，反射地震学 Q 值层析成像及叠前岩性参数反演方法研究，地球物理学报，1997，40（1）：144

［6］王妙月、底青云，地球介质非弹性参数测定方法，地球物理学报，2000，43（3）：322~330

［7］王妙月，群速、射线和质点力学，中国科学技术大学毕业论文，1965

［8］王妙月、郭亚曦、底青云，二维线性流变体波的有限元模拟，地球物理学报，1995，38（2）：494~505

金沙江龙蟠右岸变形体的地震学研究[①]

王妙月　　王　若　　底青云

中国科学院地质与地球物理研究所

摘　要　拟建中的虎跳峡水电站水库蓄水后距虎跳峡上游 20km 处的龙蟠右岸变形体是否会突然失稳崩滑为许多人关注. 本文在折射波勘探方法获得龙蟠变形体底界形态、埋深、规模的基础上，进一步利用折射波勘探已经采集的炮集记录识别的反射波、面波、折射波等来研究变形体的内部结构和弹性及非弹性参数，获得变形体内部存在纵向横向结构的依据以及面波和折射波衰减系数，进而估算了变形体介质横波和纵波的非弹性性质参数与弹性性质参数的比值分别为 0.000184 和 0.000144。由此判断水库蓄水后因变形体介质大量孔隙充水。造成孔隙压增加和剪切强度降低. 进而导致变形体可能发生稳定非弹性变形或滑动，但稳定变形或滑动是否会演化成突然的非稳定滑动尚缺乏资料的支持。

关键词　虎跳峡水电站　龙蟠右岸　变形体内部结构　非弹性性质　地震学研究

1　引　言

金沙江龙蟠右岸变形体位于金沙江虎跳峡上游距虎跳峡约 20km 的龙蟠处，初步估算的变形体体积约 1.2 亿立方米。

该变形体虽然距离推荐坝址尚有一定距离，但由于地处库区，并且规模较大，如果水库蓄水后出现高速失稳，对库区设施和安全运行仍构成威胁。因此对变形体开展是否会失稳的研究是相当重要的。

国家电力公司中南勘测设计研究院，为了选坝址的需要曾在这里进行了一系列的钻探、砼探和物探研究。相关的钻孔有 ZK39、ZK40、ZK4、ZK5、ZK15 等。平砼有 1 平砼、25 平砼等。曾进行过两次地震波折射勘探，第 1 次记录质量不够理想，未能获得较好的解释结果。第 2 次于 2003 年 1 月进行，在野外资料采集中采取了加深炸药孔埋深等措施，获得了质量较好的野外记录，经处理后得到了强风化底界面埋深、形态的解释结果及强风化底界以浅、以深地层沿剖面方向分布的几组纵波平均速度[②,③]。

从 2003 年开始中国科学院地质与地球物理研究所工程地质与应用地球物理研究室在中国科学院知识创新工程重要方向项目"西南水电开发重大高难地质工程信息获取与安全评价技术方法研究"资助下，开始了与国家电力公司中南勘测设计研究院合作开展金沙江龙蟠右岸变形体稳定性问题的工程地质与应用地球物理综合研究。应用地球物理研究方面，采用 V6A 对龙蟠右岸变形体的电性结构开展了可控源音频大地电磁法（CSAMT）探测研究；用国家电力公司中南勘测设计研究院 2003 年 1 月折射波勘探采集的地震炮集记录，开展了变形体内部结构、变形体介质弹性和非弹性性质的地震学研究。本文阐述了金沙江龙蟠右岸变形体地震学研究方面的某些结果。

---

① 本文发表于《地球物理学报》，2006，49（5）：1489~1498
② 国家电力公司中南勘测设计研究院，宽谷建坝条件研究报告，2003 年 9 月
③ 国家电力公司中南勘测设计研究院，虎跳峡水电站龙蟠右岸边坡变形岩体稳定性计算报告，2003 年 5 月

2 主剖面方向变形体结构研究

国家电力公司中南勘测设计研究院在研究龙蟠变形体时，进行了折射波勘探。测线如图1所示，图中同时标出了变形体的范围、钻孔位置、金沙江走向。

三个剖面变形体结构的折射波研究已由国家电力公司中南勘测设计研究院完成，通过研究获得了变形体底界的形态、埋深及规模[1,2]，这里将不做重复研究而仅应用他们的某些结果。仔细分析中南勘测设计研究院采集的炮集地震记录，对于近炮排列记录可以识别出直达波、浅层反射波和面波。对于中等炮检距记录可以识别出浅层反射波、折射波。主剖面两个典型的近炮和中等炮检距炮集记录分别如图2所示。图中标出了识别出的震相。本文将利用相关的震相研究主剖面变形体的内部结构和有关地震学参数。

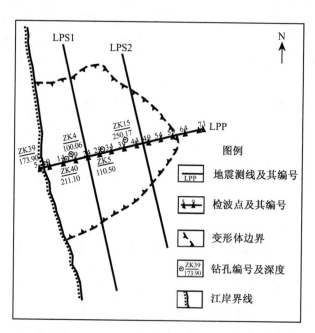

图1 折射波测线布置图（据国家电力公司中南勘测设计研究院提供的资料重绘）

为此首先对主剖面尝试了利用识别的反射波记录研究主剖面方向变形体内部结构的可能性。记 S 为源，C 为反射点，R 为检波点，则反射波的走时为

$$t_{SR} = \frac{r_{SC}}{V} + \frac{r_{CR}}{V} \tag{1}$$

式中，V 为波速。它表示当反射走时 t_{SR} 和波速确定时，反射点 C 满足的是一个以 S、R 为焦点的椭圆方程。由于 C 落在椭圆上的任一位置时都满足此方程，因此仅由单道反射记录 R 不能确定反射点 C 的位置。对于一个炮点（源）的一个排列的多道反射记录，可以画一系列的椭圆，按照地震学原理，诸反射点应在这些椭圆的公切面上，公切面构成了反射面。式（1）也表明，为了能画出椭圆，必须要事先知道反射层的速度 V。

① 国家电力公司中南勘测设计研究院，宽谷建坝条件研究报告，2003 年 9 月
② 国家电力公司中南勘测设计研究院，虎跳峡水电站龙蟠右岸边坡变形岩体稳定性计算报告，2003 年 5 月

图 2 表明初至波（直达波或折射波）到时是比较容易识别的。我们利用初至波的时距曲线求出表层的速度。表 1 给出了由第 5 桩放炮，第 6~27 桩记录时（24 道记录，前 12 道记录到了直达波）由直达波（D）到时计算表层速度的各个参数。由直达波走时线性估算的表层速度 V_d 也给在表 1 内。

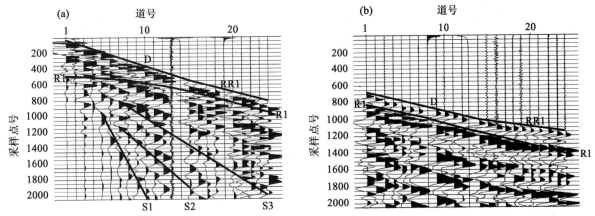

图 2　（a）近炮炮集记录（5~27 桩）和（b）中等炮检距炮集记录（27~50 桩）（炮点 5 桩）

由图 2a 拾取的反射波记录到时，以及由表 1 得到的速度 V_d 通过方程（1）计算的一系列椭圆曲线绘在图 3 内，如位于钻孔 Z39、ZK40、ZK4 下方和折射波解释的强风化层底界上方的椭圆簇所示。

表 1　5 桩放炮 6~28 桩炮集记录计算的表层速度 V_d 参数表

道号	1	2	3	4	5	6	8	9	10	12
桩号	5	6	7	8	9	10	12	13	14	16
水平距 x/m	0	12.0	30.5	49.7	69.4	88.5	126.8	147.8	166.3	203.6
高程 h/m	1809.9	1819.9	1824.1	1827.4	1831.9	1836.7	1843.4	1850.4	1856.9	1869.2
斜距 l/m	0	16.78	34.08	53.03	73.11	92.76	131.41	153.52	173.09	212.34
走时 t/ms		6.25	7.38	25.0	31.25	37.75	62.88	75.0	81.25	100
直达波速度 V_d/（km·s^{-1}）					2.12					

表 2 给出了由第 5 桩放炮第 27~50 桩记录和由第 67.5 桩放炮第 27~50 桩记录的两个中等炮检距道集记录获得表层波速度的各个参数，其中 t_L、t_R 分别为 5 桩、67.5 桩放炮时检波点记录的初动到时，V_L、V_R 为由表 2 参数计算的相应的地层速度（t_L、t_R、V_L、V_R 中角标 L 表示炮在检波点左侧 R 表示炮在检波点右侧）。

由图 2b 拾取的首层反射波记录 R1 到时以及由表 2 得到的速度 V_L，通过方程（1）计算的一系列椭圆曲线见图 3 折射波解释的强风化层底界下方左侧的椭圆曲线簇所示。如法炮制拾取了 67.5 桩放炮，27~50 桩记录的首层反射波记录到时，由此到时和由表 2 得到的 V_R，通过方程（1）计算的一系列椭圆曲线见图 3 折射波解释的强风化层底界下方右侧的椭圆曲线簇所示。

表2 由中等炮检距道集计算地层速度参数表

炮号	炮集记录资料										
	道号	1	2	3	4	5	6	9	10	11	12	14
	桩号	27	28	29	30	31	32	35	36	37	38	40
5号桩放炮	水平距 x/m	395.4	411.0	426.4	443.1	460.1	477.5	528.2	545.6	564.3	582.1	618.8
	高程 h/m	1969.5	1979.3	1990.2	1999.8	2010.0	2018.8	2044.1	2050.2	2056.9	2063.6	2076.9
	斜距 l/m	426.8	444.9	463.3	482.5	502.1	521.6	578.2	596.6	616.5	635.4	674.3
	走时 t_L/ms	175.0	193.8	197.5	205.0	212.5	220.0	225.0	231.3	237.5	250.0	
	初至波速度 V_L/(km·s⁻¹)					4.56						

表格续：

	道号	18	19	20	21	22	23	24
	桩号	44	45	46	47	48	49	50
67.5号桩放炮	水平距 x/m	690.4	706.4	722.6	740.2	758.8	773.1	790.3
	高程 h/m	2103.2	2108.7	2117.1	2123.4	2128.7	2137.7	2145.1
	斜距 l/m	436.8	419.9	401.8	383.2	364.3	347.4	328.7
	走时 t_R/ms	170.0	175.0	180.0	187.5	193.8	200.0	206.3
	初至波速度 V_R/(km·s⁻¹)				5.20			

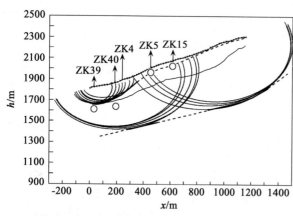

图例：
▭▭▭ 地面上检波点
🡅 钻孔剖面投影位置
▭ 折射波解释的强风化底界
▭ 反射波炮检椭圆线
◯ 钻孔提示的第四系底界
▭▭▭ 反射波解释的反射层底界，虚线为推断

图3 变形体主剖面方向结构综合解释结果图
钻孔位置为图1中钻孔位置在主剖面上的投影，
折射波解释结果和钻孔结果由中南院提供

作图3中椭圆曲线簇的公切线。图中和椭圆相切的实线即为相应层的反射界面段。因本次观测是按折射方法布置的，反射记录有限，在缺少资料的地方按其趋势，对反射界面的走向进行了推测，如图中虚线所示。对于用中等炮检距记录拾取的地层反射波获得的反射界面的形态的总体趋势是可信的，但其埋深是不可靠的。原因在于水平视速度 V_L 的值已达到 4.56km·s⁻¹，V_R 的值已达到 5.2km·s⁻¹。其值已接近于由折射波方法得到的强风化层界面下方相应位置的速度，这表明初至波实际上已不是直达波，而是折射波。用这些速度获得的反射界面的埋深显然偏深，但从趋势看，即使速度采用折射波法得到的表层的平均速度，其埋深也大于用折射方法确定的强风化层底界面的深度。对于强风化层底界面及其以浅的反射面在中等检距炮集记录上已被来自深层的折射波干扰而无法识别，记录上显示的首层反射记录 Rl 是来自强风化层下方反射界面的波。因此，

若要用反射波来研究变形体内部结构，必须要有好的近炮炮集记录。

在图 3 中"○"表示钻孔资料揭示的第四系底界，图 3 表明近炮检距道集反射波资料所得的反射面和第四系底界比较一致。同时也表明，对于近炮记录，识别的直达波 D 和首层反射波 R1 是可信的。此外，对于强风化层下的反射面可能是深部二叠纪地层或三叠纪地层中的反射界面的反映。同时也表明对于远炮记录，识别的反射波 R1 已不再是首层反射波（强风化层底界反射波），而是强风化层之下的反射面的反射波。图 3 也表明，变形体主要局限在折射波解释的强风化层底界面的上方，反射资料和折射资料的结合表明该变形体存在明显的垂向和横向结构，这和钻孔、平砼地质资料揭示的变形体范围内存在明显的缓倾的板岩层面、高倾角节理面以及侵入岩体相吻合。

3　变形体衰减特征研究

由地震波振幅的衰减特征和波速特征可以研究变形体的非弹性性质，采用近炮炮集记录的面波和远炮炮集记录的折射波振幅资料对此进行了研究。

3.1　采用面波资料的研究结果

图 2a 表明，对于近炮炮集记录，明显存在帚状分布的面波波列，可分解成 S1、S2、S3。总体说 S1、S2、S3 构成了帚状分布的面波波列，具体分解成 S1、S2、S3 是根据它们的线状特征。面波的时距曲线可近似认为是直线，不同的斜率反映的是不同深度面波的平均速度。在反射地震研究中，面波波列的存在干扰了深层反射，因此在反射波处理中通常将其过滤或剔除。为了研究浅层介质的非弹性性质，我们试图利用这组面波波列。从图 2a 看，面波波列可以分成三组每组的时距曲线都是直线，它们的水平视速度可以近似地认为是波列在地层内沿水平方向的传播速度，小的水平视速度表示波列穿透介质的深度较浅，水平视速度越大，表示波列穿透介质的深度越深。国内外利用面波的谱振幅研究地球介质的衰减已有一系列的文章[1~4]发表。按文献 [1]，利用天然地震时面波的谱振幅可以表示成

$$A(\omega) = S(\omega, \vartheta) \frac{I(\omega)}{\sqrt{R_0 \sin\Delta}} \exp(-\gamma(\omega) \cdot \Delta) \tag{2}$$

式中，$S(\omega, \vartheta)$ 是初始谱；ϑ 是方位角；ω 为频率；$I(\omega)$ 是地震仪的频率响应；R_0 为地球半径；Δ 为震中距（角距）；$\dfrac{1}{\sqrt{R_0 \sin\Delta}}$ 是面波的几何扩散因子；$\gamma(\omega)$ 是衰减系数。对于浅源近距离的面波，式（2）可改造成

$$A(\omega) = S(\omega) I(\omega) \frac{1}{\sqrt{x}} \exp(-\gamma x) \tag{3}$$

式中，$S(\omega)$ 为初始谱（源谱）；$I(\omega)$ 为仪器响应谱；x 为源检水平距离；$1/\sqrt{x}$ 为几何扩散因子；γ 为衰减系数。

记 $A_i(\omega)$ 为 $A(\omega)$ 的第 i 道记录，则

$$\ln\left[\frac{A_i(\omega)}{A_1(\omega)}\right] = \ln\sqrt{\frac{x_1}{x_i}} - \gamma(x_i - x_1)$$

或

$$\ln(A_R) = -\gamma(x_i - x_1)$$

$$A_R = \frac{A_i(\omega)\sqrt{x_i}}{A_1(\omega)\sqrt{x_1}} \tag{4}$$

式（4）表明，作几何扩散校正后的第 i 道记录与第 1 道记录的振幅比的自然对数和第 i 道记录与第 1 道记录的源检水平距离之差呈线性关系，其斜率即为衰减系数 γ。假设浅源近距离面波波列的频率范围较窄，吸收系数 γ 随频率、距离的变化可略，我们可以把式（4）推广到面波波列最大振幅的情况。

利用图 2a 所示的 3 个面波波列的最大振幅资料对源检范围内介质的吸收系数 γ 进行了估算。3 个波列的道号、桩号、到时、振幅值等参数如表 3 所示。由这些参数得到的 3 个波列的水平视速度和衰减系数也给在表 3 内。

由表 3 各面波波列经过几何扩散校正后求得的第 i 道振幅和有资料的首道振幅之比的自然对数和第 i 道相对于首道的水平距离之间的图形关系如图 4 所示。

表 3　面波波列计算衰减系数参数表

波列号	资料						水平视速度（km·s^{-1}）	衰减系数（m^{-1}）
S1	道号	6	7	8	9	10	11	0.38	0.0029
	桩号	10	11	12	13	14	15		
	x_i/m	88.5	107.3	126.8	147.8	166.3	184.5		
	走时/ms	250.3	325.3	372.5	438.0	469.8	506.8		
	A_i	0.5604	0.8587	0.5163	0.4081	0.5332	0.3643		
	ln（A_R）	0	−0.057	−0.481	−0.640	−0.313	−0.643		
S2	道号	8	9	10	11	16		0.44	
	桩号	12	13	14	15	20			
	x_i/m								
	走时/ms	126.8	147.8	166.3	184.5	203.6			
	A_i	0.9411	0.4188	0.7111		0.3653			
	ln（A_R）	0	−0.794	−0.210		−0.770			
S3	道号	12	13	16	19	21	23	0.96	
	桩号	16	17	20	23	25	27		
	x_i/m	203.6	223.0	275.0	328.7	363.2	395.4		
	走时/ms	274.0	299.5	359.0	405.3	432.0	477.0		
	A_i	1.3029	0.499	0.4669	0.4861	0.2335	0.5614		
	ln（A_R）	0	−0.650	−0.611	−0.482	−0.165	−0.246		

图 4 表明尽管只作了几何扩散校正，通过振幅比消除了源和仪器响应的影响，但未做检波器接地条件影响及非一致性校正，资料点仍呈现一定程度的线性。由反映浅层的 S1 波列线性关系（图中实线）求得的浅层衰减系数 γ 为 0.0029m^{-1}，由 S1、S2、S3 三个波列的平均线性关系（图中虚线）求得

的衰减系数为 0.00235m⁻¹，表明从面波波列资料的结果看，反映较浅层衰减系数大于较深层的衰减系数，在研究所涉的范围内，介质存在一定的非弹性，深度加大非弹性系数减小。

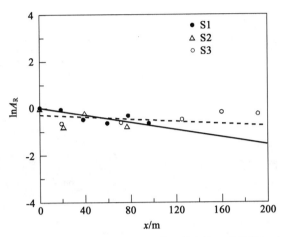

图 4 面波波列 S1、S2、S3 相对振幅（第 i 道和第 1 道比值）自然对数与
相对距离（第 i 道和第 1 道水平距离之差）的关系

3.2 采用折射波振幅资料的研究结果

折射波属于体波，按文献 [1]，体波记录的谱振幅 $A(\omega)$ 可写成

$$A(\omega) = S(\omega)G(r)I(\omega)\exp\left[-\frac{\omega r}{QV_P}\right] \tag{5}$$

式中，$S(\omega)$ 是震源谱；$G(r)$ 为几何扩散因子；$I(\omega)$ 为地震仪的频率响应；r 为源检距；V_P 为体波速度；Q 为介质的品质因子。对于评行层折射波，式（5）可转化为

$$A(\omega) = S(\omega)I(\omega)G(r_s)G(r_x) \times G(r_g)e^{-\gamma_1 r_x}e^{-\gamma_1 r_g}e^{-\gamma_2 r_x} \tag{6}$$

式中，$G(r_s)$ 为从源入射到折射界面的几何扩散因子；$G(r_g)$ 为从折射界面出射到检波点的几何扩散因子；$G(r_x)$ 为波沿折射界面滑行时的几何扩散因子；γ_1 为折射界面之上层介质的平均衰减因子；γ_2 为折射界面之下层介质的平均衰减因子。介质折射波衰减因子 γ 和式（5）中介质品质因子 Q 之间的关系定义为

$$\frac{\omega}{QV_P} = \gamma \tag{7}$$

图 3 表明浅层界面和地形面几乎平行，因此可不考虑地形倾斜的影响，将问题当作平行层处理。采用类似于式（4）的振幅比处理方法，可消去式（6）中源 $S(\omega)$、仪器 $S(\omega)$ 的影响，此外还可消去折射界面以上几何扩散和吸收 $G(r_s)$、$G(r_g)$、$e^{-\gamma_1 r_s}$、$e^{-\gamma_1 r_g}$ 的影响。于是有

$$\ln A_R = -\gamma_2(x_i - x_1) \tag{8}$$

式中，$A_R = \dfrac{A_i x_i}{A_1 x_1}$；$A_i$ 为第 i 道的折射波振幅；A_1 为有折射波资料的首道折射波振幅；x_i 和 x_1 分别为 A_i 和 A_1 对应的水平源检距。

图 5 为 5 桩放炮，45～68 桩的折射波记录。假设折射波的频谱成分较窄，频率对衰减系数的影响可以忽略，于是图 5 中记录的波列振幅可近似地替代式（8）中的谱振幅。我们将用图 5 中的折射波波列 RR1、RR2、RR3 的振幅和式（8）来求折射界面下方介质的平均衰减系数。用于衰减系数计算的折射波记录的道号、桩号、水平炮检距、到时、振幅值等参数如表 4 所示。由这些参数得到的 3 个折射波列的水平视速度和衰减系数也给在表 4 内。

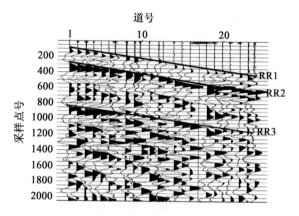

图 5　大炮检距折射波记录剖面

表 4　折射波波列计算衰减系数参数表

波列	资料													水平视速度（km·s⁻¹）	衰减系数（m⁻¹）
RR1	道号	1	3	5	7	9	11	14	15	18	19	21	23	3.3	0.00195
	桩号	45	47	49	51	53	55	58	59	62	63	65	67		
	x_i/m	706.6	740.2	773.1	806.1	840.9	877.2	928.0	943.5	993.6	1012.0	1048.6	1084.2		
	走时/ms	33.0	37.0	48.3	50.3	59.5	57.5	81.0	87.3	99.5	99.5	105.8	117.0		
	A_i	0.4852	0.5150	0.840	0.8301	0.5275	0.2385	0.3616	0.3621	0.4832	0.3089	0.1487	0.6097		
	$\ln A_R$	0	0.104	0.599	0.668	0.26	−0.494	−0.021	−0.003	0.336	−0.09	−0.78	0.66		
RR2	道号	1	3	5	7	9	11	14	15	18	19	21	23	3.5	
	桩号	45	47	49	51	53	55	58	59	62	63	66	67		
	x_i/m	706.6	740.2	773.1	806.1	840.9	877.2	928.0	943.5	993.6	1012.0	1048.6	1084.2		
	走时/ms	89.3	91.3	93.5	99.5	107.8	113.0	135.5	138.5	161.0	164.3	171.5	181.8		
	A_i	1.2713	1.2883	1.5756	1.0636	1.0567	0.9793	1.9421	1.9534	1.9446	0.7079	0.8037	0.9246		
	$\ln A_R$	0	0.058	0.305	−0.047	−0.01	−0.04	0.697	0.719	0.765	−0.227	−0.03	0.109		
RR3	道号	1	3	5	7	9	11	14	15	18	19	21	23	4.3	
	桩号	45	47	49	51	53	55	58	59	62	63	66	67		
	x_i/m	706.6	740.2	773.1	806.1	840.9	877.2	928.0	943.5	993.6	1012.0	1048.6	1084.2		
	走时/ms	219.5	228.8	228.8	236.0	235.0	246.5	262.8	268.8	293.5	288.3	287.3	322.3		
	A_i	1.9499	1.9895	1.9364	0.9286	0.6341	1.4082	1.4014	1.2369	1.9811	1.0583	0.2261	0.3049		
	$\ln A_R$	0	0.067	0.083	−0.610	−0.949	−0.109	−0.056	−0.166	0.356	−0.243	−1.76	−1.43		

由表 4 各个折射波波列经过几何校正后求得的第 i 道振幅和第 1 道振幅之比的自然对数和第 i 道相对于第 1 道的水平距离之间的图形关系如图 6 所示。

相对于面波，折射波资料点的线性关系较差一些，特别是深度较深的 RR3 波列，深度中等的 RR2

波列次之。我们对深度较浅的 RR1 波列的资料点作出了直线，由其斜率得到衰减系数 $\gamma = 0.00195\mathrm{m}^{-1}$。RR3 资料点的特征表明来自深部的折射体波不存在明显的衰减，从 RR2、RR3 波的水平视速度判断，这个深度已在强风化层底界的上方靠近强风化层的地方，这就是说强风化层内部介质的衰减系数可能随埋深减小。一般来说，衰减系数与介质的非弹性性质、介质的结构造成的散射等因素有关，下面将讨论非弹性造成的衰减，所得的非弹性参数将会偏大，是实际可能的非弹性参数值的上限。

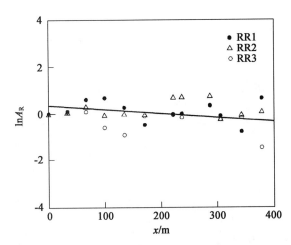

图 6 折射波波列 RR1、RR2、RR3 相对振幅（第 i 道和第 1 道比值）自然对数与
相对距离（第 i 道相对于第 1 道水平距离）的关系

4 速度、衰减和介质非弹性性质关系研究

对于弹性介质，速度和介质的衰减性质无关。然而，对于非完全弹性介质，速度和介质的衰减性质有关. 对于介质参数随空间缓变的线性流变体介质，应力应变关系可以表示为[7,8]。

$$\sigma_{ij} + a_1\dot{\sigma}_{ij} = (a_2\vartheta + a_3\dot{\vartheta})\delta_{ij} + a_4 e_{ij} + a_s\dot{e}_{ij} \tag{9}$$

式中，σ_{ij} 为应力分量；e_{ij} 为应变分量；ϑ 为体应变；$\delta_{ij} = \begin{cases} 0 & \text{当 } i \neq j \\ 1 & \text{当 } i = j \end{cases}$；$a_1$、$a_2$、$a_3$、$a_4$、$a_5$ 是地点的缓变实函数，其中，a_2、a_4 为弹性性质参数，a_1、a_3、a_5 为非弹性性质参数，它们在一个波长距离内的变化可略。"·"表示对时间的一次导数。对线性流变体介质，可以证明，纵横波速度、衰减系数和介质的弹性、非弹性性质参数之间存在解析关系[7,8]。按文献 [7，8] 纵波速度 V_P 可表示成

$$V_\mathrm{P} = \sqrt{\dfrac{(\tau_1 + a_1\varepsilon_1\omega^2)(\tau_1^2 + \varepsilon_1^2\omega^2)}{\rho\left[(\tau_1 + a_1\varepsilon_1\omega^2)^2 + \dfrac{1}{4}\omega^2(\varepsilon_1 - a_1\tau_1)^2\right]}} \tag{10}$$

随时间衰减的纵波衰减系数 α_p 可表示成

$$\alpha_P = \frac{(\varepsilon_1 - a_1\tau_1)\omega^2}{2(\tau_1 + a_1\varepsilon_1\omega^2)} \tag{11}$$

横波速度 V_S 可表示成

$$V_S = \sqrt{\frac{(\tau_1 + a_1\varepsilon_1\omega^2)(\tau_2^2 + \varepsilon_2^2\omega^2)}{\rho\left[(\tau_2 + 2a_1\varepsilon_2\omega^2)^2 + \frac{1}{4}\omega^2(\varepsilon_2 - a_1\tau_2)^2\right]}} \tag{12}$$

随时间衰减的横波衰减系数 α_S 可表示成

$$\alpha_S = \frac{(\varepsilon_2 - a_1\tau_2)\omega^2}{2(\tau_2 + a_1\varepsilon_2\omega^2)} \tag{13}$$

在式（10）至式（13）中，$\tau_1 = a_2 + a_4$，$\varepsilon_1 = a_3 + a_5$，$\tau_2 = a_4$，$\varepsilon_2 = a_5$，$\rho$ 为密度，ω 为圆频率，a_1、a_2、a_3、a_4、a_5 为式（9）中所述应力应变关系中的系数。

式（7）中随距离衰减的折射体波衰减系数 γ 和式（11）中随时间衰减的体波衰减系数 α 之间的关系为

$$\gamma = \frac{\alpha}{V} \tag{14}$$

因此在线性流变体假设下随距离衰减的纵波衰减系数 γ_P 与横波衰减系数 γ_S 和介质的弹性、非完全弹性参数之间关系可表示为

$$\gamma_P = \frac{(\varepsilon_1 - a_1\tau_1)\omega^2}{2(\tau_1 + a_1\varepsilon_1\omega^2)V_P} \tag{15}$$

$$\gamma_S = \frac{(\varepsilon_2 - a_1\tau_2)\omega^2}{2(\tau_2 + a_1\varepsilon_2\omega^2)V_S} \tag{16}$$

对于黏弹性体 $a_1 = 0$，于是

$$V_P = \sqrt{\frac{\tau_1(\tau_1^2 + \varepsilon_1^2\omega^2)}{\rho\left(\tau_1^2 + \frac{1}{4}\omega^2\varepsilon_1^2\right)}} \tag{17}$$

$$V_S = \sqrt{\frac{\tau_2(\tau_2^2 + \varepsilon_2^2\omega^2)}{\rho\left(\tau_2^2 + \frac{1}{4}\omega^2\varepsilon_2^2\right)}} \tag{18}$$

$$\gamma_{P} = \frac{\varepsilon_1 \omega^2}{2\tau_1 V_P} \tag{19}$$

$$\gamma_{S} = \frac{\varepsilon_2 \omega^2}{2\tau_2 V_S} \tag{20}$$

我们在黏弹性介质的假设下对龙蟠变形体介质的非完全弹性性质参数值给予估算。

在第 3 节中由面波得到变形体介质衰减系数的估算值是 0.0029，由于面波（瑞利波）速度和横波速度比较接近。我们用瑞利面波的速度值来估算横波的速度值，取 $V_S = 500 \mathrm{m} \cdot \mathrm{s}^{-1}$，则

$$\gamma_{S} = 0.0029 = \frac{\varepsilon_2}{2\tau_2} \frac{(2\pi f)^2}{V_S}$$

从图 2 所示的地震图看面波 S1 波列的主频约 20Hz，于是

$$0.0029 = \frac{\varepsilon_2}{2\tau_2} \frac{39.4384 \times 400}{500}$$

或

$$0.000184 \approx \frac{\varepsilon_2}{\tau_2} \tag{21}$$

式（21）表明从面波计算的横波衰减系数估算的介质黏性参数值和弹性参数值之比约为 0.000184。

对于纵波，取 $V_P = 2000 \mathrm{m} \cdot \mathrm{s}^{-1}$（由折射波法得到的变形体和平均速度估算），由式（19）由 $\gamma_P = \frac{\varepsilon_1 \omega^2}{2\tau_1 V_P}$，图 5 所示的 RR1 波波列估计主频 $f \approx 37 \mathrm{Hz}$，所以 $\omega = 2\pi f = 232.478$，于是

$$\frac{\varepsilon_1}{\tau_1} = \frac{2\gamma_P V_P}{\omega^2} = 0.0029\gamma_P = 0.000144 \tag{22}$$

表示从纵波衰减系数估算黏弹性参数 ε_1 和弹性参数 τ_1 之比约为 0.000144，结果表明对于龙蟠变形体横波的非弹性性质参数 $\frac{\varepsilon_2}{\tau_2}$ 大于纵波的非弹性性质参数 $\frac{\varepsilon_1}{\tau_1}$，容易发生非弹性剪切变形。

5　龙蟠变形体稳定性分析

一个变形体是否稳定应该由 3 个条件决定．第 1 个条件是看变形体是否存在明显的内部结构及其整体性，是否有可能形成统一的滑面；第 2 个条件是看变形体是完全弹性的还是存在明显的非完全弹性性质；第 3 个条件是看内外动力作用的强度。

从第 1 个条件看，地震学研究揭示，变形体的深度范围以强风化层底界为限，强风化层底界的详细形态已为折射波方法研究所确定，主剖面上的形态如图 3 所示。反射波方法研究结果（图 3）表明，

变形体内部依然存在垂向分层细结构，由于地震野外勘探工作是按折射波方法布置的，可用的近道反射波资料非常有限，从而无法得到变形体内部垂向分层完整的细结构形态，但有限资料的结果表明至少存在 1 个界面，它是第四系（Q）和二叠纪（P）的分界面，这和钻孔资料的结果是一致的（图3）。结合表 4 大炮检距 RR1、RR2、RR33 个折射波波列的水平视速度分析，3 个波列的水平视速度皆小于中南院用折射波方法确定的强风化层底界下方的平均速度，可见 RR1、RR2、RR3 有可能来自强风化层底部的分层结构界面。

　　总之，从地震学资料看变形体（相当于强风化层）内部存在 1 到 2 个垂向次一级结构面。这和钻井资料揭示的存在一组缓倾的板岩是一致的。

　　对于横向垂直的结构面很难由折射波方法得到，由于有效的反射波资料很少，也很难由有限的近炮反射波资料得到。但从钻井资料和电法资料结果看，横向陡倾的结构面也是存在的。钻井、平硐资料揭示，无论是板岩还是砂板岩，高倾角的垂直节理都比较发育。电法结果表明存在 3 个高倾角的推测断层。以上结果表明龙蟠变形体内部存在纵向横向内部结构，平硐、钻孔资料揭示，变形体内，风化还是比较严重的，这给变形体的不稳定滑动提供了一定的结构条件，强风化层的底界面连续性较好，有可能成为未来不稳定滑动的滑面。从变形体内介质的非完全弹性性质研究结果看变形体内非完全弹性性质是存在的，面波资料揭示的横波浅层介质的非弹性参数值是弹性参数值的 0.000184 倍，折射纵波揭示的介质的非完全弹性性质参数是弹性性质参数的 0.00014 倍，小于横波的非完全弹性性质参数，表明易于发生剪切非弹性变形，不易发生压缩或膨胀非弹性变形。随着深度增加，到强风化层底界附近及其以下，非弹性性质减弱。介质的非弹性性质为长时期内的非弹性稳定变形提供了介质物性参数原因。介质非弹性性质会随着介质内部孔隙含水量的增加而改变[9~11]，因此水库蓄水后，会改变变形体的非弹性参数值。从变形体介质的非弹性性质考虑。由于变形体存在内部纵向、横向结构和一些节理，水库蓄水后将改变变形体介质孔隙的含水性，从而改变介质的非完全弹性性质，增加变形体的不稳定性。由于介质的含水性改变介质的非弹性性质是相当复杂的，需作专门研究。

　　从第 3 个条件内外动力作用考虑，金沙江龙蟠地处构造应力强的活动区，降雨、远处地震波的冲击等外动力作用也很强烈。然而在强的内外动力作用下，目前龙蟠变形体处于稳定。蓄水后，蓄水造成的应力变化值是很小的，但由于水的渗透将导致孔隙压的明显增加，孔隙压的增加将降低变形体介质的剪切强度，从而导致稳定滑动所需的主应力差水平降低、然而推测的稳定滑动是否会导致突然的灾难性滑动仅从目前的资料尚很难定论。

6　结　　论

　　从对龙蟠主剖面折射勘探采集的炮集资料的地震学研究结果并结合钻探、平硐、电法资料可得出如下结论：

　　（1）利用地震反射波、折射波、面波等多个震相。不仅可以获得变形体的形态、内部结构，而且可以获得变形体介质的波速、衰减系数等弹性和非弹性介质参数，有助于变形体稳定性的判断。当在进行折射波勘探研究，除了获得好的中远、远炮集记录的同时，获得好的近炮集记录也是很有必要的，这样除了应用折射波资料以外，还可以应用反射波资料和面波资料来同时研究变形体，可以获得变形体内部结构和物性参数更多的信息。

　　（2）变形体底界和强风化层底界一致。变形体内部存在 1 到 2 个缓倾界面和一系列陡倾面。强风化层底界可能是潜在的不稳定滑动的滑动面。

　　（3）龙蟠变形体介质存在非弹性性质，非弹性参数值约是弹性参数值的 0.000184（横波）和 0.000144（纵波）倍。非弹性参数值随介质埋深增加而减小，在强风化层底界附近及以下介质无明显的非弹性性质表现。横波的相对非弹性参数值大于纵波的相对非弹性参数值，表明易于发生非弹性剪切变形。

（4）变形体在当前状态下是稳定的，但水库蓄水后，变形体介质的孔隙含水量将增加，这将降低变形体发生稳定剪切变形所需的主应力差。从而可能导致稳定的滑动。稳定的滑动是否会演变成突然的非稳定滑动，尚缺乏资料的支持。

参 考 文 献

［1］陈培善，地震波衰减研究在我国的进展，地球物理学报，1994，37（增1）：231～241

［2］傅淑芳、徐大方，地幔瑞利面波的频散和衰减. 地球物理学报，1985，28（2）：198～207

［3］Kamamovi H，Velocity and Q of mant waves，Phys. Earth Planet Inter，1970，2：259-275

［4］Dziewonski A M，On regional differences in dispersion of mantle Rayleigh waves，*Gophys. J. R. Astr. Soc.*，1971，22：289-325

［5］傅承义、陈运泰、祁贵仲，地球物理学基础，北京：科学出版社，1985，286～291

［6］王妙月、郭亚曦、底青云，二维线性流变体波动有限元模拟. 地球物理学报，1995，38（4）：494～505

［7］王妙月、底青云，地球介质非弹性参数测定方法，地球物理学报，2000，43（3）：322～330

［8］底青云、王妙月，粘弹性参数地震波测定理论及应用实例，石油地球物理勘探，2000，35（1）：51～55

［9］徐果明，岩石的饱和度对地震衰减的影响，地震地磁观测与研究，1985，6：125～127

［10］谢小碧，地球介质的非弹性，地震地磁观测与研究，1985，6：7～13

［11］Winkler K，Nur A，Pore fluids and seismic attenuation in rocks，Geophy. Res. Lett.，1979，6：1-4

［12］龚飞，CSAMT数据反演及其在虎跳峡龙蟠变形体的应用研究［硕士论文］，北京：中国科学院地质与地球物理研究所，2005

II — 36

衍射波地震勘探方法[*]

王妙月　袁晓晖　郭亚曦　秦福浩
黄　鑫　陈　静　底青云

中国科学院地球物理研究所

摘　要　本文提出了衍射波勘探方法资料处理流程的构思框架，并给出了以复杂结构为目标所做的物性结构成像、几何结构成像及迭代开关识别等研究结果。

关键词　衍射波　地震勘探　方法

一、引　言

目前对衍射波（包括散射波）的研究大多数还停留在纯理论阶段。Trorey[1,2]导出一个波入射到一个不均匀的二维声学介质界面产生的衍射波。Akira Ishimazu[3]论述了随机介质中波的传播和散射，讨论了声学、生物学、光学、大气、海洋、血液等介质中波的散射问题。Aki，吴如山等[4,5]讨论了不均匀弹性介质和声学介质中的衍射波特征。

近年来一系列文章讨论了散射波、衍射波层析成像方法[6,7]，使衍射波地震成像有可能发展成为一种解决复杂结构的勘探方法。本文将要阐述的衍射波地震勘探方法同时使用了衍射波和一次反射波，增加了每个地震道上使用的有效信息，从而可以降低成本，并且在解决复杂结构勘探方面更为有效和更有潜力。

二、衍射波勘探方法概述

按照惠更斯原理，反射波只是衍射波的一种特例，因此在衍射波地震勘探方法中，反射波和衍射波作统一处理。

图1示出两种方法的资料处理流程对比。由图可见，反射波勘探方法中偏移和资料预处理之间的处理过程，在衍射波勘探方法中由物性结构成像代替。反射波勘探中的偏移即为衍射波勘探中的几何结构成像。迭代开关决定了是否要进行新一轮的物性结构成像和几何结构成像处理。物性结构成像的初值（速度、界面深度、形态等）可由反射波勘探方法中水平叠加的结果确定。几何结构成像中所需的物性参数（速度）由物性结构成像提供。在新的一轮的物性结构成像和几何结构成像处理中，物性结构成像的速度初值为上一轮物性结构成像的输出，界面初值为上一轮几何结构成像的输出。经迭代开关识别认为结果满意后，可进行地质解释。

＊ 本文发表于《地球物理学报》，1993，36（3）：396~401

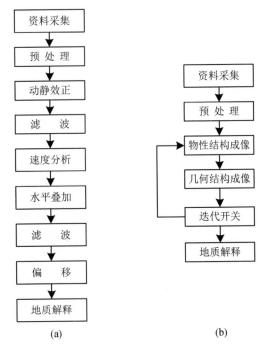

图 1　衍射波勘探方法和反射波勘探方法处理流程对比

（a）反射波方法；（b）衍射波方法

三、弹性波有限元仿真理论地震图

图 1b 中衍射波勘探方法迭代开关识别的基本思想是由物性结构和几何结构成像的结果构造结构的仿真模型（包括界面、速度、源、衰减等），然后计算模型的仿真理论地震图。如果计算的仿真理论地震图和野外观测的地震图十分接近，停止迭代，转入地质解释。

选择有限元作为衍射波勘探方法识别迭代开关，为使其有效，最关键的是解决好仿真和计算速度。

为了仿真，在本研究中，我们将地震波传播介质考虑为一般线性流变体，实例计算时选择了粘弹性介质。考虑了由一次源激发的共炮点记录和由一次源激发的衍射源（二次源）产生的自激自收记录。人为边界上产生的反射波和衍射波严重地干扰了区域内部结构产生的有效波，当复杂结构离人为边界很近时，这种影响尤其大，因此我们特别研究了这个问题[8,9]。

刘晶波[10]评论了粘性边界、一致边界、叠加边界、旁轴近似、透射边界等几种人为边界处理的优缺点。我们用加里津方法重新推导有限元方程，导出包含边界项的新的弹性波有限元方程

$$\begin{cases} M\ddot{q}_1 + K_1 q_1 + K_{c1} q_3 = F_1 + F'_1 \\ M\ddot{q}_3 + K_{c3} q_1 + K_3 q_3 = F_3 + F'_3 \end{cases} \tag{1}$$

式中，q_1、q_3 为节点位移；F_1、F_3 为节点集中力；M、K 为质量阵和刚度阵，其意义和表达式与其他方法一致。而 F'_1、F'_3 为边界项

$$\begin{cases} F'_1 = \int_L \left[(\lambda + 2\mu) \dfrac{\partial N^T}{\partial x} N l_x + \mu \dfrac{\partial N^T}{\partial z} N l_z \right] \mathrm{d}l q_1 + \int_L (\lambda + \mu) \dfrac{\partial N^T}{\partial z} N l_x \mathrm{d}l q_3 \\ F'_3 = \int_L \left[(\lambda + 2\mu) \dfrac{\partial N^T}{\partial z} N l_z + \mu \dfrac{\partial N^T}{\partial x} N l_x \right] \mathrm{d}l q_3 + \int_L (\lambda + \mu) \dfrac{\partial N^T}{\partial x} N l_z \mathrm{d}l q_1 \end{cases} \tag{2}$$

其中，L 为边界线；λ、μ 为拉梅常数；N 为形状函数。(l_x, l_z) 为边界线法线方向的方向余弦。对于自由面和刚性边界面 $\boldsymbol{F}'_1 = \boldsymbol{F}'_3 \equiv 0$，对于人为边界则不为零。它们的作用在于吸收在人为边界上被反射和衍射回来的波，或虚拟地认为这些波被自动地完全透射出去。此外，当边界位移取 $\boldsymbol{u}$ 值时，相当于自由边界；取零值时，相当于刚性边界；取 $0.5\boldsymbol{u}$ 时，相当于叠加边界。我们在边界上取 $\alpha\boldsymbol{F}' + \beta\boldsymbol{u}$，调节 α 和 β，使吸收效果最佳，如同人为边界并不存在。

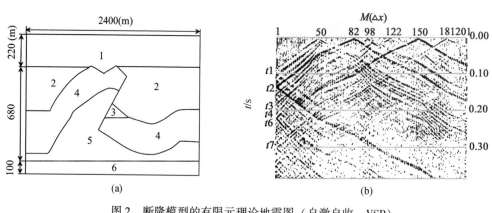

图 2　断隆模型的有限元理论地震图（自激自收，VSP）

（a）模型；（b）有限元理论地震图，$\Delta x = 5\mathrm{m}$

图 2a 为一原始数值模型。由图 2b 可见，人为底边界（右）的反射波和衍射波大部分被吸收，各个界面的上、下行波清晰可见。因此从仿真性考虑，有限元理论地震图可用作衍射波勘探方法迭代识别开关。此外，在计算中采用了以计算点为中心集合刚度阵的方法，大大节约了计算时间。但作为迭代开关，要反复计算对比，因此进一步提高有限元理论地震图的计算速度，仍需进一步努力。

四、物性结构成像

反射波代数重构的目的是使衍射波勘探方法和反射波勘探方法衔接起来。将水平叠加得到的界面形态和由叠加速度转换的层速度作为初值，进行层速度和界面形态的迭代重构。依据 Bishop 的理论和方法[11]，我们开展了地面和井中反射波走时资料的代数重构研究。在这一方法中，固定界面可以修改速度，固定速度可以修改界面，也可同时修改速度和界面。图 3 是层速度不存在横向变化时的一个重构结果[12]。在迭代中，初始界面形态取作水平层面，迭代结果表明，透镜体和尖灭构造被显示，且和实际基本符合（除了图 3b 中右端因资料点少而受畸变以外）。

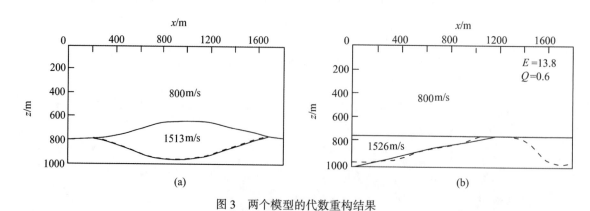

图 3　两个模型的代数重构结果

（a）透镜体；（b）尖灭。其中直线为原始模型，虚线为迭代后界面位置，迭代开始时，取水平界面为迭代初值

我们在 Beylkin 等[13]的理论研究基础上，开展了密度和压缩系数的同时散射层析成像的实例研究[14]。结果表明，我们给出的散射波层析成像技术能够适应结构比较复杂的物性结构成像。

五、几何结构成像

由于计算机内存和计算速度的限制，模型分块不可能太细，因此物性结构成像方法能够解决复杂结构细节的程度是有限制的。几何结构的细节尚需由几何结构成像获得。几何结构成像即是偏移。在反射地震勘探中声波波动方程偏移已经发展了 20 余年。弹性波偏移的历史也已 10 年有余[15]。理论上，弹性波信息量比声波大，既有纵波又有横波，并且可以利用 P 波和 S 波的偏振性质，因而能比声波更经济更有效地得到复杂结构的像。近年来，我们在弹性波克希霍夫积分偏移方法和实用研究上有所进展[16,17]，使结果的质量比较好。

提高弹性波克希霍夫积分偏移质量的关键是选择快速有效的方向性滤波器。我们用 P 波和 S 波的偏振性质构造了最简单的方向性滤波器。图 4a 中一次源在左侧界面上部，图 4b 中底界面的左半部分主要是反射波的像。表面的检波点记不到来自底界面右半部分的反射波，因此右半部分的像是衍射波成的像。可见本文方法可以使反射波和衍射波在统一的模式下得到成像。衍射波勘探方法包容了反射波作为有效波。

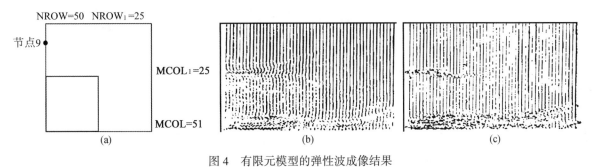

图 4　有限元模型的弹性波成像结果

（a）模型，节点 9 为源点，坐标原点位于右上角，NROW、NROW₁ 为水平方向节点号，MCOL₁、
MCOL 为垂直方向节点号；（b）成像结果，垂直分量剖面；（c）偏移分量幅度成像

利用垂直分量偏移剖面和水平分量偏移剖面的相关性质，计算了两个偏移分量的幅度比剖面。比较图 4b、c 可见，像的质量得到了改进。对野外资料的处理结果表明[17]，该方法已有效地应用于衍射波勘探方法中的几何结构成像。

六、讨　　论

本文表明，根据已有的研究结果，衍射波勘探方法在解决复杂结构地震勘探上具有很大的潜力。本文得到的一些结果已经基本上达到了实用的程度。为了完善这一方法，提高衍射波勘探方法的有效性，尚需进一步考虑几个问题。

（1）资料采集和预处理。需提出和该方法相适应的资料采集方式和静校正以及改善原始剖面质量的处理方法。

（2）散射波分离。虽然在几何结构成像中，衍射波和反射波同时作为有效波统一处理，但在物性成像研究阶段，需要对散射波进行分离。使用单独的散射波进行成像，这是目前散射波层析成像方法实用化的最关键问题。

（3）物性像和几何像迭代问题。两像迭代，原则上可以实现。关键是收敛性和计算时间。为此，快速有效的射线追踪程序和有限元程序是需要的。此外收敛性的问题难以从数学上证明。从物理上考虑，两像的反复迭代应该逐步趋向于真实，现实的途径是作实例研究证明。

（4）方向性滤波器和修饰性滤波器。为了进一步提高几何结构成像剖面的质量，寻找快速有效的方向性滤波器和修饰性滤波器是必要的，并可结合偏移同时进行。

感谢南京石油物探研究所、中国科学院地球物理研究所对这项工作给予的支持。

参 考 文 献

[1] Trorey A W, A Simple theory for seismic diffractions, Geophysics, 35, 762–784, 1970

[2] Trorey A W, Diffractions for arbitrary source receiver locations, Geophysics, 42, 1177–1182, 1977

[3] Akira Ishimiru, Wave Propagation And Scattering In Randon Media, v. 1: Single Scattering And Trans-Port Theory, New York, Academic Press, 1978

[4] Wu Rushan, Aki K, Scattering characteristics of elastic waves by a elastic heterogeneity, Geophysics, 50, 582–595, 1985

[5] Aki K, Wu Rushan, Scattering and attenuation of seismic waves, part 1–3, Basel Berkhauser Verlag, 1988, 1989, 1990

[6] Raz S, Direct reconstruction of velocity and density profiles from scattered field data, Geophysics, 46, 832–836, 1981

[7] Devaney A J, Geophysical diffraction tomography, IEEE Trans, Geosci Remote Sensing, GE-22, 3–13, 1984

[8] 王妙月、郭亚曦，二维弹性波的有限元模拟及初步实践，地球物理学报，30，292~306，1987

[9] 王妙月、郭亚曦、秦福浩，矩形柱体地震波传播的有限元计算，中国南方油气勘查新领域探索论文集，第一集，187~199，地质出版社，1988

[10] 刘晶波，波动的有限元模拟及复杂场地对地震动的影响，博士论文，国家地震局工程力学研究所，1989

[11] Bishop T N, Bube K P, Cutler R T et al., Tomographic determination of velocity and depth in laterally varying media, Geophysics, 50, 903–923, 1985

[12] 黄鑫、王妙月，地震层析成像技术在测井和地面反射资料集中的应用研究，地球物理学报，32，319~328，1989

[13] Beylkin G, Imaging of discontinuities in the inverse scattering problem by inversion of a causal generalized Radon transform, J. Math. Phy., 26, 99–108, 1985

[14] 袁晓晖、王妙月，密度和压缩系数的散射层析成像法，地球物理学报，34，753~761，1991

[15] Wang M Y, Kuo J T and Teng Y C, The P and S simultaneous migration based on the Kirchhoff-Helmholtz type integrals for elastic waves, presented at the 51th SEG, Losangeles, 1981

[16] 秦福浩、郭亚曦、王妙月，弹性波克希霍夫积分偏移法，地球物理学报，31，577~588，1988

[17] 袁晓晖、王妙月，P 波和转换 S 波振幅比剖面的方法研究及其对四川大足野外资料的应用，中国南方油气勘查新领域探索论文集，地质出版社，1993

天然气直接探测技术机理基础研究*

王妙月[1)]　　王谦身[1)]　　石昆法[1)]　　底青云[1)]　　史继扬[2)]

1) 中国科学院地球物理研究所
2) 中国科学院广州地球化学研究所

摘　要　论述了天然气直接探测技术的机理包括：激电法直接勘探气藏的基本理论和应用实例；重力法直接反映天然气藏的机理、重力法对气藏的识别和标志以及高精度重力法在识别气藏上的应用；单井地球化学评价——有机地球化学方法、有机岩石学方法、有机包裹体方法和实例；地震法直接勘探气藏的机理、识别技术和标志。简要介绍了遥感勘探技术的应用和油气化探指标优选方面的研究进展以及天然气直接勘探技术的评价技术系统和天然气勘探模式研究方面的研究进展。认为直接勘探技术作为反射地震勘探技术的补充，在天然气勘探领域具有很好的应用前景和推广价值。

关键词　天然气直接探测技术　激电法　重力法　高精度重力法　单井地球化学评价　有机地球化学方法　有机岩石学方法　有机包裹体方法　地震法直接反应　天然气

1　引　　言

反射地震勘探方法一直是天然气勘探的主要方法，反射地震勘探技术的发展日新月异。然而此方法技术成本高，且存在勘探盲区，因此直接勘探天然气的方法技术在国内外日益受到重视。直接找气技术包括地震的亮点法、AVO 法、非地震的激电法、遥感法、化探法、高精度重力法等。人们试图将此项方法技术作为反射地震法的补充，以便更有效地探测天然气藏。然而由于对此技术的机理未完全弄清，直接找气的方法至今未能全面推广到生产中去。为此在"八·五"国家重点科技攻关项目（大中型天然气田形成条件、分布规律和勘探技术研究，项目编号 85－102）的下属课题（天然成因理论及大中型气田的地质基础研究，85-102-15）中设立了"天然气勘探综合探测技术机理及应用基础研究"专题（85-102-15-06），以便通过对直接找气机理和相应的应用基础研究，进一步论证各种直接探测天然气方法技术的可靠性、有效性。并通过综合研究，形成直接评价天然气存在的综合体系，使该技术体系真正成为反射地震勘探方法的有力助手，以达到更有效地探测天然气藏的目的。

1.1　地震波反射勘探技术与直接勘探技术

地震反射波勘探是石油勘探的主要技术，也是天然气勘探的主要技术。该技术是在反射地震水平叠加剖面或偏移剖面上识别出有利于油藏、气藏的构造或圈闭，主要是背斜构造圈闭，通过钻井、测井、录井、进行地质地球物理综合解释（包括单井地球化学评价），评价圈闭的含油含气性。

在实践中，该技术碰到了如下一些问题：

——在认为可能是含油气的圈闭构造上，打下去是干井。

——对于一些岩性、礁体、砂体等非构造圈闭，由于圈闭幅度小，在地震剖面上难于识别；在认

---

*　本文发表于《天然气地球科学》，1996，7（6）：1~65

为可能是礁体的地方打下去是岩体。

——有些地方，由于地表条件恶劣，很难上地震工作；在玄武岩覆盖区下的油气目的层，也很难用反射地震技术探测，存在着反射地震勘探的盲区。

——为了提高油气勘探的分辨率，采用 3D 地震法，地震仪器的道数越来越多，测线网度越来越密，勘探成本越来越高。

——在作储层描述、天然气横向预测等高层次地质解释时，除了需要掌握弹性知识以外，还需要掌握密度、电性、磁性、含油气性、成熟度等其他物理、化学性质。

在反射地震勘探技术遇到这些问题的同时，随着解决这些地质问题本身的需要以及非地震资料采集设备与勘探技术的进步，作为反射地震勘探技术的补充，直接探测技术也得到了很大的发展[2]。直接探测技术不以探测构造圈闭为目的，而是捕捉石油、天然气存在的直接证据，包括地震波证据、电场证据、地球化学证据、遥感证据等。

直接勘探天然气技术的研究，旨在对直接勘探技术有效性、可靠性研究的基础上，形成一个包括遥感、化探、地球物理、单井地球化学方法在内的综合评价方法技术系统。这个系统可以从空中、地表、井中、深部捕捉辨识直接表明天然气藏存在的信息与证据，确定天然气藏的水平位置和垂向位置及其含气性。它和反射地震勘探技术相结合可以提高探测天然气田的成功率、降低勘探成本。

1.2　天然气直接勘探技术研究现状

1.2.1　直接勘探技术的地质物理化学基础

1. 含气圈闭内外物理化学性质差异

油藏或气藏都储存于圈闭之中。含气圈闭和周围介质的物理化学性质存在着明显的差异，从而造成地球物理场和化学场的明显异常。这便是使人们得以用地球物理方法和地球化学方法直接探测这些场的异常而找到天然气是否存在的直接证据，并可通过定性定量反演确定天然气藏的位置。对含气性给予评价，这是直接勘探技术的第一个基础。基于此种基础的直接勘探技术有地震直接勘探技术、重力直接勘探技术、单井地球化学地球物理评价技术等。

2. 微渗漏

按照油气地质理论，含油气圈闭内的油气组分可以沿断层、断裂、裂隙渗透到地层以及随地下水等多种途径运移至近地表，引起近地表物质变异，改变了原始近地表的地球物理场和地表土壤、植被的地球化学场及光谱特性。于是，人们就可以用地球物理、地球化学、遥感等方法直接探测这些场的异常，找到地下是否存在天然气的直接证据，通过定性定量反演解释，确定天然气藏的水平位置，这是直接勘探技术的第二个基础。基于此种基础的直接勘探技术方法有遥感、化探、磁、激电等。

1.2.2　直接勘探技术的研究现状

直接勘探油气的技术始于 20 世纪 20~40 年代，当时化探的成功率可达 50%[3]。由于油气地质的复杂性，加之对气体垂直迁移理论存在疑问，所以 50 年代以来，直接勘探技术一度处于低潮。60 年代以后，无论是西方还是苏联，都有更多的力量投入到直接勘探技术的理论和实例研究中，我国"六·五""七·五""八·五"也开展了相应的研究。

在微渗漏理论研究方面，苏联和西方学者比较一致的意见是各种烃类最强烈的迁移作用是通过断层断裂、裂隙及其他渗透通道发生的[4]。通常溶解于垂向运动水中的各种气体由于水动力差或化学势驱动也可运移至近地表[5]。这些认识解释了在油气田上方普遍观测到的微渗漏现象。基于这一机理的化探、航磁、遥感的实例研究的成功率可达 60%~70%，激电的成功率达到 80%，微磁异常的总符合率高达 90%[6~8]。

基于第一个基础的直接勘探技术研究也有相当的进展。对于地震直接勘探技术的研究主要有亮点法，AVO 法[9, 10]，其在实例研究中也有相当大的成功率。重力直接勘探技术的研究偏重于实例分析[11]。地球化学研究方面偏重于井中地球化学评价、有机质丰度评价、气源和成熟度评价等，这方面也有一系列文章发表[12]。

尽管国内外的一系列文献报导了油气直接勘探技术在探测油气中有很大的成功率，然而此种成功率和反射地震勘探技术的成功率在含义上并不完全一致。加上在实例研究中，直接勘探技术所指示的与油气有关的异常很难识别，至今直接勘探技术未能得到全面推广，仍然处于研究阶段。所以进一步研究直接勘探技术的机理，开展与此有关的基础性研究，是使直接勘探技术走向成熟的步骤。

本文重点介绍激电法直接勘探天然气藏存在机理研究、重力法直接反映天然气藏存在研究、单井地球化学评价方法研究以及地震直接勘探天然气藏机理及识别技术研究的结果，概括了遥感、化探、综合研究方面的进展。

2 激电法直接勘探天然气藏存在机理研究

2.1 激电法直接勘探天然气藏的机理

2.1.1 激电法直接勘探油气藏的研究概况

激电法从诞生时起是作为一种金属硫化物的勘探工具。从 20 世纪 70 年代起，人们逐渐将这种方法用于石油天然气勘探[13]。1982～1992 年，中国科学院地球物理所在华北、华东、华南、西北几个大油气田上开展了激电法寻找油气资源的应用基础理论研究及方法有效性的实例实验，并在准噶尔盆地火烧山、北三台地区油气勘探中发挥了很好的地质效果。在此基础上对油气激电异常的成因及异常模式进行了探讨[7,14]。1991～1993 年中科院地球物理所又得到国家自然科学基金的资助，对第四系巨厚覆盖层条件下激电找油气机理进行了研究[15]。与此同时，该所又参加了 85—102 国家攻关项目，开展了激电法直接反映天然气机理及识别技术的研究，对激电法直接找天然气藏的机理有了新的认识[16]。

2.1.2 基本理论

1. 油气的垂直迁移

由于地壳压力、油气浮力、水动力及化学势等动力学条件，深埋于地下的油气藏的油气不断地垂直向上运移，有时可达近地表、地表或空气中，这种垂直迁移运动往往采取三种基本的物理化学方式[3]。

（1）扩散迁移。扩散迁移是由于物质密度或溶液浓度的差异引起的，它的运动按扩散方程进行。地下含油气的储层与不含油气的地层，其油气密度或浓度存在明显差异，因此油气层中的油气向非油气层的扩散运动是不可避免的。但是在油气的扩散中受到种种阻力，会使得这种扩散的速度十分缓慢。美国和西方的一些石油公司在许多油田上研究过气体的扩散现象[7]。萨拉夫（1970）的计算表明，要使 3000m 深处 1% 的甲烷气扩散到近地表的 150m 深处，得花 2.85 亿年。施密斯等（1971）的计算表明，深 1740m 的气藏中甲烷扩散到地表需 1.4 亿年，乙烷需 1.7 亿年。"帝国石油公司"通过 9000 多个土壤样品的分析认为，从储层到地表，看来几乎不存在一般性的烃类扩散。周中毅[59]通过研究也表明烃类在向上运移中，扩散起次要作用。这些学者研究的共同认识是，烃类在向上垂直运移中所起的作用中，扩散是很有限的，它通常只与渗透作用相伴而起次要作用。

（2）渗透迁移。渗透作用一般是在压力作用下的一种毛细现象。油气在地层的巨大压力下，烃类物质沿岩石孔隙、裂隙和断裂向上的渗透迁移，是一种重要的迁移机制。一般说来，油气层的上覆盖层和屏隔岩层是烃类渗透迁移的一大障碍。粘土层是最普遍的覆盖层，但粘土中砂质成分的增多，明显地有利于烃类的渗透迁移，另外由于粘土失去部分游离水而变成厚层泥岩，裂隙度提高，地质上多次构造运动，也会使岩石裂隙度增高。在地层剖面上，岩石的渗透率是随深度的减小而增大的，例如在中亚海西期后地台的东部，随着深度从 3000m 减小到 1500m，粘土岩石的渗透率从 10^{-6}md 提高到 10^{-3}md。总之，由于多种因素综合作用的结果，油气藏的粘土质覆盖层对于烃气的渗透迁移并非是不可穿越的障碍。因此，不同区域的理论数据和实际资料都表明，烃类，尤其是气态烃类的渗透迁移是油气覆盖层中形成烃类异常的重要作用过程。

构造断裂对烃类的渗透迁移显然起着更加积极的作用，例如在前喀尔巴仟山坳陷的内带，由于构造破坏作用，造成很多直达地表的油气沥青苗，中国的克拉玛依油田等也是如此。另外，西方的资料也表明有类似情况。"国际石油公司"检查了哥伦比亚巴格达利那谷中部的 1000 多个土壤样品，发现土壤萤光性和上白垩统不整合面之下岩石中的裂隙之间存在明显的相依关系。苏联在一些地下储油库上所作的观测表明，不到 10 年功夫就在储油库上方地表形成衬度达 15 的甲烷异常，按同系物计，衬度可达 25。说明烃类气体的垂直迁移能力是很强的。一些西方学者认为，这么快的迁移速度不大可能是由扩散作用引起的，很可能是油库上方的断层或裂隙带引起的。苏联、西方和中国的学者比较一致的意见是，各种烃类最强烈的迁移作用是通过断层、裂隙、孔隙及其他渗透通道发生的。

（3）水动力迁移[3]。溶解干水中的低分子量烃类，由于压力、温度、盐度等方面的流体动力学因素的变化或者仅由化学势的驱动，会穿越上覆岩层作垂直迁移。地下水带动游离或溶解的气体一起位移，气体由于浮力，在岩石的空隙或裂隙水中向上迁移，诚然，这种迁移机制，可能导致异常的横向移动，但是由于油气与水的密度差，导致了油气的浮力效应，所以油气的横向运动相对于垂直运动的速度来说，仍是极缓慢的。通常溶解于垂直运动水中的各项气体能通过似乎不可透过的金属或玻璃等障碍物，况且地层中大多数节理、裂隙和断层可提供地下水上升通道。据 1968 年原子能委员会进行的研究表明，小分子的烃类气体，在 14 天内能透过 1000 英尺的上覆沉积盖层，28 天内穿透 2000 英尺。凡是分子体积与胶粒相当的气体，在地下水的作用下都能以每秒若干毫米的速度上升迁移，不管遇到的是什么沉积层。

综上所述，气体分子具有极强的穿透能力，一般认为比较致密的物质如：玻璃、金属、陶瓷和塑料等都不能阻止气体分子的穿过，而油气藏的盖层多为泥岩、页岩；当这些岩石埋藏深度在 2000m 时，孔隙度约为 10%，相应孔隙直径约为 100Å；当其埋藏深度在 4000m 时，孔隙度约为 4%，相应孔隙直径约为 15~20Å，油气组分中最大的分子是沥青质，其分子直径为 50Å，明显可穿透埋藏 2000m 的油气盖层而向上运移。油气组分中 60% 以上为各种烃类，如分子较大的复杂环烃，其分子直径为 15~20Å，亦可穿透埋藏深度在 4000m 深的油气藏盖层，各种轻烃的分子更小，显然可穿透埋藏更深的盖层[6]。

2. 油气垂直迁移在上覆地层中发生的物质变异

通过各种机制迁移上来的烃类必然在其上覆岩层中发生各种各样的作用，留下不同的痕迹。据不同研究者的资料，沉积岩及其所含的水对烃类具有吸附和溶解特性。岩石对不同烃类的吸附取决于温度、压力、岩石成分和湿度等。

一般说来，岩石的成分、粒度、组构都影响烃类的吸附效应。就一种岩石或不同种岩石而言，随比表面增大，粒度变小，烃的吸附量增大。例如蒙脱石粘土的粒径从 5~8mm 变到 0.25~0.4mm，对 CH_4 的吸附容量是由 10.8cm³/kg 增大到 23.0cm³/kg。

以上资料说明，上覆沉积层特别是粘土层可以富集相当数量的烃气。人们曾怀疑第四系巨厚覆盖层条件下，由于大气降水，地下水的循环，会造成氧化环境，使烃类不易长期保存。我们的观点是由于在油气区，烃类物质总是不断地向上垂直运移，因而是一个累积效应，其次由于烃类物质多被粘土所吸附，而粘土恰是油气区的良好盖层。在细粒沉积如粉砂、泥质、粘土等其微小的孔隙空间阻碍了水的循环，很容易形成与上部水体隔离的封闭环境，造成缺氧条件，长期维持还原环境。这时上覆地层中的硫酸盐、三价铁等将被还原，生成大量的 H_2S 气体，并且生成溶于水的碱，使油田的碱性增加，这就是多半油田的水质多为 $NaCO_3$ 型的原因。

$$C_nH_m+Na_2SO_4 \rightarrow Na_2S+CO_2+H_2O \xrightarrow{\text{细菌}} NaHCO_3+H_2S\uparrow+CO_2+H_2O$$

在上覆岩层中，尤其是泥岩中，大量富集有 Fe 离子，H_2S 气体遇 Fe 离子，就会在细菌作用下生成 $FeS_2\downarrow$（黄铁矿）。

上述过程可用下列化学反应方程式表示：

$$SO_4^{2-} + CH_4 \xrightarrow{\text{细菌}} CO_3^{2-} + H_2S\uparrow + H_2O$$

以上论述了油气垂直运移在上覆地层中产生的物质变异。另一方面，由于烃类物质源源不断上升，并被粘土颗粒吸附，这样，必然也改变了沉积岩石的孔隙度及孔隙中物质的变异，或孔隙的组构发生了变异。

当然，由于烃类物质的微渗透并到达地表，在上覆岩层中还会发生数不清的变异，但以上我们仅叙述了两种变异，一是生成黄铁矿和碳酸盐岩，二是使上覆岩层的孔隙及组构发生了变化。这些变异构成了激电找油气的物质基础。

3. 激电效应

目前公认的激电效应可分为两大类，一类是电子导体引起的激电效应，第二类是离子导体引起的激电效应。通常，电子导体引起的激电效应比离子导体强得多[19]。

所谓电子导体的激发极化效应是，在岩石或矿石中的电子导电矿物，如黄铁矿、黄铜矿、石墨等，在外电场的作用下而极化，在电流输入端为阴极，电流输出端为阳极，围岩孔隙中的溶液中的正离子在阴极积累，负离子在阳极处积累，因而在电子导体两端形成电偶层，断电后，积累的离子在围岩中放电，产生了二次电流，形成二次电场，我们将二次电位与一次电位的比值称作极化率（M 或 η）。这便是电子导体产生激发极化效应的机理。

以上机理表明，要在地面上观测到激电效应，地下必须有电子导体，如黄铁矿、石墨等，这也就是激电法为什么能寻找到金属矿的原理。

所谓离子导体激电效应，目前有多种说法，如体积极化、电容作用、电渗作用、薄膜效应等。这种激电效应都发生在固体与液体相接触的界面上。比如体积极化，是地下岩石颗粒表面与孔隙水间形成的偶电层在外电场作用下，发生形变所引起；电容作用是在地下不导电的岩石颗粒（如砂粒）周围，充满着导电的孔隙水，在外电场作用下，颗粒相当于介质，孔隙溶液相当于两极，形成了所谓的"电容器"，在供电时使其充电。断电时使其放电，也能产生二次电流场。

电渗—电动电位：当外电流通过岩石孔隙时，扩散区内过剩的正离子和溶液内的正离子沿电流方向流动，并带动溶液一起移动。溶液流可以克服重力后形成静水头，或者可能是不透水岩层的阻塞作用造成一个静水压力，阻碍电流流动，直到两者达到平衡，当外电流截断后，该水压将推动溶液往回流，产生一个流动电位或过滤电位，因而可作为激电效应而被观测到。

薄膜极化：是在外电场作用下岩石中窄孔隙与宽孔隙中溶液正负离子的迁移率不同而引起的，窄孔隙相当一个薄膜，它只让正离子通过而吸附负离子形成 $V_+ > V_-$；而在宽孔隙中 $V_+ = V_-$，结果造成在薄膜两端正负离子的积累现象，当断电后，正负离子的积累消失，也能形成激电效应。

总之，离子导体的激电效应是发生在固液两相的界面上，都与岩石的颗粒度、孔隙度、孔隙形状、溶液性质有关。在石油天然气形成的盆地中，多半存在砂泥岩。砂泥岩中有砂粒、粘土、孔隙、水溶液，显然，这些地层也能引起激电效应，而这种激电效应与电子导体引起的激电效应相比是较弱的。

但是，当孔隙溶液中有了由地下石油天然气微渗透上来的烃类物质时，有可能改变溶液性质，改变孔隙的组构，有可能在原来激电效应背景之上有新的贡献。比较幸运的是，油气熏标本物理实验捕捉到了这一信息。这就使人们对激电找气机理的认识深化了，并且将激电效应直接与油气微渗漏挂起钩来。

2.1.3　物证

以上我们论述了石油天然气存在一个垂直迁移运动，烃类物质有可能迁移到地表，并在其上覆地层中发生物质变异，这种变异，可能形成黄铁矿，并由于粘土矿物吸附烃类物质而引起孔隙的组构发生变化。而在激电效应中，我们又论述了激电效应要么与地下岩石中的电子导电矿物有关，要么与地下的岩石性质以及孔隙溶液的性质有关，即与离子导体有关。

但以上的论述仅仅是一种理论推断和猜想，有没有实物物证支持呢？

中科院兰州地质研究所对鄂尔多斯含油气盆地中央古隆起北端靖边古潜台一区域探井由地表至4500 m 深的钻井岩屑的 Rock-eval 热解、$C_有$ 及酸解烃组分等分析。找到了油气垂向运移的证据[16]。

为验证油气微渗漏理论，新疆石油局专门打了两口 600m 深的机理井，全孔取心，为此项研究提供了物质基础。

通过对两口机理井样品的地球化学、岩石矿物学、地球物理研究，已经取得了如下成果。

（1）发现了油气微渗漏的轨迹及证据。在所取的岩心样品中进行了酸解吸附烃的分析，发现在600m 以浅的地层中确实有烃类物质的存在。但这些烃类物质是否与地下油气有关，还是地表有机植腐败而成的呢？因此采用了湿度比（Wh），平衡比（Bh）和特征比（Ch）的方法，利用轻烃组分的比值来判识烃类类型是国内外通用的有效方法

$$Wh = (C_2 + C_3 + C_4 + C_5)/(C_1 + C_2 + \cdots + C_5) \times 100$$
$$Bh = (C_1 + C_2)/(C_3 + C_4 + C_5)$$
$$Ch = (C_4 + C_5)/C_3$$

两口井分析结果如表1。

表1　油气微渗漏分析结果

井号	Wh		Bh		Ch		判　定
	范围	均值	范围	均值	范围	均值	
机1井	7.1~16.6	12.9	12.67~31.69	17.472	0.516~0.797	0.804	与油气有关的湿气
机2井	8.9~15.9	12.5	11.49~30.22	19.76	0.53	0.53	与油气有关的湿气

判定标准是 $0.5<Wh<17.5$，$Bh>Wh$ 且 $Ch>0.5$。根据这一判定标准，对比两口井样品的分析结果可以判定该区的烃气源是与油气有关的，且为油气相混。

另外甲烷（轻烃）同位素特征是判断烃气来源较有效的方法。两口井测得甲烷同位素 $\delta C_{13} = -33.7‰ \sim -41.59‰$，热释汞的含量也较低（$0.62 \sim 6.13ppb$），可以认为两口井的烃气与深层热降解油气有关，是地下油气藏烃气向上渗逸的结果。

除此之外还发现深部样品含烃量高，越向浅部烃类物质含量变低，说明烃气在运移过程中随运移距离的增大而变干。

烃组合指标 iC_4/nC_4，总趋势随深度的增大而降低，其比值一般大于 0.7，说明地下烃气向上迁移以渗透形式为主，扩散为次。

以上事实说明了油气向上运移并在其上覆地层中找到了油气运移的轨迹及证据。

（2）找到了油气向上运移及油气在上覆地层引起沉积物（矿物）变异的证据。

在新疆准噶尔盆地西北缘克拉玛依油田有激电异常的地区，在已钻到油的钻孔中，取了井壁心，在400~700m的范围内，所取的井壁心中发现有较多的黄铁矿（图1），从晶形和穿插关系分析，这些黄铁矿不是原生的而是次生的，是油气上升到上覆地层，在一定温度压力和细菌的作用下，由烃类物质的作用而形成的。这样就解释了克拉玛依地区激电效应的机理问题，也就回答了激电为什么能找到油气的物质根据。

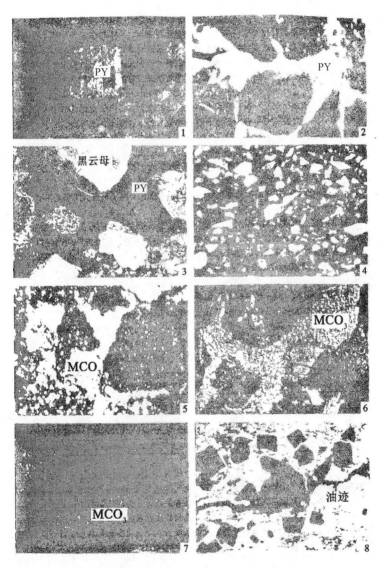

图1　井壁心中发现的黄铁矿（PY为黄铁矿）

但是，在克拉玛依地区，第四系覆盖层是很薄的，那么在准噶尔盆地的东部，北三台地区，第四系覆土达几百米厚，是否还有可能由于油气的垂直迁移在上覆地层中形成黄铁矿呢？

通过两口机理井岩心样品的岩矿鉴定以及采用了电子探针、扫描电镜等先进手段，在激电异常的深度上的样品中发现了立方晶体的黄铁矿颗粒。一般来说这种晶形的黄铁矿不是自生的，而是次生的，即此黄铁矿不是在沉积时形成的，而是在沉积岩形成以后，由于油气运移烃类物质与地壳中的Fe^{3+}离子在一定的环境下，在细菌的作用下形成的次生黄铁矿。其化学反应式为

$$Fe_3O_4 + C_nH_n \rightarrow \quad\quad 在地层中$$

细菌　　　有机质
　+　　　　或
地下水　　油气渗漏　　　变异因素
　↓　　　　　↓

$$Fe_2O_3 \cdot 2H_2O + CO_2 \cdots H_2S \rightarrow Fe_2O_3$$

$$Fe_2CO_3 \quad 变异矿物$$

$$Fe^+ \quad\quad\quad FeS_2$$

电子探针和黄铁矿的照片见图 2 和图 3。

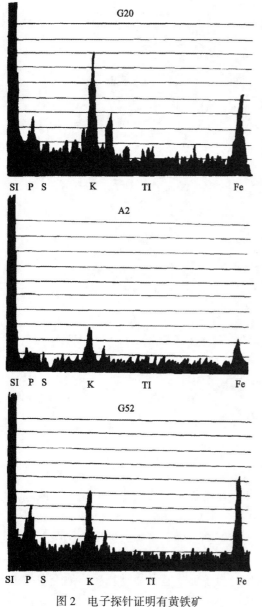

图 2　电子探针证明有黄铁矿

图 3　扫描电镜在岩心中发现的黄铁矿

图3是扫描电镜照出的片子。图中可见有黄铁矿的颗粒。为了进一步证明这些颗粒是不是黄铁矿矿物，又做了电子探针，进行了谱分析，确认是黄铁矿（图2）。据岩矿专家和地球化学专家确认，这些黄铁矿也不是原生的而是次生的，并与油气的微渗漏有关。

可见，在第四系巨厚覆盖层的情况下，由于油气的渗漏，在上覆岩层中也能够产生黄铁矿，但是在第四系巨厚覆盖区形成的黄铁矿与克拉玛依第四系覆盖薄的地区相比，黄铁矿的数量要少得多（图1、图3）。

那么极化率的高低还可能与什么因素有关呢？我们发现这样一个事实，即极化率高的样品，都是砂岩或粉砂岩，而极化率低的样品都是泥岩。再来观察图4，也发现测井曲线或物性测定曲线上，凡极化率高的深度上都对应为砂岩或结构不均匀的地层，那么极化率的强弱可能还与岩性结构有关。也就是说在第四系巨厚覆盖层条件下激电异常可能还和其他因素有关。除了电子导体引起的激电效应之外，还应该有离子导体引起激电效应的贡献。油气激电效应的物理实验证实了这一点。

2.1.4　油气熏标本物理实验

图5是本实验的装置及结果。用纯砂、蒙脱石、伊利石做成标本，其含量基本上按油气盆地中地层的配比和成分．然后把标本放入一个倒扣的玻璃罩中，用支架支好，测量电极和供电电极放在标本两端，引出四根导线，分别接发送器和接收机，发送器用加拿大进口的 CU－2 岩心测定仪，接收机用加拿大进口的 IPR－8 测定极化率。在另一支烧杯中放上水，一支试管中装上汽油用软木塞封好，放在烧杯的水中，在软木塞中插入一玻璃导管，通入标本的玻璃罩中。烧杯放在电炉上。在未加热时，先测定样品的极化率，然后用电炉加热使水沸腾，油气源源不断地熏入标本，然后每隔一定时间测一次。

本实验发现了一个十分有趣的现象，即在没有熏油气前，样品的极化率很低，约为 0.5‰，当熏了几天后，样品的极化率逐步升高，第四天达 2.5‰，这说明油气在样品中发生了物理化学反应。说明油气改变了样品的孔隙性状及溶液性质，引起了离子导体的激电效应。

当时制备样品时，制备了两块完全一样的标本。一块熏油气进行测量，另一块未熏油气，也进行了测量，未熏油气的标本随时间变化极化率没有变化。样品测定后，分别将两个样品（一个熏过油气，一个未熏油气）用玻璃罩密封起来。

事隔半年以后，又一个有趣的现象发生了（图6）。未熏油气的标本，极化率仍为 1.5‰，而熏了油气的标本，极化率上升到 3.5‰。这说明油气在样品中又发生了新的物理化学变化，对激电效应有新的贡献。

紧接着，我们又在未熏油气的样品中滴入几滴汽油，再进行测量，极化率很快由原来的 1.5‰，上升到 2.5‰，这也说明油气在样品中对激电效应有贡献。

这样一个物理实验说明，在油气区，由于烃类物质不断地向上运移，改变了上覆地层中溶液的性质和孔隙的组构，产生了电渗—电动电位、薄膜效应。由于油气吸附在岩石颗粒周围，使原来的水溶液中又多了一个油气溶液，多了一个介质，多了一个界面，可能形成更强的电容极化效应。这样就把油气微渗漏与激电效应直接联系起来。

2.1.5　小结

（1）我国从20世纪80年代开始，开展了一系列激电找油气实验研究，从华北到华南、华东，从准喝噶尔盆地西部到东部，从第四系覆盖较薄的地区到第四系巨厚覆盖层区，微电找油气成功的事实是不容忽视的，也是不容怀疑的。

（2）油气长期埋藏地下。由于地层的压力、油气的浮力和化学驱动力，使油气不断地通过渗透、扩散、水动力等向上作垂直运移，这些烃类物质在上覆地层中被吸附。并充填于孔隙中，改变了油气上方的氧化还原环境及细菌的生长能力，并在一定的温度压力下，形成了上覆地层的物质变异，一是形成新矿物，二是改变了岩层的孔隙性质及组构。

（3）在油气上方，不管是在第四系覆盖薄的地区或第四系覆盖厚的地区钻孔中，大约在 600m 以上的地层中，都发现了油气微渗漏在上覆地层的变异产物黄铁矿。

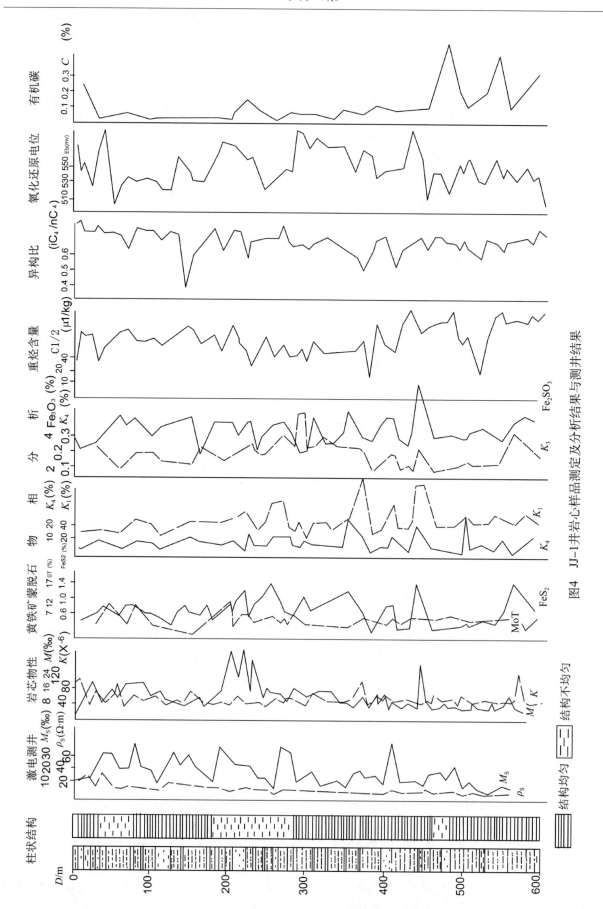

图4　JJ-1井岩心样品测定及分析结果与测井结果

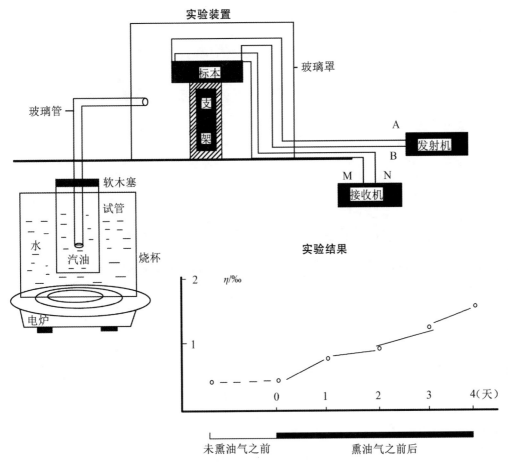

图 5 激电找油气物理实验

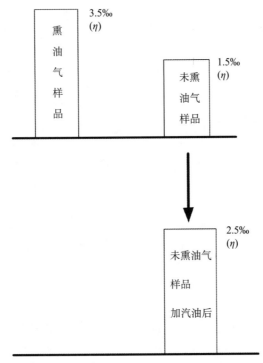

图 6 熏油气的标本与未熏油气的标本半年以后极化率的变化

（4）油气激电效应物理实验，证明了激电效应与油气被砂质粘土吸附有关。这个新发现对激电直接勘探天然气机理的认识有突破性的意义。

（5）油气区的激电异常效应与油气运移在其上覆地层中的物质变异形成黄铁矿有关，但这只是间接的指示物，它还与油气本身充填于孔隙中间形成的离子导体激电效应有关，因此激电找油气的机理应该是双重的而不是单一的贡献，即除了与电子导体有关外，还与离子导体有关。

2.2 识别技术及标志

2.2.1 不同类型油气藏上方 M_S 异常特征

从大类上分，可将油气藏划分为构造型、地层型及二者复合型。下面将依据试验及工作区域内油气藏的类型来讨论。

1. 构造型油气藏上方 M_S 异常

（1）断鼻型油藏。

以北 16 井、北 31 井区的断鼻油气藏为典型代表。在这类油气藏上方，异常十分明显，异常范围和异常中心部位分别与油藏范围和油藏富集部位对应较好，属典型的顶端异常型，见图 7。

（2）断块型油气藏。

台 3、台 10 井油气藏，属岩性控制的断块油气藏。异常明显，异常范围与油气范围对应较好，异常高值中心也对应油层最厚部位（图 9），也是顶端异常。

克拉玛依地区的白碱滩油区，其油藏类型以断块为主，但含有地层超覆，不整合，断背斜等油气藏，在此不一一细分。也多表现为异常与油气藏正对应，异常范围也大致与油田范围对应也属"顶端"异常。

（3）背斜型油气藏。

火烧山油田、柴窝堡气藏、小泉沟油气藏、西地油藏都属此类。

火烧山背斜是一较完整背斜，仅东缘被火东断裂所切割。在此油气藏上方，M_S 异常因受岩性等众多因素影响而异常值较其他区域低，但在油藏顶部仍对应有 M_S 异常存在，也是顶端异常。

柴窝堡背斜，是一被 Y 字形断裂切割的构造。钻井在背斜南断块上打出了工业天然气流。激电法发现的异常与背斜范围相当，也表现为较好的正对应关系，见图 10。小泉沟背斜油气藏与火烧山背斜类似，仅北面被甘北断裂所切割。也同火烧山一样，背斜高高凸起，断裂下盘断陷较深。此背斜油藏上无独立异常，而是处在北面异常之 14‰ 值线圈内。可能为其北面大异常的侧翼相对负异常区所淹没。有趣的是北面异常与柴窝堡异常很类似。

西地背斜油藏，是一规模较小构造，面积约 $2km^2$。在北 4、北 23 两个出油区块上分别出现了两个异常，峰值在 18‰~20‰，也是正对应关系。

2. 地层型

五梁山油藏，即北 10 井头屯河组油藏，属不整合油藏。含油面积 $3km^2$ 左右，含油范围正好处异常之内高部位。也是正对应，见图 9。

从上述分析看，各种类型的油气藏上均有明显激电异常，均为顶端异常。没有因油气藏类型不同而受影响。异常只与油气藏的存在相关联。

当然，绝对没有侧移是不可能的，异常范围与油气藏也不可能完全吻合，只是大致对应，这是因为激电异常不是直接由油气层本身引起。再者，油气层厚度的不同，油藏压力及盖层条件的差异，对上覆层蚀变范围蚀变程度也不同，于是对异常的强度、形态等都有一定影响。

2.2.2 不同性质油气藏上的 M_S 异常

火烧山油田是一中型油田。其主要特点是油层压力较低（地层压力系数 0.98），油气饱和度也低（15%），盖层条件较好，因此不利烃类的微渗漏，加上该区地层岩性中多有极化率很低的泥灰岩等，造成本区 M_S 值普遍较低，异常不十分明显，范围也比油藏范围小。

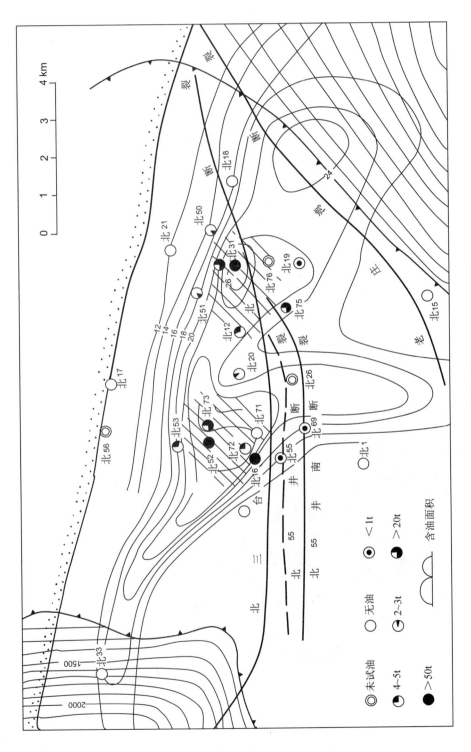

图7　北16井区激电异常与钻井出油情况图

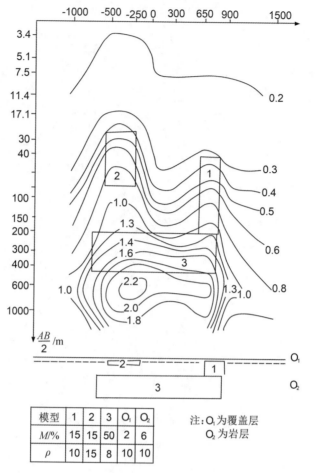

图 8　二维模型理论计算

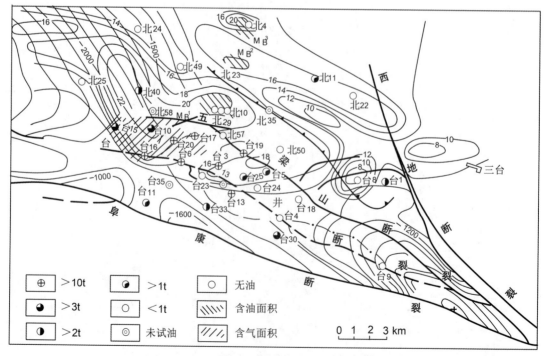

图 9　北三台地区激电 M_{B1} 异常与钻孔出油情况图

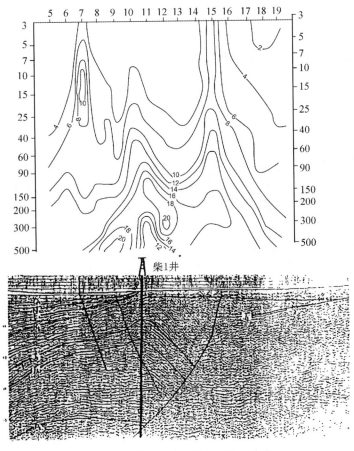

图 10 柴窝堡 C8802 线激电找油综合断面

北三台地区，地层压力相对较高（地层压力系数 1.17），油气饱和度（50%~60%）中等，但盖层较薄，小断裂也较发育。油气微渗漏现象明显，如北 16 井在 270~463m 井段取的岩屑中，已见干照黄光 5%。这里异常值较高而明显。

白碱滩油区，虽然地表为中生界所覆盖，背景较低。盖层条件好、封盗严、本区有一重要特点是地层压力系数高，在 1.2~1.8。油气饱和度（86%~100%）也很高。因此反映出的异常也较明显，强度大。

油质也可能是对 M_S 异常强度有影响的因素之一。从我们已有资料看，在其他条件相似情况下，一般是气藏 M_S 异常最大，轻油次之，稠油载的异常较弱。轻烃一般具有较强的渗透能力，容易在浅部富集，而使次生矿物的浸染含量也增高，使 M_S 异常强度增大。因此像埋深达 3000m 的柴窝堡气藏上仍出现有较高值的异常。另外，轻烃一般主要集中于油藏顶部，个别油藏还有气顶，因此这也可能是为何常在油藏顶部有高异常存在的原因之一。

油气层厚度与异常的关系也是很大的，它直接影响到异常的强度及异常的形态。特别是多油层迭合油区这种影响更大。油气藏一般也不单纯是一个压力体系，同一油水界面，各油层在纵向上有深度差异，在横向上是既有重合也有分开。因此叠加后的油层厚度差异也是很大的。油层厚度图形态与含油面积图的形状是不一样的。这就使得烃类的渗透复杂化，异常形态也复杂化。

火烧山油田，其油藏主要由二叠系平二段和平三段油层组成。而在这两个油层中，平三段油层厚度要大些，以火 11 井为中心，最大厚度达 46.6m，并且在火西 1、火 12 井部位无此油层。而平二段，则是以火 5 井为中心，最大厚度为 26.8m。叠合结果表明火 11 井处油层厚度最大，大于 49.4m，显然出现了以火11—火5并条带状主体油藏，与含油层面积图是大不一样的。从平二段，平三段砂岩类孔隙度等值线图也有上述特征。火11—火5井为孔隙度高值长条带。这说明这一带含油丰度自然高些。这一特点与该区发现的以火11井为中心的 M_S 异常是类似的。也能解释火西1、火12井异常不明显的原因。

从北16、北31井油藏也能看出这个问题，油层厚度最大部位一般为异常中心部位。因此异常的强度、形态与油层分布及厚度相关性较好。北13、北14、北27、北38井四口获工业油流井，有的油质还不错。没有 M_S 异常的根本原因是油藏规模太小。

总之，不同油气藏上方的 M_S 异常，是一种复合因素影响的结果，谁的作用更大？看来也不能一概而论，应据具体地区条件而定。一般油气藏类型对异常影响是不大的，异常与油气藏有正对应关系。油气藏规模、压力、油质、含油气饱和度、油气层厚度等对异常强度影响较大。压力大，饱和度高，油气层厚度大，油质好，都会使异常强度增大。盖层条件也可能对异常强度或形态有所影响，但如地层压力系数大，油气饱和度高，即使好的盖层，如克拉玛依，也有明显激电异常。油气层厚度可能对异常形态影响较大，但不是唯一因素。对于多油气层复合油气藏，异常形态不能较好反映油气层分布情况，异常是一综合反映。对较单一油气藏， M_S 异常能较好反映油气藏的范围。

2.2.3　异常与异常体的理论模型

1. 异常形态与异常体形态关系

电法工作的异常形态与电极装置、极距、供电方向等有密切关系，条件不同，异常形态会发生较大变化，这里只举一简单例子说明之，如球体上的 M_S 异常平面图， M_S 异常却呈椭圆形，长轴垂直供电电流方向。因此异常范围虽在一定程度上反映异常体的范围，但异常形态与异常体的形态不能混淆，必须结合具体工作条件，特别是供电方向来分析。

2. 关于异常体的边界问题

异常范围是由异常下限值确定的，但这绝不是异常体的范围。与油气藏范围关系更密切的应是异常体的范围而不是异常范围。要确定异常体边界必须进行三维反演计算，这是个相当复杂的问题，特别是实际地电模型较为复杂，难以计算准确。但在实际工作中，对异常体的边界即使有个粗略的定性的概念也是十分需要的。为此，据对该区内地电断面计算的若干算例，可以沿供电方向通过矿体中心部位的剖面上，利用异常半值点的位置来大致作为异常体两侧边界的参考位置，在平面图上，这个方法只适用于垂直供电方向的侧边缘，不能用于平行供电方向的边缘。

3. 断面模式和异常体的理论模型

从前节中所举的大量实例，可以看到，凡做过测深断面的各类油气藏上方的激电测深断面几乎都有共同的 M_S、ρ_S 异常形态，M_S 值随深度而上升，在相对深处（相对工作极距），在油藏正上方，有范围较大的高 M_S 半圈闭或圈闭，在此圈闭上方附近或靠两侧的浅部，常有分叉的强度较弱的窄小异常圈闭或半圈闭。ρ_S 值随深度而降低，在油藏上方，有时略偏低（大极距时），一般无明显的 ρ_S 异常，在 M_S 小异常附近的偏浅部位常有相对高阻异常圈闭。

为进一步探明上述断面模式可能反映的地电断面模型或称异常体的理论模型，特根据实际 M_S、ρ_S 异常断面形态，设计了其可能反映的模型形态，对此模型，采用有限元法，进行了二维正演计算。

地电断面模型形态和参数及其计算结果见图8。

这个模型的 M_S 断面形态极类同于白碱滩的8913线的 M_S 测深断面结果。

由上述算例可见，本区的极化体，也即黄铁矿化等蚀变带，在油藏正上方和稍深部位，范围较大，整体性较好。在浅部，则零星分布在油藏正上方附近或靠近两边部。这可能是油藏上覆地层中烃的富集区因其蚀变产物在横向上和纵向上都并非均匀分布的缘故。近油藏的上覆有利地层先得烃，易先富集，蚀变作用强，远区则得烃少，蚀变产物少而范围小。并且可能，油藏正上方的相对近的地层的孔隙被蚀变产物充填后，大大减小了该岩层的渗透能力，迫使部分烃气由蚀变层两侧再往上渗漏，在浅部油藏两边缘投影附近出现小蚀变体。顺便指出 $\dfrac{1}{4}$ AB 距的异常深度与实际异常体（模型体）的深度位置更接近些。这可作为在测深断面上估计异常体深度的一种参考。

2.3　应用实例

2.3.1　应用条件

（1）从对准喝尔盆地的已有工作程度看，对激电法找油气应用条件的限制很少，以下各种条件皆能应用：

——地貌，包括黄土、戈壁、沙漠、平地、丘陵等地区，其中沙漠和山区工作困难些。

——地质条件，包括各种时代的沉积地层，且含巨厚新生代覆盖区和各种构造格架地区。

——油藏类型和盖层条件，包括各种圈闭类型油气藏，且含构造型和地层岩性型圈闭油气藏，各种油质油气藏（轻质油、重质稠油，气藏，富油藏，贫油藏等），包括各种封盖条件的油气藏，更适用于富而轻的油气藏。

——油藏埋藏深度，以埋深不超过 3000m 为宜，若采用大功率（20kW 以上）设备，上述深度还可能突破。

（2）以下条件工作较困难，应尽量避开：

——地表电阻率（ρ_1）较低（例如 <10Ω·m），相对于其下伏地层的电阻率（ρ_2）的比（ρ_1/ρ_2）过小（例如 <1/5），且表层有一定厚度时，电磁耦合效应和表层屏蔽效应都会较大。

——工业干扰和油田管道多的地区，地质构造过分复杂和非油气藏的干扰异常较多地区。

2.3.2　应用范围

从现有实践看，本方法至今遇到的非油气藏干扰很少。在无油区，M_S 大多表现为平静的背景值，只是出现过火山岩干扰，但 ρ_S 也高，易分辨。除个别小砂体外，几乎所有已知油气藏上，包括工作后确定为油气藏的，都有不同程度的 M_S 异常反映，漏"矿"（油气藏）几率极少。

比起其他方法来，在寻找地层岩性圈闭型油气藏方面和判断构造含油性方面，激电法相对于地震有独特的作用。

在成本和工作效率方面，则介于地震和油气化探之间。

鉴于上述特点，油气激电法应用范围较广，可应用于满足上述应用条件的各类油气藏的各个勘查阶段中：

——先于地震勘探，以小比例尺（小于 1∶20 万）工作，寻找油气远景区，圈出远景区范围，为地震勘探缩小靶区，节省大量经费。

——与地震勘探同时寻找远景区，特别是寻找地层岩性圈闭型油气藏的远景地段，作为地震资料补充。

——在地震工作指出构造上。判断构造的含油性（工作比例尺以构造大小而定）。

——在初勘见油地区，配合较大比例尺（加 1∶5～1∶10 万）工作以指出油气藏（田）大致范围和大致规模以及油气富集中心的可能部位，为布钻作指导。

——利用浅部（1000m 以上）激电测井资料，配合判断深层是否有油气层。

——开展大功率大极距试验，以便获取更深层信息。

需要指出的是，由于油气藏上的激电异常并不直接反映油气藏本身而是反映油气藏作用的上覆蚀变地层，因此不能苛求激电法准确确定油气藏边界，只能指示大致范围。也不能苛求激电法在找油气藏方面不能有反例。对激电资料必须结合其他地物化资料进行综合解释。

2.3.3　应用实例

1. 马庄气藏、五梁山油藏地质效果与异常特征

（1）地质效果。

激电找油在克拉玛依取得实验效果和火烧山取得初步应用效果后，从 1986 年起在北三台地区开始了生产性为主的试验工作。1986 年时，还没有马庄气藏，北三台激电法工区内仅有三口井（北 4、北

5、北 10），见到了工业油流，台 6、台 3 井则在工区南侧边缘附近。大部面积是未知的。激电工作的目的是寻找有希望地段，为进一步钻探提供依据。工作结果发现不同规模的激电异常 3 处，见图 9，编号为 M_{B1}、M_{B2}、M_{B3}，后两个异常面积都较小。M_{B3} 正好位于北 4、北 5 出油井处。M_{B1} 异常幅值达 20‰~22‰，是区内幅值和范围都最大的异常，控制面积约 75km²。通过对激电剖面，测深资料的综合分析，认为 M_{B1} 是一个有望异常。因此当年我们建议并设计了首钻位置。但据当时地震资料。在 M_{B1} 异常区，无明显的有利储油构造特征。故推迟到次年（1987 年）才开展进一步钻探工作。截止到 1988 年底，仅在 M_{B1} 异常区内，已有 20 个钻孔，据已掌握的 16 口井试油资料，都见到了工业油气流。后来，在 M_{B2} 号异常打的北 23 井，也见到了工业油流。在 M_{B1}、M_{B2}、M_{B3} 号异常带内，现已形成了马庄气藏和五梁山油藏。

区内的无激电异常区，已有 27 口井，已掌握的 20 口井资料，只有 4 口（北 14、北 38、北 13、北 27）见到了工业油流，16 口都属于无油流井。

（2）异常特征。

本区 M_S 异常值高达 20‰~22‰，为背景值（10‰~12‰）的二倍，异常十分明显。除其南部边缘外（南边缘因地层结构和背景值不同，下面再讨论），异常下限值约为 15‰。16‰~18‰ 的 M_S 圈闭可大致反映异常体北部边界范围（按定量计算）。图 9 中的阴影部分是马庄气藏和五梁山油藏中油层在平面上迭合的投影面积。它们都分布在 M_{B1} 号异常圈闭内，其他未构成油田的出油井也大多在 M_S 异常内，因此本区也属顶端异常特征。另外值得注意的是，台 10、北 10 井分别是油气层最厚部位，也是异常较大部位。当前的 M_{B1} 号异常范围尚大于油田范围，但大出的范围，特别是 M_{B1} 异常的西北部位以等值线 22‰ 圈闭的鞍底状异常内，是值得进一步勘探的地段，不能说这里的 M_S 异常范围与油气范围不符合。

2. 柴窝堡盆地

该区南依天格尔山东段，北为博格达山西段，东为两山汇合将盆地封闭，西部以茇茇槽子石炭系基岩凸起与准噶尔盆地分界。以博格达山南麓二叠系露头区南界为界，将盆地分为南北两部分。其中南部为中、新生界分布区，是柴窝堡之主体油气勘探远景区。盆地也可分为四个一级构造单元，其中达北凹陷又成为油气重点勘探区，它也是激电勘探主要区块。区内出露有 J、K、E、N 地层，圈闭以构造型较多，本区有已知的二叠系生油气层。但激电工作时，只一口钻井，属未知区。

该区激电工作为 1988 年所做，一共发现了 6 个异常，其中与柴窝堡构造相对应的异常被评价为 I 类异常。该类异常从平面图上看为本区范围最大，异常值最高之异常，异常最大值为 20‰。从断面图（图 10）来看，明显发现柴窝堡背斜之上有一大的 M_S 异常存在，异常表现较为复杂。在 $AB/2 = 90m$ 以上浅部，构造上方对应 M_S 值较低，其两边出现高值凸起，在 $AB/2 = 90 \sim 300m$，为一宽大的异常凸起，异常与背斜对应较好，在 $AB/2 = 900m$ 以下，横向上又出现了高低高现象。ρ_S 浅部也有高值圈闭，随深度而下降。M_S、ρ_S 断面异常总的特色与已知油气藏相仿。

该异常被评价为油气有关异常。1989 年 9 月，该背斜上所钻柴参 1 井获得了 11.3 万 m³/d 的工业天然气流。

综上，从克拉玛依、火烧山、北三台、柴窝堡的激电找油气，均取得了明显的试验效果和地质应用效果。

3　重力方法直接反映天然气藏存在的研究

3.1　重力法直接反映天然气藏的机理

3.1.1　重力法直接反映天然气藏的研究概况

应用高精度（微伽级）重力异常信息直接找天然气藏的方法国内外在某些已知的油气田上已做过

一些实验研究。在美国、苏联的一些气田上，可以观测到幅度与范围都不太的相对低重力异常（幅值在 $1×10^{-6}$ m/S^2 即 1mGal 以下）。表 2 给出了对一些气田的观测结果。

表 2　国外若干气田重力异常

气田名称	产层厚度 （m）	油气藏等效密度 （g/m）	重力异常 （$1×10^{-6}$ m/S^2）	备注
加什林	270	0.15	1.5~2.0	气
乌里茨	80	0.11~0.1	0.14~0.35	气
东苏斯洛夫	30	0.18	0.16	气
波尔伏玛依	18	0.2	0.1	气
斯捷彼诺	54	0.12	0.28	气
阿布斯达赛	100	0.15~0.2	0.3	油气

这些重力异常表明，有生产价值的和相当储量体积的储气层，可以在地表引起相应的重力效应，并且可以被观测到。但是考虑到储集层内天然气的存在将会产生一定负重力异常的效应，致使实测得到的重力异常值要比含油、水的储层低。这样，可以据此作为应用重力异常信息直接找天然气藏（或储集层）的基础，来探讨应用重力异常信息直接找气藏的机理[20, 25]。

3.1.2　高精度（微伽级）重力信息反映天然气藏的机理

众所周知，地下岩层，不论是砂岩层还是灰岩层都具有一定的、可连通的孔隙或裂隙，孔隙或裂隙空间体积占总岩层体积的比率即岩石孔隙率（度）；在这些孔（裂）隙空间 P，充填的气体或液体（石油、水）占总孔（裂）隙空间体积的比率即气体（或石油、水）的饱和率（度）。这样，由岩层作为储集体的天然气藏，其储气层具有一定的孔隙率，含有一定饱和率的天然气。因此，单位储气层的密度（比重）就比周围孔隙中含油、含水的储集层单位密度要低一些，而比孔隙率接近零的单位岩层密度就更低一些。也就是

$$\rho_{储气层} < \rho_{含水岩层} < \rho_{致密岩层}$$

图 11 给出了砂岩孔隙充满水和充满气体时所产生的密度差关系曲线。该曲线在图 11 上表明，当孔隙率越高时，含气层（100%）较含水层（100%）的平均密度越小，密度差也就越大。

由重力学理论知道，在同样条件（体积相同、深度相同）下，密度大的物质体比密度小的物质体在地表面上引起的重力效应大、形成的重力异常也大。据此，可以认为，密度较小的储气层会引起重力低的效应。这个由于密度差引起的重力效应，一方面可以通过正演计算定量地给出其理论值，作为重力直接解释天然气储集层存在的依据。另一方面，根据该理论值，计算实测的重力异常中由于天然气层的存在而减小的异常值，从另一角度来证实天然气储集层确实存在。

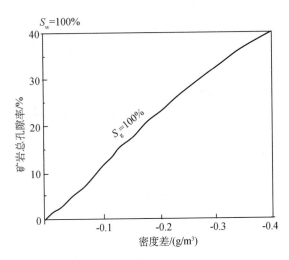

图 11　饱含水和饱含天然气的储集岩层在
不同孔隙率下的密度差

应该注意的是：根据储气层的孔隙度（率），含气、含水饱和率（度），碳氢化合物、水、岩石的密度以及气藏储量体积、埋深等因素，在许多情况下，储气层引起的重力低幅值可能不够大，易被其他地质、构造等形成的异常所掩盖，其信息不易被发现和捕捉（辨识），会造成解释上的错误分析结论。

因此，根据天然气储集层与围岩的密度差产生的重力异常是应用重力方法直接找天然气藏的最基本的物理基础机理。但能不能直接找到天然气藏，还与气藏的形态、储量、埋深、气藏物性、观测方法技术精度、解释技术等一系列地质、地球物理、重力勘探等客观与人为因素相关。下面就重力方法找天然气的能力与效果的几个主要因素，分别进行讨论。

用重力方法直接找天然气的能力和效果与以下因素有关[25]。

（1）与天然气储集层（天然气藏）与围岩的密度差值的大小有关。差值越大，显示天然气藏的能力与效果越好。这是最基本的因素。

（2）与天然气储集层的空间分布规模与埋藏的深度大小有关。一般储集层的埋藏深度越浅，效果越好；储集层的空间分布规模越大，显示的能力与效果就越大。

（3）与实测重力的精度有关。由于天然气储集层引起的重力异常值是几十到近百微伽的幅度，因此，观测的重力数据的精度越高，显示天然气储集层的分辨能力就越高，解释的效果就越好。

（4）与重力正反演方法与技术的改进和提高有关。在天然气储集层的自然条件（密度差、规模和埋藏深度等）和实测重力精度条件具备一定水平时，重力正反演方法和分析解释理论与技术越完善，分辨天然气藏的信息和捕捉天然气储集层的信息的能力就越强，取得的信息或标志的可能性和可靠性也就越大。

以上四个主要因素中，前两个是天然气藏的地质因素，它们是客观存在的，是不依人的意志而转移的，是什么样就是什么样，能产生什么样的重力效应就是什么效应。人们被动地从中探寻与捕捉重力信息所反映的天然气存在的标志。而后两个是人为的仪器精度、观测精度，观测与处理和解释的方法技术的因素，是可以通过人的主观努力而施加影响的、可变的（变好或变坏）。人们可以主动地通过仪器、方法和技术探查捕捉（识别）天然气藏的重力信息（或标志）并且能为逐步提高其探查的能力，取得更好的应用重力方法直接探查天然气藏的效果。

下面首先就前两个因素应用重力方法探查天然气藏储集层，提供可能的、可信的、可用的重力标志的问题作探讨。

3.1.3　根据微重力异常直接探测天然气藏的理论与方法

微重力方法是通过对地下密度不均匀异常体引起的重力异常信息或各地下起伏界面起伏造成的密度差引起的重力效应的探测，来研究分析密度异常体的空间分布形状和物理性质参数，以及分析解释密度界面的起伏分布形态及其有关的地质—地球物理特征。这样，对于一个天然气储集层或天然气藏，它必然是一个圈闭构造，也就必然引起相应的重力异常（一般是相对正异常）；而构造或储集层内储存的天然气，由于其密度比油、水、岩石都低，必然会引起相应的负重力异常效应（可以是在反映构造的正异常上出现相对的负异常），或者是幅值被减弱的、反映构造与气藏综合效应的正异常。

如何探测与获取这几方面的重力异常（有的是很微弱的微伽级异常），由于有微弱的天然气异常需要辨识，储集层构造引起的异常也需要非常精确的测定，观测工作就需要用非常精细的微重力测量方法。

至于对天然气藏能够引起的微重力异常的幅度与形态，就需要从重力学理论上进行分析与研究。

1. 天然气藏（储集层）构造的重力理论模型研究

天然气藏（储集层）构造一般多系不规则形态。因此，在理论研究计算不规则密度异常体产生的重力效应时，多采用"多边形截面法"。此方法的优点是可以尽量地逼近要计算的不规则异常体的形态，使计算结果尽可能地接近实际情况，以利于进一步的分析解释。同时，此方法计算速度快，可以在一系列的模型计算中省时、省力。本课题也选用该方法进行天然气藏构造的理论重力模型的计算。

下面给出二维和三维多边形截面法重力计算公式[21, 22]。

（1）二维模型计算公式。

图 12 中的二维模型对 O 点产生的重力异常为：

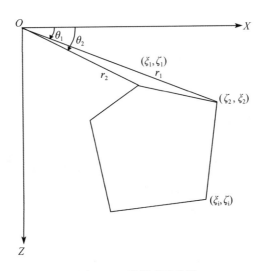

图 12　二维模型示意图

$$\Delta g = 2G\sigma \sum_{i=1}^{n} Z_i$$

$$Z_i = A_i \left[(\theta_i - \theta_{i+1}) + B_i \ln \frac{r_{i+1}}{r_i} \right]$$

$$A_i = \frac{(\xi_{i+1} - \xi_i)(\xi_i \zeta_{i+1} - \xi_{i+1} \zeta_i)}{[(\xi_{i+1} - \xi_i)^2 + (\zeta_{i+1} - \zeta_i)^2]} \qquad i = 1, 2, \cdots, n$$

$$B_i = \frac{(\zeta_{i+1} - \zeta_i)}{(\xi_{i+1} - \xi_i)}$$

$$r_i = (\xi_i^2 + \zeta_i^2)^{\frac{1}{2}} \qquad \theta_i = \tan^{-1}\left(\frac{\zeta_i}{\xi_i}\right) \qquad\qquad (1)$$

$$r_{n+1} = r_1 \qquad \xi_{n+1} = \xi_1 \qquad \zeta_{n+1} = \zeta_1 \qquad \theta_{n+1} = \theta_1$$

① $\xi_i \zeta_{i+1} < \xi_{i+1} \zeta_i \qquad \zeta_{i+1} \geqslant 0 \qquad \theta_i = \theta_i + 2\pi$

$\xi_i \zeta_{i+1} > \xi_{i+1} \zeta_i \qquad \zeta \geqslant 0 \qquad \theta_{i+1} = \theta_{i+1} + 2\pi$

$\xi_i \zeta_{i+1} = \xi_{i+1} \zeta_i = 0 \qquad Z_i = 0$

② $\xi_i = \zeta_i = 0 \qquad$ 或 $\qquad \xi_{i+1} = \zeta_{i+1} = 0 \qquad Z_i = 0$

$\xi_i = \xi_{i+1} \qquad Z_i = \xi_i \ln \frac{r_{i+1}}{r_i}$

（2）三维多边形计算公式。

图 13 三维模型对 P (x, y, z) 点产生的重力异常为：

$$\Delta g = G\sigma \iiint \frac{\zeta - z}{\rho^3} d\xi d\eta d\zeta$$

$$\Delta g = G\sigma \int S d\xi$$

$$S = \iint \frac{\zeta - z}{\rho^3} d\eta d\zeta \tag{2}$$

$$\rho = [(\xi - x)^2 + (\eta - y)^2 + (\zeta - z)^2]^{\frac{1}{2}}$$

写成数值积分的形式：

$$\Delta g = G\sigma \sum_j \Delta \xi_j S_j$$

$$S_j = \sum_i \left[\frac{1}{\sqrt{1 + m_i^2}} \ln \frac{\rho_{i+1}\sqrt{1 + m_i^2} + (\eta_{i+1} - y)(1 + m_i^2) + m_i C_i}{\rho_i \sqrt{1 + m_i^2} + (\eta_i - y)(1 + m_i^2) + m_i C_i} \right] \tag{3}$$

$$m_i = \frac{(\zeta_{i+1} - \zeta_i)}{(\eta_{i+1} - \eta_i)} \qquad C_i = (\zeta_i - z) - m_i(\eta_i - y)$$

$$\rho_i = [(\xi_i - x)^2 + (\eta_i - y)^2 + (\zeta_i - z)^2]^{\frac{1}{2}}$$

$i = 1$、2、$\cdots$、n 为多边形截面的边数；$j = 1$、2、$\cdots$、k 为截取的截面数；$\Delta \xi_i$ 为截取二维体的厚度。

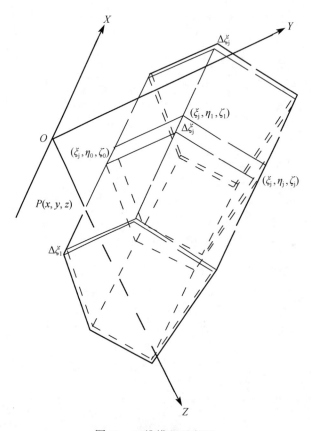

图13　三维模型示意图

2. 天然气藏（储集层）的密度参数

含气岩层的密度参数一方面在气藏构造理论模型计算中是重要的参数，另一方面在计算天然气储集量产生的负重力效应上，是必要的不可少的数据。

（1）含气岩层的密度计算方法。

含气岩层的密度参数因不同地质环境的差异、岩石物性参数（孔隙度、渗透率）、岩层含油、气、水状态（饱和度，气、油、水密度、粘度等）的不同而变化。根据不同的条件下的各种参数，可以确定含气岩层的有效密度差。在此，引用前人给出的有效密度差与物性参数的关系式如下：

$$\rho_1 = -(\rho_\omega - \rho_{o \cdot g}) \cdot K_R \cdot K_{G \cdot O} \tag{4}$$

式中，ρ_1 为含气岩层的有效密度差；ρ_ω 为含气岩层边水或底水的密度；$\rho_{o \cdot g}$ 为天然气或石油在自然条件下的密度；K_R 为含气岩层孔隙度（平均）；$K_{G \cdot O}$ 为含气油层中含气（油）的饱和度。

（2）含气岩层密度的选择。

由式（4）可以看出，有效密度差 ρ_1 随着不同条件下 ρ_ω、K_R、$K_{G \cdot O}$ 的变化而有不同的数值。一般情况下，水和油、气的密度 ρ_ω、$\rho_{o \cdot g}$，在不同的地下温度、压力情况之下是有一些变化，但变化范围不大，通过油层物理的 PVT 实验可以给出，岩层的孔隙度随岩层的岩石性质变化很大，对于均质颗粒砂岩，孔隙度可达 46%，有效孔隙度在 30% 左右；但碳酸盐裂隙岩石的孔隙度就很不均匀，有裂隙处很大，无裂隙处等于 0，因此只能给出一个平均孔隙度，一般在 4%~10%。至于含气饱和度 $K_{G \cdot O}$，则可以通过测井数据分析得到，一般可以在 50%~85% 范围内。

这样，含气岩层的有效密度差约为 -0.1~-0.27g/cm³ 左右。根据以上诸参数计算选择来确定 ρ_1。并且，据此计算含气构造的重力异常理论效应值，以及计算含气层气体储集引起的负重力效应。

3.2　重力法对气藏的识别及其标志

天然气藏在重力场中的信息是较弱的。为了提取这些信息，首先要研究根据重力资料反映（获取）天然气藏构造的信息的能力。由于天然气藏一般赋存在穿窿背斜、鼻状背斜等背斜型构造或岩性封闭单斜起伏的各种构造之中，也就是具有不同面积、不同隆起幅度和不同埋深的三维构造形成储集天然气的气藏。这样，天然气藏构造在地下就可以引起其重力效应，得到其重力信息（标志）。这是天然气藏识别方法的基础[15, 16]。

根据重力学理论，一般以布格重力异常观测精度的二倍作为可靠的异常信息。应用现代的拉科斯特"D"型重力仪按微重力观测技术测量的精度为 ±0.01~0.02mGal。在现场条件较好的情况下 ±0.01mGal（±10mGal）的要求是可以达到的。因此，选取重力异常在 ±0.02~0.04mGal 这一精度作为限值，并以此数值作为可探查（获取）到天然气藏构造的重力异常信息的最低限值，亦可看作为天然气储集层的重力标志。

实际探测中，在地形起伏不大，地下地质结构不太复杂的情况下，野外重力观测均方误差与各项改正误差总和一般可控制在 ±20μGal 左右，因此，选择 -50μGal（和 -100μGal）作为可信重力异常的最低界限，同时也作为识别与判定天然气异常的主要标志。

为了探讨在允许的最低精度限值（-50μGal，或者 -100μGal）情况下，气藏构造的宽度 D，构造的厚度（隆起的幅度）Δh，与构造顶部埋深 H 的相关消长的理论关系。通过计算，建立了相应的 "D—Δh—H" 关系曲线组（图 14 和图 15）。由此关系曲线可以得到不同大小规模的气藏 D、Δh 参数情况下的可探测判识到信息的最大深度 H 限值。同样，可以给出不同埋深 H 的气藏，也能够给出重力精度允许条件下的气藏应具备的幅度 Δh、宽度 D 的最小限度值。这对选择重力探测对象具有很大的、很方便的作用。

这些限值，虽系理论计算的结果，但是可以作为实际天然气藏（储气层）的探查与研究的重力信息识别标志。

　　例如在图 14 中，气藏模型为三维弯窿体，设其在地面产生的重力异常为 50μGal，其隆起厚度 Δh 分别在 13、20、30、40m 时的模型宽度 D 与气层顶面埋深 H 的关系曲线均呈线性分布形式。当 Δh 小时，曲线斜率大，反之则小。这是因为对同一隆起厚度 Δh 的各模型来说，要产生同样-50μGal 的最大重力异常值，模型的宽度 D 越小，即气藏规模越小，气藏顶部埋深 H 相应地越浅才行。对同一宽度规模的各模型，隆起的厚度 Δh 越小，要产生-50μGal 的重力异常值，则气藏埋深 H 要相应地越浅。这样，在实际条件下，要想确定能否用高精度微伽重力仪测出 D=2km、Δh=30m 的气藏产生的重力有效异常信息，即判识出存在有含气层的重力标志。则根据图 14 上 Δh=30m 的直线，由纵坐标 D=2km 作水平线交在 30m 线上的 P 点，从 P 点垂直交线于横坐标轴上，得到 H=1620m。此 H 值即为能显示测到-50μGal 异常的最大深度。亦即在气藏小于此 H 深度时，均能可靠的测出其产生重力异常的重力标志。图 16 和图 17 是分别对不同的气藏模型，产生的重力异常为-100μGal 的 D—Δh—H 曲线关系图，使用的方法和原理都与图 15 一样，只是针对不同气藏模型（三维立方体、二维弯隆背斜带、单斜二维构造带等）可能探测到天然气藏的限值是不同的，直接反映气藏存在的重力异常可判识的标志值也不相同。

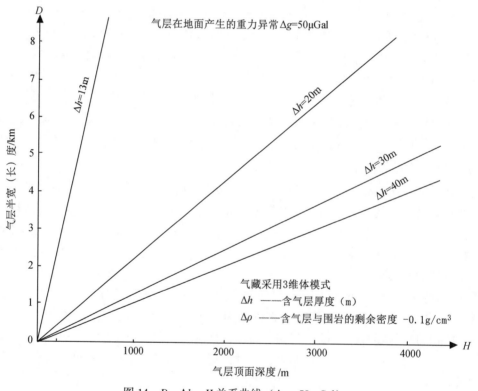

图 14　D—Δh—H 关系曲线（Δg=50 pGal）

　　以上的研究是针对整个天然气藏（包含储气岩层构造和储集的天然气体等）的 D—Δh—H 理论关系及重力异常信息的识别标志。由于一个天然气藏（简化地看）是主要由储气岩层构造和其中储集的天然气体两者组成的。从重力学理论上可知，储气岩层穹降背斜构造（或其他形状的隆起构造）一般呈现正重力异常效应；而在岩层孔隙中储集气体的储气层将引起负重力异常效应。一般情况下，储气岩层构造引起的正异常效应较大；但在某些情况下，储气层规模较大，储气层厚度也大，同时埋深又比较浅，则可引起相当大的负异常效应。

　　这样，由正、负异常效应的大小消长来看，天然气藏整体引起的重力异常效应在地面重力场可以呈现出以下两种分布特征：

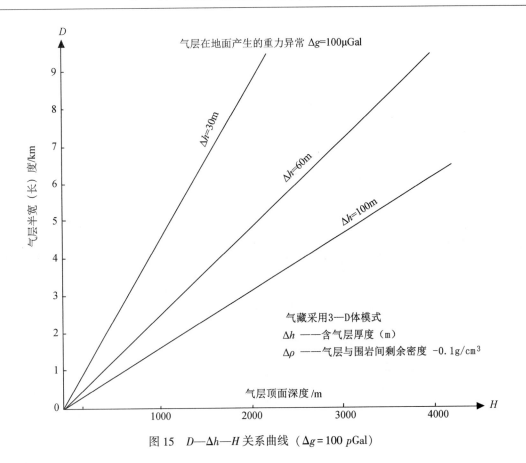

图 15　D—Δh—H 关系曲线 （$\Delta g = 100\ p$Gal）

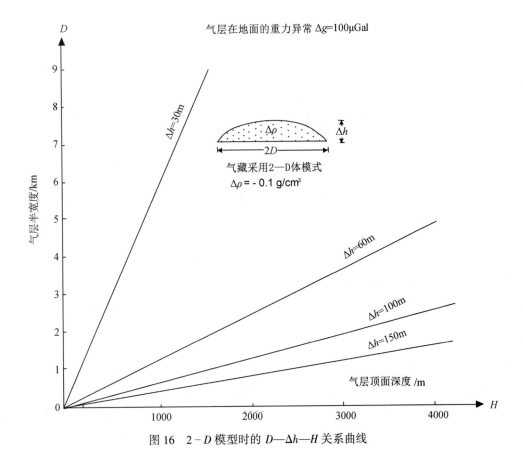

图 16　2-D 模型时的 D—Δh—H 关系曲线

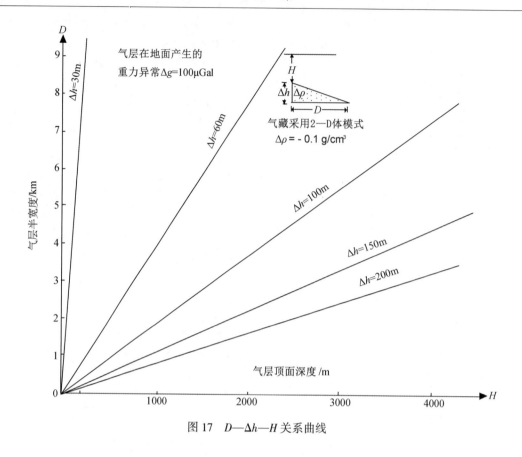

图17　D—Δh—H 关系曲线

——负异常效应相当大，在地表重力剖面上呈现正重力异常背景（储气岩层构造引起的）上的局部负重力异常，它反映了储气层的存在，也就可以认为这种"负重力异常"是识别天然气储集区的直接标志。

——负异常效应不够大，在地表重力剖面上仍为正重力异常分布，但由于负重力异常抵消了一部分正重力异常，使得正重力异常在对应储气区的部分的幅度有所减低。对此种"低幅重力正异常"的识别天然气藏的方法，将在后面作专门讨论。

这样，根据"负重力异常"与"低幅正重力异常"的信息或标志可以对天然气藏作定性与定量的判识。

关于"低幅正重力异常"判识天然气藏的方法论述如下：

"低幅正重力异常"判识天然气藏方法的基本原理是：考虑到实际的天然气藏多赋存在岩层隆起的构造部位，隆起的构造一般具有正的剩余密度，因此，在地表重力场中呈现正的重力异常。隆起构造的岩层内含储天然气越多，含气饱和度越高，形成的负剩余密度越大，引起的负重力异常也越大。在负重力异常相对较小，只抵消一部分正重力异常时，地表重力场中含气构造的正重力异常将较不含气构造的正重力异常的幅度要低一些。含气饱和度越高，减低的幅度越大。

基于这种重力学原理，对于一个经地震勘探给出的隆起构造（或构造圈闭），首先建立其密度模型，对可能的含气岩层，做出其一系列可能的剩余密度模型的理论重力异常曲线图。然后与在该构造上实测的重力异常曲线作对比，选择与实测曲线最相近最符合的曲线。该曲线所代表的模型的剩余密度可以按相应的公式（4）计算含气岩层中的含气饱和度。由此方法，利用重力的信息判识天然气藏。

3.3　高精度（微伽级）重力法在识别气藏上的研究与应用

根据前面讨论的高精度重力方法直接找天然气藏的机理与重力信息标志判识的基础上。首先从已知的、实际的天然气田作高精度重力观测求取其重力信息标志，并进行相应的分析研究，进而提出对未知地区预测是否具有含气可能性的重力标志。

高精度重力测量方法要求有利的测量工作环境——地形起伏越小越有利，亦即使地形改正的影响值缩减到最低。为此，在陕北靖边气田、华北油田的几个气田中选择地形平坦的合适的条件者作为研究的对象。因此，按照前面论述的应用重力信息直接寻找天然气藏（储集层）的机理和可能显示重力信息标志的理论模型曲线，对华北、陕北诸气田作了对比分析。

关于陕北靖边气田，根据可能掌握的资料有以下三个方面的情况：

——地表地形系黄土高原、切割深沟陡崖很多，重力测量不容易操作，测点定位困难，在数据处理上，地形改正就更是麻烦问题，这对观测与计算的精度产生很大干扰噪音。

——气藏埋深在4000~4500m以下，气层多，但较薄，夹层也多，气藏面积范围虽很大但边界不太清楚：以此数据，由图14可见，如含气层厚度 Δh 为20m及30m，气藏深度为4200m的情况下，如要能有 50μGal 的重力显示标志，则气藏至少需要有 220km² 及 70km² 的含气面积才可以；如按图15至图17的条件则需要更大面积的气田才可以达到要求。

——气藏储气层的孔隙度低，气体饱和度也不很高（根据靖边指挥部资料），因此，按式（4）计算气层密度在-0.1左右或更差。

据以上三方面资料分析，靖边气田不适于作高精度重力方法直接找天然气藏的实验观测与研究的对象。

关于华北油田的GW8断块气田与GW1断块气田，根据研究人员专程赴华北油田天然气管理处调研了解，得到的资料与数据有：

——地表地形，华北油田地处华北大平原，两个气田都是在十分平坦的麦田上，有的测线上，诸重力测点的高程没有超过 10~20cm 者，这不论对重力测点点位坐标、水准高程的测量和高精度微重力测量来说，条件都非常有利。

——GW8断块气田（图18）的埋深为1700m左右，其储气层厚度最厚达100m，气藏为长轴穹窿背斜构造形态，面积约 2.8km²；按此数据，由图14可知，在其重力显示信息标志为 50μGal 时，气藏构造需 3km² 即可达到要求；GW1断块气田埋深 1550~1700m，储气层三层总厚度 60m，气藏为单斜断块构造形态，面积 0.5km²；依此数据，由图14可知，在重力信息标志系 50μGal 时，气藏也需要在 3km² 左右者。

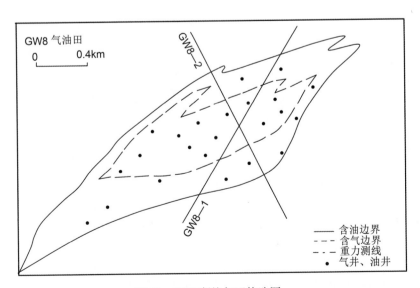

图18 GW8断块气田构造图

——GW8 气田储气层孔隙度 27.2%，气体饱和度为 85%，气层密度在 -0.23 左右；GW1 气田的气层密度也为 -0.25 左右，在这样的气层密度条件下，按图 14 求取气藏面积时，考虑由 $\Delta\rho$ 从 -0.1 改算为 -0.23 ~ -0.25。所需最小气藏面积则为 1km² 左右。

至此，据以上两个气田资料分析认为，两个气田的地面条件好，除个别重力测点要做局部地形改正以外，可以免去繁琐费时费力的地形改正工作。两个气田的埋深、储气层密度都符合要求，储气面积也都比较合适用于研究，但 GW8 气田条件更好些。为此选择华北油田区的 GW8 气田作为实验观测与研究的实际对象。

3.3.1　已知气田的高精度微重力测量野外观测

1. GW8 气田重力测量的测线选择与布置[24]

GW8 气田总体上为多断块组合的近似长轴穹窿背斜的构造（图 18），其长轴 2000m，短轴 900m，气田在构造顶部。根据地下构造并结合地表测线要求，选择两条横穿气田并在 58 - 5 井交叉的测线，并在交叉处布设一个两测线共有的测点。测点距根据比例尺要求和探测深度的情况，选择在气田区范围内及边缘为 50m/点，在此区范围外为 100m/点。并适当延长测线，以期一方面为得到含气区与不含气区的重力差异，另一方面以减少测量结果计算时的边缘效应的影响。据此，GW8 - 1 测线长 1600m，GW8 - 2 测线长 1300m。测线与测点分布见图 18。

2. 重力测量仪器

采用世界上最精良的微伽相对重力仪 LaCoste—Romberg "D" 型重力仪（122#）。

3. 重力测量精度

由于应用微重力测量方法与技术标准的规范要求，测点高程用二级水准测量（精度 0.1cm）。因此，测量总精度为 0.013mGal（13mGal），符合要求。即可信重力信息 = 2.5×精度 = 32mGal（小于 50μGal 的判识限值）。

4. 重力测量的结果

GW8 气田上的两条重力测线 GW8 - 1 线与 GW8 - 2 线的重力测量结果表示于图 19 与图 20。在该测线图上将相对应的含气、含油与含水区分布的界限图以及对应的地下气藏构造剖面。这样，有利于对比对照分析解释。

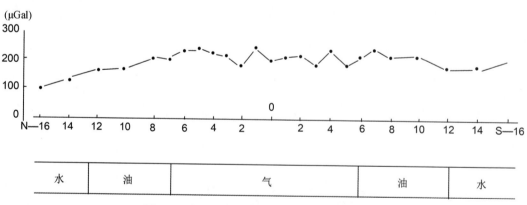

图 19　GW8 - 1 重力测线的剩余重力异常曲线

由图 19 及图 20 可以看出：实测得到的重力异常曲线总体趋势上是呈上隆的弧形，由边缘低重力数值向气田内部逐渐升高；在接近构造顶部含气区时，重力值上升的趋势逐渐变缓。在气田顶部中心区，两测线的重力值都呈现微弱的或明显的下降趋势；在 GW8 - 1 测线，与含气范围边界对应的 N - 7 测点至 S - 6 测点之间，重力异常曲线呈现水平或下降的分布特征；在 GW8 - 2 测线，对应含气区边界的 N - 4 测点至 S - 3 测点之间的重力异常曲线为明显的下降分布形态，最低点在 58 - 5 井附近（构造高点）的 0~0 点处。

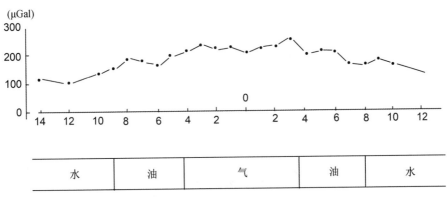

图 20　GW8-2 重力测线的剩余重力异常曲线

总之，根据在华北油田的 GW8 断块气田的野外高精度微重力测量得到的实际重力异常分布的特点来看，在气田区确实存在有或大或小的负重力效应，不论是呈现负的重力异常线段或是低幅正异常的情况，都能说明在应用重力方法直接判识天然气藏的机理与识别天然气藏的重力信息（或标志）上是有实际实验观测数据作为基础的，不是纯理论设想的。

3.3.2　天然气田微重力观测资料的分析与解释

为了探寻识别天然气储集层的重力信息，对实测的重力资料做进一步的分析与研究。

需要说明的是，由于华北油围一般不对其在地表至 1000m 深度的地层做分析解释，故没有收集到这一层段的地层解释资料。这样对研究分析这些气用就有很大的影响。在这种情况下，就选择地质构造资料、断裂分布资料以及气层岩性资料较全、气田而积相对较大的 GW8 断块气田做为研究对象。同时，结合邻近地区的地层、构造、断裂等情况做参考。建立了 GW8 气田的 GW82 剖面的地层、构造、断层分布的地质构造图（图 21）。由于我们在 GW8 气藏上给出的重力异常分布是去掉区域场影响的剩余重力异常值，因此，按照地质构造、断裂分布和地层升降运动以及气藏的分布，建成了 GW8-2 剖面的剩余密度体的二维模型（图 22）。这样建立模型，主要是排除浅部与深部的区域性构造影响因素，突出要探寻的气藏的信息的来源（气藏本体）和主要的干扰源（构造的地层起伏）。

这样 GW8-2 剖面的剩余密度模型，主要由三个子模型组成子模型Ⅰ是气藏本体，其剩余密度值取的是 $-0.15g/cm^3$（是根据（GW8 气藏储气层的油层物理参数并按式（1）计算得到的结果再取平均值）。子模型Ⅱ是根据构造运动形成的下部沙河街组沙四段泥岩上升与上部砂岩层之间的密度差异建立的剩余密度体，其有剩余密度值为 $+0.1g/cm$。子模型Ⅲ同样根据下部的细砂岩与上部砂岩层的剩余密度建立的，具有剩余密度为 $+0.2g/cm^3$。

根据此模型，再计算其在地面上的重力值，并与实测的重力数据对比，经过修改模型（形态及参数）得到了与实际最通近的结果（图 23）。由图 23 可见，由该模型计剪的重力异常，虽经几十次修改调整，只能是实测值的中值型的油线。对一些小的短波长起伏弯曲是不能够很好地对应上。而图 18 的计算曲线实质：是与实测曲线平滑化（滤去短波长因素）的曲线符合得很好。

短波长的起伏变化、一般多系浅部的局部的地质因素引起的、为了研究短波长问题，建立了一系列由子模型组成的浅部剩余密度异常体模型，将深部与浅部的模型作合成计算，得到与实测值十分符合的结果（图 24）。

此结果表明，短波长变化是浅部的、局部的因素为主导引起源；长波长的起伏变化是深部的、大的因素为主要引起源。针对 GW8 气藏的这个实际情况，该气藏属于上述的"低幅正重力异常"型。应该按此类型的天然气藏来判识。

考虑到减低异常幅度是天然气存在而引起的。因此，对 GW8-2 剖面的剩余密度模型的子模型Ⅰ

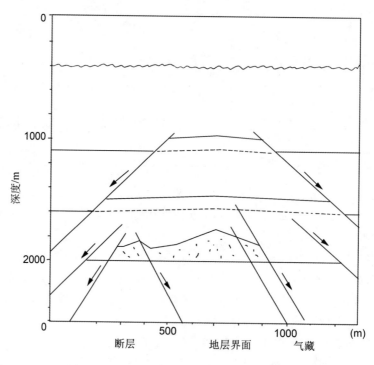

图 21　GW8－2 测线地下地质构造及气藏剖面

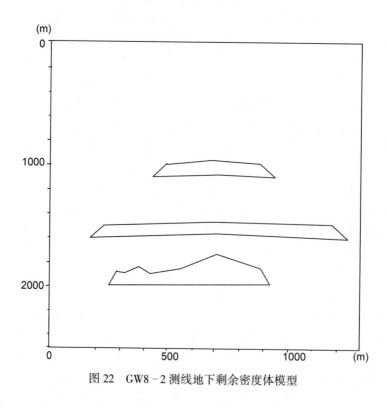

图 22　GW8－2 测线地下剩余密度体模型

（天然气藏模型）的密度参数给以改变。给以由+0.25g/cm³～-0.25g/cm³ 的一系列密度值（平均剩余密度值 $\Delta\rho G$），其他子模型参数不变。经计算。给出一组计算重力异常曲线、表示在图 25 上。由该图可见、在 $\Delta\rho G$ 为+0.25 时幅高为 206μGal，在-0.25 时幅高为 112μGal，在 $\Delta\rho G$ 为 0 时，幅高 159μGal。

在平均剩余密度取为-0.25g/cm³ 时的地质物理意义是含气区储层含气饱和率在 90% 以上，形成与

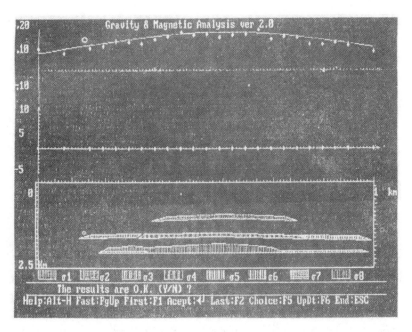

图 23　GW8-2 测线密度模型的计算重力异常及其与实测重力异常（◇点）的对比图

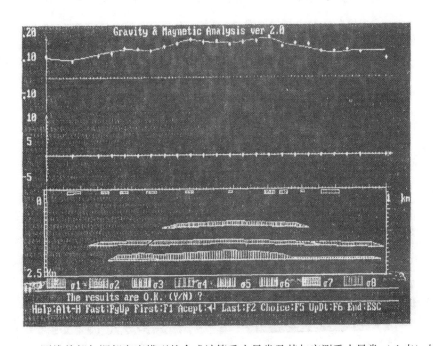

图 24　GW8-2 测线前部与深部密度模型的合成计算重力异常及其与实测重力异常（◇点）的对比图

周围岩层的有效密度差为-0.25g/cm³。

　　平均剩余密度取为 0g/cm³，表明此区内的岩层含气饱和率低或者含气很少；而构造降起的底部地层密度稍大，两者一增一减，使重力效应抵消、导致平均密度与围岩密度相同或非常接近，并使平均剩余密度很小或为零值。

　　平均剩余密度为+0.25 g/cm³ 时，表明此区内地层不含气，并且是下部密度较大的地层降起于周围密度较小的上部地层中，形成一个高密度异常体。而具有+0.25 g/cm³ 的密度差异而存在。

　　这里选用 $\Delta\rho_C$ =+0.25~-0.25g/cm³，是在实际观测中可能存在的情况，在物理—地质意义上也是合理的。

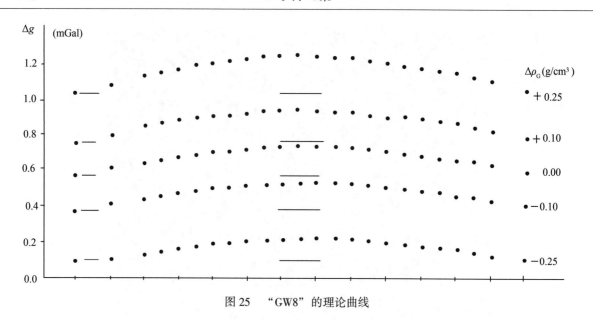

图 25　"GW8" 的理论曲线

根据 GW8 – 2 剖面的计算曲线的幅高为 120μGal 左右，按图 25 理论曲线进行对比。应该在 $\Delta\rho_G$ 为 –0.15 左右。由公式（4）可以导出其含气饱和度可在 60% 左右，基本上与实该气藏的际情况是符合的。

以上工作是以已知的 GW8 气藏作为实例作为对方法的检验，尚需在以后选择实际的、有地震资料的未知气藏进行应用此方法的研究和实践的检验。

4　单井地球化学评价方法

4.1　单井地球化学评价的基本方法和任务

在人类寻找地下油气资源过程中，除了经典的地面地质工作外，地球物理和地球化学方法已成为必不可少的手段。其中，地球化学方法的根本任务是通过对地质样品（岩石、气、油、水等）的分析化验研究去发现石油和天然气，因此它的工作对象离不开地质样品。油气的生成、运移、聚集等过程主要发生在地下。要发现石油、天然气，要认识石油、天然气的生成、运移和聚集规律，离不开对地下样品的分析研究，所以通过探井取样分析，是地球化学方法寻找油、气的工作基础。

地下地质样品中蕴藏着丰富的地质信息。由于现代分析测试技术的发展使之能够从地下地质样品中提取愈来愈多的信息，加之钻井取样的费用昂贵等，现代油、气勘探方法发展的趋势是尽量少花钱、多办事，为此十分重视单井评价技术方法。所谓单井评价即通过钻探一口井或少数几口井，取样观察、分析化验，获取一个局部构造单元或一个研究区块中有关油、气生成、运移、聚集、保存以及与之有关的地层、岩石等石油地质方面的最大信息量。一般来说，单井评价的基本任务可包括：

——确定地层时代的划分。

——确定岩石类型和沉积相。

——确定生油层、储油层和盖层、油气运移方向以及可能的生储盖组合。

——确定油、气、水层的位置、产能、压力、温度和流体性质。

——确定油、气层的厚度、孔隙度、饱和度、流体的体积系数。

——确定储层的性质（包括岩石矿物成分，储集空间结构和类型等）。

——确定和预测油气藏的相态和形态类型。

——估算油气的地质储量和可采储量。

这些任务需要几个方面的工作来完成：①录井、测井，提供现场报告；②仔细观察和化验分析岩心、岩屑，提供生油岩有机质丰度、成熟度、岩石粒度、层理结构、储层孔隙度、渗透率等数据的资料，编写包括生物地层学、沉积学、成岩学以及地球化学方面的研究报告，为资源综合评价提供科学依据；③综合研究报告，即在上述两报告的基础上综合提高，完成对勘探地区油、气地质条件和资源的综合评价。总之，单井评价是围绕找油、找气，尽量充分利用对一口或几口钻井的岩心、岩屑观察、分析化验，获得有关构造单元或区块的构造、地层、沉积成岩历史、地热史生油条件、储油条件、产层条件、油源对比以及油气运聚等等方面的信息，并对该区石油地质条件和资源进行评价。其中通过对油、气、水、岩屑、岩心观察、分析化验，获取关于油气生成、运移、聚集等方面信息的地球化学研究工作，又称单井地球化学评价。

单井地球化学评价的重点任务是研究生油层和评价生油层，其内容包括：

1. 有机质丰度

①总有机碳含量；②岩石热解；③$C_{15}+$抽提沥青含量和总烃含量。

2. 有机质类型

①岩石干酪根显微镜鉴定（含有机包裹体鉴定）；②元素分析；③岩石热解分析。

3. 热成熟度

①镜质体反射率测定（$R°（\%）$）、有机包裹体鉴定；②热变指数；③岩石热解最高温度（$T_{max}（℃）$）；④CPI、生标参数。

4. 烃丰度

①C_1—C_7轻烃含量；②C_4—C_7汽油烃、C_8—C_{14}煤油烃含量；③$C_{15}+$沥青和重烃含量；④热解烃S_1、S_2测定；⑤$C_{10}+$芳烃含量。

5. 烃类型

①C_1—C_7气态烃组成；②C_4—C_7、C_8—C_{14}烃组成；③$C_{15}+$烷烃、芳烃组成。

6. 原油特征和油–源对比

①原油C_4—C_7、C_8—C_{14}烃类组成；②原油族组成；③$C_{15}+$烷烃、芳烃组成；④原油、族组成及单烃碳稳定同位素测定。

为完成上述工作，基本操作流程如下：

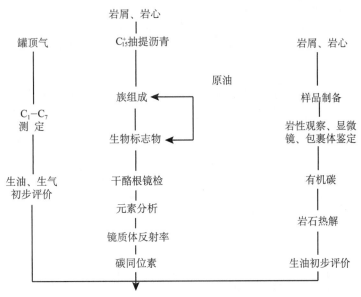

最后综合评价、计算机处理、区域作图等

4.2 有机地球化学方法

石油是由烃源岩原始的沉积有机质在地下埋藏后并经过一系列的生化、物理、化学作用形成的，因此，生油岩生成油气的数量、性质等取决于烃源岩原始有机质的多少、质量和经历的演化过程，这是评价烃源岩时要回答的基本问题。在这方面，利用化学方法测定岩石中剩余有机碳含量、剩余可溶有机质含量（氯仿沥青A）来反映生油岩有机质丰度还是有效的。应用快速热解色谱方法，可以获得有关烃源岩已生成的残余油气烃类含量、潜在生烃数量以及残余有机碳含量和经历过的热演化程度等。此外，利用气相色谱、色—质谱来研究生油岩中烃类的组成分布特征，还可获得关于烃源岩有机质类型、成熟度等许多信息。

4.2.1 烃源岩有机质丰度

有机质丰度是从数量上评价油气源岩好坏的一个重要参数，通常用有机碳百分含量和沥青A含量等来评价的。虽然所测岩石有机碳和沥青A代表的是岩石中残余的部分，但仍能反映其有机质的丰度。不同类型生油岩，评价其有机质丰度的标准不同，不同的实验室，也有不同的评价标准。如美国、英国、加拿大和拉丁美洲等国石油公司评价生油岩有机质丰度的有机碳标准较我国的高（表3）。关于碳酸盐岩的生油标准，由于我国碳酸盐岩演化程度高，不同学者提出的下限标准不一样，有0.05%、0.1%、0.1%~0.2%等[26~28]，有人建议使用日本田口一雄提出的标准[29]。

表3 生油岩总有机碳（%）评价标准

泥 岩		碳 酸 盐 岩		评 价
欧美国家	中国	欧美国家	日本	
0.0~0.5	<0.4	0.00~0.12	<0.2	非生油岩
0.5~1.0	0.4~1.0	0.12~0.25	0.2~0.3	生油岩
1.0~2.0	0.6~1.0	0.25~0.50	0.3~0.6	较好生油岩
2.0~4.0	>1.0	0.50~1.00	>0.6	好生油岩
>4.0		>1.00		最好生油岩

4.2.2 有机质类型

评价生油岩好坏，除用有机质丰度来衡量外，还必须评价其有机质的质量（类型），因为不同类型有机质产生的烃类数量是不同的，如煤系地层虽然有机碳含量很高，但生油能力不一定比其有机碳含量低的泥岩、页岩高。这主要是原始有机质的类型不同所致。Tissot和Welte根据岩石干酪根元素组成，将干酪根分为三类，即腐泥、混合、腐殖三种类型[30]。我国学者将生油岩有机母质又分类为四类（腐泥、腐殖腐泥、腐泥腐殖和腐殖）和五类（腐泥、含腐殖腐泥、腐殖腐泥、含腐泥腐殖、腐殖）。腐泥型、混合型有机质的生油能力都比腐殖型优越。关于有机质的分类，方法很多，其中仅就用生油岩有机质热解分类法，就有用氢指数-氧指数分类、氢指数-T_{max}分类、类型指数-T_{max}、降解潜率-T_{max}等分类。此外还有用干酪根元素分析、镜检等分类法。邬立言根据热解法提出几种分类的标准如表4[31]。

表4 生油岩热解分类[31]

类别	类型	S_2/S_3	D/%	H_1	产油潜量/（kg/t）
1	腐泥	>20	>50	>600	>20
2	混合	2.5~20	10~50	120~600	2~20
3	腐殖	<2.5	<10	<120	<2

此外还有用 C 有机%、沥青 A、总烃、总烃/C、饱和烃/芳香烃等划分生油岩有机质类型的，如表5。

表5 生油岩有机质类型划分标准[32]

母质类型	腐泥质	混合型	腐殖型
C$_{有机}$/%	>1.0	0.6~1.0	0.4~0.5
氯仿沥青 A（%）	>0.1	0.05~0.1	0.05~0.01
总烃/ppm	>500	500~200	200~100
总烃/有机碳/%	>6	2~6	1~2
饱和烃/芳香烃	>2	1~2	<1

此外，用生物标志物与成烃母质的亲缘关系，也可以粗略判断沉积有机质的类型，如腐泥型有机质主要来自细菌藻类等低等生物，腐殖型有机质则与高等生物关系密切。某些生物标志物如奥利烷、按叶烷等主要来自高等生物，4—甲基甾烷、伽马蜡烷分别来自藻类和浮游动物等，在一定程度上可以帮助判断和评价沉积有机质的原始母质类型。

4.2.3 有机质成熟度

有机质埋藏在地下，经过生物化学作用、碎屑岩作用、深成作用等之后，会产生烃类，只有经过一定的演化和熟化后，才能生成具有工业意义的石油烃类，因此研究和评价生油岩有机质成熟度，对于评价有效生油岩生烃能力是十分重要的一个因素。应用有机地球化学方法研究有机质成熟度的方法、指标很多。

1. 正烷烃 CPI 或 OEP 值

1961 年 Bray 和 Evans 提出用正烷烃奇碳优势指数（CPI）判别有机质成熟度[33]，根据大多数原油正烷烃 CP1 值在 0.9~1.2，把大于这个值的沉积有机质当作不成熟的，以后 Scalan 和 Smith 于 1970 又提出用 OEP 值来评价成熟度[34]，至今 CPI、OEP 值仍成为大多数人使用的一个评价有机质成熟度的指标。

2. 生物标志物指标

在 20 世纪 70 年代发展起来的生物标志物研究，逐渐产生了用生物标志物和生物标志物异构化参数等来评价沉积有机质的成熟度。这些指标有 C$_{29}$甾烷 20S/20（R+S）、ββ/（αα+ββ）、C$_{31}$升藿烷 22S/22（R+S）、卟啉 DPEP/ETIO、甲基菲指数等等[35, 36]，比较普遍使用的是甾、烷异构化参数。Mackenzie 等将生油门槛上限时的 C$_{31}$五环三烷 22S/22（R+S）、C$_{29}$留烷 22S/22（R+S）分别定为60%、30%，生油高峰时生油岩有机质的甾烷参数为 50%[37]。作者根据胜利油田和苏北油田的研究结果，提出甾烷 22S/22（R+S）、Ba/（aβ+β）分别大于 10%、3%，五环三萜烷 22S/22（R+S）大于 50%，即可达到生成工业油流的成熟度[38]。

3. 岩石热解 T$_{max}$

由法国石油研究所 1975 年开始研究和以后发展起来的岩石热解评价仪，现在已被广泛用来作为现场录井的有力工具。通过快速热解钻井岩屑评价生油岩生油、生气潜力、有机质类型和成熟度等[39]。

热解岩屑产生的热解峰 S$_0$ 代表岩石中含有的游离气态烃量，S$_1$ 代表岩石中所含游离液态烃量，S$_2$ 代表岩石中残余有机质热解产生的烃含量，用 S$_0$/（S$_0$+S$_1$+S$_2$）代表产气指数，S$_1$/（S$_0$+S$_1$+S$_2$）代表产油指数。

S$_1$<2kg HC/t 的岩石可视为非生油岩，2~6kg HC/t 的岩石可视为生油岩，>6kg HC/t 的岩石为好生油岩。并且可根据产气指数、产油指数判断含油、气层以及推测油、气运移方向等。

Espitalie'等人通过对法国 Aguitaine 盆地、巴黎盆地、美国尤因塔盆地、喀麦隆 Douala 盆地、印度尼西亚 Kalimantan 盆地等许多钻井岩屑、岩芯的热解分析后，发现产生 S_2 的热解最高峰温 T_{max} 是随岩石热成熟度增高而增加[40]，用镜质体反射率 $R°$ 对照后，提出可用 T_{max} 来划分岩石有机质成熟度，当岩石 $T_{max}<435℃$ 可视作未成熟生油岩，当岩石 T_{max} 为 $435\sim465℃$，可视为处于生油窗内的成熟生油岩，当岩石 $T_{max}>465℃$，则视为可生气的过成熟生油岩。

4.3　有机岩石学方法

有机岩石学方法是油气评价工作中一个重要的手段，主要研究对象是沉积岩中显微可见的固态分散有机质，基本研究手段是光学显微镜，研究烃源岩的方法如图 26 所示。

有机岩石学方法在单井地球化学评价中，可对岩石中有机质类型、演化程度、赋存状态、烃类生成运移、储集等的研究发挥重要作用。

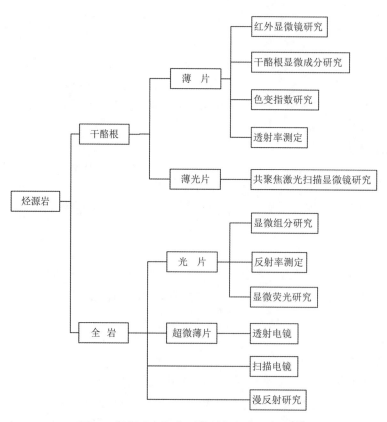

图 26　烃源岩有机岩石学研究方法示意图[41]

4.3.1　有机质类型

有机质类型是评价烃源岩的质量指标，它是沉积有机质生油、生气、生煤以及生烃潜力的主要控制因素。有机岩石学方法则应用光学显微镜对岩石中有机显微组分进行鉴定后，采用显微组分组合法和类型指数法对岩石有机质进行类型划分。

如 Mukhopadhyay 等根据显微组分组合将干酪根划分为 4 类 5 型（表 6）[42]。美国埃克森石油公司则采用干酪根显微组分划分为 5 大类，并给每类一个类型指数，然后采用加权平均分权来评价干酪根生油生气性能。北京石油勘探开发科学研究院采用的类型指数如表 7，将加权平均数>+45 者定为腐泥型（Ⅰ），+45~0 者定为混合型（Ⅱ_A），0~-45 者定为混合型（Ⅱ_B），<-45 者为腐殖型（Ⅲ）。

表6 干酪根母质类型评价

干酪根类型	主要显微组分组成	生油、气性
Ⅰ	藻质体、藻屑体、腐泥质体Ⅰ	主要生油
ⅡA	腐泥质体Ⅱ、稳定碎屑体、树脂体	主要生油
ⅡB	粒状稳定体、稳定碎屑体	油与气
Ⅲ	镜质组（均质静质体、腐殖腐泥质体）	
Ⅳ	惰性体	主要生气

表7 显微组分类型指数

显微组合	无定形	藻	角质体	镜质体	惰性组（丝质组）
类型指数	+100	+70	+35	−75	−100

4.3.2 有机质成熟度

有机质的成熟度是评价烃源岩生油生气阶段的重要标准，用有机岩石学方法评价有机质成熟度的指标有镜质体反射率、沥青反射率、壳质组萤光参数、孢粉色变指数等。

1. 镜质体反射率

镜质体反射率与油气生成的关系见表8，它被广泛采用评价有机质演化程度。但在应用中，由于岩性和母质类型不同，可对反射率测定有不同的影响，因此应尽量结合区域地质背景及其他成熟度参数进行，去伪存真。此外，由于早古生代海相碳酸盐地层缺乏镜质体组分，对这些地层岩石有机质的成熟度测量，就要另寻有效方法。

表8 镜质体反射率与烃源岩演化阶段关系

烃源岩演化阶段	镜质体反射率 $R°/\%$
未成熟	<0.50
低成熟	0.50~0.75
高成熟	0.75~1.30
过成熟	>1.30

2. 沥青反射率

在缺乏镜质体的地层中，可以应用测沥青反射率的办法评价岩石有机质成熟度。刘德汉通过对大量碳酸盐岩中沥青反射率和镜质反射率的对比研究，建立了两者的相关公式[12]：

$$R°_{镜质体} = 0.668R°_{沥青} + 0.346$$

对缺乏镜质体的早古生代碳酸盐岩，可以通过测定它们的沥青反射率和根据上述公式换算成相对应的镜质体反射率，以此来评价它们的成熟度。

3. 壳质组荧光参数

由于壳质组中孢子体的荧光参数（λ_{max}、Q、I_{546}）主要受成熟度影响，受其他地质因素影响小，Thompson等建议了孢子体荧光参数与镜质体反射率的关系[43]：$R° = 0.007\lambda_{max} - 3.63$，$R° = 0.33Q - 0.18$，它们亦可用来将孢子体荧光参数换算成镜质体反射率，对生油岩有机质成熟度进行评价。

4. 有机质颜色

干酪根颜色随演化程度的增加而加深，从透明逐渐变为不透明，因此可用干酪根颜色判断生油岩成熟度。Staplin提出用孢粉色变参数（SCI）作为成熟度指标[44]，我国许多学者应用修改后，1986年石油工业部进行了统一，已广泛被应用。此外Epsteint等提出的牙形刺色变指数（CAI）[45]，也可用来确定海相烃源岩的成熟度。

应用有机岩石学方法，还可以获得石油烃类运移聚集的信息，在此不予赘述。

4.4　有机包裹体方法

有机包裹体是指岩石中矿物晶体缺陷中包裹的有机质。这些有机质包裹体有纯的气态烃、液态烃包裹体，也有与盐水溶液混合的包裹体。研究它们的形态、成分同样可以获得许多有关油气生成、演化、运移以及聚集的丰富信息。研究它们的形态主要借助光学显微镜。研究其包裹体的有机质成分，还得经过提取并借用有机地化色谱，色质谱等分析手段来实现。因此，它实际上属于有机岩石学和有机地化方法范畴，这里将它单列作为一种方法叙述，是因为它作为有机岩石学中的一种新方法，近十年在油气勘探方面已显示了重要应用价值，可以在今后油气勘探中推广应用。

利用有机包裹体研究油气丰度，是研究油气层生出的烃类运移到储层中的烃量，它对于油气评价更有直接的意义。有机包裹体评价油气丰度主要根据有机包裹体的含量而定，储层中石油天然气的丰度在这一定条件下可以由液态烃或气态烃等有机包裹体的含量反映出来。包裹体的绝对数主要决定于矿物结晶体结晶时晶体表面缺陷的多少。然而，在一晶体里有机包裹体与同期盐水溶液包裹体的相对数量，主要决定于矿物结晶时，介质中油气含量的多少。如果矿物结晶时介质中烃类占优势，则必然是有机包裹体的相对数量上高于盐水溶液包裹体。因此，我们可以用有机包裹体的含量来评价储层中油气的含量。对若干含量中有机包裹体及盐水溶液包裹体的数量进行统计，结果表明：一般工业性油气藏储层中的有机包裹体含量都大于80%，且多于非油气层4倍以上。统计结果列于表9。

表9　工业油气层中有机包裹体的数量

储层油气情况	各类型包裹体含量/%			有机包裹体占包裹体总量/%
	气态烃包裹体	液态烃包裹体	盐水溶液包裹体	
工业气层	60~90	0~20	10~35	80~90
工业油层	0~5	20~95	5~25	75~90

有机包裹体是碳酸岩分散有机质存在形式之一。由于包裹体形成时，捕获了流体中的有机质后，没有物质的带入及带出，它反映了包裹体形成时的物质组成及其物化条件的基本特征。因此它可以用作判别油气演化的直接标志，其中包括有机包裹体的类型、相态、荧光性质、成分特征及与有机包裹体相伴生的盐水溶液包裹体均一温度、盐度等标志（表10）。

表10　有机包裹体的荧光性质与油气的演化关系

油气演化	有机包裹体						
	类型	相态及特征	荧光性质				
			颜色	强度	Q值	峰形	λ_{max}
低成熟原油阶段	纯液态烃包裹体为主	液态烃占99%~100%，浅黄无色	黄色	强	0.X	开放	向长波方向移动
石油生成阶段	液态烃包裹体为主	液体烃占60%~80%，气态烃占20%~40%	黄、橙黄、黄绿	较强	0.X	开放	向长波方向移动
凝析油-湿气阶段	气态烃包裹体为主	气态烃占80%~100%，灰黑色，圆形	蓝、蓝白	弱	0.0X	封闭	向长波方向移动
	固体沥青包裹体为主	碳沥青占90%~100%，黑色	无	无	0.00X		

4.5 四川盆地广 3 井单井地球化学评价实例

单井地球化学评价是应用有机地球化学、有机岩石学等方法，通过研究一口井或少数几口井的岩心以及可能获得的油、气、水样品进行详细分析研究，提取尽可能多的信息，为评价一个地区一个地质构造单元油、气地质和油气生成、运移、聚集等提供科学依据。因此，分析研究的内容很多，这里介绍的四川盆地广 3 井单井地球化学评价，只是有关应用有机地化、有机岩石学方法评价生油岩的部分分析结果。

四川盆地是一个大型的含油气盆地，盆地内侏罗系—震旦系的沉积近万米，经历两大沉积旋回和若干小旋回。中三叠世以前为海相构造—沉积旋回，海相碳酸盐岩发育较好，厚度大，分布广。以后为陆相沉积—构造旋回，发育了陆相红色碎屑岩沉积。

广 3 井位于川中—川南过渡带的东北部，华蓥山的西侧，发育了震旦—侏罗系约 7000m 厚的沉积（缺失泥盆系）。其中的中石炭统厚约 33m，岩性与川东地区类似，二叠—三叠系的生储盖条件也较好，亦可与四川盆地其他产气地区作对比。故在本区，石炭系，二叠系和三叠系作为天然气的勘探目标还是大有前途的，而侏罗系地区则是石油勘探的主要目标。

本研究的样品主要采自侏罗系 1154m～志留系 4875m。样品既有岩屑样也有岩芯样。另外还对与广 3 井相邻的广 2 井，广 100 井等的石炭，二叠系岩芯样品也进行了有关的研究。

4.5.1 单井评价中的有机地球化学研究

1. 烃源岩有机质丰度

广 3 井侏罗系凉高山、大安寨的页岩、介屑灰岩有机碳含量如表 11，页岩 GⅢ-1、GⅢ-3、GⅢ-9 分别为 2.14%、1.38%、1.25%。按我国陆相生油岩划分标准，均属较好生油岩。对三叠系、二叠系、石炭系和志留系 44 件岩屑样进行了有机碳分析，表 11 三叠系样品相互差别较大，最小为 0.06%，最大可达 6.07%。将侏罗系、三叠系、二叠系和石炭系等各样品的有机碳平均值进行比较，可见侏罗系凉高山组含有机碳最高，达 1.22%，三叠系飞仙关组含有机碳最低，为 0.08%，其他地层则依下列次序从高变低：三叠系香溪统、二叠系阳新统、三叠系雷口坡组、石炭系、二叠系乐平统、三叠系嘉陵江组、三叠系飞仙关组。总体而言，如按碳酸盐岩生油岩有机碳 0.05% 为下限，广安地区从侏罗系至石炭系的灰岩，均可作为生油岩看待，如按 0.1% 为碳酸盐岩生油岩生油下限标准，则广安地区除三叠系嘉陵江组、飞仙关组和二叠系乐平统外，其余三叠系、二叠系、石炭系地层均达到生油标准。

将广 3 井岩样沥青 A 转化率做一比较，侏罗系和三叠系的雷口坡组、嘉陵江组最高，都 >11，二叠系和石炭系较低，均 ≤3.7，而其中尤以石炭系最低，为 1.4。总之，从有机碳丰度看，虽然广安地区侏罗系到石炭系大多数岩石都可视作达到生油岩标准，但其中尤以侏罗系凉高山组、三叠系香溪统、雷口坡组和石炭系的灰岩较好。而从沥青 A 转化率看，侏罗系和三叠系的雷口坡、嘉陵江组较好，应属较好生油岩，二叠系、石炭系虽然从碳酸盐岩有机质丰度看属于好生油岩，但由于成熟演化程度高，现在沥青 A 转化率表现低，故应视作好的生气岩。

表 11 川中盆地岩样有机分析结果

样号	井号	地层	岩性	埋深 （m）	有机碳 （%）	沥青 A （ppm）	烃/C （%）	A/C （%）
GⅢ-1	广 3	Jt⁵	页岩	1154～1160	2.14	3578	15.02	16.72
GⅢ-3	广 3	Jt⁵	页岩	1190～1200	1.38	1929	10.62	13.98
GⅢ-4	广 3	Jt⁵	泥质粉砂岩	1200～1215	0.58	606	8.17	10.45
GⅢ-5	广 3	Jt⁵	页岩	1229～1240	0.76	631	5.03	8.30
GⅢ-8	广 3	Jt⁴	介屑生物灰岩	1320～1330	0.31	352	8.03	11.35

样号	井号	地层	岩性	埋深 （m）	有机碳 （%）	沥青A （ppm）	烃/C （%）	A/C （%）
GⅢ-9	广3	Jt⁴	页岩	1340~1350	1.25	1484	8.55	11.87
GⅢ-10	广3	Jt⁴	泥岩	1365~1379	0.34	478	11.18	14.08
GⅢ-11	广3	Jt⁴	介屑生物灰岩	1389~1389	0.25	458	12.80	8.32
GⅢ-12	广3	Jt⁴	介屑生物灰岩	1390~1394	0.57	780	12.72	13.68
D—3	公3	Jt⁴	页岩	2335	0.17			
D—6	广100	Jt⁵	页岩	1262	2.17			
D—8	磨65	J₃h	碳质页岩	1930.6	3.14			
D—9	磨65	J₃h	砂质页岩	1963	0.92			
D—11	广2	C₁	灰岩	4927	0.94			
D—16	广2	C₁	灰岩	4614	0.42			
GⅢ-19	广3	T₃h	砂岩夹煤屑	1787~1788	1.17		62	484
GⅢ-20	广3	T₃h	粉砂岩夹页岩	1841~1846	0.46		15	501
GⅢ-22	广3	T₃h	砂岩夹碳质页岩	2015~2018	0.88		26	494
GⅢ-23	广3	T₃h	碳质页岩夹砂岩	2020~2026	0.63		23	495
GⅢ-24	广3	T₃h	砂岩夹黑色页岩	2075~2081	0.53		22	489
GⅢ-25	广3	T₃h	灰色灰岩	2196~2203	0.10			
GⅢ-28	广3	T₃h	砂岩夹煤屑	2481~2482	6.70		19	506
GⅢ-31	广3	T₂r	灰色页岩	2594~2599	0.16		12	453
GⅢ-34	广3	T₂r	灰色灰岩	2771~2776	0.24			
GⅢ-37	广3	T₂r	灰色灰岩	2931~2937	0.22	523	32	383
GⅢ-40	广3	T₁c	灰色灰岩	3080~3085	0.09		9	
GⅢ-43	广3	T₁c	灰色灰岩	3242~3247	0.08	52		
GⅢ-44	广3	T₁c	灰色灰岩	3279~3284	0.06			
GⅢ-46	广3	T₁c	灰色灰岩	3368~3373	0.06	80	50	
GⅢ-47	广3	T₁c	灰色灰岩	3416~3421	0.11	113	8	
GⅢ-48	广3	T₁c	灰色灰岩	3470~3475	0.12		18	
GⅢ-49	广3	T₁c	灰色页岩	3515~3520	0.15	215	119	364
GⅢ-53	广3	T₁c	灰色介屑灰岩	3719~3723	0.07	88		
GⅢ-57	广3	T₁f	灰色页岩	3889~3895	0.09	39		
GⅢ-59	广3	T₁f	灰色页岩	4014~4020	0.06	27		
GⅢ-63	广3	P₂	灰色灰岩	4299~4304	0.07			
GⅢ-65	广3	P₂	灰色灰岩	4385~4391	0.12			
GⅢ-67	广3	P₁	碳质页岩	4480~4488	0.65	292	7	375
GⅢ-70	广3	P₁	灰岩夹页岩	4642~4648	0.44		11	

样号	井号	地层	岩性	埋深 （m）	有机碳 （%）	沥青A （ppm）	烃/C （%）	A/C （%）
GⅢ-71	广3	P₁	灰岩夹页岩	4671~4676	0.31		23	
GⅢ-74	广3	P₁	灰岩夹页岩	4785~4790	0.21		13	
GⅢ-76	广3	P₁	碳质页岩	4830~4836	0.40	184	9	400
GⅢ-78	广3	P₁	碳质页岩	4845~4847	1.34		12	397

GⅢ-19~GⅢ-78 为岩屑，GⅢ-81~GⅢ-116 为岩心。

2. 生油岩有机质类型

广3井生油岩热解分析结果见表12。从氢指数看，GⅢ-1、GⅢ-3、GⅢ-9、D6 分别为337、199、183、247，按表5标准划分，属混合型，其余样品均在6~68之间，属腐殖型。从 H_1—T_{max} 图看，GⅢ-1、GⅢ-3、GⅢ-9、D6 以及 GⅢ-5 均属混合型，D8、D9 属腐泥型，GⅢ-4、GⅢ-10、GⅢ-11 属腐殖型。由于当有机质成熟度高了以后，三种类型有机质在 H_1—T_{max} 图上都靠近演化曲线的末端，不易区分，所以将 GⅢ-4、GⅢ-10、GⅢ-11 几个有机质成熟度较高的样品划为腐殖型不一定准确。

如以有机碳、氯仿沥青A、烃/C比值等指标来划分广3井样品有机质类型，GⅢ-1、GⅢ-3、GⅢ-9、D6、D8 均达到良好生油岩标准，为腐泥型，GⅢ-5、GⅢ-12 为较好生油岩，属混合型，其余为较差生油岩，属腐殖型。总之，从热解分析的氢指数、T_{max}、有机碳、沥青A、烃/C等来划分生油岩有机质类型，GⅢ-1、GⅢ-3、GⅢ-9、D6 均应属于腐泥型有机质，其他样品属于混合型，真正属腐殖型的并不多。

表12　四川盆地样品热解分析结果

样号	井号	地层	K_g/t	H_1	$D/\%$	$T_{max}/℃$	TOC	OPT
GⅢ-1	广3	Jt⁵	0.86	337	32.5	449	2.26	0.14
GⅢ-2	广3	Jt⁵	0.07		4.46		0.13	1.00
GⅢ-3	广3	Jt⁵	3.67	199	22	451	1.36	0.26
GⅢ-4	广3	Jt⁵	0.12	6	6.6	470	0.15	0.92
GⅢ-5	广3	Jt⁵	0.54	69	7.1	460	0.63	0.19
GⅢ-6	广3	Jt⁵	0.01		2.7		0.03	
GⅢ-7	广3	Jt⁵	0.06					1.0
GⅢ-8	广3	Jt⁴	0.07		7.2		0.08	1.0
GⅢ-9	广3	Jt⁴	2.63	183	18.5	454	1.18	0.18
GⅢ-10	广3	Jt⁴	0.11	17	5.2	461	0.17	0.80
GⅢ-11	广3	Jt⁴	0.25	68	13.1	453	0.16	0.58
GⅢ-12	广3	Jt⁴	0.08		9.4		0.07	1.0
D3	公3	Jt⁴	0.18		37		0.04	1.0
D6	广100	Jt⁵	6.47	247	26	453	2.08	0.21
D8	磨65	J₃h	2.45	65	6.5	473	3.11	0.17
D9	磨65	J₃h⁵	0.34	26	3.4	481	0.82	0.35
D11	广2	P₁	0.04		0.02		1.44	1.00
D16	广2	P₁	0.06		1.1		0.43	1.00

3. 有机质热演化程度及油源关系

从 H_1-T_{max} 图看出所研究的侏罗系样品的 T_{max} 主要在 450~465℃，相当于生油高峰温度范围。按 H_1-T_{max} 与 $R°$ 的关系，这些样品的成熟度落在 $R°=0.5~1.35$ 范围，这是干酪根生油高峰范围，因此我们可以看出四川盆地中部侏罗系地层的有机质热演化程度已达到进入主要生油期，并已处于生油高峰期。事实上，广安构造上侏罗系地层已有轻质原油产出，在广8井侏罗系凉高山组砂岩中产出的原油即是与砂岩互层的页岩生成的，这可以通过分析广9井原油的烃类成分和侏罗系页岩有机质成分，并进行对比研究得以证实。

对于三叠系、二叠系以及石炭系样品的热解分析，由于许多样品未测出 S_1、S_2 峰，T_{max} 也多没有测出，这主要是样品演化程度高，残余可热解的有机物含量少的缘故。但就 GⅢ-19 至 GⅢ-26 测得的三叠系岩样最高热解峰温，多是大于 484℃，二叠系 4496m 的碳质泥岩，T_{max} 为 584℃，这些在氢指数与 T_{max} 图上均应位于高演化区，相当于镜质体反射率 $R°=1.35\%$ 以后的高演化区。因此从热解分析结果以及以后的镜质体反射率测定都表明广安地区三叠系以下地层成熟演化程度高，应属生油高峰期后面生气阶段。三叠系以下地层样品成熟度高的证据还可从它们甾薪异构化参数看出（表13）。它们的 C_{29} 甾烷 20S/20（R+S）均大于 0.35，升藿烷 22S/22（R+S）均大于 0.57。而一般生油高峰期的生油岩甾烷参数为 ≥0.25，，升藿烷为 ≥0.50。广3井三叠系以下地层的甾参数都大大超过这些数值，亦可说明它们的成熟度较高，已经高过生油高峰期。

表 13　广 3 井样品的生物标志物参数

样号	甾烷组成/%			C_{29} 甾烷 20S/20（R+S）	C_{31} 藿烷 22S/22（R+S）	甲基菲指数*
	C_{27}	C_{28}	C_{29}			
GⅢ-37	26	27	47	0.35	0.57	–
GⅢ-67	26	27	47	0.38	0.57	2.5
GⅢ-109	26	27	47	0.35	0.63	2.0

* （2—基菲+3—甲基菲）/（9—甲基菲+1—甲基菲）

甲基菲指数亦可作为判别有机质成熟度指标。Connan 指出生油岩镜质体反射率 R°>1.5% 以前，其 2-甲基菲、3-甲基菲之和对 9-甲基菲、1-甲基菲之和的比值，随成熟度增加而增加[40]。作者也发现，（2-甲基菲+3-甲基菲）/（9-甲基菲+1-甲基菲）随成熟度增加而增加，且生油高峰期岩样中甲基菲指数大约在 1~1.5；广3井三叠系 GⅢ-37 中无明显甲基菲存在，其余二叠、石炭系样品均有明显的甲基菲化合物。计算结果表明，广3井三叠系以下地层的样品，甲基指数都 ≥2.0，由此也说明它们的成熟演化程度较高。

总之，通过对广3井侏罗系生油岩有机碳、可溶有机质（氯仿沥青A）含量的分析，并与我国其他多数陆相生油岩对比，可以认为川中地区侏罗系凉高山组、大安寨组页岩（GⅢ-1、GⅢ-3、GⅢ-9等）属良好生油岩。热解分析结果表明其有机质质量较好，基本属于混合型，部分属于腐殖型。热解分析与烷烃气相色谱还证明这些生油岩已进入了生油高峰期，侏罗系产出的轻质原油系由侏罗系生油岩生成的，但侏罗系各页岩层由于排烃情况不尽相同，对产出的石油贡献也不尽相同。

三叠系、二叠系、石炭系岩石的有机碳和沥青A测定表明，它们大部分的有机质丰度都分别达到了一般泥质岩和碳酸盐岩的生油岩标准，三叠系雷口坡组、嘉陵江组和二叠系、石炭系还属于较好的油气源岩。这些源岩的干酪根主要应属腐泥型或腐殖腐泥型，母质来源主要是水生动植物输入。从热演化程度看，三叠系以下地层均属生油高峰期之后，尤其是二叠系、石炭系均属生油高峰期之后的生气阶段，但三叠系、二叠系部分样品，如 GⅢ-37、GⅢ-47、GⅢ-49、GⅢ-67、GⅢ-76等，沥青A含量和沥青A转化率较高，生油性能较好，而且生成的烃类保存也较好，可视为好的生油源岩，其余二叠系、石炭系岩样可视为好的气源岩。值得注意的是石炭系岩样中含有部分显然是来自成熟度较低、母质以高等植物为主的烃类，这些烃类可能来自其他源岩烃类，这不仅揭示我们应对广安地区非石炭系地层或煤系地层的生油性给予重视，而且对石炭系作为油气储集层的重要作用亦应给予高度重视。

4.5.2 单井评价中有机岩石学研究

1. 有机质类型

为了全面地了解广3井侏罗系—石炭系的有机质类型和分布，我们对广3井的侏罗系至二叠系岩屑样品进行了干酪根的提取并制备干酪根的光片、薄片，对广3井的二叠系至志留系岩心样品制备了光片、薄片并进行了观察。对石炭系—二叠系的样品，主要是通过反射光下进行观察和组分定量的，而侏罗系—三叠系的样品则是综合利用透射光下、反射光下和萤光进行观察的。

具体结果见表14，根据各显微组分的定量，对广三井各层位样品有机质的类型进行了划分。其中三叠系的一些样品可以见到微量的树脂、角质体发弱萤光的现象，但这一部分的组分含量很小，小于1%，故表中未给出。二叠系和石炭系样品中未见萤光，说明演化程度很高。

表14 干酪根的组成及类型划分

样号	时代	孔深（m）	岩性	镜质组（%）	丝质组（%）	微粒体及各向异性体（%）	干酪根类型
GⅢ-28	Tr⁴	2481~2482	页岩	77.0	21.5	1.5	腐殖型
GⅢ-31	Tr⁴	2594~2599	页岩	10.7	73.3	16.0	腐殖型
GⅢ-34	Tr₂³	2771~2776	灰岩			100.0	腐泥型
GⅢ-37	Tr₁¹	2931~2937	灰岩	2.3	2.3	85.4	腐泥型
GⅢ-40	Tc₂⁵	3080~3085	灰岩	63.0	8.5	18.5	混合型Ⅱ
GⅢ-43	Tc⁴	3242~3247	灰岩	62.3	15.4	22.3	混合型Ⅱ
GⅢ-46	Tc³	3368~3373	灰岩	11.2	3.4	85.4	腐泥型
GⅢ-47	Tc₃²	3416~3421	灰岩			100.0	腐泥型
GⅢ-49	Tc₁²	3515~3520	页岩	61.7	5.3	33.0	混合型Ⅱ
GⅢ-53	Tc¹	3719~3723	灰岩	32.1	7.4	60.5	混合型Ⅰ
GⅢ-57	Tf³	3889~3895	灰岩	58.7	15.2	26.1	混合型Ⅱ
GⅢ-67	P₂	4480~4486	页岩		10.1	89.9	腐泥型
GⅢ-71	P₂	4671~4676	灰岩夹页岩	1.9	49.0	49.1	混合型Ⅱ
GⅢ-76	P₂	4830~4836	页岩		15.2	84.8	腐泥型

2. 烃源岩的演化程度

烃源岩的有机质成熟度是评价烃源岩的重要参数，是划分有机质生油或生气阶段的标准。目前热成熟度的研究主要以干酪根镜质体反射率、壳质组萤光参数、孢粉色变指数等方法进行。

本文对广3井侏罗系样品以研究干酪根反射率为主，配合董光研究评价其成熟度，而对广3井石炭—二叠系海相碳酸岩地层，由于镜质组少，成熟度又高，常规的成熟度测定方法难以适用，因而在镜质体反射率测定的基础上，综合利用沥青反射率、微粒体反射率的测定，来评价广3井的二叠系、石炭系有机质成熟度。

广3井镜质体反射率，沥青反射率和微粒体反射率以及萤光观察见表15。

沥青反射率与镜质体反射率的关系可用以下公式换算[12]：

$R^\circ = 0.668 \times R^\circ_b + 0.346$ （R°_b 为沥青反射率）

从表 15 中可看出，镜质体和沥青随演化程度的增加，各向异性越来越明显，两个方向的反射率相差越大。根据镜质体反射率与油气生成演化阶段的对应关系，对照此表与广 3 井实测结果，广 3 井侏罗系凉高山已进入主要生油阶段，1350~1400m 的大安寨页岩夹灰岩已处于最大生油阶段，三叠系 GⅢ-31 雷口坡组灰岩 2594~2599m 已达到生油后期，GⅢ-37，2931~2937m 的雷口坡组灰岩已达到凝析油—湿气阶段。二叠系以后，反射率上升很快，二叠系—石炭系的样品处于干气阶段。

表 15　岩屑、岩芯镜质体及沥青反射率

样号	孔深（m）	时代	岩性	样品类型	反射率 R°/%			镜质体反射率（转化）	光性
					镜质组（R°_r）	沥青（R°）	微（R°_m）		
GⅢ-28	2481~2482	Tr⁴	煤夹碳质页岩	岩屑	1.249				均质
GⅢ-31	2594~2599	Tr⁴	灰色页岩	岩屑	1.287		1.432		均质
GⅢ-37	2931~2937	Tr¹	灰色页岩	岩屑	1.354		1.456		均质
GⅢ-40	3080~3085	Tc¹	页岩	岩屑	1.495				均质
GⅢ-46	3388~3373	Tc	灰色灰岩	岩屑			1.517	1.565	均质
GⅢ-49	3515~3520	Tc	页岩	岩屑	1.624				均质
GⅢ-71	4671~4676	P₁	灰岩夹页岩	岩屑	$R^\circ_{max}=3.823$ $R^\circ_{min}=1.786$ 平均=2.736				非均质
GⅢ-76	4830~4836	P₁	碳质泥岩	岩屑	$R^\circ_{max}=5.298$ $R^\circ_{min}=1.240$ 平均=3.422				非均质
GⅢ-90	4495.8	P₂	碳质泥岩	岩心	$R^\circ_{max}=6.512$ $R^\circ_{min}=0.413$ 平均=3.054				非均质
GⅢ-95	4500	P₂	灰岩岩	岩心		平均=3.860		2.924	非均质
GⅢ-100	4866	C²	白云岩	岩心		平均=4.128		3.104	非均质
GⅢ-114	4875.2	C₂	灰岩	岩心		$R^\circ_{max}=8.944$ $R^\circ_{min}=0.438$ 平均=4.154	3.121		非均质

注：微 R°_m（%）为微粒体反射率

5　地震法直接勘探天然气藏机理及识别技术研究

5.1　地震法直接勘探气藏研究概况

在天然气藏勘探中，作为反射地震勘探的补充，地震直接勘探技术也有了很大的发展。早在 20 世纪 50 年代初，苏联人就开始了利用地震波的动力学特征直接检测油气的探索性尝试[46~48]。直到 70 年代初，随着西方地震数字采集和数字处理技术的飞速发展，特别是使用保持振幅处理技术以后，使得利用波场动力学特征信息来直接检测油气的技术才得到了发展。初期，只是简单地在地震剖面上直接寻找振幅异常。后来使用合成地震记录模拟，发展了亮点技术，利用"亮点"标志来指示油气地层。但实践表明，油气地层的振幅异常是相当复杂的，简单的亮点准则，有时也会误判[49]。进而，发展了AVO技术，并取得了卓越的成就[50~54]。AVO处理方法考虑了不同偏移距的不同振幅特征，它的理论基础是Zoeppritz方程的近似公式[55]。该公式基于射线理论计算反射波振幅随炮检距或入射角的变化，在地震剖面上识别AVO异常以达到更可靠地检测油气层的目的。

5.2　地震法直接反映天然气机理的理论研究

地震勘探所依据的是岩石的弹性。地震波在介质中传播时，其振动强度和波形将随所通过介质的弹性及几何形态的不同而变化。如果掌握了这些变化规律，根据接收到的波的旅行时间、速度和振幅特征资料，可推断波的传播路径特征和介质的结构。而根据波的振幅、频率及地层速度等参数，则有可能推断岩石的性质，判断是否存在油气，从而达到直接找油气的目的。

岩石的速度和岩石成分有关，也和孔隙度有关。制约速度和孔隙度之间关系的公式，称为时间平均方程[56, 57]，它是：

$$\frac{1}{V} = \frac{1 - \varphi}{V_m} + \frac{\varphi}{V_1} \tag{5}$$

式中，φ 为孔隙度；V 为岩石速度；V_m 为岩石骨架中波传播速度；V_1 为孔隙中充填介质的波速，式（1）可以修改成：

$$\frac{1}{V} = \frac{1 - C\varphi}{V_m} + \frac{C\varphi}{V_1} \tag{6}$$

C 是一个常数，一般取0.85。当砂层空隙中含油气时，速度将有明显的变化，按式（2）制成表16。

表16表明，由地震波速度区分砂岩和含气砂岩在理论上是可能的，是有物理基础的。然而精细的地震波速度结构的反演尚未完全解决，想要直接由速度参数指标来指示油气在实践上是困难的。

表 16

岩性	孔隙度/%	密度/（g/cm³）	速度/（m/s）	反射系数
页岩		2.25	4300	
砂岩	10	2.41	5200	±0.12
含气砂岩	10	2.41	2100	±0.23
含气砂岩	20	2.07	1610	±0.49

在分块均匀的介质中地震波传播满足波动方程

$$\frac{\partial^2 \varphi}{\partial t^2} - V^2 \nabla^2 \varphi = \Phi(t) \tag{7}$$

式中，$\Phi(t)$ 是震源的力函数；φ 是波场；V 是地震波速度。式（7）表明，当砂层储存油气，引起速度V改变后，必然引起地震波波场φ的动力学特征的变化。使得存在由波的振幅特征直接识别油气的可能性。

上述理论推断也得到实例的证实。在一些油气田上测到的反射波存在一些不同于普通地层上的反射波特征。如振幅增强，极性反转，吸收系数增大，主频降低，出现气—油—水分界面的水平反射等。

研究表明，反射波场的动力学特征与地层的岩性、含油气特点存在着密切的关系，其中反射波的振幅特性占有首要地位。在砂岩含气的部位，由于储层空隙的充填物（碳氢化合物）的存在改变了岩石的弹性，从而改变了地震波波速，改变了介质的衰减特性，导致地震波场的动力学特点有一系列不同于普通砂岩地层的特征。按照这个机理发展了直接指示油气存在与否的亮点技术与 AVO 技术。

亮点法是利用地震资料直接检测油气较早使用的方法之一。

当地震波垂直入射到界面时，反射波的反射系数为

$$R = (\rho_2 V_2 - \rho_1 V_1) / (\rho_2 V_2 + \rho_1 V_1) \tag{8}$$

式中，ρ_2、V_2 为油气层的密度与速度；ρ_1、V_1 为盖层的密度与速度，当储层含油气时，储层和盖层的物性差异增大，导致反射系数增大，出现亮点，反之反射系数减小则出现暗点，利用此种特征直接探测油气的技术称亮点技术。

亮点法能够成功地检测油气的存在，但当地质情况比较复杂时，简单的亮点、暗点技术就不能有效地直接识别油气圈闭。AVO 法则是由地震波振幅特征识别油气圈闭的另一种技术。亮点法的理论基础是公式（8），它是平面波垂直入射时，反射波振幅特征的表述。和亮点法不同，AVO 方法则考虑不同入射角时反射波振幅特征的变化。其理论公式是 Zoeppritz 方程。它是在 19 世纪末和 20 世纪初分别由 Knoot 和 Zoeppritz 建立的。Ostrander 将 Zoeppritz 方程用于油气检测后发展成为 AVO 或 AVA 技术。Zoeppritz 方程精确地描述了平面波入射到两个半无限各向同性均匀弹性介质之间的平界面时入射角与反射系数的关系，这些极为复杂的公式说明，反射系数随偏移距的变化取决于介质的 P 波速度（V_P）、S 波速度（V_S）和密度（ρ），从而提供了 AVO 分析的理论基础。特殊低的纵横波速度比（V_P/V_S）是油气产生 AVO 异常的原因。

AVO 分析是一种定性工具，它已取得了很好的结果，如对德克萨斯州墨西哥沿岸地区的勘探，和在勘探程度高的地区降低钻井风险等方面的研究都已取得过成功。但 AVO 失败的实例也很多，在许多情况下，由于亮点法和 AVO 方法的失败，有必要重新考虑它的理论基础。我们发现无论是亮点法还是 AVO 方法，其理论基础实际上都是射线理论，是地震波的一种高频近似，当地质结构比较复杂时，波场特征就很难完全由射线理论来描述。为此我们试图从完全仿真的理论地震波场的特征来重新研究圈闭含油气与否时的波场特征差异，从中归纳出直接反映天然气存在与否时的识别标志。模拟采用类似于式（3）的弹性波波动方程。

5.3　地震法检测天然气（藏）的识别技术及标志

为了更好地实现模拟赋存于复杂圈闭中的油气的波场特征响应，我们采用粘弹性介质中的弹性波有限元方法计算其地震波场特征。

5.3.1　粘弹性介质中的有限元计算

考虑识别标志的可操作性，主要研究波场的振幅特征标志。有限元模拟的仿真性比较好，含油气构造的粘性和不含油气比较也有很大不同。因此选择粘弹性介质的波场有限元数值模拟为波场仿真模拟的主要方法。

与弹性介质的有限元方程

$$[M]\{\ddot{q}\} + [K]\{q\} = \{F\} \tag{9}$$

相比，2D 粘弹性介质的有限元方程一般可写成

$$[M]\{\ddot{q}\} + [C]\{\dot{q}\} + [K]\{q\} = \{F\} \tag{10}$$

式中，$[M]$ 为质量矩阵；$[C]$ 为阻尼矩阵；$[K]$ 为刚度矩阵；$\{q\}$ 为节点位移；$\{F\}$ 为节点外力；
"·"和"··"分别表示对时间的一次和二次偏导数。

$$[M] = \sum \int A(e) \rho^{(e)} N^{T} N dA$$

$$[C] = \sum \int A(e) \eta^{(e)} N^{T} N dA$$

$$[K] = \sum \int A(e) B^{T} D B dA$$

式中，ρ 为密度；$\eta^{(e)}$ 为 $A(e)$ 上的粘滞系数；$A(e)$ 的第 e 个单元的面积；N 是形状系数；N^{T} 表示 N 的转置，对方程（10）利用迭代法求解。

众所周知，对于炮集有限元理论地震图油气圈闭上的反射波容易被直达波、面波掩盖掉。为了研究油气圈闭反射波和衍射波振幅特征的目的，研究了用惠更斯（Hugens）原理消除有限元理论地震图上直达波、面波的方法技术，以便突出油气圈闭的波场特征。按照波传播的惠更斯原理，二次源是由一次源按照波的走时旅行到二次源的位置上，所有二次源产生的波的迭加即为一次源产生的波。模拟这个过程，我们将地面上的炮（一次源）按波的旅行时分解成界面、圈闭等一系列不连续面上的二次源，这些二次源产生的波的叠加自动地消除了直达波和面波，突出了圈闭反射波和衍射波，这个方法为研究和油气圈闭有关的波的振幅特征提供了基础。

5.3.2　程序设计情况

分两种情况设计程序，炮集记录和自激自收记录，并考虑了以下几点。

（1）单炮和自激自收剖面，设计为局部含油气的单元为粘弹性，围岩为弹性或局部含油气单元粘性大、围岩粘性偏小。

（2）为了和基于 Zoeppritz 公式的 AVO 结果作对比，遵照上述惠更斯原理，在界面上加力，加力的时间为炮点到加力点的走时，该走时由简单的直射射线追踪获得。采用此种方法后，明显地提高了反射波、衍射波-透射波振幅的质量。然而由于射线追踪时采用了简单的直射线追踪不够精细，走时特征上略有误差。

（3）对于模型数据组织，编排了有限元网格自动剖分软件，自动生成界面节点坐标及界面物性参数文件。软件灵活方便，十分钟之内即可完成一个复杂模型的剖分。大大节省了劳动消耗。

5.3.3　应用实例研究

1. 典型圈闭

圈闭是油气聚集的场所，也是形成油气藏的基本条件之一。根据控制圈闭形成的地质因素可将圈闭分为三大基本类别[59]：构造圈闭、地层圈闭和水动力（流体）圈闭。此外还有由上述基本类型相结合的复合圈闭，合计四大类。各类圈闭可根据形成条件的差异进一步划分为若干亚类和具体形式，详见表17。

表17　圈闭分类系统表

大类	Ⅰ构造圈闭	Ⅱ地层圈闭	Ⅲ水动力（液体）圈闭	Ⅳ复合圈闭
亚 类	背斜斜圈闭	岩性圈闭	构造闭合阶地型水动力圈闭	构造—地层型
	断层圈闭	不整合圈闭	单斜型水动力圈闭	流体—构造型
	裂缝型背斜	礁型圈闭	单独水动力圈闭	地层—流体型
	刺穿圈闭	沥青封闭圈闭		构造—地层—液体

　　综合考虑各种圈闭，设计了六种具有代表性的典型含油、气构造，用有限元方法分别得到了单炮和自激自收情况下的地面地震记录、VSP 剖面图及时间切片图。为了对比研究，还分别计算了各种构造圈闭不含油、气时的相应地震图。选择的六种典型圈闭为：

　　——岩性油气藏，以霍戈登气田 J—J′剖面为模型。

　　——背斜油气藏，以提塔斯气田、沙特阿拉伯加瓦尔油气田及中国的大庆油田为例归纳而成。

　　——刺穿油气藏，如西北德意志盆地、美国墨西哥湾盆地都有这种类型的油气藏。

　　——不整合油气藏，以委内瑞拉东路马图林盆地夸仑夸尔油田为例，对其典型剖面稍做简化。

　　——礁型油气藏，以墨西哥黄金巷环礁带和扎波里卡礁型油气田的岩相构造为例。

　　——断层油气藏，我国新疆克拉玛依油田可作为断层油气藏群体的典型实例。

　　2. 计算结果分析

　　对于所涉及的六个典型油气圈闭的物理参数的选择，首先结合每个模型所代表的油气田的岩性组成，查阅了大量的文献，并参考高温高压试验结果选定的。参数说明详见各模型图。其中各图中的 NROW 表示水平方向单元数，MCOL 表示垂直方向节点数。

　　（1）岩性圈闭模型。

　　如图 27，它属于上倾尖灭型岩性油气藏，油气层为下二叠统多孔缩状石灰岩和白云岩。对该模型分别计算了单炮（非零炮检距）和自激自收两种情况下含油、气和不含油、气的地面地震记录和垂直剖面地震记录，并对气层上界面的振幅特性做了分析。

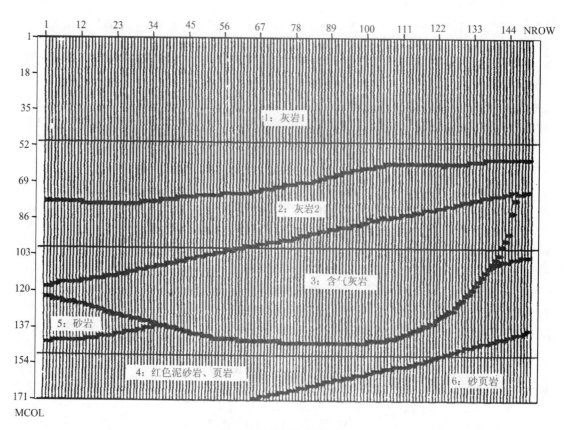

图 27　岩性油气藏模型

1. $V_P = 2600\text{m/s}$，$V_S = 1500\text{m/s}$，$\rho = 2.4\text{g/cm}^3$；2. $V_P = 3000\text{m/s}$，$V_S = 1732\text{m/s}$，$\rho = 2.6\text{g/cm}^3$；

3. $V_P = 1600\text{m/s}$，$V_S = 930\text{m/s}$，$\rho = 2.1\text{g/cm}^3$；4. $V_P = 4000\text{m/s}$，$V_S = 2310\text{m/s}$，$\rho = 2.8\text{g/cm}^3$；

5. $V_P = 3600\text{m/s}$，$V_S = 1080\text{m/s}$，$\rho = 2.7\text{g/cm}^3$；6. $V_P = 3300\text{m/s}$，$V_S = 1905\text{m/s}$，$\rho = 2.7\text{g/cm}^3$；

$\Delta x = 20\text{m}$，$\Delta y = 20\text{m}$，$\Delta t = 0.003\text{s}$，$\lambda' = 0.001$，$\mu' = 0.001\mu$

——自激自收记录

模拟的岩性圈闭地表自激自收记录分别如图 28 和图 29 所示，图中所标字母 A 表示盖层和储层分界面标志。图 28 为储层含油气结果，图 29 为储层不含油气结果。比较两图的 A 部分，可见含油时振幅明显增强。波动结果支持基于合成记录的亮点技术结果。

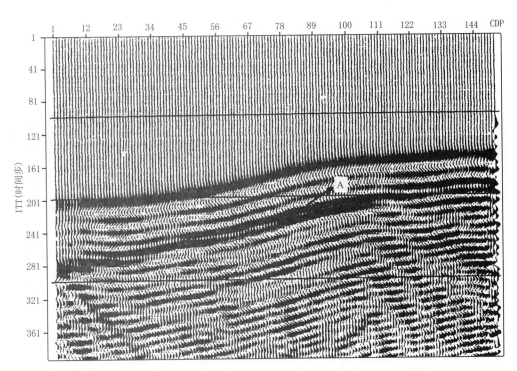

图 28　岩性油气藏地面自激自收记录，垂直分量

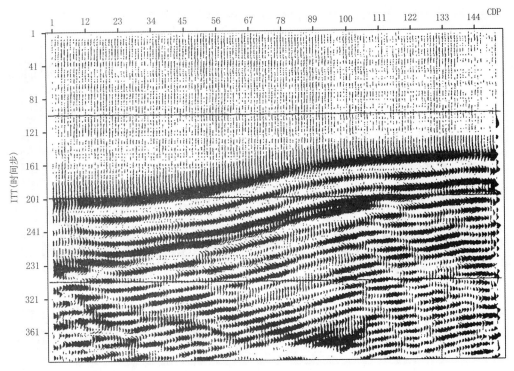

图 29　岩性圈闭不含油气地面自激自收记录，垂直分量

对于 VSP 记录，分别输出了第 48 个 CDP 号点、第 80 个 CDP 号点及第 125 个 CDP 号点的含油气及不含油气的垂直分量剖面。不同 CDP 号点的 VSP 记录特征是一致的。图 30 是第 80 个 CDP 号点的含油气 VSP 剖面，可以清楚地看到地震波在穿过含油气地层段（VSP 剖面点 97~135 段）时波的幅值和振动时间明显增大，对于高频波明显地被吸收，图上的最直观的是黑白区分明。相应地该模型不含油气的 VSP 剖面，如图 31 所示，可见在 97~135 段间不存在上述振幅异常特征。因此，在自激自收 VSP 剖面上，含油气和不含油气的波场特征之间的差别是明显的。

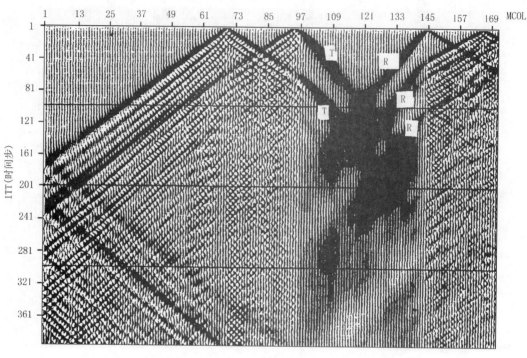

图 30　岩性油藏第 80 个 CDP 点自激自收 VSP 记录，垂直分量

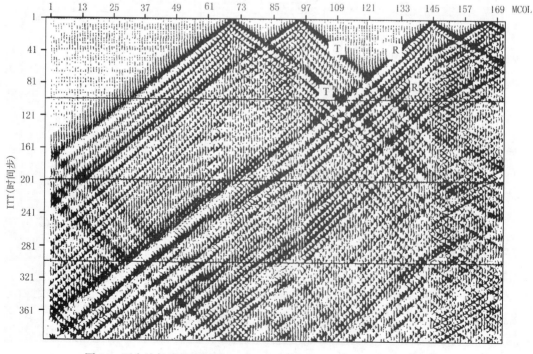

图 31　不含油气岩性圈闭第 80 个 CDP 点自激自收 VSP 记录，垂直分量

——单炮记录

岩性圈闭模型单炮记录的炮点在地面第 76 个 CDP 点处，加力时刻是炮点到界面点的 T_0 时，加力大小按炮点到反射点距离的倒数为系数。因此远离炮点的反射点加力晚，加力也小，这是对实际情况的一种近似模拟。

图 32a 是岩性气藏的地面记录，不含油气时的记录如图 32b。含气藏顶界面位置如标志②所示。表明气层顶界面反映得很清晰，其反射波振幅是明显的增大的，并且气层顶界面下方有规则的负、正交替强振幅特性。但对单炮地面记录，含气和不含气之间的差别不是很显著。为了更好地分析气层顶面的振幅特性，提取了该剖面上第 80~118 号点的气层顶界面的振幅信息，见图 33。这是由波动理论得到的结果，并不明显地遵循基于射线理论的 AVO 异常规律，而表现出交替逐渐增大的特征，其原因有待进一步探讨。

对于单炮记录，我们同样对该模型做了 VSP 剖面。以第 100 个 CDP 号点的记录为例，图 34 是圈闭含油的 VSP 剖面，图 35a 是圈闭含气的 VSP 剖面. 图 35b 是圈闭不含油气时的剖面。含油、气的两图有共同的特点，即过油、气段（97~135 号点段）出现透射波和反射波振幅周期明显增大的低速带。对于图 34 含油段对高频振幅的吸收明显的大于图 35 中的含气段。

（2）背斜油气藏圈闭模型。

该模型和岩性圈闭模型的处理与上述过程类似。如图 37 在背斜的顶部形成油、气圈闭. "A" 为气，"B" 为油，"C" 为水。

——自激自收记录

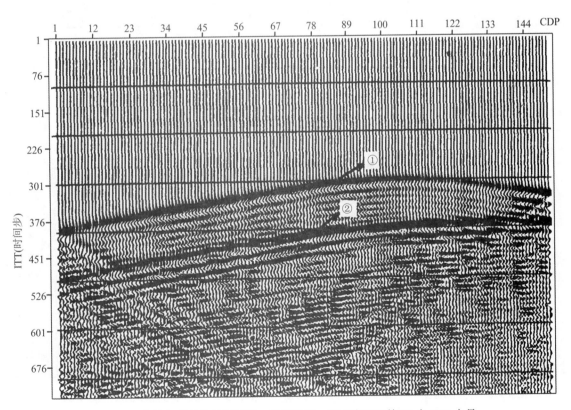

图 32a 岩性气藏单炮地面记录，垂直分量，炮点在地面第 70 个 CDP 点号

①第一个反射面；②气层顶界面

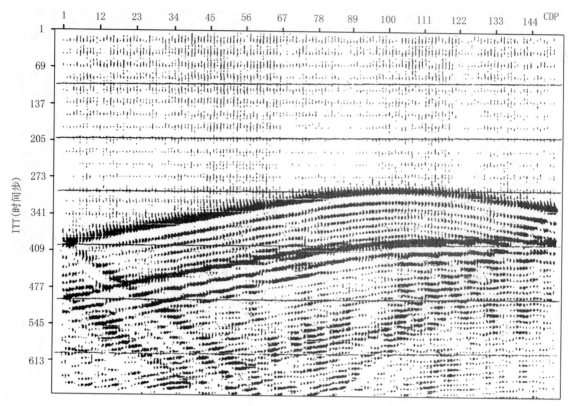

图 32b　岩性圈闭不含油气单炮地面记录，垂直分量，炮点在地面第 70 个 CDP 点号

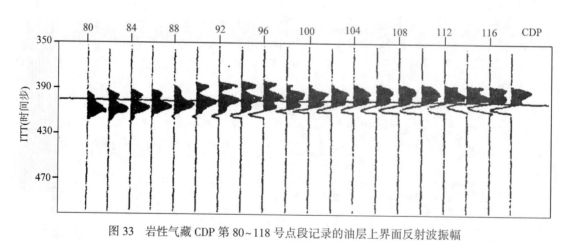

图 33　岩性气藏 CDP 第 80~118 号点段记录的油层上界面反射波振幅

　　图 38 是背斜油气藏地面自激自收垂直分量记录。从剖面上可清晰地辨别在气、油界面，油、水界面处形成典型的亮点特征，如图中标志①、②所示。这里的波动的结果再一次支持亮点技术的结果。结合第 80 个 CDP 点处的 VSP 剖面图 39，可以看出第 75~95 个 VSP 点是含气的低速带，97~110 个 VSP 点是含油的低速带。其透射波（T）和反射波（R）振幅与周期有明显的增大特征，油对波场的吸收大于气对波场的吸收。

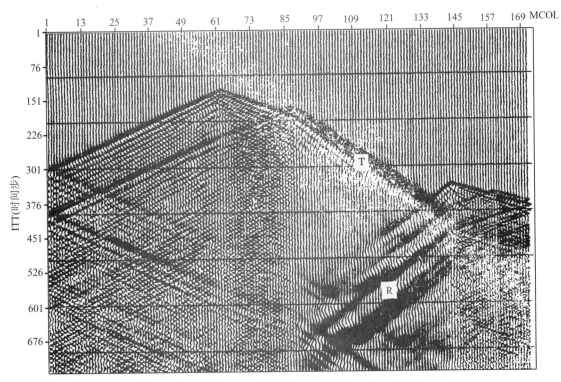

图 34　岩性油藏单炮第 100 个 CDP 号点的 VSP 记录，垂直分量

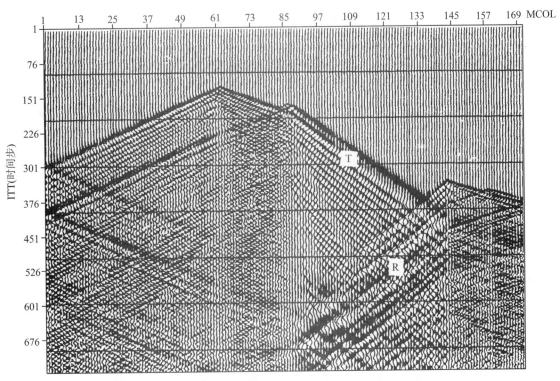

图 35a　岩性气藏单炮第 100 个 CDP 号点的 VSP 记录，垂直分量

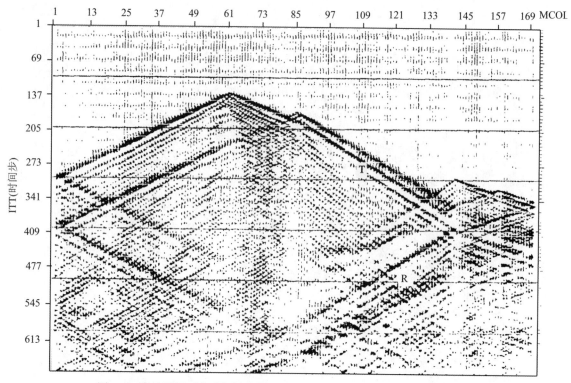

图 35b 岩性圈闭不含油气单炮第 100 个 CDP 号点的 VSP 记录，垂直分量

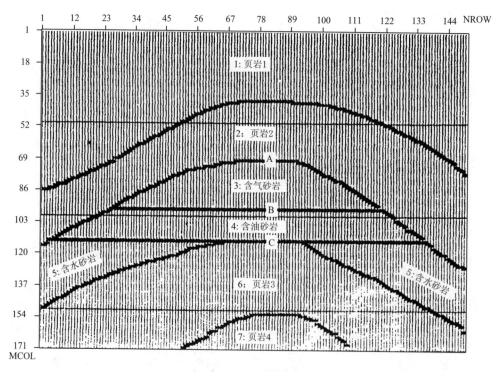

图 36 背斜圈闭模型

1. $V_P=2500\text{m/s}$, $V_S=1440\text{m/s}$, $\rho=2.4\text{g/cm}^3$; 2. $V_P=3000\text{m/s}$, $V_S=1732\text{m/s}$, $\rho=2.6\text{g/cm}^3$;

3. $V_P=1600\text{m/s}$, $V_S=930\text{m/s}$, $\rho=2.1\text{g/cm}^3$; ④ $V_P=2400\text{m/s}$, $V_S=1400\text{m/s}$, $\rho=2.8\text{g/cm}^3$;

5. $V_P=3300\text{m/s}$, $V_S=1905\text{m/s}$, $\rho=2.7\text{g/cm}^3$; 6. $V_P=4200\text{m/s}$, $V_S=2425\text{m/s}$, $\rho=2.8\text{g/cm}^3$;

7. $V_P=4500\text{m/s}$, $V_S=2600\text{m/s}$, $\rho=2.9\text{g/cm}^3$

$\Delta x=20\text{m}$, $\Delta y=20\text{m}$, $\Delta t=0.003\text{s}$, $\lambda'=0.001\lambda$, $\mu'=0.001\mu$

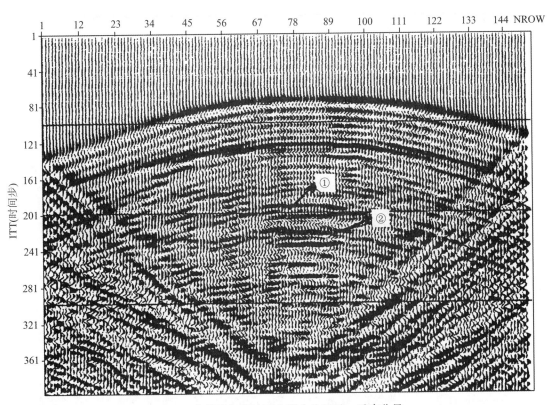

图 37　背斜油气藏地面自激自收记录，垂直分量

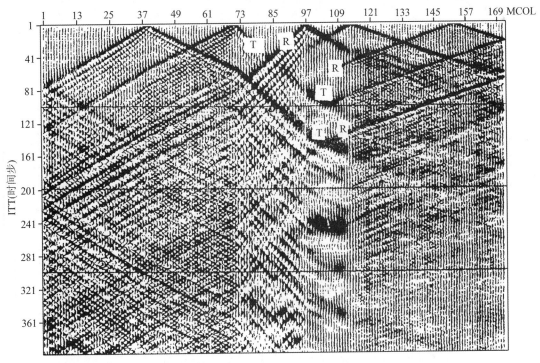

图 38　背斜油气藏第 80 个 CDP 号点自激自收 VSP 记录，垂直分量

——单炮记录

图40是背斜单炮地面垂直分量记录，炮点在地面第76个CDP号点处。气层顶界面也比较清楚地反映了出来，例如标志①。在气层顶界面下面中间部位出现规则的正、负强振幅交替而整体呈含油气低速带特征。

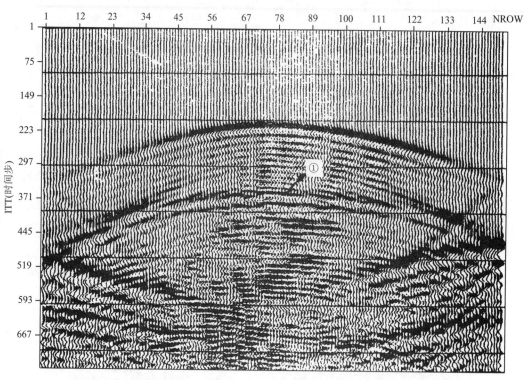

图39　背斜气藏单炮地面记录，垂直分量，炮点在地面第70个CDP点号

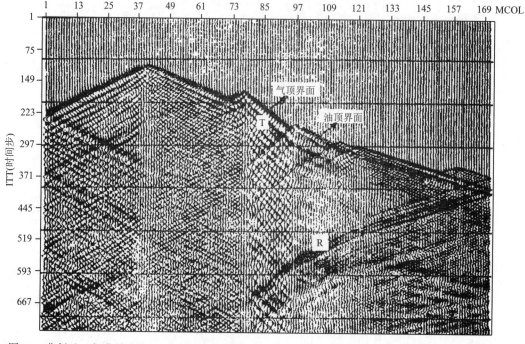

图40　背斜油、气藏单炮第100个CDP号点的VSP记录，垂直分量，炮点在地面第70个CDP点号

该模型的 VSP 剖面和自激自收的 VSP 剖面结论一致，见图 40。

另外几个圈闭模型的记录剖面，我们也作了详细的对比研究，有和上述模型剖面类似的特征。由于图件太多，就不一阐述。

5.4　小结和建议

采用惠更斯原理消除直达波和面波后，仿真的有限元理论地震图揭示出：

（1）不论是地表水平剖面还是 VSP 剖面，含油、气顶面的位置深浅，其反射波震相都有明显的增大特点。

（2）和由基于射线理论线性增大的 AVO 结果不同，在气、油和油、水的分界面上呈现负、正交替的增大振幅异常。

（3）在含油、气层的内部中心部分有规则的强振幅正、负交替的波列特征。

（4）VSP 剖面上，含油、气地层段波场特征呈低速带特征。油对波场的吸收大于气对波场的吸收。在 VSP 剖面上，波场的表现特征（振幅、吸收、周期），含油、含气、不含油气三种情况明显不同，这对于油气藏的直接识别和位置及范围的精确勾划非常有利。

（5）基于波动理论的全波仿真有限元实例模型研究结果，支持基于合成记录模型研究的亮点技术结果。而对基于射线理论的 AVO 结果提出某些修正。

考虑到识别标志的可操作性，最好具有水平地震剖面又有 VSP 剖面。二者结合后，研究结果表明，油气藏波场特征的直接判别标志是很明显的。然而，对于野外实际记录，直达波和面波的干扰是存在的。这里的研究也表明，为了突出野外记录剖面上的可能的油气藏的波场特征，需要在资料处理时，采用有效的方法消除直达波和面波的干扰，并进行保振幅偏移处理，就有可能在偏移剖面上看到类似于这里水平剖面和 VSP 剖面上的油气波场特征。

6　天然气遥感勘探技术及应用基础研究

（1）采用以航天遥感信息为主要手段，运用 TM 数据图像对靖边气田（已知气区）进行了区域构造特征分析，得到的线性体密集带是下伏基岩断裂构造的反映。而表现新构造活动特征的断裂，在提供油气运移通道和岩性屏蔽方面具有重要意义。根据线性构造分布密集区与油气藏边界有较好的对应关系的特征，用以研究靖边气田的有利构造部位。

（2）根据研究，给出 TM 数据的 $2.08 \sim 2.35 \mu m$ 谱段是粘土、碳酸盐、铁帽氧化带及烃类的吸收峰，能够反映油气藏向上渗漏的机理。将波谱亮度数据处理和增强转化为独特的图像色调或色彩，成为带有直接意义的找油气藏的标志。在靖边气田周边地区发现了三个 $100 km^2$ 以上的异常区。

（3）根据 NOAA 卫星数据，引进了热惯量异常分析的方法。已知气田区具有明显的异常，同时，艾好茆、石湾化探异常区亦有热惯量异常与之对应。给出了显示天然气藏信息的热量惯量标志。

（4）对分子荧光光谱分析、三维荧光光谱分析、同步荧光光谱分析直接勘探油气的可能性进行了基础性研究。

7　油气化探指标优选及异常形成机理研究

（1）在北方干旱半干旱区，选择土壤酸解烃、土壤次生碳酸盐（ΔC）、土壤汞等作为油气的直接指标，并使其在确定和评价异常中发挥了主导作用。

（2）提出了土壤烃、土壤蚀变碳酸盐（ΔC）、土壤汞等油气地表化探指标的分析、检测方法与技术。

（3）在鄂尔多斯盆地内已知的天池含油气构造进行了土壤碳酸烃、ΔC 法、土壤热释汞法的化探综合测量。得到该构造上明显的环状高重烃含量化探异常特征。推到陶利庙未知油气区，发现了一个酸解烃、ΔC、土壤汞的环状综合异常，经论证，长庆石油局在环形异常内钻探发现天然气流。

8　天然气直接勘探技术的评价技术系统和天然气勘探模式研究

（1）初步形成了一个遥感、化探、地球物理、单井地球化学评价直接探测天然气或天然气藏的综合评价方法技术系统。这个系统从空中到地表、到井中、到深部捕捉辨识直接表明天然气藏存在的信息。遥感、化探、激电可以确定天然气藏的水平位置，重力、地震可以确定天然气藏的垂向位置，单井地球化学评价可以确定天然气运移及天然气藏的生储盖特征。综合分析各种手段的成果可使本方法技术系统直接探测的结果比较可靠。本系统可以作为已有的反射地震勘探系统的有力补充。

（2）讨论了应用本方法技术系统和反射地震勘探系统在工作程度高地区、反射地震勘探盲区和未勘探区进一步经济有效地勘探天然气藏的模式。

9　结　　语

基于微渗漏理论的激电机理研究结果，不仅总结了烃类物质在垂向运移至地表的过程中留下的物证和运移轨迹，而且通过物理实验找到了油气激电异常的离子导体机理，找到了油气激电异常和微渗漏运移至近地表的与烃类物质相关的直接证据，加深了对激电油气异常机理的认识。总结的油气田类型、地质背景和激电油气异常特征之间的关系对激电法找气具有指导意义。

基于密度差异的重力直接找气机理研究结果，给出了天然气重力异常和圈闭几何结构尺寸、密度差异大小、气藏埋藏深度等因素之间的定量关系，推断了和天然气藏有关的重力异常的特征和量值，给出了在地表能测到这些异常的限制条件。华北 GW9 断块气田的研究结果表明，尽管气田的重力异常很小，结合重力找气机理研究的结果，仍然可以在观测的重力图上识别出来。

基于化学特征的单井地球化学评价研究结果总结了如何尽量充分利用一口或几口钻井的岩心、岩屑观察、分析化验，获得有关构造单元以及油气运聚等方面信息的有机地球化学方法、有机岩石方法、有机包裹体方法。给出了综合应用这些方法对四川盆地广 3 井的实例评价结果。采用多种方法综合分析以后，不仅丰富了捕捉的信息，而且提高了评价结果的可靠性。

基于弹性差异的地震直接找气的机理研究结果和基于射线理论的亮点技术、AVO 技术不同。基于仿真全波理论地震图来研究圈闭含油气和不含油气时的波场特征差别的研究结果表明，当彻底消除直达波和面波干扰后，无论在自激自收剖面上，还是在炮集记录上，圈闭含油气和不含油气时的波场特征差别都是明显的。要在观测的地震剖面上直接识别出油气圈闭来，在地震剖面处理时，采用有效的方法消除直达波、面波和保振幅偏移处理便成为关键。

直接勘探技术作为反射地震勘探技术的补充，在天然气勘探领域具有很好的应用前景和推广价值。

选择一个已知天然气区和一个天然气远景区，同时做重、磁、电、震、化探、遥感等直接勘探技术和反射地震勘探技术联合勘探研究，以进一步确立直接勘探技术和反射地震勘探技术联合勘探的地质效果和经济价值是必要的。

本文以国家"八五"天然气攻关项目 85-102-15-06 专题研究报告为基础编写。

参加本文编写的人员：王妙月、王谦身、史继扬、石昆法、底青云、李英贤、于昌明、毛木林、蒋福珍、刘德汉、向明菊、施继锡、刘飒等。

参加该专题研究的人员有：林恒章、朱振海、李效民、黄秀华，程学惠，王先彬、张谦、张同伟、申歧祥、周泽、吴贻华、吕德宣、潘旭、史继扬、刘德汉、向明菊、施继锡、徐映怀、王一刚、兰文波、石昆法、王妙月、王谦身、蒋福珍、底青云、张赤军、李雄、方剑、刘燕平、刘根友、江顺先、任康、时青、潘新、郝小光、吴璐萍、毛木林、李英贤、于昌明、张庚利、李松浩、江为为、郝天珧、郑建昌、郑双良、刘飒。

参 考 文 献

[1] 徐永昌，天然气成因理论及应用，北京：科学出版社，1994

[2] 孙成权等，油气非地震勘探技术方法研究现状与发展趋势，天然气地球科学，1992，增刊，44~118

[3] 吴传璧，国外油气化探的进展和现状，地矿部情报所，1982，内部资料

[4] Jones V T, Prediction of oil and gas potentiul by near-Surface geochemistry, AAPG Bull, 1982. 66 (2)

[5] Duchscherer W, Geochemical methods of prospecting for hydrocarbons, Oil and Gas Journal, 1980, (1)

[6] 朱振海，油气通感勘探评价研究，北京：中国科技出版社，1991

[7] 张赛珍，激发极化法油气田异常成因及其与油气藏关系的探讨，地球物理学报，1986，24 (6)：597~612

[8] Reed Tompkins, Direct location technologies：a unified theory, Oil & Gas Journal, 1990, 88

[9] 潘尧嘉，亮点、暗点与油气的关系，石油地球物理勘探，1988，23 (6)：137~144

[10] Mggotti A, Melts A M, An Signatures of actualand synthetic reflections from different Petro physical targets, Geophysical prospecting, 1994, 42

[11] 年宗元，我国勘查地球物理若干进展，物探与化探，1990，15 (6)

[12] 刘德汉、史继扬、郑旭明，高演化碳酸盐岩的地球化学特征及非常规评价方法的探讨，天然气工业，1994，14 (2)：62~66

[13] 刘任，应用激发极化法直接找油气的研究，石油地球物理勘探，1980，15 (4)

[14] 张赛珍、石昆法，激发极化法勘查油气藏的应用基础和应用实例，物探与化探 (B)，1989，13 (6)：392~401

[15] 石昆法，第四系巨厚覆盖层条件下激电找油机理研究，国家自然科学基金资助项目研究报告，中国科学院地球物理研究所，内部资料，1993

[16] 王妙月、王谦身，天然气勘探综合探测技术机理及应用基础研究，85—102—15—66 成果报告，中国科学院地球物理研究所，内部资料，1995

[17] Hant J M, Surface geochemical prospecting, AAPG Bull, 1981, 65 (5)

[18] Duchscherer W, Geochemical methods of prospecting for hydrocarbons, Oil and Gas Jounnal, 1988, (1)

[19] 刘崇禧，水文地球化学找油理论与方法，北京：地质出版社，1980

[20] "重力勘探资料解释手册" 编写组，重力勘探资料解释手册，北京：地质出版社，1993，242~299

[21] Won I J and Bevis M G, Computing the gravitational and magnetic anomalies due to a polygon：Algorithms and Fortran subroutines, Geophysics, 1987, 52 (2)：232-238

[22] 焦灵秀、刘元龙，微重力勒查油气的可能性探讨，见：中国科学院地球物理所 10 周年所庆论文集，北京：地震出版社，1990，86~94

[23] 蒋福珍、方剑，确定场源的位场奇点法与滤波矢量法，测量与地球物理集刊，1994，(14)：23~29

[24] 王谦身、张赤军、周文虎等，微重力测量，北京：科学出版社，1995，47~52、55~60

[25] 张赤军，微重力测量的应用及其改善，地球物理学进展，1980，3 (4)：1~9

[26] 刘宝泉、梁狄刚、方杰等，华北地区中上元古界、下古生界碳酸盐岩有机质成熟与找油远景，地球化学，1985，(2)

[27] 陈丕济，碳酸盐岩生油地化中的几个问题的评述，石油实验地质，1985，7 (1)：3~12

[28] 傅家谟、刘德汉，碳酸岩有机质演化特征与油气评价，石油学报，1982，(1)：1~9

[29] 田口一雄，日本石油技术协会志，1986，47 (12)

[30] Tissot B P and D H Welte, Petroleum formation and occurrence, Springer-Verlag, 1984, 131-159

[31] 邬立言、顾信章、范成龙等，生油岩热解快速定量评价，北京：科学出版社，1986，23~31

[32] 程克明，生油岩的定量评价，见：中国陆相油气生成，北京：石油工业出版社，1982，175

[33] Bray E E and Evans E D, Distribution of n-paracrine as a clue to recognition of source beds, Geochim, Cosmochim, Acta, 1961, 22：2-5

[34] Scalan R S and Smith J E, An improved measure of the odd-even predominance in the normal alkanes of sediment extracts and petroleum, Geochim Comsmochum, Acta, 1970, 34：611-620

[35] 史继扬、麦坎任 A S、埃格林顿 G 等，胜利油田原油和生油岩中的生物标志化合物及其应用，地球化学，1982，(1)：1~20

［36］史继扬，沾化凹陷原油和沉积岩中卟啉，中国科学，B 辑，1982，1019~1026

［37］Mackenzie A S, Brassell S C, Eglinton G et al., Chemical fossils: the geological fate of steroids. Science, 1982, 217: 491-504

［38］史继扬、汪本善、范善发等，苏北盆地生油岩中甾、萜的地球化学特征和我国东部低成熟的生油岩与原油，地球化学，1985，（1）：80~89

［39］Espitalie J, Giraud N, Laporte J L et al., Bull., Techn du groupe ElF—Aquitqine, 1978, 85

［40］Connan J, Bouroullec J, Dessort D 等，危地马拉萨布哈古环境中碳酸岩—硬石膏相的微生物输入有机分子的研究，见：生物标志物与干酪根，贵州：贵州人民出版社，1986，208~238

［41］肖贤明，有机岩石学及其在油气评价中的应用，广州：广东科技出版社，1992，2

［42］Mukhopadhyay P K, Hagemann H W and Gormly J R, Characterization of kerogens as seen under the aspect of maturation and hydrocarbon generationer, Erdol Kohle, 1985, 38: 7-18

［43］Thompson C L and Woods R A, Microspectrofluorescence measurement of coal and petroleum source rock, Intern J Coal Geol, 1987, 7: 85-104

［44］Staplin F L, Interpretation of thermal history from color of particular organic matter a review. Palynology, 1977, （1）: 47-66

［45］Epstein A C, Epstein J B and Harris C D, Conodont color alteration an indes to organic metamorphism, Geo, Survey Professional Paper, United State Government Printing Office, Washington, 1977, 995-998

［46］Гурвич И И，地震勘探教程，北京：地质出版社，1957

［47］Гурвич И И, Прикладиая Геофизика, 1952

［48］Гурвич И И, Спрочщцк геофизиков, 1966, 657-662

［49］Jamesl Allen, Some AVO failures and what （we think） we have learned. The Leading Edge, 1993, 12 （3）

［50］Ostrander W J, Plan wave Reflection Coefficients for gas and sands at nonnormal angles of incidence, Geophysics, 1984, 49: 1637-1684

［51］Shuey R T, A Simplification of the Zoeppritz Equations, Geophysics, 1985, 50: 609-634

［52］Yu G, Offset-amplitude variation and controlled-amplitude processing, Geophysics, 1985, 50: 2697-2708

［53］John Castagna, Milo Backus, Offset-Dependent-Reflectivity-Theory and Practice of AVO Analysis, The L. eading Edge, 1993, 345

［54］Dehaas J C and Berkhout A J, Nonlinear Inversion of AVO, The L. eading Edge, 22sliders, 1990

［55］Aki K, Richards P, Quantitative seismology in: theory and methods, Freman and Company, 1980, 153

［56］Wyllie, Applied geophysics, Published by the press syndicate of the University of Cambridge, 1956

［57］Telford W M, Applied geophysics, Published by the press syndicate of the University of Cambridge, 1990

［58］潘钟祥等，石油地质学，北京：地质出版社，1986，8

［59］周中毅、范善发、谢觉新，晶包有机质—认识碳酸盐生油机制的另一侧面，沉积学报，1991，9 （增刊）：112~119

应变位能及其在地震资料处理解释中的应用[*]

王赟[1)]　　王妙月[1)]　　邢春颖[2)]

1) 中国科学院地球物理研究所
2) 中国新星石油公司华北石油局四物

摘　要　在系统阐述应变位能理论的基础上，从理论模型到实际资料的处理，较详细地论述了位能转换的高分辨率处理功能；证明在选择合适空间步长的基础上，位能转换可以在不损害资料信噪比的条件下，提高地震资料的分辨率。简单地论述了应用应变位能转换提取横波信息，为地震资料的油气检测提供一种辅助的手段，从而证明位能转换是一行之有效的高分辨率地震处理方法，并可为地震资料的解释提供有价值的横波信息。

关键词　应变位能　分辨率　信噪比　油气检测

引　言

石油地震勘探发展的初期是构造勘探时期，主要寻找简单的大型背斜构造；到中期，随着复杂断块油田的发现，构造勘探发展到了高级阶段，给地震勘探提出了较高的要求。这期间，偏移成像和三维勘探技术的发展有效地解决了上述问题。而目前，在油田勘探的后期，主要是岩性勘探时期，储层预测和油藏描述工程给地震勘探提出了更高的要求[1]。不仅要求准确定位小断块，而且要求能准确地确定砂体的空间展布，即要求地震资料提供足够高的分辨率，以满足岩性勘探的精度要求。同时，随着地震勘探技术大量地应用于煤田和金属矿的勘探开发，它们也要求地震勘探提供高分辨率的信息。总之，高分辨率处理是当前地震处理方法研究的主攻方向。

到目前为止，地震勘探的发展主要局限于纵波勘探，忽略了横波信息。尽管横波所提供的信息分辨率低，但由于横波只沿着岩石基质传播，在砂体发育地段，通过纵横波信息的对比，可以反映砂岩孔隙度的变化，从而有利于确定油气富集区的存在。因此发展横波勘探，或在现有单分量纵波信息的基础上，提取横波成分，是目前地震勘探的又一热点。

本文应用位能转换将常规的地震时间剖面转化为应变位能剖面，利用其高分辨率功能展宽地震信号的有效频谱，突出高频信息，提高地震信号的纵横向分辨率。同时，提取单分量资料中的转换横波应变位能，为油气检测提供一种新的辅助手段。

1　原　理

1.1　应变位能

根据弹性动力学理论[2]，在各向同性的弹性介质中，弹性波传播过程中每一个质元的应变位能的 Kronecher 表示为

＊　本文发表于《石油物探》，1999，38（1）：9~20

$$W = \frac{1}{2}\lambda\theta^2 + \mu e_{ij}e_{ij} \tag{1}$$

式中，W 代表应变位能，它表示质元在应力作用下发生变形时所具有的势能，它反映的是位移位和速度位的变化率，即可以反映波阻抗的差异；λ、μ 表示弹性介质的拉梅常数；θ 为体应变；e_{ij} 为应变张量，且有

$$\theta = \frac{\partial u_i}{\partial x_i}$$

$$e_{ij} = \frac{1}{2}\left(\frac{\partial u_i}{\partial x_j} + \frac{\partial u_j}{\partial x_i}\right)$$

其中，i、$j = 1$、2、3 分别代表 x、y、z 方向；u_i 表示质元在应力作用下的位移张量。将 θ 和 e_{ij} 代入式（1）中，得

$$W = \frac{1}{2}(\lambda + 2\mu)\theta^2 + \frac{1}{2}\mu W_{ij}W_{ij} \tag{2}$$

式中，W_{ij} 是旋转张量。将纵横波速与拉梅常数的关系式代入式（2），得

$$W = \frac{1}{2}\rho v_P^2\theta^2 + \frac{1}{2}\rho v_S^2 W_{ij}W_{ij} \tag{3}$$

式中，$W_{ij} = \dfrac{\partial u_i}{\partial x_j} - \dfrac{\partial u_j}{\partial x_i}$；$\rho$ 代表介质的密度；v_P 和 v_S 分别表示介质的纵、横波速度，它们是空间坐标的函数，存在近似关系 $v_P = \sqrt{2}v_S$。我们将式（3）中的 $\frac{1}{2}\rho v_P^2\theta^2$ 称为纵波应变位能，把 $\frac{1}{2}\rho v_S^2 W_{ij}W_{ij}$ 称为横波应变位能，它们之和统称应变位能。从式（3）中可以得出，由于应变位能是对位移位和速度位的微分变换，因而应变位能可以提供比常规剖面更高的分辨率；同是它可以分别提取同纵、横波速度有关的位能信息，为地震资料的解释提供一种辅助的手段。

在实际三维地震勘探中，地表接收的记录通常是波场的垂直分量，故式（3）可简化为

$$W = \frac{1}{2}\rho v_P^2\left(\frac{\partial u}{\partial z}\right)^2 + \frac{1}{2}\rho v_S^2\left[\left(\frac{\partial u}{\partial x}\right)^2 + \left(\frac{\partial u}{\partial y}\right)^2\right] \tag{4}$$

式（4）中，我们用 u 表示波场的垂直分量 u_3。在油气勘探感兴趣的范围内，密度变化相对于速度变化要小得多，波阻抗的差异主要是由于速度变化引起的。因此，在式（4）中，我们把密度假定为常数。同时，由于应变位能是标量，而波场为张量，为了不丢失波场的相位信息，我们引进符号函数

$$\text{sign}(u) = \begin{cases} 1 & (u > 0) \\ 0 & (u > 0) \\ -1 & (u > 0) \end{cases}$$

由于符号函数的振幅谱是白化谱，它的加入并不会影响波场的振幅谱[3]；而且在定义中我们同时又规定它具有与波场相同的相位谱。

1.2　逆时偏移

从公式（4）可知，我们只需求出波场在空间方向的一阶偏导数，就可以求得应变位能。对正演模型而言，由于任一深度处的波场值可直接获得，所以不需求解。但对于实测数据，在已知地表记录 $u(x, z = 0, t)$ 的条件下，我们利用逆时偏移方法求取地下任一深度处的波场值，进而求出垂向一阶偏导数。在二维实测数据处理过程中，由于目前主要是纵波勘探，以二维各向同性弹性介质中的 P 波传播的波动方程为例，形成的定解问题是

$$
\begin{cases}
\dfrac{\partial^2 u}{\partial x^2} + \dfrac{\partial^2 u}{\partial z^2} = \dfrac{1}{v_p^2}\dfrac{\partial^2 u}{\partial t^2} \\[2mm]
u(x, z, t > t_{\max}) = 0 \\[2mm]
u(x, z, t = t_{\max}) = \begin{cases} u(x, z = 0, t_{\max}) & z = 0 \\ 0 & z \neq 0 \end{cases} \\[2mm]
u(x, z = 0, t) = u_a(x, t) \\[2mm]
\left(\dfrac{\partial}{\partial z} + \dfrac{1}{v_p}\dfrac{\partial}{\partial t}\right)\left(\dfrac{\partial}{\partial z} + \dfrac{q}{v_p}\dfrac{\partial}{\partial t}\right) u = 0 \\[2mm]
\left(\dfrac{1}{v_p}\dfrac{\partial}{\partial t} - \dfrac{1}{v_p}\dfrac{\partial}{\partial x}\right)\left(\dfrac{p}{v_p}\dfrac{\partial}{\partial t} - \dfrac{\partial}{\partial x}\right) u = 0 \\[2mm]
\left(\dfrac{1}{v_p}\dfrac{\partial}{\partial t} + \dfrac{1}{v_p}\dfrac{\partial}{\partial x}\right)\left(\dfrac{p}{v_p}\dfrac{\partial}{\partial t} + \dfrac{\partial}{\partial x}\right) u = 0
\end{cases}
$$

式中，$q = \Delta v \times t / \Delta z$，$p = \Delta v \times t / \Delta x$。在上式中我们采用吸收边界条件。形成定解问题后，在程序实现过程中，我们使用差分法[4,5]。

通过 Z 变换[6]，我们已证明位能转换相当于高通滤波器，其滤波特性同空间的差分步长 Δx、Δz 有关。步长越小，通频带越大，但是步长过小，可能产生假频。所以在资料处理中，要结合实际情况实验选择合适的差分步长。在后续部分我们将结合数据处理说明此问题。

2　模型数据分析

为说明应变位能的高通滤波特性及横波应变位能的提取，我们构造了两个理论模型，求出相应于位移剖面的应变位能剖面，从总波场应变位能剖面中分别提取纵、横波的应变位能，并讨论它们的滤波性质。

2.1　楔状体模型

如图 1 所示是我们构造的一个简单的楔状体模型，其中有两个速度界面。楔状体速度较围岩速度大，且向两侧逐渐变薄，直至尖灭。其下伏界面也是高速层，通过此模型，我们将证明位能转换具有高通滤波性质，能提高地震记录的纵横向分辨率。

图 2 是对应图 1 模型的合成记录（自激自收记录）。在正演过程中，根据爆炸反射面原理，我们采用的是各向同性介质中弹性波方程的有限元模拟。震源采用 Ricker 子波，主频 50Hz。

图 2 中，T_1 弯曲同相轴对应楔状体的 P 波反射，T_2 同相轴对应下伏界面的反射。由于楔状体的尖灭，而合成记录的分辨率较低，很难准确地断定尖灭点。应用公式（4），我们进行位能转换，所得剖面如图 3 所示。视觉分辨率[1]的提高是显而易见的，因为同相轴变瘦了。分别对图 2 和图 3 作频谱分

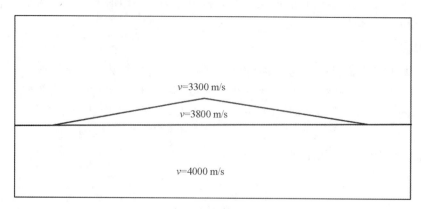

图 1　楔状体模型

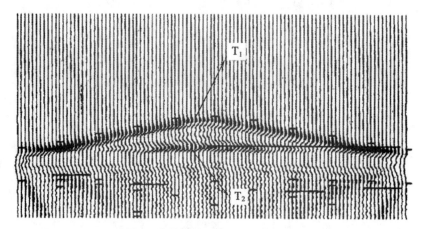

图 2　楔状体模型的自激自收记录

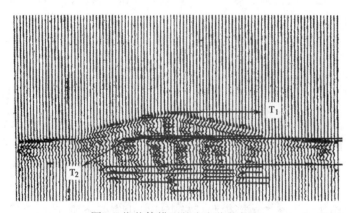

图 3　楔状体模型的应变位能剖面

析（图 4），对比可见，位能剖面的有效频谱拓宽，高频成分增多，但并没有完全压制低频信号。通常低频信号的压制，必然引起同相轴连续性的降低，使得位能剖面的视觉信噪比降低。但对比实际模型，我们发现位能剖面中不连续的同相轴恰恰较准确地反映了地层间的接触关系，因此我们认为位能转换实际上并没有损失地震信号的信噪比。

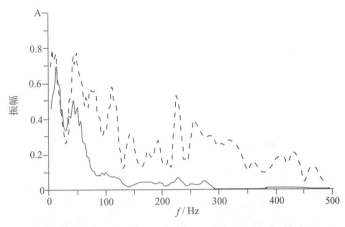

图4　楔状体模型的位移剖面和位能剖面的振幅谱对比

实线是位移剖面的振幅谱，短虚线为位能剖面的振幅谱

2.2　砂体模型

在石油勘探进入岩性勘探阶段，砂体是寻找油气的主要目标。但砂体尺度小，孔隙度和孔隙流体变化的复杂性给地震勘探提出了很高的要求，要求地震资料具有足够高的分辨率，使解释人员能够准确地确定砂体的尖灭和空间展布。此外，由于在砂体上P波和S波传播特性的差别，如果能从常规纵波剖面上提取横波信号，我们就可以利用这种差别作为油气检测的一种辅助手段。为此，我们构造如图5所示的复杂砂体模型，各砂体孔隙度不同、饱和的流体不同，会产生速度上的差异。由于地震信号主要反映速度的差异，我们可以用速度的变化反映砂体的变化。我们只给出了速度，围岩是速度较高、孔隙度很小的泥岩。在图5中，这些砂体分别被编号。表1是砂体模型的速度分布。除了验证位能转换提高了地震资料的分辨率，我们构造此模型还试图说明应用应变位能所提取的P波和S波信息的对比，为油气检测提供有益的证据。

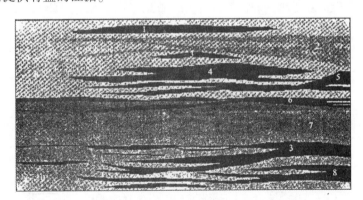

图5　复杂砂体模型

表1　砂体模型的速度分布

砂体编号	速度/（m/s）	砂体编号	速度/（m/s）
1	3400	6	3700
2	3830	7	3600
3	3600	8	3800
4	3580	9（上部围岩）	3900
5	3720	10（下部围岩）	4000

　　图6是使用与楔状体模型相同的正演方法合成的自激自收记录，图7是对应的纵波位能剖面。由于分辨率的提高是显而易见的，所以我们不准备再详细讨论，而将说明纵波位能剖面同横波位能剖面对比所提供的信息。图8为横波位能剖面。

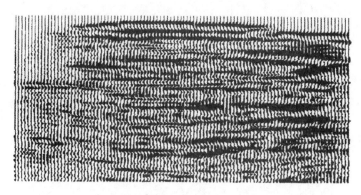

图 6　复杂砂体模型的自激自收记录

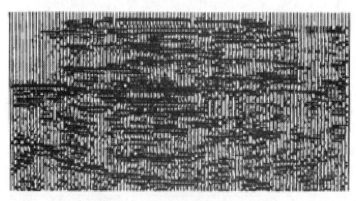

图 7　复杂砂体模型的纵波位能剖面

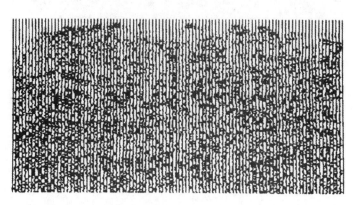

图 8　复杂砂体模型的横波位能剖面

　　我们知道，在由基质（岩石颗粒，又称骨架）、基质间孔隙流体（油、气或水）组成的多相介质中，由于横波作切向振动，故它只能沿着基质传播；纵波在这两种介质中都能传播，即纵波和横波在岩性分界面上都产生反射，而在气、液同岩层的分界面上纵波有反射存在，横波的反射能量相对很弱且很乱。因此，如果我们能准确地分离横波和纵波信息，通过它们之间的对比，我们不仅可以判定目的层速度的变化，还可以知道岩石孔隙度的变化，从而为油气检测提供一种有力的证据（这一点已经在生产中得到证明和应用[7]。对比图 8 和图 7，我们发现横波位能较之纵波位能小得多，且剖面很乱，无法反映砂体孔隙度和孔隙流体的变化。在模型 1 中纵、横波位能剖面在岩性分界面上显示相同的界面反射；在模型 2 中，纵、横波位能不同之处反映的是砂体的变化，从而证明应用纵横波信息的对比，可以反映异常体孔隙度和孔隙流体的变化，实现有利的岩性油藏圈闭的追踪。

模型数据分析说明，位能转换不仅可以提高地震信号的分辨率，还可以提供横波的信息，因而更有利于实现油气勘探目标。

3　实测数据分析

在实测数据分析中，我们采用某煤田和油田的高分辨率地震资料，遵循上述思路对实测数据进行分析，以验证应变位能理论应用于实际资料处理的可能性。

3.1　高分辨率煤田地震资料的应变位能处理

首先我们对高分辨率采集的某煤田地震资料进行应变位能转换，以提高地震资料的纵横向分辨率，识别小断层，指导煤田的开采。

如图 9 所示为某煤田的一条叠后剖面图。测区内有两层较大且有经济价值的含煤层系，分别对应 T_1 和 T_2 反射。其中 T_1 煤层的某些部位正处于开采中，地质情况较清楚，由于开采过程中产生的挖断加之地质历史过程中形成的断层，使此层段的断点较多。此层系并不是这次勘探的目标。而 T_2 对应的煤层系是后期将要开采的煤层，以前对它的地质情况了解较少，故此次勘探的目标就是准确地定位此层段的空间展布和断层的有无以及断点的精确位置。如图 10（$\Delta z = 5m$）和图 11（$\Delta z = 10m$）是对应图 9 的应变位能剖面，分辨率的提高是显而易见的，且空间步长越小，高通滤波特点越明显。但空间步长过小，会产生高频振荡，使位能剖面的信噪比降低，同相轴连续性变差。对比图 10 和图 11，可见在图 10 上就产生了一些假高频同相轴，所以应选用合适的空间步长。此外，我们还讨论了位能剖面的信噪比好坏对速度精度的依赖程度。如图 12 是设速度为恒量的位能剖面，对比图 10 和图 12 可以发现剖面的质量几乎没有差别。因而可以认为位能转换方法是不十分依赖于速度精度的高分辨率处理方法。在模型数据的分析中，我们也做过相同的实验，得到相同的结论，在此不详述。

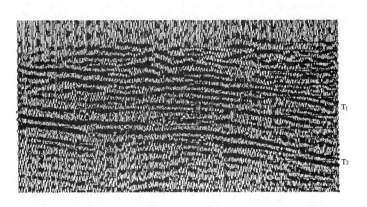

图 9　某煤田高分辨率叠后时间剖面

在应变位能剖面上，我们可以发现一些在时间剖面中没有或不清晰的重要的高频信息，准确地定位小断块或断点，如图 9 和图 10 中的白色十字 ∗ 号所示。这对于煤田生产具有实际的指导意义。

3.2　某油田地震测线砂体资料的处理

在当前油田开发勘探中，寻找小断块，追踪砂体，判断沉积相，划分有利的油藏圈闭是主要的任务。完成此任务的关键是提高地震资料的分辨率。虽然现在野外资料采集采用的是高分辨率手段，但

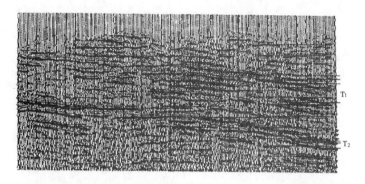

图 10　对应图 9 的应变位能剖面（$\Delta z = 5\mathrm{m}$，使用叠加速度）

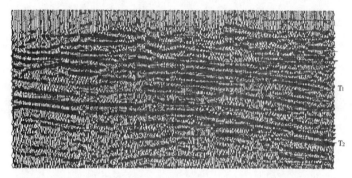

图 11　对应图 9 的应变位能剖面（$\Delta z = 10\mathrm{m}$，使用叠加速度）

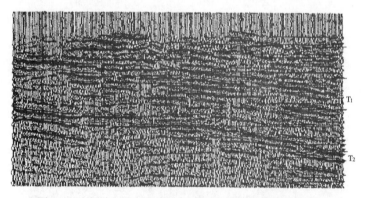

图 12　对应图 9 的应变位能剖面（$\Delta z = 5\mathrm{m}$，速度为恒量）

室内高分辨率处理也是必须的。分辨率的提高不仅可以准确地确定断点的位置，而且可以分开薄互层，追踪砂体的准确尖灭点。

图 13 为某油田的一条叠后时间剖面，我们截取了 2~3.6s 的含砂体目的层段。不同于模型 2 的砂体，由于反映的是河流相沉积，砂体较小，所以此剖面反映砂体的同相轴较乱。

图 14 和图 15 是对应图 13 的 P 波和 S 波应变位能剖面。由于图示的参数不同，位能剖面的同相轴并没有变细，视觉垂向分辨率并没有提高，但横向分辨率的提高还是较明显的。通过频谱分析可以证明地震信号的有效频带展宽，见图 16。

在位能剖面分辨率提高的基础上，由于横波和纵波在岩性分界面上有相同的指示，我们对比分析 P 波和 S 波位能剖面，将本区的反射划分为 T_1、T_2、T_3、T_4、T_5 5 组。忽略 T_1，余下 4 组反射同相轴代表 4 次大的沉积环境变化，这中间发育着一些小的河流相沉积的砂、泥岩。根据反射同相轴所反映的层序地层学关系，我们确定有利的圈闭结构和砂体如图 14 中的方框所示。方框①对应的径向层系可能是上超面上的退积砂体；方框②对应的反射层系可能是一独立的透镜状砂体。与图 15 比较可见方框中的横波位能很小，反射很乱，因此我们判断这可能是含油气的一种指示。此结果有待于实际工作的进一步验证。

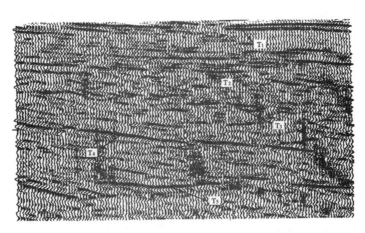

图 13　某油田的一条叠后时间剖面

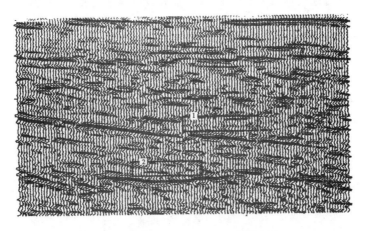

图 14　对应图 13 的 P 波应变位能剖面

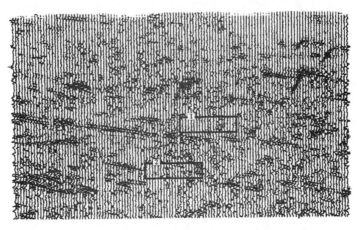

图 15　对应图 13 的 S 波应变位能剖面

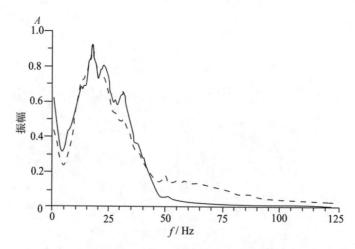

图 16　叠后时间剖面和应变位能剖面的振幅谱对比

图中，实线代表叠后时间剖面的振幅谱，虚线代表位能剖面的振幅谱

　　通过实测数据的处理，证明了应用应变位能转换将叠后时间剖面转换成位能剖面，可以压制低频信号，增强高频信号，展宽地震信号的有效频带，而横波信息的提取，可以为油气预测提供有效的辅助手段。

4　结　　论

　　通过模型和实测数据的处理，较系统地论证了应变位能转换所具有的高分辨率处理功能。应用位能转换可以较好地提高地震资料的分辨率。此外，还研究了横波应变位能信息的应用。通过纵、横波应变位能信息的对比，可以判断岩性或油水界面。此方法的缺点是它在增强高频信号的同时，一定程度地压制了低频信号，因此要根据实际需要来使用。由于空间步长的大小控制了通频带的高低，故可以通过选取合适的步长来满足各种需要。此方法可以成为一种常规的地震资料处理方法。

参　考　文　献

［1］李庆忠，走向精确勘探的道路，北京：石油工业出版社，1994
［2］何樵登，地震波理论，北京：地质出版社，1988
［3］俞寿朋，高分辨率地震勘探，北京：石油工业出版社，1993
［4］张芬芷、丁同仁等，微分方程定性分析，北京：科学出版社，1982
［5］郭本瑜，微分方程的差分方法，北京：科学出版社，1984
［6］奥本海姆 A V，谢弗 R W 著，董士嘉、杨耀增译，数字信号处理，北京：科学出版社，1983
［7］黄凯、杨晓海、徐群洲等，利用叠前克希霍夫积分偏移提取纵横波进行油气检测，石油物探，1997，36（2）：1~6
［8］王赟、许云、王妙月，地震势能剖面，地球物理学报，1998，41（4）：555~560

地球介质非弹性参数测定方法*

王妙月　　底青云

中国科学院地质与地球物理研究所

摘　要　地球介质非完全弹性参数对于研究地体稳定、地震孕育、地幔对流、大陆动力学是非常重要的。在精确的工程勘探、油气勘探中也是一个不可缺少的参数。为了用实测的地震体波确定非弹性参数，本文从一般线性流变体介质内波动方程出发，导出了由观测的地震波体波波速和振幅确定一般线性流变体介质内虎克定律系数的两种具体方法及其相应的理论公式，并给出了体波振幅法的一个模型实例。在线性近似下，这些参数可确定地球介质的非弹性性质。

关键词　地球介质　非弹性　体波　参数测定

1　引　言

地球介质在短时间作用力下表现为完全弹性，但在长时间作用力下则表现出非完全弹性。地球介质的非完全弹性性质按其应力、应变、应变速度、应力速度之间关系的不同可将介质分为粘滞体、完全塑性体、宾干体、粘弹性体、弹滞性体和更一般化的一般线性流变体[1]。

对地球介质的非完全弹性参数的认识对工程勘探、资源勘探是非常重要的。诸如滑坡、工程地基的稳定性、油气藏直接识别标志的研究等，都和地球介质的非完全弹性参数有关。地球介质非完全弹性参数的知识对认识地球的内部过程也非常重要。造山带的形成、地幔对流、地震的孕育过程等也都和地球介质的非完全弹性性质有关。地球介质的非完全弹性性质可以由地震波观测资料得到。观测表明，地震波在地球介质中传播时很快衰减殆尽。即使特大地震激起的地球自由震荡，虽然持续较长时间，但最终也还是衰减消失。造成这种现象的原因，目前被认为主要是地球介质的非完全弹性，部分原因可以是地球介质弹性性质的非均匀性。地球介质的这种使地震波能量衰减的作用可以用品质因子 Q 来描述，耗损因子 $1/Q = (1/2\pi)(\Delta E/E)$，这里 E 是波动在一定体积的介质中在一个周期的时间间隔内所积累的最大能量，而 ΔE 是在一个周期内消耗于该体积介质中的能量。

设平面波的吸收系数为 $\alpha = A(x)\mathrm{e}^{\mathrm{i}(\omega\tau - Kx)}$，则非弹性性质对波的吸收效应可表示为

$$\frac{A(x+\mathrm{d}x) - A(x)}{A(x)} = -\alpha\mathrm{d}x$$

Q 和吸收系数 α 之间满足如下关系式

$$\frac{1}{Q} \approx \frac{\alpha\lambda}{\pi} = \frac{2\alpha v}{\omega}$$

---

* 本文发表于《地球物理学报》，2000，43（3）：322~330

式中，λ 为波长；v 为波速；ω 为频率，文献 [2] 对 Q 值的各种测定方法和衰减机理进行了讨论。

地震波衰减的观测研究包括长周期面波和体波 Q、短周期地震波 Q 值的研究。例如，利用 P 波初动半周期测定，频率域求 Q_P 值，用地震烈度资料估计 Q 值，用尾波求 Q 值等[3]。这些研究主要得到的是地球介质的品质因素 Q 或相应的吸收系数 α。近年来，为了适合工程勘探与资源勘探的需要，开展了和正在发展求品质因素 Q 的层析成像法及其在资源勘探中的应用研究[4,5]。

2　一般线性流变体介质中的波动方程

把地球介质当作各向同性、缓变的非完全弹性介质来处理，为简单起见，讨论线性模式。认为应力和应力速度不仅和应变有关，而且和应变速度有关，即考虑所谓的线性流变体。线性流变体内应力和应变之间的一般关系可以表示为[1,6,7]

$$\sigma_{ij} + a_1 \dot{\sigma}_{ij} = (a_2 \theta + a_3 \dot{\theta}) \delta_{ij} + a_4 e_{ij} + a_5 \dot{e}_{ij} \tag{1}$$

式中，σ_{ij} 为应力分量；$e_{ij} = \dfrac{1}{2}\left(\dfrac{\partial u_i}{\partial x_j} + \dfrac{\partial u_j}{\partial x_i}\right)$ 为应变分量；u_i 是位移分量；$\theta = e_{11} + e_{22} + e_{33}$；$\delta_{ij} = \begin{cases} 0 & \text{当 } i \neq j \\ 1 & \text{当 } i = j \end{cases}$；$a_1$、$a_2$、$a_3$、$a_4$、$a_5$ 是地点的缓变实函数，它们在一个波长距离内控变化可忽略；"·" 表示对时间的一次导数。

当运动随时间变化简谐时（由于各种振动原则上都可以分解为各种频率简谐振动的叠加，因此这里仅限于讨论运动随时间成简谐变化的情形），式（1）可以写成

$$\sigma_{ij} = \lambda \theta \delta_{ij} + 2\mu e_{ij} \tag{2}$$

式中，拉曼常数 λ、μ 为复数，它们的具体表达式是

$$\lambda = \frac{a_2 - \mathrm{i}\omega a_3}{1 - \mathrm{i}\omega a_1} \qquad \mu = \frac{a_4 - \mathrm{i}\omega a_5}{2(1 - \mathrm{i}\omega a_1)} \tag{3}$$

式（2）在形式上和完全弹性模式内的虎克定律完全相同，因此和完全弹性体一样，参数在一个波长上的变化可忽略时，位移位 χ 满足波动方程式

$$\nabla^2 \chi = \frac{1}{v^{*2}} \frac{\partial^2 \chi}{\partial t^2} \tag{4}$$

式中，χ 可以是横波的位移位，也可以是纵波的位移位；相应地 v^* 可以是纵波的速度 $\sqrt{(\lambda + 2\mu)/\rho}$，也可以是横波速度 $\sqrt{\mu/\rho}$。在完全弹性体中 v^* 是实数，表示相传播的速度，由式（3）可见，λ 和 μ 是复量，因此 v^* 也是复量。

在式（4）中，令 k、σ 分别表示 $\dfrac{1}{v^{*2}}$ 的实部和虚部。假定运动随时间简谐变化，因此有

$$\nabla^2 \chi = (k + \mathrm{i}\sigma) \frac{\partial^2 \chi}{\partial t^2} = k \frac{\partial^2 \chi}{\partial t^2} + \sigma\omega \frac{\partial \chi}{\partial t} \tag{5}$$

令

$$\chi = \mathrm{e}^{-\alpha t} G \tag{6}$$

式中，G 是简谐波；α 是待定的实函数，它在一个波长上的变化可略。将式（6）代入式（5），由附录 1 可知

$$\alpha = \frac{\sigma \omega}{2k} \tag{7}$$

和

$$\nabla^2 G = \frac{1}{v^2} \frac{\partial^2 G}{\partial t^2} \tag{8}$$

式中，$v = \dfrac{2\sqrt{k}}{\sqrt{4k^2 + \sigma^2}}$ 是 ω 的实函数，为 G 的传播速度。综式（5）至式（7）及式（4），有

$$\chi = \mathrm{e}^{-\frac{\sigma \omega}{2k}t} G \qquad \nabla^2 G = \frac{1}{v^2} \frac{\partial^2 G}{\partial t^2} \tag{9}$$

式（9）就是变形后的线性流变体内的波动方程式。对于纵波

$$v = v_1 = \sqrt{\frac{(\tau_1 + a_1 \varepsilon_1 \omega^2)(\tau_1^2 + \varepsilon_1^2 \omega^2)}{\rho \left[(\tau_1 + a_1 \varepsilon_1 \omega^2)^2 + \frac{1}{4}\omega^2 (\varepsilon_1 - a_1 \tau_1)^2 \right]}}$$

$$\alpha = \frac{\sigma \omega}{2k} = \left(\frac{\sigma \omega}{2k} \right)_1 = \frac{(\varepsilon_1 - a_1 \tau_1)\omega^2}{2(\tau_1 + a_1 \varepsilon_1 \omega^2)} \tag{10}$$

对于横波

$$v = v_2 = \sqrt{\frac{(\tau_2 + a_1 \varepsilon_2 \omega^2)(\tau_2^2 + \varepsilon_2^2 \omega^2)}{\rho \left[(\tau_2 + a_1 \varepsilon_2 \omega^2)^2 + \frac{1}{4}\omega^2 (\varepsilon_2 - a_1 \tau_2)^2 \right]}}$$

$$\alpha = \frac{\sigma \omega}{2k} = \left(\frac{\sigma \omega}{2k} \right)_2 = \frac{(\varepsilon_2 - a_1 \tau_2)\omega^2}{2(\tau_2 + a_1 \varepsilon_2 \omega^2)} \tag{11}$$

式中，$\tau_1 = a_2 + a_4$；$\varepsilon_1 = a_3 + a_5$；$\tau_2 = a_4$；$\varepsilon_2 = a_5$；$\rho$ 为密度；ω 为频率；a_1、a_2、a_3、a_4、a_5 为虎克定律系数。式（10）、式（11）中 α 表达式的具体推导见附录 2。

当 $\sigma\omega/2k$ 小于零时，式（9）表明，χ 将随时间增长而增长。然而，实际观测表明，仅存在吸收现象，因此 $\sigma\omega/2k$ 不能是负的。于是，虎克定律的系数不能是任意的，要求式（10）中的 $\varepsilon_1 - a_1 \tau_1 > 0$ 及（11）式中 $\varepsilon_2 - a_1 \tau_2 > 0$，即要求

$$a_3 + a_5 - a_1 a_2 - a_1 a_4 > 0$$
$$a_5 - a_1 a_4 > 0 \tag{12}$$

变形后的波动方程式（9）表明，v^* 成为复数的意义在于吸收和频散。同时它也表明，在运动随时间变化简谐的情况下，χ 和 G 的差别仅在于振幅因子，因此要解 χ 的问题便可以等效地解 G。

3　由地震波速度获得非完全弹性参数的方法

式（10）、式（11）表明，非完全弹性介质中的地震体波是频散波，与波速和频率有关。如果有足够多的关于频率 ω 的纵波速度 v_1、横波速度 v_2 的观测资料，就可以由式（10）、式（11）求得非完全弹性介质中虎克定律式（1）中的系数 a_1、a_2、a_3、a_4、a_5。

假设 $v_{i0}(\omega)$，$i = 1、2$ 是观察的纵波速度或横波速度，$v_i(\omega)$，$i = 1、2$ 是满足式（10）、式（11）的理论纵横波速度，则满足

$$\sum_{j=1}^{J_{\text{total}}} (v_{i0}(\omega_j) - v_i(\omega_j))^2 \to 0 \tag{13}$$

的系数 a_1、a_2、a_3、a_4、a_5 就是所求的非完全弹性参数。式中，J_{total} 是观测的频率的总数。

式（13）的求解是一个非线性问题。有两种途径可以实现式（13）的求解。一种是将式（13）线性化，化成一组代数方程。另一种是直接利用参数选择法，遗传算法，模拟退火法等直接解非线性方程的全局搜查方法。由于本文的重点不在于此，略去有关讨论。

从地震图上直接获取不同频率的纵横体波的速度可以借鉴获取面波群速度的方法。比较实用的是移动窗方法和多重滤波方法[8]。纵横体波速度的频散比面波小得多，但把纵横波当作频散波后，求解频散波群速度的方法和由面波求群速度的方法是一致的。

3.1　移动窗分析法

顺着频散的体波信号 $S(t)$ 的记录时间，取一系列的时间点 t_m，以 t_m 为中心，乘以某种形式的窗函数，将乘以窗函数的体波信号，经过傅氏变换，求得不同时间 t_m 的谱振幅

$$A(T, t) = \int_{-H\omega/2}^{H\omega/2} S(t + \tau) W(\tau) e^{-j2\pi\tau/T} d\tau \tag{14}$$

式中，$S(t)$ 是频散的体波信号；$W(\tau)$ 是窗函数；$H\omega/2$ 是窗的半边界；T 是周期。如果 $T = T_n$ 是 t_m 为中心的波段的优势周期，则 $A(T_n, t_m)$ 的值最大。于是以到时 t 为纵坐标，周期 T 为横坐标，在坐标平面点上点出谱振幅 $A(T, t)$ 的值，然后画出 $A(T, t)$ 的等值线。通过等值线中心的（值最大）曲线就是所求的群速度频散曲线，是速度随频率变化的关系曲线。

3.2　多重滤波分析法

窗函数是在时间域内加的。也可用于频率域。若 $Y(\omega_n, \omega)$ 为以某个频率 ω_n 为中心的窗函数，则

$$h_n(t) + iq_n(t) = \frac{1}{2\pi} \int_{(1+L\omega_n)}^{(1+L\omega_n)} x(\omega) Y(\omega_n, \omega) e^{i\omega t} d\omega$$
$$A_{mn}(T_n, t_m) = \sqrt{h_n^2(t_m) + q_n^2(t_m)} \tag{15}$$

式中，$x(\omega)$ 是频散体波信号的谱；L 是控制窗户长度的一个常数。于是可如移动窗技术一样，由谱振幅 $A_{mn}(T_n, t_m)$ 的等值线，获得频散体波的频散曲线。

对于频散波列，其周期随着传播过程会发生变化，不同频率波的波峰遇到一块会相互叠加，反之就相互抵消使振幅减小。这种叠加成的大振幅传播的速度称为群速度。由于波的传播过程中能量都集中在大振幅处，因此群速度也就是波的能量传播的速度[9]。

由式（14）和式（15）决定的速度是群速度。C 为群速度，v 为相速度，在极限情况下有[9]

$$C = \frac{d\omega}{dk} = \frac{d(kv)}{dk} = v + k\frac{dv}{dk} \tag{16}$$

或

$$C = \frac{d\omega}{dk} = \frac{d(\omega)}{d\left(\dfrac{\omega}{v}\right)} = \frac{1}{\dfrac{1}{v} - \dfrac{\omega}{v^2}\dfrac{dv}{d\omega}} \tag{17}$$

式中，k 为波数。若记 $C_{i0}(\omega_j)$ 为第 i 个地点的第 j 个观测值，$C_i(\omega_j)$ 为由式（16）或式（17）决定的理论值，ω_j 为第 j 个频率，则待求的非完全弹性参数 a_1、a_2、a_3、a_4、a_5 应满足以下方程

$$\sum_{j=1}^{J_{total}} (C_{i0}(\omega_j) - C_i(\omega_j))^2 \rightarrow 0 \tag{18}$$

当相速度 v 为纵波相速度时 $v = v_1$，如式（10）所示。当 v 为横波相速度时，如式（11）所示。于是将式（10）或式（11）中的 v 代入式（17），然后再代入式（18）就可由观测的群速度 $C_{i0}(\omega_j)$ 求得非完全弹性参数。式（18）和式（13）是一个问题的两个方面。式（13）是由观测的相速度求非完全弹性参数，a_1、a_2、a_3、a_4、a_5，式（18）是由观测的群速度求非完全弹性参数 a_1、a_2、a_3、a_4、a_5 的方法。

4 由地震波振幅求非完全弹性参数的方法

式（9）表明，非完全弹性介质也是吸收介质，当非完全弹性参数的空间变化在一个波长的范围内可忽略时，非完全弹性介质的波场，除了要乘上一个因子 $e^{-\alpha t}$ 以外，和弹性介质的波场在形式上完全一样。

设 u_0 与 u 分别为完全弹性介质时和非完全弹性介质时的波场，则非弹性波场和弹性波场比值的对数为

$$R = \ln\frac{u}{u_0} = -\alpha t \tag{19}$$

式（19）是假定在简谐波情况下获得的。对不同频率的波在传播过程中会发生消长干涉。在非完全弹性介质的情况下，研究一个波列从源点出发后传播过程中振幅变化情况。

假定在位置 $x = 0$ 处有一个点源，在一段时间内产生一个位移扰动 $q(t)$，于是离开源的地方，任

一时间扰动可以表示成

$$u(x, t) = \int_{-\infty}^{\infty} e^{-\alpha t} Q(\omega) e^{i(kx-\omega t)} d\omega \tag{20}$$

如果，只考虑不连续面的传播及其附近的运动性质，高频场占优势。于是设扰动的低频部分可以忽略。对于一般线性流变体的情况，式（10）和式（11）表明，此时 α 近似和频率无关。考虑到扰动由源向外传播，（20）式可化为

$$u(x, t) = e^{-\alpha t} \int_{\omega_0}^{\infty} Q(\omega) e^{i(kx-\omega t)} d\omega \tag{21}$$

当 $x=0$ 时，

$$u(0, t) = q(t) = e^{-\alpha_0 t} \int_{\omega_0}^{\infty} Q(\omega) e^{i\omega t} d\omega$$

因此

$$Q(\omega) = \frac{1}{2\pi} \int_{-\infty}^{\infty} q(t) e^{\alpha_0 t} e^{i\omega t} dt \tag{22}$$

即为函数 $q(t) e^{\alpha_0 t}$ 的频谱。其中 α_0 为 α 在 $x=0$ 处的值。式（21）表明，$u(x, t)$ 在时间过程中要变形，并最终形成一个周期稍有变化的波列。

对式（21）中每一个单色谐波分量 $Q(\omega) e^{-\alpha t} d\omega e^{i(kx-\omega t)}$ 都对应一条频率为 ω 的射线，因此从射线理论的角度看，空间某点的运动性质将认为是由各个频率的射线合成的结果。由于不同频率的射线的干涉，存在一条合成射线，在它的不同部位，频率不同。式（21）也表明，在满足射线理论的条件下，或在射线近似下，对于线性流变体，吸收对干涉过程不起作用。因此，形成波列后，任一地点、任一时刻的运动可以近似地表示为

$$u(x, t) = D e^{i\varphi(x, t)} \tag{23}$$

并且可以证明渐进振幅因子 D 为[6]

$$D = \sqrt{\frac{\pi}{2}} \frac{1}{r\sqrt{t}} e^{\alpha t} |Q(\omega)| \left(\frac{\partial C}{\partial \omega}\right)^{-\frac{1}{2}} \tag{24}$$

式中，t 是时间；r 是距离；C 为群速度；$Q(\omega)$ 由式（22）决定，ω 为频率。若对 D 作几何扩散校正，作校正后的 D 为

$$D_0 = \sqrt{\frac{\pi}{2}} e^{\alpha t} |Q(\omega)| \left(\frac{\partial C}{\partial \omega}\right)^{-\frac{1}{2}} \tag{25}$$

式（24）和文献［1］不考虑吸收时的频散波列的振幅因子

$$u_r(x, t) \doteq \frac{2\hat{u}(kr)}{\sqrt{\frac{1}{2} \left| \left(\frac{dU}{dk} \right) \right|_r^t}} \int_{-\infty}^{\infty} \cos[(\omega rt - k_r x) \pm \xi^2] d\xi$$

是类似的。

如果已经知道完全弹性时的波场 u_0，那么可以由观测的波场 u，通过式（19）求得 R、t 关系式的斜率 α，从而可由 α 反推非完全弹性参数 a_1、a_2、a_3、a_4、a_5。

对于粘弹性介质，由式（10）、式（11），对于 P 波 $\alpha = \alpha_1 = a_3\omega^2/a_2 = (\lambda'/\lambda)\omega^2$，对于 S 波，$\alpha = \alpha_2 = a_5\omega^2/a_4 = (\mu'/\mu)\omega^2$，其中 λ、μ 为完全弹性的拉曼常数。我们用有限元方法产生了弹性和粘弹性介质中传播的波场。相应于式（19）的 P 波结果如表 1 和图 1 所示。

表 1 粘弹性介质吸收系数 α 和非弹性参数 λ' 及周期 T 的关系

λ'/λ	0.00004	0.0004	0.0004
α	0.5	14.5	50.5
T	10	6	10

表 1 中 T 表示波的卓越周期。理论的卓越周期为 8 个时间单位。图 1 和表 1 的结果表明，有可能可由观测的波场和完全弹性时的理论波场的比值来确定非完全弹性参数 λ'。相同的办法可确定 μ' 及其他有用的非完全弹性参数。

式（24）表明，$|Q(\omega)|$ 是由源处的源的谱和源处的吸收性质决定的。若在源爆炸后，一个排列内的一系列检波点 g_i 接收的波列信号在排列范围内 $\partial C/\partial \omega$（群速度随频率的变化率）可略，则对式（25）取对数后，有

$$\ln D_0 = S_0 - \alpha t \qquad (26)$$

S_0 为截距，是由源的性质和源处的吸收性质决定的。源检距 r_i 处记录的同一个不连续面（或同一个衍射点）信号的时间存在一个时移。图 2 中，S 为源，g_i，$i=1$、2、…、n 为检波点。假定他们记录的不连续信号是下界面的一个反射波或者一个衍射波，记录到时为 t_i，$i=1$、2、…、n。在上述假定下（$\ln D_0$，t_i）点应该在一条直线上，见图 3。当观测的波场 u 做过几何校正后，可用 $|u|$ 的绝对值替代 D_0。

图 3 中，直线的斜率决定了介质的吸收性质 α。获得 α 后，可由式（10）、式（11）或类似式（13）、式（18）的方法获得介质的非完全弹性参数 a_1、a_2、a_3、a_4、a_5。

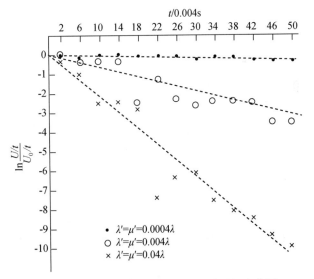

图 1 源点节点位移速度相对振幅随时间变化图
$U(t)$ 存在衰减时的位移速度；$U_0(t)$ 完全弹性时的位移速度

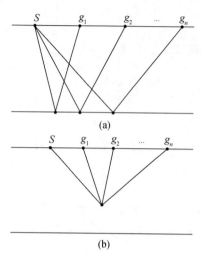

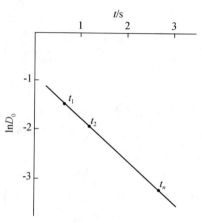

图 2　反射波和衍射波几何

（a）反射；（b）衍射

图 3　$\ln D_0$ 和 t 的关系示意图

附录 1　式 (7) 的证明

不失一般性，令 G 的振幅因子为一个单位，将式 (6) 代入式 (5) 得

$$\nabla^2 \chi = k \frac{\partial^2}{\partial t^2} e^{ikx-(i\omega+a)t} + \sigma\omega \frac{\partial}{\partial t} e^{ikx-(i\omega+a)t} = [k(i\omega+a)^2 - \sigma\omega(i\omega+a)]\chi = B\chi$$

由于 G 是弹性波动方程的解，B 的虚部应用零，有

$$2ki\omega a - \sigma\omega^2 i = 0$$
$$a = \frac{\sigma\omega}{2k}$$

式 (7) 得证。

附录 2　式 (11) 的证明

对于横波，不失一般性，高密度为一个单位，有

$$\frac{1}{v^{*2}} = \frac{1}{u} = \frac{2(1-i\omega a_1)}{a_4 - i\omega a_5}$$

分子、分母同乘 $(a_4 + i\omega a_5)$ 得

$$\frac{1}{u} = \frac{a_4 + i\omega^2 a_1 a_5 + i(\omega a_5 - \omega a_1 a_4)}{\frac{1}{2}(a_4^2 + \omega^2 a_5^2)} = k + i\sigma$$

于是

$$k = \frac{a_4 + \omega^2 a_1 a_5}{\frac{1}{2}(a_4^2 + \omega^2 a_5^2)} \qquad \sigma = \frac{\omega a_5 - \omega a_1 a_4}{\frac{1}{2}(a_4^2 + \omega^2 a_5^2)}$$

因此

$$\frac{\sigma\omega}{2k} = \frac{(a_5 - a_1 a_4)\omega^2}{(a_4 + \omega^2 a_1 a_5)}$$

令 $a_4 = \tau_2$，$a_5 = \varepsilon_2$，则

$$\frac{\sigma\omega}{2k} = \frac{(\varepsilon_2 - a_1 \tau_2)\omega^2}{(\tau_2 + a_1 \varepsilon_2 \omega^2)}$$

式 （11） 得证。同理可证明纵波时的 $\dfrac{\sigma\omega}{2k}$ 表达式。

参 考 文 献

［1］ 傅承义、陈运泰、祁贵仲，地球物理学基础，北京：科学出版社，1985，286~291
［2］ 周蕙兰，地球内部物理，北京：地震出版社，1990，218~264
［3］ 陈培善，地震波衰减研究在我国的进展，地球物理学报，1994，37（增刊）：231~241
［4］ 徐国新，走时层析成像、纵波速度称与品质因子 Q 的关系研究［硕士论文］，北京：中国科学院地球物理研究所，1996
［5］ 常旭，反射地震学 Q 值层析成像及叠前岩性参数反演方法研究，地球物理学报，1997，40（1）：144
［6］ 王妙月，群速、射线和质点力学［学士论文］，合肥：中国科学技术大学，1965
［7］ 王妙月、郭亚曦、底青云，二维线性流变体波的有限元模拟，地球物理学报，1995，38（4）：494~505
［8］ 李白基、师洁珊、宋子安等，地震面波频散的数学计算——方法与试验，地球物理学报，197，20（4）：283~298
［9］ 徐果明、周蕙兰，地震学原理，北京：科学出版社，1982，173~175

第Ⅲ部分　电磁学与直流电法

　　这里收集的主要是我的学生们的研究工作论文共 46 篇。其中可控源音频大地电磁法（CSAMT）正反演研究及应用 21 篇；高密度电法正反演研究 7 篇；实际应用研究 2 篇；探地雷达正反演、偏移研究 5 篇；多通道时间域瞬变电磁法（MTEM）正演研究 1 篇；激电（IP）正演 2 篇；极低频电磁（WEM）探测正演研究 8 篇。

　　传统电磁法和直流电法已在找矿和成矿带构造背景探测中发挥了重要作用，但和地震探测比起来，电性探测的优势仍未充分发挥。为了发挥这个优势，国际上已开展拟地震电法的研究。最明显的是探地雷达，采用了拟地震处理。但是雷达波和地震波不同，地震波介质的吸收很小，可忽略，雷达波介质吸收很大，不能忽略，直接采用地震方法处理雷达波会造成较大误差。这里的相关文章解决了这个问题，取得了较好的结果。在传统直流电法基础上的高密度电法也和地震法一样，使发射源沿剖面移动，实现对地下电性信息的多次覆盖，并可借用地震的方法来解释，我们开展了资料处理和正反演研究，在井间沿电流线追踪成像方面，多维电阻率成像有限元解法和积分解法取得了较好的效果，在一系列病险水库隐患探测和海上防波堤建造质量及隐患监测的实际应用中取得了成功。

　　传统的频率域人工源 CSAMT 法采用交变电偶极源，功率相对较大，但源的接地条件比较苛刻，且不宜采用多次覆盖技术来增强地下信息的响应，而是采用提高观测频率密度及改进正反演技术来获得较好的应用效果。我们已在 2.5 维和三维 CASMT 有限元正演模拟方面获得成功。在用遗传算法、网格参数法、模拟退火法、横向限定等非线性及线性反演方法重构地下电性参数方面均已取得了较好的研究结果，在用 CSAMT 法进行煤田、铁矿、水患防治、南水北调西线、石太线太行山隧道等薄弱地质结构探测中也取得了很好效果。国际上在海上、陆上油气探测中已经发展了多通道瞬变电磁方法，进一步提高了区分油气水的成功率和分辨率，文集中关于编码源的文章就是对此方面的研究。

国家正在实施深地战略，特别是深地资源探测战略，需要到 10km 深度范围内找矿，现在只有地震一种手段可以详测，传统的 CSAMT 无法达到这个深度，如果能有一种电磁法参与深部详测工作，势必能提高深部资源探测的成功率，一种类 CSAMT 电磁法的 WEM 法应运而生。WEM 法采用一个大功率固定源，发射可以在全国国土范围内接收的电磁信号。由于源的功率大，因此探测深度大，可用于 10km 深度范围内的资源探测。我国是在国际上首次用 WEM 法进行资源探测的国家。我们已经完成了初步的研究工作，并且利用 WEM 发射台在内蒙古曹四夭钼矿，重庆明月峡构造和河南泌阳盆地等地实施了资源探测，获得了 10km 深度内的地电信息，取得了较好的应用效果。

利用 CSAMT 资料同时重构 1-D 介电常数、导磁率和电阻率三个电性参数的像*

王妙月　底青云　许　琨　王　若

中国科学院地质与地球物理研究所

摘　要　文中给出了利用 CSAMT 资料同时重构 1-D 介电常数、导磁率和电阻率的一个反演算法。地球介质被模拟为半空间上的一个水平层状介质。初始时，层的数目设定为和使用的频率数相同，反演中层数自动缩并。

　　首先对每个观测点观测得到的各个频率的视电阻率值和趋肤深度估算每个层的电阻率和层厚度的初始值，每个层的介电常数和导磁率的初值给定为自由空间的值。围绕这些初值，对每个层的层厚、介电常数、导磁率、电阻率值的可能变化范围离散化为一系列的网格参数。使用网格参数选择法挑选使观测输入阻抗和理论输入阻抗之差平方最小的各层层厚、介电常数、导磁率、电阻率参数网格值作为问题的解答，使地层的介电常数、导磁率和电阻率同时得到重构。模型试验例子表明方法是可行的，野外实例也表明结果和由钻井资料以及已知的地质信息一致。

关键词　CSAMT　同时重构　介电常数　导磁率　电阻率

引　言

　　CSAMT 方法已在水资源、地热资源、工程、环境、突水隐患等勘探中取得了很大的成功（吴璐萍等，1996；于昌明，1998；于昌明等，1996；吴璐萍等，1995；底青云等，2002）。许多反演方法，包括 1D、2D、3D 算法已被研究成功（Gerald et al.，1988；何继善，1990；Oldenburg，1979；吴光辉等，1990；王若等，2001；Smith et al.，1991）。实践中，3D 算法尚未成熟，二维算法尚受到一些限制，1D 算法仍然是最基本的算法。对于大多数经典的反演方法只重构电阻率和深度参数。最近，一个利用 TEM 电磁资料同时重构导磁率和电导率的方法已被提出（Zhang et al.，1991）。事实上，除了电导率（电阻率倒数）和磁导率以外，介电常数也是一个非常重要的电性参数，它对介质的含水量比较敏感。许多岩石例如灰岩、砂岩本身介电常数并不高，但当砂岩孔隙或破碎岩石中的水的含量大时，介电常数值就高，土壤干时介电常数值不高，湿时相对较高，泥岩中含束缚水介电常数也高。有些金属矿的介电常数也高（例如，钛锰化合物，方铅矿）。因此，由观测的电磁波场资料获取介电常数的研究是非常有意义的。用积分方程布恩近似和井间资料同时重构介电常数和电导率的方法也已开始有人研究（Sean et al.，1991）。本文试图发展利用 CSAMT 资料同时重构介质的介电常数、导磁率和电阻率三个电性参数的一个新方法。

---

*　本文原载于《"庆祝郭宗汾教授八十寿辰"暨理论与应用地球物理研讨会论文集》，2002，216~224

1 理论和方法

有源电磁波，经过近场和过渡场校正后的远场可作平面波处理（石昆法，1999）。如熟知的，在频率域中，平面电磁波满足如下波动方程

$$\nabla^2 \boldsymbol{E} + K^2 \boldsymbol{E} = 0$$
$$\nabla^2 \boldsymbol{H} + K^2 \boldsymbol{H} = 0 \tag{1}$$

$$K^2 = \mu\varepsilon\omega^2 - \mathrm{j}\mu\sigma\omega \tag{2}$$

式中，K 为复波数；μ 为导磁率；ε 为介电常数；σ 为电导率；ω 为角频率；$\mathrm{j} = \sqrt{-1}$。对于 N 层各向同性大地，已有平面电磁波的解，利用界面上电磁场切向分量的连续性，第 i 层顶面的电磁场 $E_\mathrm{x}(i-1)$，$H_\mathrm{y}(i-1)$ 可以用第 i 层底面或第 $i+1$ 层顶面的电磁场表示出来（Ward et al., 1988），即

$$\begin{Bmatrix} E_\mathrm{x}(i-1) \\ H_\mathrm{y}(i-1) \end{Bmatrix} = T_i \begin{Bmatrix} E_\mathrm{x}(i) \\ H_\mathrm{y}(i) \end{Bmatrix} \tag{3}$$

$$T_i = \begin{bmatrix} \cosh(\mathrm{j}k_i h_i) & -z_i\sinh(\mathrm{j}k_i h_i) \\ -\dfrac{1}{z_i}\sinh(\mathrm{j}k_i h_i) & \cosh(\mathrm{j}k_i h_i) \end{bmatrix} \tag{4}$$

$$z_i = \frac{\omega\mu}{k_i} \tag{5}$$

式中，T_i 称谓第 i 层的转移矩阵；z_i 称为第 i 层的本征阻抗；h_i 为第 i 层的厚度；k_i 为第 i 层波数。cosh、sinh 为双曲函数。

式（3）中 i 可以从 1 变到 N，当 $i=1$ 时，列矢量 $\begin{Bmatrix} E_\mathrm{x}(0) \\ H_\mathrm{y}(0) \end{Bmatrix}$ 表示地表的电磁波场，$E_\mathrm{x}(0)/H_\mathrm{y}(0)$ 表示地表的输入阻抗 z_0；当 $i=N$ 时，列矢量 $\begin{Bmatrix} E_\mathrm{x}(N) \\ H_\mathrm{y}(N) \end{Bmatrix}$ 表示第 N 层底面或半空间的电磁场，由于在半空间只有下行波，电场和磁场的比值退化为本征阻抗，即 $E_\mathrm{x}(N)/H_\mathrm{y}(N)=z_{N+1}$。于是，式（3）表明对于 N 层层状介质地表的输入阻抗可以由 N 个层的转移矩阵 T_i 的乘积以及下伏的半空间的本征阻抗表示。

在 CSAMT 资料中，通常只考虑 $\mu\varepsilon\omega^2 \ll \mu\sigma\omega$ 的情况，即位移电流远小于传导电流的情况，波动方程退化为扩散方程，式（2）中的波数 $K=\sqrt{-\mathrm{j}\mu\sigma\omega}$ 是一个和介电常数无关的复数。为了同时重物介电常数、导磁率和电阻率三个电性参数目的，我们将不略去位移电流的影响。

记 χ 为方程（1）中的任一分量，令 $\chi = e^{-\beta t}G$，则 χ 在时间域的表达式为

$$\nabla^2 \chi = K_\mathrm{R}\frac{\partial^2 \chi}{\partial t^2} + K_\mathrm{I}\omega\frac{\partial \chi}{\partial t} \tag{6}$$

$$K_{\mathrm{R}} = \mu\varepsilon \qquad K_{\mathrm{I}} = \frac{\mu\sigma}{\omega} \tag{7}$$

此时

$$\beta = \frac{\sigma}{z\varepsilon} \tag{8}$$

和 G 满足无衰减的波动方程

$$\nabla^2 G = \frac{1}{V^2}\frac{\partial^2 G}{\partial t^2} \tag{9}$$

其中

$$V = \frac{2\sqrt{K_{\mathrm{R}}}}{\sqrt{4K_{\mathrm{R}}^2 + K_{\mathrm{I}}^2}} = \frac{2\omega\sqrt{\dfrac{\varepsilon}{\mu}}}{\sqrt{4\varepsilon^2\omega^2 + \sigma^2}} \tag{10}$$

当电导率 $\sigma \doteq 0$ 时，$V = \sqrt{\dfrac{1}{\varepsilon\mu}} = V_0$，$V_0$ 为电导率为零时介质中电磁波的速度。G 传播时对应的波数 K_{G} 为

$$K_{\mathrm{G}} = \frac{\omega}{V} = \frac{1}{2}\sqrt{\frac{\mu}{\varepsilon}}\sqrt{4\varepsilon^2\omega^2 + \sigma^2} \tag{11}$$

因此，当考虑介电常数的影响时，电磁波的任一分量 χ 成为带衰减的平面波，于是

$$\chi = \chi_0 \mathrm{e}^{-\beta\frac{z}{v}}\mathrm{e}^{\pm \mathrm{j}K_{\mathrm{G}}z} \tag{12}$$

式中，χ_0 为 χ 的最大振幅。由于不论 $\chi = E_x$ 还是 $\chi = H_y$，上行、下行电波 E 和磁波 H 在层内的衰减因子 β 和传播速度 V 是一致的。因此，将式（12）代入式（3）的推导过程后，式（4）将成为

$$T_i = T_{\mathrm{G}i} = \begin{bmatrix} \cos(K_{\mathrm{G}i}h_i) & -Z_{\mathrm{G}i}\sin(K_{\mathrm{G}i}h_i) \\ -\dfrac{1}{Z_{\mathrm{G}i}}\sin(K_{\mathrm{G}i}h_i) & \cos(K_{\mathrm{G}i}h_i) \end{bmatrix} \tag{13}$$

$$Z_{\mathrm{G}i} = \frac{\omega\mu}{K_{\mathrm{G}i}} \tag{14}$$

其中，$T_{\mathrm{G}i}$ 为考虑介电常数后第 i 层的转移矩阵；$Z_{\mathrm{G}i}$ 为第 i 层 G 波对应的本征阻抗。$\cos$、$\sin$ 为正弦、余弦函数。

于是

$$\begin{Bmatrix} E_x(0) \\ H_y(0) \end{Bmatrix} = T_{GN} \begin{Bmatrix} E_x(N) \\ H_y(N) \end{Bmatrix} \tag{15}$$

$$T_{GN} = \prod_{i=1}^{N} T_{Gi} \tag{16}$$

T_{GN} 为 N 个层的层转移矩阵的乘积，为一个二阶张量，考虑到 $E_x(N)/H_y(N) = Z_{GN+1}$，就可以求得由各层参数（包括层厚 h_i、电阻率 R_i、介电常数 ε_i、导磁率 μ_i）表示的地表输入阻抗 $Z_{G0} = E_x(0)/H_y(0)$，Z_{G0} 是各层层参数的函数，

$$Z_{G0} = Z_{G0}(h_1, R_1, \varepsilon_1, \mu_1, \cdots, h_N, R_N, \varepsilon_N, R_{N+1}, \varepsilon_{N+1}, \mu_{N+1})$$

显然地表输入阻抗 Z_{G0} 和层参数 h_i、R_i、ε_i、μ_i，$i = 1$、2、$\cdots$、$N+1$（其中 $h_{N+1} = \infty$）之间的关系是非线性的，由地表观测的输入阻抗反演层参数 h_i、R_i、ε_i、μ_i 是一个非线性问题，通常在最小二乘的意义下来求解，即求解使残差最小时的最优解，

$$\Phi = (Z_{C0} - Z_{G0})^2 \rightarrow \text{minimum} \tag{17}$$

式中，Z_{C0} 为观测的输入阻抗。

求解式（17）有两类方法，一类将式（17）线性化，形成线性代数方程组，通过求线性代数方程组获得解答。另一类，是直接求 Φ，挑选使 Φ 值最小时的层参数解答。这里采用网格参数选择法，就是将各层参数的可能变化范围离散化为一系列的规则网格值，遍历所有可能的网格值，从中挑选使 Φ 最小的网格参数值为解答。为了减小未知数，求解中，我们令各层的导磁率 μ_i 等于常数，取为自由空间的 μ_0 值。此外采用逐层求解的方式，即求解第一层层参数时，将第一层之下的介质当成半空间，求解下一层参数时，将以上一层求得的参数固定，这一层之下为半空间，让这一层层参数可变求解，依次逐层求得最下层的层参数，此外为了减小可能的层参数的遍历范围，我们利用第 i 个频率的观测视电阻率以及相应的趋肤深度估算第 i 层的电阻率和厚度的初值，趋肤深度是由经验公式计算的，我们采用石昆法（1999）使用的公式，即

$$h_\omega = 256 \sqrt{\frac{2\pi}{\omega\sigma}} \tag{18}$$

对第 i 层，层厚 h_i 的估算值 h_{i0} 为

$$h_{i0} = h_{\omega i} - h_{\omega i-1} \tag{19}$$

其中，$h_{\omega i}$ 为频率 ω_i 对应的趋肤深度，$h_{\omega 0} = 0$。第 i 层电阻率的估算值为

$$R_{i0} = \frac{(R_{\omega i} * h_{\omega i} - R_{\omega i-1} * h_{\omega i-1})}{h_{i0}} \tag{20}$$

求解中 $R_i = R_{i0} + k_R \Delta R$，$h_i = h_{i0} + k_h \Delta h$，$\varepsilon_i = \varepsilon_0 + k_\varepsilon \Delta \varepsilon$，$\mu_i = \mu_0 + k_\mu \Delta \mu$，$k_R = 1、2、\cdots$，$k_\varepsilon = 1、2、\cdots$，$k_h = 1、2、\cdots$，$k_\mu = 1、2、\cdots$，$\Delta R$、$\Delta h$、$\Delta \varepsilon$、$\Delta \mu$ 为参数网格格距。k_R、k_h、k_ε、k_μ 的选择使 R_i、h_i、ε_i、μ_i 落在它们可能的变化范围之内，当第 i 层 R_i、h_i、ε_i、μ_i 被挑选时由于第 i 层以前的层已通过逐层求解求得，第 i 层以下的层为半空间，因此式（16）中的 T_{GN} 已知，从而 Z_{G0} 已知，Z_{C0} 为频率 ω_i 相应的观测值，亦为已知，从而 Φ 可求。

若 $k_R = k_{Rf}$，$k_h = k_{hf}$，$k_\varepsilon = k_{\varepsilon f}$，$k_\mu = k_{\mu f}$ 时使 Φ 最小，则 $R_i = R_{i0} + k_{Rf} \Delta R$，$h_i = h_i + k_{hf} \Delta h$，$\varepsilon_i = \varepsilon_{i0} + k_{\varepsilon f} \Delta \varepsilon$，$\mu_i = \mu_{i0} + k_{\mu f} \Delta \mu$ 为第 i 层的层参数解。

依次类推，可获得所有层的层厚、介电常数、导磁率及电阻率解。当处理实际问题时，若 $h_{\omega i}$ 和 $h_{\omega i-1}$ 十分接近，将 $h_{\omega i}$ 和 $h_{\omega i+1}$，缩并为一层，总层数自动减一。

2 模型例子

为了检验上节中提出的利用 CSAMT 资料同时重构 1-D 介电常数、导磁率和电阻率的理论和方法的可行性，我们设计了二个理论模型，模型的几何结构为半空间上覆盖 4 层层状介质。模型 1 如图 1 所示，4 层都为水平层，中间存在一个低阻层和高介电常数层，四个层的物性参数的地质意义分别对应第四系、砂岩，泥岩，砂岩，半空间考虑为结晶基底。由于导磁率和岩性关系的实验室数据很少，模型中给的导磁率值多少带点任意性（下同）。

$\rho=50$	$\varepsilon=3$	$\mu=10$	$h=100$
$\rho=300$	$\varepsilon=30$	$\mu=14$	$h=400$
$\rho=200$	$\varepsilon=15$	$\mu=15$	$h=200$
$\rho=500$	$\varepsilon=20$	$\mu=3$	$h=100$

图 1 模型 1 几何

图 2a 是模型 1 电阻率参数的像，图 2b 是用上节的理论和方法反演得到的电阻率参数像，图 2c 是模型 1 介电常数参数的像，图 2d 是用上节中的理论和方法反演得到的介电常数参数的像，图 2e 是模型 1 导磁率像，图 2f 是反演得到的导磁率像。比较图 2a~f 可见，无论是电阻率参数、介电常数参数还是导磁率，同时重构的三种参数的像和原始模型的像都比较接近。

模型 2 如图 3 所示，和模型 1 一样 4 个层的物性参数的地质意义也分别对应第四系、砂岩、泥岩、砂岩，下伏结晶基底，只是中间存在一个垂直断层，从第四系中部一直断到结晶基底表面。

图 4a 是模型 2 电阻率参数的像，图 4b 是用前述网格参数选择法重构的电阻率参数的像，图 4c 是模型 2 介电常数参数的像，图 4d 是重构的介电常数参数的像，图 4e 是模型 2 导磁率像，图 4f 是重构的导磁率的像。比较图 4a~f 可见对于断层模型同时重构的电阻率、介电常数参数和导磁率的像也是基本可靠的，在较深的深度上重构的介电常数的绝对值和模型值有一定的偏离。

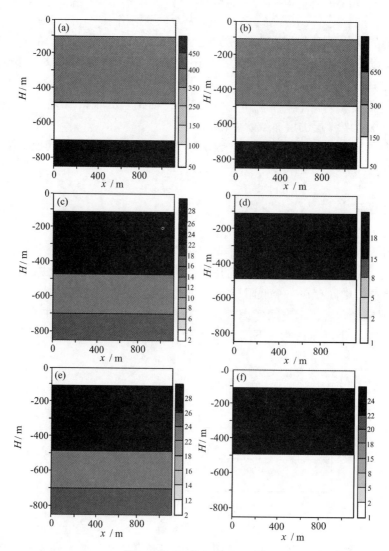

图 2　模型 1 物性参数的像

（a）模型电阻率的像；（b）反演重构的电阻率的像；（c）模型介电常数的像；

（d）反演重构的介电常数参数的像；（e）模型导磁率的像；（f）反演重构的导磁率的像

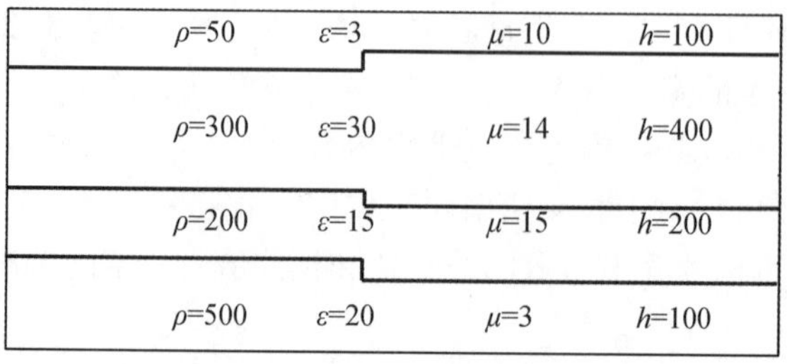

ρ=50	ε=3	μ=10	h=100
ρ=300	ε=30	μ=14	h=400
ρ=200	ε=15	μ=15	h=200
ρ=500	ε=20	μ=3	h=100

图 3　模型 2 几何

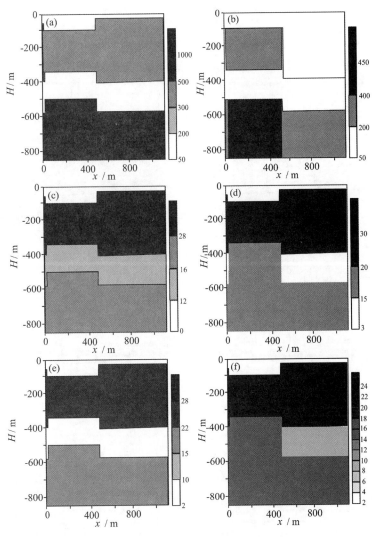

图 4   模型 2 物性参数的像

（a）模型电阻率的像；（b）反演重构的电阻率的像；（c）模型介电常数的像；
（d）反演重构的介电常数参数的像；（e）模型导磁率的像；（f）反演重构的导磁率的像

3   野外实例

CSAMT 资料采集和常规的处理解释已在文献中给出。资料采集线位于牛栏山水源地。沿测线的地质剖面如图 5 所示，测线位于图 5 中的 A、B 之间。测线长度约 112m，1/4 位于 8 号井的北侧，3/4 位于 8 号井的南侧。利用此次采集的 CSAMT 资料，采用前述同时重构的方法重构的电阻率和介电常数剖面分别如图 6 和图 7 所示。

在图 6 中，上部 2 个电阻率相对较高的层相应于图 5 中 2 个砂岩含水层，两层中间电阻率相对较低的层相应于图 5 中含粘土的隔水层，底部电阻率更高的层相应于图 5 中的安山岩层。砂岩层含水和图 7 中相应层的高介电常数一致，此外隔水层中的粘土具有束缚水，这和图 7 中该层的介电常数也较高相一致。从图 7 看，各个层的介电常数存在横向不均匀性，反映层内的岩性及含水性也不均一。这些结果似乎是合理的，和由钻孔资料得到的地质剖面（图 5）所反映的信息基本吻合。

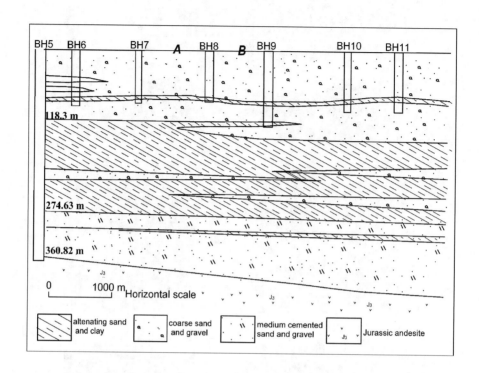

图 5　沿测线方向的地质剖面

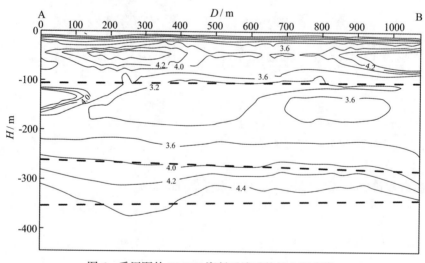

图 6　采用野外 CSAMT 资料反演重构的电阻率像

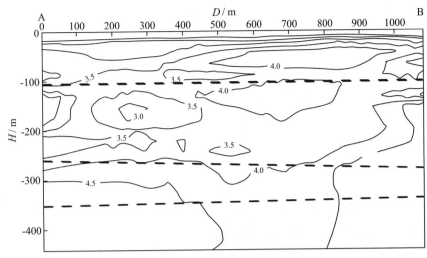

图 7 采用野外 CSAMT 资料反演重构的介电常数像

4 结论和讨论

通过模型例子和野外实例的研究表明这里提出的采用 CSAMT 资料同时重构介电常数和电阻率的方法是可行的、有效的。同时重构的介电常数像、导磁率像和电阻率的像是可靠的，方法具有极大的实用化潜力。这使得使用 CSAMT 资料进行地质解释时多了 2 个参数，有助于减小地质解释的多解性。从如何增加同时重构的介电常数和电阻率像的可靠性考虑，做如下几点讨论。

4.1 频率对结果的影响

CSAMT 方法使用的频率范围相对较低，传统上认为 $\mu\varepsilon\omega^2 \ll \mu\sigma\omega$，因此，公式（2）中的复波数 k 退化为 $k = \sqrt{-\mathrm{j}\mu\sigma\omega}$，波动方程（1）成为扩散方程。这里为了同时重构介电常数 ε 和电阻率 ρ 的目的，假设 $\mu\varepsilon\omega^2 \ll \mu\sigma\omega$ 并不成立，这要求 $\omega \ll \sigma/\varepsilon$ 不成立，对于高频，这个条件容易满足。而对于非常低的频率，$\omega \ll \sigma/\varepsilon$ 总成立，也就是说，介电常数项的贡献总可以忽略，此时用该方法重构的介电常数像是不可靠的。频率越低，反映的深度越深，也就是说，在很深的深度上，重构的介电常数像是不可靠的，可靠介电常数像的深度范围取决于 σ/ε 这一比值，原则上当频率 ω 和比值 σ/ε 相当或大于时结果应该是可靠的。

4.2 网格参数步长 Δh、ΔR、$\Delta\varepsilon$、$\Delta\mu$ 对结果可靠性的影响

网格参数选择法是属于全局反演一类的反演方法。从该方法的实施步骤看，显然 Δh、ΔR、$\Delta\varepsilon$、$\Delta\mu$ 越小，选择时遍历的网格参数的可能值越多，从而解越接近于全局最优解，然而 Δh、ΔR、$\Delta\varepsilon$、$\Delta\mu$ 越小，计算时间就越长，越不经济，按照初步实战的经验，取 $\left(\dfrac{a_\omega}{32} - \dfrac{a_\omega}{42}\right)b$ 作为 a 的步长比较合适，a 为层厚 h、电阻率 R、介电常数 ε、导磁率 μ 的可能遍历值，a_ω 为 h、R、ε、μ 的初始估算值，$b = 0.5 \sim 0.75$。

4.3 CSAMT 原始资料中的噪音对结果可靠性的影响

全局 1-D 反演，取决于单个观测点观测资料的可靠性，如果资料有一定的噪声污染，获得的全局最优解将偏离其真解，在一条测线上，在观测中尽管已经采取各种抗干扰措施，在个别的一些观测点上仍然存在噪音，特别是工业干扰是不可避免的。为了减小局部观测点工业干扰对测线整体重构结果可靠性的影响，在重构过程前对各观测点的资料进行空间滤波是必要的。本文实例研究中已经进行了

这样的空间滤波处理。

4.4　半空间本征阻抗对结果可靠性的影响

在逐层重构中，每一次把上一层的结果当作已知，把其下一层看作半空间，由于我们并不知道半空间的本征阻抗的真值，逐层重构时肯定会影响该层的重构结果，为了提高重构的可靠性，我们令半空间的本征阻抗也在其可能的范围内可变，先由观测资料估算该层的本征波阻抗，然后在重构上一层的 h、R、ε、μ 时让该层（即半空间）的本征波阻抗围绕估算值可变，变化格距 ΔZ 的确定类似于对格距，Δh、ΔR、$\Delta \varepsilon$、$\Delta \mu$ 的确定。

参　考　文　献

底青云、王妙月、石昆法、张庚利，高分辨率 V6 系统在矿山顶板涌水隐患中的应用研究，地球物理学报，2002，45（5）：744~748。

何继善，可探源音频大地电磁法，中国工业大学出版社，1990

石昆法，可控源音频大地电磁法理论与应用，科学出版社，1999

王若、王妙月、底青云，二维大地电磁数据的整体反演，地球物理进展，2001，16（4）：53~60

吴光辉、胡建德，大地电磁资料的二维连续自动反演，地球科学，中国地质大学学报，1990，15（Sup），23~35

吴璐苹、石昆法，松山地下热水勘探及成因模式探讨，物探与化探，1995，20（4）：309~315

吴璐苹、石昆法、李荫槐等，可控源音频大地电磁法在地下水勘查中的应用研究，地球物理学报，1996，39（5）：712~717

于昌明、石昆法、高宇平，CSAMT 法在四台矿 402 盘区陷落柱构造探测中的应用，地球物理学进展，1996，11（2）：137~147

于昌明，CSAMT 方法在寻找隐伏金矿中的应用，地球物理学报，1998，41（1）：133~138 于昌明、石昆法、高宇平，CSAMT 法在四台矿 402 盘区陷落柱构造探测中的应用，地球物理学进展，1996，11（2）：137~147

Di Q Y, Wang M Y, Shi K F, Zhang G L, CSAM Research Survey for preventing water Bursting Disaster in Mining, 2002, proceedings of the 106th SEGJ conference, 201-204, TOKYO, 2002

Gerald W, Hofmann G W, Raiche A P, Inversion of Controlled-Source Electromagnetic Data, Electromagnetic Methods in Applied Geophysics, V. 1, Theory Edited by Misac Nabighian, SEG, 1988, 470-502

Oldenburg D, One-Dimensional Inversion of Natural Source MT observations, Geophysics, 1979

Sena A G and Toksoz M N, Simultaneous reconstruction of permittivity and conductivity for cross-hole geometry, Geophysics, 1990, 55: 1302-1311

Smith J T, Booker J R, Rapid inversion of two-and three dimension magnetotelluric data, J. Geophys. Res., 1991, 96（B3）: 3905-3922

Ward S H and Hofmann G W, Electromagnetic Theory for Geophysical Applications, Electromagnetic Methods in Applied Geophysics, Ool. 1, Theory Edited by Misac. Nabighian, SEG, 1988, 194-200

Zhang Z and Oldenburg D W, Simultaneous reconstruction of 1 - D susceptibility and conductivity from electromagnetic data, Geophysics, 1999, 64（1）: 33-47

有限元法 2.5 维 CSAMT 数值模拟[*]

底青云[1)]　Martyn Unsworth[2)]　王妙月[1)]

1）中国科学院地质与地球物理研究所

2）Department of Physics，University of Alberta，Edmonton Albert Canada

摘　要　目前国内大多数 CSAMT 资料处理都用一维反演方法，即假定地球介质是水平层状地电结构，这对于横向变化较大的介质结构的反演则是不真实的。为了合理的模拟可控信号源的三维特征应该使用三维有限元方法。受计算机内存和计算速度的限制，三维方法的实用化受到约束。在许多情况下，地电结构沿走向变化很小，只沿倾向发生变化。这种地电结构是二维的，而人工源是三维的，因此 CSAMT 资料的观测可用 2.5 维有限元方法进行数值模拟。本文从麦克斯韦方程组出发，建立了 2.5 维有限元 CSAMT 数值模拟方法，其核心是把地电参数变化小的走向方向转化成波数域，用一系列波数模拟三维源的特征。用一个横向均匀的三层地电结构模型展示了 2.5 维数值模拟的特征，并和一维模拟结果进行了比较，证实了有限元方法 2.5 维 CSAMT 数值模拟的可靠性。在此基础上对一个地电结构已知的实际模型进行了2.5 维数值模拟并和该剖面的野外实测剖面数据进行了比较，进一步有效地说明了本文介绍的 2.5 维 CSAMT 数值模拟方法是仿真和可靠的，为在此基础上的 2.5 维反演打下了良好的基础。

关键词　2.5D　CSAMT　有限元法　数值模拟

引　言

可控源音频大地电磁测探（Controlled source audio-frequency magnetotellurics，缩写为 CSAMT）是一种频率域电磁测深方法。它用地面偶极子或水平线圈作为人工信号源来产生可控的电磁波信号，通过接收不同频率的电磁波信号以达到测深的目的。

近年来，国内外 CSAMT 方法在矿山、地热、水资源，油气勘探中[1~9]发挥了显著的作用。尤其在一些有工业干扰的地区，由于采用人工源，仍可获得较大信噪比的电磁信号使该方法成为浅层地球物理勘探中强有力的工具之一。但是正因为使用人工源，使得近场电磁波信号不是平面波，从而使得 CSAMT 的资料处理技术受到限制，不能直接应用已经发展比较成熟的大地电磁（magnetotellurics，缩写为 MT）资料处理技术。由于发展 CSAMT 资料处理的难度，至今大多数实际应用中的 CSAMT 资料处理方法一直停留在一维资料处理的阶段[11~15]。为了借用 MT 的技术，采集远场（大于4~5个目标深度）[10]资料来处理解释。然而对于低频，远场条件常常不能满足，此时需要做近场校正，而对于近场校正则又是一个复杂的问题。首先目前采用的近场校正是建立在均匀半空间模型基础上的，对于复杂结构情况，校正的有效性值得怀疑。人们渴望发展能直接模拟 CSAMT 三维源的多维 CSAM T 资料处理技术的出现。

---

* 本文发表于《地球物理学进展》，2004，19（2）：317~324

　　事实上，国内目前大部分的 CSAMT 资料采集方式十分类似，相当于 MT 中的 TM 模式，即垂直构造方向布设测线，在相距测线一定距离处布设平行于测线的发射源，如图 1 所示。因此就观测系统或源而言，可以说源是一个三维问题，在测线垂直构造方向布设的情况下，地电结构是一个二维问题（沿走向电性无变化或变化较小）。在这种情况下采用完全的三维介质模拟过程是没有必要的，我们只需考虑 2.5 维（即三维源，二维结构问题）就能解决问题。

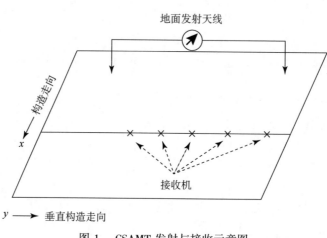

图 1　CSAMT 发射与接收示意图

　　本文首先推导了有限元 2.5 维 CSAMT 数值模拟的方程，通过对一典型的地电结构模型进行电磁波场的仿真模拟并和一维有源电磁波场积分解数值结果的比较，进而对一个电性结构分布已知的野外电性结构模型，用这里发展的 2.5 维方法和软件模拟了 CSAMT 一个剖面的视电阻率以及相位。通过对比模拟剖面和一维理论剖面以及野外实测剖面的结果，展示了方法的有效性。

1　2.5 维电磁波场的有限元方程

　　本文的 2.5 维电磁波场的有限元方程的推导过程采用 Unsworth et al. 的方法[16]。有电流源的麦克斯韦方程组可表示为

$$\nabla \cdot \boldsymbol{B} = 0 \tag{1}$$

$$\nabla \times \boldsymbol{E} = -\frac{\partial \boldsymbol{B}}{\partial t} \tag{2}$$

$$\nabla \times \boldsymbol{B} - \mu_0 \sigma \boldsymbol{E} = \mu_0 \boldsymbol{J}_\mathrm{s} \tag{3}$$

式中，$\boldsymbol{J}_\mathrm{s}$ 为电流源密度；$\boldsymbol{E}$ 为电场；$\boldsymbol{B}$ 为磁场；σ 是电导率；μ_0 是自由空间的磁化率。地电结构 $\sigma_0(z)$ 可以考虑为是一维地电结构加上一个横向变化的扰动。由于一维地电结构的有源电磁波场已有积分解，我们只需求得电性横向变化的扰动源的电磁波场即可。前者称为一次场，后者称为二次场，可表示为

$$\nabla \times \boldsymbol{E}^\mathrm{s} = -\frac{\partial \boldsymbol{B}^\mathrm{s}}{\partial t} \tag{4}$$

$$\nabla \times \boldsymbol{B}^{\mathrm{s}} - \mu_0 \sigma \boldsymbol{E}^{\mathrm{s}} = \mu_0 \Delta \sigma \boldsymbol{E} \tag{5}$$

式中，$\Delta \sigma = \sigma - \sigma_0$ 是总的二维电导率与一维背景电导率的差；$\boldsymbol{E}$ 为一次场。

如果定义 x 方向为构造走向方向，即认为电性在该方向上不变，z 方向垂直向上，y 为地面测线方向，因此电性结构只在 y-z 二维剖面上变化。若 $\boldsymbol{F}$ 为 $\boldsymbol{E}$ 或 $\boldsymbol{B}$ 的总称，则场 $F(x, y, z)$ 沿 x 方向的富氏变换函数 $\boldsymbol{F}(k_{\mathrm{x}}, y, z)$ 可以表示为

$$\boldsymbol{F}(k_{\mathrm{x}}, y, z) = \int_{-\infty}^{\infty} \mathrm{d}x \mathrm{e}^{\mathrm{i}k_{\mathrm{x}}x} \boldsymbol{F}(x, y, z) \tag{6}$$

于是由方程（4）和（5）可有

$$\begin{cases} -\mathrm{i}k_{\mathrm{x}}\boldsymbol{E}_{\mathrm{y}}^{\mathrm{s}} - \partial_{\mathrm{y}}\boldsymbol{E}_{\mathrm{x}}^{\mathrm{s}} - \mathrm{i}\omega\boldsymbol{B}_{\mathrm{z}}^{\mathrm{s}} = 0 & (7) \\ \partial_{\mathrm{y}}\boldsymbol{B}_{\mathrm{z}}^{\mathrm{s}} - \partial_{\mathrm{z}}\boldsymbol{B}_{\mathrm{y}}^{\mathrm{s}} - \mu_0\sigma\boldsymbol{E}_{\mathrm{x}}^{\mathrm{s}} = \mu_0\Delta\sigma\boldsymbol{E}_{\mathrm{x}}^{\mathrm{p}} & (8) \\ \partial_{\mathrm{z}}\boldsymbol{E}_{\mathrm{x}}^{\mathrm{s}} + \mathrm{i}k_{\mathrm{x}}\boldsymbol{E}_{\mathrm{x}}^{\mathrm{s}} - \mathrm{i}\omega\boldsymbol{B}_{\mathrm{y}}^{\mathrm{s}} = 0 & (9) \end{cases}$$

$$\begin{cases} -\mathrm{i}k_{\mathrm{x}}\boldsymbol{E}_{\mathrm{y}}^{\mathrm{s}} - \partial_{\mathrm{y}}\boldsymbol{B}_{\mathrm{x}}^{\mathrm{s}} - \mu_0\sigma\boldsymbol{E}_{\mathrm{z}}^{\mathrm{s}} = \mu_0\Delta\sigma\boldsymbol{E}_{\mathrm{z}}^{\mathrm{p}} & (10) \\ \partial_{\mathrm{y}}\boldsymbol{E}_{\mathrm{z}}^{\mathrm{s}} + \partial_{\mathrm{z}}\boldsymbol{E}_{\mathrm{y}}^{\mathrm{s}} - \mathrm{i}\omega\boldsymbol{B}_{\mathrm{x}}^{\mathrm{s}} = 0 & (11) \\ \partial_{\mathrm{z}}\boldsymbol{B}_{\mathrm{x}}^{\mathrm{s}} - \mathrm{i}k_{\mathrm{x}}\boldsymbol{B}_{\mathrm{z}}^{\mathrm{s}} - \mu_0\sigma\boldsymbol{E}_{\mathrm{y}}^{\mathrm{s}} = \mu_0\Delta\sigma\boldsymbol{E}_{\mathrm{y}}^{\mathrm{p}} & (12) \end{cases}$$

式中，k_{x} 为沿 x 方向的波数；$E_{\mathrm{x}}^{\mathrm{p}}$、$E_{\mathrm{y}}^{\mathrm{p}}$、$E_{\mathrm{z}}^{\mathrm{p}}$ 为一次场 E 在 x 方向的富氏变换分量。如果源信号在 x 方向不变，即 $k_{\mathrm{x}} = 0$，那么上述方程则描述了如 MT 方法中的两个独立的电磁波模式，即 TE 和 TM 模式。而对于有限信号源，k_{x} 是非零的，$\boldsymbol{E}_{/\!/}$（TE）和 $\boldsymbol{E}_{\perp}$（TM）是耦合在一起的，是三维变化的，因此式（7）到式（12）沿 x 方向的富氏变换可以表示成耦合的电场 $\boldsymbol{E}_{\mathrm{x}}^{\mathrm{s}}$ 和磁场 $\boldsymbol{B}_{\mathrm{x}}^{\mathrm{s}}$ 如下

$$\nabla \cdot \left(\frac{\mu_0\sigma\nabla\boldsymbol{E}_{\mathrm{x}}^{\mathrm{s}}}{\gamma^2}\right) - \mu_0\sigma\boldsymbol{E}_{\mathrm{x}}^{\mathrm{s}} = \mu_0\Delta\sigma\boldsymbol{E}_{\mathrm{x}}^{\mathrm{p}} - \mathrm{i}k_{\mathrm{x}}\nabla\cdot\left(\frac{\Delta\sigma\boldsymbol{E}^{\mathrm{p}}}{\gamma^2}\right) + \mathrm{i}k_{\mathrm{x}}\left[\nabla\boldsymbol{B}_{\mathrm{x}}^{\mathrm{s}} \times \nabla\left(\frac{1}{\gamma^2}\right)\right]\cdot\bar{x} \tag{13}$$

$$\nabla \cdot \left(\frac{\mathrm{i}\omega\nabla\boldsymbol{B}_{\mathrm{x}}^{\mathrm{s}}}{\gamma^2}\right) - \mathrm{i}\omega\boldsymbol{B}_{\mathrm{x}}^{\mathrm{s}} = \mathrm{i}\omega\mu_0\nabla\times\left(\frac{\Delta\sigma\boldsymbol{E}^{\mathrm{p}}}{\gamma^2}\right)\cdot\bar{x} + \mathrm{i}k_{\mathrm{x}}\left[\nabla\boldsymbol{E}_{\mathrm{x}}^{\mathrm{s}} \times \nabla\left(\frac{1}{\gamma^2}\right)\right]\cdot\bar{x} \tag{14}$$

式中，$\gamma^2 = k_{\mathrm{x}}^2 - \mathrm{i}\omega\mu_0\sigma$；$\bar{x}$ 是 x 方向的单位矢量；$\nabla = (0, \partial_{\mathrm{y}}, \partial_{\mathrm{z}})$。从上式可以看出，耦合项是和 k_{x} 有关的，因此说非零波数时没有独立的模式，这也正是 CSAMT 方法中不讲 TE 和 TM 模式的原因。式（13）和式（14）就是 2.5 维电磁场满足的微分方程。

采用拉格朗日最小二乘法可以得到如下的有限元方程[16]

$$kv = f \tag{15}$$

其中刚度矩阵 k 是由研究区域 Ω 内的离散单元的刚度阵 Ke 集合而成的，它由网格化单元的几何参数及介质的物性参数决定。$v = [v_1, v_2, v_3, v_N]^{\mathrm{T}}$ 是待求节点电磁波场解的列矢量。f 是可控源节点信号列矢量。

采用 Travis 和 chave[17] 的网格化方法，如图 2 所示。边界条件采用无穷大自然衰减边界条件，也

就是无穷远网格处强制边界上的场值为零，因场从源出发在无穷远距离处自然衰减为零。这样就要求在网格剖分时要包含足够远距离的单元，因此随着离计算区中心距离的增大，网格格距也逐渐加大，网格从中心处向两边越来越稀疏。

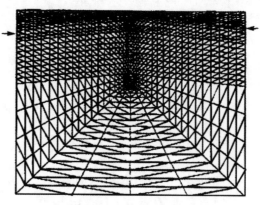

图2 典型的有限元网格化模式

由式（15）有限元方程计算得到沿走向 x 方向的一系列离散波数的场 $\boldsymbol{F}_x^s(k_x, y, z)$ 后，进行富氏反变换就可以得到三维空间域的二次场值。

$$E_x^s(x, y, z) = \frac{1}{2\pi} \int_{-\infty}^{\infty} \mathrm{d}k_x \mathrm{e}^{-ik_x x} \boldsymbol{E}_x^s(k_x, y, z) \tag{16}$$

$$B_x^s(x, y, z) = \frac{1}{2\pi} \int_{-\infty}^{\infty} \mathrm{d}k_x \mathrm{e}^{-ik_x x} \boldsymbol{B}_x^s(k_x, y, z) \tag{17}$$

一维模型点电偶极子源的一次场可以直接由积分解经汉克尔变换求得。把求得的一次场加上式（16）和式（17）中的二次场则可以得到总的电磁波场的值。

2 数 值 模 拟

上述 2.5 维有限元电磁场模拟理论展示了一种较切合实际的 CSAMT 方法数值模拟技术。我们采用 Unsworth 等发展的软件，对方法的可靠性进行检验。首先采用一个典型的三层地电结构模型。因为在此电性结构下，源或观测系统是三维的，电性结构是一维的，因此该模拟结果应该和一维积分解数值结果一致，从而可检验方法和软件的可靠性。

图 3 是一个数值模拟时常用，但又较难模拟的三层电性结构模型，y 方向和 z 方向网格化坐标如表 1 所示。

对于图 3 的模型分别实现了收发距 0、4、8km 三种情况的波场模拟。发射和接收关系示意如图 4，频率 $f(\mathrm{Hz})$ 12 个，波数 k_x 15 个，取值如表 2。可控信号源电流强度取 120A。接收点坐标如表 3。

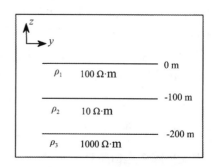

图 3 三层地电结构模型

表 1 图 3 模型有限元网格化坐标一览表

序号	1	2	3	4	5	6	7	8	9	10
y/km	−35.275	−23.625	−15.903	−10.737	−7.293	−4.997	−3.466	−2.445	−1.764	−1.31
z/km	45	16	8	3	1	0.3	0.1	0.05	0.02	0.0
序号	11	12	13	14	15	16	17	18	19	20
y/km	−1.007	−0.805	−0.67	−0.58	−0.52	−0.48	−0.44	−0.4	−0.36	−0.32
z/km	−0.005	−0.001	−0.005	−0.01	−0.02	−0.04	−0.06	−0.08	−0.09	−0.10
序号	21	22	23	24	25	26	27	28	29	30
y/km	−0.28	−0.24	−0.2	−0.16	−0.12	−0.08	−0.06	−0.04	−0.02	−0.01
z/km	−0.11	−0.12	−0.14	−0.16	−0.18	−0.19	−0.2	−0.22	−0.24	−0.26
序号	31	32	33	34	35	36	37	38	39	40
y/km	−0.005	0.0	0.005	0.01	0.02	0.04	0.06	0.08	0.12	0.16
z/km	−0.3	−0.35	−0.4	−0.5	−0.7	−0.9	−1.2	−1.5	−2.0	−2.5
序号	41	42	43	44	45	46	47	48	49	50
y/km	0.20	0.24	0.28	0.32	0.36	0.4	0.44	0.48	0.52	0.56
z/km	−3.0	−4.0	−5.0	−7.5	−10	−15	−20	−30		
序号	51	52	53	54	55	56	57	58	59	60
y/km	0.6	0.64	0.68	0.72	0.76	0.8	0.84	0.88	0.92	0.96
序号	61	62	63	64	65	66	67	68	69	70
y/km	1.0	1.04	1.08	1.12	1.16	1.2	1.24	1.28	1.32	1.36
序号	71	72	73	74	75	76	77	78	79	80
y/km	1.4	1.44	1.48	1.52	1.56	1.60	1.64	1.68	1.72	1.76
序号	81	82	83	84	85	86	87	88	89	90
y/km	1.80	1.84	1.88	1.92	1.96	2.0	2.06	2.15	2.3	2.5
序号	91	92	93	94	95	96	97	98	99	100
y/km	2.79	3.24	3.9	4.95	6.5	8.77	12.2	17.3	24.95	36.5

表 2 频率和波数值

序号	1	2	3	4	5	6	7	8	9	10	11	12	13	14	15
f/Hz	2048	1024	512	256	128	64	32	16	8	4	2	1			
$k_x/(\times 10^{-5})$	1.78	3.16	5.63	10	17.8	31.6	56.3	80	100	178	316	563	1000	2000	5000

表 3 接收点位置坐标

序号	1	2	3	4	5	6	7	8	9	10	11	12	13	14	15	16
R_x/km	0.12	0.2	0.28	0.36	0.44	0.52	0.6	0.68	0.76	0.8	0.84	0.88	0.92	0.96	1.0	1.04
序号	17	18	19	20	21	22	23	24	25	26	27	28	29	30	31	
R_x/km	1.08	1.12	1.16	1.20	1.24	1.28	1.32	1.36	1.4	1.44	1.48	1.52	1.56	1.6	1.64	
序号	32	33	34	35	36	37	38	39	40	41	42	43	44			
R_x/km	1.68	1.72	1.76	1.8	1.84	1.88	1.92	1.96	2.0	3.0	4.0	5.0	6.0			

以接收点坐标 y(m) 为横坐标，以 10 为底的频率 f(Hz) 的对数为纵坐标显示模拟结果。为了清楚展示电阻率间的差异，对电阻率先取以 10 为底的对数，再加一负号，并以彩色分级图显示。不同收发距（0km，4km，8km）的电阻率及相位拟断面图分别如图 5 至图 7 中的（a）和（c）所示。图 5 至图 7 中的（b）和（d）是同一模型相应参数的一维模拟断面图。拟断面图上的"▽"表示接收点的位置。图 5 至图 7 中的（e）和（f）分别展示了不同收发距时对应接收点"▽"位置处的频率-电阻率和频率-相位曲线，图中"o"线是 2.5 维模拟曲线，"-"线为一维模拟曲线。

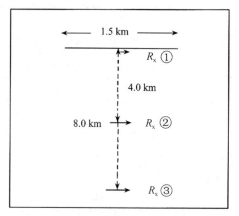

图 4　用于模拟的发射和接收关系示意图
①收发距离为 0km；②收发距离为 4km；
③收发距离为 8km

从图 5 至图 7 的电阻率和相位拟断面图我们可以清楚地看出，不论收发距为 0、4km 还是更大的情况 8km，2.5 维有限元数值模拟的结果和 1 维模拟的对应结果非常相近，说明本文使用的 2.5 维数值模拟方法及软件是可靠的。三个图中的"▽"位置对应 1.2km 处的接收点位置。对应该接收点处三个收发距时频率-电阻率（e）、频率-相位曲线（f）分别展示了 2.5 维（图中的"o"线）、一维（图中实线）模拟曲线，在 12 个频率上，2.5 维和一维曲线几乎是重合的，说明 2.5 维模拟结果是可靠的。

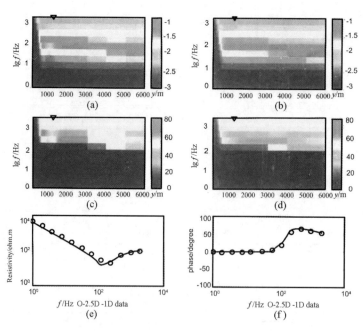

图 5　收发距为 0km 时 2.5D 和 1D 结果的比较

从 2.5 维和一维模拟结果看，发射点中心和从该中心到测线垂足点连线两侧一个小的范围内，模拟的电阻率和相位是畸变的，随着收发距的加大，畸变带减小。收发距达 8km 时，偏角大于 2° 时，畸变带消失。

进而我们对某煤田 CSAMT 一个实测剖面对应已知电性地质结构（由已知地质结构转换得到）进行了 2.5 维电磁波场的模拟，并和该剖面的实测资料进行了对比，图 8 是模拟和实测结果剖面和对应某一测点上的频率-电阻率曲线、频率-相位曲线。

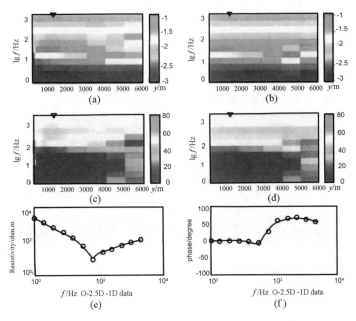

图 6　收发距为 4km 时 2.5D 和 1D 结果的比较

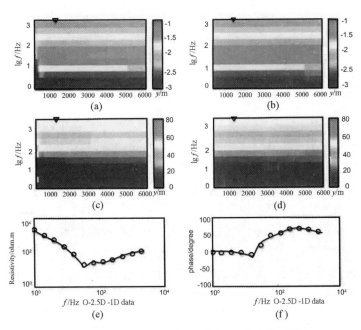

图 7　收发距为 8km 时 2.5D 和 1D 结果的比较

　　图 8 中 2.5 维模拟结果所用的模型也几乎是水平的层状介质模型，由于该工区地层较平且 1.5km 以浅的地层大致可分为第四纪、煤系地层及灰岩三大层，所以我们利用三层介质模型来进行 2.5 维模拟。

　　第一层厚度 260m，第 2 层 740m，第三层视为无穷大。电阻率分别为 40、230 和 300Ω·m。12 个频率，15 个波数参数和模型 3 中的参数相同。收发距 8km，接收点 63 个。比较图 8 中（a）和（b）我们可以看出：除（a）中对应发射中心部位的畸变区外，两剖面电阻率特征对应的相当好。当然实测资料的浅部有一系列的干扰场值。（c）和（d）的相位也有类似的特征。（e）和（f）分别展示了在接收点 -460m 处的频率 - 电阻率和频率 - 相位对应曲线，无论是电阻率还是相位二者都吻合得较好。已知电性结构的 2.5 维 CSAMT 模拟结果和实测剖面的一致性，进一步证实本文介绍的 2.5 维 CSAMT 电场的模拟方法及软件是可靠的。

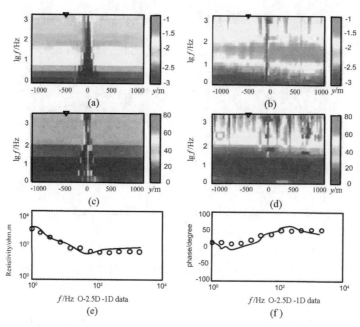

图 8　收发距 8km 时某煤田已知电性结构模型 2.5D 和 1D 结果比较

3　结论及讨论

本文一维模型的有源电磁波场结果是用加拿大 University of British Columbia 一维电磁波正演程序计算得到的。由于层状介质的有源一维场已有积分解，一维正演程序实际上是积分解的数值积分程序，其结果的可靠性是可以信赖的。因此用本文 2.5 维模拟结果和用该软件得到的一维结果对比，可以说明本文发展的 2.5 维方法及软件的可靠性。

2.5 维模拟过程中，对于源信号的模拟主要是通过选择不同波数来达到模拟三维源的目的。因此关于波数的选择也是一个较关键的环节。本文模拟所用的波数已列于表 2。对图 3 模型也分别计算了加密波数（加密一倍）时的场的模拟结果，曲线较 15 个波数时圆滑了些，特征还是一样的。因此说明文中用的 15 个波数已充分模拟了源的特征，计算时间要，比加倍波数时省了很多。

模拟过程中，同时考虑了地面以上空气层的作用。通过在有限元网格剖分中地面以上多加一层空气层的网格，并取空气的电导率为 0.00001 西门子（A/V），厚度取几十公里来达到对空气层的模拟。因此模拟过程是一个比较仿真的系统。

通过对典型层状电性结构理论模型和实际模型资料的 2.5 维模拟研究，结果和一维积分解数值结果是一致的，表明本文发展的 2.5 维有限元 CSAMT 正演模拟方法及软件是可靠的。由于有限元技术既适用于层状介质模型，也适用于横向不均匀介质模型。我们可以看到 2.5 维有限元数值模拟技术，对二维复杂地电结构情况，将是一种有效的资料处理工具。复杂结构横向变化介质的 2.5 维数值模拟及反演将另文发表。

参 考 文 献

[1] 底青云、王妙月、石昆法、张庚利、山下·实，CSAMT research survey f or preventing water-bursting disaster in mining [A]，In：Proceedings of the 106th SEG Conference [C]，The Society of Exploration Geophysicists of Japan, 2002, Tokyo

[2] Partha S Routh, Douglas W Oldenburg, Inversion of Controlled Source audio-frequency magnetotedurics data for a horizontally layered earth [J], Geophysics, 1999, 64 (6)：1689-1697

[3] Zonge K L, Ostrander A G, Emer D F, Controlled-source audio frequency magnetotelluric measurements, in Vozoff K Ed., Magnetotelluric methods [J], Soc. Expl. Geophys. Geophysics Reprint Series 5, 1986, 749-763

[4] Basokur A T, Rasmussen T M, Kaya C, Altun Y, Aktas K, Comparison of induced-polarization and controlled-source audio-magnctotellurics methods for massive chalcopyrite exploration in a volcanic area [J], Geophysics, 1997, 62：1087-1096

[5] Sandberg S K, Hohmann G W, Controlled-source audio-magnetotellurics in geothermal exploration [J], Geophysics, 1982, 47：100-116

[6] Batrel L C, Jacobson R D, Results of a controlled-source audio frequency magnetotelluric survey at the Puhimau thermal area, Kilauea Volcano, Hawaii [J], Geophysics, 1987, 52：665-677

[7] Wannamaker P E, Tensor CSAMT survey over the Sulphur Springs thermal area, Valles Caldera, New Mexico, U S A, Part Ⅰ：Implications for structure of the western caldcra [J], Geophysics, 1997a, 62：451-465

[8] Wannemcker P E, Tensor CSAM T survey over the Sulphur Springs thermal area, Valles Caldera, New Mcxico, U S A, Part Ⅱ：Implications for CSAMT methodology [J], Geophysics, 62：466-476

[9] Zonge K L, Figgins S J, Hughes L J, Use of electrical geophysics to detect sources of ground water contamination [A], In：55th Ann. Internat. Mtg Soc Exp1 Geophys, Expanded Abstracts [C], 147-149

[10] Sasaki Y, Yoshihiro Y, Matsuo K, Resistivity imaging of con-trolled-source audiofrequency magnet ot elluric data [J], Geo-physics, 1992, 57：952-955

[11] 底青云、王妙月、石昆法、张庚利，多功能地球物理探测系统-V6 在矿山顶板突水隐患中的应用 [J]，地球物理学报，2002，45（5）：1~5

[12] 吴璐苹、石昆法，可控源音频大地电磁法在地下水勘查中的应用研究 [J]，地球物理学报，1996，39（5）：712~717

[13] 吴璐苹、石昆法，松山地下热水勘探及成因模式探讨 [J]，物探与化探，1995，20（4）：309~315

[14] 于昌明，CSAMT 方法在寻找隐伏金矿中的应用 [J]，地球物理学报，1998，41（1）：133~138

[15] 石昆法，可控源音频大地电磁法理论与应用 [M]，北京：科学出版社，1999

[16] Unsworth Martyn J, Travis Bryan J, Chave Alan D, Electromagnetic induction by a finite electric dipole source over a 2-D earth [J], Geophysics, 1993, 58 (2)：198-214

[17] Travis B J, Chave A D, A moving finite-element method for magnctotelluric modeling [J], Phys Earth Planet Int., 53：432-443

Ⅲ—3

复杂介质有限元法 2.5 维可控源音频大地电磁法数值模拟*

底青云[1)]　　Martyn Unsworth[2)]　　王妙月[1)]

1）中国科学院地质与地球物理研究所
2）Department of Physics, University of Alberta, Edmonton Albert Canada

摘　要　利用有限元 2.5 维可控源音频大地电磁法（简称 CSAMT）数值模拟方法，对 100Ω·m 均匀半空间介质中有限长度的电偶极源产生的电场、磁场及视电阻率、相位特征进行了数值模拟，研究了场的空间变化规律。在一个象限中，场的特征存在双叶现象，当收发距大于 4 个趋肤深度时，电阻率较接近介质真实的电阻率，这些结果为观测系统和收发距的选择提供了依据。波数域场的特征表明，低波数对源的贡献占较大的比例。有限元法 2.5 维 CSAMT 数值模拟的优势在于能较准确地获得复杂介质结构的波场特征。本文结合直立异常体、倾斜异常体及断陷模型对 CSAMT 电阻率、相位剖面特征及频率曲线特征的可靠性进行了研究。数值模拟结果直观地给出了异常体的剖面异常形态。通过对比研究异常体的剖面异常形态和半空间场的特征进一步说明本文方法和软件在模拟复杂介质结构场特征时是可靠的。这为认识观测数据，指导反演解释提供了较好的依据。

关键词　复杂介质　2.5D　可控源音频大地电磁法　有限元法　数值模拟

1　引　言

可控源音频大地电磁法（CSAMT）是浅层地球物理勘探的主要手段之一[1~14]。尽管随着计算机技术的飞速发展及数值算法水平的提高，各种电磁方法的数据处理水平亦有了较大提高，但与天然源的大地电磁测深法（MT）相比，CSAMT 资料处理技术的发展相对缓慢。目前 MT 的资料处理主要采用二维技术，而 CSAMT 资料处理主要采用一维处理技术。其主要原因，一是源的问题，MT 采用天然场源，由于天然场源离勘探区很远，采用无源电磁波波动方程的平面波理论就能解决问题，处理方法相对简单。而 CSAMT 采用人工可控信号源，需要求解有源电磁波波动方程，因此处理方法相对复杂。利用人工信号源可以得到比天然场源高质量的数据，并且可以在有人为干扰的地区工作。但模拟人工源产生的电磁波本质上是一个三维有源电磁波传播问题，其波动方程的求解十分复杂。目前用于均匀层状介质的积分解析解，只有当在远场（大于 4 个趋肤深度）区才具有平面波的特征。在近场区（小于 1 个趋肤深度）场的特征与接收点到源的距离有关，与平面波有很大的差异，在数据处理时一般采用对低频作近场校正的方法。其二，复杂介质结构中有源电磁波的传播特征在理论上没有完全解决，从而限制了 CSAMT 资料处理技术的发展。

了解复杂结构下 CSAMT 的电磁场特征是资料反演的前提条件，要求数值模拟有突破性的进展。实际工作中常遇到这样一些问题：如在一定深度范围内煤系地层及相邻顶底板灰岩中的含水构造及含水性问题；在 1km 深度范围内长隧道洞体通过区的薄弱地质结构问题；如断层，岩溶，节理密集带及其含水性等。对此，建立一个数值模拟为基础的仿真系统是十分必要的。

---

* 本文发表于《地球物理学报》，2004，47（4）：723~730

关于2.5维电磁波场问题的有限元理论首次由 Coggon 提出[15]。在1976年 Stroyer[16] 用有限差分法实现了二维地球介质中垂直磁偶源激发的场的模拟，并成功地用于地下水资源的勘查[17]。Lee[18]、Lee 和 Morrison[19] 给出了磁偶源激发的二维地球介质的有限元解，他们的结果和解析解吻合得非常好。Everett[20] 描述了2.5维时间域的瞬变电磁场的解。Torres-verdin[21] 等提出了2.5维数值模拟的快速方法，Mistuhata[22] 提出了考虑地形和偶极源二维有限元方法。Unsworth 等[23] 提出了模拟二维地球介质又考虑源的三维特征的2.5维有限元数值模拟系统，但他们主要把该方法用于海水及海底介质的模拟，重点讨论有限长度源激发的场的特征。2003年，我们用2.5维 CSAMT 数值模拟讨论了层状介质模型及地电结构已知的实际模型所得结果的可靠性。本文参考海上 CSAMT 实例研究的经验[23]，开展对陆地介质有源电磁波的数值模拟。

2　均匀半空间场的特征

采用与实际中常用的激发-接收方式，定义 x 方向为地质结构走向方向，y 为倾向方向，z 垂直地面向上。均匀半空间视为 $100\Omega \cdot m$ 的介质。电偶极子源平行 y 轴，位于坐标原点。在离坐标原点 10km 的空间范围内观测场的特征。由于源平行于 y 轴，沿走向 x 的场为磁场分量 H_x，平行 y 轴的场为电场 E_y。图1中展示了有限长（200m）电偶极源在 $100\Omega \cdot m$ 介质中，频率为64Hz时激发的 H_x、E_y 及视电阻率 ρ_s 和相位 φ 在第Ⅰ象限的平面图。图1a 中平行电偶极子的场 E_y 显示了双叶特征，两叶被"零"区分开。"零"区是 E_y 的方向突变引起的，在"零"区 E_y 的值很小，与电偶极子源方向的夹角约35°。E_y 方向的突变意味着 E_y 沿 y 轴方向由正变为负，在其他象限反之。图1b 为磁场 H_x 剖面，它具有与 E_y 类似的特征。由于 H_x 及 E_y 剖面上的双叶现象，所以视电阻率 ρ_{yx} 和相位 φ_{yx} 结构较复杂。从视电阻率平面图1c 和相位平面图1d 看出，在大于4倍的趋肤深度（600m 左右）区域，电阻率较接近真实的介质的电阻率（$100\Omega \cdot m$），相位接近45°。它和均匀半空间的解析解的结果一致。

上述电磁波场及相应视电阻率和相位的复杂特征表明，在实际工作中，我们必须选择合适的收发方式及收发距离，尽可能减小源的复杂特征引起的假异常。上述特征告诉我们收发距应该大于4倍的趋肤深度，才能得到稳定的趋于背景的真解。

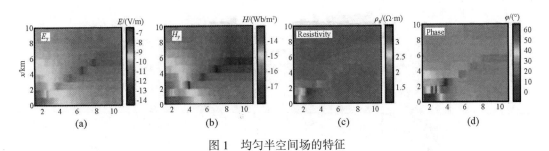

图1　均匀半空间场的特征

（a）电场强度；（b）磁感应强度 H；（c）视电阻率 ρ_s；（d）相位 φ

3　波数域场的特征

采用图1模型，发射源频率分别为2048、512和64Hz，位于原点但平行 y 轴的有限长度（200m）的电偶极子源。接收点分别位于 $(x_1, y_1) = (8000\text{m}, 900\text{m})$，$(x_2, y_2) = (8000\text{m}, 1800\text{m})$，$(x_3, y_3) = (8000\text{m}, 4500\text{m})$。图2A~C 分别为3个测点上电场、磁场随波数变化的特征曲线。图2a、b 分别为电场的实、虚分量；图2c、d 分别为磁场的实、虚分量，由图可见在场值中低波数项的贡献占主导地位。利用傅氏反变换可以把不同频率不同波数的场转换回到空间域，从而可以得到三维场源特征的数值模拟结果。

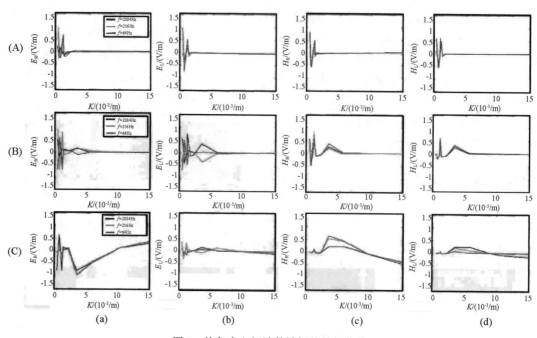

图 2　均匀半空间波数域场的特征曲线

（A）$y = 90$m；（B）$y = 1800$m；（C）$y = 4500$m

（a）波数–电场的实分量；（b）波数–电场的虚分量；（c）波数–磁场的实分量；（b）波数–磁场的虚分量

4　复杂结构数值模拟

选择 3 个复杂介质结构模型的 2.5 维有限元场值的数值模拟，发射源位于坐标原点，接收测线平行发射偶极子在 x 方向 8km 处（图 3b）。模拟所用的参数如下：

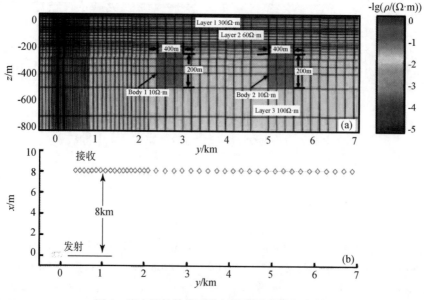

图 3　两个棱柱体模型几何结构及收发方式图

（a）模型几何结构；（b）发射源各接收位置关系图

接收点位置 $y(\mathrm{m})$：从 400~2100 点，点距为 100m，共 18 个点，从 2100~10000 点，点距为 200m 有 26 个点，共 44 个。

频率 $f(\mathrm{Hz})$ 为：2048、1024、512、256、128、64、32、16、8、4、2、1。共 12 个。

波数 $k(10^{-5}\mathrm{m}^{-1})$ 为：1.78、3.16、5.63、10.0、17.8、31.6、56.3、80.0、100.0、178.0、316.0、563.0、1000.0、2000.0、5000.0。共 15 个。

4.1　两个棱柱体模型

模型几何结构及收发关系见图 3a、b。图 4a、b 为图 3 模型在 44 个接收点上对应 12 个频率的视电阻率及相位断面图。无论是视电阻率还是相位断面图都非常清晰地展示了两个棱柱异常体的异常特征，异常的范围要大出异常体尺寸很多。为了展示频率曲线特征，我们给出了第 21 个接收点（2700m 处），第 27 个接收点（3900m 处），以及第 34 个接收点（5300m 处）的频率-视电阻率及频率-相位曲线。3 个点的位置见图 4a、b 中的"▽"，R_x 表示接收点。比较图 4c、e、g 的视电阻率曲线可以看出，在 21 号及 34 号接收点上，由于曲线通过棱柱体，所以在对数频率 0.5~2Hz 段视电阻率曲线呈现一个明显的低阻特征，而图 4e 曲线则非常平滑地渐变，没有低阻特征。3 个点上的相位曲线也有类似的特征，只是对应异常的位置相位相对变高。

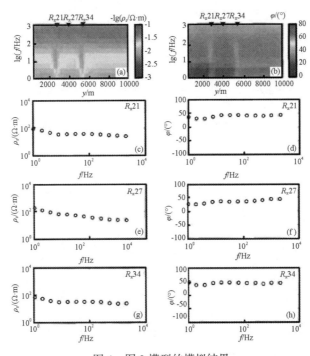

图 4　图 3 模型的模拟结果

（a）视电阻率断面图；（b）相位断面图；（c）、（e）、（g）$f-\rho_s$ 曲线；（d）、（f）、（h）$f-\varphi$ 曲线

4.2　两个倾斜异常体模型

为了了解更小异常体的响应特征，我们设计了宽度为棱柱体的宽度的 1/2 的两个倾斜异常体模型，如图 5 所示。异常体位于第三层 100Ω·m 介质中。收发方式及接收点位置同图 3b。在视电阻率及相位断面图图 6a 和图 6b 上，对数频率 0.5~2Hz 段，水平位置 3500~6500m 段，两个倾斜异常体的形态非常清晰。3 个接收点 R_x26（3700m）、R_x31（4700m）及 R_x37（5900m）处的 $f-\rho_s$ 曲线分别为图 6c、e、g，$f-\varphi$ 曲线分别为图 6d、f、h（见图版Ⅳ）。在过异常的两个点 R_x26 和 R_x37 上呈现了低电阻率及高相位的特征，R_x31 点上电阻率图 6e 及相位曲线图 6f 则是非常平滑的过渡，没有异常特征。

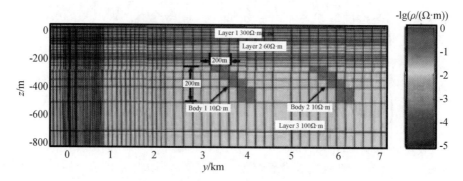

图 5　两个倾斜异常体模型几何结构图

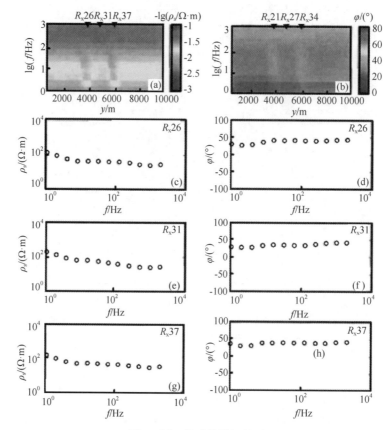

图 6　图 5 模型的模拟结果

（a）视电阻率断面图；（b）相位断面图；（c）、（e）、（g）$f - \rho_S$ 曲线；（d）、（f）、（h）$f - \varphi$ 曲线

4.3　凹陷异常体模型

为了考核方法及软件的可靠性，设计了如图 7 所示的凹陷结构模型，结构的几何尺寸及各层电性参数已标在图中。激发和接收方式同图 3b。

图 8a、b 和图 7 是模型的频率测深视电阻率及相位断面图。同样也得到了如两图上 "▽" 标识的 3 个测点 R_x6（900m）、R_x13（1600m）及 R_x25（3500m）处的 $f - \rho_S$ 曲线分别见图 8c、e、g，$f - \varphi$ 曲线分别见图 8d、f、h。对应凹陷位置 1500~2000m 处，无论是电阻率还是相位断面图都非常清楚地显示了凹陷的形态，尤其是视电阻率剖面上的异常形态非常容易识别。在相应的接收点 R_x13 的 $f - \rho_s$ 曲线图 8e 和 $f - \varphi$ 曲线图 8f 上，对应频率 100~1000Hz 段，电阻率明显比图 8c 和图 8g 高，对应的相位则明显低，而更低频率的相应位置上断陷处电阻率比正常地层处低，相位则偏高。

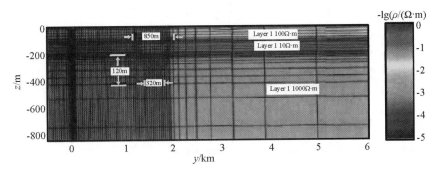

图7 断陷异常体模型几何结构图

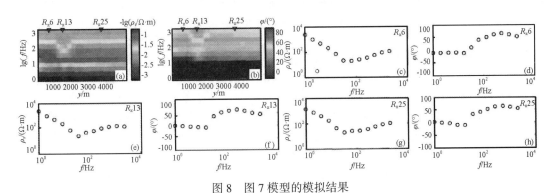

图8 图7模型的模拟结果

(a) 视电阻率断面图；(b) 相位断面图；(c)、(e)、(g) $f - \rho_S$ 曲线；(d)、(f)、(h) $f - \varphi$ 曲线

5 讨论及结论

上述3个复杂结构模型的2.5维CSAMT数值模拟结果表明，无论是断面图还是单值频率测深曲线，对地下复杂介质的特征都有较明显地显示。低阻异常体在 $f - \rho_s$ 图上对应较低的视电阻率异常，在 $f - \varphi$ 图上对应稍高的相位异常。根据均匀半空间场的结构特征，收发距应大于4倍的趋肤深度，才能得到稳定的受近场影响小的高质量的数据。从波数域特征看，三维源的特征主要集中在低波数中。

2.5维有限元法CSAMT正演模拟技术，通过把三维源离散成一系列的波数域场，从而达到模拟三维源的特征的目的。同时有限元法可以较灵活的实现复杂介质的模拟，因此该方法是一种仿真的CSAMT数值模拟技术，基于此种技术的数据反演才更具有实用意义。

参 考 文 献

［1］ Di Q Y, Wang M Y, Shi K F et al., CSAMT research survey for preventing water-bursting disaster in mining, Proceedings of the 106th SEGJ Conference, Tokyo: The Society of Exploration Geophysicists of Japan, 2002

［2］ Zonge K L, Ostrander A G, Emer D F, Controlled-source audio frequency magnetotelluric measurements, In: VozoffKed, MagnetoTelluric Methods, Soc. Expl. Geophys. Geophysics Reprint Series 5, 1986, 749-763

［3］ Basokur A T, Rasmussen T M, Kaya C et al., Comparison of induced-polarization and controlled-source audio-magnctotellurics methods or massive chalcopyrite exploration in a volcanic area, Geophysics, 1997, 62 (6): 1087-1096

［4］ Sandberg S K, Hohmann G W, Controlled-source audio-magnetotellurics in geothermal exploration, Geophysics, 1982, 47 (1): 100-116

［5］ Batrel L C, Jacobson R D, Results of a controlled-source audio frequency magnetotelluric survey at the Puhimau thermal area, Kilauea Volcano, Hawaii, Geophysics, 1987, 52 (4): 665-677

［6］ Wannamaker P E, Tensor CSAMT survey over the sulphur springs thermal area, Valles Caldera, New Mexico, U. S. A., Part I: Implications for structure of the western caldcra, Geophysics, 1997a, 62 (4): 451-465

［7］ Wannemcker P E, Tensor CSAMT survey over the sulphur springs thermal area, Valles Caldera, New Mcxico U. S. A., Part II: Implications for CSAMT methodology, Geophysics, 1997b, 62 (4): 466-476

［8］ Zonge K L, Figgins S J, Hughes L J, Use of electrical geophysics to detect sources of groundwater contamination, 55th Ann. Internat. Mtg, Soc. Exp1. Geophysics, Expanded Abstracts, 1985, 147-149

［9］ 底青云、王妙月、石昆法等, 高分辨 V6 系统在矿山顶板涌水隐患中的应用研究, 地球物理学报, 2002, 45 (5): 1~5

［10］ 吴璐苹、石昆法, 可控源音频大地电磁法在地下水勘查中的应用研究, 地球物理学报, 1996, 39 (5): 712~717

［11］ 吴璐苹、石昆法, 松山地下热水勘探及成因模式探讨, 物探与化探, 1995, 20 (4): 309~315

［12］ 于昌明, CSAMT 方法在寻找隐伏金矿中的应用, 地球物理学报, 1998, 41 (1): 133~138

［13］ 石昆法, 可控源音频大地电磁法理论与应用, 北京: 科学出版社, 1999

［14］ Mitsuhata Y, Toshihito U, Hiroshi A, 2. 5D inversion of frequency domain electromagnetic data generated by a grounded-wire source, Geophysics, 2002, 67 (6): 1753-1768

［15］ Coggon J H, Electromagnetic and electrical modeling by the finite-element method, Geophysics, 1971, 36 (1): 132-155

［16］ Snyder D D, A method for modeling the resistivity and induced polarization response of two-dimensional bodies, Geophysics, 1976, 41 (5): 997-1015

［17］ Stoyer C H, Numerical solution of the response of a 2 − D earth to anoscillating magnetic dipole source with application to a ground water study, [Ph. D. thesis], Pennsylvania: Pennsylvania State Univ., 1975

［18］ Lee K H, Electromagnetic scattering by a two-dimensional in homogeneitydue to an oscillating dipole source, [Ph. D. thesis], Berkeley: Univ. of Califonia, 1978

［19］ Lee K H, Morrison H F, A numerical solution for the electromagnetic scattering by a two-dimensional in homogeneity, Geophysics, 1985, 50 (6): 1163-1165

［20］ Everett M E, Midocean ridge electromagnetics, [Ph. D. thesis], Toronto: Univ. of Toronto, 1990

［21］ Torres-verdin c, Habashy T M, Rapid 2. 5 − D forward modeling and inversion via a new nonlinear scattering approximation, Radio science, 1994, 29 (3): 1051-1079

［22］ Mitsuhata Y, 2 − D electromagnetic modeling by finite-element method with a dipole source and topography, Geophysics, 2002, 65 (1): 1-11

［23］ Unsworth J M, Bryan J T, Alan D C, Electromagnetic induction by a finite electric dipole source over a 2 − D earth, Geophysics, 1993, 58 (2): 198-214

频率域线源大地电磁法有限元正演模拟[*]

王 若 王妙月 底青云

中国科学院地质与地球物理研究所

摘 要 本文介绍了频率域线源大地电磁法有限元正演模拟的研究结果。在外边界上统一应用适合于人工源的一阶吸收边界条件来形成边值问题，可减小基于平面波假设造成的人为截断边界的影响。程序编辑中设计了两个二维数组分别存储总体系数矩阵的非零元素和在总体结点编号中的位置，使内存占用量减少，且物理意义明确，方便用高斯-赛德尔等迭代法解有限元方程时调用。采用视 δ 函数模拟线源，提高了解方程组的稳定性。最后通过对一个简单模型和一个复杂模型的模拟证明所用的方法对异常体能够有明显地反映，说明了该方法的可靠性和有效性。

关键词 频率域 线源 有限元法 正演 一阶吸收边界条件 压缩存储系数矩阵 视 δ 函数 高斯-赛德尔迭代法

1 引 言

线源频率域电磁响应正演问题早在 20 世纪 70 年代就有研究，Hohmann 将积分方程退化为矩阵方程得到了线源作用下异常体的电场数值解[1]。随着计算机的发展，二维线源有限元数值模拟方法得到了发展[2~6]，但用有限元方法会生成大型的总体系数矩阵，存储量大，这制约了有限元法向三维电磁模拟的扩展，因此对于有限元方法来说，总体系数矩阵的压缩存储成为节省计算机内存的主要方式。采用定带宽存储是解决这个问题的一种方法，它只需存储半带宽内的下三角元素[7]，但其中包含大量的零元素；即使用变带宽存储总体系数矩阵时[7]，存储结果中仍有零元素存在；一维按行索引的稀疏存储模式只存储矩阵中的非零元素，可使总体系数矩阵的内存占有量达到最小[8]，但物理意义不明确。本文设计了两个二维数组，分别记录总体系数矩阵的非零元素和在总体结点编号中所处的位置，使总体系数矩阵的存储量达到最小的同时，物理意义明确，且便于迭代法解方程组时调用。

文献 [2~5] 中，边界条件在空中用一阶吸收边界条件，在大地中侧边界用了第二类边界条件，在底边界上认为离源无穷远，源产生的一次场在底边界上为零。文献 [2] 认为把源在大地的侧边界上形成的波看作平面波的假设对于高频能基本满足，但对于低频，不满足平面波条件，使求解的精度低。本文中针对这一情况将边界条件统一采用一阶吸收边界，使线源产生的电磁波在边界上按波的传播规律被吸收，以降低平面波假设造成的影响。

在对源进行模拟时，一般用结点上的 δ 函数来表示电流源。若电流源只位于一个结点上，所形成的正演方程组的右端项只有一个非零值。对于用迭代方法（高斯-赛德尔）解方程组[9,10]来说，右端项的值太少会造成解方程组的不稳定，所以本文引入视 δ 函数[11]来降低这种不稳定。

文中首先介绍了所用的边值问题和有限元方法，然后重点阐述了一阶吸收边界条件的应用、所设

———————————
[*] 本文发表于《地球物理学报》，2006，49（6）：1858~1866

计的二维数组以及在迭代法解方程组中的应用和用视 δ 函数模拟源的方法，最后给出了两个正演模拟的例子说明本方法的可靠性和有效性。

2　边值问题及其变分

假定地下电性结构是二维的，将原点取在地面上，平行于走向方向为 x 轴，位于地面与 x 轴垂直的方向为 y 轴，垂直向下的方向为 z 轴，外加源的方向为 x 方向，此时只存在不随走向而变的 x 方向的电场。

取外边界足够大，所包围的区域为 Ω，如图 1 所示，使局部不均匀体的异常场在外边界上为零。图中，圆圈为局部异常体，Γ_1 为异常体的边界，r 为电磁波的传播方向，n 为外边界的外法向方向，θ 为 r 与 n 的夹角。从麦克斯韦方程组出发得到的有源电磁场的边值问题为

$$
\begin{cases}
\nabla \cdot (p\nabla u) + qu = g & \in \Omega \\
u_1 = u_2 & \in \Gamma_1 \\
p_1 \dfrac{\partial u_1}{\partial n} = p_2 \dfrac{\partial u_2}{\partial n} & \in \Gamma_1 \\
\dfrac{\partial u}{\partial n} + k\cos\vartheta \cdot u = 0 & \in AEFB
\end{cases}
\tag{1}
$$

式中，$p = \dfrac{1}{\mathrm{i}\omega\mu}$；$q = \sigma - \mathrm{i}\omega\varepsilon$；$\omega$ 是角频率；μ 是介质的磁导率；σ 是电导率；ε 是介电常数；k 为波数；ϑ 为波的传播方向在边界上与边界面的外法线方向的夹角。$u = E_x$，$g = -J_{cx}$，$J_{cx} = I\delta(y)\delta(z)$ 为沿 x 方向的外加线源的电流密度。

边值问题（1）的第二、三式为内边界条件，分别表示在介质的分界面上电场和磁场的切向分量

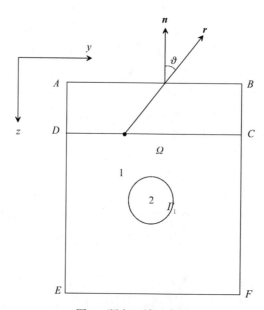

图 1　研究区域示意图

1. 围岩介质；2. 异常体

CD：地面，以上为空气层，以下为地中介质；AEFB：外边界；●：源的位置

连续。第四式为计算区域截断边界即外边界条件，是由电磁波的传播方程 $u = u_0 e^{-kr}$ 求导后与传播方程两边分别乘以 k 后相加得到的。其中 r 为源到边界上任一点的距离，k 为空气中或介质中的波数，当为空气中的波数时，$k_0 = \sqrt{\omega^2 \varepsilon_0 \mu_0}$，$\varepsilon_0$ 和 μ_0 分别为空气中介电常数和磁导率，当 k 为地层中的波数时，$k = \sqrt{\omega^2 \varepsilon\mu - i\omega\mu\sigma}$，$\varepsilon$ 和 μ 分别为地层中的介电常数和磁导率。这一边界条件为一阶吸收边界条件。在外边界上统一应用这一边界条件，即认为当波传到边界时被自然吸收掉，这样做的好处是能较准确地描述物理问题。因为对于位于地面上的线源，产生的波传播到侧边界上时，并不一定为垂直入射的均匀平面波[2]，所以让侧边界上的电场的导数为零会与实际情况不符，而认为波在边界上被吸收能更好地模拟波传播的物理性质。

与式（1）中的边值问题等价的变分为：

$$
\begin{cases}
F(u) = \int_\Omega \left[\frac{1}{2} p(\nabla u)^2 - \frac{1}{2} qu^2 + gu \right] \mathrm{d}\Omega + \oint_{DABC} \frac{1}{2} pk_0 \cos\vartheta u^2 \mathrm{d}\Gamma + \oint_{DEFC} \frac{1}{2} pk \cos\vartheta u^2 \mathrm{d}\Gamma \\
\delta F(u) = 0
\end{cases}
\tag{2}
$$

3 有限元法

将区域 Ω 剖分成矩形单元，在单元 e 内进行双线性插值。小单元角点的编号及子单元、母单元的坐标系如图 2 所示，图中 1、2、3、4 为小单元角点的编号，a、b 为小单元的边长，y、z 为子单元中所用的坐标系，ξ、η 为母单元中所用的坐标系，二者有如下对应关系：

$$
\xi = \frac{2y}{a} \qquad \eta = \frac{2z}{b}
$$

插值时所用的形函数为：

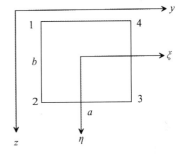

图 2 小单元编号及坐标转换

$$
\begin{cases}
N_1 = \frac{1}{4}(1 - \xi)(1 - \eta) \\
N_2 = \frac{1}{4}(1 - \xi)(1 + \eta) \\
N_3 = \frac{1}{4}(1 + \xi)(1 + \eta) \\
N_4 = \frac{1}{4}(1 + \xi)(1 - \eta)
\end{cases}
\tag{3}
$$

单元中的场值 u 可用形函数表示为：

$$
u = \sum_{i=1}^4 N_i u_i
\tag{4}
$$

式中，u_i 是单元的四个角点的待定场值。

将式（2）中第一式由全区域积分分解为单元积分之和

$$F(u) = \sum_e \left(\int_e \frac{1}{2} p (\nabla u)^2 \mathrm{d}y\mathrm{d}z - \int_e \frac{1}{2} q u^2 \mathrm{d}y\mathrm{d}z + \int_e g u \mathrm{d}y\mathrm{d}z + \right.$$
$$\left. \oint_{DABC} \frac{1}{2} p k_0 \cos\vartheta u^2 \mathrm{d}\Gamma + \oint_{DEFC} \frac{1}{2} p k \cos\vartheta u^2 \mathrm{d}\Gamma \right) \tag{5}$$

将式（4）代入式（5），经整理，可写成如下形式：

$$F(u) = \frac{1}{2} \boldsymbol{U}_e^{\mathrm{T}} \boldsymbol{K}^{1e} \boldsymbol{U}_e + \frac{1}{2} \boldsymbol{U}_e^{\mathrm{T}} K^{2e} \boldsymbol{U}_e - \frac{1}{2} \boldsymbol{U}^{\mathrm{T}} \boldsymbol{P} + \frac{1}{2} \boldsymbol{U}^{\mathrm{T}} \boldsymbol{K}^{4e} \boldsymbol{U} + \frac{1}{2} \boldsymbol{U}^{\mathrm{T}} \boldsymbol{K}^{5e} \boldsymbol{U} \tag{6}$$

式中，

$$k_{ij}^{1e} = \int_e p \left(\frac{\partial N_i}{\partial y} \frac{\partial N_j}{\partial y} + \frac{\partial N_i}{\partial z} \frac{\partial N_j}{\partial z} \right) \mathrm{d}y\mathrm{d}z = \int_{-1}^1 \int_{-1}^1 p \left(\frac{\partial N_i}{\partial \xi} \frac{\partial N_j}{\partial \xi} \frac{4}{a^2} + \frac{\partial N_i}{\partial \eta} \frac{\partial N_j}{\partial \eta} \frac{4}{b^2} \right) \frac{ab}{4} \mathrm{d}\xi\mathrm{d}\eta \tag{7}$$

$$k_{ij}^{2e} = \int_e q N_i N_j \mathrm{d}y\mathrm{d}z = \int_{-1}^1 \int_{-1}^1 q N_i N_j \frac{ab}{4} \mathrm{d}\xi\mathrm{d}\eta \tag{8}$$

$$\boldsymbol{P} = \begin{bmatrix} I & 0 & 0 & 0 \end{bmatrix} \tag{9}$$

$$K_{ij}^{4e} = \int_{DABC} p k_0 \cos\vartheta N_i N_j \mathrm{d}\Gamma \tag{10}$$

$$K_{ij}^{5e} = \int_{DEFC} p k \cos\vartheta N_i N_j \mathrm{d}\Gamma \tag{11}$$

将 $\boldsymbol{K}^{1e}$、$\boldsymbol{K}^{2e}$、$\boldsymbol{P}$、$\boldsymbol{K}^{4e}$、$\boldsymbol{K}^{5e}$ 扩展成全体结点的矩阵并对式（6）取变分

$$\delta \boldsymbol{F}(u) = \overline{\boldsymbol{K}}^{1e} \boldsymbol{U} - \overline{\boldsymbol{K}}^{2e} \boldsymbol{U} - \boldsymbol{P} + \overline{\boldsymbol{K}}^{4e} \boldsymbol{U} + \overline{\boldsymbol{K}}^{5e} \boldsymbol{U}$$

令上式为零可得到线性方程组：

$$\boldsymbol{K}\boldsymbol{U} = \boldsymbol{P} \tag{12}$$

式中，$\boldsymbol{K} = \overline{\boldsymbol{K}}^{1e} - \overline{\boldsymbol{K}}^{2e} + \overline{\boldsymbol{K}}^{4e} + \overline{\boldsymbol{K}}^{5e}$；$\boldsymbol{U}$ 为电场矢量；$\boldsymbol{P}$ 为源项。

用高斯-赛德尔迭代法（下面有介绍）解方程组，即可得到各节点的电场值。

4 外边界条件

为了将两种边界条件的应用效果做对比研究，对电导率为 0.01S/m 的均匀半空间模型做了两种边界条件下的有限元数值模拟，并将得到的场与理论场进行对比，结果示于图 3 中。为了描述方便，我们将侧边界上应用第二类边界条件的情况称为边界条件 1，将统一应用一阶吸收边界条件的情况称为边界条件 2。图 3a 为 f = 1024Hz 时不同边界条件下有限元计算得到的电场与解析结果的对比，从图中

可见，对于电导率为 0.01S/m 的特定情况，当频率为 1024Hz 较高频时，边界对计算结果有影响，但用边界条件 2 计算后得到的结果相对边界条件 1 得到的结果来说更加接近理论值。图 3b 为 $f = 4$Hz 时的低频情况，也可以得出和图 3a 相似的结论，但从两幅图来看，频率越高，边界条件 2 越能减少边界的影响。

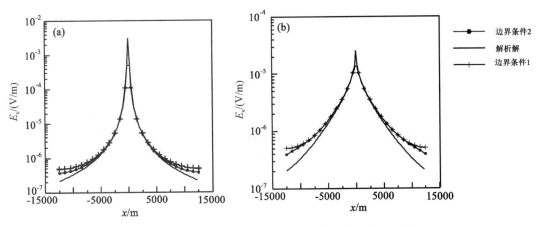

图 3　不同边界条件下电场数值模拟结果与解析解的对比
（a）$f = 1024$Hz；（b）$f = 4$Hz

5　压缩存储总体系数矩阵

用有限元方法作数值模拟时，由小单元集成后所有结点的总体系数矩阵是一个大型稀疏矩阵，包含了大量的零元素，网格结点越多，零值也越多。这是因为二维矩形剖分单元在集成时，每个非边界结点只与其周围相邻的 9 个结点有关系（包括该点本身），如图 4 所示（图中第 5 个结点为要集成的结点），也就是说，每个非边界结点的集成结果只有 9 个非零值，表现为二维总体系数矩阵中每一行最多有 9 个非零元素，因此我们只需要一个二维系数数组存储每行的这 9 个值即可，二维数组的第一维代表所要集成结点的总体编号，第二维代表与之关联的 9 个结点的局部编号（图 4）。与变带宽存储和一维按行索引存储的概念相同，我们还需要一个二维的结点数组来存储每行的这 9 个值在总体系数矩阵中的位置，这个结点数组两维的意义与系数数组的相同，二者的大小一致，每一个系数数组元素都对应着一个结点元素。比如，对于 100×100 的网格剖分来说，若总体结点编号规则为由上到下，由左到右，则对于第 30 列第 40 个结点，其总体编号为 $(30 - 1) \times 101 + 40 = 2969$，与之相关的 9 个结点中的第 3 个点的总体编号为 $(31 - 1) \times 101 + 39 = 3069$（图 4），则总体系数矩阵中相应的元素是这样记录的：stnew（2969，3）＝（-6.214015×10^{-1}，-4.826533×10^{-7}），而对应的结点记录为：node9（2969，3）= 3096。这样，结点集成后的数值及所处的位置被清楚地表征出来。这两个数组对于半带宽存储来说减少了很多存储量（半带宽中所包含的零元素），对于变带宽存储来说也减少了存储量，因为变带宽存储时数组中仍有零元素，相对于一维按行索引存储方式，存储量稍有增加，但我们设计的这两个数组中没有零元素，且物理意义十分明确，便于迭代法解方程组时调用。使用高斯-赛德尔迭代法解方程组时直接调用这些结点处所对应的非零元素，而零元素不参加运算，也减少了解方程组的运算量。

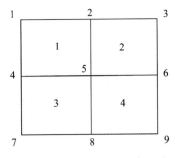

图 4　集成时结点 5 与相邻 9 个结点间的位置关系及局部编号

6 高斯-赛德尔迭代方法

采用高斯-赛德尔迭代方法[9,10]来求解方程（12），引进辅助变量 X，其分量 X_k 和迭代解分量增量 ΔM_j 之间的迭代关系为

$$X_k^{(\text{new})} = \frac{\Delta D_k - \sum_{j=1}^{M_{\text{P}}} A_{kj} \Delta M_j^{(\text{new})} + X_k^{(\text{old})} \sum_{j=1}^{M_{\text{P}}} A_{kj}^2}{\alpha + \sum_{j=1}^{M_{\text{P}}} A_{kj}^2} \tag{13}$$

式中，old 表示上一次迭代的值；new 表示本次迭代的值；ΔD_k 为两次迭代资料之间的差值；k 表示资料的第 k 个值；A_{kj} 为总体系数矩阵 A 的第 k 行第 j 列元素；M_{P} 为总的未知数个数；α 为一个阻尼系数，用于增加解的稳定性；ΔM_j 为迭代求得的未知数的增量，即

$$\Delta M_j^{(\text{new})} = \Delta M_j^{(\text{old})} + A_{kj}(X_k^{(\text{new})} - X_k^{(\text{old})}) \tag{14}$$

$$M_j^{(\text{new})} = M_j^{(\text{old})} + \Delta M_j^{(\text{new})} \tag{15}$$

对于正演来说，$k = 1$、2、$\cdots$、M_{P}，式（13）中的 A_{kj} 即为有限元中形成的总体系数矩阵元素，式中有大量的系数矩阵元素 A_{kj} 与 ΔM_j 的乘运算和自身平方的运算。压缩前的系数矩阵包含零元素，而零元素的运算没有意义。对于压缩后的系数矩阵来说，每一个资料值只需进行 9 次的 A_{kj} 与 ΔM_j 的乘运算以及自身平方的运算。若用 4 中所设计的数组来运算，表达将会非常清楚，此时将 M_{P} 定义为 9，只要用 stnew$(k, j) \times \Delta M_{\text{node9}(k, j)}$ 即可得到 A_{kj} 与 ΔM_j 的乘运算。这时 stnew(k, j) 为第 node9(k, j) 个结点的总体系数值。将它与第 node9(k, j) 个结点处的 ΔM 相乘，既保持了式（13）中二者相乘的意义，减少了计算量，又未增加程序设计中的复杂程度，且物理意义极为明确，突出了本文所设计的压缩存储数组的优越性。对于自身平方的运算更无歧义可言。

7 源 的 模 拟

在以上的讨论中把源只放于一个结点上，这增加了解有限元方程组时的不稳定性。为了减小这种不稳定性，我们采用文献［11］中的视 δ 函数对源进行模拟。当源的中心位置为原点时，源的表达式如下：

$$J_{\text{cx}}(r) = I\delta_{\text{s}}(y)\delta_{\text{s}}(z) \tag{16}$$

其中，I 为电流强度；$J_{\text{cx}}(r)$ 为源电流密度，

$$\delta_{\text{s}}(y) = \frac{1}{2\tau}\begin{cases} 0 & y \leqslant -2\tau \\ [(y + 2\tau)/\tau]^2/2 & -2\tau < y < -\tau \\ -[(y + 2\tau)/\tau]^2/2 + 2(y + 2\tau)/\tau - 1 & -\tau < y \leqslant \tau \\ [(y + 2\tau)/\tau]^2/2 - 4(y + 2\tau)/\tau + 8 & \tau < y \leqslant 2\tau \\ 0 & y > 2\tau \end{cases} \tag{17}$$

式中，τ的值取为1。用z代替式（17）中的y，便可写出$\delta_s(z)$的表达式。

　　在均匀半空间条件下，用一个结点表示线源和用视δ函数表示线源时电场的数值模拟解如图5所示。由图可见，用视δ函数表示源时，除了源附近的电场值稍低外，其余部分的值是一致的，所以可以用视δ函数来模拟源。当源附近的剖分较密时，通过上式，可使源项有值的结点增多，在一定程度上减小了解方程组时的不稳定性。

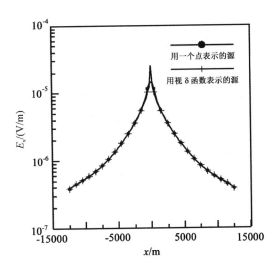

图5　不同源的表示方法得到的电场结果比较

8　水平磁场与视电阻率的计算

　　当各个结点的电场得到以后，就可求出地面上与电场垂直的磁场。磁场可以由电场计算得到[7]：

$$H_y = \frac{1}{i\omega\mu}\frac{\partial E_x}{\partial z} \tag{18}$$

当地面上互相垂直的电场与磁场已知后，便可通过下面的式子计算视电阻率：

$$\rho_a = \frac{i}{\omega\mu}\left(\frac{E_x}{H_y}\right)^2\Bigg|_{z=0} \tag{19}$$

9　正演模拟结果

　　数值模拟时将整个区域剖分成100×100的网格单元，源放于横向第25个结点、纵向第26个结点处。纵向方向第1~25个网格为空气层，第26个结点所在的水平线为地面。横向剖分时源所在位置附近的网格间距较小，向两侧逐渐加大，至源两侧第6个结点处向外为均匀剖分，网格距为100m，将边界处的10个单元作为边界影响带，其网格间距向外逐渐增大。纵向方向源的位置附近的网格间距较小，向空中以较大的网格间距递增，向地中从第30个结点至第37个结点处，每一个网格距以2倍于前一网格距的标准递增，从第38个结点至第90个结点，每一个网格距以1.1倍于前一网格距的标准递增，最下方 10 个网格以大尺度递增。

在所有的数值模拟中，空气为不导电介质，电导率定为 $1.0 \times 10^{-12} \mathrm{S/m}$。

用上述有限元方法和网格剖分方式对勘探区均匀半空间中所赋存的一个低阻柱异常体和断层两种情况进行模拟。

9.1 低阻柱异常体

设计了一个沿走向无限延伸的低阻柱体，低阻体位于网格单元横向第 73 个结点和第 75 个结点之间，纵向第 41 和第 45 个结点之间。低阻异常体电阻率为 $10\Omega \cdot \mathrm{m}$，围岩的电阻率为 $100\Omega \cdot \mathrm{m}$。正演模拟的结果如图 6 所示，所有图的显示从源所在的结点开始。图中（a）为模型示意图，两坐标轴都以所剖分的网格数来表示。源点在左上角处。图 6b 和 6c 分别为电场和磁场的计算结果。图 6d 和 6e 分别为视电阻率和相位的模拟结果。在图 6b ~ e 中，纵轴均为频率值以 2 为基底的对数，横轴为测点（或横向剖分网格值）。

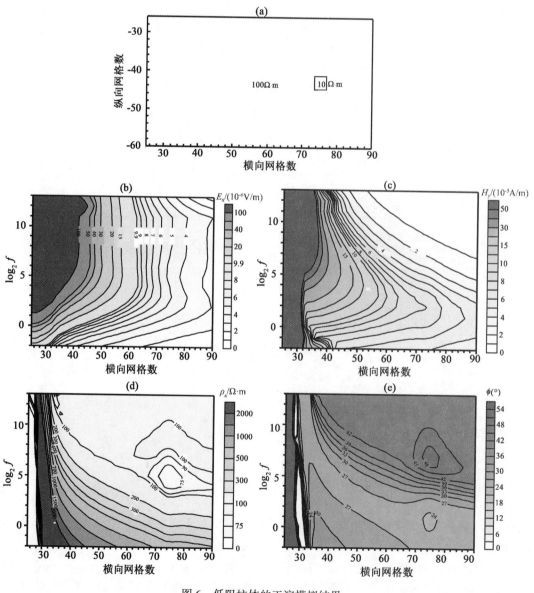

图 6　低阻柱体的正演模拟结果

（a）模型；（b）电场断面；（c）磁场断面；（d）视电阻率断面；（e）阻抗相位断面

从图 6b、c 看出，场在源处表现为较大的值，电场幅值达到 0.0001V/m 以上，磁场幅值达到 0.0005A/m 以上，在横向上，场值随着网格值的增大而减小，说明随着离开源的距离的增大，场在衰减。而在有异常体的第 74 号网格值附近，场值有不太明显的畸变，说明二次场相对于一次场来说值很小。从卡尼亚视电阻率断面图（图 6d）上和阻抗相位断面图（图 6e）上明显看出了异常体的存在，虽然与围岩的电阻率相差不大，但异常体的横向位置真实地反映了出来，且在图 6d 的视电阻率断面中，异常在远离源的方向有横向拉长的迹象，这就是人工源电磁波法中源的存在所造成的阴影效应[12,13]。在异常体下方的低频段，视电阻率明显高于实际的背景值，而相位趋于零，这是典型的人工源存在所引起的近场效应。

图 6a 中的低阻异常体引起的电磁异常场很小，在总场图中几乎看不出明显的扰动，但由阻抗得到的视电阻率断面图和阻抗相位断面图分别显示了异常的存在，说明异常的信息虽小，却依然包含在总场当中。为了对低阻体引起的电磁异常有较直观的了解，将图 6b、c 中的电、磁场用均匀半空间的电、磁场做归一化，以突出纯异常引起的电、磁场变化。断面图如图 7 所示。从图中看出，归一化后异常明显，但与背景值相差不大，电场比值的最小值在断面图中为 0.92，磁场比值的最大值为 1.09。对于如此微小的异常却能够在图 6c 和图 6d 中反映出来，说明本文所述的方法对异常体的分辨能力较强。

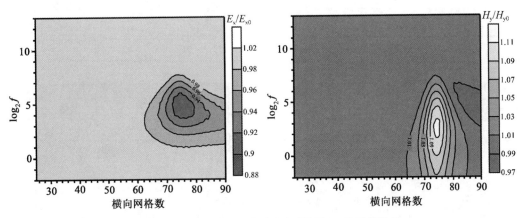

图 7 低阻柱体的场用均匀半空间的场归一化后的结果

（a）电场归一化断面；（b）磁场归一化断面

9.2 倾斜断层

假设在勘探区内存在一条正断层，断点位于横向第 66 个结点，断层左倾，倾角约 68 度，该断层将一个二层模型断开，第一层电阻率为 100Ω·m，第二层电阻率为 1000Ω·m，上盘第一层深度位于第 44 个结点处，下盘第一层深度位于第 38 个结点处。在下盘有一低阻体，位于横向第 80 个结点和第 85 个结点间，纵向第 41 和第 45 结点间。正演模拟结果如图 8 所示，电场和磁场都有较大的畸变。视电阻率断面和阻抗相位断面中断层和低阻异常都有反映，在横向第 64 结点附近，电阻率与相位断面均出现了一个台阶，左低右高，与模型上盘较下盘深有关。在横向 83 结点处有一低阻存在，与模型中的低阻体的位置是一致的。

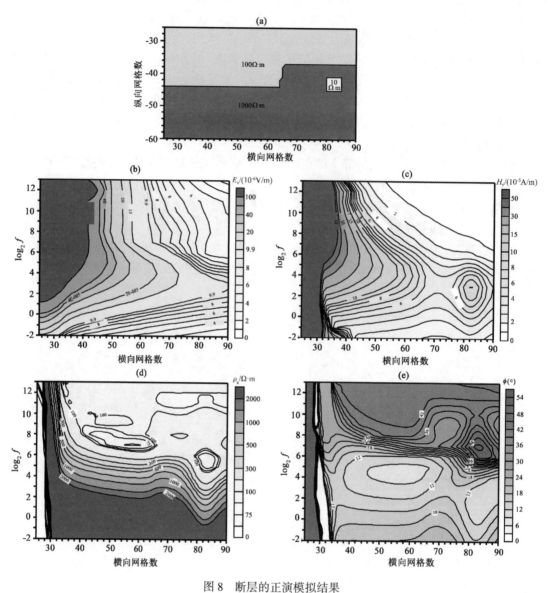

图 8　断层的正演模拟结果

（a）模型；（b）电场断面；（c）磁场断面；（d）视电阻率断面；（e）阻抗相位断面

10　结论与讨论

以上两个算例对异常体的形态都有反应。对于单个低阻异常体，异常体响应在视电阻率断面图和阻抗相位图中表现明显，对于较复杂的断层模型，断层的边界和下盘中的低阻异常体在正演结果中都有体现，说明了正演算法的有效性和正确性。

（1）算法中引入的压缩存储数组减少了内存的占有量，且物理意义明确，便于迭代算法解方程组时程序的调用。

（2）本文所用的外边界条件不论在空气中还是在介质中都统一为一阶吸收边界条件，这样按照波的传播规律自动在边界上取值，可以减小人工源产生的电磁波在人为截断边界上为非平面波时采用平面波的边界条件所带来的误差，但与解析解仍有一定的差异，在以后的工作中，需探索更加有效的边界条件。

（3）在源的附近，网格剖分较密，引入视 δ 函数，使源分布在几个结点上，在一定程度上可增加解方程组时的稳定性。

（4）在实际工作中，频率域人工源电磁波通常用 CSAMT 法进行勘探。在复杂情况下，对 CSAMT 方法需用三维进行模拟，但三维模拟相对较困难。鉴于无限长线源由于源的存在，也会产生近场，过渡场等特征，所以二维线源的数值模拟结果也会对 CSAMT 方法的认识有一定的指导意义。

参 考 文 献

[1] Hohmann G W, Electromagnetic scattering by conductors in the earth near a line source of current, Geophysics, 1971, 36 (1)：101-131

[2] 陈小斌、胡文宝，有限元直接迭代算法及其在线源频率域电磁响应计算中的应用，地球物理学报，2002，45（1）：119~130

[3] 阎述、陈明生，线源频率域电磁测深二维正演（一），煤田地质与勘探，1999，27（5）：60~62

[4] 阎述、陈明生，线源频率域电磁测深二维正演（二），煤田地质与勘探，1999，27（6）：56~59

[5] 陈明生、严又生，二维水平电偶极变频测深阻抗视电阻率的有限元正演计算，地球物理学报，1987，30（2）：201~208

[6] 胡建德、阎述、陈明生等，线电流源声频大地电磁测深的二维正演计算及响应特点，现代地质，1997，11（2）：203~210

[7] 徐世浙，地球物理中的有限单元法，北京：科学出版社，1994

[8] 吴小平，利用共轭梯度方法的电阻率三维正反演研究［博士论文］，北京：中国科学技术大学，1998

[9] 王妙月、底青云、许琨、王若，磁化强度矢量反演方程及二维模型正反演研究，地球物理学报，47（3）：528~534

[10] Cutler R T, A tomagraphic solution to the travel-time problem in general inversion seismology, Advance in Geophysical data processing, 1985, 2：199-221

[11] Yuji Mitsuhata, 2-D electromagnetic modeling by finite-element method with a dipole source and topography, Geophysics, 2000：65（2），465-475

[12] 陈明生、阎述，CSAMT 勘探中场区、记录规则、阴影及场源复印效应的解析研究，地球物理学报，2005，48（4）：951~958

[13] 何继善等编译，可控源音频大地电磁法，中南工业大学出版社，1990

Ⅲ— 5

三维三分量 CSAMT 法有限元正演模拟研究初探*

王　若[1)]　　王妙月[1)]　　卢元林[2)]

1）中国科学院地质与地球物理研究所
2）中国地质装备总公司

摘　要　从麦克斯韦方程出发，用伽里金方法推导了三维人工源频率域电磁波的有限元方程，在研究过程中，认识到加入散度条件的必要性，在公式中强加了散度条件，提高了解的完备性。将成功应用于二维线源频率域电磁有限元模拟中的两种技术推广到三维中。一是边界条件统一采用一阶吸收边界，使线源产生的电磁波在边界上按波的传播规律被吸收，以降低平面波假设造成的影响。二是总体系数矩阵的存储，用两个二维数组分别记录总体系数矩阵的非零元素及其在总体结点编号中所处的位置，使总体系数矩阵的存储量达到最小的同时，物理意义明确，迭代求解时迅速简便。最后用均匀半空间模型进行了验证。

关键词　三维三分量　CSAMT法　有限元正演　总体系数矩阵存储　散度条件

引　言

CSAMT 方法是电磁法的一种，使用人工有限长线电流源做场源，习惯上在离发射源垂直距离为 3~5 倍的趋肤深度外一定梯形区域内来接收电磁信号，测线方向需要平行于发射源的布设方向，通过接收测线方向的电场和与测线方向垂直的磁场来获得卡尼亚视电阻率和相位。因此从观测方式来看，CSAMT 方法本身是一个三维问题，需要用三维方法来模拟。

有效的三维正演模拟是正确认识 CSAMT 资料的基础，也是频率域三维电磁波理论和应用研究的难点。

三维 MT 正演模拟 20 世纪 70 年代就得到了应用[1]。以后，各种正演方法如积分方程法，有限差分法得到了发展[2~14]。有限元方法相对于有限差分方法和积分方程法能更有效地处理三维复杂问题，但至今这方面的研究仍然处于探索阶段[15]。

对于 CSAMT 方法，文献［16］用有限元方法计算了三层模型，但是只对电场的一个分量进行了模拟研究。而计算卡尼亚电阻率时需用到电场的两个分量来计算磁场，所以需要开发三维三分量的电场模拟。然而三维三分量有源电磁模拟在某些方面仍然存在挑战，如计算机内存和解大型方程组等问题。

本文首先用伽里金方法将三维 CSAMT 的电场边值问题表示成加权余量方程的形式；然后用有限元法来求解，在推导过程中，引进文献［17］中的一阶吸收边界条件和系数矩阵数组存储技术，并将散度条件强加于边值问题中；最后用均匀半空间模型对理论进行了初步验证。

1　边值问题

对于三维电磁场问题，研究的区域是三维的，设源的方向为 x 方向，位于地面上，研究区域如图 1

---

* 本文发表于《地球物理学进展》，2007，22（2）：579-585

所示。

若电磁的时间因子为 $e^{-i\omega t}$，则含源麦克斯韦方程组可写为：

$$\begin{cases} \nabla \times \boldsymbol{E} = i\omega\mu\boldsymbol{H} \\ \nabla \times \boldsymbol{H} = (\sigma - i\omega\varepsilon)\boldsymbol{E} + \boldsymbol{J}_{cx} \end{cases} \tag{1}$$

式中，$\boldsymbol{E}$ 是电场；$\boldsymbol{H}$ 是与电场垂直的磁场；$\boldsymbol{J}_{cx}$ 是 x 方向的外加源矢量，$J_{cx} = Ids\delta(y)\delta(z)$；$I$ 是外加电流强度；ds 是偶极源的长度；ω 是圆频率；μ 是介质的磁导率；k 是波数，$k^2 = \omega^2\mu\varepsilon + i\omega\mu\sigma$；$\varepsilon$ 为介电常数；σ 是介质电导率。

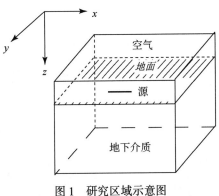

图 1　研究区域示意图

对式（1）第一式两边求旋度，将第二式代入并忽略位移电流，得到：

$$\nabla \times \nabla \times \boldsymbol{E} = i\omega\mu(\sigma\boldsymbol{E} + \boldsymbol{J}_{cx}) \tag{2}$$

将式（2）展开，采用与二维无限长线源有限元正演推导相似的外边界条件[17]（其物理意义见文献 [18]），内边界条件因为在有限元法中自动满足，所以在伽里金法的推导过程中不再考虑。可将边值问题归纳为：

$$\begin{cases} \dfrac{\partial^2 E_x}{\partial z^2} + \dfrac{\partial^2 E_x}{\partial y^2} - \dfrac{\partial^2 E_y}{\partial y\partial x} - \dfrac{\partial^2 E_z}{\partial z\partial x} + i\omega\mu\sigma E_x = -i\omega\mu J_{cx} \\[3mm] \dfrac{\partial^2 E_y}{\partial x^2} + \dfrac{\partial^2 E_y}{\partial z^2} - \dfrac{\partial^2 E_x}{\partial x\partial y} - \dfrac{\partial^2 E_z}{\partial z\partial y} + i\omega\mu\sigma E_y = 0 \\[3mm] \dfrac{\partial^2 E_z}{\partial x^2} + \dfrac{\partial^2 E_z}{\partial y^2} - \dfrac{\partial^2 E_y}{\partial y\partial z} - \dfrac{\partial^2 E_x}{\partial x\partial z} + i\omega\mu\sigma E_z = 0 \\[3mm] \dfrac{\partial \boldsymbol{E}}{\partial n} + k\boldsymbol{E}\cos\theta = 0 \qquad \in \varGamma \end{cases} \tag{3}$$

2　伽里金方法

伽里金方法可有效地求微分方程近似解，并较好地为有限单元法所用。首先将解区域 V 剖分成一系列的六面体单元，每个单元有自己的编号，且三个方向的边长分别为 a、b、c。计算中所用的子单元坐标系（xyz）和边长为 2 的母单元所用的坐标系（$\xi\zeta\eta$）的对应关系如图 2 所示。两种坐标系的关系为

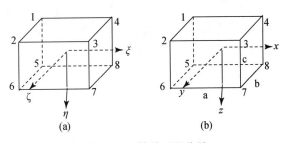

图 2　六面体单元的编号

（a）母单元；（b）子单元

$$x = \frac{a}{2}\xi \qquad y = \frac{b}{2}\zeta \qquad z = \frac{c}{2}\eta \tag{4}$$

单元中的场值可用八个角点的形函数表示为

$$u = \sum_{i=1}^{8} N_i u_i \tag{5}$$

式中，u_i（$i=1$，2，3，…，8）是单元的八个角点的待定电场值。

令余量为式（3）等号两边各项之差，用变量 r 来表示，权为式（5）式中的形函数 N_i，（$i=1$，2，…，8），得到单元的加权余量方程为

$$\iiint\limits_{e} N_i r \mathrm{d}x\mathrm{d}y\mathrm{d}z = 0 \tag{6}$$

3　有限单元法

用有限单元法可有效地解决伽里金方法得到的加权余量方程。式（5）中的形函数为

$$N_i = \frac{1}{8}(1 + \xi_i\xi)(1 + \zeta_i\zeta)(1 + \eta_i\eta) \tag{7}$$

式中，ξ_i、ζ_i、η_i 是图 2 中各个角点的坐标，$i=1$、2、3、…、8。将式（7）、式（3）代入式（6），并根据奥-高定理：

$$\iiint\limits_{e} \frac{\partial}{\partial x}\left(\frac{\partial N}{\partial x}N^{\mathrm{T}}\right)\mathrm{d}x\mathrm{d}y\mathrm{d}z = \iint\limits_{s} \frac{\partial N}{\partial x}N^{\mathrm{T}}l_x\mathrm{d}y\mathrm{d}z$$

式中，s 为包围小单元的边界面；l_x 为 yz 边界面上的点（x，y，z）处的外法线向量的方向余弦。进行一系列的推导后，可得到分块矩阵方程组：

$$\begin{pmatrix} K_{11}^1 & K_{12}^1 & K_{13}^1 \\ K_{21}^1 & K_{22}^1 & K_{23}^1 \\ K_{31}^1 & K_{32}^1 & K_{33}^1 \end{pmatrix}\begin{pmatrix} E_x \\ E_y \\ E_z \end{pmatrix} + k^2\begin{pmatrix} K_{11}^2 & 0 & 0 \\ 0 & K_{22}^2 & 0 \\ 0 & 0 & K_{33}^2 \end{pmatrix}\begin{pmatrix} E_x \\ E_y \\ E_z \end{pmatrix} + \begin{pmatrix} K_{11}^3 & K_{12}^3 & K_{13}^3 \\ K_{21}^3 & K_{22}^3 & K_{23}^3 \\ K_{31}^3 & K_{32}^3 & K_{33}^3 \end{pmatrix}\begin{pmatrix} E_x \\ E_y \\ E_z \end{pmatrix} = \begin{pmatrix} F_x \\ 0 \\ 0 \end{pmatrix} \tag{8}$$

各子矩阵均为 8×8 的矩阵，其中，

$$\begin{cases} \boldsymbol{K}_{11}^{1} = -\iiint_{e}\left[\left(\dfrac{\partial \boldsymbol{N}}{\partial z}\right)\left(\dfrac{\partial \boldsymbol{N}^{\mathrm{T}}}{\partial z}\right) + \left(\dfrac{\partial \boldsymbol{N}}{\partial y}\right)\left(\dfrac{\partial \boldsymbol{N}^{\mathrm{T}}}{\partial y}\right)\right]\mathrm{d}x\mathrm{d}y\mathrm{d}z \\[4mm] \boldsymbol{K}_{12}^{1} = \iiint_{e}\left(\dfrac{\partial \boldsymbol{N}}{\partial x}\right)\left(\dfrac{\partial \boldsymbol{N}^{\mathrm{T}}}{\partial y}\right)\mathrm{d}x\mathrm{d}y\mathrm{d}z \\[4mm] \boldsymbol{K}_{13}^{1} = \iiint_{e}\left(\dfrac{\partial \boldsymbol{N}}{\partial x}\right)\left(\dfrac{\partial \boldsymbol{N}^{\mathrm{T}}}{\partial z}\right)\mathrm{d}x\mathrm{d}y\mathrm{d}z \\[4mm] \boldsymbol{K}_{22}^{1} = -\iiint_{e}\left[\left(\dfrac{\partial \boldsymbol{N}}{\partial x}\right)\left(\dfrac{\partial \boldsymbol{N}^{\mathrm{T}}}{\partial x}\right) + \left(\dfrac{\partial \boldsymbol{N}}{\partial z}\right)\left(\dfrac{\partial \boldsymbol{N}^{\mathrm{T}}}{\partial z}\right)\right]\mathrm{d}x\mathrm{d}y\mathrm{d}z \\[4mm] \boldsymbol{K}_{23}^{1} = \iiint_{e}\left(\dfrac{\partial \boldsymbol{N}}{\partial y}\right)\left(\dfrac{\partial \boldsymbol{N}^{\mathrm{T}}}{\partial z}\right)\mathrm{d}x\mathrm{d}y\mathrm{d}z \\[4mm] \boldsymbol{K}_{33}^{1} = -\iiint_{e}\left[\left(\dfrac{\partial \boldsymbol{N}}{\partial x}\right)\left(\dfrac{\partial \boldsymbol{N}^{\mathrm{T}}}{\partial x}\right) + \left(\dfrac{\partial \boldsymbol{N}}{\partial y}\right)\left(\dfrac{\partial \boldsymbol{N}^{\mathrm{T}}}{\partial y}\right)\right]\mathrm{d}x\mathrm{d}y\mathrm{d}z \\[4mm] \boldsymbol{K}_{21}^{1} = \boldsymbol{K}_{12}^{1\ \mathrm{T}} \\[2mm] \boldsymbol{K}_{32}^{1} = \boldsymbol{K}_{23}^{1\ \mathrm{T}} \end{cases} \tag{9}$$

$$\boldsymbol{K}_{11}^{2} = \boldsymbol{K}_{22}^{2} = \boldsymbol{K}_{33}^{2} = \int_{e} k^{2} \boldsymbol{N}\boldsymbol{N}^{\mathrm{T}}\mathrm{d}\Omega \tag{10}$$

$$\begin{cases} \boldsymbol{K}_{11}^{3} = \iint_{\Gamma}\left(\dfrac{\partial \boldsymbol{N}}{\partial z}\boldsymbol{N}^{\mathrm{T}}l_{z} + \dfrac{\partial \boldsymbol{N}}{\partial y}\boldsymbol{N}^{\mathrm{T}}l_{y}\right)\mathrm{d}S \\[4mm] \boldsymbol{K}_{22}^{3} = \iint_{\Gamma}\left(\dfrac{\partial \boldsymbol{N}}{\partial x}\boldsymbol{N}^{\mathrm{T}}l_{x} + \dfrac{\partial \boldsymbol{N}}{\partial z}\boldsymbol{N}^{\mathrm{T}}l_{z}\right)\mathrm{d}S \\[4mm] \boldsymbol{K}_{33}^{3} = \iint_{\Gamma}\left(\dfrac{\partial \boldsymbol{N}}{\partial x}\boldsymbol{N}^{\mathrm{T}}l_{x} + \dfrac{\partial \boldsymbol{N}}{\partial y}\boldsymbol{N}^{\mathrm{T}}l_{y}\right)\mathrm{d}S \\[4mm] \boldsymbol{K}_{12}^{3} = \iint_{\Gamma}\dfrac{\partial \boldsymbol{N}}{\partial x}\boldsymbol{N}^{\mathrm{T}}l_{y}\mathrm{d}S \\[4mm] \boldsymbol{K}_{13}^{3} = \iint_{\Gamma}\dfrac{\partial \boldsymbol{N}}{\partial x}\boldsymbol{N}^{\mathrm{T}}l_{z}\mathrm{d}S \\[4mm] \boldsymbol{K}_{21}^{3} = \iint_{\Gamma}\dfrac{\partial \boldsymbol{N}}{\partial y}\boldsymbol{N}^{\mathrm{T}}l_{x}\mathrm{d}S \\[4mm] \boldsymbol{K}_{23}^{3} = \iint_{\Gamma}\dfrac{\partial \boldsymbol{N}}{\partial y}\boldsymbol{N}^{\mathrm{T}}l_{z}\mathrm{d}S \\[4mm] \boldsymbol{K}_{31}^{3} = \iint_{\Gamma}\dfrac{\partial \boldsymbol{N}}{\partial z}\boldsymbol{N}^{\mathrm{T}}l_{x}\mathrm{d}S \\[4mm] \boldsymbol{K}_{32}^{3} = \iint_{\Gamma}\dfrac{\partial \boldsymbol{N}}{\partial z}\boldsymbol{N}^{\mathrm{T}}l_{y}\mathrm{d}S \end{cases} \tag{11}$$

$$F_{x} = \iiint_{e} N_{i}\mathrm{i}\omega\mu J_{\mathrm{ex}}\mathrm{d}x\mathrm{d}y\mathrm{d}z = \iiint_{e} N_{i}\mathrm{i}\omega\mu I\mathrm{d}s\delta(z)\delta(y)\mathrm{d}x\mathrm{d}y\mathrm{d}z = \dfrac{1}{2}\mathrm{i}\omega\mu I\mathrm{d}s\iiint_{e} N_{i}\mathrm{d}x\mathrm{d}y\mathrm{d}z \tag{12}$$

4　电场散度条件的强加

用上述推导的结果来计算电场，计算结果并不正确。因为我们从式（2）直接展开得到了边值问题，而没有应用散度条件，所以须将散度条件强加于得到的公式中。

在有源区域，散度条件为

$$\nabla \cdot \boldsymbol{D} = \rho \tag{13}$$

式中，$\boldsymbol{D}$ 为电通量密度；ρ 为电荷密度。

根据连续性方程：

$$\nabla \cdot \boldsymbol{J} = -\frac{\partial \rho}{\partial t} \tag{14}$$

式中，$\boldsymbol{J}$ 为电流密度。在时谐场的情况下，上式可以写作：

$$\nabla \cdot \boldsymbol{J} = \mathrm{j}\omega\rho \tag{15}$$

式中，j 是纯虚数；ω 是圆频率。将式（15）中的 ρ 代入式（13）中，并考虑 $\boldsymbol{D} = \varepsilon\boldsymbol{E}$ 得到：

$$\nabla \cdot \boldsymbol{E} = \nabla \cdot \left(\frac{\boldsymbol{J}}{\mathrm{j}\omega}\right) \Big/ \varepsilon \tag{16}$$

在无源区域，散度条件为

$$\nabla \cdot \boldsymbol{E} = 0 \tag{17}$$

文献[18]表明，上述有限元推导得到的解在有源区域不满足式（16），在无源区域不满足式（17），所以需要增加一个罚项来强制散度条件。即将式（16）、式（17）加入到式（3）中。则边值问题写作：

$$\begin{cases} \dfrac{\partial^2 E_x}{\partial z^2} + \dfrac{\partial^2 E_x}{\partial y^2} - \dfrac{\partial^2 E_y}{\partial y \partial x} - \dfrac{\partial^2 E_z}{\partial z \partial x} + \mathrm{i}\omega\mu\sigma E_x + \dfrac{\partial^2 E_x}{\partial x^2} = -\mathrm{i}\omega\mu J_{cx} - \dfrac{\partial J_{cx}}{\partial x} \Big/ \mathrm{i}\omega\varepsilon \\[3mm] \dfrac{\partial^2 E_y}{\partial x^2} + \dfrac{\partial^2 E_y}{\partial z^2} - \dfrac{\partial^2 E_x}{\partial x \partial y} - \dfrac{\partial^2 E_z}{\partial z \partial y} + \mathrm{i}\omega\mu\sigma E_y + \dfrac{\partial^2 E_y}{\partial y^2} = 0 \\[3mm] \dfrac{\partial^2 E_z}{\partial x^2} + \dfrac{\partial^2 E_z}{\partial y^2} - \dfrac{\partial^2 E_y}{\partial y \partial z} - \dfrac{\partial^2 E_x}{\partial x \partial z} + \mathrm{i}\omega\mu\sigma E_z + \dfrac{\partial^2 E_z}{\partial z^2} = 0 \\[3mm] \dfrac{\partial E}{\partial n} + kE\cos\theta = 0 \qquad \in \varGamma \end{cases} \tag{18}$$

上述散度条件的强加使得式（9）的第 1、4、6 式和式（11）的前三个式子分别变为下面的形式：

$$\begin{cases} \boldsymbol{K}_{11}^1 = - \iiint\limits_e \left[\left(\dfrac{\partial \boldsymbol{N}}{\partial z} \right) \left(\dfrac{\partial \boldsymbol{N}^{\mathrm{T}}}{\partial z} \right) + \left(\dfrac{\partial \boldsymbol{N}}{\partial y} \right) \left(\dfrac{\partial \boldsymbol{N}^{\mathrm{T}}}{\partial y} \right) + \left(\dfrac{\partial \boldsymbol{N}}{\partial x} \right) \left(\dfrac{\partial \boldsymbol{N}^{\mathrm{T}}}{\partial x} \right) \right] \mathrm{d}x\mathrm{d}y\mathrm{d}z \\ \boldsymbol{K}_{22}^1 = \boldsymbol{K}_{33}^1 = \boldsymbol{K}_{11}^1 \end{cases} \tag{19}$$

$$\begin{cases} \boldsymbol{K}_{11}^3 = \iint\limits_\Gamma \left(\dfrac{\partial \boldsymbol{N}}{\partial z} \boldsymbol{N}^{\mathrm{T}} l_z + \dfrac{\partial \boldsymbol{N}}{\partial y} \boldsymbol{N}^{\mathrm{T}} l_y + \dfrac{\partial \boldsymbol{N}}{\partial z} \boldsymbol{N}^{\mathrm{T}} l_z \right) \mathrm{d}S \\ \boldsymbol{K}_{22}^3 = \boldsymbol{K}_{33}^3 = \boldsymbol{K}_{11}^3 \end{cases} \tag{20}$$

其余元素不变。

式（20）是与边界条件相关的矩阵，将式（3）或式（18）中的边界条件加入到方程（20）中。对于式（20）中的第一式，可写为：

$$\iint\limits_\Gamma \left[\dfrac{\partial \boldsymbol{N}}{\partial x} \boldsymbol{N}^{\mathrm{T}} l_x + \dfrac{\partial \boldsymbol{N}}{\partial y} \boldsymbol{N}^{\mathrm{T}} l_y + \dfrac{\partial \boldsymbol{N}}{\partial z} \boldsymbol{N}^{\mathrm{T}} l_z \right] \mathrm{d}SE = \iint\limits_\Gamma \dfrac{\partial \boldsymbol{N}}{\partial n} \boldsymbol{N}^{\mathrm{T}} \mathrm{d}SE = \iint\limits_\Gamma \boldsymbol{N} \dfrac{\partial \boldsymbol{N}^{\mathrm{T}}}{\partial n} \mathrm{d}SE \tag{21}$$

结合边界条件 $\dfrac{\partial u}{\partial n} + k\cos\theta u = 0$ 可有 $\dfrac{\partial \boldsymbol{N}^{\mathrm{T}}}{\partial n} = - k\cos\theta \boldsymbol{N}^{\mathrm{T}}$，代入式（21）：

$$\iint\limits_\Gamma \left[\dfrac{\partial \boldsymbol{N}}{\partial x} \boldsymbol{N}^{\mathrm{T}} l_x + \dfrac{\partial \boldsymbol{N}}{\partial y} \boldsymbol{N}^{\mathrm{T}} l_y + \dfrac{\partial \boldsymbol{N}}{\partial z} \boldsymbol{N}^{\mathrm{T}} l_z \right] \mathrm{d}SE = \iint\limits_\Gamma - k\cos\vartheta \boldsymbol{N}\boldsymbol{N}^{\mathrm{T}} \mathrm{d}SE \tag{22}$$

则式（20）重新写作：

$$\begin{cases} \boldsymbol{K}_{11}^3 = \iint\limits_\Gamma - k\cos\vartheta \boldsymbol{N}\boldsymbol{N}^{\mathrm{T}} \mathrm{d}SE \\ \boldsymbol{K}_{22}^3 = \boldsymbol{K}_{33}^3 = \boldsymbol{K}_{11}^3 \end{cases} \tag{23}$$

至此，式（8）中的各个 $\boldsymbol{K}$ 值都可解析地求出。

当小单元的各个 $\boldsymbol{K}$ 值得到后，便可对各个单元进行集成，形成总的系数矩阵以求出研究区域各个结点上的电场值。

5   大型稀疏矩阵的存储

在二维线电流源的模拟中，我们引进了两个数组，占用最少的内存（即大量的零值不被存储，只存储少量的非零值）存储了集成后的系数矩阵。在三维有限元模拟当中，我们用相同的思想来存储集成后的系数矩阵。在三维情况下，集成时除边界上的点外，每个结点只和其周围的 27 个结点有关（包括自身结点，即图 3 中结点 14），所以集成后的系数矩阵中每一行只包括 27 个非零值。如图 3 所示，阿拉伯数字表示集成时所用的结点编号，NEL1～NEL8 表示与所要集成的结点有关的小单元的编号。设计两个数组，第一个二维系数数组存储每行的 27 个非零值，数组的第一维代表所要集成结点的总体编号，第二维代表与之关联的 27 个结点的局部编号（图 3）。与变带宽存储和一维按行索引存储的概念相同，我们还需要一个二维的结点数组来存储每行的这 27 个值在总体系数矩阵中的位置，这个结点数组两维的意义与系数数组的相同，二者的大小一致，每一个系数数组元素都对应着一个结点元素，可方便地识别出与集成时的目的点相关的 27 个结点的系数值和这 27 个结点在总体系数矩阵中的位置。这样设计的两个数组中没有零元素，减少了很多存储量，且物理意义明确，便于各种迭代解法来调用[17]。

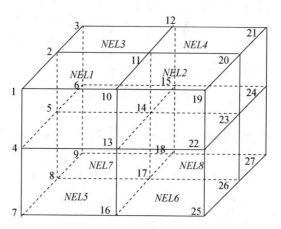

图 3　集成时相关结点的编号

6　磁场与视电阻率的计算

将式（1）中第一式展开可写出磁场 H_y 的表达式：

$$H_y = \frac{1}{i\omega\mu}\left(\frac{\partial E_x}{\partial z} - \frac{\partial E_z}{\partial x}\right) \tag{24}$$

关于电场两个偏导数的计算公式[19]为

$$\left.\frac{\partial E_x}{\partial z}\right|_{z=0} = \frac{1}{2l}(-11E_{x1} + 18E_{x2} - 9E_{x3} + 2E_{x4}) \tag{25}$$

$$\left.\frac{\partial E_z}{\partial x}\right|_{z=0} = \frac{1}{2l}(-11E_{z1} + 18E_{z2} - 9E_{z3} + 2E_{z4}) \tag{26}$$

式中，E_{x1} 为地面上的结点的电场值；E_{x2}、E_{x3}、E_{x4} 分别为地面下第一、二、三个结点的电场值。E_{z1} 为地面上的所求偏导数对应的结点的垂直分量的电场值，E_{z2}、E_{z3}、E_{z4} 分别为在 x 方向与之相邻的第一、二、三个结点的垂向电场值。求得 $\frac{\partial E_x}{\partial z}$ 和 $\frac{\partial E_z}{\partial x}$ 后代入式（24）便可计算出地面上与 x 方向电场垂直的磁场。

当地面上互相垂直的电场与磁场已知后，便可通过下面的公式计算卡尼亚视电阻率：

$$\rho = \left.\frac{i}{\omega\mu}\left(\frac{E_x}{H_y}\right)^2\right|_{z=0} \tag{27}$$

7　数值模拟

鉴于三维数值模拟的复杂性，我们设计了一个均匀半空间模型对程序进行初步验证。源放于 x 轴的中间位置，长度为 5 个网格（250m），源的中点在（11，6，6）结点上。将模型空间剖分成一系列的六面体单元，在 x 轴方向（源的布设方向）、y 轴方向（在地面与源垂直的方向）、z 轴方向（垂直向下的方向）的网格数分别为 20、30、20。剖分的原则为源附近与源平行方向剖分较细，目标区（y 轴方向为 18~27 网格，x 轴方向为 4~17 网格）为均匀网格，格距是 50m，源与勘探区间 y 轴方向为渐变大网格剖分，在边界上为大网格剖分。在 z 轴方向地面向下为渐变网格剖分，由地面向空气中延伸的网格以较大的尺度向外延伸。

表 1　2^{13} Hz 时三维三分量正演得到的电阻率值

源方向 (x 轴) 的网格值	与源垂直方向（y 轴）的网格值										
	17	18	19	20	21	22	23	24	25	26	27
4	12.064	10.968	10.265	9.872	9.643	9.545	9.485	9.427	9.34	9.169	12.064
5	10.494	10.141	9.935	9.727	9.652	9.563	9.487	9.382	9.243	9.079	10.494
6	9.607	9.365	9.3	9.307	9.324	9.347	9.34	9.304	9.233	9.118	9.607
7	9.074	9.383	9.151	9.332	9.27	9.271	9.189	9.087	8.954	8.804	9.074
8	7.045	7.045	7.815	8.01	8.39	8.491	8.525	8.436	8.294	8.097	7.045
9	9.209	9.784	9.722	9.729	9.785	9.792	9.82	9.834	9.849	9.859	9.209
10	9.634	9.549	9.846	9.682	9.8	9.778	9.808	9.814	9.824	9.829	9.634
11	9.741	9.47	9.89	9.666	9.806	9.772	9.801	9.802	9.809	9.81	9.741
12	9.239	8.885	9.47	9.305	9.519	9.52	9.568	9.57	9.568	9.569	9.239
13	10.919	11.672	10.902	10.799	10.566	10.482	10.434	10.437	10.47	10.482	10.919
14	7.865	7.922	8.671	8.677	9.055	9.135	9.241	9.256	9.236	9.213	7.865
15	7.896	8.201	8.313	8.584	8.729	8.864	8.925	8.947	8.946	9.006	7.896
16	8.867	9.217	9.54	9.751	9.839	9.832	9.761	9.66	9.566	9.513	8.867
17	9.309	8.461	7.966	7.737	7.706	7.784	7.926	8.103	8.317	8.588	9.309

给定均匀半空间模型的电阻率值为 10Ω·m。正演时所用的勘探频率为 2^{13}~2^1Hz，勘探区中 2^{13}Hz 时的正演结果示于表 1 中，横向为 y 轴方向的网格值，纵向为 x 方向的网格值。从表 1 可见，在勘探区中，高频时正演得到的电阻率值与真值非常接近。我们取地表（11，22）网格处从高频到低频的视电阻率值作成频率测深曲线示于图 4 中，用"●"表示各个频点，用均匀半空间正演理论也以相同的参数做正演，将正演结果示于图 4 中，用"△"表示。从图中可见，1D 正演和 3D 正演的形态基本一致。只是在大多数频点，三维有限元正演的视电阻率稍低于一维正演的视电阻率值。经统计，二者的百分比误差为 13.23%。这说明三维的正演模拟程序已基本正确，但误差较大，仍需进一步改进。

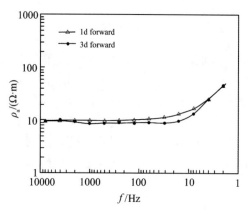

图 4　均匀半空间理论响应与三维三分量正演结果的对比

8　结论与建议

我们用伽里金方法推导了 CSAMT 法电场三维三分量有限元方程，并做了均匀半空间的数值模拟，从以上工作中，得到以下几点结论：

（1）将电场的散度条件强加于有限元方程中，使有源电磁场有限元方程的解比较完备。

（2）在将小单元集成过程中，设计了两个数组来存储集成后的系数矩阵，使集成后的系数矩阵物理意义明确，并且存储量达到最小（即没有零值）。

（3）均匀半空间模型验证了三维三分量有限元的推导理论是基本正确的。

（4）在研究过程中，认为该算法存在以下问题有待于进一步改进。

解方程组时没有用频率域二维有源电磁法模拟（文献［17］）中的高斯赛德尔迭代法来求解最后形成的有限元方程。在试验中它的解精度没有用变带宽解法的解精度高，故用文献［19］中的变带宽解法来求解，这使二维存储数组的优势没有得到充分发挥，下一步来探索可发挥其优势的共轭梯度法，若成功，可使模拟时所用的剖分单元数进一步增加，以扩大研究区域。

参 考 文 献

［1］Raiche A P, An integral equation approach to 3D modeling, Geophys. J. Roy. Astr. Soc., 1974, 36：363-376

［2］Ting S C and Hohmann G W, Integral equation modeling of three-dimensional magnetotelluric response, Geophysics, 1981, 46：182-197

［3］Wannamaker P E, Hohmannl G W & SanFilipoS W A, Electromagnetic modeling of three-dimensional bodies in layered earths using integral equations, Geophysics, 1984, 49（I）：60-74

［4］Wannamaker P E, Hohmannl G W & Ward S H, Magnetotelluric responses of three-dimensional bodies in layered earths, Geophysics, 1984, 49（9）：1517-1533

［5］Adhidjaja J I and Hohmann G W, A finite-difference algorithm for the transient electromagnetic response of a three-dimensional body, Geophys. J. Int., 1989, 98：233-242

［6］谭捍东，大地电磁法三维正反演问题研究［D］，北京：中国地质大学，2000

［7］Wannamaker P E, Advances in three-dimensional magnetotelluric modeling using integral equations, Geophysics, 1991, 56（11）：1716-1728

［8］Mackie R L, Madden T R & Wannamaker P E, Three-dimensional magnetotelluric modeling using difference equations-Theory and comparisons to integral equation solutions, Geophysics, 1993, 215-226

［9］Tsili Wang and Tripp A C, FDTD simulation of EM wave propagation in 3-D media, Geophysics, 1996, 61（1）：110-120

[10] Reddy I K, Rankin D and Phillips R J, Three-dimensional modeling in magnetotelluric and magnetic variational sounding, Geophys. J. Roy. Astr. Soc., 1997, 51: 313–325

[11] 殷长春, 赤道向频率域电磁测深三维电磁模拟技术的研究, 石油地球物理勘探, 1994, 29 (6): 746~757

[12] 沈金松, 用交错网格有限差分法计算三维频率域电磁响应, 地球物理学报, 2003, 46 (2): 281~288

[13] 阮百尧、王有学, 三维地形频率域人工源电磁场的边界元模拟方法, 地球物理学报, 2005, 48 (5): 1197~1204

[14] Elena Y F, MT and control source modeling algorithms for 3D media with topography and large resistivity contrasts, In: Proceedings of 3D EM22 International Symposium, Univ. of Utah, Salt Lake City, 1999, 21–24

[15] 黄临平、戴世坤, 复杂条件下 3D 电磁场有限元计算方法, 地球科学, 中国地质大学学报, 2002, 27 (6): 775~779

[16] 阎述、陈明生, 电偶极源频率电磁测深三维地电模型有限元正演, 煤田地质与勘探, 2000, 28 (3): 50~56

[17] 王若、王妙月、底青云, 频率域线源大地电磁法有限元正演模拟, 地球物理学报, 2006, 49 (6): 1858~1866

[18] 金建铭著, 王建国译, 电磁场的有限单元法, 第一版, 西安: 西安电子科技大学出版社, 1998

[19] 徐世浙, 地球物理中的有限单元法, 北京: 科学出版社, 1994

Ⅲ — 6

CSAMT 三维单分量有限元正演*

王　若　　王妙月　　底青云　　王光杰

中国科学院地质与地球物理研究所

摘　要　CSAMT 的工作装置和部分探测目标体的三维特性，决定了对 CSAMT 方法进行三维研究的必要性。在对三维三分量 CSAMT 方法有限元分析初探的基础上，应用了边界场值不为零的第一类边界条件，并将三维三分量的有限元分析退化为三维单分量来研究。研究结果表明：通过应用边界场值已知的第一类边界条件，缩小了研究范围，提高了计算精度；通过减少研究的分量，使计算速度大大提高；模型的模拟结果很好地说明了电磁场在地下传播中所具有的穿透性和体积效应。以上结果表明本文所用的边界条件有效，三维单分量的研究使计算时间大大减少，从而使本文发展的三维单分量电磁场有限元正演应用于电性介质接近于均匀的三维反演成为可能。

关键词　三维单分量　有限元法　模拟

引　言

可控源音频电磁方法（CSAMT）的野外装置分为两个子系统，即发射子系统和接收子系统，这两个子系统相距几公里。接收电偶极和发射源的布设方向一致，接收由发射源发出的、耦合了地电信息的水平电场信号，同时接收的还有地面水平磁场，磁场的方向与电偶极的方向垂直。用观测到的磁场和电场计算出卡尼亚视电阻率，卡尼亚视电阻率便是最终用于处理解释的观测资料之一。

从 CSAMT 的工作装置看出，CSAMT 本身是三维的方法。探测的目标体如金属矿脉、含水溶洞等都具有三维特性，这些因素决定了对 CSAMT 方法进行三维研究的必要性。

三维电磁正演模拟早在 20 世纪 70 年代便已有学者研究[1]。模拟方法有积分方程法[2~7]、有限差分法[8~12]和有限元方法（FEM）。由于有限元方法相对于有限差分方法和积分方程法能更有效地处理三维复杂问题，所以许多学者致力于有限元在电磁法中的应用研究并取得了较大进展[13~22]。

作者曾对 CSAMT 三维三分量（3D3C）有限元正演做了初步研究[19]，由于其计算量大，花费时间长，不利于应用于反演中，所以本次研究以提高计算精度，缩短计算时间为目的。

边界条件在有限元研究中必不可少。一阶吸收边界条件需要计算区域范围很大[23]，剖分网格较多，虽可通过加大网格间距来减小网格数量，但无疑会降低计算精度。本文试图应用边界场值不为零的第一类边界条件，借此来减小研究区域，从而在网格剖分数不变的情况下，提高计算精度。

由于计算区的边界场值未知，需先用其他的方法计算得到。文献［22］做了这种尝试，作者用标量势与磁矢量位的 3D 有限元方法计算了 3D CSAMT 电场，取得了较大进展。然而该文作者在计算边界上的标量势和磁矢量位时，采用了均匀半空间的解析公式来确定，然后将计算得到的边界上的值作为第一类边界条件。这种方法只有当计算区的电性结构缓变时，解才较可靠，从普通意义上说有尚有一

＊ 本文发表于《地球物理学进展》，2014，29（2）：839~845

定的局限性。本文采用一种更为普通适用的方法求取边界场值，即用 3D 积分方程法中层状介质的格林函数计算边界场值，应用这种方法的好处是可得到层状介质的边界条件，若获得成功，可以模拟层状介质背景中的异常体。

除此之外，本文还将三维三分量退化为三维单分量（3D1C）来研究。由于有限元结点上自由度的减少，计算速度大大提高。一般来说，三维 CSAMT 方法需要研究三维三分量，然而，当电性介质的变化不是很大时，电场分量之间的耦合可以忽略，从而理论场的正演可退化为三维单分量问题。

目前国内常用的是标量 CSAMT 方法，所以三维单分量的研究有一定的实际意义。

1 三维单分量电磁场有限元正演

1.1 三维单分量电磁边值问题

当电性结构缓变时，电场的散度为零。从麦克斯韦方程可推导出：

$$\frac{\partial^2 E_x}{\partial x^2} + \frac{\partial^2 E_x}{\partial y^2} + \frac{\partial^2 E_x}{\partial z^2} + i\omega\mu\sigma E_x = -i\omega\mu J_{cx} \tag{1}$$

在边界上满足：

$$E_x|_\Gamma = E_{xb} \tag{2}$$

式中，E_x 为电场的 x 分量；σ 是介质电导率；ω 是圆频率；μ 是介质的磁导率；J_{cx} 是外加源，$J_{cx} = Ids\delta(x)\delta(y)\delta(z)$；$I$ 为外加电流强度；ds 为偶极源长度；$\delta(\ )$ 为 δ 函数；Γ 为人工截断边界；E_{xb} 是边界上背景电场。

1.2 第一类边界条件

方程（2）为第一类边界条件。除此之外，有限元分析中还可应用边界值为零的第一类边界条件、场的导数为零的第二类边界条件和第三类边界条件（即一阶吸收边界条件）。但应用这些边界条件，需将边界设置得离一次源较远，而边界设置得越远，研究区域就会越大。对于有限元方法来说，研究区域扩大就意味着剖分的单元数量、内存消耗量和计算量都会大幅增加。如果想减少计算量和内存消耗量，就要使研究区域尽量小。应用边界条件不为零的第一类边界条件，即使边界位置不会离源太远，又能保证边界上的值准确可靠。

作者利用在 Utah 大学访问学习的机会，采用 CEMI 组研发的 3D 积分方程法，算出了层状介质（可将空气和大地均匀半空间介质各看作一层，也可将地下介质分为多层）边界上的电磁场三分量场值。用计算的结果作为第一类边界条件应用到三维有限元正演分析中。

1.3 有限元分析

将研究区域用六面体划分成一系列的小单元，(ξ, ζ, η) 为小单元内的局域坐标，(x, y, z) 为全局坐标；设单元边长分别为 a、b、c（图1），各点在两种坐标系下的对应关系为

$$x = x_0 + \frac{a}{2}\xi \qquad y = y_0 + \frac{b}{2}\zeta \qquad z = z_0 + \frac{c}{2}\eta \tag{3}$$

采用局域坐标后，函数的积分变为：

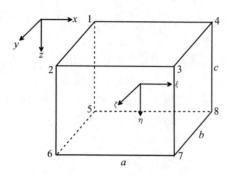

图 1　六面体单元的编号及坐标

$$\int_{-\frac{a}{2}}^{\frac{a}{2}}\int_{-\frac{b}{2}}^{\frac{b}{2}}\int_{-\frac{c}{2}}^{\frac{c}{2}} f(x, y, z)\,\mathrm{d}x\mathrm{d}y\mathrm{d}z = \frac{abc}{8}\int_{-1}^{1}\int_{-1}^{1}\int_{-1}^{1} f(\xi, \zeta, \eta)\,\mathrm{d}\xi\mathrm{d}\zeta\mathrm{d}\eta \tag{4}$$

设小单元内的电场可用角点的电场线性表示，如果定义线性插值时所用的形函数 N_i （$i=1, 2, 3,$ …, 8）为

$$N_1 = \frac{1}{8}(1-\xi)(1-\zeta)(1-\eta)$$

$$N_2 = \frac{1}{8}(1-\xi)(1+\zeta)(1-\eta)$$

$$N_3 = \frac{1}{8}(1+\xi)(1+\zeta)(1-\eta)$$

$$N_4 = \frac{1}{8}(1+\xi)(1-\zeta)(1-\eta)$$

$$N_5 = \frac{1}{8}(1-\xi)(1-\zeta)(1+\eta) \tag{5}$$

$$N_6 = \frac{1}{8}(1-\xi)(1+\zeta)(1+\eta)$$

$$N_7 = \frac{1}{8}(1+\xi)(1+\zeta)(1+\eta)$$

$$N_8 = \frac{1}{8}(1+\xi)(1-\zeta)(1+\eta)$$

则单元中的电场 u 可用形函数 N_i 表示为

$$u = \sum_{i=1}^{8} N_i u_i \tag{6}$$

式中，u_i 是电场在单元的八个角点的待定场值。

由方程（1），定义余量为

$$R = \frac{\partial^2 E_x}{\partial x^2} + \frac{\partial^2 E_x}{\partial y^2} + \frac{\partial^2 E_x}{\partial z^2} + \mathrm{i}\omega\mu\sigma E_x + \mathrm{i}\omega\mu J_{cx} \tag{7}$$

以 N_i 为权函数，使余量的加权积分为零：

$$\sum_{e=1}^{N_e} \iint_e N_e R \mathrm{d}x\mathrm{d}y\mathrm{d}y = 0 \tag{8}$$

根据式（6），可将单元内的 E_x 用形函数与结点处的电场值表示为：

$$E_\mathrm{x} = N^\mathrm{T} E \tag{9}$$

式中，$N^\mathrm{T} = (N_1 \quad N_2 \quad N_3 \quad N_4 \quad N_5 \quad N_6 \quad N_7 \quad N_8)$

$E = (E_1 \quad E_2 \quad E_3 \quad E_4 \quad E_5 \quad E_6 \quad E_7 \quad E_8)^\mathrm{T}$

将式（9）代入式（7），有

$$R = \frac{\partial^2 E_\mathrm{x}}{\partial x^2} + \frac{\partial^2 E_\mathrm{x}}{\partial y^2} + \frac{\partial^2 E_\mathrm{x}}{\partial z^2} + \mathrm{i}\omega\mu\sigma E_\mathrm{x} + \mathrm{i}\omega\mu J_{\mathrm{cx}} = \left(\frac{\partial^2 N^\mathrm{T}}{\partial x^2} + \frac{\partial^2 N^\mathrm{T}}{\partial y^2}\frac{\partial^2 N^\mathrm{T}}{\partial z^2} + \mathrm{i}\omega\mu\sigma\right)E_\mathrm{x} + \mathrm{i}\omega\mu J_{\mathrm{cx}} \tag{10}$$

将式（10）代入式（8），经整理可写出有限元方程

$$KE = P \tag{11}$$

式中，

$$K^{\mathrm{1e}} = \iiint_e \left(\frac{\partial N}{\partial x}\right)\left(\frac{\partial N^\mathrm{T}}{\partial x}\right) + \left(\frac{\partial N}{\partial y}\right)\left(\frac{\partial N^\mathrm{T}}{\partial y}\right) + \left(\frac{\partial N}{\partial z}\right)\left(\frac{\partial N^\mathrm{T}}{\partial z}\right) \mathrm{d}x\mathrm{d}y\mathrm{d}z \tag{12}$$

$$K^{\mathrm{2e}} = k^2 \iiint_e NN^\mathrm{T} \mathrm{d}x\mathrm{d}y\mathrm{d}z \tag{13}$$

$$K^{\mathrm{3e}} = \iint_s \left[\frac{\partial N}{\partial x}N^\mathrm{T}l_\mathrm{x} + \frac{\partial N}{\partial y}N^\mathrm{T}l_\mathrm{y} + \frac{\partial N}{\partial z}N^\mathrm{T}l_\mathrm{z}\right]\mathrm{d}s \tag{14}$$

式（14）中，当单元边界为内边界时，在单元边界 S 上的面积分与相邻不同单元的贡献相互抵消，当单元边界为外边界的一部分时，其贡献不能取为零，而是通过外边界上已知场值计算得到。

对于式（11）右侧的源项，有

$$P = \frac{1}{4}\mathrm{i}\omega\mu I \mathrm{d}s \tag{15}$$

集成后的有限元方程为

$$\overline{K}\overline{E} = \overline{P} \tag{16}$$

通过解方程组（16）可得到电场 E_x，磁场可由麦克斯韦尔方程计算，磁场和卡尼亚视电阻率的公式为

$$H_y = \frac{1}{i\omega\mu}\left(\frac{\partial E_x}{\partial z}\right) \tag{17}$$

$$\rho_s = \frac{i}{\omega\mu}\left(\frac{E_x}{H_y}\right)^2 \bigg|_{z=0} \tag{18}$$

式中，ρ_s 为视电阻率，H_y 为 y 方向的磁场，式（17）的可行性将单独讨论。

1.4 程序可靠性检验

为了检验程序的可靠性，用电阻率是 $100\Omega \cdot m$ 的均匀半空间模型来做试验。

将坐标原点置于发射源中心，x、y 轴位于地平面上，x 轴东西向放置，东为正向，z 轴垂直地面向上，x、y、z 轴的方向遵循右手螺旋法则。发射偶极源的长度为 500m，电流为 20A，沿 x 轴方向布设。将研究区域剖分成 20×24×25 的网格，相关参数见表 1。表中计算区域指网格剖分所覆盖的区域，所给各值为边界位置。勘探区域是指展示计算结果的区域，相当于野外的勘探区。从表中可以看出，边界离源的距离较近，最远不过 6600m，边界离勘探区域则更近。

表 1　计算参数表

	网格距	计算区域/m	勘探区域/m
x 方向	100m，边界附近较大	−3600～3600	−1000～1000
y 方向	源附近 100m，其余 300m	0～6600	4000～6000
z 方向	空气层 200m，地下不均匀	1000 ～ −3700	地面 $z=0$

图 2 为在地面上测点（100，4800，0）处用有限元计算得到的电磁场、视电阻率与解析解的对照曲线。在这三幅图中，横轴均为观测频率，纵轴分别为电场幅值、磁场幅值和视电阻率值。实线为解析解曲线，离散点为相应频率用有限元计算得到的结果。从图中可以看出电磁场的有限元结果和解析结果比较接近，但是并没有完全吻合，视电阻率和解析结果的吻合程度相对较好。这是因为磁场是由电场计算得到的，二者有着相近的数值模拟误差，而视电阻率是用电场和磁场的比值得到的，可以部分消除掉数值模拟误差的影响。电场、磁场和视电阻率与解析解的相对百分比误差分别为 9.47%、10.76% 和 5.15%。以上信息说明正演程序基本正确。在文献 [19] 中，由三维三分量有限元计算的视电阻率误差为 13.23%，可见，通过应用场值不为零的第一类边界条件，不但缩小了计算区域，而且提高了计算精度。

1.5　数值模拟

本文展示了两个数值模型的有限元模拟结果。第一个是单个低阻模型，第二个是平行 x 轴方向排列的两个低阻模型。

这两个模型的坐标系统、发射源的位置和有限元网格的剖分方式与均匀半空间模型中所用的相同。每个模型计算共发射 13 个频率，频率范围为 $2^1 \sim 2^{13}$Hz。

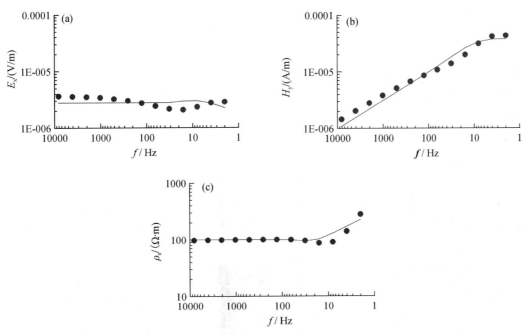

图 2　有限元结果与解析结果的对比实线为解析结果，离散点为有限元计算结果

（a）电场；（b）磁场；（c）视电阻率

1.5.1　单个低阻模型

1. 模型设计

在 $100\Omega\cdot m$ 的均匀半空间中赋存着一个 $10\Omega\cdot m$ 的低阻异常体，低阻异常体在 x、y、z 方向的尺寸分别为 200、300、200m。异常体的上界面位于地下 200m 处。其中心在地面的投影点位于 y 轴上，且与源中心的距离为 4950m。模型示意图如图 3 所示。

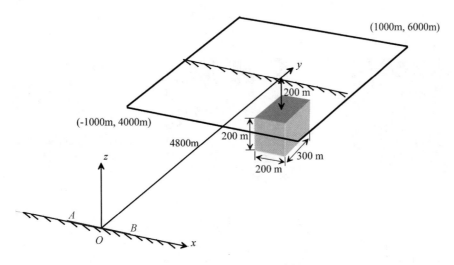

图 3　单个低阻体模型示意图

均匀半空间：$100\Omega\cdot m$，低阻体：$10\Omega\cdot m$，空气层：$1011\Omega\,m$

$AB=1000m$，$I=10A$，方框为正演结果显示区域，相当于测区，图中给出了测区两个角点的坐标，下同

2. 正演结果

图 4 为异常体所在区域的电磁场和视电阻率在观测面上（地面上）的有限元分析结果，每一幅图

的横坐标为 x 方向的测点，纵坐标为 y 方向的测点。图 4 包括三行，每一行代表一个频率的计算结果，共给出三个频率的计算结果，从上到下依次对应频率 8192、128 和 4Hz。每一行图件从左到右的物理量分别为电场、磁场和视电阻率。

当频率是 8192Hz 时，在电磁场和视电阻率平面等值线图上看不到异常信息。这是因为高频时电磁波在浅层传播，主要体现的是浅层均匀背景场的信息。从视电阻率值也能看出，电阻率值在 96～101Ω·m 之间，非常接近背景值 100 Ω·m。当频率为 128Hz 时，电场和磁场都出现了明显异常，异常在视电阻率等值线平面图上显示得更加清楚，异常中心的电阻率值在 76～81Ω·m 之间，比背景值低，但与真值 10 Ω·m 尚存在一定差异。至 4Hz 时，电场平面图上没有明显的异常反映，但在磁场图上还有较弱的异常存在，电阻率平面图上虽有异常显示，但与 128Hz 相比，异常有弱化现象。这是因为电磁场具有体积效应，频率越低，地面观测到的电磁场所携带的信息是较大体积内地电介质的综合反映，所以 4Hz 时异常信息减弱，但异常的信息还未被周围介质的信息完全平滑。

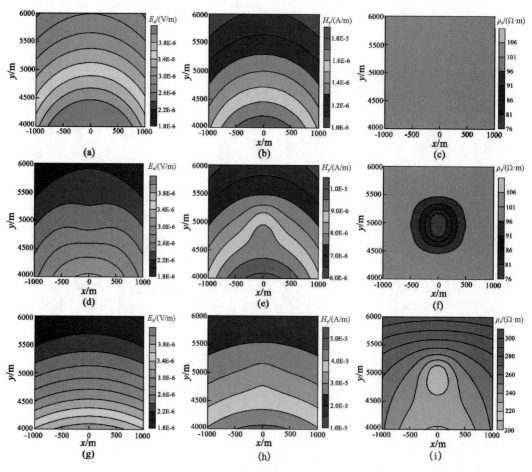

图 4 地面上单个低阻模型的有限元正演结果

（a）、（b）、（c）分别为 f=8192Hz 时的电场、磁场和视电阻率正演结果；（d）、（e）、（f）分别为 f=128Hz 时的电场、磁场和视电阻率正演结果；（g）、（h）、（i）分别为 f=4Hz 时的电场、磁场和视电阻率正演结果

1.5.2 双低阻模型_ 沿与 x 轴平行方向排列

1. 模型设计

在 100 Ω·m 的均匀半空间中有两个 10 Ω·m 的低阻异常体，低阻异常体的尺寸大小与埋深都和单个异常体模型中的相同。两个异常体中心连线的中点在地面的投影位于 y 轴上，与 y 轴交于 4950m 处。两个异常体中心在 x 轴上的投影分别为 -300 和 300m。模型示意图如图 5 所示。

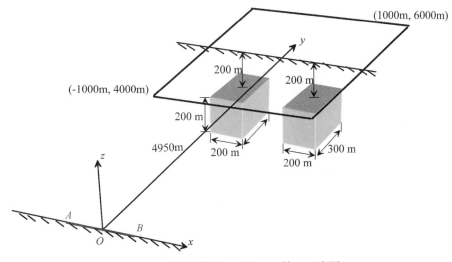

图 5　双低阻体模型（平行于 x 轴）示意图

2. 正演结果

图 6 给出了地面上异常体所在区域的电磁场和视电阻率的观测结果，各图的意义同图 4。

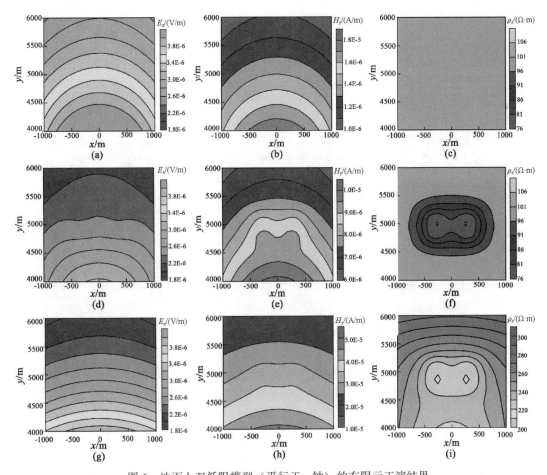

图 6　地面上双低阻模型（平行于 x 轴）的有限元正演结果

（a）、（b）、（c）分别为 $f=8192$Hz 时的电场、磁场和视电阻率正演结果；（d）、（e）、（f）分别为 $f=128$Hz 时
的电场、磁场和视电阻率正演结果；（g）、（h）、（i）分别为 $f=4$Hz 时的电场、磁场和视电阻率正演结果

从图中可以看出两个异常体在 128 与 4Hz 时均有显示，除此之外，还可看出和图 4 相似的信息，即：频率是 8192Hz 时，电磁场和视电阻率图看不到低阻异常体产生的异常信息；当频率是 128Hz 时，电场和磁场都出现了异常，而且很明显是两个异常，视电阻率平面图上显示得更加清楚；至 4Hz 时，电场平面图上没有明显的异常反映，但在磁场图上还有较弱的异常存在，电阻率平面图上也有弱异常显示。其中的机理不再阐述。

2　讨　　论

在式（17）中，磁场的计算只应用了电场的一个分量，而在完整公式中，磁场是由两个分量得到的[23]：

$$H_y = \frac{1}{i\omega\mu}\left(\frac{\partial E_x}{\partial z} - \frac{\partial E_z}{\partial x}\right) \tag{19}$$

式中，E_x、E_z 分别是电场的 x 分量和 z 分量。

通过计算发现，在地面上 z 分量电场幅值非常小，这是因为电场在远区是垂直入射到地中的，电场只存在和入射方向垂直的水平分量。三维积分方程的计算结果也证明，在地面上垂直电场 E_z 的量级为 10^{-11}，相对于 E_x 的量级 10^{-5} 和 E_y 的量级 10^{-6} 而言，量值小到可以忽略。经过计算电场的导数 $\frac{\partial E_x}{\partial z}$ 和 $\frac{\partial E_z}{\partial x}$，发现对于本文中所用的模型来说，$\frac{\partial E_x}{\partial z}$ 的量级在 8192Hz 为 10^{-7}，在 128Hz 为 10^{-8}，在 4Hz 为 10^{-9}，而 $\frac{\partial E_z}{\partial x}$ 的量级从高频到低频均为 10^{-12}，相对于 $\frac{\partial E_x}{\partial z}$ 也是可以忽略的。鉴于此，当用（19）式计算磁场时，可以简化为只用 x 方向的电场近似求出 y 方向的磁场，即公式（17）是可行的。说明针对本文所用的模型可以把三维三分量电磁场的有限元分析退化为三维单分量电磁场来研究。

但值得引起注意的是：当把低阻模型顶部置于地面时，$\frac{\partial E_z}{\partial x}$ 的量级从高频到低频均为 10^{-8}，相对于 $\frac{\partial E_x}{\partial z}$ 来说便不可忽略。

3　结　　论

通过本文的研究，可以得到以下认识：

（1）应用场值不为零的第一类边界条件使三维三分量的有限元计算结果有了很大改善。将这种边界条件应用于三维单分量有限元分析中，使得在离源 5 公里左右得到的视电阻率与解析解的误差达到 5% 左右。说明所用边界条件有效，应用场值不为零的第一类边界条件后不但缩小了计算区域，而且提高了计算精度。

（2）用三维单分量来做有限元分析，相对于三维三分量电场正演减少了每个结点上自由度，从而可以将计算效率大大提高，继而可将 3D 正演应用于反演中。

（3）在勘探区，只由电场单个分量计算磁场的公式只适用于异常体位于地下的情形，当异常体出露于地表时，磁场的计算应该仍用两个电场分量计算得到。

（4）通过数值模拟结果可以看出，有限元分析结果明显反映出了电磁波的传播规律及在地中传播时固有的体积效应，表明 CSAMT 单分量有限元分析的计算结果正确。

虽然本文得到了一些可喜结果，但计算误差有待进一步降低，特别是在接近于一次源的区域误差还较大，算法仍需进一步改进。

致　谢　感谢在犹他大学访问时，CEMI 学科组给予的帮助。

参 考 文 献

［1］ Raiche A P, 1974, An integral equation approach to 3D modeling. Geophys, J. Roy. Astr. Soc., 36: 363-376

［2］ Wannamaker P E, Hohmannl G W & SanFilipoS W A, 1984, Electromagnetic modeling of three-dimensional bodies in layered earths using integral equations, Geophysics, 49（Ⅰ）: 60-74

［3］ Wannamaker P E, 1991, Advances in three-dimensional magnetotelluric modeling using integral equations, Geophysics, 56（11）: 1716-1728

［4］ 殷长春, 1994, 赤道向频率域电磁测深三维电磁模拟技术的研究, 石油地球物理勘探, 29（6）: 746~757

［5］ Xiong Z, 1992, EM modeling of three-dimensional structures by the method of system iteration using integral equations. Geophysics, 57: 1556-1561

［6］ Zhdanov M S, Dmitriev V I, Sheng F et al., 2000, Quasi-analytical approximations and series in electromagnetic modeling, Geophysics, 65（6）: 1746-1757

［7］ Garbon H, Zhdanov M S, 2002, Contraction integral equation method in three-dimensional electromagnetic modeling, radio science, 37（6）: 1089-1101

［8］ Mackie R L, Madden T R, Wannamaker P E, 1993, Three-dimensional magnetotelluric modeling using difference equations-Theory and comparisons to integral equation solutions, Geophysics, 215-226

［9］ Adhidjaja J I, Hohmann G W, 1989, A finite-difference algorithm for the transient electromagnetic response of a three-dimensional body, Geophys. J. Int., 98: 233-242

［10］ 谭捍东, 2000, 大地电磁法三维正反演问题研究［博士论文］, 北京: 中国地质大学

［11］ Wang T, Tripp A C, 1996, FDTD simulation of EM wave propagation in 3-D media, Geophysics, 61（1）: 110-120

［12］ 沈金松, 2003, 用交错网格有限差分法计算三维频率域电磁响应, 地球物理学报, 46（2）: 281~288

［13］ Coggon J H, 1971, Electromagnetic and electrical modeling by the finite element method, Geophysics, 36（2）: 132-155

［14］ Pridmore D F, Hohmann G W, Ward S H et al., 1981, An investigation of finite-element modeling for electrical and electromagnetic data in three dimensions, Geophysics, 46: 1009-1024

［15］ 金建铭著, 王建国译, 1998, 电磁场的有限单元法, 第一版, 西安: 西安电子科技大学出版社,

［16］ 徐世浙, 1994, 地球物理中的有限单元法, 北京: 科学出版社

［17］ 阎述、陈明生, 2000, 电偶极源频率电磁测深三维地电模型有限元正演, 煤田地质与勘探, 28（3）: 50~56

［18］ 黄临平、戴世坤, 2002, 复杂条件下 3D 电磁场有限元计算方法, 地球科学, 中国地质大学学报, 27（6）: 775~779

［19］ 王若、王妙月、卢元林, 2007, 三维三分量 CSAMT 法有限元正演模拟研究初探, 地球物理学进展, 22（2）: 579~585

［20］ 汤井田、任政勇、化希瑞, 2007, Coulomb 规范下地电磁场的自适应有限元模拟的理论分析, 地球物理学报, 50（5）: 1584~1594

［21］ 张继锋、汤井田、喻言等, 2009, 基于电场矢量波动方程的三维可控源电磁法有限单元法数值模拟, 地球物理学报, 52（12）: 3132~3141

［22］ 徐志锋、吴小平, 2010, 可控源电磁三维频率域有限元模拟, 地球物理学报, 53（8）: 1931~1939

［23］ 王若、王妙月、底青云, 2006, 频率域线源大地电磁法有限元正演模拟, 地球物理学报, 49（6）: 1858~1866

Ⅲ—7

海洋可控源电磁法三维数值模拟*

付长民　　底青云　　王妙月

中国科学院地质与地球物理研究所

摘　要　本文利用美国 Sandia 国家实验室 Weiss 编写的 3D 有限差分程序，通过建立的正演模型，开展 3D 水平电偶源电磁场特征与异常体空间展布特征（几何特征、埋藏特征）关系的实例研究，并对模型进行了正演数值模拟，得到以下几点认识：①同一位置处接收到的电场强度随着异常体半径的增大而增大，高阻体的存在能够增大电场强度，且异常体越大，场强也越大；②归一化后的电场曲线特征表明，随着发射电流频率的降低，异常体引起的异常越来越小；随着异常体半径增大，引起的异常也逐渐增大；③当异常体半径不变而埋深改变时，随着埋深的增加电场强度逐渐减小，对异常体的分辨力越来越小。文中所得结果对 MCSEM 电磁场基本传播特性的认识和 MCSEM 观测资料的解释提供了依据。

关键词　海洋可控源电磁法　有限差分　异常体　电磁场特征　数值模拟

1　引　　言

20 世纪 70 年代，来自 Scripps 海洋研究所（SIO）的 Cox 为了弥补海洋天然源大地电磁法的弱点，在国际上首次提出了海洋可控源电磁法[1~3]。相对于常规海洋大地电磁方法，MCSEM 增加了一个人工的发射源，发射和接收装置由电缆线一起被船牵引向前进行探测[4]，或者将接收机置于海底，而只拖动发射源[5]。此方法最初被用来研究探测海洋岩石圈和洋中脊的电性结构[6~9]，但随着研究的深入，人们逐渐发现其对薄的水平高阻层具有较高的分辨能力[10, 11]。在 2000 年，挪威的 Statoil 首先进行了 MCSEM 直接探测海上油气的试验[12, 13]，随着试验的成功，相继成立了 EMGS、OHM 和 AGO 三个海上油气探测公司，MCSEM 开始得以迅猛发展，并在油气探测中发挥着越来越大的作用[12~20]。

数值模拟中正演计算是非常重要的，它能够让人们了解地质构造对于观测电磁的影响，可以认识在某种特定地质条件下的电磁传播特性，为反演方法的研究和解释奠定基础。数值模拟在 MCSEM 资料处理中发挥了重要作用，国外的 1D、2D、2.5D、3D 数值模拟研究均取得了很大进展。Scripps 海洋研究所最早进行了数值模拟技术的研究。1982 年 Chave 对水平电偶极子 MCSEM 探测进行了详细的探讨[21]。此后 Flosadóttir 在其研究的基础上加入了快速汉克尔变换算法[22]与 Occam 圆滑反演算法[23]编写出了 1D 正、反演程序[24]。Unsworth 采用 Chave 的算法发展了 2.5D 的正、反演程序[25~27]。MacGregor 改进了 Unsworth 的正演程序并加入了 Occam 反演算法对野外数据进行了反演计算[7]。Everett 讨论了时间域中的 2.5D 问题[28]，Li 发表了一种新的利用有限元方法进行 2.5D 频率域数值模拟方法的文章，程序计算结果较好。近年来 3D 数值模拟发展很快，以 Zhdanov 为代表提出了很多 3D 模拟[29~37]算法。但还鲜有利用 3D 数值模拟方法研究海上频率域有源电磁场异常特征和异常体的空间展布特征（几何特征、埋藏特征）关系的研究实例。

＊ 本文发表于《石油地球物理勘探》，2009，44（3）：358~363

相比在国外的迅猛发展，国内对于海洋可控源电磁法的研究起步较晚，关于此方法介绍的文章较少[38~41]，整体而言，国内对此方法的研究还是很欠缺的。

本文利用美国 Sandia 国家实验室 Weiss 编写的 3D 有限差分程序[42~44]，通过建立正演模型，开展 3D 水平电偶源电磁场特征与异常体空间展布特征（几何特征、埋藏特征）关系的实例研究，并对模型进行了正演数值模拟，认识了正演电磁场曲线随异常体展布特征变化的关系，所得结果对 MCSEM 电磁场基本传播特性的认识和 MCSEM 观测资料的解释提供了依据。

2　数值模拟计算

3D 数值计算应用了美国 Sandia 国家实验室 Weiss 编写的程序，程序设计基于 3D 电性空间的电偶极子，并采用 3D 交错网格有限差分算法[45, 30]。

2.1　程序可靠性检验

尽管国外已有相关文献利用此程序进行过一些数值计算[32, 46]，但是由于程序为公开版本，而且其运行参数的设置较多，因此有必要验证其在作者计算机系统下运行的可靠性。本文分别采用 1D 模型、1D 程序和 2D 模型、2.5D 程序对 Weiss 的 3D 程序结果的可靠性进行了检验。由于笔者已掌握计算 1D 模型和 2.5D 模型海洋有源电磁场特征的可靠计算机程序，通过对比 Weiss 程序和笔者程序结果就能实现可靠性检验。

2.1.1　3D 有限差分程序与 1D 程序对比

建立模型如图 1a 所示。首先利用 Flosadóttir 的 1D 正演程序进行计算[24]，然后用 Weiss 的 3D 程序进行计算（图 1b），由图 1 可见，虽然 3D 程序使用了较粗糙的剖分网格，但是计算结果已经很接近于真实的 1D 解析解。

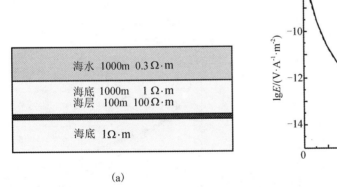
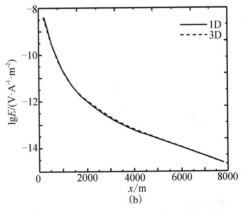

（a）　　　　　　　　　　　　　　　　（b）

图 1　Weiss 的 3D 有限差分程序与 Flosadóttir 的 1D 正演程序结果对比图（发射频率为 1Hz）

（a）1D 模型；（b）Weiss 的 3D 有限差分程序（剖分网格为 71×71×71）与 Flosadóttir 的 1D 正演程序结果
发射源位于海底上方 100m 处，接收机位于海底表面

2.1.2　3D 有限差分程序与 2.5D 程序对比

建立模型如图 2a 所示。首先利用 Abubakar 的 2.5D 程序进行计算[47]，然后用 Weiss 的 3D 程序进行计算（图 2b）。由于 3D 程序未考虑空气波的影响，而 2.5D 程序考虑了空气波的影响，因此在 2.5D 程序的计算结果中，随着接收机逐渐远离发射源，空气波的影响逐渐呈现，使得在图 2b 中两条电场曲线在右侧收发距约 4000m 处开始出现差异，在左侧由于高阻层的存在使总场变大，相对较小的空气波的影响并没有表现出来。图 2 的测试结果是合理的。上述程序可靠性检验表明，Weiss 编写的 3D 有限差分程序是可靠和有效的，可以利用它进行 MCSEM 三维数值计算与分析。

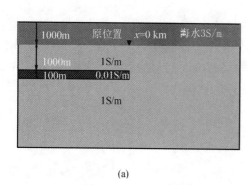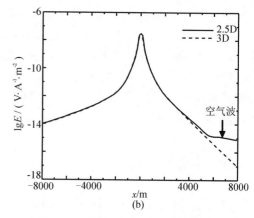

图 2 Weiss 的 3D 有限差分程序与 Abubakar 的 2.5D 正演程序结果对比图

（a）2D 模型；（b）Weiss 的 3D 有限差分程序（剖分网格为 161×61×61）与 Abubakar 的 2.5D 正演程序结果

发射源位于海底上方 50m，接收机位于海底表面

2.2 模型的正演与分析

文中建立了正演模型，得到了异常体半径、频率、埋深变化时 MCSEM 的电磁场变化曲线，并对电磁波传播规律进行了分析。正演所用模型及坐标系如图 3 所示，所有的计算结果只给出了 x 正方向的曲线响应，另一方向可根据对称性得出。为了找到合适的剖分网格，笔者在进行了多种剖分网格计算结果的数据对比之后发现，较粗的剖分已基本满足正演精度的要求。考虑到计算效率，文中正演所用的剖分网格均为 71×71×71。用这个剖分网格计算文中正演模型得到的结果与文献 [48] 的结果相一致。

2.2.1 圆柱形高阻异常体的半径 R 改变时电场曲线的变化

图 4 为 R 分别为 0（均匀半空间）、2、4、6、8km，∞（1D 平板）时的电场曲线。由图 4 可见：①当 $x<2000$m 时，接收到的电场强度值明显大于均匀半空间的电场值，且所有电场曲线与 1D 平板的电场曲线重合，此时不能分辨出是否有异常体存在；②当 $x>2000$m 时，电场曲线开始与 1D 平板电场曲线分离，两曲线分离处正好位于异常体的边界，此时曲线的斜率等于均匀半空间电场曲线的斜率，

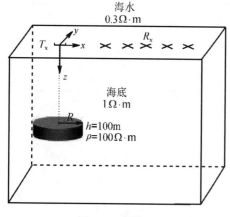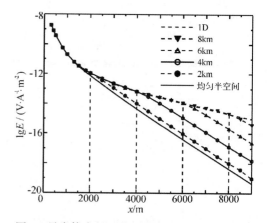

图 3 正演模型

$z=0$ 的平面为海底表面，下方为海底岩石，上方为海水，垂直向下为 z 轴正方向。场源为一单位电偶源，位于海底上方 100m 处，其坐标为（0，0，-100）。接收机位于海底（即 z 坐标为 0）。发射源与接收机均位于 $y=0$ 的直线上。海水电阻率为 0.3Ω·m，海底电阻率为 1Ω·m。场源正下方有一电阻率为 100Ω·m、半径为 R、厚度为 100m 的圆柱形高阻异常体。程序未考虑空气波的影响，即假设海水为无限深

图 4 异常体半径 R 分别为 0、2、4、6、8km，∞时的电场曲线

圆柱异常体的上界面深度均为 1km，发射频率为 1Hz

场值的衰减率与均匀半空间完全一样；③同一位置处接收到的电场强度随着 R 的增大而增大。由此可见，高阻体的存在能够增大电场强度，且异常体越大，场强也越大。图4表明，为探测到异常体，发射源与接收机需要离开一定的距离，才能确定是否有异常体存在。

2.2.2　发射源发射电流的频率改变时电场曲线的变化

为了解发射源发射电流的频率改变时电场曲线的变化情况，计算了当 R 分别为2、3、5、6km时不同频率的电场曲线（图5）。由图5可见，当频率降低时，场强逐渐增大。

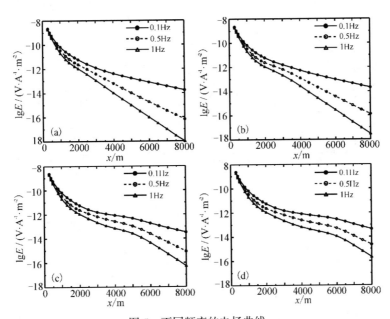

图5　不同频率的电场曲线

（a）$R=2$km；（b）$R=3$km；（c）$R=5$km；（d）$R=6$km

模型中异常体的埋深为1km

图6为归一化后的电场曲线。由图6可见：①随着频率的降低，异常体引起的异常越来越小，即越来越难以分辨异常的存在；②随着 R 增大，引起的异常也逐渐增大。图6表明，在勘探时必须选择合适的发射电流频率才能得到最佳的储层表征效果。

2.2.3　埋深改变时电场曲线的变化

图7为发射频率等于1Hz时不同的异常体半径 R 随着深度变化的电场曲线。对于某一个半径为 R 的异常体，计算了埋深分别为0.5、1.0、2.0km时及均匀半空间的电场曲线。由图7可见：①当 R 不变而埋深改变时，随着深度的增加电场强度逐渐减小，而且趋近于均匀半空间（$R=0$）的场强，即随着深度的增加，对异常体的分辨力越来越小；②当埋深等于 R 时，电场曲线与均匀半空间（$R=0$）电场曲线基本重合在一起，即已经不再能分辨出是否有异常体的存在了。图7表明，在实际工作中，所要探测的异常体半径至少为埋深的2倍才能被 MCSEM 所探测到。

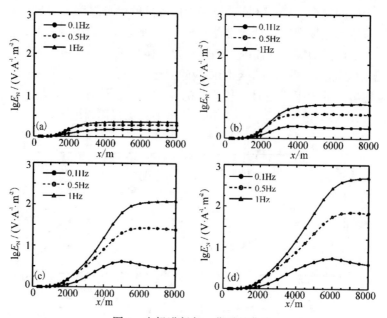

图 6　电场进行归一化后的曲线

（a）$R=2$km；（b）$R=3$km；（c）$R=5$km；（d）$R=6$km

本图数据是将图 5 中的曲线对均匀半空间进行归一化所得

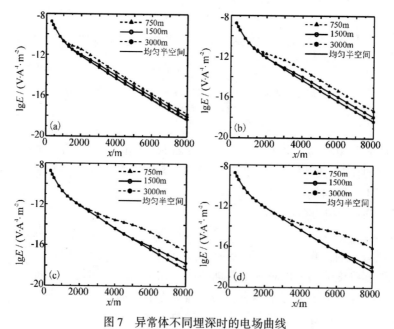

图 7　异常体不同埋深时的电场曲线

（a）$R=2$km；（b）$R=3$ km；（c）$R=5$km；（d）$R=6$km

发射电流频率为 1Hz

3　讨论及结论

MCSEM 方法对于高阻薄层具有较高分辨率，适用于进行海底油气资源探测。本文利用美国 Sandia 国家实验室 Weiss 编写的 3D 有限差分程序，通过建立的正演模型，开展 3D 水平电偶源电磁场特征与异常体空间展布特征（几何尺度、埋藏深度）关系的实例研究，并对模型进行了正演数值模拟，认识了正演电磁场曲线随异常体展布特征变化的规律。所得结果表明，为探测到异常体，发射源与接收机需要离开一定的距离，且在勘探时必须选择合适的发射电流频率，所要探测的异常体半径至少为埋深的 2 倍才能被 MCSEM 探测到，并得到以下几点认识：

（1）同一位置处接收到的电场强度随着异常体半径的增大而增大，高阻体的存在能够增大电场强度，且异常体越大，场强也越大。

（2）归一化后的电场曲线特征表明，随着发射电流频率的降低，异常体引起的异常越来越小；随着圆柱形高阻异常体的半径增大，引起的异常也逐渐增大。

（3）当异常体半径不变而埋深改变时，随着埋深的增加电场强度逐渐减小，对异常体的分辨力越来越小。

参 考 文 献

[1] Cox C S, On the electrical conductivity of the oceanic lithosphere, Physical Earth Planetary International, 1981, 25 (3): 196-201

[2] Spiess F N et al., East Pacific Rise: Hot Springs and Geophysical Experiments, Science, 1980, 207 (4438): 1421

[3] Young P D and Cox C S, Electromagnetic active source sounding near the East Pacific Rise, Geophysical Research Letters, 1981, 1043-1046

[4] Edwards N, Marine Controlled Source Electromagnetics: Principles, Methodologies, Future Commercial Applications, Surveys in Geophysics, 2005, 26 (6): 675-700

[5] Weitemeyer K, Constable S and Key K, Marine EM techniques for gas-hydrate detection and hazard mitigation, The Leading Edge, 2006, 25: 629

[6] Constable S and Cox C S, Marine controlled-source electromagnetic sounding 2, The PEGASUS experiment, Journal of Geophysical Research, 1996. 101 (B3): 5519-5530

[7] MacGregor L, Sinha M and Constable S, Electrical resistivity structure of the Valu Fa Ridge, Lau Basin, from marine controlled-source electromagnetic sounding, Geophysical Journal International, 2001, 146 (1): 217-236

[8] Evans R L et al., On the electrical nature of the axial melt zone at 13 N on the East Pacific Rise, Journal of Geophysical Research, 1994, 99: 577-588

[9] MacGregor L M, Constable S and Sinha M C, The RAMESSES experiment-III, Controlled-source electromagnetic sounding of the Reykjanes Ridge at 57°45'N, Geophysical Journal International, 1998, 135 (3): 773-789

[10] Constable S C, Offshore electromagnetic surveying techniques, 56th Ann. Internat. Mtg., Soc. Expl. Geophys, 1986, 81-82

[11] Cheesman S J, Edwards R N and Chave A D, On the theory of sea-floor conductivity mapping using transient electromagnetic systems, in Geophysics, 1987, SEG. 204

[12] Eidesmo T et al., Sea Bed Logging (SBL), a new method for remote and direct identification of hydrocarbon filled layers in deepwater areas, First Break, 2002, 20 (3): 144-152

[13] Ellingsrud S et al., Remote sensing of hydrocarbon layers by seabed logging (SBL) Results from a cruise offshore Angola, The Leading Edge, 2002, 21 (10): 972-982

[14] MacGregor L and Sinha M, Use of marine controlled-source electromagnetic sounding for sub-basalt exploration, Geophysical Prospecting, 2000, 48 (6): 1091-1106

[15] Johansen S E et al., Subsurface hydrocarbons detected by electromagnetic sounding, First Break, 2005, 23 (3): 31-36

[16] Constable S, Marine electromagnetic methods — A new tool for offshore exploration, The Leading Edge, 2006, 25 (4): 438-444

[17] Yuan J and Edwards R N, The assessment of marine gas hydrates through electrical remote sounding: Hydrate without a BSR, in Geophysical Research Letters, 2000, 2397-2400

[18] Chave A D, Constable S C and Edwards R N, Electrical exploration methods for the seafloor, Electromagnetic Methods in Applied Geophysics, 1991, 2: 931-966

[19] Ellingsrud S et al., Remote sensing of hydrocarbon layers by seabed logging (SBL) Results from a cruise offshore Angola, in The Leading Edge, 2002, Soc Explor Geophys, 972-982

［20］ Kong F N et al., Seabed logging: A possible direct hydrocarbon indicator for deepsea prospects using EM energy, Oil and Gas Journal, 2002, 100 (19): 30-38

［21］ Chave A D and Cox C S, Controlled electromagnetic sources for measuring electrical conductivity beneath the ocean 1, Forward problem and model study, Journal of Geophysical Research, 1982, 87 (B7): 5327-5338

［22］ Anderson W L, A hybrid fast Hankel transform algorithm for electromagnetic modeling, Geophysics, 1989, 54: 263

［23］ Constable S C, Parker R L and Constable C G, Occam's inversion: A practical algorithm for generating smooth models from electromagnetic sounding data, Geophysics, 1987, 52 (3): 289-300

［24］ Flosadottir A H and Constable S, Marine controlled source electromagnetic sounding 1, Modeling and experimental design, Journal of Geophysical Research, 1996, 101: 5507-5517

［25］ Unsworth M J, Travis B J and Chave A D, Electromagnetic induction by a finite electric dipole source over a 2-D earth, Geophysics, 1993, 58: 198

［26］ Unsworth M and Oldenburg D, Subspace inversion of electromagnetic data-Application to mid-ocean-ridge exploration, Geophysical Journal International, 1995, 123 (1): 161-168

［27］ Chave A D, Numerical integration of related Hankel transforms by quadrature and continued fraction expansion, Geophysics, 1983, 48 (12): 1671-1686

［28］ Everett M E and Edwards R N, Transient marine electromagnetics: the 2, 5-D forward problem, Geophysical journal international (Print), 1993, 113 (3): 545-561

［29］ Carazzone J J et al., Three Dimensional Imaging of Marine CSEM Data, SEG Technical Program Expanded Abstracts, 2005, 24 (1): 575-578

［30］ Newman G A and Alumbaugh D L, Frequency-domain modelling of airborne electromagnetic responses using staggered finite differences, Geophysical Prospecting, 1995, 1021-1042

［31］ Badea E A et al., Finite-element analysis of controlled-source electromagnetic induction using Coulomb-gauged potentials, Geophysics, 2001, 66 (3): 786-799

［32］ Michael G H et al., 3D modeling of a deepwater EM exploration survey, Geophysics, 2006, 71 (5): G239-G248

［33］ Zhdanov M S and Yoshioka K, Three-dimensional iterative inversion of the marine controlled-source electromagnetic data, SEG Technical Program Expanded Abstracts, 2005, 24 (1): 526-529

［34］ Alexander G and Michael Z, Rigorous 3D inversion of marine CSEM data based on the integral equation method, Geophysics, 2007, 72 (2): WA73-WA84

［35］ Ueda T and Zhdanov M S, Fast numerical modeling of marine controlled-source electromagnetic data using quasi-linear approx-imation, SEG Technical Program Expanded Abstracts, 2005, 24 (1): 506-509

［36］ Zhdanov M S, Lee S K and Yoshioka K, Integral equation method for 3D modeling of electromagnetic fields in complex structures with inhomogeneous background conductivity, Geophysics, 2006, 71 (6): G333-G345

［37］ Zhdanov M S and Wan L, Rapid seabed imaging by frequency domain electromagnetic migration, SEG Technical Program Expanded Abstracts, 2005, 24 (1): 518-521

［38］ 何继善、鲍力知，海洋电磁法研究的现状和进展，地球物理学进展，1999，(1): 7~39

［39］ 何展翔等，海洋电磁法，石油地球物理勘探，2006，(4): 451~457

［40］ 孙卫斌、李德春，海洋油气电磁勘探技术与装备简介，物探装备，2006，(1): 16~18, 32

［41］ 何展翔、余刚，海洋电磁勘探技术及新进展，勘探地球物理进展，2008，31 (001): 2~9

［42］ Newman G A and Alumbaugh D L, 3D electromagnetic modeling using staggered finite differences, Geoscience and Remote Sensing, 1997, IGARSS97, Remote Sensing-A Scientific Vision for Sustainable Development, 1997 IEEE International, 1997, 2

［43］ Weiss C J and Constable S, Mapping thin resistors and hydrocarbons with marine EM methods, Part II — Modeling and analysis in 3D, Geophysics, 2006, 71: G321

［44］ Weiss C J, A matrix-free approach to solving the fully 3D electromagnetic induction problem, SEG Technical Program Expanded Abstracts, 2001, 20 (1): 1451-1454

［45］ Yee K S, Numerical solution of boundary value problems involving Maxwell's equations in isotropic media, in IEEE Transactions on Antennas and Propagation, 1966, 302-307

［46］ Key K W, Constable S C and Weiss C J, Mapping 3D salt using the 2D marine magnetotelluric method: Case study from Gemini Prospect, Gulf of Mexico, Geophysics, 2006, 71: B17-B27

［47］ Abubakar A et al., Two-and-half-dimensional forward and inverse modeling for marine CSEM problems, SEG Technical Program Expanded Abstracts, 2006, 25 (1): 750-754

［48］ Constable S and Weiss C J, Mapping thin resistors and hydrocarbons with marine EM methods: Insights from 1D modeling, Geophysics, 2006, 71: G43

Ⅲ — 8

2D numerical study on the effect of conductor between the transmitter and survey area in CSEM exploration[*]

Ruo Wang **Miao-yue Wang** **Qing-yun Di** **Guang-jie Wang**

Institute of Geology and Geophysics, Chinese Academy of Sciences

Abstract: In CSEM exploration, the receivers are generally located about three to five times the skin depth from the transmitter. In this paper, we study the effect of a conductor between the transmitter and the survey area on the target conductor response using forward modeling and inversion. The 2D forward finite element calculations show that the conductor mainly affects the response at middle and low frequencies. The lower the resistivity and the larger the conductor, the larger the effect and the effect increases with decreasing frequency. The inversion results indicate that the calculated position of the target body can move towards the source, leading to an incorrect interpretation without considering the conductor. In order to reduce the effect of a conductor between the source and the survey area, CSEM acquisition should be conducted in three dimensions using multiple sources and 3D inversion should be used during interpretation.

Keyword: CSEM exploration   2D line source   low resistivity body   forward modeling   inversion

1 Introduction

Controlled-source audio-frequency magnetotellurics (CSEM) has successfully been applied to mineral exploration, geothermal studies, hydrocarbon exploration, and groundwater studies (Zonge and Hughes, 1991). In CSAMT exploration, the space between the transmitter and survey area is large generally more than three to five times the skin depth Some structures and/or anomalous bodies may exist which will affect the response of the target more or less. This effect is called the shadow effect (He, 1990; Chen and Yan, 2005; Zhang et al., 2009). Boschetto and Hohmann (1991) discussed the effect of anomalous bodies near and beneath the source with an integral equation method. Following the same line, we study the effect of the conductor between the transmitter and the target body by forward modeling and inversion methods.

The 2D finite element method is used in the forward modeling (Wang et al., 2006), and the Rapid Relaxation Inversion (RRI) method (Smith and Booker, 1991; Lu et al., 1999) is used in the inversion. Traditionally CSAMT data are first corrected for near-field effects and then processed or inverted with the plane-wave technique used in magnetotelluric (MT) interpretation (Bartel and Jacobson, 1987). Recently, a new inversion method without near-field correction has been developed (Lu et al., 1999; Routh and Oldenburg1999).

Inversion is a modeling modification based on forward modeling with the model parameters being iteratively

* 本文发表于《Applied Geophysics》, 2009, 6 (4): 311-318。

modified based on the difference between the modeled response and the observed data until the model response
is close to the real one. The model response includes similar near-field information to observed data when the
forward modeling theory with source is used. Therefore the near-field correction is avoided because the modified
model can be estimated by comparing the model response and the real data directly. Routh and Oldenburg
(1999) indicated that the inversion result using data without making the near-field correction is a better result
than with the near-field correction using the plane-wave field approach. In this paper, we study the inversion
without using near-field correction.

  We first introduce the forward equations and the response of the target. We then demonstrate the effect of a
conductor between the transmitter and survey area on the CSEM exploration data. After that we apply the inver-
sion method developed by Lu et al. (1999) to compare the inversion results using the data from a smaller explo-
ration area to the results using data from the larger research area.

2   Forward equations and forward modeling of a target

2.1   Boundary value problem

  Assume the subsurface medium is two-dimensional. We choose the x-axis to be parallel to the strike of the
structure, the y-axis is orthogonal to the x-axis on the ground, and the z-axis points in the vertical direction. The
transmitter is parallel to the x-axis.

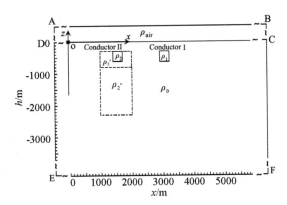

Fig. 1   A sketch of the model. A line source of current is placed at
coordinate origin (0m, 0m). Conductor Ⅰ represents
the target body in the far-field zone. Conductor Ⅱ mimics an anomalous body between the
transmitter and the conductor Ⅱ. The solid, dashed, and dot-dashed lines in
dicate the different sizes for conductor Ⅱ

  As shown in Figure 1, the outer boundary of the model is placed far from the abnormal body so that the ab-
normal field from the local heterogeneity is negligible at the boundary. The area enclosed by the outer boundary
is represented by Ω, " · " represents the transmitter position, subscripts 0, 1, and 2 represent the surrounding
rock and the two kinds of anomaly bodies, respectively. Γ_1 and Γ_2 are the borders of the two anomalies.

  The boundary value problem for a line source derived from Maxwell's equations is written as (Xu, 1994) :

$$
\begin{cases}
\nabla \cdot (p \nabla u) + qu = g & \in \Omega \\
u_1 = u_2 & \in \Gamma_1 \\
p_1 \dfrac{\partial u_1}{\partial n} = p_2 \dfrac{\partial u_2}{\partial n} & \in \Gamma_1 \\
\dfrac{\partial u}{\partial n} - ik\cos\theta u = 0 & \in AEFB
\end{cases}
\tag{1}
$$

where subscripts 1 and 2 represent the surrounding rock and the anomalous body, respectively, $p = 1/i\omega\mu$, $q = \sigma - i\omega\varepsilon$, ω is angle frequency, μ magnetic permeability, σ conductivity, ε dielectric constant, k wave number, θ the angle between the wave propagation direction and the exterior normal direction of the outer boundary, $u = E_y$, and $g = -J_{cx}$ where $J_{cx} = I\delta(y)\delta(z)$ is the source current density along the x-axis.

The second and the third equations in equation (1) simply require that the tangential component of the electric and magnetic fields are continuous across a conductivity interface. The last equation imposes the boundary condition on the outer boundary of the calculation domain, which can be obtained from the EM wave propagation $u = u_0 e^{ikr - i\omega t}$ (Ward, 1971). r is the distance between source and a point on the boundary, k is the wavenumber in air or the subsurface medium. When k is the wavenumber in air, $k_0 = \sqrt{\varepsilon_0 \mu_0 \omega^2}$, ε_0 and μ_0 are the permittivity and permeability in air respectively. When k is the wavenumber in the subsurface, $k = \sqrt{\varepsilon\mu\omega^2 - i\omega\mu\sigma}$. This boundary condition is the first-order absorbing boundary condition used for the outer boundary.

The variation equivalence to the boundary problem in equation (1) (Xu, 1994) is expressed as

$$
\begin{cases}
F(u) = \displaystyle\int_\Omega \left[\frac{1}{2} p (\nabla u)^2 - \frac{1}{2} qu^2 + gu \right] \mathrm{d}\Omega + \oint_{DABC} \frac{1}{2} pk_0 \cos\vartheta u^2 \mathrm{d}\Gamma + \oint_{DEFC} \frac{1}{2} pk \cos\vartheta u^2 \mathrm{d}\Gamma \\
\delta F(u) = 0
\end{cases}
\tag{2}
$$

Equation 2 can be analyzed by the 2D finite-element method to get linear equations and then the electric field can be determined by solving the linear equation sets using the Gauss-Seidel method (Wang et al., 2006). From the electric field, the magnetic field vertical to the electric field can be computed (Ward, 1971):

$$
H_y = \frac{1}{i\omega\mu} \frac{\partial E_x}{\partial z}
\tag{3}
$$

After the electric and the magnetic fields perpendicular to each other on the ground are calculated, the Cagniard apparent resistivity can be obtained by:

$$
\rho_s = \frac{i}{\omega\mu} \left(\frac{E_x}{H_y} \right)^2 \Bigg|_{z=0}
\tag{4}
$$

2. 2　Model

Figure 1 show the model used in this study that contains two conductors in a 100 ohm-m background. Conductor I is the target body located beneath the survey area. In this part, only conductor I is considered. The top of conductor I is located at 300m depth and a distance of 3014m from the source. This conductor is 300m×300m in cross section and extends to infinity in the strike direction. Its resistivity is 10 ohm-m. The upper boundary is located in air with a resistivity of 1. 0×10^{16} ohm-m because it is non-conductive.

2.3   Modeling results

The transmitter injects a 10 A square wave of 0. 25 to 8192 Hz into the earth. The receivers are at the nodes of the element mesh. The receiver spacing is small near the transmitter, large near the boundary, and is an even 100m in other areas.

Figure 2 shows the apparent resistivity pseudo-section when conductor II is absent. The apparent resistivity section clearly indicates the presence of the low resistivity anomaly below 90 ohm-m, which is a response from conductor I observed at about 32Hz.

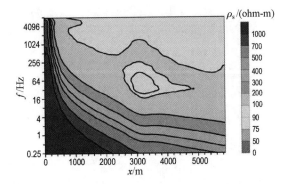

Fig. 2   Apparent resistivity map when conductor II is absent

3   Effect of conductor II on the response of the target body

Suppose the second low resistivity body (conductor II) is located between the survey area and the transmitter as shown in Figure 1. The center-to-center distance between conductor I and conductor II is 1500m. Conductor II will assume different cross-sectional areas (300m×300m, 1000m×500m, and 1000m×2000m), different

top locations (10m and 300m), and different resistivity values (1 ohm-m and 10 ohm-m) during the modeling The effect of conductor II with different parameters on the response of conductor I (the target body) will be discussed in this part. The survey parameters are the same as before.

Suppose that the top of conductor II is 10m deep, the center of conductor II is located 1514m from the transmitter. Figure 3 displays the apparent resistivity curves recorded above conductor I for the different sectional dimensions and different resistivity of conductor II. In order to compare the curves with the original apparent resistivity curve calculated when there is no conductor II, the original curve is plotted using a solid line in the same figure. From this figure we can see that the apparent resistivity curves depart from the original curve when the survey frequency is lower than 128Hz, which tells us that the response is dominated by the fields propagating through the shallow subsurface that contain little information about the low

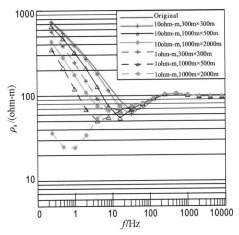

Fig. 3   The apparent resistivity responses from a
receiver just above conductor I. The different
curves are for different resistivities and/or sizes of
conductor II. The 'original' response from
conductor I is the one without conductor II

resistivity body at depth when the observation frequency is higher than 128Hz. As the resistivity of the conductor II decreases or its sectional area increases, the anomaly become larger with decreasing frequency. When the size of conductor II varies from 300m×300m to 1000m×2000m, the maximum error caused by the conductor II is 13%, 37%, and 60% in turn for a 10 ohm-m conductor II and 40%, 75%, and 95% for a 1ohm-m conductor II. This example indicates that a conductive body between the transmitter and the target body with low resistivity and/or large size can have significant impact on the measured CSEM response. When conductor II is replaced by a high resistivity body the effect is much lower than with a low resistivity body. The error between the high resistivity response and the original one is only 3.4% when the size and the resistivity of the high resistivity body is 1000m×2000m and 2000 ohm-m, respectively. Boschetto and Hohmann (1991) and Chen and Yan (2005) discussed the effect of the high resistivity body and drew a similar conclusion on the very small effect of a high resistivity body. Therefore, only the effect of a low resistivity body is further discussed in this paper.

The corresponding resistivity pseudo-sections are shown in Figure 4. Compared to Figure 2, the resistivity anomaly of conductor I is significantly distorted by conductor II, especially for the large conductor II size. The 1 ohm-m conductor body with cross-sectional area of 1000m×2000m introduces a low-resistivity anomaly, which extends below the target area. This phenomena is the called the shadow effect. Neglecting the presence of the low resistivity body between the transmitter and the conductor I would lead to a wrong interpretation.

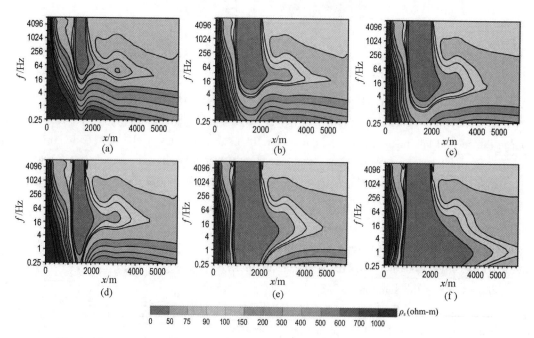

Fig. 4　The apparent resistivity sections for different resistivities and sizes of conductor II.
The top of conductor II is at 10 m depth
(a) 10 ohm-m, 300m×300m, (b) 10 ohm-m, 1000m×500m, (c) 10 ohm-m, 1000m×2000m,
(d) 1 ohm-m, 300m×300m, (e) 1 ohm-m, 1000m×500m, and (f) 1 ohm-m, 1000m×2000m

Figure 5 shows the apparent resistivity response at the site above conductor I when conductor II is buried at a larger depth of 300m. Compared to Figure 3, the apparent resistivity curves are separated from the original curve at 64 Hz and at lower frequencies. When the size of the 1 ohm-m conductor II varies from 300m×300m to 1000m×2000m, the difference between the apparent resistivity and the original resistivity is 49%, 72%, and 95%. These values are almost same as that described in Figure 3. This example suggests that the low resistivity body between the transmitter and the target body will affect the response of the target body in a large range of the middle and low frequencies. The degree of influence on the response in the middle frequency range will depend on the buried depth of conductor II in the transition zone.

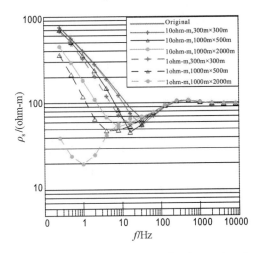

Fig. 5   The apparent resistivity response received at the observation site above conductor I.
The parameters are same as in Figure 3 except that the buried depth of conductor II is 300m

Figure 6 shows the various apparent resistivity sections for conductor II with a burial depth of 300 m. From these sections we can see that there is clearly a conductor I in the target zone. However, it is almost impossible to explain the location and resistivity of conductor I as the resistivity of conductor II decreases greatly and/or its cross-sectional area increases. This example further confirms that a low resistivity body located between the transmitter and the target body, even with a relatively large burial depth, may still affect the target response.

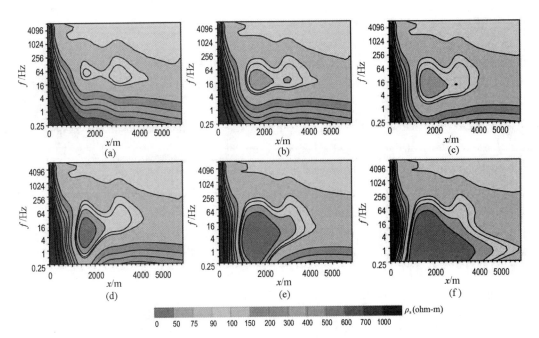

Fig. 6   The apparent resistivity sections for different resistivities and sizes of conductor II
with a burial depth to the top of 300m
The resistivities and sizes of the conductor are the same as in Figure 4

4　Inversion

The previous discussion shows that the response of the target body is distorted by conductor located between the transmitter and the target body because the responses of the low resistivity bodies in different zones are coupled with each other. The effect amplitude is related to the size, resistivity, and buried depth of the conductor. The media between the transmitter and the survey area is ignored in general inversion and only the media in the survey area is considered. How will it affect the inversion results when there is a conductor between the transmitter and the target body? Here, we will discuss this problem. Our inversion method is based on the algorithm of the CSAMT-RRI method developed by Lu et al. (1999). The top of the model used has a buried depth of 300m and the forward modeling results were shown in Figures 6a to 6c.

Two data sets are used in the inversion. The first set of data includes all of the data observed at 66 stations from 0m to 5864m. After eight iterations, the iterative error curve basically tends to level but we used the 10th iteration results. The fitting errors are 5%, 8%, and 15%, respectively, for conductor II changing from small to large. The inversion results are shown in Figures 7b, 7d, and 7f. The three maps correspond to the different sizes of conductor II sizes. They show that the horizontal position of conductors I and II agree with the model very well.

The second data set includes 34 stations from 2564m to 5864m, the inversion region is limited to the exploration area (i. e., the area to the right of the dashed line in the model shown in Figure 7a). The data also includes the effect of conductor II. In Figures 7c, 7e, and 7g we find that the horizontal position of conductor I moves to smaller coordinates and the effect increases with increasing size of conductor II. This example shows that ignoring the large conductor between the transmitter and the target body could bring incorrect inversion results leading to a reduction in interpretation accuracy.

5　Conclusions

In this paper, we studied the effect of a conductor between the transmitter and target body on the response of the target using the 2D finite-element method. The effect is related to the resistivity, size and buried depth of the conductor and the effect is greater at low frequencies. The affect increases with decreasing resistivity and/or with increasing size of the conductor. The burial depth also affects the response at middle frequencies when the resistivity and size of the conductor are fixed. Therefore conductors with large size and low resistivity in the transition zone should be considered in the interpretation. For the model we discuss in this paper the effect should be considered if the resistivity of the conductor is lower than one-tenth of the surrounding resistivity and if the size is larger than 1/6 of the transmitter-receiver spacing.

The inversion used data collected over the entire research area. The interpretation without considering the conductor between the transmitter and the target body yields errors in locating the horizontal position of the target as compared to the inversion result including it.

In CSEM field work, the media between the transmitter and the survey area are not known and no doubt that an amount of extra work will be conducted if the data between the transmitter and the survey area are collected. In order to reduce the effect of low resistivity bodies located between the source and the survey area, multiple-sources, and 3D acquisition should be conducted and 3D inversion should be used in the interpretation work.

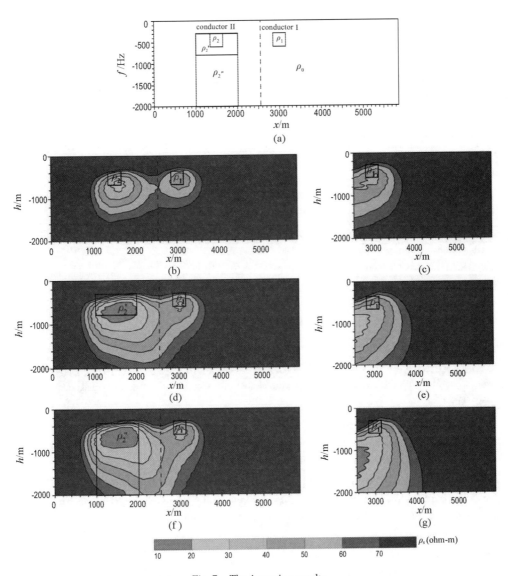

Fig. 7 The inversion results

(a) The model with conductor II located 1500 m from conductor I; (b), (d), and (f) are the inversion results when both conductor I and conductor II participate in the inversion; (c), (e), and (g) are the inversion results by assuming conductor II is absent. (b) and (c) corresponds to a conductor II size of 300m×300m, (d) and (e) corresponds to a conductor II size of 1000m×500m, and (f) and (g) corresponds to a conductor II size of 1000m×2000m

6 Acknowledgements

The authors sincerely acknowledge Professors He Zhanxiang and Wei Baojun. Their corrections and comments have greatly improved the manuscript. We want to especially thank the editor not only for her hard work but also for her meaningful suggestions for the integrity of our paper.

References

Bartel L C and Jacobson R D, 1987, Results of a controlled-source audio frequency magnetotelluric survey at the Puhimau thermal area, Kilauea Volcano, Hawaii: Geophysics, 5, 665-677

Boschetto N B and Hohmann G W, 1991, Controlled-source audio frequency magnetotelluric responses of three-dimensional bodies: Geophysics, 56, 255-264

Chen M S and Yan S, 2005, Analytical study on field zones, record rules, shadow and source overprint effects in CSAMT exploration: Chinese J. Geophys (in Chinese), 48, 951-958

Dey A and Morrison H F, 1979, Resistivity modeling for arbitrarily shaped three dimensional structures: Geophysics, 44, 753-780

He J S, 1990, The Control source audio-frequency magnetotelluric method: Zhongnan Industry University Press, Changsha, China1990

Kuznetzov A N, 1982, Distorting effects during electromagnetic sounding of horizontally non-uniform media using an artificial field source: Earth Physics, Izvestiya, 18, 130-137

Lu X, Unsworth M and Booker J, 1999, Rapid relaxation inversion of CSAMT data: Geophysics Journal International, 138, 381-392

Mitsuhata Y, 2000, 2-D electromagnetic modeling by finite-element method with a dipole source and topography: Geophysics, 65, 465-475

Routh P S and Oldenburg D W, 1999, Inversion of controlled-source audio-frequency magnetoteluric data for a horizontal-layered earth: Geophysics, 64, 1689-1697

Sasaki Y, Yoneda Y and Matsuo K, 1992, Resistivity imaging of controlled-source audio frequency magnetotelluric data: Geophysics, 57, 952-955

Smith J T and Booker J R, 1991, Rapid inversion of two and three-dimensional magnetotelluric data: Journal of Geophysics Research, 96, 3905-3922

Wang R, Wang M Y and Di Q Y, 2006, Forward modeling of the electromagnetic field due to a line source in frequency domain using the finite element method: Chinese Journal of Geophysics, 49, 1700-1709

Wannamaker P, 1997, Tensor CSAMT survey over the Sulphur Springs thermal area, Valles Caldera, New Mexico, U. S. A., Part I: Implications for structure of the western caldera: Geophysics, 62, 451-465

Ward S H, 1971, Electromagnetic theory for geophysical applications: Mining Geophysics, Vol. II, Theory: Society of Exploration Geophysicists, Tulsa

Yamashita M, Hollof P G and Pelton W H, 1985, CSAMT case histories with a multi-channel CSAMT system and discussion of near-field data correction: 55thAnn. Internat. Mtg., Soc. Expl. Geophys., Expanded Abstracts, 276-278

Zhang J F, Tang J T, Yu Y and Liu C S, 2009, Finite element numerical simulation on line control source based on quadratic interpolation: Journal of Jilin University (Earth Science Edition), 39, 929-935

Zonge K L and Hughes L J, 1991, Controlled source audio-frequency magnetotellurics: in Nabighian M N ed., Electromagnetic methods in applied geophysics, 2, Practice, Society of Exploration Geophysics, Tulsa, 713-809

用积分方程法研究源与勘探区之间的三维体对 CSAMT 观测曲线的影响*

王　若　底青云　王妙月　王光杰

中国科学院地质与地球物理研究所

摘　要　在可控源音频大地电磁法野外作业中，源和勘探区间的距离可达几公里，为了了解源和勘探区间的异常体对勘探区内异常响应的影响，我们用三维压缩积分方程法做了数值模拟研究。首先对勘探区目标体进行了数值模拟，发现在高频时，观测到的异常中心位于目标体的正上方，随着频率降低，出现异常中心向远离源的方向略有移动的现象，所以对三维异常体最好用 3D 软件来解释。然后，对源和勘探区间存在三维异常体的情况进行了数值模拟与分析讨论。模拟结果表明只有当三维异常体达到较大的规模时，才会对目标体上方的观测曲线造成影响，否则其电阻率的变化及埋深的变化对观测曲线的影响较小，可以忽略。当异常体在源方向有延伸时，观测曲线受到的干扰最大，沿垂直源布设的方向延伸时引起的干扰中等，垂直地面向下延伸引起的干扰最小。

关键词　三维　压缩积分方程法　源和勘探区间三维异常体　影响

1　引　言

可控源音频大地电磁（CSAMT）方法由于采用人工长偶极源，具有信号强，抗干扰能力强的特点，因此成为工程前期勘探、矿山、地下水等资源勘探的地球物理方法之一[1-5]。

CSAMT 法的源和勘探区之间有较长的距离，源通常置于勘探深度的 5 倍以远，使勘探区避免处于近区场的影响之中。CSAMT 测量本质上是一个 3D 问题。在如此长的距离内，一个潜在的问题是：如果在源和勘探区间存在异常体，它对目标体上方的观测曲线有什么影响？Boschetto N. B. 曾用积分方程法研究了源下异常体对勘探区 CSAMT 资料的影响问题[6]。我们也曾用 2D 有限元法对二维线源作用下的源和勘探区间的异常体对勘探区的影响做过研究[7]，所得的结果对 CSAMT 的工作起到了一定的指导作用。但二维问题是假设源和异常体在某一方向上无限延伸，这无疑加大了异常体的影响[7]。本文作者利用在 Utah 大学 Consortium for Electromagnetic Modeling and Inversion（CEMI）学科组访问的机会，用该组发展的三维积分方程法和软件从 CSAMT 3D 正演的角度对 3D 电性结构的电磁响应以及源和勘探区之间的三维低阻异常体对勘探区目标体的电磁响应的影响进行了研究。

积分方程法作为电磁方法数值模拟的有效有段之一，经过多年的发展[8-18]，在计算速度以及占用内存等方面都得到明显改善。比如，用快速多极子方法（FMM）求解三维非均匀介质散射体的电磁散射[14]二问题可以提高计算速度；文献［15］采用了数值滤波与插值、群变换以及格林矩阵带状化三个方面的数值处理方法，提高了计算效率。文献［16］提出了一种关于自由空间三维导电导磁体在谐变磁偶极场中电磁响应的数值计算方法，通过用积分方程法和有限差分法混合求解使计算速度加快。文献 [17] 研究了半空间中含多个异常体的复杂条件下电阻率响应数值模拟的理论和计算方法。

本文所用的方法为压缩积分方程（Contraction Integral Equation）法[18]，该方法通过引入一些变换，使改进后的格林函数算子的范数小于 1，所以称为压缩积分方程法。该方法也可以看作是对传统积分方程做了预处理，优点是用迭代方法解预处理后的积分方程时收敛性较好。

简言之，本文首先简述压缩积分方程法的基本原理；然后用 CEMI 学科组的 3D 积分方程正演模拟软件计算勘探区目标体的响应，并讨论用 1D、2D 方法进行资料解释时可能带来的问题；随后针对源和勘探区之间的异常体具有不同物理性质和几何参数时对勘探区目标体电磁响应的影响做讨论；最后给出结论。

2　压缩积分方程法

如果在均匀半空间中或层状空间中存在异常体，电磁总场就可写成背景场与异常场之和：

$$E = E^b + E^a \qquad H = H^b + H^a \tag{1}$$

式中，背景场 E^b 和 H^b 是在给定源激发下只有背景电导率 $\widetilde{\sigma}_b$ 存在时观测到的电磁场；异常场 E^a 和 H^a 是异常电导率 $\Delta\widetilde{\sigma}$ 存在时产生的散射电磁场。

异常场可以用格林函数表示为[19,20]

$$E^a(r_j) = G_E[\Delta\widetilde{\sigma}(r)E] = \int_D \hat{G}_E(r_j \mid r)\Delta\widetilde{\sigma}(r)[E^b(r) + E^a(r)]dv \tag{2}$$

$$H^a(r_j) = G_H[\Delta\widetilde{\sigma}(r)E] = \int_D \hat{G}_H(r_j \mid r)\Delta\widetilde{\sigma}(r)[E^b(r) + E^a(r)]dv \tag{3}$$

式中，G_E 和 G_H 分别表示电格林算子和磁格林算子；$\hat{G}_E(r_j \mid r)$ 和 $\hat{G}_H(r_j \mid r)$ 分别是电导率为 $\widetilde{\sigma}_b$ 的无界均匀空间中的电和磁的格林张量。

如果异常区域 D 中的任一点 r_j 处的异常场表示为：

$$E^a(r_j) = G_E[\Delta\widetilde{\sigma}(r)(E^b(r) + E^a(r))] \qquad r, r_j \in D \tag{4}$$

则该点总的电场可以表示为：

$$E(r_j) = E^b(r_j) + G_E[\Delta\widetilde{\sigma}(r)E(r)] \qquad r, r_j \in D \tag{5}$$

当不均匀区域 D 中的总场知道后，就可以用式（2）和式（3）计算任意接收点 r_j 处的电磁场。

根据 Zhdanov 和 Fang 所提出的表达式[10]，方程（4）或（5）可以转化为压缩算子方程。

$$aE^a + bE^b = G^m[b(E^a + E^b)] \tag{6}$$

式中，

$$a = \frac{2\mathrm{Re}\widetilde{\sigma}_\mathrm{b} + \Delta\widetilde{\sigma}}{2\sqrt{\mathrm{Re}\widetilde{\sigma}_\mathrm{b}}} \qquad b = \frac{\Delta\widetilde{\sigma}}{2\sqrt{\mathrm{Re}\widetilde{\sigma}_\mathrm{b}}} \tag{7}$$

$G^\mathrm{m}(x)$ 为原来的电格林算子经过线性变化后得到的新算子, G^m 的范数小于 1, x 为新算子的变量, $G^\mathrm{m}(x)$ 可用下式表示:

$$G^\mathrm{m}(x) = 2\sqrt{\mathrm{Re}\widetilde{\sigma}_\mathrm{b}}\, G_\mathrm{E}(2\sqrt{\mathrm{Re}\widetilde{\sigma}_\mathrm{b}}\, x) + x \tag{8}$$

如果取

$$\widetilde{E} = aE = a(E^\mathrm{a} + E^\mathrm{b}) \tag{9}$$

则式 (6) 可变形为:

$$\widetilde{E} = C(\widetilde{E}) = G^\mathrm{m}[\, ba^{-1}\widetilde{E}\,] + \sqrt{\mathrm{Re}\widetilde{\sigma}_\mathrm{b}}\, E^\mathrm{b} \tag{10}$$

方程 (10) 中的算子 $C(\widetilde{E})$ 为任意有耗介质中的压缩算子[10]。

利用公式 (2) 中所给的原格林算子并考虑公式 (8), 经过一些变化后, 关于场 $\widetilde{E}$ 的最终积分方程为:

$$\sqrt{\mathrm{Re}\widetilde{\sigma}_\mathrm{b}}\, a^{-1}\widetilde{E} = \sqrt{\mathrm{Re}\widetilde{\sigma}_\mathrm{b}}\, E^\mathrm{b} + \sqrt{\mathrm{Re}\widetilde{\sigma}_\mathrm{b}}\, G_\mathrm{E}(\Delta\widetilde{\sigma} a^{-1}\widetilde{E}) \tag{11}$$

将式 (11) 写成分量形式为:

$$\sqrt{\mathrm{Re}\widetilde{\sigma}_\mathrm{b}}\, a^{-1}\widetilde{E}_n = \sqrt{\mathrm{Re}\widetilde{\sigma}_\mathrm{b}}\, E^\mathrm{b}_n + \sqrt{\mathrm{Re}\widetilde{\sigma}_\mathrm{b}}\, G_{E_n} \tag{12}$$

其中, $n = 1$、2、3, 分别对应 x、y、z 三个分量方向, 且有

$$G_{E_n} = \sum_{m=1}^{3} \iiint_D \hat{G}_{Enm} \Delta\widetilde{\sigma} a^{-1}\widetilde{E}_m \mathrm{d}v \tag{13}$$

计算出 $\widetilde{E}$ 后, 就可由式 (9) 计算出总场 E, 进而可分别由式 (3) 和式 (1) 算出异常磁场和总磁场。求得电场和磁场后, 可通过下式来计算卡尼亚视电阻率:

$$\rho_\mathrm{s} = \frac{1}{\omega\mu}\left|\frac{E_\mathrm{x}}{H_\mathrm{y}}\right|^2 \tag{14}$$

在 CSAMT 方法中, 因为只有 E_x 和 H_y 分量被测量, 通过这两个分量计算出卡尼亚视电阻率和相位。鉴于此, 本文也只对这几个物理量进行分析。

3　数值模拟

3.1　均匀半空间模型

假设地下介质为均匀半空间，介质的电阻率为 $100\Omega \cdot m$。在地表做 CSAMT 观测，偶极源长度为 1km，电流强度为 10A，源的中心距观测点的距离为 3km。所用的观测频率为 $2^{-2} \sim 2^{13}$ Hz，步长为 2^n，共 16 个频率。图 1 为均匀半空间解析解与积分解对比图。

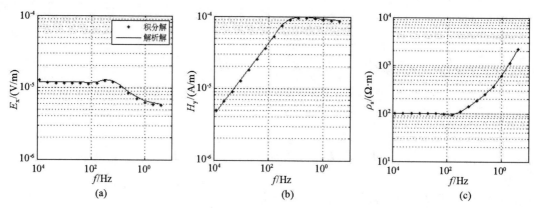

图 1　均匀半空间解析解与积分解对比图
（a）总电场；（b）总磁场；（c）视电阻率

从图 1 可以看出，电场和磁场的积分方程解比解析解稍小，但二者之比得到的视电阻率吻合得较好。电场、磁场和视电阻率的积分解相对于解析解的标准偏差分别为 3.08%、2.91% 和 1.27%。标准偏差小说明压缩积分方程的解是可靠的。

3.2　目标区单个低阻异常体模型

假设在 $100\Omega \cdot m$ 的均匀半空间中有一个 $10\Omega \cdot m$ 的 3D 低阻目标体，命名为 A1，边长为 300m，顶部埋深为 300m，如图 2a 所示。文中所用坐标系的原点位于异常体中心上方的地面上，x 轴指向图中的右侧，y 轴在地面与 x 轴垂直，z 轴指向地中心，三轴遵循右手螺旋法则。

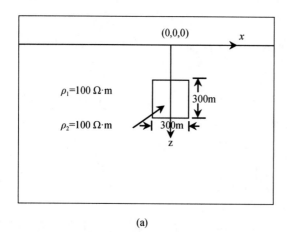

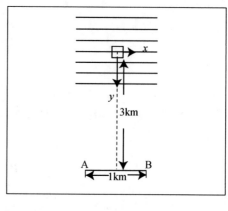

图 2　单个低阻异常体模型示意图
（a）模型断面图；（b）观测装置平面图

观测平面图如图 2b 所示，在目标体 A1 上方布设七条测线，线距 200m，每条测线上有测点 48 个，点距 25m。源的中心距目标体中心在地面上的投影点 3km，其他观测参数与均匀半空间的相同。

由积分方程正演得到的计算结果示于图 3 中。图 3a 为观测频率取 32Hz 时的异常电场平面等值线图。从图中可以看出：目标体正上方的异常值最大，约为 1×10^{-6} V/m。图 3b 为各测点电场总场平面图，靠近源的部分（y 轴正方向）场值较远离源的部分高，反映了场的衰减特征。在目标体上方对应位置（0，0）附近显示了低场值特征，反映了低阻目标体的存在。图 3d 为纯磁场异常的平面等值线图，最大值也约为 1×10^{-6} A/m。图 3e 为磁场总场的平面图，也反映出了磁场由源向远离源的方向逐渐衰减的特征，但是并没有明显的异常反映，这是因为在 100Ω·m 的均匀半空间中磁场的背景场值较大，量级为 10^{-5}，高出纯异常 2 个量级，所以从总场上基本看不到磁场异常的响应。通过电磁场总场的幅值和相位计算得到的视电阻率和相位分别如图 3c、f 所示，这两张图清楚地显示了异常的存在，但异常显示为开放式异常，这是源的阴影效应造成的[21,22]，即目标体引起的异常在远离源的方向有拉长现象。图 3a、f 表明，对于 3D 电性体，用 CSAMT 法来探测时，如用总场资料（包括总场计算的视电阻率和视相位资料）解释，应该采用 3D 正反演方法。因为各测线上的总场异常特征是不一样的，用 1D、2D 方法解释将产生较大的误差。除非电性结构是 2D 体，在走向方向（此处为 y 方向）电性是均匀的，各个测线上的总场特征才可能一致，才可用 1D、2D 方法来解释。图 3b、e 的结果同时表明，若采用总场资料来解释，最好采用电场资料而不用磁场资料，因为电性结构对磁场的影响不如对电场的影响大。

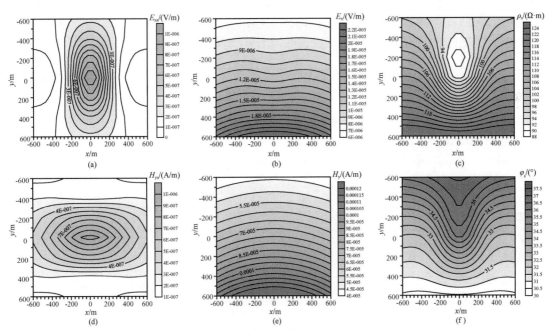

图 3　单个低阻异常体三维积分方程正演模拟平面图（f = 32Hz）
（a）电场纯异常；（b）电场总场；（c）视电阻率；（d）磁场纯异常；（e）磁场总场；（f）视相位

图 4 为不同频率下视电阻率的平面图，从图中可以看出，随着频率降低，异常的中心向远离源的方向移动。进一步说明对于 3D 电性结构，需要用有源 3D 的资料处理解释方法。

图 5 为目标体 A1 正上方测点所对应的频率测深曲线，为了与目标体不存在时的背景电阻率曲线相比较，将二者画在了同一幅图中。纯异常场曲线如图 5a 和图 5d 所示，为总场和背景场之差，纯异常曲线在高频时几乎为零，随着频率的降低异常越来越大，在 30Hz 左右达到最大值，随后又逐渐减弱。频率较高时，主要反映的是浅部介质对场的贡献，而浅部为均匀介质，总场和背景场应是一致的，所

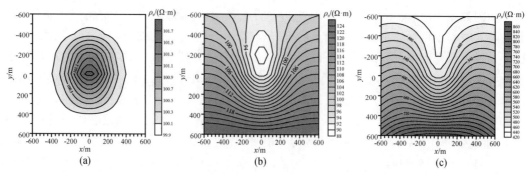

图 4　不同频率下视电阻率的平面图
(a) $f=128\text{Hz}$；(b) $f=32\text{Hz}$；(c) $f=1\text{Hz}$

以浅部异常场接近于零。随着频率降低，探测深度越来越深，异常体对场的贡献越来越大，当达到最佳探测频率 30Hz 后，随着探测频率的降低，波长越来越长，电磁勘探的体积效应使得异常体对场的贡献又在逐渐减小，所以出现纯异常曲线下降的现象。电场异常和磁场异常的形态相似，异常的幅值也基本相同。由于异常场是二次场，是由一次场激发目标电性结构体诱发的，电磁异常形态和幅值相似是合理的。但在总场的测深曲线图（图 5b、e）上，相对于背景场来说，由于异常体的存在，电场幅值较背景场降低；而磁场曲线中二者基本一致，原因如前所述，是由磁场的背景值比异常值大 2 个数量级造成的。有目标体存在时的视电阻率在 100Hz 左右与背景视电阻率曲线分离，显示了低阻目标异常体的存在。相位曲线与背景场的相位曲线相比，在 64Hz 左右二者有稍许差异，首支和尾支重合。由 3D 积分方程法计算的图 5 中的诸曲线除异常曲线外相当于野外观测曲线，是 CSAMT 工作者所熟悉的。

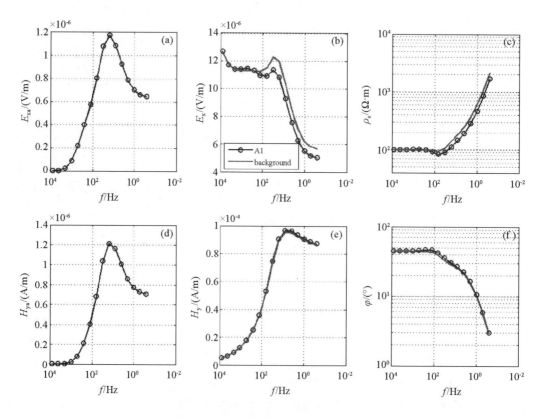

图 5　单个低阻异常体三维积分方程法正演模拟测深曲线图（与目标体正上方测点对应）
(a) 电场纯异常；(b) 电场总场；(c) 视电阻率；(d) 磁场纯异常；(e) 磁场总场；(f) 视相位

为了能更多地了解目标异常体存在时异常场的信息，并能和熟知的 CSAMT 2D 剖面结果进行比较，将计算结果用图 6 表示。图 6 为在目标体 A1 正上方测线上各点计算得到的不同观测频率断面图，其中的视电阻率断面图与野外观测原始断面图一致。电场和磁场的纯异常断面图突出了异常的存在，电场和磁场总场的断面图也显示了目标体引起的干扰，对于磁场来说，异常主要体现在低频。视电阻率断面和相位断面也明显显示了异常的存在。表明对于一个 3D 局部电性异常，通过该局部 3D 体的 2D 测量剖面仍可以从 2D 的常规资料处理解释方法近似地获得该局部电性体的某些电性参数，例如，该电性体的 x 方向的尺度和电性体的电阻率值，但不用 3D 方法就不能获得电性结构体 y 方向的尺度。图 3c 表明，即使采用一系列的测线来探测，由于在 y 方向的异常存在向远离源方向被拉长了的阴影效应，用 2D 方法计算的总场的 y 方向宽度会不准确。

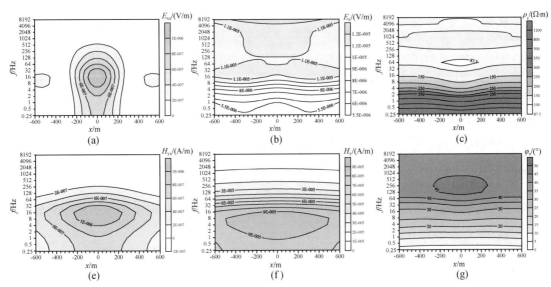

图 6　单个低阻异常体三维积分方程法正演模拟拟断面图（与目标体正上方测线对应）

（a）电场纯异常；（b）电场总场；（c）视电阻率；（d）磁场纯异常；（e）磁场总场；（f）视相位

4　源和勘探区间的异常体对目标体响应的影响

假设在源的中心点和勘探区目标体的中心连线上存在一个异常体，为了描述上的方便，将其命名为 A2。由于 CSAMT 的 3D 问题尚处在研究阶段，一般来说，在 CSAMT 1D、2D 资料处理解释中不考虑 A2 对 A1 的影响，这里利用 CEMI 研究组的 3D 程序研究这一影响。研究中 A2 的初始参数为：电阻率值与 A1 相同，为 $10\Omega\cdot m$，大小与 A1 相同，为 $300m \times 300m \times 300m$；埋深 300m；位于源与目标体 A1 的中间位置，即 A2 的中心点在地面上的投影距源的中心和 A1 在地面上的投影均为 1500m。我们将从 A2 的初始参数的变化来讨论源和勘探区间的异常体对目标体上方观测曲线所造成的影响。A2 的初始参数在以下几个方面发生变化：尺寸、电阻率值、不同埋深、与目标体 A1 间的水平距离、在不同方向上的延伸。

4.1　A2 具有不同尺寸时对目标体响应的影响

令 A2 初始参数中的大小发生变化，而保持其他参数不变。边长（用 b 来表示）分别设为 300、500、800、1000m 四种情况。在目标体 A1 上方测点计算得到的曲线如图 7 所示。

在图 7a 所示图例中，A1 表示只有目标体存在时计算得到的曲线。从图 7a 的电场曲线来看，当异常体 A2 存在且频率小于 64Hz 时，曲线与 A1 曲线有很明显的分离，与 A1 曲线相比，电场幅值减小。

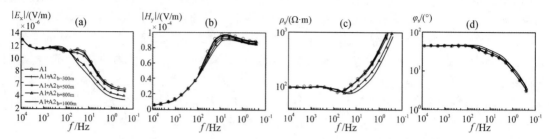

图 7 源与目标体（A1）间异常体（A2）具有不同尺寸（边长用 b 表示）
时对观测曲线的影响（与目标体正上方测点对应）
（a）电场总场；（b）磁场总场；（c）视电阻率；（d）视相位

随异常体 A2 边长增大，二者的差异也越大，表明对观测曲线的影响越来越大。当 A2 边长较小，如 b=300m 时，电场曲线与 A1 曲线的差异非常小。对于图 7b 所示的磁场曲线，A2 尺寸的变化引起的磁场总场的变化相对电场来说较小。从图 7c 和图 7d 看出，当 A2 的边长小于等于 500m 时，视电阻率曲线和相位曲线和只有 A1 存在时的曲线几乎完全重合，说明观测曲线基本不受 A2 存在的影响。而当 A2 进一步增大时，曲线显示视电阻率值降低，对观测结果有较大的影响。

4.2 A2 具有不同电阻率值时对目标体响应的影响

当 A2 的电阻率不同时，对观测曲线的影响示于图 8 中。图 8 给出了 b=500m 和 b=1000m 两种尺寸下 A2 电阻率的影响。从图 8a、b 看出，对同一尺寸的异常体 A2 来说，电阻率降低会使所研究测点处的电场和磁场曲线的值略有降低，但当异常体的边长小于等于 500m 时，造成的影响十分微小。同样的规律也体现在视电阻率曲线和相位曲线中。

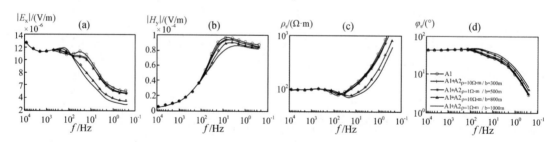

图 8 源与目标体（A1）间异常体（A2）具有不同电阻率值时对观测曲线的影响（与目标体正上方测点对应）
（a）电场总场；（b）磁场总场；（c）视电阻率；（d）视相位

4.3 A2 不同埋深时对目标体响应的影响

图 9 为 A2 具有不同埋深时各种曲线的对比，图中的 A2 也具有两种尺寸，即边长 b=500m 和 b=1000m，图例中的 d 表示 A2 顶部埋深。在图 9a 所示的电场曲线中，对于同一尺寸的 A2 来说，埋深不同造成观测到的电场总场在所给观测频段的中频段差异较大，而高频和低频的曲线基本重合。A2 的尺寸越大，其影响频带越宽。对于图 9b 所示的磁场曲线，如果同一尺寸的 A2 具有不同的埋深，磁场曲线从一定频点开始有分离，且一直持续到低频。当 A2 边长为 500m 时，受埋深的影响很小。当 A2 具有同一尺寸但埋深不同时，引起的视电阻率曲线的差异较小。当 A2 的边长为 1000m 时，由于埋深变浅，使得曲线在中频段的几个频点的视电阻率降低，但当边长为 500m 时，无论埋藏深浅，都对视电阻率曲线影响很小，可以忽略。

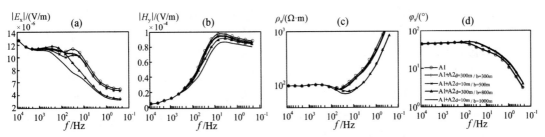

图 9 源与目标体（A1）间异常体（A2）具有不同埋深时对观测曲线的影响（与目标体正上方测点对应）
（a）电场总场；（b）磁场总场；（c）视电阻率；（d）视相位

4.4 A2 在各个方向有不同延伸时对目标体的影响

假设 A2 的其他参数不变，而在某一方向延伸后对目标体（A1）上方观测曲线的影响示于图 10 中。图例中的 $x2000m$ 表示以 A2 中点为中心，A2 在 x 方向向两侧延伸 2000m，$y2000m$ 的含义同上，$z2000m$ 是指顶部埋深不变，A2 向下延伸到 2000m。从图 10a 中可以看出，异常体 A2 在 z 方向的延伸使电场总场受到的干扰最小，A2 在 y 方向的延伸引起的干扰居中，A2 在 x 方向的延伸引起的干扰最大。这是因为源是沿 x 方向布设的，如果 A2 在 x 方向有延伸，耗散在 A2 内部的电流较多，从而使在 A1 上方观测的场减小。如果 A2 在 y 方向有延伸，电流垂直流过异常的距离较小，引起的耗散也较小，所以在 A1 上方观测的场在大部分频点高于在 x 方向延伸时观测的场。由电场感应出的磁场和由电场和磁场计算出的视电阻率也具有相同的规律。当 A2 异常有 x 方向的延伸时相位曲线也表现出了与只有目标体时的曲线有明显分离的现象。

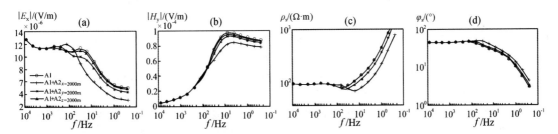

图 10 异常体（A2）在不同的方向具有延伸时对观测曲线的影响（与目标体正上方测点对应）
（a）电场总场；（b）磁场总场；（c）视电阻率；（d）视相位

5 结　论

本文首先用三维积分方程法计算了 CSAMT 均匀半空间中三维体的响应特征，然后分析了源和勘探区间的异常体对勘探区目标体响应的影响。通过本文的计算与分析，得出了以下结论：

对于勘探区中的低阻目标体，在高频时，异常的中心位于目标体的正上方，随着频率降低，异常的中心向远离源的方向略有移动。若用二维方法进行解释，当地电结构是 2D 时，测线沿倾向方向所得结果是可靠的。但当地电结构是 3D 的，采用 1D、2D 资料处理解释方法在沿测线方向的电性结构是可靠的，而在正交于测线方向，虽然可做许多平行测线，由于源的阴影效应，结果是有误差的。

源和勘探区间的异常体，在常规的 CSAMT 资料处理解释中是不予考虑的。本研究表明：源和勘探区异常体的存在将对勘探区目标体的观测结果产生一些影响。异常体电阻率越低，在目标体上方观测到的场值和视电阻率值也越低；异常体顶部埋深可影响到目标体响应场及视电阻率曲线的中频段，埋深变大使中频段的场值及视电阻率值降低；异常体离目标体越近，影响也越大。但对于本文所给的模型，当源和勘探区间的异常体的边长小于等于 500m 时，在目标体上方的观测曲线特别是视电阻率曲线和相位曲线基本不受以上因素的影响。也就是说，当异常体几何尺寸足够大时，才会对观测曲线造成影响，否则可以忽略。异常体在垂直向下方向的延伸使观测曲线受到的干扰最小，在与源垂直方向的延伸引起的干扰居中，在与源平行方向的延伸引起的干扰最大。在以上几种参数中，异常体的埋深对目标体视电阻率曲线的影响最小，在与源平行方向的延伸引起的影响最大。

致　谢　感谢 Utah 大学 Zhdanov 教授给我们提供这个机会用 CEMI 研究组开发的三维积分方程正演软件进行计算，感谢万乐博士提供的有效建议与讨论。

参 考 文 献

［1］安志国、底青云、郭韶华，2008，隐伏煤矿区 CSAMT 法煤系地层勘查研究，中国矿业大学学报，37（1）：118～124

［2］底青云、王妙月、石昆法等，2002b，高分辨 V6 系统在矿山顶板涌水隐患中的应用研究，地球物理学报，45（5）：744～748

［3］底青云、王光杰、安志国等，2006，南水北调西线千米深长隧洞围岩构造地球物理勘探，地球物理学报，49（6）：1836～1842

［4］龚飞、底青云、王光杰等，2005，CSAMT 方法对虎跳峡龙蟠右岸变形体的反应特征，工程地质学报，13（4）：542～545

［5］王若、王妙月、底青云等，2004，CSAMT 方法在隧道勘察中的应用，石油地球物理勘探，39（s1）：43～45

［6］Boschetto N B and Hohmann G W，1991，Controlled-source audiofrequency magnetotelluric responses of three-dimensional bodies，Geophysics，56（2）：255-264

［7］王若、王妙月、底青云等，2007，源与勘探区间的异常体对勘探区的影响，工程地质学报，15（增II）：197～202

［8］Xiong Z，1992，EM modeling of three-dimensional structures by the method of system iteration using integral equations，Geophysics，57，1556-1561

［9］Zhdanov M S and Fang S，1996，Quasi-linear approximation in 3-D EM modeling Geophysics，61，646-665

［10］Zhdanov M S and Fang S，1997，Quasi-linear series in 3-D EM modeling：Radio Sci.，32，2167-2188

［11］Zhdanov M S，Dmitriev V I，Sheng　F and Hursan　G，2000，Quasi-analytical approximations and series in electromagnetic modeling：Geophysics，65，NO. 6，1746-1757

［12］魏宝君、Liu Q H，2007，水平层状介质中基于 DTA 的三维电磁波逆散射快速模拟算法，地球物理学报，50（5）：1959～1605

［13］鲁来玉，2003，电阻率随位置线性变化时的三维大地电磁模拟，地球物理学报，46（4）：568～575

［14］陈晓光、金亚秋，2000，三维电磁波体积分方程的快速多极子算法，电子与信息学报，22（6）：1007～1015

［15］陈久平、陈乐寿、王光锷，1990，层状介质中三维大地电磁模拟，地球物理学报，1990，33（4）：480～488

［16］俞黎明、许洪海，1986，三维导电导磁体电磁响应的数值解，地球物理学报，29（2）：176～184

［17］毛先进、鲍光淑、宁守根，1996，半空间中多个三维体电阻边界积分方程模拟，地球物理学报，39（6）：823～835

［18］Hursan G and Zhdanov M S，2002，Contraction integral equation method in three-dimensional electromagnetic modeling，RADIO SCIENCE，37（6）：1089-1101

［19］Weidelt P，1975，EM induction in three-dimensional structures，J. Geophysics，41，85-109

［20］Hohmann G W，1975，Three-dimensional induced polarization and EM modeling，Geophysics，40，309-324

［21］何继善等，1990，可控源音频大地电磁法，长沙：中南工业大学出版社，130～131

［22］陈明生、闫述，2005，CSAMT 勘探中场区、记录规则、阴影及场源复印效应的解析研究，地球物理学报，48（4）：951～958

Ⅲ—10

The analysis of CSAMT responses of dyke embedded below conductive overburden[*]

Wang Ruo[1]   **Masashi Endo**[2]   **Di Qingyun**[1]   **Wang Miaoyue**[1]

1) Institute of Geology and Geophysics, CAS, China

2) Consortium for Electromagnetic Modeling and Inversion (CEMI), University of Utah, U. S. A.

Abstract: Three-dimensional (3D) electromagnetic (EM) fields of a conductive dyke with a conductive overburden are simulated numerically using 3D contraction integral equation (CIE) method to discuss the optimal survey configuration of the controlled-source audio-frequency magnetotelluric (CSAMT) method for the exploration of conductive dyke-type target. The calculation results show that the most effective configuration of the transmitter is the case that the direction of the grounded-wire transmitter is along the strike of dyke. In this configuration, the ratio of anomalous fields to the primary fields becomes larger than those of any other survey configurations. Using the optimal survey configuration, we also investigate the detectability of the conductive dyke. We calculate the anomalous fields E_{ya} and H_{xa}, which are the responses of the conductive dyke only, and compare them to the noise level for the cases that the depth and the height of the conductive dyke are variable. When the depth of the dyke top increases, the detectability of the conductive dyke decreases. Also, the effect of the height of the dyke to the amplitude of the anomalous fields is much smaller than that of the depth, so that it is usually difficult to detect the height of the dyke by general CSAMT measurement even with the optimal survey configuration. The measurement using borehole can be helpful to address this problem.

Key words: 3D dyke model, CIE method, optimal configuration, influence factors

1   Introduction

Electromagnetic method is one of the effective methods for locating the fault, crush zone and the mineral vein when the resistivity contrast is large enough between the host rock and the material filling in the fault or in the vein.

One of the electromagnetic methods, controlled-source audio-frequency magnetelluric (CSAMT) method, is extensively used for the explorations of complex geology structures and ore body [1, 2]. Usually in this method the transmitter injects a square wave current into the ground via the grounded wire.

The fault zone and/or the mineral vein can be treated approximately as a dyke model because its dimen-

* 本文发表于《地球物理学报》, 2010, 53 (3): 677~684

sions are limited. Some geophysicists did a lot of work to study the CSAMT response of a dyke model because it is a typical geological model [3, 4], however their works only focused on the electromagnetic response to delineate the 2D dyke.

For a 3D dyke, many factors can affect the CSAMT responses for locating the dyke, such as the survey configuration, the amplitude of the EM fields related to the physical parameter of the 3D dyke, and so on. In the paper, we discuss the influences of the survey configuration and the physical parameters of a 3D dyke to the responses of the EM field components.

We used a forward modeling software, which has been developed by the Consortium for Electromagnetic Modeling and Inversion (CEMI) at University of Utah, based on the contraction integral equation (CIE) method [5]. It is well known that the integral equation (IE) method is one of the most accurate techniques to calculate the EM fields of three-dimensional (3D) geo-electrical structures [6~13]. The contraction integral equation method uses the modified Green's operator with a norm less than one, and it makes the iterative solution to be uniform convergence.

In the current paper, we first summarize the CIE method. Then we simulate the 3D EM fields of a 3D conductive dyke using the CIE method in order to investigate the optimal survey configuration which is most sensitive to a 3D conductive dyke. Also, we discuss the detectability of the conductive dyke with the optimal survey configuration and test some physical parameters of dyke.

2　　Contraction Integral Equation (CIE) Method

The electromagnetic fields in certain model can be presented as a sum of background fields and anomalous fields:

$$E = E^b + E^a \qquad H = H^b + H^a \tag{1}$$

where the background field E^b and H^b are the field generated by the given sources in the model with the distribution of background complex conductivity $\widetilde{\sigma}_b$ and the anomalous field E^a and H^a are produced by the anomalous conductivity distribution $\Delta\widetilde{\sigma}$.

The anomalous fields can be expressed as an integral over the excess currents in inhomogeneous domain $D^{[6,8]}$:

$$E^a(r_j) = G_E[\Delta\widetilde{\sigma}(r)E] = \int_D \hat{G}_E(r_j \mid r)\Delta\widetilde{\sigma}(r)[E^b(r) + E^a(r)]dv \tag{2}$$

$$H^a(r_j) = G_H[\Delta\widetilde{\sigma}(r)E] = \int_D \hat{G}_H(r_j \mid r)\Delta\widetilde{\sigma}(r)[E^b(r) + E^a(r)]dv \tag{3}$$

where G_E and G_H are the electric and magnetic Green's operators; $\hat{G}_E(r_j \mid r)$ and $\hat{G}_H(r_j \mid r)$ are the electric and magnetic Green's tensors defined for an unbounded stratified conductive medium with a background complex conductivity $\widetilde{\sigma}_b$, E^a is the anomalous electric field, r is any point in inhomogeneous domain D, r_j is receiver position.

The equations (2) can be converted into a contraction operator-based equation. Following the notations of

Zhdanov and Fang[12] , the anomalous field equation (2) can be rewritten as

$$a\boldsymbol{E}^{\mathrm{a}} + b\boldsymbol{E}^{\mathrm{b}} = \boldsymbol{G}^{\mathrm{m}}[\, b(\boldsymbol{E}^{\mathrm{a}} + \boldsymbol{E}^{\mathrm{b}})\,] \tag{4}$$

where

$$a = \frac{2\mathrm{Re}\widetilde{\sigma}_{\mathrm{b}} + \Delta\widetilde{\sigma}}{2\sqrt{\mathrm{Re}\widetilde{\sigma}_{\mathrm{b}}}} \qquad b = \frac{\Delta\widetilde{\sigma}}{2\sqrt{\mathrm{Re}\widetilde{\sigma}_{\mathrm{b}}}} \tag{5}$$

and operator $\boldsymbol{G}^{\mathrm{m}}(\boldsymbol{x})$ is defined as a linear transformation of the original electric Green's operator and is called the modified Green's operator:

$$\boldsymbol{G}^{\mathrm{m}}(\boldsymbol{x}) = 2\sqrt{\mathrm{Re}\widetilde{\sigma}_{\mathrm{b}}}\,\boldsymbol{G}_{\mathrm{E}}(2\sqrt{\mathrm{Re}\widetilde{\sigma}_{\mathrm{b}}}\,\boldsymbol{x}) + \boldsymbol{x} \tag{6}$$

where $\mathrm{Re}\widetilde{\sigma}_{\mathrm{b}}$ is the real part of $\widetilde{\sigma}_{\mathrm{b}}$, x is any vector.

Equation (6) can be rewritten with respect to the product of a and the total electric field $\boldsymbol{E}$,

$$\widetilde{\boldsymbol{E}} = \boldsymbol{C}(\widetilde{\boldsymbol{E}}) = \boldsymbol{G}^{\mathrm{m}}[\, ba^{-1}\widetilde{\boldsymbol{E}}\,] + \sqrt{\mathrm{Re}\widetilde{\sigma}_{\mathrm{b}}}\,\boldsymbol{E}^{\mathrm{b}} \tag{7}$$

where $\widetilde{\boldsymbol{E}}$ is the scaled electric field

$$\widetilde{\boldsymbol{E}} = a\boldsymbol{E} = a(\boldsymbol{E}^{\mathrm{a}} + \boldsymbol{E}^{\mathrm{b}}) \tag{8}$$

In the equation (7) operator $\boldsymbol{C}$ is called a contraction operator for any lossy media by Zhdanov [12].

Using the original Green's operator given by the expression (2) and taking into account formula (6), after some transformation (consider equation (5)), the final form of the contraction integral equation with respect to the scaled electric field $\widetilde{\boldsymbol{E}}$ is:

$$\sqrt{\mathrm{Re}\widetilde{\sigma}_{\mathrm{b}}}\,a^{-1}\widetilde{\boldsymbol{E}} = \sqrt{\mathrm{Re}\widetilde{\sigma}_{\mathrm{b}}}\,\boldsymbol{E}^{\mathrm{b}} + \sqrt{\mathrm{Re}\widetilde{\sigma}_{\mathrm{b}}}\,\boldsymbol{G}_{\mathrm{E}}(\Delta\widetilde{\sigma}a^{-1}\widetilde{\boldsymbol{E}}) \tag{9}$$

In the right side of equation (9), $\widetilde{\boldsymbol{E}}$ is unknown, Zhdanov used Born series iteration method to find the solution of $\widetilde{\boldsymbol{E}}$ in the left side of equation (9), the solution is uniform convergent .

3   Optimal Survey Configuration for Locating the Conductive Dyke

3.1   The Dyke Model

The cross section of the dyke model is shown in Fig. 1. The background medium includes two layers, the resistivity and thickness of the first layer (overburden layer) are $30\Omega \cdot \mathrm{m}$ and $20\ \mathrm{m}$, respectively, and the resistivity of the second layer is $5000\Omega \cdot \mathrm{m}$. The dyke of resistivity $200\Omega \cdot \mathrm{m}$ is embedded into the second layer. We assume the origin of the coordinates is located above the center of the dyke and on the ground surface, x-axis is orthogonal to the strike of dyke, x-, y- and z- axis are clockwise. The size of dyke in x-, y- and z-directions are 50m, 200m and 600m, respectively.

3. 2　The Survey Configurations

Four survey configurations have been designed, and the plan views are shown in Fig. 2a – d. The transmitter injects a square wave into the ground via an earthed wire 1km in length. 186 receivers spaced 50 m are distributed evenly on 6 lines to record the electromagnetic field. The offset of the transmitter center to the receivers system is about 5km. The survey frequencies we used in the forward modeling are 4Hz, 512Hz and 4096Hz.

As shown in Fig. 2a-d, the receivers' location above the dyke are fixed in the four configurations, however, the transmitters locate at different positions or directions,

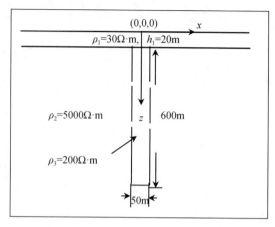

Fig. 1　The cross section of dyke model

Fig. 2a and 3c are equator configurations, and Fig 2b and 2d are axis configurations.

3. 3　Forward Modeling Result

The total fields and anomalous fields of all the six field components are calculated in the forward modeling. The total fields can be treated as the data observed in the fieldwork. The anomalous fields are the scatter fields.

Figure 2e – f show the contour maps of the anomalous fields and of the total fields for the four different survey configurations when the survey frequency is 512Hz. Every ten contour maps are put into one panel and put under the map of the corresponding survey configuration sketch. In each panel, the maps in the left column are the anomalous fields and the right column maps are the total fields. The five contour maps from up to down in each column are corresponding to the fields E_x, E_y, H_x, H_y, H_z components, respectively. In order to compare the strength of the amplitude of the anomalous fields, the same anomalous field components maps use same color scale, so do the total fields. The red and blue colors represent the largest and the lowest fields, respectively. In Fig. 2e – f, the subscript "a" of E and H represents anomalous field, the subscript "t" represents total field. Some contour maps filled in blue color in Fig. 2e – f mean that the amplitudes of the field components calculated for this survey configuration are much smaller than that calculated for the other three configurations.

Although the total fields shown in Fig. 2 couple the fields of dyke and of the layer stratum, the basic characters of the field are similar to that of homogeneous half-space. In homogeneous half-space on the equator and axis of electric dipole source, electric field is parallel and horizontal magnetic field is perpendicular to the dipole's axis, and vertical magnetic field is maximal on equator and zero on axis configurations.

3. 4　The Optimal Configuration

Three criterions are considered to select the best one from the four survey configurations; they are the strong anomalous field amplitude, the stronger total field amplitude and the obvious anomalous pattern in the total field contour maps. The strong total field amplitudes are important because we observed only the total fields in the fieldwork. The obvious anomalous pattern means the anomalous field is strong enough to be recognized easily, it is valuable for judging the best configuration. Therefore the best survey configuration should cause the strong anomalous field and stronger total field.

As shown in Fig. 2e, the amplitudes of the anomalous fields are the weakest except for the anomalous field H_{ya}. For configuration 4, although the anomalous electric fields are strong, the anomalous magnetic fields are weak (shown in Fig. 2h). Therefore, these two configurations are not as good as the other two configurations.

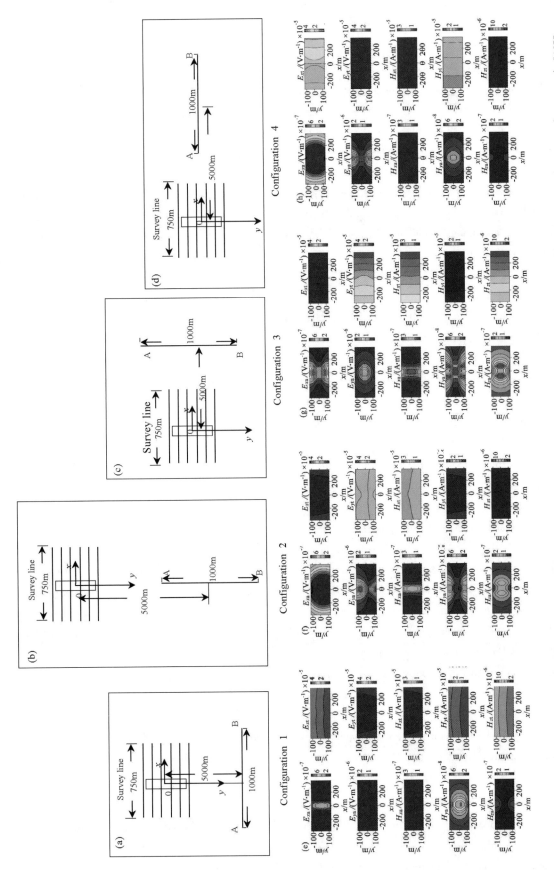

Fig.2   The plan view of different survey configuration and the comparison of anomalous field calculated by different configuration when the survey frequency is 512Hz

Concerning the total field contour maps, we found that the amplitude of the fields E_x and H_y for configuration 1 are larger than that for configuration 4, and the amplitude of field E_y and H_x for configuration 3 are larger than that for configuration 2.

Within observation area primary field changes more significantly for configurations 3 and 4, and therefore total field maps characterize the anomaly worse than maps for configurations 1 and 2, concerning the anomalous pattern shown in the total field contour maps, the configuration 2 makes obvious anomaly in both the total electric and magnetic field contour maps, and the anomaly pattern is the response of the dyke.

After considering all of the information above, we can draw the conclusion that the configuration 2 is the best one among the four survey configurations.

All of the discussions above are effective only when the survey frequency is 512Hz. Figure 3 and Fig. 4 show the fields for the frequency 4096Hz and 4Hz, respectively. For the frequency of 4096Hz (in Fig. 3), the amplitude of the anomalous fields and of the total fields are much lower than that of 512Hz (in Fig. 2), the reason is that there is a conductive overburden layer in the model. When the survey frequency is high, most energy of the electromagnetic wave converts into heat in the first layer. Therefore the signals of the total fields are very weak, it leads the amplitudes of the anomalous fields are weaker more. However, many characters of the anomaly field pattern are similar to the Fig. 2e–f. The major difference is that the anomalous field for configuration 2 is less than that of configuration 3 (see Fig. 3b and 3f). The case is inversed when the survey frequency is 4Hz (shown in Fig. 4b and 4d).

If considering all of the survey frequencies, there are two best configurations for locating the conductive dyke, they are configuration 2 and 3, their transmitters are parallel to the strike of dyke, it is different with general configuration whose transmitter is vertical to the strike of the dyke. But the configuration 2 is better than the configuration 3, because the anomalous patterns can be found both in components E_y and H_x, and the strike of the dyke can be recognize clearer than that of configuration 3. Therefore, configuration 2 is the optimal survey configuration for locating the conductive dyke.

4　Detectability of the Conductive Dyke

The parameters of the dyke, such as the top buried depth and the height (vertical size), will affect the detectability under the distortion of noise; the dyke will be detectable when the amplitudes of the anomalous fields are larger than the noise. The ratio of the anomalous field signals S to the noise N is used as the parameter to discuss the detectability at the noise level 1%, 5%, 10% and 15%. The ratio S/N can be obtained by the following method: First the maximum anomalous field (denote as $S(i)$) and its position (denote as i) are recorded at same time, then the absolute noise amplitudes (denote as $N(i)$) are calculated by multiplying the total field at this place with the noise level, at last the ratio of the anomalous signal to the noise can be obtained by using the formula $S(i)/N(i)$.

For the optimal configuration 2, the primary field components E_y and H_x are dominant, therefore, we discussed the anomalous fields E_{ya} and H_{xa} only.

4.1　The Influence of the Dyke Top-Buried Depth

Figure 5a shows the ratio S/N curves versus the top-buried depth of dyke configuration 2.

The top buried depth of dyke can affect the detectability. The anomalous fields are detectable in theory if the curve is above the line $S/N=1$ (red solid line). We call the intersecting point of the curve with the red line as threshold. For example, the depth threshold for E_{ya} is 300m at noise level 1%, that is, the anomalous field of

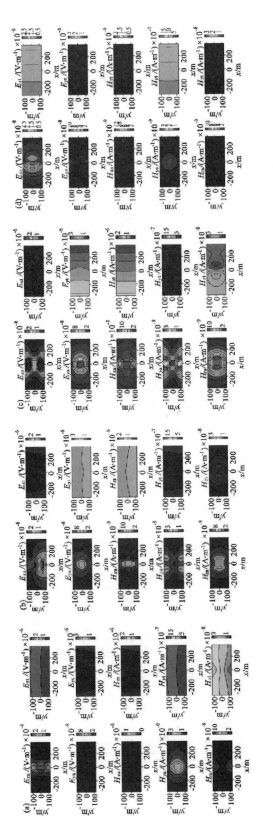

Fig. 3   The comparison of anomalous field calculated by different configuration when the survey frequency is 4096Hz, the CSAMT responds are

(a) corresponding to survey configuration 1 in Fig. 2;   (b) corresponding to survey configuration 2 in Fig. 2;   (c) corresponding to survey configuration 1 in Fig. 2;

(d) corresponding to survey configuration 1 in Fig. 2. In each rectangular,the left column is anomalous field, the right column is the total field

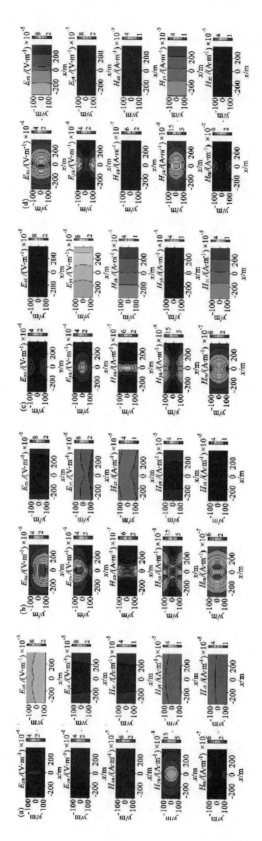

Fig. 4　The comparison of anomalous field calculated by different configuration when the survey frequency is 4Hz. The instruction of the map is same as Fig. 3

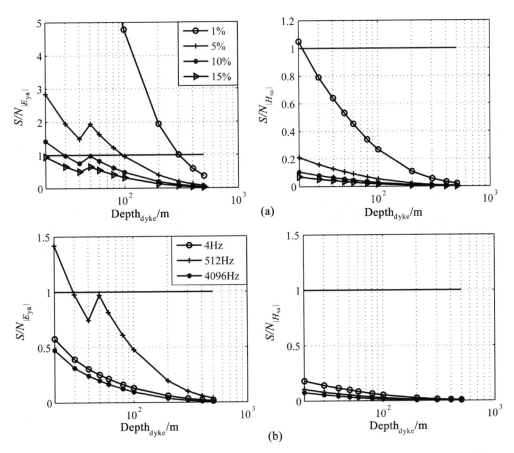

Fig. 5   The ratio of signal and noise versus the top_ buried depth of dyke for different components with the configuration 2. In the figure, the horizontal solid lines represent $S/N = 1$, above which, the signal can be used to detect the top_ buried depth of the dyke, E_{ya} means anomalous electrical fields, H_{xa} means anomalous magnetic fields

(a) $f = 512Hz$, noise level is 1%, 5%, 10% and 15%, (b) noise level = 10% $f = 4Hz$, 512Hz, 4096Hz

E_{ya} is detectable when the top-buried depth of dyke is shallower than 300m. The threshold is decreasing with the noise level increasing. The detectability of H_{xa} component is weaker than the E_{ya} component because H_x is induced by E_y component. From the curves, we can also find the detectability of the dyke becomes smaller with its deeper depth.

The detectability for various survey frequencies are shown in Fig. 5b when the noise level is 10%. E_{ya} can be detected only for frequency 512Hz, which mean that 512Hz is the better survey frequency for the dyke comparing to 4Hz and 4096Hz.

4. 2   The Influence of the Dyke Height

The ratio of S/N curves versus the dyke height (vertical size) is shown in Fig. 6. Comparing to Fig. 5, the amplitudes of the ratio S/N vary a little.

The height threshold for E_{ya} component are 800m (15%), 300m (10%), 100m (5%), that is, the anomalous field E_{ya} is detectable when the height is larger than those value at the noise level in the parenthesis. H_{ya} component can be detected only under noise level 1%.

Figure 6b shows the ratio S/N curves at noise level 10% for various survey frequencies. The anomalous field E_{ya} can be detected only when the survey frequency is 512Hz too.,

From Fig. 6, we found the dyke height cause small influence on the anomalous field ratio S/N, that is the anomalies are not sensitive to the height of the detected dyke..

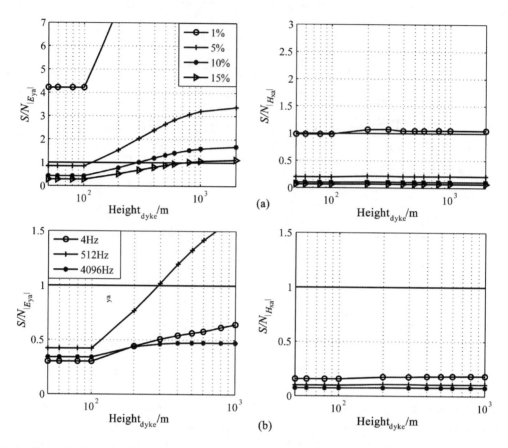

Fig. 6   The ratio of signal and noise versus the height of dyke for different components with the configuration 2.
In the figure, the horizontal solid line represent $S/N = 1$, above which, the signals can be used to detected
the dyke, E_{ya} means anomalous electrical fields, H_{xa} means anomalous magnetic fields
(a) $f = 512$Hz, noise level is 1%, 5%, 10% and 15%; (b) noise level = 10% $f = 4$Hz, 512Hz, 4096Hz

5   Conclusions

In this paper, we have calculated 3D EM fields by CEMI forward modeling software based on the CIE method to analyze the CSAMT responses of a conductive 3D dyke with conductive overburden. We have investigated the optimal survey configuration, also, we have discussed the detectability of the 3D target (conductive dyke).

The conclusion is that the survey configuration becomes optimal when the direction of the transmitter is along the strike of 3D dyke, this optimal configuration is different to the convention configuration (configuration 1) for a 2D target. In this case, the ratio of the anomalous fields to the total fields becomes the largest than those in other configurations. In other words, one can more easily extract the anomalous fields (response of the 3D target, for both electric and magnetic fields) from the observed total fields.

The EM fields scattered by the dyke can be varied with its physical parameters. The top-buried depth and the height (vertical size) of dyke can affect the detectability under the distortion of noise. The detectability of the dyke becomes smaller with its deeper depth. The height or the vertical size of the dyke does not affect the detectability drastically compared with the case of the depth, it means the CSAMT method with configuration 2 is not sensitive to the height of the dyke. Maybe the measurements using borehole can improve the detectability of the 3D target.

Acknowledgements

The authors are thankful to Professor Zhdanov of University of Utah for giving us the chance to calculate the 3D EM fields using CEMI forward modeling software, and for permission to publish the results. We are also thankful to Dr. Le Wan of CEMI for the helpful discussion. Especially, we thank Prof. Zhao Guoze for his encouragement to us to revise the paper.

The authors gratefully acknowledge the support of the project kzcx2-yw-113, kzcx2-yw-121 and kzcx1-yw-15-4.

Reference

[1] Zonge K L, Ostrander A G, Emer D F, 1986, Controlled source audio-frequency magnetotelluric measurements, In: Vozoff K ed., Magnetotelluric Methods, Soc. Expl. Geophys., Geophysics Reprint Series 5, 749−763

[2] Sandberg S K, Hohmann G W, 1982, Controlled source audio magnetotellurics in geothermal exploration, Geophysics, 47 (1): 100−116

[3] Enslin J F, 1955, A new electromagnetic field technique, Geophysics, V. XX (2), 318−334

[4] James P W, 1958, Response of dyke to oscillating dipole, Geophysics, V. XXIII (1), 128−133

[5] Gabor Hursan and Zhdanov M S, 2002, Contraction integral equation method in three-dimensional electromagnetic modeling, Radio Science, 37 (6): 1089−1101

[6] Hohmann G W, 1975, Three-dimensional induced polarization and electromagnetic modeling, Geophysics, 40: 309−324

[7] Portniaguine O N, Hursan G and Zhdanov M S, 1999, Compression Symposium on Three-Dimensional Electromagnetics, University of Utah, Salt Lake City, 209−212

[8] Weidelt P, 1975, Electromagnetic induction in three-dimensional structures, J. Geophys., 41: 85−109

[9] Xiong Z and Kirsch A, 1992, Three-dimensional earth conductivity inversion, J. Comp. Appl. Math., 42: 109−121

[10] Zhdanov M S and Fang S, 1996, Quasi-linear approximation in 3-D EM modeling Geophysics, 61: 646−665

[11] Zhdanov M S and Fang S1996, 3-D quasi-linear electromagnetic inversion, Radio Sci., 31: 741−754

[12] Zhdanov M S and Fang S, 1997, Quasi-linear series in 3-D EM modeling, Radio Sci., 32: 2167−2188

[13] Zhdanov M S, Dmitriev V I, Sheng F and Hursan G, 2000, Quasi-analytical approximations and series in electromagnetic modeling, Geophysics, 65 (6): 1746−1757

Ⅲ — 11

可控源音频大地电磁数据的反演方法[*]

王　若　王妙月

中国科学院地质与地球物理研究所

摘　要　本文从反演方程、构造目标函数和求解三个方面对用于可控源音频大地电磁法（CSAMT）的实用反演方法中的四种进行了描述。水平层状地层 CSAMT 法资料的直接反演法首次尝试了一维空间的全资料 CSAMT 反演，效果较好，但该方法尚难应用于 2D、3D 复杂介质中；奥克姆反演方法既考虑了横向的光滑函数，又考虑了纵向的光滑函数，得到比较光滑的横向、纵向变化的背景电性结果，但有可能把一些小构造光滑掉。快速松驰反演算法和共轭梯度算法由于计算速度快，占内存少而被用于三维反演中，二者相比，快速松驰算法在求解雅可比矩阵时只做一次正演计算，在更新模型时解小型方程组，所以在速度上更胜一筹。在后三种算法中，由于复杂电性结构无解析解，故正演计算都采用数值计算。数值计算的可靠性、速度影响着反演算法的有效性，这一方面的研究也将是 2D、3D 复杂电性结构反演的研究方向之一。

关键词　反演方法　可控源音频大地电磁法　评述

引　言

可控源音频大地电磁法（CSAMT）是电磁法的一种，它的主要特点是用人工控制的场源做频率测深。采用人工场源可以克服天然场源信号微弱的缺点，但是波的非平面波特性决定了处理资料时的复杂性。当发射距是趋肤深度的 3～5 倍，高频时，非平面波可以近似为平面波，低频时出现电阻率随频率降低而呈 45 度上升的近场效应，须做近场改正，校正后的数据可看作为平面波产生的结果，然后用 MT 的方法来分析，所以，MT 的反演方法都可用来做近场校正后的 CSAMT 反演。不做平面波校正的反演[1,2]，其有效数据只能取远场的值，而对于近场甚至过渡场的资料都要摒弃不用，造成较大的浪费。Pargha S. Routh et al.[3] 尝试了在一维空间用不做平面波校正的全资料来做 CSAMT 反演。全资料的 CSAMT 反演需要有源理论电磁法的正演解，当介质为水平成层介质时有积分解，这方面的反演容易实现，但当电性结构复杂时，无解析解，因此其反演问题也就更复杂，复杂电性结构反演的研究正在进行之中，本文不予评述。

大多数的电磁反演都为线性反演，最小二乘解法[1] 是最传统的，也是行之有效的方法。1 - D CSAMT 反演[1,4] 可以精确地模拟电磁场，但它只限于简单的水平层状模型，如果发射机和接收机间的导电构造较复杂，即 2D 甚至 3D 情况下，这种方法就会给出错误解。为了处理有限源效应和地电高维构造，Wannamaker[2] 在解释野外资料时把 1D CSAMT 反演和 2D MT 反演结合起来。若给最小二乘法加一光滑限制，就可得到模型的正则化解，奥克姆反演、最小构造反演和 RRI 算法都属于这一类型，这些方法在二维资料反演中取得了较好的结果。但在三维反演中，一般方法的应用遇到了困难。我们知

---
*　本文发表于《地球物理学进展》，2003，18（2）：197~202

道，正演是反演的基础，在电磁法二维和三维正演方法中，最常用的方法是有限差分和有限元方法，模型被剖分成的网格越多，雅可比矩阵（或灵敏度矩阵）就越大，占用的内存也就越多，反演时需要解的方程组也就越多，现在计算机的内存和计算速度提高了很多，为电磁法三维资料的处理解释在微机上实现展现了前景，但现有台式计算机的内存和速度仍还存在不足，所以就要寻找捷径来提高算法的速度和尽量减少所占用的内存，Newman & Alumbagh[5]用集成并行机来处理3D EM源和3D电导率结构问题，在单台微机上一般在优化算法上做努力，快速度松驰反演（RRI）在计算速度上的优势和共轭梯度反演在占用内存上的优势使得这两种算法在电磁反演特别在三维计算中备受瞩目。下面分别对四种较为常用的方法给予评述。

1　水平层状地层 CSAMT 法资料的直接反演[3]

本方法在频率域用谢昆诺夫势得到电磁场正演公式，用联合格林函数法得到灵敏度矩阵，构造目标函数时既考虑了最小构造又考虑了光滑度，这里的最小构造是使所求的模型与一个参考模型的接近程度最大，在合适的拟合差限制条件下，通过求与一个参考模型接近的目标函数的最小值来得到反演模型，或得到一个光滑模型。反演结果与做过近场校正后的结果相比，未做校正的数据结果更好。

将观测数据和模型之间的关系写成泛函形式，

$$d = F(m)$$

式中，d 为观测数据向量；$F(m)$ 为正演函数；m 为模型向量。将 $F(m)$ 用泰勒公式展开

$$F(m^{(n)} + \delta m) = F(m^{(n)}) + J\delta m + O \| (\delta m)^2 \|$$

式中，$m^{(n)}$ 为模型的第 n 次迭代值，只取前两项，并令 $d^n = F(m^{(n)})$，$d^{obs} = F(m^{(n)} + \delta m)$，则上式写为

$$d^{obs} = d^n + J\delta m \tag{1}$$

构造目标函数时既考虑了最小构造又考虑了光滑度，相应的目标函数为

$$\varphi_m = \alpha_s \| w_s(m - m_{ref}) \|^2 + \alpha_z \| w_z m \|^2 \tag{2}$$

限制条件为

$$\varphi_d = \| w_d(d^{obs} - d^n - J\delta m) \|^2 = \varphi_d^*$$

这里，m_{ref} 为参考模型；m 为模型；α_s 和 α_z 为控制参数，它们的作用是决定结果趋近于参数模型还是趋近于光滑模型；$w_s(z)$ 和 $w_z(z)$ 是用来控制模型构造信息的加权函数；w_d 是由数据标准偏差的倒数组成的对角矩阵。

$$w_s = diag\left(\sqrt{\frac{h_1}{z_0}}, \sqrt{\frac{h_2}{z_1}}, \cdots, \sqrt{\frac{h_{m-1}}{z_{m-2}}}, \sqrt{\frac{h_{m-1}}{z_{m-1}}} \right)_{m \times m}$$

$$w_z = \begin{pmatrix} -\gamma_1 & \gamma_1 & \cdots & 0 \\ \vdots & \vdots & \vdots & \vdots \\ 0 & 0 & -\gamma_{m-1} & \gamma_{m-1} \end{pmatrix}_{(m-1) \times m}$$

式中，

$$\gamma_i = \sqrt{(z_i + z_{i-1})/(h_i + h_{i+1})}$$

z_i 是第 i 个界面的深度；h_i 是第 i 层的厚度。

$$z_0 = \xi * h_1 \qquad 0 < \xi \leqslant 1$$

写成无条件极值目标函数形式

$$\varphi(\boldsymbol{m}) = \varphi_m + \beta^{-1}(\varphi_d - \varphi *_d) \tag{3}$$

式中，β 是拉格朗日因子。对式（3）求关于 $\delta\boldsymbol{m}$ 的偏导，并使其等于零（求极小值），整理得到关于 $\delta\boldsymbol{m}$ 的线性方程

$$(\boldsymbol{J}^T \boldsymbol{w}_d^T \boldsymbol{w}_d \boldsymbol{J} + \beta \boldsymbol{w}_m^T \boldsymbol{w}_m)\delta\boldsymbol{m} = \boldsymbol{J} \boldsymbol{w}_d^T \boldsymbol{w}_d \delta \mathrm{d} - \beta \boldsymbol{w}_m^T \boldsymbol{w}_m \boldsymbol{m}^{(n)} + \beta \alpha_s \boldsymbol{w}_s^T \boldsymbol{w}_s \boldsymbol{m}_{\mathrm{ref}} \tag{4}$$

式中，$\boldsymbol{w}_m^T \boldsymbol{w}_m = \alpha_s \boldsymbol{w}_s^T \boldsymbol{w}_s + \alpha_z \boldsymbol{w}_z^T \boldsymbol{w}_z$，用该方程可以解出 $\delta\boldsymbol{m}$，新模型按 $\boldsymbol{m}^{(n+1)} = \boldsymbol{m}^{(n)} + \delta\boldsymbol{m}$ 给出，新的拟合差由 $\varphi_d^{\mathrm{NL}} = \parallel \boldsymbol{w}_d(\boldsymbol{d}^{\mathrm{obs}} - \boldsymbol{d}(\boldsymbol{m}^{(n+1)})) \parallel^2$ 来计算。

为了解方程（4），必须先求出灵敏度矩阵 $J_{ij} = \partial d_i / \partial m_j$，可以用联合格林函数法来求 J_{ij}。

该方法中，当正演函数 $F(\boldsymbol{m})$ 只包含远场平面波部分时，相当于 1D 大地电磁（MT）资料反演，方法的实施比较简单，当 $F(\boldsymbol{m})$ 包含全波场时，正演过程比较复杂。但对于一维水平层状地层，有积分解析解，可以通过数值积分获得数值解。CSAMT 资料为全波场资料，既包含远场平面波资料，又包含近场资料和过渡场资料，当对资料进行近场和过渡场校正后，只存在平面波资料，反演公式中的正演函数 $F(\boldsymbol{m})$ 可用只包含平面波的简单形式，否则就需要采用包含全波场的有源积分解形式，此时增加了反演过程的复杂性，不过实践表明，后者效果更好[3]。此外同时采用最小构造和光滑模型能改进反演的效果，对一维模型来说，能够给出主要的构造。最小构造反演的多余结构少，相对于最光滑模型，一些小的构造能展示出来；用最光滑模型给出了真模型的光滑解，当先验参考模型未知时，光滑模型便成了最有效的模型。

2 奥克姆反演[6,7]

在 1 中，考虑了模型垂直方向的光滑问题，但对二维问题来说，水平方向仍是粗糙的，所以不期望的结构仍会出现在结果中，于是 Constable 把最大光滑模型的思想应用于二维反演中，它不仅考虑了模型的垂向光滑问题，而且考虑了横向光滑问题。

在离散情况下，观测数据与模型之间的关系可写成泛函形式，

$$\boldsymbol{d} = F(\boldsymbol{m}) + \boldsymbol{e}$$

式中，d 为观测数据向量；$F(m)$ 为正演函数；m 为模型向量；e 为观测数据与理论计算值间的误差，对于简单的电性结构 $F(m)$ 可用解析式表示，否则 $F(m)$ 可用有限元等数值方法获得。

为了同时考虑垂向和横向光滑情况，定义粗度矩阵为

$$R_1 = \parallel \partial_y m \parallel^2 + \parallel \partial_z m \parallel^2 \tag{5}$$

这里 x 方向为走向方向，y 为垂直走向方向，z 为垂直向下方向，定义 ∂_y、∂_z 为

$$\partial_y = \begin{bmatrix} \partial_{y_1} & & & 0 \\ & \partial_{y_2} & & \\ & & \ddots & \\ 0 & & & \partial_{y_l} \end{bmatrix}_{l \times l}$$

$$\partial_z = \begin{bmatrix} -1 & 0 & \cdots & 0 & 1 & 0 & \cdots & 0 & \cdots & 0 \\ & -1 & \cdots & & \cdots & 1 & \cdots & 0 & \cdots & 0 \\ & & \ddots & & & & \ddots & & & \cdots \\ & & & & & & & -1 & & 1 \end{bmatrix}_{N \times N}$$

其中

$$\partial_{y_i} = \begin{bmatrix} -V_i/h & V_i/h & & & \\ & -V_i/h & V_i/h & & \\ & & \ddots & & \\ 0 & & & -\dfrac{V_i}{h} & \dfrac{V_i}{h} \\ & & & & 0 \end{bmatrix}_{p \times p}$$

这里，p 是横向网格数；l 是个纵向网格数；总的网格数是 $p \times l = N$ 个，横向网格长度是 h，纵向网格长度是 $V_i(i = 1, 2, \cdots, l)$。给定约束条件

$$x^2 = \parallel Wd - WF[m] \parallel^2 \tag{6}$$

式中，W 是加权对角矩阵，$W = \mathrm{diag}\left[\dfrac{1}{\sigma_1}, \dfrac{1}{\sigma_2}, \cdots, \dfrac{1}{\sigma_M}\right]$；$\sigma_j$ 是已知的观测值 $d_j(j = 1, \cdots, M)$ 的方差样；M 是观测值的个数。

若假设噪声是不相关的，且服从零均值高斯分布，则 $X^2 = X_*^2 = M$。引入拉格朗日乘子，将条件约束变为无条件约束，目标函数 $U[m]$ 为

$$U[m] = \parallel \partial_y m \parallel^2 + \parallel \partial_z m \parallel^2 + \mu^{-1}\{\parallel Wd - WF(m) \parallel^2 - X_*^2\} \tag{7}$$

对式（7）求关于 m 的极小，相应的 $i+1$ 次迭代解为

$$m_{i+1} = [\mu(\partial_y^T \partial_y + \partial_z^T \partial_z) + (WJ_i)^T(WJ_i)]^{-1}(WJ_i)^T W\hat{d}_i$$

其中 $\hat{d}_i = d - F(m_i) + J_i m_i$，$J_i$ 为雅可比矩阵的元素，当存在电磁场的解析解时，可由解析解获得，否则可用数值方法或近似方法获得。相对于上一种方法中的光滑方法，二者原理上可类比，然而在二维构造情况下，本方法不仅在垂直方向光滑，而且在水平方向也光滑，因此更加有效。

3　快速松驰反演（RRI）算法[8]

前面提到，当电性结构复杂时，波场没有解析解，需要用数值方法获取正演解。在获取正演解的过程中，RRI 中的雅可比矩阵可通过近似法同时获得。

用电导率的对数为模型参数，可得到模型扰动量与资料扰动量间的关系式

$$\delta d_{xy} = \int \frac{2\sigma_0(z) E_0^2(y_i, z)}{E_0(y_i, 0) H_0(y_i, 0)} \delta(\ln\sigma)\,\mathrm{d}z \qquad (\text{TE 模式}) \tag{8}$$

$$\delta d_{yx} = \int \frac{-2\sigma_0(z) E_0^2(y_i, z)}{E_0(y_i, 0) H_0(y_i, 0)} \delta(\ln\sigma)\,dz \qquad (\text{TM 模式})$$

式中，δd_{xy} 为观测数据与理论数据的差值，它的实部加上负号为视电阻率的对数；$\sigma_0(z)$ 为模型改变前的电导率值；$E_0(y_i, 0)$ 为模型改变前第 i 个测点地表电场值；$H_0(y_i, 0)$ 为模型改变前第 i 个测点地表磁场值；$E_0(y_i, z)$、$H_0(y_i, z)$ 为初始模型或本次迭代前模型的理论波场。以上场值可用有限差分或有限元方法获得[8,9]。有了各量的值，雅可比矩阵也就随之得到了。

在公式（1）、（2）中考虑的光滑度，只是简单地认为相邻网格的模型参数的差最小，这对于简单模型是合适的，而对于横向变化复杂的模型，需给出一种更为合理的均衡纵向模型参数变化与横向模型参数变化的目标函数，在这种情况下，构造目标函数为

$$W = Q + \beta e^{\mathrm{T}} e \tag{9}$$

式中

$$Q = \int (z + z_0)^3 \left[\frac{\partial^2 m}{\partial z^2} + g(z) \frac{\partial^2 m}{\partial y^2} \right]^2 \mathrm{d}z$$

β 为拉格朗日因子；e 为拟合差，其值为给定期望的拟合差，且满足

$$(d - e) - d_0 = Fm - Fm_0 \tag{10}$$

d 和 d_0 分别为观测数据和理论计算结果；F 为雅可比矩阵；m 和 m_0 分别为所求模型和加扰动前的模型。

将 Q 用离散的数值积分代替，写成矩阵形式为

$$Q = (Rm - C)^{\mathrm{T}}(Rm - C) \tag{11}$$

式中，

$$R_{jj-1} = q_j^{\frac{1}{2}}(z_j + z_0)^{2/3} \frac{2}{(z_j - z_{j-1})(z_{j+1} - z_{j-1})}$$

$$R_{jj+1} = q_j^{\frac{1}{2}}(z_j + z_0)^{2/3} \frac{2}{(z_{j+1} - z_j)(z_{j+1} - z_{j-1})}$$

$$a_j = g(y_i, z_j) q_j^{\frac{1}{2}}(z_j + z_0)^{2/3} \frac{2}{(y_i - y_{i-1})(y_{i+1} - y_{i-1})}$$

$$b_j = g(y_i, z_j) q_j^{\frac{1}{2}}(z_j + z_0)^{2/3} \frac{2}{(y_{i+1} - y_i)(y_{i+1} - y_{i-1})}$$

$$R_{jj} = - R_{jj-1} - R_{jj+1} - a_j - b_j$$

$$c_j = - a_j m_j(y_{i-1}) - b_j m_j(y_{i+1})$$

$$g(y_i, z_j) = \alpha \left[\frac{\Delta_i}{z_j + z_0} \right]^\eta$$

Δ_i 为测点间隔；$\alpha = 4$；$\eta = 3/2$；q_j 为与数值积分有关的系数；y_i 为第 i 个测点横坐标；z_j 为第 j 个深度。

把式（10）写为 $\tilde{d} = F\tilde{R}^{-1}\tilde{R}m + e$ 的形式，其中，$\tilde{d} = d - d_0 + Fm_0$，$\tilde{R}$ 为 R 的变形非奇异矩阵。将 $F\tilde{R}^{-1}$ 和 $\tilde{R}m$ 做如下分解：

$$F\tilde{R}^{-1} = \begin{bmatrix} g_1 & H & g_{n_z} \end{bmatrix} \qquad \tilde{R}m = \begin{bmatrix} p_1 \\ \tilde{m} \\ p_{n_z} \end{bmatrix} \qquad c = \begin{bmatrix} c_1 & \tilde{c} & c_{n_z} \end{bmatrix}$$

这里，g_1 和 g_{n_z} 分别是 $F\tilde{R}^{-1}$ 的右列和左列；p_1 和 p_{n_z} 是 $\tilde{R}m$ 的第一个元素和最后一个元素；c_1 和 c_{n_z} 是 c 的第一个和最后一个元素。定义 $G = \begin{bmatrix} g_1 & g_{n_z} \end{bmatrix}$ 和 $P = \begin{bmatrix} p_1 & p_{n_z} \end{bmatrix}$，可将 $\tilde{d}$ 重新写为

$$\tilde{d} = H\tilde{m} + Gp + e \tag{12}$$

对式（12）求关于 $\tilde{m}$ 的最小值并经过一系列的代数运算得到 $\tilde{m} = \tilde{c} + \beta H^T Sa$，其中 $S = (\beta H H^T + I)^{-1}$，$a = \tilde{d} - H\tilde{c} - Gp$，$p = \gamma^T(\tilde{d} - H\tilde{c})$，$\gamma^T = (G^T SG)^{-1}G^T S$，求出 $\tilde{m}$ 后，模型参数可通过下式得到

$$m = \tilde{R}^{-1} \begin{bmatrix} p_1 \\ \tilde{m} \\ p_{n_z} \end{bmatrix}$$

RRI 算法不仅在目标函数的构造以及雅可比矩阵的求取上有改进，而且还有如下一些优点，①每次迭代反演只需一次正演。②因为用前一次的场来近似这一次的电磁场的横向梯度，使得场方程变为只对 z 的偏导数，所以可以像做一维反演那样来做二维乃至三维的反演。③不用存贮雅可比矩阵 F，节省了存贮空间。④数据量越大其优势越明显。由于这些优点，Xinyou Lu、Martyn Unsworth et al. [10] 又将这种方法用于 2.5D CSAMT 资料的反演中，谭捍东[11]将它用于三维电磁反演中，均取得了较好的效果，使之成为受人注意的方法之一。

4 共轭梯度法[12]

共轭梯度法不用直接求解大型线性方程组，而只解方程中的一部分，因此避免了存贮与构造完整的灵敏度矩阵，只用它的某些行向量或列向量乘以一个矢量即可。与常规的反演方法比，既节省了内存，又缩短了计算时间，因此受到了广泛注意，被用于地球物理的方方面面，除了电磁法外，还用于跨孔走时成像，跨孔波形成像和直流电阻率[13]中。

采用文献[12]的构造方法来构造目标函数。假定资料余差和模型余差不相关，把它们的联合概率函数作为目标函数

$$\Phi = \exp - [d - g(m)]^H R_{dd}^{-1}(d - g(m)) + (m - m_0)R_{mm}^{-1}(m - m_0)] \tag{13}$$

式中，d 为观测资料；$g(m)$ 为模型空间到资料空间的响应函数；R_{dd} 为资料协方差矩阵；R_{mm} 为模型协方差矩阵；m 为模型矢量；m_0 为初始模型矢量；H 为共轭转置。从目标函数的构制看，该方法中也采用了平滑思想。

首先对式（13）线性化，令 $g(m) = g(m_{prior}) + A\Delta m$，$m = m_{prior} + \Delta m$，其中 $A_{ij} = \dfrac{\partial d_i}{\partial m_j}$，代入式（13），然后求关于 Δm 的偏导，令导数为零，解得

$$(A_k^H R_{dd}^{-1} + R_{mm}^{-1})^{-1} \Delta m_k = A_k^H R_{dd}^{-1}[d - g(m_k)] + R_{mm}^{-1}(m_0 - m_k) \tag{14}$$

共轭梯度算法在于由式（14）获得解的迭代循环方式不同，可表述如下：

非线性反演循环开始：从 1 到最后一次反演迭代步

$g(m_k)$ 当前模型响应，第一次正演。

$d - g(m_k)$ 数据余差。

$m_0 - m_k$ 模型余差。

$b = A_k^H R_{dd}^{-1}[d - g(m_k)] + R_{mm}^{-1}(m_0 - m_k)$，

        只要用 A 的某个列向量去乘一个向量，相当于进行第二次正演。

$\Delta\sigma_0 = 0$，$r_0 = b$ 共轭梯度解方程组前进行初始化，r_0 为初始搜索方向。

共轭梯度循环算法开始：从 1 到最大迭代次数

$\beta_i = r_{i-1}^T r_{i-1} / r_{i-2}^T r_{i-2}$ r_i 为负梯度方向，β_i 为步长因子。

$p_i = r_{i-1} + \beta_i p_{i-1}$ p_i 为搜索方向。

$Bp_i = [A^H R_{dd}^{-1}A + R_{mm}^{-1}]p_i$ 相当于进行第三次正演计算且为偏导数矩阵的某个行或列向量与一个微量的乘积。

$\alpha_i = r_{i-1}^T r_{i-1} / p_i^T BP_i$ α_i 为一系数。

$\Delta\sigma_i = \Delta\sigma_{i-1} + \alpha_i p_i$ 更新模型扰动量。

$r_i = r_{i-1} - \alpha_i Bp_i$ 更新搜索方向。

共轭梯度循环结束

$\sigma_{k+1} = \sigma_k + \Delta\sigma$ 更新模型参量回到第一步直到 $\Delta\sigma$ 足够小为止。

非线性反演循环结束。

上述求解方法表明，共轭梯度法反演时，直接从目标函数出发，无须形成 $Ax=b$ 的方程组，因而避免了存贮偏导数矩阵时占用大量内存。在计算时，每一次反演只做了三次正演计算，且在用到偏导数矩阵的地方都只用到它对某一特殊向量起作用的部分，从而避免了解大型线性方程组。针对电磁法中物性参数数量级可能相差较大，使偏导数矩阵的条件数较大，从而导致共轭梯度方法的迭代缓慢的缺点，可对上述方法进行改进，即在做共轭梯度前对方程组进行预条件化[13,14]以改善偏导数矩阵的条件数。预条件化后的共轭梯度方法在计算时间及内存要求上都远远优于直接解方程组的方法，吴小平[13]给出了一些具体的数据来说明这个问题，在 P133 微机上用 NDP-Fortran 编译，对于 25×25×10 的三维模型来说，直接法每次迭代用了 205 秒，占用了 5M 内存，而预条件化后的共轭梯度方法用了 2.5 秒，占用了 250K 内存，网格数越多，两者的差距越大，且经过预条件化后，解的效果明显得到改进[13,14]。

5　结　　语

在这四种方法中，直接用 CSAMT 资料，不做近场校正的只有第一种方法做过尝试，初步说明直接用 CSAMT 全资料的反演结果，实际上比先做近场校正化为 MT 资料，再作反演的效果要好。奥克姆方法，RRI 方法和共轭梯度法在用线性化方法解非线性方程的解法上都有各自的长处，都是考虑到电性结构的复杂性，采用 2D、3D 资料，在使用 CSAMT 资料的实例研究中，尚未直接采用 CSAMT 全场资料，而是采用作近场校正后变成 MT 资料来做反演。其中 RRI 在计算速度上占有绝对的优势，这主要是因为它用了近似方法来得到灵敏度矩阵，在完成正演的同时也求得了灵敏度矩阵，且经过一系列的矩阵变换，使最后求解时的方程组变为了小型方程组，这也是加快速度的一方面。共轭梯度的优势是不用存贮大型的灵敏度矩阵，节省了大量内存，反演时只要进行三次正演计算，在速度上虽然比别的方法快，但却比 RRI 算法慢。

这四种方法都可以采用 CSAMT 资料来进行反演，只不过奥克姆方法，RRI 方法中的场 E、H，共轭梯度法中的响应函数 $g(m)$ 要用数值方法求得，适应于 2D、3D 复杂电性结构情况的研究是今后可控源音频大地电磁数据反演方法的一个研究方向。

参　考　文　献

[1] Yutaka Sasaki, Yoshihiro Yoneda and Koichi Matsuo, Resistivity imaging of controlled-source audio-frequency magnetotelluric data [J], Geophysics, 1992, 57 (7)：952-955

[2] Wannamaker P, Tensor CSAMT survey over the Sulphur Springs thermal area, Valles Caldera, New Mexico, U. S. A., Part 1：implications for structure of the western caldera [J], Geophysics, 1997, 62 (2)：451-465

[3] Pargha Routh S and Douglas Oldenburg W, Inversion of controlled source audio_ frequency magnetotellurics data for a horizontally layered earth [J], Geophysics, 1999, 64 (6)：1689-1697

[4] Boerner D E, Wright J A, Thurlow J G, Reed L E, Tensor CSAMT studies at the Buchans Mine in central Newfoundland [J], Geophysics, 1993, 58 (1)：12-19

[5] Newman G A & Alumbaugh D L, Three-dimensional massively parallel electromagnetic inversion-I [J], Theory, Geophys. J. Int., 1997, 128, 345-354

[6] deGroot-Hedlin C and Constable S, Occam's inversion to generate smooth, two-dimensional models from magnetotelluric data [J], Geophysics, 1990, 55 (12)：1613-1624

[7] Constable S C, Parker R L and Constable C G, Occam's inversion：a practical algorithm for generating smooth models from EM sounding data [J], Geophysics, 1987, 52 (3)：289-300

[8] Torquil Smtth J and John Booker R, Rapid inversion of two-and three-dimensional magnetotelluric data [J], J. G. R, 1991, 96 (B3)：3905-3922

[9] 王若、王妙月、底青云，二维大地电磁数据的整体反演 [J]，地球物理学进展，2001, 16 (4)：53~60

［10］Lu Xinyou, Martyn Unsworth and John Booker, Rapid relaxation inversion of CSAMT data ［J］, Geophys. J. Int., 1999, 138, 381-392

［11］谭捍东，大地电磁法三维正反演问题研究 ［D］，北京：中国地质大学，2000

［12］Randall L Mackie and Theodore R Madden, Three-dimensional magnetotelluric inversion using conjugate gradients ［J］, Geophys. J. Int., 1993, 115, 215-229

［13］吴小平，利用共轭梯度方法的电阻率三维正反演研究 ［D］，北京：国科学技术大学，1998

［14］William Rodi and Randall L Mackie, Nonlinear conjugate gradients algorithm for 2-D magnetotelluric inversion ［J］, Geophysics, 2001, 66 （1）: 174-187

CSAMT 法一维层状介质灵敏度分析[*]

王　若[1)]　　殷长春[2)]　　王妙月[1)]　　底青云[1)]

1）中国科学院地质与地球物理研究所

2）吉林大学

摘　要　为了改善 CSAMT 一维反演的实用性，本文以电磁场数值模拟为基础，推导出偶极源激发下频率域电磁反演中的偏导数公式，并以三层水平层状地电模型为例，针对同线和赤道两种装置形式，通过利用扰动法对本文的半解析算法结果进行验证。对比结果表明无论同线还是赤道装置，本文半解析结果和扰动法计算结果拟合程度非常好，验证了偏导数公式推导的正确性。进而，我们分析了 CSAMT 观测数据对中间薄层参数的灵敏度。本文的算法不仅有助于 CSAMT 资料反演解释，同时为地下薄目标层的有效识别提供理论依据。

关键词　CSAMT　反演　一维层状介质　灵敏度

引　言

电磁反演技术正在由一维向二、三维方向发展。但对于 CSAMT 方法来说，2D 正反演技术由于使用长导线源，和实际应用中的等效偶极源不符，所以 2D 正反演只是停留在理论研究中（王若等，2008）。为了和野外实际构造情况接近，发展了二维构造三维源的正反演技术（底青云等，2004；雷达，2010；王若等，2014），但在野外实际应用中，部分目标体是三维的，所以 3D 正反演的应用能符合部分实际情况，值得着力发展。从总体看来，电磁法 3D 正反演技术虽然近年来得到了飞速发展（Portniaguine and Zhdanov，1999；林昌洪等，2011），然而应用于实际野外资料解释中，还受到计算时间与计算精度的制约，不能得到很精细的反演结果。因此，对 CSAMT 方法来说，1D 正反演技术在实际资料的解释中仍占据着重要的地位。

除少数全域反演技术外（师学明和王家映，1998；杨辉等，2001；Wang et al.，2012），灵敏度矩阵（或偏导数矩阵）在非线性迭代反演中至关重要。求取灵敏度矩阵的方法有多种，如半解析法（潘渝等，1987；Li et al.，2000；张成林，2011），互易法（Patricia and Wannamaker，1996；沈金松和孙文博，2008），扰动法（张林成，2011），近似法（杨长福和林长佑，1994；谭捍东等，2003；欧东新和王家林，2005），伴随矩阵法（或辅助场法）等（MeGillivra and Oldenburg，1994；熊彬等，2004）。由于互易法、近似法、伴随矩阵法等可以减少求灵敏度矩阵时正演的次数，减少计算时间，被广泛应用于 2D 和 3D 反演中。相比之下，1D 反演中扰动法应用较多，因为只需做两次正演即可完成一个参数偏导数的计算。但应用扰动法的弊端在于：

（1）当层数及相应的层参数较多时，求偏导数所需的正演次数相应增加，导致反演迭代过程中正演次数增加。

（2）扰动法求出的偏导数在扰动量不合适时存在较大误差，导致反演解的不稳定性，甚至反演

＊　本文发表于《地球物理学进展》，2014，29（3）：1284~1291

失败。

　　半解析法能克服这个缺陷，它能给出较精确的偏导数。在现有的反演算法中，张林成给出了 CSAMT 方法柱坐标下一维偏导数的公式（张林成，2011），然而其所推公式主要应用于三维反演中，在一维 CSAMT 反演算法中使用差商法（扰动法）计算偏导数。Li et al.（2000）详细给出了可控源张量电磁法各向异性情况下偏导数的计算公式，并得到了较好的反演结果。

　　本文推导了直角坐标下 CSAMT 层状各向同性介质中电磁场以及视电阻率对电性参数偏导数的半解析公式，并利用扰动法对计算结果进行验证。随后，本文针对三层地电模型 CSAMT 观测资料对薄层模型的灵敏度展开讨论，分析了薄层电阻率和埋深对灵敏度的影响规律。

1　CSAMT 一维层状介质正演

　　对于电偶源发射，各向同性水平层状大地（如图 1，电阻率为 ρ_1、ρ_2、…、ρ_L，厚度为 h_1、h_2、…、h_{L-1}，L 为层数）的 CSAMT 电磁响应可表示为（朴化荣，1990；殷长春，1994；王若和王妙月，2007）：

$$
\begin{aligned}
E_{\mathrm{x}} = {} & \frac{P_{\mathrm{E}}\mu_0 \mathrm{i}\omega}{2\pi}\int_0^\infty \frac{m}{m + n_1/R^*} \cdot J_0(mr)\,\mathrm{d}m + \frac{P_{\mathrm{E}}\mu_0 \mathrm{i}\omega}{2\pi r}(1 - 2\cos^2\theta) \\
& \times \int_0^\infty \left[\frac{n_1}{k_1^2 \bar{R}^*} - \frac{1}{m + n_1/R^*}\right] \cdot J_1(mr)\,\mathrm{d}m \\
& + \frac{P_{\mathrm{E}}\mu_0 \mathrm{i}\omega}{2\pi}\cos^2\theta \times \int_0^\infty \left[\frac{n_1}{k_1^2 \bar{R}^*} - \frac{1}{m + n_1/R^*}\right] \cdot m J_0(mr)\,\mathrm{d}m
\end{aligned}
\tag{1}
$$

$$
\begin{aligned}
H_{\mathrm{y}} = {} & -\frac{P_{\mathrm{E}}}{2\pi}\int_0^\infty \frac{m}{m + n_1/R^*} \cdot \frac{n_1}{R^*} \cdot J_0(mr)\,\mathrm{d}m + \frac{P_{\mathrm{E}}}{2\pi r}\int_0^\infty \frac{m}{m + n_1/R^*} \cdot \cos 2\theta \cdot J_1(mr)\,\mathrm{d}m \\
& - \frac{P_{\mathrm{E}}}{2\pi}\int_0^\infty \frac{m^2}{m + n_1/R^*} \cdot \cos^2\theta \cdot J_0(mr)\,\mathrm{d}m
\end{aligned}
\tag{2}
$$

式中，E_{x} 表示与源同方向的水平电场分量；H_{y} 表示与源布设方向垂直的水平磁场分量；P_{E} 为偶极源的电偶极距，$P_{\mathrm{E}} = Idl$；I 为供电电流；dl 为电偶极源的长度；μ_0 为自由空间中的导磁率；ω 为角频率；$n_1 = \sqrt{m^2 + k_1^2}$；$k_1^2 = \dfrac{-\mathrm{i}\omega\mu_0}{\rho_1}$；$k_1$ 和 ρ_1 分别为第一个电性层的波数和电阻率；θ 为电偶极源方向和源的中点到接收点矢径之间的夹角；r 为收发距，即观测点距偶极子中心的距离；$J_0(mr)$ 和 $J_1(mr)$ 分别为零阶和一阶贝塞尔函数。对于 L 层导电介质，核函数 R^* 和 $\bar{R}^*$ 的迭代公式（朴化荣，1990）为：

$$
R_l^* = \frac{1 + \mathrm{cth}(n_l h_l) \cdot n_l/n_{l+1} \cdot R_{l+1}^*}{\mathrm{cth}(n_l h_l) + n_l/n_{l+1} \cdot R_{l+1}^*}
\tag{3}
$$

$$
\bar{R}_l^* = \frac{1 + \mathrm{cth}(n_l h_l) \cdot n_l \rho_l/n_{l+1}\rho_{l+1} \cdot \bar{R}_{l+1}^*}{\mathrm{cth}(n_l h_l) + n_l \rho_l/n_{l+1}\rho_{l+1} \cdot \bar{R}_{l+1}^*}
\tag{4}
$$

式中，ρ_l 和 h_l 分别为第 l 层的电阻率和厚度；$l = 1$、2、…、L。$\mathrm{cth}(\cdot)$ 表示双曲余切函数；$n_l =$

$\sqrt{m^2 + k_l^2}$；k_l 为第 l 层的波数，$k_l^2 = \dfrac{-i\omega\mu_0}{\rho_l}$。

式（1）和式（2）可通过快速汉克尔变换计算，本文采用安德森 801 点滤波系数（Anderson，1989）。然后，我们可利用下式计算卡尼亚阻抗视电阻率 ρ_s 及相位 φ：

$$\rho_s = \frac{1}{\omega\mu_0}\left|\frac{E_x}{H_y}\right|^2 \tag{5}$$

$$\varphi = \tan^{-1}\left[\frac{\mathrm{Im}\left(\dfrac{E_x}{H_y}\right)}{\mathrm{Re}\left(\dfrac{E_x}{H_y}\right)}\right] \tag{6}$$

式（6）中，$\mathrm{Im}(E_x/H_y)$ 与 $\mathrm{Re}(E_x/H_y)$ 分别表示 E_x/H_y 的实部和虚部。

本文中我们采用三层模型：第一层电阻率为 $100\Omega\cdot m$，由浅入深三层的电阻率之比为 $1:10:1$。前两层的厚度均为 300m，第三层为均匀半空间。发射极 AB 位于地面上，发射偶极长 1000m，发射电流 20A，发射频率 $0.25\sim8192\mathrm{Hz}$，按 2 的幂指数变化。C 点为接收点。当 $\theta = 0°$ 时，C 点位于 x 轴上，距源 6400m。当 $\theta = 90°$ 时，C 点位于 y 轴上，距源 6400m。

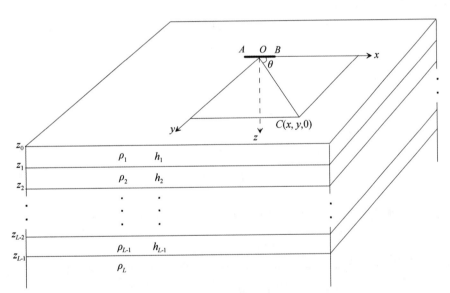

图 1 层状（L 层）地电模型及 CSAMT 装置形式
（C 点为观测点）

图 2 为不同观测频率时由式（1）、式（2）、式（5）、式（6）的计算结果。第一、二行分别对应 $\theta = 0°$ 和 $\theta = 90°$ 时的电场、磁场、视电阻率和相位曲线。为了验证汉克尔滤波算法的正确性，本文利用美国 Utah 大学的积分方程算法程序的计算结果进行对比。确切地说，真正用到的是程序中的格林函数部分，因为这部分是作为库函数内置于积分方程算法程序之中，所以这里仍然用"积分方程算法程序"来表述。从图 2 可以看出，二者吻合程度很好，说明本文的汉克尔变换滤波方法得到的结果正确可靠。

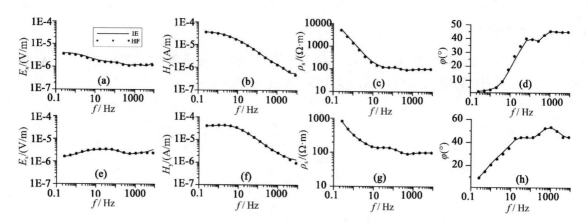

图 2　三层模型的 CSAMT 正演结果

IE：积分方程计算结果；HF：汉克尔数字滤波结果

（a）～（d）分别为 $\theta = 0°$ 时的电场、磁场、视电阻率和相位曲线；

（e）～（f）分别为 $\theta = 90°$ 时的电场、磁场、视电阻率和相位曲线

2　一维层状介质灵敏度矩阵

2.1　视电阻率对层参数的导数

对于本文假设的 L 层地电模型，共有 $2L-1$ 个地层参数，将其用向量表示为：

$$\boldsymbol{P} = (\rho_1,\ h_1,\ \rho_2,\ h_2,\ \cdots,\ \rho_{L-1},\ h_{L-1},\ \rho_L)^{\mathrm{T}} \tag{7}$$

由式（5）可推导出阻抗视电阻率 ρ_a 对层参数的偏导数，

$$\frac{\partial \rho_a}{\partial \alpha} = \partial \frac{1}{\omega\mu} \left| \frac{E_x}{H_y} \right|^2 \Big/ \partial \alpha = \frac{1}{\omega\mu} \left(\partial \left| \frac{E_x}{H_y} \right|^2 \Big/ \partial \alpha \right) \tag{8}$$

式中，α 表示各个层参数。若暂不考虑电磁场的模，求偏导后再计算式（8）左边的幅值（相当于对阻抗求导），我们有

$$\frac{\partial \rho_a}{\partial \alpha} = \left| \frac{2}{\omega\mu} \left(\frac{E_x}{H_y} \right) \cdot \left(H_y \cdot \frac{\partial E_x}{\partial \alpha} - E_x \cdot \frac{\partial H_y}{\partial \alpha} \right) \Big/ H_y^2 \right| \tag{9}$$

式（8）和式（9）中电磁场可以通过式（1）、式（2）计算得到。

2.2　电磁场对层参数的偏导数

从式（1）和式（2）可以看出，在电磁场的积分项中，只有核函数与层参数有关。因此，求电磁场对层参数的偏导数时只需求出核函数对层参数的偏导数即可。假设

$$A = \frac{m}{m + n_1/R^*} \qquad B = \frac{n_1}{k_1^2 \bar{R}^*} - \frac{A}{m} \qquad C = \frac{n_1}{R^*} \cdot A$$

$$c_1 = \frac{P_E}{2\pi} \qquad c_2 = i\omega\mu_0 \qquad c_3 = c_1\cos2\theta \qquad c_4 = c_1\cos^2\theta$$

$$R^* = R_1^* \qquad \bar{R}^* = \bar{R}_1^*$$

则电磁场对层参数的偏导数可写为

$$\frac{\partial E_x}{\partial \alpha} = c_1 c_2 \int_0^\infty \frac{\partial A}{\partial \alpha} \cdot J_0(mr)\,\mathrm{d}m - \frac{c_2 c_3}{r} \times \int_0^\infty \frac{\partial B}{\partial \alpha} \cdot J_1(mr)\,\mathrm{d}m + c_2 c_4 \times \int_0^\infty \frac{\partial B}{\partial \alpha}m \cdot J_0(mr)\,\mathrm{d}m \qquad (10)$$

$$\frac{\partial H_y}{\partial \alpha} = -c_1 \int_0^\infty \frac{\partial C}{\partial \alpha} \cdot J_0(mr)\,\mathrm{d}m + \frac{c_3}{r} \int_0^\infty \frac{\partial A}{\partial \alpha} \cdot J_1(mr)\,\mathrm{d}m - c_4 \int_0^\infty \frac{\partial A}{\partial \alpha}m \cdot J_0(mr)\,\mathrm{d}m \qquad (11)$$

其中，

$$\begin{cases} \dfrac{\partial A}{\partial \rho_1} = \dfrac{-m\left(\dfrac{i\omega\mu_0}{2n_1\rho_1^2} \cdot \dfrac{1}{R^*} - n_1 \dfrac{1}{(R^*)^2}\dfrac{\partial R^*}{\partial \rho_1}\right)}{(m + n_1/R^*)^2} \\[4mm] \dfrac{\partial A}{\partial \alpha} = \dfrac{m \cdot \dfrac{n_1}{(R^*)^2} \cdot \dfrac{\partial R^*}{\partial \alpha}}{(m + n_1/R^*)^2} \end{cases} \qquad (12)$$

$$\begin{cases} 当 \alpha = \rho_l \ 时, \ l = 2, \ 3, \ \cdots, \ L \\ 当 \alpha = h_l \ 时, \ l = 1, \ 2, \ 3, \ \cdots, \ L-1 \end{cases}$$

$$\begin{cases} \dfrac{\partial B}{\partial \rho_1} = \dfrac{n_1\rho_1\left(\dfrac{\partial \bar{R}^*}{\partial \rho_1}\right) - \bar{R}^* \cdot \left(n_1 + \dfrac{i\omega\mu_0}{2n_1\rho_1^2}\right)}{i\omega\mu_0(\bar{R}^*)^2} - \dfrac{1}{m}\dfrac{\partial A}{\partial \rho_1} \\[4mm] \dfrac{\partial B}{\partial \alpha} = -\dfrac{n_1}{k_1^2(\bar{R}^*)^2} \cdot \left(\dfrac{\partial \bar{R}^*}{\partial \alpha}\right) - \dfrac{1}{m}\dfrac{\partial A}{\partial \alpha} \end{cases} \qquad (13)$$

$$当 \alpha = \rho_l \ 时, \ l = 2, \ 3, \ \cdots, \ L$$
$$当 \alpha = h_l \ 时, \ l = 1, \ 2, \ 3, \ \cdots, \ L-1$$

$$\frac{\partial C}{\partial \rho_1} = A \cdot \left(\frac{n_1}{R^*}\right)' + \frac{n_1}{R^*} \cdot \frac{\partial A}{\partial \rho_1} \qquad (14)$$

式 (14) 中，

$$
\begin{cases}
\left(\dfrac{n_1}{R^*}\right)' = \dfrac{\partial\left(\dfrac{n_1}{R^*}\right)}{\partial\rho_1} = \dfrac{R^*\left(\dfrac{\mathrm{i}\omega\mu_0}{2n_1\rho_1^2}\right) - n_1\left(\dfrac{\partial R^*}{\partial\rho_1}\right)}{(R^*)^2} \\[4ex]
\left(\dfrac{n_1}{R^*}\right)' = \dfrac{\partial\left(\dfrac{n_1}{R^*}\right)}{\partial\alpha} = \dfrac{-n_1\left(\dfrac{\partial R^*}{\partial\alpha}\right)}{(R^*)^2}
\end{cases}
\tag{15}
$$

当 $\alpha = \rho_l$ 时, $l = 2, 3, \cdots, L$

当 $\alpha = h_l$ 时, $l = 1, 2, 3, \cdots, L-1$

在式（12）至式（15）中，由于核函数中包括 n_1 和 k_1，这两个变量都和第一层的电阻率 ρ_1 有关系，所以对第一层电阻率的偏导数需单独计算。

2.2.1　R^* 对电阻率的偏导数

下面给出 R^* 和 $\bar{R}^*$ 分别对层电阻率和厚度的偏导数公式。由式（3），我们有

$$
\left.\frac{\partial R^*}{\partial\rho_l}\right|_{l=1,2,\cdots,L} = \frac{\partial R_1^*}{\partial n_l}\cdot\frac{\partial n_l}{\partial\rho_l} = \frac{\partial R_1^*}{\partial R_2^*}\cdot\frac{\partial R_2^*}{\partial R_3^*}\cdot\frac{\partial R_3^*}{\partial R_4^*}\cdot\cdots\cdot\frac{\partial R_{l-2}^*}{\partial R_{l-1}^*}\cdot\frac{\partial R_{l-1}^*}{\partial n_l}\cdot\frac{\partial n_l}{\partial\rho_l}
\tag{16}
$$

式中，

$$
\frac{\partial n_l}{\partial\rho_l} = \frac{-k_l^2}{2n_l\rho_l}
\tag{17}
$$

$$
\frac{\partial R_l^*}{\partial R_{l+1}^*} = \frac{(\operatorname{cth}^2(n_l h_l) - 1)\cdot(n_l/n_{l+1})}{(\operatorname{cth}(n_l h_l) + n_l/n_{l+1}\cdot R_{l+1}^*)^2}
\tag{18}
$$

$$
\frac{\partial(R_{l-1}^*)}{\partial n_l} = \frac{[\operatorname{cth}^2(n_{l-1}h_{l-1}) - 1]\cdot n_{l-1}\cdot\left(\dfrac{R_l^*}{n_l}\right)'}{(\operatorname{cth}(n_{l-1}h_{l-1}) + n_{l-1}/n_l\cdot R_l^*)^2}
\tag{19}
$$

上式中

$$
\left(\frac{R_l^*}{n_l}\right)' = \frac{\partial\left(\dfrac{R_l^*}{n_l}\right)'}{\partial n_l} = \frac{n_l\dfrac{\partial R_l^*}{\partial n_l} - R_l^*}{n_l^2}
\tag{20}
$$

而

$$
\frac{\partial(R_l^*)}{\partial n_l} = \frac{(\operatorname{cth}^2(n_l h_l) - 1)\cdot\dfrac{R_{l+1}^*}{n_{l+1}} + \operatorname{csch}^2(n_l h_l)\cdot h_l\left(1 - \left(\dfrac{n_l R_{l+1}^*}{n_{l+1}}\right)^2\right)}{(\operatorname{cth}(n_l h_l) + n_l/n_{l+1}\cdot R_{l+1}^*)^2}
\tag{21}
$$

其中，csch 为双曲余割函数。将式（21）代入式（20），再将式（20）代入式（19），然后将式（17）

至式（19）式代入式（12），便可求出 R^* 对层电阻率的偏导数。

2.2.2　R^* 对厚度的偏导数

按同样的方法，可求出 R^* 对层厚度的偏导数

$$\frac{\partial R^*}{\partial h_l}\bigg|_{l=1,2,\cdots,N} = \frac{\partial R_1^*}{\partial R_2^*} \cdot \frac{\partial R_2^*}{\partial R_3^*} \cdot \frac{\partial R_3^*}{\partial R_4^*} \cdot \cdots \cdot \frac{\partial R_{l-2}^*}{\partial R_{l-1}^*} \cdot \frac{\partial R_{l-1}^*}{\partial R_l^*} \cdot \frac{\partial R_l^*}{\partial h_l} \quad (22)$$

式中，

$$\frac{\partial(R_l^*)}{\partial h_l} = \frac{\mathrm{csch}^2(n_l h_l) \cdot n_l \cdot \left(1 - \left(\dfrac{n_l}{n_{l+1}} \cdot R_{l+1}^*\right)^2\right)}{(\mathrm{cth}(n_l h_l) + n_l/n_{l+1} \cdot R_{l+1}^*)^2} \quad (23)$$

将式（23）和式（18）代入式（22）式便可得到 R^* 对层厚度的偏导数。

2.2.3　$\bar{R}^*$ 对电阻率的偏导数

用 $\bar{R}^*$ 直接对层电阻率求导，我们得到

$$\frac{\partial \bar{R}^*}{\partial \rho_l} = \frac{\partial \bar{R}_1^*}{\partial \rho_l} = \frac{\partial \bar{R}_1^*}{\partial \bar{R}_2^*} \cdot \frac{\partial \bar{R}_2^*}{\partial \bar{R}_3^*} \cdot \cdots \cdot \frac{\partial \bar{R}_{l-2}^*}{\partial \bar{R}_{l-1}^*} \cdot \frac{\partial \bar{R}_{l-1}^*}{\partial \rho_l} \quad (24)$$

式中，

$$\frac{\partial \bar{R}_l^*}{\partial \bar{R}_{l+1}^*} = \frac{(\mathrm{cth}^2 n_l h_l - 1) \cdot \dfrac{n_l \rho_l}{n_{l+1}\rho_{l+1}}}{\left(\mathrm{cth}\, n_l h_l + \dfrac{n_l \rho_l}{n_{l+1}\rho_{l+1}}\bar{R}_{l+1}^*\right)^2} \quad (25)$$

$$\frac{\partial \bar{R}_l^*}{\partial \rho_1} = \frac{(\mathrm{cth}^2(n_{l-1}h_l - 1) - 1) \cdot n_{l-1}\rho_{l-1} \cdot \left(\dfrac{\bar{R}_l^*}{n_l\rho_l}\right)'}{\left(\mathrm{cth}(n_{l-1}h_{l-1}) + \dfrac{n_{l-1}\rho_{l-1}}{n_l\rho_l} \cdot \bar{R}_l^*\right)} \quad (26)$$

式中，

$$\left(\frac{\bar{R}_l^*}{n_l\rho_l}\right)' = \frac{n_l\rho_l \cdot \dfrac{\partial \bar{R}_l^*}{\partial \rho_l} - \bar{R}_l^* \cdot \left(n_l + \dfrac{i\omega\mu_0}{2n_l\rho_l}\right)}{(n_l\rho_l)^2} \quad (27)$$

而

$$\frac{\partial \bar{R}_l^*}{\partial \rho_l} = \frac{E}{\left(\mathrm{cth}\,(n_l h_l) \; + \; \dfrac{n_l \rho_l}{n_{l+1} \rho_{l+1}} \cdot \bar{R}_{l+1}^* \right)^2} \tag{28}$$

上式中 E 可表示为

$$E = \mathrm{cth}^2(n_l h_l) \cdot \frac{n_l}{n_{l+1}\rho_{l+1}} \cdot \bar{R}_{l+1}^* + \mathrm{cth}^2(n_l h_l) \cdot \frac{i\omega\mu_0}{2 n_l \rho_l n_{l+1}\rho_{l+1}} \cdot \bar{R}_{l+1}^*$$

$$- \mathrm{csch}^2(n_l h_l) \cdot h_l \cdot \frac{i\omega\mu_0 n_l}{2(n_{l+1}\rho_{l+1})^2} \cdot (\bar{R}_{l+1}^*)^2 + \mathrm{csch}^2(n_l h_l) \cdot \frac{h_l \cdot i\omega\mu_0}{2 n_l \rho_l^2}$$

$$- \frac{\bar{R}_{l+1}^*}{n_{l+1}\rho_{l+1}} \cdot \left(n_l + \frac{i\omega\mu_0}{2 n_{l+1}\rho_{l+1}} \right) \tag{29}$$

将式（27）至式（29）依次回代到式（26）中，再将式（25）和式（26）代入式（24）中，便可求出 $\bar{R}^*$ 对电阻率的导数。

2.2.4　$\bar{R}^*$ 对厚度的求导

$$\frac{\partial \bar{R}^*}{\partial h_l} = \frac{\partial \bar{R}_1^*}{\partial h_l} = \frac{\partial \bar{R}_1^*}{\partial \bar{R}_2^*} \cdot \frac{\partial \bar{R}_2^*}{\partial \bar{R}_3^*} \cdot \cdots \cdot \frac{\partial \bar{R}_{l-2}^*}{\partial \bar{R}_{l-1}^*} \cdot \frac{\partial \bar{R}_{l-1}^*}{\partial \bar{R}_l^*} \cdot \frac{\partial \bar{R}_l^*}{\partial h_l} \tag{30}$$

$$\frac{\partial \bar{R}_l^*}{\partial h_l} = \frac{\mathrm{csch}^2(n_l h_l) \cdot n_l \cdot \left(1 - \left(\dfrac{n_l \rho_l}{n_{l+1}\rho_{l+1}} \cdot \bar{R}_{l+1}^* \right)^2 \right)}{\left(\mathrm{cth}\,(n_l h_l) \; + \; \dfrac{n_{l-1}\rho_l}{n_{l+1}\rho_{l+1}} \cdot \bar{R}_{l+1}^* \right)^2} \tag{31}$$

将式（31）和式（25）式代入式（30）中，便可得到 $\bar{R}^*$ 对层厚度的偏导数。

以上各导数求出后，电磁场对层参数的偏导数以及视电阻率 ρ_a 对层参数的偏导数可用式（10）、式（11）计算得到。

3　扰动法求灵敏度矩阵

用正演程序先对某一层状模型计算地面的电磁场和视电阻率，然后将其中一个层参数加一个小的扰动，保持其他层参数不变，对新模型正演，将两次正演的电场、磁场和阻抗视电阻率进行相减，并除以模型的扰动量，便得到用扰动法求得的各个物理量（电场、磁场或视电阻率）对该层参数的偏导数。从该计算过程可以看出，我们需要做相当于层参数个数加 1 次的正演。层参数越多，正演次数也越多。现在计算机取得了飞速发展，正演一次的计算量已微不足道，但在反演中，需多次迭代，正演所占的比重较大，我们仍希望正演越快或正演次数越少越好。

4　计 算 实 例

根据以上公式分别计算了层状介质模型的灵敏度矩阵。下面仍以上文所用的三层模型为例研究层参数变化对电磁响应的影响特征。

计算偏导数时发射频率从 0.25~8192Hz，设计按 2 的幂变化。装置形式与上文相同。

图 3 和 4 分别给出了 $\theta = 0°$ 和 90°时 E_x 和 H_y 对层参数的偏导数随频率变化的曲线。图中，各行分别表示电场的幅值、磁场的幅值和阻抗视电阻率对层参数的偏导数随频率的变化；而各列曲线则表示相应场的幅值和阻抗视电阻率对电阻率和厚度参数的偏导数。为了验证计算结果的正确性，图中一并给出利用扰动法的计算结果。

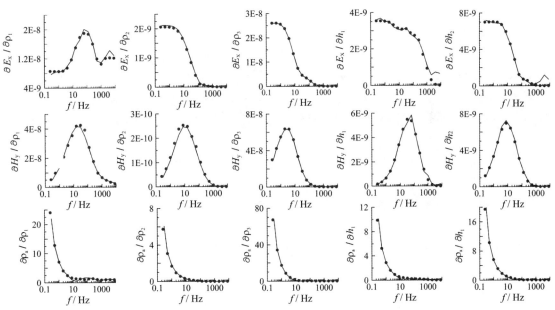

图 3 $\theta = 0°$时的电场、磁场、阻抗视电阻率对层参数的偏导数

图中，离散点为用本文半解析公式计算得到的结果，而实线为用扰动法计算得到的结果

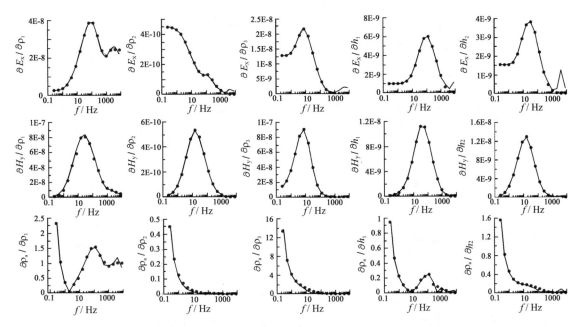

图 4 $\theta = 90°$时的电场、磁场、阻抗视电阻率对层参数的导数

图中离散点为本文半解析公式计算结果，而实线为扰动法计算结果

从图 3 和图 4 可以看出，本文半解析算法与扰动法得到的结果，除了个别高频点，扰动法出现振荡外，两者符合程度很高，说明本文所推半解析算法的正确性。

利用本文公式计算对第一层电阻率的偏导数，考虑到用汉克尔变换计算地面电磁场时，由于第一层内核函数包含了源的影响，导致汉克尔积分收敛不稳定。本文利用文献［19~23］的处理技术，将式（10）中求偏导数的核函数减去均匀半空间的对应项，在计算出汉克尔积分后再加上均匀半空间中电场对第一层电阻率的偏导数，这样可有效改善计算结果的稳定性和精度。

5　薄层模型的灵敏度分析

在实际资料的反演解释中，薄层容易被漏掉。薄层模型灵敏度分析的目的是从灵敏度矩阵特征来探讨反演薄层参数的可能性。我们以野外工作中常用的赤道装置（ $\theta = 90°$ ）为例。

模型结构与上文所用的三层模型相似，只是中间层厚度设为 30m，而电阻率为 $10\Omega \cdot m$ 的低阻薄层，上下各层的电阻率和厚度均不变。

下面首先研究 CSAMT 电磁场的幅值及阻抗视电阻率对薄层层参数灵敏度的空间分布规律，然后分析中间层层参数和埋深变化对其灵敏度的影响特征。

5.1　灵敏度随薄层电阻率的变化特征

假设中间薄层的厚度保持 30m 不变，电阻率从低阻 $10\Omega \cdot m$ 逐渐变化到高阻 $1000\Omega \cdot m$ ，图 5 给出 CSAMT 响应对薄层参数的灵敏度随薄层电阻率变化的分布特征。

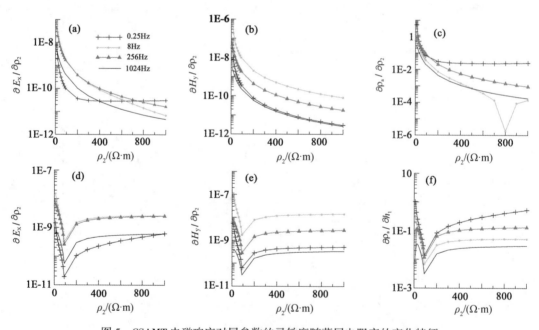

图 5　CSAMT 电磁响应对层参数的灵敏度随薄层电阻率的变化特征

（a）（b）（c）分别为电场、磁场及阻抗视电阻率对薄层电阻率参数的灵敏度；（d）（e）（f）分别为电场、磁场及阻抗视电阻率对薄层厚度参数的灵敏度

从图 5a~c 可以看出：随着薄层的电阻率增加，电磁场对薄层电阻率的灵敏度降低，说明薄层电阻率越高，反演时越不易分辨。在图 5a 中，当频率为 0.25Hz 时，电场对薄层电阻率的偏导数没有单调下降，而是下降一段后，灵敏度基本保持不变。分析认为，因为低频时电磁波穿透深度大，当薄层电阻率为 $200\Omega \cdot m$ 时，0.25Hz 的电磁波已穿透该层。当薄层电阻率继续增加时，电磁波在该层的耗散也越来越少，这个频率的电磁波一直处于穿透层的状态，所以会出现低频时曲线保持水平的情况。

而对于5b的磁场来说，没有出现这个现象，说明磁场的穿透能力没有电场强。因为电场的偏导数稍大于磁场的偏导数，所以5c中视电阻率的偏导数保持了电场的偏导数的特征。

相对于电磁场对薄层电阻率的灵敏度单调下降而言，图5d~f中，电磁场对薄层厚度的灵敏度曲线却是先降后升。在第二层电阻率接近于背景电阻率100Ω·m时，灵敏度降到最低，这是显而易见的；然后随着第二层电阻率的增加又增加，但随后电阻率增加灵敏度呈现较小增加趋势，这说明无论对低阻薄层，还是对高阻薄层，观测电磁场和视电阻率对中间层的厚度有一定的敏感度，对高阻薄层来说，观测资料对层厚度的敏感度要高于对电阻率的灵敏度。

图5还表明，无论是电磁场还是阻抗视电阻率资料，当电阻率值大于等于200Ω·m时，灵敏度曲线的变化比较平缓。这就意味着，在迭代反演中，灵敏度矩阵元素可取近似不变的值。然而，从上图可以看出，灵敏度随频率变化较大，因此可考虑采用对频率加权技术来改善对中间薄层的分辨能力。

5.2 灵敏度随低阻薄层的埋深变化

为了研究当低阻薄层的埋深发生变化时，观测资料对低阻薄层层参数的灵敏度规律，我们保持薄层电阻率为10Ω·m，厚度为30m不变，计算了当低阻薄层的埋深分别为50~1000m共16个埋深时的灵敏度值，灵敏度随第二层埋藏深度的变化曲线如图6所示。

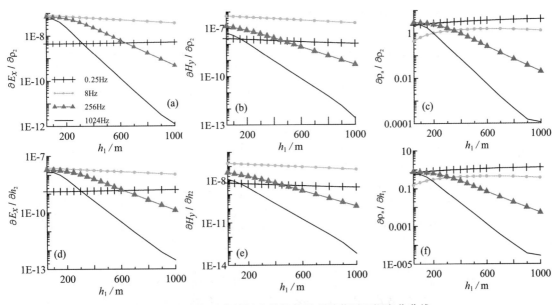

图6 观测资料对薄层层参数的灵敏度随薄层埋深变化曲线

(a)(b)(c)分别为电场、磁场及阻抗视电阻率对薄电阻率的灵敏度

(d)(e)(f)分别为电场、磁场及阻抗视电阻率对薄层厚度的灵敏度

从图6可以看出：对于低频（图中$f=0.25$、8Hz），无论是电磁场还是阻抗视电阻率灵敏度随薄层埋深的变化都比较平缓。通过分析发现，因低频时探测深度大，根据电磁场探测的体积效应，第二层薄层在一定的探测体积内所占比重不变，所以低频时它的灵敏度不变。而对于中高频（图中$f=256$、1024Hz）场的灵敏度随埋深变化较大。埋深越大，灵敏度越低。另外，对于中高频灵敏度幅值不仅变化较大，而且灵敏度随埋深加大而变小，这表明，反演时不仅需要做参数加权，而且要做资料加权，以平衡不同频率的灵敏度差异，增加反演解的稳定性。

6 结　　论

本文推导了一维 CSAMT 方法的偏导数公式，并用扰动法做了检验。三层模型的检验结果显示公式法的偏导数和扰动法的偏导数随频率的变化曲线一致，说明本文的半解析公式结果正确可靠。灵敏度特征分析表明 CSAMT 观测资料对中间低阻薄层比较敏感，对高阻薄层的分辨率较低，但对层厚度，即便是高阻薄层，仍存在较高的灵敏度。频率对层参数的灵敏度有重要影响。实际应用中，应同时考虑数据和参数加权，以提高中间层参数的求解能力。这将是我们未来的研究方向。

参 考 文 献

底青云、Unsworth M、王妙月，2004，复杂介质有限元法 2.5 维可控源音频大地电磁法数值模拟 [J]，地球物理学报，47（4）：723~730

雷达，2010，起伏地形下 CSAMT 二维正反演研究与应用 [J]，地球物理学报，53（4）：982~993

林昌洪、谭捍东、佟拓，2011，利用大地电磁三维反演方法获得二维剖面附近三维电阻率结构的可行性 [J]，地球物理学报，54（1）：245~256

欧东新、王家林，2005，二维块状结构大地电磁快速反演 [J]，石油物探，44（5）：525~528

潘渝、王光愕、陈乐寿等，1987，二维地电构造大地电磁测深资料的解析方法 [J]，石油地球物理勘探，22（3）：315~328

朴化荣，1990，电磁测深法原理 [M]，北京：地质出版社

沈金松、孙文博，2008，电磁响应的互换原理及其在响应灵敏度计算中的应用 [J]，勘探地球物理进展，31（1）：26~33

师学明、王家映，1998，一维层状介质大地电磁模拟退火反演法 [J]，地球科学，中国地质大学学报，23（5）：542~545

谭捍东、余钦范、Booker J 等，2003，大地电磁法三维快速松弛反演 [J]，地球物理学报，46（6）：850~854

汤井田、何继善，2005，可控源音频大地电磁法及应用 [M]，长沙：中南大学出版社

王若、王妙月，2007，一维全资料 CSAMT 反演 [J]，石油地球物理勘探，42（1）：107~114

王若、王妙月、底青云等，2014，CSAMT 三维单分量有限元正演 [J]，地球物理学进展，29（2）：839~845

王若、王妙月、卢元林，2008，频率域 2 维电磁测深资料的 RRI 反演 [J]，地球物理学进展，23（5）：1560~1567

熊彬、罗延钟、强建科，2004，瞬变电磁法 2.5 维反演中灵敏度矩阵计算方法（I）[J]，地球物理学进展，19（3）：616~620

杨长福、林长佑，1994，大地电磁二维层状模型参数化反演 [J]，西北地震学报，16（4）：10~19

杨辉、王永涛、王家林等，2001，大地电磁测深拟二维模拟退火约束反演 [J]，海相油气地质，6（1）：47~52

殷长春，1994，可控源音频磁大地电流法一维正演及精度评价 [J]，长春地质学学报，24（4）：438~453

张林成，2011，可控源音频大地电磁测深最小构造反演 [D]，长沙：中南大学

Anderson W L, 1989, A hybrid fast Hankel transform algorithm for electromagnetic modeling [J], Geophysics, 54（2）：263-266

Li X B, Oskooi B, Laust B P, 2000, Inversion of controlled-source tensor magnetotelluric data for a layered earth with azimuthal anisotropy [J], Geophysics, 65（2）：452-464

Lugao P P D, Wannamaker P E, 1996, Calculating the two dimensional magnetotelluric Jacobian in finite elements using reciprocity [J], Geophys. J. Int., 127：806-810

MeGillivra P R, Oldenburg D W, Ellis R G et al., 1994, Calculation of sensitivities for the frequency domain electromagnetic problem [J], Geophys. J. Int., 116（1）：1-4

Patricia P L, Wannamaker P E, Calculating the two-dimen sional magnetotelluric Jacobian in finite elements using reciprocity, Geophysical Journal International, 1996, 12：806-810

Portniaguine O, Zhdanov M S, 1999, Focusing geophysical inversion images [J], Geophysics, 64（3）：874-887

Wang R, Yin C C, Wang M Y et al., 2012, Simulated annealing for controlled-source audio-frequency magnetotelluric data inversion [J], Geophysics, 77（2）：127-133

一维全资料 CSAMT 反演*

王 若 王妙月

中国科学院地质与地球物理研究所

摘 要 本文围绕一维全资料 CSAMT 反演这一方向探讨了一种用于层状大地的反演方法。反演方法借鉴了网格参数法，具体实现时联合采用剥层法，并在反演中使用两个控制参数作约束，使反演结果比较理想。网格参数法和剥层法的联合应用具有反演参数少，不依赖初始模型的优点。三层与五层数字模型实例说明反演的结果能再现模型的层状结构，加噪声后数字模型的反演结果说明该方法对噪声有一定的抑制能力。将该方法用于层状分布的野外资料，反演结果与地质资料基本吻合。这种方法避免了近场校正带来的误差，为全资料 CSAMT 反演的可行性提供了现实依据。

关键词 CSAMT 全资料反演 一维

1 引 言

对于 CSAMT 方法的资料处理，在传统上一直采用对过渡区资料和近区资料做特殊处理的方法：一是直接舍去不用[1,2]，这类反演方法的有效数据只能取远场的值，而对于近场甚至过渡场的资料都要摒弃不用，造成较大的资料浪费；二是做近场校正，将 CSAMT 资料校正成 MT 资料后，再用 MT 的方法来反演[3]。但是，现有的近场校正方法[4,5]都是建立在均匀半空间的基础上的，当地下介质不均匀时，近场校正的应用效果不理想，因为近场校正仅能校正非波区场效应造成的卡尼亚视电阻率的畸变，并不能将双极源场的近区和过渡区数据校正为相应地电条件下的波区（平面波）场的测量结果[5]。还有一些文献资料采用对视电阻率的重新定义来达到不做近场校正的目的[6~8]，但还未投入广泛应用。为了克服近场校正所带来的负面影响，Routh 于 1999 年提出了 CSAMT 全资料一维水平层状介质的反演[9]，反演结果要优于做过近场校正后用 MT 方法得出的结果，深部地层的电阻率反演值与真值较为接近；同年，Xinyou LU 提出了不做近场校正的 2.5 维快速松驰反演（RRI）算法[10]。用全部资料来做反演已成为 CSAMT 反演方法研究的新方向。

本文沿着这一思路用网格参数法和剥层法联合应用实现了一维全资料的 CSAMT 反演，取得了较好结果。首先介绍用于反演迭代时所用的正演方法，然后介绍所用的反演方法，并给出了四个三层模型和两个五层模型的反演结果，最后通过对加 10%噪声的模型和实际野外观测资料的反演对该方法做了验证，数值模拟和野外资料反演结果说明本文所介绍的反演方法是可行的。

2 一维 CSAMT 法正演理论

人工源一维电磁波正演是通过数值求解积分方程得到的，已有相关文献发表[11,12]。本文借用简化

---

* 本文发表于《石油地球物理勘探》，2007，42（1）：107~114

积分法的思想，即外层积分项计算时，将发射源剖分成一系列小的电偶极子，源所形成的场用所有小电偶极子形成的场的和来表示。我们做法的不同点在于：对于内层积分中遇到的贝塞尔函数直接调用编译程序中提供的内部函数。

对于沿 x 方向的电偶极源，电场 x 分量和磁场 y 分量的表达式分别为[12]：

$$
\begin{aligned}
E_x = & \frac{P_E \mu_0 \mathrm{i}\omega}{2\pi} \int_0^\infty \frac{m}{m + n_1/R^*} J_0(mr)\,\mathrm{d}m \\
& + \frac{P_E \mu_0 \mathrm{i}\omega}{2\pi r}(1 - 2\cos^2\theta) \times \int_0^\infty \left[\frac{n_1}{k_1^2 \bar{R}^*} - \frac{1}{m + n_1/R^*} \right] J_1(mr)\,\mathrm{d}m \\
& + \frac{P_E \mu_0 \mathrm{i}\omega}{2\pi}\cos^2\theta \times \int_0^\infty \left[\frac{n_1}{k_1^2 \bar{R}^*} - \frac{1}{m + n_1/R^*} \right] m J_0(mr)\,\mathrm{d}m
\end{aligned}
\tag{1}
$$

$$
\begin{aligned}
H_y = & -\frac{P_E}{2\pi} \int_0^\infty \left[\frac{n_1}{R^*} \frac{m}{m + n_1/R^*} \right] J_0(mr)\,\mathrm{d}m \\
& + \frac{P_E}{2\pi} \int_0^\infty \left[\frac{1}{m + n_1/R^*} \right] \times \left[\frac{m J_1(mr)}{r}\cos 2\theta - m^2 J_0(mr)\cos^2\theta \right]\mathrm{d}m
\end{aligned}
\tag{2}
$$

式中，E_x 表示与源同方向的电场水平分量；H_y 表示与源布设方向垂直的磁场水平分量；P_E 为偶极源的电偶极距；且 $P_E = Idl$；I 为供电电流；dl 为电偶极源的长度；μ_0 为自由空间中的导磁率；i 表示纯虚数；ω 为圆频率；m 为积分变量；$n_j = \sqrt{m^2 + k_j^2}$；$k_j^2 = -\mathrm{i}\omega\mu_0\sigma_j$；$k_j$ 为第 j 个电性层的波数；σ_j 为第 j 层的电导率；θ 为电偶极源方向和源的中点到接收点矢径之间的夹角；r 为收发距，即观测点距偶极子中心的距离；$j = 1, 2, \cdots, N$；N 为电性层的层数；$J_1(mr)$ 为以 mr 为变量的一阶贝塞尔函数。$J_0(mr)$ 为以 mr 为变量的零阶贝塞尔函数。对于 N 层成层地球介质，即在半空间上覆盖 $N-1$ 个有限层厚的层状介质，R^* 和 $\bar{R}^*$ 为联系半空间顶部的物性和第一层顶部物性之间的两个函数，它们和 $N-1$ 个层的电导率及层厚以及半空间的电导率有关，具体表达式如下：

$$
\begin{cases}
R^* = \mathrm{cth}\left[n_1 h_1 + \mathrm{arcth}\,\frac{n_1}{n_2}\mathrm{cth}\left(n_2 h_2 + \cdots + \mathrm{arcth}\,\frac{n_{N-1}}{n_N} \right) \right] \\
\bar{R}^* = \mathrm{cth}\left[n_1 h_1 + \mathrm{arcth}\,\frac{n_1\rho_1}{n_2\rho_2}\mathrm{cth}\left(n_2 h_2 + \cdots + \mathrm{arcth}\,\frac{n_{N-1}\rho_{N-1}}{n_N\rho_N} \right) \right]
\end{cases}
\tag{3}
$$

其中，ρ_n 为第 n 层的电阻率；h_n 为第 n 层的厚度；$n = 1, 2, \cdots, N$。对于长度为 $2L$ 的发射电极，若取坐标原点为发射极的中点，公式（1）和（2）变为[12, 13]：

$$
\begin{aligned}
E_x = & \frac{I\mu_0 \mathrm{i}\omega}{2\pi} \int_{-L}^{L}\mathrm{d}x \int_0^\infty \frac{m}{m + n_1/R^*} J_0(mr)\,\mathrm{d}m + \frac{I\mu_0 \mathrm{i}\omega}{2\pi}\frac{x'+L}{r_2}\int_0^\infty \left[\frac{n_1}{k_1^2 \bar{R}^*} - \frac{1}{m + n_1/R^*} \right] J_1(mr_2)\,\mathrm{d}m \\
& - \frac{I\mu_0 \mathrm{i}\omega}{2\pi}\frac{x'-L}{r_1} \times \int_0^\infty \left[\frac{n_1}{k_1^2 \bar{R}^*} - \frac{1}{m + n_1/R^*} \right] J_1(mr_1)\,\mathrm{d}m
\end{aligned}
\tag{4}
$$

$$H_y = -\frac{I}{2\pi}\int_{-L}^{L}\mathrm{d}x\int_0^{\infty}n_1/R^* \frac{m}{m+n_1/R^*}J_0(mr)\,\mathrm{d}m + \frac{I}{2\pi}\frac{x'-L}{r_1}\int_0^{\infty}\left[\frac{m}{m+n_1/R^*}\right]$$

$$\times J_1(mr_1)\,\mathrm{d}m - \frac{I}{2\pi}\frac{x'+L}{r_2}\times\int_0^{\infty}\left[\frac{m}{m+n_1/R^*}\right]J_1(mr_2)\,\mathrm{d}m \tag{5}$$

式中, x'、y' 为观测点的坐标; $r_1 = \sqrt{(x'-L)^2 + y'^2}$; $r_2 = \sqrt{(x'+L)^2 + y'^2}$。

在上述积分中, 遇到了形如 $f(r)=\int_0^{\infty}F(m)Z(mr)\,\mathrm{d}m$ 形式的积分, 这里 $Z(mr)$ 记为 0 阶或 1 阶贝塞尔函数, 贝赛尔函数的振荡性是影响计算精度的主要因素。我们利用调用 Fortran Power Station 4.0 库函数中已有的贝塞尔函数直接对式 (4)、式 (5) 进行数值积分, 求积中参考了上述积分 $f(r)=\int_0^{\infty}F(m)Z(mr)\,\mathrm{d}m$ 实际上是一种褶积滤波积分的认识, 被积变量的被积范围从 $0\sim\infty$, 首先将无限积分变为有限积分, 调整积分区间, 使被积区域内贝赛尔函数的振荡性影响最小, 然后将积分写为一系列小单元的求和。在得到 E_x 和 H_y 后计算了卡尼亚视电阻率, 即:

$$\rho = \frac{1}{\omega\mu}\left|\frac{E_x}{H_y}\right|^2 \tag{6}$$

3　反演方案

假设大地介质是层状分布的, 每层的物理参数有电阻率、介电常数、磁导率、厚度。对于 CSAMT 方法来说, 观测频率较低, 所以位移电流可以忽略不计, 介电常数的影响可以忽略。在非铁磁性矿物中导磁率 μ 近似为自由空间中的导磁率 μ_0。当每层的厚度一定时, 只有电阻率为真正要反演的参数, 使用网格参数反演时只需对电阻率进行搜索, 使计算速度有较大提高。

将观测数据和模型之间的关系写成泛函形式:

$$d = F(m) \tag{7}$$

式中, d 为观测数据向量; $F(m)$ 为正演函数; m 为模型向量。在实际野外资料中, 观测数据和理论计算结果间存在着一定的误差 e, 将 (7) 式写为:

$$d = F(m) + e \tag{8}$$

当 $e^{\mathrm{T}}e$ 达到最小时, 我们就可认为此时的地电断面为最接近真实情况的结果而保留下来。其中, $e^{\mathrm{T}}e = \dfrac{\sum\limits_{i=1}^{N}\left[(\rho_{ai}-\rho_{ci})/\rho_{ai}\right]^2}{N}$, N 为测点总数; ρ_{ai} 为第 i 个观测视电阻率; ρ_{ci} 为第 i 个计算视电阻率。

反演时采用剥层法与网格参数法联合应用。先对第一层进行网格参数反演, 将地下介质看作二层介质, 即均匀半空间上覆盖着一层介质。首先在以初始值为中心的一定范围内对电阻率值进行搜索, 当误差最小的值落在了搜索范围的端点时, 便以该端点值为中心进行新一轮的搜索, 当搜索到使误差最小的电阻率值后, 再以该值为中心, 缩小参数的网格值, 以便搜索到更加接近真值的电阻率值。当第一层介质的电阻率确定后, 把地下介质看作是一个三层模型, 再反演第二层的电阻率值。当第二层的电阻率值确定后, 把地球介质看作一个四层模型来反演第三层的电阻率值。依此类推, 直至反演出最后一层的电阻率值为止。反演时用趋肤深度作为控制参数，当趋肤深度大于预先给出的第一层的厚度时，相应频率的资料便不再参与反演。实验表明，若不用控制参数，而使用全频段的资料来反演浅部信息，得到的浅部电阻率值会受到深部介质的影响，使得电阻率值产生畸变。但对较深部资料反演时，这个限制会影响反演的质量，所以需要另一个控制参数，控制在何时开始用全部的资料做反演。

4　控制参数的选择

在反演过程中，用趋肤深度作为控制参数来确定所反演的层位所用资料的频率范围，以减小深部信息对浅部的影响。如前所述，CSAMT 法是一种电磁测深方法，它通过改变频率来实现测深目的，当频率较高时，电磁波能量基本耗散在浅部，得到的是浅部的综合信息。这时，如果用深部的资料来约束对浅部电阻率的反演，无疑会给浅部结果带来一定的负面影响，必须对所用资料进行约束，这就需要一个用来联系频率与反演深度的参数，这个参数便是趋肤深度。

在无磁性介质中，趋肤深度为：

$$\delta \approx 503\sqrt{\rho/f} \tag{9}$$

从 Bostic 理论得到的有效探测深度为：

$$\delta \approx 356\sqrt{\rho/f} \tag{10}$$

在实际反演过程中，发现用这两个公式定义的趋肤深度来约束反演时所用的频率，对某些模型来说，会导致反演很快发散，但当用（10）式乘以一个系数做控制参数时，对所有的模型做反演都不会引起发散，在本文中，这个系数取为 0.7。

另外一个控制参数用来控制在什么频率下开始用全部的资料进行反演。当进入近场时，频率-视电阻率曲线便以近 45°上升，这时电阻率虽已不能很好地反映地层的信息，但仍然有一定的反映，主要表现在当深部地层的电阻率不同时，45°上升的起始点有异，斜率稍有差异。这时若还用趋肤深度来控制所用的资料已没有意义，而用全部资料来反演更能体现深部的信息。这个参数要用实验方法来确定，对于不同的模型，参数值也有所不同。一般选在 100Hz 左右，对于本文所用的频点范围，该控制参数针对不同的模型，分别为从高频起第 6、7、8 个频点。

5　数 值 模 拟

在用网格参数法反演电阻率的过程中将网格参数间距给得越小，求解的精度就会越高，但相应会增加计算时间，若将网格参数间距给的过大，精度降低，必须在最小值附近进行第二次甚至第三次小网格搜索。数值模拟发现，若第一次将网格分得较细，如网格参数间距为 $50\Omega \cdot m$，进行第二次搜索时，得到的值的变化在 $50\Omega \cdot m$ 以内，所以当网格参数间距小时，可以保障精度。

我们用电阻率值均为 $1000\Omega \cdot m$ 的均匀半空间作为初始模型，网格参数间距定为 $50\Omega \cdot m$。用几个数值模型来说明不做近场校正而直接用观测资料来实施反演的可行性。

5.1　三层模型

参照文献［12］中三层模型参数的比例关系，设计了四个模型：H、K、A、Q 型。在正演时供电偶极 $AB=2000m$，收发距 $r=8000m$，所用频率为 $2^{13}\sim2^{1}Hz$。为了将反演结果与模型进行对比，将二者绘于一幅图中。四个模型与反演结果分别示于图 1~图 4 中。图 1a~图 4a 是模型与反演结果的对比曲线，图 1b~图 4b 是模型的正演曲线和反演结果的响应曲线拟合图，图 1c~图 4c 是反演时误差收敛曲线。从图 1~图 4 中可以看出，搜索时形成的误差曲线是逐渐收敛的，表明搜索结果越来越接近真实的电阻率值。图 1a~图 4a 和图 1b~图 4b 中所绘曲线都是取当误差最小时的反演值作为最终结果。从两幅图中可以看出，反演结果的响应曲线和正演结果拟合较好，在图 1a~图 4a 中，除了 Q 型第二层反映得不明显外，三层模型的形态均能很好地反映出来。

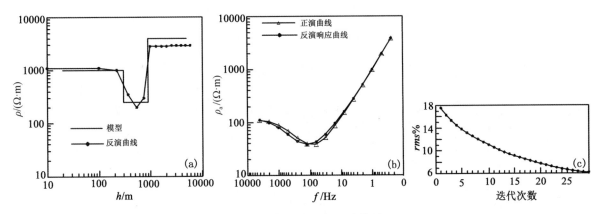

图 1　H 型地电断面的反演结果

（a）模型与反演结果对比图；（b）正演曲线与反演结果的响应曲线对比图；（c）拟合误差曲线

$\rho_1 = 1000\Omega \cdot m$; $\rho_1 : \rho_2 : \rho_3 = 1 : 1/4 : 4$; $h_1 = 300m$, $h_2 = 600m$, $h_3 = \infty$

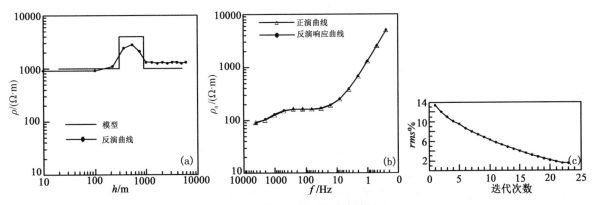

图 2　K 型地电断面的反演结果

（a）模型与反演结果对比图；（b）正演曲线与反演结果的响应曲线对比图；（c）拟合误差曲线

$\rho_1 = 1000\Omega \cdot m$; $\rho_1 : \rho_2 : \rho_3 = 1 : 4 : 1$; $h_1 = 300m$, $h_2 = 600m$, $h_3 = \infty$

5.2　五层模型

为了验证全资料反演方法的适应性，我们又做了一个互层的五层 HKH 模型。反演结果示于图 5 中，三幅图的含义同三层模型中的含义。正演曲线和反演结果的响应曲线拟合较好，反演结果的五个层均能清楚反映出来。

该反演方法对互层情况分辨较好，为了验证其对渐变层位反映能力，做了 KHA 型五层地层模型，反演结果如图 6 所示，各层均能很好地分辨出来。

正演时以上两个模型的装置参数为：供电偶极 $AB = 2000m$，收发距 $r = 8000m$，所用频率为 $2^{16} \sim 2^1 Hz$。观测时高频频率有所提高，以便能得到与第一层较为接近的观测值，增加反演时的可靠性。

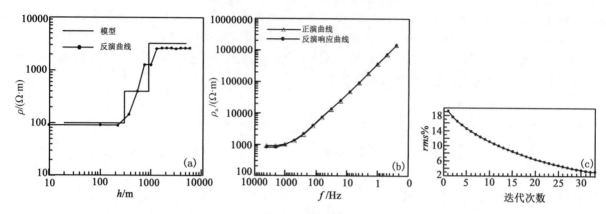

图 3　A 型地电断面的反演结果

（a）模型与反演结果对比图；（b）正演曲线与反演结果的响应曲线对比图；（c）拟合误差曲线

$\rho_1 = 1000\Omega \cdot m$；$\rho_1 : \rho_2 : \rho_3 = 1 : 4 : 32$；$h_1 = 300m$，$h_2 = 600m$，$h_3 = \infty$

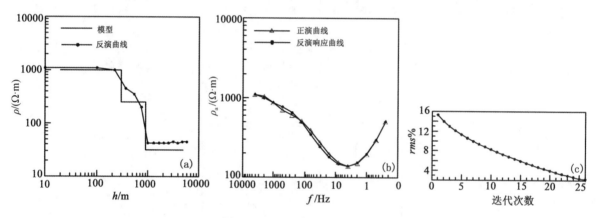

图 4　Q 型地电断面的反演结果

（a）模型与反演结果对比图；（b）正演曲线与反演结果的响应曲线对比图；（c）拟合误差曲线

$\rho_1 = 1000\Omega \cdot m$；$\rho_1 : \rho_2 : \rho_3 = 1 : 1/4 : 1/32$；$h_1 = 300m$，$h_2 = 600m$，$h_3 = \infty$

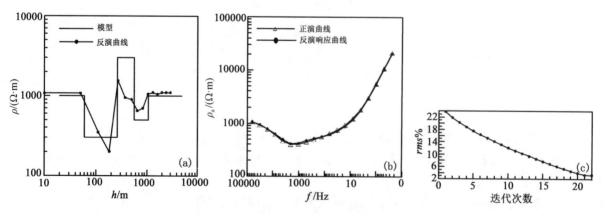

图 5　HKH 型五层地电断面的反演结果

（a）模型与反演结果对比图；（b）正演曲线与反演结果的响应曲线对比图；（c）拟合误差曲线

$\rho_1 = 1000\Omega \cdot m$；$\rho_2 = 300\Omega \cdot m$；$\rho_3 = 3000\Omega \cdot m$；$\rho_4 = 500\Omega \cdot m$；$\rho_5 = 1000\Omega \cdot m$；

$h_1 = 60m$，$h_2 = 200m$，$h_3 = 300m$，$h_4 = 500m$，$h_5 = \infty$

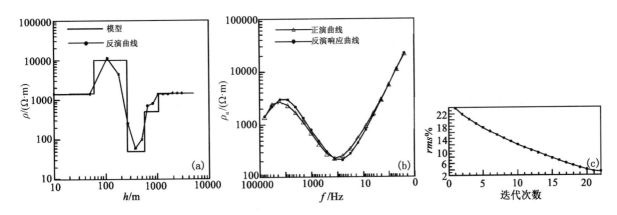

图 6　KHA 型五层地电断面的反演结果

（a）模型与反演结果对比图；（b）正演曲线与反演结果的响应曲线对比图；（c）拟合误差曲线

$\rho_1 = 1428\Omega \cdot m$；$\rho_2 = 10000\Omega \cdot m$；$\rho_3 = 50\Omega \cdot m$；$\rho_4 = 500\Omega \cdot m$；$\rho_5 = 1428\Omega \cdot m$；

$h_1 = 60m$，$h_2 = 200m$，$h_3 = 300m$，$h_4 = 500m$，$h_5 = \infty$

　　通过对以上几个模型的数值模拟结果分析，虽然除第一层和最后一层外，各层的电阻率值、深度与模型有误差，但各层电阻率信息在反演结果中都有明显反映，层深也基本在曲线的拐点处。这说明直接用全部的 CSAMT 资料来做反演是可行的。分析造成误差的原因可能是以下两种情况，一是将薄层的各层厚度固定造成的，二是逐层反演造成的，这都会引起误差，如果将所有的目的层同时进行反演，应该能得到更为精确的结果，但要以计算时间为代价。

5.3　加噪声后的模型

　　野外工作采集到的资料都含有一定成分的噪声，为了模拟对野外资料的处理效果，我们对图 1~图 4 三层模型的正演结果分别加上 10% 的随机噪声后再做反演。反演结果如图 7 所示，图 7a~d 分别对应 H、K、A、Q 型地层。从图 7 可以看出，加噪声后反演结果也基本显现出三层构造，只是第二层到第三层的过渡部分曲线显得略微平缓，但如果把曲线从第二层到第三层过渡时拐点作为层的分界点，也和实际模型基本吻合。

　　反演结果响应基本分布于模型正演曲线和加噪声的曲线之间。这些图件说明本文所述的方法对噪声有一定的压制能力。

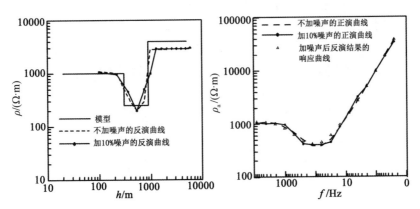

图 7a　对三层模型加 10% 噪声前、后的反演结果（H 型曲线）

左图为加噪反演结果与模型和不加噪反演结果对比；右图为加噪反演结果的响应曲线与加噪前、后正演曲线的对比，下同

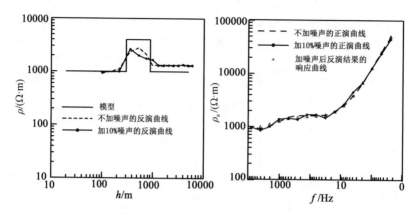

图 7b　对三层模型加 10%噪声前后的反演结果对比（K 型曲线）

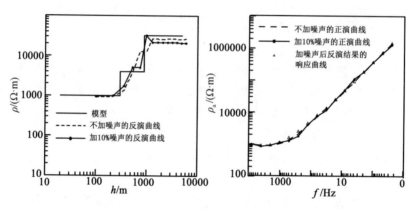

图 7c　对三层模型加 10%噪声前后的反演结果对比（A 型曲线）

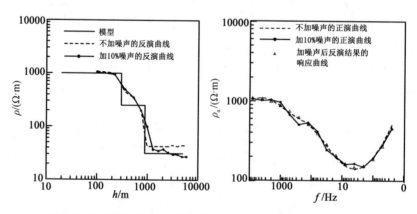

图 7d　对三层模型加 10%噪声前后的反演结果对比（Q 型曲线）

6　野外实验结果

北京市牛栏山水源八厂是供北京市用水的水源地之一。该地区有已知的地质资料，如图 8a 所示。从资料看，地层大致分四层，上覆含水半胶结砂卵砾石层，第二层为砂粘互层的隔水层，第三层为与第一层同性质的含水层，第四层为侏罗纪安山岩。

为了实验 CSAMT 方法对地层的分层能力，选择了一块用于物探仪器测试的标准试验场地。从大

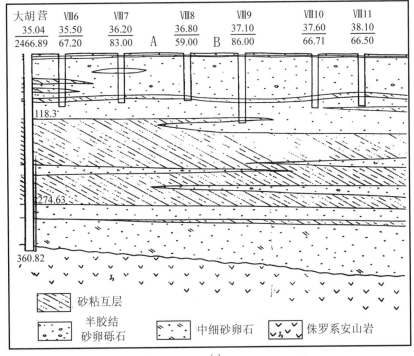

(a)

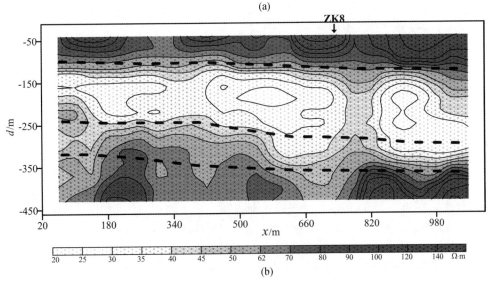

(b)

图 8 京郊水源八厂野外资料的反演结果

(a) 已知地质资料 (AB 为测线在地质剖面上下的投影);

(b) 反演解释结果 (ZK8 为 (a) 中的 8 号井在测线上的投影)

胡营村北向北西 10°方向布置了一条 1.1km 的测试剖面，8 号井 (ZK8) 位于剖面线东部 185m 左右，在剖面横坐标上的投影为 740m 处。剖面在已知地质剖面图上的投影为图 8a 上的 AB 段。测量时收发距为 4km，AB = 700m，点距为 40m，工作频率 $2^{13} \sim 2^4$ Hz。用本文介绍的反演方法对整个剖面进行反演，网格搜索间距为 50Ω·m，最终的数据拟合差小于 10%，网格间距决定了数据的拟合差，若想进一步减小拟合差，可通过第二次小网格距搜索来完成。将初始薄层模型定为 20 层，每一层的初始电阻率都为 1000Ω·m。反演结果如图 8b 所示，在图上根据电阻率值画了三条解释线，将电阻率剖面分为四层。第一层和最后一层的电阻率较高，第二层的电阻率最低，第三层的电阻率值高于第二层的电阻率值但低于最后一层的电阻率值。虽然第一层为含水层，但地层的介质成分是由粗砂和卵石形成的，这些介质的电阻率较高，所以使得该层的电阻率较高，ZK8 下面第一层的深度约为 120m。第二层是由中等粒度的砂和泥组成，泥的低电阻率导致第二层的电阻率最低，ZK8 下第二层的深度约为 280m。第三层是由中细砂和卵石组成，它们的电阻率比泥岩高但比第一层低，所以第三层的电阻率是中等，第三层在 ZK8 下的深度约 360m。从图中看出，反演结果的分层与已知地质资料基本吻合，说明该方法可用于野外水平层状资料的处理。

7　结论与建议

通过对一维全资料 CSAMT 反演方法的研究，得到以下几点结论及建议：

（1）所用的反演方法（即网格参数法和剥层法的联合应用）对全资料 CSAMT 数据反演取得了较好的效果，为全资料 CSAMT 的反演提供了依据。

（2）根据电磁波的传播特性，需要加入两个控制参数来控制反演时所用的资料段。第一个参数用来避免深部资料对浅部介质反演时的影响。当对深部资料进行反演时，用第二个参数来控制从第几个频率起用所有的资料参加反演。第一个参数由程序自动得到，第二个参数要根据不同的资料通过实验方法来获取。

（3）所用反演方法不依赖于初始模型，因为本文所用的反演方法为搜索方法，无论从何值进行搜索，总能搜索到使误差达到最小的电阻率值。所给初始模型的电阻率值与真值差距较大时，搜索时间会长，相反搜索时间会缩短。

（4）该反演方法对噪声有一定的抑制作用。

（5）若将所有的目的层同时进行反演，应该能得到更为精确的结果，但要以计算时间为代价。

（6）本文并未考虑地形起伏的影响，在实际工作中，有些情况是在有地形起伏的地区来观测的，需要用二维的方法来研究。

参 考 文 献

[1] Yutaka Sasaki, Yoshihiro Yoneda et al., Resistivity imaging of controlled-source audio frequency magnetotelluric data, Geophysics, 1992, (7): 952~955

[2] Wannamaker P, Tesor CSAMT survey over the Sulphur Springs thermal area, Valles Caldera, NewMexico, U. S. A., Part I: Implications for structure of the western caldera, Geophysics, 1997, (2): 451~465

[3] Bartel L C and Jacobson R D, Results of a controlled-source audio frequency magnetotelluric survey at the Puhimau thermal area, Kilauea Volcano, Hawaii, Geophysics, 1987, (5): 665~677

[4] Yamashita and Hollof, CSAMT case histories with a multi-channel CSAMT system and discussion of near-field data correction: phoenix Geophys., Ltd. 1985

[5] 罗延种、周玉水、万乐，一种新的 CSAMT 资料近场校正方法，勘查地球物理勘查地球化学文集，第 20 集，地质出版社，1996

[6] 汤井田、何继善，水平电偶源频率测深中全区视电阻率定义的新方法，地球物理学报，1994，(4): 543~552

[7] 苏发、何继善，组合波近区频域电磁测深研究，中国科学（D 辑），1996，26 (3): 240~246

[8] 汤井田、何继善，水平多层介质上水平电偶源频率电磁测深的阻抗实部等效电阻率，物探与化探，1994，(3): 92~96

[9] Routh P S and Oldenburg D W, Inversion of controlled-source audio-frequency magnetoteluric data for a horizontal-layered earth, Geophysics, 1999, (6): 1689~1697

[10] Lu Xinyou, Martyn Unsworth and John Booker, Rapid relaxation inversion of CSAMT data, Geophys. J. Int., 1999, 138: 381~392

[11] 万乐、罗延钟等，CSAMT 一维正演的快速近似计算，中国地球物理学会年刊，北京：地震出版社，1993

[12] 殷长春，可控源音频磁大地电流法一维正演及精度评价，长春地质学学报，1994，24

[13] 王若、王妙月、卢元林，高山峡谷区 CSAMT 观测系统研究，地球物理学进展，2003，19 (1): 125~130

Simulated annealing for controlled source audio-frequency magnetotelluric data inversion[*]

Wang Ruo[1)]　**Yin Changchun**[2)]　**Wang Miaoyue**[1)]　**Wang Guangjie**[1)]

1) Key Laboratory of Engineering Geomechanics, Institute of Geology and
Geophysics, Chinese Academy of Sciences. Beijing, China

2) Formerly Fugro Airborne Surveys, Canada, presently Jilin Univ., Jilin, China

Abstract: Simulated annealing is used to invert 1D Controlled Source Audio-frequency Magnetotelluric (CSAMT) data. In the annealing process, the system energy is taken as the root-mean-square fitting error between model responses and real data. The model parameters are the natural logarithms of the resistivity and the thickness in each layer of the earth. The annealing temperature decreases exponentially, while the model is refreshed randomly according to the temperature and is accepted according to a Boltzmann probability. We first test the simulated annealing on synthetic data and develop a cooling schedule of model updates specifically for CSAMT data inversion. The redesigned cooling schedule reduces the magnitude of the model updating, and makes the solution converge rapidly and stably. For a 3-layer model whose resistivity increases with depth, simulated annealing has difficulty in obtaining the global solution for the middle layer. However, the solution for such a layer can be significantly improved by using the mean value of the estimates. The inversion of field data from a Northern suburb of Beijing, China, shows that starting from a 1D smooth inversion to determine the range of SA parameters permits the simulated annealing to obtain very good results from the CSAMT survey data.

Key words: CSAMT　inversion　simulated annealing　VFSA　annealing schedule

1　Introduction

The Controlled Source Audio-frequency Magnetotelluric (CSAMT) method has been widely applied to geo-thermal (Wannamaker, 1997), mineral (Boerner and Wright, 1993; Basokur et al., 1997), and oil and gas exploration (Ranganayaki et al., 1992). In general, the full-domain CSAMT data include the near-field, transition-field and far-field. The fields are nonlinear due to the artificial source; the near-field and transition-field are even more complicated than is the far-field that generally is plane-wave in nature. Traditional CSAMT data are only inverted in the far-field where magnetotelluric (MT) formulations are used. Routh et al. (1999) invert the CSAMT data with a full accounting for source effects, while Lu et al. (1999) used rapid-relaxation inversion for 2.5D CSAMT data, also without omissions. Compared with the MT inversion of the near-field-corrected data, the inversion using full CSAMT data provides more accurate information on the distribution of subsurface con-

* 本文发表于《Geophsics》, 2012, 77 (2): E127—E133

ductivity. However, due to the nonlinearity of the EM signal and the downhill searching feature (always trying to reduce fitting errors), most traditional algorithms can be easily trapped in the many unexpected local minimums.

　　Simulated annealing is an inversion algorithm for finding a global minimum. It is a heuristic Metropolis procedure of optimization (Kirkpatrick et al., 1983) that simulates the physical procedure of heat balance from liquid to crystal. At high temperature, the molecules of a liquid move freely. They lose mobility as the liquid is slowly cooled. At last, a pure crystal is formed when the molecules totally lose their mobility and align in a regular pattern. The crystal is the minimum system energy state. In simulated annealing (SA), model parameters are the analog of the molecules, model updates are the analog of the successive states of motion of the molecules. The best model parameters are searched globally by slowly reducing the temperature until the system energy reaches a minimum.

　　Simulated annealing was proposed by Metropolis et al. (1953) and was first applied to solving the problem of the traveling salesman and to circuit optimization. It has been successfully used in many geophysical inversions of such data as transient electromagnetic (EM) (Sharma and Kaikkonen, 2000), seismic (Ryden and Park, 2006), gravity (Yu et al., 2007), airborne EM (Yin and Hodges, 2007), and marine EM (Roth and Zach, 2007). To improve the efficiency of the search, the very-fast simulated annealing (VFSA) algorithm was developed by Ingber (1989). Compared with traditional SA scheme, VFSA proved to be very efficient in 2D resistivity inversion (Chunduru et al., 1996). In this paper, we use VFSA for the CSAMT data inversion. We demonstrate the effectiveness of the algorithm by inverting both synthetic data and survey data.

2　Theory

2.1　1D CSAMT solutions

The EM fields for a horizontal electrical dipole at the surface of a layered isotropic earth are given by Kaufman and Kelland (1987). The EM fields can be numerically evaluated by Fast Hankel Transform (Anderson, 1989). Due to the fact that the kernels of the integrations increase monotonically with the integration variable, one needs to resort to a kernel reformulation to improve the convergence of the evaluation (Piao, 1990). For simplicity, we do not present the mathematical formulations in this paper. After we get the EM fields, the Cagniard apparent resistivity and phase can be calculated (Cagniard, 1953).

2.2　VFSA scheme

In SA for CSAMT full-domain data inversion, the system energy is defined as the root-mean-square (rms) fitting error between the model responses and the survey data:

$$\Delta E = \sqrt{\frac{1}{2M} \sum_{i=1}^{M} \left[\left(\frac{\rho_{ai} - \rho_{a0i}}{\rho_{a0i}} \right)^2 + \left(\frac{\varphi_i - \varphi_{0i}}{\varphi_{0i}} \right)^2 \right]} \tag{1}$$

where ΔE is the system energy, ρ_{ai} is the calculated Cagniard apparent resistivity for frequency i, ρ_{a0i} is the survey data, φ_i and φ_{0i} are calculated phase and measured phase, respectively, while M is the number of frequencies.

　　For an N-layer earth, we have for each layer a resistivity $\rho_i(i = 1, 2, \cdots, N)$ and a thickness $h_i(i = 1, 2, \cdots, N-1)$, and in total, we have $2N-1$ parameters. In the SA process, an initial model is selected randomly from a given range for each parameter; a model update will be accepted without hesitation if the system energy in equation 1 is reduced. Otherwise, if the system energy is increased, the model update can still be accepted but is assigned a probability defined by the Boltzmann distribution:

$$p = \exp(-\Delta E/T) \qquad (2)$$

where T is the system temperature.

The key feature of this SA process is that it also accepts model updates that increase the system energy. In comparison with the traditional algorithms, where only model updates that reduce the system energy (downhill search) are accepted, SA has the possibility of jumping out of the local minimums because it also accepts model updates that increase system energy so that it can finally reach the global minimum.

The model will be updated if the system energy is higher than a given threshold. In VFSA, the model is modified through a quasi-Cauchy distribution rather than the Gibbs distribution used in SA (Ingber, 1989). The tails of the Cauchy distribution are higher than those of the Gibbs distribution, and the distribution range is larger, which makes a large transition possible so that the searching process can easily jump out of local minimums. The model is updated by:

$$x_i^{k+1} = x_i^k + y_i(x_i^{max} - x_i^{min}) \qquad i = 1, 2, \cdots, 2N-1 \qquad (3)$$

$$y_i = \text{sign}(u_i - 1/2) T_i^k [(1 + 1/T_i^k)^{|2u_i-1|} - 1] \qquad (4)$$

where i and k are respectively, the ith parameter and the kth iteration, x_i^{min} and x_i^{max} are the lower and upper limit of the ith model parameters. T_i^k is the temperature for the i th parameter in the k th iteration, and u_i is a random number drawn from a uniform distribution in the range $[0, 1]$.

Equation 4 shows that each parameter has a different temperature, and the model is searched over a large range at high temperature, whereas at lower temperatures, it is searched around a model close to true model (global minimum). The control parameter T_i^k in equation 4 is called model temperature.

Although it is an advantage for SA and VFSA to be able to jump out of local minimums, a model updates may also jump out of the global solution even when the temperature is low. Yin and Hodges (2007) successfully solved this problem by setting a temperature threshold and rejecting any large jumps that happen to occur when the temperature was below this threshold.

In SA, the temperature should be reduced slowly with each iteration. Gerri Mirkin et al. (1993) compared several annealing schemes, including exponential $T_k = T_0 \exp(-k^{1/2})$ and hyperbolic cooling schemes $T_k = T_0 \alpha^k$. Yin and Hodges (2007) pointed out that a stable solution could be obtained for airborne EM data when the exponential cooling scheme and the model update scheme in equation 3 and 4 are combined. For CSAMT data inversion, we found that an efficient inversion result can be obtained by modifying equation 4 to

$$y_i = \text{sign}(u_i - 1/2) T_i^k [(1 + 1/T_i^k)^{|2u_i-1|} - 1]/(10 + 0.5T_i^k) \qquad (5)$$

Compared with equation 4, equation 5 reduces the magnitude of the model updating, and makes the solution more stable. The inversions of synthetic and survey data show that this scheme is well suited to CSAMT data inversion.

3　Numerical simulation

Three synthetic models are chosen to test the efficiency of SA in CSAMT inversion. The CSAMT data are synthetically calculated at locations 8km from the transmitter at which 10A currents for 16 frequencies ranging from 2^{-2} to 2^{13} Hz are injected into the earth through a ground wire 2km long. In the CSAMT modeling, the source is divided into 10 parts, each part is treated as an infinitely small dipole because the transmitter-receiver offset of 8km is 40 times of the dipole length of 200m, and then the forward results are accumulated from all the 10 model fields. Model 1 is a three-layer earth with a resistivity decreasing with depth. As listed in Table 1, the resistivity of the first layer is 1000 ohm-m, and the ratios of the resistivities for all three layers are 1 : 1/4 : 1/ 32. We make 10 runs, with 300 iterations in each run and 40 random steps for each iteration. The initial model parameters are searched randomly over the ranges shown in Table 1. The number of runs is equal to the number of initial models; it is used to test the effectiveness of SA for obtaining the true model from different initial models. The SA parameters are listed in Table 1.

Table 1　SA parameters for Model 1

Parameter	Unit	True value	Starting minimum	Starting maximum	Initial temperature	
ρ_1	ohm-m	1000	500	5000	5	
ρ_2	ohm-m	250	100	500	10	
ρ_3	ohm-m	31.25	10	60	5	
h_1	m	300	100	600	5	
h_2	m	600	300	1200	10	

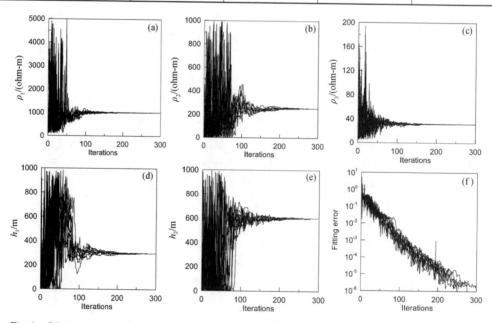

Fig. 1　SA inversion results for Model 1. The initial model parameters are significantly different from the true model (the SA parameters are listed in Table 1), but gradually converge to the true parameters with decreasing temperature

Figures 1a-e display the trace of searching runs for all parameters, whereas Figure 1f displays the system energy decreasing with the iterations. The initial model parameters are significantly different from the true model, but converge gradually to the true parameters with reducing temperature. The decay of the fitting error indicates that the system energy is decreasing.

To test the effectiveness of SA, we compare the SA inversion method to another global optimization method generic algorithm GA. The model (Model 2) is adopted from a paper published by Li et al. (2008). The model and SA parameters are listed in Table 2. The data with an added noise level of 20% are inverted; the true model and the GA inversion model are shown in Figure 2a, and the SA inversion model is shown in Figure 2b. It is easily seen that the SA inversion model is closer to the true model than is the GA inversion model, and thus it is better than the GA result. This indicates that compared with GA, SA is less sensitive to noise in the data. The predicted apparent resistivity and phase are shown in Figure 2c and 2d, and all of them fit the data well. Therefore, SA is more effective than GA for the inversion of CSAMT data.

Table 2   SA parameters for GA model (Model 2)

Parameter	Unit	True value	Starting minimum	Starting maximum	Initial temperature
ρ_1	ohm-m	1000	500	2000	5
ρ_2	ohm-m	200	100	500	50
ρ_3	ohm-m	50	25	70	5
h_1	m	200	100	600	50
h_2	m	300	150	600	10

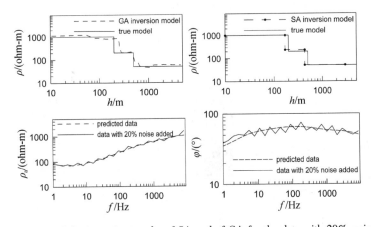

Fig. 2   Comparison of the inversion results of SA and of GA for the data with 20% noise added.
(a) The true model and the GA inverse model; (b) The SA inverse model; (c) The predicted apparent resistivities
and the apparent resistivities with noise added; (d) The predicted phase and the phase data with noise
added. The predicted apparent resistivity and phase fit the data well

To further test the effectiveness of SA for CSAMT inversion, we run another three-layer earth model (Model 3) with resistivity increasing with depth. The resistivity ratios are 1 : 4 : 32 with the same first layer resistivity as in Model 1. We make the same runs as in Model 1 but with 350 iterations in each run. The model parameters and SA parameters are given in Table 3.

Figure 3 shows the SA process for Model 3. The fitting error decreases with iteration. Except for the second layer resistivity, all parameters are well resolved. The poor convergence for the resistivity of the second layer can be easily explained: For Model 3, resistivity increases with depth, the EM field can penetrate these layers easily. This causes little information about the second layer be brought back to the surface, resulting in the poor resolution and poor convergence for the second layer. In comparison, for Model 1, the resistivity decreases with depth, the EM fields for the frequencies used are attenuated in the conductive layers, so that a lot of information on the second layer can be obtained. Thus, good inversion results were obtained for the second layer in Model 1.

Table 3　SA parameters for Model 3

Parameter	Unit	True value	Starting minimum	Starting maximum	Initial temperature
ρ_1	ohm-m	1000	100	2000	5
ρ_2	ohm-m	4000	3000	5000	50
ρ_3	ohm-m	32000	20000	40000	5
h_1	m	300	100	1000	50
h_2	m	600	100	1000	10

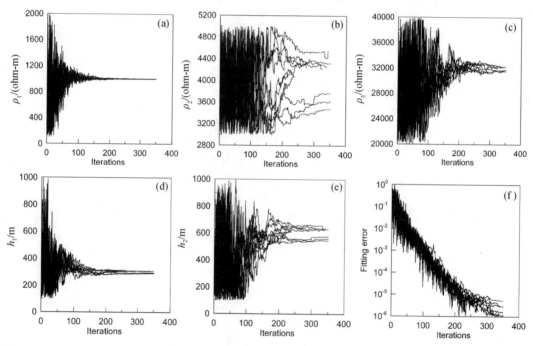

Fig. 3　SA inversion results for Model 3. Except for the second layer resistivity, all parameters are well resolved

Sen and Stoffa (1995) pointed out that the final solution of SA can be obtained by using the mean value of the estimates, if the new model is related to the initial random model. We compute 50 runs to study the applicability of this mean value technique to estimating the resistivity of the second layer in Model 3. Figure 4 shows the distribution of estimates of the second layer resistivity. Estimates between 3800–4000 ohm-m are more numerous than are those for other ranges, and this resistivity value is close to the true value of 4000 ohm-m. This confirms that the mean value can be used as the final estimation. The mean values after 50 runs for all parameters of Model 3 are listed in Table 4. From Table 4, one can see that with the mean value technique, all parameters converge very closely to their true values, even for the second layer resistivity that is poorly resolved if mean values are not used. To further improve the estimate of the second layer resistivity, we fix other parameters at their mean values and invert the data again; the searching trace is shown in Figure 5b. For comparison, we show again the original trace for which the mean value technique was not employed (Figure 5a). Using the mean value technique causes the second layer resistivity to show a very good convergence to the true value.

We must point it out that both SA and GA work best for under-parameterized inversion in which the number of model parameters is small. For over-parameterized inversion, these methods may not be as effective because it may be difficult to search properly a huge-dimensional space for model parameters in finite computer time.

Table 4   Mean values after 50 runs for all parameters of Model 3

Parameter	Unit	True value	Mean values after 50 runs	Percentage error /%
ρ_1	ohm-m	1000	993.2	0.7
ρ_2	ohm-m	4000	3914.8	2.1
ρ_3	ohm-m	32000	31640.7	1.1
h_1	m	300	297.3	0.9
h_2	m	600	590.7	1.6

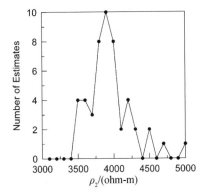

Fig. 4   Distribution curve of estimates of the second-layer resistivity of Model 3 after 50 runs. The estimates distributed between 3800–4000 ohm−m are more numerous than for other ranges, and the resistivity value is close to the true value of 4000 ohm-m. This confirms that the mean value can be used as the final estimation

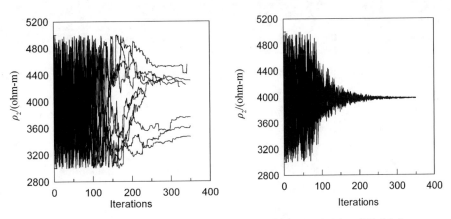

Fig. 5   Comparison of convergence for the second layer resistivity of Model 3.
(a) Without using mean value; (b) Using mean value technique. With the mean value technique,
the second layer resistivity shows a very good convergence to the true value

4　Application of VFSA to CSAMT field data

To test the applicability of the SA algorithm to CSAMT field data inversion, we select an area where the geological information is known. The CSAMT data was collected in a Northern suburb of Beijing, China. Figure 6a shows the geological cross-section: the strata consist of four layers, the lithologies of which are respectively coarse sand and gravel, alternating sand and clay, medium cemented sand and gravel, and Jurassic andesite. The survey line A-B is 1.1km long and is marked at the top of Figure 6a. The transmitter is located 4km away from the center of the survey line. A square wave of 10A is injected into the ground via a ground wire 700m long. Twenty frequencies ranging from 2^3 to 2^{13} Hz are used.

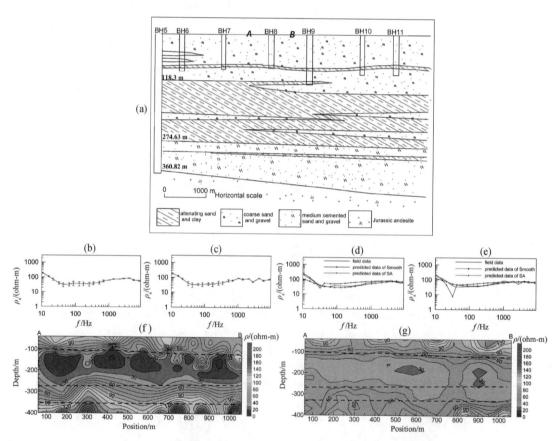

Fig. 6　1D smooth and simulated annealing inversion for the CSAMT survey in Northern suburb of Beijing, China.
(a) Geological cross-section, with A-B denoting the survey line; The resistivity data curve with error bars at survey points
(b) 220m and (c) 660m; The fitting curves at survey points (d) 220m and (e) 660m, the predicted data of SA are closer to the field
data than that of smooth inversion; (f) 1D smooth inversion; (g) SA inversion

The noise came from a power line (380V) 15m away and moving automobiles, because the survey line paralleled a country road. The observed data have a noise level about 10%. The resistivity data with error bars at survey points at 220m and 660m are, respectively, presented in Figure 6b and 6c.

The 1D smooth inversion was first used on the data. In the 1D smooth inversion scheme, the objective function $\Phi(\boldsymbol{m})$ was defined as:

Ⅲ— 14　Simulated annealing for controlled source audio-frequency
magnetotelluric data inversion
· 627 ·

$$\Phi(\boldsymbol{m}) = (\boldsymbol{A}\boldsymbol{m} - \boldsymbol{d})^{\mathrm{T}}(\boldsymbol{A}\boldsymbol{m} - \boldsymbol{d}) + \lambda\left(\frac{\partial \boldsymbol{m}}{\partial z}\right)^{\mathrm{T}}\left(\frac{\partial \boldsymbol{m}}{\partial z}\right) \tag{6}$$

where A is the forward operator, $\boldsymbol{d}$ is the vector of observed data, $\boldsymbol{m}$ is the model vector, λ is the Lagrangian multiplier, T denotes the transpose, $\dfrac{\partial \boldsymbol{m}}{\partial z}$ is the partial derivative of the model vector $\boldsymbol{m}$ with reference to the depth. The strategy of 1D smooth inversion is to find the solution, agreeing with the measurements, that has the smallest possible roughness. The number of layers in the model that we use in the smooth inversion is equal to the number of frequencies.

From the 1D inversion results, we determine the parameter ranges for the SA scheme, as listed in Table 5. We run the SA scheme 10 times, with each run consisting of 350 iterations and 40 random steps. The fitting curves at survey points at 220m and 660m are plotted in Figure 6d and 6e. Obviously, the data predicted by SA are closer to the field data than are the predictions of smooth inversion.

Table 5　SA parameters for CSAMT field data inversion

Parameter	Unit	1D smooth inversion	Starting minimum	Starting maximum	Initial temperature
ρ_1	ohm-m	70–120	5	200	5
ρ_2	ohm-m	20–30	5	100	10
ρ_3	ohm-m	40–80	5	100	10
ρ_4	ohm-m	80–350	5	500	5
h_1	m	150	50	200	10
h_2	m	200	50	300	10
h_3	m	150	50	200	10

Figure 6f and 6g show the crosssection inverted by the smooth inversion and by the SA scheme. Both sections are plotted after interpolating the original discrete data onto a grid by Kriging. Compared with those in Figure 6f, the four electrically distinct layers can be more easily identified from Figure 6g. More specifically, the depth of the bottom of the first layer is around 100m, and the layer's resistivity is larger than 40 ohm-m, which corresponds to a lithology of coarse sand and gravel. The resistivity of the second layer, colored blue, is lower than 40 ohm-m; the depth of its lower interface is around 250 m. The corresponding lithology is alternating sand and clay. Due to existence of the clay, the low resistivity of the second layer is correctly estimated by the inversion. The resistivity of the third layer ranges from about 40 to 120 ohm-m, corresponding to the medium cemented sand and gravel, and the layer is colored green; the depth of the lower interface is around 350 m. The resistivity of the last layer is larger than 120 ohm-m, corresponding to the Jurassic andesite, and the layer is colored red and yellow.

From Figure 6, we can also see that although the general distribution of the resistivity of the earth is indicated in both inverted sections, the detailed information from the two inversion schemes is quite different. The electrical character of the first layer from SA inversion is closer to that of the third layer due to their similar lithologies (Figure 6a). The third layer inverted by 1D smooth scheme is too thin to recognize. The 1D smooth inversion for the fourth layer resistivity is lower than the SA-inverted resistivity, and the SA results are closer to the electrical character of Jurassic andesite. In summary, compared with the smooth inversion, the SA technique can invert the earth parameters more accurately and thus reveal more clearly the subsurface structure of the earth.

5　Conclusions

We have successfully developed a SA scheme specifically for CSAMT data inversion, through redesigning the system energy, cooling parameters, and annealing schedule. The experiments with synthetic data show that SA can deliver very good results for a favorable geological section, e. g. , with resistivities decreasing with depth. For an unfavorable section, where the resistivity of the earth increases with the depth, SA search has poor convergence and poor resolution for the parameters of middle layers. Analysis indicates that for the earth with resistivity increasing with depth, the EM field can penetrate resistive layers easily, so that the EM signal carries little information about the middle layers. In this case, we implemented the mean value technique to statistically evaluate the parameter from the multiple runs. By fixing all parameters, except the poorly resolved parameter, at their mean values and repeating the SA search, we obtained very good results even for the unfavorable resistivity sections. When tested on noisy data, the SA technique showed better convergence than did the GA scheme.

In comparison with the 1D smooth inversion scheme, the SA technique can clearly identify and accurately resolve the subsurface electrical resistivity distribution from the CSAMT survey data. However, 1D smooth inversion derives from the survey data a first-cut estimation for the earth parameters and well-estimated parameter ranges for input to the SA scheme. Using these estimates reduces the complexity of the whole search process in SA. Thus, a combination of the traditional smooth inversion with the SA technique offers an effective scheme for full-domain CSAMT data inversion.

6　Acknowledgments

This work was supported by the Knowledge Innovation Project of Chinese Academy of Science (KZCX1-YW-15-4) and by the National Department Public Benefit Research Foundation (201011079-41062230) , and also supported by the project #41174111 from National Natural Science Foundation of China. The authors gratefully acknowledge the help of Dr. Qingyun Di at the Chinese Academy of Sciences, Beijing. We want especially to thank the associate editor Dr. Mark Everett and two reviewers for their valuable suggestions that help improve the clarity of this paper.

References

Anderson W L, 1989, A hybrid fast Hankel transform algorithm for electromagnetic modeling: Geophysics, 54, 263-266, doi: 10. 1190/1. 1442650

Basokur A T, Rasmussen T M, Kaya C, Altun Y, Aktas K, 1997, Comparison of induced polarization and controlled-source audio-magnetotellurics methods for massive chalcopyrite exploration in a volcanic area: Geophysics, 62, 1087-1096, doi: 10. 1190/1. 1444209

Boerner D E, Wright J A, Thurlow J G and Reed L E, 1993, Tensor CSAMT studies at the Buchans Mine in central Newfoundland: Geophysics, 58, 12-19, doi: 10. 1190/1. 1443342

Cagniard L, 1953, Basic theory of the magneto-telluric method of geophysical prospecting: Geophysics, 18, 605-635, doi: 10. 1190/1. 1437915

Chunduru R K, Sen M K and Stoffa P L, 1996, 2-D resistivity inversion using spline parameterization and simulated annealing: Geophysics, 61, 151-161, doi: 10. 1190/1. 1443935

Gerri M, Kris V, Frederick A C, William G I. and William G W, 1993, A Comparison of several cooling schedules for simulated annealing: Geophysical, Research Letter, 20, 77–80, doi: 10. 1029/92GL03024

Ingber L, 1989, Very fast simulated re-annealing: Journal of Mathematical and Computer Modeling, 12, 967–993, doi: 10. 1016/0895-7177（89）90202-1

Kaufman A A, Kelland G V, 1983, Electromagnetic sounding of frequency domain and time domain: Elsevier Science Publ. Co. Inc, U. S. A.

Kirkpatrick S, Gelatt C D and Vecchi M P, 1983, Optimization by simulated annealing: Science, 220, 671–680, doi: 10. 1126/science. 220. 4598. 671

Li D Q, Wang G J, Di Q Y et al., 2008, The application of Genetic Algorithm to CSAMT inversion for minimum structure: Chinese J. Geophys（in Chinese）, 51, 1234–1245

Lu X Y, Unsworth M and Booker J, 1999, Rapid relaxation inversion of CSAMT data: Geophys. J. Int., 138, 381–392, doi: 10. 1046/j. 1365-246X. 1999. 00871. x

Metropolis N, Rosenbluth A, Rosenbluth M, Teller A and Teller E, 1953, Equation of state calculations by fast computing machines: J. Chem. Phys., 21, 1087–1092, doi: 10. 1063/1. 1699114

Piao H R, 1990, Electromagnetic Sounding Theory: Geology Press of China, Beijing

Ranganayaki R P, Fryer S M, Bartel L C, 1992, CSAMT surveys in a heavy oil field to monitor steam drive enhanced oil recovery process: 62nd SEG Annual International Meeting, Expanded Abstracts, 1384–1384

Routh P S and Oldenburg D W, 1999, Inversion of controlled source audio_ frequency magnetotellurics data for a horizontally layered earth: Geophysics, 64, 1689–1697

Roth F and Zach J J, 2007, Inversion of marine CSEM data using up-down wavefield separation and simulated annealing: 77th SEG Annual International Meeting, Expanded Abstracts, 524–528, doi: 10. 1190/1. 1444673

Ryden N and Park C B, 2006, Fast simulated annealing inversion of surface waves on pavement using phase-velocity spectra: Geophysics, 71, no. 4, R49–R58, doi: 10. 1190/1. 2204964

Sen M K and Stoffa P L, 1995, Global optimization methods in geophysical inversion: Elsevier Science Publ. Co., Inc.

Sharma S P and Kaikkonen P, 2000, Global nonlinear inversion of transient EM data from conducting surroundings using a free-space plate model: Geophysics, 65, 783–790, doi: 10. 1190/1. 1444777

Wannamaker P, 1997, Tensor CSAMT survey over the Sulphur Springs thermal area, Valles Caldera, New Mexico, U. S. A., Part 1: implications for structure of the western caldera: Geophysics, 62, 451–465, doi: 10. 1190/1. 1444156

Yin C and Hodges G, 2007, Simulated annealing for airborne EM inversion: Geophysics, 72, F189–F195, doi: 10. 1190/1. 2736195

Yu P, Wang J L, Wu J S, Wang D W, 2007, Constrained joint inversion of gravity and seismic data using the simulated annealing algorithm: Chinese J. Geophys., 50, 529–538

III — 15

Laterally constrained inversion for CSAMT data interpretation[*]

Wang Ruo[1]　　**Yin Changchun**[2]　　**Wang Miaoyue**[1]　　**Di Qingyun**[1]

1）Key Laboratory of Shale Gas and Geoengineering, Institute
of Geology and Geophysics, Chinese Academy of Sciences
2）Jilin University, Changchun

Abstract：Laterally Constrained Inversion (LCI) has been successfully applied to the inversion of dc resistivity, TEM and airborne EM data. However, it hasn't been yet applied to the interpretation of controlled-source audio-frequency magnetotelluric (CSAMT) data. In this paper, we apply the LCI method for CSAMT data inversion by preconditioning the Jacobian matrix. We apply a weighting matrix to Jacobian to balance the sensitivity of model parameters, so that the resolution with respect to different model parameters becomes more uniform. Numerical experiments confirm that this can improve the convergence of the inversion. We first invert a synthetic dataset with and without noise to investigate the effect of LCI applications to CSAMT data, for the noise free data, the results show the LCI method can recover the true model better comparing to the traditional single-station inversion; and for the noisy data, the true model is recovered even with a noise level of 8% , indicating that LCI inversions are to some extent noise insensitive. Then, we re-invert two CSAMT datasets collected respectively in a watershed and a coal mine area in Northern China and compare our results with those from previous inversions. The comparison with the previous inversion in a coal mine shows that LCI method delivers smoother layer interfaces that well correlate to seismic data, while comparison with a global searching algorithm of simulated annealing (SA) in a watershed shows that though both methods deliver very similar good results, however, LCI algorithm presented in this paper runs much faster. The inversion results for the coal mine CSAMT survey shows that a conductive water-bearing zone that was not revealed by the previous inversions has been identified by the LCI. This further demonstrates that the method presented in this paper works for CSAMT data inversion.

Keywords：EM　CSAMT　laterally constrained inversion (LCI)　　watershed　coal mine.

1　Introduction

CSAMT is an electromagnetic prospecting method that uses electrical dipole as transmitting source. It works in frequency-domain and implements sounding by changing transmitting frequencies. CSAMT was developed by Goldstein and Strangway in 1975 (Goldstein and Strangway, 1975). Zonge and Hughes (1988) reviewed its

＊ 本文发表于《Journal of Applied Geophysics》，2015，121：63-70

history, application, and data explanation. In the past decades, many researchers have developed modeling and inversions for CSAMT (Stoyer and Greenfield, 1976; Pridmore et al., 1981; Lee and Morrison, 1985; Unsworth et al., 1993; Mitsuhata, 2000; Routh and Oldenburg, 1999; Lu et al., 1999). CSAMT has been widely used in mineral (Boerner and Wright, 1993; Di et al., 2002), coal mine (Song et al., 2013), geothermal (Sandberg and Hohmann, 1982; Wannamaker, 1997; Savin et al., 2001; Liu et al., 2002), oil and gas exploration (Yao et al., 2013) and structural mapping (Spichak et al., 2002; An et al., 2013). New developments with CSAMT technology, like integrated and intelligent instruments and three-dimensional data collections make it possible to apply more complicated inversion techniques for CSAMT data interpretation (Portniaguine and Zhdanov, 2002; Sasaki et al., 2015).

Laterally constrained inversion (LCI) uses constraints to enforce the lateral smoothness between neighbor survey stations. LCI has been widely used in geophysical inversions in recent years, such as seismic (Socco et al., 2009), gravity (Beiki and Laust, 2011) and geoelectric inversions. Among them, Auken et al. (2004, 2005) used it to invert dc resistivity data, Monteiro Santos (2004), Auken and Christensen (2008), and Triantafilis and Santos (2010) used it to invert TEM data, Behroozmand et al. (2012) used it to invert MRS and TEM data, while Siemon (2009) and Cai et al. (2014) used it to invert airborne EM data. Fiandaca et al. (2012) used it to invert IP data, Schamper et al. (2012), McMillan and Oldenburg (2014) used it to invert multiple electromagnetic data. However, till now, no research has been reported on LCI for controlled-source audio-frequency magnetotelluric (CSAMT) data inversions.

In this paper, we apply the LCI to invert CSAMT data and test the algorithm on two datasets. The first one is from a CSAMT survey in the Niulanshan watershed in Beijing, Northern China. The data have been inverted by simulated annealing (SA) algorithm, which is done station by station and the results are stitched (Wang et al., 2012). We invert it again in this paper to test the effectiveness of LCI method. The other dataset is from a survey in Qianjiaying coal mine in Northern China in 2004, with the aim to find possible water-bearing locations. The original data interpretation performed in 2004 proved to be unsuccessful. A water-yielding area close to a CSAMT survey line was discovered by drilling, but there was no indication of a resistivity anomaly in the inverted section. To clarify the problem, we reinvert the data with the LCI method. The comparison of our results with the previous one demonstrates that the LCI method can clearly identify the water-bearing structures.

In the following, we first introduce a weighting to the Jacobian matrix that balances the sensitivity of the model parameters, so that the resolution for different parameters becomes more uniform and the convergence of solution is improved. Then, we test the algorithm on both synthetic and survey data to demonstrate the effectiveness of the LCI inversions.

2 LCI method

2.1 Outline of LCI algorithm

Auken and Christiansen (2004) discussed the LCI method for the inversion of dc resistivity data. In this section, we first summarize the basic idea of LCI for CSAMT inversion.

LCI improves the stability of inversions by enforcing constraints on lateral smoothness. The inversion parameters can be resistivity, depth, or layer thickness. The general solution for inverse problem can be written as

$$G\delta m = \delta d_{obs} + e_{obs} \qquad (1)$$

where G is Jacobian matrix or its modifications, δm is the vector for model updates, δd_{obs} is the difference between the survey data and predicted data, while e_{obs} denotes the data misfit. In the paper, we take the CSAMT apparent resistivity as the survey data for our inversions.

Refer to Auken and Christiansen (2004), if both a priori information and lateral constraints are considered, Eq. (1) is extended to

$$
\begin{bmatrix} G \\ I \\ R_p \\ R_h \end{bmatrix} \delta m = \begin{bmatrix} \delta d_{obs} \\ \delta m_{prior} \\ \delta r_p \\ \delta r_h \end{bmatrix} + \begin{bmatrix} e_{obs} \\ e_{prior} \\ e_{rp} \\ e_{rh} \end{bmatrix} \tag{2}
$$

The coefficient matrix in Eq. (2) is called the extended Jacobian matrix. I is a unit matrix, R_p and R_h are respectively the laterally constrained matrix for resistivity and thickness. They are some kind of first-order differences matrices. R_p and R_h contain 1 and −1 for the resistivity and layer thickness at the two adjacent sites to be constrained. In Eq. (2), the parameter difference between a prior model and reference model is denoted by δm_{prior}, δr_p and δr_h are given by the equation $\delta r_p = -R_p m_{ref}$ and $\delta r_h = -R_h m_{ref}$, where m_{ref} denotes the reference model. In Eq. (2), e_{prior}, e_{rp} and e_{rh} are the error on, respectively, a priori resistivity, the resistivity constraints and the thickness constraints. All errors are assumed to have a zero mean value.

2.2 CSAMT inversion

Assuming that CSAMT data are collected on an M-layered earth, the number of survey point is N, the data vector is expressed as

$$
d_{obs} = (d^1, d^2, \cdots, d^n, \cdots, d^N)^T \tag{3}
$$

where d^n denotes the data vector at survey point n with

$$
d^n = (d_{f_1}^n, d_{f_2}^n, \cdots, d_{f_k}^n, \cdots, d_{f_K}^n)^T \qquad n = 1, 2, \cdots, N \tag{4}
$$

In Eq. (4), $d_{f_k}^n$ is the apparent resistivity at survey point n for frequency f_k, while K is the number of frequencies. Further, we write the model parameters as

$$
m = (m^1, m^2, \cdots, m^n, \cdots, m^N)^T \tag{5}
$$

where m^n is the model vector at survey point n and

$$
m^n = (m_1^n, m_2^n, \cdots, m_M^n, m_{M+1}^n, \cdots, m_{2M-1}^n)^T \qquad n = 1, 2, \cdots N \tag{6}
$$

In Eq. (6), the first M parameters denote the resistivity of an M-layered earth, while the rest denotes the layer-thicknesses.

In the inversion of CSAMT data, one of the important steps is to get the sensitivity (Jacobian) matrix, equivalent to partial derivative of the predicted data with respect to model parameters. Wang et al. (2014) gave an explicit expression and algorithm for the calculation of the sensitivity matrix.

2.3 LCI for CSAMT inversion

In principle, we can solve the inverse problem directly from Eq. (2). Due to the fact that different earth parameters have different resolvability, the elements in the Jacobian (more exactly, the eigenvalues corresponding to the parameters) are very scattered. This can result in the convergence issue. To speed up the convergence, we follow Zhdanov (2002) to introduce a weighting matrix to make parameters have a more balanced sensitivity. Rewriting Eq. (2) in a compact form

$$\overline{G}\delta m = \delta\overline{d} + \overline{e} \tag{7}$$

We can define a diagonal integrated sensitivity matrix S with the diagonal elements equal to $S_{k, k} = \| \delta\overline{d} \| / \delta m_k$ $= \sqrt{\sum_i (\overline{G}_{i, k})^2}$ (Zhdanov, 2002). Obviously, the matrix is formed by the norms of the columns of the matrix $\overline{G}$.

We can now define the diagonal integrated sensitivity as the weighting matrix W (Zhdanov, 2002), i. e.,

$$W = \mathrm{diag}(\overline{G}^{\mathrm{T}}\overline{G})^{1/2} \tag{8}$$

Introduction of (8) into (7) yields

$$\overline{G}W^{-1}W\delta m = \delta\overline{d} + \overline{e} \tag{9}$$

Assuming

$$\overline{G}^{W} = \overline{G}W^{-1} \qquad \delta m^{W} = W\delta m \tag{10}$$

we can rewrite Eq. (9) as

$$\overline{G}^{W}\delta m^{W} = \delta\overline{d} + \overline{e} \tag{11}$$

The new integrated sensitivity element is

$$S_{k, k}^{W} = \| \delta\overline{d} \| / \delta m_k^{W} = \sqrt{\sum_i (\overline{G}_{i, k}^{w})^2} = \sqrt{\sum_i (\overline{G}_{i, k}W_{k, k}^{-1})^2} = W_{k, k}^{-1}S_{k, k} = 1 \tag{12}$$

Eq. (12) indicates that the new integrated sensitivity matrix is now a unit matrix. The weighting technique results in practically equal resolution to different model parameters.

After introducing regularization into Eq. (11), the vector δm^{W} can be solved by using SVD method. The model updated is then given by

$$m_i^j = m_i^{j-1} + \frac{\delta m_i^{W}}{W_{i, i}} \tag{13}$$

where the superscript j denotes the iteration number, the subscript i denotes the i th model parameter, while

$W_{i, i}$ denotes the i th diagonal element of weighting matrix $\boldsymbol{W}$.

3　LCI for synthetic data

To study the effectiveness of the LCI method for CSAMT inversion, we design a three-layer model (Fig. 1 (a)) where a conductive dipping layer is embedded in a homogeneous half-space. The transmitting dipole AB is 1000m long, the transmitting current is 20A; 16 survey frequencies ranging from 0. 25Hz to 8192Hz are used to complete the sounding. The survey line with 21 stations between C and D is 800m long, and the interval between neighbor stations is 40m. The distance between AB and CD is $R = 6400$m. First, we calculate the synthetic data using 1D forward modeling software and display the apparent resistivity pseudo-section in Fig. 1 (b). The rough geology of dipping layer cannot be seen clearly; its depth is blurred. Fig. 1 (c) is the inversion result obtained from the single-station inversions, the conductive layer is not well recovered, because each station is in-

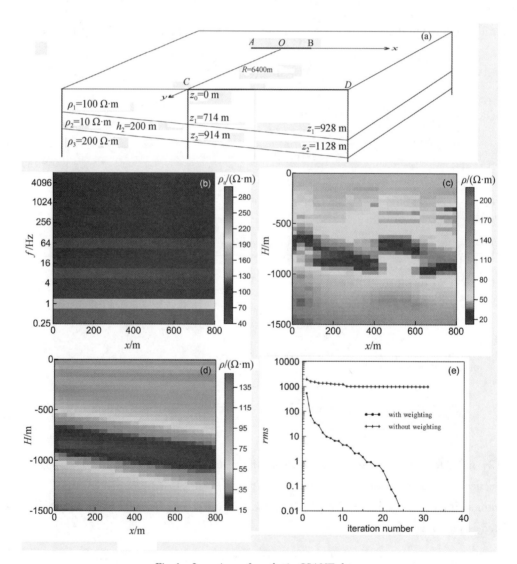

Fig. 1　Inversions of synthetic CSAMT data.

(a) Model configuration. AB is the transmitting source, CD is the survey line; (b) pseudo-section of synthetic resistivities;

(c) single-station inversions; (d) LCI inversions; (e) the fitting errors with and without weighting technique

verted separately, no connection has been considered from the neighbor stations. While the inversion results from the LCI algorithm of this paper showed in Fig. 1 (d) obtain a conductive layer that well agrees with the true model. From the figure, one sees that in comparison to the traditional single-station inversion, the LCI method with weighting can well recover the true model due to enforcing lateral constraints. We also invert the same synthetic data using LCI method without weighting (not shown here), but fail to reconstruct the model because of the convergence issue. Fig. 1 (e) shows the fitting errors that indicate that the weighting technique makes the inversion converge fast.

To investigate the influence of noise on the weighted LCI algorithm of the paper, we show in Fig. 2 the LCI results for the same data as in Fig. 1, but respectively with 3%, 5% and 8% Gaussian noise added. From the figure, one sees that the noise has influence on the LCI inversions. The higher the noise level, the bigger the influence on the inversion results. However, even for the data with noise level of 8%, the LCI inversions can still reveal the intermediate dipping conductive target layer.

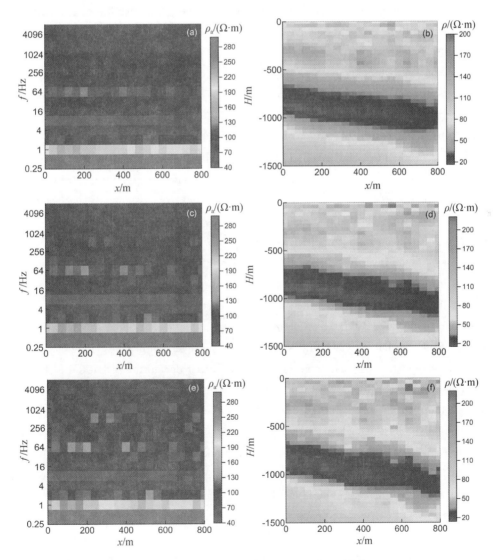

Fig. 2   LCI inversion with Gaussian noise added.
(a), (c), and (e) are synthetic data with 3%, 5%, 8% noise added,
while (b), (d), and (f) are the corresponding LCI inversion results

4　LCI for CSAMT survey data

To test the usefulness of LCI for CSAMT survey data inversion, we first choose a watershed area where the geological stratification is well known, and then we emphatically discuss the application of LCI method for a coal mine where a water-bearing point couldn't be interpreted in the previous inversion.

4.1　LCI inversion for watershed detection

4.1.1　Geological overview

The CSAMT data was collected in a Northern suburb of Beijing, China. There are 7 boreholes in the region, among them the control borehole was drilled to 370 m; the others were drilled to about 100m. Three boreholes are close to the survey area; the control borehole is located about 1.5km far away from our survey line.

According to the control borehole, the underground is roughly divided into 4 layers: the overburden is coarse sand and gravel, the second layer is alternating sand and clay, the third layer is medium cemented sand and gravel, while the fourth layer is Jurassic andesite.

4.1.2　Layout of field work

In the CSAMT survey, we collected data along a profile of about 1.1km long with the interval between neighbor survey stations 40m. The transmitting dipole is $AB = 700$m, the transmitting current is 10A; we use 20 frequencies ranging from 16 to 8192 Hz.

4.1.3　LCI inversion result

The CSAMT data were previously inverted station by station using simulated annealing (SA) algorithm (Wang et al., 2012). For comparison purpose, the SA result is shown in Fig. 3 (a), where the white dashed lines denote the layer interfaces from borehole data, the SA technique clearly identify and accurately resolve the subsurface electrical resistivity distribution. Fig. 3 (c) shows the results from LCI method of this paper with constraints on both resistivities and layer thickness. In order to illustrate the effectiveness of weighted LCI, we also display the single-station inversions in Fig. 3 (b). From the figures, one sees that the LCI deliver good results similar to SA inversion. The inverted layer interfaces are smooth and horizontal that well matches the borehole data for layer interfaces (the white dashed lines). In comparison, the single station inversions deliver a very irregular section. Especially at the right side of the section, the layer boundaries are interrupted by false anomalies, indicating that the lateral constraint is effective in the inversion of CSAMT field data.

Comparison of our results with those from SA algorithm further demonstrates that the LCI method presented in this paper is much faster than the SA method. Simulated annealing is a very slow global-searching algorithm. A single iteration requires many times of forward modeling. For example, to obtain the inversions in Fig. 3 (a), we need to run simulated annealing scheme 10 times for each station, while for each run, we need to do 350 iterations, while for each iteration we need to do 40 times of random search (corresponding to 40 times of forward modeling). In total, the inversion for a single station costs 10×350×40 forward modelings. The computation cost for CSAMT dataset in a large area is prohibitively high. In contrast, LCI inversion needs very limited forward modeling and thus runs very fast. With the enforced lateral constraints and manipulation of sensitivity matrix, the iterations converge even faster. Thus, we conclude that in the survey area where the underground geology is favorable (e. g. with smooth underground layering), we strongly recommend LCI method for CSAMT data inversion.

4.2　LCI for coal mine detection

After successfully testing our LCI method on CSAMT inversion, we further apply the algorithm to the inver-

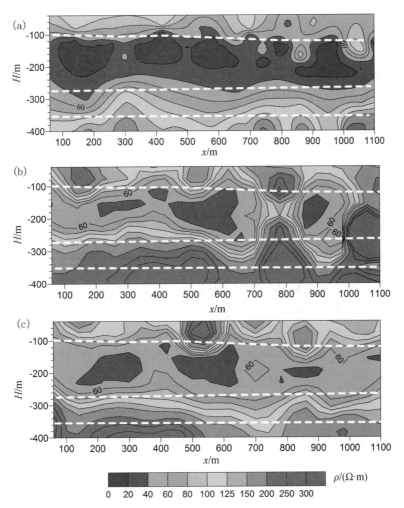

Fig. 3   Inversion results of CSAMT data from Niulanshan watershed, Northern China by different methods.
The white dashed lines mean the layer interfaces from borehole data.

(a) Simulated Annealing inversions; (b) station-by-station inversion solved by SVD; (c) weighted LCI inversions

sion of CSAMT survey data in Qianjiaying coal mine, Northern China (Fig. 4). In 2004, 3D seismic and CSAMT method were performed. The 3D seismic was used to determine the interfaces of coal mine layers, while CSAMT method was used to detect the underlying water hazard.

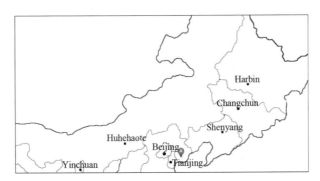

Fig. 4   Map of the survey area. The balloon points to the location of Qianjiaying coal mine

A water-bearing point discovered by drilling was provided by the coal mine company, however, our previous inversions performed in 2004 using traditional single-station inversion failed to reveal this water-bearing zone. At the location of the water-bearing zone, instead of low resistivity, only high resistivity was obtained. This contradicted to the real situation in this area that the water-bearing geology has a low resistivity. No further processing has been done until we develop the LCI algorithm for CSAMT inversion. In the following, we first introduce the geological and geophysical setting of the survey area to assist in the data interpretation, and then we invert again the survey data using LCI and compare our results with the previously unsuccessful ones.

4.2.1 Geological overview

The underground strata at Qianjiaying coal mine can roughly be divided into three layers: the overburden, the coal mine layer and the underlying basement. The overburden is mainly Quaternary Alluvium, composed of sand, gravel and clay. The coal occurs in Upper Carboniferous and the lower Permian system, consisted of thick sandstone, clay, limestone, and coal layer. The underlying basement is the Middle Ordovician with limestone. The coal mine layers whose upper interfaces are named 5, 7, and 12−1 in this paper have a larger thickness. The stratum occurrence is complex, but the coal mine layer thickness is stable with dip angle of about 10 degrees.

The hydrogeological condition in this area is very complex. All three stratum sets may bear water. There may be huge water amount in the basement due to the limestone of Ordovician, the fracture water is the main form in the Upper Carboniferous and the lower Permian system, while the interstitial water in the pebbles or gravels mainly appear at the bottom of Quaternary Alluvium.

4.2.2 Layout of field work

The work area is about 2.41km². We set up 30 south-north CSAMT survey lines, as shown in Fig. 5. The line spacing is 80m; the interval between survey stations is 40m. The transmitting dipole (not shown in the figure) is 1500 m long and is laid parallel to the survey line and 5500m away from the first survey line. Eleven frequencies used range from 1Hz to 1024Hz, the transmitting current is 10A. The water-bearing point discovered by drill is denoted by a star mark. From the figure, it is seen that line D20 is very close to this point. The recorded data were first processed by picking up singular data points, de-noising, and filtering, and then were inverted to geoelectrical sections. In the following, we will compare the originally inverted section with that obtained from LCI inversion introduced in this paper.

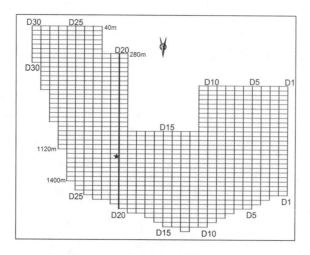

Fig. 5 CSAMT surveys at Qianjiaying coal mine. The arrow points to the North, the star denotes the ground projection of water-bearing zone. There are 30 survey lines D1 to D30 at space of 80m.

The interval between survey stations is 40m

4. 2. 3   Originally inverted section

The originally inverted section was obtained in 2004 by 1D single-station smooth inversion. The strategy of 1D smooth inversion is to find the solution, agreeing with the measurements, that has the smallest possible roughness. The number of layers in the model that we use in the smooth inversion is equal to the number of frequencies.

The original inverted section of line D20 is shown in Fig. 6, where the blue and red color represents respectively the low and high resistivity. An obvious interface is observed at depth of 250 m, denoting the thickness of first layer. There are four dashed lines marked by number 5, 7, 12-1, and O, indicating respectively the upper interfaces of coal layer and of Ordovician, as obtained from seismic data. In Fig. 6, the inverted section seems to be a two-layer earth, the interface between the Upper Carboniferous layer and the Ordovician limestone cannot be observed. However, this interface should be distinguished, because the resistivity of the limestone occurring in Ordovician system is higher than that of the surrounding rocks of the coal mine. Besides, the position marked by the star in Fig. 6 is the water-bearing position revealed by drilling; we expected that there should be a resistivity low at this location; however, the inverted CSAMT section displayed a conflicting high resistivity zone.

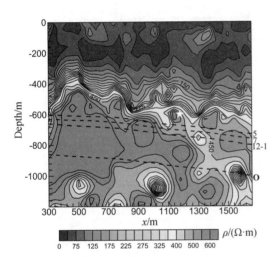

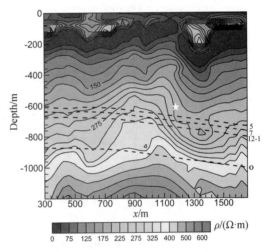

Fig. 6   Inverted geoelectrical section obtained in 2004. The water-bearing location discovered by drilling is marked by a star. The dashed lines marked by 5, 7, 12-1 and O denote the upper interfaces of the coal layers and Ordovician, respectively. The interface between the Upper Carboniferous layer and the Ordovician system is not distinguished. At the water-bearing zone, a conflicting high resistivity zone is obtained

Fig. 7   LCI inverted section. The interface at the depth of 250m remains observable, the top interface of the Ordovician limestone is clearly distinguished, and the water-bearing zone marked by a star is located at the contacting area between a resistive and conductive zone

4. 2. 4   LCI inversion of the CSAMT data

To identify the reason for the above conflicting results, we invert the data again for line D20 with the LCI method presented in this paper. The inverted section is shown in Fig. 7. The interface at the depth of 250m remains observable, the top interface of the Ordovician limestone is revealed. The layer boundaries become smoother and correspond well to the seismic data.

The most important finding from the LCI inversions is that the water-bearing point is now located at the contacting area between a resistive and conductive zone. This leads us believe that the problem with previous inversion in 2004 probably raises with the point-by-point inversions of CSAMT data. It is understandable that the inversion with lateral constraints works well, because as demonstrated from the seismic data, the underground in this area has strong layering and the layer interface is horizontal. This brings us the benefits to be able to enforce lateral constraints on the CSAMT inversion.

Fig. 8 shows the data fits of the predicted to survey data. From the figure one sees that the LCI method sometimes can improve the data fit, but sometimes it can make it worsen. This means that although the constraints in the LCI inversion can improve the lateral smoothness, but it is done sometimes at the expense of data fits.

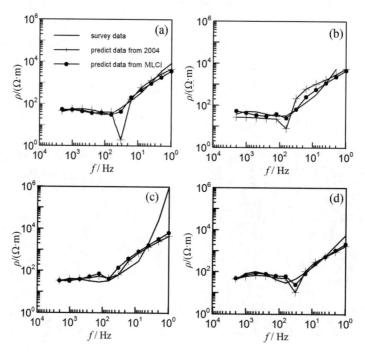

Fig. 8　Data fits of the predicted to the survey data at stations
(a) 1020m, (b) 1060m, (c) 1140m, and (d) 1380m

5　Conclusions

By preconditioning the Jacobian matrix for LCI, we have successfully carried out CSAMT inversions both on synthetic and on survey data. When the stratum is sufficiently layered, the algorithm can well distinguish layer interfaces and is less influenced by the noise. In this case, the lateral constraints reduce the non-uniqueness of the over-parameterized 1D inversion. The comparison of inversion results from different algorithms for both the CSAMT synthetic and survey data has shown that weighted LCI can deliver better result than traditional single-station inversion. Though SA method can deliver results as good as the LCI, the computation cost is prohibitively high. This renders it of limited use for the inversion of large CSAMT datasets. For the Qianjiaying coal mine survey, the horizontal layering in the underground makes it possible for the weighted LCI to be successfully applied to CSAMT data inversion. The results clearly support the conclusion that the problem in the original inversion arise with the single-station inversions. By applying lateral constraints to CSAMT inversion, we obtained smoother layer interfaces that well coincide with the seismic profiles. From the LCI inversions, the water-bearing zone that was originally not revealed has been identified. Thus, in areas where the underground layering is well developed, we strongly recommend LCI for CSAMT data inversion.

6   Acknowledgements

We want to thank Dr. Leif Cox and other two anonymous reviewers for their constructive comments and suggestions that help clarify the paper. The research of this paper is financially supported by National Natural Science Foundation of China under the grants 41174111, 41274121 and by Project on Development of the Key Equipment (ZDYZ2012-1-05) from Chinese Academy of Science.

References

An Z G, Di Q Y, Wang R, Wang M Y, 2013, Multi-geophysical Investigation of Geological Structures in a Pre-selected High-level Radioactive Waste Disposal Area in Northwestern China, Journal of Environmental and Engineering Geophysics, 18, 137-146

Auken E, Christiansen A V, 2004, Layered and laterally constrained 2D inversion of resistivity data, Geophysics, 69, 752-761

Auken E, Christiansen A V, Jacobsen B H et al., 2005, Piecewise 1D laterally constrained inversion of resistivity data, Geophysics, 53, 497-506

Auken E, Christiansen A V, Jacobsen L H, S? rensen K I, 2008, A resolution study of buried valleys using Laterally constrained inversion of TEM data: Journal of Applied Geophysics, 65, 10-20

Auken E, Christiansen V A, Gazoty A, 2012, Time-domain-induced polarization: Full-decay forward modeling and 1D laterally constrained inversion of Cole-Cole parameters, Geophysics, 77, E213-E225, doi: 10. 1190/geo2011-0217. 1

Behroozmand A A, Auken E, Fiandaca G, Christiansen V A, 2012, Improvement in MRS parameter estimation by joint and laterally constrained inversion of MRS and TEM data, Geophysics, 77, WB191-WB200

Beiki M, Laust B, 2011, PedersenWindow constrained inversion of gravity gradient tensor data using dike and contact models, Geophysics, 76, I59-I72

Boerner D E, Wright J A, Thurlow J G, Reed L E, 1993, Tensor CSAMT studies at the Buchans Mine in central Newfoundland, Geophysics, 58, 12-19

Cai J, Qi Y F, Yin C C, 2014, Weighted Laterally-constrained inversion of frequency-domain airborne EM data, Chines J. Geophys (in Chinese), 57, 953-960, doi: 10. 6038/cjg20140324

Di Q Y, Wang M Y, Shi K F, Zhang G L, 2002, An applied study on prevention of water bursting disaster in mines with the high resolution V6 system, Chinese Journal of Geophysics (in Chinese), 45, 744-748

Fiandaca G, Auken E, Christiansen A V, Gazoty A, 2012, Time-domain-induced polarization: Full-decay forward modeling and 1D laterally constrained inversion of Cole-Cole parameters, Geophysics, 77, E213-E225

Goldstein M A, Strangway D W, 1975, Audio-frequency magnetotellurics with a grounded electric dipole source, Geophysics, 40, 669-683

Lee K H, Morrison H F, 1985, A numerical solution for the electromagnetic scattering by a two-dimensional inhomogeneity, Geophysics, 50, 1163-1165

Liu H, Liu D Q, Yang L K, Sun W B, 2002, Application of CSAMT prospecting method in finding geothermal, Equipment for Geophysical Prospecting (in Chinese), 12, 129-131

Lu X, Unsworth M, Booker J, 1999, Rapid relaxation inversion of CSAMT data, Geophys. J. Int., 138, 381-392

McMillan M S, Oldenburg D W, 2014, Cooperative constrained inversion of multiple electromagnetic data sets, Geophysics, 79, B173-B185, doi: 10. 1190/geo2014-0029. 1

Mitsuhata Y, 2000, 2-D electromagnetic modeling by finite-element method with a dipole source and topography, Geophysics, 65, 465-475

Monteiro Santos F A, 2004, 1D laterally constrained inversion of EM34 profiling data: Journal of Applied Geophysics, 56: 123-134, doi: 1016/j. jappgeo. 2004. 04005

Portniaguine O, Zhdanov M S, 2002, Chapter 10 3-D focusing inversion of CSAMT data, Methods in Geochemistry and Geophysics, 35, 173–191

Pridmore D F, Hohmann G W, Ward S H, Sill W R, 1981, An investigation of finite-element modeling for electrical and electromagnetic data in three dimensions, Geophysics, 46, 1009–1024

Routh P S, Oldenburg D W, 1999, Inversion of controlled-source audio-frequency magnetoteluric data for a horizontal-layered earth, Geophysics, 64, 1689–1697

Sandberg S K, Hohmann G W, 1982, Controlled-source audiomagnetotellurics in geothermal exploration. Geophysics 47, 100–116

Sasaki Y, Yi M J, Choi J, Son J S, 2015, Frequency and time domain three-dimensional inversion of electromagneticdata for a grounded-wire source, Journal of Applied Geophysics, 112, 104–114, doi: 10. 1016/j. jappgeo. 2014. 09. 016

Savin C, Ritz M, Join J L, Bachelery P, 2001, Hydrothermal system mapped by CSAMT on Karthala volcano Grand Comore Island, Indian Ocean, Journal of Applied Geophysics, 48, 143–152

Schamper C, Rejiba F, Guérin R, 2012, 1D single-site and laterally constrained inversion of multifrequency and multicomponent ground-based electromagnetic induction data — Application to the investigation of a near-surface clayey overburden, Geophysics, 77, WB19–WB35

Siemon B, auken E, Christiansen A V, 2009, Laterally constrained inversion of helicopter-borne frequency-domain electromagnetic data, Journal of Applied Geophysics, 67, 259–268

Socco L V, Boiero D, Foti S, Wisén R, 2009, Laterally constrained inversion of ground roll from seismic reflection records, Geophysics, 74, G35–G45, doi: 10. 1190/1. 3223636

Song Y L, Qiu H, Cheng J L, Sun L L, Tan Q, Wu H X, 2013, Application of CSAMT Method in Mine Gob Detection, Safety in Coal Mines (in Chinese), 44, 142–144

Spichak V, Fukuoka K, Kobayashi T, Mogi T, Popova I, Shima H, 2002, ANN reconstruction of geoelectrical parameters of the Minou fault zone by scalar CSAMT data, Journal of Applied Geophysics, 49, 75–90

Stoyer C H and Greenfield R J, 1976, Numerical solutions of the response of a two-dimensional earth to an oscillating magnetic dipole source, Geophysics, 41, 519–530

Triantafilis J, Santos F A M, 2010, Resolving the spatial distribution of the true electrical conductivity with depth using EM38 and EM31 signal data and a laterally constrained inversion model, Austrlian Journal of Soil Research, 48, 434–446, doi: 10. 1071/SR09149

Unsworth M J, Travis B J, Chave A D, 1993, Electromagnetic induction by a finite electric dipole source over a 2-D earth, Geophysics, 58, 198–214

Wang R, Yin C C, Wang M Y and Di Q Y, 2014, CSAMT sensitivity analyses for 1D models, Progress in Geophysics (in Chinese), 29, 1284–1291

Wang R, Yin C C, Wang M Y, Wang G J, 2012, Simulated annealing for controlled-source audio-frequency magnetotelluric data inversion, Geophysics, 77, E127–E133

Wannamaker P E, 1997, Tensor CSAMT survey over the Sulphur Springs thermal area, Valles Caldera, New Mexico, United States of America, Part II: Implications for CSAMT methodology, Geophysics, 62, 466–476

Yao D W, Wang S M, Lei D, Zhu W, Wang G, 2013, Application of Region gas hydrate investigation, Chinese Journal of Engineering Geophysics (in Chinese), 10, 132–137

Zhdanov M S, 2002, Geophysical inverse theory and regularization problems: Methods in Geochemistry and Geophysics, 36, Elsevier press

Zonge K L, Hughes L J, 1988, Controlled source audio-frequency magnetotellurics, in Nabighian M N ED, Electromagnetic methods in applied geophysics, Soc. Expl. Geophys., Tulsa, 2 (B), 731–809

Ⅲ — 16

基于遗传算法的 CSAMT 最小构造反演[*]

李帝铨　王光杰　底青云　王妙月　王　若

中国科学院地质与地球物理研究所

摘　要　利用遗传算法进行不考虑近场校正的全场资料 CSAMT 反演研究。遗传算法属于全局最优化方法，具有对初始模型依赖小，不易陷入局部极值的优点，然而，当未知数较多时，多解性仍是该方法的瓶颈。为了减小多层反演的多解性，在反演中引入最小构造约束，针对 CSAMT 的遗传算法反演问题定义了最小构造目标函数，经过模型试验找到了其具体表达式，并找到了适合 CSAMT 资料反演的拉格朗日乘子的最佳取值 $\mu = 0.5$，实现了基于遗传算法的 CSAMT 最小构造反演。利用 H、A、K、Q 和 HKH、KHA 模型对方法进行了数值试验，在无噪和加入 10% 噪声情况下，反演结果与模型一致；加入 20% 噪声后，反演仍取得良好结果，与理论模型基本吻合。将该方法用于水平层状地层和横向变化地层的实测资料反演，结果与地质资料吻合。不同的计算实例表明了该方法的有效性。

关键词　可控源音频大地电磁法　遗传算法　最小构造反演　拟合

1　引　言

可控源音频大地电磁法[1~4]（CSAMT）为地球物理勘探方法中一种强有力的电磁法勘探手段，自从 20 世纪 80 年代引入我国，在勘探石油、天然气、地热、金属矿产，以及水文和环境工程中发挥了重要的作用[5~12]。

野外实测资料的反演解释是 CSAMT 方法的关键环节之一。近年来国内外一些地球物理研究者开始寻求不考虑近场校正的全场资料的数值模拟和反演方法[13~16]，但由于 CSAMT 法源的复杂特性，仍难以获得满意的反演结果。目前 1D 反演仍是主要方法，通常的做法是对近场和过渡场作校正，然后采用 MT 的方法进行资料处理[13~15]。由于当电性结构复杂时，近场和过渡场校正常带来较大误差，采用线性化或局部线性化的 Marquardt 方法和广义逆矩阵法等比较依赖于初始模型，容易陷入局部最优解。遗传算法属于全局最优化方法，具有对初始模型依赖小，不易陷入局部极值的优点，近年来国内外学者开始重视地球物理问题的遗传算法反演[16~21]。王光杰等[16]实现了不做近场校正的 CSAMT 资料遗传算法反演，为 CSAMT 资料反演提供了一种新的方法。

当模型的层数较多时，遗传算法同样不能克服多解性问题。由于地球物理反演的多解性以及 CSAMT 野外数据误差的存在，过度拟合野外数据会产生虚假的多余构造。Parker，Smith[22] 以及 Constable[23]，认为应该求取具有最小构造同时又能对拟合不好资料有一定的可容性的模型。因此，实践中应该进行求取最小构造模型反演[22,23]。

最小构造反演的实质是求取多层地球模型的最光滑解，即在一定的拟合误差标准下使模型的粗糙度最小。采用最小构造反演时，不会引入数据分辨不出的多余构造干扰，具有较好的稳定性，随着误

[*] 本文发表于《地球物理学报》，2008，51（4）：1234~1245

差的减小，用适当的方法便能得到真实的结构[22,23]。

本文尝试将最小构造反演引进 CSAMT 1D 遗传算法反演中，开展 CSAMT 的最小构造遗传算法反演研究，进行理论和野外数据处理。

2　遗　传　算　法

遗传算法（Genetic Algorithm，简称 GA）[16~21] GA 首先将求解问题的各参数用二进制（或者其他进制）进行编码，编码后的各参数连接在一起形成染色体。随机产生一群染色体（或称为初始种群），通过"再生""交换""变异"产生新一代的种群，重复这一过程直到种群均一或者种群中的最优个体满足某种要求。

GA 算法并不能绝对保证收敛到全局最优解，但由于这种算法是平行的评价模型空间各部分的拟合度并对它们进行比较，所以只要模型群体的成员数大小、交换和变异的概率选择合适，这种算法一般不会陷入局部最优解中。

2.1　待求解的参数

假定地电剖面是均匀水平分层的，CSAMT 反演的参数就是各层的厚度和电阻率值（$h_1\rho_1$，$h_2\rho_2$，…，$h_{n-1}\rho_{n-1}$，$h_n\rho_n$），其中 $h_n = \infty$，不参加参数反演。将这些参数值用二进制编码并顺序连接起来形成一条染色体。

2.2　交叉概率、变异概率和初始种群

交叉：再生后的种群通过随机配对形成 N^2 对染色体。每一对染色体按照一定的交换概率部分地交换这两个个体的某些位。交换可使得某些好的基因块组合在一起，产生新的个体。

变异：按一定的概率 p_m 将染色体中某位值进行逆变，即由 1 变为 0 或由 0 变为 1。

初始种群：研究表明，初始种群数在 10~100 时，求解精度提高很快，种群在 100 以上时，提高较慢[23]。综合考虑计算精度和计算成本，本文选择的初始种群数为 128。

3　一维 CSAMT 正演公式及目标函数选取

3.1　一维 CSAMT 正演公式

人工源一维电磁波正演是通过数值求解积分方程得到的[24,25]。对于沿 x 方向的电偶极源，电场 x 分量和磁场 y 分量的表达式分别为[25,26]

$$E_x = \frac{P_E\mu_0 i\omega}{2\pi}\int_0^\infty \frac{\lambda}{\lambda + u_1/R_1}J_0(\lambda r)\,d\lambda + \frac{P_E\mu_0 i\omega}{2\pi r}(1 - 2\cos^2\theta)\int_0^\infty \left[\frac{u_1}{k_1^2 R_1^*} - \frac{1}{\lambda + u_1/R_1}\right]$$
$$\times J_1(\lambda r)\,d\lambda + \frac{P_E\mu_0 i\omega}{2\pi}\cos^2\theta \times \int_0^\infty \left[\frac{u_1}{k_1^2 R_1^*} - \frac{1}{\lambda + u_1/R_1}\right]\lambda J_0(\lambda r)\,d\lambda \tag{1}$$

$$H_y = -\frac{P_E}{2\pi}\int_0^\infty u_1/R_1 \frac{\lambda}{\lambda + u_1/R_1}J_0(\lambda r)\,d\lambda$$
$$+ \frac{P_E}{2\pi}\int_0^\infty \frac{1}{\lambda + u_1/R_1}\left[\frac{\lambda J_1(\lambda r)}{r}\cos 2\theta - \lambda^2 J_0(\lambda r)\cos^2\theta\right]d\lambda \tag{2}$$

式中，E_x 表示与源同向的电场水平分量；H_y 表示与源布设方向垂直的磁场水平分量；P_E 为偶极源的电偶

极矩，$P_E = Idl$；I 为供电电流；dl 为电偶极源的长度；μ_0 为自由空间的导磁率；i 表示纯虚数；ω 为圆频率；λ 为积分变量；$u_j = \sqrt{\lambda^2 + k_j^2}$；$k_j^2 = -i\omega\mu_0\sigma_j$；$k_j$ 为第 j 电性层的波数；σ_j 为第 j 层的电导率；θ 为电偶极源方向和源的中点到接收点矢径之间的夹角；r 为收发距，即观测点距偶极子中心的距离；$j = 1，2，\cdots，N$；N 为电性层的层数；$J_1(\lambda r)$、$J_0(\lambda r)$ 分别是以 λr 为变量的一阶、零阶贝塞尔函数。对于 N 层分层地球介质，即在半空间上覆盖 $N-1$ 层有限层厚的层状介质，R_1 和 R_1^* 为联系上半空间顶部的电导率和第一层顶部电导率之间的两个函数，它们和 $N-1$ 层的电导率及层厚以及上半空间的电导率有关，具体表达式如下：

$$R_1 = \operatorname{cth}\left[u_1 h_1 + \operatorname{arcth}\frac{u_1}{u_2}\operatorname{cth}\left(u_2 h_2 + \cdots + \operatorname{arcth}\frac{u_{N-1}}{u_N}\right)\right]$$

$$R_1^* = \operatorname{cth}\left[u_1 h_1 + \operatorname{arcth}\frac{u_1\rho_1}{u_2\rho_2}\operatorname{cth}\left(u_2 h_2 + \cdots + \operatorname{arcth}\frac{u_{N-1}\rho_{N-1}}{u_N\rho_N}\right)\right]$$

$$(3)$$

对于长度为 $2L$ 的发射电极，若取坐标原点为发射极的中点，公式（1）和（2）变为：

$$E_x = \frac{I\mu_0 i\omega}{2\pi}\int_{-L}^{L}dx\int_0^\infty \frac{\lambda}{\lambda + u_1/R_1}J_0(\lambda r)d\lambda + \frac{I\mu_0 i\omega}{2\pi}\frac{x'+L}{r_2}\int_0^\infty\left[\frac{u_1}{k_1^2 R_1^*} - \frac{1}{\lambda + u_1/R_1}\right]$$

$$\times J_1(\lambda r_2)d\lambda - \frac{I\mu_0 i\omega}{2\pi}\frac{x'-L}{r_1}\int_0^\infty\left[\frac{u_1}{k_1^2 R_1^*} - \frac{1}{\lambda + u_1/R_1}\right]J_1(\lambda r_1)d\lambda$$

$$(4)$$

$$H_y = -\frac{I}{2\pi}\int_{-L}^{L}dx\int_0^\infty u_1/R_1\frac{\lambda}{\lambda + u_1/R_1}J_0(\lambda r)d\lambda + \frac{I}{2\pi}\frac{x'-L}{r_1}\int_0^\infty\frac{\lambda}{\lambda + u_1/R_1}$$

$$\times J_1(\lambda r_1)d\lambda - \frac{I}{2\pi}\frac{x'+L}{r_2}\int_0^\infty\left[\frac{\lambda}{\lambda + u_1/R^*}\right]J_1(\lambda r_2)d\lambda$$

$$(5)$$

式中，x'、y' 为观测点的坐标；$r_1 = \sqrt{(x'-L)^2 + y'^2}$；$r_2 = \sqrt{(x'+L)^2 + y'^2}$。

由式（4）和式（5）可知，CSAMT 法源的复杂特性为数据反演解释带来了较大的困难。

3.2 目标函数及适应函数的选取

3.2.1 不考虑最小构造约束时的目标函数

染色体能否遗传给下一代，要通过目标函数来判定。根据 Caniard 视电阻率的计算公式，并考虑到相位的作用，我们选择不考虑最小构造约束时的目标函数为[17]：

$$e(m) = \sqrt{\frac{1}{n}\sum_{i=1}^{n}\left[(\lg(\rho_o^i) - \lg(\rho_r^i))^2 + c(\varphi_r^i - \varphi_o^i)^2\right]}$$

$$(6)$$

式中，ρ_o、ρ_r 分别表示正演和观测的视电阻率值；φ_o、φ_r 分别表示正演和观测的相位值；i 代表频点序号。c 为相位匹配系数，表示相位在反演过程中所占的权重，n 表示在某点上观测的频率个数。c 的取值与相位数据的质量有很大关系，本方法中，相位数据质量好的时候，c 取 0.01，比不用相位时收敛速度要快。如果相位数据质量不高，c 取 0。

3.2.2 求最小构造的目标函数

非惟一性是地球物理反演的最大问题。有限观测数据的 CSAMT 反演是非唯一的，存在很多能拟合数据的模型。如果仅寻求拟合实测数据的模型，往往会产生过于复杂的模型，或引入数据分辨不出的多余构造，造成反演不稳定，给解释带来麻烦。但我们的目标是追求没有虚假构造的单一的模型。Constable 等[23]认为这个模型应尽可能地简单或光滑。Smith 和 Booker[22]也指出过拟合会引入伪结构，应进行最小构造的反演。有效途径是定义某种以模型参数为变量的目标函数，要求目标函数取极小值来对模型参数的变化进行约束和惩罚。

我们定义最小构造目标函数为

$$R(m, f) = \int_0^{z_{\max}} \left[\frac{\partial m(z)}{\partial f(z)} \right]^2 \mathrm{d}f(z) \tag{7}$$

式中，$m(z)$ 为模型变量；$f(z)$ 是与深度有关的变量。

几种可能的模型变量是电导率 σ、电阻率 ρ、对数电导率 $\lg\sigma$ 以及对数电阻率 $\lg\rho$。Smith 和 Booker[22]在进行大地电磁反演研究时指出，从物理角度来看，大地电磁法的实测曲线中，导电体的贡献多，高阻体的贡献少，故采用电导率 σ 作为模型变量为佳。由于 MT 和 CSAMT 同属电磁法，故认为在 CSAMT 反演的时候采用电导率 σ 作为模型变量也是合适的。

CSAMT 的分辨率随深度的增大而降低，为了补偿，对 $f(z)$ 的选择如下：

$$\frac{\mathrm{d}f(z)}{\mathrm{d}z} = (z + z_0)^{\lambda} \tag{8}$$

当 $\lambda = 0$、-1、-2 时分别对应 $f = (z + z_0)$、$f = \lg(z + z_0)$、$f = -1/(z + z_0)$。

理论上分析，由于 CSAMT 的分辨率随深度的增大而降低，当选择 $f = (z + z_0)$ 时，对高频的补偿过大，会导致低频过拟合在深部引入伪构造。而选择 $f = -1/(z + z_0)$ 时，低频的补偿过大，会导致高频过拟合而在浅部引入伪构造。

图 1 至图 3 是一个四层 HA 型理论曲线的反演结果，从图可以看出，在拉格朗日乘子取值相同的条件下，选择不同的最小构造目标函数对反演结果有很大影响。从图 1a 可见，当 m 取 ρ 时，无论 $f(z)$ 取什么形式，结果振荡都很严重，无法反映真实模型的电性结构。从图 1b 可见，$f(z)$ 取 $-1/(z + z_0)$ 时，对低频补偿过大，无论 m 取什么形式，高中频的振荡都很严重，无法反映真实模型的电性结构。从图 2 可见，当 m 取 $\lg(\rho)$ 和 $\lg(\sigma)$ 时，虽然总体能反映真实模型的电性结构，但灵敏度不够，结果还是有振荡现象，不能反映真实模型精细的电性结构。因此，我们排除了 m 取 ρ、$\lg(\rho)$、$\lg(\sigma)$ 和 $f(z)$ 取 $-1/(z + z_0)$ 的最小构造目标函数。

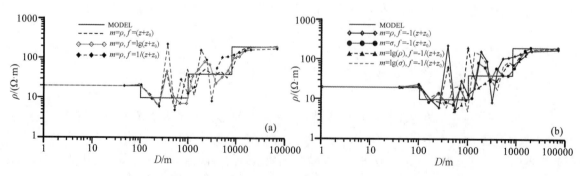

图 1 　$m(z)$ 取 ρ 反演结果振荡性对比（a）和 $f(z)$ 取 $-1/(z + z_0)$ 反演结果振荡性对比（b）

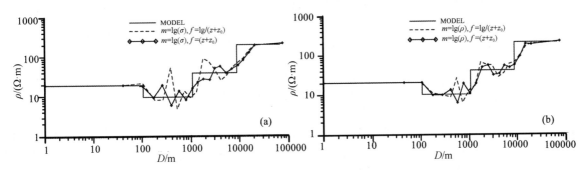

图 2　$m(z)$ 取 $\log(\sigma)$ 反演结果振荡性对比（a）和 $m(z)$ 取 $\log(\rho)$ 反演结果振荡性对比（b）

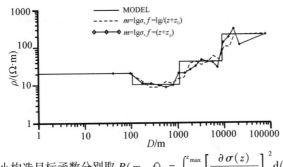

图 3　最小构造目标函数分别取 $R(m,f) = \int_0^{z_{max}} \left[\dfrac{\partial \sigma(z)}{\partial(z+z_0)} \right]^2 \mathrm{d}(z+z_0)$ 和

$$R(m,f) = \int_0^{z_{max}} \left[\frac{\partial \sigma(z)}{\partial \lg(z+z_0)} \right]^2 \mathrm{d}\lg(z+z_0)$$ 反演结果振荡性对比

又比较了当 m 取 σ，$f(z)$ 分别取 $(z+z_0)$、$\lg(z+z_0)$ 时的最小构造目标函数对反演结果的影响。

从图 3 可以看出，关于 $R(m,f) = \int_0^{z_{max}} \left[\dfrac{\partial \sigma(z)}{\partial(z+z_0)} \right]^2 \mathrm{d}(z+z_0)$ 的最小构造模型，高频段的拟合较好，但是在低频段出现了振荡，导致在深部出现了真实模型中所没有的波动，虽然总体能反映真实模型的地电结构，但对深部的结构显示较差。

而当 $R(m,f) = \int_0^{z_{max}} \left[\dfrac{\partial \sigma(z)}{\partial \log(z+z_0)} \right]^2 \mathrm{d}\lg(z+z_0)$ 时的最小构造模型，其拟合相当稳定，结果精细，没有出现附加的振荡现象，清楚地显现了真实模型的电性结构。

为了验证所选最小构造目标函数的有效性和广泛性，进行了四层 KQ 模型反演。由图 4 可知，选取 $R(m,f) = \int_0^{z_{max}} \left[\dfrac{\partial \sigma(z)}{\partial \lg(z+z_0)} \right]^2 \mathrm{d}\lg(z+z_0)$ 为最小构造目标函数时，反演得到的地电模型很好地反映了真实模型的电性结构。

上述实验结果证实了理论分析的正确性，也找到了最小构造目标函数的最佳表达式。CSAMT 资料反演时，我们最终选择的最小构造目标函数为

$$R(m,f) = \int_0^{z_{max}} \left[\frac{\partial \sigma(z)}{\partial \lg(z+z_0)} \right]^2 \mathrm{d}\lg(z+z_0) \quad (9)$$

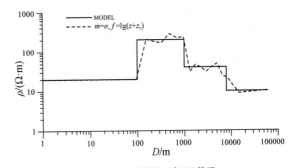

图 4　最小构造目标函数取

$R(m,f) = \int_0^{z_{max}} \left(\dfrac{\partial \sigma(z)}{\partial \lg(z+z_0)} \right)^2 \mathrm{d}\lg(z+z_0)$ 反演结果

3.2.3　求最小构造的遗传算法反演的目标函数

为减小解的多解性，把式（6）和式（9）组合在一起，引入拉格朗日乘子 μ，将条件极值变为无条件极值，即形成了求构造最小和数据拟合差最小双重约束的反演方法。具体的目标函数为

$$E(m) = e(m) + \mu R(m, f) \tag{10}$$

拉格朗日乘子 μ 是介于数据拟合误差和模型粗糙度之间的一个折中参数。μ 取值太大，则反演要求模型粗糙度为最小，导致反演模型太光滑和数据拟合误差大，因而模型分辨率较差，难于反映真实模型的结构；相反，μ 取值太小，数据拟合能够达到相当的精度，但由于模型粗糙度大，易于引入多余的构造信息，即所谓伪构造，导致反演不稳定，给解释带来麻烦。因此，μ 的取值对反演结果有显著影响[21,22]。

吴小平等[27]在利用共轭梯度法进行电阻率三维反演研究时，曾进行 μ 取值对反演结果影响的研究，认为存在相对最佳的 μ 取值。

而本文所选用的方法和研究对象与文献［27］都不一样，我们进一步对 μ 取值进行了研究。

图5绘出了 μ 分别取 0.0、0.05、0.5、1.0 时的反演结果，对应不同的 μ，曲线拟合都很好。$\mu = 0.0$ 时，也就是无约束的遗传算法反演，在高频时的拟合比较接近真实模型，低频振荡严重，出现了虚假的多余构造。$\mu = 0.05$ 时，与 $\mu = 0.0$ 时的情况类似，但在高频时的拟合比 $\mu = 0.0$ 时要好，低频振荡也很严重，出现了虚假的多余构造。$\mu = 0.5$ 时，取得了良好的分辨效果，且没有出现虚假的多余构造，很好地重现了真实模型的电性结构。$\mu = 1.0$ 时，也没有出现虚假的多余构造，但在分辨率上，特别是边界的分辨能力上，没有 $\mu = 0.5$ 时好。

经过对比，本方法的 μ 取值为 0.5 时的效果相对较好。

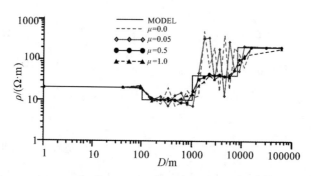

图5　μ 分别取 0.0、0.05、0.5、1.0 反演结果振荡性对比

3.2.4　适应函数

目标函数用来直接评定模型的优劣，本文采用另一函数称为适应函数对模型的再生概率进行判断，本文采用的适应函数如下

$$F(m) = \frac{\sqrt{\dfrac{1}{n} \sum_{i=1}^{n} (E(i) - \bar{E})^2}}{\sum_{i=1}^{n} e^{\frac{[E(m) - E(i)]}{2}}} \tag{11}$$

n 表示初始种群数；$\bar{E}$ 为上一代种群中所有染色体目标函数的平均值；$E(i)$ 为初始种群中某个染色体的

目标函数值。染色体的适应函数值越大，它的再生概率就越大。

4　数值模拟计算实例

4.1 三层模型

设计了 H、A、K、Q 四个模型。正演时供电偶极距 $AB = 2000\mathrm{m}$，收发距 $r = 8000\mathrm{m}$，所用频率为 $2^{13} \sim 2^1 \mathrm{Hz}$。我们进行了 $\mu = 0.0$（无约束的遗传算法反演）和 $\mu = 0.5$（最小构造约束的遗传算法反演，我们称为最小构造反演）的反演。

在进行反演时，分层遵守以下两点。

（1）由于 CSAMT 方法的分辨率随深度增大而指数降低，因此分层时采用对数等间隔的剖分方法。这样，反演中不容易引入数据分辨不出的多余构造，具有较高的稳定性[22]。

（2）由于实际的地质条件是复杂的，因此每层的厚度应具有一定的弹性范围，而且该弹性范围应随深度增大而增大。

用 13 层模型进行反演，最大深度为 2000m。反演时遗传算法的参数为：初始种群 128，进化代数 50。

图 6A 是模型与反演结果的对比曲线，图 6B 是模型的正演曲线和最小构造反演结果的响应曲线拟合图。从图 6a~d 中可见，曲线拟合都非常好，但无约束反演与最小构造反演的结果相差很大。无约束反演得到的地电模型虽能大概的反映真实模型的电性结构，但振荡十分严重，引入了虚假的多余构造，结果不可用。相比之下，最小构造反演得到的地电模型很好地反映了真实模型的电性结构。

4.2　五层模型

为了验证方法的适应性，进行了五层 HKH 和 KHA 模型反演。反演结果见图 6e 和 6f。图 6e 和 6f 中的正演曲线和反演响应曲线几乎完全拟合，但两种方法的反演结果差异很大。无约束反演得到的地电模型振荡十分严重，引入了虚假的多余构造，结果不可用；KHA 模型的结果也振荡严重。相比之下，最小构造反演相当准确地重现了真实模型的电性结构。

4.3　加噪声后的模型反演

4.3.1　加 10%随机噪声

野外采集的数据都含有一定的噪声，为了检验该反演方法对野外数据处理的效果，我们对上述的四个三层模型和两个五层模型分别加入 10%的随机噪声后再反演，反演结果如图 7 所示。图 7a~f 分别对应 H、A、K、Q、HAH、KHA 型地层。从 7a~d 可以看出，加 10%随机噪声后的反演结果除了 A 型的中间层分辨率不如不加噪声时外，其他的都能很好地反映三层结构，和真实模型基本吻合。从 7e 可以看出，加噪声后反演结果都能很好地反映五层结构，和真实模型基本吻合。从 7f 可以看出，加噪声后反演结果除第四层的过渡不够明显外，其他的还是能较好地反映五层结构，和真实模型基本吻合。

反演结果响应基本分布于模型正演曲线与加噪声后的曲线之间。

4.3.2　加 20%随机噪声

在加入 10%随机噪声取得良好效果后，我们在模型数据里加入 20%随机噪声。反演结果如图 8 所示。由图可见，加入 20%随机噪声后反演取得的效果也较好，除了 A 型的中间层和 KHA 型的第四层不明显外，反演结果和真实模型基本吻合。

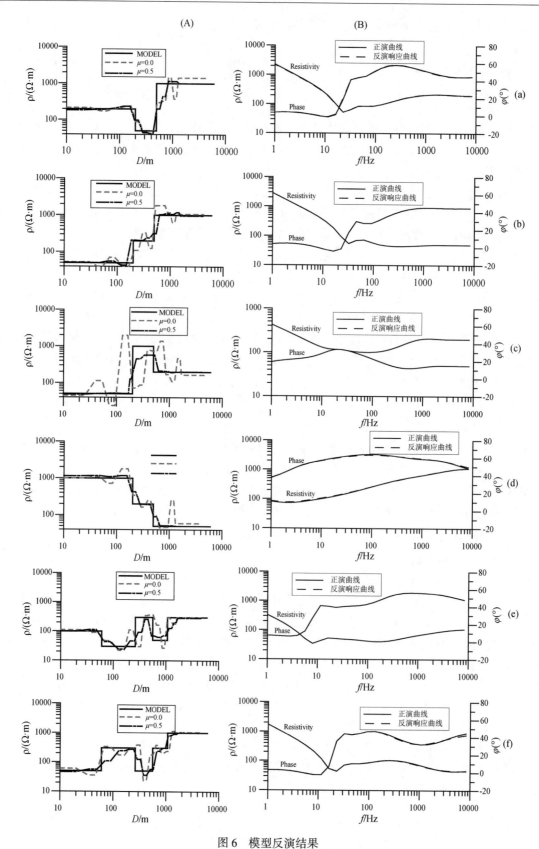

图 6 模型反演结果

（A）模型与反演结果对比图；（B）正演曲线与反演的响应曲线对比图（ $\mu = 0.5$ ）

（a）H 型；（b）A 型；（c）K 型；（d）Q 型；（e）HKH 型；（f）KHA 型

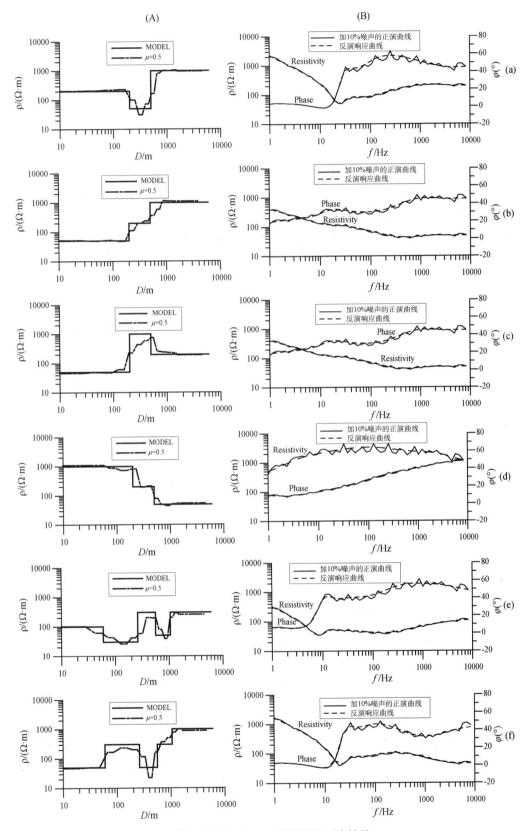

图 7   模型加入 10% 噪声后的反演结果

（A）模型与反演结果对比图；（B）正演曲线与反演的响应曲线对比图（ $\mu = 0.5$ ）

（a）H 型；（b）A 型；（c）K 型；（d）Q 型；（e）HKH 型；（f）KHA 型

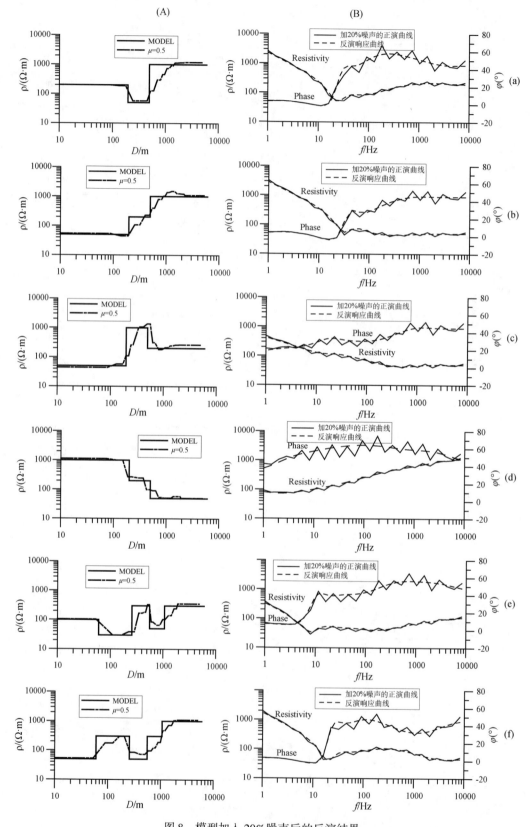

图 8　模型加入 20% 噪声后的反演结果

（A）模型与反演结果对比图；（B）正演曲线与反演的响应曲线对比图（$\mu = 0.5$）

（a）H 型；（b）A 型；（c）K 型；（d）Q 型；（e）HKH 型；（f）KHA 型

5　野外数据反演

在野外数据反演时，测试了本方法对水平层状地层和横向变化地层的分辨能力。

5.1　水平层状地层

北京市牛栏山水源八厂是北京市用水的水源地之一。该地区已知地质资料如图9a所示，该区表层大致分四层：上覆层为含水半胶结砂卵砾石层，第二层为砂黏互层的隔水层，第三层为与第一层同性质的含水层，第四层为侏罗纪安山岩。

为了试验 CSAMT 方法对水平地层的分层能力，选择了一块用于物探仪器测试的标准试验场地。在大胡营村北面北西10°方向布置了一条1.1km的测试剖面，8号井（ZK8）位于剖面线东部约185m处，在剖面横坐标上的投影为740m处。剖面在已知地质剖面图上的投影为图9a上的 AB 段。测量时收发距为4km，AB = 700m，点距为40m，工作频率 $2^{13} \sim 2^4$ Hz。

用本文介绍的反演方法对整个剖面进行反演。将初始模型定为13层，层厚按对数等间距划分，每一层电阻率的搜索范围为 $10 \sim 2000 \Omega \cdot m$，最终的数据拟合差小于1%。反演结果如图9b所示，在图上根据电阻率值标出了三条解释线，将电阻率剖面分为四层。第一层和最后一层的电阻率较高，第二层的电阻率最低，第三层的电阻率值高于第二层的电阻率值但低于最后一层的电阻率值。虽然第一层为含水层，但地层的介质成分是由粗砂和卵石形成的，这些介质的电阻率较高，所以使得该层的电阻率较高，ZK8 下面第一层的深度约为120m。第二层是由中等粒度的砂岩和泥岩组成，泥岩的低电阻率导致第二层的电阻率最低，ZK8 下第二层的深度约为280m。第三层是由中细砂和卵石组成，它们的电阻率比泥岩高但比第一层低，所以第三层的电阻率为中等，第三层在 ZK8 下的深度约为360m。

从图中可以看出，反演结果的分层与由钻孔控制的已知地质资料吻合，说明该方法可用于野外水平层状资料的处理。

5.2　横向变化地层

北京某地的地表水因水质原因，不能满足饮用水部分的需求，拟在区内或就近区域内建立基岩井水源，因该区所在地受南苑—通县断裂等地质条件限制，适合基岩井的范围较小，且区内地质情况不明。需勘查清楚南苑—通县断裂的位置、产状；基岩起伏、地下灰岩分布范围，以及可能存在的次级断裂位置及富水性。

根据具体情况，我们选用了 CSAMT 法，在该区布置了多条测线，测量时收发距为6.4km，AB = 1000m，点距为40m，工作频率 $2^{10} \sim 2^0$ Hz。以下举其中的1750E线为例说明本方法的实用性。反演参数与5.1例一样，反演结果见图10。

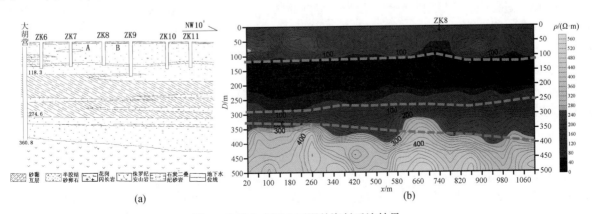

图9　牛栏山水源八厂野外资料反演结果

（a）已知地质资料；（b）反演解释成果图

从图 10 上看，大致以 700 号点为界，两边无论在浅表覆盖层还是深部岩层的电阻率上都有很大的差异，左边从地表至 200m 左右为低阻区，推断为黏土、沙质黏土、粗砂砾石等覆盖层。200m 以下为高阻区，推测为基岩灰岩层。700 号点以右至 1300 点 150m 深度以下的电阻率很低，推测为第四系、第三系覆盖层黏土、沙质黏土、粗砂砾石以及泥质砂岩所引起的电性特征。

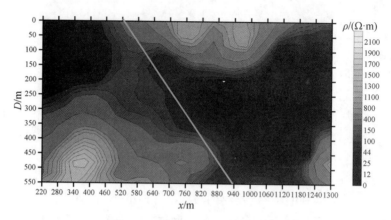

图 10　北京某地野外资料反演结果

从整体上看，该方法清晰的辨别了断层的位置和产状（见图 10 中的白色实线）。说明该方法可用于野外横向变化地层资料的处理。

6　结　　论

本文采用遗传算法对 CSAMT 数据进行反演研究，为了减小地球物理反演非惟一性的影响，引入了最小构造约束，经过模型试验找到了最小构造目标函数 $R(m, f)$ 的具体表达式（文中表达式（9）），以及无条件约束时目标函数中拉格朗日乘子的最佳取值 $\mu = 0.5$，形成了基于遗传算法的 CSAMT 最小构造反演。

首先对三层 H、A、K、Q 和五层 HKH、KHA 等模型进行了数值试验，在不加噪声的情况下，反演取得良好效果，很好地反映了真实模型的电性结构；在加入 10% 噪声的情况下，除了 A 型的中间层和 KHA 型的第四层反映不如不加噪声时的反演结果外，还是较好地反映了真实模型的电性结构；在加入 20% 噪声的情况下，除了 A 型的中间层和 KHA 型的第四层反映不明显外，反演结果和真实模型基本吻合。表明该方法具有较高的精度、较好的稳定性、较强的去虚假多余构造和抗噪能力。

数值试验过程中，各模型的分辨率随噪声强度的增大都有所降低，其中 A 和 KHA 型的分辨率降低得比较明显，A 型的中间层和 KHA 型的第四层的分辨率随着噪声的增强逐步降低。这是 A 型断面上视电阻率对中间层参数的变化不灵敏，具有等值现象造成的。也就是说，CSAMT 对电阻率具有连续上升趋势的断面的中间高阻层是不敏感的[3]。

利用该反演方法，对北京水源八厂和北京某地的 CSAMT 实测数据进行了反演，北京水源八厂 CSAMT 数据的反演结果与由钻井资料控制的地质结构基本一致，表明本方法对水平分层地层的数据反演是有效的；北京某地 CSAMT 数据的反演结果很好地显示了南苑—通县断裂的位置、产状以及基岩的起伏，表明本方法对横向变化地层的数据反演也是有效的。

本文提出的方法属于非线性方法，但仍存在解的非唯一性问题。通过引入最小构造约束和实行对数等间隔分层，大大降低了解的非唯一性，提高了反演的稳定性、可靠性和精度，是一种值得推荐的非线性反演方法。

此外，利用本文方法，无论是进行数值实验还是野外数据处理，都取得了理想的结果。

致　谢　感谢中国科学院地质与地球物理研究所石昆法研究员提供的原始数据，同时感谢安志国、付长民和岳安平博士给予的真诚帮助。

参　考　文　献

[1] 何继善，可控源音频大地电磁法，长沙：中南工业大学出版社，1990

[2] 石昆法，可控源音频大地电磁法理论与应用，北京：科学出版社，1999

[3] 汤井田、何继善，可控源音频大地电磁法及其应用，长沙：中南大学出版社，2005

[4] 朴化荣，电磁测深法原理，北京：地质出版社，1990

[5] 龚飞、底青云，某煤矿典型 CSAMT 法视电阻率曲线的一维模拟. 地球物理学进展，2004，19（3）：631~634

[6] 于昌明，CSAMT 方法在寻找隐伏金矿中的应用. 地球物理学报，1998，41（1）：133~138

[7] Caginiard L, Principle of the magnetotelluric method, a new method of geophysics prospecting［J］, Ann de Geophys, 1953, 9：95-125

[8] 底青云、Martyn Unsworth、王妙月，复杂介质有限元 2.5 维可控源音频大地电磁法数值模拟，地球物理学报，2004，47（4）：723~730

[9] 底青云、Martyn Unsworth、王妙月，有限元法 2.5 维 CSAMT 数值模拟，地球物理学进展，2004，19（2）：317~324

[10] 吴璐苹、石昆法，可控源音频大地电磁法在地下水勘查中的应用研究，地球物理学报，1996，39（5）：712~717

[11] 徐世浙、刘斌，电导率分层连续变化的水平层的大地电磁正演，地球物理学报，1995，38（3）：262~268

[12] 底青云、王妙月、石昆法等，高分辨率 V6 系统在矿山顶板涌水隐患中的应用研究，地球物理学报，2002，45（5）：1~5

[13] Routh P S and Oldenburg D W, Inversion of controlled source audio-frequency magnetoteluric data for a horizontal-layered earth, Geophysic, 1999,（6）：1689-1697

[14] Lu Xinyou, Martyn Unsworth and John Booker, Rapid relaxation inversion of CSAMT data, Geophys J Int 1999, 138, 381-392

[15] 王若、王妙月，一维全资料 CSAMT 反演，石油地球物理勘探，2007，42（1）：107~114

[16] 王光杰、王勇、李帝铨等，基于遗传算法 CSAMT 反演计算研究［J］，地球物理学进展，2006，24（4）：1285~1289

[17] 王兴泰、李晓芹、孙仁国，电测深曲线的遗传算法反演，地球物理学报，1996，39（2）：279~285

[18] 张晓缋、戴冠中、徐乃平，一种新的优化搜索算法——遗传算法，控制理论与应用，1995，12（3）：265~273

[19] 刘云峰、曹春蕾，一维大地电磁测深的遗传算法反演，浙江大学学报（自然科学版），1997，31（3）：300~304

[20] 师学明、王家映、张胜业、胡祥云，多尺度逐次逼近遗传算法反演大地电磁资料，地球物理学报，2000，43（1）：122~130

[21] 冯思臣、王绪本、阮帅，一维大地电磁测深几种反演算法的比较研究，石油地球物理勘探，2004，39（5）：594~599

[22] Torquil Smith J, John R Booker, Magnetotelluric inversion for minimum structure, Geophysic, 1988, 53（12）：1565-1576

[23] Steven C, Constable et al., Occam's inversion A practical algorithm for generating smooth models from electromagnetic sounding data, Geophysic, 1987, 52（3）：289-300

[24] 李刚、薛惠锋、邢书宝等，遗传算法求解精度与种群大小的函数关系，计算机技术与发展，2006，16（7）：96~98

[25] 殷长春，可控源音频大地电流法一维正演及精度评价，长春地质学院学报，1994，24（4）：438~453

[26] 万乐、罗延钟，CSAMT 一维正演的快速近似计算，中国地球物理学会年刊，北京：地震出版社，1993

[27] 吴小平，利用共轭梯度方法的电阻率三维反演若干问题研究，地震地质，2001，23（2）：321~327

Ⅲ— 17

频率域 2D 电磁测深资料的 RRI 反演[*]

王　若[1)]　　王妙月[1)]　　卢元林[2)]

1）中国科学院地质与地球物理研究所

2）中国地质装备总公司

摘　要　本文将大地电磁反演中的 RRI 方法应用于线源频率测深模型资料的反演中。当背景电导率变化很小时，可用变化前的电场来近似代替变化后的电场，从而在反演方程的推导过程中将有源电磁场中的源项消掉，得到和大地电磁场相同的反演方程，使有源电磁波的反演也可以应用 RRI 方法。反演过程中所需要的模型资料通过有限元方法得到，该资料不需做近场校正，直接用适合于有源电磁场的 RRI 方法反演，避免了近场校正带来的误差。数值模型结果证明该方法是可行的。最后，用 RRI 方法讨论了当源和目标区间存在低阻异常体时只对目标区反演的可行性，对实际工作的解释有一定的指导意义。

关键词　线源　电磁测深　RRI 反演

引　　言

由于人工源的存在，使观测场值在某些距离上或在固定距离处某些频率范围内，电磁波不再具有平面波的性质，反演问题成为有源电磁波的反演。

对于应用较普遍的可控源音频大地电磁法（CSAMT）的资料反演，传统上采用两种对过渡区资料和近区资料做特殊处理的方法：一是直接舍去不用[1,2]，二是做近场校正化为平面波资料后用 MT 的方法来反演[3]。但是，现有的近场校正方法[4,5]都是建立在均匀半空间的基础上的，当地下介质不均匀时，近场校正本身具有较大误差，应用效果不理想。主要原因在于近场校正仅能校正非波区场效应造成的卡尼亚视电阻率的畸变，并不能将双极源场的近区和过渡区数据校正为相应地电条件下的波区（平面波）场的测量结果。还有一些文献资料采用对视电阻率的重新定义来达到不做近场校正的目的[5~7]，但还未投入广泛应用。为了克服近场校正所带来的负面影响，CSAMT 全频率资料直接反演方法被提出来[8~11]，并取得了可喜的结果。该方法不需要做近场校正，在反演过程中直接利用全部频率观测资料，这种思想已成为有源电磁法反演研究的新方向。

我们用有限元方法对频率域二维无限长线源的电磁场成功地进行了模拟[12]，在此基础上，进一步对无限长线源的全频率资料 RRI 反演进行了研究。RRI 方法首先用于平面波 MT 资料的处理中[13~15]，但在有源电磁波方程的推导过程中，通过一个近似条件可以得到和 MT 资料反演时相同的近似灵敏度矩阵[9]，使 RRI 方法在有源 2D 电磁反演中得以应用。

在应用人工源 CSAMT 方法时，只能得到目标区的数据，所以研究只对目标区进行反演具有现实意义。而源和目标区间存在的异常体对目标区的反演有何影响，反演结果是否可靠，需要进行研究。

本文首先简要介绍了生成模型资料的有限元正演方法，然后论述了用于有源电磁波反演的 RRI 方

---

* 本文发表于《地球物理学进展》，2008，23（5）；1560~1567

法的思想，并给出两个数值模拟结果，最后用该方法对存在于源和目标区间的低阻异常体的影响进行了讨论。

1　用有限元方法生成模型资料

反演时的模型资料是用有限元方法[12]生成的。现将二维有限元法简述如下：

假定地下电性结构是二维的，将原点取在地面上，走向方向为 x 轴，y 轴位于地面与 x 轴垂直，z 轴垂直向下。外加无限长电性源的方向为 x 方向，此时只存在不随走向而变化的 x 方向的电场。

取外边界足够大，所包围的区域为 Ω，局部不均匀体的异常场在外边界上为零。1 和 2 分别表示围岩和异常体两种不同的介质，θ 为电磁波的传播方向 r 与外边界的外法向方向的夹角。从麦克斯韦方程组出发得到的有源电磁场的边值问题为

$$\begin{cases} \nabla \cdot (p\nabla u) + qu = g & \in \Omega \\ u_1 = u_2 & \in \text{内边界} \\ p_1 \dfrac{\partial u_1}{\partial n} = p_2 \dfrac{\partial u_2}{\partial n} & \in \text{内边界} \\ \dfrac{\partial u}{\partial n} + k\cos\theta u = 0 & \in \text{外边界} \end{cases} \tag{1}$$

式中，$p = \dfrac{1}{\mathrm{i}\omega\mu}$；$q = \sigma - \mathrm{i}\omega\varepsilon$；$u = E_x$；$\omega$ 是角频率；μ 是介质的磁导率；σ 是电导率；ε 是介电常数；k 为波数。$g = -J_{cx}$，$J_{cx} = I\delta(y)\delta(z)$ 为沿 x 方向的外加线源的电流密度。

与式（1）中的边值问题等价的变分为：

$$\begin{cases} F(u) = \displaystyle\int_{\Omega}\left[\frac{1}{2}p(\nabla u)^2 - \frac{1}{2}qu^2 + gu\right]\mathrm{d}\Omega + \oint_{DABC}\frac{1}{2}pk_0\cos\vartheta u^2\mathrm{d}\Gamma + \oint_{DEFC}\frac{1}{2}pk\cos\vartheta u^2\mathrm{d}\Gamma \\ \delta F(u) = 0 \end{cases} \tag{2}$$

将区域 Ω 剖分成矩形单元，在单元 e 内进行双线性插值。通过引入插值形函数

$$\begin{cases} N_1 = \dfrac{1}{4}(1-\xi)(1-\eta) \\ N_2 = \dfrac{1}{4}(1-\xi)(1+\eta) \\ N_3 = \dfrac{1}{4}(1+\xi)(1+\eta) \\ N_4 = \dfrac{1}{4}(1+\xi)(1-\eta) \end{cases} \tag{3}$$

可将单元中的场值 u 表示为：

$$u = \sum_{i=1}^{4} N_i u_i \tag{4}$$

式中，u_i 是单元的四个角点的待定场值。

将式（2）中第一式由全区域积分分解为单元积分之和

$$F(u) = \sum_e \left(\int_e \frac{1}{2} p (\nabla u)^2 \mathrm{d}y\mathrm{d}z - \int_e \frac{1}{2} q u^2 \mathrm{d}y\mathrm{d}z + \int_e g u \mathrm{d}y\mathrm{d}z + \oint_{\mathrm{DABC}} \frac{1}{2} p k_0 \cos\vartheta u^2 \mathrm{d}\Gamma \right.$$
$$\left. + \oint_{\mathrm{DEFC}} \frac{1}{2} p k \cos\vartheta u^2 \mathrm{d}\Gamma \right) \tag{5}$$

将式（4）代入式（5），经整理，可写成如下形式：

$$F(u) = \frac{1}{2} U_e^{\mathrm{T}} K^{1e} U_e + \frac{1}{2} U_e^{\mathrm{T}} K^{2e} U_e - \frac{1}{2} U^{\mathrm{T}} P + \frac{1}{2} U^{\mathrm{T}} K^{4e} U + \frac{1}{2} U^{\mathrm{T}} K^{5e} U \tag{6}$$

式中，

$$K_{ij}^{1e} = \int_e p \left(\frac{\partial N_i}{\partial y} \frac{\partial N_j}{\partial y} + \frac{\partial N_i}{\partial z} \frac{\partial N_j}{\partial z} \right) \mathrm{d}y\mathrm{d}z = \int_{-1}^{1} \int_{-1}^{1} p \left(\frac{\partial N_i}{\partial \xi} \frac{\partial N_j}{\partial \xi} \frac{4}{a^2} + \frac{\partial N_i}{\partial \eta} \frac{\partial N_j}{\partial \eta} \frac{4}{b^2} \right) \frac{ab}{4} \mathrm{d}\xi\mathrm{d}\eta \tag{7}$$

$$K_{ij}^{2e} = \int_e q N_i N_j \mathrm{d}y\mathrm{d}z = \int_{-1}^{1} \int_{-1}^{1} q N_i N_j \frac{ab}{4} \mathrm{d}\xi\mathrm{d}\eta \tag{8}$$

$$P = \begin{bmatrix} I & 0 & 0 & 0 \end{bmatrix} \tag{9}$$

$$K_{ij}^{4e} = \int_{\mathrm{DABC}} p k_0 \cos\vartheta N_i N_j \mathrm{d}\Gamma \tag{10}$$

$$K_{ij}^{5e} = \int_{\mathrm{DEFC}} p k \cos\vartheta N_i N_j \mathrm{d}\Gamma \tag{11}$$

将 K^{1e}、K^{2e}、P、K^{4e}、K^{5e} 扩展成全体结点的矩阵并对式（6）取变分

$$\delta F(u) = \overline{K}^{1e} U - \overline{K}^{2e} U - P + \overline{K}^{4e} U + \overline{K}^{5e} U$$

令上式为零，可得到线性方程组：

$$KU = P \tag{12}$$

式中，$K = \overline{K}^{1e} - \overline{K}^{2e} + \overline{K}^{4e} + \overline{K}^{5e}$，$U$ 为电场矢量；P 为源项。

用高斯-赛德尔迭代法解方程组，即可得到各节点的电场值。

生成模型数据时将整个区域剖分成 100×100 的网格单元，源放于横向第 25 个结点、纵向第 26 个结点处。纵向方向第 1~25 个网格为空气层，第 26 个结点所在的水平线为地面。横向剖分时源所在位置附近的网格间距较小，向两侧逐渐加大，至源两侧第 6 个结点处向外为均匀剖分，网格距为 100m，将边界处的 10 个单元作为边界影响带，其网格间距向外逐渐增大。纵向方向源附近的网格间距较小，

向空中以较大的网格间距递增，向地中从第 30 个结点至第 37 个结点处，每一个网格距以 2 倍于前一网格距的标准递增，从第 38 个结点至第 90 个结点，每一个网格距以 1.1 倍于前一网格距的标准递增，最下方 10 个网格以大尺度递增。

2　RRI 方法的基本原理

对于二维各向同性介质，当频率足够低时，位移电流可以忽略，考虑到介质磁导率变化较小，可用自由空间的磁导率代替，此时麦克斯韦方程的第一、二式可写为：

$$\nabla \times \boldsymbol{E} = i\omega\mu_0 \boldsymbol{H} \tag{13}$$

$$\nabla \times \boldsymbol{H} = \sigma \boldsymbol{E} + J_{cx} \tag{14}$$

式中，$\boldsymbol{E}$ 为电场强度矢量；$\boldsymbol{H}$ 为磁场强度矢量；μ_0 为自由空间的磁导率；J_{cx} 为源电流密度，源只有 x 分量，在应用大地电磁（MT）资料的 RRI 方法中，J_{cx} 为零。将式（3）展开，考虑到源是 x 方向，源形成的电场在 y、z 方向为零，在 x 方向的导数为零。得到：

$$\frac{\partial E_x}{\partial z} = i\omega\mu_0 H_y \tag{15}$$

将式（3）中的 $\boldsymbol{H}$ 代入式（4），引入恒等式 $\nabla \times \nabla \times \boldsymbol{E} = -\nabla^2 \boldsymbol{E} + \nabla\nabla \cdot \boldsymbol{E}$，并代入电场的散度恒等于零的公式：$\nabla \cdot \boldsymbol{E} = 0$，展开得到：

$$\frac{1}{E_x}\frac{\partial^2 E_x}{\partial z^2} + \frac{1}{E_x}\frac{\partial^2 E_x}{\partial y^2} + i\omega\mu_0\sigma = -\frac{1}{E_x}i\omega\mu_0 J_{cx} \tag{16}$$

做变量替换，

$$V = \frac{1}{E_x}\frac{\partial E_x}{\partial z} = i\omega\mu_0 \frac{H_y}{E_x} \tag{17}$$

由上式可推出，

$$\frac{1}{E_x}\frac{\partial^2 E_x}{\partial z^2} = \frac{\partial V}{\partial z} + V^2 \tag{18}$$

将式（18）代入式（16），得到

$$\frac{\partial V}{\partial z} + V^2 + \left\{ \frac{1}{E_x}\frac{\partial^2 E_x}{\partial y^2} \right\} + i\omega\mu_0\sigma = -\frac{1}{E_x}i\omega\mu_0 J_{cx} \tag{19}$$

当模型中电导率存在小的扰动时，令 $\sigma = \sigma_0 + \delta\sigma$，$V = V_0 + \delta V$，$\sigma_0$，$V_0$ 满足方程（19），当 σ_0 的

变化 $\delta\sigma$ 很小时，电场的变化也很小。由于趋肤效应，使场在水平方向比在垂直方向的变化小，所以可以用变化前的场值来代替 ‖ 中的分母的场值和等号右端项的场值。对于右端的源项，由于 J_{cx} 是 y、z 的 δ-函数，只有源附近才有值，在远离源的目标区右端项为零。当 σ_0 的变化很小时，右端项分母中的电场也可以用变化前的值来近似变化后的值，也就是说右端项的值在电导率微小变化前后近似不变。

加扰动前和加扰动后，公式（19）分别为：

$$\frac{\partial V_0}{\partial z} + V_0^2 + \left\{ \frac{1}{E_{x,0}} \frac{\partial^2 E_{x,0}}{\partial y^2} \right\} + i\omega\mu_0\sigma_0 = -\frac{1}{E_{x,0}} i\omega\mu_0 J_{cx} \tag{20}$$

$$\frac{\partial (V_0 + \delta V)}{\partial z} + (V_0 + \delta V)^2 + \left\{ \frac{1}{E_{x,0}} \frac{\partial^2 E_{x,0}}{\partial y^2} \right\} + i\omega\mu_0(\sigma_0 + \delta\sigma) = -\frac{1}{E_{x,0}} i\omega\mu_0 J_{cx} \tag{21}$$

将式（21）展开减去式（20），消除 δV 的二次项，可得到一阶线性微分方程：

$$\frac{\partial}{\partial z}\delta V + 2V_0\delta V + i\omega\mu_0\delta\sigma = 0 \tag{22}$$

式（22）表明，当只考虑由电性变化引起的 V 的变化 δV 时，源 J_{cx} 的贡献自动被抵消，得到了与 MT 资料 RRI 反演方法中相同的方程组。可用常数变易法解方程（22），并对电导率作对数代换，

$$\delta\sigma(z) = \sigma_0(z)\delta m(z) \tag{23}$$

式中，$m(z) = \ln\sigma(z)$，可得到微分方程（22）δV 的积分解：

$$\delta V(y_j, 0) = \frac{i\omega\mu_0}{E_0^2(y_j, 0)} \int E_0^2(y_j, z)\sigma_0(z)\delta m(z)\,\mathrm{d}z \tag{24}$$

其中，$(y_j, 0)$ 为各个观测点的地面坐标；(y_j, z) 为各个观测点下不同深度的坐标。对于（24）式，$E_0^2(y_j, z)$ 是电导率分布为 $\sigma_0(z)$ 时的场值，认为是已知的，因而未知数 $\delta m(z)$ 只和 z 的坐标有关，将二维问题简化成了一维问题来求解，求解时难度降级了。将式（24）写成 $AX = b$ 的形式，其中 X 是所求模型的对数电导率的微小变化量，b 为与观测资料有关的向量，A 为偏导数矩阵。具体表达式为：

$$\begin{cases} A = \dfrac{i\omega\mu_0}{E_0^2(y_j, 0)} \displaystyle\int E_0^2(y_j, z)\sigma_0(z)\,\mathrm{d}z \\ X = \delta m(z) \\ b = \delta V(y_j, 0) \end{cases} \tag{25}$$

采用二维有限元方法可求得的在 J_{cx} 作用下 $E_0(y_j, z)$ 的数值模拟结果，式（25）中偏导数矩阵 A 可通过数值积分或离散求和得到。

方程组（24）可以通过赛德尔迭代法[13]直接求解，也可以将其正则化后再求解。但实验研究发现，对于小型的方程组，用高斯-赛德尔迭代法直接求解便可得到稳定的解，且反演结果较好。

解出各个网格单元的 $\delta m(z)$ 后，根据式（23）计算出每个测点 j 下相应的电导率的变化值，将它加到初始模型上，得到新的地电断面，将这个地电断面作为第二次迭代的初始模型再进行反演计算，又得到新的模型扰动值，将其作为第三次迭代时模型所用的修改量，再重复以上的操作，直到得到满意的结果为止。在本文中，我们用下式作为判断每次迭代反演结果的响应与正演（观测）结果接近程度的标准，

$$rms(\%) = \sqrt{\frac{\sum\limits_{k=1}^{nf}\sum\limits_{j=1}^{N}\left(\left(d_{kj}^{l} - d_{kj}^{0}\right)/d_{kj}^{0}\right)^{2}}{N*nf}} \tag{26}$$

式中，N 为观测点的个数；nf 为所用的频点数；d_{kj}^{l} 表示第 l 次迭代时反演结果在第 k 个频率第 j 个观测点的响应；d_{kj}^{0} 为第 k 个频率第 j 个观测点的正演模拟值（相当于野外观测值）。

3　RRI 反演结果

针对文献［13］中两个模型的正演结果，用本文所提到的方法做了反演研究。在反演的过程中，沿袭了全频率资料直接反演的观点，用不做近场校正的资料做反演，来验证反演方法的有效性。

3.1　低阻异常体模型

模型如图 1a 所示，横向和纵向坐标轴用网格的结点数来表示，为了使地表位于图形的上部，将纵向网格用负值表示，地表为第 26 个网格结点值，低阻体位于网格单元横向第 73 个结点和第 75 个结点之间，纵向第 41 和 45 个结点之间。低阻异常体电阻率为 $10\Omega\cdot m$，围岩的电阻率为 $100\Omega\cdot m$。有限元正演结果示于图 1b 中。反演时将 $100\Omega\cdot m$ 的均匀半空间模型作为初始模型，只对目标区（横向第 60 个结点到第 90 个结点、纵向第 26 个结点到第 60 个结点）进行迭代反演。但每一次迭代反演后取反演结果的响应时仍对全空间用有限元法进行正演，目标区外的电阻率值为初始模型的电阻率值。迭代误差收敛曲线如图 1c 所示，纵轴为百分比误差，横轴为迭代次数。从图 1c 可见迭代误差稳定收敛，到第 8 次迭代时已趋于平缓。取第 10 次的反演结果作为最终结果，如图 1d 所示，图 1d 中的虚线为模型的真实位置。从图中可以看出，反演后的低阻异常体有明显的显示，异常的范围扩大，异常体的中心位置略有下移（分析其原因，可能是反演过程中深度因子在深部给的不合适造成的，尚需进一步调整），但横向位置比较准确，反演后的电阻率值相对正演视电阻率值来说接近真实电阻率值。

3.2　断层模型反演结果

断层模型如图 2a 所示，在目标区内存在一条正断层，断点位于横向第 66 个结点，断层左倾，倾角约 68 度，该断层将一个二层模型断开，第一层电阻率为 $100\Omega\cdot m$，第二层电阻率为 $1000\Omega\cdot m$，上盘第一层深度位于纵向第 44 个结点处，下盘第一层深度位于横向第 38 个结点处。在下盘有一低阻体，位于横向第 80 个结点和第 85 个结点间，纵向第 41 和 45 结点间。有限元正演结果如图 2b 所示。反演方案同 3.1。反演迭代误差收敛曲线如图 2c 所示，反演时的迭代误差曲线是一致收敛的，到第 10 次迭代时的百分比误差虽较高，但收敛已非常缓慢。取第 10 次的反演结果作为最终结果，如图 2d 所示，图 2d 中仍用虚线将模型的真实位置标识出来。从图 2c 看出，反演后的断层位置与两层分界面比较准确清楚，低阻异常体在横向上的位置准确，但在纵向上埋深稍有下移。由于低阻异常的影响，第二层像被分成了两部分，到最下部等值线才又连到了一起，但电阻率值较低。究其原因，一是模型结构较复杂，低阻异常体反演后的影响范围依然较大；二是反演时的初始模型为均匀半空间，电阻率为 $100\Omega\cdot m$，与第二层真实电阻率值差异较大。考虑这两个因素后，可用第二层的电阻率值或第一层和第二层中间电阻率值作为均匀半空间的初始值，可增加深部结果的可靠性，但由于和表层电阻率差异

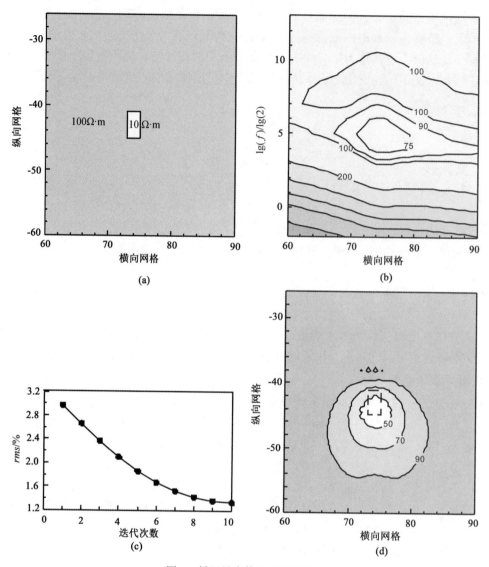

图1　低阻异常体的反演结果
（a）模型；（b）正演视电阻率等值线（单位：$\Omega \cdot m$）；（c）迭代误差曲线；
（d）反演真电阻率等值线（单位：$\Omega \cdot m$）

大会导致浅部的假异常增多。

3.3　源与目标区间存在低阻异常体时对反演结果的影响

当源与目标区间存在低阻异常体时，针对两种情况做了源与目标区间的低阻异常体对目标区反演结果的影响研究。一是距目标区较远，二是距目标区较近，模型分别如图3a、b所示，图中"☼"表示源的位置。目标区中存在一个低阻异常体，电阻率值为$10\Omega \cdot m$，尺度约为$300m \times 300m$，埋深约$300m$，位于横向第$61 \sim 64$结点间，纵向$41 \sim 45$结点间；在源和目标区间存在一个低阻异常体，异常体的尺度和埋深同目标区中的低阻异常体。图3a中低阻异常体位于横向第$46 \sim 49$结点间，与源的距离为$1000m$，与目标区中的低阻异常体的距离为$2000m$，图3b中源与目标区间的低阻异常体位于横向第$51 \sim 54$结点间，与源的距离为$2000m$，与目标区中的低阻异常体的距离为$1500m$。

对这两种情况做了两种反演方案的研究，一是针对全区域的反演，二是只针对目标区域的反演。只对目标区的反演方案同3.1。对全区域反演时，横向除了边界附近的10个网格、纵向第60格之下的区域不进行反演外，对包含源的其他区域进行了反演。反演结果分别如图3c、d、g、h所示。图3c、d

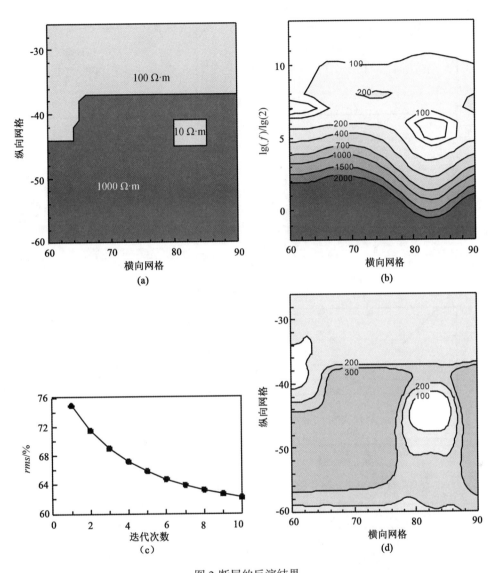

图 2 断层的反演结果

（a）模型；（b）正演视电阻率等值线（单位：Ω·m）；（c）迭代误差曲线；

（d）反演真电阻率等值线（单位：Ω·m）

为针对全区反演的结果，两个低阻异常体均被反演出来，但与目标区的异常体越近，两个异常体反演的分辨率越低。图 3g、h 为只针对目标区反演的结果，虽然目标区低阻体的影响范围加大且与图 3c、d 相比稍偏深，但特征明显，横向位置准确。

　　图 3e、f、i、j 分别为上述四种反演结果所对应的迭代误差收敛曲线，从图中可以看出，曲线是一致收敛的，但当只对目标区进行反演时最后一次的迭代误差值要高于全区反演的迭代误差值。

　　图 3c～j 说明当源和目标区间存在低阻异常时，只对目标区进行反演，反演结果的响应与真实模型响应间的差异要高于全区反演结果的响应与真实模型响应间的差异，换句话说，对全区资料反演得到的结果相对于只对目标区资料反演的结果来说，更接近于真实模型。但只对目标区反演，目标体仍能有一定程度的反映，考虑到实际问题中，采集全区资料常常是不现实的，所以只对目标区资料进行反演具有现实意义，但要做到心中有数，其结果可能因目标区外的异常体的存在而有某种程度的失真。

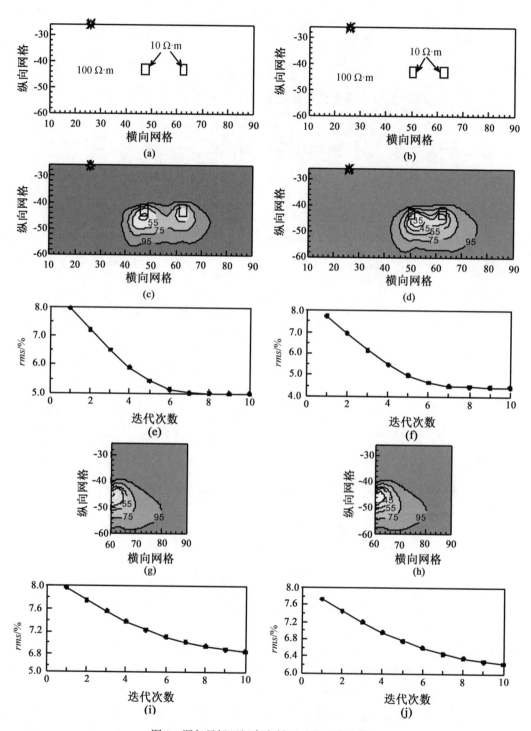

图 3　源与目标区间存在低阻时的反演结果

（a）低阻异常体距源 1500m 时的模型（图中为源的位置）；（b）高阻异常体距源 2000m 时的模型（图中为源的位置）；（c）用模型（a）的全区观测资料反演的结果；（d）对模型（b）的全区观测资料反演的结果；（e）反演过程（c）的迭代误差曲线；（f）反演过程（d）的迭代误差曲线；（g）对模型（a）的目标区观测资料反演的结果；（h）对模型（b）的目标区观测资料反演的结果；（i）反演过程（g）的迭代误差曲线；（j）反演过程（h）的迭代误差曲线

4　结　　论

通过对上述几种模型的反演研究，可得出以下几点结论：

（1）所研究的模型都能反演出来较好的结果，虽然低阻异常体的反演结果稍微偏深，但异常体的横向位置基本准确，说明在二维空间用不做近场校正的全频资料进行 RRI 反演是可行的，有效的。

（2）通过对目标区和发射源之间存在低阻异常体的研究发现，对全区域的反演能够很好地得到异常体的横向位置。但在实际工作中，只能获得目标区的资料，所以研究只对目标区进行的反演更加有意义。用本文中所提到的反演方法只对目标区进行反演时发现，该方法能较好地反演出目标区的低阻异常体，虽然分辨率没有全区反演时的分辨率高，但仍可以证明异常体的存在。

（3）本文对人工源 CSAMT 资料的解释有一定的指导意义。

参 考 文 献

[1] Yutaka Sasaki, Yoshihiro Yoneda et al., Resistivity imaging of controlled-source audio frequency magnetotelluric data［J］, Geophysics, 1992,（7）: 952-955

[2] Wannamaker P, Tesor CSAMT survey over the Sulphur Springs thermal area, Valles Caldera, NewMexico, U. S. A., Part Ⅰ: Implications for structure of the western caldera［J］, Geophysics, 1997,（2）: 451-465

[3] Bartel L C and Jacobson R D, Results of a controlled-source audio frequency magnetotelluric survey at the Puhimau thermal area, Kilauea Volcano, Hawaii［J］, Geophysics, 1987,（5）: 665-677

[4] Yamashita and Hollof, CSAMT case histories with a multi-channel CSAMT system and discussion of near-field data correction, phoenix Geophys., Ltd. 1985

[5] 汤井田、何继善，水平电偶源频率测深中全区视电阻率定义的新方法［J］，地球物理学报，1994,（4）: 543~552

[6] 苏发、何继善，组合波近区频域电磁测深研究［J］，中国科学（D 辑），1996, 26（3）: 240~246

[7] 汤井田、何继善，水平多层介质上水平电偶源频率电磁测深的阻抗实部等效电阻率［J］，物探与化探，1994,（3）: 92~96

[8] Routh P S and Oldenburg D W, Inversion of controlled-source audio-frequency magnetoteluric data for a horizontal-layered earth, Geophysics, 1999,（6）: 1689-1697

[9] Lu Xinyou, Martyn Unsworth and John Booker, Rapid relaxation inversion of CSAMT data［J］, Geophys. J. Int., 1999, 138: 381-392

[10] 底青云、王妙月，2.5 维有限元法 CSAMT 数值反演［J］，石油地球物理勘探，2006, 41（1）: 100~106

[11] 王若、王妙月，CSAMT 一维全资料反演［J］，石油地球物理勘探，2007,（1）: 107~114

[12] 王若、王妙月、底青云，频率域线源大地电磁法有限元正演模拟［J］，地球物理学报，2006, 49（6）: 1856~1866

[13] 谭捍东、余钦范、John Booker、魏文博，大地电磁法三维快速松弛反演［J］，地球物理学报，2003, 46（6）: 850~854

[14] Smith J T, Booker J R, 1991, Rapid inversion of two-and three-dimensional magnetotelluric data［J］, J. Geophys. Res., 96: 3905-3922

[15] 吴广耀、胡建德，大地电磁资料的二维连续模型自动反演［J］，地球科学，2006, 15（增刊）: 23~35

Ⅲ — 18

V6 多功能系统及其在 CSAMT 勘查应用中的效果 *

底青云　王妙月　石昆法　张庚利　李英贤　王　若　胡祥云

中国科学院地质与地球物理研究所

摘　要　地球物理多功能探测系统 V6 是中国科学院地质与地球物理所 2000 年底从加拿大凤凰公司引进的新仪器，它具有频点多（62 频点系列），抗干扰能力强，发射功率大，A/D 转换 16 位及发射与接收信号 GPS（Globe Position System）时钟同步等特点，能有效地提高纵向分辨率和测量信号的信噪比，为浅层精细勘探提供了保障。V6 系统在牛栏山水源八厂标准剖面的试验，山东莱芜业庄矿突水勘查工作等充分证明，V6 系统能较准确地确定目的层深度，结合地质资料，可以提供含水性的判断。

关键词　V6 多功能系统　CSAMT　应用

引　言

近年来，一系列国外多功能电法勘探仪器相继在我国得到广泛应用。例如美国的 GDP16、GDP32 系列，德国的 GMS05、GMS06 系统，加拿大的 V5、V6 系列。这些仪器大都是多功能勘测仪器，比如 CSAMT（可控源音频大地电磁测深）法、TEM（时间域电磁法）、FEM（频率域电磁法）、IP（激电）、SIP（频谱激电）等，这些仪器完全使用数字数据采集，自动存储数据，并随机展示或跟踪测试结果。对于 V6 系统，除了以上共有的优点外，还有探测精细地下结构的独特优势。V6 系统具有 62 频点系列（频率从 $2^{13} \sim 2^{-2}$ 之间共有 62 个频点），发射信号和接收信号通过 GPS 时钟同步控制，A/D 转换由原来的 8 位字节增加到 16 位。V6 的 62 频点系列将大大地提高纵向分辨率。GPS 时钟控制发射信号与接收信号使得信号同步，提高了信号的质量，增大了信噪比。16 位 A/D 转换使得 V6 系统能够记录到 10^{-3} mv 量级的有效弱信号，可以使用比通常小得多的测量极距 MN，提高了横向分辨率，因此可以说 V6 系统从提高勘探分辨率上比该公司老版本仪器提高了至少 3 倍的量级。

CSAMT（Controlled Source Audio-frequency Magnetotelluric）法是一种有效的矿产勘查和水资源勘查的手段[1~8]。V6 系统的主要功能之一是可以进行 CSAMT 方法工作，2001 年我们利用 V6 在已知标准剖面上进行了方法试验。验证了 V6 系统的分辨率、抗干扰能力以及低温工作能力。我们在某矿山矿体上盘含水性项目中取得了较好的结果。本文重点介绍 V6 系统的性能特点及在北京牛栏山水源八厂标准剖面和某铁矿突水隐患勘测中的应用效果。

1　V6 系统的性能特点

加拿大凤凰公司的地球物理多功能探测系统 V6 是该公司 2000 年底推出的可控源类最新仪器，主要有 3 大部分组成：多功能接收机，30kW 发射机和德国产柴油发动机。V6 接收机特征参数如表 1。

＊ 本文发表于《地球物理学进展》，2002，17（4）：663~670

表 1　V6 接收机特征参数

名　　称	指　　标
大小	30× 23× 21cm
重量	约 10kg
工作温度范围	－ 20 ~ 50℃
输入电压	12V
处理器	外接野外专业 PC
ADC	512kHz，16b，8 增益
频率	0.25~ 10kHz
频点	32，62，128，256
有效采样间隙	0.3μs
时钟同步	GPS
道数	8

由表 1 参数可以把 V6 的特点归纳为：①多频点系列（62 频点），若发射和接收实施 GPS 时钟同步控制，系统频点可增至 128、256 等，因此可以提高纵向分辨率，关于这一点下面予以说明。②GPS 时钟控制发射和接收信号，从而使得信号的同步性增强，信号质量增加，提高了信噪比。③ADC 转换动态范围大，从而使得 V6 可以监测较弱的有效信号，可以实现小测量极距的测量，为提高横向分辨率提供了保障。④工作温度、发射电流都有较大的改进，可以在零下 20℃及零上 50℃工作，适合中国四季气候特点，发射电流可达 50A，为在有工业干扰的地区工作压制干扰提供了可能性。⑤接收机配有野外专用笔记本，为随时升级软件成新版本提供了方便。

2　V6 增加垂向分辨率的说明

根据趋肤深度的经验公式[10]

$$h = 256 \sqrt{\frac{\rho}{f}} \tag{1}$$

式中，h 是有效深度（m）；f 是频率（Hz）；ρ 是视电阻率（Ω·m）。因此可以有

$$\frac{\partial h}{\partial f} = -\frac{1}{2}\frac{h}{f} \tag{2}$$

及

$$\frac{\delta h}{h} = -\frac{1}{2}\frac{\delta f}{f} \tag{3}$$

式中，δf 是两个连续频率在 f 点的增量；δh 是有效深度 h 处的深度增量。很明显，如果 δf 变小，那么 δh 的比也要变小。也就是说垂向分辨率提高。

3 应用实例

3.1 牛栏山水源八厂标准剖面 V6 系统探测结果

北京市牛栏山水源八厂是供北京市用水的水源地之一，在沿着供水 7 号、8 号、9 号、10 号井方向，选择了一块物探仪器测试的标准试验场地。该区内地层大致分四层，地层较简单。上覆含水层厚约 100m，往下分别是隔水层、第二含水层及基岩（深 300 多米）。我们利用 V6 从大户营村北起向北做了 1.1km 的测试剖面（方位北东 10°），8 号井基本位于剖面的中心，离剖面向东 185 m 左右。

测量采用该仪器的 CSAMT 方法，点距 30 m，发收距 4km，工作频率 $2^{13} \sim 2^4$ 频点。

CSAMT 反演后的视电阻率剖面如图 1，解释剖面如图 2（图中虚线为推断地质界线）。该结果和已知钻孔揭露的地质剖面（图 3）吻合得较好。无论界面深度，含水层，隔水层及基岩形态都反映的比较准确。

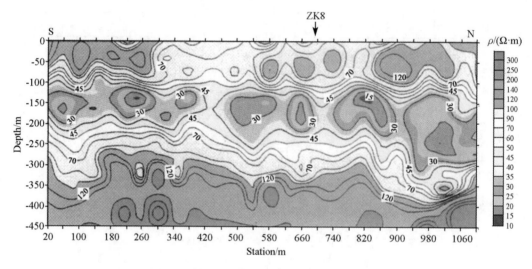

图 1 牛栏山水源八厂 CSAMT（V6）试验剖面

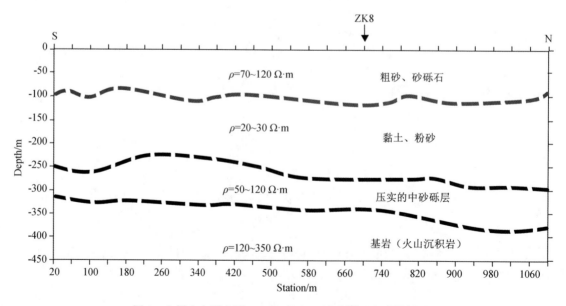

图 2 牛栏山水源八厂 CSAMT（V6）试验剖面地质推断图

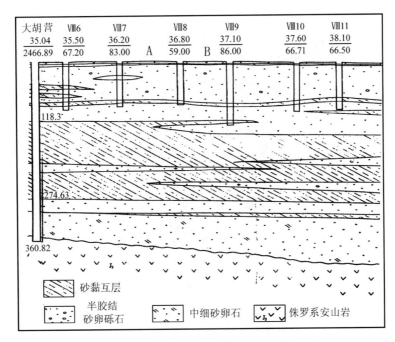

图3 牛栏山水源八厂钻孔地质剖面

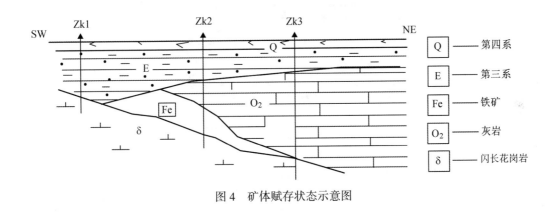

图4 矿体赋存状态示意图

3.2 某铁矿灰岩顶板中的含水性

利用 V6 仪器的 CSAMT 方法在某铁矿做了 13 条测线，矿区地质分层结构基本可以描述为第四系（10m 左右），第三纪（100 多米）灰岩及闪长花岗岩，在灰岩和闪长花岗岩的接触带上有铁矿，矿体赋存状态见图4。测量目的是查明矿体上盘的灰岩中溶洞发育情况及含水性。此次，CSAMT 法测量参数为：测点距 10 m，测线方位 N70°E。和矿体走向垂，收发距 4km，工作电流 15A。图5 为第 5 测线观测剖面的解释结果。图6 为同一测线的地质剖面。对比两者可见，矿体顶板内的含水构造反映比较清楚。

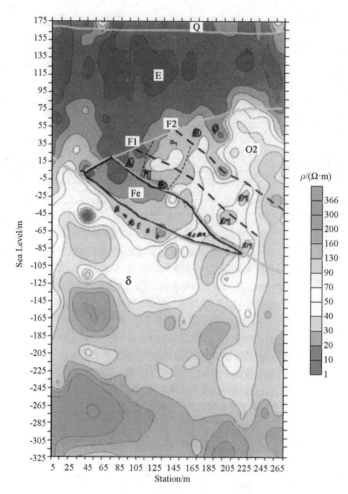

图 5　第 5 测线综合剖面解释结果

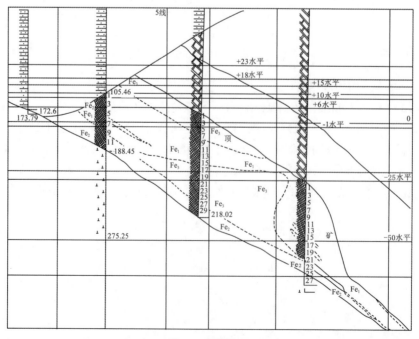

图 6　地质剖面

4　小　　结

加拿大凤凰公司的 V6 多功能探测系统是可控源类较新的仪器，它在提高勘探分辨率、抗干扰等方面有较大的能力。牛栏山水源八厂标准剖面试验及某铁矿山灰岩含水性探测中验证了该仪器在 300m 以浅的勘探工作中对界面界定、含水性分析、灰岩中溶洞的发育情况及含水性情况都有较精确的反应。

参 考 文 献

[1] 吴璐苹、石昆法，可控源音频大地电磁法在地下水勘查中的应用研究 [J]，地球物理学报，1996，39 (5)：712~717

[2] 吴璐苹、石昆法，松山地下热水勘探及成因模式探讨 [J]，物探与化探，1995，20 (4)：309~315

[3] 吴璐苹，国外物探仪器新进展 [J]，地球物理学进展，1996，11 (4)：112~115

[4] 石昆法，地球物理勘探新方法新技术 [A]，见：地下水资源系统勘查技术与综合评价方法 [C]，北京：科学出版社，1992，135~205

[5] 于昌明、石昆法、高宇平，CSAMT 法在四台矿 402 盘区陷落柱构造探测中的应用 [J]，地球物理学进展，1996，11 (2)：137~147

[6] 于昌明、张庚利，Application of CASMT Method of Geotherm Prospecting in Fujian Province [A]，见：国际地热年会汇编 [C]，(GRC) (波兰)，1996

[7] 于昌明，CSAMT 方法在寻找隐伏金矿中的应用 [J]，地球物理学报，1998，41 (1)：133~138

[8] 于昌明，The application of using CSAMT method to find Ground Hotwater [A]，见：环境地质国际理论会汇编 [C]，(韩国)，1994

[9] Bartel L C, Jacobson R D, Results of a controlled source audio frequency magnetotelluric survey at the pubiman thermal area, Kilauea Volcano, Hawaii [J], Geophysics, 1987, 52 (3)：665~677

[10] Basokur A T, Rasmussen, Kaya T M, Altun Y and Aktas K, Comparison of induced-polarization and controlled-source audio-magnetotelluric methods for massive chalcopyrite exploration in a volcano area [J], Geophysics, 1997, 62 (4)：1087~1096

[11] Sandberg S K, Hohmann G W, Controlled-source audio magnetotelluricsingeothermal exploration [J], Geophysics, 1982, 47 (1)：100~116

[12] Ruggedized Multi-Function V-6 [M], Phoenix Geo-physics Limited, 2000

[13] 石昆法，可控源音频大地电磁法理论与应用 [M]，北京：科学出版社，1999

Ⅲ — 19

高分辨 V6 系统在矿山顶板涌水隐患中的应用研究*

底青云　王妙月　石昆法　张庚利

中国科学院地质与地球物理研究所

摘　要　V6 系统是 Canada Phoenix Geophysics Limited 2000 年推出的最新产品，是目前可控源音频大地电磁测深（CSAMT）方法中功能最为强大的仪器之一。2001 年 3 月利用 V6 仪器对某铁矿 440m×300m 的矿区进行了面积性 CSAMT 勘测。矿体上盘灰岩中的溶洞、断层、含水破碎带以及可能的与含水层的联系在成果图上反映得非常清晰，为矿山进行水隐患治理提供了一份明确的资料。

关键词　V6　CSAMT　水隐患探测　矿山

1　引　言

2001 年 8 月在国内的报刊及网上连续刊载了多起矿山涌水造成人员伤亡和由此造成巨大经济损失事故的报道。事实上，许多煤矿和铁矿的顶板（或底板）是灰岩，灰岩经过构造运动后容易形成裂隙或断层，裂隙或断层被水溶蚀后形成储水空间或导水通道。开采时，若情况不明，盲目开采，使采区和灰岩中的储水空间或导水通道连通就容易造成涌水事故。因此开采前查明顶底板是否存在与涌水有关的薄弱结构是非常重要的。

对于开采价值比较高的煤矿和铁矿，矿体大都分布在几百米的深度范围内，并且多数工作区都有较强的工业和矿山开采电流干扰，因此在这个深度范围和可能存在强干扰的观测条件下用地球物理方法探测与涌水隐患有关的薄弱结构，探测方法的可靠性、分辨率是关键。在寻找与水有关的构造时，CSAMT 方法是公认的有效方法，该方法在寻找金属矿、地下水、地热中已经获得了很大的成功[1~9]。国内的实例研究大都是用 V4 或 V5 系统来完成的[1~6]。然而针对前述探测涌水隐患的地质和环境条件，其分辨率和抗干扰能力有可能不够。2000 年加拿大凤凰公司推出了 V6 系统，其抗干扰能力和分辨率明显提高。

2　矿区地质概述与开展 CSAMT 方法的物理基础

本区出露的接触交代型磁铁矿床，为燕山期闪长岩侵入到奥陶系马家沟灰岩在接触带上形成的矿体，矿体与地层接触关系示意图见图 1。地层由第四系（Q）（约 5~10m 厚），第三系（E）（约 150m 厚），奥陶系马家沟灰岩和燕山期浸入的闪长岩组成。作为矿体直接顶板的中奥陶系马家沟组灰岩均被第三系覆盖。灰岩内裂隙溶洞发育，部分被红色砂层粘土充填。强烈发育的裂隙溶洞为地下水的储存和循环创造了条件。水文地质资料和井下抽水试验表明，矿体顶板奥陶系马家沟灰岩为一深部含水层，地下水自矿床北东方向向南西方向流动。钻井中钻遇到断层，断层大体与矿体平行，离矿体顶面垂直

* 本文发表于《地球物理学报》，2002，45（5）：744~748

距离约数 10m。

矿体走向约北西 20°，南北方向延长 350m 左右，倾向约 NE70°，倾角 40°～45°，倾斜延深 150～280m。矿体假厚度，最厚可达 60m。沿走向北端呈楔形尖灭，南端逐渐变薄尖灭。产于矽卡岩中的平行主矿体延长近 250m，延深 150m。

针对上述地层岩性的情况，对矿区的富磁铁矿石、贫磁铁矿石、氧化磁铁矿石、灰岩、第三系、注浆体、溶洞水等标本进行了实验室电阻率测试，结果如表 1 所示。

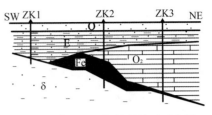

图 1　矿体及地层间接触关系示意图

表 1　矿区岩石、矿石标本电性测定结果表

标本编号	标本名称	测量方式	电阻率 ρ/（$\Omega \cdot m$）
1#	第三系	圆筒	11.7—20
2#	大理岩	圆柱体	3918.0
3#	冲积泥沙	圆筒	19.6
4#	蚀变闪长岩	圆筒（碎）	36.7
5#	水溶蚀氧化矿	圆筒（碎）	798.5
		小四极	1298.5
6#	注浆体	立方体	16.5
7#	充填体	圆筒（碎）	142.5
8#	磁铁矿 2（富）	立方体	349.9
9#	闪长岩	立方体	1750.7
10#	闪长岩夹层	小四极	23.4
		圆筒（碎）	
11#	硐室岩溶水	小四极	30.9

从表可见：

（1）矿体围岩（大理岩、闪长岩）电阻率较高，容易区分。

（2）矿体电阻率变化较大，变化范围为 15～1298.5$\Omega \cdot m$。但是该矿多半是富铁矿矿石，贫铁矿、氧化矿和夹层含量较少，故可把磁铁矿矿石的电阻率定位在 15～35.5$\Omega \cdot m$ 的范围内。

（3）溶洞水及溶洞内的充填的粘土电阻率较低，约为 19.6～30.9$\Omega \cdot m$。

（4）第三系电阻率最低，约为 11.7～20$\Omega \cdot m$。

（5）溶洞水及溶洞内充填的粘土电阻率尽管与磁铁矿体的电阻率相当，但溶洞都发育在上盘灰岩及大理岩中，所以如果在灰岩及大理岩中发现低阻，可判断为溶洞及裂隙。

（6）矿区岩石、矿石、硐室岩溶水等标本的测定结果表明在该矿区开展 CSAMT 探测研究是有物理基础的。

3　观　测　系　统

观测系统[10]如图 2 所示。

为了探测该矿矿体顶板水隐患的需要，至少需要横向 5m 的分辨率，要求测量极距 $MN = 10$m，垂向分辨率也需要尽可能的高。据表 1 结果，浅层的第四系、第三系的电阻率相当低，使用文献［13］

提供的公式，测量电极间的电位差最小可能达到 0.00n mV，因此要求探测系统有极高的抗干扰能力和精度。2000 年加拿大凤凰公司推出的多功能地球物理探测系统 V6*，有可能实现这一目标。V6 是 V4 的第二代仪器，数模转换为 16 位，加上特有的滤波功能，使该仪器具有较大的抗干扰能力，能检测 0.00n mV 的信号。工作温度为 -20～+50℃。它的发射系统包括一台德国制造的柴油发电机和一台功率为 30kW 的发射机，从而信号源得到了增强，在相同的观测系统下增加了观测信号。工作频率为 8192～0.25Hz，62 个频点，频点相当密，提高了系统的垂向分辨率。发射机与接收机的频率切换靠 GPS 的高精度同步时钟控制，实现了频率切换完全自动化，提高了观测精度。本次观测系统采用 AB 偶极距为 1200m，收发距 r 为 4km，MN 极距为 10m，测线距 40m。为了提高信噪比，在观测中采用多次叠加，平均相对误差一般小于 10%。

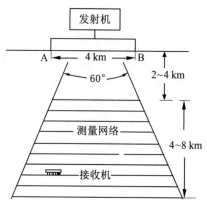

图 2　CSAMT 观测系统示意图

4　V6 探测结果及地质认识

在图 2 所示的观测系统的最佳观测范围内布置了 13 条测线，覆盖了整个矿区。测线位置如图 3 所示。测线沿矿体倾向方向，约 NE70°。

由于存在工业游散电流干扰及地表不均匀体的干扰，我们对 13 条测线原始资料中少数明显不合理的观察数据给予剔除，他们是由随机电磁干扰引起的。对每条测线各个频点平滑后的观测数据进行了反演。反演后得到了 13 条测线的断面图。按 13 条测线的实际间距，将 13 条测线反演后的电阻率数据组成三维数据体，并在深度方向进行内插得到标高 50、40、30、20、10、0、-15、-25、-40、-50、-65、-75m 共 12 个深度上的水平切片图（地面标高 175m）。

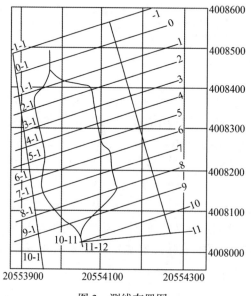

图 3　测线布置图

图 4 和图 5 分别为第 3 线和第 6 线的反演断面图结果，图 6 和图 7 分别为 -25m 和 -40m 标高深度上的水平切片图。图中的粗橘黄线表示地层（岩性）分界线，黑实线表示矿体范围，黑虚线表示推测

---

*　Ruggedized multi—function V6. Phoenix Geophysics Limited. 2000

的断层，细黑虚线表示推断的裂隙。从反演的断面图上可以清楚地看到第三系为大片的低阻；铁矿体的形态、产状非常明显；铁矿上盘的灰岩 O_2 中的低阻推断为和断层分布有关的含水溶洞、含水裂隙与富水区；矿体下盘基本上为高阻的闪长岩。深度切片图则直观地给出了给定深度上矿体的分布形态、断层展布、溶洞和富水区的分布。含水溶洞和富水区都展布在断层附近，此外，在与断层正交的方向上容易形成张性裂隙，容易溶蚀成比较发育的岩溶，它与矿体正交，图 5 上标明了推断的此种性质的裂隙。井下作业表明这种裂隙是存在的，且通到了矿体内。因此，断层破碎是形成溶洞和富水的原因。

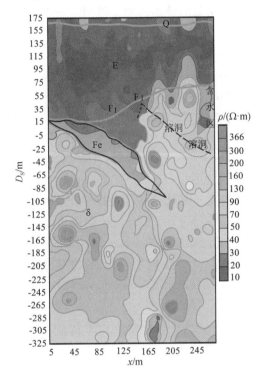

图 4　3 线 CSAMT 反演断面图

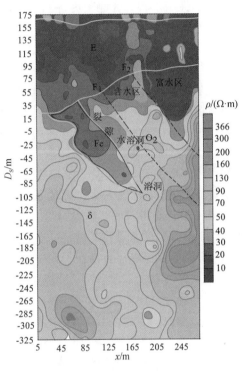

图 5　6 线 CSAMT 反演断面图

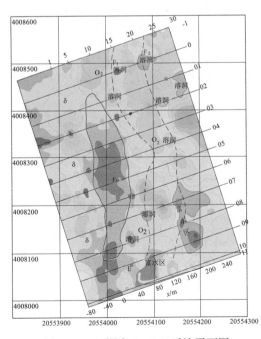

图 6　-25m 深度 CSAMT 反演平面图

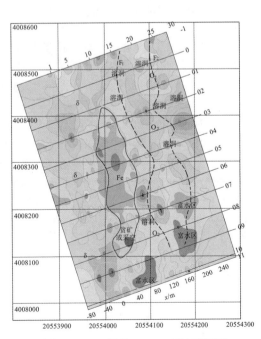

图 7　-40m 深度 CSAMT 反演平面图

5　结　　语

（1）V6 仪器的分辨率与观测精度满足对几百米深度范围内矿体上盘岩层中的结构情况的探测，尤其对灰岩顶板中的断层及与断层相关的溶洞、富水区的直观图像进行探测，这为矿山进一步进行水隐患的治理提供了客观的依据。

（2）基于物性结果和矿区地质资料，对 V6 面积性测量结果的处理解释，得到以下认识：

①第四系为小于 10m 的很薄的表层。

②第三系北浅南深，其具体范围如断面图和水平切片图上的 E 所示。第三系为低阻，在这些图上表现为大片的蓝色区。但第三系基本上是不透水的，对矿体不构成大的威胁。

③灰岩层东厚西薄，有的在西部尖灭而使矿体直接和第三系接触。由于构造运动，岩溶很发育，表现为矿体顶板的灰岩在断面图和水平切片图上以 O_2 表示的区域内电阻率的不均一性很严重。由于岩溶发育且和导水断层相通，构成矿区的深部含水层。在断面图和水平切片图上标出了灰岩中富含水的区域。

④推测有两条断层 F_1 和 F_2。F_1 断层靠近矿体，和水文地质资料中钻井钻遇的断层位置上比较接近。它处于矿体上盘，应多加注意，在灌浆治理时应该和正交于矿体的张性裂隙带统一考虑。

（3）部分结果已获得验证。本次野外工作从 2001 年 3 月份开始，4 月向矿山提供了研究报告。6 月份开始，矿上对部分异常进行了验证，在矿井内进行了穿刺实验，在矿体上盘的灰岩中，凡是有低阻反映的地方分别见到了断层及溶洞。无疑，这将为矿山进行矿体顶板灌浆加固工程处理提供了重要依据。

参 考 文 献

［1］吴璐苹、石昆法，可控源音频大地电磁法在地下水勘查中的应用研究，地球物理学报，1996，39（5）：712~717

［2］吴璐苹、石昆法，松山地下热水勘探及成因模式探讨，物探与化探，1995，20（4）：309~315

［3］吴璐苹，国外物探仪器新进展，地球物理学进展，1996，11（4）：112~115

［4］石昆法，地球物理勘探新方法新技术——地下水资源系统勘查技术与综合评价方法，北京：科学出版社，1992，135~205

［5］于昌明、石昆法、高宇平，CSAMT 法在四台矿 402 盘区陷落柱构造探测中的应用，地球物理学进展，1996，11（2）：137~147

［6］于昌明，CSAMT 方法在寻找隐伏金矿中的应用，地球物理学报，1998，41（1）：133~138

［7］Bartel L C, Jacobson R D, Results of a controlled source audio frequency magnetotelluric survey at the Pubiman thermal area, Kilauea Volcano, Hawaii, Geophysics, 1987, 52（3）：665-677

［8］Basokur A T, Rasmussen, Kaya T M, Altun Y and Aktas K, Comparison of induced-polarization and controlled-source audio-magneto telluric methods for massive chalcopyrite exploration in a volcano area, Geophysics, 1997, 62（4）：1087-1096

［9］Sandberg S K, Hohmann G W, Controlled-source audiomagnetotelluric in geothermal exploration, Geophysics, 1982, 47（1）：100-116

［10］石昆法著，可控源音频大地电磁法理论与应用，北京：科学出版社，1999

CSAMT法和高密度电法探测地下水资源[*]

底青云 石昆法 王妙月 王 若 李英贤

张庚利 于昌明 张美根 许 琨 连长云

中国科学院地质与地球物理研究所

摘 要 我国乃至世界目前都面临着严重的水资源的短缺，利用新技术、新方法合理勘探开发并利用水资源，是经济腾飞的关键。本文概述了CSAMT方法和近几年来发展起来的高密度电阻率找水方法，列举了两种方法应用的实例。实践表明这两种方法是水资源勘查的有效手段。

关键词 CSAMT 高密度电阻率法 水资源

1 概 述

地下含水地层与围岩其电阻率存在极大差异，干地层是高阻，含水层是低阻，如此明显的电性差异决定了找水应采用电法勘探这一地球物理方法。深层找水和浅层找水，决定了应采用深浅相结合的地球物理方法。CSAMT法探测深度大，可查明从地表到地下2000m深的地质情况；高密度电法探测深度较浅，但分辨率极高，因此两种方法相结合，就可形成深浅相结合的立体电法。尤其对地形地貌复杂，山高路险的工区，要求利用轻便快速的地球物理方法，CSAMT法轻便快速，一次发射可完成七个点的频率测深，一次布极可完成几十平方千米的面积测量，工作效率高，受地形的影响较小，是在复杂地形地区寻找水的好方法。高密度电阻率法可以实现电阻率的快速、自动采集，并可在现场进行数据实时处理，对采集资料的质量进行实时监控，改变了电法勘探传统的工作模式，减轻了劳动强度，提高了资料采集的质量。同时采集的大量数据为高精度资料处理解释以及电阻率层析成像研究提供了前提，这对电法资料的处理解释起到了很大的推动。为高精度、小目标体的浅层勘探提供了可靠的保证。

2 CSAMT法和高密度电法简介

2.1 CSAMT法简介

CSAMT法是可控源音频大地电磁法的简称。该方法是20世纪80年代末才兴起的一种地球物理新技术，它基于电磁波传播理论和麦克斯韦方程组导出了水平电偶极源在地面上的电场及磁场公式

$$E_x = \frac{I \cdot AB \cdot \rho_1}{2\pi r^3} \cdot (3\cos^2\theta - 2) \tag{1}$$

---

* 本文发表于《地球物理学进展》，2001，16（3）：53~57，127

$$E_y = \frac{3 \cdot I \cdot AB \cdot \rho_1}{4\pi r^3} \cdot \sin 2\theta \tag{2}$$

$$E_z = (i - 1)\frac{I \cdot AB \cdot \rho_1}{2\pi r^2} \cdot \sqrt{\frac{\mu_0 \omega}{2\rho_1}} \cdot \cos\theta \tag{3}$$

$$H_x = -(i + 1)\frac{3I \cdot AB}{4\pi r^3} \cdot \sqrt{\frac{2\rho_1}{\mu_0 \omega}} \cdot \cos\theta \cdot \sin\theta \tag{4}$$

$$H_y = (i + 1)\frac{I \cdot AB}{4\pi r^3} \cdot \sqrt{\frac{2\rho_1}{\mu_0 \omega}} \cdot (3\cos^2\theta - 2) \tag{5}$$

$$H_z = i\frac{3I \cdot AB \cdot \rho_1}{2\pi \mu_0 \omega r^4} \cdot \sin\theta \tag{6}$$

式中，I 为供电电流强度；AB 为供电偶极长度；r 为场源到接收点之间的距离。

　　将式（1）沿 x 方向的电场 E_x 与式（5）沿 y 方向的磁场 H_y 相比，并经过一些简单运算，就可获得地下的视电阻率 ρ_s 公式

$$\rho_s = \frac{1}{5f}\frac{|E_x|^2}{|H_y|^2} \tag{7}$$

式中，f 代表频率。由式（7）可见，只要在地面上能观测到两个正交的水平电磁场（E_x，H_y）就可获得地下的视电阻率 ρ_s，亦称卡尼亚电阻。

　　根据电磁波的趋肤效应理论，可导出趋肤深度公式

$$H \approx 256\sqrt{\frac{\rho}{f}} \tag{8}$$

式中，H 代表探测深度；ρ 代表电阻率；f 代表频率。

　　从式（8）可见，当地表电阻率固定时，电磁波的传播深度或探测深度与频率成反比，高频时，探测深度浅，低频时，探测深度深。人们可以通过改变发射频率来改变探测深度，达到频率测深的目的。

　　20 世纪 80 年代末，加拿大凤凰公司和美国宗基公司根据这一理论首先研究制造了 CSAMT 的测量仪器系统，编制了软件，建立了野外工作方法（图 1）。

　　CSAMT 测量仪器系统包括一套发射系统和接收系统及相应的数据处理软件系统。

　　CSAMT 法具有如下的一些特点：

　　（1）使用可控制的人工场源，信号强度比天然场要大得多，因此可在较强干扰区的城市及城郊开展工作。

　　（2）测量参数为电场与磁场之比，得出的是卡尼亚电阻率由于是比值测量，因此可减少外来的随机干扰，并减少地形的影响。

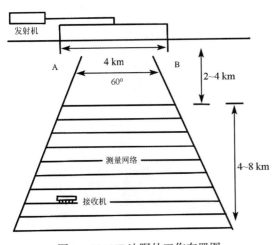

图 1　CSAMT 法野外工作布置图

（3）基于电磁波的趋肤深度原理，利用改变频率进行不同深度的电测深，大大提高了工作效率，减轻了劳动强度，一次发射，可同时完成七个点的电磁测深。

（4）勘探深度范围大，一般可达 1~2km。

（5）横向分辨率高，可灵敏地发现断层。

（6）由于接收机在接收电场的同时还要接收磁场，因此高阻屏蔽作用小，可穿透高阻层。

2.2　高密度电阻率法简介

高密度电阻率法就其原理而言，与传统的电阻率法完全相同，它仍然是以岩矿石的导电性差异为基础的一类电探方法，研究在施加电场的作用下，地中传导电流的分布规律高密度电阻率法最大的特点是电极可以沿测线同时布设几十到几百根，仪器按选定的供电、测量排列方式自动采集所有电极的电位值。电极距可以视探测深度和探测目标体的尺度设置到很小的距离（最小极距可设置到几十厘米），并且可以同时采集地面和井中的数据，充分体现了高密度的特点，多方位大量的数据为反演成像打下了良好的基础。方法可用于剖面测量、面积性三维电性细结构成像。该仪器和方法的优势是可以探测 200m 以浅的电阻率精细结构，以推断精细的地质结构。视勘探目标尺度及勘探精度的要求来设计采集方式和测量极距。对探寻溶洞、破碎带、断层、导水通道、浅层电性分层等比较有效。可用于工程地基和工程质量检测，煤矿、石膏矿突水通道监测，大河、水库堤坝漏水隐患检测，考古、浅层多金属矿资源、水资源探测等。

3　CSAMT 法寻找地下水资源

中国科学院地球物理研究所石昆法教授所在的课题组利用 CSAMT 方法寻找地下冷（热）水资源，已有 5 年历史[1]，工作区域达 5 个省、10 个市、20 多个地区，工作条件有山区、丘陵、平原、海滨、海滩、城市边缘及闹市区。

1991 年，在山东沂蒙山区定井位 11 口，10 口井见水，水量达 50m³/h，荣获中国科学院科技进步奖。

1994 年春，在北京市房山县南窖乡，定井位 1 口，在预测的印深处见到基岩裂隙水，受到北京市市长的表扬，并于 1995 年 2 月 9 日北京日报上进行了报导。

1994 年秋，在北京市延庆县松山国家自然保护区，与北京市地质工程勘察院协作，定热水井位 1 口，打钻结果，热水自喷达 7m 高，热水自喷量 700m³/d，水温 45℃。1995 年 9 月 11 日北京晚报进行了报导[3]。

1995 秋，在北京市延庆县黑汉岭和二道河扶贫项目中，定井位 2 口，目前均已见水，水量 3000m³/d。

1995 年，在北京市大兴县，为和邦高尔夫俱乐部定基岩深井 1 口，CSAMT 法明显地发现了北京南侧通县至南苑的通南大断裂的具体位置。

1996 年初，在福建罗源海滨定地热井位 3 口，1997 年开钻，其中 1 口已打到断层，并见热水。

1996 年春，在北京市海淀温泉乡，定井 5 口，1997 年其中 1 口井开钻，见到了丰富地下水。

1997 年春节，在河南小浪底，为连地滩寻找水源地补充，用 CSAMT 探测第三系基岩的深槽古河道水，并与 IP 法相结合，寻找第四系砂砾层水，定井位 26 口，解决了黄河小浪底工程移民用水。

1998 年和 1999 年分别北京市丰台区南苑东高地和云岗定地下热水井位 2 口。2000 年初在北京市丰台区南苑东高地 1600~2000m 的范围内打出了日产水量 2000m³、水温 52℃ 的地热井，这是在大兴隆起西南大范围地热空白区打出的第一口热水井。图 2 是北京东高地 CSAMT 反演剖面图。图中清晰地显示了断层的分布，并在断层深部出现了明显的低阻带。同年，又在北京市云岗 304 所，也是在我们进行过 CSAMT 探测的地方打出了日产水量 1300m³、水温达 68.5℃ 的地下热水，使以良乡为中心的地热田的范围向北扩展了 5km。（此消息在 2000 年 1 月 6 日北京晚报和 2000 年 1 月 7 日北京日报上进行了报道）。

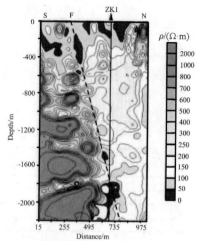

图 2　北京东高地 CSAMT 剖面

4　高密度电法找水实例

用于高密度电阻率 CT 探测的仪器是日本 OYO 公司生产的 MCOHM-21 型浅层地电仪[4]，它由主机、扫描仪、升压器三大部分组成，主机由微机控制，整个采集过程自动进行，当场处理资料显示成像结果。利用该仪器我们已做过几种不同类型的勘测。1996 年珠海防波堤质量评价[5]，1997 年河南商丘周朝古城墙遗址探测[6]、山东大坟口石膏矿突水通道、煤矿顶板突水通道探测，1998、山东莱芜大冶，淄博萌山水库堤坝坝体坝基漏水通道和薄弱结构探测，1999 年跋山、尼山、会宝岭水库基底及坝体内暗排水体勘察等[7]，同时在此期间还为水库附近老乡确定过饮用水井位（图 3），这几种探查深至 250m，浅为 20m，大部分破碎带、裂隙、软弱结构均能进行分辨。另外还在甘肃白银厂做过金矿、铜矿等勘查。

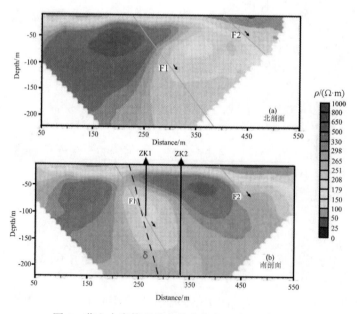

图 3　萌山水库管理处水井电位电阻率 CT 剖面图

5　结　束　语

中国科学院地质与地球物理研究所新近购置了 CSAMT 法新仪器 V6 系统，我们已有日本产高密度电法成像仪。我们已进行了将近 10 年的软件研制，至今已有的应用软件有电阻率、电磁波正反演计算及 CT 成像软件，有限元、边界元软件及各种绘图软件。

在进行地下水分布综合战略研究方面，我们还发展了重、磁 CT 成像技术[8,9]，可以用于水文地质构造格架勾划，为电磁、地震精细勘探提供基础。

参 考 文 献

[1] 石昆法，可控源音频大地电磁法理论与应用 [M]，北京：科学出版社，1999
[2] 吴璐苹、石昆法等，可控源音频大地电磁法在地下水勘查中的应用研究，地球物理学报，1996，39（5）：712~717
[3] 吴璐苹、石昆法等，松山地下热水勘探及成因模式探讨，物探与化探，1996，20（4）：309~315
[4] MCOHM－21 使用说明书，日本 OYO 公司，1995
[5] 底青云、王妙月等，高密度电阻率法在珠海某防波堤工程中的应用 [J]，地球物理学进展，1997，12（2）：79~85
[6] 闫永利、底青云等，高密度电阻率法在考古勘探中的应用 [J]，物探与化探，1998，22（6）：452~157
[7] 底青云、王妙月等，山东会宝岭水库堤坝隐患勘探 [R]，1999
[8] 王妙月、底青云，和田区块电法资料再处理及重力层析成像，和田区块构造特征与勘探目标研究 [R]，1998，1~6
[9] 王妙月、底青云，喀什凹陷地球物理场基本特征，喀什凹陷区域构造与局部构造 [R]，1997，1~7

Ⅲ — 21

CSAMT 方法在隧道勘察中的应用[*]

王　若　王妙月　底青云　李英贤　石昆法　于昌明

中国科学院地质与地球物理研究所

摘　要　本文介绍了 CSAMT 方法在隧道探测中的一个应用实例。工作前首先根据探测区域的地质资料设计最佳观测方案，野外工作时，在保证接收信号足够强的情况下，根据测区实际地形情况适当增加收发距，使观测点处于远区。数据处理过程中为了克服静态效应的影响，引入了 7 点数字滤波器；针对高山区地形影响较大的不利条件，做了简单的地形校正预处理，然后再用商用一维软件进行处理与反演。反演后的结果与实际地质情况符合较好，达到了勘察目的，同时也说明了该方法的有效性。

关键词　CSAMT　隧道勘察　一维反演　数据处理

1　引　　言

CSAMT 方法作为电磁法的分支，凭借发射信号强的优势已被广泛应用到矿产资源[1,2]及采矿过程中的地质隐患[3,4]、地下水[5]、地热[6,7]等地球物理勘察中，均取得了较好的应用效果。

隧道勘察工作区都为崇山峻岭区，地形十分复杂，这增加了 CSAMT 工作的难度。本次勘查的目的是要查明最大埋深 1000m 以内的地层以及勘探线上的构造（断层、岩溶）及其赋水性和对隧道工程的影响。本文给出了 CSAMT 方法在隧道勘察中的应用效果，说明了 CSAMT 方法可有效用于高山区不良地质体构造的勘察，为隧道工程安全施工提供地球物理依据。

2　区内地质概况

测区最高山峰标高为 1739.3m，最低在隧道进口处，标高 789m。地势陡峻，岩溶地貌发育，落水洞、漏斗广泛分布。区内有一背斜，背斜的两翼不对称，左翼缓，右翼陡。测线以 289° 穿过背斜，与背斜轴线夹角约 50°。

测线通过的地层有寒武系、奥陶系和第四系。寒武系地层呈 NE - SW 向展布于背斜核部及两翼。奥陶系地层展布于背斜北西翼，与下伏寒武系地层整合接触，在测线上出露范围不大。第四系零星分布于山谷、洼地及山坡。各地层的岩性如表 1 所示。

*　本文发表于《石油地球物理勘探》，2004，39（增刊）：43~45, 56

表 1 区内各组地层岩性描述表

地层年代	地层分组	地层岩性
寒武系	天河板组	薄层泥质条带灰岩，夹页岩、细晶灰质白云岩
	石龙洞组	厚—薄层白云岩夹鲕粒灰岩和灰岩，顶部为 1m 的水云母页岩
	高台+茅坪组	薄—中层泥质白云岩、微晶白云岩、白云质灰岩、白云岩与页岩夹层及互层
	光竹岭组	厚层微晶—细晶灰岩、条带状灰岩夹钙泥质页岩、白云岩及白云质灰岩
	耗子沱群组	中厚层白云岩夹灰岩、灰岩与白云岩互层，局部含灰质白云岩
奥陶系		中厚至厚层微晶灰岩夹微晶白云质灰岩，局部夹泥质灰岩，底部为页岩夹生物屑亮晶灰岩
第四系		黏性土、硬塑—半干硬、夹少量灰岩、页岩碎石

3 观测方案的选择

当考虑层状介质时，探测深度的经验公式是[8]：

$$h = 256\sqrt{\frac{\rho_1}{f}} \tag{1}$$

式中，h 为探测深度；ρ_1 为平均电阻率；f 为观测频率。假设（1）中探测深度已知，可用该式来计算最低观测频率 f_L。

由于 CSAMT 方法是有源的，近场的处理比较复杂，应尽可能避开。理论研究表明，当观测点与发射点之间的距离大于 3~5 倍的探测深度时，可看作为远区测量，因此收发距应选择在 3~5km 外。

根据以上理论并结合实际地形地质情况，在保证接收信号较强的情况下（供电电流可达到 20A）将收发距定为 8.5km，采用的频率范围为 4096Hz~1Hz。

4 数据处理技术及方法

4.1 静态校正

由于山区近地表电性结构的横向不均匀性比较大，会产生较严重的静态效应，这是 CSAMT 方法经常遇到的问题。至今，降低静态效应影响的比较有效的方法是对不同的测点资料采用汉宁窗空间滤波器进行滤波，本次采用如下所示的滤波器：

$$H(\alpha) = \begin{cases} \left(1 + \cos\dfrac{2\pi\alpha}{\omega}\right)\Big/\beta & |\alpha| \leq \beta/2 \\ 0 & |\alpha| > \beta/2 \end{cases} \tag{2}$$

式中，β 为窗的宽度。实际计算时，将 $H(\alpha)$ 离散成 7 点滤波器。

4.2 地形坡度改正

电磁法的卡尼亚视电阻率的计算公式为：

$$\rho = \frac{\mathrm{i}}{\omega\mu}\left(\frac{E_x}{H_y}\right)^2 \qquad (3)$$

式中，ρ 为视电阻率；ω 为圆频率；μ 为磁导率；E_x 为水平电场；H_y 为与 E_x 垂直的水平磁场。虽然电场和磁场在同一高度上接收，两者之比可以消除掉一部分地形的影响，但在地形复杂的山区工作，测线的坡度很大，测点和测点之间的坡度距离将和设计的测点之间的水平距离有一定的差异。式（3）表明：观测的视电阻率正比于 E_x 的平方，反比于 H_y 的平方，在放置磁探头时尽可能地将其水平搁置（沿等高线方向），若 E_x 沿坡度方向，不再水平。此时 H_y 的观测值接近真实值，而 E_x 将有一定误差，为了适应商用软件的数据格式要求，需要将电场校正到水平方向上。实测的电场应为 $\dfrac{\Delta V'}{\Delta l}$，$\Delta V'$ 为两个电极之间在坡度方向的电位差，理论计算电场为 $\dfrac{\Delta V'}{\Delta x}$。此处 Δl 为坡度方向的长度，且有 $\Delta l = \Delta x/\cos\theta$。于是校正后的电场为：

$$E_x = \frac{\Delta V'\cos\theta}{\Delta l} = \frac{\Delta V'\cos^2\theta}{\Delta x}$$

式中，θ 为坡度角。据此，通过在 1∶2000 地形图上读得高程后求出 $\cos\theta$，对所观测的电场资料进行了简单的地形校正预处理。

　　将做过静态校正和地形改正的数据再用商用软件做进一步处理。资料处理采用加拿大凤凰公司提供的编辑、近场校正等处理软件。反演时采用宗基公司的一维反演软件。反演结果示于图 1 中，图 1 为考虑地形起伏后的电阻率的等值断面解释图。

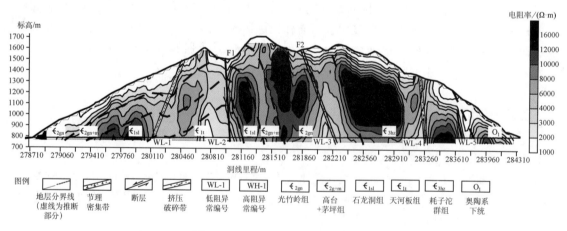

图 1　CSAMT 法电阻率解释断面图

5　反演断面图地质解释

　　在对反演的断面图作地质解释时，既考虑了电阻率的量值，也考虑了电阻率分布的结构特点，同时考虑了剖面沿线的地质调查结果。

　　首先分析测线上显现出来的几个大的构造。先看低阻构造，整条剖面上洞线（洞线用高程 790m 处的黑实线标出）位置处共有 5 处低阻（电阻率在 4000Ω·m 以下），在图上分别标注为 WL　1、

WL－2、WL－3、WL－4、WL－5。在 WL－1 处所对应的地表见到不太明显的角砾存在，判断该处可能有构造存在，但现象不显著，故解释为挤压破碎带。WL－2 对应着背斜核部和测线上已知的 F1 断层，现场挖探槽显示有明显的岩石破碎迹象，推断 F1 断层即在此处，背斜核部以薄中层灰岩、白云岩夹页岩为主，受地应力的作用，核部次级褶皱和揉皱较发育，加之 F1 断裂的切割，岩性破碎，所以显示低阻异常。关于 WL－3，现场地质调查结果有明显的角砾存在，推断为测线上的另一断层，定名为 F2。WL－4 的情况和 WL－1 比较相似，地表虽有角砾存在但不太明显，推断为节理密集带。WL－5 虽然表现为低阻，但地表并无破碎迹象，只有低阻泥岩存在，推断为地层的反映。再看高阻构造，在洞线上方存在两处甚高阻构造 WH－1 和 WH－2，电阻率值都达到 $16000\Omega \cdot m$ 以上，从地表地质看，所处地层为一套可溶岩地层，岩性为中厚层灰岩，地表溶蚀地貌典型，推断这两个高阻区为干溶洞，但由于距洞线有一定的距离，对洞线的影响不会太大。

　　其次讨论地层的划分问题。从表 1 可以看出，各地层主要由灰岩、页岩和白云岩组成，但这三种成分在各层中所占比例不同。泥质岩的电阻率在这三种岩石中最低，为 $70\sim840\Omega \cdot m$，页岩次之，为 $20\sim2000\Omega \cdot m$，白云岩为 $700\sim2500\Omega \cdot m$，灰岩最高，为 $350\sim6000\Omega \cdot m$，这些是测定标本的结果，在实际资料中，各层各岩石的电性信息和构造信息都叠加到一起，只能根据各层岩石的岩性来推断电阻率的相对高低。结合表 1 中各地层的岩性，可推断第四系为最低阻，天河板组为低阻，石龙洞组为高阻，高台+茅坪组为中阻，光竹岭组为次高阻，耗子沱群为高阻，奥陶系为高阻。由于有些层存在一些构造，如断层或溶洞，使相应层的电阻率值在构造的影响下升高或降低，打乱了物性分层的成层特征，使成层性变得不明显。在物探结果图 1 上，虚线代表推断地层，地层的分析结果如下所述：光竹岭组地层为次高阻，电阻率分布范围约为 $5000\sim10000\Omega \cdot m$，位于背斜左翼第一层，右翼对应着 WH－1 和 F_2 所处的地层，左翼表层已被剥蚀风化，电阻率值偏低，右翼由于叠加了 WH－1（高阻）和 F2（低阻）构造，在构造附近电阻率升高或降低。高台茅坪组为中阻，电阻率分布范围约为 $4000\sim8000\Omega \cdot m$，位于背斜左翼第二层，右翼为包括 F_1 出露点的地层，由于左翼叠加了破碎带和 F_1 断层，使电阻率有局部降低。石龙洞组地层为高阻，电阻率分布范围约为 $6000\sim12000\Omega \cdot m$，位于背斜左翼第三层，右翼对应的地层为 F_1 断层中部的右侧部分，电阻率变化较大处在左翼，是因为叠加了低阻构造（破碎带和 F_1）的原因。天河板组地层为低阻，电阻率分布约为 $2000\sim5000\Omega \cdot m$，位于背斜核部，由于本身岩性为低阻，又叠加了 F_1 断层，所以电阻率表现为最低。在右翼紧邻光竹岭组为耗子沱群组地层，表现为高阻，电阻率分布范围约为 $6000\sim12000\Omega \cdot m$，地表由于风化原因使电阻率降低，由于叠加了 WH－3 和节理密集带的原因，使电阻率局部升高和降低。最右侧的地层为奥陶系地层，高阻，电阻率分布范围约为 $8000\sim12000\Omega \cdot m$，地表由于风化，电阻率较低。

　　经过分析，CSAMT 资料基本上与地质情况吻合。从含水性考虑，几个有断层或破碎构造的低阻区含水的可能性较大，在施工时需要引起注意。

6　结　　论

通过对实例研究我们有了以下几点认识：

（1）理论设计观测方案可以为实际测量方案提供参考，在野外实际地形条件限制的情况下，可适当增加收发距，以减小近场影响，但不能离得太远，要保证有效信号足够大以压制干扰信号，不然可控源便会失去本身的优势。

（2）汉宁窗滤波是消除静态效应的有效方法，即使对于高山区，地表电性横向不均匀性很大时，效果也是明显的。用简单的地形校正可以消除地形坡度对电场测量值的影响，实例研究表明，经此种改正后获得的反演结果是可接受的。

（3）通过结合地质信息，反演断面图的地质解释能够与地质情况符合，说明 CSAMT 方法在崇山峻岭地震难于施工的地区，是探测地质结构问题的有效的勘探方法。

最后，感谢甲方合作单位对野外资料采集给予的支持，感谢回孝诚工程师、周援朝工程师和樊敬亮博士在资料地质解释方面给予的帮助。

参 考 文 献

［1］于昌明，CSAMT方法在寻找隐伏金矿中的应用，地球物理学报，1998，41（1）：133~138

［2］Basokur A T, Rasmussen, Kaya T M, Altun Y and Aktas K, Comparison of induced-polarization and controlled-source audio-magneto telluric methods for massive chalcopyrite exploration, Geophysics, 1982, 47（1）：100-116

［3］底青云、王妙月、石昆法、张庚利，高分辨V6系统在矿山顶涌水隐患中的应用研究，地球物理学报，2002，45（5）：1~5

［4］于昌明、石昆法、高宇平，CSAMT法在四台矿402盘区陷落柱构造探测中的应用，地球物理学进展，1996，11（2）：137~147

［5］吴璐苹、石昆法，可控源音频大地电磁法在地下水勘察中的应用研究，地球物理学报，1996，V. 39（5）：712~717

［6］Wannamaker P E, 1997, Tensor CSAMT survey over the ulphur Springs thermal Valles caldera, New Mexico, U. S. A., Part I：Implications for structure of the western caldera：Geophysics, 62, 02, 451-465

［7］Sandberg S K, Hohmann G W, Controlled-source audio magneto telluric in geothermal exploration, Geophysics, 1982, 47（1）：100-116

［8］石昆法著，可控源音频大地电磁法理论与应用，北京：科学出版社，1999

Ⅲ—22

煤层上覆地层含水不均匀性电法探测的可能性[*]

底青云　王妙月

中国科学院地质与地球物理研究所

摘　要　煤田上覆岩层中含水直接对煤层的开采构成威胁。本文先从理论上阐述了电阻率勘探可以探测煤层上覆地层含水不均匀性的可能性，然后用简单的断层型薄层含水模型的 CSAMT 正演模拟结果展示出：地下 200m 深处，尽管只有 20m 厚的含水岩层，但在电阻率剖面上该薄层的反映具有非常明显的特征。从理论上和数值模拟实例说明，一定深度内一定厚度的薄层含水性的电阻率法探测是可能的。

关键词　煤层　含水性　高密度电法　CSAMT　探测

引　言

我国煤田水灾已经造成了大量的人员伤亡和经济损失，确定可能的开采过程中的突水隐患成为企业安全开采的首要任务，同时也是一个非常艰难的任务。一般来讲，煤田突水大都是构造导通水体，使较大压力的水迅速涌入开采的作业面，形成水灾。在华北地区煤田上覆岩层含水造成的突水灾害占很大的百分比。为了给如何避免突水风险提供依据，安全开采前需要查清煤田上覆岩层的横向不均匀性及其中水分布的不均匀性，是否存在导水通道及岩层中的大概含水量情况等成为一项非常艰巨的科研工作。

已有许多文献涉及电阻率法对水的勘探的实践和理论研究[1~6]，本文从理论和数值模拟两方面进一步探讨高密度电阻率和可控源音频大地电磁（CSAMT）法的联合勘探解决煤层上覆地层含水薄层不均匀性的可能性。

1　高密度电法和 CSAMT（V6 仪器）联合探测的可能性

由于煤层上覆的可能含水层都较薄且埋藏深度一般都超过 100m，要使探测到的横向不均匀性具有足够的分辨率和可靠性，采用高密度电法和 CSAMT 联合探测应该是一种科学的方法。

高密度电法是近几年来发展起来的一种阵列式电法，可以获得浅层分辨率较高的电阻分布结构，结合钻井可以获得电阻率的浅层分布细结构。

可控源音频电磁测深（CSAMT）对探测 150m 到 200m 的电性结构是有效的。采用 V6 仪器，加密了频点，可以使这一深度的垂向分辨率得到提高。采用小极距，10、20、30m，可以提高横向分辨率，反演时在浅层部分用上述高密度电法的结果作约束，可进一步提高反演结果的可靠性和分辨率。高密度电法和 CSAMT 的结果可以获得煤层上覆岩层电阻率的横向不均匀性，由此可以获得岩层含水分布的不均匀性及可能的导向煤层的导水通道，可以定性地获得水量的丰富程度。

＊ 本文发表于《地球物理学进展》，2003，18（4）：707~710

　　这个结果非常重要，因为即使上覆岩层内含水量不大，一旦和水源导通，和煤层导通，又不知道在哪儿导通，开采时仍然是有风险的。一般地说，要通过物探的方法获得煤层上覆岩层内含水量的精确估计是困难的。为了获得岩层含水量的估计，我们首先来考察含水量和某些物探结果参数的关系。按 Archie[10]，有效电阻率 ρ_e 和水的电阻率 ρ_w 有如下关系

$$\rho_e = a\phi^{-m}S^{-n}\rho_w \tag{1}$$

式中，ϕ 是岩石的孔隙度；S 是孔隙含水的比率；$n = 2$；a、m 是常数，a 的变化范围为 $0.5 \leqslant a \leqslant 2.5$，$m$ 的变化范围为 $1.3 \leqslant m \leqslant 2.5$。例如，假定 $S = 1$，即所有孔隙充水，$a = 1.5$，$m = 2$，即 a、m 取其取值范围的平均值，于是

$$\frac{\rho_e}{\rho_w} = \frac{1.5}{\phi^2} \tag{2}$$

若孔隙度 $\phi = 0.01$、0.1、0.3、0.5 时，相应的 ρ_e/ρ_w 分别等于 1.5×10^4、150、17、6。孔隙中水的电阻率随矿化程度而有很大的变化范围。

　　此外按照等效电阻率的近似理论，假设砂粒为球形颗粒，则其电阻率为砂粒电阻率 ρ_2 和胶结物（或水）的电阻率 ρ_1 及其 ρ_2 颗粒的百分体积 V 有关，它们是

$$\rho = \rho_1 \frac{(\rho_1 + 2\rho_2) - (\rho_1 - \rho_2)V}{(\rho_1 + 2\rho_2) + 2(\rho_1 - \rho_2)V} \tag{3}$$

按照层状介质理论，如果层状介质由 ρ_1 和 ρ_2 两种物质组成它们的体积比率分别为 v 和 $1-v$，则垂向电阻率 ρ_v 和 ρ_h 横向（水平向）电阻率之比为

$$\frac{\rho_v}{\rho_h} = (1 - 2v + 2v^2) + \left[\frac{\rho_1}{\rho_2} + \frac{\rho_2}{\rho_1}\right]v(1 - v)$$

如果 $v \leqslant 1$，$\dfrac{\rho_2}{\rho_1} \gg 1$，可简化为

$$\frac{\rho_v}{\rho_h} \approx 1 + \frac{\rho_2}{\rho_1}v \tag{4}$$

公式表明，电阻率可存在很大的各向异性，垂向电阻率和横向电阻率有很大差别，一般测井和 CSAMT 测的电阻率更接近于垂向电阻率 ρ_v，而高密度电法测的电阻率是垂向和横向的混合，而更接近于横向电阻率。

　　这些理论表明为了估计岩层的含水量，首先必须测定工作区的电阻率，可由 CSAMT 或高密度电法得到。由于 CSAMT 或高密度电法反演得到的电阻率分布往往更具相对意义，其相对值比较可靠，哪儿大，哪儿小，但其绝对值，不一定很可靠，而要估计含水量必须有可靠的大面积范围内的电阻率的绝对值，因此需要将 CSAMT 和高密度电法反演得到的电阻率进行标定，也就是用测井的电阻率来标定，可用工作区内的一系列井资料来标定。除了用测井曲线，例自电曲线、γ-γ 测井曲线、ρ_a 曲线等结果

来标定以外，尚需对井中的标本进行物性测定，特别是电阻率的测定，从而我们就可以得到工作区大范围内砂层的电阻率绝对值结果的分布，按照前面公式（1）～（3），为了获得含水量的估计，我们尚需知道孔隙度中 ϕ 和砂层水的电阻率。利用声波，γ 等测井曲线也可以对孔隙度有个估计，但标本直接测定结果能更可靠地用作标定之用，因此尚需对标本的孔、渗饱以及声波速度等物性参数进行测定。

通过对井中砂岩层标本的电性参数的实验室测定结果，干、湿两种情况以及标本孔隙度、渗透率、饱和度和波速的测定结果以及面上 CSAMT 和高密度电法电阻率的野外测定值，再通过理论计算可以确定含水量。

2　含水砂岩薄层的 CSAMT 剖面特征

上述理论表明电阻率法对含水层的不均匀性及含水量情况是能够作出评价的，为了进一步说明方法的有效性，我们通过一个断层型含水薄层的正演 CSAMT 电阻率剖面来看一看薄层含水的特征。

采用 Martyn Unsworth[7] 的 2.5 维有限元法 CSAMT 数值模拟技术进行模型的数值模拟。CSAMT 法的工作原理参照文献［8］和［9］。图 1 展示了模型几何结构、部分区域有限元剖分网格、发射和接收相对位置图。图 1a 横坐标为地面接收点位置，单位 km，纵坐标是断面深度，单位是 m。图 2b 横坐标同图 1a，但纵坐标表示地面上发射源到地面接收排列的距离，单位是 $1×10^3$ m。第一层电阻率为 200Ω·m，含水薄层电阻率为 30Ω·m，煤层及下部岩层的电阻率选为 1000Ω·m。发射源放在原点，接收点与发射源的垂直距离为 8000m，接近实际工作时的情况。

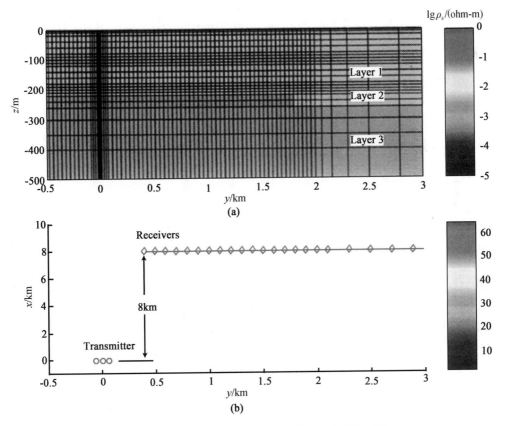

图 1　模型几何、有限元网格及发射源和接收位置图

（a）模型几何结构和部分区域有限元剖分网格；（b）发射源和接收点相对位置图

图 2 是 CSAMT 模拟的视电阻率、相位分级断面图及对应"▽"接收点处的频率-电阻率、频率-相位曲线。图 2a 的电阻率彩色分级断面图非常清楚地显示出频率 1~2.5Hz 段有一个阶梯状的电阻率层的存在，阶梯的位置在水平坐标不到 2000m 的地方。同样在图 2b 的相位彩色分级断面图上明显地显示了阶梯状地电层的特征。图 2c 和图 2d 的频率曲线在 100Hz 附近有非常清楚的层的跳跃现象，标志出了低阻层的存在。

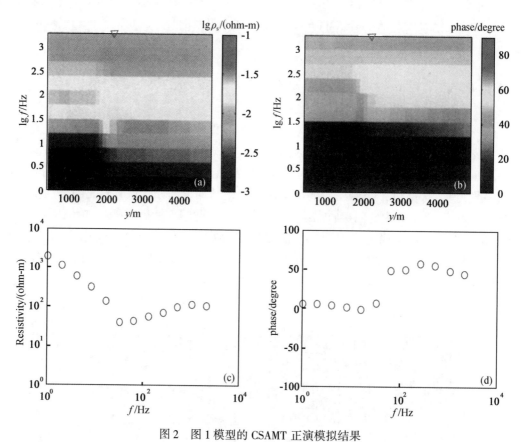

图 2　图 1 模型的 CSAMT 正演模拟结果

（a）视电阻率彩色分级断面图；（b）相位彩色分级断面图；（c）对应图（a）"▽"位置的频率-电阻率曲线；
（d）对应图（b）"▽"位置的频率-相位曲线

3　结　论

人们通常认为几百米的地下有很小的低阻异常体时，电法剖面上不会有反应的，所以往往放弃用这种手段进行尝试。但图 2 的正演模拟结果告诉我们，在正常地层层序中，如果存在一层非常薄的低阻物质，它在地电剖面上的显示异常要比它的层厚大几倍，是能够非常清楚展示异常状态的。

电法勘探是一种较经济实用的物探手段。由于高密度电阻率法采集的数据具有多次覆盖特征，因此反演处理时可以采用电阻率成像技术，从而可以得到非常准确的结构的像，达到高精度探测的目的。CSAMT 法具有压制干扰的能力，探测深度也较大，即使在有工业干扰的矿区也能够得到有效的数据。从本文的理论阐述及数值模拟结果都说明，高密度电阻率法和 CSAMT 法的联合能够解决几百米以浅，几十米含水薄层的勘探。

参 考 文 献

［1］吴璐苹、石昆法，可控源音频大地电磁法在地下水勘查中的应用研究［J］，地球物理学报，1996，39（5）：712~717

［2］刘光鼎、朱靓谊，近期油气勘探地球物理的一些新进展［J］，地球物理学进展，2003，18（3）：363~367

［3］陈颙、李娟，2001 年地球物理学的一些进展［J］，地球物理学进展，2003，18（1）：1~4

［4］底青云、倪大来、王若、王妙月，高密度电阻率成像［J］，地球物理学进展，2003，18（2）：323~326

［5］George A，Loannis L，Evangelos L，The selt-potential method in the geothermal exploration of Greece［J］，Geophysics，1997，62（6）：1715−1723

［6］Bemson K K，Payne K L，Stubben M A，Mapping ground water contamination using resistivity and VLF geophysical methods Acasestudy［J］，Geophysics，1997，62（1）：80−86

［7］Martyn J Unsworth，Bryan J Travis，Alan D Chave，Electromagnetic induction by a finite electric dipole source over a 2D earth［J］，Geophysics，1993，58（2）：198−214

［8］石昆法，可控源音频大地电磁法理论与应用［M］，北京：科学出版社，1999

［9］底青云、王妙月、石昆法、张庚利，高分辩 V6 系统在矿山顶板含水隐患中的应用研究［J］，地球物理学报，2002，45（5）：1~5

［10］Archie G E，The electrical resistivity log as an aid in determining some reservoir characteristicc［J］，Trans Am Instmin Metall Pet Eng，1942，146：54−62

Ⅲ — 23

电流线追踪电位电阻率层析成像方法初探*

底青云　　王妙月

中国科学院地球物理研究所

摘　要　电阻率层析成像技术尽管已有了一些比较好的结果，但从国内外发表的文章可以看出，基本上采用的都是有限元方法。而电阻率层析成像的核心问题也就是雅可比矩阵（即电位对电阻率等的偏导数系数矩阵）的求取问题。有限元方法能够很好地实现该问题的求解，但需要的计算机内存及计算时间相当的大，为此我们类比地震学中走时射线追踪技术，开展了电流线追踪电位电阻率层析成像方法研究。文中首先简明地论述了电流线追踪的原理，给出了程序框图，在实现追踪手段上又做了改进，对方程求解实行降维处理，使得该方法能适合复杂大模型的计算。经和有限元方法比较，我们发现电流线追踪利用计算机内存仅为有限元方法的 1/20，计算时间仅用 1/100。这就充分显示了电流线追踪技术的优越性，为该方法的推广应用提供了扎实的基础。

关键词　电流线追踪　电阻率　层析成像

1　引　言

近年来，地学层析成像技术有了很大的发展。利用地震台网资料开展的地震层析成像技术被视为"21 世纪的地震学"。全球三维速度图像被誉为"孕育着新的地学革命的到来"。在油气勘探领域，地震层析成像也有了应用，如井间地震层析成像被用于"死"油气层位置的探测。但由于分辨率和野外作业中存在的困难，使它的广泛应用受到一定程度的限制。地震层析成像技术在金属矿和工程勘察中用得比较少。与地震层析成像技术平行的电磁波成像技术也有了很大的发展，由于它野外作业相对比地震方便，在金属矿和工程察中有较为广泛的应用前景，国内已有同志在这方面做了很好的工作[1]。但是在油气田井间电磁波成像中，由于受电磁波穿透有效距离的限制，井间距离不能很大。相比之下，电阻率成像却兼顾地震波成像和电磁波成像的优点，野外作业不但方便，而且穿透深度也较大，使得它在油气田井间勘探以及金属矿勘探、工程勘探中更有应用前景。目前，日本做的电阻率成像的跨井距离已超过 350m[2]。

由于电阻率和地层的岩性、岩石孔隙及孔隙中的流体性质有直接关系，因此电阻率成像对于解决识别断层、破碎带、油气层、水源及污染等问题非常有用，而电阻率层析成缘可产生比常规电阻率勘探方法更高的分辨率，因此发展电阻率层析成像技术，在解决资源、矿产、环境等一系列问题中有特殊的意义。

电阻率层析成像这一名词始于 1987 年[3]，在日本发展很快，无论在理论上、仪器上，还是应用上，都有很大的进展[4~6]。他们使用的方法是有限元和最小二乘法，对于该方法的有效性、可靠性、分辨率以及最佳布极方式等内容已做了很好的研究[2]。国内也有一些学者正在开展电阻率层析成像的研究，但从目前发表的成果看，大都采用有限元方法。有限元方法是一种比较好的数值模拟技术，它

* 本文发表于《地球物理学进展》，1997，12（4）：27~35

适用于复杂介质结构的模拟，灵活、方便，但它最大的缺点是占用计算机内存及占用计算时间较大，这为数值模拟工作的试验带来许多不便，本文在于寻找一种新的电阻率成方法，使其既可适用于复杂地电结构情形，又方便快捷地完成计算。我们对电流线追踪电阻率成像方法做了初步探讨，试验的结果表明，该方法要比有限元方法省时百倍以上，而且需要计算机内存也较小。

2 走时射线和电位电流线追踪的异同

（1）地震：等时面法线即射线，

$$VT = \frac{1}{V}\vec{n}_0 \quad 或 \quad \sum_i \frac{\Delta l_i}{V_i} = T$$

和等位面法线即电流密度线，

$$VU = \rho J \vec{n}_0' \quad 或 \quad \sum_i \rho_i J_i \Delta l_i' = U$$

式中，T 为走时；V 为波速；V_i 为第 i 段的波速；Δl_i 为第 i 段射线长度；$\vec{n}_0$ 为射线方向单位矢量；U 为电位；ρ 为电阻率；J 为电流密度；ρ_i 为第 i 段电阻率；$\Delta l_i'$为第 i 段电流线长度，$\vec{n}_0'$为电流线方向单位矢量；J_i 第 i 段电流密度。

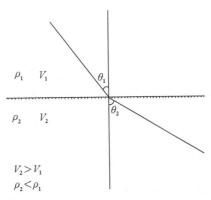

图 1　地震射线折射和电流线折射原理示意图
地震：$\sin\theta_1/V_1 = \sin\theta_2/V_2$；电法：$\tan\theta_1 \cdot \rho_1 = \tan\theta_2 \cdot \rho_2$

（2）比较二者，地震走时射线追踪中，通过每个单元的走时只和单元的速度有关而和单元以外的其他单元的速度分布无关；而电位电流线追踪中，由于在电流线追踪方程中 $\sum_i \rho_i J_i \Delta l_i' = U$，第 i 个单元中的电流密度分布 J_i 和其他单元的电阻率分布有关。通过每个单元的电位差不仅和该单元的电阻率有关，而且和其他单元的电阻率分布有关。因此，电流线追踪比射线追踪更有难度。

（3）地震走时射线满足斯奈尔折射定律：

$$\frac{\sin\theta_i}{V_i} = \frac{\sin\theta_{i+1}}{V_{i+1}}$$

电流线满足折射定律：

$$\rho_i \tan\theta'_i = \rho_{i+1}\tan\theta_{i+1}$$

式中，θ_i、θ_{i+1} 为地震射线的入射角和出射角；θ'_i、θ'_{i+1} 为电流线的入射角和出射角。

3　电位电流线追踪的方法原理和程序结构

虽然走时射线追踪已发表了大量的文章，而电位电流线追踪几乎没有文章发表，我们只能借鉴地震射线追踪文章的结果。考虑到电位电流线追踪方法将来的应用性，从一开始，我们就希望它能适应电性结构比较复杂的情况。

地震中，常规的两点射线追踪有时出现不稳定的情况，特别单元之间速度差别较大时更为严重。为此近年来发展了波前面追踪技术[7,8]和 Msolve 追踪技术。虽然这些追踪技术比较稳定，但计算所用时间较长。作者在前人两点地震射线追踪技术的诸方法中找到了一种改进的两点射线追踪技术，使其既能适应复杂结构大模型的情况，又比较稳定*。

在这里借鉴此技术，应用到电位电流线追踪中来。

我们可以将电流线追踪的原理简述如下：我们将模型区域网格化成一系列的正方（或矩形）子区域，每个块体的电性结构视为常数，电流线追踪时对逐个网格块进行追踪。电流线从网格块边的某个点上出射（始点），到达网格块的另一边的某个点（终点），然后进入一个新的网格块，该终点成为新的网格块电流线追踪时的始点，如此循环，直到追踪到所需的目标。网格块内，电流线的长度可由公式计算，对于常电阻率时，电流线为直线，电流线长度的计算比较简单，但电位差的计算需要考虑电流密度的变化。电流密度的变化分两个层次，一是由于几何扩散，和距离的平方成反比；二是由于电流线的折射定律是非线性的，是互切关系，需由折射定律进行校正。电位差的计算采用数值积分。

始点，终点的可能分布如图 2 所示。

为了使电流线追踪稳定，角点的处理是关键。如果始点落在网格块的角点上，其下一步的走向可能性很多，如果程序不完善，就会出现追踪不稳定的情况。因此本研究中，重点考虑了对角点的处理，完善后的程序能实现对电性和几何结构比较复杂的模型的电流缘追踪。

电流线追踪程序框图如图 3 所示，图 3 中 Call Box 决定电流线从单元的某个边追到其他边并记录电流线长度、电流密度校正、电位差等。

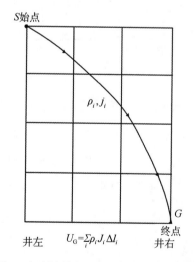

图 2　电流线始点，终点几何结构示意图

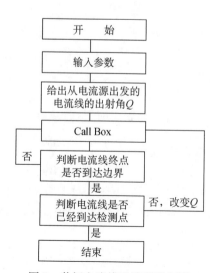

图 3　井间电流线追踪程序框图

*　王妙月等，塔里木深目的层（含海相碳酸盐岩层）油气圈闭探测方法技术。

4　降维迭代和程序框图

电性结果反演时采用通常的加权阻尼最小二乘法[9]，反演方程为：

$$[A^{(k)\mathrm{T}}A^{(k)} + q(W^{(k)})^2]\Delta P^{(k+1)} = A^{(k)\mathrm{T}}\gamma^{(k)} \tag{1}$$

式中，k 表示第 k 次迭代值；q 为阻尼因子；$W^{(k)}$ 为加权矩阵；$\Delta P^{(k+1)}$ 为模型参数（网格块的电阻率及界面节点的深度）的第 $(k+1)$ 次迭代值；$\gamma^{(k)}$ 为观测电位和模型理论电位之差；$A^{(k)}$ 为由电位对电阻率、对界面节点深度的偏导数构成的系数矩阵。对于二维问题，系数矩阵 $A^{(k)}$ 是二维的。

对于实际问题，当电性结构和几何结构都比较复杂时，系数矩阵的元素量很大。对于普通的微机，由于内存容量的限制，实际上无法直接由公式（1）来求解。为了克服这个困难，我们对式（1）进行了降维处理。

仿照 Culter 的工作[10]，采用高斯赛德尔迭代法，式（1）可改写为：

$$X_k^{(\text{new})} = \frac{\Delta U_k - \displaystyle\sum_{j=1}^{M_\mathrm{P}} A_{kj}\Delta P_j^{(\text{new})} + X_k^{(\text{old})}\displaystyle\sum_{j=1}^{M_\mathrm{P}} A_{kj}^2}{\alpha + \displaystyle\sum_{j=1}^{M_\mathrm{P}} A_{kj}^2} \tag{2}$$

$$\Delta P_j^{(\text{new})} = \Delta P_j^{(\text{old})} + A_{kj}(X_k^{(\text{new})} - X_k^{(\text{old})})$$

式中，X_k 是中间变量的第 k 个分量，其新值通过使用第 k 个资料的电位残差 ΔU_k 以及其老值和新的参数 $\Delta P^{(\text{new})}$ 求得。新的参数 $\Delta P_j^{(\text{new})}$ 由其老值和新、老 X_k 求得。

仔细推敲式（2）对 k 的每次计算，$k=1$、2、$\cdots$、k_{total}，只用到系数矩阵 A_{kj}，$j=1$、2、$\cdots$、M_P。

其中 K_{total} 是资料点的个数，M_P 是未知数的个数。因此每次对 k 的计算，只需在内存中存储系数矢量 A_{kj}，$j=1$、2、$\cdots$、M_P，而无需存储 A 的全部系数。

当所有的资料点全部用上后，获得参数解 ΔP_j，$j=1$、2、$\cdots$、M_P。为了使解可靠，当所有的资料点用完后，我们将求得的 ΔP_j 和 X_k 作为初值，再认头解，往复几次，称为内迭代。

为了使其解稳定，除了内迭代以外，还采用外迭代技术。即令 P_j^B 为模型初值，在求得 ΔP_j 后得到 P_j，P_j 作为新的模型初值 P_j^B，如此反复，称为外迭代。

通过内、外迭代技术，基于高斯赛德尔迭代技术的降维求解结果比较稳定和可靠。

在这一方法中，系数矩阵 A_{kj}，$k=1$、2、$\cdots$、k_{total}，$j=1$、2、$\cdots$、M_P，不是全部存在计算机内存中，而只存储了矢量 A_{kj}，$j=1$、2、$\cdots$、M_P。但对于每一个 k，$k=1$、2、$\cdots$、k_{total}，都须计算 A_{kj}，因此费了计算时间，由于我们在这一方法中采用了比较快速的电流线追踪技术，使得为这一方法的实现打下了基础。

通过前述电流线追踪技术和降维处理技术，可以在普通的 486 微机上，实现 4 万个未知数的电阻率层析成像计算。

电流线追踪电位层析反演程序流程和电流线追踪电位程序流程如图 4 所示。

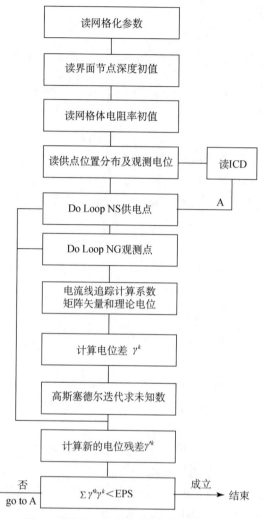

图4　电流线追踪甩位层析反演程序流程

ICD = 1 反演视电阻率；ICD = 2 只反演界面；ICD = 3 两者同时反演

5　数值模拟结果

从理论上已经阐明了本方法省内存、省计算时间的原理，为了检验方法的可靠性，我们在486微机上做了大量的模型试验。这里选择二例加以展示。

模型1（图5a）为一个在均匀背景场中有一高阻体异常分布的例子，$\rho_1 = 1.0\Omega \cdot m$，$\rho_2 = 10\Omega \cdot m$，取水平方向10个网格，格距为50m，垂直方向（井方向）20个网格，格距也为50m，采取井间成像方法，在模型的左侧井中依次供电，右侧井测量反演成像后的结果如图5b所示，和原始模型非常相像。

模型2（如图6a），在均匀背景场中有一侵入体带（高阻带），$\rho_1 = 1.0\Omega \cdot m$，$\rho_2 = 10\Omega \cdot m$，模型大小及测量方式和图5一样。其反演的结果如图6b所示，尽管该模型的结果不如图5，但其异常体位置稍向上偏移，但形态也已基本上反映了出来。

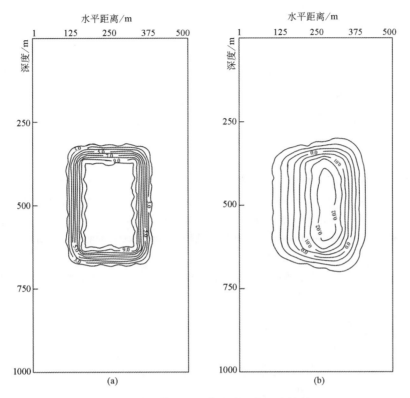

图 5　单一模型电流线追踪电位反演结果

（a）正演模型；（b）反演结果

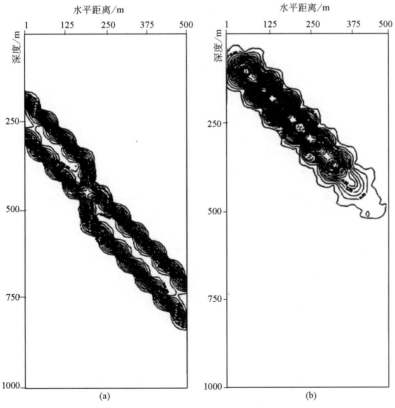

图 6　倾斜层模型电流线追踪电位反演结果

（a）正演模型；（b）反演结果

6 结 语

电流线追踪电位电阻率成像方法是我们最近研究的新方法，它突破了常规电阻率成像的思路和算法，实现了快捷的电阻率成像。

这里的研究结果仅是初步的，需进一步完善，使其实用化。

参 考 文 献

［1］冯锐等，层析技术在工程中的应用研究，论文集，国家地震局地球物理研究所，1993

［2］Yorkey T J et al., Comparing Reconstruction Algorithms for Electrical Impedance Tomogrophy IEEE TRANSACTIONS ON BIOMEDICAL ENGINEERING, Vol, Bem-34, No. 11, 1987, 843—852

［3］Yulasa Sasaki, Resolution of Resistivity TomograPhy Infered From Numerical simulation, Geophysieal Prospecting, Vol40, 1992, 453—464

［4］Muyai T and Kagawa Y, Electrical Impedance Computed Tomography Based on a Finite Element Model, IEEETRANS, bIOME. ENG., BME-32, 1985, 177—184

［5］Robertv kohn and Michacl Vogelius, Relaxation of a Variational Method for Impedance Computcd Tomography, Communieations on Pure and Applied Mathematics, Vol. XL, 745—777, 1987

［6］Tytakaka sadaki, Three-Dimensionaal Inversion in Resistivity and Ip Methods, 物理探查，第45卷，第一号，P3~9

［7］黄联捷等，用于图像重建的波前法射线追踪，地球物理学报，35：223~233，1992

［8］Qin F etc., Solution of the eckonal equation by a finite -dirrerence methed, SEG 60th, Ann. International Metting, 1004—1007, 1990

［9］黄鑫、王妙月，地震层析成像技术在测井和地面反射波资料集中的应用研究，地球物理学报，32：319~328，1989

［10］Culter R T, A tomographic solution to the travel-time Problem in general inverse seismology, Advance in Geophysical Data Proassing, 2, 1985

稳定电流场有限元法模拟研究*

底青云　王妙月

中国科学院地球物理研究所

摘　要　以直流电场有限元方法为基础，从二维电性介质线源有限元模拟出发，深入探讨了改进复杂电性结构理论模型有限元正演资料仿真性、有效性的方法。首先，用加里津（Garlerkin）方法推导了稳定电流场的有限元方程，得到了人为截断的边界条件；研究了快速形成系数矩阵的模块化方法以及自动识别地电参数和电性分界面的网格自动剖分软件；然后讨论了不同边界情况下的数值模拟情形，指出了各自的物理含义及吸收效果，最后由模型计算对本文方法进行了检验。

关键词　高密度电阻率　防波堤　勘察

1　引　　言

直流电法一直是资源勘探、水文、工程、环境地质勘察的一种有效方法。随着观测方式的不断改进，解释手段和水平的不断提高，其应用领域不断拓宽。在资料解释上，通常采用勾划异常的定性解释，采用水平层状介质模型或局部规则离散的地质体模型作定量反演解释，利用这些解释方法，不能由观测资料获得复杂结构电性分布的详细知识。20 世纪 80 年代后期，人们提出了电阻率层析成像的概念[1]，并相继有不少学者对其应用、方法和技术作了研究[2~4]。虽然电阻率层析成像技术有可能获得复杂电性结构分布的详细知识，但就复杂电性结构理论模型的结果看来，该方法还不够成熟。依据地震学成像的经验，要研究成功一种实用、高效的层析成像方法，首先需要理论模型可靠的正演资料作基础。电阻率层析成像结果的稳定性、可靠性、分辨率也需要由模型的正演资料来检验，特别是需要由结构复杂的大模型的正演资料来检验。

从 20 世纪 70 年代开始，有关电磁场（包括直流电场）的有限元数值模拟已有一系列文献[5,8]。然而大部分模型较简单，和实际地质问题尚有差距。对于层析成像技术，直接采用电位观测值可以减少计算量，因此本文将重点讨论复杂结构电位分布的有限元模拟。在二维直流电法的有限元模拟中大都采用三维点源二维介质的做法。对于点源情况，通常是通过正傅氏变换，将泊松（Possion）方程转换成亥姆霍兹（Hemholtz）方程，然后对每个波数相应的亥姆霍兹方程求解有限元方程，再通过反傅氏变换得到点源在二维介质中的解。这样要获得一个剖面的理论电位分布需要大量的计算时间，对于结构复杂的模型，计算量将非常大。虽然实际勘探中使用点源，但在理论模型正反演研究中常用线源替代。为此，我们将从二维电性介质线源有限元模拟出发深入探讨改进复杂电性结构理论模型正演的有限元技术，以获得复杂电性结构的可靠的电位分布，为层析成像研究打下基础。

＊ 本文发表于《地球物理学报》，1998，41（2）：252~260

2 有限元模拟技术

2.1 方法和原理

二维地电条件下，线源稳定电流场的微分方程边值问题归结为[9]

$$
\begin{aligned}
&LU = -\frac{\partial}{\partial x}\left(\sigma\frac{\partial U}{\partial x}\right) - \frac{\partial}{\partial y}\left(\sigma\frac{\partial U}{\partial y}\right) - f = 0 \\
&U\mid_l = 0 \qquad\qquad\text{（第一类边界条件）} \\
&\left.\frac{\partial U}{\partial n}\right|_l = 0 \qquad\quad\text{（第二类边界条件）} \\
&\left.\left(\frac{\partial U}{\partial n} + \gamma U\right)\right|_l = 0 \quad\text{（第三类边界条件）}
\end{aligned}
\tag{1}
$$

式中，U 为区域 D 内的电位分布；σ 为电导率分布；l 为区域 D 的边界；f 为电流的分布；L 是微分算子；n 是电位梯度方向；γ 为调整系数（如式（7））。将区域 D 分成一系列单元 e，假设任一单元内电位是线性分布的，即令

$$
U = Nu
$$

式中，N 为形状函数；u 为单元 e 的节点电位矢量。按加里津（Garlerkin）[10]，节点电位 u 满足的有限元方程为

$$
\sum_e \int_{A_e} N^{\mathrm{T}} LU \mathrm{d}x\mathrm{d}y = 0
\tag{2}
$$

式中，A_e 为单元 e 的面积。由高斯定理

$$
\sum_e \int_{A_e} \frac{\partial}{\partial x}\left(\frac{\partial N^{\mathrm{T}}}{\partial x} N\right)\mathrm{d}x\mathrm{d}y = \int_l \frac{\partial N^{\mathrm{T}}}{\partial x} N l_{\mathrm{n}}\mathrm{d}l
\tag{3}
$$

式（2）成为

$$
Ku + F_{\mathrm{b}} = I
\tag{4}
$$

$$
F_{\mathrm{b}} = \int_l \sigma \frac{\partial N^{T}}{\partial n} l_{\mathrm{n}}\mathrm{d}l u_{\mathrm{b}}
\tag{5}
$$

式中，$\int_l$ 表示沿边界的积分；l_{n} 法线 n 方向的方向余弦；K 为刚度矩阵；I 为节点供电电流矢量；u_{b} 为边界上节点的电位矢量；F_{b} 为人为截断边界的影响。对于自由面，边界 F_{b} 等于零。我们将在讨论人为截断边界问题时进一步讨论 F_{b} 的贡献。

2.2　人工边界问题

采用公式（1）中的三种边界条件进行试算后，发现边界条件对电位分布和自由面的视电阻率曲线影响较大，因此对人为截断边界条件进行了重点研究，结果发现截断边界条件（式（5））最为理想。

2.2.1　二维线源混合边界表达式

对于直流电法，一些文献认为混合边界条件比较适合人为截断边界[9~13]。文献[13]给出了三维点源混合边界条件中的系数下的理论表达式，这里将其应用到二维线源情况。二维电性介质线源的理论电位表达式是[14]

$$U = \ln r + c \tag{6}$$

将式（6）代入第三类边界条件的表达式得

$$r = -\frac{1}{r\ln r}\frac{\partial r}{\partial n} = -\frac{1}{r\ln r}\cos\theta \tag{7}$$

如图 1a 所示，点 S 处有一线源 I，对于边界上任一点 R，有

$$\frac{\partial r}{\partial X} = \frac{X_R - X_S}{r} \quad （R \text{ 位于右边界}）$$

$$\frac{\partial r}{\partial X} = \frac{X_S - X_R}{r} \quad （R \text{ 位于左边界}）$$

$$\frac{\partial r}{\partial X} = \frac{Z_R - Z_S}{r} \quad （R \text{ 位于底边界}）$$

式中，$r = \sqrt{(Z_S - Z_R)^2 + (X_S - X_R)^2}$；$\theta$ 为矢径 r 和边界法线之间的夹角；X_R、X_S 分别为 R、S 点的水平坐标；Z_R、Z_S 分别为 R、S 点的垂直坐标。

2.2.2　σ 边界

如 2.1 中所述，按加里津方法推导的有限元方程中存在边界项式（5），对于人为截断边界其贡献不为零，下面在矩形单元的情况下推导其具体表达式。

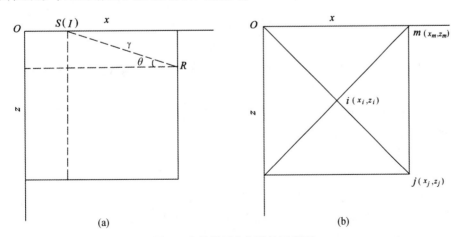

图 1　边界单元几何结构示意图

（a）源到边界；（b）右边界

图 1b 是右边界上的一个单元，三角形 i、j、m 组成边界上的一个三角形。对于这个单元截断项式（5）成为

$$F_{\mathrm{b}} = \begin{Bmatrix} F_{\mathrm{b}j} \\ F_{\mathrm{b}m} \end{Bmatrix} = - \sigma \int_{x_j}^{x_m} \frac{\partial \boldsymbol{N}^{\mathrm{T}}}{\partial X} \boldsymbol{N} \mathrm{d}y \begin{Bmatrix} u_j \\ u_m \end{Bmatrix} \tag{8}$$

式中，$F_{\mathrm{b}j}$、$F_{\mathrm{b}m}$ 在为 F_{b} 节点 j、m 上的分量；u_j、u_m 为节点 j、m 上的电位值；X_j、X_m 为节点 j、m 的水平坐标。取如图 1b 所示的局部坐标系，则

$$N = \begin{Bmatrix} N_i \\ N_j \\ N_m \end{Bmatrix} = \begin{Bmatrix} \left(1 - \dfrac{2}{XX} X \right) \\ \left(\dfrac{X}{XX} - \dfrac{Z}{ZZ} \right) \\ \left(\dfrac{Z}{ZZ} + \dfrac{X}{XX} \right) \end{Bmatrix} \tag{9}$$

将式（9）代入式（8）得

$$F_{\mathrm{b}j} = \sigma \left(\frac{Z}{2XX} u_j + \frac{ZZ}{2XX} u_m \right)$$

$$F_{\mathrm{b}m} = \sigma \left(\frac{ZZ}{2XX} u_j + \frac{ZZ}{2XX} u_m \right)$$

于是在边界上，对任一个节点 j，节点对自身的刚度系数是

$$r_{jj} = (\sigma_{\mathrm{r}} + \sigma_{\mathrm{l}})/2 \frac{ZZ}{XX} \tag{10}$$

节点对其相邻节点的刚度系数是

$$r_{jm} = \sigma/2 \frac{ZZ}{XX} \tag{11}$$

式中，σ_{l}、σ_{r} 分别是节点左、右单元的电导率；XX、ZZ 是矩形单元的边长。当相邻节点在节点右边时，$\sigma = \sigma_{\mathrm{r}}$，左边时，$\sigma = \sigma_{\mathrm{l}}$。

同理可以得到左边和底边截断边界项对节点刚度系数的贡献。可以证明，在形式上和式（10）、式（11）是完全一样的。

2.2.3 几种边界情况的数值比较

取水平方向 70 个网格，垂直方向 14 个网格的研究区域，网格距为 5m，$\rho_0 = 0.1\Omega \cdot \mathrm{m}$

对于存在两个正负电流源的电阻率分布均匀的模型情况，分别用本文的有限元程序计算了人为截断边界取混合边界、电位梯度为零边界、边界和电位为零边界等 4 种边界条件时的各地面节点的电位值，并分别和二维线源理论场值和二维点源理论场值做了比较。计算结果如图 2 所示。各种边界情况和理论二维线源的残差如图 3a 所示，各种边界情况和理论二维点源的残差如图 3b 所示。从地面电位

的形态分布到残差分布都可以看出，边界更加接近二维线源理论场的情形，二维线源和二维点源存在线性关系。

2.3　有限元方程的求解

稳定电流场边值问题的有限元模拟最后归结为由大型稀疏矩阵组成的线性代数方程组的求解问题。可以用多种方法比较快捷地得到其解，但当右端项的分布仅在个别的点上有值时，并不是所有的方法都能得到稳定的解。为了得到稳定可靠的解，分别试验了消元法、高斯－塞德尔（Gauss-Sadle）迭代法、QR 分解法[15]三种情形。通过小模型试验可知，对于右端项非零值较多的情形，三种方法都能得到比较稳定的解，但 QR 分解法精度最高。对于右端项为单点或两点有值，其余项为零的情形，消元法和高斯－塞德尔迭代法非常不稳定，甚至发散，QR 分解法则显示了较高的稳定性，改进后的高斯－塞德尔迭代虽然也能保证收敛，但解的精度不如 QR 分解法。QR 分解方法占有内存大，且计算时间长，为了克服这方面的弱点，以适应复杂电性结构大模型的情况，结合直流电法稀疏矩阵的带状分布特征，修改了常规的 QR 分解程序，使其只对带状内的元素进行存储和计算，减少了内存和计算时间。

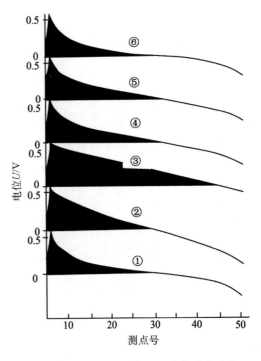

图 2　各种边界与理论场地面电位分布比较
①理论二维点源；②理论二维线源；③混合边界；
④电位梯度为零边界；⑤σ 边界；⑥电位为零边界

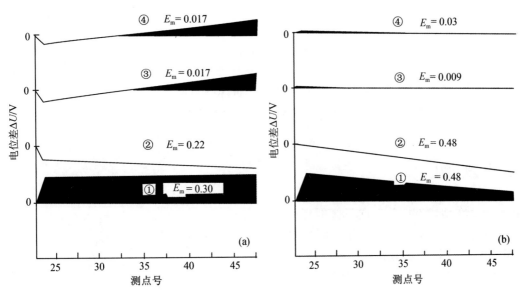

图 3　各种边界与理论场的残差曲线
①混合边界；②电位梯度为零边界；③σ 边界；④电位为零边界
（a）二维线源；（b）二维点源
E_m 为最大残差平方和

3　程序质量检验

利用加里津方法推导的稳定电流场的有限元方程、边界条件以及改进的 QR 分解法，试算了大量模型，并且通过比较均匀介质的电位分布与理论场电位分布，验证了该方法的有效性和精度（图 2、图 3）。为了更进一步地说明该方法的效果，现仅以一低阻脉状导电体的地面电位分布、测点电位差分布及视电阻率曲线分布特征为例加以说明。

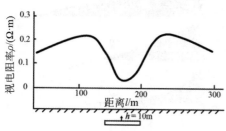

图 4　良导体几何结构及视电阻率曲线分布

如图 4 下方存在一水平的良导体，断面宽 50m，厚 5m，埋深 10m，供电极距 AB 取 70×5，测点极距 MN 取 5m，围岩电阻率为 $0.1\Omega \cdot m$，良导体电阻率为 $0.01\Omega \cdot m$，中间梯度测量方式。AB 之间电位分布如图 5，MN 间电位差分布如图 5b，其中图 5b①为存在导电体时的电位差分布，图 5b②为不存在导电体时的 MN 间电位差分布，视电阻率 ρ_s 分布如图 4 的上方。从图中可以看出，无论是电位分布、电位差分布还是视电阻率曲线分布规律都和理论分析非常一致。

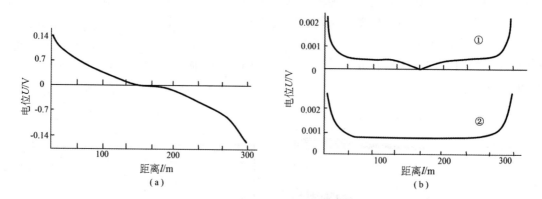

图 5　良导体上地面电位和电位差分布

（a）地面电位分布；（b）地面电位差分布；①存在导电体时；②不存在导电体时

4　应用实例

图 6 表示一个在地表有露头，向下倾斜延伸的导电体。设围岩电阻率为 $1000\Omega \cdot m$，导电体电阻率为 $100\Omega \cdot m$，取 50×25 个网格区域，网格距 $1m \times 1m$。图 7、图 8 分别显示了不同点供电时均匀模型及导体模型的断面电位分布和地面电位分布。导电体情形的断面电位分布比较复杂，由一次场和矿脉极化后的二次场两部分组成。由于导体的复杂性，导致了导体边界处极化形态的复杂性，因此不同点处充电电位分布差异较大，如图 7a、b、c、d 所示。从地面电位分布（图

图 6　良导体模型几何结构示意图

24、26、28 为充电点的节点号

8a、b、c、d）可以明显地看出，复杂形体导电体的充电曲线是不对称的。在其旁侧充电测量时，导体端出现幅值较大的异常现象。

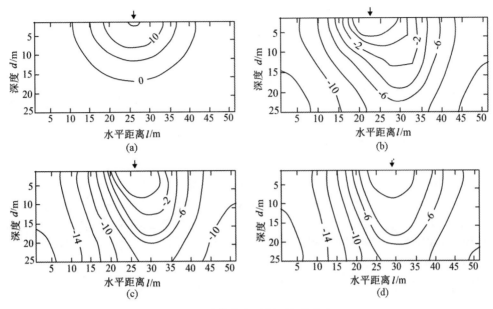

图 7 良导体充电时断面电位分布

（a）不存在良导体时断面电位分布；（b）充电点在良导体左侧的断面电位分布；（c）充电点在良导体顶端
的断面电位分布；（d）充电点在良导体右侧的断面电位分布；↓表示充电点位置

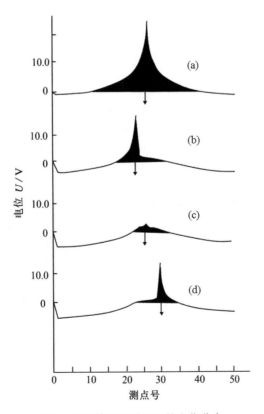

图 8 良导体充电时地面的电位分布

（a）不存在良导体时的电位分布；（b）充电点在良导体左侧时的电位分布；（c）充电点在良导体
顶端时的电位分布；（d）充电点在良导体右侧时的电位分布；↓表示充电点位置

5　结　束　语

通过模拟研究可以得到以下几点认识。

（1）有限元方法本身尽管比较复杂，但对于解决复杂的地电问题，尤其是设计各种资料采集方式等是非常灵活方便的。

（2）网格自动剖分程序自动判读电性参数及电性分界面位置，提高了准确度，减少了大量的手工整理输入数据的劳动量。

（3）边界条件对计算结果的影响相当大，充分显示了直流电法数值模拟中正确处理人为截断边界的重要性。利用加里津方法得到了 σ 边界条件，可以处理人为截断边界。通过试验比较，对于二维线源情形，它比通用的混合边界更加理想。由于 σ 边界条件是在推导二维线源有限元方程时精确加进的，它可以方便地推广到二维、三维点源的情况，预期效果理想。

（4）QR 分解法对解大型稀疏带状分布的系数矩阵且右端为个别点有值的方程组是比较理想的。本文在 QR 分解中采用的省内存和提高计算速度的改进措施具有实际意义。

参 考 文 献

[1] Shima H, Sakayama T, Resistivity tomography：An approach to 2 - D resistivity inverse problems, 57th SEG Expanded Abstract, 1987, 204-207

[2] Yulasa Sasaki, Resolution of resistivity tomography inferred from numerical simulation, Geophysical Prospecitng, 1992, 40：453-464

[3] 杨真荣等，电阻抗 CT 方法，C T 理论与应用研究，1991，（2）：18～23

[4] 白登海，浅层电阻率层析成像方法和深部构造活动的塑性波理论［博士后研究报告］，北京：中国科学院地球物理研究所，1993

[5] Coggon J H, Electromagnetic and electrical modeling by the finite element method, Geophysics, 1971, 36 (1)：132-153

[6] 周熙襄、钟本善、严忠琼等，点源二维电法正演的有限单元法，物化探电子计算技术，1983，5 (3)：19～40

[7] 周熙襄、钟本善、严忠琼等，电法勘探正演数值模拟的若干问题，地球物理学报，1983，26 (5)：494～491

[8] 周熙襄、钟本善、严忠琼等，点源二维有限元技术应用的若干问题，物化探计算技术，1985，7 (3)：226～233

[9] 罗延钟、孟永良，关于用有限单元法计算二维构造点源场的几个问题，地球物理学报，1986，29 (6)：613～621

[10] 周熙襄、钟本善等，电法勘探数值模拟技术，成都：四川科学技术出版社，1986

[11] 王妙月、郭亚曦、底青云，二维线性流变体波的有限元模拟，地球物理学报，1995，36 (4)：494～505

[12] 柯本喜，一种有限元新网格自动形成方法，石油地球物理勘探，1988，23 (3)：294～300

[13] 刘树才、周圣武，二维电法数值模拟中的网格剖分方法，物化探计算技术，1995，17 (1)：49～53

[14] 罗延钟、张桂青，电子计算机在电法勘探中的应用，武汉：武汉地质学院出版社，1987

[15] 傅良魁等，电法勘探教程，北京：地质出版社，1987

[16] 何旭初、苏煜城、包雪松，计算数学简明教程，北京：人民教育出版社，1990，229～254

二维电阻率成像的有限元解法[*]

底青云 王妙月

中国科学院地球物理研究所

摘　要　为了研究电流线追踪电阻率成像的可靠性，首先开展了二维电阻率成像的有限元方法研究，在传统有限元成像的基础上，做了三方面的研究工作：一、推导了有限元反演方程，从理论上对比了有限元方法和电流线追踪方法获得反演系数矩阵元素的优缺点；二、采用分块压缩的方式求反演系数，节省计算机内存和计算机时间；三、用改进的塞德尔方法快速求解反演方程。从试算的数值模型实例来看，结果比较可靠。

关键词　有限元　电阻率成像

1　引　言

直流电法勘探一直是资源勘探、水文工程、地质勘察以及地下埋设物调查的一种有效方法[1,2]。反演求解中最常用的方法有一维自动反演；对于二维地电结构主要是采用有限元法、有限差分法和边界元法等技术进行模拟分析；对三维地电结构的求解方法则较少见[3,4]。这些传统的方法主要是对地表的观测资料进行处理求解。近年来，随着高密度电法采集系统的发展，采用阵列式布极，需要发展能够对跨孔、孔—地，以及地表的观测结果进行反演求解的方法。因此，借鉴地震波和电磁波的层析成像技术，不少学者开始了对电阻率的重建成像研究，并取得了可喜的成果[5,6]。

电阻率成像兼顾了地震波和电磁波成像的优点，野外作业不但方便，而且穿透深度也较大，可产生比常规电阻率勘探方法更高的分辨率，电阻率成像对于解决识别断层、破碎带、油气层、地下水及其污染等问题非常有用。

随着高密度电阻成像仪的引进，高密度电阻率野外观测可以顺着地形面，涉及的深度可以从米的量级直到1km的深度，采用二维电阻率有限元成像方法可以获得这个深度范围内电性细结构图像，这对解决岩土工程中的岩土力学问题及工程设计问题非常有用。

国外二维和三维电阻率成像技术[7~9]在广义环境勘探以及地质调查的众多领域已经取得重要进展，发表的方法主要是有限元方法，电流线方法极为少见。在国内，利用直流电场的观测结果对地下电阻率结构进行成像的研究则刚刚起步。本文借鉴前人的工作经验，试图就电阻率成像问题的原理、方法及实现过程作一探讨。文中首先从方程的推导出发，给出了电阻率成像的有限元反演公式和电流线反演公式。通过对有限元成像与电流追踪成像方法的理论对比，表明两种方法各有优缺点。考虑到有限元成像国外已有比较多的文章发表，其可靠性已经得到了论证，本文重点讨论2D有限元成像方法的实现过程。通过几个数值模拟的实例，进一步论证有限元方法的有效性及可行性，为电流线追踪等其他电阻率成像方法的可靠性研究提供了资料基础和方法对比的研究基础。

＊ 本文发表于《岩石学与工程学报》，1999，18（3）：317~321

2　电阻率反演方程的推导

设 2D 研究区域可以分割成 N 个矩形网格块，每个网格块内电阻率均匀，则待求的 2D 研究区域内的电阻率分布是一个 N 维矢量 $\boldsymbol{\rho}$

$$\boldsymbol{\rho} = \begin{Bmatrix} \rho_1 \\ \rho_2 \\ \vdots \\ \rho_N \end{Bmatrix}$$

设 $\boldsymbol{\rho}_0$ 为 $\boldsymbol{\rho}$ 的初值，则稳定电流场中任一点 R 的电位 $U_k(\boldsymbol{\rho})$ 可以表示成 $\boldsymbol{\rho}_0$ 点的泰勒级数，取一次项有

$$U_k(\boldsymbol{\rho}) = U_k(\boldsymbol{\rho}_0) + \sum_{i=1}^{N} \frac{\partial U_k}{\partial \rho_i} \delta\rho_i$$

写成矩阵形式是

$$[A]\delta\boldsymbol{\rho} = \delta U \tag{1}$$

式中，δU 为一系列观测点的电位矢量与这些点初始模型为 ρ_0 时的理论电位矢量的差值；A 是系数矩阵，它的元素是 $\dfrac{\partial U_k}{\partial \rho_i}$；$\delta\boldsymbol{\rho}$ 为待求的电阻率分布的修正值。一旦 $\delta\boldsymbol{\rho}$ 求得，则

$$\boldsymbol{\rho} = \boldsymbol{\rho}_0 + \delta\boldsymbol{\rho} \tag{2}$$

式（2）中的 $\boldsymbol{\rho}$ 即为所求的解答。

可见为了求得 $\boldsymbol{\rho}$，求得系数矩阵 A 是关键，电阻率反演方程的推导归结为求得可靠的 $\dfrac{\partial U_k}{\partial \rho_i}$。下面从两个方面阐述求解 $\dfrac{\partial U_k}{\partial \rho_i}$ 的方法，并比较它们的优缺点。

2.1　电流线方法

稳定电流场中电位分布满足

$$\nabla U = -\rho \boldsymbol{J} \qquad 即 \qquad \nabla U = -\boldsymbol{E} \tag{3}$$

式中，U 为电位；ρ 为电阻率；$\boldsymbol{J}$ 为稳定电流场的电流密度。取 $\boldsymbol{n}_0$ 为 $\boldsymbol{J}$ 的方向，亦为等位面 U 的法线方向。沿着电流线则有

$$\nabla U = \frac{\mathrm{d}U}{\mathrm{d}S} \boldsymbol{n}_0 \tag{4}$$

式中，S 为电流线弧长。于是在标量形式下结合式（3）、式（4）成为

$$J = -\frac{1}{\rho}\frac{\mathrm{d}U}{\mathrm{d}S}n_0 \approx -\frac{1}{\rho}\frac{\delta U}{\delta S}n_0 \tag{5}$$

对于第 i 个网格，电阻率为 ρ_i，δS_i 为第 k 条电流线在第 i 个网格内的长度，则由式（5），δS_i 两段之间的电位差 δU_i 为

$$\delta U_i = \frac{\partial U_i}{\partial J_i}\delta J_i + \frac{\partial U_i}{\partial \rho_i}\delta \rho_i = F_0\rho_i\delta S_i\delta J_i + F_0 J_i\delta S_i\delta\rho_i = F_0\delta S_i(\rho_i\delta J_i + J_i\delta\rho_i)$$
$$= F_0\delta S_i\left(\rho_i\frac{\partial J_i}{\partial\rho_i} + J_i\right)\delta\rho_i = A_{ki}\delta\rho_i \tag{6}$$

$$A_{ki} = F_0\delta S_i\left(\rho_i\frac{\partial J_i}{\partial\rho_i} + J_i\right) \tag{7}$$

A_{ki} 即为我们所求的系数矩阵 A 的元素，其中 F_0 为量纲因子，J_i 为第 i 个网格块处的电流密度，$\frac{\partial J_i}{\partial\rho_i}$ 为该处电流密度随电阻率的变化值。

2.2 有限元方法

2D 线源稳定电流场的微分方程的边值问题的有限元解法可归结为有限元方程[10]：

$$KU + F_边 = I \tag{8}$$

$$F_边 = \int_l \sigma\frac{\partial N^{\mathrm{T}}}{\partial n}Nl_n\mathrm{d}lU_边 \tag{9}$$

式中，矩阵 K 称为刚度矩阵；U 为节点的电位矢量；I 为节点供电电流矢量；$U_边$ 为边界上的节点的电位矢量；n 为边界法线方向坐标；$F_边$ 为人为截断边界的贡献。对于自由面边界，$F_边$ 恒等于零。σ 为电导率即电阻率的倒数。对于截断边界，节点 i 对节点 i 自身的贡献为

$$F_{边ii} = (\sigma_右 + \sigma_左)/2\frac{X}{Y} \tag{10}$$

节点 i 对其相邻节点 m 的贡献为

$$F_{边im} = \sigma/2\frac{X}{Y} \tag{11}$$

式中，$\sigma_右$、$\sigma_左$ 分别为节点 i 右、左单元的电导率，当相邻节点 m 在节点 i 右边时 $\sigma = \sigma_右$，在左边时，$\sigma = \sigma_左$。X、Y 为网格块的边长。

对式（8）等式两边求 ρ_i 的偏导数，则有

$$\frac{\partial K}{\partial \rho_i} U + K \frac{\partial U}{\partial \rho_i} + \frac{\partial F_{边}}{\partial \rho_i} = 0 \quad 或 \quad K \frac{\partial U}{\partial \rho_i} = \beta \tag{12}$$

式中，

$$\beta = -\frac{\partial K}{\partial \rho_i} U - \frac{\partial F_{边}}{\partial \rho_i} \tag{13}$$

式中（12）中，$\dfrac{\partial U}{\partial \rho_i}$ 即为待求的系数矩阵 A，在式（12）中由式（13）可知 β 已知，K 为刚度矩阵，当给定 ρ_i 的初值后，亦为已知，因此类似于式（8）的有限元方程可以求得所需的系数矩阵 A。

2.3　电流线方法和有限元方法的比较

电流线方法求系数矩阵 A 归结为求解式（7）。式（7）表明对于系数矩阵 A 的每个元素 A_{ki} 和第 i 个网格块的参数有关，包括第 i 个网格块的电阻率数 ρ_i、电流密度 J_i、电流密度变化率 $\dfrac{\partial J_i}{\partial \rho_i}$ 以及电流线越过第 i 个网格块的长度 δS_i。通过电流线追踪可以获得 δS_i。$\dfrac{\partial J_i}{\partial \rho_i}$、$J_i$ 这两个量显然和电阻率的总体分布有关，和几何扩散有关，因此比较难于确定，作为一级近似可用 ρ_i 的初值 ρ_{i0} 的理论电流密度替代。

有限元方法求系数矩阵 A 归结为求解式（12），式（12）表明对于每一个网格块的 ρ_i，$i = 1$、2、$\cdots$、N，都需要求解一次类似于式（8）的有限元方程。众所周知，求解有限元方程是比较费时间的。由于式的右端只有供电点有值，因此只有少数分量不为零，一些快速有效的迭代方法，例如赛德尔迭代方法很难应用，需要用比较费时的 QR 分解、LL^T 分解方法。当模型比较大时（N 比较大），计算量是非常巨大的。

式（5）、式（6）表明对于电流线方法，直接求电阻率比较方便，而对于有限元方程，由于刚度系数比例于电导率，直接求解电导率比较方便。

式（7）表明，电流线法中的系数矩阵元素不仅比例于通过第 i 块的弧长 δS_i，而且和射线密度 J_i 及其随 ρ_i 的变化亦有关，因而和电阻率的全局分布有关。而地震射线层析成像中相应的元素只比例于 δS_i，因此电流线层析成像法相对于地震射线层析成像方法有更大的难度。

3　有限元方法的实施

求解式（12）时，只有边界面上的 $\dfrac{\partial U_k}{\partial \rho_i}$ 是有意义的，亦即只有当 k 落在地面或井中时是有意义的，其他地方，虽能求得其值，但因没有电位的观测资料，因而也没有价值。因此由式（12）求得的边界面节点上的有意义的 $\dfrac{\partial U_k}{\partial \rho_i}$ 的值的个数总是小于网格数 N，也即总是小于未知数 ρ_i 的个数。

求解方程组时，最好方程个数大于等于未知数，因此这里就存在一个矛盾，有两个方法可以克服这个矛盾。

3.1　内插法

由于有限元形状函数是线性内插函数，当求得地面或井中的 $\dfrac{\partial U_k}{\partial \rho_i}$ 后，可用不同的 k 值的 $\dfrac{\partial U_k}{\partial \rho_i}$ 线性

内插得到有限单元节点之间的点上的 $\dfrac{\partial U_k}{\partial \rho_i}$，直到 $\dfrac{\partial U_k}{\partial \rho_i}$ 的个数大于或等于未知数。一旦这些点上的电位也被求得，则可由式（1）、式（2）求解得到未知的电阻率分布 ρ。

3.2 直接法

对于任意一个三角形单元，刚度阵为

$$K_{ik}^{e} = \frac{\sigma_{e}}{2\Delta e}(b_i b_k + c_i c_k) \tag{14}$$

式中，Δe 是三角形的面积；σ_e 是单元 e 的电导率；b_i、b_k、c_i、c_k 是和三角形边长有关的量。

任何一个矩阵单元可由 4 个三角形单元几何而成，若矩形单元内的电导率分布均匀则集合后的刚度系数和该矩形单元的电导率成正比，比例系数和单元的几何尺寸有关，若 2D 区域分割时是均匀分割的，则比例系数是一个常数。亦即式（13）中不同的 ρ_i 的 β 都是和单元几何尺寸有关的一个常数。

对于与第 i 个网格块有关的 β 只在该块的 4 个节点上有值，所有其他节点的值都为零。这实际上相当于在该网格块的中心放上一个点源，4 个节点上的 β 值是按形状函数被分配上去的，设网格块中心的点源强度是

$$Q = Q_0 \delta(x - x_0)\delta(y - y_0)$$

则该块 4 个节点的源强度是[11]

$$\int_e N^{\mathrm{T}} Q \mathrm{d}x\mathrm{d}y = Q_0 \left\{ \begin{matrix} N_i \\ N_j \\ N_k \\ N_l \end{matrix} \right\}_{x=x_0,\ y=y_0}$$

因此可以等价地把 4 个节点上的 β 值返归到单元中心的点源。

由式（12），i 处的点源在 k 处产生的 $\dfrac{\partial U_k}{\partial \rho_i}$ 应该等于 k 的点源在 i 处产生的 $\dfrac{\partial U_k}{\partial \rho_i}$，于是可以在地面或井中所有需求 $\dfrac{\partial U_k}{\partial \rho_i}$ 的点 lk（lk 的位置可以偏离节点 k 的位置）上放一个等价于 β 的点源，它们在 i 处产生的 $\dfrac{\partial U_k}{\partial \rho_i}$ 即为所求。

求得 $\dfrac{\partial U_k}{\partial \rho_i}$ 后，用文献［12］中改进的赛德尔迭代法解式（1）、式（2），反演求得电导率（或电阻率）分布，并成像，数值模拟实例研究中采用有限元内插法求解。

4 数值模拟实例

通过上述几项研究，使得有限元方法能反演较复杂的地电结构模型。尽管从形成系数矩阵及解方程上做了不少省时、省内存的工作，但总的来说有限元方法还是比较费时的，这也就决定了该方法将来在实际应用中的局限性，对于较大的剖面，其实现将是较困难的。尽管如此，有限元方法在反演复

杂地电结构时有其不可替代的优越性，是复杂结构成像的一种有效工具。

　　为了证实以上处理方法的可靠性，以下述几个简单的数值模拟实例予以说明。所有模型都在 486 微机上完成，水平向网格 N 为 20 个，垂向网格 M 为 6 个，网格距设为 5m。利用单点源供电，仅利用地面观测电位进行有限元反演。源在地面 11 号点处，做了 4 个不同几何结构的实例模型，各模型的参数见表 1。

表 1　模型参数表

例图	结构	ρ_2/ρ_1	ρ_3/ρ_1
1	一小异常体	0.01	
2	二小异常体	100	0.01
3	平行层	1000	
4	阶梯界面	1000	

　　图 1a 为一中间有低阻小异常体的电性结构模型。图 1b 为其反演结果。从图中可以看出，除了源附近有些干扰外，异常体的位置基本上反映出来了。

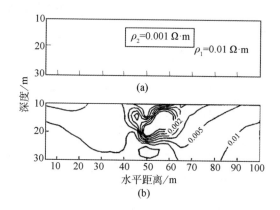

图 1　单一低阻体模型及其有限元反演成像结果
（a）正演模型；（b）反演成像结果

　　图 2a 为有两个异常块体的模型，即左边为一低阻异常体，右边为一高阻异常体，图 2b 为其反演结果，两异常体的位置归位得较好，只是在低阻体的底部有干扰存在。

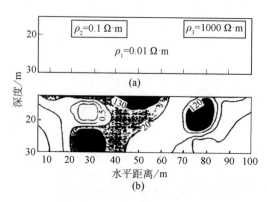

图 2　复合体模型及其有限元反演成像结果
（a）正演模型；（b）反演成像结果

图 3a 为两平行层结构，即上层为低阻层，下层为高阻层，界面在第 3 个网格位置上，图 3b 也很好地反演出上、下层的分界及形态。

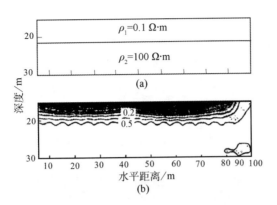

图 3 水平两层模型及其有限元反演成像结果
（a）正演模型；（b）反演成像结果

图 4a 为存在一阶梯状斜界面的电性结构，从图 4b 反演的结果看，和原始模型的形态很接近。

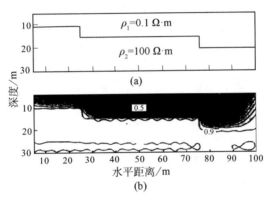

图 4 阶梯状倾斜层模型及其有限元反演成像结果
（a）正演模型；（b）反演成像结果

尽管以上的几个模型的单元数比较少，有限元电阻率成像能很好地使平界面、阶梯状分界面和孤立局部异常体归位。从原理上说，只要加大有限元的单元数，能模拟更加复杂的电性结构，此外增加供电电流源的位置，亦能降低个别源的影响，这要增加计算时间，如何兼顾两方面的需求，需要进一步加以研究。

5 结　　语

通过用加里津方法对稳定电流源有限元电阻率反演方程的推导，得到人为截断边界，从而使解更加真实地反映了实际情况和理论解更加接近。又通过对有限元解法本身的改进，使得运算速度得到了显著的提高（约比改进前快 20 倍）。结合有限元方程系数矩阵的结构特点（带状稀疏，右端项仅在个别点处有值），对传统的 QR 分解算法也进行了修改，从而也提高解方程的速度。几个典型模型的研究结果表明，改进后的有限元方法可以在单元不多的情况下使平界面、多阶梯状界面和孤立局部电性结构成像。进一步反演复杂程度更高电性结构，需增加有限元单元数和供电电源数，此外计算时间是一个矛盾，需进一步研究。从文中有限元方法和电流线追踪电位方法的理论比较表明，电流线追踪方法省计算时间、省内存的优越性是需进一步探讨的。

参 考 文 献

［1］ Maeda K，1995，Apparent resistivity over dipping beds，Geophysics，60（1）：123-139

［2］ Hiromaga Shima，1992，Two-dimensional automatic resistivity inversion technique using Alpha centers，Geophysics，55（6）：682-694

［3］ Park S K，Van G P，1991，Inversion of pole-pole data of 3 - D resistivity structure benenth arrays，Geophysics，56（7）：951-960

［4］ Zong Houxiong，1992，Electromagnetic modeling of 3 - D structures by the method of system iteration using integral equation，Geophysics，57（12）：1556-1561

［5］ Barker R，1992，A simple algorithm for electrical imaging of the subsurface，First Break，10（2）：53-62

［6］ Kohn R，Vagelius M，1987，Relaxation of a variational method for impedance computed tomography，Communications on Pure and Applied Mathematics，XL：745-777

［7］ Hiromasa，1992，2 - D and 3 - D resistivity image reconstruction using cross hole data，Geophysics，57（10）：1270-1281

［8］ Tripp A C，Hohmann G W，Swift C M Jr，1992，Two-dimensional resistivity inversion. Geophysics，47（12）：1708-1717

［9］ Hiromasa Shima，1993，A practical 2 - D antomatic resistivity analysis for pole-pole array data analysis algorithm and application of 'Resistivity Image profiling'，物理探查，45（3）：204~223

［10］ 底青云、王妙月，1998，稳定电流场有限元法模拟研究，地球物理学报，41（2）：252~260

［11］ 王妙月、郭亚曦、底青云，1995，二维线性流变体波的有限元模拟，地球物理学报，38（2）：494~505

［12］ 刘长风、王妙月、陈静等，1996，磁性层析成像——塔里木盆地（部分）地壳磁性结构反演，地球物理学报，39（2）：89~96

2D resistivity tomography study[*]

Di Qingyun   Wang Miaoyue

Institute of Geology and Geophysics, Chinese Academy of Sciences

Abstract: One of the main problems in resistivity tomography is to get Ferchet derivative matrix (sensitivity matrix). In this paper we use an integral solution of differential equation to derive a new Frechet derivative matrix for 2D media. Simultaneously the linear equation is formed, we call it "tomography equation". A resistivity image can be gotten through solving the tomography equation with Gaus-Seidel iteration method in which the inner and outer iteration and multistack technique are used at the same time. Synthetic data tests show that the method is reliable and effective, especially the initial model can be homogeneous, and hence it reduces the dependency on the initial resistivity model. The image of a high resistivity body is also quite good, but it is very difficult to get good image of single high resistivity body with some other methods. A test on a field data set in Shangqiu of China is also given, it shows there is a high resistivity anomaly in the middle of the profile. The result coincides with field evidences.

1 Introduction

In near surface geophysics, especially in resource exploration, engineering geological investigation, archaeology spotting and environment monitoring, resistivity image reconstruction is more and more concerned by geophysicists. Generally speaking, there are two major resistivity imaging methods. One is the trial and error method (Wang and Li, 1995; Wang, 1991), and the other is iterative inversion (Shima and Sakayama, 1987). In recent years, these methods have been developed parallel.

For resistivity tomography, first of all is to determine Frechet derivative matrix (sensitivity mature) A. There are many methods to get sensitivity matrix (Shima, 1990; Yorkey, Webster and Tompkins. 1987). ALL these methods have advantages and disadvantages. The common problem of these methods is the strong dependence of solution upon the initial model. Here we explore a new method to get element A_{ij} of sensitivity matrix A, based on the integral solution of differential equation, and to solve tomography equations with Gauss-seidel iteration method in which the inner and outer iteration and multistacking technique are used at the same time. We find the real resistivity image can be recovered even just using a homogeneous initial model. It means the method has less dependence on initial model.

2 Tomography equation

The electric characteristics of a medium can be described with the conductivity distribution along the hori-

* 本文发表于《CT 理论与应用研究》, 2000, 9 (Suppl.): 44~47

zontal and vertical direction for 2D. We divide the studied area, in which the medium conductivity distributes continuously, into a series of rectangle box and let conductivity in the j th box is σ_j, then the resistivity in the j th box is $\rho_j = \dfrac{1}{\sigma_j}$. Suppose the observed potential on the k th surface observing point is U_k, so its value will be affected by any change of the conductivity σ_j. We define the first order change rate of U_k with σ_j as the element of Frechet derivative matrix, that is,

$$A_{kj} = \frac{\partial U_k}{\partial \sigma_j} \qquad k = 1, 2, \cdots, k\text{total}; \ j = 1, 2, \cdots, j\text{total} \tag{1}$$

where A_{kj} is the element at the k th row and the j th column in the Frechet derivative matrix, $k$total is the total numbers of observed points, $j$total is the total number of rectangle boxes. Expanding the observed potential U_k in a Taylor series at σ_{j_0}, we obtain

$$U_k = U_{k0} + \frac{\partial U_k}{\partial \sigma_j}(\sigma_j - \sigma_{j0}) + \frac{\partial^2 U_k}{\partial \sigma_j^2}(\sigma_j - \sigma_{j0})^2 + \cdots \tag{2}$$

We just consider the first order derivative item, then

$$U_k \approx U_{k0} + \frac{\partial U_k}{\partial \sigma_j}(\sigma_j - \sigma_{j0}) \tag{3}$$

where U_{k0} is the theoretical potential value while $\sigma_j - \sigma_{j0}$, $\dfrac{\partial U_k}{\partial \sigma_j}$ is the element of sensitivity matrix. Equation (3) can also be written as

$$\Delta U_k = U_k - U_{k0} = \frac{\partial U_k}{\partial \sigma_j}(\sigma_j - \sigma_{j0}) = \frac{\partial U_k}{\partial \sigma_j}\Delta\sigma_j \tag{4}$$

or

$$\Delta U = A\Delta\sigma \tag{5}$$

where ΔU is a column vector, it is the difference of the observed potential value from the theoretical potential value. $\Delta\sigma$ is also a column vector, it's elements are $\sigma_j - \sigma_{j0}$, $j = 1, 2, \cdots$, total. A is the sensitivity matrix. Equation (4) or (5) is the tomography equation which is used to inverse the conductivity perturbation. The equation shows that we must obtain the sensitivity matrix A if we want to form the tomography equation.

3　The principle of integral method

Consider a continuous current flow in an isotropic medium, the potential field satisfies Poisson's equation

$$\nabla^2 U = -\rho \left[\nabla \cdot \boldsymbol{J} + \nabla U \cdot \nabla \frac{1}{\rho} \right] \tag{6}$$

For two dimension medium, the integral solution (Zhou, 1986) for equation (6) is

$$U(P) = \frac{I\rho_s}{4\pi r_s} + \frac{1}{4\pi} \iint_{e_j} \frac{\rho \nabla U \cdot \nabla \sigma}{r} dS \tag{7}$$

where r_s is the distance from current source I to observed point P, r is the distance from integrating point to point P, σ is conductivity, ρ is resistivity, and ρ_s is apparent resistivity between point P and source.

Let's divide the studied area S into a series of rectangle elements, after a series of derivation, we can get the Frechet matrix is

$$A_{kj} = \frac{\partial U_k}{\partial \sigma_j} = \frac{1}{4\pi} \frac{\rho_j^2}{r_{jk}} (-U_1 + U_3) \tag{8}$$

where r_{jk} is the distance from the center of element e_j to observation point k. ρ_j is the resistivity of element e_j, U_1 and U_3 are the node potential. After getting the sensitivity matrix $\boldsymbol{A}$, the tomography equation can be formed equation (5).

The unknown conductivity σ can be gotten form equation (5), that is

$$\sigma = \sigma_0 + \Delta\sigma \tag{9}$$

Generally speaking, the solution of tomography equation (5) can be solved with matrix algebraic method or iteration method. The algebraic method can obtain much accurate solution, but it consumes much more compute memory and computing time. It is not practical for a large model with much more unknown parameters. Here, we use Gauss-Seidel iteration method to solve the tomography equation.

4   Numerical results

Using the integral method mentioned above, we have test several models, here we introduce two results.

Figure 1a is an integrated model with a high resistivity body in the left part and a low resistivity body in the right part, the inversion images using homogenous medium as initial model is shown in figure 1b. The inversion results are similar to original models, but the anomaly body position has a little shift.

We conducted a high dense electric array observation for prospecting Zhou dynasty ancient city in Shang Qiu in May, 1997. The purpose was to find the city wall and manmade river around this ancient city. The instrument we used is Mode McOHM-21 made by OYO company of Japan, data acquisition was conducted with pole-pole method with an interval distance of 4.5 meters between poles. Figure 2a and Figure2b are the inverse results with integral method using potential data and apparent resistivity data respectively, and show there is a high resistivity anomaly. To study this high resistivity anomaly, we conducted an excavation test on the spot with shovel. The high resistivity anomal is caused by hard sand stone, the supper and down layers is soft, especially the soft sand stone under the hard sand stone is saturated with water.

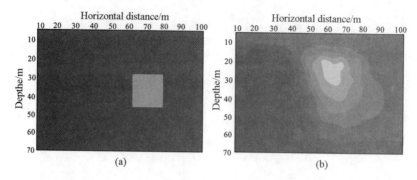

Fig. 1　Inverse result for an integral model

（a）Model；（b）Inverse result using homogenous model as initial model

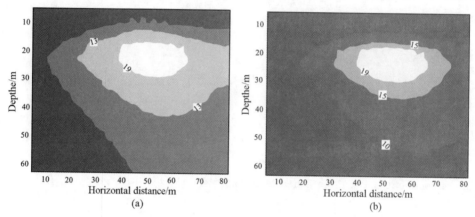

Fig. 2　The inversed resistivity profile of Zhou dynasty ancient city In Shang Qiu,

Henan province. China

（a）The result inversed by integral method with potential data；（b）The result

Inversed by integral method with apparent resistivity data

5　Conclusion

In this paper, a new resistivity tomography method is presented. Numerical model test and field data test show that this new methods reduces the dependency on the initial model; the element of sensitivity matrix is formed analytically, so it can save calculating time.

Reference

［1］Shima H and Sakayama T, 1987, Resistivity Tomography-An Approach to 2 – D Resistivity Inverse Problems, 57th SEG, Expand Abstracts, 204–207

［2］Shima H, 1990, Two-dimensional Automatic Resistivity Inversion Technique using Alpha conters, Geophysics, 55, 6, 682–694

［3］Wang X T, 1991, High Density Measurement Method of Electrical Resistivity and Its Application Technics, Journal of Changchun Geology Univ, 21, 3, 228–233

［4］Wang X T and Li X Q, 1995, "Zohdy" Inversion for Reconstructing Resistivity Image and its Application, Geophysical and geochemical Exploration, 20, 3, 228–233

［5］Yorkey T J, Webster J, G. and Tompkins W I, 1987, Comparing Reconstruction Algorithms for Electrical Impedance Tomography, IEEE Transaction on Biomedical Engineering, BME–34, 834–852

积分法三维电阻率成像[*]

底青云　王妙月

中国科学院地质与地球物理研究所

摘　要　二维或是三维电阻率反演成像研究，最关键的环节是在反演系数矩阵即敏感矩阵（或雅可比矩阵）的求取上。本文从微分方程的积分解出发，推导了表达式极为简单的三维雅可比系数矩阵，构造了成像方程。根据反演方程系数的稀疏特征，采用改进的降维高斯赛德尔迭代法来求解该反演方程，并通过内外迭代的结合，对大型稀疏欠定方程能很快收敛，得到可靠的解答。合成数据模型结果及实际资料的成像结果表明积分法不但实现起来极容易，成像结果的精度也相当高。

关键词　积分法　雅可比矩阵　三维电阻率成像

1　引　言

在浅层地球物理勘探，尤其是在能源、工程、考古、水资源及环境勘查中，高密度电阻率法越来越受到地球物理学家的关注[1~7]。无论是二维还是三维，电阻率成像研究可以划分为两大类：一类是试错法[8~10]；另一类即为层析成像法[11~20]。近几年来，这两种方法几乎是平行发展的。

直流电法勘探无论采用什么装置，它都是一种体积效应，通常的二维剖面法测量方式，其结果主要反映了剖面下方地电体的影响，一定距离以外旁侧影响的体积效应无法考虑，因此，高精度、高分辨率的勘探应该开展三维电性结构的资料采集和反演成像处理。

三维电阻率反演相对二维要复杂得多，但它有可能比二维电阻率反演得到地下更真实的电性结构图像，因此吸引了许多从事直流电法勘探的科技工作者开展了这方面的理论和应用研究。例 α 中心法[21]、三维有限元法[16]、扰动法[6]等，但由于应用效果不尽理想，理论研究仍在不断进行[12, 2]，最近吴小平在其理论研究[22]中利用共轭梯度（CG）迭代技术，实现了电阻率数据的三维最小构造反演，他用雅可比矩阵和某一向量的乘积简化了计算过程，加快了计算速度。本文给出雅可比系数矩阵的积分法，从点源三维不均匀地电结构的电位积分解出发，推导得到了表达式极为简练的三维雅可比系数，它是一个解析表达式。这个方法和共轭梯度法一样比较快捷，胜于有限元方法，允许不同电性块之间的电阻率差异较大，优于扰动法。此外数值模拟和实际资料成像结果表明，该方法反演成像的精度较高。

2　敏感矩阵和层析成像方程

地下的电性结构可用电导率的纵向横向分布来描述。对于三维问题，将连续分布的电导率结构离散化，分割成一系列的立方体子域，每个立方体子域的电导率设为 σ_j，则电阻率 $\rho_j = \dfrac{1}{\sigma_j}$。在地面上第

* 本文发表于《地球物理学报》，2001，44（6）：843~851，890

k 个观测点的观测电位设为 U_k，则 U_k 由所有 σ_j 值的大小来决定，任何 σ_j 的变化都将导致 U_k 的变化，雅可比矩阵元素 A_{kj} 表示 U_k 随 σ_j 的一次变化率，即

$$A_{kj} = \frac{\partial U_k}{\partial \sigma_j} \qquad k = 1,\ 2,\ \cdots,\ k_t;\ j = 1,\ 2,\ \cdots,\ j_t \tag{1}$$

式中，k_t 为电位观测点总数；j_t 为分割的立方体子域的总数，也即电导率未知数的总数。所有敏感矩阵的元素 A_{kj} 组成敏感矩阵 A。

如将观测电位 U_k 在电导率的某个均匀分布（$\sigma_j = \sigma_0$，$j = 1,\ 2,\ \cdots,\ j_t$）时电位 U_{k0} 处展开成泰勒级数，则

$$U_k = U_{k0} + \frac{\partial U_k}{\partial \sigma_j}(\sigma_j - \sigma_0) + \frac{\partial^2 U_k}{\partial \sigma_j^2}(\sigma_j - \sigma_0)^2 + \cdots \tag{2}$$

在式（2）中取一次项，则有

$$U_k = U_{k0} + \frac{\partial U_k}{\partial \sigma_j}(\sigma_j - \sigma_0) \tag{3}$$

式中，U_{k0} 是电导率 σ_j 的均匀分布，即 $\sigma_j = \sigma_0$ 时的各观测点的电位值；$\dfrac{\partial U_k}{\partial \sigma_j}$ 是敏感矩阵的元素。式（3）可改写成

$$\Delta U_k = U_k - U_{k0} = \frac{\partial U_k}{\partial \sigma_j}(\sigma_j - \sigma_0) = \frac{\partial U_k}{\partial \sigma_j}\Delta \sigma_j \tag{4}$$

或写成矩阵形式，有

$$\Delta U = A\Delta\sigma \tag{5}$$

式中，ΔU 是一个列矢量，为地面上一系列观测点 k 的电位观测值和电导率均匀分布时的理论值之差；$\Delta\sigma$ 也是一个列矢量，其元素为 $\sigma_j - \sigma_0$。式（4）为将反演问题线性化后反演电导率或电阻率分布时的层析成像方程。式（4）或式（5）表明，为形成层析成像方程的具体表达式必须首先求得敏感矩阵 A 的具体表达式。

3 求三维敏感系数矩阵元素的积分法

在各向同性不均匀介质中，对于一个连续的电流源，其电位满足泊松方程

$$\nabla^2 U = -\rho\left[\nabla \cdot J + \nabla U \cdot \nabla \frac{1}{\rho}\right] \tag{6}$$

其积分解[23]为

$$U(P) = \frac{I\rho_s}{4\pi r_s} + \frac{1}{4\pi} \iiint_V \frac{\rho \nabla U \cdot \nabla \sigma}{r} dV \tag{7}$$

式中，r_s 为电流源 I 到观测点 P 的距离；r 是积分点到观测点 P 的距离；σ 为电导率；ρ 为电阻率；ρ_s 为 P 点的视电阻率。

将研究区域 V 分割成一系列的立方体区域，并记 $U(P)$ 为 U_k，k 为 P 的第 k 个位置，那么式（7）可近似表达为

$$U_k = \frac{I\rho_s}{4\pi r_s} + \frac{1}{4\pi} \sum_j \frac{\rho_j}{r_j} \iiint_{e_j} \nabla U \cdot \nabla \sigma dV \tag{8}$$

式中，r_j 是体元 j 的中心到观测点 k 的距离；ρ_j 是体元 j 的平均电阻率；e_j 代表第 j 个体元；U_k 为第 k 点的电位值。从式（8）离散化，就可以得到雅可比矩阵的元素 A_{kj}，方法如下。

假设电位 U 在任意体元 e_j 内线性变化，即

$$U = N_1 U_1 + N_2 U_2 + N_3 U_3 + N_4 U_4 + N_5 U_5 + N_6 U_6 + N_7 U_7 + N_8 U_8 \tag{9}$$

U_e，$e = 1、2、\cdots、8$ 是体元 8 个节点的电位，N_e，$e = 1、2、\cdots、8$ 是插值函数。根据文献[25]，设体元各边半边长均为 1，即 $a = b = c = 1$，因此有

$$N_e = \frac{1}{8}(1 + \xi_0)(1 + \eta_0)(1 + \zeta_0) \tag{10}$$

其展开式为

$$N_1 = \frac{1}{8}(1 - \xi)(1 - \eta)(1 - \zeta)$$

$$N_2 = \frac{1}{8}(1 - \xi)(1 - \eta)(1 + \zeta)$$

$$N_3 = \frac{1}{8}(1 + \xi)(1 - \eta)(1 + \zeta)$$

$$N_4 = \frac{1}{8}(1 + \xi)(1 + \eta)(1 - \zeta)$$

$$N_5 = \frac{1}{8}(1 - \xi)(1 + \eta)(1 - \zeta)$$

$$N_6 = \frac{1}{8}(1 - \xi)(1 - \eta)(1 + \zeta)$$

$$N_7 = \frac{1}{8}(1 + \xi)(1 + \eta)(1 + \zeta)$$

$$N_8 = \frac{1}{8}(1 + \xi)(1 + \eta)(1 - \zeta)$$

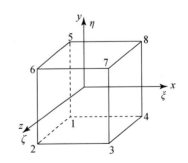

图 1　三维体元线性插值几何结构图

从图 1 可知 $-a \le x \le a$，$-b \le y \le b$，$-c \le z \le c$，所以 ξ、η、ζ 的变化从 -1 到 1，则有

$$\nabla U = \frac{\partial U}{\partial \xi}\boldsymbol{i} + \frac{\partial U}{\partial \eta}\boldsymbol{j} + \frac{\partial U}{\partial \zeta}\boldsymbol{k} = I_1\boldsymbol{i} + I_2\boldsymbol{j} + I_3\boldsymbol{k} \tag{12}$$

$$
\begin{aligned}
I_1 = \Big[& -\frac{1}{8}(1-\eta)(1-\zeta)U_1 - \frac{1}{8}(1-\eta)(1+\zeta)U_2 + \frac{1}{8}(1-\eta)(1+\zeta)U_3 \\
& + \frac{1}{8}(1-\eta)(1-\zeta)U_4 - \frac{1}{8}(1+\eta)(1-\zeta)U_5 - \frac{1}{8}(1+\eta)(1+\zeta)U_6 \\
& + \frac{1}{8}(1+\eta)(1+\zeta)U_7 + \frac{1}{8}(1+\eta)(1-\zeta)U_8 \Big]
\end{aligned}
\tag{13}
$$

$$
\begin{aligned}
I_2 = \Big[& -\frac{1}{8}(1-\xi)(1-\eta)U_1 + \frac{1}{8}(1-\xi)(1-\eta)U_2 + \frac{1}{8}(1+\xi)(1-\eta)U_3 \\
& + \frac{1}{8}(1+\xi)(1-\eta)U_4 - \frac{1}{8}(1-\xi)(1+\eta)U_5 + \frac{1}{8}(1-\xi)(1+\eta)U_6 \\
& + \frac{1}{8}(1+\xi)(1+\eta)U_7 - \frac{1}{8}(1+\xi)(1+\eta)U_8 \Big]
\end{aligned}
\tag{14}
$$

$$
\begin{aligned}
I_3 = \Big[& -\frac{1}{8}(1-\xi)(1-\zeta)U_1 - \frac{1}{8}(1-\xi)(1+\zeta)U_2 - \frac{1}{8}(1+\xi)(1+\zeta)U_3 \\
& - \frac{1}{8}(1+\xi)(1-\zeta)U_4 + \frac{1}{8}(1-\xi)(1-\zeta)U_5 + \frac{1}{8}(1-\xi)(1+\zeta)U_6 \\
& + \frac{1}{8}(1+\xi)(1+\zeta)U_7 + \frac{1}{8}(1+\xi)(1-\zeta)U_8 \Big]
\end{aligned}
\tag{15}
$$

假设在单元内电阻率的梯度为一个和 e 有关的常数 C_e，则

$$\nabla \sigma \approx C_e\left(\frac{1}{2a}\boldsymbol{i} + \frac{1}{2b}\boldsymbol{j} + \frac{1}{2c}\boldsymbol{k}\right) \tag{16}$$

式中，$2a$、$2b$ 和 $2c$ 是单元 e_j 的边长，那么有

$$\nabla U \cdot \nabla \sigma = C_e\left(\frac{I_1}{2a} + \frac{I_2}{2b} + \frac{I_3}{2c}\right) \tag{17}$$

将式（17）代入式（8）后，公式（8）中的积分部分变为

$$I_j = \iiint\limits_{e_j} \nabla U \cdot \nabla \sigma \mathrm{d}V = \int_{-1}^{1}\int_{-1}^{1}\int_{-1}^{1}(I_1 + I_2 + I_3)\mathrm{d}\xi\mathrm{d}\eta\mathrm{d}\zeta \tag{18}$$

上式当包含 ξ、η、ζ 的项为奇数项时，积分为零，常数项时积分为 2，因此有

$$I_j = -\frac{1}{4}U_1 - \frac{1}{4}U_2 + \frac{1}{4}U_3 + \frac{1}{4}U_4 - \frac{1}{4}U_5 - \frac{1}{4}U_6 + \frac{1}{4}U_7 + \frac{1}{4}U_8$$

$$-\frac{1}{4}U_1 + \frac{1}{4}U_2 + \frac{1}{4}U_3 - \frac{1}{4}U_4 - \frac{1}{4}U_5 + \frac{1}{4}U_6 + \frac{1}{4}U_7 - \frac{1}{4}U_8$$

$$-\frac{1}{4}U_1 - \frac{1}{4}U_2 - \frac{1}{4}U_3 - \frac{1}{4}U_4 + \frac{1}{4}U_5 - \frac{1}{4}U_6 + \frac{1}{4}U_7 + \frac{1}{4}U_8 \tag{19}$$

或

$$I_j = -\frac{3}{4}U_1 - \frac{1}{4}U_2 + \frac{1}{4}U_3 - \frac{1}{4}U_4 - \frac{1}{4}U_5 - \frac{1}{4}U_6 + \frac{3}{4}U_7 + \frac{1}{4}U_8 \tag{20}$$

从式（20）可以看出只要已知 U_1、U_2、U_3、U_4、U_5、U_6、U_7 和 U_8 的值，那么相应的 I_j 值即可求得。如果现在只考虑单元 e_j 的 8 个节点上的电位 U_e，从式（8）可以写出单元 e_j 各节点的电位为

$$U_e = \frac{I_s \rho_s}{4\pi r_{s,e}} + \frac{C_j}{4\pi} \frac{\rho_j}{r_{j,e}} I_j \qquad e = 1, 2, \cdots, 8 \tag{21}$$

式中，$r_{j,e} = \frac{1}{2} A_0$；$e = 1$、$2$、$\cdots$、$8$；$A_0$ 是体元对角线的半长度；$r_{s,e}$，$e = 1$、2、$\cdots$、8，是源到体元各节点 e 的距离；C_j 是与单元 e_j 有关的常数。从式（21）可以看出它是一个关于这 8 个节点电位的线性方程组，解式（21）即可得到体元 e_j 在 8 个节点处的电位值，那式（20）的 I_j 即可求得。对式（8）求 σ 的偏导数，则雅可比系数 A_{kj} 为

$$A_{kj} = \frac{\partial U_k}{\partial \sigma_j} = \frac{C_j}{4\pi} \frac{\rho_j^2}{r_j} I_j \tag{22}$$

4 三维电阻率成像过程的实施——反演方程的求解

从电流源电位的微分解出发，推导出雅可比系数矩阵，类似于有限元法[16,17]和电流线追踪电位电阻率成像[20]，将研究区域分割成一系列小的体元，x 方向单元数为 N_x，y 方向单元数为 N_y，z 方向的单元为 $(M_l - 1)$，总的单元 $M_p = (M_l - 1) \times N_x \times N_y$。单元边长分别分 $2a$、$2b$ 和 $2c$，单元 e_j 的电导率和电阻率分别为 σ_j、ρ_j。

若已知电流源的位置，那么对每一观测点 k 和单元 e_j，通过公式（22）就可以求得雅可比系数矩阵 A 的所有元素 A_{kj}，作为初步尝试，我们令式（22）中的 $C_j = 1$，从而构成成像方程

$$A\sigma = U \tag{23}$$

式中，A 是雅可比矩阵；σ 是所有单元电导率构成的矢量矩阵；U 是由观测点电位组成的电位矢量。若令 σ_0 为均匀介质的电导率，对应 σ_0 的电位为 U_0，那么对应电导率分布 $\sigma - \sigma_0$ 的异常结构满足下式

$$A(\sigma - \sigma_0) = U - U_0 = \Delta U \tag{24}$$

方程（24）可以用许多方法来求解，本文选择用高斯赛德尔（Gauss-Sadel）迭代法，因为该方法不仅对超定方程而且对欠定方程都能稳定收敛[24]。对于三维情况，待求的地下电性分布未知数为 $M_\mathrm{P} = (M_l - 1) \times N_\mathrm{x} \times N_\mathrm{y}$，解的过程可以用下式来描述，

$$X_k^\mathrm{n} = \frac{\Delta U_k^\mathrm{n} - \sum_{j=1}^{M_\mathrm{P}} A_{kj} \Delta \rho_j^\mathrm{n} + X_k^\mathrm{d} \sum_{j=1}^{M_\mathrm{P}} A_{kj}^2}{Q + \sum_{j=1}^{M_\mathrm{P}} A_{kj}^2} \tag{25}$$

$$\Delta \rho_j^\mathrm{n} = \Delta \rho_j^\mathrm{d} + A_{kj}(X_k^\mathrm{n} - X_k^\mathrm{d})$$

$$\Delta \sigma_j^\mathrm{n} = 1/\Delta_j^\mathrm{n} \qquad j = 1, 2, \cdots, j_t$$

式中，上角标 n 表示当前值或新值；上角标 d 表示前一迭代步的值或老值；X_k^d 是中间变量的第 k 个分量，其新值通过使用电位差 ΔU 的第 k 个分量 ΔU_k 的第 n 次迭代的当前值 ΔU_k^n 以及前一步的迭代值和新的参数 $\Delta \rho_j^\mathrm{n}$ 求得，新的参数 $\Delta \rho_j^\mathrm{n}$ 由其老值和新老 X_k 求得。$M_\mathrm{P} = j_t$，是未知数的个数。

仔细推敲式（25）时，对 k 的每次计算，$k = 1$、2、$\cdots$、k_t（k_t 为资料点个数），只用到系数矩阵的第 j 列元素 A_{kj}，$j = 1$、2、$\cdots$、j_t，无须存储全部的矩阵元素 A_{kj}，因此迭代是降维的，当使用全部资料点个数 k_t 后，获得参数解 ΔP_j^n，$j = 1$、2、$\cdots$、j_t。

式（25）表示的是对同一个 n 的一个迭代过程，称为内迭代，为了使解可靠，迭代过程要重复多次，每次新的迭代都将上一次迭代求得的 ΔP_j 和 X_k 作为新的初值，再次从头解。内迭代次数越多，对于同一个 n，$\Delta \sigma_j^\mathrm{n}$ 的值越可靠。若记内迭代次数为 kk，一般取 $kk \geqslant 50$ 次。内迭代结束取 $\sigma_j^\mathrm{n} = \sigma_0^\mathrm{n} + \Delta \sigma_j^\mathrm{n}$。

除内迭代外，为了提高解的精度还增加了外迭代，即将本次求得的电性结构分布作为新的初始模型，从头进行新一轮求解，给定一个误差限制，满足后停止迭代输出最终结果。

在反射地震中采用多次覆盖技术可以提高解的信噪比。借鉴这一思想，我们采用了多次供电技术，即在不同的地面点供电，获得对电导率分布多次覆盖的电位信息，对多次供电的电位反演获得的电导率分布进行叠加平滑，然后获得最终电导率分布的结果，以提高反演结果的可靠性，这也符合野外三维观测过程。

5 数值模拟和实际资料成像结果

5.1 数值模拟

为了检验上述三维积分法电阻率的成像效果，设计了一个小模型，它由 10×10×10 个单元组成，其内部有两块异常体。几何结构和模型参数见图 2。

利用有限元方法对该模型在深度 $z = 0$ 的 xoy 平面上生成由某点源供电在其他点进行观测的资料，然后利用本文的积分法对该资料进行反演成像处理，可以得到关于地下 10×10×10 个单元内的电阻率分布。图中坐标轴 x、y、z 代表的是对应方向的网格序号，括号中的值代表的是沿该方向上对应节点处的切片。图 3a 为成像结果在不同深度的切片图，图中清楚地表明异常体的位置和模型对应的很好，只是对于右侧的高阻体异常范围比模型稍大。图 3b 为沿 y 轴不同值处平行 xoz 面的垂向切片。异常体的归位和形态是非常准确的。同样从图 3c 沿 x 轴不同值处平行 yoz 面的垂向切片，反映了在 yoz 面上的成像效果，异常也非常准确地被归位。三个方向的成像切片中可以看出积分法反演结果是可靠的。

5.2 实际资料成像结果

1998 年 7 月，利用日本 OYO 公司的 MCOHM-21 型浅层地电仪对甘肃省白银市有色金属公司所属

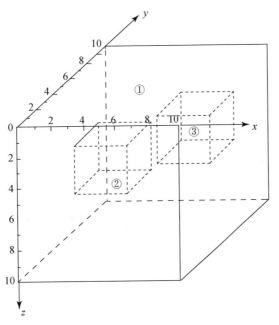

图 2 几何结构和参数（10×10×10 模型）

（a）第二种介质，位置：x（2，5），y（3，6），z（3，6）；（b）第三种介质，位置：x（6，9），y（5，8），z（2，5）；

①$\rho_1 = 2.0\Omega \cdot m$；②$\rho_2 = 1.0\Omega \cdot m$；③$\rho_3 = 20\Omega \cdot m$

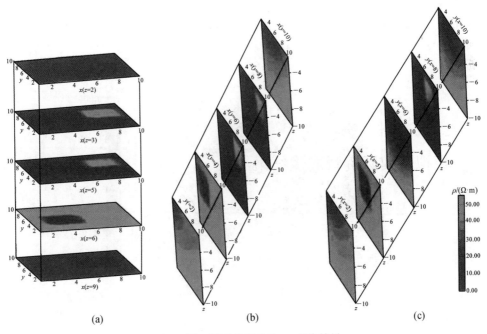

图 3 图 2 模型的积分法 ρ_s 成像结果

（a）不同深度的切片；（b）平行 xoz 面不同 y 值处的切片；（c）平行 yoz 面不同 x 值处的切片

的郝泉沟金矿做了环绕山包的高密度电法勘探工作，环山包的测线平面图如图 4 所示，整个环线长度为 650m，从 12 号测点开始，一直到 141 号测点，测点间距 5m。利用该环山包测线的电位观测资料来检验三维积分法电阻率成像方法的效果。

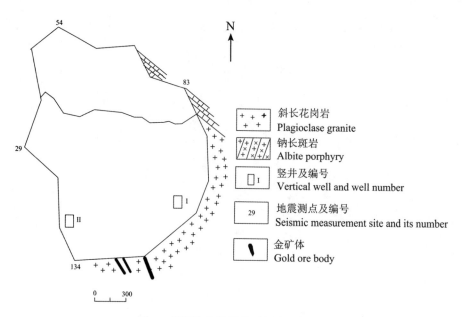

图 4　郝泉沟 I 号岩体环测线平面图

将环山包测线下的三维空间分割成矩形网格，垂直方向（z）15 个网格，格距 12m，南北方向（x）25 个网格，格距 8m，东西方向（y）20 个网格，格距 7m。

由于整个 xoy 平面上，只有沿测线的资料，网格数（15×25×20 个未知数）远远大于资料个数，因此反演方程高度欠定，参考在同一测线上的地震层析成像的结果及实际地质资料的有关电性信息，给出了一个粗略的反演用的初始模型，用本文上述的三维层析成像方法软件进行成像后，处理结果如图 5 所得的测线平面的电性成像结果和地震层析成像结果很相近，也和实际的地质岩体资料较吻合。

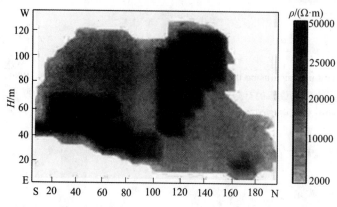

图 5　甘肃白银郝泉沟金矿环形测线平面三维电阻率成像结果

6　小　　结

从三维模拟结果看，积分法电阻率成像对初始模型依赖较小，因此给较复杂地电结构对初始模型的选取带来较大的便利。

敏感矩阵是解析表达的，因此实现起来较容易，在普通 486 微机上仅用十几分钟就可完成 10×10×

10 单元模型的反演过程。

对求解反演方程的方法，选用降维高斯赛德尔迭代法，把解的过程简化成一维过程，节省内存，另外对于欠定方程，该方法能得到稳定的解答。

参 考 文 献

［1］ Shima H, 2 – D and 3 – D resistivity image reconstruction using crosshole data ［J］, Geophysics, 1992, 57（10）: 1270-1281

［2］ Daily W, Yorkey T J, Evaluation of cross-borehole resistivity tomography, 58th SEG, Anaheim, Expaded Abstracts, 1998, 201-203

［3］ Sasaki Y, Resolution of resistivity tomography inferred from numerical simulation ［J］, Geophysical Prospecting, 1992, 40（4）: 453-463

［4］ 白登海，电阻率层析成像理论和方法 ［J］，地球物理学进展，1995，10（1）: 57~75

［5］ 董清华，井间电阻率层析成像的某些进展 ［J］，地球物理学进展，1997，12（3）: 77~89

［6］ Park S K, Inversion of pole-pole data for 3 – D resistivity structure beneath arrays of electrodes ［J］, Geophysics, 1991, 56（7）: 951-960

［7］ Zhang J, Mackie R L, Madden T R, Three-dimension resistivity forward modeling and inversion using conjugate gradients, Geophysics, 1995, 60（5）: 1313-1325

［8］ Shima H, Sakayama T, Resistivity Tomography, in: An Approch to 2 – D Resistivity Inverse Problem, 57th SEG, Expand Abstract, 1987, 204-207

［9］ 王兴泰、李晓芹，电阻率图像重建的佐迪（Zohdy）反演及其应用效果 ［J］，物探与化探（3 期）: 228~233

［10］ 王兴泰，高密度电阻率法及其应用技术研究 ［J］，吉林大学学报（地球科学版），1991，（3）: 341~348

［11］ Shima H, Two-Dimensional Antomatic Resistivity Tomography, Geophysics, 1991, 56（8）: 1228-1235

［12］ Loke M H, Barker R D, Practical techniques for 3D resistivity surveys and data inversion ［J］, Geophysical Prospecting, 1996, 44（3）: 499-523

［13］ 闫永利，浅层电阻率层析成像和南祁连大地电磁测深研究 ［博士后研究报告］，北京：中科院地球物理研究所，1998

［14］ Murai T, Kagawa Y, Electrical Impedance Computed Tomography Based on a Finite Element Model ［J］, IEEE Transactions on Biomedical Engineering, 1985, BME-32（3）: 231-246

［15］ Yorkey T J, Webster J G, Tompkins W J, Comparing Reconstruction Algorithms for Electrical Impedance Tomography ［J］, IEEE Transactions on Biomedical Engineering, 1987, BME-34（11）: 834-852

［16］ Sasaki Y, 3 – D resistivity inversion using the finite-element method ［J］, Geophysics, 1994, 59（11）: 1839-1848

［17］ 底青云、王妙月，二维电阻率成像的有限元解法 ［J］，岩石力学与工程学报，1999，（03）: 317~321

［18］ 董清华、田宪谟，井间电阻率成像中的 Frechet 导数的算法比较 ［J］，物化探计算技术，1997，19（01）: 41~45

［19］ Zhou Bing, Green Halgh S A, A synthetic Study on Crosshole Resistiviry Imaging Using Different Electrode Arrays ［J］, Exploration Geophysics, 1997, 28: 1-5

［20］ 底青云、王妙月，电流线追踪电位电阻率成像研究 ［J］，地球物理学进展，1997，12（02）: 27~35

［21］ Petrick W R, Three-dimensional resistivity inversion using alpha centers ［J］, Geophysics, 1981, 46（08）

［22］ 吴小平、徐果明，利用共轭梯度法的电阻率三维反演研究 ［J］，地球物理学报，2000，（3）: 420~427，doi: 10. 3321/j. issn: 0001-5733. 2000. 03. 016

［23］ 周熙襄、钟本善，电法勘探数值模拟技术 ［M］，成都：四川科学技术出版社，1986

［24］ Culter R T, Atomographic solution to the traveltime problem in general inverse seismology ［J］, Advance in Geophysical Data Processing, 1985, （02）: 199-221

［25］ Larry J Sgerlind, Applied Finite Element Analysis ［J］, Michigan State University, 1976

III — 28

高密度电阻率成像[*]

底青云　倪大来　王　若　王妙月

中国科学院地质与地球物理研究所

摘　要　介绍了高密度电阻率法的概念及该方法的工作特点，重点介绍了对阵列数据进行电阻率成像的佐迪法和 2D 积分法。并利用数值模拟结果及研究实例证实，两种成像方法均为可行的高密度电阻率成像方法。

关键词　高密度　电阻率　佐迪法　积分法　成像

引　言

为了给国家自然科学基金项目"双芯遥测分时控制高密度电阻率仪"配备资料处理用软件，我们开展了高密度电阻率成像的研究工作。本文是研究工作的部分成果。

1　方　法　原　理

随着工程环境等浅层地质目标对精细结构勘查的要求，借鉴医学 CT 和地震 CT，近几年来电法勘探中发展了电阻率 CT 方法[1~6]，称之为高密度电阻率法。近年来该方法在浅层精细结构勘查中发挥了重要的作用[7~10]。

高密度电阻率法就其物理基础而言，与传统的电阻率法完全相同，它仍然是以岩（矿）石的导电性差异为基础的一类电探方法，研究在施加电场的作用下，地中传导电流的分布规律。高密度电阻率法最大的特点是可以沿测线同时布设几十到几百根电极，进行阵列式观测。仪器按选定的供电、测量排列方式自动采集所有电极的电位值。电极距可以视探测深度和探测目标体的尺度设置到很小的距离（最小极距可设置到几十厘米），并且可以同时采集地面和井中的数据，充分体现了高密度电法信息多次覆盖的特点。多方位大量的多次覆盖数据为借鉴医学和地震 CT 技术进行高精度反演成像打下了良好的基础，为高精度、小目标体的浅层勘探提供了可靠的保证。方法可用于剖面二维、面积性三维电性细结构成像。

2　电阻率成像方法

2.1　佐迪法

2.1.1　方法原理

佐迪反演通过解正问题达到解反问题的目的，解正问题时用 2.5 维有限元方法。

佐迪反演用于二维视电阻率断面中，迭代公式为

＊ 本文发表于《地球物理学进展》，2003，18（2）：323~326

$$\frac{\rho_{i+1}(l,\ n)}{\rho_i(l,\ n)} = \frac{\rho_0(l,\ n)}{\rho_{ci}(l,\ n)} \tag{1}$$

式中，$(l,\ n)$ 代表第 l 行、第 n 列的小单元；ρ_i 和 ρ_{i+1} 分别代表第 i 和第 $i+1$ 次迭代所得的电阻率值；ρ_0 表示观测视电阻率值；ρ_{ci} 表示用有限元计算得到的视电阻率值。

把观测值作为初始模型，并将研究区域划分为一系列的小单元，利用有限元正演模拟方法对初始模型进行正演计算，得到断面的一组理论视电阻率值。利用式（1）进行调整，用调整后的视电阻率值作为模型，在此基础上再做有限元正演计算，把这组理论视电阻率值与实际观测值进行比较，计算理论和观测视电阻率的均方根差，如果达到预先给定的误差范围，便终止计算，将断面值作为实际的断面分布保存下来，否则，继续用公式（1）调整，直到误差达到最小或预先定义的范围内为止。

2.1.2　数字模型成像结果

为了验证改进佐迪反演方法对二极装置的地表高密度电阻率法的应用效果，对一高阻体作了数值模拟。模型如图 1a 所示，围岩电阻率值为 $50\Omega\cdot m$，高阻异常体电阻率值为 $200\Omega\cdot m$，埋深 3.5m。用有限元方法对模型做正演，所得的结果相当于观测值，将其作为初始模型，利用改进佐迪反演方法做反演。得到图 1b 所示的反演地电断面图，异常体埋深为 2.5m，稍稍变浅，电阻率值为 $150\Omega\cdot m$ 左右，围岩电阻率为 $30\Omega\cdot m$，都与模型真电阻率值较为接近，可见改进佐迪反演方法也适用于二极装置的地表高密度电阻率法。

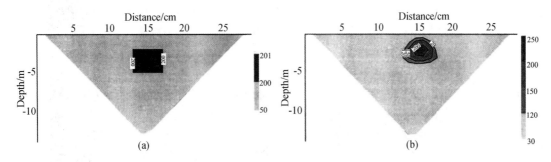

图 1　简单高密度电阻率模型

（a）模型；（b）反演结果

2.1.3　应用实例

1997 年，利用 OYO 公司的 MCOHM－21 型浅层地电仪，我们在河南商丘对周朝某古城墙进行探测。古城的位置由社会科学院考古研究所发现，但城墙的详细位置及展布不清楚。城墙是夯土建造的，电阻率与围岩是有差异的，也就是说，具备电法工作的物性前提。我们进行了上百个剖面的数据采集，这里仅举一例。

图 2a 为采集的原始数据视电阻率剖面，图 2b 为佐迪法电阻率成像结果。成像结果清楚地给出了中间高阻区的形态，即虚线解释的城墙的形态。

2.2　积分法

2.2.1　方法原理

任一点的电位 U 满足泊松方程

$$\nabla^2 U = -\rho\left[\nabla\cdot J + \nabla U\cdot\nabla\frac{1}{\rho}\right] \tag{2}$$

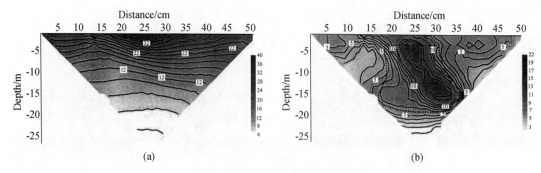

图 2　佐迪法电阻率成像剖面

(a) 野外原始数据；(b) 电阻率成像剖面

其积分解为[11]

$$U(P) = \frac{I\rho_s}{4\pi r_s} + \frac{1}{4\pi} \iiint_V \frac{\rho \nabla U \cdot \nabla \sigma}{r} \mathrm{d}V \tag{3}$$

式中，r_s 为外电流源 I 到 P 点的距离；r 为积分点到 P 点的距离；σ 为电导率；ρ 为电阻率；ρ_s 为源处的电阻率。

通过数值积分可以得到

$$\frac{\partial U_k}{\partial \sigma_j} = \frac{\rho_j}{4\pi r_{kj}}(U_{j3} - U_{j1}) + \frac{\rho_j}{2\pi A_0}\left(-\frac{\partial U_{j1}}{\partial \sigma_j} + \frac{\partial U_{j3}}{\partial \sigma_j}\right) \tag{4}$$

式中，r_{kj} 为 e_j 单元中心到测点 k 的距离；A_0 为 e_j 单元对角线长度；U_{j3}、U_{j1} 分别为 e_j 单元角点 3 和 1 的电位。

若 $\nabla \sigma$ 在 e_j 内为常数，则 U_{j3}、U_{j1} 可由式（3）求得。$\dfrac{\partial U_k}{\partial \sigma_j}$ 即敏感矩阵的元素，由此可以获得电阻率层析成像的解，文章给出了实例结果，结果如图 3 所示。

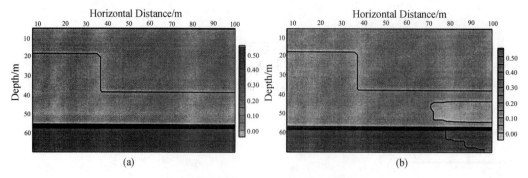

图 3　断层模型积分法电阻率成像剖面

(a) 模型几何结构；(b) 电阻率成像剖面

2.2.2　数字模型成像结果

图 3 为断层模型及积分法电阻率成像结果。可以看出图 3b 的成像结果无论是几何形态还是电阻率

值都和原始模型非常的一致。

2.2.3　应用实例

图 4 为积分法电阻率成像剖面。该剖面为上面提到的商丘古城护城河处采集的高密度电阻率数据中的一个剖面。护城河已经被黄泛区的淤砂所覆盖，相对周围的黄土呈现高阻。洛阳产验证了该结果是正确的。

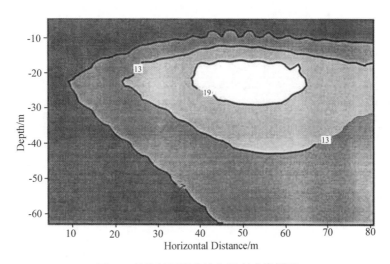

图 4　某护城河积分法电阻率成像剖面

3　结　　论

高密度电阻率成像方法尽管就物理基础而言与传统的电阻率方法完全相同但是由于其数据采集方式采用阵列式排列，能够得到对地下结构具有多次覆盖的数据，这为数据处理时采用成像技术提供了前提，从而为精细结构的探查提供了可能。

参 考 文 献

[1] Pelton W H etc., Inversion of two-dimensional resistivity and inducedpolarization data [J], Geophysics, 1978, 43 (4): 788-803

[2] Daniels J, Interpretation of buried electrod resistivity data using a layered earth model [J], Geophysics, 1978, 43 (5): 988-1001

[3] Petrick W R etc., Three-dimensional resistivity inversion using alpha centers [J], Geophysics, 1981, 46 (8): 1148-1162

[4] Dey A. etc. Resistivity modeling for arbitrary shaped three -dimensional structure [J], Geophysics, 1979, 44 (4): 753-780

[5] Sasaki Y, Resolution of resistivity tomography inferred from numerical simulation [J], Geophysical prospecting, 1992, 40 (4): 453-463

[6] Shima H, 2－D and 3－D resistivity image reconstruction using crosshole data [J], Geophysics, 1992, 57 (10): 1270-1281

[7] 张寅生，电阻率法在考古工作中的应用初探 [J]，物探与化探，1987, 11 (6): 462~464

[8] 王文龙等，浅论高密度电阻率法在工程勘测中的应用效果 [J]，物探与化探，1995, 19 (3): 229~237

[9] 底青云、王妙月等，高密度电阻率法在珠海某防波堤工程中的应用 [J]，地球物理学进展，1997, 12 (2): 79~88

[10] 王兴泰等，电阻率图像重建的佐迪反演及其应用效果 [J]，物探与化探，1996, 20 (3): 228~233

III — 29

高密度电阻率法在珠海某防波堤工程中的应用[*]

底青云　　王妙月　　严寿民　　苏迪源

中国科学院地球物理研究所

摘　要　高密度电阻率方法在工程勘察中起着越来越重要的作用。本文简明论述了高密度电阻率法的原理、特点。利用本所新购买的由日本生产的 MCOHM－21 型高密度地电仪，对珠海某防波堤进行了高密度电阻率方法测量，并对测量横剖面利用仪器本身配备的偏移软件进行处理，得到的彩色或灰阶断面图非常直观地反映出防波堤断面的形态分布。对纵测线进行分段测量，采用脱机处理数据，给出整个纵测断面等值线图，反映了防波堤长轴方向上抛石的质量情况。文章根据该实测的横剖面和纵剖面的结果评价了利用电测资料估算抛石质量的能力。

关键词　高密度电阻率　防波堤　勘察

1　引　言

在水文、工程、环境、考古学等地质勘察工作中，除浅层地震勘探方法外，电法勘探也是被广泛应用的方法之一。然而，常规电阻率法由于其资料采集手工操作限制，在相同的经费强度支持下，不仅测点密度较稀，而且也很难从多种电极排列的某种组合上去研究地电断面的结构与分布，因此，所提供的关于地电结构特征的地质信息较为贫乏，无法对其结果进行统计处理和对比解释。所以在工程勘察中常规电阻率法很难满足实际工作的需要。为了提高电阻率法的勘探能力，满足工程探测的需求，高密度电阻率法则充分显示了其优越性。它能够在现场快速、准确地采集大量数据，而且能够对采集的数据进行统计处理、CT 处理和结果图示，是浅层精细结构探测的一种有效的方法。

早在 20 世纪 80 年代就有人开始研究高密度电阻率法，英国某些学者所设计的电阻率测深的偏置系统实际上就采用了多芯电缆和高密度电测的思想[1]。80 年代末期，日本地质计测株式会社利用手动电极转换箱实现了在野外的数据采集，近年来随着电子工业及计算机技术的飞速发展，浅层高密度地电仪的研究成果显著[2,3]。国内逐渐发展起来了程控多路电极转换工程电测仪[4]。日本人生产出了自动扫描、自动采集、自动处理数据的高精度浅层地电仪[5]，充分发挥了高密度电测的优越性。

由于高密度电阻率法可以实现电阻率的快速、自动采集，并可在现场进行数据实时处理，对采集资料的质量进行实时监控，改变了电法勘探传统的工作模式，减轻了劳动强度，提高了资料采集的质量。同时采集的大量数据为高精度资料处理解释以及电阻率层析成像研究提供了前提。这对电法资料的处理解释起到了很大的推动，为高精度、小目标体的浅层勘探提供了可靠的保证。

* 本文发表于《地球物理学进展》，1997，12（2）：79~88

2　高密度电阻率方法原理及仪器

2.1　高密度电阻率方法原理

高密度电阻率法就其原理而言，与传统的电阻率法完全相同，它仍然是以岩（矿）石的导电性差异为基础的一类电探方法，研究在施加电场的作用下，地中传导电流的分布规律。

高密度电阻率法最大的特点是电极可以沿测线同时布设几十到几百根，仪器按选定的供电、测量排列方式自动采集所有电极的电位值。电极距可视探测深度和探测目标体的尺度设置到很小的距离，并且可以同时采集地面和井中的数据，充分体现了高密度的特点，多方位大量的数据为反演成像打下了良好的基础。

2.2　MCOHM－21 型浅层地电仪

MCOHM－21 型浅层地电仪是日本生产的一种新型高密度电法仪器，它由主机、扫描仪、升压器三大部分组成。主机外观仅有一程控面板及显示器，自动测量可通过扫描仪连接各测量电极，然后由多芯电缆连通到主机，通过选择主机内存中不同的供电、测量方式自动设定供电电极和自动扫描测量各电极的电位，并能立即对采集的数据进行插值、反演处理，以彩色或等值线图的形式显示处理的结果。手动测量可视测量情况自行设计测量装置形式，连接扫描仪或不连接扫描仪，与常规电法测量方式一样完成手动测量。升压器的作用在于将蓄电瓶的电压升高并维持仪器事先设置好的供电电流。

3　应 用 实 例

3.1　任务简介

珠海港在南径湾投资修建一个 30 万吨油码头和 120 万吨煤码头，为了保护码头不受海浪侵袭，在码头南侧 2km 的海上修筑了一防波堤，防波堤从岸边延伸向海内约 1.5km，横截面为底座有弧度的梯形状，如图 1。防波堤坐落在花岗岩体上，在海底部分，花岗岩体上沉积了砂泥岩，砂泥岩上是一层淤泥。为了既保证防波堤的质量又降低造价，防波堤的修建采用先抛石再放炮炸掉底部淤泥使石头下陷回填的方式。这种形式的施工安全方便，节省人力、费用，但抛石厚度，也即石头下界面的分布情况难以掌握。为了弄清沿堤长轴方向抛石与海底接触面的起伏情况及抛石质量，以及检测防波堤外侧底座处抛石的厚度，我们用从日本进口的 MCOHM－21 型高密度地电仪对该防波堤进行了电法勘探工作，得到了满意的结果。

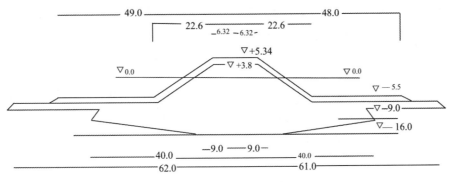

图 1　防波堤横截面设计图

3.2　测量方法设计

根据测区实际情况，考虑到测量精度要求并结合经费所能支撑的工作量，我们沿堤轴线方向布设了两条纵测线，每根测线长 1.5km，在有钻孔的位置上，垂直轴向布设了 10 条横剖面，横剖面是在从堤心向港外海和港内海分别延长 70m 的海面上作业的。由于在防波堤边上已经安放了扭"王"字块，难于同时对整条横剖面进行测量，而是分内外海面作业后拼接的。

对于横剖面，测量装置采用 pole—pole 形式。作一次 pole—pole 测量即可完成对目层的勘测，为了提高探测的横向分辨率，进行一次 pole—pole 测量后，将装置移动 5m，重复测量，每个剖面都移动测量三次。测量中仪器实地处理采集的数据，通过对仪器实时反演的彩色或灰阶断面图判断资料采集的质量，若结果不理想，立即进行重新测量。

纵测线长 1.5km，用改进的 pole—pole 装置形式分段采集数据。需勘测的目标层在深 35m 以内，所以每次只需布设一个 75m 长的 pole—pole 剖面，测量设定只是 1 号电极供电，2—N 号电极测量，自动完成采集，测完后移动排列到下一个测点，这样对 35m 深度层能采集到和上部各层基本上同样多的数据，为反演解释提供了更为充裕的资料。为了对比 pole—pole 测量和改进的 pole—pole 测量的结果，分别在堤的两头的内外两侧，除作改进的 pole—pole 测量以外，同时进行了常规 pole—pole 测量。测量中影响资料采集质量的最大因素是电极的接地情况。由于防波堤是用石头堆成的，打好电极是很困难的，好在堤面已铺了一层细沙，为了保证接地条件良好，在每根电极处都浇了水。实时质量监测表明，改进的 pole—pole 方式采集的资料是可靠的。

3.3　资料处理

由于探测目标体的最小尺度为 2m，所以我们测量时，必须采用小极距测量，这充分体现了高密度的特点，因此采集的数据量是相当大的。为了充分利用采集的资料，得到高精度的测量断面图，进行了如下几种处理手段：

（1）解编数据。为了作脱机处理，把仪器记录的数据格式转换成计算机所需的计算格式，并把测得的电位值结合装置类型转换成视电阻率值。

（2）校正处理。由于堤和海水面不在一个高程上，堤的高程从一头到另一头也有差别，此外，不同的观测时间潮水水位也不一样，因此对数据按高程及水位情况作了校正处理。

（3）滤波、插值。用 0.12、0.38、0.38、0.12 滤波器[6]，对整个剖面数据进行滤波处理，以压制某些因接地不好或其他原因引起的干扰。为了更加精细地反映出地下结构，对滤波后的数据作深度方向和水平方向的 Spline 插值和线性插值处理。

（4）统计处理。对整个剖面的数据作统计处理，求取均方根值，按一定量级间隔规定其灰阶或彩色，绘成灰度或彩色断面图。

（5）等值线图。常规电法不做反演处理或仅做一维反演，给出断面等值线图，有经验的电法工作者可直接从图中读出结构的分布情况。因此我们把测点换算到相应的深度，对拟断面作等值线图。以横剖面 4、7 为例，如图 2、图 3。

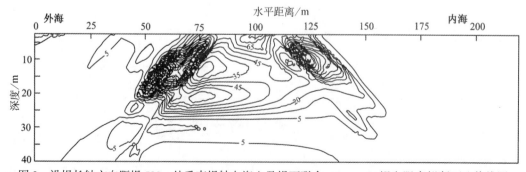

图 2　沿堤长轴方向距堤 500m 处垂直堤轴向海上及堤面联合 polc—polc 视电阻率拟断面比值线图

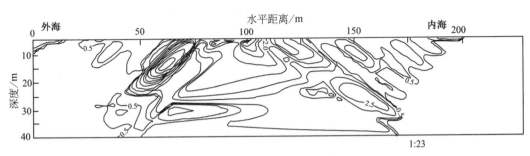

图 3 沿堤长轴方向距堤 850m 处垂直堤轴向海上及堤面联合 pole—pole 视电阻率拟断面比值线图

3.4 资料解释

（1）纵剖面。

为了评估防波堤抛石质量，把分段测量的纵剖面拼接后绘制视电阻率拟断面等值线图，并对其分段进行了分析解释。

由图 4 可见，纵剖面视电阻率随深度和水平距离的等值线形态大致可分为 A、B、C、D、E 五段。A 为堤根，E 为提头，B、C、D 为堤的中间部分。每个深度的视电阻率可视为该深度以上介质电阻率的平均值。五段堤内二个深度范围的电阻率平均值随水平方向的平均如表 1 所示。对于抛石比较均匀的段，只用一个平均值，对于不均匀的段，例如 C、D、E 段，表中给出了几个值，它们代表不同水平段的平均值。

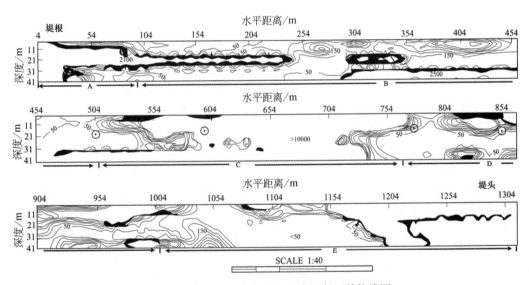

图 4 防坡堤纵向分段视电阻率拟断面等值线图

⊙为钻孔位置

表 1 堤长轴方向分段计算的介质电阻率平均值（Ω·m）

深度	A 段	B 段	C 段	D 段	E 段
地表-4m	55	40	798，2798	255，52，1679	382，8627
地表-8m	359	164	428，7159	398，1785	593，27591

堤的介质可以看成是块状花岗岩碎块和孔隙体积中的充填物组成的双相介质。假设矿石碎块近似为等轴状时，当孔隙介质电阻率 ρ_1 比矿石介质 ρ_2 大很多时，该双相介质的电阻率近似为[7]：

$$\rho \approx \frac{1-V}{1+2V} \tag{1}$$

当孔隙介质电阻率 ρ_1 比矿石介质 ρ_2 小很多时，该双相介质的电阻率近似为：

$$\rho \approx \frac{2+V}{2-2V} \tag{2}$$

式中，V 为孔隙介质的体积（百分含量）。花岗岩的电阻率约为 $10^2 \sim 10^5 \Omega \cdot m$，海水的电阻率约为 $0.2\Omega \cdot m$，空气的电阻率约为 $10^{10}\Omega \cdot m$。因此，由表 1 中数据可知，对于平均电阻率小于 100 的地段认为孔隙中含海水，孔隙连通。按式（2）计算的孔隙度，A、B、C、D、E 五段的都小于 0.02%。对于电阻率达几万的段，由于地势高，孔隙未被海水贯通，主要充填空气或砂泥质。若充填空气，由式（1）估计的孔隙体积小于 1%，当充填砂泥时，孔隙体积将更小。此外，表 1 还表明深部的电阻率值大于浅部的，这是由于重力作用使得堤深部的致密程度大于浅部的。因此从堤体本身看，抛石质量还是较好的。

为了检验抛石深度是否到位，我们试图在图 4 纵剖面视电阻率等值线图上勾划抛石底界面。为此首先将钻孔深度位置标在图 4 上，如图中⊙所示。对比电阻率值、等值线形态和相应各钻孔的深度位置可见，对于 A、B、D 段，此种勾划是比较容易的。而对于 C、E 段直接在图 4 上勾划是很困难的。这是由于沿着堤轴方向，抛石块体的大小、密集程度存在着横向变化，电阻率对此种变化比较灵敏，在成图时为了反应整条剖面的面貌用统一的等值线间隔绘图，使得在不均匀性明显的地段，抛石底界面的形态被隐藏。为此，对 C、E 两段独立地绘制了等值线图，分别如图 5、图 6 所示。我们所确定抛石深度界面如图中链状线所示。

为了更精确地反映抛石深度界面的形态，可以采用深度方向内插和扩大深度方向比例的办法，如图 7 所示。图 7 为有钻孔资料的 50~210m 段放大图。由图 7 勾划抛石底界面的精度明显地将会比在图 4 中 A、B 段上勾划的抛石底界面的位置的精度高。

综上所述，纵剖面高密度电阻率测量结果表明，该方法无论反应抛石底界面位置还是反应界面以上介质的质量和结构特征都是非常有效的。

（2）横剖面。

横剖面的测量主要是为了反应防波堤横断面的特性，尤其关注的是外海防波堤堤根处抛石深度和质量情况。为了对比说明，我们以横剖面 4 和 7 为例，如图 2、图 3。

图 2 表明，大堤内、外两侧抛石深度大致相同，大堤底座也呈对称形态，满足设计要求。但从图 3 可以看出，内海大堤根部抛石深度界面明显变浅，外海深度界面偏深，大堤底座呈倾斜状，这种结果表示外海抛石量是不够的，这对大堤的防护存在着极大的隐患。我们测试的结果后经水锤测深所验证。

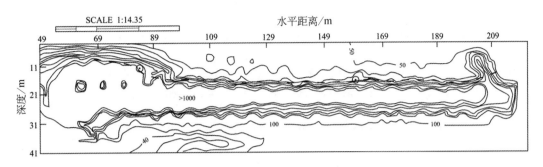

图 5 防坡堤纵向 50m 到 210m 堤根部分放大视电阻率拟断面等值线图
⊙为钻孔深度位置

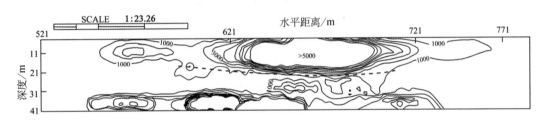

图 6 防坡堤纵向 520m 到 800m 段放大视电阻率拟断面等值线图
⊙为钻孔深度位置

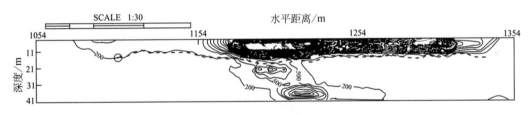

图 7 防坡堤纵向 1050m 到堤头部分放大视电阻率拟断面等值线图
⊙为钻孔深度位置

4 结 语

通过对珠海港南径湾油码头防波堤高密度电阻率测量，尤其是采用海上和地面联合作业的方式，在地面接地条件极差的条件下，得到了和钻孔资料基本吻合的结果，充分肯定了该方法的有效性。通过该防波堤的电阻率勘探，得到如下几点认识：

（1）高密度电阻率法寻找抛石与水或泥沙的分界面是十分有效的。

（2）横剖面测量垂直堤长轴方向布设，采用部分电极在大堤上、部分电极在海面上的作业方式。尽管海浪很大，大堤的沙石与海水这两种介质构成的接地环境差异极大，横剖面仍得到了很好的结果。这充分肯定了该仪器的性能及方法的有效性。

（3）对大堤轴向作高密度测量，可以充分估算大堤各部分的抛石质量，断面图直观地反映大堤沿轴向的孔隙度分布，这为堤的修补工作提供了依据。

（4）本次测量采用 Pole—Pole 装置，因此需要设置电流和电位的无穷远极。野外作业表明，无穷远极的接地情况，尤其电流极的接地情况对整个剖面的测量质量起决定性的作用。

参 考 文 献

［1］ Barker R D, The offset of electrical resistivity sounding and its use with a multicore cable, Geophysical Prospection, 29 (2), 1981

［2］ 高密度比抵抗电气探查法及探查实例，日本地质计测株式会社，1984. 6

［3］ Karcus M and Parnu T, Combined sounding-profiling resistivity measurement with the three-electrode arrays, Geophysical Prospecting, 33 (3), 1986

［4］ 王兴泰、傅春久、程德福等，高密度电阻率法的仪器及方法技术研究，"七·五"国家科技攻关研究报告，长春地质学院，1990

［5］ MCOHM‑21 型浅层地电仪说明书，日本地质计测株式会社，OYO 公司，1991. 6

［6］ Acworth R I and Griffiths D H, Simple data processing of tripotential apparent resistivity measurement as an aid to the interpretation of subsurface structure, Geophysical Prospecting, 33 (6), 1985

［7］ 武汉地质学院金属物探教研室，电法勘探教程，地质出版社，6~7，1980

电阻率成像在堤坝勘察中的应用*

底青云 王妙月 许 琨 张美根 安 勇 连长云

中国科学院地质与地球物理研究所

摘 要 利用日本 OYO 公司 MCOHM－21 型浅层地电仪，采用 pole-pole 方式高密度电阻率探测系统，对山东跋山、大冶、会宝岭等几个存在病险需要加固的大中型水库大坝进行了电阻率 CT 探测。坝体内的断层、破碎、薄弱结构以及人工埋设的暗排水洞在 CT 断面上反映得非常清晰。

关键词 堤坝 电阻率成像 高密度电阻率方法

随着工程环境等浅层地质目标对精细结构勘查的要求，借鉴医学 CT 和地震 CT，近几年来电法勘探中发展了电阻率 CT 方法[1~6]，称之为高密度电阻率法。近年来该方法在浅层精细结构勘查发挥了重大的作用[7~11]。

近两年的洪水灾害提醒人们必须清醒地对待江、河、水库等堤坝中存在的隐患。目前以高密度电阻率法为主，配合探地雷达等其他物探手段已成为堤坝隐患探测的有效途径。

1 原 理

高密度电阻率法就其物理基础而言，与传统的电阻率法完全相同，它仍然是以岩（矿）石的导电性差异为基础的一类电探方法，研究在施加电场的作用下，地中传导电流的分布规律。高密度电阻率法最大的特点是可以沿测线同时布设几十到几百根电极，进行阵列式观测。仪器按选定的供电、测量排列方式自动采集所有电极的电位值。电极距可以视探测深度和探测目标体的尺度设置到很小的距离（最小极距可设置到几十公分），并且可以同时采集地面和井中的数据，充分体现了高密度电法信息多次覆盖的特点。多方位大量的多次覆盖数据为高精度反演成像打下了良好的基础，为高精度、小目标体的浅层勘探提供了可靠的保证。方法可用于剖面二维、面积性三维电性细结构成像。

2 应用实例

2.1 跋山水库堤坝探测

利用日本 OYO 公司的 MCOHM－21 型浅层地电仪，1999 年 9 月我们对山东跋山水库堤坝隐患进行了勘查。跋山水库位于山东沂水县城西北，是沂河干流上的一座大型水库，控制流域面积 1782km²。水库建成于 1960 年，由于受当时财力、物力、技术和施工条件限制，工程施工质量较差，险情时有发生。当水位较高时，渗漏水严重，严重时，渗漏量约占兴利库容的 10%。1992 年被水利部列为全国第二批重点危险水库，1999 年山东水利厅列项整治跋山水库。整治前进行了钻探，证实隐患严重，准备对主坝东、西齿墙进行基岩面接触灌浆加固，对溢洪道及西付坝进行基岩帷幕灌浆加固。之前，需要进行物探工作来了解大坝的薄弱结构。此次 CT 探测采用密集型高密度电阻率 Pole—Pole 测量方式。垂

* 本文发表于《工程地质学报》，2001，10（1）：74~77

直剖面方向布设供电和测量无穷远极，AB 极距 1000m。探测深度约 120m，成像深度约 60m。具体探查目标是进一步查清齿芯墙及其基岩接触面的薄弱结构，以及西付坝基岩内可能存在的薄弱结构。CT探测获得了坝体薄弱结构的整体特征，齿芯墙及其与基岩接触面的薄弱部位也较清晰地被揭露，结果如图 1 所示。解释结果和地质信息比较吻合，特别是古河道和靠近古河道的小断层得到了钻探验证。此次观测结果为跋山水库堤坝加固，尤其是帷幕灌浆，提供了极为有用的信息。

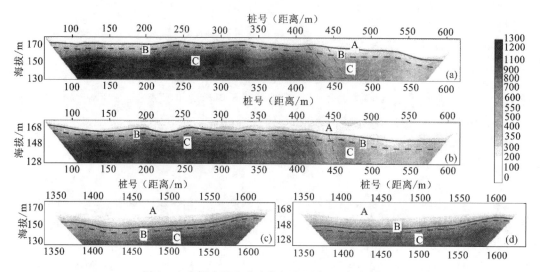

图 1　山东沂水跋山水库大坝电阻率 CT 解释剖面

（a）西段，海拔约 180m；（b）西段，海拔约 178m；（c）东段，海拔约 180m；（d）东段，海拔约 178m

A. 坝体；B. 弱风化带；C. 基岩

2.2　大冶水库堤坝探测

山东省莱芜市口镇大冶水库建于 1958 年。大坝为土质坝，一直存在坝体和库岸深部渗漏现象，属山东省主要的病险水库之一。1983 年进行了静压和高压喷射相结合的灌浆处理，取得了一定的成效，但未能全部奏效，仍存在明显的漏水现象，隐患仍很严重。为了进一步采取封堵措施消除垮坝隐患和节约库水，于 1999 年 1 月采用地学 CT 技术进行了详细探测，完成了两个断面 4 个剖面，各长 620m，深 70m 的电阻率 CT 剖面探测。基本查明了水库渗漏的病灶部位。图 2 所示为其中的二个观测剖面及其解释结果，其中几处断层和地质调查结果及已经掌握的库岸渗漏点完全吻合。

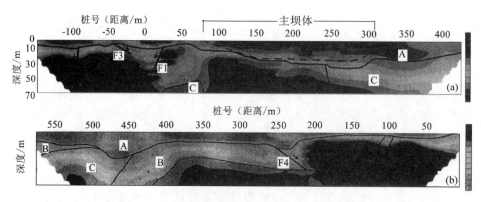

图 2　大冶水库高密度电阻率成像及地质解释结果

（a）南断面；（b）北断面

A. 富含水区、岩溶区及风化带；B. 灰岩；C. 闪长岩；F. 断层

2.3 会宝岭水库探测

会宝岭水库位于山东省临沂市苍山县尚岩乡西部、淮河流域运河支流西加河上游，控制流域面积 420km²，是一座集防洪、灌溉、发电、养殖为一体的大型水库。该水库于 1958 年 10 月兴建，1959 年 11 月建成。水库枢纽由南、北坝、溢洪道、连通沟、放水洞和水电站等工程组成。水库自建成蓄水以来，主要存在两大问题，一是坝体稳定性问题，二是坝基渗漏及坝端绕渗问题。围绕这两大问题，共进行了四次勘察工作，得出了许多有意义的认识和结论，为水库整治提供了可靠依据。图 3 为探测坝基的二个剖面图，该图表明，此段堤坝坝基比较完整，不存在隐患。图 4 为南坝上的两个测线及解释结果图，目的在于查明坝体内部已被废弃的横向暗排水洞的位置，并准备加固时整修启用。解释的暗排水洞位置和其后查证的位置基本吻合。

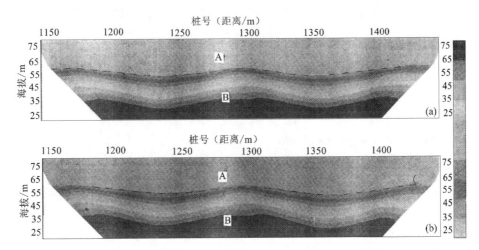

图 3 山东苍山会宝岭水库大坝 1+200～1+460m 段高密度电阻率 CT 解释剖面
(a) 南剖面；(b) 北剖面

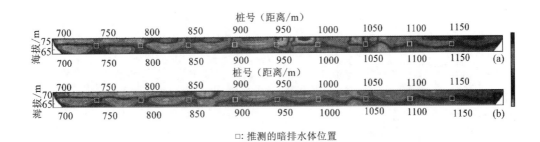

□：推测的暗排水体位置

图 4 山东苍山会宝岭水库大坝 0+700～1+200m 段高密度电阻率 CT 解释剖面
(a) 南剖面；(b) 北剖面

3 结 论

高密度电阻率成像方法尽管就物理基础而言与传统的电阻率方法完全相同，但是由于其数据采集方式采用阵列式排列，能够得到对地下结构具有多次覆盖的数据，这为数据处理时采用成像技术提供了前提，从而为精细结构的探查提供了可能。水库堤坝中的隐患多为几十公分至几米的断裂、破碎带或局部软弱结构，并且探测的深度往往要在几十米深度范围内，因此兼顾深度和探测精度，高密度电阻率成像方法是切实可行的一种手段。通过本文介绍的三个水库大坝电阻率 CT 探测结果可以看出：

对 10m 以浅人工埋设的 0.5m 直径的暗排水洞反映比较清楚, 开挖证明深度比较准确, 横向位置误差约 0.5m。

人工土坝坝体与基岩的接触面, 包括跋山水库大坝南端基岩中的溶蚀现象, 以及古河道、小断层等经钻孔验证给予了证实, 为帷幕灌浆提供了依据。

坝体内的断层、软弱结构以及破碎带和露头及地貌地质现象非常吻合。

综上所述, 高密度电法电阻率 CT 成像结果为水库隐患治理加固工程提供了可靠的物探资料。

参 考 文 献

[1] Pelton W H etc., Inversion of two dimensional resistivity and induced polarization data [J], Geophysics, 1979, 44 (4): 788-803

[2] Daniels J, Interpretation of buried electrod resistivity data using a layered earth model [J], Geophysics, 1978, 43 (5): 988-1001

[3] Petrick W R etc., Three-dimensional resistivity inversion using alpha centers [J], Geophysics, 1981, 46 (8): 1148-1162

[4] Dey A etc., Resistivity modeling for arbitrary shaped three dimensional structure [J], Geophysics, 1979, 44 (4): 753-780

[5] Sasaki Y, Resolution of resistivity tomography inferred from umerical simulation [J], Geophysical prospecting, 1992, 40 (4): 453-463

[6] Shima H, 2D and 3D resistivity image reconstruction using crosshole data [J], Geophysics, 1992, 57 (10): 1270-1281

[7] 张寅生, 电阻率法在考古工作中的应用初探 [J], 物探与化探, 1995, 11 (6): 462~464

[8] 王文龙等, 浅论高密度电阻率法在工程勘测中的应用效果 [J], 物探与化探, 1995, 19 (3): 229~237

[9] 底青云、王妙月等, 高密度电阻率法在珠海某防波堤工程中的应用 [J], 地球物理学进展, 1997, 12 (2): 79~88

[10] 钱复业等, 地面电探 CT 技术及其在三峡考古中的应用试验 [J], 考古, 1997, (3): 230~232

[11] 王兴泰等, 电阻率图像重建的佐迪反演及其应用效果 [J], 物探与化探, 1996, 20 (3): 228~233

雷达波有限元仿真模拟*

底青云　王妙月

中国科学院地质与地球物理研究所

摘　要　为了突出雷达波自身的动力学特点，本文首先用 Galerkin's 方法推导了含衰减项的雷达波有限元方程，用有限元方法实现了管状体、弯曲界面等复杂形体的雷达波场的仿真模拟。通过对比同一模型含衰减和不含衰减两种情况的波场，明显地展示了考虑雷达波自身特点后的波场仿真性较好。

关键词　雷达波　衰减　有限元模拟

1　引　言

随着计算机技术的飞速发展，探地雷达从探测技术到数字处理及资料解释都有了极大的进展，从而使得探地雷达的应用领域和作用越见显著。但是，其资料解释的方法至今仍主要是借鉴地震波的处理手段。然而介质中的雷达波（电磁波）的传播机制和弹性波是有重要区别的。由于雷达波的极高频特征，波长较短，介质吸收强烈，加之受地面干扰大，使得探测剖面复杂化，由此仿真的模拟复杂形体存在时的雷达波场特征，对认识实际的雷达记录，识别目的体的存在有着重要的意义。

和复杂弹性结构时的地震波一样，对于复杂电性结构，雷达波传播没有解析解，因而需要通过数值模拟的方法获得复杂电性结构中的雷达波正演解。基于波动理论的数值模拟常见的有 3 种方法：有限差分法，有限元法，边界积分法，另外还有基于射线理论的射线追踪法[1]。

目前电磁波（包括雷达波）的数值模拟多用有限差分法[2~4]，有限元方法出现较早[5~9]，但文献大都未给出电磁波有限元模拟的细节，且主要在频率域内完成，求解 2.5 维的亥姆霍兹方程。

根据对地震波模拟研究的经验，有限元方法更能适应复杂结构的情况，且仿真性较好[10]。本文将研究 2D 时空域内雷达波传播的有限元数值模拟，尤其研究探地雷达工作中经常遇到的基岩起伏弯曲界面、管状体、路面薄层等雷达波波场特征。

2　雷达波和地震波之间的对比

2.1　地震波动方程

在线流变体介质中，胡克定律可写成

$$\sigma_{ij} + \alpha_1 \dot{\sigma}_{ij} = (\alpha_2 \theta + \alpha_3 \dot{\theta})\delta_{ij} + \alpha_4 e_{ij} + \alpha_5 \dot{e}_{ij} \tag{1}$$

式中，σ_{ij} 为应力；e_{ij} 为应变；θ 为体膨胀；δ_{ij} 为 δ 函数；α_1、α_2、α_3、α_4、α_5 为系数；符号上的一点表示

*　本文发表于《地球物理学报》，1999，42（6）：818~825

求导。

对式（1）求坐标 x_j 的偏导数，并应用运动方程

$$\rho \frac{\partial^2 u_i}{\partial t^2} = \frac{\partial \sigma_{ij}}{\partial x_j} + \rho X_i \tag{2}$$

以及应变和位移之间的关系式

$$\frac{\partial e_{ij}}{\partial x_j} = \frac{1}{2} \Delta u_i + \frac{1}{2} \frac{\partial \theta}{\partial x_j} \tag{3}$$

考虑粘弹性介质，令 $\alpha_1 = 0$，$\alpha_4 = 2\mu_s$，$\alpha_5 = 2\mu'_s$，$\alpha_2 = \lambda_s$，$\alpha_3 = \lambda'_s$，对于二维情况，则有

$$\rho \frac{\partial^2 u_i}{\partial t^2} = (\lambda_s + \mu_s) \frac{\partial \theta}{\partial x_i} + \mu_s \Delta u_i + (\lambda'_s + \mu'_s) \frac{\partial \dot{\theta}}{\partial x_i} + \mu'_s \Delta \dot{u}_i + \rho X_i \qquad i = 1, 2 \tag{4}$$

式中，ρ 为介质密度；u_i 为运动位移；X_i 为外力；λ_s、μ_s 分别为拉梅常数；λ'_s、μ'_s 为阻尼常数。式（4）表明，二个分量是相互耦合的。在弹性介质中，即 λ'_s、μ'_s 为零时，式（4）即转化为弹性波动方程，在粘弹性介质中，即 λ'_s、μ'_s 不为零时，$(\lambda'_s + \mu'_s) \frac{\partial \dot{\theta}}{\partial x_i} + \mu'_s \Delta \dot{u}_i$ 的作用使波产生频散和被非完全弹性介质吸收。

2.2　高频电磁波（雷达波）波动方程

在国际单位制下，介质中的麦克斯韦方程为

$$
\begin{aligned}
\nabla \times \boldsymbol{E} &= -\frac{\partial \boldsymbol{B}}{\partial t} \\
\nabla \times \boldsymbol{H} &= \boldsymbol{J} + \frac{\partial \boldsymbol{D}}{\partial t} \\
\nabla \times \boldsymbol{D} &= \rho_s \\
\nabla \times \boldsymbol{B} &= 0
\end{aligned}
\tag{5}
$$

并有实验方程

$$\boldsymbol{D} = \varepsilon \boldsymbol{E} \qquad \boldsymbol{B} = \mu \boldsymbol{H} \qquad \boldsymbol{J} = \sigma \boldsymbol{E} \tag{6}$$

式中，ε、μ 分别为介电常数和导磁率；各向同性时为标量，各向异性时为张量；σ 为电导率；ρ_s 为自由电荷密度；$\boldsymbol{J}$ 为电流密度。

对方程（5）中的第一式两边求旋度，并应用矢量乘法规则

$$\nabla \times \nabla \times \boldsymbol{A} = -\nabla^2 \boldsymbol{A} + \nabla (\nabla \cdot \boldsymbol{A})$$

假设 ε、μ、σ 为坐标的缓变函数，它们的空间导数可以忽略，则有

$$-\nabla^2 E = -\nabla \times \frac{\partial B}{\partial t} = -\frac{\partial}{\partial t}\nabla \times B = -\mu\frac{\partial}{\partial t}\nabla \times H = -\mu\frac{\partial}{\partial t}\left(J + \frac{\partial D}{\partial t}\right) = -\mu\sigma\frac{\partial}{\partial t}E - \mu\varepsilon\frac{\partial^2 E}{\partial t^2}$$

或

$$\nabla^2 E = \mu\sigma\frac{\partial}{\partial t}E + \mu\varepsilon\frac{\partial^2 E}{\partial t^2}$$

考虑源后

$$\frac{\partial^2 E}{\partial t^2} - \frac{1}{\mu\varepsilon}\nabla^2 E + \frac{\sigma}{\varepsilon}\frac{\partial}{\partial t}E = S \tag{7}$$

式中，E 为电场强度；D 为电感强度；B 为磁感应强度；H 为磁场强度；S 为源函数。同理方程组式 (5) 中的第二式两边求旋度有

$$\nabla^2 H = \mu\sigma\frac{\partial}{\partial t}H + \mu\varepsilon\frac{\partial^2 H}{\partial t^2}$$

考虑源后

$$\frac{\partial^2 H}{\partial t^2} - \frac{1}{\mu\varepsilon}\nabla^2 H + \frac{\sigma}{\varepsilon}\frac{\partial}{\partial t}H = S \tag{8}$$

式 (7)、式 (8) 表明，磁场 H 和电场 E 及其分量满足相同的微分方程。

　　对于雷达波，频率 ω 很高，当 $\sigma \ll \varepsilon\omega$ 时，扩散项 $\mu\sigma\frac{\partial}{\partial t}H$ 或 $\mu\sigma\frac{\partial}{\partial t}E$ 几乎可以忽略，此时式 (7)、式 (8) 转化为纯波动方程。但当 σ 较大时，即对于良导体或接近良导体，或浅层含水的地层，$\sigma \ll \varepsilon\omega$ 不成立，则扩散项 $\mu\sigma\frac{\partial}{\partial t}H$、$\mu\sigma\frac{\partial}{\partial t}E$ 不能忽略，此时雷达波和粘弹性介质中的地震波一样发生频散和在传播过程中被介质吸收，只是雷达波的频散、吸收机制和粘弹性波的不同，表现在微分方程中制约频散和吸收的项其数学形式不一样，弹性波为 $(\lambda'_s + \mu'_s)\frac{\partial}{\partial x_i}\dot\theta + \mu'_s\Delta\dot u_i$，雷达波为 $\frac{\sigma}{\varepsilon}\frac{\partial}{\partial t}H$ 或 $\frac{\sigma}{\varepsilon}\frac{\partial}{\partial t}E$。

　　式 (4) 相应的有限元方程为[10]

$$M\ddot U + K'\dot U + KU = \dot F \tag{9}$$

式中，M 为质量阵；U 为位移矢量；$\dot U$ 为 U 的一次时间导数；$\ddot U$ 二次时间导数；K' 为阻尼阵；K 为刚度阵；F 为力矢量。对比式 (8)（或式 (7)）和式 (4)，我们可以写出时、空域中的 2D 雷达波有限元方程为

$$M\ddot{H} + K'\dot{H} + KH = S$$
$$M\ddot{E} + K'\dot{E} + KE = S$$
$$(10)$$

式（10）中雷达波的 M、K'、K 的表达式与地震波的具体表达式不同。因此尽管电磁波和地震波频散吸收机制不一样，形成有限元方程后的形式相同，可用和地震相同的方法解有限元方程。

在式（10）中 M 可表示为对角元素为 1 的对角阵，而式（9）中 M 阵对角元素的值可以各不相同。

3 雷达波有限元正演模拟的实施

3.1 对 $\sigma \ll \varepsilon\omega$ 时的情况

此时，假设扩散项可以忽略，雷达波有限元方程为

$$M\ddot{H} + KH = S_H \qquad (11)$$

$$M\ddot{E} + KE = S_E \qquad (12)$$

此时 K' 的元素全为零；S_H 为磁场源；S_E 为电场源，对于 Pulse Ekko IV 型探地雷达仪，天线发射脉冲时间函数形式为

$$f(t) = t^2 e^{-\alpha t} \sin\omega_0 t \qquad (13)$$

式中，ω_0 为发射中心频率；α 为衰减系数，可以取 $\alpha = \omega_0/\sqrt{3}$ [13]，这样对于中心频率 200MHz 的情况波函数如图 1 所示。模拟时取前 10 个点，并假定天线的发、接间距小到可以忽略，并且只考虑天线发射脉冲的时间性，忽略天线的方向特性。于是源函数为磁场源，S_H、S_E 可表示为

$$S(t, x) = f(t)\delta(x - x_0) \qquad (14)$$

x_0 为发射天线位置的坐标。

将研究区域划分成一系列的有限元单元（本文采用三角形，然后由三角形组装成四边形）求取 K 系数，M 为对角元素为 1 的对角阵，则可实现雷达波场的模拟。

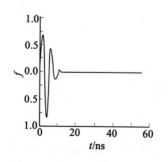

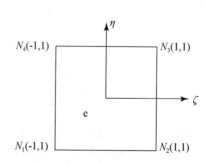

图 1　天线发射脉冲时间函数　　　　　图 2　形状函数

3.2 $\sigma \ll \varepsilon\omega$ 不成立

此时扩散项不能忽略，其有限元方程为式（10），$\boldsymbol{M}$ 和 $\boldsymbol{K}$ 取值同 3.1 中所述，只是 $\boldsymbol{K}'$ 需要重新求解。取 $\boldsymbol{N}$ 为形状函数，对于图 2 所示的局部坐标系，则有

$$N_1 = \frac{1}{4}(1-\zeta)(1-\eta)$$

$$N_2 = \frac{1}{4}(1+\zeta)(1-\eta)$$

$$N_3 = \frac{1}{4}(1+\zeta)(1+\eta)$$

$$N_4 = \frac{1}{4}(1-\zeta)(1+\eta)$$

相应于地震的四边形单元的阻尼阵 $\boldsymbol{K}'^{[10]}$，这里 $\boldsymbol{K}'$ 可表示为

$$\boldsymbol{K}' = \int_e \boldsymbol{N}^{\mathrm{T}}\boldsymbol{N}\frac{\sigma}{\varepsilon}\mathrm{d}x\mathrm{d}y = \frac{\sigma}{\varepsilon}\int_e \boldsymbol{N}^{\mathrm{T}}\boldsymbol{N}\mathrm{d}\zeta\mathrm{d}\eta$$

积分后可得 $\boldsymbol{K}'$ 的各元素值。

4　数值模拟

在上述理论基础上，我们设计了均匀介质中存在一薄层、单一管体的模型，分别对有衰减和无衰减两种情况进行了类自激自收模拟，同时对起伏的弯曲界面、双管体等情况进行了仿真模拟。模拟中二次源的设置没有考虑几何扩散和界面反射系数。

用有限元法进行仿真模拟时，几个模型采用的有限元剖分网格都为水平方向（x 向）100 个，垂直方向（y 向）50 个，水平格距 0.2m，垂直格距 0.2m。模拟时选用图 1 所示的脉冲函数。所有几何模型中的界面都用子波振幅勾画出。各层介质参数取值参照了文献［12］。各结果图中横轴为道号，纵轴为单程走时。

图 3a 为薄层模型，薄层厚 0.8m，薄层速度为 0.039m/ns，围岩介质速度为 0.03m/ns。图 3b 为不考虑介质衰减时的雷达波合成记录。从图中可以清楚地识别出薄层的上、下界面位置，这时其波动特性较明显。

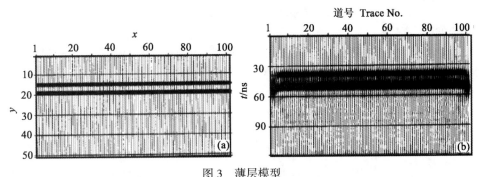

图 3　薄层模型

（a）几何模型；（b）雷达波记录

图4a 为均匀介质中存在一管状体的模型，管体直径约 0.7m，管体速度为 0.03m/ns，围岩速度为 0.17 m/ns。图4b 和图4c 分别为不考虑介质衰减时和考虑介质衰减时的雷达波记录。可以看出管体雷达波为双曲线。由于管体直径较大，所以双曲线弯曲跨度较大。比较两个记录我们可以看到图4c 考虑了雷达波的强衰减特征后，下部介质中波吸收明显，图像更加仿真。

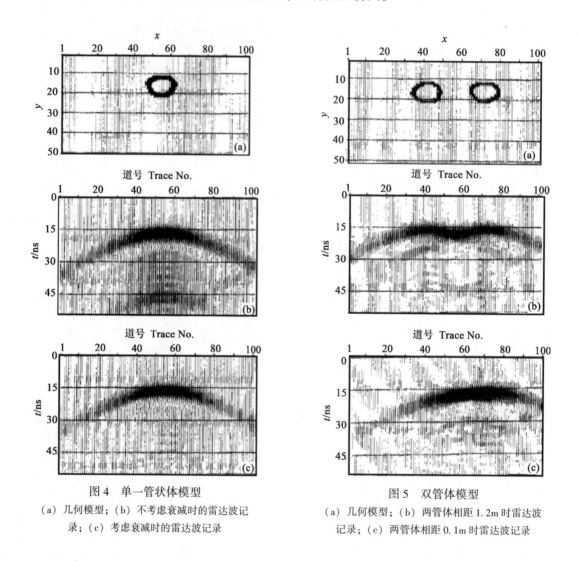

图4　单一管状体模型
（a）几何模型；（b）不考虑衰减时的雷达波记录；（c）考虑衰减时的雷达波记录

图5　双管体模型
（a）几何模型；（b）两管体相距 1.2m 时雷达波记录；（c）两管体相距 0.1m 时雷达波记录

为了检验方法的分辨率，我们设计了两个水平方向排列的管体，左管体速度为 0.06m/ns，右管体速度 0.3 m/ns，围岩速度 0.17 m/ns，两管心相距约 1.2m 时，图5b 的仿真记录清楚地显示了两管体的交叉双曲线特征（若管径小时，双曲线会分离），当双管体相距很近时，最近点相距 0.1m 时，记录图像两条双曲线的尖点靠拢，不易分辨（如图5c）。

在野外勘查中经常遇到需要搞清基岩面起伏或湖底界面起伏形态的工作，为了更好地认识起伏界面雷达波的特性，我们设计了弯曲界面模型如图6a，界面上部介质速度为 0.17m/ns，相对介电常数取 3，界面下部介质速度为 0.033m/ns，相对介电常数为 81。用含衰减项的有限元方法模拟了雷达波场记录（图6b）。图6b 表明界面起伏在波场图上都有较明显的显示，但对于向斜型弯曲，波长趋于向上，曲度减小，能量增大。

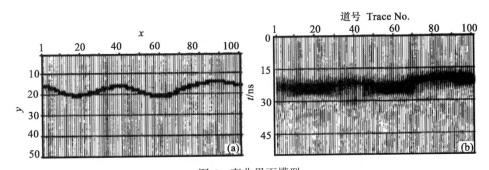

图6　弯曲界面模型

（a）几何模型；（b）雷达波记录

5　结　　语

数值模拟能够方便地实现雷达波的正演合成，尤其有限元方法能对任意复杂形体进行模拟。本文的有限元方法有以下几个特点：①从麦克斯韦方程出发，推导给出了含衰减项的雷达波的有限元方程及方程中各系数矩阵求法，较详细地阐述了其实施过程；②结合介质的特性，可方便地实现介质含衰减和不含衰减时时空域的雷达波场特征的模拟；③可设计任意复杂地质结构的模型，程序实现自动剖分网络，自动判读网格参数。

参 考 文 献

［1］邓世坤，1993，探地雷达图像的正演合成，地球科学，18（3）：285~293

［2］Bergmann T, Robertsson J O A, Holliger K, 1998, Finite-difference modeling of electromagnetic wave propagation in dispersive and attenuating media, Geophysics, 63（3）：856-868

［3］Kuns K S, Luebbers R J, 1998, The finite-difference time-domain method for electromagnetics, CRC press

［4］Roger R L, Jeffrey D J, 1997, Modeling near-field GPR in three dimendions using the FDTD method, Geophysics, 62（4）：1114-1126

［5］Coggon J H, 1971, Electromagnetic and electrical modeling by the finite element method, Geophysics, 36（1）：132-155

［6］Pierre V, 1992, Fixed loop source EM modeling results using 2D finite elements, Geophysical Prospecting, 40（8）：885-907

［7］Pridmore D F, Hohmann G W, Ward S H et al., 1981, An investigation of finite-element modeling for electrtical and electromagnetic data in three dimensions, Geophysics, 46（7）：1009-1024

［8］Wannamaker P E, Stodt J A, Rijo L, 1986, Two-dimendional tomographic responses in magnetotellurics modeled using finite-elemints, Geophysics, 51（11）：2131-2144

［9］沈飚，1994，探地雷达波波动方程研究及其正演模拟，物探化探计算技术，16（1）：29~33

［10］王妙月、郭亚曦、底青云等，1995，二维线性流变体波的有限元模拟，地球物理学报，36（4）：499~506

［11］黄南晖，1993，有耗媒质中电磁波的传播特性，地球科学，18（3）：257~265

［12］李大心，1994，探地雷达方法与应用，北京：地质出版社，61

Ⅲ — 32

探地雷达波波动成像的雅可比系数矩阵[*]

底青云　　王妙月

中国科学院地质与地球物理研究所

摘　要　波动成像最关键的一步就是求取成像方程的系数矩阵，也就是雅可比系数矩阵，也即波场对物性参数的偏导数矩阵。从探地雷达波满足的有限元波动方程出发，推导得到随时间可变的雅可比系数矩阵满足的波动方程，并阐述了在时间域和频率域分别求解该雅可比系数矩阵的方法。

关键词　雷达波　雅可比系数矩阵　波动　成像

提高探测分辨率一直是浅层勘探中地震和探地雷达共同追求的目标，改进硬件来提高分辨率是一条途径，研究新的处理技术是提高分辨率的另一种有效途径，这在石油地震勘探中已经取得了显著的成效，但是雷达波的动力学特征和地震波差异很大，在资料处理中不能直接套用地震的方法，应发展考虑自身特点的成像方法软件。

雷达波有限元偏移成像研究的结果表明[1,2]，考虑雷达波强衰减特征后，剖面的质量明显提高，地质解释的分辨率得到改善，因此，考虑雷达波的强衰减特征对于提高分辨率是非常必要的。但叠前深度偏移需要事先知道可靠的偏移速度资料。作者在研的基金项目就是借鉴地震波 2D 声波全波层析成像技术（未考虑衰减），发展含衰减的雷达波波动方程层析成像理论、方法技术。它是波动速度分析研究的前沿，也是提高雷达波资料处理质量的热点，可为获取雷达波叠前偏移所需要的精细叠前偏移速度提供方法、技术。

本文从电场和磁场满足的波动方程出发，推导得到了雷达波成像方程系数矩阵所满足的方程，并简述系数矩阵方程求解在时间域和频率域的方法。

1　雷达波波动有限元方程

在国际单位制下，从麦克斯韦方程组出发，经过一系列的矢量运算可以得到电场及磁场满足的方程[3,4]

$$\frac{\partial^2 \boldsymbol{E}}{\partial t^2} - \frac{1}{\mu\varepsilon}\nabla^2\boldsymbol{E} + \frac{\sigma}{\varepsilon}\frac{\partial \boldsymbol{E}}{\partial t} = \boldsymbol{S}_{\mathrm{E}} \tag{1}$$

$$\frac{\partial^2 \boldsymbol{H}}{\partial t^2} - \frac{1}{\mu\varepsilon}\nabla^2\boldsymbol{H} + \frac{\sigma}{\varepsilon}\frac{\partial \boldsymbol{H}}{\partial t} = \boldsymbol{S}_{\mathrm{H}} \tag{2}$$

式中，$\boldsymbol{E}$、$\boldsymbol{H}$ 分别为电场强度和磁场强度矢量；$\boldsymbol{S}_{\mathrm{E}}$、$\boldsymbol{S}_{\mathrm{H}}$ 分别为电场源和磁场源矢量；ε、μ 分别为介电

＊ 本文发表于《科学技术与工程》，2003，3（1）：64~66

常数和导磁率，各向同性时为标量，各向异性时为张量；σ 为电导率。

对于雷达波，频率很高，当 $\sigma \ll \varepsilon\omega$ 时，扩散项 $\dfrac{\sigma}{\varepsilon}\dfrac{\partial}{\partial t}H$ 或 $\dfrac{\sigma}{\varepsilon}\dfrac{\partial}{\partial t}E$ 几乎可以忽略，此时式（1）、式（2）转化为纯波动方程。但当 σ 较大时，即对于良导体或接近于良导体，或浅层含水的地层，$\sigma \ll \varepsilon\omega$ 不成立，则扩散项 $\dfrac{\sigma}{\varepsilon}\dfrac{\partial}{\partial t}H$、$\dfrac{\sigma}{\varepsilon}\dfrac{\partial}{\partial t}E$ 不能忽略，此时雷达波和粘弹性介质中的地震波一样发生频散，波在传播过程中被介质吸收，只是雷达波的频散、吸收机制和粘弹性波的频散、吸收机制不同，表现在微分方程中制约频散和吸收的扩散项在数学形式上和粘弹性波是不一样的。

作者已详细推导了线性流变介质中地震波的有限元方程[5]，对比式（1）、式（2）和作者 1995 年的工作，可以类比地写出电场和磁场对应的有限元方程为

$$M\ddot{E} + K'\dot{E} + KE = S_E \tag{3}$$

$$M\ddot{H} + K'\dot{H} + KH = S_H \tag{4}$$

式中，质量阵 M 为对角阵、阻尼阵 K'、刚度阵 K，和单元剖分形状及单元物性参数有关。我们将研究区域剖分成矩形单元，其单元形状函数 N 的分量可写成

$$
\begin{aligned}
N_1 &= \frac{1}{4}(1 - \zeta)(1 - \eta) \\
N_2 &= \frac{1}{4}(1 + \zeta)(1 - \eta) \\
N_3 &= \frac{1}{4}(1 + \zeta)(1 + \eta) \\
N_4 &= \frac{1}{4}(1 - \zeta)(1 + \eta)
\end{aligned}
\tag{5}
$$

阻尼阵 K' 可表示为

$$K'_{ij} = \int_e N_i^{\mathrm{T}} N_j \frac{\sigma}{\varepsilon} \mathrm{d}x\mathrm{d}y = \frac{\sigma}{\varepsilon} \int_e N_i^{\mathrm{T}} N_j \mathrm{d}\zeta\mathrm{d}\eta\, ab \qquad i、j = 1,\ 2,\ 3,\ 4$$

刚度阵 K 可表示为

$$K_{ij} = \int_e \frac{1}{\mu\varepsilon}\left(\frac{\partial N_i^{\mathrm{T}}}{\partial \zeta}\frac{\partial N_j}{\partial \zeta} + \frac{\partial N_i^{\mathrm{T}}}{\partial \eta}\frac{\partial N_j}{\partial \eta} \right)\mathrm{d}\zeta\mathrm{d}\eta$$

式中，a、b 为单元的边长的 $1/2$。

2 雅可比系数矩阵的求取

方程（3）、方程（4）表明，电磁波矢量的每一个分量满足的方程形式上都是一样的，我们用 χ 表示其任一分量作为研究工作的第一步。我们暂忽略阻尼项 K'，并记 $\lambda = \dfrac{1}{\mu\varepsilon}$。由于介质的 μ 变化很

小，未知量 λ 实际上主要反映介电常数 ε 的变化。此时由式（3）、式（4）不难推出雅可比矩阵 $\dfrac{\partial \boldsymbol{\chi}}{\partial \lambda_e}$ 组成的矢量 $\left\{\dfrac{\partial \boldsymbol{\chi}}{\partial \lambda}\right\} = \{\boldsymbol{B}\}$ 满足如下方程

$$[M]\left\{\frac{\partial \ddot{\boldsymbol{\chi}}}{\partial \lambda}\right\} + [K]\left\{\frac{\partial \boldsymbol{\chi}}{\partial \lambda}\right\} = -\left\{\frac{\partial K}{\partial \lambda}\right\}\{\boldsymbol{\chi}\} \tag{6}$$

式（6）表示灵敏度矩阵 $\{\boldsymbol{B}\}$ 和 $\boldsymbol{\chi}$ 满足的波动方程（3），方程（4）一样，也满足波动方程

$$[M]\{\ddot{\boldsymbol{B}}\} + [K]\{\boldsymbol{B}\} = S' \tag{7}$$

只是力项 S_e 成为

$$S' = -\left[\frac{\partial K}{\partial \lambda}\right]\{\boldsymbol{\chi}\} \tag{8}$$

式（7）表明，灵敏度矩阵随时间是可变的，解（7）式可有两种方法。

2.1 时间域

用正演的时间迭代有限元方程直接求解，即令 $IT = 1$、2、$\cdots$、NT，正演得到 $\dfrac{\partial \boldsymbol{\chi}}{\partial \lambda}$。此时得到的 $\dfrac{\partial \boldsymbol{\chi}}{\partial \lambda}$ 是所有节点所有时间的值，我们只需可观测的资料，例如表明地面各节点，所有时间的值，可从中取出，便得到与观察资料点相应的各节点的波场 $\boldsymbol{\chi}$ 随地下单元 λ 值变化的灵敏度矩阵，获得 $\dfrac{\partial \boldsymbol{\chi}}{\partial \lambda}$ 后可得反演方程

$$\boldsymbol{\chi} - \boldsymbol{\chi}_0 = \frac{\partial \boldsymbol{\chi}}{\partial \lambda}\delta\lambda$$

对 $\delta\lambda$ 为反演值，$\boldsymbol{\chi}$ 为观测的地面场值，$\boldsymbol{\chi}_0$ 为初始模型计算的场值，$\delta\lambda$ 为模型修改值。迭代求得 $\delta\lambda$ 后 $\lambda = \lambda_0 + \delta\lambda$ 为所求参数，即成像结果。

2.2 频率域

$\dfrac{\partial \boldsymbol{\chi}}{\partial \lambda} = \boldsymbol{B}$ 所满足的方程即为

$$\omega^2\{\boldsymbol{B}\} + [K]\{\boldsymbol{B}\} = \{\boldsymbol{S'}\}$$

或

$$[K + \omega^2 \boldsymbol{I}]\{\boldsymbol{B}\} = \{\boldsymbol{S'}\}$$

或

$$[K'_\omega]\{\boldsymbol{B}\} = \{\boldsymbol{S'}_e\} \tag{9}$$

利用式（6）求得频率域 $\{\boldsymbol{B}\}$ 后，转到时间域，就可得到时间域的灵敏度矩阵。注意，此时 $\boldsymbol{S'}$ 也为频率域的值，也即对场 $\boldsymbol{\chi}$ 也要先做 FFT，获得频率域的值后再做式（9）。

时间域和频率域的成像的理论研究结果将另文发表。

参 考 文 献

[1] 底青云、王妙月，雷达波有限元仿真模拟，地球物理学报，1999，42（6）：818~825
[2] 底青云、许琨、王妙月，衰减雷达波有限元偏移，地球物理学报，2000，43（2）：257~263
[3] 方文藻、李予国、李貅，瞬变电磁测深法原理，西安：西北工业大学出版社，1993
[4] 李大心，探地雷达方法与应用，北京：地质出版社，1964，61
[5] 王妙月、郭亚曦、底青云，二维线性流变体波的有限元模拟，地球物理学报，1995，36（4）：499~506

Ⅲ — 33

Migration of ground-penetrating radar data with a finite-element method that considers attenuation and dispersion[*]

Di Qingyun　　Wang Miaoyue

Chinese Academy of Sciences, Institute of Geology and Geophysics

Abstract: We use a numerical model to study the effects of attenuation and dispersion upon the migration of ground penetrating radar (GPR) profiles. A finite element method (FEM) is developed that incorporates attenuation and is used to generate synthetic GPR profiles with random noise. These profiles are then migrated with and without the attenuation term using our FEM codes. The misfit between the position of interfaces in the model and the position of corresponding interfaces in the migrated profile is greatly decreased when the attenuation term is considered in the migration process. The improvement in resolution results from the use of the group velocity rather than any phase velocity. Consequently, for dispersive media the attenuation term of high-frequency GPR waves cannot be ignored in migration.

1　Introduction

In recent years, ground-penetrating radar (GPR) has been successfully applied to engineering, environmental, and archeological exploration. Most GPR data processing methods are derived from advanced seismic data processing. However, in some respects radar and seismic waves are very different because radar waves exhibit stronger attenuation nd dispersion than do seismic waves in typical earth media (Miller et al., 1995). Thus, to optimize GPR data processing, methods developed for seismic exploration should be adapted to include the attenuation.

In the past ten years, many migration methods have been developed for seismic exploration. These include the space-time domain, $f-k$ domain, space-frequency domain, $\tau-p$ domain, prestack and poststack acoustic waves, elastic waves, finite difference, finite element, and Kirchhoff integration methods (Lee et al., 1987; Fisher et al., 1992; Hu, 1992; Deng, 1993a, b; Christian et al., 1994; Gregg, 1998). These seismic methods can be used with common-offset GPR data as shown by Fisher et al. (1992), who uses reversed-time migration to improve the resolution of GPR data. The most commonly used migration methods in GPR data processing are the finite-difference, ray tracing, and Kirchhoff approaches, but none of these considers the attenuation. In a conductive layer, when the conductivity σ is comparable to or larger than the product of the layer's di- electric constant ε and the dominant radian wave frequency ω of the GPR pulse, the attenuation term cannot be neglected in the wave equation. The function of this term is the same as that of the non elastic term of the seismic wave equation. This paper develops the migration method for attenuated and dispersed GPR waves using FEM.

＊ 本文发表于《Geophysics》, 2004, 69 (2): 472-477

2　Finite-element equation for attenuation and dispersion of GPR waves

In SI units, the electromagnetic wave equations with a source can be written as (Fang et al., 1993; Li, 1994)

$$\frac{\partial^2 E}{\partial t^2} - \frac{1}{\mu\varepsilon}\nabla^2 E + \frac{\sigma}{\varepsilon}\frac{\partial}{\partial t}E = S_e \tag{1}$$

for the vector electric field E and

$$\frac{\partial^2 H}{\partial t^2} - \frac{1}{\mu\varepsilon}\nabla^2 H + \frac{\sigma}{\varepsilon}\frac{\partial}{\partial t}H = S_h \tag{2}$$

for the vector magnetic field H.

Here, ε and μ are the dielectric and magnetic permeability, respectively. When they are scalars, the medium is isotropic. When they are tensors, the medium is anisotropic. The value S_e is an electric-field source and S_h is a magnetic-field source; σ is conductivity and t is time.

The dominant radian frequency ω of GPR pulses is usually greater than 10^6 Hz. When $\sigma \ll \varepsilon\omega$, the attenuation (diffusion) terms $(\sigma/\varepsilon)(\partial/\partial t)H$ or $(\sigma/\varepsilon)(\partial/\partial t)E$ can be neglected, and equations (1) and (2) reduce to harmonic-wave equations. For a relatively good conductor, however, these terms cannot be neglected. In this case, the waves will be dispersed and attenuated. We derive the 2D finite-element equations as follows (Wang et al., 1995). We let u represent one component of H or E and f represent the corresponding component of S_e or S_h, so that u and f satisfy the following scalar differential equation:

$$Lu = \frac{\partial^2 u}{\partial t^2} - \frac{1}{\mu\varepsilon}\nabla^2 u + \frac{\sigma}{\varepsilon}\frac{\partial u}{\partial t} = f \tag{3}$$

We divide the 2D region to be migrated into rectangular boxes and let u be a linear function of position coordinates in each box, such that

$$u = Nq \tag{4}$$

and the residual R between Lu and f is

$$R = Lu - f \tag{5}$$

Here, N is the shape function for linear interpolation and q is the column vector whose components are q_i—that is, u at node i of the box where $i = 1, 2, 3, 4$. Using the Galerkin method, the general 2D finite-element equation can be written as

$$\sum_e \int_{A_e} N^T r \mathrm{d}x\mathrm{d}z = 0 \tag{6}$$

where A_e is the area of box e and $\boldsymbol{r}$ is the vector expression of R when equation (4) is substituted into equation (5). Substituting equations (3), (4), and (5) into equation (6) and using the Gaussian theorem yields

$$\sum_e \int_{A_e} \frac{\partial}{\partial x}\left(\frac{\partial \boldsymbol{N}^{\mathrm{T}}}{\partial x}\boldsymbol{N}\right) \mathrm{d}x\mathrm{d}z = \int_l \frac{\partial \boldsymbol{N}^{\mathrm{T}}}{\partial x}l_x\mathrm{d}l \tag{7}$$

where l denotes the integral route along the boundary and l_x expresses the direction cosine in the direction x. We then have

$$M\ddot{u} + Ku + K'\dot{u} = f = f_\mathrm{b} \tag{8}$$

The quantities $\boldsymbol{M}$, $\boldsymbol{K}$, $\boldsymbol{K}'$, $\boldsymbol{f}$, $\boldsymbol{u}$, $\boldsymbol{f}_\mathrm{b}$ are integrated from M_e, K_e, K'_e, f_e, u_e, f_{eb}, respectively, and are composed of the nodes u. The quantity $\boldsymbol{f}_\mathrm{b}$ is a boundary term, and $\boldsymbol{M}_e$, K_e, $\boldsymbol{K}'_e$, $\boldsymbol{f}_{eb}$ can be written as

$$M_e = \int_{A_e} \boldsymbol{N}^{\mathrm{T}}N\mathrm{d}x\mathrm{d}z$$

$$K_e = \int_{A_e} \frac{1}{\mu\varepsilon}\left(\frac{\partial \boldsymbol{N}^{\mathrm{T}}}{\partial x}\frac{\partial \boldsymbol{N}}{\partial x} + \frac{\partial \boldsymbol{N}^{\mathrm{T}}}{\partial z}\frac{\partial \boldsymbol{N}}{\partial z}\right)\mathrm{d}x\mathrm{d}z \tag{9}$$

$$K'_e = \int_{A_e} \frac{\sigma}{\varepsilon}\boldsymbol{N}^{\mathrm{T}}N\mathrm{d}x\mathrm{d}z$$

and

$$f_{eb} = \int_l \frac{1}{\mu\varepsilon}\left(\frac{\partial \boldsymbol{N}^{\mathrm{T}}}{\partial x}Nl_x + \frac{\partial \boldsymbol{N}^{\mathrm{T}}}{\partial z}Nl_z\right)\mathrm{d}lq \tag{10}$$

In the finite-element equation (8), $\boldsymbol{K}'\dot{\boldsymbol{u}}$ is the attenuation term. Although the dispersion and attenuation mechanisms are different between radar and seismic waves, the finite-element equations have the same form, and we can introduce the method used in seismic modeling (Wang et al., 1995) to solve the radar-wave equations.

3　Forward modeling results

Starting from the above theory, we introduce two forward modeling examples: a single anomaly and a double anomaly. For both models, the finite-element mesh has 100 elements in the horizontal direction and 50 in the vertical direction. The elements are 0.1m long in the horizontal direction and 0.2m in the vertical direction. The source function is

$$f(t) = t^2 \mathrm{e}^{-\alpha t}\sin(\omega_0 t) \tag{11}$$

where α is $\omega_0/\sqrt{3}$ and f_0 is the center frequency, $\omega_0 = 2\pi f_0$.

Figure 1a shows the single-anomaly model. The diameter of the anomaly is about 0.7m, and the material is modeled as water. The velocity in water is 0.03m/ns, and σ/ε in water is 0.000333. The surrounding medium is modeled as dry soil with velocity of 0.15m/ns; σ/ε is 0.00123. Figure 1b shows the predicted section with the attenuation term ignored. Figure 1c shows the profiles with the attenuation term. The response of the anomaly is a hyperbola. Comparing Figure 1b with Figure 1c, we can see that later arrivals are significantly reduced in amplitude when attenuation is included in the forward modeling.

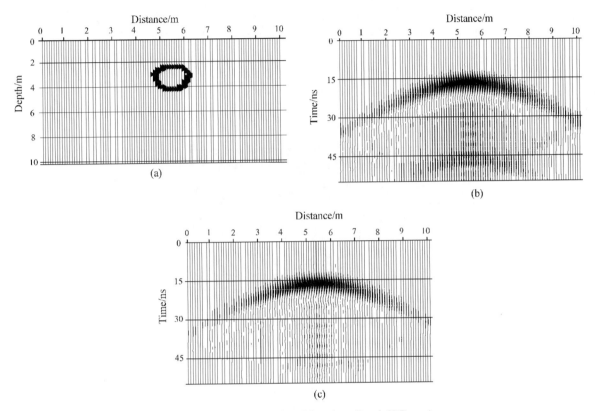

Figure 1   Single-anomaly model and predicted CDP section

(a) Model; (b) CDP section without attenuation term; (c) Modeling result with attenuation term

To test the resolution, we also designed a double-anomaly model (Figure 2a). The left anomaly is modeled as wet soil in which the velocity is 0.06m/ns and σ/ε is 0.00123. The right anomaly is modeled as water with a velocity of 0.033m/ns and σ/ε of 0.00025. The surrounding medium is modeled as dry soil with a velocity of 0.15m/ns. When the distance between the centers of the two anomalous bodies is 3m, the profile (Figure 2b) shows clearly the overlapping hyperbola characteristics. When the distance between the two centers of the anomalies is 1m, the two hyperbolas are not distinct (Figure 2c).

4   Migration results

4.1   Migration principle

The principle of GPR migration is essentially the same as that used for seismic migration. Here we use post-stack (zero offset) migration. The modeling process considers upgoing waves from secondary sources on interfaces at zero time ($t=0$), which arrive at the surface at time t. The migration is then a reverse process in which waves at a certain time t on the surface travel back to secondary sources. The real image of an interface is formed at zero time. The migrated profile at zero time is then just the depth profile of the interfaces.

The synthetic radar data are generated by the finite-element method (FEM) using the method of Di et al. (1999). For all following models, the finite-element meshes and source function are the same as that in the a-

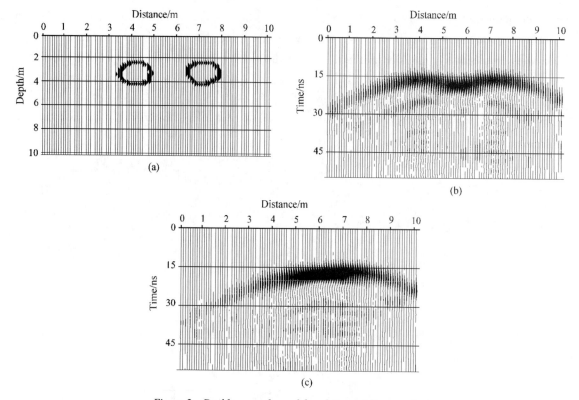

Figure 2　Double-anomaly model and its modeling results

（a）Model；（b）Modeling result. The distance between two anomaly bodies ＝ 3m；

（c）Modeling result. The distance between two anomaly bodies＝1m

bove two models.

4. 2　Numerical model's migration results

Our first model is the same as that in Figure 1a. To test the stability of the method to the presence of noise, we added 5% random noise to the data for both Figures 1b and 1c and then performed reverse time migration with the FEM. Figures 3a and 3b are the migrated profiles corresponding to Figures 1band 1c. Comparing Figures 3b and 3a with Figure 1a, we see the configuration of the recovered anomaly in Figure 3b is much clearer than the recovered anomaly in Figure 3a. There are a number of artifacts and noise in the migrated section shown in Figure 3a. The position of the center of the anomaly in Figure 3bis recovered more reliably when attenuation is included in the migration.

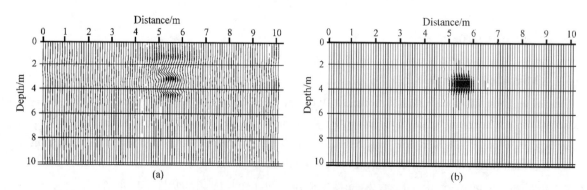

Figure 3　Single- anomaly model and its migrated results

（a）Migrated profile without attenuation included in migration；（b）Migrated profile with attenuation included in migration

Using the double-anomaly model in Figure 4, we tested the lateral resolution of the migration method. The velocity in the surrounding medium is also 0.15m/ns; the velocity within the left and right anomalies are 0.06 and 0.033m/ns, respectively; and the related dielectric constants are 5, 40, and 81. The element size is 0.2m in both horizontal and vertical directions. The forward modeling results with attenuation are shown in Figure 4b. The two pipes produce the two hyperbolas in the profile. The migrated profiles with attenuation are shown in Figure 4c, which shows the two anomalies, migrated to their true positions. Although the geometry and size of the recovered anomalies are not exactly the same as those of the original model (Figure 4a), the separation and locations are almost exact.

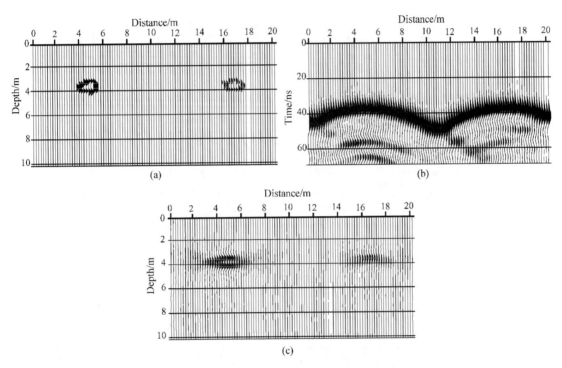

Figure 4   Double-anomaly models and its migrated profile
(a) Model; (b) Modeling result with attenuation; (c) Migrated profile

To further test the migration results, we considered the fault model shown in Figure 5a. The radar wave phase velocities (V_0) in the first, second, and third layers are 0.14, 0.11, and 0.15m/ns, respectively. The finite-element mesh size is the same as that in Figure 4. The corresponding conductivities are 0.01, 0.02, and 0.0025S/m, respectively, and the relative dielectric constants are 4.6, 7.4, and 4, respectively. We can obtain the single- shot forward modeling records without (Figure 5b) and with (Figure 5c) attenuation in which the direct and surface waves are removed with Huygens' principle (Di and Wang, 1999) and the source is on the surface, 2m from the origin. The horizontal axis is offset in both Figures 5b and 5c. As the migration principle is not exactly the same as that used for a zero-offset data set, the real image of an interface is recovered at the time that equals the traveltime from the shot to the subsurface interface. Figure 5d is the migrated profile of Figure 5c without the attenuation term, and Figure 5e is migrated profile of Figure 5c with the attenuation term. The recovered interfaces in Figure 5d are incorrectly positioned with an error of about 0.3m in depth. Figure 5e almost exactly agrees with the model.

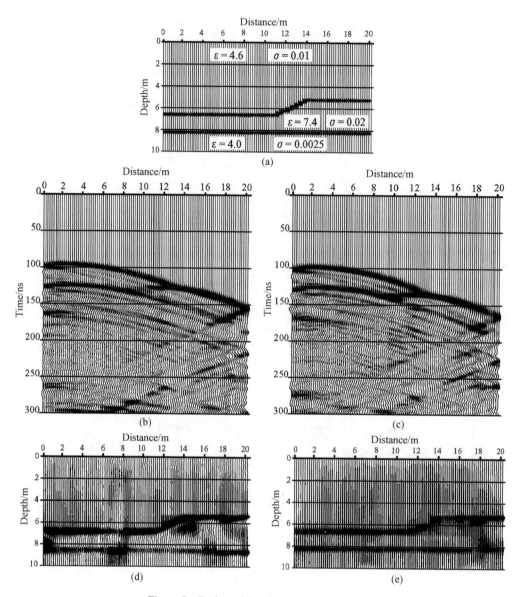

Figure 5　Fault model and its migrated profiles

（a）Model；（b）Offset record without attenuation；（c）Offset record with attenuation；（d）Migrated profile without attenuation included in the migration algorithm；（e）Migrated profile for attenuated data with attenuation

5　Discussion

We need to image the correct interface positions during the migration process. From Figures 5e and 5d, we can see that the interfaces are imaged at different positions. Comparing Figure 5b with Figure 5c, we can see that when the attenuation term is incorporated in the forward modeling, the traveltime becomes slightly greater, which means the attenuation term reduces the velocity of wave propagation.

The cause of this difference is that the energy propagates at the group velocity C and not the phase velocity V_0. In our case,

$$k = \frac{\omega}{V_0} \sqrt{1 + j \frac{\sigma}{\varepsilon \omega}}$$

where k is the wave number and $j = \sqrt{-1}$. For GPR wave, $\sigma/\varepsilon\omega$ is much smaller than one; hence,

$$dk = \frac{dk}{d\omega_0} * d\omega \approx \frac{\sqrt{1 + j \dfrac{\beta}{\omega}}}{V_0} d\omega$$

and

$$C = \frac{dk}{d\omega_0} = \frac{V_0}{\sqrt{1 + j \dfrac{\beta}{\omega}}} \approx C_R \left(1 - j \frac{\beta}{2\omega}\right)$$

where

$$C_R = \frac{V_0}{1 + \left(\dfrac{\beta}{2\omega}\right)^2} \qquad \beta = \frac{\sigma}{\varepsilon}$$

The energy propagates with speed equal to the real part of $C = C_R$; C_R is smaller than V_0. Use of C_R instead of V_0 in the migration procedure improves the recovered position of the interfaces.

If we let $f = 100$MHz in Figure 5a, $\sigma = 0.01$, $\varepsilon_r = 4.6$, $\varepsilon = \varepsilon_r \varepsilon_0$, $\varepsilon_0 = 8.854 * 10^{-12}$, and $\omega = \omega_p = 2\pi \times 10^8$, then $C_R = V_0/[1 + (0.195)^2] = 0.963 V_0$. The dominant frequency of the GPR wave will change during the propagation process because of the strong attenuation and dispersion caused by the earth medium. The higher frequency components will be more strongly absorbed, and the dominant frequency will decrease. If n is defined as a frequency decrease factor, so that $\omega = (1 - n)\omega_p$, then

$$C_R \approx \frac{V_0}{1 + \left(\dfrac{0.195}{1 - n}\right)^2}$$

If $n = 0.1$, then $C_R = 0.955\ V_0$. If $n = 0.2$, then $C_R = 0.944\ V_0$. The real depth of the upper-left interface in Figure 5a is 6.63m, and the recovered depth of this interface in Figure 5d is 6.9m, and the error is about 0.3m. For this interface, the two-way traveltime is about 99ns (Figure 5c). If we take $n = 0.1$, then $C_R = 0.955\ V_0$. According to the migration imaging principle, the two-way traveltime of 99ns makes the distance error about ($V_0 - C_R$) $\times t/2 = 0.312$m. This means that during wave propagation the dominant frequency will decrease to $0.9\omega_p$. The higher frequencies in the GPR pulse are more easily absorbed during propagation, which seems to be reasonable.

6　Conclusions

According to the synthetic migration test results, if GPR data generated within an attenuating medium are migrated without attenuation included in the modeling, the resulting migration image will be distorted. Interfaces will be imaged at depths that are significantly too deep because attenuation effectively reduces the energy propagation velocity. This is because the position of the energy focus depends on the group velocity and not on the phase velocity for the dispersed wave, and these two velocities are different.

The model tests indicate that our finite-element equation and corresponding programs are consistent with other solutions to the same problem. The limited numerical examples shown in Figures 3-5 indicate that the quality of migrated profiles with the attenuation term is better than that of the migrated one without the attenuation term. For example, Figure 3b shows a migrated profile with the attenuation term, in which the border of the object body is much clearer than in the migrated profile without the attenuation term. In addition, there are some artifacts in the migrated profile without the attenuation term in Figure 3a. The method is also shown to be effective on more complex models (Figures 4 and 5). Although further study will be needed for some accurate quantitative improvement index, in our model study in Figure 5, the improvement of depth of the upper interface reaches almost to 5%. Although this value is large, it is significant for improving the resolution. Because most GPR field data show attenuation and dispersion, these effects must be included in the migration of GPR field data.

7　Acknowledgments

The authors and their research group would like to acknowledge financial support from NNFC (National Nature Foundation Committee), project numbers 49604054 and 40074035. The comments and suggestions of the Geophysics reviewer share appreciated, especially those of Associate Editor Steven Arcone. The constructive comments of Martyn Unsworth also improved the quality of this manuscript.

References

Christian S, Dietrich R and Nick K P, 1994, Eccentricity-migration for the imaging of pipes in radar reflection data: 56th Annual Meeting, European Association of Geologists and Engineers, Extended Abstracts, 1014

Deng S K, 1993a, Application of Kirchhoff integral migration method to processing GPR image: Earth Sciences, 18, 303-308

Deng S K, 1993b, Forward synthesis for GPR image and migration: Acta Geophysica Sinica, 36, 528-535

Di Q Y and Wang M Y, 1999, Two-dimensional finite element modeling for radar wave: Acta Geophysica Sinica, 42, 317-321

Fang W Z, Li Y G and Li X, 1993, Principle of transient geomagnetic sounding method: University of Northwest Industry Press

Fisher E, McMechan G A and Annan A P, 1992a, Acquisition and processing of wide-aperture ground-penetrating radar data: Geo-physics, 57, 495-504

Fisher E, McMechan G A, Annan A P and Cosway S W, 1992b, Examples of reverse-time migration of single-channel, ground-penetrating radar profiles: Geophysics, 57, 577-586

Gregg H, 1998, Migration of ground-penetrating radar data: A tech-nique for locating subsurface targets: 58th Annual International Meeting, Society of Exploration Geophysicists, Expanded Abstracts, 345-347

Hu L Z, 1992, Imaging pipeline in 3 - D by ground-penetrating radar: 62nd Annual International Meeting, Society of Exploration Geo-physicists, Expanded Abstracts, 352-355

Lee S, McMechan G A and Aiken C L V, 1987, Phase-field imaging: The electromagnetic equivalent of seismic migration: Geophysics, 57, 678-693

Li D X, 1994, Method and application of GPR: Geology Press, Beijing

Miller R D, Anderson N, Feldman H R and Franseen E K, 1995, Vertical resolution of a seismic survey in stratigraphic sequences
less than 100m deep in Southeastern Kansas: Geophysics, 60, 423-430

Wang M Y and Di Q Y, 2000, Method of probing inelasticity parameters of earth medium: Acta Geophysica Sinica, 43, 322-330

Ⅲ— 34

衰减雷达波有限元偏移*

底青云　许　混　王妙月

中国科学院地质与地球物理研究所

摘　要　高频雷达波在地球介质中有较强的衰减，反演中不可忽略。为此文中首先给出了含衰减项的雷达波的有限元方程及其偏移理论。用有限差分法或有限元法可正演合成雷达波资料，加入一定的扰动后用含衰减项的雷达波有限元方程做偏移，实例结果表明，考虑衰减项的偏移结果能使界面更好地归位，这为提高探地雷达地质解释的分辨率提供了可能性，为逐渐地实现符合雷达波自身动力学特点的处理系统奠定了基础。

关键词　衰减　雷达波　偏移　有限元方法

1　引　　言

近几年来，探地雷达取得了丰硕的成果，它在工程、环境、考古等领域的作用越来越不可低估。探地雷达相对反射地震价格低廉，若能进一步提高其分辨率，其应用前景是不可估量的。雷达波和地震波相比在动力学方面存在较大差异，在地层中有强的衰减[1]。因此资料处理不能只停留在借用反射地震资料处理软件的时代，处理软件必须考虑雷达波自身的动力学特点，发展针对雷达波自身特点的含衰减及抗干扰的雷达波偏移方法。

雷达波发射天线和接收天线之间存在偏移距。对于单道接收，通常采用小偏移距，在剖面上连续等间距移动的发射接收记录组成了近似的自激自收剖面。Frisher[2]等人做了 40 个接收道的雷达波资料采集和资料处理试验，采用和反射地震相同的接收方式，经动校和水平叠加后形成水平叠加剖面。自激自收剖面或水平叠加剖面的理论假设反射面是水平层状的，而实际电性界面并不水平。因此叠加剖面的像是被畸变的，和地震水平叠加剖面一样，需通过偏移使位置上被畸变的电性界面的像归到准确的位置。在地震剖面处理中时空域、$f-k$ 域、空间频率域、$\tau-p$ 域、叠前叠后、声波、弹性波、有限差分、有限元、克希霍夫积分法等各种各样的偏移方法都有人研究，至今已经比较成熟。这些偏移方法可以被引进到雷达波的偏移中来。在雷达波偏移的文献[3~9]中常见的有有限差分、射线追踪、克希霍夫积分偏移，这些方法一般不考虑衰减项。然而对于雷达波，当 $\sigma \ll \omega\varepsilon$ 不成立时，扩散项相应于地震波的非弹性项，其影响不容忽略。

本文用有限元方法研究存在衰减项的雷达波偏移方法，为界面更好的归位，及进一步提高探地雷达地质解释的分辨率提供可能性。同时为了对比，也研究了不存在扩散项时的雷达波有限元逆时偏移方法。

2　含衰减项的雷达波有限元方程

在国际单位制下，从麦克斯韦方程组出发，经过一系列的矢量运算可以得到电场及磁场满足的

* 本文发表于《地球物理学报》，2000，43（2）：257~263

方程[10,11]：

$$\frac{\partial^2 E}{\partial t^2} - \frac{1}{\mu\varepsilon}\nabla^2 E + \frac{\sigma}{\varepsilon}\frac{\partial E}{\partial t} = S_E \tag{1}$$

$$\frac{\partial^2 H}{\partial t^2} - \frac{1}{\mu\varepsilon}\nabla^2 H + \frac{\sigma}{\varepsilon}\frac{\partial H}{\partial t} = S_H \tag{2}$$

式中，E、H 分别为电场强度和磁场强度矢量；S_E、S_H 分别为电场源和磁场源矢量；ε、μ 分别为介电常数和导磁率，各向同性时为标量，各向异性时为张量；σ 为电导率。

对于雷达波，频率很高，当 $\sigma \ll \varepsilon\omega$ 时，扩散项 $\frac{\sigma}{\varepsilon}\frac{\partial}{\partial t}E$ 或 $\frac{\sigma}{\varepsilon}\frac{\partial}{\partial t}H$ 几乎可以忽略。此时式（1）、式（2）转化为纯波动方程。但当 σ 较大时，即对于良导体或接近于良导体，或浅层含水的地层，$\sigma \ll \varepsilon\omega$ 不成立，则扩散项 $\frac{\sigma}{\varepsilon}\frac{\partial}{\partial t}E$、$\frac{\sigma}{\varepsilon}\frac{\partial}{\partial t}H$ 不可以忽略，此时雷达波和粘弹胜介质中的地震波一样发生频散，波在传播过程中被介质吸收，只是雷达波的频散、吸收机制和粘弹性波的频散、吸收机制不同，表现在微分方程中制约频散和吸收项的数学形式不一样。

文献［12］已详细推导了线性流变介质中地震波的有限元方程，对比式（1）、式（2）和文献［12］中的波动方程表达式，可以类比地写出电场和磁场对应的有限元方程为

$$M\ddot{E} + K'\dot{E} + KE = S_E \tag{3}$$

$$M\ddot{H} + K'\dot{H} + KH = S_H \tag{4}$$

式中，M 可近似地表示为对角元素为 1 的对角阵；K 为刚度系数矩阵，它是和单元剖分形状及单元物性参数相关的量，求取方法和文献［12］中的刚度阵类似；K' 为扩散系数矩阵。我们将研究区域剖分成矩形单元，对于图 1 所示的局部坐标系形状函数 N 的分量为

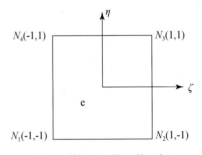

图 1　单元 e 形状函数几何

$$N_1 = \frac{1}{4}(1-\zeta)(1-\eta)$$

$$N_2 = \frac{1}{4}(1+\zeta)(1-\eta)$$

$$N_3 = \frac{1}{4}(1+\zeta)(1+\eta) \tag{5}$$

$$N_4 = \frac{1}{4}(1-\zeta)(1+\eta)$$

和地震波的四边形单元的阻尼阵 K' 类似[1,2]，K' 可表示为

$$K' = \int_e N^T N \frac{\sigma}{\varepsilon}\mathrm{d}x\mathrm{d}y = \frac{\sigma}{\varepsilon}\int_e N^T N\mathrm{d}\zeta\mathrm{d}\eta \qquad i, j = 1, 2, 3, 4 \tag{6}$$

积分后可得到 **K′** 的各元素的值。

3 雷达波有限元偏移理论及实施

雷达波的偏移原理和地震波是相同的，可分为叠前偏移和叠后偏移。本文只讨论利用自激自收剖面资料的叠后偏移，如果认为正演的过程是波从源向外扩散的过程，那么逆时偏移则是波从某一时刻收缩回来的过程，把地面记录的自激自收时间剖面作为边界值，由记录的第 N_i 个时刻开始逆时递推波场，计算出地下各节点处的波场值，那么零时刻的深度剖面即为所求的偏移剖面。

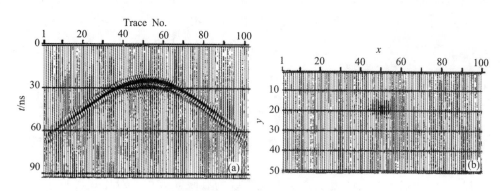

图 2　圆点模型正演记录及偏移结果
（a）有限差分法正演记录；（b）有限元偏移结果

为了使方法适用于实际资料处理的情况，模型试验过程均仅仅利用地面记录作时间偏移，模型试验时，正演雷达波记录由有限元方法生成[13]，由于只考虑自激自收剖面资料，雷达波天线的方向性特性影响可以忽略，模拟时雷达天线的其他特性及发射波形的中心频率等与文献［13］中论述的一样，然后对记录加入一定的随机干扰后做偏移。或正演记录用有限差分合成，然后直接用有限元做逆时偏移。为了验证方法的有效性，我们设计了一个水平方向 x100 个网格、垂直方向 y50 个网格、格距 0.2m、雷达波速度为 0.17m/ns 的均匀模型，在水平方向 51 垂直方向 19 节点处放一个垂直节点力。用有限差分方法计算了地表 101 个节点 160 个时间步的理论垂直分量记录，如图 2a 所示。对资料加 30% 的随机噪声后，零时刻逆时递推波场能量的结果如图 2b 所示。图 2b 表明波场反演结果是可靠的。

4　偏移结果

选定研究区域，按矩形单元剖分，数值模拟时取水平方向 x10 个网格，垂直方向 y50 个网格，格距为 0.2m。

在均匀介质中有一直径约 0.6m 的管体，围岩雷达波速度为 0.17m/ns，如图 3a，管体速度为 0.033m/ns。利用上述含衰减项的有限元方程获得的零地面记录如图 3c，不考虑衰减时的地面记录如图 3b，对资料分别加 5% 的扰动后，进行有限元逆时偏移，根据上述成像理论，得到对应图 3b 和 3c 的偏移剖面 3d 和 3e，含衰减的雷达波偏移使得管体归位比较准确，而不考虑衰减的偏移剖面 3d，则干扰较大。这充分肯定了在实际资料处理中，不能忽视衰减项的作用。

为了检验对复杂介质偏移的效果，我们又设计了双管体模型，如图 4a，围岩仍取 0.17m/ns，左边管体速度 0.06m/ns，右边管体速度 0.033m/ns，相对介电常数分别为 5、40、81。正演合成记录如图 4b 所示，两个管体对应两条双曲线，由于介质衰减特性，下部雷达波被吸收得较干净，其资料加 3% 的扰动后，偏移结果如图 4c，两个管体大致都得到了归位，为更复杂的结构偏移奠定了基础。

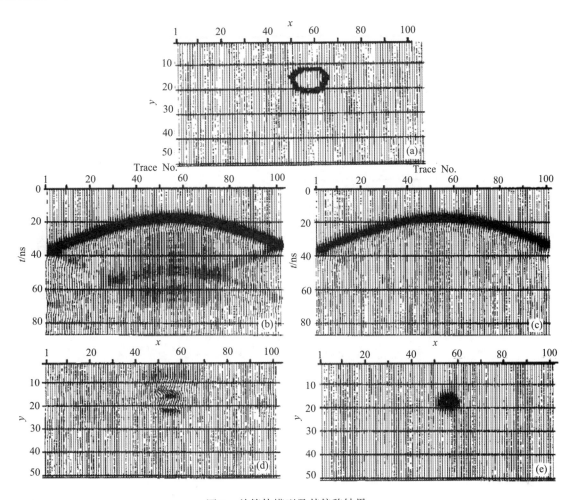

图3 单管体模型及其偏移结果

（a）模型几何；（b）不含衰减项的正演合成记录；（c）含衰减项的正演合成记录；

（d）不含衰减项的偏移结果；（e）含衰减项的偏移结果

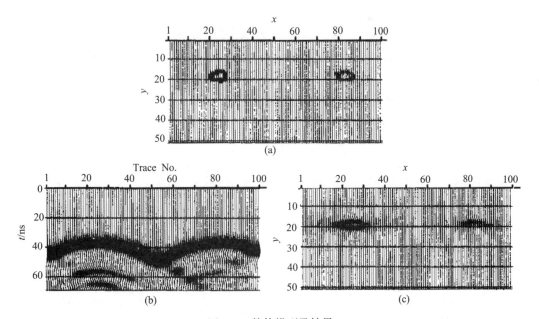

图4 双管体模型及结果

（a）模型几何；（b）正演记录；（c）偏移结果

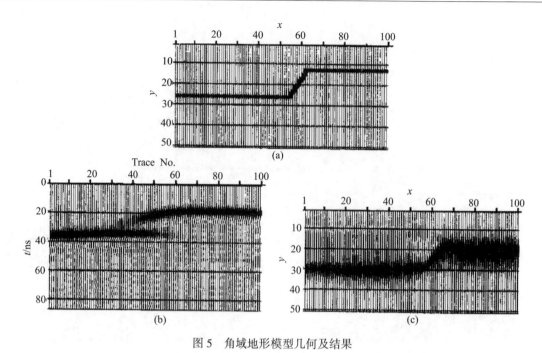

图 5　角域地形模型几何及结果
(a) 模型几何；(b) 正演记录；(c) 偏移结果

　　对拐点的偏移实际上要比圆滑界面更难，为了检验本文方法的效果，我们选如图 5a 所示的角域地形进行拐点偏移的试验。界面上部介质雷达波速度 0.17m/ns，下部介质速度为 0.06m/ns，电导率分别为 0.001、0.01，介电常数分别取 5、40。零偏地面记录为图 5b，扰动后的资料偏移结果为图 5c，尽管界面稍向下部延伸，使得宽度变宽，但拐点都得到了很好的归位。

5　结　　论

　　现在大多数的雷达波资料处理仍停留在类地震资料处理的水平，尽管雷达波野外作业方式及剖面特征和地震波相像，但雷达波和地震波的传播机制却有重要区别，在雷达波频率范围内，波在介质中有较强的衰减，其作用是不容忽视的。本文从雷达波的传播特性出发得到了含衰减项的有限元方程，实现了衰减雷达波的有限元偏移。为了更清楚地认识衰减项的作用，文中对有、无衰减情况时的偏移结果作了对比。为了检验方法的可靠性，对拐点及平滑界面都做了相应的偏移处理研究。这些模型实例结果都支持考虑衰减后会提高结果解释的分辨率这一重要结论，对方法的实际应用有深远的意义。实际资料的偏移工作正在实践当中。

参 考 文 献

[1] Richard D Miller et al., Vertical resolution of a seismic survey in stratigraphic sequences less than loom deep in Southeastern Kansas, Geophysics, 1995, 60 (2): 423-430

[2] Elizabeth Fisher, George A McMechan, Peter Annan A, Acquisition and processing of wide-aperture ground-penetrating radar data, Geophysics, 1992, 57 (3): 495-504

[3] Seunghee Lee, George A McMechan, Carlos L, Aiken V, Phase-field imaging, The electromagnetic equivalent of seismic migration, Geophysics, 1987, 57 (5): 678-693

[4] Elizabeth Fisher, George A McMechan, PeterAnnan A et al., Examples of reverse-time migration of single-channel, Ground-Penetrating radar profiles, Geophysics, 1992, 57 (4): 577-586

[5] Hogan Gregg, Migration of ground-penentrating radar data, A technique for locating subsurface targets, 58th Annual Internat-

Mtg. Soc. Expl, Geophys. Expand Abstracts, 1998, 88 session

［6］邓世坤，克希霍夫积分偏移法在探地雷达图像处理中的应用，地球科学，1993, 18（3）：303~308

［7］Hu Liangzie, Imaging pipe line in 3 - D by ground-penetrating radar, 62nd Annual Internat. Mtg., Soc. Expl. Geophys., Expanded Abstracts, 1992, 92 session：352-355

［8］Stoler Christian, Ristow Dietrich, Nick Klaus-peter, Eccentricity-migration for the imaging of reflection data, 56th Mtg. Eur. Abstract. 1994, 94 session：10-14

［9］邓世坤，探地雷达图像的正演合成与偏移处理，地球物理学报，1993, 36（4）：528~535

［10］方文藻、李予国、李貅，瞬变电磁测深法原理，西安：西北工业大学出版社，1993

［11］李大心，探地雷达方法与应用，北京：地质出版社，1994, 61

［12］王妙月、郭亚曦、底青云，二维线性流变体波的有限元模拟，地球物理学报，1995, 36（4）：499~506

［13］底青云、王妙月，雷达波有限元仿真模拟，地球物理学报，1999, 42（6）：818~825

Ⅲ— 35

Time-domain inversion of GPR data containing attenuation resulting from conductive losses[*]

Di Qingyun   Zhang Meigen   Wang Maioyue

Institute of Geology and Geophysics, Chinese Academy of Sciences

Abstract: Many seismic data processing and inversion techniques have been applied to ground penetrating radar GPR data without including the wave field attenuation caused by conductive ground. Neglecting this attenuation often reduces inversion resolution. This paper introduces a GPR inversion technique that accounts for the effects of attenuation. The inversion is formulated in the time domain with the synthetic GPR waveforms calculated by a finite-element method FEM. The Jacobian matrix can be computed efficiently with the same FEM forward modeling procedure. Synthetic data tests show that the inversion can generate high-resolution subsurface velocity profiles even with data containing strong random noise. The inversion can resolve small objects not readily visible in the waveforms. Further, the inversion yields a dielectric constant that can help to determine the types of material filling underground cavities.

1 Introduction

Ground-penetrating radar (GPR) has been widely used for testing the suitability of the near surface for a number of applications. Among these are the soil strength beneath proposed dams and highways (Davis and Annan, 1989), identification of groundwater pollution (Michael, 1995), mapping of fine structure of alluvium (Theimer et al., 1994; Lapen et al., 1996; McMechan, 1997), locating groundwater in discontinuous permafrost (Arcone, 1998), detection of buried pipes and tanks (Annan et al., 1990; Zeng, 1997), engineering and hydrological geology, and archaeology research (Goodman, 1994). One of the major breakthroughs of GPR technology was the introduction of digital data acquisition technology in the late 1980s. Since then, various seismic processing methods have been applied to improve GPR data resolution and depth of investigation (Olson and Doolittle, 1985; Fisher et al., 1992).

Techniques common in seismic data processing have been applied to GPR data. Among them are travel time tomography methods using transmission, reflection, and scattering data (Sun, 1995; Wang, 1996; Wang, 1997; Wang and Di, 1998). Waveform tomography using generalized radon transform techniques has also been developed for inversion of GPR data (Wang and Oristaglio, 2000), requiring both waveform and travel wave events and determination of their travel times. Event identification can be difficult, particularly in the presence of noise. Some wave equation tomography (Pratt, 1999; Pratt and Shipp, 1999) and nonlinear inversion methods (Gao, 1998) depend entirely on matching waveforms and do not need to identify individual events. In theory,

---

* 本文发表于《Geophysics》, 2006, 71 (5): K103–K109

these method scan also be applied to GPR data to produce electromagnetic velocity distributions.

The objective of this paper is to demonstrate the applicability of wave-equation tomography historically used to process seismic data to the processing of GPR data. Because GPR data have different dynamic characteristics from seismic data, special care must be taken. One difference is that GPR waves usually experience much stronger attenuation than seismic waves. The attenuation is caused by the finite conductivity of the ground. In other words, the ground becomes lossy when its conductivity is nonzero. If attenuation is ignored, we may overestimate the wave velocity for migration or inversion and lose the ability to recover true amplitudes. The strong attenuation effects need to be included in GPR data processing. Our experiences (Di, 1999; Di et al., 2000; Di and Wang, 2004) show that the GPR data resolution can be improved if we account for the attenuation characteristics of GPR waves. To perform GPR wave-equation tomography with attenuation, both migration velocity data and medium attenuation information must be available. In this paper, we introduce the theory and method for GPR wave-equation tomography with attenuation. The inclusion of the attenuation effect in the forward modeling of GPR waveforms is similar to viscoelastic seismic data modeling (Carcione, 1998; Di and Wang, 1999, 2004) or raytracing (Nekut, 1994; Vasco, 1997).

It may also be possible to invert directly the ground attenuation effect by formulating the effect in terms of the attenuation coefficient (Kamel et al., 1993). However, we choose to handle the attenuation effect with the ground conductivity.

The modeling for attenuated GPR data is performed in the time domain with a finite-element method. The inversion model parameters are the media velocity and the dielectric constant. We illustrate our tomography methods with several synthetic model tests.

2   Methodology

2.1   Forward modeling

In a conducting medium, GPR waves obey the diffusive Max-well's equations

$$-\mu_0 \frac{\partial \boldsymbol{H}}{\partial t} = \nabla \times \boldsymbol{E} \tag{1}$$

$$\varepsilon \frac{\partial \boldsymbol{E}}{\partial t} + \sigma \boldsymbol{E} = \nabla \times \boldsymbol{H} \tag{2}$$

where μ_0 is free-space magnetic permeability, ε and σ are the electric permittivity and conductivity of the medium respectively, and $\boldsymbol{E}$ and $\boldsymbol{H}$ are the electric and magnetic fields respectively. Equations 1 and 2 can be combined to produce second-order equations in $\boldsymbol{E}$ and $\boldsymbol{H}$

$$\varepsilon\mu_0 \frac{\partial^2 \boldsymbol{E}}{\partial t^2} + \mu_0\sigma \frac{\partial \boldsymbol{E}}{\partial t} = -\nabla \times \nabla \times \boldsymbol{E} \tag{3}$$

$$\varepsilon\mu_0 \frac{\partial^2 \boldsymbol{H}}{\partial t^2} + \mu_0\sigma \frac{\partial \boldsymbol{H}}{\partial t} = -\nabla \times \nabla \times \boldsymbol{H} \tag{4}$$

Equations 3 and 4 are solved using the finite-element method (Goldman et al., 1986; Di and Wang,

1999), resulting in the following system of equations:

$$M\ddot{E} + K'\dot{E} + KE = S_{\mathrm{E}} \qquad (5)$$

$$M\ddot{H} + K'\dot{H} + KE = S_{\mathrm{H}} \qquad (6)$$

where the quality matrix M is a unit diagonal, K' is the attenuation matrix, K is the stiffness matrix, and S_{E} and S_{H} are the source terms for E and H, respectively. To use the finite element method, the 2D computation region is first divided into rectangular or square elements. For each element, bilinear shape functions N are used:

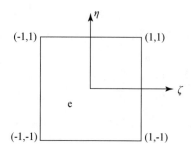

Figure 1   The geometry of shape function for an element with a local wordinate system

$$N_1 = \frac{1}{4}(1 - \zeta)(1 - \eta)$$

$$N_2 = \frac{1}{4}(1 + \zeta)(1 - \eta)$$

$$N_3 = \frac{1}{4}(1 + \zeta)(1 + \eta) \qquad (7)$$

$$N_4 = \frac{1}{4}(1 - \zeta)(1 + \eta)$$

where ζ and η are the local horizontal and vertical coordinate variables as shown in Figure 1, and N_j is the component of N, where $j = 1, 2, 3, 4$. The attenuation matrix K'_{e} in an element e can be written as

$$K'_{\mathrm{e}} = \int_{A_{\mathrm{e}}} N^{\mathrm{T}} N \frac{\sigma}{\varepsilon} \mathrm{d}x\mathrm{d}z \qquad (8)$$

where A_{e} is the area of element e and σ and ε are assumed to be constant across an element. The stiffness matrix K_{e} in an element e is written as

$$K_{\mathrm{e}} = \int_{A_{\mathrm{e}}} \frac{1}{\mu\varepsilon}\left(\frac{\partial N^{\mathrm{T}}}{\partial x}\frac{\partial N}{\partial x} + \frac{\partial N^{\mathrm{T}}}{\partial z}\frac{\partial N}{\partial z}\right)\mathrm{d}x\mathrm{d}z \qquad (9)$$

If the parameters σ, μ, in one cell are known, then K'_e and K_e can be calculated from equations 8 and 9. The stiffness matrix K can be integrated from K'_e, and the attenuation matrix K can be integrated from K'_e as follows:

$$K = \sum_e K_e \tag{10}$$

$$K' = \sum_e K'_e \tag{11}$$

Equations 5 and 6 are solved with a time-stepping method. The interval of the time step is restricted by

$$\Delta t \leqslant \Delta l_{min}/V_{max} \tag{12}$$

where Δl_{min} is the minimum side length of cells and V_{max} is the maximum GPR velocity in the medium.

2.2 Inversion method

Our objective of inversion is to determine the wave velocities and dielectric constants of the subsurface from GPR waveforms. These parameters are determined by minimizing the misfit between the measured and synthetic GPR waveforms,

$$\Phi = \sum_{i_s=1}^{N_s} \sum_{i_r=1}^{N_r} \sum_{i_t=1}^{N_t} \mid d_m(x_{i_s}, x_{i_r}, t_{i_t}) - d_0(x_{i_s}, x_{i_r}, t_{i_t}) \mid^2 \tag{13}$$

where x_{i_s} and x_{i_r} are source and receiver positions; t_{i_t} is time; d_m and d_0 are measured and synthetic data, respectively; N_s is the total source number; N_r is the total receiver number; and N_t is the total time sample number. Linearization of equation 13 results in the normal equation that can be solved for the unknown underground parameters,

$$A^T A u = A^T b \tag{14}$$

where A is the Jacobian matrix whose elements are composed of $\partial d_0/\partial m$, m is the model, u is the unknown vector of model m, and b is the data vector from $d_m - d_0$.

The first step in the inversion is to calculate the Jacobian matrix A. An efficient method is based on equations 5 and 6. Because equations 5 and 6 have the same form, it is sufficient to consider only equation 5. The matrix K depends only on the square of a GPR wave velocity, whereas the matrix K' depends only on the attenuation parameter σ/ε. Let $\lambda = 1/\mu\varepsilon$, $v = \sigma/\varepsilon$. From equations 5 and 6, we can easily derive the Jacobian matrix

$$M \frac{\partial \ddot{X}}{\partial \lambda} + K' \frac{\partial \dot{X}}{\partial \lambda} + K \frac{\partial X}{\partial \lambda} = - \frac{\partial K'}{\partial \lambda} X \tag{15}$$

$$M \frac{\partial \ddot{X}}{\partial v} + K' \frac{\partial \dot{X}}{\partial v} + K \frac{\partial X}{\partial v} = - \frac{\partial K'}{\partial v} X \tag{16}$$

where X is either E or H. Equations 15 and 16 show that the sensitivity matrices $\partial X/\partial \lambda$, $\partial X/\partial v$ and X obey the same equations as equations 5 or 6, that is

$$M\ddot{B} + K'\dot{B} + KB = S' \qquad (17)$$

where B is $\partial \chi / \partial \lambda$ or $\partial \chi / \partial v$. The only difference between equations 5 and 17 is that equation 17 has a different source term

$$S' = -\frac{\partial K'}{\partial \lambda}\chi \qquad (18)$$

Note that the Jacobian matrix B given by equation 17 is a function of time.

Once the Jacobian matrix is calculated, equation 14 can be solved with the LSQR method. LSQR is a modified conjugate gradient technique for damped least squares, originally proposed by Lanczos (1950), and implemented by Paige and Saunders (1982).

In both the forward modeling and the inversion procedure, we independently solved equations 5 and 17 with the attenuation terms $K'\dot{E}$ or $K'\dot{B}$ included. The significance of this study is that we consider the ground attenuation effect for GPR data directly from the attenuation equations.

3　Inversion results

We tested the inversion theory outline above with synthetic data. We considered three different models: A four-layer model, a subsidence model, and a two-pipe model. The synthetic data were created using a finite-element method. All the models are divided into 150×150 elements with identical horizontal and vertical grid spacing of 0. 05 m. The models were then parameterized differently to reduce the number of elements necessary for inversion, but keeping all the important details of the models. The source wavelet function used was

$$f(t) = t^2 e^{-\alpha t} \sin(\omega_0 t) \qquad (20)$$

where $\alpha = \omega_0 \sqrt{3}$, $\omega_0 = 2\pi f_0$, and $f_0 = 100\mathrm{MHz}$ is the central frequency.

3. 1　Four-layer model

We consider two different scenarios for this model. In the first, we invert the GPR data without attenuation. Moreover, we compare the inversion results with and without noise added to the data. The second case includes attenuation.

Figure 2 shows the dimensions and the velocities for the model. The layer thicknesses are all 1. 5m. The radar wave velocities in each layer are 0. 11, 0. 14, 0. 13, and 0. 12m/ns, respectively, and the dielectric constants are 7.0×10^{-11}, 3.5×10^{-11}, 4.5×10^{-11} and 6.0×10^{-11} F/m. The synthetic common-shot radargram is shown without attenuation in Figure 3. The first arrival before 20 ns is the direct wave. The next three arrivals are the reflections from the first, second, and third layer interfaces, respectively.

Four shot points were applied simultaneously during the inversion procedure to get a good result to the edge of the model. The shot positions are located on the surface at 1. 25, 2. 95, 4. 6, and 6. 25m. Figure 4a and b shows the inverted velocity sections without attenuation for the noise-free and noisy data, respectively. In Figure 4b, 50% Gaussian noise is added to the waveforms. In both cases, the inversion recovers the layering structure. The layer boundaries are easily defined as positions where the velocity profile changes rapidly. Both noise-free and noisy data determine the layer boundaries accurately with an average velocity error of about 0. 8%.

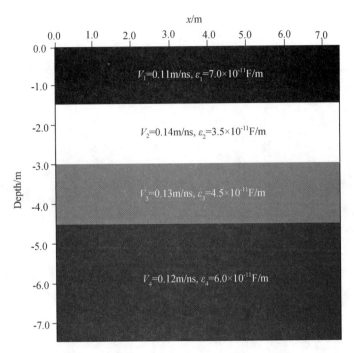

Figure 2   The geometry of the four-layer model,
150×150 square elements are used

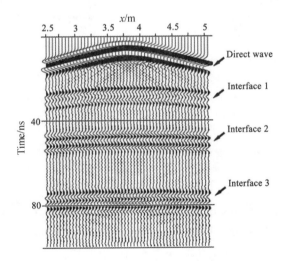

Figure 3   Synthetic radar waveforms for the four-layer model in Figure 2.
Source positions are located on the surface at 1. 25, 2. 95, 4. 6, and 6. 25m

For the same model shown in Figure 2, we considered the second layer to be an attenuating medium, $\sigma_2 =$ 0. 03S/m (Annan et al., 1975; Theimer et al., 1994; Di and Wang, 2004), to determine the attenuation forward modeling data using equations 5 or 6. Then we did the inversion for the attenuation data with and without regard for the attenuation. Figure 5a and b is the inverted velocity sections for the four surface shots. It shows clearly that the velocity structure with attenuation (Figure 5a) fits much better to the true model than that without attenuation (Figure 5b).

The inverted results for the four-layer model indicate that we need to consider attenuation when processing GPR data. The following two tests show results for more complex structures.

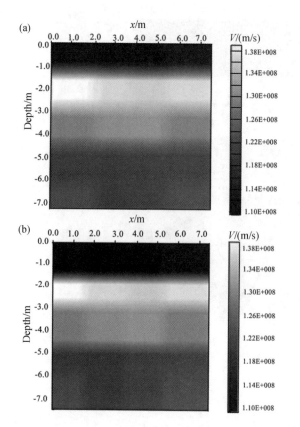

Figure 4　Inverted velocity sections of the four-layer

model in Figure 2 without considering attenuation

（a）Noise-free；（b）50% Gaussian noise

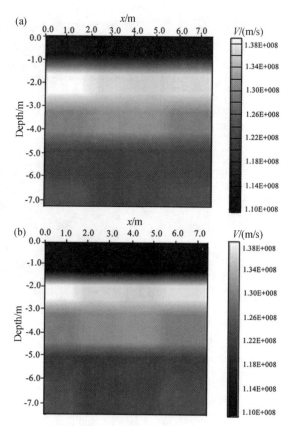

Figure 5　Inverted velocity sections of the four-layer

model in Figure2 for four shot attenuated data. Source

positions are located on the surface

at 1. 25, 2. 95, 4. 6, and 6. 25m

（a）Inverted velocities with attenuation；

（b）Inverted velocities without considering attenuation

3. 2　Concealed-fill model

Figure 6 shows the geometry of a model with concealed fill. A higher velocity, local structure is embedded in a layered formation. This model is typical of detecting underground cavities such as those associated with karst fill. The radar-wave velocities in each layer an local structure are 0. 125, 0. 14, 0. 13, and 0. 15m/ns, respectively, the corresponding conductivities are 0. 05, 0. 04, 0. 03, and 0. 035S/m and the dielectric constants are $7. 0×10^{-11}$, $3. 5×10^{-11}$, $4. 5×10^{-11}$ and $6. 0×10^{-11}$F/m, respectively.

The synthetic radargrams for four simultaneous shots are shown in Figure 7. Because of the wave interference, the reflections from the interfaces and the subsidence structure are not visible. Figure 8a and c shows that inversion considering attenuation reproduces the geometry of the subsidence structure and recovers the lowest layer boundary. Both figures have a similar structure. The inversion uses only 24 blocks to discretize the formation with an average velocity error less than 1. 0%. The resolution of the lower interface and the concealed fill boundary can be improved by using more blocks. The convergence curve in Figure 9 shows that the inversion converges quickly.

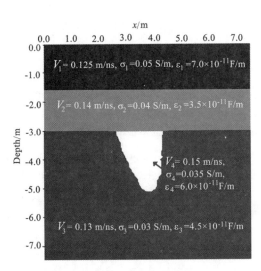

Figure 6　The geometry
of the concealed fill model

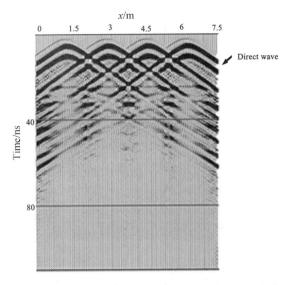

Figure 7　Synthetic radar waveforms for the concealed
fill model of Figure 6. Source positions are located
on the surface at 1. 25, 2. 95, 4. 6, and 6. 25m

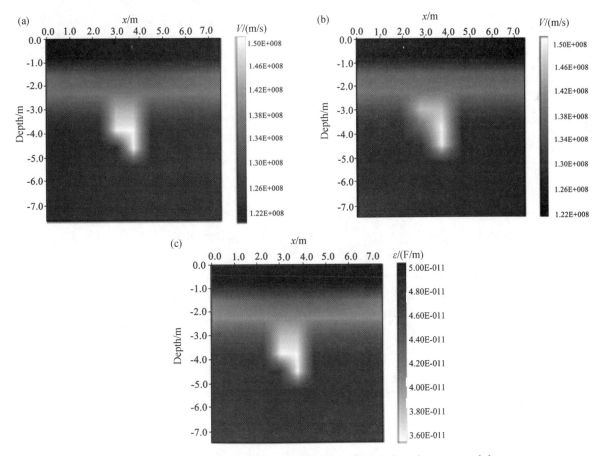

Figure 8　Inverted sections of the concealed fill model from four shot attenuated data

(a) Inverted velocities with attenuation; (b) Inverted velocities without considering attenuation; (c) Dielectric parameter with attenuation

Figure 8b is the inverted velocity section without attenuation found by applying the same data used in Figure 8a. The result shows that the velocity structure cannot be recovered as well when attenuation is neglected. Inverting without considering attenuation does not correctly use the real information of the waveform and travel time, so the velocity cannot be constructed as well as in Figure 8a.

3.3　Two-pipe model

One of the important applications for GPR is to detect under-ground pipes and to recognize the types of fluids inside pipes (Jones and Crane, 1984; Jones et al., 1991; Jones et al., 1997; Bryan and Jones, 1997). The fluid types (water, oil, etc.) may be distinguished from the electromagnetic velocity, conductivity, or dielectric constant properties. Figure 10 shows a model of two round pipes above an irregular, deeper interface indicated by the sloped step. The pipes are 1m wide and 2m interval. The fluid velocity inside the pipes is 0. 125m/ns, which is assumed to be lower than that of the surrounding media; the corresponding conductivity is 0. 05S/m and the dielectric constant is 4.5×10^{-11} F/m.

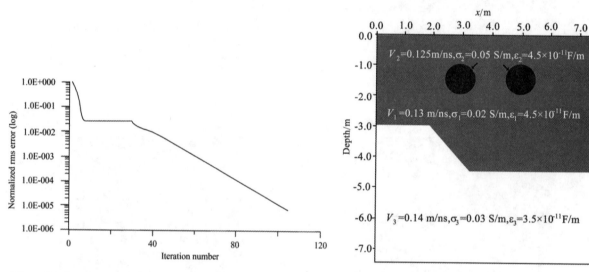

Figure 9　Convergence of the inversion for the concealed fill model　　　　Figure 10　The geometry of two-pipe model

Figure 11 shows the synthetic radar waveforms for four evenly spaced shots. Note that the pipe reflections are not visible due to the strong direct waves. It is difficult to visually recognize the pipes and the underlying topography. However, the inverted velocity section considering attenuation shown in Figure 12a clearly depicts the location of the pipes. The underlying topography is also well recon-structed. The image shows that the volumes occupied by the pipes have lower velocities than the surrounding medium. The difference with the original model is less than 1. 5%, which is consistent with the pipe fluid properties. This result indicates that the inversion method provides useful information for qualitative interpretation of the fluid inside pipes.

Figure 12b is the inverted velocity section without considering attenuation using the same values used in Figure 12a. The inverted velocity structure does not match the specified model geometry because attenuation is neglected. This result shows once more that we need to consider the media attenuation when the media have attenuation characteristics.

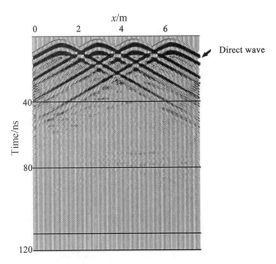

Figure 11   Synthetic radar waveforms of the model in Figure 10.

Source positions are located on the surface at 1. 25, 2. 95, 4. 6, and 6. 25m

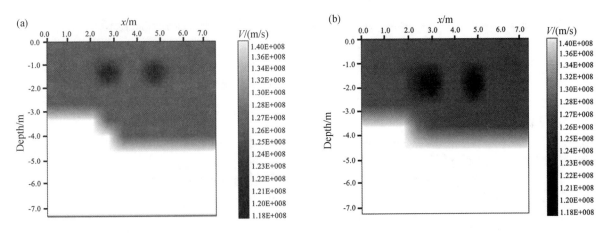

Figure 12   Inverted velocity sections of two-pipe model from four-shot attenuated data

（a）Inverted velocities with attenuation；（b）Inverted velocities without considering attenuation

4   Conclusions

This paper demonstrates that GPR data can be inverted in the time domain to determine velocities and die-lectric constants in the sub-surface. The two key elements of the inversion, synthetic GPR waveforms and the Ja-cobian matrix, can be calculated with the same finite-element method. The three starting models have homoge-neous velocities; after inversion, the velocities vary by as much as 30% and match to velocities used to con-struct the models. The synthetic examples show that inversion considering attenuation can accurately recover the velocity and attenuation even in the presence of high levels of random noise. The inversion results are independ-ent of the initial models. For the two-pipe model, the inversion is able to determine qualitatively both the posi-tions of the pipes and the electromagnetic velocity of fluids inside the pipes when we account for attenuation. The velocity information provides a means for fluid characterization and for evaluating the material properties inside pipes. Finally, the velocity and dielectric constants can be deter-mined simultaneously, which is useful for accurate GPR data migration.

5　Acknowledgments

The authors and their research group would like to acknowledge financial support from National Nature Foundation Committee (NNFC). The NNFC project numbers are 49604054 and 40074035. Financial support from projects KZCX3-SW-134 and 2002-CB412702 helped us to conduct the research. The comments and suggestions of the GEOPHYSICS reviewers and associate and assistant editors are appreciated. The constructive review comments of Tsili Wang improved the quality of this manuscript.

References

Annan A P, Scaife J E and Giamou P, 1990, Mapping buried barrels with magnetics and ground-penetrating radar: 60th Annual International Meeting, SEG, Expanded Abstracts, 422-423

Annan A P, Waller W M, Strangway D W, Rossiter J R, Redman J D and Watts R D, 1975, The electromagnetic response of a low-loss two-layer dielectric earth for horizontal electric dipole excitation: Geophysics, 40, 285-298

Arcone S A, 1998, Ground penetrating radar reflection profiling of ground water and bedrock in an area of discontinuous permafrost: Geophysics, 63, 1573-1584

Bryan R B and Jones J A A, 1997, The significance of soil piping processes, inventory and prospect: Geomorphology, 20, 209-218

Carcione J M, 1998, Radiation patterns for 2-D GPR forward modeling: Geophysics, 63, 424-430

Davis J L and Annan A P, 1989, Ground penetrating radar for high-resolution mapping of soil and rock stratigraphy: Geophysical Prospecting, 37, 531-551

Di Q Y and Wang M Y, 1999, GPR wave modeling with finite element method: ACTA Geophysica Sinica, 42, 818-825

Di Q Y and Wang M Y, 2004, Migration of ground penetrating radar data with a finite-element method that considers attenuation and dispersion: Geophysics, 69, 472-477

Di Q Y, 1999, Offset GPR data migration with FEM: Academic Periodical Abstracts of China, 5, 194-196

Di Q Y, Xu K and Wang M Y, 2000, Attenuated GPR wave migration with Finite Element Method: ACTA Geophysica Sinica, 42, 257-263

Fisher E, McMechan G A and Annan A P, 1992, Acquisition and processing of wide-aperture ground penetrating radar data: Geophysics, 57, 495-504

Gao E G, 1998, Inversion research of ray-trace method with part and full path iteration and 2D acoustic wave equation stable iteration method: D. Sc. thesis, China Science and Technology University

Goldman Y, Hubans C, Nicoletis S and Spitz S, 1986, A finite-element solution for the transient electromagnetic response of an arbitrary two-element resistivity distribution: Geophysics, 57, 1450-1461

Goodman D, 1994, Ground penetrating radar simulation in engineering and archaeology: Geophysics, 59, 224-232

Jones J A A and Crane F G, 1984, Pipe flow and pipe erosion in the Maesnant experimental catchment, in T. P. Burt and Walling D E eds., Catchment experiments in fluvial geomorphology: Geobooks, 55-72

Jones J A A, Richardson J M and Jacob H J, 1997, Factors controlling the distribution of piping in Britain, a reconnaissance: Geomorphology, 20, 289-306

Jones J A A, Wathern P, Connelly L J and Richardson J M, 1991, Modeling flow in natural soil pipes and its impact on plant ecology in mountain wetlands, in Hydrological basis of ecologically sound management of soil and groundwater: Proceedings of the Vienna Symposium, International Association of Hydrological Sciences, Publication 202, 131-142

Kamel M H, Bayoumi A I, Ass' ad J and McDonald J A, 1993, A meth-od for determining the average attenuation coefficient as a function of one-way travel time and frequency: 63rd Annual International Meeting, SEG, Expanded Abstracts, 779-781

Lanczos C, 1950, An iteration method for the solution of the eigenvalue problem of linear differential and integral operators: Research Journal of the National Bureau of Statistics, 45, 225−282

Lapen D R, Moorman B J and Price J S, 1996, Using ground penetrating radar to delineate subsurface feature along a wetland ca-
    tena: Soil Science Society of America Journal, 60, 923−931

McMechan G A, 1997, Use of ground penetrating radar for 3-D sedimentological characterization of elastic reservoir analogs: Geo-
    physics, 62, 786−796

Michael L, 1995, Ground penetrating radar monitoring of a controlled DNAPL release, 200MHz radar: Geophysics, 59,
    1211−1212

Nekut A G, 1994, Electromagnetic ray-tracing tomography: Geophysics, 59, 371−377

Olson C G and Doolittle J A, 1985, Geophysical techniques for recon-naissance investigations of soils and surficial deposits in
    mountainous terrain: Soil Science Society of America Journal, 49, 1490−1498

Paige C C and Saunders M A, 1982, LSQR: An algorithm for sparse linear equations and sparse least squares: ACM Transactions
    on Mathematical Software, 8, 43−71

Pratt R G and Shipp R M, 1999, Seismic waves form inversion in the frequency domain, Part 2: Fault delineation in sediments u-
    sing cross-hole data: Geophysics, 64, 902−914

Pratt R G, 1999, Seismic waves form inversion in the frequency domain, Part 1: Theory and verification in a physical scale model:
    Geophysics, 64, 888−901

Sun J S, 1995, Recognizing surface scattering in ground penetrating radar data: Geophysics, 60, 1378−1385

Theimer B D, Nobes D C and Warner B G, 1994, A study of geoelectric properties of peatlands and their influence on ground pen-
    etrating radar surveying: Geophysical Prospecting, 42, 179−209

Vasco D W, 1997, Ground penetrating radar velocity tomography in heterogeneous anisotropy media: Geophysics, 62, 1758−1773

Wang M Y and Di Q Y, 1998, Progress in geophysical field tomography: Science Press

Wang M Y, 1997, Progress in seismic exploration study in China: Chinese Journal of Geophysics, 40, 257−265

Wang S, 1996, 2-D acoustic wave equation inversion combining plane-wave seismograms with well logs: Geophysics, 61, 735−741

Wang T and Oristaglio M L, 2000, GPR imaging using the generalized ra-don transforms: Geophysics, 65, 1553−1559

Zeng X, 1997, GPR characterization of buried tanks and pipes: Geophysics, 62, 797−806

Ⅲ— 36

伪随机编码源激发下的时域电磁信号合成[*]

王　若¹⁾　　王妙月¹⁾　　底青云¹⁾　　薛国强¹⁾　　殷长春²⁾　　雷　达¹⁾

1) 中国科学院页岩气与地质工程重点实验室, 中国科学院地质与地球物理研究所
2) 吉林大学地球探测科学与技术学院

摘　要　将伪随机编码技术引入到人工源电磁法后, 可以通过加大发射功率以及应用后续的相关处理技术来达到压制噪声、加大探测深度及提高分辨率的目的, 因此引起了越来越多学者的关注及研究, 但大多数学者的研究集中在资料处理的相关技术上, 对模拟电磁信号关注较少。然而, 资料处理工作大多是从电磁信号出发的, 模拟伪随机编码源激发下的电磁信号不但可以为资料处理环节提供理论数据, 而且可以为检测资料处理的质量提供中间结果, 因此, 模拟电磁信号工作必不可少。本文根据获得接收信号的物理过程来实现伪随机编码源激发下的电磁信号合成。首先用解析公式获得特定地电结构的大地频率域响应, 然后通过余弦变换得到时间域阶跃响应, 接下来用阶跃响应的时间导数得到大地脉冲响应, 通过将大地脉冲响应与伪随机编码源的褶积得到理想接收信号, 最后, 用低通滤波器来模拟发射设备和接收设备的频带限制, 将之和噪声一起加到理想接收信号上, 最终模拟出仿真的合成信号。通过和野外实际接收信号对比发现本文合成信号仿真度较高, 可以服务于后续的数据处理环节。

关键词　伪随机编码技术　时间域　大地脉冲响应　接收信号　合成

1　引　言

近年来, 传统的电磁方法在能源、矿产资源、水资源、环境地质及工程地质勘察中都得到了广泛应用且发挥了重要作用 (底青云等, 2006; Xue et al. 2014)。随着国民经济的发展, 需要探测埋深更深、精度更高的目标体时, 这些方法的应用受到了一定的限制, 亟待开发新的技术来提高探测精度与探测深度。

近年来, 一些新技术新方法被陆续提出来, 英国爱丁堡大学的 Wright 提出了多道瞬变电磁法的概念和探测油气目标体的处理技术 (Wright, 2002), 何继善院士提出了可提高分辨率及加大勘探深度的广域电磁法及相关技术 (何继善, 2010)。

在这些新方法中, 都引入了伪随机编码发射技术, 其全新的处理方式及应用效果引起各个研究机构的关注。近几年, 中国科学院、中南大学、中国地质大学、国土资源部以及相关单位对这种发射技术 (赵璧如等, 2006; 罗先中等, 2014; 罗延钟等, 2015) 及后续的处理工作都进行了不同程度的研究。汤井田、罗维斌 (2008) 分析了逆重复 m 序列的波形特征、相关函数及频谱特性, 讨论了对各种干扰的压制方法及测量精度, 薛国强等 (2015) 分析了 MTEM 伪随机编码发射的响应特性和方法的关键技术, 齐彦福等 (2015) 利用方波响应移位叠加和电流导数与阶跃响应褶积两种方法实现了理论 m 序列和实际发射波形的全时正演模拟, 武欣等 (2015) 研究了 m 序列伪随机编码源电磁响应的精细辨

* 本文发表于《地球物理学报》, 2016, 59 (12): 4414~4423

识问题。

在国内外的文献中，学者多把研究重点放在相关辨识及对噪声的压制上，对相关辨识的方法理论做了充分的探讨，但在模拟电磁信号方面却着墨较少。然而，采用伪随机编码源的资料处理工作大多是从电磁信号出发的，模拟伪随机编码源激发下的电磁信号不但可以为资料处理环节提供理论数据，而且可以为检测资料处理的质量提供中间结果，因此，模拟电磁信号工作是必不可少的。

本文根据获得接收信号的物理过程来实现伪随机编码源激发下的电磁信号合成。文章首先简述伪随机源激发下的电磁信号合成基本理论，然后根据合成公式中涉及的各项内容逐一进行研究，最后给出信号合成结果，并与一个野外实测信号作对比，来验证信号合成的正确性。

2　基本理论

伪随机源激发下的电磁信号合成工作是指给定一个 m 序列伪随机编码源，在编码源的激发下，模拟大地及发射、接收系统和噪声的共同响应，继而合成一个仿真的野外观测信号的过程。

在野外工作中，发射机通过两个接地电极向地下供入伪随机交变电流信号，在离发射电极一定距离处用不极化电极排列接收相邻电极间的电位差，根据这种发射接收装置，发射机发射的电磁信号在大地中传播，然后通过电极与导线、接收系统接收。在勘探工作中，大地是探测目标，经过大地的信号为有用信号。一般情况下，存在一些影响因素，它们会引起有用信号的畸变。对有用信号产生影响的因素主要为噪声，除此之外，电极附近的极化效应、接收器的频率响应限制（即带限）、电线的感抗等都对有用信号或多或少产生影响。在这些影响因素中，除噪声外，每一部分的影响都相当于在有用信号上加载了一个滤波器，最后接收到的信号是对有用信号经过多次滤波后的综合信号。因此，模拟电磁信号工作应当考虑各种因素的影响，然而，现实中有些因素的影响不易模拟或相对较小，在本文中，我们只考虑噪声及仪器带限影响，并且将发射和接收系统的带限影响综合考虑。

接收信号的合成公式可以用式（1）表示（Ziolkowski et al.，2007）：

$$v(t) = i(t) * g(t) * r(t) + n(t) \tag{1}$$

其中，t 表示接收时间；$v(t)$ 表示接收机在接收点接收的信号；$i(t)$ 表示发射系统向大地发射的电流；$g(t)$ 表示经由大地滤波后在接收点处的大地脉冲响应；$r(t)$ 表示仪器频率响应；$n(t)$ 为接收点处的噪声。

从公式（1）可以看出，只要获得了模型地电结构的大地脉冲响应 $g(t)$、伪随机发射源信号 $i(t)$、仪器带限响应 $r(t)$ 及噪声 $n(t)$，就可合成出仿真的电磁信号 $v(t)$，下面对公式（1）中各项的实现过程逐一阐述。

3　大地脉冲响应

理想情况下，向地下输入脉冲电源，在不计及各种影响因素时，接收机测量的输出即大地脉冲响应。但在野外工作中，一般采用方波作为输入。在数值模拟时，先在频率域获得不同频率的电磁响应，然后通过余弦变换转换到时间域，得到大地阶跃响应，再通过计算阶跃响应的时间导数来得到大地脉冲响应。

3.1　频率域响应

本文用均匀半空间地电模型来模拟地表电场信号的合成过程。根据文献资料（Wright，2004），只有与源同方向的电场可提供有用信息，其他方向的场不能提供更多的信息，因此本文只用与源同方向的电场来合成所需信号。假设源的方向为 x 方向，则频率域中同方向的电场可写为（朴化荣，1990）：

$$E_x = \frac{P_E \rho_1}{2\pi r^3} [3\cos^2\varphi - 2 + (1 + k_1 r) e^{-k_1 r}] \tag{2}$$

式中，P_E 为电偶极距；ρ_1 为均匀半空间的视电阻率；r 为收发距；φ 为接收点与发射中点的连线和发射偶极的夹角；k_1 为波数，$k_1^2 = -i\omega\mu_0\sigma_1$；$\sigma_1$ 为均匀半空间的电导率；μ_0 为导磁率；ω 为角频率；i 表示纯虚数。

3.2　频时变换

用于频率域到时间域变换的方法较多，如正弦变换或余弦变换（Anderson，1982；Newman et al.，1986；Li and Constable，2010）、折线法（Li et al.，2011），这三种方法同属于傅立叶逆变换。在这三种方法中，正弦变换与余弦变换需要计算较宽频带内的频率响应，其频带宽度与时间点有关；折线法相对来说计算速度快，但相对粗糙。除此之外，还有基于拉普拉斯逆变换的系列算法（Li and Farquharson，2015）可以实现信号的频时域转换，这类算法的优势在于可以用较少的滤波系数得到较精确的结果，但其对计算机精度的要求太高（4 倍精度）。本文最终选择了余弦变换作为把信号从频率域转换到时间域的方法。

余弦变换的表达式为（朴化荣，1990）：

$$f(t) = \int_0^\infty \frac{F(\omega)}{i\omega} \cos(\omega t) \, d\omega \tag{3}$$

式中，$f(t)$ 为时间域的场；$F(\omega)$ 为频率域的场。

参考 Anderson（Anderson，1982）的方法，选用函数对

$$\int_0^\infty \exp(-a^2\omega^2) \cos(\omega t) \, d\omega = \sqrt{\pi} \exp(-t^2/4a^2)/2a \tag{4}$$

来求余弦变换的滤波权系数，其中 α 为大于 0 的实数。利用滤波系数可将（3）写为：

$$f(t) = \left\{ \sum_{i=N_1}^{N_2} C_i F(\exp(A_i - x)) \right\} \Big/ t \tag{5}$$

式中，C_i 为余弦变换的滤波权系数；$A_i - x$ 为移动的横坐标；N_1 和 N_2 的大小由积分时间自动调节，本文所用的余弦变换子程序为公开的代码（方文藻等，1993）。

3.3　大地脉冲响应

殷长春等（2013）利用阶跃响应与电流的时间导数褶积代替脉冲响应与电流褶积的方法成功实现了任意波形全时响应的计算，避免了记录时间 $t \to 0$ 时大地脉冲奇异值的出现，但只考虑了电流变化感应出的电磁场，并没有考虑电流自身产生的直流场，所以还需再将直流场加进感应的场中。在本文中，我们采用 Strack（1992）的提法，直接计算阶跃响应的时间导数来得到大地脉冲响应。本文 $t \to 0$ 处的值用第一个阶跃值与该处时间的比值来代替，通过将起始时间设计得较小（如 0.01ms）来减小 $t \to 0$ 时的误差。

设计一个电阻率是 $100\Omega \cdot m$ 的均匀半空间模型，假设源的方向为 x 方向，源的长度为 200m，计

算点位于源的延长线上且离源中心点 500m 处，电场的频率域响应曲线如图 1a 所示。图 1a 显示了从 10^{-7}Hz 到 10^7Hz 的计算结果，这个频带宽度可满足 1 秒内所有时间点上进行余弦变换时所需的频带宽度。从图 1a 可以看出，在高频和在低频一定范围内，电场曲线保持水平，不受频率的影响。通过余弦变换式 (3) 将频率域结果转换到时间域，得到如图 1b 所示的阶跃响应，将其与解析公式计算结果对比，发现二者的吻合程度非常高，验证了余弦变换过程的正确性。采用前面提到的阶跃响应的时间导数来计算脉冲响应，计算结果如图 1c 所示，对图中所示的 x 方向电场来说，曲线中出现了一个峰值，这个峰值对后续的处理非常重要，因不是本文的研究内容，所以不进行阐述。这里为了突出峰值的形态，对曲线进行了截断。所用的时间域解析公式来自文献（朴化荣，1990）。

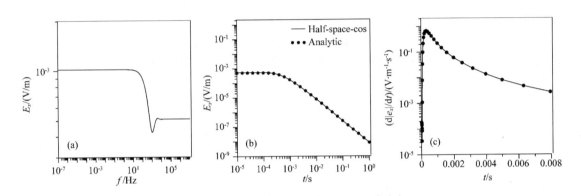

图 1 均匀半空间模型的频率域与时间域响应
（a）频率域大地响应曲线；（b）时间域大地阶跃响应；（c）时间域大地脉冲响应

4 m 序列伪随机源

4.1 m 序列伪随机编码

伪随机序列是由移位寄存器产生的，根据文献（林可祥和汪一飞，1977），可通过查表的方式得到不同级移位寄存器产生的伪随机序列的本原多项式 $F(x)$。通过 $F(x)$ 与序列多项式 $G(x)$ 的关系式 $G(x) = 1/F(x)$，用多项式的长除算法可计算出相应的序列多项式 $G(x)$，从 $G(x)$ 中可直接获得 m 序列伪随机编码。

序列多项式 $G(x)$ 最终可写为下面的表达式形式：

$$G(x) = a_0 \oplus a_1 x \oplus a_2 x^2 \oplus \cdots = \sum_{n=1}^{N} a_n x^n \tag{6}$$

式中，$\oplus$ 表示模二加法运算符；x 为移位运算符，其上标的数字表示移位的位数，例如：$a_k x^2$ 表示将 a_k 位移两位，a_n 所组成的序列 $\{a_n\} = a_0$、a_1、a_2、a_3、$\cdots$ 即为 m 序列伪随机编码。式 (6) 中的 N 为伪随机码一个周期的码元个数，$N = 2^r - 1$，r 为移位寄存器级数。

图 2 是 4 级和 6 级的 m 序列伪随机编码一个周期的波形，它是通过文献（林可祥和汪一飞，1977）本原多项式列表中 4 级和 6 级第一个本原多项式得到的 m 序列的编码波形，从图中看出其随机性随着移位寄存器级数的增多而愈发明显。

4.2 m 序列伪随机编码源的频谱

对 m 序列伪随机编码应用快速付氏变换，获得了其作为源时相应的频谱。通过对比不同级数的频谱幅值，可了解不同级数的伪随机信号所包含的频率成分及幅频特性。本文给出了 4、6、8、10、12

级伪随机编码源的频谱，其中与伪随机编码相关的参数见表 1。为了对比相同周期与采样率下不同源谱的宽度，将所有伪随机编码周期与采样率都定为 0.25s 及 16384Hz。伪随机编码源的频谱如图 3 所示。

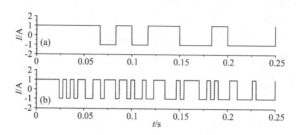

图 2 m 序列伪随机编码一个周期的波形

（a）4 级移位寄存器产生的波形；（b）6 级移位寄存器产生的波形

表 1 伪随机编码相关参数

移位寄存器阶数	周期/s	一个周期内码元个数	码元宽度/s	采样率/Hz
4	0.25	15	0.016667	16384
6	0.25	63	0.003968	16384
8	0.25	255	0.00098	16384
10	0.25	1023	0.000244	16384
12	0.25	4095	$6.11×10^{-5}$	16384

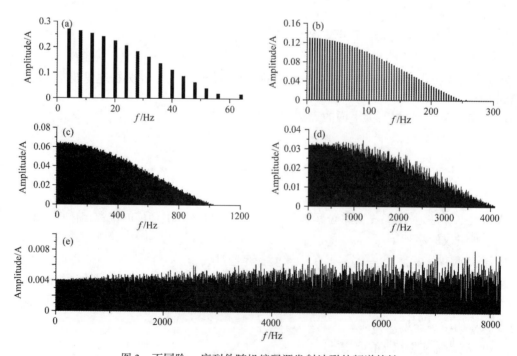

图 3 不同阶 m 序列伪随机编码源发射波形的频谱特性

（a）4 级移位寄存器；（b）6 级移位寄存器；（c）8 级移位寄存器；（d）10 级移位寄存器；（e）12 级移位寄存器

从图 3 可以看出，不同级移位寄存器得到的频谱形态不同，级数越高，主瓣的宽度越宽，当移位寄存器的级数 $r = 12$ 时，从 0~8192Hz 范围内的频谱丰富，包络线的形态接近水平，接近于脉冲响应的频谱，由此源激发得到的大地响应会接近于脉冲源激发得到的响应。图 3 中从 10 级到 12 级伪随机码源的频谱外包络线不光滑，这是采样率不够导致的。若提高采样率，则能得到外包络线较光滑、幅值较均匀的谱图。从图 3 还可以看出，随着寄存器级数的增加，主瓣的幅值也随之下降，说明信号的能量降低。对地球物理勘探来说，信号能量降低会导致电磁信号的穿透深度变浅。换句话说，虽然主瓣频率成分的提高，分辨率也提高，但信号强度因能量分散而降低，导致探测深度浅。若想解决这个问题，需在加大发射功率的同时增加垂直叠加的时间，而且在后续处理采用类地震水平叠加的技术。

5　其他影响因素

5.1　仪器频带限制的影响

众所周知，发射机和接收器自身的频带宽度是有限的，作为理论研究，可以用有一定带宽的低通滤波器来模拟仪器的频带宽度（即带限问题）。

低通滤波器的设计方法有多种，不同方法得到的滤波器的旁瓣幅值大小以及从主瓣到旁瓣的过渡带宽度不同。理想滤波器要求过渡带尽可能窄，旁瓣幅值尽可能小，以减小能量的泄露，使能量尽可能多地保留在主瓣内。本文选用海明窗函数法作为滤波器的设计方法，因为海明窗可将 99.963% 的能量集中在窗谱的主瓣内，旁瓣的峰值小于主瓣峰值的 1%（程佩青，2007），符合理想滤波器的要求。

海明窗函数为：

$$h(n) = \begin{cases} \dfrac{\omega_c}{\pi} \dfrac{\sin[\omega_c(n-\alpha)]}{\omega_c(n-\alpha)} \cdot \left[0.54 - 0.46\cos\left(\dfrac{\pi n}{\alpha}\right) \right] & 0 \leq n \leq N-1 \\ \dfrac{\omega_c}{\pi} & n = \alpha \\ 0 & n \geq N \end{cases} \tag{7}$$

式中，n 为滤波点数；ω_c 为截止频率；α 为滤波器的中心，$\alpha = \dfrac{N-1}{2}$；N 为物理滤波器的阶数。

借鉴频率域电磁仪器的频带宽度，设计一个低通滤波器，其通带为 8192Hz，阻带为 9600Hz。理想的低通滤波器的频带如图 4a 所示，在通带内，信号可以通过，通带外是阻带，阻带内的信号全部被滤除。理想的低通滤波器在时间域内如图 4c 中的黑实线所示（实际为无限信号，为了和加窗后的信号相比，只显示了其中的一部分）。图 4b 是海明窗在频率域的表现形式，用海明窗对图 4c 中的信号进行截断，截断后的信号如图 4c 中的离散点所示，将加窗后的时间域滤波器变换到频率域，如图 4d 所示，相对于理想低通滤波器的频带（图 4a），图 4d 出现了通带与阻带之间的过渡带，但较窄，阻带出现了小幅振荡（因其相对于主瓣来说，能量较小，振荡不明显，若放大该部分，可以看到振荡现象），说明所设计的滤波器过渡带较窄，阻带能量泄漏很小，是一个性能优良的滤波器。

5.2　噪声的加入

当用电磁法在野外工作时，常遇到的噪音类型有两种，一是白噪声，二是 50Hz 的工频噪声。

（1）白噪声

本文用正态分布随机数来模拟噪声：

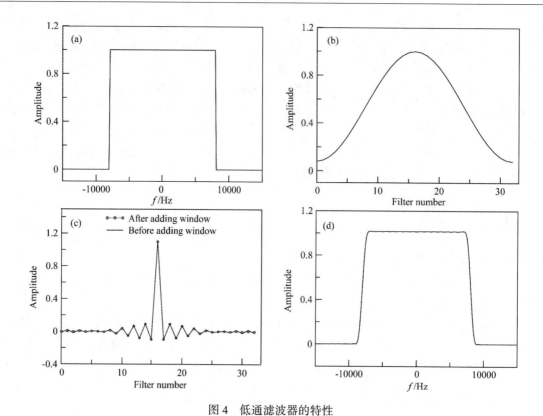

图 4　低通滤波器的特性

（a）理想的低通滤波器的谱；（b）海明窗；（c）理想的低通滤波器与经过海明窗截断后的滤波器对比；
（d）加窗后的信号对应的低通滤波器的谱

$$n_1 = \mu + \sigma \frac{\left(\sum_{i=1}^{m} N_i \right) - \dfrac{m}{2}}{\sqrt{\dfrac{m}{12}}} \tag{8}$$

式中，n_1 为所求的正态分布随机数；μ 为正态分布的均值，本文为观测资料；σ^2 为正态分布的方差，在本文中 σ 为观测值与噪音水平之积；N_i 为 0 到 1 之间均匀分布的随机数；m 为随机数的个数。

（2）50Hz 噪声

用一个频率是 50Hz 的正弦波来模拟工频噪声：

$$n_2 = A\sin(100\pi t) \tag{9}$$

式中，n_2 为噪声值；A 为 50Hz 工频噪声的振幅。

6　伪随机源激发下的电磁信号合成

6.1　信号合成

通过式（1）将以上内容进行组合，便可分别得到理想接收信号、加带限的信号和带噪声的信号。

以 4 阶 m 序列伪随机编码源作为激发源（图 5a），将源和均匀半空间大地脉冲响应（图 1c）做褶积，得到电场的理想信号，如图 5b 所示。将理想信号与低通滤波器（仪器带限）做褶积，便可得到考虑了带限影响的电场信号如图 5c 所示。从这些图件可以看出，不加带限前，信号比较平滑，加了带限后，信号出现了一些毛刺状的干扰。

对加了带限的信号分别加上了 5% 及 10% 的白噪声，如图 6a 和 6b 所示，噪声叠加在原来的信号之上，引起信号的畸变，当噪声达到 10% 时，形成的干扰已非常明显。图 6c 为幅值是 4 倍于有用信号的 50Hz 干扰信号，干扰信号和有用信号叠加后的信号如图 6d 所示，可以看出，有用信号湮没在了 50Hz 干扰信号中。

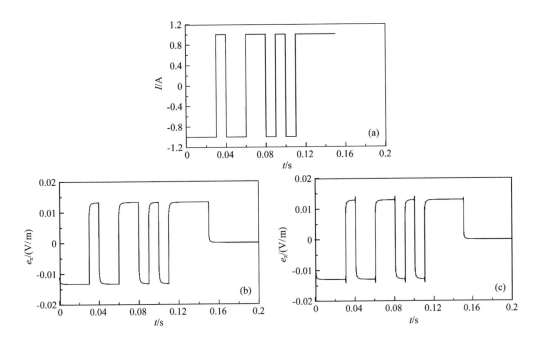

图 5　在 4 阶伪随机源激发下的信号

（a）4 阶伪随机源；（b）不考虑带限的电场理想信号；（c）考虑带限的电场信号

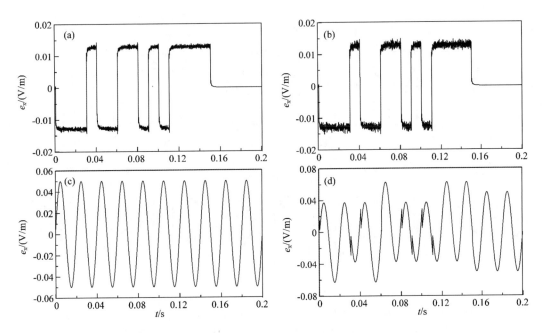

图 6　在 4 阶伪随机源激发下考虑噪声的信号

（a）加 5% 白噪声；（b）加 10% 白噪声；（c）50Hz 干扰噪声；（d）加 50Hz 干扰噪声

6.2 合成信号与实测信号的对比

中国科学院项目组 2015 年在河北张北地区进行了野外试验。用一个长度是 300m 的接地电偶极发射一个 12 阶的伪随机编码源，采用轴向装置，用一系列极距是 60m 的电偶极子一字排开，在离发射源不同距离处的接收端接收耦合了大地响应及各种影响的信号。为了和野外信号对比，在室内也进行了模拟。根据测区已知资料，在室内用电阻率是 100Ω·m 的均匀半空间模型来近似地下介质，发射源也用 12 级移位寄存器生成的 m 序列伪随机编码序列，编码的部分形态如图 7a 所示。文中采用了和野外一致的码元长度及采样率（码元长度为 1/1024s，采样率为 16kHz，发射一个周期的信号大约需要 4秒），因信号太长，为了突出细节，我们仅显示了其中的一小部分。值得注意的是，室内的编码序列和

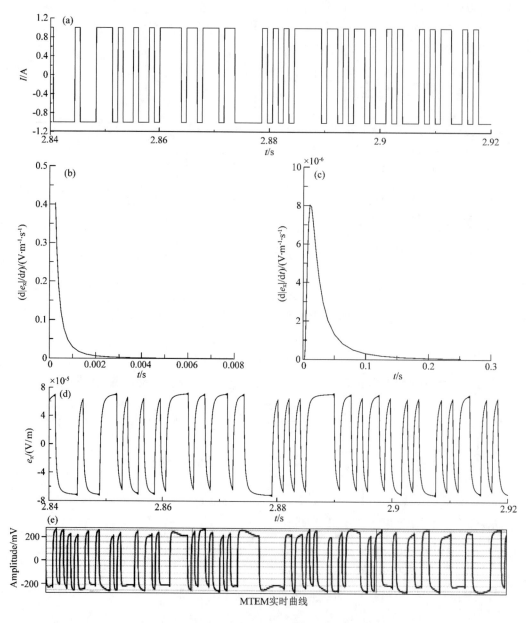

图 7 模拟信号和野外实测信号的对比

（a）12 级 m 序列伪随机信号部分波形；（b）偏移距是 300m 时的电场脉冲响应；（c）偏移距是 2700m 时的电场脉冲响应；
（d）偏移距是 300m 时的电场计算信号；（e）偏移距是 300m 时的电场实测信号

室外的编码序列是不一致的，因为对于任何级的移位寄存器来说，可以产生很多种形态编码，级数越多，能产生的编码形态也越多，所以并未刻意和野外用相同的编码形式。模拟时，分别在偏移距由近及远的位置接收信号，300m 和 2700m 处的脉冲响应如图 7b 和图 7c 所示，离源较近的接收点脉冲响应的信号很强，并且和离源较远时接收到的脉冲响应形态有差异，这是因为离源近，信号接近饱和，离源越远，得到的脉冲响应越平缓。

由于本文所依据的理论是电偶极子理论，当发射偶极与接收偶极子距离较近时，对发射偶极源进行了离散叠加。对 300m 的收发距，将偶极源划分成一系列 5m 长的小偶极子，离散后的小偶极子是 300m 收发距的 1/60，满足偶极子理论，同时大大减小了线间的感应耦合。

我们计算了部分点的接收信号，并和野外接收信号做了对比，发现二者的相似程度较高，这里只展示偏移距是 300m 时的合成信号，如图 7c 所示，从图中可以看出，通过和野外 300m 处接收信号的屏幕截图 7e 对比，可以看出信号的相似度较高。二者不尽相同的原因有三个：一是所用的编码形式不同，二是地下介质的电阻率不同，这两个在前面也有所描述，还有一个原因，就是在野外实测中所受的干扰更多，如电极附近的极化效应，接收电线的感抗等，而在数值模拟中只是模拟了较为典型的干扰。即便如此，二者较高的相似度说明了本文信号合成过程是正确的。

7　结　　论

本文根据伪随机编码源信号的传播物理过程对接收信号进行了合成，通过研究，发现大地脉冲响应离源较近时会出现饱和现象，是一条单调衰减曲线，随着测点远离源，峰值逐渐出现。

本文通过计算阶跃响应的时间导数来得到大地脉冲响应，$t \to 0$ 处的值用第一个阶跃值与该处时间的比值来代替，通过将起始时间设计得较小（如 0.01ms）来减小 $t \to 0$ 时的误差，通过数值模拟发现，这种近似方法可行。

当用移位寄存器得到 m 序列伪随机编码时，移位寄存器级数越多，其频谱主瓣的宽度越宽，当移位寄存器的级数 $r = 12$ 时，从 0~8192Hz 范围内的各个频率点上的幅值外包络线形态接近水平，接近于脉冲响应的频谱，由此源激发而得到大地响应会接近于脉冲源激发得到的响应，从而有较高的电性结构分辨能力。然而随着寄存器级数的增加，主瓣的各个频率信号的幅值也随之下降，影响了勘探深度的提高，为此需通过增加源的发射时间（便于加大垂直叠加次数）和增加拟地震水平叠加次数来弥补因增加频率成分而导致的信号强度损失，以达到既提高分辨率，又提高探测深度的双重目标。

由本文的方法得到的大地脉冲响应与理论值吻合，合成信号与野外信号非常接近，因此，本文方法所产生的中间结果及理论信号合理可靠，可用在后续的数据处理中，并可用于检验后续数据处理方法的可靠性和有效性。

参 考 文 献

程佩青，2007，数字信号处理教程（第三版），北京：清华大学出版社

底青云、王光杰、龚飞、安志国、石昆法、李英贤，2006，南水北调西线深埋长隧洞 CSAMT 法探测研究，地球物理学报，49（6）：1836~1842

方文藻、李予国、李貅，1993，瞬变电磁测深法原理，西安：西北工业大学出版社

何继善，2010，广域电磁法和伪随机信号电法，北京：高等教育出版社

林可祥、汪一飞，1977，伪随机码的原理与应用，人民邮电出版社

罗先中、李达为、彭芳苹等，2014，抗干扰编码电法仪的实现及应用，地球物理学进展，29（2）：944~951

罗延钟、陆占国、孙国良等，2015，新一代电法勘查仪器——伪随机信号电法仪，地球物理学进展，30（1）：411~415

朴化荣，1990，电磁测深法原理，北京：地质出版社

齐彦福、殷长春、王若等，2015，多通道瞬变电磁 m 序列全时正演模拟与反演，地球物理学报，58（7）：2566~2577

汤井田、罗维斌，2008，基于相关辨识的逆重复 m 序列伪随机电磁法，地球物理学报，51（4）：1226~1233

武欣、薛国强、底青云、张一鸣、方广有，2015，伪随机编码源电磁响应的精细辨识，地球物理学报，58（8）：2792~2802

薛国强、闫述、底青云等，2015，多道瞬变电磁法（MTEM）技术分析，地球科学与环境学报，37（1）：94~100

殷长春、黄威、贲放，2013，时间域航空电磁系统瞬变全时响应正演模拟，地球物理学报，56（9）：3153~3162

赵璧如、赵健、张洪魁等，2006，中国地震局地球物理研究所 PS100 型 IP 到端可控源高精度大地电测仪系统——CDMA 技术首次在地电阻率测量中的应用，地球物理学进展，21（2）：675~682

Anderson W L, 1982, Calculation of transient soundings for a coincident loop system, U. S. Geol. Surv. Open-File Report：82-378

Li J H, Zhu Z Q, Liu S C et al., 2011, 3D numerical simulation for the transient electromagnetic field excited by the central loop based on the vector finite-element method, Journal of Geophysics and Engineering, 8（4）：560-567

Li J, Farquharson C G, 2015, Two effective inverse Laplace transform algorithms for computing time-domain electromagnetic responses, SEG Technical Program Expanded Abstracts：957-962

Li Y G, Constable S, 2010, Transient electromagnetic in shallow water: insights from 1D modeling, Chinese Journal of Geophysics：53（3）：737-742

Newman G A, Hohmann G W, Anderson W L, 1986, Transient electromagnetic response of a three-dimensional body in a layered earth, Geophysics, 51（8）：1608-1627

Strack K M, 1992, Exploration with deep transient electromagnetics, ELSEVIER SCIENCE PUBLISHERS：Netherlands

Wright D A, 2003, Detection of Hydrocarbons and Their Movement in a Reservoir Using Time-lapse Multi-transient Electromagnetic（MTEM）Data［D］, Edinburgh：University of Edinburgh

Wright D A, Ziolkowski A, Hobbs B A, 2002, Hydrocarbon detection and monitoring with a multichannel transient electromagnetic（MTEM）survey, The Leading Edge, 21：852-864

Xue G Q, Gelius L J, Sakyi P A et al., 2014, Scovery of a hidden BIF deposit in Anhui province, China by integrated geological and geophysical investigations, Ore Geology Review, 63, 470-477

Ziolkowski A, Hobbs B A, Wright D, 2007, Multi-transient Electromagnetic Demonstration Survey in France, Geophysics, 72（4）：F197-F209

油气藏 MT 激电效应一维正演研究[*]

岳安平　　底青云　　王妙月　　石昆法

中国科学院地质与地球物理研究所

摘　要　模型实验表明，在大功率人工固定源极低频电磁频率测深的频率范围内，Dias 模型适用于 0.1~300Hz 频率和 1~10km 深度范围油气藏激电参数提取的要求。考虑油气藏激电参数后，视电阻率、视电阻率比值 $B\rho_T$ 和视相位、视相位比值 $B\varphi_T$ 曲线存在明显异常，具体表现为：①$B\rho_T$ 异常峰值均小于 1，表明在大功率人工源极低频电磁波测深范围内，均能将介质扩散电流阻抗和极化阻抗部分分离，并可"识别"出纯直流电阻率；②电阻率断面类型对响应曲线有显著影响，并在油层位于三个深度层次（浅层、中间层、底层）时呈现一致规律：对于全部频段而言，$B\rho_T$ 及 $B\varphi_T$ 峰值对应频率递减顺序为 A 型、O 型、Q 型、K 型、H 型，其中 A 型、O 型、Q 型峰值频率较高，K 型、H 型峰值频率接近并较小；③比值异常峰值及其对应频率与含油气极化层厚度有明确的正相关关系，可通过此性质判断极化层厚度，比值异常峰值与含油气极化层埋深有明显的对应关系，可以通过异常峰值大小判断极化层埋深，但对应频率与深度对应关系不明显，不利于进行判断。

关键词　大功率人工固定源　极低频电磁测深　激电效应　Dias 模型　模型正演　比值曲线异常

1　引　言

基于不同岩、矿石的激电效应差异的激发极化法（Induced Polarization Method，简称激电法，IP 法）是油气勘探的有效方法[1~5]。其应用主要分为两个方面：

（1）利用电子导体找油气[1,2]。油气田形成以后，其所含的烃类物质在温度、压力等条件作用下向上运移，运移至浅部氧化环境下与上覆岩层中的 Fe 离子形成 FeS_2，呈现黄铁矿化晕，也就是所谓"烟囱效应"。通过对黄铁矿化晕空间分布的探测与研究从而追踪评价油气藏。

（2）利用离子导电找油气[6]，这是直接找油气的新方法。由于油、水和围岩是三种不同物质，在油/水分界面和岩/水分界面上能产生 IP 效应，形成了利用离子导电的机理。然而，传统激电法测量，在时间域通过对大地的充放电过程，测量二次电场 Δv_2 和总场 Δv，比值计算视极化率 η_s，或计算视充电率 m_s，由于 Δv_2 相对于 Δv 十分微弱，须较大供电电流强度（从几安培到几十安培）激发。这导致野外装备笨重，限制了它在资源普查中的应用。

此外，频率域 IP 法通过观测不同频率的电位差值，计算视频散率 P_s，虽装备轻便，因供电电流小，仍存在探测深度的瓶颈，无法适用于深层资源勘探。

随着对油气资源和深部矿产资源的需求不断增加，从探测深度深的 MT 资料中提取激发极化参数的研究应运而生[7~13]。MT 法采用天然源，测量的场比较弱，而且易受人文电流干扰。人工源 CSAMT 克服了

* 本文发表于《石油地球物理勘探》，2009，44（3）：364~370

这方面的缺点[14, 15]，探测深度可以达到 1~2km，远大于直流激电法的探测深度，因此笔者也尝试了从 CSAMT 信号中提取激电参数的探索[16]。CSAMT 法测量的场的可靠性明显优于 MT，但探测深度（1~2km）仍不能满足寻找深部油气资源矿产资源的需求，且笨重的发射设备在山地移动很不方便。针对这种情况，在 20 世纪末大功率人工固定源极低频电磁法应运而生[17]，其频率范围（0.1~300Hz）虽然和 CSAMT 低频部分一致，但因其功率大，探测深度可达 10km，并克服了传统 IP 法设备笨重、勘探深度小等缺陷，具有探地深度大、传播距离远、信号强、抗干扰能力强和工作效率高等优势。

从 20 世纪 70 年代开始，国内学者吴汉荣和王式铭开始对天然源电磁法信号中的激电信息提取开展了研究[7]。80 年代至今，国内外还广泛开展了有关天然场源激电法领域的理论研究[8~13]，总的思路有两条：一是计算视电阻率的频散率（或电位差比值），以从感应效应中分离出激电效应；二是以极化体复电阻率响应模型描述大地响应规律，以统一的思想研究感应效应和激电效应[12, 16]。笔者认为，第二条思路较具应用前景。

针对深层油气藏的激电效应，本文探索了从大功率人工固定源极低频电磁测深资料中提取激电参数的方法。大功率人工固定源的极低频电磁场分近场、过渡场、远场和波导场，为了与 MT 资料进行对比及探索深部（10km）储层激电效应发生的频率范围以及强度，作为初步研究，笔者选择远场信息为激电效应的研究对象，以便明确是否可能采用大功率人工源极低频电磁波测深资料提取深部油气藏激电效应参数。

2　方法原理

2.1　Dias 模型

对于前人已提出的十余种岩、矿石激电响应模型，普遍反映较好的有 Dias 模型[18~20] 和 Cole Cole 模型及其组合（复 Cole-Cole 模型）[4, 5, 21]。笔者通过综合分析文献，认为 Dias 模型在拟合精度和参数物理意义上更具优势。因此本文研究采用 Dias 模型。图 1 为 Dias 模型等效电路图，Dias 模型的理论公式为

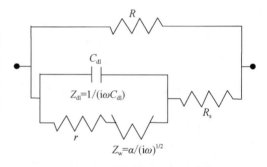

图 1　Dias 模型等效电路图[22]

$$\rho = \rho_0 \left\{ 1 - m \left[1 - \frac{1}{1 + i\omega\tau'\left(1 + \frac{1}{\mu}\right)} \right] \right\} \qquad (1)$$

其中

$$\mu = i\omega\tau + \sqrt{i\omega\tau''} \qquad \tau' = \frac{\tau(1 - \delta)}{\delta(1 - m)}$$

式中，ρ_0 为未考虑激电效应的直流电阻率；$m = \dfrac{\rho_{\omega \to 0} - \rho_{\omega \to \infty}}{\rho_{\omega \to 0}}$ 为充电率（$m \in [0, 1]$）；ω 为圆频率；$\tau = rC_{dl}$ 为时间常数，与极化的颗粒大小有关，$\tau'' = \tau^2\eta^2$；$\eta = a/r$ 为电化学参数，表示感应电流与扩散电量的相对关系；$\delta = \dfrac{r}{r + R_s}$ 为极化电阻率系数（$\delta \in [0, 1]$）。式（1）反映了复电阻率是电磁感应（实部）和激电效应（虚部）的综合作用。特别地，当电阻率不存在频率依赖时（$m = 0$），复电阻率退化为不存在激电效应时的背景实电阻率。

2.2　一维水平层状地层 MT 正演

由于研究对象为大功率人工固定源极低频电磁波远场信息，当略去电离层的影响后（接收距 R 小于 100km 时可以忽略）和 MT 信息是一致的，因此本文采用 MT 正演的一维水平层状地层递推关系[23]。对于 n 层地电断面，各层的电阻率为 ρ_1、ρ_2、$\cdots$、ρ_n。厚度为 h_1、h_2、$\cdots$、h_{n-1}，$h_n \to \infty$，则地面波阻抗递推公式为

$$Z_l = Z_{0l} \frac{1 + \dfrac{Z_{l+1} - Z_{0l}}{Z_{l+1} + Z_{0l}} \mathrm{e}^{-2k_l h_l}}{1 - \dfrac{Z_{l+1} - Z_{0l}}{Z_{l+1} + Z_{0l}} \mathrm{e}^{-2k_l h_l}} \tag{2}$$

其中

$$k_l = \sqrt{-\mathrm{i}\omega\mu_0\sigma_l} \tag{3}$$

$$Z_{0l} = -\sqrt{\mathrm{i}\omega\mu_0\rho_l} \tag{4}$$

$$\rho_s = \frac{1}{\omega\mu_0}|Z|^2 \tag{5}$$

式中，k_l 为第 l 层复波数；Z_{0l} 为第 l 层本征阻抗；Z_l 为第 l 层顶面的复波阻抗；h_l 为第 l 层厚度；ρ_s 为视电阻率；Z 为地面波阻抗；σ_l 为第 l 层电导率。通过式（2），可由第 $l+1$ 层波阻抗递推计算第 l 层顶面复波阻抗，其中最底层顶面（即半空间顶面）的复波阻抗就是半空间的本征波阻抗。

2.3　一维水平层状模型含极化层正演

根据式（1）至（5），进行一维水平层状模型（含极化储层）的正演。正演步骤为：①给定 Dias 模型的真谱参数和各层厚度及未考虑激电效应的储层电阻率参数；②以 Dias 模型复电阻率代替各极化层直流电阻率；③计算各层的复电阻率和本征阻抗以及复波数；④由递推公式计算地面视电阻率和阻抗相位；⑤通过改变模型参数，对比研究不同情况的响应曲线。

3　模　型　正　演

针对大功率人工固定源极低频电磁测深探测目标深度，约定模型分层时 0~3000m 范围称为浅层，3000~7000m 为中间层，7000~10000m 为深层，10000m 以下为底层（半空间层）。各模型层厚仍以 h_l 表示。激电参数在不做说明时采用以下缺省值：时间常数 $\tau = 0.5$；电化学参数 $\eta = 9S^{-\frac{1}{2}}$；极化电阻率系数 $\delta = 0.2$。

3.1　标本模型正演

首先通过对比正演结果，已知标本模型正演结果以及文献 [12] 中均匀半空间地电模型结果来证明程序的可靠性，进而对大功率人工固定源极低频电磁测深的三层、四层电性模型进行正演，以便明确是否可能采用大功率人工固定源极低频电磁测深资料提取深部油气藏激电效应参数。

图 2 为标本模型的视电阻率和相位响应曲线。由图 2 可以看出，在高频到低频变化过程中，极化

效应由被压制到逐步充分，电阻率幅值由存在激电参数时的低值上升到不存在激电效应时的初值。其物理机制为：趋向高频时通断电周期变短，电容和电感部分"来不及"充分充电以及产生阻抗作用，地电体极化部分趋于断路，只有扩散电路产生纯粹的直流电阻；随着频率降低，容抗和感抗逐渐增强，直至与扩散部分共同使总阻抗上升到不考虑激电效应的值。正是基于这种机制，可在频率域电磁法中提取激电效应和纯实电阻率数值。

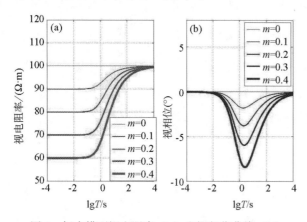 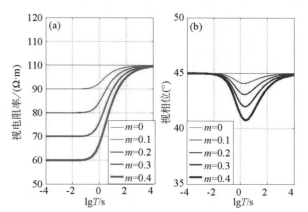

图 2　标本模型视电阻率（a）和视相位曲线（b）

储层围岩标本未考虑极化效应时电阻率 $\rho_0 = 100\Omega \cdot m$，

$\tau = 0.05$；T 为周期，下同

图 3　均匀半空间地电模型视电阻率（a）和

视相位曲线（b）

未考虑含油层极化效应时大地介质电阻率 $\rho_0 = 100\Omega \cdot m$，$\tau = 0.05$

3.2　均匀半空间地电模型正演

图 3 均匀半空间地电模型视电阻率和视相位曲线。由图 3 可见，高频段（相应于浅层）极化效应被充分压制。图 4 为对图 3 直流归一化后的视电阻率和视相位曲线，突显了激电效应，其实质与图 3 相同。图 2 至图 4 的结果是合理的，且和文献［12］的结果一致。

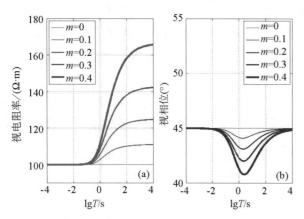 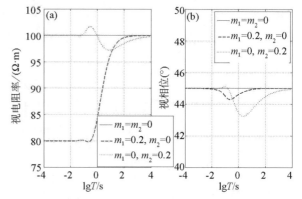

图 4　对图 3 直流归一化后的视电阻率（a）

和视相位曲线（b）

本图为用（1-m）对图 3 数据进行归一化处理的结果[12]

图 5　两层地电模型视电阻率（a）和视相位曲线（b）

两层模型介质电阻率 $\rho_{01} = \rho_{02} = 100\Omega \cdot m$，表层厚度

$h_1 = 3000m$，$m_1 = 0$（不含油），$m_2 = 0.2$（含油）

3.3　两层地电模型正演

图 5 为两层地电模型视电阻率和相位响应曲线。从图 5 可以看出：含油气极化位于浅层时，ρ_s 幅值曲线与均匀半空间响应曲线类似，区别是在频率较高处上升至初值，视相位曲线略向高频平移；含油气极化位于底层时，ρ_s 幅值大于不极化情况，视相位曲线向低频平移，表明低频段介质充分极化，回归背景电阻率和相位。

3.4　三层模型正演

文中对含油极化层位于浅层、中间层和深层三种情况分别计算 5 种三层典型电性结构模型，给出考虑油层激发极化效应前、后的正演结果。限于篇幅，中间层和深层仅给出电阻率 O 型模型响应曲线图。图 6 至 10 分别为含油极化层位于浅层情况的 5 种典型模型视电阻率、视电阻率比值 $B\rho_T$ 和视相位、视相位比值 $B\varphi_T$ 曲线；图 11、图 12 为含油极化层位于中间层、深层情况 O 型电阻率模型视电阻率、视电阻率比值 $B\rho_T$ 和视相位、视相位比值 $B\varphi_T$ 曲线。由图 6 至图 12 可见：T 曲线。由图 6 至图 12 可见：①含油极化层位于三种深度时，各种电阻率模型的视电阻率幅值和相位曲线均有明显异常，其中 $B\rho_T$、$B\varphi_T$ 曲线反映最为直观；② $B\rho_T$ 异常峰值均小于 1（$B\varphi_T$ 曲线形态类似于 $B\rho_T$，但其峰值对应频率均高于 $B\rho_T$ 峰值对应频率），表明在大功率人工源极低频电磁波测深范围内，均能将介质扩散电流阻抗和极化阻抗部分分离，并可"识别"出纯直流电阻率；对于全部频段而言，$B\rho_T$ 及 $B\varphi_T$ 峰值对应频率递减顺序为 A 型、O 型、Q 型、K 型、H 型，其中 A 型、O 型、Q 型峰值频率较高，K 型、H 型峰值频率接近并较小。

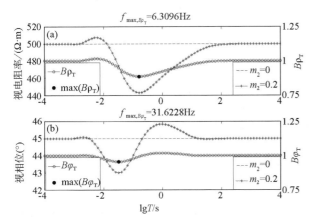

图 6　浅层 O 型断面视电阻率、视电阻率比值 $B\rho_T$（a）
和视相位、视相位比值 $B\varphi_T$ 曲线（b）

$m_1 = m_3 = 0$，考虑含油极化时 $m_2 = 0.2$，不含油时 $m_2 = 0$，异常以外频段有 $B\rho_T$ 和 $B\varphi_T = 1$，异常频段 $B\rho_T$、$B\varphi_T \neq 1$（图 7 至图 13 同）；$h_1 = 1000$m，$h_2 = 2000$m，$\rho_{01} = \rho_{02} = \rho_{03} = 500\Omega \cdot$m。红色曲线为异常曲线，绿色曲线为比值曲线，图 7 至图 14 同

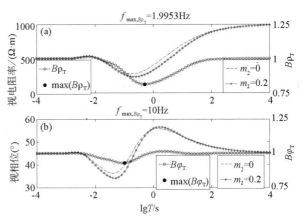

图 7　浅层 H 型断面视电阻率、视电阻率比值 $B\rho_T$（a）
和视相位、视相位比值 $B\varphi_T$ 曲线（b）

$h_1 = 1000$m，$h_2 = 2000$m；$\rho_{01} = 500\Omega \cdot$m，$\rho_{02} = 200\Omega \cdot$m，
$\rho_{03} = 1000\Omega \cdot$m

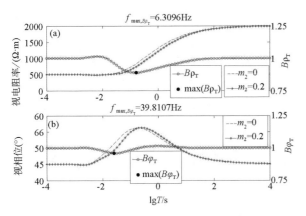

图 8　浅层 A 型断面视电阻率、视电阻率比值 $B\rho_T$（a）
和视相位、视相位比值 $B\varphi_T$ 曲线（b）

$h_1 = 1000$m，$h_2 = 2000$m；$\rho_{01} = 500\Omega \cdot$m，
$\rho_{02} = 1000\Omega \cdot$m，$\rho_{03} = 2000\Omega \cdot$m

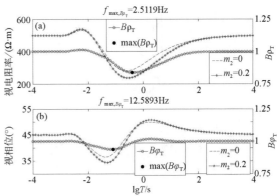

图 9　浅层 K 型断面视电阻率、视电阻率比值 $B\rho_T$（a）
和视相位、视相位比值 $B\varphi_T$ 曲线（b）

$h_1 = 1000$m，$h_2 = 2000$m；
$\rho_{01} = 500\Omega \cdot$m，$\rho_{02} = 200\Omega \cdot$m，$\rho_{03} = 500\Omega \cdot$m

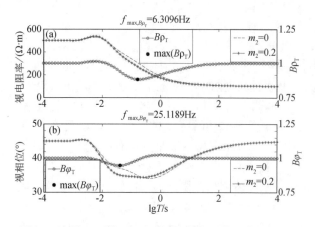

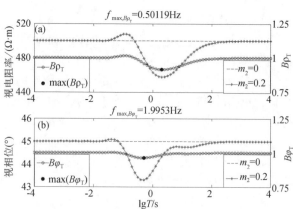

图 10　浅层 Q 型模型视电阻率、视电阻率比值 $B\rho_T$（a）和视相位、视相位比值 $B\varphi_T$ 曲线（b）

$h_1 = 1000\text{m}$，$h_2 = 2000\text{m}$；$\rho_{01} = 500\Omega \cdot \text{m}$，

$\rho_{02} = 200\Omega \cdot \text{m}$，$\rho_{03} = 100\Omega \cdot \text{m}$

图 11　中间层 O 型断面视电阻率、视电阻率比值 $B\rho_T$（a）和视相位、视相位比值 $B\varphi_T$ 曲线（b）

$h_1 = 4500\text{m}$，$h_2 = 5500\text{m}$；

$\rho_{01} = \rho_{02} = \rho_{03} = 500\Omega \cdot \text{m}$

图 13 为底层（深度达 10500m）O 型断面视电阻率、视电阻率比值 $B\rho_T$ 和视相位、视相位比值 $B\varphi_T$ 曲线。由图 13 可见，其曲线特征与图 12 类似，视电阻率和视相位比值异常峰值对应频率分别为 0. 15849Hz 和 0. 50119Hz（属于人工固定源的极低频电磁波频率范围）。

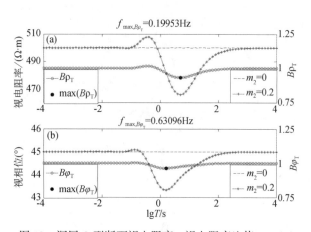

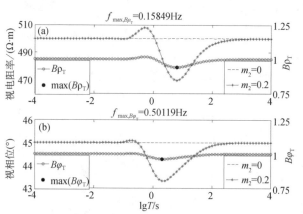

图 12　深层 O 型断面视电阻率、视电阻率比值 $B\rho_T$（a）和视相位、视相位比值 $B\varphi_T$ 曲线（b）

$h_1 = 8000\text{m}$，$h_2 = 9000\text{m}$；

$\rho_{01} = \rho_{02} = \rho_{03} = 500\Omega \cdot \text{m}$

图 13　底层（深度达 10500m）O 型断面视电阻率比值 $B\rho_T$（a）和视相位、视相位比值 $B\varphi_T$ 曲线（b）

$h_1 = 9500\text{m}$，$h_2 = 10500\text{m}$；

$\rho_{01} = \rho_{02} = \rho_{03} = 500\Omega \cdot \text{m}$

3.5　四层模型正演

图 14 为四层模型视电阻率、视电阻率比值 $B\rho_T$ 和视相位、视相位比值 $B\varphi_T$ 曲线。由图 14 可见，四层模型浅部与深部含油极化层 $B\rho_T$、$B\varphi_T$ 曲线均有明显异常，呈现双峰值，其中 $B\varphi_T$ 双峰值形态较为明显，在 $B\rho_T$ 两极化层之间响应异常靠得比较近，影响了两极化层异常峰值的判断。四层模型结果表明，不同含油极化层的影响有可能叠加，因此应对复杂模型做进一步个体分离研究。

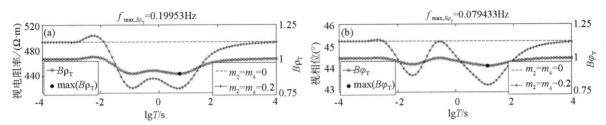

图 14 四层模型视电阻率、视电阻率比值 $B\rho_T$（a）和视相位、视相位比值 $B\varphi_T$ 曲线（b）
$h_1 = 1000\text{m}$，$h_2 = 2000\text{m}$，$h_3 = 4000\text{m}$，$h_4 \to \infty$，$\rho_{01} = \rho_{02} = \rho_{03} = \rho_{04} = 500\Omega \cdot \text{m}$，一、三层不含油时 $m_1 = m_3 = 0$，
二、四层不含油时 $m_2 = m_4 = 0$，含油时 $m_2 = m_4 = 0.2$

4 比值曲线异常

4.1 比值曲线异常与极化层厚度的对应关系

由模型正演结果可以看出，激电效应前、后的比值 $B\rho_T$、$B\varphi_T$ 曲线异常为含油层激电效应引起的视电阻率和相位异常的直观体现。图 15 为三层 O 型模型，模型储层厚度与 $B\rho_T$、$B\varphi_T$ 曲线异常峰值及峰值 频率的关系曲线。由图 15 可见，当浅层存在含油极化层时，$B\rho_T$、$B\varphi_T$ 与层厚有明确的正相关关系，即随着厚度增加，对应频率整体向高频偏移。笔者对含油极化层中心位于中间层中心 5000m、深层中心 8500m 时的储层厚度与 $B\rho_T$、$B\varphi_T$ 曲线异常峰值及峰值频率的关系曲线也进行了计算，其曲线特征与图 15 类似。

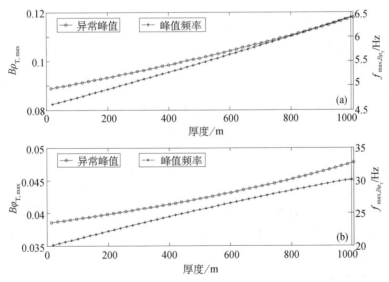

图 15 三层 O 型模型储层厚度与 $B\rho_T$（a）、$B\varphi_T$（b）曲线异常峰值及峰值频率的关系曲线
中间含油层中心深度位于浅层中心 1500m，厚度变化范围为 100~1000m；$\rho_{01} = \rho_{02} = \rho_{03} = 500\Omega \cdot \text{m}$

4.2 比值曲线异常与极化层埋深的对应关系

图 16 为三层 O 型模型储层深度与 $B\rho_T$、$B\varphi_T$ 曲线异常峰值及峰值频率的关系曲线。由图 16 可见：①$B\rho_T$、$B\varphi_T$ 异常峰值均随含油极化层深度增加逐渐减小，呈现明显对应关系（$B\rho_T$ 异常峰值达到 0.06 以上，最大可达 0.18，$B\varphi_T$ 异常峰值也均大于 0.037）；②所对应频率曲线在小于 1000m 的某个深度急剧降至低频后缓慢减小，其中 $B\varphi_T$ 峰值对应频率在高频处上升至峰值后陡降。图 16 说明频率和深度对

应关系不明显，因此利用异常峰值频率判断极化层深度不利。图15、图16表明：①比值异常应采用远参考，并与不含激电效应的非含油层或合理的不含激电参数的模型结果进行比较才能得出合理的结果；②对含油极化层异常与频率对应关系应做进一步研究，以明确其对应关系。

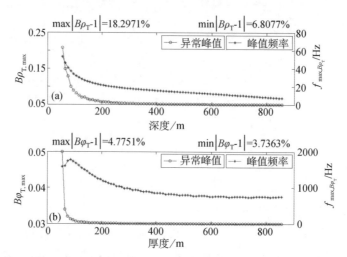

图16　三层 O 型模型储层深度与 $B\rho_T$（a）、$B\varphi_T$（b）曲线异常峰值及峰值频率的关系曲线

中间含油层厚度为1000m，深度变化范围为550~8500m；$\rho_{01}=\rho_{02}=\rho_{03}=500\Omega \cdot m$；$m=0.2$

5　结　束　语

文中选择远场信息为激电效应的研究对象，探索了从大功率人工固定源极低频电磁测深资料中提取激电参数的方法。模型实验表明，在大功率人工固定源极低频电磁频率测深的频率范围内，Dias 模型适用于 0.1~300Hz 频率和 1~10km 深度范围油气藏激电参数提取的要求，考虑油气藏激电参数后，视电阻率、视电阻率比值 $B\rho_T$ 和视相位、视相位比值 $B\varphi_T$ 曲线存在明显异常，其中 $B\rho_T$、$B\rho_T$ 比值曲线反映最为直观，可以直观地展示含油层激电效应所引起的异常：

（1）$B\rho_T$ 异常峰值均小于1，表明在大功率人工源极低频电磁波测深范围内，均能将介质扩散电流阻抗和极化阻抗部分分离，并可"识别"出纯直流电阻率；

（2）电阻率断面类型对响应曲线有显著影响，并在油层位于三个深度层次（浅层、中间层、底层）时呈现一致规律：对于全部频段而言，$B\rho_T$ 及 $B\rho_T$ 峰值对应频率递减顺序为 A 型、O 型、Q 型、K 型、H 型，其中 A 型、O 型、Q 型峰值频率较高，K 型、H 型峰值频率接近并较小。

（3）比值异常峰值及其对应频率与含油气极化层厚度有明确的正相关关系，可通过此性质判断极化层厚度；比值异常峰值与含油气极化层埋深有明显的对应关系，可以通过异常峰值大小判断极化层埋深，但对应频率与深度对应关系不明显，不利于进行判断。

尚需指出，在大功率人工固定源极低频电磁场远场（相当于MT）正演基础上，应开展近场、过渡场、波导场的正演研究，探讨利用近场、过渡场、波导场资料提取含油层激电参数的可能性；应根据正演理论，进一步开展反演研究，获得利用大功率人工固定源极低频电磁场资料提取含油气层电阻率和激电参数的有效方法，以提高电磁测深对含油层电性结构解释的精度和分辨率。

　　致　谢　衷心感谢王光杰、陈清礼两位老师的指导和安志国、付长民、李帝铨、白大为四位博士的热情帮助。

参 考 文 献

[1] 李满树，激电法在川西地区油气勘探中的应用，石油地球物理勘探，1998，37（1）：122~128

[2] 崔先文、何展翔、刘雪军、罗延钟、江汶波、刘平生，频谱激电法在大港油田的应用，石油地球物理勘探，2004，39（增刊）：101~105

[3] 王家映，我国石油电法勘探评述，勘探地球物理进展，2006，29（2）：78~81

[4] 许传建、徐自生、杨志成、张恺，复电阻率（CR）法探测油气藏的应用效果，石油地球物理勘探，2004，39（增刊）：31~35

[5] 苏朱刘、吴信全、胡文宝、曾军、宫建清、卿召强、严良俊，复视电阻率（CR）法在油气预测中的应用，石油地球物理勘探，2005，40（4）：467~471

[6] 邓少贵、范宜仁，含油气泥质砂岩薄膜电位实验研究，测井技术，2002，26（1）：26~29

[7] 吴汉荣、王式铭，利用天然电磁场进行激发极化法测量的可能性，物探与化探，1978，（1）：62~64

[8] Marali S, Comparison of anomalous effects determined using telluric fields and time domain IP technique（test results），Bult. Aust. Soc. Explor. Geophys, 1982, 2（1/2）：44-45

[9] 杨进、谭捍东、傅良魁，被动源激发极化法的野外试验结果，现代地质，1998，12（3）：436~441

[10] Gasperikova E, Mapping of induced polarization using natural fields, Berkeley：University of california at Berkeley, 1999

[11] Erika Gasperikova and H Frank Morrison, Apping of induced polarization using natural fields, Geophysics, 2001, 66（1）：137-147

[12] 陈清礼，天然场源激电法基础理论研究，北京：中国地质大学（北京），2001

[13] 陈清礼、胡文宝、李金铭，由 MT 资料反演真谱参数的基本原理，石油天然气学报（江汉石油学院学报），2006，28（6）：61~64

[14] 王永涛、陶德强，宽频 CSAMT 法在强干扰区的应用，石油地球物理勘探，2004，39（增刊）：127~12

[15] 安志国、底青云、郭韶华，隐伏煤矿区 CSAMT 法煤系地层勘查研究，中国矿业大学学报，2008，37（1）：118~124

[16] 岳安平、底青云、石昆法，从 CSAMT 信号中提取 IP 信息探讨，地球物理学进展，2007，22（6）：1925~1930

[17] 卓贤军、赵国泽、底青云、毕文斌、汤吉、王若，无线电磁法（WEM）在地球物理勘探中的初步应用，地球物理学进展，2007，22（6）：1921~1924

[18] 童茂松、丁柱，岩石复电阻率频谱模型参数的反演，测井技术，2006，30（4）：303~305

[19] 丁柱、童茂松、潘涛，岩石复电阻率 Dias 模型及其参数求取方法，物探化探计算技术，2005，27（2）：135~137

[20] 丁柱、童茂松、潘涛，岩石复电阻率 Dias 模型及其反演方法，大庆石油地质与开发，2005，24（5）：90~92

[21] 万鹏，频谱激电法中 Cole—Cole 模型频谱特性分析，内蒙古石油化工，2006，5：69~71

[22] Carlos A Dias, Developments in a model to describe low-frequency electrical polarization of rocks, Geophysics, 2000, 65（2）：437-451

[23] 刘国栋等，大地电磁测深法教程，北京：地震出版社，1985，47~55

Ⅲ — 38

含激电效应的 CSAMT 一维正演研究[*]

岳安平　　底青云　　王妙月　　石昆法

中国科学院地质与地球物理研究所

摘　要　地电体对频率域电磁波激发源的响应为电磁感应和激电效应的综合响应。传统 CSAMT 法进行数据正反演时认为大地介质电阻率是与频率无关的实数，而实际上因为激电效应，地下可极化体的电阻率是一个与频率相关的复数。为推进二者总体响应研究，并扩展激电法的应用范围，同时提高电磁法勘探的精度，本文基于 Dias 模型，以复电阻率代替不考虑地电体极化效应的直流电阻率，对 CSAMT 场源一维层状模型进行了正演模拟，为提取 CSAMT 信号中所含激电信息提供理论基础。结果表明，考虑激电参数后，视电阻率及相位响应曲线出现明显异常（包括远场、过渡场、近场）；极化前后振幅比值异常峰值、相位差值异常峰值可直观体现激电异常；异常峰值与极化层层厚、埋深以及电阻率变化有连续的对应关系。认为从频率域电磁法信号中提取激电信息有乐观的前景。

关键词　CSAMT 信号　激电效应　响应模型　一维正演　提取　过渡场　近场

1　引　言

激发极化效应是岩矿石的一项重要属性，以此为理论基础的激发极化法（Induced Polarization Method，IP 法）是主要的地球物理勘探方法之一，在矿产、油气资源以及地下水探测中有着广泛的应用[1~7]。传统激发极化法分为时间域和频率域，分别测量极化率和频散率，其本质均为测量二次电位。因二次电位微弱，须笨重的供电设备，以及频率域测量实际为变频测量，难以突破探测深度浅的瓶颈，导致传统 IP 法在矿产普查和深层资源勘探中的应用受到限制[1~10]。从 20 世纪 70 年代开始，国内外学者发展了从大地电磁勘探（Magnetotelluric Sounding，MT）资料中提取 IP 信息的研究，以求提取深部矿体 IP 信息[11~19]。由于天然场源信号微弱，易受人文电流影响，MT 勘探精度难以满足要求。因此笔者于 2007 年尝试从可控源音频大地电磁法（Control Source Audio frequency Magneto-Tellurics，CSAMT）信号中提取 IP 信息，认为以极化地电体对频率域电磁波源的电磁感应和极化效应总体响应角度，在 CSAMT 数据正反演过程中加入复电阻率模型，以提取激电信息的方法可行[20]。本文基于 Dias 模型，在 MT 正演研究的基础上对含激电参数的 CSAMT 信号开展了正演计算，并对正演结果进行了分析。

2　Dias 模型的引入

极化地电体阻抗可分为扩散电流电阻和极化阻抗（类似于电容）两部分，是二者综合阻抗作用。将考虑激电效应的激电响应模型代替传统只考虑扩散电流的实数电阻率，更全面地考虑其极化阻抗和扩散电流阻抗，通过正演拟合确定考虑地下地电体激电参数后的异常。作为基础和对比，MT 信号中的

＊ 本文发表于《地球物理学报》，2009，52（7）：1937~1946

提取研究将被参照叙述。首先介绍复电阻率模型。

2.1　Dias 模型

Dias 模型是在已经提出的十余种复电阻率模型中普遍反映较好的一个[16, 19~22]，具有拟合精度高和参数物理意义相对明确的优势[22]。其等效电路如图 1 所示：

相应的复电阻率计算公式如式（1）：

$$\rho(\omega) = \rho_0 \left\{ 1 - m \left[1 - \frac{1}{1 + \mathrm{i}\omega\, \tau' \left(1 + \dfrac{1}{\mu}\right)} \right] \right\} \quad (1)$$

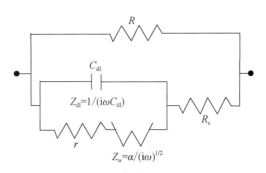

图 1　Dias 模型等效电路图（引自文献［22］）

R、R_s 分别为与极化部分并联、串联的电阻；r 为极化通道中发生极化部分的电阻；C_{dl} 为响应部分的电容，Z_{dl} 为电容阻抗；a 为实常数，ω 为角频率，$\mathrm{i} = \sqrt{-1}$，Z_w 为 Warburg 阻抗 $a/(\mathrm{i}\omega)^{1/2}$

式中，$\rho(\omega)$ 为考虑极化效应后与频率相关的复电阻率；ρ_0 为未考虑极化效应时直流电阻率；充电率 m，为 0~1 的无量纲参数，值越大极化效应越强；时间常数 $\tau = rC_{dl}$ 与产生极化的颗粒大小有关，值越大出现激电异常的频率越低；电化学参数 η，具有 $S^{-\frac{1}{2}}$ 的量纲，表示感应电流与扩散电量的相对关系；极化电阻率系数 δ 为 0~1 的无量纲参数，值越大出现激电异常的频率越高。

2.2　模型引入

为说明 Dias 模型的物理意义，取地电体标本模型，其 $\rho_0 = 100\Omega \cdot m$，$m$ 分别取值：0、0.1、0.2、0.3、0.4，电化学参数 $\eta = 9S^{-\frac{1}{2}}$；极化电阻率系数 $\delta = 0.2$；$\tau = 0.05$。图 2 为标本模型对应于 Dias 模型的电阻率和相位频率响应曲线。可以看出，高频到低频变化过程中，电阻率幅值由存在激电参数时的低值上升到不存在激电效应时的初值，表明极化效应由被压制到逐步充分。其物理机制为，趋向高频时通断电周期变短，地电体电容和电感部分"来不及"充分充电以及产生阻抗作用，极化部分趋于断路，只有扩散电路产生纯粹的直流电阻作用；随着频率降低，容抗和感抗逐渐增强，直至与扩散部分"合力"使总的阻抗上升到不考虑激电效应的值，正是基于这种机制，实现从频率域电磁法中分离激电效应和纯的实电阻率。

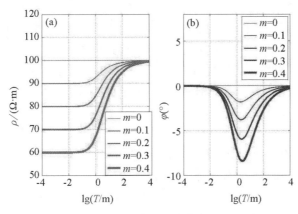

图 2　标本模型正演结果图

（a）Dias 模型复电阻率正演结果；（b）Dias 模型相位正演结果

对于 MT 和 CSAMT 两种场源，均将原有考虑水平地层直流电阻率 ρ_n 分别用考虑极化效应的复电阻率 $\rho(\omega)$ 代替，按照各自常规正演步骤计算。

需要特别注意的是，在复电阻率代替直流电阻率的过程中，Dias 模型公式中 μ 为中间变量，与 MT 与 CSAMT 正演公式中真空磁导率 μ_0 和各层磁导率 μ_0 有着不同的意义。

3　含激电参数的 CSAMT 模型一维正演

采用文献［23，24］正演公式（略），用 Dias 模型复电阻率代替极化地电体的实电阻率，自编程序对 MT 方法（作为对比）和 CSAMT 方法无极化、极化强度变化均匀半空间介质模型进行正演计算，在此基础上对 CSAMT 二层、三层模型和极化层中间有不极化夹层的五层模型做正演模拟，由此考察考虑激电效应后介质对 CSAMT 场源的响应情况。如不特别说明，采用以下缺省参数：时间常数 $\tau = 0.5$；电化学参数 $\eta = 9S^{-\frac{1}{2}}$；极化电阻率系数 $\delta = 0.2$。

3.1　均匀半空间 MT、CSAMT 模型正演

均匀半空间地电模型未考虑含地电体极化效应时大地介质电阻率 $\rho_0 = 500\Omega \cdot m$，极化时 m 分别取值：0、0.1、0.2、0.3、0.4。MT 场源正演结果如图 3。然后给出 CSAMT 场源相同模型结果（图 4），其发射极 $AB = 4000m$，收发距 $L = 12000m$。

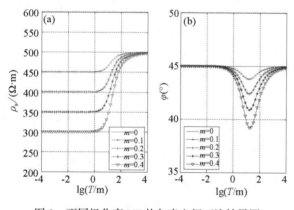

图 3　不同极化率 MT 均匀半空间正演结果图
（a）视电阻率振幅结果；（b）视电阻率相位结果

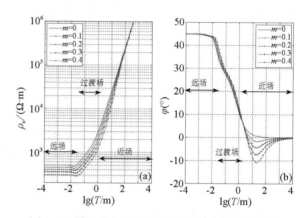

图 4　不同极化率 CSAMT 均匀半空间正演结果图
（a）视电阻率振幅结果；（b）视电阻率相位结果

MT 场源为垂直地面向下的平面电磁波，对于均匀半空间介质，图 3 显示了其与标本模型类似响应，对于不同极化率，高频段压制极化效应，且其压制程度随极化率的增加而加大，对于 m 的不同取值：0.1、0.2、0.3、0.4，复视电阻率 $\rho(\omega)_s$（以下简称视电阻率 ρ_s）幅值在高频分别被充分压制到 450、400、350、300$\Omega \cdot m$，对应于不极化时直流电阻率 500$\Omega \cdot m$ 的 90%、80%、70% 和 60%；相位 ϕ 的异常随极化率 m 增加而加大，其异常值对应于 ρ_s 回归 ρ_0 时随频率的变化率；振幅异常和相位异常均为负异常（幅值小于非极化情况）。

CSAMT 场源在不考虑极化时的正演曲线基础上产生了类似 MT 场源的形态变化，其 ρ_s 振幅在高频同样被压制为 ρ_0 的 90%、80%、70% 和 60%，随频率降低回归；因在 CSAMT 远场到近场的过渡中，由直接向地下传播的地面波 S_0 和水平极化波 S^* 作用，过渡到到 S_0 波和 S^* 波与地层波 S_1 波共同作用，在这一过程中，其测量对象由地层横向电阻率向纵向电阻率变化，因此相位曲线由 45° 转为 0°。由图 4 可以看出，ϕ 异常在高频段为正异常（极化后值大于不极化情况），低频段为负异常。值得注意的是，依照文献［24］计算的过渡场和近场频点（34.68Hz 和 0.96Hz）标出远场、过渡场和近场频段后（图 4），ρ_s 和 φ 在三个频段均有异常显示。

为考察两种场源下 ρ_s 和 ϕ 异常与频率变化率的相关性，对图 3、图 4 不同充电率的结果曲线相对于不极化曲线结果进行归一，取考虑激电效应和未考虑激电效应前后的视电阻率比值 $B\rho_T$ 和相位差值

$D\phi_{\mathrm{T}}$，异常以外频段有 $B\rho_{\mathrm{T}}=1$ 和 $D\phi_{\mathrm{T}}=0$，异常频段 $B\rho_{\mathrm{T}}\neq1$ 和 $D\phi_{\mathrm{T}}\neq0$（图5）。由于过渡场是一个相对模糊的范围，由图示结果可以定性地认为在远场频段，CSAMT 和 MT 有相同的异常结果，过渡场频段 CASAMT 场源的 $B\rho_{\mathrm{T}}$ 异常幅值下冲，到近场后开始上升直至回归。相应地，$D\phi_{\mathrm{T}}$ 在 $B\rho_{\mathrm{T}}$ 异常幅值下冲频段为正异常，上升频段为负异常，且 $D\phi_{\mathrm{T}}$ 异常幅度大小对应于 $B\rho_{\mathrm{T}}$ 异常幅值变化率。以上结果与 Dias 模型物理意义一致并验证了程序的可靠性。

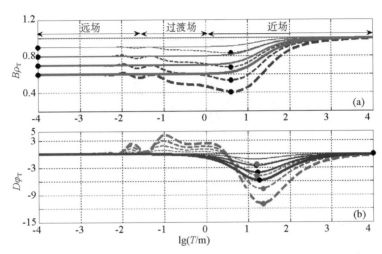

图 5　不同极化率 MT 和 CSAMT 均匀半空间 $B\rho_{\mathrm{T}}$、$D\phi_{\mathrm{T}}$ 异常曲线图

（a）MT、CSAMT 场源视电阻率振幅结果归一对比；（b）MT、CSAMT 场源视电阻率相位结果归一对比
实线和虚线分别对应 MT 场源和 CSAMT 场地源，线条由细到粗充电率 m 分别为 0、0.1、0.2、0.3、0.4

3.2　CSAMT 二层模型正演

在均匀半空间正演结果的基础上，进行 CSAMT 二层地电模型的正演计算。对原有 CSAMT 场源和收发距条件，设定二层模型，$\rho_{01}=\rho_{02}=500\Omega\cdot\mathrm{m}$（下标 1、2 为层序），表层厚度 $h_1=1000\mathrm{m}$，$h_2\to\infty$，m_1，m_2 不极化和极化情况分别取值为 0 和 0.2。

图 6 为二层模型视电阻率和相位响应曲线，以及 $B\rho_{\mathrm{T}}$ 和 $D\phi_{\mathrm{T}}$ 曲线。为看图方便，ρ_s 曲线取较高频段展示，未展示的低频段类似于均匀半空间模型曲线回归至不极化曲线。可以看出，极化层位于浅层时，ρ_s 幅值曲线与均匀半空间响应曲线类似，区别是在频率较高处回归，相位 ϕ 曲线相应频段出现异常，$D\phi_{\mathrm{T}}$ 曲线出现明显单异常；底层极化时，ρ_s 幅值在高频段无异常，较低频段出现负异常并随频率降低回归，$B\rho_{\mathrm{T}}$ 曲线直观地表现了这一过程；相位曲线 ϕ 在过渡场频段为正异常，较低频段为负异常。$D\phi_{\mathrm{T}}$ 曲线在低频负异常的同时，高频 $B\rho_{\mathrm{T}}$ 下冲段出现较大正异常。由 $B\rho_{\mathrm{T}}$ 和 $D\phi_{\mathrm{T}}$ 曲线可指示极化层的存在和位置，其中 $B\rho_{\mathrm{T}}$ 曲线较 $D\phi_{\mathrm{T}}$ 曲线更为明确。

3.3　CSAMT 三层模型正演

均匀半空间和二层模型结果说明极化地层产生 $B\rho_{\mathrm{T}}$ 异常更能反映极化层存在，$D\phi_{\mathrm{T}}$ 异常正负异常交替，尚待验证其与 CSAMT 探测提取极化异常的联系。因此对反映普遍情况的典型三层地电模型（O型、K型、Q型、H型、A型，限于篇幅，仅呈现前三种模型结果）中间层极化情况进行计算，其极化层埋深采用实际常用的 1000 米以内。模型参数如下：各模型 $m_1=m_2=0$，考虑中间层极化时 $m_2=0.2$，不极化时 $m_2=0$。$h_1=500\mathrm{m}$，$h_2=500\mathrm{m}$，$h_3\to\infty$。电阻率 O 型模型：$\rho_{01}=\rho_{02}=\rho_{03}=500\Omega\cdot\mathrm{m}$；K 型模型：$\rho_{01}=500\Omega\cdot\mathrm{m}$，$\rho_{02}=200\Omega\cdot\mathrm{m}$，$\rho_{03}=500\Omega\cdot\mathrm{m}$；Q 型模型：$\rho_{01}=500\Omega\cdot\mathrm{m}$，$\rho_{02}=200\Omega\cdot\mathrm{m}$，$\rho_{03}=100\Omega\cdot\mathrm{m}$。正演结果如图 7。对于 3 个典型模型，考虑中间层极化效应后，视电阻率和相位曲线均出现明显异常，$B\rho_{\mathrm{T}}$ 和 $D\phi_{\mathrm{T}}$ 直观地指示了异常存在和对应频率。

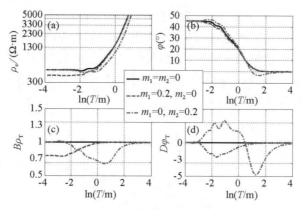

图 6　二层模型正演结果图

（a）视电阻率振幅异常曲线；（b）视电阻率相位异常曲线；（c）$B\rho_{\mathrm{T}}$ 异常曲线；（d）$D\phi_{\mathrm{T}}$ 异常曲线

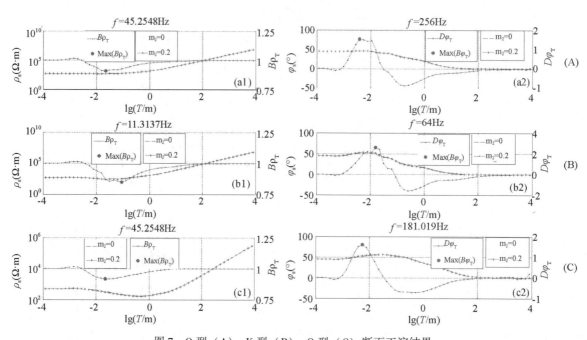

图 7　O 型（A）、K 型（B），Q 型（C）断面正演结果

（a1、b1、c1）视电阻率振幅及异常曲线；（a2、b2、c2）视电阻率相位及异常曲线

　　经对比天然源相同模型结果[19]，其形态类似、异常峰值对应频点相近，再次验证了 Dias 模型在 CSAMT 中应用的本质效果与天然源相同。值得注意的是，该 3 个模型的 $D\phi_{\mathrm{T}}$ 正异常明显占主导地位，异常峰值均出现为较高频率的正异常区，表明第一层不极化无异常存在，第二层极化后，$B\rho_{\mathrm{T}}$ 曲线下冲较快，向第三层不极化层频率过渡时上升较慢。认为此性质可通过 $B\rho_{\mathrm{T}}$ 曲线和 $D\phi_{\mathrm{T}}$ 反映各三层典型地电模型中间层极化的存在，并且各模型异常峰值对应着不同的频率。

　　为更直观体现异常分布，并考察实际中 CSAMT 探测应用的剖面测量时的情况，计算了 A 型模型中间层极化情况测线剖面拟断面图（图 8）。测线中心置位于与 AB 极中线对应的接收位置，剖面长 4000m，极化层厚度为 300m（$h_2 = 300$m），分别位于 350m 深度（$h_1 = 200$m）（a1，b1 图）和 850m 深度（$h_1 = 700$m）（a2，b2 图），两种情况下 $|B\rho_{\mathrm{T}} - 1|$（图 8A）和 $|D\phi_{\mathrm{T}}|$（图 8B）异常分布。异常显示，850m 深度极化层异常在电阻率和相位对应频率均明显低于 350m 深度，且异常频带窄于 350m 深度，沿剖面走向无明显变化。$|D\phi_{\mathrm{T}}|$ 异常不连续是因为正负异常交替，因而值接近于 0。结果表明该方法可以定性指示极化层存在和深度变化，并可用于测量剖面。

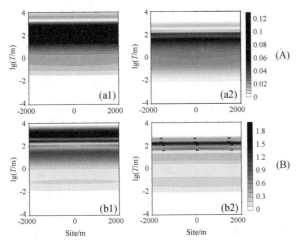

图 8　极化层位于不同深度 $|B\rho_{\mathrm{T}}-1|$ （A）和 $D\phi_{\mathrm{T}}$ （B）等值线图

3.4　CSAMT 极化层中间含不极化夹层模型正演

实际地电体多为多层分别极化，中间夹杂不极化围岩，为考察本方法对该情况的应用效果，设定五层地电模型。$h_1 = h_2 = h_3 = h_4 = 200\mathrm{m}$，$h_5 \to \infty$ 。各层电阻率均为 $500\Omega\cdot\mathrm{m}$。其中 $m_1 = m_3 = m_5 = 0$，存在极化体时，$m_2 = m_4 = 0.2$，不极化时，$m_2 = m_4 = 0$。图 9 为正演结果 $|B\rho_{\mathrm{T}} - 1|$ 和 $|D\phi_{\mathrm{T}}|$ 等值线图，其中，图 9 （a1）为上述模型 $|B\rho_{\mathrm{T}} - 1|$ 异常等值线图，图 9 （a2）为 $|D\phi_{\mathrm{T}}|$ 等值线图，图 9 （b1）和图 9 （b2）为模型变化为仅第二层极化情况（$m_2 = 0.2$，$m_4 = 0$），c1 图和 c2 图为仅第四层极化情况（$m_2 = 0$，$m_4 = 0.2$）。可以看出，单层极化的结果同上一节剖面情况。而作为考察目标的图 9 （a1）、图 9 （a2）并没有体现中间所夹非极化层，只是 $|B\rho_{\mathrm{T}} - 1|$ 异常带略有下移，$|D\phi_{\mathrm{T}}|$ 较下部负异常略有增加，对比图 9 （b2）和图 9 （c2），认为图 9 （a2）中间非异常带仍为正负异常过渡带。

进一步将初始模型中不极化夹层厚度增加为 1000m，即 $h_3 = 1000\mathrm{m}$，相邻两层极化，如 9 （d1）图和 9 （d2）图所示，9 （d1）图中 $|B\rho_{\mathrm{T}} - 1|$ 异常仍未明显分开，9 （d2）图中 $|D\phi_{\mathrm{T}}|$ 异常明显分开，但同正负异常过渡带难以区分。以上说明方法对于极化层中间所含不极化夹层不敏感，对于区别不利。

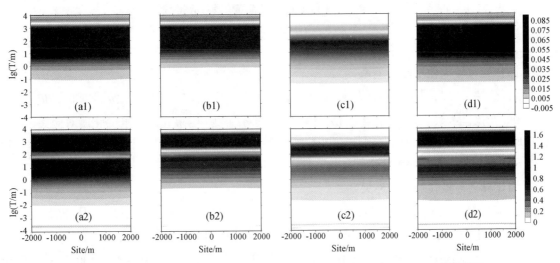

图 9　极化层中间含不极化层 $|B\rho_{\mathrm{T}} - 1|$ （a1~d1）和 $|D\phi_{\mathrm{T}}|$ （a2~d2）等值线图

4　极化异常与极化层特征的关系

上一节的研究表明了本方法可以定性地表征极化层的存在并通过 $B\rho_T$ 异常和 $D\phi_T$ 异常明显呈现。本节讨论极化异常与极化层本身特征之间的关系。做了 $|B\rho_T - 1|$ 和 $|D\phi_T|$ 异常与极化层埋深、层厚和电阻率变化的定量计算。

4.1　极化异常与极化层埋深关系

首先考察极化层不同埋藏深度的对应关系，设有 A 型三层模型，$\rho_{01} = 100\Omega \cdot m$，$\rho_{02} = 500\Omega \cdot m$，$\rho_{03} = 1000\Omega \cdot m$，当厚度为 300m，即 $h_2 = 300m$ 的极化层埋深从 160～2160m 变化时（$h_1 = 10m \sim 2010m$），$|B\rho_T - 1|$ 和 $|D\phi_T|$ 峰值变化和其对应频率变化（图 10A）。可以看出，$|B\rho_T - 1|$ 峰值与埋深呈现连续的对应关系，和对应频率整体沿深度增加减小，其中 $|B\rho_T - 1|$ 异常峰值所对应频率出现阶跃，但整体形态递减；$|D\phi_T|$ 异常峰值与埋深关系呈整体下降的连续对应关系，但两次折点对判断极化层深度有一定干扰。对应频率在相同深度出现两次阶跃，整体为递减趋势。

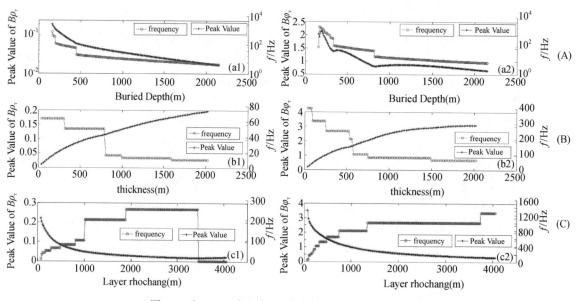

图 10　$|B\rho_T - 1|$ 和 $|D\phi_T|$ 异常峰值及对应频率变化
（A）与极化层埋深关系；（B）与极化层厚度关系；（C）与极化层电阻率关系

4.2　极化异常与极化层厚度关系

为考察极化层异常与层厚关系，设定 O 型模型，$\rho_{01} = \rho_{02} = \rho_{03} = 500\Omega \cdot m$，$h_1 = 500m$，$h_3 \to \infty$，$h_2$ 由 20～2020m 变化，考察 $|B\rho_T - 1|$ 和 $|D\phi_T|$ 峰值及其对应频率与极化层厚度变化所对应关系。

图 10B 表明，随着极化层层厚增加，$|B\rho_T - 1|$ 和 $|D\phi_T|$ 峰值均呈规律连续递增，其对应频率阶跃递减，$|B\rho_T - 1|$ 和 $|D\phi_T|$ 峰值对应频率均在一定厚度出现大幅跌落。

4.3　极化异常与极化层电阻率关系

设有 O 型三层模型，$h_1 = h_2 = 300m$，$h_3 \to \infty$，$\rho_{01} = \rho_{03} = 500\Omega \cdot m$，极化层 ρ_{02} 从 70$\Omega \cdot m$ 递增到 4050 时，$|B\rho_T - 1|$ 和 $|D\phi_T|$ 异常峰值变化和其对应频率变化图 10C。

随着极化层电阻率增加，$|B\rho_T - 1|$ 和 $|D\phi_T|$ 异常峰值连续递减，其中不大于 1000$\Omega \cdot m$ 阶段递减较快，大于 1000$\Omega \cdot m$ 以后递减缓慢。$|B\rho_T - 1|$ 和 $|D\phi_T|$ 异常峰所对应频率随电阻率增加阶跃递增，

其中 $|B\rho_T - 1|$ 频率在 3500Ω·m 跌至低频，经查看响应曲线，随着电阻率增加（也可理解为极化体电阻率相对于围岩电阻率很大时），在低频段出现另一 $|B\rho_T - 1|$ 和 $|D\phi_T|$ 极值，逐渐增大，并最终超过浅层极值，形成对浅层极化层的干扰。

经过定量研究，极化层 ρ_s 幅值异常所对应的 $|B\rho_T - 1|$ 峰值与极化层埋深、层厚和电阻率变化有明确的递减、递增和递减的定量对应关系；相位 ϕ 异常所对应的 $|D\phi_T|$ 峰值与层厚和电阻率变化对应关系明确，与埋深对应关系较不明确。$|B\rho_T - 1|$ 和 $|D\phi_T|$ 峰值相应频率与此三种特征变化的对应关系趋势明显，但其定量关系为非连续变化。

5　讨论及结论

5.1　讨论

（1）因实际采集数据只有一个，比值异常分母不含极化层参数时的场应采用远参考场，或合理的不含激电参数模型的理论场。

（2）CSAMT 场源 ϕ 正负异常的详细特征，须做进一步研究，以确定过渡场和近场区 ϕ 异常与极化层特征的定性和定量对应关系，同时明确相位异常峰值与埋深的定量关系。

（3）异常峰值所对应频率与极化层特征的定量关系须做进一步研究。

（4）应对于极化层含不极化夹层的复杂模型做进一步个体分离识别研究。

（5）根据正演理论，应进一步开展反演研究，验证正演结果并获得利用 CSAMT 资料提取极化层电阻率和激电参数的有效方法，以提高 CSAMT 方法对极化层电性结构解释的精度和分辨率。

5.2　结论

（1）本研究表明 Dias 在 CSAMT 方法的频率范围和探测深度内是适用的，并且考虑地电体激电参数后，复视电阻率幅值、相位曲线相对于不存在激电效应的曲线均存在明显异常，通过复视电阻率幅值考虑激电效应前后的比值 $B\rho_T$ 和相位差值 $D\phi_T$ 曲线，可以直观地展示极化层所引起的异常。

（2）和常规的 CSAMT 方法只提取电阻率方法相比，该方法可同时提取地层的电阻率和激电参数，从而有可能通过多电性参数识别和解释提高电测深的解释精度和分辨率。

（3）CSAMT 信号远场、过渡场和近场均可提取 $B\rho_T$ 和 $D\phi_T$ 异常，过渡场频段 $B\rho_T$ 曲线有下冲（类似于电阻率曲线的 Undershot 现象）和 $D\phi_T$ 正异常现象，对于不同极化率呈现相同形态规律；$B\rho_T$ 异常主体均小于 1；由于过渡场影响，$D\phi_T$ 异常在较高频段为正异常，在较低频段为负异常。

（4）电阻率断面类型对响应曲线有显著影响，对于中间层极化率相同的不同电阻率模型呈现以下规律：$B\rho_T$ 及 $D\phi_T$ 异常峰值所对应频率以三层 O 型、Q 型、A 型、H 型、K 型递减，其中 $B\rho_T$ 频率 O 型、Q 型较高且相近（本文模型二者相同），A 型居中，H 型、K 型接近并频率较小；$D\phi_T$ 频率 O 型较大、Q 型、A 型居中且相近（本文模型二者相同），H 型、K 型最小且相近（本文模型二者相同）。

（5）对于极化层中间含不极化夹层情况，本方法不灵敏，不利于判断不极化夹层存在。

（6）极化后视电阻率振幅和相位异常峰值与极化层厚、埋深和电阻率变化有明确的连续递减、递增和递减定量对应关系（相位异常与埋深关系不明确），可通过此性质判断极化层层厚、埋深和电阻率。

（7）异常峰值对应频率与极化层厚、埋深和电阻率变化由对应的阶跃递减、递减、递增关系，为非连续变化，其中极化层电阻率过大于围岩电阻率时，低频段出现假异常。

（8）本研究表明进行电磁感应效应和激电效应的综合响应研究，并将利用地电模型提取激电参数的范围扩展到其他含有激电信息的勘探方法，特别是探测深度和精度更好的大功率人工源电磁法方法有乐观的前景。

致　谢　衷心感谢安志国、付长民、李帝铨三位博士的热情帮助和有益探讨。

参 考 文 献

[1] 刘爱平、楚福录、郭秀芬等，激发极化法在冀北某铜钼矿勘查中的应用，物探与化探，2008，32（4）：363~365

[2] 雒志锋、贺容华，中条山铜矿某工区激发极化法三极测深及其三维反演效果，地质与勘探，2008，44（3）：70~74

[3] 李帝铨、王光杰、底青云等，大功率激发极化法在额尔古纳成矿带中段找矿中的应用，地球物理学进展，2007，22（5）：1621~1626

[4] 苏朱刘、吴信全、胡文宝等，复视电阻率（CR）法在油气预测中的应用，石油地球物理勘探，2005，40（4）：467~471

[5] 王家映，我国石油电法勘探评述，勘探地球物理进展，2006，29（2）：78~81

[6] 邓少贵、范宜仁，含油气泥质砂岩薄膜电位实验研究，测井技术，2002，26（1）：26~29

[7] Craig U, Lee D S, Induced polarization measurements on unsaturated, unconsolidated sands, Geophysics, 2004, 69（3）：762-771

[8] 何继善，双频激电法，北京：高等教育出版社，2006

[9] 刘国兴，电法勘探原理与方法，北京：地质出版社，2005

[10] 李金铭，激发极化方法技术指南，北京：地质出版社，2004

[11] 吴汉荣、王式铭，利用天然电磁场进行激发极化法测量的可能性，物探与化探，1978，（1）：62~64

[12] Marali S, Comparison of anomalous effects determined using telluric fields and time domain IP technique（test results），Geophysics, 1982, 2（1/2）：44-45

[13] Morrison H F, Gasperikova E, Mapping of induced polarization using natural fields, 66th Annual Internat SEG Mtg. Expanded Abstracts, 1996, 603-606

[14] Gasperikova E, Mapping of induced polarization using natural fields [Doctor's thesis], Berkeley：University of california at Berkeley, 1999

[15] Erika G, Frank M, Mapping of induced polarization using natural fields, Geophysics, 2001, 66（1）：137-147

[16] 陈清礼，天然场源激电法基础理论研究 [博士论文]，北京：中国地质大学（北京），2001

[17] 罗延钟、张胜业、熊彬，天然场源激电法的可行性，地球物理学报，2003，46（1）：125~130

[18] 曹中林、何展翔、昌彦君，MT 激电效应的模拟研究及在油气检测中的应用，地球物理学进展，2006，21（4）：1252~1257

[19] Yue A P, Wang M Y, Shi K F, Preliminary study on IP information in signal of extremely low-frequency electromagnetic sounding with artificial high-power fixed source, 19th Workshop of Electromagnetic Induction in the Earth, Expanded Abstracts, 2008, 794-799

[20] 岳安平、底青云、石昆法，从 CSAMT 信号中提取 IP 信息探讨，地球物理学进展，2007，22（6）：1925~1930

[21] 童茂松、丁柱，岩石复电阻率频谱模型参数的反演，测井技术，2006，30（4）：303~305

[22] Carlos A Dias, Developments in a model todescribe low-frequency electrical polarization of rocks, Geophysics, 2000, 65（2）：437-451

[23] 刘国栋等，大地电磁测深法教程，北京：地震出版社，1985

[24] 底青云、王若，可控源音频大地电磁数据正反演及方法应用，北京：科学出版社，2008

长偶极大功率可控源电磁波响应特征研究[①]

底青云 王妙月 王 若 王光杰

中国科学院地质与地球物理研究所

摘 要 地球物理学中关于电磁波勘探研究通常采用的是地球半空间模型。然而，对于几十千米的有限长电缆源（长偶极源），远距离电磁波场探测必须要考虑电离层的影响，它是一个全空间问题。关于包含电离层、空气层和地球介质（我们称"地—电离层"模式）的电磁波场特征的研究在国外较少，国内几乎是空白。本文采用全空间积分方程法首先对小尺度的可控源电磁波场特征进行了研究，由于此时电离层的影响可忽略，它应该和半空间成熟的 CSAMT 模拟结果一致，对比结果表明，二者是一致的，验证了全空间模拟方法的可靠性和有效性。随后进行了 50km 长电缆电离层和空气层高度都为 100km 的"地—电离层"模式大尺度电磁波场模拟，以探讨大尺度可控源电磁波场的特征。给定频率的"地—电离层"模式电磁场的衰减曲线表明长电缆远距离电磁波场由于受电离层的作用存在衰减逐渐变小的过渡场和衰减变小的波导场。为了探讨复杂介质"地—电离层"模式电磁波特征，对"地—电离层"模式的典型地盾和地台多层介质模型进行了数值模拟，得到了偶极源长度 50km、电流 200A、收发距离远达 1600km 和 2500km 的合理的电磁场结果。最后，对一简单含油储层结构模型进行了长偶极、大功率、远距离电磁波场响应计算。储层横向不均匀复杂结构模拟的结果表明，考虑电离层和大气层的"地—电离层"模式大尺度深层复杂介质模拟时，电磁场对深部目标体仍有很好的异常响应。

关键词 "地—电离层"模式 长偶极 大功率 远距离 电磁波场 数值模拟

1 引 言

"极低频探地工程[②]"是一种通过大功率人工源方法产生强极低频电磁波以探测地下 10 km 深度范围内电性细结构的一种新方法，称 WEM 方法，是地球物理学和无线电物理学相结合的产物。它是通过在近地高阻区铺设有限长距离（几十千米）电缆源，大功率（大于 500kW）发射 0.1~300Hz 电磁波[③]，在全国大部分范围内接收该电磁信号以达到大深度对地电磁探测的目的。WEM 的特点是人工发射信号强度大，抗干扰能力强，信号稳定，测量误差小，覆盖全国大部分地区，可配几十部接收机大面积组网（WEM 网）实现大范围多次覆盖信息同步观测。补充了现有天然源大地电磁法（MT）接收信号弱，探测精度低的缺点，同时又补充了人工可控源音频电磁法（CSAMT）设备笨重，探测深度浅（1~2km），覆盖范围小的缺点。

电磁（EM）法，尤其是 MT、CSAMT、TEM（瞬变电磁）法已在资源探测中发挥着不可替代的重

① 本文发表于《地球物理学报》，2008，51（6）：1917~1928
② 中国科技报，2006 年 10 月
③ 地球物理研究及地震预测研究中发射—测量装置的发射系统安装场地选择的技术要求及建议，国家圣彼得堡大学文森-列辛克地壳研究的报告，1978

要作用[1~13]。其中，MT 法可以测得很深，但是由于采用天然场源，信号弱，当希望在野外采集到足够强度的有效信号时，需要的叠加次数很多，阻碍了该方法用于深部电性结构的探测。而对于 CSAMT 和 TEM 方法，虽然采用了人工源，信号增强，提高了探测地下横向电性结构的精度，但由于源是移动的，限制了大功率源的采用，因此很难用于几千米深度以下精细横向电性结构的探测。源固定的 WEM 法将继承这些传统 EM 法的一些优点，并能发挥其特有的特长，进行大范围 1~10km 深度的横向电性结构的探测，是 CSAMT 移动源方法的重大改进，适合于利用电性有效探测 1~10 km 深度范围内的资源。

任何问题都是双向的，WEM 方法的优点带来了新的问题，原有的 MT、CSAMT 方法的理论不再完全适用于 WEM 法。对于 MT、CSAMT 都无须考虑电离层的影响，对于 WEM，由于电流源的长度已经和电离层高度量级相同，以及许多观测点上源接收距已接近于或大于电离层高度，因此需要考虑电离层的影响。

如果将固体地球表面以上的半空间称作上半空间，以下的半空间称作下半空间。在两个半空间中电磁波的传播特征都已做过许多研究。在下半空间，由于资源探测的需要，电磁波在下半空间包括固体地球表面的传播特征已有一系列文章发表[14~20]，在这些理论研究的文章中，源和接收器之间的距离以及源自身的尺度都比较小，电离层的影响被忽略，场的特征主要分为近场和远场。而在上半空间内，电磁波传播的明显特征是在固体地球表面和电离层之间形成波导，由于无线电通信的需要，电磁波传播理论也有一系列文章发表[21~24]。对于上下半空间同时考虑的全空间的电磁波传播特征，即考虑电离层、大气层、固体地球层（"地—电离层"模式）耦合情况下的电磁波传播特征则研究得很少。俄罗斯人最早开展了这方面的研究[25]，从公布的主要结果来看，由于电离层的影响，在大的接收距上，即波导区，电磁场的衰减明显小于不考虑电离层影响的远场电磁波的衰减。此外，在辐射极化特征等方面也有差异。由于 WEM 方法只有一个固定的源，电磁场覆盖全国，用它来寻找地下资源时，源与接收器间的距离可以从数公里到数千千米，必然遇到电磁波的近场、远场和波导场，按上述俄罗斯人的研究结果，波导场和远场特征很不相同，因此，想要利用 WEM 方法成功找到资源，研究清楚考虑电离层、大气层、固体地球层耦合情况下的电磁波的传播特征是关键，只有这样，我们才有可能从观测资料中提取地下是否含有资源的信息。

为此，我们开展了"地—电离层"模式大尺度可控源电磁波场的特征模拟研究。本文通过适宜的数值模拟手段计算了电离层、空气层、地球结构层耦合条件下大极距、远距离电磁波场随距离的衰减特征、频率依赖特征等，并和似稳场的结果进行了对比。为了进一步利用全空间电磁波场理论认识深部复杂介质及含油气目标体的电磁响应特征，对典型的地台和地盾多层介质模型及一个三维薄层状含油储层目标体模型的电磁响应特点进行了分析，归纳了复杂介质及深部储层电磁波场的响应特征。

2　方　法

2.1　数值模拟方法

固体地球理学中关于电磁波勘探研究通常采用的是地球半空间模型，并且研究的尺度都是较小范围的，例如，CSAMT 方法只涉及收发距十几千米范围内的研究区间，不需要考虑电离层的影响，通常采用比较成熟的 2D 有限元、有限差分技术来进行场的正演模拟和反演。对于 WEM 几十千米的长偶极、远距离电磁波场必须要考虑电离层的影响，它是一个数百至数千千米的大尺度全空间问题，常规的有限元、有限差分数值模拟手段很难用巨额的模拟单元来涵盖数千千米的全空间的研究区域，因此常规有限元、有限差分方法的应用在此受到很大限制。当研究包含电离层、空气层和地球介质的全空间大尺度电磁波场的特征时，可采用包括电离层、空气层和地球介质的层状介质积分解析解来解决这个问题，然而俄罗斯人的工作涉及层状介质，尚未涉及固体介质的横向不均匀性。

由于 CSAMT 实际上是一个 3D 问题，传统意义上的 3D 有限元、有限差分也存在困难，因此 20 世纪 90 年代以来 3D 积分法以及 3D 积分法和有限元相结合的方法取得了重大突破[26~29]。20 世纪 90 年代发展起来的积分方程法不仅可考虑层状介质，而且可考虑固体介质的横向不均匀性[14~16,30~36]。

按照这些文献的理论研究，对于一个三维非磁性介质地电结构模型（介质的磁导率 μ 为真空中的磁导率 μ_0），我们把它看成是由背景电导率为 σ_n 和异常电导率为 $\Delta\sigma$ 的介质组成的，即 $\sigma = \sigma_n + \Delta\sigma$。当模型被时谐电磁波场激励时，模型产生的电场和磁场可以表示成背景场 E^n 或 H^n 和异常场 E^a 或 H^a 两部分组成：

$$E = E^n + E^a \qquad H = H^n + H^a \tag{1}$$

对于式（1）中的背景场 E^n 或 H^n，由于它是均匀或层状大地，可由层状介质积分解理论求得。关于异常场 E^a 或 H^a，文献［28］指出，在非均匀异常区间 D 上异常场可以表示为在该域剩余电流的积分：

$$E^a(r_j) = \iiint_D G^n(r_j \mid r)\,\Delta\sigma(r)\,[E^n(r) + E^a(r)]\,\mathrm{d}v \tag{2}$$

$$H^a(r_j) = \frac{1}{\mathrm{i}\omega\mu_0}\iiint_D \nabla_{r_j} \times G^n(r_j \mid r)\,\Delta\sigma(r)\,[E^n(r) + E^a(r)]\,\mathrm{d}v \tag{3}$$

式中，$G^n(r_j \mid r)$ 是自由传导介质中电磁格林张量函数，它满足下述方程：

$$\nabla \times \nabla \times G^n(r_j \mid r) - k_n^2 G^n(r_j \mid r) = -\mathrm{i}\omega\mu_0 I\delta(r_j - r) \tag{4}$$

这里 $k_n^2 = \mathrm{i}\omega\mu_0\sigma_n$；$I$ 为单位张量；$\delta(r_j - r)$ 是狄拉克函数。

当 $\Delta\sigma(r)$ 已知时，正演方程（2）、（3）表明，待求的异常场 E^a 或 H^a 同时出现在积分号下，使得正演问题是非线性的。已发展了一系列方法可近似求解正演方程[15,33,34]，其中，Zhdanov 的迭代法是一种比较实用的方法，且他的方法中源可以允许在层之间，可直接用于模拟电离层、空气层、固体层耦合情况下的准静态电磁场传播问题。Zhdanov 所在犹他大学已经完成了软件编制。

2.2　方法可行性验证

在犹他大学使用该软件系统开展研究工作。为了证实该软件可以应用于电离层、空气层、固体层耦合情况下大尺度电离层的模拟，首先应用小尺度模型来检验程序的可靠性和有效性，对比了包含电离层、空气层和地球介质时的小尺度 CSAMT 全空间模拟结果及地球介质半空间的模拟结果，并把二者都与解析解进行了比较。

"地—电离层"模式三层模型如图 1 所示，半空间模型即 $1000\Omega\cdot$m 地球下半空间。所用频率 $f(Hz) = 2^n$，n 取值从 -6 到 12，共 19 个频点；发射电流 $I = 100$A；偶极子 AB 的长度 $2L = 2$km。采用赤道接收模式，计算了收发距 R 为 10km 和 100km 两种情况，两个 R 值时接收点的坐标分别为 $(x_1, y_1, z_1) = (0\text{km}, -10\text{km}, 110\text{km})$，$(x_2, y_2,$

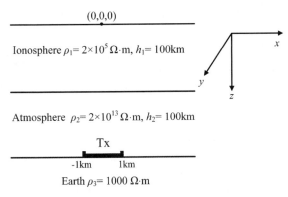

图 1　"地—电离层"模式模型示意图

王妙月文集

$z_2) = （0km，-100km，110km）$。

　　收发距 R 为 10km 和 100km 时"地—电离层"模式、半空间电阻率模拟结果及均匀半空间解析结果分别如图2和图3所示。图2中的带有"+"号标志的曲线为均匀半空间 CSAMT 视电阻率-频率积分方程法模拟曲线，是正在成熟应用的标准的 CSAMT 接收模式。带有"-·-"标志的曲线为均匀半空间电偶极子场解析解得到的视电阻率-频率曲线。可以看出均匀半空间积分方程法模拟结果和解析解完全一致。由于小尺度情况下电离层的影响可忽略，这时全空间模型的数值模拟结果也应该和解析解结果一致，图2的结果证实了这一点，也就是说积分方程法的数值模拟结果是可靠的，是可以直接应用于全空间场的数值模拟的。进而检验积分方程软件对远距离全空间模拟结果的可靠。图3为收发距 R 等于 100km 的模拟结果，表明远距离全空间模拟结果也是正确的，即本文采用的积分方程法适合远距离电磁波场的模拟。综合二者，认为本文的积分方程方法是适宜长偶极、远距离全空间电磁波场模拟的有效方法。

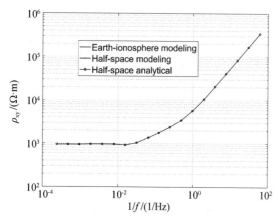

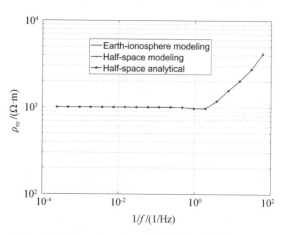

图2　收发距 R 为 10km 时全空间、半空间电阻率模拟结果与均匀半空间解析结果对比

图3　收发距 R 为 100km 时全空间、半空间电阻率模拟结果与均匀半空间解析结果对比

3 "地—电离层"模式三层介质大尺度有源场特征

3.1 "地—电离层"模式三层模型给定频率 E_x 波场结构特征

　　在2.2节方法可行性验证后，为了认识"地—电离层"模式层状结构过渡区、波导区的波场特征，进行了图4模型的有限长电缆远距离轴向（接收点沿与电缆平行的 x 方向，$\alpha = 0°$）和赤道方向（接收点沿与电缆垂直的 y 方向，$\alpha = 90°$）电磁波场随距离衰减特征的模拟。

　　所用坐标系统如图4右侧所示，坐标原点位于电离层顶部中心处。定义电离层为介质1，空气层为介质2，地球为介质3。模型电阻率分别为 $\rho_1 = 10^5 \Omega \cdot m$、$\rho_2 = 10^{14} \Omega \cdot m$、$\rho_3 = 5×10^3 \Omega \cdot m$。各层的厚度 $h_1 = 100km$（以下模型中电离层的厚度都取 100km，认为可以模拟向上厚度为无穷大的电离层）、$h_2 = 100km$、$h_3 = \infty$。长偶极 AB 的长度 $2L$ 为 50km，两端点的坐标分别为 $A(x, y, z) = （-25km，$

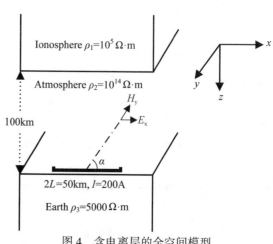

图4　含电离层的全空间模型

0km，200km），$B(x，y，z) = (25km，0km，200km)$。发射的电磁波频率 $f(Hz)$ 为 0.1、5.0、300.0。

　　轴向模式模拟时接收点位于地面，即 $y = 0km$，$z = 200km$，x 坐标为 35、40、50、70、90、100、200、400、800、1600、2500km。赤道模式模拟时接收点同样位于地面，即 $x = 0km$，$z = 200km$，y 坐标为 35、40、50、70、90、100、200、400、800、1600、2500km。

　　图 5 展示了频率分别为 0.1、5 和 300Hz 的轴向模式的 E_x 场的衰减曲线。实线表示全空间场模拟曲线，虚线为按文献［16］解析计算的均匀半空间地球介质似稳场的衰减曲线（计算时把 50km 长的电缆分成了 50 个 1km 长的小段，每小段按偶极子场解析公式计算，把 50 个不同位置的偶极子结果线性叠加得到 50km 长电缆的总场）。图 5 和图 6 的结果清楚地表明，当距离场源较近时，在不考虑电离层及空气中位移电流影响的似稳场情况下，计算所得的曲线（虚线）与考虑上述因素的全空间曲线（实线）是吻合的。当有限电缆长度与电离层高度相当时，电离层对长偶极源产生的电磁波场在远距离处有明显的影响，它们的曲线不再吻合。随着频率的增加，这种差异在更近的距离处表现出来。图 5 的轴向结果显示这种差异表现得更明显，它反映了该场源极化方向图的变化，即表现了椭圆极化的特点。

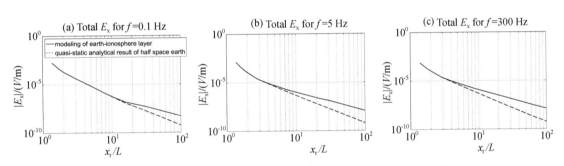

图 5　频率分别为 0.1、5 和 300Hz 的轴向模式的 E_x 场的衰减曲线

（a）0.1Hz；（b）5Hz；（c）300Hz

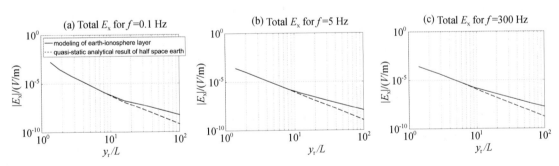

图 6　频率分别为 0.1、5 和 300Hz 的赤道模式的 E_x 场衰减曲线

（a）0.1Hz，（b）5Hz，（c）300Hz

　　图 5 和图 6 的结果表明，对于可作用于数百至数千千米外的大偶极场源，要划分出一个额外的波导区，在这个区电磁场分量与远区相比有许多不同的特征。这些不同点主要体现在：①电磁场分量的振幅值衰减得更慢；②场源的方向图发生变化；③有利于测量阻抗 Z_{xy} 和 Z_{yx} 区域的相对位置发生了变化；④出现了电场和磁场的极化椭圆；⑤波导场的极化椭圆的长轴与似稳场的矢量方向相比发生了变化。

3.2　"地—电离层"模式三层模型波场的频率结构特征

　　为了了解全空间模型波场的频率特性，对图 4 模型，计算了 R 距为 100、200、400、800、1600km 及频率 f（Hz）为 0.1、0.25、0.5、1.0、2.0、5.0、8.0、16.0、32.0、64.0、128.0、300.0、512.0、656.0 时的轴向模式和赤道模式的电场 E_x、磁场 H_y 和视电阻率 ρ_{xy} 曲线，分别如图 7 和图 8 所示。

　　图 7、图 8 表明，无论是轴向观测还是赤道观测，场 E_x 和 H_y 的频率依赖在不同的 R 距上是不同

的，但视电阻率曲线在高频几乎重合，等于地层的真电阻率 $5000\Omega \cdot m$。当 R 距离在 100km 时，赤道观测（图 8）尾支约在 2Hz 翘起，当距离在 200km 时，尾支约在 0.5Hz 翘起，当 R 距离大于 400km 后，尾支翘起的频率已小于 0.1Hz。对于轴向观测（图 7）是类似的，当距离在 100km 时，尾支约在 1Hz 翘起，当距离在 200km 时，尾支约在 0.18Hz 翘起，当 R 距离大于 400km 后，尾支翘起的频率已小于 0.1Hz。这个趋势和我们熟悉的 CSAMT 观测的视电阻率曲线似乎一致，尾支翘起是近场的反映，表明 R 距越远，近场出现的频率越低。

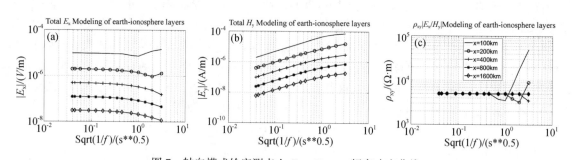

图 7　轴向模式给定测点上 E_x、H_y、ρ_{xy} 频率响应曲线

（a）电场分量 E_x 的频率响应；（b）磁场分量 H_y 的频率响应；（c）视电阻率 ρ_{xy} 的频率响应

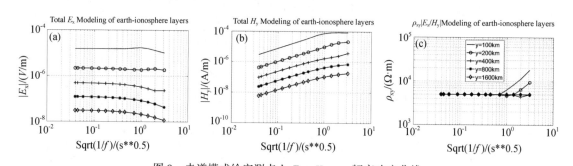

图 8　赤道模式给定测点上 E_x、H_y、ρ_{xy} 频率响应曲线

（a）电场分量 E_x 的频率响应；（b）磁场分量 H_y 的频率响应；（c）视电阻率 ρ_{xy} 的频率响应

4　"地—电离层"模式大尺度有源场的多层地球介质及含油储层电磁场特征

4.1　"地—电离层"模式地盾和地台多层介质给定频率 E_x 波场结构特征

第 2 节中电磁场的模拟结果与理论结果的对比肯定了方法的可行性。为了更进一步了解多层介质和横向不均匀复杂介质电磁场的响应特征，对具有代表意义的地盾和地台型多层介质模型在有限长电缆源激励下远距离轴向（接收点沿与电缆平行的 x 方向，$\alpha = 0°$）和赤道方向（诸接收点沿与电缆垂直的 y 方向，$\alpha = 90°$）电磁波场的频率特征进行了模拟。

4.1.1　地盾模型

图 9 为含三层地球介质的地盾模型。模型的特点是在 1km 深处有一厚度为 20km 电阻率为 $10^5\Omega \cdot m$ 的导电性不好的中间层，即较常见的地电断面结晶地盾。

所用坐标系统如图 9 右侧所示，坐标原点位于电离层顶部中心处。定义电离层为介质 1，空气层为介质 2，固体地球多层介质依次为介质 3、4、5 等。模型电阻率分别为 $\rho_1 = 10^5\Omega \cdot m$、$\rho_2 = 10^{14}\Omega \cdot m$、$\rho_3 = 2 \times 10^3\Omega \cdot m$、$\rho_3 = 5 \times 10^3\Omega \cdot m$、$\rho_4 = 10^5\Omega \cdot m$、$\rho_5 = 10^4\Omega \cdot m$。各层的厚度 $h_1 = 100km$、$h_2 - 100km$、

$h_3 = 1\text{km}$、$h_4 = 20\text{km}$、$h_5 = \infty$。长偶极 AB 的长度 $2L$ 为 50km，两端点的坐标分别为 $A(x, y, z) = (-25\text{km}, 0\text{km}, 200\text{km})$，$B(x, y, z) = (25\text{km}, 0\text{km}, 200\text{km})$。发射的电磁波频率 $f(\text{Hz})$ 为 0.1、0.25、0.5、1.0、2.0、5.0、8.0、16.0、32.0、64.0、128.0、300.0、512.0、656.0。

轴向模式模拟时接收点位于地面，即 $y = 0\text{km}$，$z = 200\text{km}$，x 坐标为 100、200、400、800、1600km. 赤道模式模拟时接收点同样位于地面，即 $x = 0\text{km}$，$z = 200\text{km}$，y 坐标为 100、200、400、800、1600km。

图 10 和图 11 分别展示了地盾模型在距源中心分别为 100、200、400、800 和 1600km 时轴向模式和赤道模式的电场 E_x、磁场 H_y 和视电阻率 ρ_{xy} 的频率响应曲线。

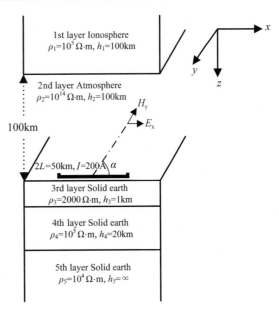

图 9　"地—电离层"模式地盾模型

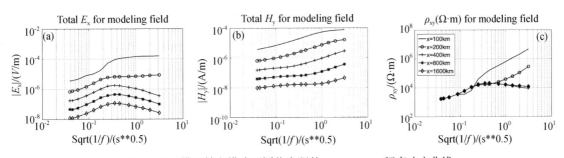

图 10　地盾模型轴向模式不同收发距的 E_x、H_y、ρ_{xy} 频率响应曲线

（a）电场分量 E_x 的频率响应；（b）磁场分量 H_y 的频率响应；（c）视电阻率 ρ_{xy} 的频率响应

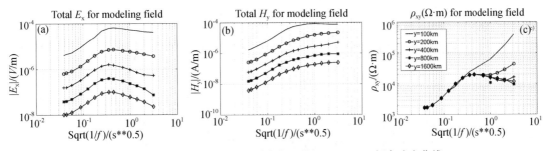

图 11　地盾模型轴向模式不同收发距的 E_x、H_y、ρ_{xy} 频率响应曲线

（a）电场分量 E_x 的频率响应；（b）磁场分量 H_y 的频率响应；（c）视电阻率 ρ_{xy} 的频率响应

图 10 和图 11 的结果都表明，对于地盾模型，在准静态范围内，轴向模式和赤道模式的电场 E_x、磁场 H_y 的频率响应，随着收发距离的增加都存在一些变化，变化最大的收发距离在 100km 和 200km 的情景，当收发距离进一步增大时，除了场的幅值持续减小外，频率响应曲线形态的趋势基本一致。但无论是轴向还是赤道模式的场都能反映出中间导电性不好的结晶地盾层的存在。对于图 10 和图 11 中的视电阻率曲线，在频率约 25Hz（$(1/f)^{1/2} = 2 \times 10^{-1}$）时，不同收发距离处得到的视电阻率曲线形态和幅值几乎一致，即随着频率的降低而增加，这是固体地层电阻率场的响应。对于收发距为 100km 和 200km 的情况，频率低于 25Hz 时，视电阻率曲线迅速上翘，这是近场效应，并且轴向模式出现近

场效应的的频率要高于赤道模式，这和较大收发距时出现椭圆极化现象的结论一致。对于其他源检距，在本研究所涉及的频率和距离范围内，近场效应不明显，均匀电离层对场的影响也因视电阻率是电场和磁场的比值计算而被抵消，其曲线的起伏差异反映了地层结构的变化。

4.1.2　地台模型

图 12 为含四层地球介质的地台模型断面，上层介质的电阻率为 $2000\Omega\cdot m$，深度 1km 处是一电阻率 $100\Omega\cdot m$，厚度为 10km 的导电层，再往下是电阻率为 $10^5\Omega\cdot m$，厚度为 10km 的非良导电层，最下面为电阻率 $10^4\Omega\cdot m$ 的导电基底。模拟参数与 4.1.1 的地盾模型完全相同。

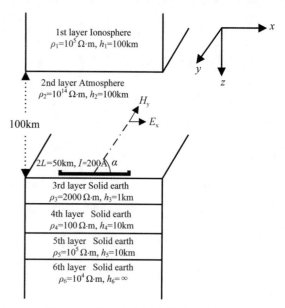

图 12　"地—电离层"模式地台模型

图 13 和图 14 分别展示了地台模型在距源中心分别为 100、200、400、800 和 1600km 时轴向模式和赤道模式的频率电场 E_x、磁场 H_y 和视电阻率 ρ_{xy} 曲线。

由于受中间低阻层的影响，图 13 和 14 的电场分量、磁场分量及电阻率曲线特征完全不同于地盾模型的场的特征，但场随偏移距的变化规律是相同的。可以清楚地看出，无论是轴向还是赤道模式的场都能很好地反映出中间良导层的存在。同样对于小收发距 100km 和 200km 的电阻率曲线低频时表现出上翘特征，但这种上翘特征在很低频时才出现，这是非常合理的。当频率大于 1Hz 时，不同源检距离的曲线形态和幅值随频率变化是一致的，这是纯固体地层介质的电性结构特征反映，而当频率低于 1Hz 时，不同源检距离的曲线形态和幅值开始出现变化，这可能是固体地层电阻率分布近场和电离层效应的综合反映，但对于视电阻率曲线均匀电离层的影响因电磁场比值而基本抵消。

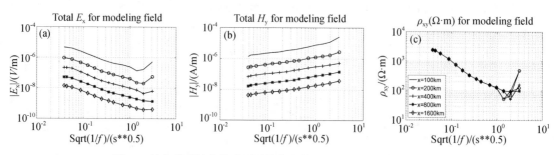

图 13　地台模型轴向模式不同收发距的 E_x、H_y、ρ_{xy} 频率响应曲线

（a）电场分量 E_x 的频率响应；（b）磁场分量 H_y 的频率响应；（c）视电阻率 ρ_{xy} 的频率响应

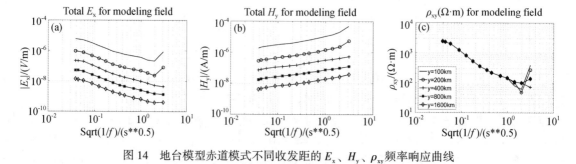

图 14　地台模型赤道模式不同收发距的 E_x、H_y、ρ_{xy} 频率响应曲线

（a）电场分量 E_x 的频率响应；（b）磁场分量 H_y 的频率响应；（c）视电阻率 ρ_{xy} 的频率响应

4.2 长偶极大功率远距离深层油气储层电磁响应

为了了解"地—电离层"深部储层模型波场的频率特性，设计了垂向断面如图15所示的局部异常体储层模型。图中介质6认为是含油的局部异常体，其大小为 (x, y, z) = (2km, 4km, 0.1km)。坐标原点位于发射偶极中心上方200km处，即电离层顶界面中心处，发射源中心位置位于地面，其坐标 (x_s, y_s, z_s) = (0km, 0km, 200km)，偶极源长度50km，发射电流200A，计算频率 f (Hz) 为0.05、0.1、0.25、0.5、1.0、2.0、5.0、8.0、16.0、32.0、64.0、128.0、300.0、512.0、656.0。对于轴向模式和赤道模式场的响应各计算了3种情况，即，当图7所示的异常体断面中心位于地面但沿 x 轴和 y 轴方向的距离为1600km时，接收点分别位于地面100、400和1600km的情况。

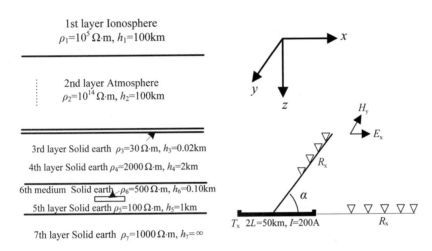

图15 局部异常体储层模型

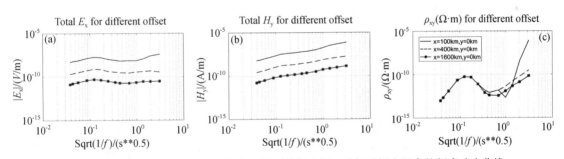

图16 轴向模式不同收发距 R 时图15模型总场电场、磁场及视电阻率的频率响应曲线

（a）总场电场分量 E_x 的频率响应；（b）总场磁场分量 H_y 的频率响应；（c）利用总场计算的视电阻率 ρ_{xy} 的频率响应

图16为局部储层异常体位于 x 方向1600km时但接收点分别位于100、400和1600km时的电场总场 E_x、磁场总场 H_y 和由总场计算的 ρ_{xy} 曲线。从图16a、b的电场和磁场曲线可以看出，无论接收点下方有无异常体存在，随着接收点到发射点距离 R 的增大，场的幅值有明显的减小。但对于图16c中的电阻率曲线，由于收发距 R 的不同及接收点下方异常情况不同，所以视电阻率曲线有完全不同的特点。对于图16c中 R =100km的实线情景，视电阻率曲线在低频时表现出近场的特点，即低频段视电阻率曲线很快以45°翘起。对于图16c中 R =1600km的星实线，局部储层异常体和它所在的背景层总体呈低电性特征。而对于图16c中 R =400km的虚线情景，视电阻率曲线基本反映了层状结构的正常场特点。

为了清楚地比较含储层异常结构时场的特征，我们给除了背景场（不含储层异常体的层状结构）的电、磁场及视电阻率曲线。图17为局部储层异常体位于 x 方向1600km时但接收点分别位于100、

400 和 1600km 时的电场背景场 E_x、磁场背景场 H_y 和由背景场计算的 ρ_{xy} 曲线。从图 17a、b 的电场和磁场曲线可以看出，随着接收点到发射点距离 R 的增大，场的幅值有明显的减小，和总场特征类似．但对于图 17（c）中的电阻率曲线，$R = 100km$ 和 $R = 400km$ 的曲线和图 16（c）总场计算的视电阻率曲线特征完全一样，但对于 $R = 1600km$ 的情形，曲线特征和图 16（c）中总场计算的视电阻率曲线不同了，它完全反映了背景结构的特征。这也充分显示了储层异常结构的响应在模拟中得到了合理的反映。

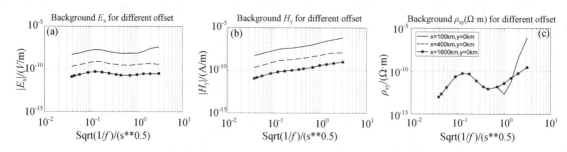

图 17　轴向模式不同收发距 R 时图 15 模型背景场电场、磁场及视电阻率的频率响应曲线
（a）背景场电场分量 E_x 的频率响应；（b）背景场磁场分量 H_y 的频率响应；（c）利用背景场计算的视电阻率 ρ_{xy} 的频率响应

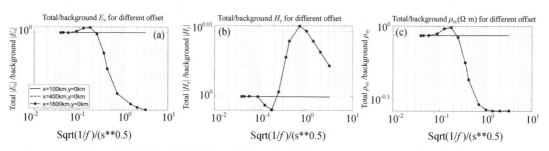

图 18　轴向模式不同收发距 R 时图 15 模型总场与背景场的比值频率响应曲线
（a）电场分量 E_x 的频率响应；（b）磁场分量 H_y 的频率响应；（c）视电阻率 ρ_{xy} 的频率响应

　　为了更进一步了解储层异常的响应特征，我们作了总场和背景场的比值曲线。图 18 为局部储层异常体位于 x 方向 1600km 时但接收点分别位于 100、400 和 1600km 时的总场与背景场的比值曲线。图 18a、b、c 的电场、磁场及视电阻率曲线表明，$R = 100km$ 和 $R = 400km$ 的实线和虚线由于接收点下方没有储层异常，所以总场和背景场的比值曲线是一条比值恒为 1 的直线，而对应由储层异常的 $R = 1600km$ 的接收点上的总场和背景场的比值曲线有明显的异常变化，这种变化反映了异常体的电性特征。

　　我们同时模拟了局部储层异常体位于 y 方向时的场的特征，其曲线表现出和轴向模式（x 轴）类似的特征，只是对于 $R = 100km$ 的情景视电阻率曲线在低频时的近场幅值比轴向模式的略小。由于受文章篇幅所限，结果不再一一列出。局部储层异常体模型的轴向和赤道的模拟结果表明，受电离层的影响，在远距离上由于有波导特征，当接收点到发射点距离为 1600km 时仍能观测到深部的异常体的电磁波响应。

5　结　　论

　　固体层的小尺度含电离层和空气层的全空间积分方程法模拟结果和均匀大地半空间解析结果的对比以及大 R 距离情况下的结果的对比表明，本文采用的积分方程方法对于长偶极、远距离电磁场的模拟是有效的。

对于可作用于数百至数千千米外电磁场观测的大偶极场源，电磁场受到电离层的影响，要划分出一个额外的波导区以及波导区和远区之间的过渡区，在这两个区电磁场分量与远区相比有许多不同的特征。这些不同点主要体现在：①电磁场分量的振幅值衰减得更慢；②场源的方向图发生变化；③有利于测量阻抗 Z_{xy} 和 Z_{yx} 的区域的相对位置发生了变化；④出现了电场和磁场的极化椭圆；⑤波导场的极化椭圆的长轴与似稳场的矢量方向相比发生了变化。

对于长偶极、大功率源，由于存在衰减小的波导场，所以电磁波信号可以传播到数千千米的远距离处仍然存在可被仪器接收的来自地下固体地球介质的返回信号，这样可以对于同一源在远区、波导区的不同区域同时进行真正意义上的三维电磁勘探. 本研究表明在源检距 R 为 10km 至 1600km 的范围内的远区和波导区，虽然由于 R 距较大，但只要源的功率足够大，，加上电离层和地面之间形成的波导作用，仍能得到有效的横向复杂结构的电磁场的值，进而获得反映复杂结构的电阻率特征。

然而采集的电磁信号由于不同区域场的频率特性和视电阻率曲线的变化，当用场特征进行反演解释时极具有挑战性，必须加强这方面研究。当然如果仍用视电阻率曲线进行解释，这就和 CSAMT 方法无多大差别。然而在远区和波导区，场特征反映 R 距离上局部电性结构的能力是否有差别尚须通过更多的模型研究确定。

致　谢　本文三维积分方程法数值模拟利用犹他大学（University of Utah）Zhdanov 教授 CEMI 研究组的程序完成，在此致以特别的感谢。

参 考 文 献

[1] 底青云、王妙月、石昆法等，高分辨 V6 系统在矿山顶板涌水隐患中的应用研究，地球物理学报，2002，45（5）：744~748

[2] Routh P S, Douglas W O, Inversion of controlled source audio-frequency magnetotellurics data for a horizontally layered earth, Geophysics, 1999, 64（6）：1689-1697

[3] Zonge K L, Ost rander A G O strander, Emer D F, Controlled source audio-frequency magnetotelluric measurements, In：Vozoff K ed., Magnetotelluric Methods：Soc. Expl. Geophys Geophysics Reprint Series 5, 1986, 749-763

[4] Basokur A T, Rasmussenz T M, Kaya C et al., Comparison of induced-polarization and controlled-source audio magnetotellurics methods for massive chalcopyrite exploration in a volcanic area, Geophysics, 1997, 62（4）：1087-1096

[5] Sandberg S K, Hohmann G W, Controlled-source audiomagnetellurics in geothermal exploration, Geophysics, 1982, 47：100-116

[6] Batrel L C, Jacobson R D, Results of a controlled-source audio frequency magnetotelluric survey at the Puhimau thermal area, Kilauea Volcano, Hawaii. Geophysics, 1987, 52（5）：665-677

[7] Wannamaker P E, Tensor CSAMT survey over the Sulphur Springs thermal area, Valles Caldera, New Mexico, U. S. A., Part I and II：Implications for structure of the western caldera, Geophysics, 1997, 62（2）：451-465

[8] Sasaki Y, Yoneda Y, Matsuo K, Resistivity imaging of controlled-source audio frequency magnetotelluric data, Geophysics, 1992, 57（2）：952-955

[9] 吴璐苹、石昆法，可控源音频大地电磁法在地下水勘查中的应用研究，地球物理学报，1996，39（5）：712~717

[10] 底青云、Martyn Unsworth、王妙月，复杂介质有限元法 2. 5 维可控源音频大地电磁法数值模拟，地球物理学报，2004，47（4）：723~730

[11] 底青云、伍法权、王光杰等，地球物理综合勘探技术在南水北调西线工程深埋长隧洞勘察中的应用，岩石力学与工程学报，2005，24（20）：3631~3638

[12] 底青云、王光杰、龚飞等，南水北调西线深埋长隧洞 CSAMT 法探测研究，地球物理学报，2006

[13] 底青云、王若等，CSAMT 数据正反演及方法应用，北京：科学出版社，2007

[14] Hohmann G W, Three-dimensional induced polarization and electromagnetic modeling, Geophysics, 1975, 40（2）：309-324

[15] Zhdanov M S, Geophysical inversion theory and regularization problems：Elssevier, Amsterdam-Bost on-London-New York-Oxford-Paris-Tokyo, San Diego-San Francis co-Singapore-Sydney, 2002, 231-324

[16] Ward S H, Hohmann W G, Electromagnetic Methods in Applied Geophysics, Volume 1, Theory Edited by Misac N. Nabighian, 1988, 234

[17] 何继善编译, 可控源音频大地电磁法, 长沙: 中南工业大学出版社, 1990

[18] 李金铭, 地电场与电法勘探, 北京: 地质出版社, 2005

[19] 石昆法, 可控源音频大地电磁法理论与应用, 北京: 科学出版社, 1999

[20] 汤井田、何继善, 可控源音频大地电磁法及其应用, 长沙: 中南大学出版社, 2005

[21] Barr R, Jones D L, Rodger C J, ELF and VLF radio waves. Journal of Atmospheric and Solar-Terrestrial Physics, 2000, 62: 1689-1718

[22] Ushtak V, Williams E R, ELF propagation parameters for uniform models of the earth-ionosphere waveguide, Journal of Atmospheric and Solar-Terrestrial Physics, 2002, 64: 1989-2001

[23] Wait J R, Electromagnetic Wave in Stratified Media: Oxford University Press, 1998

[24] 熊皓等, 无线电波传播, 北京: 电子工业出版社, 2000

[25] Bannister P R, Summary of Connectient 76Hz vertical electric, transverse magnetic, radial magnetic field-strength comparisons, Radio Science, 1986, 21 (3), 159-528

[26] Habashy T M, Groom R W, Spies B, Beyond the Born and Rytov approximation, J. Geophys, Res., 1993, 98: 1759-1775

[27] Xie G, Li J, Majer E L et al., 3 - D electromagnetic modeling and nonlinear inversion, Geophysics, 2000, 65 (3): 804-822

[28] Tseng H W, Ki Ha Lee, Alex Becker, 3D interpretation of electromagnetic data using a modified extended Born approximation, Geophysics, 2003, 68 (1): 127-137

[29] Kupullob B B, Gbyuefuar pacnpocmpahehur elecmpoufhumhbcx, Holu CH U-guanaz oha B BolH oboghou caH ade z edl rzUoHoCopepa, UzB, ByZob, Paguocpu ZHKa, T. 39, no. 9C, C. 1996, 1103-1112

[30] Dmitriev V I, Nesmeyanova N I, Integral equation method in three-dimensional problems of low-frequency electrodynamics, Computational Mathematics and Modeling, 1992, 3 (1): 313-317

[31] Raiche A P, An integral equation approach to three dimensional modeling, Geophysical Journal of the Royal, Astronomical Society, 1974, 36 (1): 363-376

[32] Weidelt P, Electromagnetic induction in three-dimensional structures, Journal of Geophysics, 1975, 41 (1): 85-109

[33] Wannamaker P E, Advances in three-dimensional magnetotelluric modeling using integral equations, Geo physics, 1991, 56 (11): 1716-1728

[34] Zhdanov M S, Fang S, Quasi-linear approximation in 3D EM modeling, Geophysics, 1996, 61 (3): 646-665

[35] Kress R, Linear Integral Equations, Springer-Verlag, Berlin, Heidelberg, New York, London, Paris, Tokyo, 1999, 365

[36] Zhdanov M S, Integral Transforms in Geophysics, Springer-Verlag, Berlin, Heidelberg, New York, London, Paris, Tokyo, 1999, 367

长偶极大功率可控源激励下目标体电性参数的频率响应[*]

底青云　王光杰　王妙月　王　若

中国科学院地质与地球物理研究所　中国科学院工程地质力学重点实验室

摘　要　利用三维（3D）全空间积分方程准线性解作为数值模拟手段，对包含电离层、大气层和地球介质层的"地—电离层"典型异常目标体多层介质模型进行了数值模拟，得到了偶极源长度100km、电流200A、收发距离远达1600km的合理的异常电性目标体的电阻率–频率响应结果。通过对不同埋深异常目标体的电阻率–频率特征的讨论，认为当考虑电离层和大气层的"地—电离层"大尺度深层横向不均匀复杂介质模拟时，电磁场对深部目标体仍有很好的异常响应，但当异常体电阻率及同一电阻率的岩石埋深不同时，其电阻率–频率的响应特征有很大不同，这正反映了不同岩石物性参数的电阻率–频率响应特征。文中结果表明从长偶极大功率源（WEM）激励的电磁场观测资料区分岩石的电阻率参数是可能的，这为利用WEM观测资料建立电性参数和岩石/地层参数经验关系奠定了基础。

关键词　长偶极　大功率　远距离　岩石物性　电阻率–频率响应

1　引　言

　　除了地震勘探方法外，电磁（EM）法，尤其是低频电磁法在油气资源探测中发挥着不可替代的重要作用[1~9]，特别是近几年，海上可控源电磁（MCSEM）技术发展得如火如荼[10~20]。这极大地促进了电磁法正反演研究的力度[21~35]，特别是对新方法新技术的开发研究提出了极大的需求。

　　大功率极低频人工电磁源用于地下资源探测时称为WEM方法。在用于地下资源探测的电磁方法中已有天然源大地电磁法（MT）和小功率可控源音频电磁法（CSAMT）。MT法探测深度大，但信号弱、精度低，一般只用于区域大结构的普查。CSAMT方法信号强、精度高，但只能测到1km左右深度。WEM法则兼顾了两种方法的优点，可在同一场源的激发下，在全国所有的地方同时开展10km深度范围内电性结构的组网式高精度观测，使得WEM方法不仅有可能提高普查的可靠性，而且有可能用于详查。这对提高深部资源探测的分辨率极为有利。

　　为了充分发挥WEM法的这个优点，如反射地震在做地质解释时需要有较可靠的地震参数和岩性地层参数的经验关系一样，我们需要研究可靠的电性参数和岩性/地层参数的经验关系，以便获得WEM资料的更可靠的地质解释。为此电性参数和岩性/地层参数的研究和确定显得特别重要。此外，在寻找油气、金属矿工作中，已经研究了电性参数和岩性/地层参数的某些经验关系。在测井中，则同时研究了地震和电性各自的经验关系。然而由于在大部分剖面测量情况下，常常只有一种资料剖面，或为地震，或为电法，因而电性参数和地震参数之间的关系研究很少；现在WEM法的问世为同一剖面上既有反射地震剖面又有分辨率相当高的电性剖面的研究创造了条件。此时，通过岩性/地层参数建立起电性参数和地震参数之间的经验关系以便通过WEM和反射地震共同对岩性/地层进行地质解释显

---

　　* 本文发表于《地球物理学报》，2009，52（1）：275~280

得十分重要。这样做时，也需要更为可靠的电性参数和岩性/地层参数的经验关系。然而对于 WEM，为了增大发射功率，源的长度长达几十甚至上百公里，此时较长的线源产生的电磁信号是点偶极源电磁场的叠加，并且电离层和空气层对电磁场传播的影响不能忽略。在这种情况下，能否由观测的电磁信号区分目标地质体的电性结构是人们普遍关心的。本研究针对这一新问题深入开展研究，以便为通过 WEM 的观测建立电性参数和岩性/地层参数经验关系奠定基础。

作者在文献"长偶极大功率可控源电磁波响应特征研究"[36]中介绍了极低频电磁法 WEM 工作思想，并认为是深部目标体油气勘探的一种新技术。因此，本文锁定 WEM 技术对不同埋深的典型异常目标体（含矿、含油气等）的电磁波响应问题，借助考虑电离层和大气层的"地—电离层"全空间积分方程准线性解数值模拟手段，对典型岩石物性变化的异常体在长偶极大功率远距离人工源激励下的视电阻率-频率响应特点进行了分析，归纳了岩石物性变化及其埋深变化时的电磁波场的响应特征。

2　数值模拟方法

文献［36］中详细介绍了极低频电磁法（WEM）的工作原理及所涉及的全空间问题，并指出常规的有限差分、有限元等的一些数值模拟手段在此所受到的限制。经过一段时间的摸索和试验研究认为积分方程法可以做很大尺度全空间的电磁波场的模拟。

尽管有大量的关于积分方程法的介绍文献[29~34]，但为了文章的完整性，这里还是简单介绍积分方程法的核心思想。

对于一个三维地电结构模型，我们把它看成是由背景电导率为 σ_n 和异常电导率为 $\Delta\sigma$ 的介质组成，即 $\sigma = \sigma_n + \Delta\sigma$，并认为它是非磁性介质，也就是介质的磁导率 μ 为真空中的磁导率 μ_0。当模型被时谐电磁波场激励时，模型产生的电场和磁场可以表示成背景场 E^n 或 H^n 和异常场 E^a 或 H^a 两部分的和：

$$E = E^n + E^a \qquad H = H^n + H^a \tag{1}$$

对于式（1）中的背景场 E^n 或 H^n，由于它是均匀或层状大地产生的，很容易求解。文献［35］指出，在非均匀异常区间 D 上异常场 E^a 或 H^a 可以表示为在该域剩余电流的积分：

$$E^a(r_j) = \iiint_D \hat{G}^n(r_j|r)\,\Delta\sigma(r)\,[E^n(r) + E^a(r)]\,\mathrm{d}v \tag{2}$$

$$H^a(r_j) = \frac{1}{\mathrm{i}\omega\mu_0} \iiint_D \nabla_{r_j} \times \hat{G}^n(r_j|r)\,\nabla\sigma(r)\,[E^n(r) + E^a(r)]\,\mathrm{d}v \tag{3}$$

其中，当背景空间为均匀空间时，$\hat{G}^n(r_j|r)$ 是均匀自由传导介质中电磁格林张量函数，它满足下述方程：

$$\nabla \times \nabla \times \hat{G}^n(r_j|r) - k_n^2 G^n(r_j|r) = -\mathrm{i}\omega\mu_0 \hat{I}\delta(r_j - r) \tag{4}$$

这里 $k_n^2 = \mathrm{i}\omega\mu_0\sigma_n$，$\hat{I}$ 为单位张量，$\delta(r_j - r)$ 是狄拉克函数。当背景空间为层状空间时，格林函数 $\hat{G}^n(r_j|r)$ 可以由求层状介质格林函数的方法求得。

3　"地—电离层"大尺度有源场的典型岩石物性参数的频率响应特征

文献［36］通过远距离"地—电离层"（电离层、大气层和固体地球半空间介质层）电磁场的模拟结果与理论结果的对比肯定了方法的可行性。为了更进一步了解典型异常体的岩石物性变化及其埋深变化对应的视电阻率-频率响应特征，对具有代表意义的多层介质模型在有限长电缆源激励下远距离"地—电离层"赤道方向（诸接收点沿与电缆垂直的 y 方向，$\alpha = 90°$）电磁波场的频率特征进行了模拟。

图 1a 为电离层、大气层及地球介质中含典型三维异常体的模型，模型的特点是在不同深度上有一厚度为 400m，x、y 方向延伸各 8km 的电阻率不同的岩石异常体，我们可以认为该异常体分别代表含水介质、含矿介质、含油介质。

所用坐标系统如图 1b 所示，坐标原点位于地面顶部中心处。定义电离层为介质-1，空气层为介质 0，固体地球多层介质依次为介质 1、2、3 等。模型电阻率分别为 $\rho_{-1} = 10^4 \Omega \cdot m$、$\rho_0 = 10^{14} \Omega \cdot m$、$\rho_1 = 10^3 \Omega \cdot m$，$\rho_2 = 100 \Omega \cdot m$，$\rho_4 = 3 \times 10^3 \Omega \cdot m$。各层的厚度 $h_{-1} = 100km$、$h_0 = 100km$、$h_2 = 2km$、$h_3 = 0.4km$，$h_4 = \infty$。异常体的电阻率 $\rho_3 = 20 \Omega \cdot m$（矿物质水）、$50 \Omega \cdot m$（孔隙水）、$100 \Omega \cdot m$（不含异常）、$200 \Omega \cdot m$（小孔隙含油气情况）、$500 \Omega \cdot m$（大孔隙含油气情况）、$1000 \Omega \cdot m$（沉积岩石）、$2000 \Omega \cdot m$（花岗岩）、$5000 \Omega \cdot m$（火山石）。第一层地球介质的厚度 h_1 分别取值为 0.1、0.5、1、2、4、6、8、10km。异常体中心在地面的投影点为 $(x_a, y_a, z_a) = (0km, 1600km, 0km)$。长偶极 AB 的长度 $2L$ 为 100km，两端点的坐标分别为 $A(x, y, z) = (-50km, 0km, 0km)$，$B(x, y, z) = (50km, 0km, 0km)$。发射的电磁波频率 f 为 0.1、1.0、2.0、4.0、8.0、16.0、32.0、64.0、128.0、256.0、512.0、1024.0、2048.0、4096.0、8192.0Hz。

赤道模式模拟时接收点位于地面，即 $y = 1600km$，$z = 0km$，x 坐标分别为-100、-50、-40、-30、-20、-10、0、10、20、30、40、50、100km。

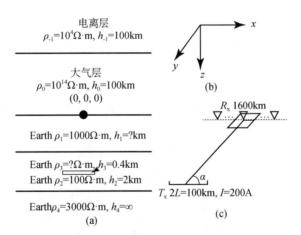

图 1　三维异常体模型垂向断面图及收发方式

异常体沿 x、y 方向的延伸为 8km，z 方向的厚度为 0.4km

3.1　不同岩石物性目标体的电阻率-频率响应特征

为了了解大功率大收发距时岩石物性的频率响应特征，在上述其他参数不变的情况下，当第一层地球介质 h_1 取值 2km 时，计算了异常目标体电阻率 ρ_3 分别为 $50 \Omega \cdot m$（孔隙水）、$100 \Omega \cdot m$（不含异常）、$500 \Omega \cdot m$（大孔隙含油气情况）、$5000 \Omega \cdot m$（火山石）的电阻率-频率曲线，如图 2 所示。

图 2 的视电阻率-频率曲线总体特征为高频反映地表的 $1000 \Omega \cdot m$ 的介质特性，几赫兹段反映地球介质第二层电阻率比较低的特性，再低频率时反映深层高阻基岩的特征。如果把不含异常体情况（$\rho_3 = 100 \Omega \cdot m$）的视电阻率-频率曲线作为参考曲线，可以从图 2 看出，对于高阻异常岩石（$\rho_3 = 5000 \Omega \cdot m$）和低阻异常岩石（$\rho_3 = 50 \Omega \cdot m$）从几赫兹以低的频率都有很清楚地反映，高阻异常岩石的视电阻率幅值明显高于 ρ_3 取 $100 \Omega \cdot m$ 时的不含异常体的视电阻率幅值，而低阻异常岩石的情况正

好相反。图2结果表明，当源长100km，源检距达到1600km时，观测点处地下异常体的电性大小在频率小于0.6Hz时异常体的电磁响应有肉眼可以明显辨别的异常。

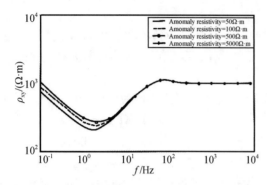

图2 对应异常中心的地面点、h_1 = 2km、异常体电阻率取不同值时的视电阻率-频率曲线

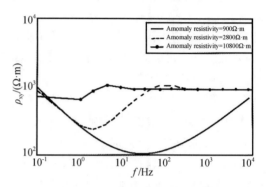

图3 对应异常中心的地面点、异常体电阻率500Ω·m但顶部埋深不同时的视电阻率-频率曲线

3.2 同一目标体不同埋深时的电阻率-频率响应特征

为了了解大功率大收发距时同一目标体不同埋深时的电阻率-频率响应特征，其他参数不变，对于ρ_3 = 500Ω·m，计算了h_1为0.1、2、10km，即异常体顶面埋深分别为0.9、2.8、10.8km的电阻率-频率曲线，如图3所示。

从图3可以清楚地看出，异常体埋深不同时电阻率-频率曲线的特征变化非常大。对于图3中异常体顶部埋深0.9km的实线，由于地表层厚度很薄（100 m），所以，从很高频开始就反映了其下各层的电性特征，尤其是含异常的这个2km厚的地球第二层低电阻率的特征。当异常体顶部埋深增大为2.8km时（图3中的虚线），300Hz以高的高频段还是首先反映地球第一层介质的特征，随后以相对比较低的幅度反映第二层和其中高阻异常体的综合特征。对于异常体顶部埋深更大的情况（10.8km），则再更低频率段才开始以更低的异常幅度反映第二层和其中高阻异常体的综合特征，甚至频率低到0.1Hz时，依然还是第二层和其中高阻异常体的综合反映。

为了更进一步了解岩石真实电阻率和频率响应的视电阻率的关系，以ρ_3的真电阻率值为横轴，视电阻率ρ_{xy}为纵轴，给出了频率分别为1、16、256Hz和4096Hz的h_1 = 0.1、2、10km三种情况的响应特征（图4）。图4的结果表明，不同覆盖层厚度（即异常体埋深不同）的异常体岩石其频率响应是有很大变化的。对于256Hz和4096Hz的高频，覆盖层2km和10km的曲线几乎完全重合，反映的是浅部的第一层介质的性质，而对于覆盖层厚度为0.1km的情况，这两个视电阻率的频率响应幅值不同，反映的是第一层和第二层综合，但看不出随异常岩石的真电阻率的变化；对于1Hz和16Hz的低频，只有覆盖层10km的曲线只反映浅部第一层介质的性质，视电阻率几乎不随异常岩石的真电阻率变化，而对于覆盖层厚度为0.1km和2km的情况，这两个频率的视电阻率随异常岩石的真电阻率变化很大。当覆盖层的厚度很大时（10km），即异常体埋深很大时，无论是高频还是低频，其电阻率的频率响应都不再随着异常岩石的真电阻率发生变化。

图3、图4表明，1600km以远的异常体的电磁响应随其自身电性差异的影响也和异常体的埋深有关。当异常体埋深很深时，要检测到其物性差异对异常体电磁响应的明显影响，选择的工作频率需很低。

3.3 同一目标体同一埋深但不同频率时的电阻率响应特征

同样以ρ_3的真电阻率值为横轴，视电阻率ρ_{xy}为纵轴，可以分析不同频率时埋深2.8km（覆盖层厚2km）目标体的电阻率响应特征。图5为对应频率1、16、256、1024和8192Hz的异常电阻率-视电阻

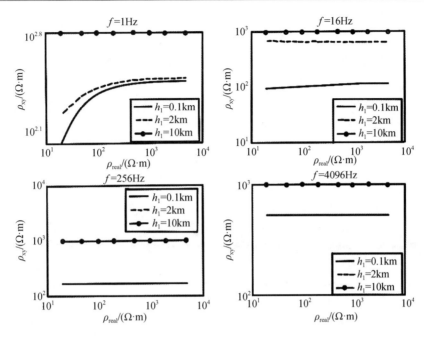

图 4　对应异常中心的地面点、不同频率、h_1 厚度不同时异常电阻率–视电阻率关系曲线

率关系曲线。图 5 的 5 个频率结果表明了和图 4 雷同的结果，即对于覆盖层厚 2km 的情况，只有 16Hz 以低的工作频率才能反映异常体的变化，并且当异常体岩石的真电阻率大到一定程度后，其视电阻率的响应变化幅度会逐渐变小。

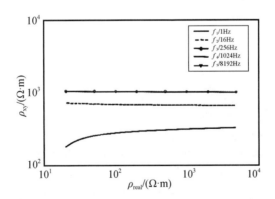

图 5　对应异常中心的地面点不同频率时异常电阻率–视电阻率关系曲线

　　由于 WEM 的工作频率为 0.1~300Hz，因此，在 0.1~16Hz 范围内是可以检测到源检距 1600km 远处的 10km 深度以浅的岩石电性差异的，也就是说，虽然 WEM 的源很长，有叠加效应和电离层的影响，但在源检距达 1600km 时，仍可由观测资料决定异常体的电性，从而有可能决定电性和岩石、岩层的经验关系。

4　讨论及结论

　　对于长偶极、大功率源，由于存在衰减小的波导场，所以电磁波信号可以传播到数千公里的远距离处，在此处仍然存在可被仪器接收的来自地下固体地球介质的返回信号，这样可以对同一源在远区、波导区的不同区域同时进行真正意义上的三维电磁勘探。本研究表明在源检距 R 为 1600km 的波导区，下方的局部异常体的电性差异对异常体的电磁响应在频率小于 16Hz 时仍有明显的异常。究其可能的原因是激发 1600km 处地下异常体的电磁信号主要是通过空气和电离层传播给异常体的，通过地下固体介质传递的信号因固体介质的吸收已经耗散。所以只要 WEM 一次源的强度足够大，远距离处深部局部异常体的电磁响应也将和 CSAMT 小尺度（源检距 10km 左右）的情况类似。

　　致　谢　本文三维积分方程法数值模拟是利用犹他大学（University of Utah）Zhdanov 教授的 CEMI 研究组的程序完成的，在此致以特别的感谢。

参 考 文 献

[1] 王家映，石油电法勘探，北京：石油工业出版社，1993

[2] Christopherson K R, The new millenn E M, Geophysics, 2001, 66 (1)：38–39

[3] 阿尔佩罗维奇，苏联石油勘探中的磁大地电流法，北京：地质出版社，1984

[4] 朴化荣，电磁测深法原理，北京：地质出版社，1990

[5] 陈乐寿、王光锷，大地电磁测深法，北京：地质出版社，1990

[6] Sternberg B K, A review of some experience with the induced-polarization/resistivity method for hydrocarbonsurveys：successes and limitations, Geophysics, 1991, 56 (10)：1522–1552

[7] Dias C A, Multi-frequency EM method for hydrocarbon detection and for monitoring fluid invasion during enhanced oil recovery, 75th Annual International Meeting, SEG, Expanded Abstracts, 2005

[8] Wright D, Ziolkowski A, Hobbs B, Hydrocarbon detection and monitoring with a multi-component transient electromagnetic (MTEM) survey, The Leading Edge, 2002, 21 (9)：852–864

[9] 刘国栋，我国大地电磁测深的发展，地球物理学报，1994, 37（增刊）：301~310

[10] Flosadóttir A H, Constable S, Marine controlled-source electromagnetic sounding：1. Modeling and experimental design, Journal of Geophysical Research, 1996, 101：5507–5517

[11] Constable S, Cox C S, Marine controlled source electromagnetic sounding：2. The PEGASUS experiment, Journal of Geophysical Research, 1996, 101：5519–5530

[12] Constable S, Orange A, Hoversten G M et al., Marine magnetotellurics for petroleum exploration：Part 1. A sea floor instrument system, Geophysics, 1998, 63 (3)：816–825

[13] Hoversten G L, Morrison H F, Constable S C, Marine magnetotellurics for petroleum exploration, Part II：Numerical analysis of subsalt resolution, Geophysics, 1998, 63 (3)：826–840

[14] Tompkins M J, Marine controlled-source electromagnetic imaging for hydrocarbon exploration：interpreting subsurface electrical properties, First break, 2004, 22 (1)：27–33

[15] Hoversten G L, Chen J, Gasperikova E et al., Integration of marine CSEM and seismic AVA data for reservoir parameter estimation, 75th Annual International Meeting, SEG, Expanded Abstracts, 2005, 579–582

[16] Wan L, Rapid seabed imaging by frequency domain electromagnetic migration, 75th Ann. Intenat. Mtg., Soc. Expl. Geophys., Expanded Abstract, 2005

[17] Carazzone J J, Burtz O M, Green K E et al., Three dimensional imaging of marine CSEM data, 75th Ann. Intenat. Mtg., Soc. Expl. Geophys., Expanded Abstract, 2005

[18] Gribenko A, Zhdanov M S, Rigorous 3D inversion of marine CSEM data based on the integral equation method, Geophysics, 2007, 72 (2)：WA73–WA84

[19] Lien M, Mannseth T, Sensitivity analysis of marine CSEM data for production monitoring of an oil reservoir, University of Bergen Centre for Integrated Petroleum Research Report, 2007

[20] Mathieu D, Matthew C K, René-Edouard P et al., Detecting hydrocarbon reservoirs from CSEM data in complex settings：application to deepwater Sabah, Malaysia, Geophysics, 2007, 72 (2)：WA97–WA103

[21] Zhdanov M S, Traynin P, Booker J, Underground imaging by frequency domain electromagnetic migration, Geophysics, 1996, 61 (1)：666–682

[22] Zhdanov M S, Traynin P, Migration versus inversion in electromagnetic imaging technique, Journal of Geomagnetism and Geoelectricity, 1997, 49 (3)：1415–1437

［23］Zhdanov M S, Geophysical inversion theory and regularization problems, Amsterdam-Boston-London-New York-Oxford-Paris-Tokyo, San Diego-San Francisco-Singapore-Sydney: Elssevier, 2002, 231–324

［24］汤井田、何继善, 可控源音频大地电磁法及其应用, 长沙: 中南大学出版社, 2005

［25］Edwards N, Marine controlled source electromagnetics: principles, methodologies, future commercial applications, Surveys in Geophysics, 2005, 26 (3): 675–700

［26］Hoversten G M, Rsten T, Hokstad K et al., Integration of multiple electromagnetic imaging and inversion techniques for prospect evaluation: 76th Annual International Meeting, SEG, Expanded Abstracts, 2006, 719–723

［27］Zhdanov M S, Lee S K, Yoshioka K, Integral equation method for 3D modeling of electromagnetic fields in complex structures with inhomogeneous background conductivity, Geophysics, 2006, 71 (6): G333–G345

［28］底青云、王若等, CSAMT 数据正反演及方法应用, 北京: 科学出版社, 2008

［29］Raiche A P, An integral equation approach to three-dimensional modeling, Geophysical Journal o f the Royal Astronomical Society, 1974, 36 (1): 363–376

［30］Dmitriev V I, Nesmeyanova N I, Integral equation method in three-dimensional problems of low-frequency electrodynamics, Computational Mathematics and Modeling, 1992, 3 (1): 313–317

［31］Wannamaker P E, Advances in three-dimensional magnetotelluric modeling using integral equations, Geophysics, 1991, 56 (11): 1716–1728

［32］Zhdanov M S, Fang S, Quasi-linear approximation in 3D EM modeling, Geophysics, 1996, 61 (3): 646–665

［33］Kress R, Linear Integral Equations, Berlin, Heidelberg, New York, London, Paris, Tokyo: Springer-Verlag, 1999, 365

［34］Zhdanov M S, Integral Transforms in Geophysics, Berlin, Heidelberg, New York, London, Paris, Tokyo: Springer-Verlag, 1999, 367

［35］Tseng H W, Lee K H, Becker Alex, 3D interpretation of electromagnetic data using a modified extended Born approximation, Geophysics, 2003, 68 (1): 127–137

［36］底青云、王妙月、王若、王光杰, 长偶极大功率可控源电磁波响应特征研究, 地球物理学报, 2008, 51 (6): 1917~1928

Ⅲ — 41

电离层—空气层—地球介质耦合下大尺度大功率可控源电磁波响应特征研究①

李帝铨　　底青云　　王妙月

中国科学院地质与地球物理研究所

摘　要　电离层—空气层—地球介质（我们称为"地—电离层"模式）耦合下大功率可控源电磁波的研究在国内外较少。近年来，有学者做了相关的数值模拟，但没有考虑空气中位移电流的影响。我们根据研究对象和问题建立地质模型和相应的数学模型，采用 R 函数法进行"地—电离层"模式水平电缆接地偶极源的电磁波场强公式推导，同时考虑电离层和空气中位移电流的影响。在验证方法可靠的前提下，进行了数值计算。探讨了"地—电离层"模式大功率可控源电磁波的响应特征。数值计算结果表明，由于电离层和空气层中位移电流的影响，"地—电离层"模式大功率可控源电磁波的特征与地球半空间可控源电磁波的特征有很大的不同，体现在前者除了有近场、远场外，还存在由于电离层影响下场强衰减变小的波导场。并随着收发距增大和频率的增高，出现了电场和磁场方向图的变化。

关键词　"地—电离层"模式　大功率　远距离　电磁波场　正演　数值模拟

1　引　言

人工源大功率电磁技术是利用很强的人工发射信号，探测地下深至 10km 左右范围内电性细结构的新方法，是地球物理学和无线电物理学相结合的产物[1~6]。它在具有一定厚度高阻层的地区铺设超长发射电极距（几十千米）的电缆，大功率（大于 500kW）发射 $0.1~300$Hz 的电磁波②，在数千千米范围内接收该电磁信号以达到深部探测的目的。该技术的特点是信号强度大，抗干扰能力强，信号稳定，测量误差小，覆盖范围广，可配多部接收机大面积组网同时观测，补充了现有天然源大地电磁法（MT）接收信号弱，易受干扰的缺点，同时又补充了人工可控源音频电磁法（CSAMT）设备笨重，探测深度浅（1~2km），覆盖范围小的缺点，是 MT 和 CSAMT 方法的改进[1~6]。

如果将固体地球表面以上的半空间称作上半空间，以下的半空间称作下半空间。电磁波在下半空间的传播特征已有一系列文章发表[7~13]，在这些文章中，电离层和空气层位移电流的影响被忽略，场的分布主要分为近场和远场。在上半空间内，电磁波传播也有一系列文章发表[13~28]，但其目的是研究无线电波的传播及通讯问题，在计算场强的时候采用了近似公式，而且研究较多的是电场的垂直分量 E_z，该分量虽然在地—电离层波导中传播时衰减小，但与地球及电离层的参数关系不大，关于地球内部的信息量提供的也少。电磁场的其他分量含有更多的大地信息，应该详细的研究它们随地球性质及地球构造特性而变化的规律。

①　本文发表于《地球物理学报》，2010，53（2）：411~420
②　国家圣彼得堡大学文森-列辛克地壳研究所编写，地球物理研究及地震预测研究中发射-测量装置的发射系统安装场地选择的技术要求及建议

近年来，国内开始了"地—电离层"模式长发射距大功率可控源电磁波传播研究，即考虑电离层—大气层—固体地球层耦合情况下的传播的研究[1~6,28,29]。由于许多观测点的收发距已经接近或大于电离层高度，在大收发距地区如波导区，由于电离层的影响，电磁场的衰减明显小于不考虑电离层影响的远场电磁波的衰减，辐射极化特征也有差异。但没有考虑空气中位移电流的影响。

本文根据研究对象和问题建立"地—电离层"模式水平电缆接地偶极源电磁波场的地质模型和数学模型，所建立的模型不但考虑了电离层的影响，还考虑了空气层中位移电流的影响。对"地—电离层"模式层状介质模型详细推导了电偶极源的电磁波响应。目前关于水平层状大地上电偶源形成的电磁场公式推导的方法主要有 R 函数法和层矩阵法，其中 R 函数法由 H. B 利普斯卡娅于 1969 年提出[30]，具有物理意义明确，推导简单的优点，被广泛应用于 CSAMT 的公式推导，国内外有关电磁法的书中多有引用[30~34]。因此公式推导采用 R 函数法，按照推导的公式编排了程序，进行了数值计算，计算了"地—电离层"模式电磁波场随距离的衰减、频率依赖特征等，并和似稳场的结果进行了对比，计算结果中对比了是否考虑空气层中位移电流的差异，它们在高频段由于空气中位移电流的影响而不一样。为进一步开展"地—电离层"模式电磁波场理论进行地下资源探测研究提供了基础。

2　模型的建立及公式推导

2.1　模型的建立

建立的模型如图 1 所示。电离层设为第−1 层，空气层为 0 层，源放置在空气层中，距离地表高度为 h_0。坐标系的原点设置在源的中心点正下方的地表，z 向下为正，向上为负，故电离层的高度为负数。假设电离层和大地层的最底层的厚度为无限。

模型中电离层底界面的有效高度，也就是空气层的厚度为 100km，电离层的有效电阻率取为 $1 \times 10^4 \Omega \cdot m$。每一层的相对介电常数 ε，相对磁导率 μ 均设为 1。

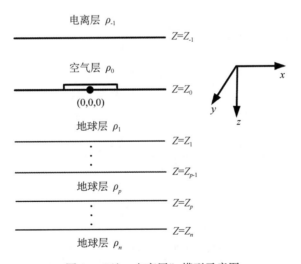

图 1　"地—电离层"模型示意图

2.2　公式推导

在距离地表 h_0 高度处放置一水平电偶源，供以谐变电流

$$I = I_0 e^{-i\omega t} \tag{1}$$

引入矢量位 A 后，其基本方程为

$$\begin{cases} \nabla^2 A - k^2 A = 0 & \text{(2a)} \\[2mm] \Phi = \dfrac{\mathrm{i}\omega\mu}{k^2}\nabla \cdot A & \text{(2b)} \\[2mm] E = \mathrm{i}\omega\mu A - \nabla\Phi & \text{(2c)} \\[2mm] H = \nabla \times A & \text{(2d)} \end{cases}$$

式中，A 为矢量位；E 表示电场矢量；H 表示磁场矢量；μ 为导磁率；i 表示纯虚数；ω 为圆频率；$k^2 = \dfrac{-\mathrm{i}\omega\mu}{\rho} - \omega^2\varepsilon\mu$。由于电偶极子沿 x 方向，水平层状地层介面附近的积累电荷沿 z 方向，故矢量位只有 x 方向和 z 方向分量 A_x、A_z。利用边界条件

$$\left. \begin{aligned} & A_{xp} = A_{xp+1} \\[1mm] & \frac{\partial A_{xp}}{\partial z} = \frac{\partial A_{xp+1}}{\partial z} \\[1mm] & A_{zp} = A_{zp+1} \\[1mm] & \frac{1}{k_p^2}\nabla \cdot A_p = \frac{1}{k_{p+1}^2}\nabla \cdot A_{p+1} \end{aligned} \right\} \tag{3}$$

式中，$p = -1$、0、1、$\cdots$、$n-1$，为各层层序。

经过一系列推导，可求得 A_x、A_z

$$A_x = \frac{P_E}{4\pi}\int_0^\infty F \cdot \mathrm{J}_0(\lambda r)\,\mathrm{d}\lambda \tag{4}$$

$$A_z = -\frac{P_E}{4\pi}\cos\theta\int_0^\infty\left(-\frac{R_1^*(0)}{u_1}FF + \frac{u_1}{R_1(0)}\frac{1}{\lambda^2}F\right)\lambda\mathrm{J}_1(\lambda r)\,\mathrm{d}\lambda \tag{5}$$

$$\Phi = -\frac{\mathrm{i}\omega\mu}{k^2}\frac{P_E}{4\pi}\cos\theta\int_0^\infty\left(FF - \frac{k_1^2}{\lambda^2}F\right)\cdot\lambda\cdot\mathrm{J}_1(\lambda r)\,\mathrm{d}\lambda \tag{6}$$

其中

$$F = \frac{\lambda}{u_0}\mathrm{e}^{-u_0h_0} + e_0 + \frac{\left(\dfrac{\lambda\mathrm{e}^{-u_0h_0}}{u_0} + e_0\right)\left(-\dfrac{u_1}{R_1(0)}\right) + \lambda\mathrm{e}^{-u_0h_0} - u_0e_0}{u_0\dfrac{c_{0c} - c_{0d}}{c_{0c} + c_{0d}} + \dfrac{u_1}{R_1(0)}}$$

$$FF = \frac{\dfrac{\mathrm{e}^{-u_0h_0}}{\lambda}\left(1 + \dfrac{c_{0c} - c_{0d}}{c_{0c} + c_{0d}}\right) + e_0\left(1 - \dfrac{c_{0c}^* - c_{0d}^*}{c_{0c}^* + c_{0d}^*}\right)\dfrac{c_{0c}^* + c_{0d}^*}{c_{0c}^* - c_{0d}^*}}{\dfrac{R_1^*(0)}{u_1} + \dfrac{k_0^2}{u_0k_1^2}\dfrac{c_{0c}^* + c_{0d}^*}{c_{0c}^* - c_{0d}^*}}$$

$$c_{0c} = \frac{1}{2}\left(1 + \frac{u_{-1}}{u_0}\right) e^{(u_{-1}-u_0)z_{-1}}$$

$$c_{0c}^* = \frac{1}{2}\left(1 + \frac{u_{-1}}{u_0}\frac{k_0^2}{k_{-1}^2}\right) e^{(u_{-1}-u_0)z_{-1}}$$

$$c_{0d} = \frac{1}{2}\left(1 - \frac{u_{-1}}{u_0}\right) e^{(u_{-1}+u_0)z_{-1}}$$

$$c_{0d}^* = \frac{1}{2}\left(1 - \frac{u_{-1}}{u_0}\frac{k_0^2}{k_{-1}^2}\right) e^{(u_{-1}+u_0)z_{-1}}$$

$$e_0 = -\frac{\lambda}{u_0}e^{u_0 h_0}$$

式中，$u_p^2 = \lambda + k_p^2$；λ 为空间频率；k_p 是第 p 层的波数；θ 为收发距与 x 轴的夹角；$P_E = Idl$；I 为发射电流；dl 为偶极长度；r 为收发距，即观测点距偶极子中心的距离；$J_1(\lambda r)$、$J_0(\lambda r)$ 分别是以 λr 为变量的一阶、零阶贝塞尔函数；R_1 和 R_1^* 为联系各层物性的两个函数，它们和各个电性层的电导率、层厚有关，它们在地表的具体表达式如下

$$R_1(0) = \mathrm{cht}\left[u_1 h_1 + \mathrm{arcth}\frac{u_1}{u_2}\mathrm{cth}\left(u_2 h_2 + \cdots + \mathrm{arcth}\frac{u_{N-1}}{u_N}\right)\right] \tag{7}$$

$$R_1^*(0) = \mathrm{cht}\left[u_1 h_1 + \mathrm{arcth}\frac{u_1 \rho_1}{u_2 \rho_2}\mathrm{cth}\left(u_2 h_2 + \cdots + \mathrm{arcth}\frac{u_{N-1}\rho_{N-1}}{u_N \rho_N}\right)\right]$$

式中，$h_p = z_p - z_{p-1}$，为第 p 层的厚度；ρ_p 为第 p 层的电阻率。

本文虽然是考虑了电离层的影响，但 R 函数是由最底层向上推导的，所以推导过程和 CSAMT 是一致的[30,32~34]，所以本文 R 函数在地表的表达式也与 CSAMT 一致。

由式（2b）可求得

$$E_x = \mathrm{i}\omega\mu\frac{P_E}{4\pi}\int_0^\infty F \cdot J_0(\lambda r)\mathrm{d}\lambda + \frac{\mathrm{i}\omega\mu}{k_1^2}\frac{P_E}{4\pi}(\cos\theta)^2\int_0^\infty\left(FF - \frac{k_1^2}{\lambda^2}F\right)\cdot \lambda^2 \cdot J_0(\lambda r)\mathrm{d}\lambda$$

$$+ \frac{\mathrm{i}\omega\mu}{k_1^2}\frac{P_E}{4\pi}\frac{1}{r}(1 - 2(\cos\theta)^2)\int_0^\infty\left(FF - \frac{k_1^2}{\lambda^2}F\right)\cdot \lambda \cdot J_1(\lambda r)\mathrm{d}\lambda \tag{8}$$

由式（2c）可求得

$$H_y = \frac{P_E}{4\pi}\int_0^\infty -\frac{u_1}{R_1(0)}F \cdot J_0(\lambda r)\mathrm{d}\lambda$$

$$+ \frac{P_E}{4\pi}\frac{1}{r}(1 - 2(\cos\theta)^2)\int_0^\infty\left(-\frac{R_1^*(0)}{u_1}FF + \frac{u_1}{R_1(0)}\frac{1}{\lambda^2}F\right)\lambda \cdot J_1(\lambda r)\mathrm{d}\lambda$$

$$+ \frac{P_E}{4\pi}(\cos\theta)^2\int_0^\infty\left(-\frac{R_1^*(0)}{u_1}FF + \frac{u_1}{R_1(0)}\frac{1}{\lambda^2}F\right)\lambda^2 \cdot J_0(\lambda r)\mathrm{d}\lambda \tag{9}$$

"地—电离层"模式和 CSAMT 的场强计算公式的主要差异在系数 c_{0d} 和 c_{0d}^*，它们体现了电离层对

场强的影响。如果不考虑电离层和空气中位移电流的影响，同时，将空气层的波数 $k_0 = 0$，这时 c_{0d} 和 c_{0d}^* 等于 0，式（8）和式（9）经过化简后，和 CSAMT 的计算公式[30,32~34]是一样的。

3　数值模拟结果

3.1　数值模拟可行性验证

首先应用小尺度模型来检验公式推导和程序计算的正确性和可靠性，对比了"地—电离层"模式三层模型、均匀半空间的数值解和均匀半空间解析解的计算结果。

"地—电离层"模式和均匀半空间数值解均采用 Hankel 滤波方法，参考文献[30,33]。均匀半空间解析解的计算公式如下[30]：

$$E_x = \frac{P_E \rho}{2\pi r^3} [3(\cos\theta)^2 - 2 + (1 + k_1 r) e^{-k_1 r}] \tag{10}$$

$$H_y = \frac{P_E}{2\pi r^2} \left[(1 - 4(\sin\theta)^2) I_1 K_1 + \frac{i k_1 r}{2} (\sin\theta)^2 (I_0 K_1 - I_1 K_0) \right] \tag{11}$$

式（10）、式（11）中，ρ 为均匀大地电阻率；k_1 为均匀大地的波数；I_0、I_1、K_0、K_1分别是以 $\dfrac{i k_1 r}{2}$ 为变量的零阶、一阶，第一类、第二类修正贝塞尔函数。

"地—电离层"模式三层模型如图 2 所示，均匀半空间模型只考虑地球层。所用频率 $f = 2^n$，n 取值从 -6 到 13，间隔 0.5，共 39 个频点；发射电流 $I = 10A$；偶极子 AB 的长度 $2L = 2km$，计算时简化为电偶极子。计算了收发距 r 为 10km 时赤道和轴向两种情况，接收点的坐标分别为（x_1，y_1，z_1）=（0km，10km，0km），（x_2，y_2，z_2）=（10km，0km，0km）。

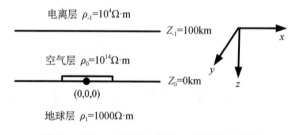

电离层　$\rho_{-1} = 10^4 \Omega \cdot m$　　　　　　　　$Z_{-1} = 100km$

空气层　$\rho_0 = 10^{14} \Omega \cdot m$　　　　　　　　$Z_0 = 0km$

(0, 0, 0)

地球层　$\rho_1 = 1000 \Omega \cdot m$

图 2　"地—电离层"模式三层模型示意图

"地—电离层"模式、均匀半空间数值解和均匀半空间解析解的计算结果如图 3 所示。图中的带有"o"号标志的曲线为均匀半空间数值解。带有"+"标志的曲线为"地—电离层"模式的数值解，实线为均匀半空间解析解。可以看出在收发距只有 10km 时，它们的计算完全一致。

由于小尺度情况下电离层的影响还没有显现出来，空气中位移电流的影响也很微弱，这时"地—电离层"模式、均匀半空间的数值解和均匀半空间解析解的计算结果不应该有差异，图 3 证实了这一点，也就是说进行的公式推导和程序编制以及数值模拟结果是可靠的，可以应用于"地—电离层"模式的数值模拟。

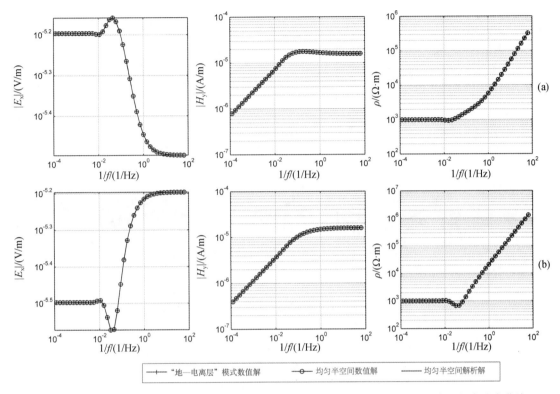

图3　收发距 r 为10km时"地—电离层"、半空间和半空间解析解场强和电阻率的频率响应曲线
（a）赤道装置；（b）轴向装置

3.2　"地—电离层"模式三层介质大尺度有源场特征

3.2.1　"地—电离层"模式三层模型给定频率波场结构特征

为认识"地—电离层"模式近场、过渡场和波导区的电场磁特征，进行了将图2中大地电阻率改为5000Ω·m的"地—电离层"模式轴向和赤道装置的电磁波随距离衰减特征的数值模拟。

定义电离层为介质-1，空气层为介质0，地球为介质1。模型电阻率分别为 $\rho_{-1}=10^4\Omega\cdot m$、$\rho_0=10^{14}\Omega\cdot m$、$\rho_1=5\times10^3\Omega\cdot m$。各层的厚度 $h_{-1}=\infty$ 、$h_0=100km$、$h_1=\infty$。AB 的长度为50km，发射电流 I 为200A，计算时简化为电偶极子。发射的频率 f 为0.1、5、300Hz。

测量点位于地表，收发距 r 分别为35、40、50、70、90、100、200、400、800、1600、2500km。

图4展示了频率分别为0.1、5和300Hz的轴向装置的 E_x 和 H_y 场的衰减曲线。图中横坐标为收发距，纵坐标为场强幅值。用实线表示"地—电离层"模式数值模拟曲线（考虑空气层的位移电流），虚线为"地—电离层"模式数值模拟曲线（不考虑空气层的位移电流），点线为解析计算的均匀半空间地球介质似稳场（即不考虑电离层和空气中位移电流）的衰减曲线。图4和图5的结果清楚地表明，无论 E_x 还是 H_y 当距离场源较近时，在不考虑电离层及空气中位移电流影响的似稳场情况下，计算所得的曲线（点线）、考虑电离层但不考虑空气中位移电流（虚线）与同时考虑电离层和空气中位移电流影响的曲线（实线）是吻合的。电离层对电磁波场在远距离处有明显的影响，它们的曲线不再吻合，而且考虑空气中位移电流的比不考虑空气中位移电流的场值要大。随着频率的增加，这种差异在更近的距离表现出来。轴向装置（图4）的差异表现得更明显，它反映了该场源极化方向图的变化。

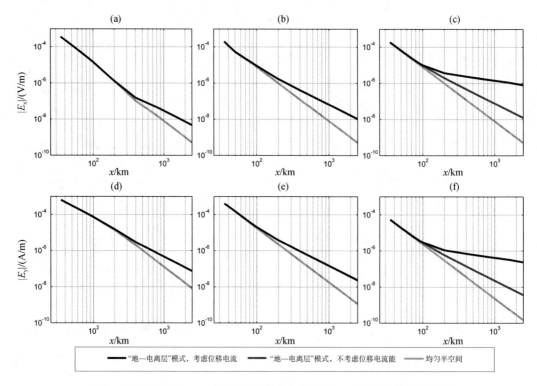

图 4　频率分别为 0.1、5 和 300Hz 的轴向装置的 E_x 和 H_y 场的衰减曲线

（a）Total E_x for $f = 0.1$Hz；（b）Total E_x for $f = 5$Hz；（c）Total E_x for $f = 300$Hz；

（d）Total H_y for $f = 0.1$Hz；（e）Total H_y for $f = 5$Hz；（f）Total H_y for $f = 300$Hz

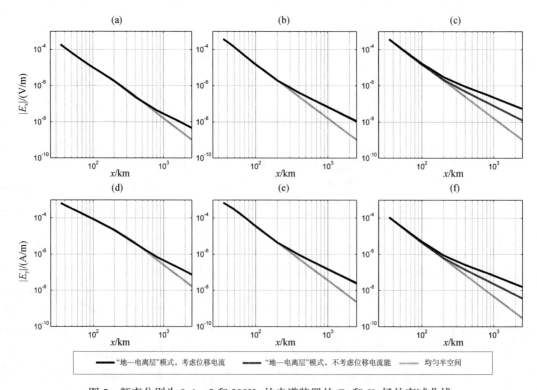

图 5　频率分别为 0.1、5 和 300Hz 的赤道装置的 E_x 和 H_y 场的衰减曲线

（a）Total E_x for $f = 0.1$Hz；（b）Total E_x for $f = 5$Hz；（c）Total E_x for $f = 300$Hz；

（d）Total H_y for $f = 0.1$Hz；（e）Total H_y for $f = 5$Hz；（f）Total H_y for $f = 300$Hz

3.2.2　"地—电离层"模式的近区、远区及波导区边界

波导区的边界取决于场源的参数、地层以及电离层的性质。我们来分析当采用 3.2.1 给定的场源、地层以及电离层的参数时，对近区、远区和波导区的划分。

我们来这样确定波导区的边界，即似稳定场和波导场的 $|E_x|$ 和 $|H_y|$ 分量的振幅相差 10%。也就是波导场的 $|E_x|$ 和 $|H_y|$ 除以似稳定场的 $|E_x|$ 和 $|H_y|$ 大于等于 1.1 时就认为进入了波导区。近场和远场的划分，参考文献［34］中的 CSAMT 远场定义，当 r 大于 3~5 倍趋肤深度 δ 时认为进入远场。但本文中的发射电缆源长度达 50km，所以当 CSAMT 中关于远场划分计算所得的距离小于 25km 时，就认为在 25km 处进入远场。δ 的表达式为 $\delta=\sqrt{\dfrac{2\rho}{\mu\omega}}$。根据模型参数，采用上述定义计算得到发射频率分别为 0.1、5、300Hz 时的近场和远场划分界限为 250、62、25km。

根据计算得到的近场、远场和波导场的划分示意图如图 6。频率越低进入波导区的距离越远，例如 0.1Hz 时，轴向到 310km，赤道方向到 675km 以远才能进入波导区；300Hz 时，轴向到 110km，赤道方向到 80km 以远进入波导区，这和 1）中结果是一致的。同时，和图 4 和图 5 所展示的结果是对应的。

在此，就不进行有关近场和远场的讨论，读者可以参考有关 CSAMT 的文献[30~32]。

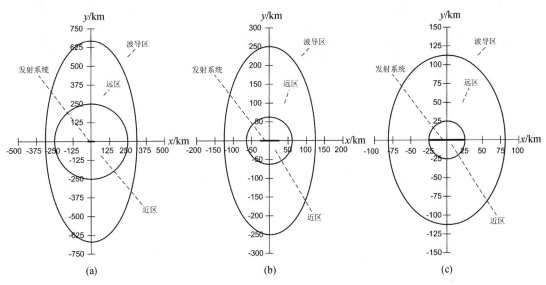

图 6　近区、远区及波导区的边界
（a）$f=0.1$Hz；（b）$f=5$Hz；（c）$f=300$Hz

3.2.3　"地—电离层"模式的辐射花样

为了更好地理解图 4 至图 6 的计算结果，我们计算了"地—电离层"模式 4、32 和 64Hz 的辐射花样，计算采用 3.2.1 中的模型。计算结果见图 7。

从辐射花样可以看出，频率为 4Hz 时，电磁场在赤道和轴向方向的衰减没有明显差异；频率为 32Hz 时，两个方向的衰减出现了明显的差异，轴向方向的衰减更小，导致出现了场源方向图的变化，特别是收发距大了之后，变化明显；频率为 64Hz 时场源方向图发生变化很明显，并随着距离的增加而越发明显，这种变化是高频时轴向的衰减相对赤道要慢很多，这是由于电离层和空气中位移电流共同作用的结果。

由图 4 至图 7，可以得出一些结论。对于可作用于数百至数千千米外的场源，要划分出一个额外的波导区，在这个区电磁场分量与远区相比有许多不同的特征。这些不同点主要体现在：①场源的方向

图发生变化；②有利于测量阻抗 Z_{xy} 和 Z_{yx} 的区域的相对位置发生了变化；③场源的方向图发生变化是随频率越高变化越明显。

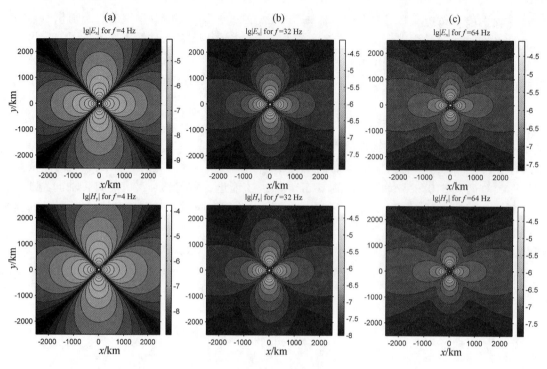

图 7　"地—电离层"模式辐射花样

（a）f=4Hz；（b）f=32Hz；（c）f=64Hz

3.2.4　"地—电离层"模式中考虑位移电流的必要性分析

为解释 3.2.1 和 3.2.2 中计算结果是否考虑位移电流的差异，我们来分析位于均匀半空间表面上水平电偶极子考虑空气层位移电流磁场的垂直分量的解析表达式[30]：

$$H_z = \frac{2P_E}{4\pi r^4 (k_0^2 - k_1^2)} \cdot \sin\phi \left[(3 + 3k_0 r + k_0^2 r^2) \, \mathrm{e}^{-k_0 r} - (3 + 3k_1 r + k_1^2 r^2) \, \mathrm{e}^{-k_1 r} \right] \tag{12}$$

式中，P_E：偶极子的极矩，等于电流强度 I 和发射源长度 dl 的乘积；r 为收发距；$k_0 = \sqrt{-\omega^2 \varepsilon \mu}$，为空气中的波数；$k_1 = \sqrt{-\mathrm{i}\omega\mu\sigma_1 - \omega^2 \varepsilon \mu}$，下半空间的波数；$\varepsilon = \varepsilon_0$；$\mu = \mu_0$。

当 $k_0 r \ll 1$ 和 $k_1 r \ll 1$（小极距，低频率）时，式（12）可以简化成如下形式：

$$H_z = \frac{P_E}{4\pi r^2} \sin\phi \tag{13}$$

在小极距、低频率范围内水平电偶极子的垂直磁场与下半空间的导电性无关，只是一次场随着频率的降低和距离的增加而衰减。

式（12）中第二项指数项描述的是地球介质对电磁场能量的吸收，在高频段当 $k_1 r \gg 1$ 时，它趋于零，对于波区其表达式为：

$$H_z = \frac{2P_E}{4\pi r^4 (k_0^2 - k_1^2)} \cdot \sin\phi (3 + 3k_0 r + k_0^2 r^2) \, e^{-k_0 r} \tag{14}$$

在分析式（14）时，可以认为空气中的波长肯定比收发距要大，这样指数中的乘积项可以忽略，使得指数的值趋于 1。下一步是对 $k_0^2 - k_1^2$ 进行分析。

在实际工作中一般采用的频段为 $f < 10^5 \text{Hz}$，电阻率 $\rho \le 10^5 \Omega \cdot \text{m}$，$\varepsilon\omega \ll i\sigma$，因此 $k_0^2 \ll k_1^2$。所以在研究中可以忽略介电常数（即位移电流）的影响，除非研究的深度非常小（地表浅部几米），此时采用的频率为 $10^6 \sim 10^8 \text{Hz}$ 或更高。这种假设称之为似稳定近似。在正演过程中，这种假设被广泛采用，以简化计算过程。

从上面的讨论可以看出，采用似稳定近似不仅受到高频方面的限制，而且受到大极距方面的限制。当极距与空气中波长存在可比性时，由于值 $k_0 r = \omega r \sqrt{\varepsilon\mu} = \dfrac{2\pi r}{\lambda_0}$ 变得相当大，式（12）中第一项乘积项开始起主要作用。例如，当频率为 100Hz 时，波长为 3000km，在极距为 1000km 时 $k_0 r$ 的值为 2。

所以在进行"地—电离层"模型正演计算时，必须考虑空气中位移电流的影响。这也可以解释图 4、5 中，关于"地—电离层"模型的计算结果，是否考虑空气中位移电流的差异。

4　结　　论

本文进行了"地—电离层"模式大功率可控源的电磁波正演研究。建立了"地—电离层"模式层状地球表面水平电偶源形成的谐变场的地质和数学模型，利用 R 函数法进行了"地—电离层"模式的公式推导，得出"地—电离层"模式地球表面水平电偶源的地表场强表达式。

通过数值计算给出了"地—电离层"模式三层模型不同频率、不同收发距的轴向和赤道装置的（似稳定场、是否考虑空气中位移电流的）场强衰减对比图，辐射花样，近区、远区、波导区的边界图以及波场的频率特征图。

数值模拟结果表明，本文的计算结果与文献 [1] 中的结果的在高频段有较大的差异，原因是文献 [1] 没有考虑空气中位移电流的影响。文中的理论分析部分已经得出结论，必须考虑空气中位移电流的影响。

空气中位移电流的影响随着收发距的增大，在更低的频率上体现出来，主要表现为 E_x 和 H_y 随着频率的增加而增加，收发距越大，E_x 和 H_y 随频率的增加就越快，而且这种场强随频率增加而增加的现象轴向装置要比赤道装置更明显。

对于可作用于数百至数千千米外电磁场观测的大功率场源，电磁场受到电离层和空气中位移电流的影响，要划分出一个额外的波导区，在波导区电磁场分量与远区相比有许多不同的特征。这些不同点主要体现在：①电磁场分量的振幅值因电离层的存在而衰减得更慢，而且考虑位移电流比不考虑位移电流衰减更慢，衰减程度随频率增加而增加；②场源的方向图发生变化；③有利于测量阻抗 Z_{xy} 和 Z_{yx} 的区域的相对位置发生了变化。

本文的计算是将发射源假设为电偶极子，这样的假设在收发距很大时是可行的，但在距离场源不远时应该对近场和远场采用有限长导线积分方法进行求解。下一步的工作研究"地—电离层"电磁波的各种地电模型的响应特征，以便为该方法的实际应用提供更多的基础。

致　谢　感谢王光杰、王若老师的指点，感谢吉林大学硕士研究生郑圣谈提供的帮助，同时感谢安志国、付长民、程辉和岳安平博士以及白大为、张永超硕士卓有成效的讨论。

参 考 文 献

[1] 底青云、王妙月、王若等，长偶极大功率可控源电磁波响应特征研究，地球物理学报，2008，51（6）：1917~1928

[2] 底青云、王光杰、王妙月等，长偶极大功率可控源激励下目标体电性参数的频率响应，地球物理学报，2009，52（1）：275~280

[3] 赵国泽、汤吉、邓前辉等，人工源超低频电磁波技术及其用于首都圈地震预测的测量研究，地学前缘，2003，10（增）：248~257

[4] 赵国泽、陆建勋，利用人工源超低频电磁波监测地震的试验和分析，中国工程科学，2003，5（10）：27~33

[5] 卓贤军、赵国泽，一种新的资源探测人工源电磁技术，石油地球物理勘探，2004，39（增）：114~117

[6] 陈小斌、赵国泽，关于人工源极低频电磁波发射源的讨论——均匀空间交流点电流源的解，地球物理学报，2009，52（8）：2158~2164

[7] 底青云、Martyn Unsworth、王妙月，复杂介质有限元 2.5 维可控源音频大地电磁法数值模拟，地球物理学报，2004，47（4）：723~730

[8] 汤井田、罗维斌、刘长生，海底油气藏地质模型的冲激响应，地球物理学报，2008，50（6）：1929~1935

[9] 薛国强、李貅，瞬变电磁隧道超前预报成像技术，地球物理学报，2008，51（3）：894~900

[10] 郑圣谈、曾昭发、刘四新等，宽带高频电磁场数据反演方法研究，地球物理学报，2008，50（1）：266~272

[11] 陈小斌、赵国泽、汤吉等，网式大地电磁阻抗张量及其影响因素分析，地球物理学报，2008，50（1）：273~279

[12] 王若、王妙月、底青云，频率域线源大地电磁法有限元正演模拟，地球物理学报，2006，49（6）：1858~1866

[13] 刘长胜、林君，海底表面磁源瞬变响应建模及海水影响分析，地球物理学报，2006，49（6）：1891~1898

[14] Barr R, Jones D L, Rodger C J, ELF and VLF radio waves, Journal of Atmospheric and Solar-Terrestrial physics, 2000, 62 (17)：1689-1718

[15] Mushtak V C, Williams E R, ELF propagation parameters for uniform models of the earth-ionosphere waveguide, Journal of Atmosphere and Solar-Terrestrical Physics, 2002, 62 (18)：1989-2001

[16] Wait J R, Electromagnetic wave in stratified media, Oxford University Press, 1970

[17] Bannister P, Williams F J, Results of the August 1972 Wisconsin Test Facility Effective Earth Conductivity Measurements, Journal of geophysical research, 1974, 79 (5)：725-732

[18] Galejs J, Terrestrial Propagation of Long Electromagnetic Waves, Pergamon Press, 1972

[19] Bannister P, Some Note on ELF earth-ionosphere waveguide daytime propagation parameters, IEEE Antenna and propagation, 1979, 27 (Suppl)：696-698

[20] Bannister P, ELF propagation update, Journal of oceanic Engineering, 1984, 9 (3)：179-188

[21] Galejs J, Horizontally oriented antennas in the presence of an anisotropic ground, Radio Science, 1969, 11 (4)：1047-1053

[22] Greifinger C, Greifinger P, Approximate method for determining ELF eigenvalues in the earth-ionosphere waveguide, Radio Science, 1978, 13 (5)：831-837

[23] Greifinger C, Greifinger P, On the ionosphere parameters which govern high-latitude ELF propagation in the earth-ionosphere waveguide, Radio Science, 1979, (14)：889-895

[24] Field E C, Engel R D, The detection of daytime nuclear bursts below $150km$ by prompt VLF phase anomalies, Proc. IEEE, 1965, 53 (12)：2009-2017

[25] Bannister P, Summary of the Wisconsin Test Facility Effective Earth Conductivity Measurements, Radio Science, 1976, 11 (4)：405-411

[26] Bannister P, Far-Field Extremely Low Frequency (ELF) Propagation Measurements, 1970-1972, Communications, IEEE Transactionson, 1974, 22 (4)：468-474

[27] Bannister P, Summary of Connecticut 76Hz vertical electric, transverse magnetic, and radial magnetic field-strength comparisons, Radio Science, 1986, 21 (3)：519-528

[28] 李勇、林品荣、徐宝利等，电离层影响下均匀半空间水平谐变电偶极子的电磁响应计算，物探化探计算技术，2008，30（6）：500~505

[29] 王元新、彭茜、潘威炎等，SLF/ELF 水平电偶极子在地—电离层波导中的场，电波科学学报，2007，22（5）：

728~734

[30] 朴化荣, 电磁测深法原理, 北京: 地质出版社, 1990

[31] 陈乐寿、王光锷, 大地电磁测深法, 北京: 地质出版社, 1990

[32] 何继善编译, 可控源音频大地电磁法, 长沙: 中南工业大学出版社, 1990

[33] 汤井田、何继善, 可控源音频大地电磁法及其应用, 长沙: 中南大学出版社, 2005

[34] 底青云、王若, 可控源音频大地电磁数据正反演及方法应用, 北京: 科学出版社, 2008

Ⅲ— 42

"地—电离层" 模式有源电磁场一维正演[*]

李帝铨[1)]　　底青云[2)]　　王妙月[2)]

1）中南大学　地球科学与信息物理学院
2）中国科学院地质与地球物理研究所

摘　要　"地—电离层"模式有源电磁法由于其在地球物理勘探和地震预报方面的良好应用前景，成为电磁法研究新的热点。近年来国内开始了"地—电离层"模式有源电磁法研究，作者已经实现了当地球层为均匀半空间时的正演，但实际上地球并不是均匀半空间。本文在此基础上，采用 R 函数法进行公式推导，以高采样密度的 Hankel 滤波系数实现数值模拟，给出多层地球层的正演结果。结果表明，"地—电离层"模式有源电磁法的探测能力，与 CSAMT/MT 类似，但由于电离层的影响，导致在大收发距的时候，出现了波导场，场强衰减变小；由于空气中位移电流的影响，导致电磁场在轴向和赤道两个方向上的衰减也出现了差异，轴向方向的衰减更小。

关键词　"地—电离层"模式　电离层　电磁波场　正演　数值模拟

1　引　言

20 世纪 50 年代初提出的大地电磁测深法（Magneto-Telluric，简称为 MT）[1, 2] 具有探测深度大、成本低、应用范围广等优点，得到了快速发展和广泛应用。但由于 MT 法使用的天然场源随机性较大，信号微弱，易受到其他电磁干扰，特别是随着工业化的发展，各种干扰越来越强，严重影响到 MT 的探测效果。可控源音频大地电磁法（Controlled source audio-frequency magnetotellurics，简称为 CSAMT）[3] 是在大地电磁法的基础上发展起来的一种人工可控源电磁测深法，弥补了天然场源大地电磁法的不足。在上世纪 70 年代提出来之后即吸引了大量的理论及应用研究，该方法在煤田、找矿、地热、工程等方面得到了广泛的应用，已经成为一种不可或缺的电磁勘探手段[4~23]。但是它也存在一些缺点，例如探测深度较浅，源的野外布设较麻烦等，并且这些缺点都是 CSAMT 方法本身所难以克服的，这使得 CSAMT 法在很多情况下已经不能再满足人们的需求。于是结合了 MT 与 CSAMT 两者优点的人工源极低频探地电磁法（WEM 方法）应运而生[24~30]。

极低频探地电磁法是利用很强的人工发射信号，探测地下深至 10km 左右范围内电性细结构的新方法，是地球物理学和无线电物理学相结合的产物[24~31]。它在具有一定厚度高阻层的地区铺设超长发射电极距（几十千米）的电缆，大功率（大于 500kw）发射 0.1~300Hz 的电磁波，在数千千米范围内接收该电磁信号以达到深部探测的目的。该技术的特点是信号强度大，抗干扰能力强，信号稳定，测量误差小，覆盖范围广，可配多部接收机大面积组网同时观测，补充了现有天然源大地电磁法（MT）接收信号弱，易受干扰的缺点，同时又补充了人工可控源音频电磁法（CSAMT）设备笨重，探测深度浅（1~2km），覆盖范围小的缺点，是 MT 和 CSAMT 方法的改进[24~30]。

* 本文发表于《地球物理学报》，2011，54（9）：2375~2388

极低频探地电磁法将为我国地下资源和海洋资源探测、地震预报、气象预报、空间物理研究、地球圈层结构以及各圈层之间的相互作用和耦合关系等前沿科学技术研究提供一种全新的技术手段，是我国地下资源探测和地震预测方法重大的技术创新，具有重大的科学技术价值和现实的使用价值[24~31]。

极低频探地电磁法带来了新的问题。对于人工源大功率电磁技术，它的收发距很远甚至可以大于电离层的高度，从而在进行资料分析解释时必须要考虑到电离层的影响，同时，由于可在全国范围内接收信号，使得收发距可达几千千米，此时位移电流的影响不可忽略，采用常规的固体层状地球半空间模型的 CSAMT 理论将不再满足需要[27, 29, 30]。

极低频探地电磁法正演问题实际上就是研究电离层—空气层—地球介质（称为"地—电离层"模式）耦合下的有源电磁场正演问题[24~27, 29, 30]。这是一个新的问题，本文试图对这一问题，将常规的固体层状地球半空间模型的电磁场 1D 正演模拟技术，推广到包含电离层、空气层和固体地球层的"地—电离层"模式。

近年来，国内从多个方面开始了极低频电磁波的研究，赵国泽和卓贤军等[24~26]对极低频探地电磁法做了介绍和在地震预报中的应用的研究；柳超[32, 33]和谢慧[34]等做了极低频电磁波发射系统的研究；柳超[35]、王海强[36, 37]、潘威炎[38]和王元新[39~41]等在极低频电磁波的传播方面做了大量的研究；葛勤革[42]等做了极低频电磁波的干扰性能分析；黄文耿[43]等做了极低频电磁波与低电离层相互作用的研究；卢新城[44, 45]等做了海水中极低频电磁波的传播研究；底青云[27, 29]等做了"地—电离层"模式长发射距大功率可控源电磁波传播研究，即考虑电离层—大气层—固体地球层耦合情况下的传播的研究。

总体来说，国内外大部分研究是无线电物理领域的，与地球物理专业相关不大，与地球物理相关的研究中涉及场强计算公式推导的较少，作者实现了当地球层为均匀半空间的正演[30]，但实际上地球并不是均匀半空间。本文在此基础上，给出"地—电离层"模式地球多层模型的正演结果。

极低频探地电磁法是一种新的地球物理方法。本文通过研究"地—电离层"模式一维正演，得到"地—电离层"模式多层地球介质模型的电磁波场特征，为进一步弄清极低频探地电磁法探测地下电性细结构的理论基础、提高极低频探地电磁法勘探的分辨率技术的研究、仪器开发、数据处理和最佳测量装置制定具有重要的理论意义和现实意义。

2　模型的建立及公式推导

2.1　模型的建立

当研究的深度不是很大（2000km 以内）的情况下，在超低频—极低频段进行深部研究时，可以忽略地球的球面特征，而把它当成一个平面来看待[31]。根据文献［46］的计算结果，平板模型和球状模型的场强计算差异主要在收发距大于地球半径以后体现出来，收发距小于地球半径时，其差异甚至可以忽略不计。本文的研究深度远远小于 2000km，收发距最大值为 5000km，小于地球半径，因此采用平板模型来开展研究。

建立的模型如图 1 所示。电离层设为第-1 层，空气层为 0 层，源放置在空气层中，距离地表高度为 h_0。坐标系的原点设置在源的中心点正下方的地表，z 向下为正，向上为负，故电离层的高度为负数。假设电离层和大地层的最底层的厚度为无限。

模型中电离层底界面的有效高度，也就是空气层的厚度为 100km，电离层的有效电阻率取为 $1 \times 10^4 \Omega \cdot m$。每一层的相对介电常数 ε，相对磁导率 μ 均设为 1。

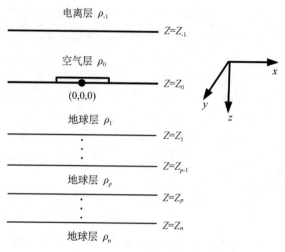

图 1　"地—电离层"模型示意图

2.2　计算公式

在距离地表 h_0 高度处放置一水平电偶源，供以谐变电流

$$I = I_0 e^{-i\omega t} \tag{1}$$

引入矢量位 A 后，其基本方程为

$$\nabla^2 A - k^2 A = 0 \tag{2a}$$

$$\Phi = \frac{i\omega\mu}{k^2} \nabla \cdot A \tag{2b}$$

$$E = i\omega\mu A - \nabla\Phi \tag{2c}$$

$$H = \nabla \times A \tag{2d}$$

式中，A 为矢量位；Φ 为标量位；E 表示电场矢量；H 表示磁场矢量；μ 为导磁率；i 表示纯虚数；ω 为圆频率；$k^2 = -i\omega\mu/\rho - \omega^2\varepsilon\mu$。由于电偶极子沿 x 方向，水平层状地层介面附近的积累电荷沿 z 方向，故矢量位只有 x 方向和 z 方向分量 A_x、A_z。利用边界条件

$$
\begin{aligned}
A_{xp} &= A_{xp+1} \\
\frac{\partial A_{xp}}{\partial z} &= \frac{\partial A_{xp+1}}{\partial z} \\
A_{zp} &= A_{zp+1} \\
\frac{1}{k_p^2} \nabla \cdot A_p &= \frac{1}{k_{p+1}^2} \nabla \cdot A_{p+1}
\end{aligned}
\tag{3}
$$

式中，$p = -1、0、1、\cdots、n-1$，为各层层序。

经过一系列推导，可求得 A_x、A_z

$$A_x = \frac{P_E}{4\pi} \int_0^\infty F \cdot J_0(\lambda r) \, d\lambda \tag{4}$$

$$A_z = -\frac{P_E}{4\pi} \cos\theta \int_0^\infty \left(-\frac{R_1^*(0)}{u_1} FF + \frac{u_1}{R_1(0)} \frac{1}{\lambda^2} F \right) \lambda J_1(\lambda r) \, d\lambda \tag{5}$$

$$\Phi = -\frac{i\omega\mu}{k^2} \frac{P_E}{4\pi} \cos\theta \int_0^\infty \left(FF - \frac{k_1^2}{\lambda^2} F \right) \cdot \lambda \cdot J_1(\lambda r) \, d\lambda \tag{6}$$

其中

$$F = \frac{\lambda}{u_0} e^{-u_0 h_0} + e_0 + \frac{\left(\dfrac{\lambda e^{-u_0 h_0}}{u_0} + e_0 \right) \left(-\dfrac{u_1}{R_1(0)} \right) + \lambda e^{-u_0 h_0} - u_0 e_0}{u_0 \dfrac{c_{0c} - c_{0d}}{c_{0c} + c_{0d}} + \dfrac{u_1}{R_1(0)}}$$

$$FF = \frac{\dfrac{e^{-u_0 h_0}}{\lambda} \left(1 + \dfrac{c_{0c} - c_{0d}}{c_{0c} + c_{0d}} \right) + e_0 \left(1 - \dfrac{c_{0c}^* - c_{0d}^*}{c_{0c}^* + c_{0d}^*} \right) \dfrac{c_{0c}^* + c_{0d}^*}{c_{0c}^* - c_{0d}^*}}{\dfrac{R_1^*(0)}{u_1} + \dfrac{k_0^2}{u_0 k_1^2} \dfrac{c_{0c}^* + c_{0d}^*}{c_{0c}^* - c_{0d}^*}}$$

$$c_{0c} = \frac{1}{2} \left(1 + \frac{u_{-1}}{u_0} \right) e^{(u_{-1} - u_0) z_{-1}}$$

$$c_{0c}^* = \frac{1}{2} \left(1 + \frac{u_{-1}}{u_0} \frac{k_0^2}{k_{-1}^2} \right) e^{(u_{-1} - u_0) z_{-1}}$$

$$c_{0d} = \frac{1}{2} \left(1 - \frac{u_{-1}}{u_0} \right) 0^{(u_{-1} + u_0) z_{-1}}$$

$$c_{0d}^* = \frac{1}{2} \left(1 - \frac{u_{-1}}{u_0} \frac{k_0^2}{k_{-1}^2} \right) e^{(u_{-1} + u_0) z_{-1}}$$

$$e_0 = -\frac{\lambda}{u_0} e^{u_0 h_0}$$

式中，$u_p^2 = \lambda + k_p^2$；λ 为空间频率；k_p 是第 p 层的波数；θ 为收发距与 x 轴的夹角；$P_E = I dl$；I 为发射电流；dl 为偶极长度；r 为收发距，即观测点距偶极子中心的距离；$J_1(\lambda r)$、$J_0(\lambda r)$ 分别是以 λr 为变量的一阶、零阶贝塞尔函数；R_1 和 R_1^* 为联系各层物性的两个函数，它们和各个电性层的电导率、层厚有关，它们在地表的具体表达式如下

$$R_1(0) = \text{cth} \left[u_1 h_1 + \text{arcth} \frac{u_1}{u_2} \text{cth} \left(u_2 h_2 + \cdots + \text{arcth} \frac{u_{N-1}}{u_N} \right) \right]$$

$$R_1^*(0) = \text{cth} \left[u_1 h_1 + \text{arcth} \frac{u_1 \rho_1}{u_2 \rho_2} \text{cth} \left(u_2 h_2 + \cdots + \text{arcth} \frac{u_{N-1} \rho_{N-1}}{u_N \rho_N} \right) \right] \tag{7}$$

式中，$h_p = z_p - z_{p-1}$，为第 p 层的厚度；ρ_p 为第 p 层的电阻率。

本文虽然是考虑了电离层的影响，但 R 函数是由最底层向上推导的，所以推导过程和 CSAMT 是一致的[19~22, 47]，所以本文 R 函数在地表的表达式也与 CSAMT 一致。

由式（2c）可求得

$$
E_x = i\omega\mu \frac{P_E}{4\pi} \int_0^\infty F \cdot J_0(\lambda r) d\lambda + \frac{i\omega\mu}{k_1^2} \frac{P_E}{4\pi} (\cos\theta)^2 \int_0^\infty \left(FF - \frac{k_1^2}{\lambda^2} F \right) \cdot \lambda^2 \cdot J_0(\lambda r) d\lambda
$$

$$
+ \frac{i\omega\mu}{k_1^2} \frac{P_E}{4\pi} \frac{1}{r} (1 - 2(\cos\theta)^2) \int_0^\infty \left(FF - \frac{k_1^2}{\lambda^2} F \right) \cdot \lambda \cdot J_1(\lambda r) d\lambda \tag{8}
$$

由式（2d）可求得

$$
H_y = \frac{P_E}{4\pi} \int_0^\infty -\frac{u_1}{R_1(0)} F \cdot J_0(\lambda r) d\lambda
$$

$$
+ \frac{P_E}{4\pi} \frac{1}{r} (1 - 2(\cos\theta)^2) \int_0^\infty \left(-\frac{R_1^*(0)}{u_1} FF + \frac{u_1}{R_1(0)} \frac{1}{\lambda^2} F \right) \lambda \cdot J_1(\lambda r) d\lambda
$$

$$
+ \frac{P_E}{4\pi} (\cos\theta)^2 \int_0^\infty \left(-\frac{R_1^*(0)}{u_1} FF + \frac{u_1}{R_1(0)} \frac{1}{\lambda^2} F \right) \lambda^2 \cdot J_0(\lambda r) d\lambda \tag{9}
$$

"地—电离层"模式和 CSAMT 的计算公式的主要差异在系数 c_{0d} 和 c_{0d}^*，它们体现了电离层对场强的影响。如果不考虑电离层和空气中位移电流的影响，同时，$k_0 = 0$，这时 c_{0d} 和 c_{0d}^* 等于 0，式（8）和式（9）经过化简后，和 CSAMT 的计算公式[19~22, 47] 是一样的。

3　数值计算方法的选择

由式（8）和式（9）可见，电磁场表达式中含有零阶和一阶 Bessel 函数的无穷积分，这类积分实质上都是 Hankel 变换式[19, 47]。由于 Bessel 函数是振荡衰减函数，且积分区间为无穷，如何计算 Bessel 积分是电磁法的一个基本问题。由于 Bessel 函数的振荡性，同时由于积分核函数的振荡性，一般的数值积分方法很难奏效，目前主要采用数字滤波方法，但经过适当的变换，也可以采用数值积分方法实现。20 世纪 70 年代初发展起来的快速 Hankel 变换[48~52] 方法是计算这类积分最有效的工具之一，本文选择该方法来进行数值计算。

3.1　电磁场的计算公式

本文采用的 Hankel 滤波系数算法是基于 Johansen[48] 优化滤波算法，选取采样密度（抽样间隔 Δ = $\ln10/100$），计算得到 2040 点高采样密度的滤波系数[53]。这样高的采样密度，能够保留足够的高频振荡信息，提高算法的精度。

根据 Hankel 变换理论[19, 47]，将和式（8）式（9）改写为如下计算公式

$$
E_x = \frac{i\omega\mu}{r} \frac{P_E}{4\pi} \sum_{n=-1599}^{440} \left(i_1 + \frac{1}{k_1^2 r} (1 - 2\cos^2\theta) i_2 + \frac{1}{k_1^2} \cos^2\theta i_3 \right) \tag{10}
$$

$$
H_y = \frac{P_E}{4\pi r} \sum_{n=-1599}^{440} \left(i_4 + \frac{1}{r} (1 - 2\cos^2\theta) i_5 + \cos^2\theta i_6 \right) \tag{11}
$$

式中

$$i_1 = F\left(\frac{\mathrm{e}^{n\Delta}}{r}\right)\mathrm{H}_{0n} \tag{12}$$

$$i_2 = \left(FF\left(\frac{\mathrm{e}^{n\Delta}}{r}\right) - \frac{k_1^2}{\lambda^2}F\left(\frac{\mathrm{e}^{n\Delta}}{r}\right)\right)\frac{\mathrm{e}^{n\Delta}}{r}\mathrm{H}_{1n} \tag{13}$$

$$i_3 = \left(FF\left(\frac{\mathrm{e}^{n\Delta}}{r}\right) - \frac{k_1^2}{\lambda^2}F\left(\frac{\mathrm{e}^{n\Delta}}{r}\right)\right)\frac{\mathrm{e}^{2n\Delta}}{r}\mathrm{H}_{0n} \tag{14}$$

$$i_4 = -\frac{u_1\left(\dfrac{\mathrm{e}^{n\Delta}}{r}\right)}{R_1(0)}F\left(\frac{\mathrm{e}^{n\Delta}}{r}\right)\mathrm{H}_{0n} \tag{15}$$

$$i_5 = \left(-\frac{R_1^*(0)}{u_1\left(\dfrac{\mathrm{e}^{n\Delta}}{r}\right)}FF\left(\frac{\mathrm{e}^{n\Delta}}{r}\right) + \frac{u_1\left(\dfrac{\mathrm{e}^{n\Delta}}{r}\right)}{R_1(0)}\frac{1}{\lambda^2}F\left(\frac{\mathrm{e}^{n\Delta}}{r}\right)\right)\frac{\mathrm{e}^{n\Delta}}{r}\mathrm{H}_{1n} \tag{16}$$

$$i_6 = \left(-\frac{R_1^*(0)}{u_1\left(\dfrac{\mathrm{e}^{n\Delta}}{r}\right)}FF\left(\frac{\mathrm{e}^{n\Delta}}{r}\right) + \frac{u_1\left(\dfrac{\mathrm{e}^{n\Delta}}{r}\right)}{R_1(0)}\frac{1}{\lambda^2}F\left(\frac{\mathrm{e}^{n\Delta}}{r}\right)\right)\frac{\mathrm{e}^{2n\Delta}}{r}\mathrm{H}_{0n} \tag{17}$$

式中，H_{0n} 和 H_{1n} 分别为第 n 点的零阶和一阶 Hankel 滤波系数。

前面关于极低频探地电磁法的介绍中谈到，收发距可能达到数千千米，这时候由于式（8）和式（9）中的空间频率 λ 具有收发距离倒数的量纲，将会非常小，这时要求滤波横坐标的最小值非常小。我们采用的抽样间隔为 $\Delta = \ln10/100$，n 取值范围：$-1599 \sim 440$，所以，滤波横坐标范围为：$1.0 \times 10^{-16} \sim 25118$，完全满足了要求。

3.2　Hankel 滤波系数有效性验证

对于电磁场正演表达式的数值计算，其收敛性由其无穷积分中的核函数和 Bessel 函数性质所决定。在 CSAMT 正演中，这类积分核是渐增的，而 Bessel 函数是随宗量的增大是振荡衰减的，其收敛速度较慢，因此导致这类积分的数值计算收敛速度较慢，甚至在某些情况下不收敛（如垂直磁偶极子的磁场水平分量）。为了改善这类积分中核函数的特性，提高有限滤波长度下的计算速度和精度，目前在 CSAMT 正演中广泛采用从积分核中减去均匀半空间场表达式中相应的核函数，最后在计算结果中加上相应的解析解[19]。

在"地—电离层"模式中，没有相应的地球为均匀半空间的解析解，而且"地—电离层"模式考虑了位移电流的影响，而 CSAMT 中并没有考虑，导致核函数的振荡特性发生改变。所以，CSAMT 正演中所采用的这种方法并不能借用，需要寻找其他的方法。本文尝试不处理积分核函数，进行直接积分，这时候直接考察积分核函数 i_1、i_2、i_3、i_4、i_5、i_6 是否收敛。

建立了"地—电离层"模式三层模型如图 2 所示，设收发距 $r = 100\mathrm{km}$，频率为 1024Hz，计算了轴向模式时各核函数与空间频率 λ 的函数关系曲线实例（图 3）。由图 3 可以看出，所有积分核函数都随

空间频率 λ 的增加表现为有限宽度内的单峰曲线，并且快速收敛，说明数值积分是有效的。

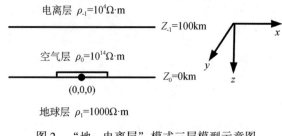

图 2   "地—电离层"模式三层模型示意图

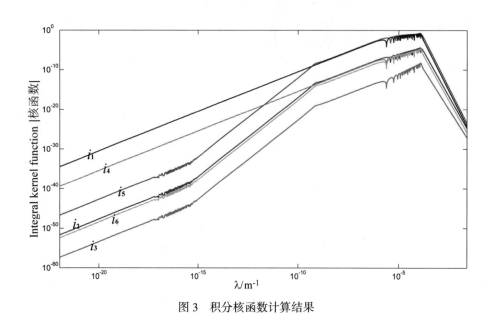

图 3   积分核函数计算结果

4   "地—电离层"模式多层地球介质一维正演

正演理论是频率域电磁测深理论分析和实际资料处理解释的依据。虽然作者给出了"地—电离层"模式三层模型的正演[30]，但是地球不可能是一层的，所以有必要进行"地—电离层"模式多层地球介质的正演模拟。

4.1   水平大地二层模型计算结果

为认识"地—电离层"地球介质两层断面电磁场特征，建立"地—电离层"模式地球介质两层断面模型如图 4 所示。

定义电离层为介质-1，空气层为介质 0，地球为介质 1 和 2。模型电阻率分别为 $\rho_{-1} = 10^4 \ \Omega \cdot m$、$\rho_0 = 10^{14} \ \Omega \cdot m$。各层的厚度 $h_{-1} = \infty$、$h_0 = 100km$、$h_1 = 1000m$、$h_2 = \infty$。G 型断面时 $\rho_1 = 100\Omega \cdot m$、$\rho_2 = 1000\Omega \cdot m$，D 型断面时 $\rho_1 = 1000\Omega \cdot m$、$\rho_2 = 100\Omega \cdot m$。

AB 的长度为 50km，发射电流 I 为 200A，计算时简化为电偶极子。发射的频率系列为 $f = 2^n$ Hz，$n = -3.5 \sim 9.5$，间隔为 0.5。

测量点位于地表，收发距 r 分别为 100、200、400、800、1600km，对该模型进行了轴向和赤道装置的电磁波数值模拟。

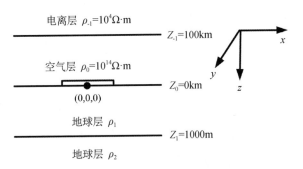

图 4　"地—电离层"模式地球介质两层断面示意图

4.1.1　地球介质 G 型断面

　　地球介质 G 型断面的"地—电离层"模式正演曲线如图 5 所示，第一行为赤道装置，第二行为轴向装置。可以看出，在高频段，两种装置受位移电流影响有差异，主要体现在轴向装置的高频段的场值比赤道装置的要大；从视电阻率和相位曲线看，两种装置都明显地反映了高低阻的情况；在 $r=$ 100km 时，轴向装置的"Undershoot"现象，要比赤道装置的明显。

　　"Undershoot"现象也就是假极值现象，它是自然界中许多情况下能够见到的一种普遍的物理现象，即一个物理量从低值突然升高到高值时，往往在向高值转折之前，先向下冲一下，然后再继续上升，类似于"反弹"效应，具体到电磁法是由于分界面上下的阻抗不同所产生的向上传播的电磁波与入射电磁波的干涉引起的。基底的阻抗越大，电磁波的吸收作用就越弱，"Undershoot"效应越明显，且轴向方向的电场在过渡带中的"Undershoot"更明显[47]，因此导致轴向装置的"Undershoot"现象比赤道装置的明显。

　　当收发距 r 大于 200km 时，两种装置的视电阻率曲线在低频段都接近了地球介质第二层的真实电阻率。

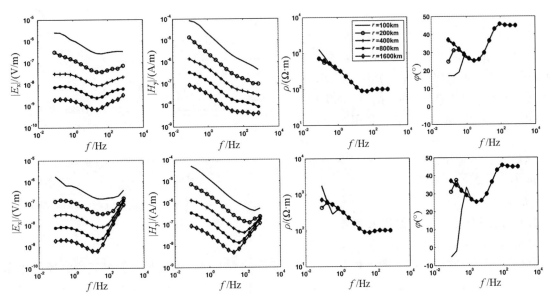

图 5　地球介质 G 型断面不同收发距的 E_x、H_y、ρ_{xy}、相位频率响应曲线

第一行：赤道装置；第二行：轴向装置

4.1.2　地球介质 D 型断面

　　地球介质 D 型断面的"地—电离层"模式正演曲线如图 6 所示。地球介质 D 型断面的"地—电离层"模式正演曲线和 G 型类似，在高频段，两种装置受位移电流影响有差异，主要体现在轴向装置的

高频段的场值比赤道装置的要大，这种差异随着收发距的加大而越加明显；从视电阻率和相位曲线看，两种装置都明显地反映了高低阻的情况；视电阻率曲线在低频段都接近了地球介质第二层的真实电阻率。由于 D 型断面中，基底的阻抗较小，电磁波的吸收作用较强，所以"Undershoot"效应不明显。

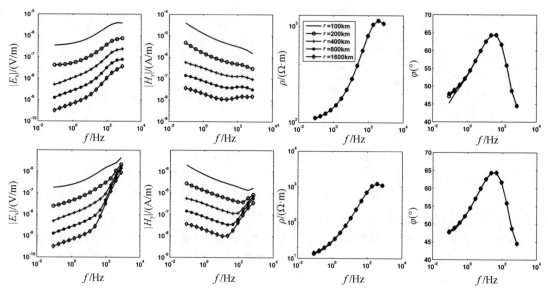

图 6　地球介质 D 型断面不同收发距的 E_x、H_y、ρ_{xy}、相位频率响应曲线

第一行：赤道装置；第二行：轴向装置

4.2　水平大地三层模型计算结果

建立"地—电离层"模式地球介质三层断面模型如图 7 所示，定义电离层为介质-1，空气层为介质 0，地球为介质 1、2 和 3。模型电阻率分别为 $\rho_{-1} = 10^4 \ \Omega \cdot m$、$\rho_0 = 10^{14} \ \Omega \cdot m$，H 型断面时 $\rho_1 = 1000\Omega \cdot m$、$\rho_2 = 250\Omega \cdot m$、$\rho_3 = 4000\Omega \cdot m$；K 型断面时 $\rho_1 = 1000 \ \Omega \cdot m$、$\rho_2 = 4000\Omega \cdot m$、$\rho_3 = 1000\Omega \cdot m$；A 型断面时 $\rho_1 = 1000\Omega \cdot m$、$\rho_2 = 4000\Omega \cdot m$、$\rho_3 = 32000\Omega \cdot m$；Q 型断面时 $\rho_1 = 1000\Omega \cdot m$、$\rho_2 = 250\Omega \cdot m$、$\rho_3 = 31.25\Omega \cdot m$。各层的厚度 $h_{-1} = \infty$、$h_0 = 100km$、$h_1 = 1000m$、$h_2 = 2000m$、$h_3 = \infty$。

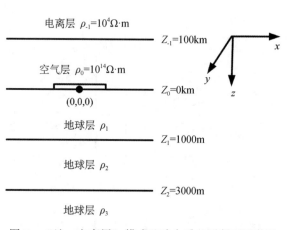

图 7　"地—电离层"模式地球介质三层断面示意图

4.2.1　地球介质 H 型断面和 K 型断面

地球介质 H 型断面的"地—电离层"模式正演曲线如图 8 所示。在高频段，两种装置受位移电流影响有差异，轴向装置的高频段的场值比赤道装置的要大，这种差异随着收发距的加大而越加明显；H 型断面中，基底的阻抗较大，电磁波的吸收作用较弱，所以"Undershoot"效应明显；两种装置从相位曲线上都明显地反映了高阻—低阻—高阻的情况；当收发距 $r > 400km$ 后，两种装置的视电阻率曲线在低频段都接近了地球介质第三层的真实电阻率。

地球介质 K 型断面的"地—电离层"模式正演曲线如图 9 所示。在高频段，两种装置受位移电流影响有差异，轴向装置的高频段的场值比赤道装置的要大；当收发距 $r = 100km$ 时，两种装置在低频段出现了近场效应，且轴向装置的"Undershoot"现象要比赤道装置的明显；两种装置从相位曲线上都明显地反映了低阻—高阻—低阻的情况；当收发距 $r>400$km 后，两种装置的视电阻率曲线在低频段都接近了地球介质第三层的真实电阻率。

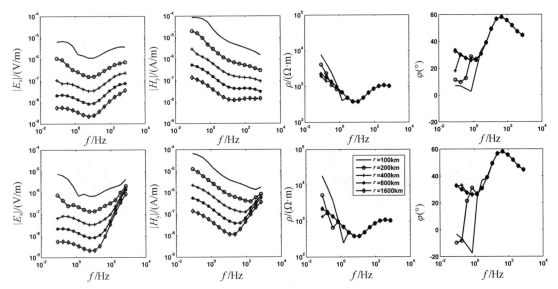

图 8 地球介质 H 型断面轴向装置不同收发距的 E_x、H_y、ρ_{xy}、相位频率响应曲线

第一行：赤道装置；第二行：轴向装置

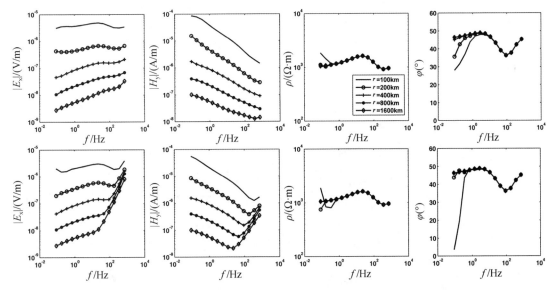

图 9 地球介质 K 型断面轴向装置不同收发距的 E_x、H_y、ρ_{xy}、相位频率响应曲线

第一行：赤道装置；第二行：轴向装置

4.2.2 地球介质 A 型断面

地球介质 A 型断面的正演曲线如图 10 所示。在高频段，两种装置受位移电流影响有差异，轴向装置的高频段的场值比赤道装置的要大；由于 A 型断面基底的阻抗大，电磁波的吸收作用较弱，所以"Undershoot"效应明显，所以从视电阻率和相位曲线看，当收发距 $r<800$km 时，两种装置在低频段都出现了近场效应，且赤道装置进入近场的频率要更高；轴向装置的"Undershoot"现象要比赤道装置的明显；两种装置从视电阻率和视相位曲线上都较难反映中间层的电阻率情况，说明"地—电离层"模式和 CSAMT 类似，存在等值效应，对电阻率连续变化的中间层难以辨认。除了 $r=1600$km 外，两种装置其他收发距上

的视电阻率和视相位曲线在低频段都出现了近场效应，这跟最底层的电阻率太高是有关的。

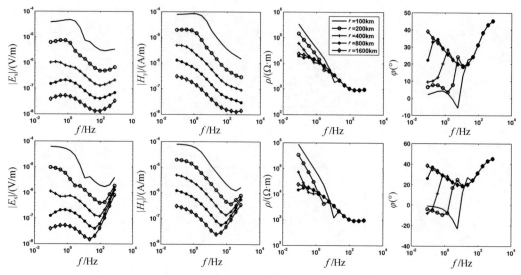

图 10　地球介质 A 型断面轴向装置不同收发距的 E_x、H_y、ρ_{xy}、相位频率响应曲线

第一行：赤道装置；第二行：轴向装置

4.2.3　地球介质 Q 型断面

地球介质 Q 型断面的正演曲线如图 11 所示。在高频段，两种装置受位移电流影响有差异，轴向装置的高频段的场值比赤道装置的要大；从视电阻率和相位曲线看，由于地球介质的底层电阻率很低，两种装置的曲线很难看出区别；两种装置从相位曲线上较难反映中间层的电阻率情况，说明"地—电离层"模式和 CSAMT 类似，存在等值效应，对电阻率连续变化的中间层难以辨认。

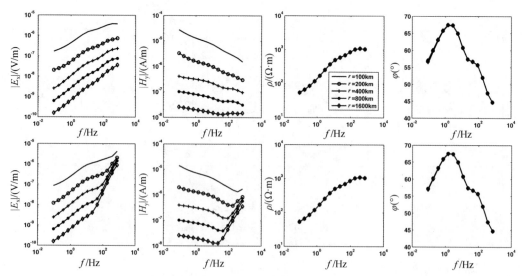

图 11　地球介质 Q 型断面轴向装置不同收发距的 E_x、H_y、ρ_{xy}、相位频率响应曲线

第一行：赤道装置；第二行：轴向装置

4.3　地盾模型计算结果

参考文献［27］，建立如图 12 含三层地球介质的地盾模型，在 1km 深处有一厚度为 20km 电阻率

为 $10^5\Omega \cdot m$ 的导电性不好的中间层，也就是较常见的地电断面结晶地盾。定义电离层为介质-1，空气层为介质0，地球为介质1、2、3。模型电阻率分别为 $\rho_{-1} = 10^4\ \Omega \cdot m$、$\rho_0 = 10^{14}\ \Omega \cdot m$、$\rho_1 = 2000\Omega \cdot m$，$\rho_2 = 10^5\Omega \cdot m$，$\rho_3 = 10^4\Omega \cdot m$。各层的厚度 $h_{-1} = \infty$，$h_0 = 100km$，$h_1 = 1km$，$h_2 = 20km$，$h_3 = \infty$。

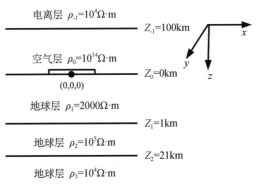

图12　"地—电离层"模式地盾模型

　　结果（图13）表明，对于地盾模型，轴向和赤道模式的电场 E_x、磁场 H_y 的频率响应，随着收发距离的增加都存在一些变化，变化最大的是收发距在 100km 和 200km 时，当收发距离进一步增大时，低频段除了场的幅值持续减小外，频率响应曲线形态的趋势基本是一致的。但高频段也出现了 E_x 和 H_y 随着频率的增加而增加，收发距越大，E_x 和 H_y 随频率的增加就越快。而且这种场强随频率增加而增加的现象轴向模式要比赤道模式更明显。但无论是轴向还是赤道模式的场都能反映出中间导电性不好的结晶地盾层的存在。对于收发距为 100km 和 200km 的情况，频率低于 25Hz 时，视电阻率曲线迅速上翘，这是近场效应，并且轴向模式出现近场效应的频率要高于赤道模式。本文和文献［27］的计算结果有一定的差异，主要体现高频段，本文较文献［27］的场强要更大，而且轴向装置的差异更大，原因是本文考虑了空气中位移电流的影响，而文献［27］则没有考虑空气中位移电流的影响。

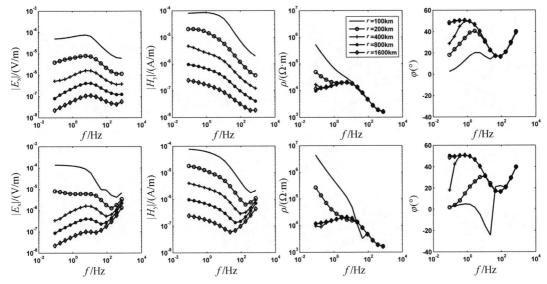

图13　地盾模型不同收发距的 E_x、H_y、ρ_{xy}、相位频率响应曲线

第一行：赤道装置；第二行：轴向装置

4.4 地台模型计算结果

参考文献［27］，建立含四层地球介质的"地—电离层"地台模型，模型的电阻率和层厚参数见图 14。定义电离层为介质-1，空气层为介质 0，地球为介质 1、2、3、4。模型电阻率分别为 $\rho_{-1} = 10^4$ $\Omega \cdot m$、$\rho_0 = 10^{14}\ \Omega \cdot m$、$\rho_1 = 2000\Omega \cdot m$、$\rho_2 = 100\Omega \cdot m$、$\rho_3 = 10^5\Omega \cdot m$、$\rho_4 = 10^4\Omega \cdot m$。各层的厚度 $h_{-1} = \infty$、$h_0 = 100km$、$h_1 = 1km$、$h_2 = 10km$、$h_3 = 10km$、$h_4 = \infty$。计算参数与 4.1 相同。

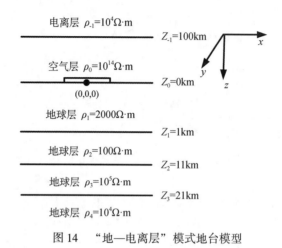

图 14 "地—电离层"模式地台模型

图 15 展示了地台模型在距源中心分别为 100、200、400、800 和 1600km 时轴向和赤道模式的电场 E_x、磁场 H_y、视电阻率 ρ_{xy} 和视相位的频率响应曲线。

由于受中间低阻层的影响，电场分量、磁场分量、电阻率和相位曲线特征完全不同于地盾模型的场的特征，但场随偏移距的变化规律是相同的。可以清楚地看出，无论是轴向还是赤道模式的场都能很好地反映出中间良导层的存在。同样对于小收发距 100km 和 200km 的电阻率曲线低频时出现了近场响应，表现出上翘特征。低频段除了场的幅值持续减小外，频率响应曲线形态的趋势基本是一致的。

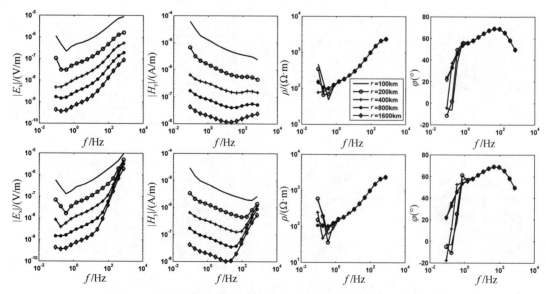

图 15 地台模型不同收发距的 E_x、H_y、ρ_{xy}、相位频率响应曲线

第一行：赤道装置；第二行：轴向装置

但高频段也出现了 E_x 和 H_y 随着频率的增加而增加,收发距越大,E_x 和 H_y 随频率的增加就越快。而且这种场强随频率增加而增加的现象轴向模式要比赤道模式更明显,赤道模式的反映不是很明显,与椭圆极化的特征对应。本文和文献 [27] 的计算结果有一定的差异,主要体现高频段,本文较文献 [27] 的场强要更大,而且轴向装置的差异更大,原因是本文考虑了空气中位移电流的影响,而文献 [27] 则没有考虑空气中位移电流的影响。

5 结 论

本文进行了"地—电离层"模式大功率可控源的 1D 电磁波正演研究。建立了"地—电离层"模式层状地球表面水平电偶源形成的谐变场的地质和数学模型,利用 R 函数法进行了"地—电离层"模式的公式推导,得出"地—电离层"模式地球表面水平电偶源的地表场强表达式。

采用高采样密度的 Hankel 滤波实现数值模拟,在证实数值模拟方法有效前提下,进行了"地—电离层"模式地球介质两层、三层、四层和地盾、地台模型的正演。

总的来说,无论是哪一种模型,在收发距为 800km 和 1600km 时,电场和磁场分量随频率的增加而快速增加,并且收发距越大,频率越低,这种增加可以解析为受位移电流的影响,轴向装置的这种现象比赤道装置的要明显很多,这体现了两个方向的电磁波场衰减速度不等,轴向装置的衰减速度更慢。

除了 A 型断面由于最底层的电阻率太大,而在收发距 $r=200$km 时进入近场的频率较高外,其他的断面类型的视电阻率曲线大部分是相互重叠的,这表明在收发距 $r>200$km 后,所研究的频段基本上满足波区条件的。所有断面的视相位曲线都能很好地反映地球介质的高低阻情况,这与 MT 和 CSAMT 法是相同的。

A 型和 Q 型断面的视电阻率曲线对中间层参数反映不明显,即具有全等值现象,说明"地—电离层"模式和其他的电磁测深方法一样,对具有连续上升趋势的断面的中间高阻层薄层是几乎无能无力的。

数值模拟结果表明,本文的计算结果与文献 [27] 中的结果的在高频段有较大的差异,原因是文献 [27] 没有考虑空气中位移电流的影响。文中的理论分析部分已经得出结论,必须考虑空气中位移电流的影响。

致 谢 感谢王光杰、王若老师的指点,感谢吉林大学郑圣谈提供的帮助,同时感谢安志国、付长民、程辉、岳安平、许诚、程勃博士以及薛融晖、张永超硕士卓有成效的讨论。两位论文评审人对本文所提出的修改意见非常细致、中肯,对本文的完善起到了重要的作用,在此表示诚挚的感谢!

参 考 文 献

[1] Tikhonov A, On determining electrical characteristics of the deep layers of the earth's crust, Dok1. Akad. Nauk SSSR, 1950, 73: 295-297

[2] Cagniard L, Basic theory of the magneto-telluric method of geophysical prospecting, Geophysics, 1953, 18 (3): 605-635

[3] Goldstein M A, Strangway D W, Audio-frequency magnetotellurics with a grounded electric dipole source, Geophysics, 1975, 40 (4): 669-683

[4] Basokur A T, Comparison of induced polarization and controlled-source audio-magnetotellurics methods for massive chalcopyrite exploration in a volcanic area, Geophysics, 1997, 62 (4): 1087-1096

[5] Zonge K, Hughes L, Controlled source audio-frequency magnetotellurics, Electromagnetic methods in applied geophysics, 1991, 2 (Part B): 713-809

[6] Zonge K L, Ostrander A G., Emer D F, Controlled-source audiofrequency magnetotelluric measurements, In: Vozoff K ed., Magnetotelluric Methods, Society of Exploration Geophysicists, 1986, 5: 749-763

[7] Sandberg S K, Hohmann G W, Controlled-source audio-frequency magnetotellurics in geothermal exploration, Geophysics,

　　　1982, 47: 100~116

[8] 王光杰、王勇、李帝铨等, 基于遗传算法 CSAMT 反演计算研究, 地球物理学进展, 2006, 24 (4): 1285~1289

[9] 刘红涛、杨秀瑛、于昌明等, 用 VLF、EH4 和 CSAMT 方法寻找隐伏矿——以赤峰柴胡栏子金矿床为例, 地球物理学进展, 2004, 19 (2): 276~285

[10] 底青云、王妙月、石昆法等, V6 多功能系统及其在 CSAMT 勘查应用中的效果, 地球物理学进展, 2002, 17 (4): 663~670

[11] 底青云、王妙月, 煤层上覆地层含水不均匀性电法探测的可能性, 地球物理学进展, 2003, 18 (04): 707~710

[12] 底青云、石昆法、王妙月等, CSAMT 法和高密度电法探测地下水资源, 地球物理学进展, 2001, (3): 53~58

[13] 于昌明, CSAMT 方法在寻找隐伏金矿中的应用, 地球物理学报, 1998, 41 (1): 133~138

[14] 吴璐苹、石昆法, 可控源音频大地电磁法在地下水勘查中的应用研究, 地球物理学报, 1996, 39 (5): 712~717

[15] 王若、底青云、王妙月等, 用积分方程法研究源与勘探区之间的三维体对 CSAMT 观测曲线的影响, 地球物理学报, 2009, 52 (6): 1573~1582

[16] 李帝铨、王光杰、底青云等, 基于遗传算法的 CSAMT 最小构造反演, 地球物理学报, 2008, 51 (4): 1234~1245

[17] 底青云、王妙月、石昆法等, 高分辨率 V6 系统在矿山顶板涌水隐患中的应用研究, 地球物理学报, 2002, 45 (5): 744~748

[18] 底青云、王光杰、安志国等, 南水北调西线千米深长隧洞围岩构造地球物理勘探, 地球物理学报, 2006, 49 (6): 1836~1842

[19] 汤井田、何继善, 可控源音频大地电磁法及其应用, 长沙: 中南大学出版社, 2005

[20] 石昆法, 可控源音频大地电磁法理论与应用, 北京: 科学出版社, 1999

[21] 何继善, 可控源音频大地电磁法, 长沙: 中南工业大学出版社, 1990

[22] 底青云、王若, 可控源音频大地电磁数据正反演及方法应用, 北京: 科学出版社, 2008

[23] Nabighian M N, 勘查地球物理　电磁法　第一卷, 赵经祥等译, 北京: 地质出版社, 1992

[24] 赵国泽、陆建勋, 利用人工源超低频电磁波监测地震的试验和分析, 中国工程科学, 2003, 5 (10): 27~33

[25] 赵国泽、汤吉、邓前辉等, 人工源超低频电磁波技术及其用于首都圈地震预测的测量研究, 地学前缘, 2003, 10 (增): 248~257

[26] 卓贤军、赵国泽, 一种新的资源探测人工源电磁技术, 石油地球物理勘探, 2004, 39 (增): 114~117

[27] 底青云、王妙月、王若等, 长偶极大功率可控源电磁波响应特征研究, 地球物理学报, 2008, 51 (6): 1917~1928

[28] 陈小斌、赵国泽, 关于人工源极低频电磁波发射源的讨论——均匀空间交流点电流源的解, 地球物理学报, 2009, 52 (8): 2158~2164

[29] 底青云、王光杰、王妙月等, 长偶极大功率可控源激励下目标体电性参数的频率响应, 地球物理学报, 2009, 52 (1): 275~280

[30] 李帝铨、底青云、王妙月, 电离层—空气层—地球介质耦合下大尺度大功率可控电磁波响应特征研究, 地球物理学报, 2010, 53 (2): 411~420

[31] 国家圣彼得堡大学文森-列辛克地壳研究所编写, 地球物理研究及地震预测研究中发射—测量装置的发射系统安装场地选择的技术要求及建议, 2000

[32] 柳超、翟琦、谢慧等, 极低频发射天线场地等效视电阻率的计算, 西安电子科技大学学报, 2005, 32 (4): 584~586

[33] 柳超、董颖辉, 甚低频发射系统仿真研究, 现代通信技术, 2001, (4): 58~60

[34] 谢慧、高俊、柳超等, 超低频拖曳全向接收天线运动感应噪声研究, 电波科学学报, 2007, 22 (5): 861~866

[35] 柳超, 超低频通信中的辐射场研究, 现代通信技术, 1993, (4): 48~51

[36] 王海强, 地—电离层波导中的极低频传播, 电波与天线, 1994, (5): 34~37

[37] 王海强, 各向同性指数地—电离层波导中甚低频传播的近似解, 电波与天线, 1994, (6): 52~60

[38] 潘威炎, 长波超长波极长波传播, 成都: 电子科技大学出版社, 2002

[39] 王元新、彭茜、潘威炎等, SLF/ELF 水平电偶极子在地—电离层波导中的场, 电波科学学报, 2007, 22 (5): 728~734

[40] 王元新、樊文生、潘威炎等, 垂直电偶极子在地—电离层波导中场的球级数解, 电波科学学报, 2007, 22 (2):

204~211

[41] 王元新，极低频在地—电离层波导中传播的新的理论计算方法，中国电波传播研究所，2007

[42] 葛勤革，超低频通信抗干扰性能分析，海军工程大学学报，2007，19（5）：62~64

[43] 黄文耿、古士芬，大功率无线电波与低电离层的相互作用，空间科学学报，2003，23（3）：181~188

[44] 卢新城、龚沈光、周骏等，海水中极低频水平电偶极子电磁场的解析解，电波科学学报，2004，19（3）：290~295

[45] 卢新城、龚沈光、周骏等，深海中极低频时谐垂直电偶极子电磁场的解析解，武汉理工大学学报：交通科学与工程版，2003，27（6）：746~749

[46] 朴化荣，电磁测深法原理，北京：地质出版社，1990

[47] 卓贤军，人工源超低频电磁场场强分布及测量的研究，北京：中国地震局地质研究所，2005

[48] Johansen H, Sorensen K, Fast Hankel transforms, Geophysical prospecting, 1979, 27（4）：876-901

[49] Chave A, Numerical integration of related Hankel transforms by quadrature and continued fraction expansion, Geophysics, 1983, 48（12）：1671-1686

[50] Anderson W, A hybrid fast Hankel transform algorithm for electromagnetic modeling, Geophysics, 1989, 54（2）：263-266

[51] Christensen N, Optimized fast Hankel transform filters, Geophysical prospecting, 1990, 38（5）：545-568

[52] Guizar S M, Gutierrez V J, Computation of quasi-discrete Hankel transforms of integer order for propagating optical wave fields, Journal of the Optical Society of America A, 2004, 21（1）：53-58

[53] 郑圣谈、曾昭发、刘四新等，宽带高频电磁场数据反演方法研究，地球物理学报，2008，50（1）：266~272

III — 43

计算层状介质中电磁场的层矩阵法*

付长民　　底青云　　王妙月

中国科学院地质与地球物理研究所　　中国科学院工程地质力学重点实验室

摘　要　现有人工源频率域电磁法的研究大多仅针对某种具体的方法，而较少将问题综合起来分析。本文综合多种方法的共同点提出了层矩阵法，它采取了源置于层间的模型进行公式的推导，理论上可以计算任意层状介质中任意位置的任意场源在空间中任意位置产生的场强，可适用于多种电磁法的正演模拟计算。层矩阵法的核心是对空间域的变量 x、y、z 中的 x 和 y 变量进行傅氏变换转换到波数域 k_x 和 k_y 中，在波数域利用边界条件用层矩阵建立起各层的关系后计算得到各层的波数域电磁场值，然后经过二维反傅氏变换最终得到空间域中任意位置的场值。因为文中定义的层矩阵是建立层关系的关键，所以称此方法为层矩阵法。本文以水平电偶源为例独立推导了层状介质中人工源频率域电磁场解的理论公式。为了验证方法的正确性，文中建立了多种模型，利用自行编排的程序将层矩阵法与现有文献的各种解析公式的解进行了对比，结果表明本文提出的层矩阵法是灵活的、可靠的。

关键词　层状介质　电磁场　层矩阵法　傅氏变换　可控源音频大地电磁法

1　引　言

　　长期以来，人们一直在探索研究地层浅部地电构造勘探的有效方法，以达到寻找各种矿产资源以及解决各种水文地质工程问题等目的。在众多的地球物理探测方法中，电法勘探由于其场源的多变性、方法的多样性及解决问题的有效性，已越来越为世人所关注。而其中的人工源频率域电磁方法，由于具有工作效率高、信号强度大、分辨能力好等优点而成为电法勘探中的一个重要分支。人工源频率域的电磁方法又可以分解为多种具体的勘探方法，例如可控源音频大地电磁法，极低频探地电磁法，海洋可控源电磁法等。

　　可控源音频大地电磁法（CSAMT）是在大地电磁法（MT）的基础上发展起来的一种人工源频率域电磁测深方法。在 20 世纪 70 年代提出来之后，人们对其进行了大量的理论及应用研究，方法已经在煤田、找矿、地热、工程等方面得到了广泛的应用，成为一种不可或缺的电磁勘探手段[1~9]。但是它也存在着探测深度较浅，源的野外布设较麻烦等缺点。这些缺点是方法本身所固有的，这使得很多情况下此方法都不再满足人们的需求。于是结合了 MT 与 CSAMT 两者优点的人工源极低频探地电磁法（WEM）应运而生。WEM 方法是通过在地表铺设几十公里长的电缆源，用大功率发电机发射电磁波，在全国大部分范围进行信号的接收而进行地下探测的一种新方法[10~12]。

　　近年来有一种应用在海洋中的电磁方法即海洋可控源电磁法（Marine CSEM，简称 MCSEM）发展迅速。此方法在 20 世纪 70 年代被提出时并没有受到太多的关注。但在发现它对水平高阻层具有较高分辨力的优点后，人们把它广泛应用到了海洋油气的探测之中，从而使方法得到了快速的发展，国内

＊本文发表于《地球物理学报》，2010，53（1）：177~188

外也有大量的研究文献陆续发表[13~28]。

在进行上述各种方法的研究时，人们往往是孤立地去分析某种具体的方法，而较少将问题结合起来进行综合研究，这导致了对方法研究的不完善，一种方法的研究成果很难直接应用到另一种方法之中。

其实我们可以将这些人工源频率域电磁法的正演问题均简单地抽象为同一类的一维模型正演问题，即抽象为在水平层状介质中，将源置于介质内部（内源模式）或者介质边部（外源模式）某位置提供电磁信号，在其他位置进行信号接收的模型。为了找到此模型统一的正演解决方案，本文在这个模型的基础上进行了电磁场传播规律的分析，以水平电偶源为例进行了电磁场正演理论公式的推导，给出了详细的计算层状介质中任意位置电磁场值的理论计算公式。因为文中定义的层矩阵是建立起层关系的关键，所以称此方法为层矩阵法。层矩阵法的核心是对空间域中变量 x、y、z 中的 x 和 y 变量进行傅氏变换转换到波数域 k_x 和 k_y 中，在波数域利用边界条件用层矩阵建立起各层参数之间的关系后计算得到各层的波数域电磁场值，然后经过二维反傅氏变换运算最终得到空间域中任意位置的场值。层矩阵法理论上可以计算任意层状介质中任意位置的任意场源在空间中任意位置产生的场强，可适用于多种人工源频率域电磁法的正演模拟计算。

文中在给出水平电偶源层矩阵法的完整推导公式后，为了考察其计算的可靠性，随后计算给出了波数域中它与文献解析解的对比，然后在空间域给出了无限均匀介质模型时与文献解析解的对比，以及分别在均匀大地及 H、K、A、Q 型大地模型与经典 CSAMT 解法的对比。通过对比分析给出了层矩阵法的优点与不足，并提出了将来需要进一步解决的问题。

2　理论公式推导

2.1　理论模型及场满足的微分方程

建立模型如图 1，在第 0 层中有一个距底界面高度为 h，长度为 d_s 的水平电偶极子，其中电流为 $I = I_0 e^{i\omega t}$，电偶极距为 $p_E = I d_s$。坐标原点位于电偶源正下方的 z_1 界面上，竖直向下为 z 轴的正方向。第 0 层的上方有 M 层介质，下方有 N 层介质。各层的阻抗率 $\hat{z} = i\mu\omega$，导纳率 $\hat{y} = \sigma + i\varepsilon\omega$，其中 μ 为磁导率，ω 为角频率，σ 为电导率，ε 为介电常数。

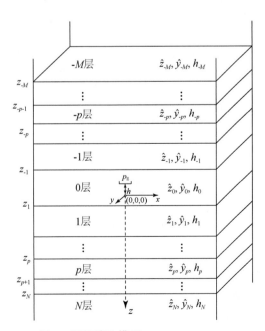

图 1　层矩阵法模型

首先定义二重傅氏变换对：

$$\tilde{A}(k_x, k_y, z) = \int_{-\infty}^{+\infty} \int_{-\infty}^{+\infty} A(x, y, z) \, e^{-i(k_x x + k_y y)} \, dx dy$$

$$A(x, y, z) = \frac{1}{4\pi^2} \int_{-\infty}^{+\infty} \int_{-\infty}^{+\infty} \tilde{A}(k_x, k_y, z) \, e^{i(k_x x + k_y y)} \, dk_x dk_y$$

(1)

式（1）表明空间域 (x, y, z) 与波数域 (k_x, k_y, z) 中的值是可以相互转换的，联系两者的是二重傅氏变换对。如果可以得到波数域中的值，便可以通过式（1）的下式获得空间域中的值。

为了理论推导的方便，对 x 和 y 两个方向分别进行了傅氏变换，令它们进入到变换域中，这样就使三维的空间域问题变成了一维问题，便可以方便地采用层矩阵法获得全空间层状介质的电磁场理论解。

对于层状介质空间中一个电性源，引入 Schelkunoff 势 A，它满足如下的 Helmholtz 方程[29]：

$$\nabla^2 A + k^2 A = \begin{cases} 0 & \text{无源层} \\ -J_e^s & \text{有源层} \end{cases}$$

(2)

式中，J_e^s 为电流密度；k 为层的波数，当采用正谐时，$k^2 = \mu\varepsilon\omega^2 - i\mu\sigma\omega = -\hat{z}\hat{y}$。

电场和磁场可以由 A 通过下式得到

$$E = -\hat{z}A + \frac{1}{\hat{y}}\nabla(\nabla \cdot A)$$

$$H = \nabla \times A$$

(3)

则 x 方向的电场和 y 方向的磁场为

$$E_x = -\hat{z}A_x + \frac{1}{\hat{y}}\frac{\partial}{\partial x}\left(\frac{\partial A_x}{\partial x} + \frac{\partial A_z}{\partial z}\right)$$

$$H_y = \frac{\partial A_x}{\partial z} - \frac{\partial A_z}{\partial x}$$

(4)

转换到波数 (k_x, k_y, z) 域中，利用傅氏变换的性质，可得

$$e_x = -\hat{z}A_x + \frac{1}{\hat{y}}\frac{\partial}{\partial x}\left(\frac{\partial A_x}{\partial x} + \frac{\partial A_z}{\partial z}\right) = -U_x + ik_x V'_z$$

$$h_y = \frac{\partial A_x}{\partial z} - \frac{\partial A_z}{\partial x} = U'_x - ik_x V_z$$

(5)

其中

$$U_x = \hat{z}A_x$$

$$U'_x = \frac{\partial A_x}{\partial z}$$

$$V_z = A_z$$

(6)

$$V'_z = \frac{1}{\hat{y}}\left(\frac{\partial A_x}{\partial x} + \frac{\partial A_z}{\partial z}\right)$$

从式（5）可以看出，只要得到 z 为任意值时的 U_x、U'_x、V_z、V'_z 四个参数，便可求得波数域中的场值，再经过 x 和 y 方向的二维反傅氏变换计算即可得到空间域中任意位置的场值。于是最主要的问题就成为如何求 U_x、U'_x、V_z、V'_z 四个参数的问题。

2.2 边界条件

在层与层的界面 z_p 上，空间域中的 Schelkunoff 势 A 满足如下的关系[29]：

$$\hat{z}_{p-1}A_{x_{p-1}} = \hat{z}_p A_{x_p}$$

$$\frac{\partial A_{x_{p-1}}}{\partial z} = \frac{\partial A_{x_p}}{\partial z}$$

$$A_{z_{p-1}} = A_{z_p}$$

(7)

$$\frac{1}{\hat{y}_{p-1}}\left(\frac{\partial A_{x_{p-1}}}{\partial x} + \frac{\partial A_{z_{p-1}}}{\partial z}\right) = \frac{1}{\hat{y}_p}\left(\frac{\partial A_{x_p}}{\partial x} + \frac{\partial A_{z_p}}{\partial z}\right)$$

由于傅氏变换为线性的积分变换，所以上述的边界条件在波数 $(k_x、k_y、z)$ 域中是成立的。于是，在波数域中的 z_p 边界上有：

$$U_{x_{p-1}} = U_{x_p}$$

$$U'_{x_{p-1}} = U'_{x_p}$$

$$V_{z_{p-1}} = V_{z_p}$$

(8)

$$V'_{z_{p-1}} = V'_{z_p}$$

2.3 波数域中各层的解

2.3.1 无源层（第 p 层）的通解

对于无源层，采用式（2）的上式，因一次源是沿 x 轴方向的，由成层介质的对称性可以得到 $A_y = 0$，公式的上式可以简化为

$$\nabla^2 A_x + k^2 A_x = 0$$

$$\nabla^2 A_z + k^2 A_z = 0$$

(9)

式（9）为空间域内的齐次 Helmholtz 方程，变换到 (k_x, k_y, z) 域内可以得到

$$\frac{\partial^2 A_x}{\partial z^2} + (k^2 - k_x^2 - k_y^2)A_x = 0$$

$$\frac{\partial^2 A_z}{\partial z^2} + (k^2 - k_x^2 - k_y^2)A_z = 0$$

$$(10)$$

因为 $k^2 = k_x^2 + k_y^2 + k_z^2$，所以

$$\frac{\partial^2 A_x}{\partial z^2} + k_z^2 A_x = 0$$

$$\frac{\partial^2 A_z}{\partial z^2} + k_z^2 A_z = 0$$

$$(11)$$

式（11）为 (k_x, k_y, z) 域中的齐次 Helmholtz 方程，其通解为

$$A_x = de^{-uz} + ce^{uz}$$

$$A_z = d^* e^{-uz} + c^* e^{uz}$$

$$(2)$$

式中，d、c、d^*、c^* 为第 p 层的待定系数；$u = ik_z = \sqrt{k_x^2 + k_y^2 - k^2}$。

将式（12）代入式（6）可得

$$U_x = \hat{z}de^{-uz} + \hat{z}ce^{uz}$$

$$U'_x = -ude^{-uz} + uce^{uz}$$

$$V_z = d^* e^{-uz} + c^* e^{uz}$$

$$V'_z = \frac{1}{\hat{y}}\left(\frac{\partial A_x}{\partial x} + \frac{\partial A_z}{\partial z}\right) = \frac{1}{\hat{y}}(ik_x(de^{-uz} + ce^{uz}) + (-ud^* e^{-uz} + uc^* e^{uz}))$$

$$(13)$$

2.3.2　有源层（第 0 层）的解

有源层中，采用式（2）的下式，对于层状介质的 x 方向电偶极子的情况，特解只有 x 分量，其满足的方程可简化为

$$\frac{\partial^2}{\partial x^2}A_x + \frac{\partial^2}{\partial y^2}A_x + \frac{\partial^2}{\partial z^2}A_x + k^2 A_x = -Id_s\delta(x)\delta(y)\delta(z)\boldsymbol{u}_x$$

$$(14)$$

方程（14）的特解为[29]

$$A_{x_0} = \frac{p_E}{2u_0}e^{-u_0|z+h|}$$

$$(15)$$

式中，h 为源的高度。

特解加上通解即得到有源层的解：

$$A_{x_0} = \frac{p_E}{2u_0} e^{-u_0 |z+h|} + d_0 e^{-u_0 z} + c_0 e^{u_0 z} \tag{16}$$

$$A_{z_0} = d_0^* e^{-u_0 z} + c_0^* e^{u_0 z}$$

式中，d_0、c_0、d_0^*、c_0^* 为第 0 层的待定系数。将上式代入式（6）可得

$$U_{x_0} = \hat{z}_0 \left(\frac{1}{2} \frac{p_e e^{-u_0 |z+h|}}{u_0} + d_0 e^{-u_0 z} + c_0 e^{u_0 z} \right)$$

$$U'_{x_0} = \begin{cases} -\dfrac{1}{2} p_e e^{-u_0 |z+h|} - u_0 d_0 e^{-u_0 z} + u_0 c_0 e^{u_0 z} & z+h \geqslant 0 \\[2mm] +\dfrac{1}{2} p_e e^{-u_0 |z+h|} - u_0 d_0 e^{-u_0 z} + u_0 c_0 e^{u_0 z} & z+h < 0 \end{cases} \tag{17}$$

$$V_{z_0} = d_0^* e^{-u_0 z} + c_0^* e^{u_0 z}$$

$$V'_{z_0} = \frac{1}{\hat{y}_0} \left(i k_x \left(\frac{1}{2} \frac{p_e e^{-u_0 |z+h|}}{u_0} + d_0 e^{-u_0 z} + c_0 e^{u_0 z} \right) + \left(-u_0 d_0^* e^{-u_0 z} + u_0 c_0^* e^{u_0 z} \right) \right)$$

2.3.3 最下层（第 N 层）和最上层（第$-M$ 层）的通解

对于第 N 层，因为 z 为正值，所以式中的 c、c^* 须为零，则

$$A_{x_N} = d_N e^{-u_N z} \tag{18}$$

$$A_{z_N} = d_N^* e^{-u_N z}$$

代入式（6）可得

$$U_{x_N} = \hat{z}_N d_N e^{-u_N z}$$

$$U'_{x_N} = -u_N d_N e^{-u_N z}$$

$$V_{z_N} = d_N^* e^{-u_N z} \tag{19}$$

$$V'_{z_N} = \frac{1}{\hat{y}_N} \left(i k_x d_N e^{-u_N z} - u_N d_N^* e^{-u_N z} \right)$$

对于第$-M$ 层，因为 z 为负值，所以式（12）中的 d、d^* 须为零，则

$$A_{x_{-M}} = c_{-M} e^{u_{-M} z} \tag{20}$$

$$A_{z_{-M}} = c_{-M}^* e^{u_{-M} z}$$

代入式（6）可得

$$U_{x_{-M}} = \hat{z}_{-M} c_{-M} \mathrm{e}^{u_{-M}z}$$

$$U'_{x_{-M}} = u_{-M} c_{-M} \mathrm{e}^{u_{-M}z}$$

$$V_{z_{-M}} = c_{-M}^* \mathrm{e}^{u_{-M}z} \tag{21}$$

$$V'_{z_{-M}} = \frac{1}{\hat{y}_{-M}} (\mathrm{i}k_x c_{-M} \mathrm{e}^{u_{-M}z} + u_{-M} c_{-M}^* \mathrm{e}^{u_{-M}z})$$

2.4 层矩阵的推导

对于无源的第 p 层，有

$$U_{x_p} = \hat{z}_p d_p \mathrm{e}^{-u_p z} + \hat{z}_p c_p \mathrm{e}^{u_p z}$$

$$U'_{x_p} = - u_p d_p \mathrm{e}^{-u_p z} + u_p c_p \mathrm{e}^{u_p z}$$

$$V_{z_p} = d_p^* \mathrm{e}^{-u_p z} + c_p^* \mathrm{e}^{u_p z} \tag{22}$$

$$V'_{z_p} = \frac{1}{\hat{y}_p} (\mathrm{i}k_x (d_p \mathrm{e}^{-u_p z} + c_p \mathrm{e}^{u_p z}) + (- u_p d_p^* \mathrm{e}^{-u_p z} + u_p c_p^* \mathrm{e}^{u_p z}))$$

写成矩阵形式为

$$
\begin{pmatrix} U_{x_p} \\ U'_{x_p} \\ V_{z_p} \\ V'_{z_p} \end{pmatrix} =
\begin{pmatrix}
\hat{z}_p \mathrm{e}^{-u_p z} & \hat{z}_p \mathrm{e}^{u_p z} & 0 & 0 \\
- u_p \mathrm{e}^{-u_p z} & u_p \mathrm{e}^{u_p z} & 0 & 0 \\
0 & 0 & \mathrm{e}^{-u_p z} & \mathrm{e}^{u_p z} \\
\frac{1}{\hat{y}_p} \mathrm{i}k_x \mathrm{e}^{-u_p z} & \frac{1}{\hat{y}_p} \mathrm{i}k_x \mathrm{e}^{u_p z} & - \frac{1}{\hat{y}_p} u_p \mathrm{e}^{-u_p z} & \frac{1}{\hat{y}_p} u_p \mathrm{e}^{u_p z}
\end{pmatrix}
\begin{pmatrix} d_p \\ c_p \\ d_p^* \\ c_p^* \end{pmatrix} \tag{23}
$$

在第 p 层的底界面，即 $z = z_{p+1}$ 上

$$
\begin{pmatrix} U_{x(z_{p+1})} \\ U'_{x(z_{p+1})} \\ V_{z(z_{p+1})} \\ V'_{z(z_{p+1})} \end{pmatrix} =
\begin{pmatrix}
\hat{z}_{p+1} \mathrm{e}^{-u_{p+1}z_{p+1}} & \hat{z}_{p+1} \mathrm{e}^{u_{p+1}z_{p+1}} & 0 & 0 \\
- u_{p+1} \mathrm{e}^{-u_{p+1}z_{p+1}} & u_{p+1} \mathrm{e}^{u_{p+1}z_{p+1}} & 0 & 0 \\
0 & 0 & \mathrm{e}^{-u_{p+1}z_{p+1}} & \mathrm{e}^{u_{p+1}z_{p+1}} \\
\frac{1}{\hat{y}_{p+1}} \mathrm{i}k_x \mathrm{e}^{-u_{p+1}z_{p+1}} & \frac{1}{\hat{y}_{p+1}} \mathrm{i}k_x \mathrm{e}^{u_{p+1}z_{p+1}} & - \frac{1}{\hat{y}_{p+1}} u_{p+1} \mathrm{e}^{-u_{p+1}z_{p+1}} & \frac{1}{\hat{y}_{p+1}} u_{p+1} \mathrm{e}^{u_{p+1}z_{p+1}}
\end{pmatrix}
\begin{pmatrix} d_p \\ c_p \\ d_p^* \\ c_p^* \end{pmatrix}
$$

$$
= \boldsymbol{D}_{R_{p+1}} \begin{pmatrix} d_p \\ c_p \\ d_p^* \\ c_p^* \end{pmatrix} \tag{24}
$$

其中

$$
\boldsymbol{D}_{R_{p+1}} = \begin{pmatrix} \hat{z}_{p+1}\mathrm{e}^{-u_{p+1}z_{p+1}} & \hat{z}_{p+1}\mathrm{e}^{u_{p+1}z_{p+1}} & 0 & 0 \\ -u_{p+1}\mathrm{e}^{-u_{p+1}z_{p+1}} & u_{p+1}\mathrm{e}^{u_{p+1}z_{p+1}} & 0 & 0 \\ 0 & 0 & \mathrm{e}^{-u_{p+1}z_{p+1}} & \mathrm{e}^{u_{p+1}z_{p+1}} \\ \dfrac{1}{\hat{y}_{p+1}}\mathrm{i}k_{x}\mathrm{e}^{-u_{p+1}z_{p+1}} & \dfrac{1}{\hat{y}_{p+1}}\mathrm{i}k_{x}\mathrm{e}^{u_{p+1}z_{p+1}} & -\dfrac{1}{\hat{y}_{p+1}}u_{p+1}\mathrm{e}^{-u_{p+1}z_{p+1}} & \dfrac{1}{\hat{y}_{p+1}}u_{p+1}\mathrm{e}^{u_{p+1}z_{p+1}} \end{pmatrix} \tag{25}
$$

在第 p 层的顶界面，即 $z = z_p$ 上有

$$
\begin{pmatrix} U_{x(z_p)} \\ U'_{x(z_p)} \\ V_{z(z_p)} \\ V'_{z(z_p)} \end{pmatrix} = \begin{pmatrix} \hat{z}_{p}\mathrm{e}^{-u_{p}z_{p}} & \hat{z}_{p}\mathrm{e}^{u_{p}z_{p}} & 0 & 0 \\ -u_{p}\mathrm{e}^{-u_{p}z_{p}} & u_{p}\mathrm{e}^{u_{p}z_{p}} & 0 & 0 \\ 0 & 0 & \mathrm{e}^{-u_{p}z_{p}} & \mathrm{e}^{u_{p}z_{p}} \\ \dfrac{1}{\hat{y}_{p}}\mathrm{i}k_{x}\mathrm{e}^{-u_{p}z_{p}} & \dfrac{1}{\hat{y}_{p}}\mathrm{i}k_{x}\mathrm{e}^{u_{p}z_{p}} & -\dfrac{1}{\hat{y}_{p}}u_{p}\mathrm{e}^{-u_{p}z_{p}} & \dfrac{1}{\hat{y}_{p}}u_{p}\mathrm{e}^{u_{p}z_{p}} \end{pmatrix} \begin{pmatrix} d_p \\ c_p \\ d_p^* \\ c_p^* \end{pmatrix} = \boldsymbol{E}_{R_p}\begin{pmatrix} d_p \\ c_p \\ d_p^* \\ c_p^* \end{pmatrix} \tag{26}
$$

其中

$$
\boldsymbol{E}_{R_p} = \begin{pmatrix} \hat{z}_{p}\mathrm{e}^{-u_{p}z_{p}} & \hat{z}_{p}\mathrm{e}^{u_{p}z_{p}} & 0 & 0 \\ -u_{p}\mathrm{e}^{-u_{p}z_{p}} & u_{p}\mathrm{e}^{u_{p}z_{p}} & 0 & 0 \\ 0 & 0 & \mathrm{e}^{-u_{p}z_{p}} & \mathrm{e}^{u_{p}z_{p}} \\ \dfrac{1}{\hat{y}_{p}}\mathrm{i}k_{x}\mathrm{e}^{-u_{p}z_{p}} & \dfrac{1}{\hat{y}_{p}}\mathrm{i}k_{x}\mathrm{e}^{u_{p}z_{p}} & -\dfrac{1}{\hat{y}_{p}}u_{p}\mathrm{e}^{-u_{p}z_{p}} & \dfrac{1}{\hat{y}_{p}}u_{p}\mathrm{e}^{u_{p}z_{p}} \end{pmatrix} \tag{27}
$$

所以

$$
\begin{pmatrix} d_p \\ c_p \\ d_p^* \\ c_p^* \end{pmatrix} = \boldsymbol{E}_{K_P}^{-1}\begin{pmatrix} U_{x(z_p)} \\ U'_{x(z_p)} \\ V_{z(z_p)} \\ V'_{z(z_p)} \end{pmatrix} \tag{28}
$$

将式（28）代入式（24）中，得

$$
\begin{pmatrix} U_{x(z_{p+1})} \\ U'_{x(z_{p+1})} \\ V_{z(z_{p+1})} \\ V'_{z(z_{p+1})} \end{pmatrix} = \boldsymbol{D}_{R_{P+1}}\begin{pmatrix} d_p \\ c_p \\ d_p^* \\ c_p^* \end{pmatrix} = \boldsymbol{D}_{R_P}\boldsymbol{E}_{R_{P+1}}^{-1}\begin{pmatrix} U_{x(z_p)} \\ U'_{x(z_p)} \\ V_{z(z_p)} \\ V'_{z(z_p)} \end{pmatrix} = \boldsymbol{a}_{R_P}\begin{pmatrix} U_{x(z_p)} \\ U'_{x(z_p)} \\ V_{z(z_p)} \\ V'_{z(z_p)} \end{pmatrix} \tag{29}
$$

也可以写成

$$\begin{pmatrix} U_{x(z_p)} \\ U'_{x(z_p)} \\ V_{z(z_p)} \\ V'_{z(z_p)} \end{pmatrix} = \boldsymbol{a}_{R_p}^{-1} \begin{pmatrix} U_{x(z_{p+1})} \\ U'_{x(z_{p+1})} \\ V_{z(z_{p+1})} \\ V'_{z(z_{p+1})} \end{pmatrix} \tag{30}$$

其中 $\boldsymbol{a}_{R_p} = \boldsymbol{D}_{R_p} \boldsymbol{E}_{R_p}^{-1}$，称为第 p 层层矩阵。式（29）表明第 p 层底界面的值可以用第 p 层顶界面的值表示，联系两者的是层矩阵 $\boldsymbol{a}_{R_p}$。式（30）表明第 p 层顶界面的值可以用第 p 层底界面的值表示，联系两者的是层矩阵的逆矩阵 $\boldsymbol{a}_{R_p}^{-1}$。

于是，在第 0 层的底界面，即 $z = z_1$ 上，

$$\begin{pmatrix} U_{x(z_1)} \\ U'_{x(z_1)} \\ V_{z(z_1)} \\ V'_{z(z_1)} \end{pmatrix} = \boldsymbol{a}_{R_1}^{-1} \boldsymbol{a}_{R_2}^{-1} \cdots \boldsymbol{a}_{R_{N-1}}^{-1} \begin{pmatrix} U_{x(z_N)} \\ U'_{x(z_N)} \\ V_{z(z_N)} \\ V'_{z(z_N)} \end{pmatrix} \tag{31}$$

而在第 0 层的顶界面，即 $z = z_{-1}$ 上，

$$\begin{pmatrix} U_{x(z_{-1})} \\ U'_{x(z_{-1})} \\ V_{z(z_{-1})} \\ V'_{z(z_{-1})} \end{pmatrix} = \boldsymbol{a}_{R_{-1}} \boldsymbol{a}_{R_{-2}} \cdots \boldsymbol{a}_{R_{-M+1}} \begin{pmatrix} U_{x(z_{-M})} \\ U'_{x(z_{-M})} \\ V_{z(z_{-M})} \\ V'_{z(z_{-M})} \end{pmatrix} \tag{32}$$

式（32）与式（31）为最终得到的利用层矩阵 $\boldsymbol{a}_{R_p}$ 及其逆矩阵 $\boldsymbol{a}_{R_p}^{-1}$ 分别建立起的最上层（第 $-M$ 层）和最下层（第 N 层）与第 0 层的关系。而由式（17）、式（19）、式（21）可知，此关系实际是建立起了 d_0、c_0、d_0^*、c_0^* 分别与 d_N、d_N^* 和 c_{-M}、c_{-M}^* 的关系，于是利用 d_0、c_0、d_0^*、c_0^* 作为中间媒介，就可建立起 d_N、d_N^* 与 c_{-M}、c_{-M}^* 的关系。当各层的电性参数和几何参数确定后，层矩阵就是已知的，所以建立起的 4 个关系式中仅包含了 d_N、d_N^* 和 c_{-M}、c_{-M}^* 共 4 个未知数，从而可以唯一求解得到这 4 个参数。然后利用式和式便可得到第 N 层的 U_{x_N}、U'_{x_N}、V_{z_N}、V'_{z_N} 和第 $-M$ 层的 $U_{x_{-M}}$、$U'_{x_{-M}}$、$V_{z_{-M}}$、$V'_{z_{-M}}$。再利用各层的层矩阵根据式（29）或式（30）便可逐层得到 z 为任意值时的 U_x、U'_x、V_z、V'_z。然后根据式（5）即可求出波数（k_x、k_y、z）域中的 e_x 和 h_y，得到的波数域中的结果再用式的下式进行二维傅氏反变换即可最终得到空间域中任意位置的场值。

3　方法可靠性验证

为了验证方法的可靠性，本文进行了多种模型的层矩阵法与现有解析公式解的对比分析。按照由简单到复杂的原则，首先在波数域中与文献[29]中的解析解进行了对比，在验证了波数域层矩阵法结果的正确性后进行了空间域中的对比分析。在无限均匀介质模型时与解析公式的解进行对比之后，分别建立了 CSAMT 方法的均匀、H 型、K 型、A 型、Q 型大地模型，将层矩阵法与常用经典的 CSAMT 解析公式的解进行了对比。

程序中所有水平电偶源均位于原点，令其电偶极距 $p_E = 1$。在波数域转换到空间域的过程中采用了快速

二维反傅氏变换算法，采用的参数均为 x 方向采样间隔 $d_x = 500m$，采样点数 $N_x = 512$，y 方向采样间隔 $d_y = 50m$，采样点数 $N_y = 4096$。图中的虚线为层矩阵法的计算结果，实线为各种模型解析公式的计算结果。

3.1 波数域中的对比

按照文献[29]给出的公式进行推导，可以得到，对于层状大地上的水平电偶源，偶极与大地之间的波数 (k_x, k_y, z) 域解析式为

$$e_x = -\frac{Id_s}{2\hat{y}_0}(1 - r_{TM})e^{u_0 z}\frac{u_0 k_x^2}{k_x^2 + k_y^2} - \frac{\hat{z}_0 Id_s}{2}(1 + r_{TE})e^{u_0 z}\frac{k_y^2}{u_0(k_x^2 + k_y^2)}$$

$$h_y = -\frac{Id_s}{2}(1 + r_{TM})e^{u_0 z}\frac{k_x^2}{k_x^2 + k_y^2} - \frac{Id_s}{2}(1 - r_{TE})e^{u_0 z}\frac{k_y^2}{k_x^2 + k_y^2}$$

$$(33)$$

当大地为均匀介质时，

$$r_{TE} = \frac{u_0 - u_1}{u_0 + u_1}$$

$$r_{TM} = \frac{u_0 - \dfrac{\hat{y}_0}{\hat{y}_1}u_1}{u_0 + \dfrac{\hat{y}_0}{\hat{y}_1}u_1}$$

$$(34)$$

为了与此解析解进行对比，建立了两层介质模型，即第 0 层和第 1 层的厚度均为无穷大，电阻率分别为 $10^{14}\Omega \cdot m$ 和 $1000\Omega \cdot m$。源的高度 $h = 100m$，频率 $f = 1Hz$，计算了 $z = -50m$（第 0 层中）的波数域场强。文中给出了当 k_y 分别为 0.0032、0.0064、0.0096 和 0.0128 时随 k_x 变化的层矩阵法与上述解析解的计算结果对比曲线，如图 2 所示。

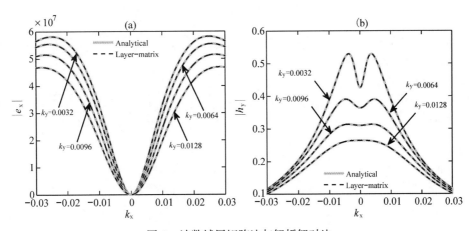

图 2 波数域层矩阵法与解析解对比

（a）波数域电场 e_x；（b）波数域磁场 h_y

可以看到，对于任意的波数 k_x 和 k_y，层矩阵法与解析公式的计算曲线均完全重合在了一起，两者的计算结果完全相等，这表明层矩阵法对此模型计算得到的波数域的场是毫无问题的。因为未找到波

数域其他位置（其他 z 值）场的文献，所以下面将进行空间域中的对比分析。

3.2 空间域中的对比

3.2.1 无限均匀介质模型

按照文献[29]，对于无限均匀介质，在忽略位移电流的情况下，电场和磁场的解析解为

$$\boldsymbol{E} = \frac{Id_{\mathrm{s}}}{4\pi\sigma r^3}\mathrm{e}^{-\mathrm{i}kr}\left[\left(\frac{x^2}{r^2}\boldsymbol{u}_{\mathrm{x}} + \frac{xy}{r^2}\boldsymbol{u}_{\mathrm{y}} + \frac{xz}{r^2}\boldsymbol{u}_{\mathrm{z}}\right)(-k^2r^2 + 3\mathrm{i}kr + 3) + (k^2r^2 - \mathrm{i}kr - 1)\,\boldsymbol{u}_{\mathrm{x}}\right]$$

$$\boldsymbol{H} = \frac{Id_{\mathrm{s}}}{4\pi r^2}(\mathrm{i}kr + 1)\,\mathrm{e}^{-\mathrm{i}kr}\left(-\frac{z}{r}\boldsymbol{u}_{\mathrm{y}} + \frac{y}{r}\boldsymbol{u}_{\mathrm{z}}\right) \tag{35}$$

式中，r 为所求的点到原点的距离。

为了与此公式进行对比，建立了电阻率为 $1000\Omega\cdot\mathrm{m}$ 的无限均匀介质模型。源的高度 $h = 0\mathrm{m}$，频率 f 为 $0.1\mathrm{Hz}$，计算给出了 z 分别为 $500\mathrm{m}$ 和 $5000\mathrm{m}$ 的平面上 y 为 $1000\mathrm{m}$ 时的电磁场强随 x 的变化曲线对比如图 3 所示。

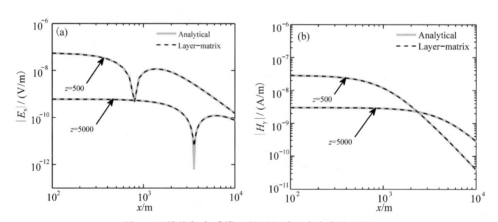

图 3　无线均匀介质模型的层矩阵法与解析解对比
（a）电场 E_{x}；（b）磁场 H_{y}

从图中可以看到，层矩阵法与解析解的计算曲线基本完全重合。说明对此简单模型，层矩阵法得到的空间域中的结果是正确的。

3.2.2 均匀大地模型

按照文献[30]，对于水平电偶源位于均匀大地表面的情况，如果采用负谐，将方程形式写为 $\nabla^2\boldsymbol{A} - k^2\boldsymbol{A} = 0$ 并令空气中的 $k_0 = 0$ 时，在 $z \leqslant 0$ 即地表和大地中空间域的矢量位表达式为

$$A_{x_1} = \frac{P_{\mathrm{E}}}{4\pi}\left\{\left[\frac{(R + z)(R^2 - 3z^2)}{k_1R^5} + \frac{k_1z(R^2 - z^2)}{R^3}\right]\mathrm{I}_0\mathrm{K}_1 + \left[\frac{(R - z)(R^2 - 3z^2)}{k_1R^5} - \frac{k_1z(R^2 - z^2)}{R^3}\right]\right.$$

$$\left.\times \mathrm{I}_0\mathrm{K}_1 + \frac{z(R^2 - 3z^2)}{R^4}\mathrm{I}_0\mathrm{K}_1 - \frac{3z(R^2 - z^2)}{R^4}\mathrm{I}_0\mathrm{K}_1 + \frac{2}{k_1^2}\left(\frac{-k_1R - 1}{R^3} + \frac{z^2(3 + 3k_1R + k_1^2R^2)}{R^5}\right)\mathrm{e}^{-k_1R}\right\}$$

$$A_{z_1} = \frac{P_{\mathrm{E}}}{4\pi}\left\{\left[-\frac{2xz(3 + k_1R + k_1^2R^2)}{k_1^2R^5}\mathrm{e}^{-k_1R} + \left[\frac{3xz(R + z)}{k_1R^5} + k_1\frac{xz^2}{R^3}\right]\mathrm{I}_0\mathrm{K}_1\right.\right. \tag{36}$$

$$\left.\left.- \left[\frac{3xz(R - z)}{k_1R^5} - k_1\frac{xz^2}{R^3}\right]\mathrm{I}_0\mathrm{K}_1 + \frac{3xz^2}{R^4}\mathrm{I}_0\mathrm{K}_1 + \frac{x(2R^2 - 3z^2)}{R^4}\mathrm{I}_0\mathrm{K}_1\right.\right.$$

式中，R 为所求位置到原点的距离；大地中的波数 $k_1 = \sqrt{-\mathrm{i}\omega\sigma\mu - \omega^2\varepsilon\mu}$；$\mathrm{I}_0$、$\mathrm{I}_1$ 和 K_0、K_1 为第一类和第二类虚宗量贝塞尔函数，其宗量分别为 $k_1(R-z)/2$ 和 $k_1(R+z)/2$。将式（36）代入方程（4）中即可以得到地表或地下任意一点的解析场值。

为与此公式解进行对比，建立了均匀大地模型，即第 0 层和第 1 层的厚度均为无穷大，电阻率分别为 $10^{14}\Omega\cdot\mathrm{m}$ 和 $2000\Omega\cdot\mathrm{m}$。源的高度 $h=0\mathrm{m}$，频率 $f=10\mathrm{Hz}$，计算了 z 为 0m（第 0 层中）和 100m（第 1 层中）的平面上，y 分别为 5000、10000 和 15000m 的场值随 x 的变化曲线，如图 4 和图 5 所示。

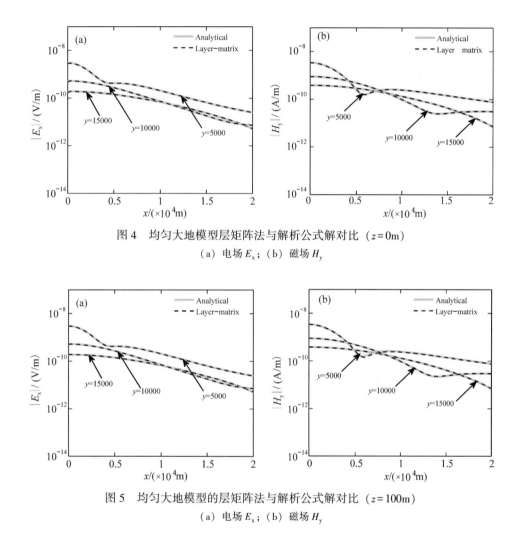

图 4　均匀大地模型层矩阵法与解析公式解对比（$z=0\mathrm{m}$）

（a）电场 E_x；（b）磁场 H_y

图 5　均匀大地模型的层矩阵法与解析公式解对比（$z=100\mathrm{m}$）

（a）电场 E_x；（b）磁场 H_y

分析图 4 和图 5 可以看到，对于电场 E_x 和磁场 H_y，无论 z 为 0m 还是 100m，层矩阵法的计算结果与解析解均比较一致。

3.2.3　大地分层模型

为了考察大地水平分层模型时层矩阵法的可靠性，下面分别进行了 H、K、A、Q 型大地分层模型时层矩阵法与经典 CSAMT 解析公式解的对比分析。计算采用了代表空气层的第 0 层和代表大地层的 1~3 层共 4 层的模型，第 0 层至第 3 层的厚度分别为无穷大、300m、600m 和无穷大。给出了 $h=0$，$z=0$（第 0 层中）即源与接收均位于地表时 y 分别为 5000、10000 和 15000m 的场值随 x 的变化对比曲线。

图 6 与图 7 是 H 型分层大地模型的计算结果，模型中第 0 层至第 3 层的电阻率分别为 10^{14}、1000、250 和 $4000\Omega\cdot\mathrm{m}$。图 6 给出的是频率 f 为 100Hz 时的情况，可以看到此时两者的计算结果是比较一致

的。但是当频率升高到 1000Hz，如图 7 所示，在收发距较远（即 x 或 y 较大）时，层矩阵法与解析公式计算所得到的结果相差较多，而且随着收发距的增加这种差别越来越大。经过分析认为这是由于空气层的波数影响所造成的。在层矩阵法的推导中严格考虑了所有层的波数，而经典 CSAMT 解析公式是在假设空气中波数为 0 的情况下推导得到的，并没有考虑到空气中波数的影响。当频率较低时，这种假设基本成立，而随着频率的升高，空气中波数的影响逐渐增大。在本例中空气层的波数实际为：

$$|k_0| = \sqrt{\mu\varepsilon\omega^2 - \mathrm{i}\mu\sigma\omega} = 2.0953 \times 10^{-5} - 1.8841 \times 10^{-12}\mathrm{i} \tag{37}$$

可以看到根号中实部所代表的位移项使得空气波数值较大，在计算稍远位置的场值时不应该被忽略，所以再采用经典 CSAMT 解析公式计算所得的结果肯定是不准确的。图 7 中的点虚线为在层矩阵法中将空气中波数值强制置为 0 时的结果，此时两者结果曲线才基本重合，这也就说明前述两者曲线的分离就是空气的波数所造成的。上述分析表明经典的 CSAMT 解析公式的应用范围是受限的，所以文后将不再进行高频情况的对比计算。

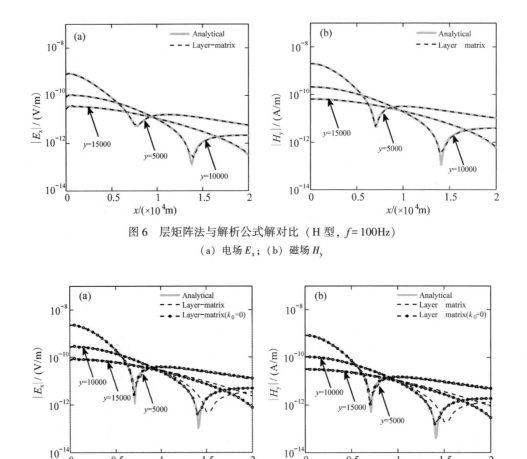

图 6　层矩阵法与解析公式解对比（H 型，f = 100Hz）
(a) 电场 E_x；(b) 磁场 H_y

图 7　层矩阵法与解析公式解对比（H 型，f = 1000Hz）
(a) 电场 E_x；(b) 磁场 H_y

下面分别给出了 K 型、A 型和 Q 型大地分层模型频率 f 为 100Hz 的层矩阵法与经典 CSAMT 解析公式的计算结果对比，其中图 8 为 K 型大地分层模型，第 0 层至第 3 层的电阻率分别为 10^{14}、1000、4000 和 1000Ω·m。图 9 为 A 型大地分层模型，第 0 层至第 3 层的电阻率分别为 10^{14}、1000、4000 和

32000Ω·m。图 10 为 Q 型大地分层模型，第 0 层至第 3 层的电阻率分别为 10^{14}、1000、250 和 31.25Ω·m。

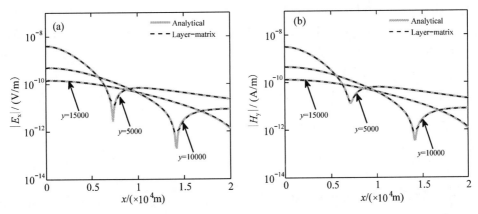

图 8　层矩阵法与解析公式解对比（K 型，f＝100Hz）

（a）电场 E_x；（b）磁场 H_y

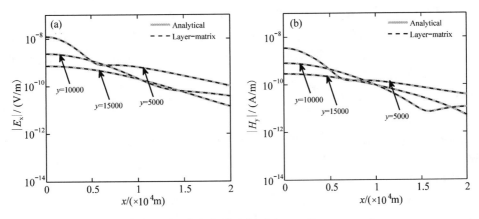

图 9　层矩阵法与解析公式解对比（A 型，f＝100Hz）

（a）电场 E_x；（b）磁场 H_y

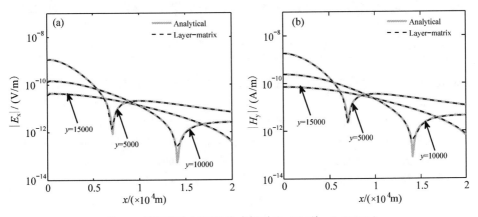

图 10　层矩阵法与解析公式解对比（Q 型，f＝100Hz）

（a）电场 E_x；（b）磁场 H_y

　　仔细观察各曲线可以发现一些问题，比如各场值曲线的波谷处两者稍有差别。这是层矩阵法 x 方向采样间隔（$d_x = 500\text{m}$）稍大造成的曲线不圆滑，减小采样间隔就可以消除。另外在详细分析各种模型的计算数据后发现，在 $x = 0$ 即 y 轴附近的位置，不同模型的场值结果均存在着不同程度的震荡现象，其中电场的震荡较明显一些，在曲线图中稍有体现。分析这可能是由于傅氏反变换的计算所导致的，具体原因还需进行更加深入的研究。

　　从整体上看，对于各种不同的大地分层模型层矩阵法所得的结果都是比较令人满意的。与解析公式计算曲线的基本重合，不仅表明层矩阵法的计算结果是正确的，而且也表明它的计算精度是比较高的。

4　讨论与结论

　　现有文献中各种理论公式及解法大多仅能适用于某种具体的方法，而本文中提出的层矩阵法是在综合多种方法共同点的水平层状介质模型的基础上推导得到的，它可以用来计算任意层状介质中任意位置的任意场源在空间中任意位置产生的场强，既适用于外源模式（如 CSAMT），又适用于内源模式（如 WEM，MCSEM），可以用来进行多种方法的正演模拟计算。文中给出的是水平电偶源层矩阵法的推导公式，通过修改边界条件，就可以将方法方便地推广到其他形式的源（例如磁源等）。

　　文章中建立了多种适合现有解析公式的模型，对比给出了层矩阵法与各种解析公式的计算结果。分析结果表明层矩阵法不仅可以根据要求建立灵活多样的各种模型，而且其计算结果都是正确的，其计算精度都是比较高的。

　　在分析各种模型的计算结果时也发现了层矩阵法的一些不足，比如在 $x = 0$ 附近场值存在着震荡的现象，这需要对其进行进一步的研究工作。

　　总之，层矩阵法的计算灵活、可靠，值得对其进行深入的研究与发展。

　　限于篇幅的关系，本文仅主要给出了层矩阵法在 CSAMT 方法中的对比，其在 MCSEM 及 WEM 等方法中的应用将另文发表。

参 考 文 献

［1］底青云、王若，可控源音频大地电磁数据正反演及方法应用，北京：科学出版社，2008
［2］何继善，可控源音频大地电磁法，长沙：中南工业大学出版社，1990
［3］底青云、王光杰、安志国等，南水北调西线千米深长隧洞围岩构造地球物理勘探，地球物理学报，2006，49（006）：1836～1842
［4］底青云、王妙月、石昆法等，高分辨 V6 系统在矿山顶板涌水隐患中的应用研究，地球物理学报，2002，45（05）：744～748
［5］底青云、Unsworth M、王妙月，复杂介质有限元法 2.5 维可控源音频大地电磁法数值模拟，地球物理学报，2004，47（04）：723～730
［6］底青云、Unsworth M、王妙月，有限元法 2.5 维 CSAMT 数值模拟，地球物理学进展，2004，19（02）：317～324
［7］王若、王妙月、底青云，频率域线源大地电磁法有限元正演模拟，地球物理学报，2006，49（06）：1858～1866
［8］石昆法，可控源音频大地电磁法理论与应用，北京：科学出版社，1999
［9］汤井田、何继善，可控源音频大地电磁法及其应用，长沙：中南大学出版社，2005
［10］底青云、王妙月、王若等，长偶极大功率可控源电磁波响应特征研究，地球物理学报，2008，51（6）：1917～1928
［11］底青云、王光杰、王妙月等，长偶极大功率可控源激励下目标体电性参数的频率响应，地球物理学报，2009，52（1）：275～280
［12］卓贤军、赵国泽、底青云等，无线电磁法（WEM）在地球物理勘探中的初步应用，地球物理学进展，2007，22（6）：1921-1924

［13］ Fu C M, Di Q Y, Wang M Y, 3D Numeric Simulation of Marine Controlled Source Electromagnetic Method (MCSEM), Oil Geophysical Prospecting, 2009, 44（Supp. 2）: 135-141

［14］ Sinha M C, Patel P D, Unsworth M J et al., An active source electromagnetic sounding system for marine use, Marine Geophysical Researches, 1990, 12（1）: 59-68

［15］ Chave A D, Cox C S, Controlled electromagnetic sources for measuring electrical conductivity beneath the ocean 1. Forward problem and model study, Journal of Geophysical Research, 1982, 87（B7）: 5327-5338

［16］ Unsworth M J, Travis B J, Chave A D, Electromagnetic induction by a finite electric dipole source over a 2-D earth, Geophysics, 1993, 58（2）: 198-214

［17］ Constable S, Srnka L J, An introduction to marine controlled-source electromagnetic methods for hydrocarbon exploration, Geophysics, 2007, 72（2）: WA3-WA12

［18］ Weiss C J, Constable S, Mapping thin resistors and hydrocarbons with marine EM methods, Part Ⅱ—Modeling and analysis in 3D, Geophysics, 2006, 71（6）: G321-G332

［19］ Nabighian M, Electromagnetic Methods in Applied Geophysics, Vol. 2, Application, Tulsa: Society of Exploration Geophysicists, 1991

［20］ Constable S, Cox C S, Marine controlled-source electromagnetic sounding, 2. The PEGASUS experiment, Journal of Geophysical Research, 1996, 101（B3）: 5519-5530

［21］ Flosadottir A H, Constable S, Marine controlled source electromagnetic sounding, 1. Modeling and experimental design, Journal of Geophysical Research, 1996, 101（B3）: 5507-5517

［22］ Edwards N, Marine Controlled Source Electromagnetics: Principles, Methodologies, Future Commercial Applications, Surveys in Geophysics, 2005, 26（6）: 675-700

［23］ Constable S, Weiss C J, Mapping thin resistors and hydrocarbons with marine EM methods: Insights from 1D modeling, Geophysics, 2006, 71（2）: G43-G51

［24］ Alexander G, Michael Z, Rigorous 3D inversion of marine CSEM data based on the integral equation method, Geophysics, 2007, 72（2）: WA73-WA84

［25］ Christensen N B, Dodds K, 1D inversion and resolution analysis of marine CSEM data, Geophysics, 2007, 72（2）: WA27-WA38

［26］ 何展翔、孙卫斌、孔繁恕等, 海洋电磁法, 石油地球物理勘探, 2006, 41（4）: 451~457

［27］ 何展翔、余刚, 海洋电磁勘探技术及新进展, 勘探地球物理进展, 2008, 31（001）: 2~9

［28］ 付长民、底青云、王妙月, 海洋可控源电磁法三维数值模拟, 石油地球物理勘探, 2009, 44（3）: 358~363

［29］ Nabighian M N, Electromagnetic methods in applied geophysics（Volume 1, theory）, Society of Exploration Geophysicists, 1987

［30］ 朴化荣, 电磁测深法原理, 北京: 地质出版社, 1990

Ⅲ — 44

Forward modeling for "earth-ionosphere" mode electromagnetic field[*]

Li Diquan[1,2]　　**Xie Wei**[1,2]　　**Di Qingyun**[3]　　**Wang Miaoyue**[3]

1）Key Laboratory of Metallogenic Prediction of Nonferrous Metals,
　　Ministry of Education, Central South University

2）School of Geosciences and Info-Physics, Central South University

3）Institute of Geology and Geophysics, Chinese Academy of Sciences

Abstract: A fixed artificial source (greater than 200kW) was used and the source location was selected at a high resistivity region (to ensure a high emission efficiency). Some publications used the "earth-ionosphere" mode in modeling the EM fields with the offset up to a thousand kilometer, and such EM fields still have a signal/noise ratio over 10−20 dB. This means that a new EM method with fixed source is feasible, but in their calculation, the displacement in air was neglected. In this paper, some three layers modeling results was presented to illustrate the basic EM fields' characteristics in the near, far and waveguide area under "earth-ionosphere" mode, and a standard is given to distinguish the boundary of near, far and waveguide areas. Due to the influence of the ionosphere and displacement current in the air, the "earth-ionosphere" mode EM fields have an extra waveguide zone, where the fields' behavior is very different from that of the far field zone.

Key words: "Earth-Ionosphere" mode　Large power　Large offset　Electromagnetic field
　　　　　　　Forward modeling

1　Introduction

In communication area, ELF (extremely low frequency: 3Hz−3kHz) electromagnetic waves were generally used for long-range communication and navigation with submarines due to their comparatively large skin depths in salt water and low attenuation. This technology can also be utilized in military communication[1~4]. The study of the propagation of such low-frequency radio waves was matured in communication area[5~10]. At the same time in the electromagnetic exploration area, the study of the propagation of 0.01Hz−10kHz EM wave was matured too [11]. In the former, the upper space above earth surface is mainly considered, while in the latter it is the lower space beneath earth surface that is mainly considered. In recent years, the study of the propagation of 0.1Hz−300Hz EM wave in complete whole space includes ionosphere, air and earth has been proposed in geophysical prospecting and earthquake prediction[12~15].

In MT, by measuring the natural variations of electrical and magnetic fields at the Earth's surface, the subsurface can be imaged. Due to the nature of MT source, long recording times are needed to ascertain usable

* 本文发表于《Journal of Central South University》, 2016, 23 (9): 2305−2313

readings due to the fluctuations and the low signal strength. In order to solve this problem, CSAMT method has been developed by using a transmitter instead of relying on natural forces. The key advantage for the CSAMT method is that signals are stronger than MT and thus more coherent. Data acquisition for the CSAMT method is much faster than MT surveys, so the overall survey costs can be reduced significantly. The key disadvantage for the CSAMT method relates to the "near field" effect which could distort the data. To overcome this problem, it was hoped that much greater offset can be applied. However, the offset of CSAMT cannot be greater than 20km because of low emission energy (less than 30kW).

A new artificial source EM sounding technique was thus proposed, in which a fixed high-power transmitting station is used (greater than 200kW), the station is located at a high resistivity region (to ensure high emission efficiency), and the length of the source up to tens of km, as an artificial signal source, then stable SLE/ELF EM signal can be created for exploration and earthquake prediction[12, 15]. As long as the source strength is strong enough, the artificial EM signal can be easily observed within several thousand kilometers [16~20]. Vast theoretical and experimental works with this new method have been done [12~15, 17~29]. There were some publications about 1D and 2D forward and inverse modeling [30~36]. In these publications, the main purpose is to get the answer whether the artificial EM signal can be achieved in the waveguide area, and some of them have obtained some results to help designing new instrument, especially given some clues of the parameters of the EM emission system used in design.

The paper develops a forward modeling method for geophysical exploration and estimate the signal magnitude. Such study is essential and most important in data processing and data interpretation. "earth-ionosphere" mode model was constructed, in which the effect of ionosphere and displacement current in the air based on new mathematical derivation is included. In order to study the characteristics of EM fields in "earth-ionosphere" mode, the study on complex earth media for artificial source and large offset with R function method was conducted. Also the EM fields decaying characteristics of given frequencies for the three layers "earth-ionosphere" model was modeled, and the modeling results with the quasi static analytical results has been compared [11]. And the effect of ionosphere and displacement current in the air was analyzed and the boundary of near field, far field and waveguide field was provided.

2   Ionosphere model

The main purpose of this paper is to calculate the electric and magnetic fields at some remote location at a horizontal distance r from the source. The earth-ionosphere waveguide is interpreted as a spherical cavity whose upper wall is horizontally characterized by inhomogeneous anisotropic impedance. A simple approximation of the earth-ionosphere waveguide, which is nonetheless useful in many situations, the flat earth model is used. The waveguide is modeled as an infinite parallel plate waveguide with the curvature of the earth and the ionosphere neglected. This model is valid for the distances of up to half an earth radius from the source[8, 12, 37]. Assuming the impedance of earth-ionosphere waveguide to be small, its influence on the electromagnetic fields can be considered with an ideal cavity with infinitely upper walls[38], so flat earth-ionosphere model with infinitely upper walls in modeling was applied.

3   "Earth-ionosphere" mode em model

"Earth-ionosphere" mode model was established. R function method that is similar to the CSAMT method was employed for the mathematical derivation, and the formulas of electric and magnetic fields component was deduced. The high sampling density Hankel digital filter method was used for numerical simulation[13]. In the communication area the "earth-ionosphere" mode is frequently earth spheres layered, whereas in the geophysical exploration area, the "earth-ionosphere" mode is horizontal plate layered which the precision is high enough when the horizontal distance is significantly shorter than the radius of earth (i. e. 2500km), and the exploration depth less than 10km[12]. Moreover, in geophysical exploration, the impendence is the very parameter that was considered most, and the impendence is the same for the spheres layered and horizontal plate layered, that was demonstrated to be true in MT.

　　The EM's model in "earth-ionosphere" mode is schematically illustrated in Figure 1. In the model, the layer index of ionosphere is−1, atmosphere is 0, earth are 1, ⋯, n, respectively. The source (HED, with time factor $e^{-i\omega t}$) is put in the air and the distance between source and the surface of earth is h_0. Origin of the coordinate system was set in the center of the source, the downward of z-axis is positive, the upward is negative, and so the height of the ionosphere is negative. Assuming both the thickness of ionosphere and the bottom stratum are infinite, the effective height of the bottom interface of ionosphere, the layer thickness of air, is 100km. The effective resistivity of the ionosphere is taken as $10^4\Omega \cdot$ m. The relative dielectric constant ε and relative permeability μ are fixed to be 1.

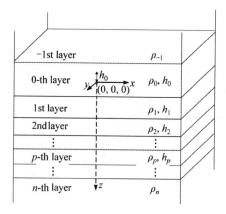

Fig. 1　Schematic illustration of the proposed "earth-ionosphere" mode

4　Theoretical derivations

With the vector potential A, the basic functions can be expressed as

$$\begin{cases} \nabla^2 A - k^2 A = 0 \\ \varPhi = \dfrac{i\omega\mu}{k^2}\nabla \cdot A \\ E = i\omega\mu A - \nabla \varPhi \\ H = \nabla \times A \end{cases} \tag{1}$$

where A is vector potential, $\varPhi$ is scalar potential, E is electric vector, H is magnetic vector, μ is magnetic permeability, i is pure imaginary, ω is circular frequency, k is wave number, and $k^2 = - i\omega\mu/\rho - \omega^2\varepsilon\mu$, ε is permittivity, ρ is resistivity.

　　It was assumed that HED is along the x direction, the charge was accumulated nearby the interfaces of layers along the z direction, and there were vector potential along $x(\boldsymbol{A}_x)$ and $z(\boldsymbol{A}_z)$ direction.

The expressions of $\boldsymbol{A}_x$, $\boldsymbol{A}_z$ and $\varPhi$ are deduced (see Appendix 1) after many steps with boundary conditions (2), which can be described as the following equation (3), (4), (5).

$$
\begin{cases}
\boldsymbol{A}_{xp} = \boldsymbol{A}_{xp+1} \\
\dfrac{\partial \boldsymbol{A}_{xp}}{\partial z} = \dfrac{\partial \boldsymbol{A}_{xp+1}}{\partial z} \\
\boldsymbol{A}_{zp} = \boldsymbol{A}_{zp+1} \\
\dfrac{1}{k_p^2} \nabla \cdot \boldsymbol{A}_p = \dfrac{1}{k_{p+1}^2} \nabla \cdot \boldsymbol{A}_{p+1}
\end{cases}
\tag{2}
$$

$$
\boldsymbol{A}_x = \frac{P_{\mathrm{E}}}{4\pi} \int_0^\infty F \cdot \mathrm{J}_0(\lambda r)\,\mathrm{d}\lambda
\tag{3}
$$

$$
\boldsymbol{A}_z = \frac{-P_{\mathrm{E}} \cdot \cos\theta}{4\pi} \int_0^\infty \left(\frac{R_1^*(0)}{-u_1} FF + \frac{u_1}{R_1(0)} \frac{F}{\lambda^2} \right) \lambda \mathrm{J}_1(\lambda r)\,\mathrm{d}\lambda
\tag{4}
$$

$$
\varPhi = -\frac{\mathrm{i}\omega\mu}{k^2} \frac{P_{\mathrm{E}}}{4\pi} \cos\theta \int_0^\infty \left(FF - \frac{k_1^2}{\lambda^2} F \right) \cdot \lambda \cdot \mathrm{J}_1(\lambda r)\,\mathrm{d}\lambda
\tag{5}
$$

where $\boldsymbol{A}_p$ and $\boldsymbol{A}_{p+1}$ are the vector potential of p and $p+1$ layer, respectively; $\boldsymbol{A}_{xp}$ and $\boldsymbol{A}_{xp+1}$ are the vector potential of p and $p+1$ layer, respectively, along x direction, $\boldsymbol{A}_{zp}$ and $\boldsymbol{A}_{zp+1}$ are the vector potential of p and $p+1$ layer, respectively, along z direction. In this case,

$$
F = \frac{\lambda}{u_0} \mathrm{e}^{-u_0 h_0} + e_0 + \frac{\left(\dfrac{\lambda \mathrm{e}^{-u_0 h_0}}{u_0} + e_0 \right) \left(-\dfrac{u_1}{R_1(0)} \right) + \lambda \mathrm{e}^{-u_0 h_0} - u_0 e_0}{u_0 \dfrac{c_{0c} - c_{0d}}{c_{0c} + c_{0d}} + \dfrac{u_1}{R_1(0)}}
$$

$$
FF = \frac{\dfrac{\mathrm{e}^{-u_0 h_0}}{\lambda}\left(1 + \dfrac{c_{0c} - c_{0d}}{c_{0c} + c_{0d}}\right) + e_0 \left(1 - \dfrac{c_{0c}^* - c_{0d}^*}{c_{0c}^* + c_{0d}^*}\right) \dfrac{c_{0c}^* + c_{0d}^*}{c_{0c}^* - c_{0d}^*}}{\dfrac{R_1^*(0)}{u_1} + \dfrac{k_0^2}{u_0 k_1^2} \dfrac{c_{0c}^* + c_{0d}^*}{c_{0c}^* - c_{0d}^*}}
$$

$$
c_{0c} = \frac{1}{2}\left(1 + \frac{u_{-1}}{u_0}\right) \mathrm{e}^{(u_{-1} - u_0) z_{-1}}
$$

$$
c_{0c}^* = \frac{1}{2}\left(1 + \frac{u_{-1}}{u_0} \frac{k_0^2}{k_{-1}^2}\right) \mathrm{e}^{(u_{-1} - u_0) z_{-1}}
$$

$$
c_{0d} = \frac{1}{2}\left(1 - \frac{u_{-1}}{u_0}\right) \mathrm{e}^{(u_{-1} + u_0) z_{-1}}
$$

$$
c_{0d}^* = \frac{1}{2}\left(1 - \frac{u_{-1}}{u_0} \frac{k_0^2}{k_{-1}^2}\right) \mathrm{e}^{(u_{-1} + u_0) z_{-1}}
$$

$$
e_0 = -\frac{\lambda}{u_0} \mathrm{e}^{u_0 h_0}
$$

$$E_0 = \frac{\lambda}{u_0} e^{-u_0 h_0} + e_0$$

where k_p is the wave number of p layer, λ is the spatial frequency, $u_p^2 = \lambda^2 + k_p^2$, r is the offset, θ is the angle of r and x direction, P_E is the dipole moment, $J_0(\lambda r)$ and $J_1(\lambda r)$ are the Bessel function. R_1 and R_1^* are the functions related to which contact with the earth layer resistivity and thickness, respectively. And the expressions of R_1 and R_1^* are the same as CSAMT.

$$R_1(0) = \mathrm{cth}\left[u_1 h_1 + \mathrm{arcth}\frac{u_1}{u_2}\mathrm{cth}\left(u_2 h_2 + \cdots + \mathrm{arcth}\frac{u_{N-1}}{u_N}\right)\right] \tag{6}$$

$$R_1^*(0) = \mathrm{cth}\left[u_1 h_1 + \mathrm{arcth}\frac{u_1 \rho_1}{u_2 \rho_2}\mathrm{cth}\left(u_2 h_2 + \cdots + \mathrm{arcth}\frac{u_{N-1}\rho_{N-1}}{u_N \rho_N}\right)\right] \tag{7}$$

All the electric fields components E_x, H_y and magnetic fields components H_x, H_y, H_z can be derived from function (2). E_x and H_y frequently calculated by traditional CSAMT method are expressed as

$$E_x = i\omega\mu\frac{P_E}{4\pi}\int_0^\infty F \cdot J_0(\lambda r)\,d\lambda + \frac{i\omega\mu}{k_1^2}\frac{P_E}{4\pi}(\cos\theta)^2\int_0^\infty\left(FF - \frac{k_1^2}{\lambda^2}F\right)\cdot \lambda^2 \cdot J_0(\lambda r)\,d\lambda$$
$$+ \frac{i\omega\mu}{k_1^2}\frac{P_E}{4\pi}\frac{1}{r}(1 - 2(\cos\theta)^2)\int_0^\infty\left(FF - \frac{k_1^2}{\lambda^2}F\right)\cdot \lambda \cdot J_1(\lambda r)\,d\lambda \tag{8}$$

$$H_y = \frac{P_E}{4\pi}\int_0^\infty -\frac{u_1}{R_1(0)}F \cdot J_0(\lambda r)\,d\lambda$$
$$+ \frac{P_E}{4\pi}\frac{1}{r}(1 - 2(\cos\theta)^2)\int_0^\infty\left(\frac{R_1^*(0)}{-u_1}FF + \frac{u_1}{R_1(0)}\frac{F}{\lambda^2}\right)\lambda \cdot J_1(\lambda r)\,d\lambda$$
$$+ \frac{P_E}{4\pi}(\cos\theta)^2\int_0^\infty\left(-\frac{R_1^*(0)}{u_1}FF + \frac{u_1}{R_1(0)}\frac{1}{\lambda^2}F\right)\lambda^2 \cdot J_0(\lambda r)\,d\lambda \tag{9}$$

The contributions of ionosphere and displacement current have been expressed in c_{0c}, c_{0c}^* c_{0d} and c_{0d}^*, respectively. The differences of c_{0c}, c_{0c}^*, c_{0d} and c_{0d}^* between traditional CSAMT model and "earth-ionosphere" model are the main causes of the differences of EM fields between the CSAMT model and the "earth-ionosphere" model. Whether the contribution of displacement current has been considered or not is depending on the selection of wave number k. If $k^2 = -i\omega\mu/\rho - \omega^2\varepsilon\mu$, the contribution of displacement current is considered, if $k^2 = -i\omega\mu/\rho$, the contribution of displacement current is neglected. Till now the displacement current's role on EM has been neglected, especially in the calculation of E_x and H_y in CSAMT (Ward & Hohmann 1988). In this paper, displacement current has been considered.

The solution of long line electric source can be obtained by numerical summation of the solutions obtained by formula and of point sources along the long line.

5 Numerical simulations

In order to study the characteristics of three layers media of the EM fields in "earth-ionosphere" mode, many case of n was tested, here only the results of the three layers media of the "earth-ionosphere" mode EM fields are presented, which is enough to indicate the basic characteristics. The modeling of decay characteristics of electromagnetic fields was conducted, as shown in Figure 2.

The coordination system is the same as that shown in Figure 1. The layer index of ionosphere, atmosphere, and earth is -1, 0, and 1, respectively. The resistivity of these three layers are of $\rho_{-1} = 10^4$ Ohm-m, $\rho_0 = 10^{14}$ Ohm-m and $\rho_1 = 5 \times 10^3$ Ohm-m, respectively. And the thickness of corresponding layers are $h_{-1} = \infty$, $h_0 = 100$km, and $h_1 = \infty$, respectively. The HED moment is 1×10^7 A. m. The transmitted frequencies are 0.1, 5.0, and 300Hz, respectively.

The receivers were placed on the earth surface with $y = 0$km, $z = 0$km and $x = 35-2500$km. The receivers for equatorial array are also on the earth surface: $x = 0$km, $z = 0$km and y has the same values as x for axial array.

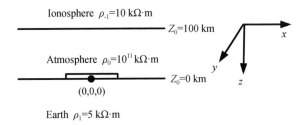

Fig. 2   Sketch including ionosphere whole space model

Figure 3-5 show the decay curves of the "earth-ionosphere" mode fields' of axial array for the frequency of 0.1Hz, 5Hz and 300Hz, respectively. The solid lines are the "earth-ionosphere" mode modeling data taking into account of the displacement current. The dot lines are the "earth-ionosphere" mode modeling data without considering the displacement current. The dash lines are the quasi static field analytical results of the earth half space[1].

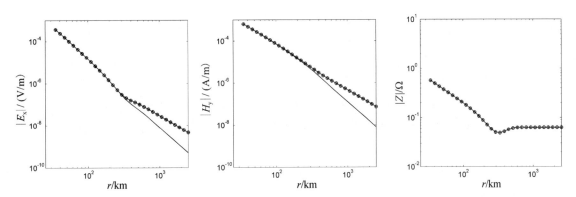

Fig. 3 $| E_x |$ (a), $| H_y |$ (b) and $| Z |$ (c) fields decay curves for axial array (0.1Hz)

+: Earth-ionosphere mode (including DC); o: Enrth-ionosphere mode (not including DC); —: half-space

Figure 6-8 shows the decay curves of equatorial array of the "earth-ionosphere" mode fields' for the frequency of 0.1Hz, 5Hz and 300Hz, respectively.

The decay lines as shown in Figures 3-8 indicate that no matter what frequencies were employed, both E_x and H_y fields of modeling (solid lines: considering the displacement current; dot lines: without considering the displacement current) and half space analytical (dash lines) for a small offset are identical because the ionosphere and displacement current effects are too small that it can be neglected. However, with the increase of off-set, the effect of ionosphere becomes pronouncing and thus the differences between the E_x and H_y fields of modeling with or without considering the displacement current and analytical solution of half space model become very distinctive. The EM field amplitude of the "earth-ionosphere" mode is larger than that of the half space model, and the amplitude becomes even larger when including the displacement current. The difference appears at smaller offset with the frequency increasing. The difference for axial array is more obvious than equatorial array, which means that the polarization direction of EM fields is changing and the ellipse polarization phenomenon exits for large offset fields.

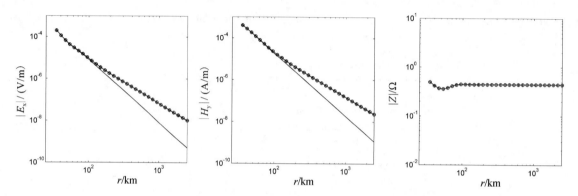

Fig. 4　$|E_x|$ (a), $|H_y|$ (b) and $|Z|$ (c) fields decay curves for axial array (5Hz)

+: Earth-ionosphere mode (including DC); o: Enrth-ionosphere mode (not including DC); —: half-space

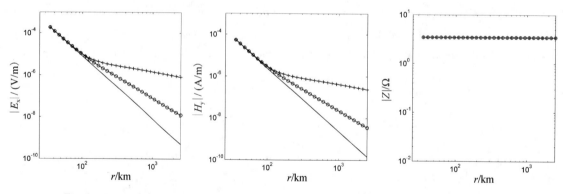

Fig. 5　$|E_x|$ (a), $|H_y|$ (b) and $|Z|$ (c) fields decay curves for axial array (300Hz)

+: Earth-ionosphere mode (including DC); o: Enrth-ionosphere mode (not including DC); —: half-space

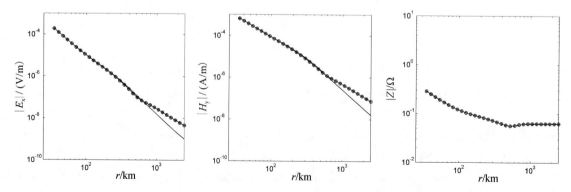

Fig. 6　$|E_x|$ (a), $|H_y|$ (b) and $|Z|$ (c) fields decay curves for equatorial array (0. 1Hz)

+: Earth-ionosphere mode (including DC); o: Enrth-ionosphere mode (not including DC); —: half-space

The right subplots of Figures 3-8 indicate that impedances are identical, no matter what frequencies were employed, no matter considering displacement current or not, no matter considering the effect of ionosphere or not. That means that displacement current and ionosphere have effect on E_x and H_y, but have not effect on the impedance. At the large distances where displacement current and ionosphere are important for the EM fields, isn't the impedance essentially. In far and waveguide field, the induction response of impedance is the same as vertically incident plane wave.

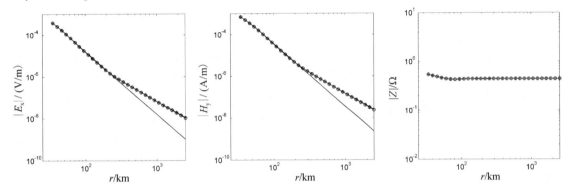

Fig. 7 $|E_x|$ (a), $|H_y|$ (b) and $|Z|$ (c) fields decay curves for equatorial array (5Hz)
+: Earth-ionosphere mode (including DC); o: Enrth-ionosphere mode (not including DC); —: half-space

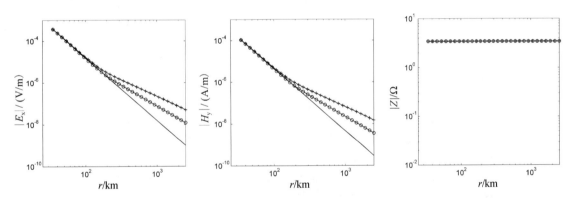

Fig. 8 $|E_x|$ (a), $|H_y|$ (b) and $|Z|$ (c) fields decay curves for equatorial array (300Hz)
+: Earth-ionosphere mode (including DC); o: Enrth-ionosphere mode (not including DC); —: half-space

Based on the numerical results of Figures 3-8, the boundary determination of near field, far field and waveguide field for "earth-ionosphere" mode at different frequencies we achieved.

In "earth-ionosphere" mode, the EM waves' behavior is the same as CSAMT (quasi-stable field) in near and far field. Because of small offset, the propagation of EM waves in the near and far field, mainly appeared as the distribution and induction of the conduction current, displacement current and effect of ionosphere can be neglected. The EM fields is primarily a induced field (quasi-stable field). The propagation characteristics can be described by the theory of quasi-stable field which is analogous to classical theory of EM sounding. While in the waveguide field, EM waves run in a way completely different from near and far filed. The contribution of conduction current is so small in waveguide field that it can be neglected, displacement current and ionosphere are taken into account, and the EM fields' attenuation is much smaller than that in near and far field. In a word, the EM waves' attenuation is large in the near and far field, and becomes small in the waveguide field, which characterizes the varied spatial distributions and propagation of the induction and radiation fields[14].

It is an important but yet open issue how the "earth-ionosphere" mode EM waves distributed in the near, far and waveguide fields, how these zones link, and what their sizes are. There were two methods to division far and waveguide field. One is when the offset is greater than 3 times the height of ionosphere, the EM fields turn into waveguide field [3]. Another is when the EM fields of "earth-ionosphere" are larger than those of quasi-stable fields by 10%, the EM fields turn into waveguide field (by Russian researches). The paper follows the division method proposed by Russian researches. Compartmentalizing boundary of near field and far field reference to CSAMT. When the offset is greater than 3 times skin depth (when half length of the antenna is greater than 3 times skin depth, based on half length of the antenna), the EM fields turn into far field. The boundary of near, far and waveguide field for "earth-ionosphere" mode at different frequencies are shown in Figure 9.

The standard of boundary determination is not strict, the boundary between far and waveguide field is an area, there is no clear indication where the far field ends and waveguide field begin, just like that between near and far field, but the basic approximation features of EM fields in the near, far, waveguide area have already been seen. Under these standards, the boundaries of near and far field at 0.1, 5 and 300Hz are 338, 48 and 25km, respectively. The boundary of waveguide field in axial direction is 350km and the equatorial direction is 675km at 0.1Hz. When the frequency increses to 300Hz, the axial direction is 110km and the equatorial direction is 80km.

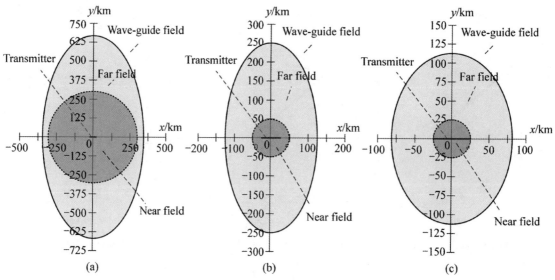

Fig. 9　Boundary of near, far and waveguide field
(a) 0.1Hz; (b) 5Hz; (c) 300Hz

Figures 10−13 show the E_x and H_y fields' patterns of the "earth-ionosphere" mode and the modeling results are shown in Figure 2. It can be seen that the attenuation of EM fields is the same at axial and equatorial directions at 0.1 and 5Hz. But this phenomenon changes when frequency is 32Hz at which the attenuation at axial direction is smaller than that of the equatorial direction. When the frequency further increases to 300Hz, this phenomenon becomes even more evident. This is caused by the displacement current in the air.

Figures 10−13 can confirm that in "earth-ionosphere" mode there should be an extra waveguide zone for acting in a distance of several hundreds to thousands of kilometers, and there are many different characteristics between this extra zone and far field zone. The following difference can be observed: 1) the amplitudes of EM fields decay much slower; 2) the polarization patterns change; 3) the positions for better measurement of Z_{xy} and Z_{yx} changes; 4) there exits the polarization ellipse of electric and magnetic fields; 5) the long axis direction of the polarization ellipse in waveguide zone changes comparing to quasi static EM fields.

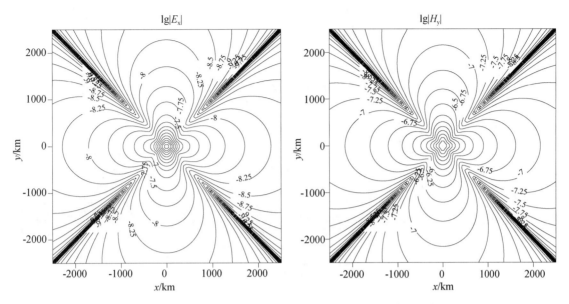

Fig. 10　Radiation pattern of "earth-Ionosphere" mode (0. 1Hz)

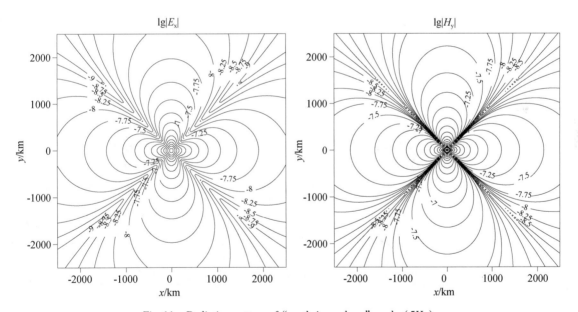

Fig. 11　Radiation pattern of "earth-ionosphere" mode (5Hz)

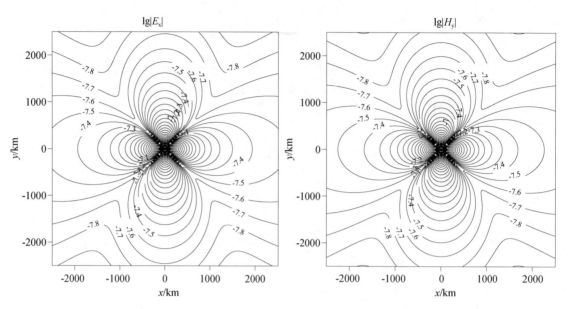

Fig. 12   Radiation pattern of "earth-ionosphere" mode (32Hz)

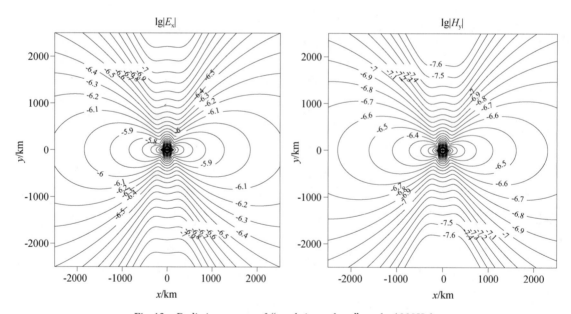

Fig. 13   Radiation pattern of "earth-ionosphere" mode (300Hz)

6   Conclusions

(1) Due to the influence of the ionosphere and displacement current in the air, the "earth-ionosphere" mode electromagnetic fields are very different from CSAMT. CSAMT fields only consider the near field zone and far field zone, but the "earth-ionosphere" mode EM fields have an extra waveguide zone where the fields' behavior is very different from that of the far field zone.

(2) Because the reflection effect of the ionosphere, the attenuation of electromagnetic wave in waveguide

zone is small. Therefore, there exists a possibility that a fixed artificial source can be applied to excite the EM fields, in which not only strong enough magnitude, being used in geophysical exploration in near and far field within 20km from source, is created, but also geophysical exploration in very far area reaching several thousand-km from source so called waveguide area is feasible.

(3) As a result of the effect of the displacement current in the air, the electromagnetic wave in the axial direction is greater than that of the equatorial direction, and as the frequency increases, the effect becomes more evident.

References

[1]　Wait J R, An extension to the mode theory of VLF ionospheric propagation [J], Journal of Geophysical Research, 1958, 63 (1): 125-135

[2]　Wait J R, The long wavelength limit in scattering from a dielectric cylinder at oblique incidence [J], Canadian Journal of Physics, 1965, 43 (12): 2212-2215

[3]　Bannister P R, Willianms F J, Results of the August 1972 Wisconsin Test Facility effective earth conductivity measurements [J], Journal of Geophysical Research, 1974, 79 (5): 725-732

[4]　Chang D C, Wait J R, Extremely low frequency (ELF) propagation along a horizontal wire located above or buried in the earth [J], Communications, IEEE Transactions on, 1974, 22 (4): 421-427

[5]　Greifinger C, Greifinger P, Approximate method for determining ELF eigenvalues in the Earth - ionosphere waveguide [J], Radio Science, 1978, 13 (5): 831-837

[6]　Greifinger C, Greifinger P, On the ionospheric parameters which govern high - latitude ELF propagation in the Earth - ionosphere waveguide [J], Radio Science, 1979, 14 (5): 889-895

[7]　Bannister P R, ELF propagation update [J], Oceanic Engineering, IEEE Journal of, 1984, 9 (3): 179-188

[8]　Cummer S A, Modeling electromagnetic propagation in the Earth-ionosphere waveguide [J], Antennas and Propagation, IEEE Transactions on, 2000, 48 (9): 1420-1429

[9]　Galejs J, Terrestrial Propagation of Long Electromagnetic Waves: International Series of Monographs in Electromagnetic Waves [M], Oxford: Elsevier, 2013

[10]　Wait J R, Electromagnetic Waves in Stratified Media: Revised Edition Including Supplemented Material [M], Oxford: Elsevier, 2013

[11]　Ward S H, Hohmann G W, Electromagnetic theory for geophysical applications [J], Electromagnetic methods in applied geophysics, 1988, 1 (3): 131-311

[12]　Zhuo Xianjun, Zhao Guozhe, A new technique of EM controlled-source sounding for resource prospecting [J], Oil Geophys Prosp, 2004, 39 (B11): 114-117 (in Chinese)

[13]　Li Diquan, Di Qingyun, Wang Miaoyue, One-dimensional electromagnetic fields forward modeling for "earth-ionosphere" mode [J], Chinese Journal of Geophysics, 2011, 54 (9): 2375-2388 (in Chinese)

[14]　Yang Jing, Propagation characteristics of CSELF electromagnetic waves [D], Beijing: In Institute of Geology, China Earthquake Administration, 2011 (in Chinese)

[15]　Zhuo Xianjun, Lu Jianxun, Zhao Guozhe, Di Qingyun, The extremely low frequency engineering project using WEM for underground exploration [J], Engineering Science, 2011, 13 (9): 42-50 (in Chinese)

[16]　Zhuo Xianjun, The research of the distribution and measurement of artificial SLF field [D], Beijing: Institute of Geology, Chinese Earthquake Administration, 2005 (in Chinese)

[17]　Zhuo Xianjun, Zhao Guozhe, Di Qingyun, Bi Wenbin, Tang Ji, Wang Ruo, Preliminary application of WEM in geophysical exploration [J], Prog. Geophys, 2007, 22 (6): 1921-1924 (in Chinese)

[18]　Di Qingyun, Wang Miaoyue, Wang Ruo, Wang Guangjie, Study of the long bipole and large power electromagnetic field [J], Chinese Journal of Geophysics, 2008, 51 (6): 1917-1928 (in Chinese)

[19]　Zhao Guozhe, Wang Lifeng, Tang Ji, Cheng Xiaobin, Zhan Yan, Xiao Qibing, Wang Jijun, Cai Juntao, Xu Guangjing, Wan Zhansheng, Wang Xiao, Yang Jing, Dong Zeye, Fan Ye, Zhang Jihong, Gao Yan, New experiments of CSELF elec-

tromagnetic method for earthquake monitoring [J], Chinese Journal of Geophysics, 2010, 53: 479-486 (in Chinese)

[20] Zhuo Xianjun, Lu Jianxun, Application and prospect of WEM to resource exploration and earthquake predication [J], Ship Science and Technology, 2010, 6: 3-8 (in Chinese)

[21] Fraser S, Antony C, Bernardi A, Mcgill P R, Ladd M, Helliwell R A, Villard J O, Low-frequency magnetic field measurements near the epicenter of the MS7. 1 Loma Prieta earthquake [J], Geophys. Res. Lett, 1990, 17 (9): 1465-1468

[22] Simpson J J, Heikes R P, Taflove A, FDTD modeling of a novel ELF radar for major oil deposits using a three-dimensional geodesic grid of the Earth-ionosphere waveguide [J], Antennas and Propagation, IEEE Transactions on, 2006, 54 (6): 1734-1741

[23] Simpson J J, Taflove A, Three-dimensional FDTD modeling of impulsive ELF propagation about the Earth-sphere [J], Antennas and Propagation, IEEE Transactions on, 2004, 52 (2): 443-451

[24] Yoshihiro I, Kazushige O, Very low frequency earthquakes within accretionary prisms are very low stress-drop earthquakes [J], Geophysical Research Letters, 2006, 33 (9): 302

[25] Palmer S J, Rycroft M J, Cermack M, Solar and geomagnetic activity, extremely low frequency magnetic and electric fields and human health at the Earth's surface [J], Surveys in Geophysics, 2006, 27 (5): 557-595

[26] Harrison R G, Aplin K L, Rycroft M J, Atmospheric electricity coupling between earthquake regions and the ionosphere [J], Journal of Atmospheric and Solar-Terrestrial Physics, 2010, 72 (5): 376-381

[27] Saraev A K, Pertel M I, Parfentev P A, Prokof'ev V E, Kharlamov M M, Experimental study of the electromagnetic field from a VLF radio set for the purposes of monitoring seismic activity in the North caucasus [J], Izvestiya Physics of the Solid Earth, 1999, 35 (2): 101-108

[28] Zhao Guozhe, Tang Ji, Deng Qianhui, Artificial SLF method and the experimental study for earthquake monitoring in Beijing area [J], Earth Science Frontiers, 2003, 10 (SUPP): 248-257 (in Chinese)

[29] Zhao Guozhe, Lu Jianxun, Monitoring and analysis of earthquake phenomena by artificial SLF waves, Engineering Science (in Chinese), 2003, 5 (10): 27-33 (in Chinese)

[30] Berenger J P, An implicit FDTD scheme for the propagation of VLF-LF radio waves in the Earth-ionosphere waveguide [J], Comptes Rendus Physique, 2014, 15 (5): 393-402

[31] Li Guozhe, Gu Tangtian, Li Keng, SLF/ELF Electromagnetic Field of a Horizontal Dipole in the Presence of an Anisotropic Earth-Ionosphere Cavity [J], Applied Computational Electromagnetics Society Journal, 2014, 29 (12): 1102-1111

[32] Nickolaenko A P, Hayakawa M, Spectra and waveforms of ELF transients in the Earth - ionosphere cavity with small losses [J], Radio Science, 2014, 49 (2): 118-130

[33] Surkov V, Hayakawa M, Earth-Ionosphere Cavity Resonator, in Ultra and Extremely Low Frequency Electromagnetic Fields [M], New York: Springer, 2014: 109-144

[34] Wang H B, Two dimensional forward and inverse modeling of the very low frequency electromagnetic method [D]. Beijing: China University of Geosciences, 2014

[35] Xu Zhihai, Two dimensional forward modeling of very low frequency electromagnetic method [D], Beijing: China University of Geosciences, 2014 (in Chinese)

[36] Li Diquan, Di Qingyun, Wang Miaoyue, Nobes D, 'Earth-ionosphere' mode controlled source electromagnetic method [J], Geophysical Journal International, 2015, 202 (3): 1848-1858

[37] Porrat D, Fraser S, Antony C, Propagation at extremely low frequencies [J], Wiley Encyclopedia of Electrical and Electronics Engineering, 2003

[38] Kirillov V V, Two-dimensional theory of elf electromagnetic wave propagation in the earth-ionosphere waveguide channel [J], Radiophysics and quantum electronics, 1996, 39 (9): 737-743

电离层影响下不同类型源激发的电磁场特征[*]

付长民　底青云　许　诚　王妙月

中国科学院地质与地球物理研究所，中国科学院工程地质力学重点实验室

摘　要　大地电磁法（MT）和可控源音频大地电磁法（CSAMT）虽然在多种勘探领域均得到了广泛的应用，但是也存在着一些问题。于是结合了这两种勘探方法的优点，一种采用固定的大功率源进行电磁波发射，在全国范围内进行电磁信号接收的人工源电磁法得到了发展。此方法中收发距可达上千千米，在此大尺度范围下如何保证电磁信号的强度成为一个关键问题，而其中发射源的类型是决定着信号强度的重要因素。当收发距很大时，电离层的存在将影响到电磁信号的传播，为了探讨适合于大功率固定源方法的发射源类型，本文将大功率固定源方法模型抽象为地—电离层模型，研究电离层影响下的三维积分方程法，其中地—电离层模式背景模型的格林函数用波数域中的层矩阵法获得。利用此正演方法模拟对比了发射源分别为水平长线源、环状源和 L 型源时电离层影响下的电磁场传播特征，并初步探讨了 L 型发射源对三维异常体的分辨能力。综合分析认为 L 型源是较优的发射源，有利于在大功率固定源方法中进行实际应用。

关键词　"地—电离层"　不同类型激发源　大功率电磁勘探　三维积分方程

1　引　　言

天然源大地电磁测深法（MT）与可控源音频大地电磁法（CSAMT）近年来得到了大量广泛应用，但各自也存在着某些不足[1~8]。MT 法的可测范围和可测深度都很大，但由于采用天然场源，信号强度比较弱，容易受到各种干扰的影响，所以在测量时必须增加叠加次数，从而观测时间长，工作效率较低。采用人工场源的 CSAMT 方法信号强度虽然较大，但在实际野外工作中源的布设比较麻烦，当工区地形复杂时，有时很难找到合适的发射源位置。另外此方法目前的探测深度仅为 1~2km，难以满足深部勘探的需求。

于是，结合了 MT 与 CSAMT 两者方法的优点，一种称为"WEM"的大功率固定源电磁勘探方法得到了发展。这一方法的基本思路是在高电阻区域建设一个固定的大功率电磁信号发射源，源的尺度可达上百千米，能产生覆盖全国范围的高信噪比电磁场信号。通过多台观测设备组成二维观测剖面或三维观测阵列，在勘探区域可以获得密集的多次覆盖电磁数据，从而可在保持传统人工源电磁法分辨率的基础上，将探测深度延伸至 10km 深。方法可以应用于多种勘探领域，可服务于地震预报、资源探测、电性结构普查等[9~14]。

对于 WEM 方法来说，要保证大功率固定源产生的电磁信号在全国范围均有较高的信噪比，发射源类型的确定是一个重要的环节，对不同类型源所产生的电磁信号进行数值模拟分析，是确定发射源类型的有效手段。

＊ 本文发表于《地球物理学报》，2012，55（12）：3958~3968

传统的 CSAMT 等可控源电磁方法，源的功率相对较小，勘探的收发距一般在几十千米以内，在进行数值模拟时仅考虑空气层及大地层即可。而对于 WEM 方法，由于采用大尺度大功率源，收发距离可达上千千米，在如此远距离上接收到的电磁信号将受到电离层的影响。电离层影响下的地表电磁场的特征虽有一些相关文献发表，但多讨论的为线性发射源的情况[15~17]。本文将在此基础上，将发射源的类型分别设置为水平长线型、环状圆形和 L 型源，建立包括有电离层、空气层和大地层的"地—电离层"模型，使用层矩阵积分方程法[18~30]进行大功率大收发距电离层影响下的电磁场特征正演模拟，对比分析各种发射类型源的优缺点，讨论有利于 WEM 方法发射源的类型。

2 方法原理

目前电磁场的正演方法主要有微分法和积分法，微分方法中的频域有限元和有限差分等方法需要网格化所有的研究区域，当区域不是很大，或者研究区虽然比较大，但电性结构比较接近于均匀介质的时候，可以采用粗网格的方法。但是当研究区域很大或者研究区域的电性结构不是很均匀时，频率域中的有限元方程组或有限差分方程组的方程数目就会变得很大，以至于不能够得到理想的解。

自 20 世纪 90 年代以来，由于具有仅需在异常区进行剖分的优点，3D 电磁场积分方程法取得了迅速的发展。此方法将场表示为正常场与异常场之和，如下所示：

$$E = E^b + E^a = E^b + G_E(\Delta\sigma E)$$
$$H = H^b + H^a = H^b + G_H(\Delta\sigma E)$$

式中，$\Delta\sigma$ 是异常电导率；G_E 和 G_H 是电场格林算子和磁场格林算子，表示格林函数与其变量 $\Delta\sigma E$ 乘积的三维积分。

在三维积分方程法中，格林函数的计算是一个关键，其计算精度影响着最终结果的精度。本文利用了计算层状介质电磁场的层矩阵方法[18]，进行适合大功率固定源电离层、空气层、固体层耦合情况下水平层状全空间电磁波理论格林函数的计算。层矩阵法从麦克斯韦方程组出发，利用二维傅里叶变换关系，将空间 (x, y, z) 域中的公式转换到波数 (k_x, k_y, z) 域，在波数域中进行公式的推导，建立边界条件，得到波数域电磁场值，然后通过二维傅里叶反变换得到空间域的结果，并将计算结果植入到三维积分方程中，建立起可以模拟"地—电离层"模型的层矩阵三维积分方程法。

该方法可以计算均匀层状大地背景下各种三维异常体模型的正演场，但为了简化问题，重点研究不同类型源的电磁场基本特征，本文仅主要计算给出大地为均匀介质模型时的情况，对比分析得到各种源的优缺点。最后将针对 L 型源进行三维异常体数值模拟，计算给出地表接收到的卡尼亚视电阻率，对大功率固定 L 型发射源在大尺度收发距情况下对三维异常体的分辨能力进行初步探讨。

3 不同类型源所激发的电磁场特征

3.1 方法可靠性验证

为了确定方法程序的可靠性，将首先进行程序计算结果与现有可靠可控源电磁法程序的对比。正演模型采用的是电离层、空气层和大地层三层结构的地-电离层模型，如图 1 所示。发射源为中心位于 x 轴的线源，长度为 2km，发射电流 100A，发射频率 1Hz。

图 2 为 y 轴位置上接收到的电场 E_x 和磁场 H_y 分量曲线，图 3 给出的是坐标为 (0, 100000m, 0) 的接收点随频率改变的视电阻率曲线。图中粗实线代表的是利用经典 CSAMT 法解析公式计算所得的结果，细实线和虚线为不考虑电离层和考虑电离层时用层矩阵三维积分方程法计算所得的结果。可以看

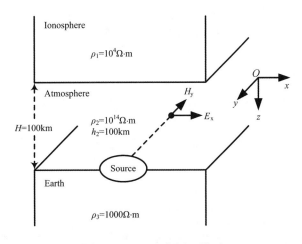

图 1 "地—电离层"模型

到，在这种小收发距情况下，由于电离层的影响可以忽略，三维积分方程法计算的"地—电离层"模型结果与无电离层的结果及解析解基本一致。但仔细观察也可发现在图 2 中收发距小于 5km 左右时曲线稍有差别，经过分析认为这是由于经典 CSAMT 法公式使用的是电偶极子源，在收发距较小或发射源较大时会产生误差，而三维层矩阵积分方程法严格计算了线源长度，其场值的计算结果更加精确。

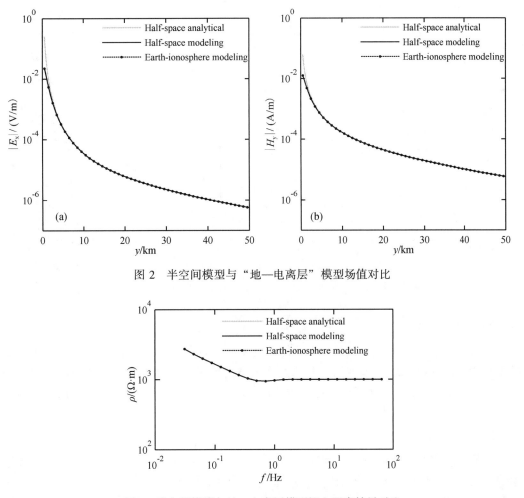

图 2 半空间模型与"地—电离层"模型场值对比

图 3 半空间模型与地—电离层模型视电阻率结果对比

　　上述对比结果表明了层矩阵三维积分方程法程序对于空间尺度小的模型是可靠的。下面将利用它进行不同类型固定源的大收发距"地—电离层"模型电磁数值计算。在进行场强特征对比模拟的计算中均采用图1所示模型，发射电流100A，发射频率0.1Hz。

3.2　长线源电磁场衰减特征

　　首先进行发射源为水平长线源的数值模拟计算，线源长度100km，置于x轴上，中心位于原点。分别计算给出不考虑电离层的"半空间"模型和考虑了电离层的"地—电离层"模型时接收位置分别位于x轴和y轴上的电磁场衰减曲线。由于两坐标轴位置为长线源激发的电场E_y分量和磁场H_x分量的低值区，所以下面仅给出电场E_x分量和磁场H_y分量的场值曲线，如图4和图5所示。

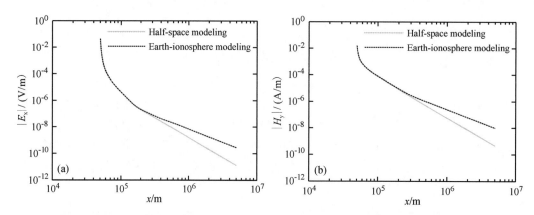

图4　水平长线源"地—电离层"模型与半空间模型电磁场x轴上衰减曲线

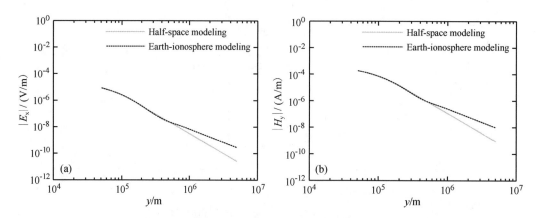

图5　水平长线源"地—电离层"模型与半空间模型电磁场y轴上衰减曲线

　　可以看到，在收发距相对较近，即在x轴上小于300km和y轴上小于500km的位置，考虑和不考虑电离层影响的两种模型计算结果基本相同，此时电离层影响可以忽略。但当再增加收发距后，计算了电离层影响的"地—电离层"模型场强开始大于无电离层时的情况，并且随着收发距的增加二者的差别也越大。这说明电离层的存在会增强较远距离的电磁场信号，使场强的衰减变慢，有利于在WEM方法中超远距离电磁信号的接收，这与已发表文献中的结论是一致的[10,15,17]。

3.3　环状源电磁场衰减特征

　　将图1中的源改为水平圆环形状，圆环中心位于原点，圆环面积为100000m²，磁矩与前述长线源的电矩相等。由于在x轴上为环状源产生E_x和H_y场分量的低值区，在y轴上为E_y和H_x分量的低值区，所以图6给出的是x轴上E_y和H_x分量的对比曲线，图7给出的是y轴上E_x和H_y的衰减对比曲线。

从图6和图7中可以看到，当环状源的极矩与长线源相等时，其产生的场整体远小于前述线状源的场。由于环形源为对称源，x 轴上的 E_y 和 H_x 分别与 y 轴上的 E_x 和 H_y 相当。在收发距小于400km 时可忽略电离层的影响，与线状类型源不同的是，当继续增大收发距后，电离层影响下的电磁场小于无电离层时的情况，电离层的存在使环状源的场衰减加速，在远距离处环状源的场会变得很弱。

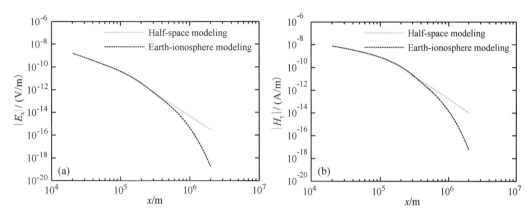

图6　环状源"地—电离层"模型与半空间模型电磁场 x 轴上衰减曲线

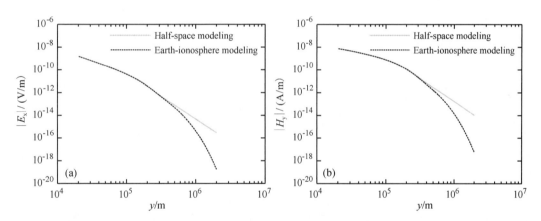

图7　环状源"地—电离层"模型与半空间模型电磁场 y 轴上衰减曲线

因此，在考虑电离层影响下，电性源和磁性源激发场的数值结果表明，对于水平电性源激发的场，电离层的影响是相长干涉，从而使得信号在波导区衰减很慢；而对于垂直的磁性源激发的场，电离层的影响使得波相消干涉，从而信号大大减弱。

3.4　L 型源电磁场衰减特征

将 3.2 中的长线发射源保持不变，并添加一条平行于 y 轴的分线源，线源长度50km，中心坐标为（-50km，25km，0km），与水平分线源组合形成 L 型发射源。

图8给出了 L 型源在 x 轴上产生的电磁场各分量值，图9给出的是 y 轴位置上的电磁场各分量值，各图均计算了 L 型发射源电离层存在与否时的场值结果。从图中可以看到，由于在两坐标轴上 E_x 和 H_y 场主要由水平方向的分线源产生，垂直分线源对其贡献不大，所以 L 型源此两分量场强与 3.2 中线源的结果相差不大。而由于有了垂直发射线源的参与，L 型源在两坐标轴上也出现了 E_y 与 H_x 的场分量。综合各曲线，可以看到各场值分量的特征与长线源基本相同，电离层的存在使场强各分量衰减变慢，这有利于 WEM 方法中的应用。

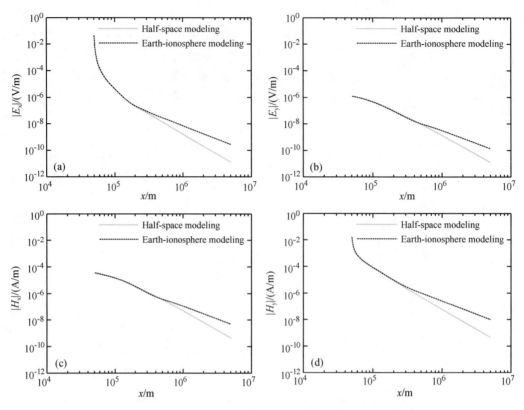

图8　L型源"地—电离层"模型与半空间模型电磁场 x 轴上衰减曲线

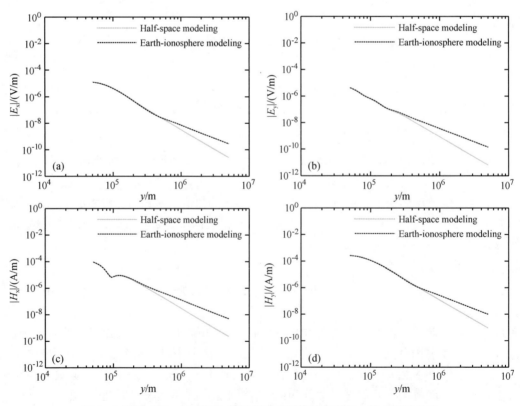

图9　L型源"地—电离层"模型与半空间模型电磁场 y 轴上衰减曲线

3.5　各类型源场强辐射图形

　　上述内容仅对某些位置的场值进行了对比，存在有一定的局限性，为了从整体上认识与分析电离层影响下的长线源、环状源及 L 型源的电磁场特征，下面将分别计算给出这三种源在地表上产生的电磁场 E_x、E_y、H_x 和 H_y 分量的辐射图形，如图 10 至 12 所示。

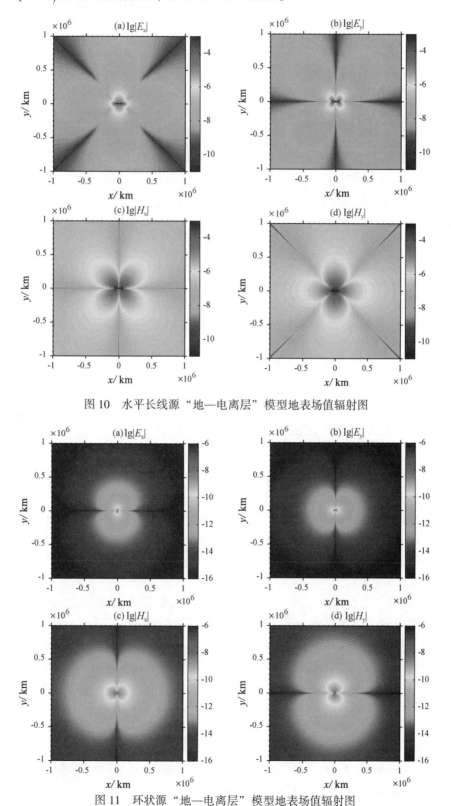

图 10　水平长线源"地—电离层"模型地表场值辐射图

图 11　环状源"地—电离层"模型地表场值辐射图

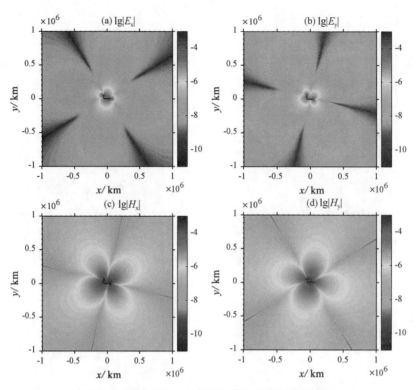

图 12　L 型源"地—电离层"模型地表场值辐射图

如前所述，对于水平长线源的辐射场，在 x 和 y 轴上为其场值分量 E_y 和 H_x 的低值带。在此时发射频率较低的情况下，场值 E_x 和 H_y 的低值区与两轴成 45°斜交。对于环状源，其 E_x 和 H_y 分量关于 x 轴对称，E_y 和 H_x 分量关于 y 轴对称，各场分量随着距离的增加衰减很快，在大收发距的情况下将无法观测到有效的电磁信号。从辐射图形来看，L 型源与水平长线源存在着较大的差别，虽然 L 型源也具有低场值带，但其产生的各场值分量整体上均优于水平线源的场。

3.6　L 型源三维模型模拟

为了考察 L 型发射源情况下大地为三维结构时的电磁场基本特征，分析 L 型大功率固定源在收发距很大时对异常体的分辨能力，下面将对一个三维地质模型进行模拟，模型中 L 型的发射源与 3.4 中参数一致，将图 1 中的大地改为存在一个三维异常体的层状介质，如图 13 所示。模型中大地分为三层，从上至下电阻率分别为 1000、500 和 4000Ω·m，前两层的厚度为 1000m 和 500m。三维异常体长和宽均为 1000m，厚度 100m，上界面距地表 1200m，位于大地第二层中。异常体中心投影到地表的 x 和 y 坐标均为 1000km。

图 14 为地表异常体中心投影点（$x=1000$km，$y=1000$km）接收到的卡尼亚视电阻率曲线。其中实线代表三维异常体的电阻率为 500Ω·m，与围岩相同，即此时无异常存在，虚线代表异常体电阻率为 100Ω·m，为低阻异常体，点线时异常体电阻率为 2000Ω·m，为高阻异常体。可以看到当频率较高时，由于趋肤深度较小，视电阻率仅体现出了大地第一层的信息。而随着频率的降低，电磁趋肤深度增加，异常体的存在对于视电阻率的改变逐渐增强，频率越低，视电阻率的异常也就越大，而其中低阻异常体的视电阻率畸变比高阻异常体的结果更加明显。

上图仅计算了地表一个测点的结果，为了分析地表不同位置的视电阻率特征，下面将给出以异常为中心 20km 范围内，发射频率为 0.1Hz 和 10Hz 时地表接收到的视电阻率分布图，如图 15 和 16 所示。从图 15 中可以看到，三维低阻体和高阻体在地表均产生了明显的低阻与高阻异常，随着远离异常体中心在地表的投影，视电阻率均逐渐趋于层状背景的电阻率。

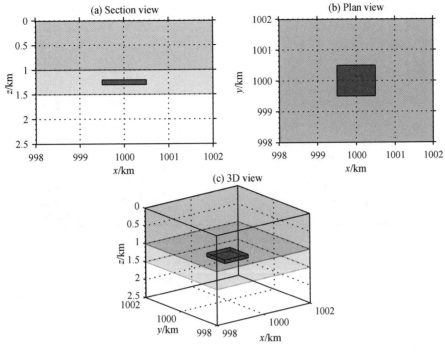

图 13　不同视角的三维大地模型

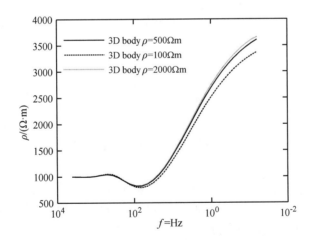

图 14　不同电阻率异常体随频率改变的视电阻率曲线

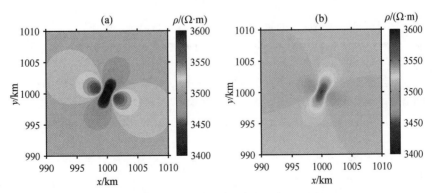

图 15　频率为 0.1Hz 时异常体在地表的视电阻率等值线图

（a）异常体电阻率为 100Ω·m；（b）异常体电阻率为 2000Ω·m

　　图 16 是发射频率为 10Hz 时的情况，此时由于频率相对较高，视电阻率代表了更浅层的地质信息，整体上视电阻率值远小于图 15 中的结果，但仍可以看出无论三维异常体是低阻还是高阻，视电阻率等值线图均对其有着较高的分辨能力。

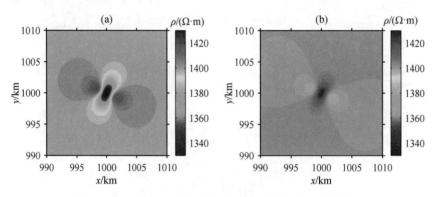

图 16　频率为 10Hz 时异常体在地表的视电阻率等值线图

（a）异常体电阻率为 100Ω·m；（b）异常体电阻率为 2000Ω·m

4　讨论及结论

　　本文针对水平长线源，环状源和 L 型源三种类型的发射源，利用层矩阵三维积分方程法进行了"地—电离层"模型的电磁场数值模拟，对比分析了 x 轴和 y 轴上三种发射源的场值曲线，并计算给出了三种源在地表上的电磁场值辐射图。

　　三种发射类型源中，水平环状源无需进行接地，发射效率较高，但是当磁矩与电矩相等时其产生的电磁场较弱，并且在远距离收发距的情况下，由于电离层的影响，电磁场会大大衰减，不利于几千千米范围的电磁勘探工作。而水平长线源与 L 型发射源产生的场在近源区有较大差别，但在远区场均会由于电离层的存在衰减变慢，可在收发距很大的情况下仍能得到较强的电磁信号，其中 L 型源的场值整体上高于水平线源的场。

　　文章最后对 L 型发射源情况下大地存在有三维异常体的模型进行了模拟，初步分析表明在收发距为上千千米时，大功率固定 L 型源对高阻与低阻体均具有较好的分辨能力。综合分析，L 型源是较优的发射源，有利于在 WEM 方法中进行实际应用。

参 考 文 献

［1］ Kaufman A, Keller G, The magnetotelluric sounding method, Elsevier Science Ltd, 1981

［2］ Cagniard L, Basic Theory of the Magnetotelluric Method of Geophysical Prospecting. Geophysics, 1953, 18（1）: 605-635

［3］ 底青云、王若等，CSAMT 数据正反演及方法应用，北京：科学出版社，2008

［4］ 汤井田、何继善，可控源音频大地电磁法理论及其应用，长沙：中南工业大学出版社，2005

［5］ 石昆法，可控源音频大地电磁法理论与应用，北京：科学出版社，1999

［6］ 底青云、王妙月、石昆法等，高分辨 V6 系统在矿山顶板涌水隐患中的应用研究，地球物理学报，2002，45（5）：744~748

［7］ 底青云、王光杰、安志国等，南水北调西线千米深长隧洞围岩构造地球物理勘探，地球物理学报，2006，49（06）：1836~1842

［8］ 底青云、伍法权、王光杰等，地球物理综合勘探技术在南水北调西线工程深埋长隧洞勘察中的应用，岩石力学与工程学报，2005，24（20）：3631~3638

［9］ 赵国泽、汤吉、邓前辉等，人工源超低频电磁波技术及其应用于首都圈地震预测的测量研究，地学前缘，2003，

10（增），248~257

[10] 卓贤军，人工超低频电磁场场强分布及测量的研究，中国地震局研究所，硕士论文，2005

[11] 卓贤军、赵国泽，一种新的资源探测人工源电磁技术，石油地球物理勘探，2004，39（增）：114~117

[12] 卓贤军、赵国泽、底青云等，无线电磁法（WEM）在地球物理勘探中的初步应用，地球物理学进展，2007，22（6）：1921~1924

[13] 卓贤军、陆建勋，“极低频探地工程”在资源探测和地震预测中的应用与展望，舰船科学技术，2010，32（6）：3~7

[14] 卓贤军、张佳炜，极低频发射天线场地等效电阻率的计算，舰船电子工程，2009，29（8）：192~195

[15] 底青云、王妙月、王若等，长偶极大功率可控源电磁波响应特征研究，地球物理学报，2008，51（6）：1917~1928

[16] 底青云、王光杰、王妙月等，长偶极大功率可控源激励下目标体电性参数的频率响应，地球物理学报，2009，52（1）：275~280

[17] 李帝铨、底青云、王妙月等，电离层—空气层—地球介质耦合下长偶极大功率可控源电磁波正演研究，地球物理学报，2010，53（2）：411~420

[18] 付长民、底青云、王妙月，计算层状介质中电磁场的层矩阵法，地球物理学报，2010，53（1）：177~188

[19] Raiche A P, An Integral Equation Approach to There-dimensional Modeling, Geophysical Journal of the Royal Astronomical Society, 1974, 36（1）：363-376

[20] Dmitriev V I, Nesmeyanova N I, Integral Equation Method in Three-dimensional Problems of Low-Frequency Electrodynamics, Computational Mathematics and Modeling, 1992, 3（1）：313-317

[21] Wannamaker P E, Advances in There-dimensional Magnetotelluric Modeling Using Integral Equations, Geophysics, 1991, 56（11）：1716-1728

[22] Xie G, Li J, Majer E L et al., 3－D electromagnetic modeling and nonlinear inversion, Geophysics, 2000, 65（3）：804-822

[23] Zhdanov M, Geophysical inverse theory and regularization problems, Elsevier Science Ltd, 2002

[24] Zhdanov M, Geophysical Electromagnetic Theory and Methods, Elsevier Science, 2009

[25] Habashy T, Groom R, Spies B, Beyond the Born and Rytov approximations: a nonlinear approach to electromagnetic scattering, J Geophys Res, 1993, 98（B2）：1759-1775

[26] Tseng H, Lee K, Becker A, 3D interpretation of electromagnetic data using a modified extended Born approximation, Geophysics, 2003, 68（1）：127-137

[27] Zhdanov M S, Fang S, Quasi-linear approximation in 3－D electromagnetic modeling, Geophysics, 1996, 61（3）：646-665

[28] Zhdanov M, Fang S, Quasi-linear series in three-dimensional electromagnetic modeling, Radio Science, 1997, 32（6）：2167-2188

[29] Zhdanov M S, Dmitriev V I, Fang S et al., Quasi-analytical approximations and series in electromagnetic modeling, Geophysics, 2000, 65（6）：1746-1757

[30] Zhdanov M S, Tartaras E, Inversion of multi-transmitter 3－D electromagnetic data based on the localized quasi-linear approximations, 2002, 148（3）：506-519

Ⅲ — 46

大功率长偶极与环状电流源电磁波响应特征对比[*]

许　诚[1,2]　底青云[1]　付长民[1]　王妙月[1]

1）中国科学院地质与地球物理研究所　中国科学院工程地质力学重点实验室
2）中国科学院研究生院

摘　要　为了在深部第二成矿带找矿，需要进一步提高电磁法可控源的强度，因此，一种新的大功率固定发射源的电磁法正在孕育之中。该方法采用长偶极源或者环状电流源，为了提高发射源的强度，偶极长度 L 或者环状源半径 R 需要非常大。然而，电磁场信号的强度不仅仅依赖于发射源，当 L 或者 R 为数十千米时，接收点的位置远离发射源，电离层对电磁场的影响不可以忽略。电离层的影响既可能是增强信号，也可能是削弱信号，这依赖于不同类型源产生的电磁波。本文利用三维积分方程法对包含电离层、空气层、固体地球层（简称"地—电离层"模型）的线状和环状大功率电流源电磁波响应进行了三维数值模拟，对两种源的电磁波的响应特征进行了对比研究。研究表明虽然磁性源的发射效率高于电性源，但是由于发射源在波导区产生的直达波经电离层的反射波要产生相长相消干涉，波导区的场特征既和发射源的特征有关，也和电离层有关。对比研究发现对于 x 方向的水平长偶极源电离层对电磁场 E_x 和 H_y 的影响是使场的幅值增强，即波导场的 E_x 和 H_y 的衰减是减缓的。而对于水平环状电流源，电离层对水平方向的电磁场的影响是使场的幅值减弱，即波导场的 E_x 和 H_y 的衰减是增大的。为此，认为采用大功率固定源在波导场工作时应该采用线状电流源。

关键词　"地—电离层"模式　长偶极与环状电流源　大功率　电磁波场

1　引　言

20世纪50年代提出的大地电磁测深法（MT）[1,2]具有探测深度大、成本低、应用范围广等优点，得到了广泛应用。然而 MT 法使用天然场源，随机性较大，信号微弱，易受到其他电磁干扰，包括工业文明的电磁干扰的影响。为了采集到可靠的信号，要求叠加次数很多，采集时间很长，严重影响到 MT 探测效率，一般只用于普查。可控源音频大地电磁法（CSAMT）[3~5]是在大地电磁法基础上发展起来的一种人工移动电性源测深法。人工电性源电磁法的电磁信号得到了增强，提高了抗电磁干扰的能力，自20世纪70年代以来，有了很大的发展，在资源、环境、工程地质探测中也得到了广泛的应用[6~15]。但是它也存在一些缺点，例如电性源的发射设备比较笨重，在高山区移动发射源十分困难，探测水平距离一般小于10km，有效探测深度范围一般小于1.5km。浅层矿产等资源已日趋枯竭，为了满足人们对资源的需求，到深部第二成矿带找矿已提到日程上来。由于 MT 和 CSAMT 法的上述不足，发展大功率固定源 CSAMT（FBPCSAMT）方法便提到日程上来。这一方法的基本思想是采用一个固定的人工源发射极低频电磁信号（0.1~300Hz），发射功率足够大，使得可以在大范围内（大到全国范围内）同时采集大功率固定源发射的电磁信号。20世纪80年代，美国和苏联分别建立了极低频发射台，用于进行地球物理研究，特别是苏联科学家利用位于科罗拉半岛的发射台，在数千千米以外的地区进行了大量的测量研究，尤其是地震观测方面的研究取得了很好的效果[16]。为了实现探测地下深度10km 范围内电性细结构，以满足在深部第二成矿带找矿的需要的目标，首先是需要一个功率足够大的人工固定源。现有的电磁源有二种，一种是电性源，由 A、B 电极向地下供电，A、B 电极间的长度为L。电性源发射电磁波的功率取决于源的强度 IL（其中 I 为供电电流，L 为 A、B 电极间的据率）以及A、B 电极的接地电阻，接地电阻越小，发射的效率越高。另一种是磁性源，由一个轴向和地面垂直的环状线圈发射电磁波，发射的功率取决于源的强度 IS，S 为环状线圈的面积，这种源不存在接地问题，因此不会产生因接地不好而造成的功率损失。但是无论是电性源，还是磁性源，要能在大范围内实现勘探区的电性源强度 IL 和磁性源强度 IS 都必须足够大，在发射电流 I 一定的条件下，要求 L 很长，面积 S 很大。假设磁性源线圈的长度和电性源 L 一样长，则磁性源的面积为 $S = L^2/4\pi$，因此在 L 很长的条件下，磁性源的强度 $IS = IL^2/4\pi$ 和电性源的强度 IL 比起来要大得多，此外由于前述接地电阻的问题，对于电性源，要实现高的电流相对于磁性源也更困难。单从发射源的强度一种因素考虑，似乎要想发展 FBPCSAMT 方法，采用磁性源更为有利。

当采用大功率固定源发射电磁波，试图在大范围内同时观测人工源信号，用于探地目的时，对于长的收发距离上接收的电磁信号也包括了电离层的反射信号。远距离接收点上接收的电磁信号是从源直接发射的、在空气中传播的直达信号与电离层的反射信号以及地下的反射信号干涉的结果。由于电磁波在空气中的衰减远远小于固体层中的衰减，最终远距离上接收的电磁信号主要是空气中的直达波和电离层的反射波的干涉结果。这种干涉结果应该既和发射特征有关，也和电离层的电性结构有关，因此干涉结果的场特征存在不同特征的可能性。

近年来，对于固定电性源的考虑电离层影响后的一个称之为 WEM 的大范围内的电磁波特征已有许多的研究[16~21]，包括底青云等的研究[22~24]，发现对于 x 方向的水平电性源在考虑电离层的影响后，水平电磁场分量 E_x、H_y 存在波导场，即在远距离上，接收的 E_x、H_y 的场的衰减要比不考虑电离层影响时慢得多。也就是说，考虑电离层后，从电离层反射回来的波和空气中直达波干涉作用是一种相关干涉，干涉结果使波场得到加强。

为了研究发射特征对干涉结果场特征的影响，本文开展了长偶极源和环状电流源的波导场特征响应的对比研究。为此，作者计算了水平 x 方向的电性源激发的波导场 E_x、H_y 的分量的场的衰减特征，以及垂直方向的磁性源激发的波导场 E_x、H_y 分量的场的衰减特征，本文是对比研究结果的一个归纳，发现在波导区电性源使波导区直达波和电离层反射波产生相长干涉，使波场的衰减缓慢，而磁性源使波导区直达波和电离层反射波产生相消干涉，使波场衰减加速。这个结果表明虽然磁性源的发射效率比电性源高，但由于电离层的影响，开展 WEM 工作时在能选到高阻源区的条件下，电性源更为有利。

2　方 法 原 理

常规的地球物理电磁法勘探通常研究的是地球半空间模型，研究的尺度较小，不需要考虑电离层的影响，一般采用比较成熟的二维有限元法、有限差分法进行数值模拟和反演研究。而对于本文提到的采用大功率可控源，远距离的电磁波场的研究必须考虑电离层的影响。这是一个大尺度的全空间问题，常规的有限元法、有限差分法计算单元数量巨大，在此应用受到很大的限制。文献［18］采用从俄罗斯购买的软件，文献［23］采用美国犹他大学的软件，做过包含电离层、空气层和地球介质的一维层状介质的积分解的计算，但是没有考虑介质的横向不均匀性。作者所在课题组开展了对包含电离层、空气层和地球介质的一维水平层状介质电磁波传播的理论研究，并开发了相应的软件[25,26]。

由于 CSAMT 法实际上是一个三维问题，即便采用传统意义上的三维有限元法、有限差分法也存在一定的困难。20 世纪 90 年代以来，以一维层状介质为背景的三维积分方程法以及三维积分方程和有限元法相结合的方法取得了重大的突破[27~29]。三维积分方程法不仅能够考虑层状介质，而且可考虑固体介质内的横向不均匀性[30~39]。而且三维积分方程法只对异常体进行剖分，极大地提高了计算效率。

在积分方程法中，可以将一个三维非磁性介质层状地电模型看成是由电导率为 σ_n 的一维层状背景介质和异常电导率为 $\Delta\sigma$ 的三维异常介质组成，即介质的电导率为 $\sigma = \sigma_n + \Delta\sigma$。电磁场可以表示成由背景场和异常场的和构成：

$$E = E^n + E^a \qquad H = H^n + H^a \tag{1}$$

式中，E^n 和 H^n 分别表示由给定源在层状背景介质中产生的背景电场和背景磁场；E^a 和 H^a 分别表示由异常电导率 $\Delta\sigma$ 的存在而产生的异常电场和异常磁场。对于背景场 E^n 和 H^n 可以通过由层状介质积分解理论求得。对于异常场 E^a 和 H^a，可以表示为在非均匀异常区域 D 上剩余电流的积分[28]：

$$E^a(r_j) = \iiint_D G_E^n(r_j|r)\Delta\sigma(r) \cdot [E^n(r) + E^a(r)]\,\mathrm{d}v \tag{2}$$

$$H^a(r_j) = \iiint_D G_H^n(r_j|r)\Delta\sigma(r) \cdot [E^n(r) + E^a(r)]\,\mathrm{d}v \tag{3}$$

式中，$G_E^n(r_j|r)$ 和 $G_H^n(r_j|r)$ 分别为均匀介质中的电场和磁场的张量格林函数。

对于电离层、空气层、固体层耦合模式已经得到了电性源格林函数的解[25,26]，在此基础上自编了基于式（1）至式（3）的三维积分方程正演程序，经过对模型的计算，并和犹他大学的软件进行了对比，结果是可靠的。

为了开展磁性源激发的场和电性源激发的场的对比研究，需要计算磁性源电磁场的基本公式。磁性源产生的场很容易由电性源产生的场的公式得到的。对于电性源的场，电性源的矢量位 A、电场 E、磁场 H 满足下述方程：

$$\begin{cases} \nabla^2 A - k_n^2 A = -\mu J \\ E = \mathrm{i}\omega\mu A - \dfrac{\mathrm{i}\omega\mu}{k^2}\nabla\nabla \cdot A \\ H = \nabla \times A \end{cases} \tag{4}$$

对于环状电流源，引入磁性源的矢量位 A^*，则磁性源的矢量位 A^*、电场 E、磁场 H 满足下述方程：

$$\begin{cases} \nabla^2 A^* - k_n^2 A^* = -\mathrm{i}\omega\varepsilon\mu M' \\ E = \nabla \times A^* \\ H = \dfrac{-k^2}{\mathrm{i}\omega\mu}A + \dfrac{\nabla\nabla \cdot A}{\mathrm{i}\omega\mu} \end{cases} \tag{5}$$

式中，$-\mathrm{i}\omega\varepsilon\mu M'$ 为磁性源，比较式（4）、式（5）可知，求磁性源的电场相当于求电性源的磁场，求磁性源的磁场相当于求电性源的电场。

3　"地—电离层"模式三层介质线状和环状电流源场的特征

3.1　波场的频率响应特征

为了认识"地—电离层"模式层状介质模型的电磁场在过渡区、波导区的波场特征，进行了图1模型的长偶极源和环状电流源激发下远距离在 $\alpha=0°$（接收点沿平行于坐标轴 x 方向，对于长偶极源偶极方向平行于 x 方向）和 $\alpha=90°$（接收点沿垂直于长偶极源的 y 方向）方向上电磁波场随频率变化的特征模拟。

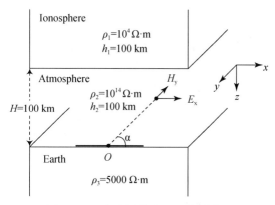

图1　地—电离层模式三层介质模型

图1 中的源分两种类型：x 方向展布的长度 L 的线状电流源，其两端点坐标 $A(x, y, z)=(-25km, 0, 200km)$ 和 $B(x, y, z)=(25km, 0, 200km)$；周长为 L 的环状电流源，中心点位于 $O(x, y, z)=(0, 0, 200km)$。供电电流 200A。

在 $\alpha=0°$ 方向上长偶极源电场分量 E_x 和环状电流源电场分量 E_y 的频率响应分别如图2和图3所示。图中给出了不考虑电离层影响的半空间的结果（有"o"状标识的实线），和考虑电离层影响的地电离层模式的结果（实线）。电场的频率响应曲线表明当接收点离开发射源一定远的距离时，考虑电离层的线状源的电场幅值比不考虑电离层的电场的幅值大很多，而对于环状电流源电离层对高频带电场 E_y 起到了削弱的作用。

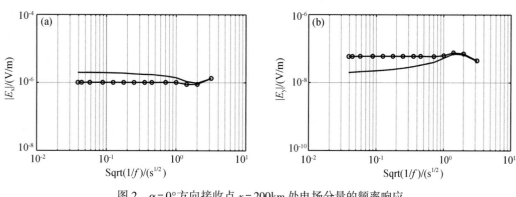

图2　$\alpha=0°$ 方向接收点 $x=200km$ 处电场分量的频率响应
（a）线状电流源；（b）环状电流源

在 $\alpha=0°$ 方向上长偶极源磁场分量 H_x 和环状电流源磁场分量 H_y 的频率响应分别如图4和图5所

示。图中给出了不考虑电离层影响的半空间的结果（有"o"状标识的实线），和考虑电离层影响的地电离层模式的结果（实线）。磁场的频率响应曲线同样表明当接收点离开发射源一定远的距离时，考虑电离层的线状源的磁场幅值比不考虑电离层的磁场的幅值大很多，而对于环状电流源电离层对高频带磁场 H_x 起到了削弱的作用。

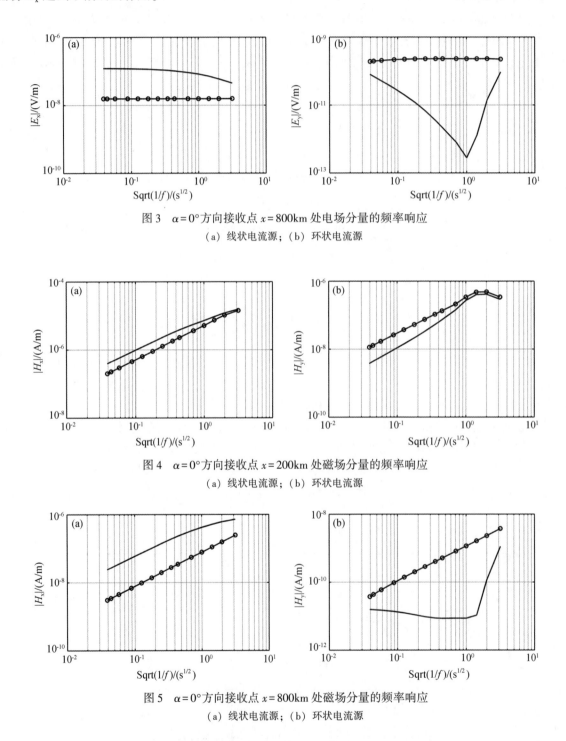

图 3　$\alpha = 0°$ 方向接收点 $x = 800\text{km}$ 处电场分量的频率响应
（a）线状电流源；（b）环状电流源

图 4　$\alpha = 0°$ 方向接收点 $x = 200\text{km}$ 处磁场分量的频率响应
（a）线状电流源；（b）环状电流源

图 5　$\alpha = 0°$ 方向接收点 $x = 800\text{km}$ 处磁场分量的频率响应
（a）线状电流源；（b）环状电流源

在沿 $\alpha = 90°$ 方向上电磁波场随频率变化的响应特征和 $\alpha = 0°$ 方向上的结果是一致的，当接收点离开发射源一定远的距离时，考虑电离层的线状源的电磁场幅值比不考虑电离层的磁场的幅值大很多，而环状电流源电离层对高频带电磁场起到了削弱的作用，这里不再赘述。

3.2　给定频率波场衰减特征

在 $\alpha=0°$ 方向上电场随距离（35km≤x≤2500km）的衰减特征分别在图6和图7中给出。图中曲线表明在考虑电离层影响的"地—电离层"模式中，电离层对电性源场的 E_x 的影响使波导区的场得到加强，而对磁性源场 E_y 的影响使波导区得到削弱。在小收发距离时，电离层的影响还没有，此时地面半空间模型响应与考虑电离层影响的模型响应一致。随着收发距离增加，电离层影响增大，两者频率响应分离。

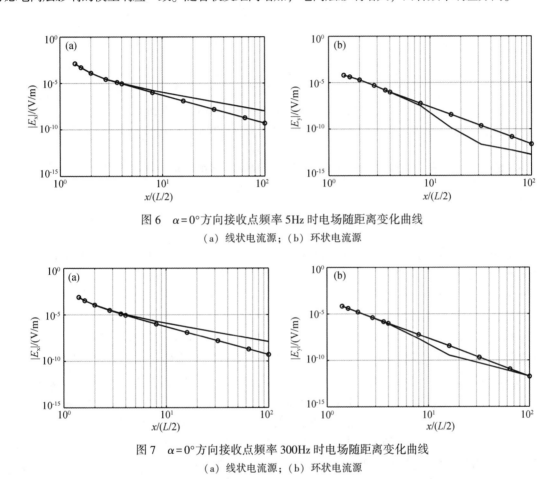

图6　$\alpha=0°$ 方向接收点频率5Hz时电场随距离变化曲线

（a）线状电流源；（b）环状电流源

图7　$\alpha=0°$ 方向接收点频率300Hz时电场随距离变化曲线

（a）线状电流源；（b）环状电流源

在沿 $\alpha=0°$ 方向上不同频率衰减特征分别在图8和图9中给出。图中曲线表明电离层使电性源激发的磁场 H_y 在波导区得到加强，磁性源激发的 H_x 得到减弱。

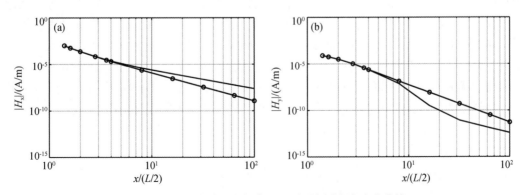

图8　$\alpha=0°$ 方向接收点频率5Hz时磁场随距离变化曲线

（a）线状电流源；（b）环状电流源

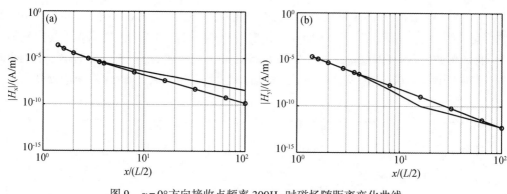

图9　$\alpha = 0°$ 方向接收点频率 300Hz 时磁场随距离变化曲线
(a) 线状电流源；(b) 环状电流源

在沿 $\alpha = 90°$ 方向上场的衰减特征与 $\alpha = 0°$ 的类似，只是衰减的幅度要大些。

4　讨论及结论

在3.1节中电性源和磁性源产生的电场和磁场分量在波导区的频率响应特征和3.2节中两种源产生的电场和磁场分量在波导区的衰减特征表明在波导区场的强度不仅由源的强度决定，而且还和电离层的影响有关。对于电性源水平 x 方向的源激发的电场 E_x 和磁场 H_y，在波导区电离层的影响使它们的场值得到加强。对于磁性源垂直方向（z 方向）的源激发的 $\alpha = 0°$ 方向上电场 E_y、磁场 H_x 和 $\alpha = 90°$ 方向上的电场 E_x、磁场 H_y，在波导区电离层的影响使它们的场值不但没有得到加强，反而被削弱。这是由于在波导区，接收点不仅接收到来自源的直达波，而且还接收到来自电离层的反射波（当然也接到来自固体地球层内返回的波，由于在固体层内，波被电性体吸收很严重，它们的强度和空气层中的波强度比起来小许多，这里给予忽略）两种波在接收点会产生相关或相消干涉，这取决于二种波的传播距离，也取决于激发的波的性质。在本文的情况下，电性源和磁性源激发的波在传播距离上的差异是一致的，因此主要取决于两种源产生的电场和磁场在性质上的差异。当 L 为数十千米时候，接收点的位置远离发射源，此时电离层的影响不可忽略，电离层的影响既可能是增强信号，也可能是削弱信号，这取决于组成线状源和面积性源的各个点状源发射的信号经电离层和空气层传播到达接收点时的相位，这些不同相位的波叠加后，可能得到增强也可能减弱。

对于电性源的结果，俄罗斯较早做了这方面的工作[18, 21]，在和俄罗斯合作研究 WEM 在地震预报中的应用和申请国家 WEM 探地工程项目时，曾用俄罗斯的软件进行了应用研究。底青云利用犹他大学的电性源程序的计算结果及其分析发表在地球物理学报上[23, 24]，表明在不考虑空气层的位移电流时，使用犹他大学电性源软件计算的结果和俄罗斯软件的结果是一致的。作者所在的课题组进一步自行开发了电性源软件，在不考虑空气中的位移电流时，考虑电离层影响的波导区场的特征，所得结果与俄罗斯和美国犹他大学的软件的结果也是一致的；在考虑空气层的位移电流后自行开发的软件模拟结果有了一些新的特征，在波导区场增加的幅度更大[25]。这些软件计算的结果一致性，表明对于水平方向 x 方向的电性源激发的 E_x、H_y 场分量在波导区的作用，使场得到加强的结果是可靠的。

对于垂直磁性源是否会在波导区，由于电离层的作用，会使场反而减弱，我们目前尚未找到有关的参考文献的结果来旁证。按照电磁场格林张量的互易关系：

$$\boldsymbol{H}^a(r'') \cdot b = -\boldsymbol{E}^b(r') \cdot a \tag{6}$$

表明由 r' 处 a 方向电性源激发的在 r'' 处产生的磁场 $\boldsymbol{H}^a(r'')$ 在 b 方向上的分量等于由 r'' 处 b 方向磁性源激发的在 r' 处产生的电场 $\boldsymbol{E}^b(r')$ 在 a 方向上的分量的负值。这就是说我们可以用我们自行开发的电性源的软件计算水平 x 方向的电性源激发的 z 方向的磁场 H_z，它的特征应该等于 z 方向的磁性源激发的 x 方向的电场 E_x 的特征。我们进行了计算，得出的结果是一致的，证明了作者的磁性源软件结果的正确性，这从另一个侧面证实本文计算的结果是可靠的。为此，认为当采用大功率固定源在波导场工作时应该采用线状电流源。

参 考 文 献

[1] Cagniard L, Basic Theory of the Magnetotelluric Method of Geophysical Prospecting, Geophysics, 1953, 18（1）：605~635

[2] Vozoff K, Magnetotelluric Methods, USA：Geophysics Reprint Series, 1986, 1~763

[3] 石昆法，可控源音频大地电磁法理论与应用，北京：科学出版社，1999

[4] 底青云、王若等，CSAMT 数据正反演及方法应用，北京：科学出版社，2007

[5] 汤井田、何继善，可控源音频大地电磁法理论与应用，长沙：中南工业大学出版社，2005

[6] 底青云、王妙月、石昆法等，高分辨 V6 系统在矿山顶板涌水隐患中的应用研究，地球物理学报，2002，45（5）：744~748

[7] 底青云、王光杰、安志国等，南水北调西线千米深长隧洞围岩构造地球物理勘探，地球物理学报，2006，49（6）：1836~1842

[8] 底青云、王妙月、石昆法等，V6 多功能系统及其在 CSAMT 勘查应用中的效果，地球物理学进展，2002，17（4）：663~670

[9] 底青云、伍法权、王光杰等，地球物理综合勘探技术在南水北调西线工程深埋长隧洞勘察中的应用，岩石力学与工程学报，2005，24（20）：3631~3638

[10] 李帝铨、底青云、王光杰等，CSAMT 探测断层在北京新区规划中的应用，地球物理学进展，2008，23（6）：1963~1969

[11] 吴璐苹、石昆法、李荫槐等，可控源音频大地电磁法在地下水勘查中的应用研究，地球物理学报，1996，39（5）：712~717

[12] 于昌明，CSAMT 法在寻找隐伏金矿中的应用，地球物理学报，1998，41（1）：133~138

[13] 吴璐苹、石昆法，松山地下热水勘探及成因模式探讨，物探与化探，1996，20（4）：309~315

[14] 刘宏、刘东琴、杨轮凯等，CSAMT 勘探方法在寻找地热中的应用，物探装备，2002，12（2）：129~131

[15] 王赟、杨德义、石昆法，CSAMT 法基本理论及在工程中的应用，煤炭学报，2002，27（4）：384~387

[16] 赵国泽、汤吉、邓前辉等，人工源超低频电磁波技术及其应用于首都圈地震预测的测量研究，地学前缘，2003，10（增）：248~257

[17] 卓贤军，人工超低频电磁场场强分布及测量的研究，中国地震局研究所，硕士论文，2005

[18] 卓贤军、赵国泽，一种新的资源探测人工源电磁技术，石油地球物理勘探，2004，39（增）：114~117

[19] 卓贤军、赵国泽、底青云等，无线电磁法（WEM）在地球物理勘探中的初步应用，地球物理学进展，2007，22（6）：1921~1924

[20] 卓贤军、陆建勋，"极低频探地工程"在资源探测和地震预测中的应用与展望，舰船科学技术，2010，32（6）：3~7

[21] 卓贤军、张佳炜，极低频发射天线场地等效电阻率的计算，舰船电子工程，2009，29（8）：192~195

[22] 底青云、王妙月、王若等，长偶极大功率可控源电磁波响应特征研究，地球物理学报，2008，51（6）：1917~1928

[23] 底青云、王光杰、王妙月等，长偶极大功率可控源激励下目标体电性参数的频率响应，地球物理学报，2009，52（1）：275~280

[24] 李帝铨、底青云、王妙月等，电离层—空气层—地球介质耦合下长偶极大功率可控源电磁波正演研究，地球物理学报，2010，53（2）：411~420

[25] 付长民、底青云、王妙月，计算层状介质中电磁场的层矩阵法，地球物理学报，2010，53（1）：177~188

[26] Ward S H, 新疆工学院电磁法科研组译，地球物理用电磁理论，北京：地质出版社，1978

［27］Habashy T M, Groom R W, Spies B, Beyond the Born and Rytov approximation, J. Geophys, Res., 1993, 98（B2）: 1759-1775

［28］Xie G, Li J, Majer E L et al., 3 - D Electromagnetic Modeling and Nonlinear Inversion, J. Geophys, Res., 2000, 65（3）: 804-822

［29］Tseng H W, Ki Ha Lee, Alex Becker, 3D Interpretation of Electromagnetic Data Using A Modified Extended Born Approximation, Geophysics, 2003, 68（1）: 127-137

［30］Hohmann G W, Three-dimensional Induced Polarization and Electromagnetic Modeling, Geophysics, 1975, 40（2）: 309-324

［31］Zhdanov M S, Geophysical Inversion Theory and Regularization Problems: Elssevier, Amsterdam-Boston-London-New York-Oxford-Paris-Tokyo, San Diego-San Francisco-Singapore-Sydney, 2002, 231-324

［32］Nibighian M N, Electromagnetic Methods in Applied Geophysics（Volume 1）: Theory, Tulsa: Society of Exploration Geophysicists, 1987

［33］Dmitriev V I, Nesmeyanova N I, Integral Equation Method in Three-dimensional Problems of Low-Frequency Electrodynamics, Computational Mathematics and Modeling, 1992, 3（1）: 313-317

［34］Raiche A P, An Integral Equation Approach to There-dimensional Modeling, Geophysical Journal of the Royal Astronomical Society, 1974, 36（1）: 363-376

［35］Weidelt P, Electromagnetic Induction in There-dimensional Structures, Journal of Geophysics, 1975, 41（1）: 85-109

［36］Wannamaker P E, Advances in There-dimensional Magnetotelluric Modeling Using Integral Equations, Geophysics, 1991, 56（11）: 1716-1728

［37］Zhdanov M S, Fang S, Quasi-linear Approximation in 3D EM Modeling, Geophysics, 1996, 61（3）: 646-665

［38］Kress R, Linear Integral Equations, Springer-Verlag, Berlin, Heidelberg, New York, London, Paris, Tokyo, 1999, 365

［39］底青云、Martyn Unsworth、王妙月, 复杂介质有限元法 2. 5 维可控源音频大地电磁法数值模拟［J］, 地球物理学报, 2004, 47（4）: 723~730

第Ⅳ部分　其　　他

　　这里收集的主要是几篇综述性的文章，有的是对自己比较关心的一些工作的总结，有的是对恩师的怀念、感谢和纪念。

　　首先要感谢的是傅承义先生。先生是我科研生涯的启蒙导师。傅先生指导我的科大毕业论文，学校准备发表在科大校刊上，先生希望在地球物理学报上刊出。分配到中国科学院地球物理研究所，在傅先生的课题组工作，当时核侦察任务比较紧迫，发表论文的事就搁下了。但论文中的内容在地震粘弹性正反演和雷达波正反演研究中得到了应用，这在第Ⅱ、第Ⅲ部分内容中有所体现。在和傅先生一起工作的日子里，在傅先生的指导下开始了天然地震以及地下核爆炸机制和识别的研究，这是我科研生涯的第一阶段，主要是研究震源物理和地震的孕育、发生、发展过程。是傅先生的提议使我有机会撰写新丰江水库地震的论文，论文形成中文稿后，是傅先生帮我把全文翻成了英文，带着英文稿随刘恢先为团长的我国代表团参加了在加拿大阿尔伯特大学召开的世界首届诱发地震讨论会，得以在大会上报告了我和其他作者撰写的论文，得到了好评，通过这一科研实践增强了我的科研信心。上述论文以及在傅先生指导下有关震源物理的研究工作在本集第Ⅱ部分有所体现。

　　我的第二位恩师是顾功叙先生，他没有直接辅导过我，但是会议上的讲话对我启发很大，特别是富铁会战期间教导我们如何在完成国家任务的时候搞好科研工作，强调任务带学科。在他的思想指导下开始的重磁科研工作成果在本集的第Ⅰ部分有所体现。

我的第三位恩师是美籍科学家郭宗汾先生。我在傅先生的推荐下成为哥伦比亚大学的访问学者，师从郭先生，开始了弹性波非弹性波地震波探测方法的研究，这在本集第Ⅱ部分有所体现。

　　再一次对我的恩师表示感谢！

岩石圈的组成、结构、演化及其动力学[①②]

王妙月

中国科学院地球物理研究所

前　　言

岩石圈动力学是地球系统动力学的一个重要组成部分。岩石圈动力学通过地质、地球物理、地球化学与大地测量等地球基础学科开展对岩石圈的组成、结构、演化与动力学的理论、实验与野外观测研究；也开展岩石圈动力学对石油、天然气、煤、金属矿等重要矿产资源的形成、富集、演化和分布规律的评价与预测的应用研究；以及开展地震、水库地震等自然的和人为的地质灾害的成因的研究，服务于地质灾害的降级和预测预防；同时也开展岩石圈动力学对环境保护、精确导航、重大工程和海底设施地基稳定性的评估和预测的应用研究等。它是地球科学一项综合性的基础研究。本文试图分析国际国内岩石圈研究的任务和现状，指出适合我国近期国情的岩石圈研究的目标和任务。

一、国际岩石圈研究计划的任务及研究现状

20 世纪 60 年代的国际地壳上地幔计划产生了板块构造学说。它使全球性的地质现象和构造运动在统一的学说下得到了解释，被认为是地球科学的一次革命。为了阐明驱动板块的动力来源和板块的驱动过程导致了 70 年代的国际地球动力学计划。由于这个问题的难度太大和对大陆板块内部结构的了解太少，10 年的地球动力学计划进展不大。鉴于岩石圈问题的重要性，1980 年 9 月再次提出了新的国际岩石圈动力学计划。80 年代的岩石圈动力学计划的主要目标是在更高的层次上阐明岩石圈的结构、性质、起源、演化及动力学。除了进一步弄清海洋岩石圈的结构、性质与演化之外，重点放在对大陆板块及其边缘的岩石圈组成、结构、性质、起源、演化及动力学的研究上。大陆板块比海洋板块保留有更长时期的岩石圈演化的历史记录，然而各个地质时期的变形和热过程的记录相互叠加在一块，致使阐明大陆板块岩石圈的演化和动力过程难度很大。为了适应该计划总体科学目标的实现，也开展岩石圈以下深部物质的结构和性质的研究，以便更好地阐明驱动板块的动力来源和板块运动的动力过程。开展比较行星学的研究，以便更好地阐明地球演化早期阶段发生在岩石圈中的物理化学过程。为了实现这个目标，该计划制订了如下的主要研究任务。

1. 研究板块的最新构造运动

采用地球物理、大地测量、天文、地质等手段测量板块的最新水平运动和板块边界及板内变形，测量岩石圈内的应力应变分布，测量地震前后的地面运动，测量极动和地球旋转等。建立理论模式深入研究变形与板块水平运动、驱动力及地震之间的关系，研究构造应力、应变集中和释放的过程，研究极动、地球旋转和火山及地震活动之间的关系等。

①　本文发表于《学科发展与研究》，1988，6，9～13
②　本文参考了中国地质大学吴正文教授和中国科学院地球化学研究所王一先副研究员所写的调查报告

2. 研究显生代板块运动、造山作用和元古代、太古代岩石圈的演化

显生代岩石和造山带中保留了最完整的力学作用、岩浆作用，变质作用和成矿作用的历史记录。通过地质、地球物理、地球化学等手段可以获取这些记录并研究显生代造山带内部结构和造山过程，研究显生代造山作用对于大陆岩石圈的产生与演化的意义。

太古代岩石圈和其他地质时代的岩石圈是不同的。通过对太古代构造、岩浆和变质过程的性质、动力学以及比较行星学的研究以探索岩石圈的起源，重构岩石圈演化的早期阶段，研究大气圈和水圈的起源。

元古代岩石圈的演化介于太古代和显生代之间。需要研究元古代岩石圈的结构、组成、岩浆作用和变质作用及其对地幔地壳的地球化学分异和大陆岩石圈增长的意义。研究元古代造山带的特征和演化，评估板块构造在元古代造山带和岩石圈演化中的作用。

显生代、太古代和元古代成矿带中具有丰富的石油、煤、金、铜、铁、热等重要矿产资源。这些资源的勘探为岩石圈的性质与演化提供了许多宝贵的资料。反之，岩石圈运动及造山作用的研究为这些资源的评估提供了可靠的基础。矿产资源的评价与勘探和岩石圈结构演化及动力学的研究是相辅相成的。

3. 研究板块边界的俯冲、碰撞和增生以及板内现象

这需要研究俯冲带的结构组成、力学状态和热状态、化学过程和矿化过程。研究深海沟、弧前、岛弧、弧后区的构造演化。研究俯冲的触发及终止因素和俯冲机制，研究碰撞增生过程的性质和意义，研究异地地体是如何被迁加到大陆板块上的。研究板内地震、火山、深沉积盆地、高原隆起、大陆裂谷、海山、褶皱带、走滑断层等板内现象的起源和性质。研究海洋板块较老部分特别是侏罗纪的洋壳以及在扩张中心内和在海洋板块冷却、沉降，变厚阶段洋壳中发生的岩浆及水热活动和变质作用、成矿作用。

4. 研究海洋和大气圈的古环境演化

利用深钻、地震地层学、沉积学等技术对比研究保存在海洋和大陆岩石圈中的新生代和中生代的古环境记录，进而可以研究被保存在大陆岩石圈中更古老年代的古环境演化。并借此评估人类活动对海洋和大气环境的影响。

5. 地球内部制约岩石圈演化的过程和性质的理论、数值和实验研究

通过高温高压实验研究地幔物质在地球内部压力和温度条件下的物理化学性质，包括流变性质和热力学状态。由地球物理观测资料，开展对地球内部物质性质的反演研究，在此基础上建立对流模式和驱动机制的物理化学过程的理论模式，并开展数值研究，阐明岩石圈的结构性质演化及动力学。

从列举的研究任务看，这个研究计划是相当完善的，研究内容已涉及解决该科学问题所需的一切方面，思路严谨。实施这个计划需要动用地质、地球物理、地球化学等学科的一切手段，需要全世界地学家的共同努力，需要基础和应用地学家联合作战。这正是该计划吸引全世界大多数地学科学工作者的根本原因。但是从列举的研究任务的内容看，应该承认，解决该科学问题的难度很大。

20世纪80年代的岩石圈动力学计划实施了将近8年，取得了许多进展。例如美国已建立了全球数字地震台网（GDSH）。利用GDSH和WWSSN全球台网的资料得到了地球深部速度横向变化的第一代全球模式。使用Cdcorp反射剖面法查清了阿巴拉契亚山大逆掩断层带、北佛罗里达和南乔治亚晚古生代缝合带、Kansan前寒武纪裂谷盆地等。发展了卫星全球定位系统GPS，可用于精确测量局部断层位移和中尺度的陆地间的水平移动。被认为是岩石圈研究的前沿的地球物理地质综合大断面的观察研究正在实施，有的结果已经公布。但由于其难度很大，已有进展与该科学问题的解决还差得很远。80年代的岩石圈动力学计划将准备延长，但是再延长10年恐怕也难于彻底解决。笔者认为当前最重要的任务是按照该计划预定的目标，不断积累能使该问题得以彻底解决的科学资料。只有当这些资料，特别是大陆板块内部盆地、裂谷，造山带等结构性质演化历史的资料积累到一定程度后，该计划提出的最

终目标才有可能彻底实现。然而，如何由观察到的地球物理、地质、地球化学资料有效地反演地球内部的物理化学性质的理论和方法的研究在该计划中似乎重视不够。

二、我国岩石圈研究工作的成绩和存在的问题

由于找矿和抗御地震等地质灾害的需要，我国对岩石圈的工作一直很重视。20 世纪 80 年代随着国际岩石圈委员会的成立，我国也相应地成立了岩石圈委员会，有关部门成立了相应的研究机构或组织了有关的科研力量开展了岩石圈动力学的研究工作。

（1）50 年代以来为了普查找矿，积累了丰富的地球物理、地球化学、地质资料，可用于研究岩石圈的浅层部分。但这些资料分散在各个部门，缺乏系统的综合分析研究。此外早期的地球物理资料，精度也受到限制。

（2）进行了青藏高原隆起原因的地学综合考察研究，攀西裂谷的地球物理场特征结构演化及矿产资源远景研究。此外在邢台和唐山地震带、云南滇西地震带等结合地震预报，下扬子区结合在南方海相碳酸盐岩中找油，准噶尔盆地结合找矿找油，福建结合找地热也做了地球物理测深工作，对了解这些地区的地壳上地幔的深部结构起到了相当重要的作用。

（3）中国岩石圈委员会正在协调中国科学院、地矿部、国家地震局、高等院校等单位，准备在中国做若干条地学断面。准备对典型的褶皱带、盆地、大型推覆体、青藏高原开展岩石圈结构性质的地球物理工作。

（4）开展了固体潮、地球自转及极移、重力场与对流关系的研究工作。

（5）全国已拥有 400 多个地震台，建成了 6 个地震传输台网中心、9 个宽频带数字地震台、2 个地震预报试验场，编辑了中国岩石圈动力学基础图集。

（6）电子计算机与信息技术、遥感技术、矿物波谱学测试技术、核技术及同位素分析测试技术正在地质科学地球化学的各个分支学科中得到推广应用，设备较新较全，积累了一批关于青藏高原、东部、秦岭、攀西、新疆等地的地质地球化学基础性资料，提出了各种构造学说和成矿理论。

（7）中国科学院、国家地震局、地矿部、高校已经建立了高温高压实验室，为模拟地球内部的力学、物理、化学过程创造了条件。已培养一批优秀的地球物理、地球化学、地质基础理论研究人才。

对比国内外的岩石圈工作，我国和国外的差距表现在以下几个方面。

（1）地球物理测深工作，虽然已经取得了不少资料，但结果较粗糙，这对认识地壳上地幔的结构有局限性。地球物理测深装备和仪器普遍比较陈旧落后，有待更新。

（2）深钻研究工作我国还无力顾及。

（3）缺乏地质、地球物理、地球化学、大地测量间的定量综合研究，理论、实验和数值研究比较薄弱。

三、近期内我国岩石圈动力学基础研究工作设想

岩石圈动力学具有全球性，但是我国具有得天独厚的地理优势。首先，青藏高原这个世界屋脊隆起的原因为世界地学界所关心，它是两大板块的碰撞边界，全世界的地学家都想到这里来工作。其次，两大板块的俯冲边界也靠近我国，海陆过渡带的研究在岩石圈动力学研究中具有重要位置。再次，我国有强烈的板内地震活动（约占世界板内地震的 1/3），弄清板内地震的成因对于预报危害最大的地震和弄清岩石圈动力学至关重要。秦岭造山带对于弄清板内构造的演化也很重要。许多问题有待我们去解决。

但我国是发展中国家，基础研究经费要用在刀刃上，岩石圈的工作还只能选择部分重点进行。由前面的分析可知，岩石圈动力学的解决难度很大，当前主要处在科学资料的积累阶段。鉴于我们已有

的工作基础和坚持为国民经济服务的原则，岩石圈的工作应该围绕成矿作用和地震成因来做。下面仅就岩石圈与成矿作用有关的项目做些讨论。

1. 岩石圈结构、演化和成矿作用研究

（1）我国及邻近地域岩石圈的构造骨架与演化。

收集处理我国及邻近地域的地球物理、地质、地球化学资料和即将观测的地学断面资料，研究我国及邻近地域的岩石圈构造骨架，并与全球岩石圈构造联系起来，建立岩石圈的演化模型。特别是研究板块碰撞地区的青藏高原，俯冲地区的海陆过渡带、滨海地区，以及秦岭褶皱带、攀西裂谷、石油盆地等板内构造单元的结构与演化，研究这些地区发生在岩石圈中的岩浆作用、变质作用和成矿作用，物质运移（包括矿富集过程）及其演化历史。

（2）重点或典型剖面内岩石圈细结构和上地幔不均匀性的研究。

如前所述，我国已做了不少地球物理测深工作，但结果偏粗糙。低水平上的重复似乎意义不大，面上的深部工作可由花钱少的手段先做，测深工作，包括大断面不要到处做，只有当其作用和价值明显时才在面上铺开。目前宜于在西藏高原、东南海陆过渡带、秦岭等地区选几个典型剖面重点解剖。在重点剖面上可做地壳上地幔测深的细结构工作，年龄工作，物性结构，地质地球化学工作，深入开展岩石圈的定量解释研究。

（3）石油、天然气、金、铜、铝、铬、锌等重要矿藏的形成、分布及其与岩石圈结构和演化的关系。

矿产资源、能源的评估与探测研究和岩石圈结构及演化的研究是相辅相成的。这一方面是可以充分利用成矿带、石油盆地、煤田的地学资料研究岩石圈的浅部性质。另一方面从国民经济发展需要出发，首先研究岩石圈和解决矿产资源能源的评估及探测有关的部分，例如研究盆地结构、构造、热状态演化和石油天然气生、运、储集关系，研究成矿带的岩浆作用、变质作用、水热作用、成矿作用，研究成矿的物质来源、成矿组分迁移富集的物理化学和生物作用过程等。

（4）地球和类地行星对比研究，全球事件对比研究。

研究地球及类地行星形成的初始物质及条件。研究地球表面撞击事件的地质作用及其影响。研究岩石圈全球性的横向不均匀。研究全球性事件，例如海平面升降对环境的影响等。

2. 地球深部物质性质和状态的实验研究

目前直接取得地球深部的样品，只有科拉半岛的 13km 深的超深井，某些火山喷发物质的深度可达 250km，再深就只能依靠地球物理（主要是地震波）及高温高压实验提供信息。研究内容可包括：地幔岩石成因，陨石与地幔化学：高压熔体结构与性质；地幔矿物的晶体化学与相变；地幔物质的性质与地幔物理。

3. 岩石圈动力过程的物理及数值模拟

通过对地壳及地幔模型的物理和数值模拟，研究岩石圈的动力过程和动力来源，特别是：地幔热对流和物质对流过程；板块驱动机制；板块碰撞过程；裂谷形成过程。此外地壳地幔物质性质的地球物理、地球化学反演理论和方法研究也应加强。只有这样，才有可能由观测的资料可靠地获取地壳地幔的物理化学性质。

地球内部结构成像、演化与动力学 [*]

王妙月

中国科学院地球物理研究所

　　岩石层动力学是地球系统动力学的一个重要组成部分。岩石层动力学通过地质、地球物理、地球化学等地球基础学科开展对岩石层的组成、结构、演化与动力学的理论实验与野外观测研究，也开展岩石层动力学对石油、天然气、煤、金属矿等重要矿产资源的形成、富集、演化和分布规律的评价与观测的应用研究，以及开展地震、水库地震等自然的和人为的地质灾害的成因的研究，服务于地质灾害的降级和预测预防；同时也开展岩石层动力学对环境保护、精确导航、重大工程和海底设施地基稳定性的评估和预测的应用研究等。它是地球科学的一项综合性基础研究。

　　20 世纪 60 年代国际上的地幔计划产生了板块构造学说，它使全球性的地质现象和构造运动在统一的学说下得到了解释，被认为是地球科学的一次革命。70 年代的地球动力学计划试图解决驱动板块运动的动力来源，由于这个问题的难度太大，10 年的地球动力学计划进展不大。80 年代的地球动力学计划重新又把重点放到研究岩石层的结构、性质，特别是大陆板块内部结构上来。10 年的研究工作在全球地层地质、GGT 项目、全球应力图、深钻、反射地震学、Cocorp 和地球内部结构成像研究等方面取得了重要进展，获得了许多重要的成果。特别是反射地震学，Cocorp 已经成为透视地下构造的强有力的制图工具。但是离阐明板块运动的动力来源和动力学还有很远的距离，国际岩石圈委员会在第 28 届地质大会上决定下一个 10 年岩石层的工作将成为重点项目，这是很有远见的。因为岩石层动力学的阐明，首先依赖于弄清地球内部的物质组成、性质与结构，没有这些基础知识的支撑，要阐明动力学使很困难的。笔者认为，在新的 10 年里应该加强地球内部结构成像的研究，在此基础上开展演化与动力学的研究。近年来兴起的地球内部结构三维不均匀体成像识别研究被认为是地学新革命的前奏，它是固体地学研究的新领域。

一、反射地震学地球内部结构成像

　　二次大战后，由于油气勘探的需要，反射地震学发展很快，水平叠加剖面成为地下几何结构成像的一级近似。在水平叠加剖面上地下结构的像是被畸变的。20 世纪 70 年代初 Claerbout 作出了重要贡献，他的声波波动方程有限差分偏移使畸变的结构像被归位到正确的位置，使得偏移后的反射地震波剖面可以比较正确地反映地球内部结构的像。波动方程有限差分成像的原理结果应用总结在 Claerbout1985 年出版的《地球内部结构成像》一书中。继 Claerbout 后，Stolt，Schneider 等发展了声波克希霍夫积分偏移和 F－K 声波偏移技术，大量的声波有限差分，克希霍夫积分和 F－K 偏移的文章改进了反射波偏移成像的效果。笔者曾对这些方法进行过总结。

　　偏移后的反射地震剖面的解释需要结合露头和钻井中的地质地层资料、古生物地层资料和物性资料，将地震剖面上的地震相、地震地层转换成沉积相和沉积系列，通过沉积系列分析而识别地层和地下结构。地球物理和地质的这种结合诞生了地震地层学。偏移后的反射地震剖面和地震地层学可以使地球内部结构得到成像，并能加以识别和解释。这个技术已经在澳大利亚、阿拉斯加、阿根廷、墨西哥、巴西和中国塔北、北海等地的地震勘探资料解释中获得了很大的成功。在这些成功的例子中，可

---

　　* 本文原载于《地球物理研究所四十年（1950—1990）》，1990，110~115

用于被动大陆边缘盆地鉴别。确定裂谷盆地内的碳酸盐沉积系列，裂谷边缘盆地海退冲积三角洲相，水下河道。确定盐丘穿刺等[1,2]。

反射地震勘探不仅适用于盆地分析，应用于油气勘探，而且发展了了解深部构造的反射地震技术。例如美国 Cocorp、西德 DEKORP、英国 BIRPS、法国 ECORS，加拿大 UTHOPROBE 等。截止 1988 年，全球已完成 40000 多千米深反射剖面。通过海上、陆上盆地的油气勘探反射地震剖面和陆上、海上的深反射地震剖面的像获得了关于盆地、逆掩断层、滑脱构造、克拉通克、造山带、被动、活动大陆边缘带、大陆断裂体系等岩石层的像。国际第 28 届地质大会报告的结果表明，全球深反射地震剖面揭示了莫霍面横向不均匀性，观察到了下插板块的弯曲走向和前沿滑脱的几何特性以及有关的逆冲断层、飞来峰的像，古生代和元古代造山带下面，下地壳较平坦，而在第三系造山带下面，显示了明显的地壳增厚以及地幔、下地壳和上地壳之间的叠瓦现象。唐山震区 Cocorp 的研究得到了发震断层的像[3]。但是上面提到的偏移成像技术均使用水平叠加剖面作为输入资料，使得只能使缓倾的简单构造得到归位。对于陡倾构造和复杂构造，所得的像仍然是畸变的。为了解决这个问题，勘探地震学家正在朝两方面努力。一方面仍然在声波水平叠加剖面的基础上进行，改进资料的野外采集技术和已有的解释方法。VSP 和 3D 采集新技术使得偏移后的地震剖面的像更加可靠。马在田，张关泉在使有限差分偏移技术适用于陡倾构造上做出了贡献[4,5]。

另一方面采用叠前偏移和弹性波偏移成像技术，使用 P 波和 S 波全波技术。由于应用多波信息，存在着使复杂结构的成像结果更加可靠的潜力。这一方面采用有限元弹性波偏移技术的有牟永光[6]，用有限元弹性波逆时偏移技术的有戴霆范、邓玉琼。笔者在美国哥伦比亚大学郭宗汾教授的指导下，率先开展了弹性波偏移成像的研究，采用克希霍夫积分法。回国后结合"六五""七五"南方海相碳酸盐油气勘探新方法、新技术攻关继续从事弹性波偏移研究，已经使这一技术实用化，在四川大足野外剖面偏移的实践中，使用二分量记录，得到 P、S 波同时偏移后的地下结构的像和 P 和 S 波振幅比的像，初步解释结果和钻井资料比较吻合[7]。

偏移成像需要事先知道速度结构，为进一步改进偏移成像效果，发展偏移成像和下面将要讨论的波速层析成像，迭代技术是必要的。

二、层析成像研究

CT 技术在医学界获得了很大成功。但在解决地球内部结构成像时遇到了资料窗口偏小的困难。例如缺乏深井、超深井资料、震源定位误差偏大，缺乏海底地震台，地震都发生在地震带上等。但地震层析成像研究无论在理论上还是实践上都取得了很大的进展[8]。

1. 使用天然地震体波资料

Dziewonsici（1984）利用 GDSH 和 WWSSN 全球台网资料得到了第一代下地幔速度结构横向变化的像，1987 年使用 650 个地震的 P、PcP、PKIKP 等震相，32000 个数据研究了核幔边界结构和地核各向异性。究其结果的可靠性，依赖于震源定位的可靠性，于是刘福田发展了震源定位和速度结构联合反演的方法，并将其方法应用于华北、南北带，整个中国大陆以及西太平洋岛弧区的内部结构层析成像研究，得到了中国大陆及其邻区的三维速度结构像，提供了有关海沟、岛弧、弧后系统、板块俯冲带、攀西裂谷及我国大陆深部的许多鲜为人知的重要结果。这些具有先导性和创新性的成果的获得，为研究中国大地构造，各块体的划分、演化、基本特征及其深部过程的关系提供了重要基础依据[9,10]。为了扩大资料窗口，增加层析成像结果的可靠性，黄鑫、王妙月等开展了同时利用地面和井中的反射波走时资料的层析成像研究。对于透镜体各尖灭构造等复杂的结构能够比较真实地成像，面对初始解的要求比较宽松[11]。

2. 面波层析成像研究

面波沿横向传播，传的比较远，甚至可以绕地球表面数圈，在区分海洋和大陆岩石层以及研究岩石层中的横向不均匀体方面具有特殊的优越性，而且可以得到反映岩石层非完全弹性性质和不均匀性质的品质因子 Q。徐果明在应用雷当正反变换于面波资料的理论研究中做出了贡献[12]。冯锐、孙克忠和周海南等开展了面波层析的实例研究，得到了西藏高原、日本岛弧间、大陆边缘、华北和青藏高原的岩石层速度分布，以及昆仑山—祁连山—秦岭，东海的岩层速度结构[13,14]。面波速结构是对体波速度结构的重要补充。特别对于横波速度结构，面波方法有可能比体波方法更好。

3. 散射地震波成像研究

为了对地球内部各种尺度的非均匀体进行全面精致的三维成像，包括几何结构像和特性结构像。一种先进的地震波成像技术——散射地震波成像已经露出锋芒，在散射波层析的理论研究方面，吴如山作出了重要的贡献，处于世界领先地位[15]。陈颙开展了散射波成像的实验和模型研究[16]。散射地震波成像，不仅可以得到三维非均匀几何结构的像，而且可以得到物性的像。弹性参数和密度参数可以分开成像，这对更好地了解地球内部的物质特性是有用的。袁晓晖、王妙月等开始了这方面的研究尝试。对组成字母 A 的散射体结构进行了成像计算，结果能同时再现密度和压缩系数的像 A，成像清晰。表明了方法对解决复杂散射结构的可行性。

地震波的散射成像将会对岩石层、上地幔、下地幔、核幔边界的非均匀性和详细构造提供宝贵的、有时是唯一的信息。这种信息对地幔对流和地球动力学的研究将会起到很大的，有时是关键性的推动作用。地震波散射成像，也可应用于油储及开发地震，可用在石油和天然气的油气储描述、强化开采检测、死油复活等方面。为了使地震波散射成像付诸实用，需要研究分离背景场与散射场的有效方法。

4. 位场层析成像

位场的分辨率一般要低于波场的分辨率，特别是对重力场的分辨率比磁场更低。但是由它们得到的独立的地球内部结构的参数在综合解释地球内部结构的性质时是很有意义的。然而观测到的重力场和磁场是地下物性（密度、磁化强度）结构的几何（密度体、磁性体几何形态）结构的综合效应，两种性质不同的结构参数耦合在一起。已知平均密度和由地震测深得到的参考深度，可以由压缩质面法得到莫霍面几何结构的像，对此刘元龙、王谦身等已有许多研究结果[17,18]。已知深度，即假定磁性体埋深固定，航磁场的变化由磁化强度分布造成，和压缩质面法同样的原理可得到磁化强度的分布。笔者在理论上进行了探讨，并计算了许昌矿区的磁化强度分布，所得高磁化强度分布的像被钻井资料证实。最近王谦身由三维速度分布资料，通过公式转换，得到了华北地区密度分布的像。

所有这些方法，从层析成像的角度看，都是不完善的。要求进一步发展同时得到物性结构和几何结构像的方法。

三、地球内部物质性质的研究

岩石在地球内部不同温压条件下的密度、波速、声阻抗、衰减、流变、裂缝、孔隙度、热学性质、电学性质等对于阐明岩石层的演化和动力学具有重要意义。由一、二节可知，由于地球物理资料反演的不唯一性，由其他资料加以限制和由实际的钻井或实验室资料加以标定是十分重要的。

地球深部物质性质的直接探测是很难的，至今直接获得地球样品的最大深度也只有 13km（苏联科拉半岛超深钻），而从上地幔喷出的火山岩中携带的地幔岩石虽然能达到几十千米到百余千米，个别达250km，但到达地表后，温度压力发生了变化，它们的物性不能直接代表它们赋存在深部时的物性。钻井的数目是有限的，更深的深度以及井间的广大区域的地球内部物质的物理性质一般地只有靠地球物理资料的物性成像得到。基于这种情况，将高温高压实验室和地球物理物性成像结合起来研究已成为了解深部物质性质和状态的一条重要途径。地球物理研究所对各种岩石在高压条件下的力学性质、破裂机制作过实验研究，得到了许多重要的结果[19,20]。近来又建立了一套能同时模拟地表至地幔顶部温度、压力两个条件下测定岩石力学性质的伺服三轴流变装置，装置本身和实验结果达到了国际先进水平[21]，经科学院批准即将成为开放实验室。通过开放实验室的研究必将建立我国能模拟地球内部温、压条件的岩石力学性质和流变性质的数据库，为地球内部解耦成像提供约束条件，为岩石层动力学的解决积累基础资料。

四、岩石层的演化与动态模拟

由地球物理成像技术得到的盆地内部结构、滑脱构造、俯冲带、裂谷、逆掩断层，碰撞带等几何结构的像以及岩石层内物性结构的像是现时的像，和它形成时的像是不同的，有一个演化过程。此外油气勘探时，油、气、水的状态随时间是可变的，像也有一个随时间发展的过程，勘探时需要预测。这些要求对岩石层各种尺度的演化过程进行动态定量模拟。由地球内部结构成像得到的现时的内部几何结构和物性结构的像可以作为时、空的边界条件。而由实验室得到的地球内部温、压条件下深部物质的物理、化学性质作为约束条件。用一定的物理、化学、地质、生物过程的规律作为约束方程，可以对岩石层的演化过程做出动态模拟。特别有意义的演化动态模拟有：

（1）盆地演化动态模拟和油气评价；

（2）磁撞带演化动态模拟；

（3）俯冲带演化动态模拟；

（4）全球应力场动态模拟；

（5）地幔对流模拟。

刘光鼎等已对盆地演化动态模拟和油气评价做过相当有分量的研究。叶正仁已对地幔对流过程做过研究[22]。王妙月、李钦祖、许忠淮、汪素云、傅容珊、刘元龙等对中国地震的应力场做过研究和模拟[23,24,25]。第28届世界地质大会公布了全球应力场图。但总的来说，这些方面的研究工作还远远不够，需要加强。只有与这些相关的研究和基础性的科学资料积累到一定程度时，岩石层动力学的解决才能得以真正实现。

参 考 文 献

[1] Bery O R and Woolverton D G, Seismic Stratigraphy Ⅱ: An Integrated Approach To Hydrocarbon Exploration, AAPG Memoir 39, 1985

[2] 闫相宾，地震地层学在塔北油气勘探中获丰硕成果，石油物探信息，5，1990

[3] 陆涵行、曾融生等，唐山震区深反射剖面分析，地球物理学报，31，1998

[4] 马在田，高阶方程偏移的分裂算法，地球物理学报，26，1983

[5] 张关泉，利用低阶偏微分方程组的大倾角差分偏移，地球物理学报，29，1986

[6] 牟永光，有限元方法弹性波偏移，地球物理学报，27，1984

[7] 秦福浩、郭亚曦、王妙月，弹性波克希霍夫积分偏移，地球物理学报，31，1988

[8] 杨文采，地球物理反演和地震层析成像，地质出版社，1989

[9] 刘福田，震源位置和速度结构的联合反演（Ⅰ）——理论和方法，地球物理学报，27，1984

[10] 刘建华、刘福田等，中国南北带地壳和上地幔的三维速度图像，地球物理学报，32，1989

[11] 黄鑫、王妙月，地震层析成像技术再测觉福田等，中国南北带地壳和上地幔的三维图像，物理学报，32，1989

[12] 徐果明，沿球面大圆的积分变换及其应用，地球物理学报，32，1989

[13] 冯锐、孙克忠等，面波的频率、反演和层析现象，中国地震，（3），1987

[14] 孙克忠、锋锐等，西藏——日本剖面的岩石圈构造，地震学报，11，1989

[15] Wu Rushan and NafiToksoz M, Diffraction Tomography and Multisource Holography Applied to Seismic Imaging, Geophysics, 52, 1987

[16] 韩彪、冯锐、陈颙，岩体中包体结构的 CT 实验探测，地球物理学报，32，1989

[17] 刘元龙、王谦身，用压缩质面法反演重力资料以估算地壳构造，地球物理学报，20，1977

［18］王谦身等，亚洲大陆地壳厚度分布轮廓及地壳构造特征的探讨，地震地质，4，1982

［19］陈颙等，实验室中岩石破裂的变形征兆，地球物理学报专辑，1989

［20］陈颙等，变形过程中岩石 P 波速度场的空间变化，地震学报，（2），1990

［21］陈宗基等，用 8000kN 多功能三轴仪测量脆性岩石的扩容蠕变及松弛，岩石力学与工程学报，（8），1989

［22］叶正仁、洪明德，地幔软流层对板块的作用：阻力还是驱动力？地球物理学报，26（增刊），1983

［23］李钦祖，华北地壳应力场的一般特征，地球物理学报，23，1980

［24］汪素云等，中国及邻区现代构造应力场的数值模拟，地球物理学报，23，1980

［25］傅容珊，利用卫星重力数据计算中国及邻区岩石层内应力场，地球物理学报，26（增刊），1983

Ⅳ— 3

地球物理学与环境探测*

王妙月

中国科学院地球物理研究所

摘　要　讨论了地球物理学在环境探测研究中的进展及其有待解决的问题。内容包括：磁学在古环境探测研究中的进展；地震勘探在古环境探测研究中的进展；电法勘探在古环境探测及环境污染探测研究中的进展。文章也讨论了地球内部动力学过程和环境变迁之间的关系，阐述了为了从成因上阐明环境变迁的原因，地球物理研究工作需要特别关注的某些研究课题。

关键词　地球物理学　环境探测　研究进展

一、引　　言

环境是地球系统的一种状态，是地球系统各个圈层之间相互作用的结果，随着时间和空间位置的不同而不断地变化着。这种变化既来源于人类圈层以外的其他圈层及其它们之间的相互作用，也来源于人类在自然圈层中的活动。人类为了在地球系统中生存和发展，需要在这个系统中获取资源，从而改变着地球系统的状态。因此发展问题和环境问题不可分割。可持续发展就是要协调人和自然的关系，就是要解决好发展中的环境问题，这已成为全世界关注的焦点。江泽民主席在全国第四次环保会议上"可持续发展最早源于环境保护，现已成为全球经济发展的战略"。他希望通过全社会的共同努力，使我国在 2000 年"力争对环境污染和生态破坏的趋势得到缓解"。国家自然科学基金委员会对此也十分重视，在 1997 年 1 月 24~25 日召开了环境科学发展战略研讨会。全球变化、社会可持续发展、环境生态研究、工业与工程污染防治基础研究等 10 余个与环境科学有关的领域在国家自然科学基金"九五"优先资助的 50 个领域中具有相当显著的位置（中国科学基金委员会，1997）。

随着对环境科学研究的重视，地球物理学和环境科学相互渗透，正在出现环境地球物理学这一新兴学科。环境地球物理学是将地球物理学的理论、方法、技术融汇入环境科学研究主要领域中的问题的科学（楚泽涵等，1995）。

二、环境磁学与古环境探测

今天的环境是古环境的延续，距今天越近的古环境对于弄清今天的环境和今后的环境变化越重要。古环境（包括古气候）被记录在海洋洋底和陆地近地表的地层中。因此研究陆地海洋地层中记录的近数 10 万年、数百万的古环境是相当有意义的。

洋底古地磁条带的发现是板块构造学说的重要依据。地球磁场的极性方向在地质历史时期发生过十分频繁的变化。依据岩石层中的磁性极性单位可以进行地层层序的划分和对比。而每一个正负极性内又存在次一级的正负极性变化。如松山负向极性期间存在 3 个次一级正向极性。通过对海洋深钻液

---

*　本文原载于《赵九章纪念文集》，科学出版社，1997，380~388。

压活塞取芯中得到的无扰动岩芯古磁性测量得到的古地磁年龄与放射性同位素年龄、生物地层年龄相结合可以建立起一个高分辨率的磁性生物年代格架（徐钰麟，1995）。目前已根据深海磁性异常建立起了从侏罗系卡洛期至第四纪的磁性地层剖面。全球洋底沉积层磁性生物年代格架的确定为全球性高精度地层的对比和高分辨率年代地层剖面的确定建立了一个扎实的基础（徐钰麟，1995）。

20 世纪 70 年代初，英国环境生态学家 Oldfield 教授和地球物理学博士 Thompson 在北爱尔克内伊湖的研究工作中发现湖泊样芯的磁化率曲线与其孢粉组合类型吻合，进而认识到有可能通过磁性测量，并结合生物化学指标快速简便地从湖泊沉积物样芯中提取环境变化的高分辨信息。由于磁性测量具有简便、快速、经济、无破坏和多用性等优点，很快为世界各地环境研究人员所重视，迄今为止，磁性测量方法已用于近百个湖泊、海湾的上千孔沉积物样芯的研究，研究剖面通过全球各主要气候类型和地质岩性区域（俞立中等，1995），形成了环境磁学（张卫国，1995）。

环境磁学已经提供了大量有关全球变化过程以及人类活动对环境影响等方面的主要资料，其研究范畴迅速扩展，已成为当今地学的前沿学科之一。环境磁学最主要的成就之一是通过对沉积物的磁记录测量，为几十万年以来气候变化史提供了重要证据。从 20 世纪 80 年代开始，许多中外学者应用环境磁学技术和其他手段对我国黄土高原的黄土-古土壤序列做了大量的研究工作（安芷生等，1977；刘东生等，1984；葛同明，1984；丘乐平，1985；朱日祥等，1993；安芷生等，1990）。黄土剖面上的磁化率曲线与深海氧同位素曲线的良好对应，使黄土-古土壤序列成为大陆古气候的最好记录之一，具有高磁化率的古土壤对应 $\delta^{18}O$ 负值，具低磁化率的黄土层位则对应 $\delta^{18}O$ 正值。在早期的工作中，人们通过磁性测量，建立了黄土剖面磁性地层，确认黄土底界年龄为 2.6 百万年。黄土高原几个典型剖面的磁性结果表明，中国黄土地层较完整地记录了 Brunhes 正极性带和 Matuyama 负极性带，黄土下伏的红色粘土则记录了 Gauss 正极性带，Gilbert 负极性带与古地磁年表编号 5（Epoch 5）。环境磁学的研究进一步确认，黄土序列揭示了主要季风模式。冰期西北风输入，沉积了大量的黄土，而在温暖的间冰期，以东南季风为主，尘埃输入减少，形成了古土壤（潘永信等，1996；岳乐平，1995）。

环境地磁学的研究不仅限于西北黄土高原，在长江流域和青藏高原地区也开展了黄土、硬质粘土、潮滩沉积物、泥岩、湖泊沉积物的环境磁学研究，例如，建立了西太湖沉积物样芯的层位联系，研究了西太湖沉积环境的基本特点和东太湖沉积样芯的环境变化过程（张卫国等，1995）。探讨了甘孜黄土与青藏高原冰冻圈演化、青藏高原中东部最大冰期时代、高度与气候环境等问题（方小敏等，1996；施雅风等，1995；吴锡浩等，1996）。经研究，黄土的高磁化率特征已成为夏季风的替代性指标。大量的磁化率测量发现，磁化率值随成壤程度加深而升高，组成黄土和土壤的原始粉尘的磁化率主要取决于粉尘的粒度组成，磁化率与粒度组成的相关分析表明，原始粉尘的磁化率一般低于 50（单位为 $4\pi\times10^{-6}SI$，下同）。而黄土和古土壤的磁化率高于 50 的部分是成壤过程中的次生率。机制研究表明，次生的黄土磁化率可以通过无机的土壤化学反应产生，也可通过有机物参与和土壤生化反应产生（孙继敏等，1995；贾蓉芬等，1996）。对这些反应来说，降水量的大小对磁化矿物的产生是最为重要的气候因子。因此降水季节对磁性矿物的产生是至关重要的。而对黄土高原现代气候研究发现夏季风降水是全年降水的主导。从这个意义上来说，磁化率指示了夏季风环流的强度（孙东怀等，1996）。全球各地的第四纪气候记录在大尺度的冰期-间冰期气候旋回上表现出十分良好的可比性。利用黄土磁化率的夏季风替代性指标进行对比研究表明，在黄土成壤期磁化率明显增强（>100），这一事件和澳洲气候从较湿润向干旱变化的转型事件相对应（刘东生等，1996）。

磁化率为 100 的岩石磁性在分类中属极弱磁性，然而和<50 的磁化率的岩层相比，仍然是相对磁性高，且处于相对较浅的部位。它所形成的微弱磁场有可能被高精度磁力仪探测到，从而有可能替代样芯的测量，更方便地测到记录近数十万年到数百万年气候变化的弱磁异常。位场层析成像方法（刘长风等，1996）可以反演出这些弱磁异常源的磁化强度及其位置，再将其转化为磁化率。通过和样芯实测磁化率的对比，有可能更详细地研究黄土高原古环境变迁的时空分布规律，根据位场成像方法的固有特点，对浅层场源可以反演得比较准确。因而它可以在弄清黄土携带的环境磁信息的地质含义中

发挥很好的作用。

三、地震勘探与古环境探测

地震勘探主要是从石油地震勘探的需求发展起来的，随着我国油气勘探的进步，石油地震勘探及其相应的研究工作已经取得了长足的进展（王妙月，1997）。

在发现石油的过程中，采用地震勘探的办法，弄清古代沉积盆地的沉积地层、沉积体系、古海平面变化、沉积物来源、古沉积相等，以认识盆地当时的形成环境、气候条件，认识石油的生成、运移及储存。因此，石油地震勘探为重构石油生成、运移、储存期间的盆地形态、岩性、岩相与构造，从而为获取相应时段的古环境、古气候信息提供了难得的重要手段。目前从石油地震勘探的资料看，能够获取古环境信息的时间表可以追溯到古生代、中生代、第三纪和第四纪。

应用20世纪70年代以来发展起来的地震地层学、层序地层学还可直接由地震剖面来解释沉积相、海平面变化以及整个沉积体系，被誉为能透视地下地质结构的透视技术（徐怀大，1990）。这一技术已在我国的大庆、四川、胜利、辽河、新疆、内蒙古等油田中得到了广泛的应用（顾家裕，1995；赵秀岐等，1995）。然而应该说，用地震地层学方法作岩性、岩相推断，我们很粗略，能把大套地层的岩相变化总趋势解释得基本正确已是很大的成功（李庆忠，1994）。尽管如此，用地震地层学研究微相的研究工作正在进行（罗立民等，1997；王裕玲等，1996）。结合高分辨率地震勘探、岩性地震勘探研究（李庆忠，1993；俞寿鹏，1993），有可能使地震勘探研究古环境的范围延伸到第四纪较薄区域的古环境。

对浅层反射来说，大地吸收并不严重。海上采用电磁震源，EG&G公司在0.3s深度上主频达到300Hz，加拿大浅海环境调查，电火花震源浅层，主频达2500Hz（李庆忠，1993）。

华北平原区第四系下界面的深度可达200m，在河口区会更深，对于这样的深度范围的第四系地层用浅层高分辨率地震方法来研究地层内部的岩性和岩相，从而为获取第四系时间尺度范围内的古环境信息是完全可能的。

盆地动态定量模拟是地震地层学研究的进一步发展。它以沉积记录作为一个参考标准，这个记录在地震反射剖面上通过地震地层学的研究可以识别其影像。通过盆地动态定量模拟可以加深对沉积过程的认识（孙枢等，1989；石广仁，1994），从而可为古环境、古气候及其演化信息的提取提供更可靠的保证。

然而对于第四纪沉积很薄的地区，沉积层岩性、岩相的研究仍然具有挑战性。其困难来自三个方面。第一，震源的主频不能无限的提高；第二，地球自由面的规则干扰很强；第三，浅层的横向不均匀性和各向异性比较严重。为了全面研究第四系古环境，解决好这些具有挑战性的问题是值得的。获取浅层岩层的物性知识可以减少资料解释中的不唯一性，因此，岩性勘探的进步，对这一问题的解决也具有促进作用（王妙月，1997）。沉积物沉积时的沉积环境是制约沉积物物理性质的主要因素，沉积物的密度、孔隙度、含水量和沉积物的纵、横波速度有关。对沉积物取样，并进行物性测定，可以获得这些参数之间的经验关系，为环境和气候推断提供依据，为浅层地震地层学研究提供物性依据（卢博，1997；卢博等，1994）。弹性波勘探，充分利用地震图上的各种信息，包括纵波、横波、反射波、衍射波以及偏振方向等，有可能部分克服自由面规则干扰波的影响，有利于获取浅层横向不均匀性及各向异性的信息（王妙月等，1993）。井间、井地地震波层析成像相对于纯粹的地面地震增加了资料的孔径，有利于浅层米级结构问题的解决，为解决第四纪沉积很薄地区的岩性岩相提供了可能。

地震勘探在环境探测中的应用的另一重要领域是工程环境。在日本，工程环境方面的应用研究包括软弱基础的调查、地基的地震波调查、埋设物及空洞的调查、古墓等文物调查、地表地质调查、地震防灾调查、地下水调查、环境振动调查、海底地貌与松散层调查等。在国内，工程地震勘探已是水文地质、工程地质、环境地质调查和岩土力学参数原位测试的重要方法之一。随着我国城市化建设、工程勘查、工程环境监测的需要，工程地震勘探取得了很大的发展。1990~1996 年，中国地球物理学会年会报告中，工程地震勘探的学术报告数量已经超过煤田和金属矿地震勘探，从而跃居第二位（王妙月，1997）。一些新的地震勘探方法，如瞬态瑞利面波勘探方法、地震波井间层析成像、掌子面前方薄弱地质结构超前预测等方面的新进展，使地震勘探在解决空洞、地下水资源、地基、工程环境等问题中发挥了重要作用。对于工程地震勘探，目的层很浅，遇到的问题和用地震地层学方法探测浅层第四系古环境时遇到的问题是一样的，需进一步加强研究，克服存在的困难。

四、电法勘探与环境探测

最近在堪萨斯的一项高分辨地震勘探的研究表明，尽管计划测到 25~100m 深度范围内的 2m 结构，采用了最新的处理技术，但实际达到的垂向分辨率仅 7m（Miller et al.，1995）。1m 级的分辨率对于古环境和工程环境的探测是很有用的。电法成像技术的进步为实现这一目标提供了可能。电法勘探的方法很多，适用于环境探测的电法勘探技术主要是井间电磁波层析成像技术、探地雷达和高密度电阻率成像技术。

1. 井间电磁波层析成像技术

在美、俄、瑞典等发达国家发展了井间电磁波成像技术。我国地质矿产部最早开展了电磁波透视研究。国家地震局地球物理研究所从 1985 年开始，开展了井间电磁波层析成像技术的仪器、实验、理论、方法及其应用研究，特别是对工程环境的应用研究[*]。

在理论方法方面有图像重建的射线交切反投影法（周海南，1992），井间电磁波 CT 中的非块体分段反演算法（吴建平等，1993）等。形成了井间电磁波层析成像应用软件，包括图像重建、图像显示、使用说明等；建立了电磁波法岩石参数测试与模拟实验室，研制了 FWCT－1 型 CT 仪。发表了一系列该方法在城建、公园、机场、水电站等工程环境探测中的应用文章（冯锐等，1992）。

2. 探地雷达

探地雷达在土壤含量检测、工程环境勘探、砂坝冲积导结构探测，地下污染检测等许多环境问题中的应用已有一系列文章发表。该方法可以获取近地表地层的米级高分辨率信息（Fisher，1992；Brewster et al.，1994）。

雷达波（电磁波）的频率范围在 50~500MHz。在这个频率范围内，位移电流的作用超过传导电流，使得介质为弱频散介质，电磁波传播速度主要由介质的介电常数决定，电磁场以波的形式传播，从而使雷达波传播和地震波传播极为类似。雷达波和地震波在运动学之间的类似性，使得可以直接采用石油地震勘探中发展起来的反射地震资料处理及其解释方法。然而资料采集以及资料处理中的尺度标定和参数选择有些不同（Fisher et al.，1992；Sun et al.，1995）。

20 世纪 80 年代后期开始，探地雷达开始采用数字记录，打开了全面使用反射地震处理技术的新局面，反射地震处理技术提高了探地雷达的探测深度和分辨率。由于这个原因，Fisher 认为探地雷达的处理解释水平已经达到了当今高超的反射地震的处理解释水平（Fisher et al.，1992）。近年来，在沉积层细结构研究、地下水污染监测等实验研究中取得了很好的地质效果（Brewster，1994）。

Brewster 的实验结果表明，不仅可以动态地检测到污染物随时间的变化的情况，而且为钻井资料所证实，但未能勾划出厘米尺度的分层。

探地雷达比反射地震价格低廉，若能进一步提高其分辨率，其在古环境探测及环境监测应用中的前景是不可估量的。雷达波和地震波在动力学方面存在较大的差异，在地层中有强的衰减（Fisher et al.，1992）。雷达波存在强的地面和近地表空中干扰（Sun et al.，1995）。和地震波一样，雷达波有强

---

[*] 冯锐、周鹤鸣、周海南，1993。层析技术在工程中的应用研究。国家地震局地球物理研究所。

的直达波干扰，使得非常接近于地表的地层的分辨率受到限制。为了进一步提高探地雷达的分辨率和探测深度，资料处理不能只停留在借用反射地震资料处理软件的时代，处理软件必须考虑雷达波自射的特点。发展针对雷达波自身特点的偏移处理软件是一条主要的途径。在地震勘探领域，有限元逆时偏移在解决浅层复杂精细结构成像方面具有很大潜力（底青云等，1997），而在探地雷达波方面的文献中尚未见到这方面的研究。在所见的文献中，一般采用不考虑衰减项的有限差分偏移、FK偏移、克希霍夫积分偏移。若在雷达波偏移中，采用有限元逆时偏移成像技术，比较容易加进雷达波的强衰减项，发展这一技术将为进一步提高探地雷达的探测深度和分辨率提供可能性。可喜的是最近国家基金委员会对这一研究课题给予了支持（国家自然科学基金委员会地球科学部，1997）。

国内水电、铁道、考古、煤炭等部门已经引进了不少探地雷达设备，然而针对古环境探测需要的探地雷达的资料采集、处理、解释研究工作尚未跟上。相信在不远的将来，随着人们用探地雷达开展古环境探测与环境监测的实践及研究工作的深入，探地雷达在地下水污染动态监测，在探测湖沼、黄土等浅地表记录的古环境以及在古墓、黄河大堤洞穴、管线铺设等与工程环境有关的探测中将越来越发挥其作用。

3. 高密度电阻率层析成像

高密度电阻率层析成像方法是近几年才发展起来的一种新的地球物理方法。它所利用的场源有交流场（如TEM源）和直流场（DC方式）。观测方式方法可有多种形式，如利用地形、钻孔、坑道以及任意形状的目标体的表面等。观测的物理量为多方位扫描的电位值，经过图像重构后得到目标体内的电阻率分布。电阻率是介质物性的一个方面，在环境探测中它与目标体内的介质种类（沉积地层类型）和结构（断层、裂隙、地下流体活动等因素）有关。该方法施工简便、经济有效、快捷、对现场无任何破坏作用，结果的可靠性、分辨率、探测深度以及成本等综合指标明显优于其他电磁方法和地震、重、磁等其他地球物理手段，可迅速掌握目标体内的岩性和精细结构情况，对于施工前的设计以及施工过程中地下结构变化的动态监测、地下水的分布及流动情况的探测是非常有效的。日本是一个多山的岛国，地质结构非常复杂，对工程的施工质量要求相当高。他们利用电阻率层析成像方法对大型工程的地基、水库的坝基和坝体的渗漏、公路和铁路的地基、桥梁变形、隧道塌漏、山体滑坡、古墓等进行探测，取得了很好的效果。长春地质学院工程物探研究室开展了高密度电阻率成像方法的仪器、理论、方法及应用研究（王兴泰，1991）[①]。和其他地球物理勘探方法相比，电阻率层析成像方法有两个显著的特点：①它可以用多个电极（最多可达数百个）完全包围目标体；②可以连续供电，观测到目标体内的微小变化，从而实现了工程和地下水污染以及水面污染的动态监测。

湖沼底部沉积物以及山区的坡积物的调查是古环境、古气候探测的重要方面。采用密集电极的高密度电阻率层析成像可以实现这一目标。

对于湖沼底部沉积物的探测，最有效的手段是地震层析成像和电阻率层析成像。二种手段的结合可以研究清楚沉积的时间变化过程，从而研究清楚古环境的变化。对于山体地形，用大量电极把山体完全或部分包围，查明山体内部的岩性、断层、裂隙及流体分布，推断出滑脱的深度及滑脱体的规模，为评价山体坡积的沉积过程以及山体滑坡的危险性提供依据。岩性、断层、裂隙及流体分布对电阻率十分敏感，因此这种方法比较有效，而且可顺着山体的地形面做，在峡谷地貌的情况下比其他手段容易实现。

已采用从日本OYO公司进口的MCOHM-21G型高密度电阻率成像仪在珠海港码头防波堤质量检测（底青云等，1997）、山东泰安大汶口汶南石膏矿地下水系探测[②]、商丘周朝古城遗址探测（闫永利，1997）中表明高密度电阻率成像对环境和工程环境探测是非常有效的手段。

---

① 王劲松，1994，关于电阻率成像问题的初步探讨，长春地质学院
② 王妙月，1997，泰安市大汶口石膏矿水高密度电阻率成像探测报告，中国科学院地球物理研究所

五、地球内部动力学过程与环境

地球圈层之间的相互耦合作用使地球内部的动力学过程与气候的全球变化以及环境的变迁紧密相关。要研究清楚气候的全球变化以及环境变迁的历史事件，就需要掌握地球内部动力学过程的知识。

人们据地磁场的西向漂移，推断地核旋转较慢。而最近哥伦比亚大学宋晓东和理查兹用 50 多次天然地震和 1967—1995 年的核爆资料观测旋转中的内核，表明内核和地球同一方向旋转，但内核子旋转速度比地球本身的旋转速度快，它可能是地球自转系统中的一种惯性力——科里奥利力使内核的旋转速度加快（杨学祥等，1997）。内核是地球内部的蓄能飞轮，它的运动方式对地球内部能量间歇性地大规模释放有决定性作用。热能越过核幔边界引起地幔对流和超级热幔柱的强烈活动，并使海平面变化。地球深处的热通过洋脊和热点传到海水。海平面以及供热状态的时空变化引起洋流及大气中的一系列全球变化。

核幔边界升起的超热幔柱可能是白垩纪正磁极性超期、生物灭绝、全球气候变暖和海平面上升的原因。这些结果表明，全球变化的因素不仅在气圈、水圈和岩石圈，而且在地幔和地核。弄清地核的动力作用对于生存环境不断变化的人类来说是一个十分紧迫的问题（杨学祥，1996）。

区域的、全球的大气过程的数值模拟已有许多文章发表。陆面过程在大气过程的数值模拟中起着重要的作用。陆面过程与气候之间的相互作用主要是指控制地面与大气、海洋之间能量和动量的交换现象，它们可以对大气环流产生一定的影响。从严格意义上来讲，应该包括陆面上发生的所有物理、化学、生物、水文等过程以及这些过程与大气过程的相互作用，它包括了全球系统五大圈层中几乎所有的圈层（牛国跃等，1997）。

然而至今对边界层（陆面过程）的研究还比较薄弱，这与国外近年来很注重陆面过程的研究不相适应。故需加强陆面过程的观测与研究（钱正安，1996）。陆面过程除了可用卫星进行观测（钟强，1996）以外，更重要的是开展对陆面过程的直接观测，特别是地球内部热源，如洋脊、地热柱、冰盖以及近地表物质物理性质的横向不均匀性的观测及其地质解释研究。

流体、岩石相互作用也影响了环境过程。新丰江水库蓄水后，1962 年发生了震级大于 9 级的水库地震，对库区的居民造成过灾害，使当地居民的生活环境变坏。除水库地震以外，流体、岩石相互作用造成环境问题的还有大坝、防波坝、大河防洪堤老化等工程环境问题；滑坡、泥石流对山区环境的破坏问题以及火山、地幔对流对全球环境的影响问题等。水库地震的机制是相当复杂的（王妙月等，1976），水、岩之间的力学化学过程起了非常重要作用，这方面的知识至今尚比较缺乏，一些水、岩相互作用的理论研究已经展开。三峡库区即将形成，由于它的库容量大、离地震区近，是否会产生水库地震、特别是大震级地震是固体地球科学工作者相当关心的。三峡库区也将形成新的工程环境问题，如滑坡、渗漏、坝基稳定性、大坝老化等，应加强这方面的研究。

参 考 文 献

安芷生、马醒华，1990，环境磁学初步研究，黄土、第四纪地质、全球变化（汇），科学出版社，103~151

安芷生、王俊达、李华梅，1997，洛川黄土剖面的古地磁研究，地球化学，（4）：239~249

楚泽涵、李幼铭，1995，关于环境地球物理学的思考，地球物理学进展，10（1）：1~10

底青云、王妙月，1997，弹性有限元逆时偏移，地球物理学报，40（3）：570~579

底青云、王妙月、严寿民等，1997，高密度电阻率法在珠海某防波堤工程中的应用，地球物理学进展，12（2）：79~88

方小敏、陈富斌、施雅风等，1996，甘孜黄土与青藏高原冰冻圈演化，科学通报，41（20）：1865~1867

冯锐、陈家庚、郭强锗等，1992，电磁波井间层析技术在城建工程中的应用，地球物理学报，35（增刊）：348~357

葛同明，1984，洛川黄土沉积层的磁性地层学研究，海洋地质与第四纪地质，4（1）：37~44

顾家裕，1995，陆相盆地层序地层学格架概念及模式，石油勘探与开发，24（4）：6~10

国家自然科学基金委员会地球科学部，1997，地球科学与空间基金资助项目，地球物理学报，40（1）：143

贾蓉芬、颜各成、李荣森等，1996，陕西段家坡黄土剖面中趋磁细菌特征与环境意义，中国科学（D 辑），26（5）：
　　411~416

李庆忠，1993，走向精确勘探的道路，石油工业出版社

李庆忠，1994，近代河流沉积与地震地层学解释，石油物探，33（2）：26~41

刘长风、王妙月、陈静，1996，磁性层析成像——塔里木盆地（部分）地壳磁性结构反演，地球物理学报，39（1）：
　　89~96

刘东生、安芷生，1984，洛川北韩寨黄土磁性地层初步研究，地球化学，2：134~137

刘东生、安芷生、陈明扬等，1996，最近 0.6Ma 南、北半球古气候对比初探，中国科学（D 辑），26（2）：97~102

卢博，1997，南沙群岛海域浅层沉积物物理性质的初步研究，中国科学（D 辑），27（1）：77~81

卢博、梁元博，1994，中国东南沿海海洋沉积物速度与物理参数的统计相关，中国科学（B 辑），24（5）：556~560

罗立民、王英民、李晓慈等，1997，运用层序地层学模式预测河流相砂岩储层，石油地球物理勘探，32（4）：130~136

牛国跃、洪钟祥、孙菽芬，1997，陆面过程研究的现状与发展趋势，地球科学进展，12（1）：20~24

潘永信、朱日祥，1996，环境磁学研究现状和进展，地球物理学进展，11（4）：87~99

钱正安、焦彦军，1996，青藏高原气象学的研究进展和问题，地球科学进展，12（3）：207~216

施雅风、郑本兴、李世杰等，1995，青藏高原中东部最大冰期时代、高度与气候环境探讨，冰川冻土，17（2）：
　　97~112

石广仁，1994，油气盆地数值模拟方法，石油工业出版社

孙东怀、安芷生、吴锡浩等，1996，最近 150ka 黄土高原夏季风气候格局的演化，中国科学（D 辑），26（5）：
　　417~422

孙继敏、丁仲礼，1995，中国黄土磁化率的物理意义，地球物理学进展，10（4）：88~93

孙枢、白顺良、付家谟等，1989，沉积地壳研究的新进展，见：当今世界地球科学动向，地质出版社

王妙月，1997，我国地震勘探研究进展，地球物理学报，40（增刊）：257~265

王妙月、杨懋源、胡毓良等，1976，新丰江水库地震的震源机制及其成因的初步探讨，中国科学，19（1）：85~97

王妙月、袁晓晖、郭亚曦等，1993，衍射波地震勘探方法，地球物理学报，36（3）：398~401

王兴泰，1991，高密度电阻率法及其应用技术研究，长春地质学院学报，21（3）

王裕玲、周志才，1996，用高分辨率地震资料划分沉积微相，石油地球物理勘探，31（增 1）：38~42

吴建平、冯锐，1993，井间电磁波 CT 中的非块体分段反演算法，CT 理论与应用研究，2（3）：1~8

吴锡浩、安芷生，1996，黄土高原黄土—古壤序列与青藏高原隆升，中国科学（D 辑），26（2）：103~110

徐怀大，1990，地震地层学解释基础，中国地质大学出版社

徐钰麟，1995，大洋钻探与地层学——高分辨率磁性生物年代地层格架，地球科学进展，10（3）：258~266

杨学祥、陈殿文，1996，地核的动力作用，地球物理学进展，11（1）：68~73

杨学祥、陈殿文、张中信等，1997，地球内核快速旋转与全球变化，科学，（总 22）：53~54

俞立中、许羽、张卫国，1995，湖泊沉积物的矿物磁性测量及其环境应用，地球物理学进展，10（1）：11~22

俞寿朋，1993，高分辨地震勘探，石油工业出版社

岳乐平，1985，中国黄土古地磁研究进展，地质论评，31：453~360

岳乐平，1995，中国黄土与红色粘土记录的地磁极性界限及地质意义，地球物理学报，38（3）：311~320

张卫国、俞立中、许羽，1995，环境磁学研究的简介，地球物理学进展，10（3）：95~105

赵秀岐、张振生、李洪文，1995，塔里木盆地石炭系层序地层学及岩相古地理研究，石油地球物理勘探，30（4）：
　　533~546

中国科学基金委员会，1997，环境科学发展战略研讨，2：108~109

钟强，1996，地面辐射气候学研究进展——从卫星反演地面辐射能收支的若问题，地球科学进展，11（3）：238~243

周海南，1992，图像重建的射线交切反投影法，CT 理论与应用研究，1（3）：22~25

朱日祥、丁仲礼、杜小刚，1993，极性转换期间地球形态学研究，地球物理学报，36（3）：347~359

Brewster M L, Annan A P, 1994, Ground-penetrating radar monitoring of a controlled DNAPL release: 200 MHz radar, Geophys-
　　ics, 59（8）: 1211-1221

Fisher E, McMechan G A, Annan A P et al., 1992, Examples of reverse-time migration of single-channel, ground-penetrating radar profiles, Geophysics, 57: 577-586

Fisher E, McMechan G A, Annan A P, 1992, Acquisition and processing of wide-aperture ground-penetrating radar data, Geophysics, 57 (2): 495-504

Miller R D, Anderson N L, Feldman H R et al. , 1995, Vertical resolution of a seismic survey in stratigraphic sequences less than 100m deep in southeastern Kansas, Geophysics, 60 (2): 423-430

Sun Jingsheng, Yong R A, 1995, Recognizing surface scattering in ground-penetrating radar data, Geophysics, 60 (5): 1378-1385

Ⅳ — 4

地球物理场成像研究进展[①]

王妙月　底青云　王赟

中国科学院地球物理研究所

摘　要　本文综述了地球物理成像研究工作的进展。研究进展主要包括：①地震波几何结构和物性结构成像的进展；②电磁波几何结构和物性结构成像进展；③位场物性结构成像进展；④非线性全局物性结构反演成像进展。并对各种方法的前景给予了展望。

关键词　地球物理场　成像　研究进展　展望

一、引　言

随着资料采集密度的提高和反演理论、方法、技术以及计算机技术的快速发展，地球物理场可以转化为地球内部几何结构和物性结构的像，这种转化称谓地理场成像。多种地球物理场的成像为地物理综合地质解释提供比场更为直接的信息和证据。因此地球物理场成像已成为近年来地球物理学家研究的前沿和热点之一。许多学者认为，成像研究孕育着新的地学革命的到来。

地球内部结构是复杂的，既存在纵向变化，也存在横向变化，表征几何结构和物性结构的参数是未知的，显而易见只有当表征地球内部结构的参数足够多时，才能比较细致地勾划出地球内部结构复杂的图像来。大量未知参数的求解问题只有在计算机高度发展的今天才有可能实现。地球物理场成像的反演方法则是在计算能力的某一发展水平上相应发展起来的地球物理场成像方法。

不同的地学家，由于研究目标的不同，对地球内部结构尺度的关注是不同的，粗略地可以分为全球、区域以及局部三种尺度。20 多年来，各种地球物理场的成像有了长足的进步，本文主要涉及勘探地球物理领域中、小尺度的成像研究进展及其展望。

二、地震波成像

地震波成像可以分为两类：一类是几何结构成像；另一类是物性结构成像。虽然二类成像方法、技术的理论是平行发展的，可认为这两类成像是相辅相成的。几何结构成像，需要事先知道速度，而物性结构成像一般取等几何结构网格（例矩形网格），因此，事实上几何结构是已知的。显然这两类方法若能联合起来，或迭代地进行，可以改进地震波成像的结果[②]。

1. 几何结构成像

传统反射地震勘探方法可以获得水平叠加剖面，水平叠加剖面上同相轴的展布及其形态是地下地质体几何结构的像。当水平叠加剖面质量较好时，可以识别出诸如背斜、向斜、断层、不整合面、礁体、刺穿、砂体等构造或地质体。应用 20 世纪 70 年代发展起来的地震地层学、层序地层学还可由地

---

① 本文原载于《寸丹集——庆祝刘光鼎院士工作 50 周年学术论文集》，科学出版社，1998，739~747
② 王妙月、汪鹏程，1995，塔里木深目的层油气圈闭探测方法技术。85-101-05-07 成果报告，68~107，中国科学院地球物理研究所

震剖面来解释沉积相、海平面变化以及整个沉积体系，这被誉为能透视地下地质结构的透视技术（徐怀大，1990）。

水平叠加剖面的几何结构像是被畸变的。自20世纪70年克莱布特实现用声波波动方程有限差分偏移来校正被畸变的几何结构像以来，各种波动方程偏移应运而生，包括X-T域，F-K域、τ-p域、叠前叠后、二维三维、声波弹性波等。虽然偏移技术首先是从国外发展起来的，我国学者在深入和发展偏移成像的理论、方法、技术方面也有很大的贡献，并且取得了显著的地质效果。

首先是解决陡倾角偏移方面，发展了有限差分分裂算法和因子分解算法，可以使陡倾角层面归位（马在田，1983；马在田，1988；张关泉和侯唯健，1996）。叠前深度偏移比叠后时间偏移能更可靠地获得陡倾复杂地质体的几何结构的像。20世纪80年代后期以来，我国研究叠前深度偏移的学者明显增多。至今在实践上最成功的例子是胜利油田古潜山二维地震剖面的叠前深度偏移结果。在深度偏移剖面上，古潜山内幕得到了较清晰的反映（杨长春等，1996）。

解决陡倾复杂几何结构像的另一途径是发展弹性波（多波）偏移。弹性波偏移充分利用地震图上的信息，除纵波信息以外，还利用横波信息。这样有可能在达到相同几何结构精度的条件下降低勘探成本，同时有可能得到比声波勘探更多的岩性信息。弹性波有限元逆时偏移和弹性波克希霍夫积分偏移是二项重要的弹性波偏移技术（牟永光，1984；邓玉琼等，1990；底青云和王妙月，1997），特别后者在实用化方向上迈进了一步（袁晓晖和王妙月，1993；黄凯等，1997）。由于大量采集的地震波资料都是单分量的，发展单分量弹性波偏移技术具有很大的实际意义。理论和实例研究表明，这一方向也有很大的潜力*（底青云和王妙月，1997）。

实际的地球介质不仅具有纵向横向不均匀性，而且具有纵向横向各向异性，一些学者开始考虑存在各向异性时的偏移（张秉铭，1997）。由于各向异性对于地质解释的重要性，相信这一方向上，今后会有更多的学者开展研究。

2. 物性结构成像

如能获得地下详细的弹性结构图像，则地质体的几何结构图像也可通过某种规则由弹性结构图像勾划出来。然而要获得详细的弹性结构图像甚至比获得几何结构图像更困难。可靠的速度结构是获得可能精细的叠前深度偏移结果的重要保证，精细可靠的速度结构也是岩性勘探、储层描述的需要，因此尽管物性结构成像有很大的难度，物性结构成像平等于几何结构成像，也一直是地震勘探学家研究的热点。

声波的散射波层析成像方法可以获得纵波速度的像，或密度和压缩系数的像（彭成斌和陈颙，1990；袁晓晖和王妙月，1991）。弹性波散射（衍射）成像方法可以获得纵横波速度或密度和拉曼常数的像（刁顺等，194；孙豪志和范祯祥，1994；陈湛文等，1995）。散射波、衍射波波场物性层析成像的研究大部分处在理论研究阶段，主要是常背景下的结果。变背景的文章也偶有发表（黄联捷和吴汝山，1994）。虽然密度、压缩系数的图像（袁晓晖和王妙月，1991），λ、μ图像（陈湛文等，1995）的理论结果很令人鼓舞，然而在实用化方面仍存在许多问题，主要障碍在于如何在实际地震图上识别散射波、衍射波以及如何精确地确定它们的走时。发展一个对震相依赖性小的散射波层析成像方法对复杂结构地区的金属矿地震勘探尤为重要。随着金属矿勘探向中西部转移，这一方向的研究工作将不可避免。

通过地震记录反演获得波动方程的系数就相当于获得了地下各层介质的密度和速度结构。由于它潜在的科学价值，很快成为热门研究课题，不断有新方法产生。然而和散射波、衍射波层析成像一样，将这个方法用于实际地震资料处理与解释时还有很多问题有待解决，目前能做实际应用的仅限于一维（刘家琦等，1994；陈小宏和弁永光，1996）。

反射波走时层析成像可以获得反射层速度、厚度及其横向变化。固定层的速度可以得到界面的起伏，固定界面的形态可以反演速度的横向变化。在这一研究过程中通常采用逐层求取的方法（黄鑫和王妙月，1989）。界面起伏和速度同时求取的方法也有人研究（华标龙和刘福田，1995）。反射层析成像结果的可靠性和精度依赖于反射波走时拾取的可靠性和精度。实用上一般用人机联作的办法拾取反射波走时，并主要针对目的层，用反射波层析成像方法求取目的层速度横向变化的细结构（常旭等，1996）。在实践中，特别是在金属矿地震勘探中，反射波走时很难拾取，因此发展新的不依赖于走时的反射层析成像方法是需要的。

三、电磁波成像

早期的电磁波勘探有其自身的资料解释方法，这些早期的方法难于获得直观的电性结构的精细图像。随着反射地震勘探方法的成功，使许多学者开始采用拟地震方法。和地震波成像一样，电磁波成像也可以分为两类：一类是几何结构成像，一类是物性结构成像。目前几何结构成像见于大地电磁测深和探地雷达，而物性结构成像见于大地电磁测深和 CSAMT。

1. 几何结构成像

拟地震处理是电磁测深资料反演的一个新的途径。自 20 世纪 80 年代以来，国内许多学者开展了这方面的研究，取得了足有成效的结果（王家映等，1995；魏胜和王家映，1993；王家映，1995；王家映，1997；王家映，1990）。大地电磁测天然电磁场，因而场源未知，电磁波频散严重，且具有 TE、TM 两种不同的极化方式，因此电磁波的偏移相对地震声波偏移具有更大的难度。对常规的资料采集，资料密度不够，但实例研究表明，拟地震偏移技术仍然是有潜力的 MT 资料处理新技术（魏胜和王家映，1993）。

20 世纪 80 年代以来，美国大地电磁专家 Bostick 提出了一种和常规的 MT 资料采集和数据处理方法不同的大地电磁法，称谓 EMAP。它采用电极首尾相连的阵列式排列方法，一方面大大地增加了空间采样密度，扩大了信息采集量；另一方面可以压制静位移干扰和随机干扰，以突出有效信号，使拟地震处理更接近于反射地震处理，从而可以获得直观、精细的电性几何结构图像（王家映，1997；王家映，1990；罗志琼，1990；孙传文等，1993；刘宏和王家映，1997）。

与电磁测深的低频电磁波不同，雷达波属于高频电磁波，其频率范围在 12.5～500MHz 之间。在这个频率范围内，位移电流的作用超过传导电流，使得介质为弱频散介质，波速主要由介质的介电常数决定，电磁场以波的形式传播，从而使雷达波传播和地震波传播极为类似。雷达波和地震波运动学之间的类似性使得可以直接采用石油地震勘探中发展起来的反射地震采集、处理、解释方法技术。主要的修改在于尺度标定和参数选择（Fisher，1992；Sun，1995）。

20 世纪 80 年代后期开始，探地雷达开始采用数字记录，打开了全面使用反射地震处理技术的新局面，类反射地震处理、水平叠加、偏移等提高了探地雷达的探测深度和分辨率。高分辨反射地震要达到米级分辨率是很困难的，探地雷达的出现为这一目标提供了可能。按照 Brewester 的实验，在探地雷达的几何结构图像剖面上可以动态地检测到污染物随时间变化的情况，而且为钻井资料所证实，但未能勾划出厘米尺度的分层（Michael，1994）。

理论上，雷达波可以探测到厘米量级的地质目标，然而探测深度和分辨率是相互制约的（何继善，1997）。雷达波和地震波相比在动力学方面存在较大差异，在地层中有强的衰减。雷达波存在强的地面和近地表空中干扰（Sun，1995），和地震波一样，雷达波有强的直达波干扰，这一切使得雷达波的实际分辨率受到限制。为了提高雷达波几何结构的分辨率，发展针对雷达波动力学特征的处理技术势在必然。在国内也已有一些学者开始从事这方面的研究（邓世坤和王惠濂，1993），但总的来说研究工作还相当薄弱（何继善，1997）。

由于探地雷达在探测浅层精细结构中有不可替代的作用，相信针对雷达波动力学特征的几何结构成像处理技术在不久的将来会有一个更快的发展。

2. 物性结构成像

物性结构成像是直接采用层析成像技术获得电性结构的像。与地震波层析成像相比，电磁波层析成像在理论、仪器设备和应用现状上都处于初始发展阶段，而且其发展的脉络也多沿用了地震波层析成像技术（何继善，1997）。

层析成像技术的关键是获得观测资料随反演参数变化的变化率矩阵即雅可比矩阵（离散时）或者 Frechet 导数（连续时）。采用广义脉冲谱技术对连续模型有限元法计算 Frechet 导数，可以实现大地电磁二维电性结构成像（陈乐寿等，1993）。此种方法理论上比较严密，实现起来数值稳定，收敛速度快，具有较好的地质效果。对于柱体离散模型，利用等效原理可以获得层析成像反演方程（卿安永等，1998），模型研究表明，该方法是一个有潜在实用性的较好方法。应用 Ricatti 方程的积分也可获得观测资料和电性参数变化之间的雅可比矩阵（Smith and John，1991），从而实现二维、三维大地电磁资料的快速物性结构成像反演。在电磁波散射中，地下介质电性差异很大，在某些情况下，散射场可能比一次场更强，Born 近似条件难以满足，成像算法中都采用适应此种情况的迭代算法。

地球介质是非完全弹性的，因而使地震波发生频散。非完全弹性和不均匀性使地震波在传播过程中被吸收。表征此种吸收作用的参数是品质因素 Q。利用地震波的振幅资料可以获得 Q 的层析成像图像。对于较低频率的电磁波，扩散项不能忽略。因此，低频电磁波也是频散和被吸收的，和地震波相比更严重。平行于地震波 Q 层析成像，在低频电磁波领域，也发展了利用电磁波振幅资料的层析成像方法技术，并以井间透射波资料的层析成像为主，在理论和应用方面都已取得了很大成绩*。

至今大多数的电磁波层析成像方法中都把电磁波遵循的方程当作波动方程处理，而把扩散项略掉，这对于中低频电磁波，将有较大的误差，因此发展考虑扩散项在内的电磁波层析成像是下一步电磁波层析成像研究方向之一。

四、位场层析成像

重、磁、电位资料的层析成像属于位场层析成像。通过位场层析成像可以由重力、磁力、电位资料获得地下密度、磁性、电阻率（或电导率）结构的直观图像。

1. 重磁层析成像

对于连续分布的场源，重磁反演主要从两方面研究场源。设定已知物性结构，反演界面的形态和埋深（刘元龙和王谦身，1977）；反之，已知界面埋深，反演物性的横向分布（Wang and Zhu，1979）。实际上耦合在一起的物性结构和几何结构都是未知的，两种方法都不完善。重、磁位场层析成像将连续分布的场源离散成大量的密集型子场源，子场源为未知数，由观测场反演这些离散场源的物性参数，当场源个数足够多时，复杂的几何结构可以由一系列的单元模拟，从而可以同时确定几何结构及其物性参数，解决了反演中物性结构和几何结构的耦合问题。当反演的场源个数不够多时，几何结构是不精细的，与地震一样，需要有其他的几何结构成像技术来改进。

20 世纪 90 年代，重磁层析成像的研究取得了突破性进展。不仅允许的未知数个数可达数千个，从而能较详细地描述地质结构，而且对初始模型的依赖程度减小，解的可靠性提高，对几个矿区的实际应用验证了其可信度（Barbosa，1994；Bear，1995；Li and Douglas，1996；Mark，1997；刘长风等，1996）。

层析成像的基本特点是未知数多，独立的资料对每个未知数覆盖的信息多。正是由于信息的多重覆盖，才使解比较可靠。对于重磁层析成像，将地下未知的磁性体（或密度体）分割成一系列几何结构已知磁化强度（或密度）未知的单元，通常是矩形单元或柱体单元。显然地面上观测的磁场

---

* 冯锐，1993，层析技术在工程中的应用研究，国家地震局地球物理研究所

值（或重力值）对地下每个单元未知的磁化强度值（或密度值）都是多次覆盖的。这个条件优于地震波走时资料的地震波速度结构层析成像。此外，当柱体的磁化强度或密度已知时，柱体对场的贡献有解析解，因此重磁层析成像的雅可比矩阵在迭代过程中是不变的，这个条件也优于地震波走时资料的地震波速度结构层析成像。然而对于重磁层析成像，埋藏越深的单元对场的贡献越小，反映在雅可比系数矩阵中相应元素的元素值越小，从而使得深部结构的分辨率降低，这个劣于地震波走时层析成像的条件在 20 世纪 90 年代找到了比较好的克服办法（Li and Douglas，1996；Mark，1997；刘长风等，1996），促进了重磁层析成像的进步。在 90 年代也有一些进展是属于求解层析成像方程技术的（Mark，1997）。

尽管重磁层析成像取得了长足进展，但未知量都是标量。密度是一个标量，磁化强度是一个矢量。目前在求解中认为磁化强度方向和地磁场方向一致，从而也把它当作标量来处理。至今发展成熟的标量磁化强度层析成像方法为我们解决磁化强度矢量的层析成像问题提供了极大的可能性。

表述岩石磁特征的磁化强度矢量 $J = J_i + J_r = KT + J_r$，J_i 为感应磁化强度，T 是地磁场，K 是磁化率。磁化性质各向同性时，K 是一个标量；各向异性时，K 是一个张量。当 K 为标量时，J_i 和地磁场 T 方向一致。当 K 为张量时，J_i 和 T 方向可以不一致，J_r 是岩石形成时保留下来的剩余磁化强度，其方向和岩石形成时的地磁场方向及 K 有关。J_r 一般和 T 不一致，所以 J 一般和 T 不一致，因此磁化强度矢量 J 的层析成像有可能获得磁化率 K 的各向异性信息以及剩磁 J_r 的信息。它们在板块运动、板块拼接、构造单元划分、岩浆事件划分、古环境变迁、地球动力学等研究中至关重要，预期磁化强度矢量层析成像将成为今后位场层析成像的热点之一。

2. 电位电阻率层析成像

直流电法电位满足泊松方程，电位层析成像属位场层析成像的范畴。它落后于地震波层析成像和电磁波层析成像，主要原因在于传统数据采集系统无法经济地采集到足够密集的数据。近十几年来，随着阵列布极方式数据采集系统的发展，已经可以采集到跨孔、孔—地、地—地的足够密集的电位数据（或视电阻率数据），具备了能采用对未知数具有多次覆盖的层析成像方法的条件，因此电位电阻率成像（简称电阻率成像）技术的研究文献也应运而生。

电阻率成像从广义上按其性质可分为两大类。一类是早期的迭代拟合法或称试错法；另一类为电阻率层析成像法。近年来这两类方法是平行发展的。试错法一类的方法也有许多文献问世，例如佐迪反演法、高密度电阻率法、信息断面图法等（王兴泰，1997；王兴泰和李晓芹，1995）。从这些方法的基本特征看，要使试错法得到好的结果需要有两个基本的保证。其一，正演方法的可靠性。因为试错法的核心就是靠正演模拟的场去和实测场值比较来确定当前情况地电结构分布的。正演方法精度高、快捷，那么，才能得到较好的试错结果。其二，研究者要有一定的经验积累。有经验的研究者对每次调整地电几何结构能提出正确的修正，使得迭代尽快收敛。试错法目前正在朝非线性全局搜索反演方向发展。

电阻率层析成像首先是获得敏感矩阵，建立层析成像方程，然后用线性代数的方法解层析成像方程以获得电性结构的层析图像。求敏感矩阵（雅可比矩阵）有扰动法、有限元法、电路补偿法、格林函数法等；解层析成像方程的方法有高斯赛德尔迭代法、非线性最小二乘法、广义逆反演法、平滑约束反演、马夸特法等（底青云，1998）。电阻率层析成像法首先是日本学者提出的（Shima，1987），十几年以来发展了许多方法，有的以求敏感矩阵的方法命名，有的以解层析成像方程的方法命名。最常用的方法是有限元法（白登海和于晟，1995；Tadakuni et al.，1985；Yataka Sasaki，1994；底青云和王妙月，1999）。近年来，电阻率层析成像方法研究有很大的进步。值得一提的有，考虑层状背景场的雅可比矩阵的求取及层析成像方程的广义逆解法（闫永利，1998）；电流线追踪电位电阻率层析成像法（底青云和王妙月，1997）；积分法电阻率层析成像法（底青云，1998）。特别是积分法，在求解灵敏度矩阵时采用了电位解的积分方程，由此形成的层析成像方程，其解对初始模型的依赖较小。

地震波层析成像被用来检测"死油"的位置，用于稠油监测，储层评价等。由于地震波层析成像的精度及分辨率以及野外作业复杂的限制，它们在金属矿、工程技术勘察中用得还较少，与地震波层析成像平行的电磁波层析成像野外作业比地震波方法方便，在金属矿和工程技术勘察中有较为广泛的应用前景*。但是电磁波成像方法受电磁波有效穿透距离的限制，井间距离不能很大或探测深度不能很深。相比之下，电阻率层析成像能兼顾地震波层析成像和电磁波层析成像的优点，野外作业不但方便，而且穿透深度也较大，因此它在油气勘探、金属矿勘探、工程勘探中更有应用前景。

五、非线性反演成像和地球物理场同时（或联合）反演

一般地球物理的反问题都是非线性的，前述物性结构的层析成像方法是将非线性反问题线性化的一种近似反演方法，观测资料和反演参数之间的非线性随着未知参数的增多而愈加严重，使得线性化的层析成像、反演结果也就越依赖于初始模型。为了克服上述线性反演的诸多弊端，近年来，国内外专家把研究的重点和注意力转向非线性反演方法的研究（王家映，1997；Meju，1996；李衍达，1993；杨文采，1997）。非线性反演方法，构作一个目标函数，为各种地球物理场观测值和理论值差的加权平方和，使目标函数值全局最小的理论值对应的理论模型即是所求的解答。当观测场有二种以上的场，或同一种场具有二种以上的资料时（例如同是地震波场，有 P 波初动资料和 S 波偏振资料）的非线性反演称谓地球物理场同时反演或联合反演。相同物性不同资料，不同物性之间的联合反演是有地球物理基础的，联合反演是地球物理资料反演的必然趋势和最佳选择（王家映，1997）。

显然当模型参数较少时，非线性全局反演肯定会取得很好的结果。采用参数网格法反演新丰江水库小地震震源机制的结果证实了这一点（Wang et al.，1976）。除了参数网格法以外，还有蒙特卡洛法，它随机地在模型空间中选取大量可能的模型进行试算，最终选择拟合最好的整体极小作为待求的模型。由于要计算众多的模型，当模型参数较大时，无法承受计算时间（王家映，1997）为了既能取全局极值又能提高搜索速度，许多学者做出了努力，模拟退火法（SA）、遗传算法（GA），禁区搜索法（TS）是诸多方法中的代表，尤其是模拟退火法随机性较好（纪晨，1997）。

为了能够得到物性结构的精细的像，为了能够实现多种场资料的联合反演，需要有足够数量的模型参数。在现有的计算机条件下，这是一个挑战性的课题。作为一个尝试，假设物性结构被离散成 M 个矩形网格（或三维柱体），每个网格有 N 个物性参数，每个参数有 L 种可能性，则模型个数至少为 $N \times L^M$，要在 $N \times L^M$ 个巨大数字的可能性中挑选出一个使目标函数取全局极值的解是艰巨的。下述途径是一个有希望的途径（王赟，1998）。

借鉴随机性好的模拟退火法（SA）和遍历性好的禁区搜索法（TS）对遗传算法（GA）加以改进。借鉴生物染色体的遗传过程，将各离散单元的物性参数表示为染色体串中的一段基因组，将网格剖分后的地球物理模型用染色体串的形式表示，使多种地球物理场数据在统一的模式下按照遗传算法的原则同时进行联合反演。

为了提高反演速度，采取二个措施。其一应用改进的神经网络多层感知器技术，学习地球物理场和模型参数之间的函数关系，用学习成功得到的函数关系替代原有的场方程，使得可以抛弃不同场方程之间的差异，使联合反演得以在相同的软件系统下实现。采用学习成功的函数关系可大大提高迭代速度。其二将遗传操作的对象分为基因、基因段、基因组三种方式，并在最优解的搜索过程中，采用多尺度分析（MRA）思想，将地球物理场的反演分解为一系列依赖于尺度变量的反问题系列，若分解的最大尺度为 J，则先解对应尺度 J 的反演，将其解作为尺度 $J-1$ 反演的初始模型，依次求解，直到需要的尺度。以加速搜索速度，改善全局寻优性。实用上可分粗细两种尺度。

---

* 冯锐，1993，层析技术在工程中的应用研究。论文集，国家地震局地球物理研究所

　　重、磁、电三种位场资料非线性联合反演的模型和实例研究表明，此种方法可以同时获得三种物性参数的像，比单一场资料的非线性反演的结果好，具有实用化的前景（王赟，1998）。

　　随着计算机硬件软件的更新换代，地球物理场的非线性全局反演成像必将最终替代层析成像而成为成像技术中的主宰。

参 考 文 献

白登海、于晟，1995，电阻率层析成像理论和方法，地球物理学进展，10（1）：56~75

常旭、刘伊克、王志君，1996，用波速层析成像方法提高储层横向预测精度，地球物理学报，39：813~882

陈乐寿、王光锷、陈久平等，1993，一种地电磁成像技术，地球物理学报，36（3）：337~346

陈小宏、牟永光，1996，二维地震资料波动方程非线性反演，地球物理学报，39：401~408

陈湛文、尹峰、李幼铭，1995，弹性介质中密度 ρ 与拉梅常数 λ、μ、的衍射层析成像方法研究，地球物理学报：38：234~242

邓世坤、王惠濂，1993，探地雷达图像的正演合成与偏移处理，地球物理学报：36（4）：528~536

邓玉琼、戴霆范、郭宗汾，1990，弹性波叠前有限元反时偏移，石油物探，29（6）：22~34

底青云，1998，电阻率层析成像方法研究，博士论文，中国科学院地球物理研究所

底青云、王妙月，1997，弹性波有限元逆时偏移技术研究，地球物理学报，40（4）

底青云、王妙月，1997，电流线追踪电位电阻率成像研究，地球物理学进展，12（4）

底青云、王妙月，1999，二维有限元法电阻率成像研究，岩石力学学报

刁顺、杨慧珠、许云，1994，弹性波衍射CT，石油物探，33（3）：47~54

何继善，1997，电法勘探的发展和展望，地球物理学报，40（supp）：308~316

华标龙、刘福田，1995，界面和速度反射联合成像——理论与方法，地球物理学报，38（6）：750~756

黄凯、杨晓梅、徐群洲等，1997，利用叠前克希霍夫积分偏移提取纵横波进行油气检测，石油物探，36（2）：1~6

黄联捷、吴汝山，1994，垂向非均匀背景多频背向散射层析成像，地球物理学报，37：87~99

黄鑫、王妙月，1989，地震层析成像技术在测井和地面反射资料集中的应用研究，地球物理学报，32：319~328

纪晨，1997，均场设计SA，石油地球物理勘探，32（5）

李衍达，1993，神经网络信号处理，北京：电子工业出版社

刘长风、王妙月、底青云等，1996，磁性层析成像，地球物理学报，39（1）：89~96

刘宏、王家映，1997，三维电磁阵列剖面法的基本原理及应用，地球物理学进展，12（1）：61~73

刘家琦、刘克安、刘维国，1994，微分方程反演声阻抗剖面，地球物理学报，37：101~107

刘元龙、王谦身，1997，用压缩质面法反演重力资料以估算地壳构造，地球物理学报，20（1）：59~69

罗志琼，1990，用电磁阵列剖面法压制MT静态效应影响的研究，地球科学，15（增刊）：13~22

马在田，1983，高阶方程偏移的分裂算法，地球物理学报，26：377~389

马在田，1988，标量波动方程全倾角有限差分偏移，地球物理学报，31：578~686

牟永光，1984，有限单元法弹性波偏移，地球物理学报，27：268~278

彭成斌、陈颙，1990，衍射CT技术和多源全息成像技术的比较研究，地球物理学报，33：154~162

卿安永、李敬、任郎，1998，二维介质柱的电磁成像研究，地球物理学报，41（1）：117~123

孙传文、邓前辉、刘国栋等，1993，电磁阵列剖面法的实施与资料处理初探，电磁方法研究与勘探，52~59，北京：地震出版社

孙豪志、范祯祥，1994，弹性波介质中纵横波速度反演，石油地球物理勘探，29（6）：678~684

王家映，1990，电磁阵列剖面法的基本原理，地球科学，15（增刊）：1~11

王家映，1995，大地电磁拟地震解释法，北京：石油工业出版社

王家映，1997，我国大地电磁测深研究新进展，地球物理学报，40（supp）：206~216

王家映、Oldenburg D、Lery S，1985，大地电磁拟地震解释法，石油地球物理勘探，20：66~69

王妙月、袁晓晖、郭亚曦等，1993，衍射波地震勘探方法，地球物理学报，36（3）：398~401

王兴泰，1997，高密度电阻率法及其应用技术研究，长春地质学院学报

王兴泰、李晓芹，1995，电阻率图像重建的"佐迪"反演及应用效果，物探与化探，20（3）

王赟，1998，非线性随机反演方法及其在地球物理联合反演中的应用，博士论文，中国科学院地球物理研究所

魏胜、王家映，1993，二维大地电磁资料的偏移，地球物理学报，36（2）：256~263

徐怀大，1990，地震地层学解释基础，北京：中国地质大学出版社

闫永利，1998，浅层电阻率层析成像和南祁连大地电磁测深研究，博士后研究报告，中国科学院地球物理研究所

杨长春、刘兴林、李幼铭，1996，地震叠前深度偏移方法流程及应用，地球物理学报，39：409~415

杨文采，1997，地球物理反演的理论和方法，北京：地质出版社

袁晓晖、王妙月，1993，P波和转换S波振幅比剖面的方法研究及其对四川大足野外资料的应用，中国南方油气勘查新领域探索论文集，北京：地质出版社，207~215

袁晓晖、王妙月，1991，密度和压缩系数的散射层析成像法，地球物理学报，34：753~761

张秉铭，1997，各向异性介质中弹性波数值模拟与偏移研究，博士论文，中国科学院地球物理研究所

张关泉、侯唯健，1996，三维叠后差分偏移的因子分解法，地球物理学报，38：382~391

Barbosa V C F, 1994, Generalized Compact inversion, Geophysics, 59: 57-68

Bear G W, 1995, Linear inversion of gravity data for 3-D distribution, Geophysics, 60: 1354-1364

Fisher E, 1992, Acquisition and processing of wide-aperture ground-penetrating radar data, Geophysics, 57: 495-504

Li Yaoguo and Oldenburg D W, 1996, 3-D inversion of magnetic data, Geophysics, 61 (2): 394-408

Meju M A, 1996, 地球物理数据分析反演问题理论和实践，赵中全等译，石油地球物理勘探局

Michael, 1994, Ground-penetrating radar monitoring of a controlled Dnapl release, Geophysics, 59: 1211-1221

Pilkington M, 1997, 3-D magnetic imaging using conjugate gradients, Geophysics, 62: 1132-1142

Sasaki Y, 1994, 3-D Resistivity Inversion Using the Finite Element Method, Geophysics, 59 (11): 1839-1848

Shima H, Sakayama T, 1987, Resistivity tomography, An approach of 2-D resistivity inverse problem, 57th SEG, Expanded Abstracts, 204-207

Smith J T and Booker J R, 1991, Rapid inversion of two and three-D magneto-telluric data, J. G. R., 66 (B3): 3905-3922

Sun, Jingsheng, 1995, Recognizing surface scattering in ground-penetrating radar data, Geophysics, 60: 1378-1385

Tadakun, Murai and Yukio Kagawa, 1985, Electrical Impedance Computed Tomography Based on a Finite Element Model, IEEE Transactions on Biomedical Engineering, BME 32 (3)

Wang Miaoyue, Yang Maoyuan, Hu Yuliang et al., 1976, A Preliminary Study on the Mechanism of the Reservoir Impounding Earthquakes at Hsinfengkiang, Scientia Sinica, 19 (1): 149-168

Wang Miaoyue, Zhu Lian, 1979, Calculation of distribution of the high magnetic bodies under the ground, SEG, U. S. A., Abs., 56

IV — 5

缅怀顾功叙先生献身国家知识创新工程事业[*]

王妙月 李幼铭 张赛珍 姚振兴 黄鼎成 蒋宏耀 熊绍柏

中国科学院地球物理研究所

顾功叙先生是我国当代地球物理事业的开拓者与奠基者之一。在国内外地球物理界享有盛誉。他虽已离开我们将近 7 年，人们仍深切怀念他。在此庆祝中华人民共和国成立 50 周年之际，党和国家正在营造建设国家创新体系的环境，增强我国 21 世纪的国民经济竞争力，增强整个国家综合国力，迎接世纪之交扑面而来的科技社会化和知识经济浪潮的挑战。按照国家的部署，当前主要要推动两项改革，一项是中国科学院知识创新工程试点，另一项是 10 个国家局所属的 242 个开发类研究院所的改革试点。科学院试点的定位是在基础研究和战略高技术领域建立国家基地。10 个国家局的 242 个院所改革，将推动这些院所进入国民经济建设的主战场成为科技开发的国家队。回顾顾功叙先生一生取得的地球物理事业成就，回顾顾功叙先生的人生追求和创业精神，回顾顾功叙先生对中国地球物理事业发展所作的贡献，对于如何推动今天创新工程伟业的蓬勃发展具有重要借鉴意义。在此让我们深深缅怀顾功叙先生一生的伟业及其创业精神，献身于蓬勃发展的国家知识创新工程伟业。

一、顾功叙先生的伟业

顾功叙先生是业绩卓著的固体地球物理学家，他对勘探地球物理学、地震学、重力学等固体地球物理领域的学科发展、应用创新和投身于国民经济建设诸方面都做出了举世公认的成绩。回顾顾功叙先生将促进我们这些肩负创新体系使命、迎接知识经济挑战的后来者如何学习顾功叙先生艰苦创业的精神、通过借鉴顾功叙先生艰苦创业的成功经验为地球科学知识的创新、为知识经济的腾飞、为国民经济可持续发展做出我们时代的新贡献。

为更好地说明顾功叙先生一生的主要业绩，在这里首先简单回顾一下顾先生成长的脉络是必要的。

顾功叙先生 1908 年 6 月 25 日生于浙江省嘉善县。父亲是一个小学教师，辅导他到 12 岁念完初小，然后跟着姑母念完高小，中学是在教会学校念的。在高中，英语、数学、物理都是学得很好。特别偏爱物理，他认为物理比其他学科更有魅力，是定量的，因而有机会通过实验来验证。这种对物理情有独钟的感情使他一生受用。1929 年从上海私立大同大学毕业到浙江大学任物理助教。1933 年当时政府从全国 400 名优秀青年学者是中挑选了 20 名赴美国深造，顾功叙是其中之一，顾先生选报了地球物理。顾先生说他是 20 个学生中唯一去学地球物理的。顾先生在科罗拉多矿业学院著名教授 Carl Heiland 的指导下学习勘探地球物理，1936 年获得硕士学位。此后顾先生希望多学一点地球物理基础知识，决定到加利福尼亚州理工学院从事地震和地球内部研究。1937 年抗日战争爆发，顾先生决定回国服务。1938 年回国，任北平研究院研究员。随北平研究院内迁，顾先生从上海经香港、河内到达昆明。顾先生在大西南崇山峻岭中用磁法、电法、自电等地球物理勘探方法从事了近 8 年的铁、铜和其他金属矿资源的地球物理勘探实践。1945 年日本投降，北平研究院迁回北京（北平），顾先生经上海于 1947 年回到北京。此时不仅没有野外勘探任务，连室内研究也很困难，但困难没有难倒顾先生。这时，成立了地球物理学会，顾先生与赵九章先生在一起积极从事学会工作，在极端困难的条件下，出

* 本文原载于《顾功叙文集》，地质出版社，1999，338~343

了二卷地球物理学报（英文），一年两期。1949 年 10 月 1 日新中国成立，百废待兴，随着经济建设的需要，地球物理事业也得以蓬勃发展。顾功叙先生，身逢其时，从此揭开了顾功叙先生地球物理事业生涯的崭新一页。1949 年 10 月，任中国科学院地球物理研究所研究员、副所长。1952~1966 年兼任地质部物探室主任，地球物理勘探局副局长、总工程师，地球物理勘探研究所所长，是中国科学院学部委员。1971 年起任国家地震局地球物理所研究员、副所长、名誉所长等职。是中国地球物理学会第二届、第三届理事会理事长，第四届理事会名誉理事长，地震学会第一届理事会理事长。国际大地测量学和地球物理学会联合会中国委员会主席。第一届至第七届全国人大代表。新中国成立后，顾先生从事地球物理工作的生涯中不断晋升的事实已经说明了顾先生对中国地球物理事业所作的贡献，同时也体现了党和国家对一个勤勤恳恳为新中国地球物理事业辛勤耕耘的科技工作者的回报。

顾先生对我国蓬勃发展的地球物理事业所作的贡献反映在他所取得的业绩上。

新中国成立初为了恢复我国东北的工业，带动全国的工业建设，1950 年组成东北地质工作队，顾先生率队伍在鞍山一代开展地球物理勘探工作，为国家寻找急需的矿产资源。20 世纪 50 年代顾先生兼任地质部地球物理勘探局副局长、总工程师后，把全部的精力放在领导地质部的物探工作。首先是地球物理探矿人才奇缺，为适应大规模勘探的需要，中国科学院地球物理研究所与地质部一起在 1952 年合办了一个暑假物理探矿培训班，学员是当年大学物理系毕业生。此外在顾先生的领导下于 1949 年冬，办了一期物理探矿训练班，为重工业部培养了一批物理探矿人才，1950 年，顾先生亲自带领这批学生到鞍山等地实习，开展实地勘察工作。1952 年冬天还在南京举办物探短训班。1950~1952 年在南京矿专任教，任长春地质学院物探系第一任主任。顾先生和傅承义先生、翁文波先生、秦馨菱先生等一起为中国培养了一大批地球物理事业人才，他们中的大部分后来都成为地球物理工作中的骨干或带头人，在中国地球物理的发展中起了举足轻重的作用，为中国地球物理学科和找矿事业的发展奠定了重要的基础。

这一时期顾先生和曾融生先生一起在地球物理学报上发表了《中国境内 208 处重力加速度测点之海陆均衡变差》的论文，这是国内最早应用地球物理资料讨论中国大地构造的学术论文之一。说道顾先生在勘探地球物理领域的业绩，最值得一提的是，他向 20 世纪 50 年代的贫油论做出了挑战。顾先生在向西方学者介绍大庆发现过程中说到：

"事实上到 1956 年地质部主要是找金属矿的，那时石油部在西部海相盆地中找油，且在靠近露头和有油苗的地方勘探，而不是在广大的盆地区域进行工作，找油成效不大。后来国家让地质部也参与找油工作，帮助认识中国什么地方有油，开始在西部开展区域性地球物理勘探普查工作。使用重力、磁法有时也使用电法和地震识别盆地是陆相还是海相，经过一年的西部勘探，上级要求并且同意在东部也开展此类工作"。顾先生成为将找油工作重心从西部移向东部的主要推动者之一，作为物探局的领导，他的责任是选择最佳勘探靶区。1956 年，他特别推荐移到松辽盆地，因为哪里比较平坦，没有露头，人烟稀少，易于开展地球物理工作。

"紧跟航磁测量后进行了地面磁测、电阻率、重力和地震观测。某些剖面的测线长 200~300km，没有路，观测很困难，工作人员很辛苦。二年后区域性的构造格架终于被勾划出来。石油部同意从西部调来钻机，1958 年开始钻探调查。钻井 7 口，第一口在 3000m 深处有油气显示，第二口也是如此，第三口出油像喷泉一样，我很高兴，我知道单独靠地质是发现不了这些深埋的油藏的。第三口井出油后，人们欢呼雀跃。1959 年，恰逢十年大庆，命名这个油田为'大庆'。"（大意）。

顾先生的这一成功使他在 1982 年获得了中国自然科学奖一等奖，顾先生是"大庆油田发现过程中的地球科学工作"项目的主要获奖者之一。

20 世纪 50 年代至 60 年代，顾先生在金属矿勘探领域也取得了很大的成就。他撰写了《地球物理勘探方法使用在有色金属矿的目前情况和今后方向》（中央人民政府地质部有色金属专业会议特辑）、《十年来我国地球物理探矿技术的巨大发展和成就》（科学通报）。他负责的地质部重点项目《地球物理实地观测》被评为国家重要成果，由他主持的《为发现各种矿产基地提供地球物理勘探依据》项目为国内首创。地球物理探矿理论、方法、技术创新及经验被总结在《地球物理勘探基础》一书中（地质出版社，1988）。

1966 年邢台地震后，顾功叙先生的工作重心逐渐转移到地震预报上。在担任中国科学院地球物理研究所副所长和国家地震局地球物理研究所负责人、副所长、名誉所长期间一直强调如何科学地实现地震预报。

目前以震报震仍不失为是一个重要的预报途径，因此完整、可靠的地震目录的编辑是很重要的。烈度区划也离不开地震目录。在顾功叙领导下，1983 年，将我国的历史地震情况和仪器记录的地震整理成地震目录。顾功叙主编了 1931~1969 年地震目录（科学出版社）和 1970~1979 年地震目录（地震出版社）。这是一项具有重要现实意义和历史意义的成果。

顾功叙在学会工作上的业绩也值得一提。顾先生在任地球物理学会二届、三届理事长和地震学会第一届理事长期间，应用学会的桥梁作用、学术作用和对外联络作用，为我国地球物理事业的发展、为我国地球物理事业走向世界做出了成绩。

顾先生在任理事长期间曾主持了历次地球物理年会和多次地球物理专业学术交流会议，做了许多重要讲话，推动了地球物理界的学术交流。顾先生在使学会工作蓬勃发展、开展学术活动方面的功绩是有目共睹的。

顾功叙在打开中国地球物理学会、地震学会通向西方地球物理界的大门中起了关键的作用。这使得中国的地球物理学家，到美国到西方的讲台上做学术报告成为可能。1974 年、1978 年顾先生率中国地震代表团访问美国。1979 年春天又带领一个中国地震代表团参加美国哥伦比亚大学拉蒙特组织的地震预报讨论会。随着中美关系的升温，美国 SEG 于 1975 年成立了访问中国委员会（国际事务委员会前身），主席是 Stanley Jones，Jones 的助手是郭宗汾。顾先生和 Jones 之间的接触导致中国第一个勘探地球物理学家代表团参加旧金山召开的 SEG 年会，作为回访，美国 SEG 11 人于 1979 年 9 月访问中国。2 个月后顾功叙带领中国勘探地球物理学家代表团出席在新奥尔良召开的 SEG 年会。顾功叙还率领地震代表团访问加拿大、伊朗、日本、英国等国。顾功叙被越来越多对中国感兴趣的西方地球物理学家认识和尊重。从此国内外的学术交流越来越频繁，顾先生的先导作用是显而易见的，顾先生自己也成为 IUGG 中国委员会主席。

二、顾功叙先生的创业精神

顾功叙先生一生取得的伟业是和顾功叙先生坚持真理、艰苦创业、实事求是、勇于创新的精神分不开的。他对于科学实验，注重物理本质、踏踏实实、呕心沥血、一步一个脚印；对真理的追求，坚忍不拔、锲而不舍、不达目的誓不罢休。这些精神在我们贯彻实践创新工程中是应该学习、借鉴和发扬的。

（一）搞科学研究要不满足现有的理论、方法、技术，要注重基础研究，不断探寻新原理

顾先生在金属矿勘探和石油勘探中已取得了很大的业绩，但顾先生并不满足于已经取得的成绩，长期思索着实践着探索地球物理勘探的新原理，推动地球物理勘探理论、方法、技术的创新。

顾功叙先生在一次岩性探测技术会议上说：

"半个多世纪以来，地球物理勘探的进展主要是技术方面的进展，如引进了先进的计算机等，而在科学原理上则很少创新，没有接触到基本原理的变革。仅有技术上创新而无科学上的突破就会遇到停止不前的境地，这是必然的。现在美国公司来中国表演岩性探测器，大家兴趣很大，就说明了我们对新的原理方法，有着强烈的向往"（1989.3.22）

在更早的春节座谈会上，顾先生就说："我认为对此问题的态度，不应当它是法宝，看它灵不灵，好奇，要站在物理学的基点上来讨论思考才好，应看到其本质，不只是现象"（1989.1.28）

这里不去评述岩性探测仪本身的科学问题，但由此引起的顾先生对评价一个问题的科学态度以及勘探新原理的追求是值得我们推崇的。

顾功叙先生在第二届勘探地球物理学术讨论会闭幕会上说：

"可以意识到我们正面临着这样一些问题的挑战：如何改进地球物理方法的勘探分辨率，如何增进它们在侦查埋藏的地质体和矿物组成，以及如何提高勘探深度等等问题。人们应该懂得地下的条件，在物理组成和结构方面是变化无穷，十分复杂的，随地点和深度而差别很大。可能我们需要更多主动和更少被动的地球物理勘探新原理。为此目的，我认为我们必须求助于长期的、有远见的、严格的基础研究，将在今后很长的年代里进行着。这样，才有希望在进入下一个世纪的初期我们有可能将具备更好的能力来对付许多困难的找矿任务。"（1986.1.14 西安）

直接找油包括直接找矿就是一种勘探原理上的变革。顾先生写了一篇《地球物理方法直接找油的思考》的短文（油印稿）。在分析了反射地震找油的历史后指出：

"1. 地震反射波探测只能间接找油（找储油构造）；2. 现在尚待探测的构造愈来愈复杂；3. 大量石油还储存在地下非构造的部位中。"这就提出了直接找油的设想。在分析了其他地球物理勘探手段的局限性后指出"仍以取得来自油体的反射波独特信息为主，目的是企图区别油与非油而不再是获取反射层面的产状信息。"顾先生还提出了几种探索方案：

1. 从反射波波谱中探寻答案；2. 从反射波波形探测含油的粘滞系数特征；3. 从反射波波形探测含油的刚性模量特征；4. 从反射波波形探测含油的波阻抗特征。并强调："需要长期探索进行基础研究，先由小规模，少数人从事试探工作，看到一点苗头和线索之后下决心。"

直接找油是勘探原理的变更，顾先生对这一新原理非常钟情，并号召有从事这方面基础研究抱负的人"联合起来，不怕困难，不怕风险，扎扎实实开展此项工作。"

顾先生的这一思想在岩性探测技术研讨会上的发言中有进一步的阐述，并提出了探索的两条途径，一要结合垂直地震剖面进行基础研究，二要跳出实验室内测定标本物性的圈子，要走向实地（in-situ）观测和试验为创造新的地球物理勘探科学原理和方法而有所创新。科学研究的目标是世界水平，即走向世界的成果，直接找油属于世界水平的东西。至于石油以外的其他矿种也要考虑如何更直接有效地用地球物理的科学技术来找到它们，也要根据各种矿种具体物理性质有所试探（1989.3.22）。

（二）搞科学研究，要有一个长远方向，要把地球作为一个实验室，要注意物理本质，一步一个脚印

顾先生从邢台地震后把工作重心逐渐移向地震预报，为地震预报的实现倾注了大量的心血。他率领地震代表团学习美国、日本、加拿大、伊朗、英国等国的地震预报经验，他组织地震科研队伍进行地震本质、地震观测、前兆等多方面的潜心研究。但地震过程是一个非常复杂的过程，地震预报仍然是地震工作者努力的方向。从地震预报的实践看自1966年邢台地震后对于某些类型的地震，例如邢台地震强余震、海城地震、四川某些地震，预报有一定程度的可靠性，但对于唐山地震等另一些类型的地震则未能预报；对于中长期趋势有一定程度的可靠性，但对于短临预报则基本上未过关。针对这种情况，顾先生说："20年过去了，但至今对于如何攻克地震预报的科学堡垒众说纷纭，得不出统一的前进设想，使地震预报仍然停留在口头上和纸面上，失去了动力，没有实质性的进展"（1985，三十五年来我们走过的曲折历程）。进而顾先生强调，地震预报要有一个长远方向，要有明确的学术思想，要有远景奋斗目标，不能说空话，要向科学高峰攀登，并具体提出：

（1）地震预报的研究应放慢步子，要作为地球物理的科学课题来研究地震的发生过程，要进行基础研究工作，必须抓严抓实，一步一个脚印。

（2）应在若干地震危险地区布设各种"前兆"的综合观测台网；长年累月进行地震可能前兆的监视，以掌握各个地区的震情发展趋势，为研究地震发生提供资料和论据。

（3）至于抗震建筑的研究纯属工程范畴，不是地球科学的研究内容。但提供烈度属地震学范畴，但如不研究、不改进方法原理，烈度工作意义不大。

在这个思想的指导下顾先生出面和美国哥伦比亚大学郭宗汾教授合作在北京和天津地区开展了重

力场的局部时间变化与地震发生之间的内在关系的研究。

郭宗汾教授提供拉科斯特重力仪，由顾功叙在国家地震局地球物理所组织一个观测研究班子，进行定期的观测研究。海城地震和唐山地震后发现唐山地区周围重力场有很大变化，不能仅用地面高程变化来解释，而必须涉及地壳及地幔中的物质迁移，这只靠精密水准技术是不能确定的。正在积累的证据表明重力场的局部变化有些现象与地震的发生有关。但重力变化资料要用于地震预报必须进行系统的研究。这项合作项目正是在这个基础上进行的。1980 年观测研究至今，为重力与地震关系的研究积累了宝贵的基础性资料。

（三）对真理的追求要锲而不舍，孜孜不倦，坚韧不拔，对一个正确的认识要反复强调，不达目的誓不罢休

顾功叙先生从中国科学院地球物理研究所成立起就是中国科学院地球物理研究所的副所长，对中国科学院地球物理研究所固体地球物理学科的创新非常重视。1957 年兼任地质部物探研究所所长后也推动物探所搞"三新"，即新理论、新方法、新技术，并把"三新"列为物探所的主要研究方向之一。后来成立国家地震局，中国科学院地球物理所一分为二，一部分归国家地震局，称国家地震局地球物理研究所，顾功叙也随之被任命为国家地震局地球物理所的负责人、副所长、名誉所长。顾功叙先生对中国科学院地球物理研究所的业务方向仍非常关心。不仅反映了顾功叙先生对中国科学院地球物理研究所的感情，更反映了一个科学家对基础研究对创新研究的重视和锲而不舍孜孜不倦的追求。

也许顾功叙先生本人是勘探地球物理学家出身，对中国科学院地球物理研究所应用地球物理研究部分的科学研究方向最为关注。顾功叙先生在《三十五年来我们走过的曲折历程》一文中提到，中国科学院地球物理研究所的地球物理勘探的科学研究方向，从 20 世纪 50 年代开始一直也是争论的对象，它不同于地震、地磁，许多地质部门也有地球物理勘探。关键问题在于我们有什么优势，有什么新东西去和其他部门的工作区分。如果急于求成，不做基础研究，就不可能满足这种要求。大跃进时期，因这个矛盾没有解决而被迫撤销。到了 70 年代，由于富铁矿的需要，重新建立了应用地球物理研究室，这样的研究室不应该重复企业部门的工作，不应该以找到矿为目的，不应该急于求成。在寻找富铁矿期间，这个所有些人以找到几个"巨型"富铁矿区为目标在方向上是有问题的。目前，这个研究室的指导思想有所转变，有待探索前进（1985.10）。这里顾先生反对中国科学院地球物理研究所搞和产业部门相同的勘探工作。怎么办才好？顾功叙先生在一篇短文中说：既不能再搞与生产完全等同的科研，又不能搞许多"门市部"的东西，要搞应用基础研究。科学研究必须有创新，有独到之处，取得开拓性的成果来促使生产有所前进，产生一点飞跃的实效，以打开有所痛痒的局面，这就要开展长期探索和攻关性质的所谓应用基础研究。在找富铁矿的几年内，我曾建议开展为重力勘探富铁矿体提高地形改正的地形测量和计算工作的效率，研制半自动化、自动化设备。后来经过一些同志的努力，改成地形测量代以立体地形照相，采用一定的半自动化、自动化的系统把地形资料输入计算机，初步试验是可行的，当然实际使用起来还有待不断改进。科研责任在于创新，解决新问题，打开新局面，发现新途径《到经济建设中去找科学问题》。对于坚持地球物理研究所搞基础研究以及和国民经济建设挂钩的应用基础研究的观点正是顾先生坚持真理坚韧不拔不达目的誓不罢休的精神。顾先生在庆祝地球物理研究所成立 40 年中说：

"在此我还想对两个研究所今后的科学研究工作提出几点希望，不过大都是使人厌烦的老话，有些同志已听过不知多少遍了，（1）是加强基础性研究。我们可以引进、消化，但从长远利益来说，总依附于外来的，不是方向，我们作为世界大国，不搞基础研究、应用基础研究不但与大国地位不相称，并将使经济建设依靠科学技术进步成为一句空话。（2）地球物理（固体部分）是对"地球开战"的学科，要打破被动局面，必须走较为主动的道路，就是要对地球的大自然做实验。凡是推测的东西必须得到验证，这才叫走一步一个脚印，没有验证就没有留下脚印"（1990）。

Ⅳ—6

怀念恩师傅承义先生*

王妙月

中国科学院地质与地球物理研究所

傅承义先生的诞辰 100 周年纪念日就要到了，心里久久不能平静，回忆傅先生在地震学地球物理学方面的造诣，他的为人以及他在为民族振兴、为国家强盛方面的建言献策和教书育人中的成就使我倍感崇敬。特别他是我个人的恩师，曾手把手教导过我，他的学术思想、他的为人曾深深地影响着我，使我受益匪浅，终生难忘。现就对我个人在成长中的教导、指点以及对我的影响回忆如下，以志对恩师的诞辰 100 周年的纪念。

20 世纪 60 年代初，在玉泉路中国科学技术大学上学期间，傅先生既教我们专业课地壳物理，又教我们基础课理论力学，基础课是大课，地球物理系、数学系、力学系的学生都来听。

大家对傅先生的课非常感兴趣，课间休息时，学生们纷纷围到老师的讲台边，问这问那。学生来自不同的系，问题十分广泛，老师讲解也特别耐心。我也在其中，因此老师较早地认识了我，说我是个长大胡子的人。最后一年做毕业论文，傅先生亲自辅导二个题目，其中之一是《群速、射线和质点力学》，是一个偏理论的题目，我比较感兴趣，就提出了申请。当然竞争是有的，后听系里的其他老师说，傅先生定夺时说，这个题目就让那个长大胡子的人做吧。这样我就得到了跟傅先生做毕业论文的机会。正式做论文前有一场研究生考试，我也报了名，记得当时自己神经衰弱比较严重，记不住东西，考试成绩很差。知道肯定考不上了，老师是不是因此也不让我做他的论文题了，心里没有底。想不到老师很快把我叫到他的面前，一开头就对我说，我对你很失望，你的成绩考那么差。我正在担心中，老师话锋很快转到让我好好准备一个做论文的提纲，我悬在心头的石头落了地。老师给了我几篇文献，一篇是老师自己的关于射线的论文，一篇是章冠人关于射线的论文，另一篇是英文专著，是讲频散介质中的波的。老师讲到该论文的精髓，是要通过射线，把波包和质点的运动在理论上统一起来。让我回去好好准备论文提纲。老师对我的论文提纲没有做太多的修改，只是要求写一部分就给老师看一部分。老师看了我写的二部分内容后，似乎对我有信心了。老师说，这样吧，你不要用粘弹性模型了，直接做线性流变体模型吧。接着用一张纸，为我写下了线性流变体模型的数学公式。

我改用线性流变体介质模型完成了《群速、射线和质点力学》的毕业论文。论文得到老师和评审小组的好评。当时科大校刊要把它登出来，我征求老师的意见。老师说，论文的内容虽然不错，但文字还不够简练，有修改的余地，以后修改后投地球物理学报吧。

1965 年 8 月我被分配到中国科学院地球物理研究所七室。傅先生是七室的主任，从事国防任务，开展地下核侦察研究。从一次全室课题进展检查列表得知，很幸运我实际上是傅先生自己的课题组的一个兵。傅先生让我从天然地震和核爆炸震源的震源机制的差异来研究地下核爆炸和天然地震的区分方法。他让我看西方威廉斯托德关于震源机制的评述性文章和苏联克依里斯博洛克的震源机制的书（刘光鼎先生翻译），要求我制订一个研究计划。初步翻阅这些文章的内容后，我制订了一个三步走的研究方案，第一步以消化威廉斯托德的评述文章为基础，查阅有关英语文献，消化西方确定天然地震震源机制的方法；第二步以消化克依里斯博洛克的书为基础，查阅有关俄语文献，消化苏联确定天然地震震源机制的方法；第三步，在一、二步的基础上制订识别天然地震和地下核爆炸的地震学研究课

* 本文原载于《纪念傅承义先生诞辰 100 周年文集》，地震出版社，2009

题并实施研究。老师对这一研究计划表示肯定，要求抓紧时间一步一个脚印地实施。在消化中不要不懂装懂，要掌握来龙去脉，要掌握精神实质。并要求作读书报告以检查掌握的程度。这样我就按部就班地去准备读书报告了。准备中对主要文献中的所有公式进行了推导，以求深刻理解。

我和朱传镇、查志远等是同一个办公室。在小灰楼二层，老师经常到办公室来看望我们，和我们聊天，同时也是检查我们的工作，开阔我们的研究思路。有一次老师在一张纸条上写了一个式子（现在已记不清具体的形式了），只是隐约记得，左边是一些物理量，右边是另一些物理量，老师让我探讨探讨这个式子有没有道理。过了两天，老师又来了，我跟老师说，这个等式不能成立，理由有三条，没有等我继续开口，老师就批评我了，老师说，我这是一个 idea，并不是要求你去证明等式是否成立，而是要让你去探索可能性，完善这一想法。事后我想了好久，老师、顾功叙、李善邦等老先生经常讲做科学研究要有 idea，此时我心里想明白了。要创新，idea 是很重要的，所谓 idea，不是一个已是完全明了的事，而是一个思路，一个想法，要去求证。它是指导如何研究，如何实现目标的一个可能途径，随着研究的深入，思路、想法或被推翻，或被证实，或被完善。

我把老师传授的这一思想带到了震源机制读书报告的准备研究工作中，带到了我以后的科研生涯中，深受其益。截至邢台地震前，我写了和做了三个读书报告，一个是关于西方的震源机制研究结果的，二个是关于苏联震源机制的研究结果的。听何志桐对我说，傅先生对我的报告还是很满意的。老师也说，你现在可以转入第三步了，三步中，最重要也是最难的就是第三步，要摸索新路子，想尽办法，把研究课题选好。

正当我想实施第三步计划的时候，邢台地震发生了，我从七室转到邢台队，暂时离开了老师的直接指导。在邢台队梅世蓉老师希望我能把邢台地震系列中的中大地震的震源机制做一下，供地震趋势分析时使用，我接受了这个新任务。回所后在老师的辅导下，我和陈颙等把地震系列 5 级以上的地震，部分 4 级以上的地震都求了震源机制解。成果汇于当时的邢台地震总结中。

"5.7" 干校回来后，组织上让我负责国家地震局震源机制会战组工作，在国家地震局、地球所、地质所、兰州队、成都队、昆明队、河北队、广州队、山东队等 30 余位地震工作者的共同努力下，完成了自 1933 年至 1972 年间发生于我国的强震的震源机制解，对其中我国有仪器记录以来的强地震判断了断层面，计算了地震的地震距、错距和应力降等震源参数。会战期间国家地震局领导人卫一清亲临现场两次，给予鼓励和督促。最终成果形成了《中国地震震源机制》第一集，第二集。因台站保密原因未能公开出版。卫一清希望我们能留下再利用资料做点别的研究。我因傅先生传我回去，未能应允卫一清的请求。

回到所里后，我又回到了傅先生任室主任的地震波理论研究室，老师将我安排在陈运泰任组长的震源物理组，继续从事震源机制研究。傅先生和科研处为我安排了一个学术报告，汇报了我国强震震源机制解的结果。报告内容得到了傅承义先生、顾功叙先生、李善邦先生等老先生们的充分肯定，为此傅老师还为我争取了一个新丰江水库地震成因研究的新任务。当时国际上要在加拿大阿尔伯特召开国际首届诱发地震讨论会。新丰江水库地震是世界上为数不多的最著名的水库诱发大地震之一，所里要组织一篇学术论文参加，傅先生争取到了，并推荐了我负责此项任务。当时我因没有接触过水库地震，且任务只有一年时间，心里有为难情绪，老师开导我，鼓励我，说，如果此次论文重点是水库地震的活动性，别人去比你去更合适，现在重点是成因探讨，你有做过大量震源机制解的基础，你去还是比较合适的。在老师的信任和鼓励下，我承担了此项任务。参加此项任务的还有陈运泰、杨懋源、胡毓良、冯锐等。当时新丰江水库地震主震已有震源机制解，陈运泰又以库区主震前后的水准资料做了主震的震源机制解，和从地震波资料得到的解是一致的。我又利用库区台网 4~6 个台记录的大量前震、余震的初动振幅资料做了小地震的震源机制，从主震、前震和余震的震源机制结果分析水库地震的诱发机制。杨懋源做了水库蓄水引起的变形，分析水库蓄水对应力变化的贡献，冯锐从主震前后的波速变化分析了主震诱发的原因，胡毓良从地震地质的角度分析了主震诱发的原因。最后我汇总起草了《新丰江水库地震用的震源机制和成因探讨》一文，经组内多次讨论后，将初稿交傅先生审阅。傅

　　先生对初稿的总体结构和文字做了反复修改。定稿后，又帮我们将全文翻成了英文稿，论文由我带到加拿大首届诱发地震讨论会上宣读。我能在短短的一年时间里，较好地完成了组织上交给的这个任务，没有傅先生的帮助、指点、鼓励，并亲自动手修改、翻译是不可能的。

　　从加拿大回来后，组织上把我分配到富铁科研队，专门从事地球物理找富铁矿的科研，从而离开了傅先生的研究室，失掉了在老师手把手教导下从事科研生涯的机会。

　　20世纪70年代后期，地球物理所被分成二部分，一部分属国家地震局，一部分属中国科学院。我被分配在中国科学院地球物理研究所八室（应用地球物理室），傅先生是副所长。当时在全国已有庞大的勘探地球物理队伍，中国科学院应用地球物理室的科研方向应该如何定位曾有一些不同的看法。傅先生把八室定位成应用地球物理新方法新技术研究，为更有效地寻找地下资源和工程环境勘察服务。这个定位在先生为纪念中国科学院地球物理研究所成立35周年和40周年的纪念文章中有详细阐述，更是在我们的日常研究中经常督促我们的。作为傅先生的学生，我感到这个定位是很正确的，我先后搞过富铁矿、油气、金属矿探测科研，煤田、水电等工程勘察科研，使用重、磁、震、电等多种手段，在完成相关的任务中，都牢记先生的教诲，从事新方法新技术研究。在完成任务的同时，注意在推进学科发展中作自己的贡献。

　　我对先生在我震源机制研究生涯中的手把手的教导始终不忘，非常关注先生在地震成因和地震预测方面的论述，以进一步增长自己在震源成因方面的知识，特别是先生的应用于地震预测中的红肿假说，我觉得是很有道理的，给了我启示。按照这个假设，地震在内外动力作用下的孕育、发生、发展过程不是一个孤立过程，因此它应该和在相同的内外动力作用下的其他过程是关联的。因此显示地震孕育、发生、发展的范围会比地震极震区或余震区范围要大很多。虽然笔者在从事应用地球物理研究后没有很多时间对此做专门研究，但还是抽空在地球物理学报上写了《板内地震成因与物理预报》、《地震孕育、发生、发展动态过程的三维有限元数值模拟》两篇文章，试图在先生红肿假设下，对孕震区、包括未来可能的震源区的地震孕育、发生、发展过程作统一的数值模拟，以便对未来震源区和非震源区的变形作统一的计算推演。试图将孕震区大于震源区的认识引向深入，作为对先生长期教导的报答。

　　然而我这个方面的研究依然只是开头，文内尚未考虑计算区内的重力应力、热应力、流体应力等面力和体力的作用。如能有机会我愿意在这一领域进一步作深入研究，将问题引向深入，以进一步报答恩师在这一领域对自己曾经做过的手把手的教导。

Ⅳ — 7

富铁会战科研回忆[*]

王妙月

中国科学院地质与地球物理研究所

　　1975 年，国家决定在全国范围内开展寻找富铁矿的会战，由地矿部、冶金部、中国科学院、高教系统、生产单位共同组成的各种联合富铁科研队伍在宁芜、许昌、冀东、鞍山、海南、郯庐等地开展变质岩型、含铁石英岩风化淋漓型、花岗岩接触带型、海南石碌型等富铁矿寻找科研工作，相应的队伍被冠以宁芜队、许昌队、冀东队等等。

一、思 想 斗 争

　　为了适应国家任务的需要，中国科学院地球物理研究所组建了第八研究室，专门从事以寻找富铁为主要目标的富铁研究工作。该所三室书记孟桂芝找我谈话，要把我调到八室去，征求我的意见。当时我心里七上八下，矛盾重重。是继续留在三室从事我熟悉的震源机制工作，开展天然地震机理和预测研究还是服从组织上的调动到另一个新的研究室从事自己不熟悉的富铁科研工作，为国家急需的富铁矿寻找工作去奋斗，去献身，一时如在云里雾里。

　　从自己的科研生涯的发展前途看，留在三室对我的深造和发展是比较有利的，这是有充足理由的。三室主任傅承义先生，固体地球物理学泰斗不仅是我地球物理专业知识的启蒙老师，而且在地球物理研究所七室期间有幸我和傅先生同属一个课题组，开展天然地震和地下核爆炸识别的机理研究，因此，他也是我的震源机制知识的启蒙老师。留在三室发展，继续开拓震源机制研究，对我有得天独厚的优势。我从中国科学技术大学地球物理系地壳专业毕业，天然地震震源机制是我本科包含的方向，而我的许多本科同学都在地震战线从事地震学和地震预测的研究，我留在三室从事震源机制研究可以有伴，有同行。这也是我留在三室的优势之一。此外，自己当时在震源机制研究方面已取得不少成绩，已小有名气。自己是国家地震局震源机制会战组组长，会战组在 1972 年 1 月至 1972 年 3 月处理了自 1933 年以来发生在我国和近邻的 218 个大地震的 P 波初动解。在 1972 年 8 月至 1973 年 10 月，利用中华人民共和国成立后所建的基准台网光记录完成了其中 106 个地震震源参数的提取。内部出版了《中国地震震源机制研究》第一集、第二集（此成果在 1985 年获国家地震局科技进步奖二等奖，主要获奖人员顺序为：王妙月、宋惠珍、秦保燕、李钦祖、刘蒲雄、段星北）。进而在这个成果的基础上，在震源机制的研究上又有了新的进展。1975 年，国际上要在加拿大阿尔伯达大学召开首届国际诱发地震讨论会。虽然我没有接触过水库地震，但我搞过震源机制，组织上信任我，让我承担撰写 1962 年 3 月 19 日新丰江水库地震的成因初探的论文。我在震源机制会战结果的基础上，用 P 波初动振幅确定了主震前后 18 个月内 150 次小地震的断层面解，用平滑 P 波初动符号图案求得了 2000 余次小地震的发震应力方向。陈运泰利用库区主震前后的精密水准资料计算了地面垂直形变图。李自强、杨懋源、胡毓良等计算了水库负重水压位移场和水压应力场。冯锐、金严等计算了新丰江水库地震前后地震纵横波波速比的时间变化。据此在参与论文撰写的各位同志的共同努力下，形成了《新丰江水库地震的震源机制及其成因初步探讨》论文的中文稿，傅承义先生帮我们译成了英文（此文后来发表在地球物理学

---

　　* 本文原载于中国科学院地质与地球物理研究所组织编写的《岁月流痕》，2015，117~125

报、中国科学和美国地质杂志上）。我也因此荣幸有机会随中国代表团赴加拿大在《国际诱发地震讨论会》上宣读了该论文。通过对新丰江水库地震（主震、前震、余震）震源机制的处理研究和论文的撰写，使我对地震机制的认识得到了进一步的提高。凡此各种，感到自己在研究地震机制这条路上继续开展研究应该会有很好的前程。现在突然要自己转行，面对孟书记，我虽然很快表示服从组织分配，但心里还是矛盾了好几天，斗争了好几天。静下来后，心里又想既然说了服从组织分配，应该马上行动，于是我马上转入到对不熟悉的富铁矿知识的刻苦学习，立刻积极投身到富铁会战的洪流中去，争取为富铁科研中多做出自己的贡献和成绩。

二、富铁会战点滴

八室分为重力组、磁法组、地震组、电法组、古地磁组和综合组，孟桂芝是书记，蒋宏耀是主任。八室组建开始时，科研条件相当差。首先是人才方面的问题，虽然重、磁、电、震各学科都有科研骨干，但这些骨干大都也未直接从事过找矿的研究。科研骨干有一个重新学习，重新深造的问题，但会战任务很紧急，这个任务只能在战争中学习战争，在富铁会战的实践中提高自己。此外一个强有力的科研集体需老、中、青，高、中、初级人才的相互配合。当时除了骨干以外，八室成立之初，青年人才，特别是中级人才和初级人才较少，不满足研究团队的需要，好在八室从农村插队的知识青年中和部队锻炼的知识青年中选拔了一批相当优秀的知识青年人才到室内，同时还引进了首批工农兵学员的人才，使八室的青年人才得到了迅速的补充，当然如何提高他们的专业知识，以适应富铁会战的需要成为另一个刻不容缓需要解决的问题，解决这个问题也只能在寻找富铁科研的实践中自己培养，自己解决。

其次是办公室的问题，吸收了大量知青和工农兵学员后，办公室不够用了，于是室领导克服困难组织大家自己动手，在当时地球所所址（当时是三里河国家科委大楼）附近的河边搭建了几栋木板房，作为科研用办公用房。

再则就是科研用的实验室设备和地震仪器等野外观测设备是空白，需要筹建急需用的实验室以及调研和购置急需的野外设备。

科研队伍的组织除了八室内的行政系统以外，按照当时寻找富铁矿的区块任务，地矿部、冶金部、中国科学院、高教系统联合组建了一些地质、地化、物探等综合性的区域野外科研队，例如许昌队、冀中队、宁芜队、海南队、郯庐队等，要求马上出差承担野外科研任务，我们八室的科研人员被组织在这些队中的物探分队中。例如许昌物探分队，有室内重力组的同志，磁法组的同志，综合组的同志和西北大学、兰州大学的老师薛福海、王凤志和学生。我在许昌物探分队任分队长。我在八室行政业务系统中任室副主任分管综合组，任综合组组长。所以下面我将从八室综合组和许昌物探分队的角度并作为一个例子来回忆阐述当时是如何奋发图强克服困难开展室内和野外富铁会战的一些实际情况。

当时在许昌队主要是围绕河南南带许昌—午阳—霍邱一线和北带登丰地区开展野外科研工作以及与此相关的室内研究工作。

许昌—午阳—霍邱一线的工作重心是找风化淋漓型的富铁矿，包括在已知矿区和矿区外围。具体题目是许昌—午阳—霍邱地区前寒武纪变质铁矿的成矿特点、风化壳、富矿形成的条件和区域预测。对地球物理的要求是研究该带风化淋漓型铁矿的地球物理探测、预测方法及技术研究，前者是地质的题目，后者是地球物理的题目。从地球物理和地质结合的角度，当时也试图利用古地磁来确定古纬度，从而为地质上研究风化壳的特点提供依据。地球物理研究方面希望通过重磁震电场的特征和物性来研究区分矿与非矿的可能性。例如，当时，航磁方面，为了综合研究的需要，要完成近千千米的航磁异常数据的处理及成图。

另外，当时北带君召有一个45号航磁异常，需要对它进行评价和验证。队里决定地质和地球物理都在此开展野外工作。地球物理主要是在45号异常上开展野外工作，主要开展地面磁法和重力，评价 45 号异常。地质主要是在 45 号异常外围开展地质研究，已知有三条含铁石英岩，但含铁量甚微。45 号异常是弱磁宽缓异常，异常幅度 400γ，估计的盖层厚度 1000 米，异常体深度 400～500 米。是否是老变质地层以及是否是和铁矿有关不得而知，当时生产部门的物探老总告诉我们，这个地区在 100 个异常上找矿，有 1 个到 2 个异常和矿有关就不错了，但不是渺茫得很。找富矿国内还没有成熟经验，希望我们坚定信心，摸索着搞。当时野外磁重测量是相当艰苦的，45 号异常在山头上，山不算太陡，但是已有梯田，因此从一个高程的坡地到上一个或下一个高程的坡地，不是连续的坡路，而是有台阶的，测线往往是穿过这些台阶的，台阶一个又一个，因此无论是对测量还是作磁重观测，上台阶和下台阶都要有一定的体力和技巧。经过大家努力，野外重磁资料采集还是保质保量圆满地完成了任务。

除了野外工作，室内工作也是相当重要的，当时我想得更多的是如何从野外采集的资料中来评价 45 号异常的性质，能否从物探数据的处理中为评价异常、区分矿与非矿提供依据，如果是矿，究竟是贫矿还是富矿？要回答这些问题，由于 45 号异常是弱磁异常，因此要回答这些问题是比较困难的。按照以往的经验，虽然在找铁矿中，重磁手段用得比较多，但磁主要用于找磁铁矿，重主要用于找铬铁矿。地震对找石油比较有效，但在找铁矿上用得不多，电法是找金属矿的主要方法，铁矿用得也较少，且电法特别是电磁法理论基础比较复杂，这次野外工作也未将他作为一个主要方法。考虑到这些因素的制约，要从采集的重磁资料中回答上面提出的问题，已有的重磁勘探理论方法是不够用的。为此我把第一目标放在对已有的重磁勘探处理解释理论方法的更新上，当时传统的重磁勘探处理解释理论方法重点放在对场的特征的处理和解释上，例如，向上延拓，二次导数，方向导数，区域场和局部场的分离等。这些方法对磁化强度明显比围岩高很多的磁铁矿是很有效的，但对风化淋漓型赤铁矿，磁化强度和围岩不相上下，很难区分。为此需要将重磁资料处理解释的重心从场的特征的处理解释移向相对磁化强度或相对密度分布特征的处理解释上，在当时，后者是一个新方法，国际上也刚刚起步。当时为了解决这个问题，设定了三步走的计划。第一步在研究成功已知磁性层或密度层的埋深和厚度的条件下，求相对高磁化强度体的分布或相对高密度体的分布的新方法；第二步已知磁性层平均磁化强度，平均厚度或密度层的平均密度、平均厚度求磁性层或密度阵的横向起伏；第三步通过一系列固定的二维或三维密集型矩形柱体几何结构求出各个柱体的相对磁化强度或相对密度，这就是现在所说的重磁 CT，或重磁层析成像。通过这一技术可同时得到磁性体或密度体的物性结构和几何结构，这对磁性体或密度体地质解释是很有用的，可为他们的地质解释提供更多的信息，一旦方法研究成功，不仅可用于地面磁测资料和地面重测资料的处理解释，也可用于航测重磁资料的处理解释。为了为完成这些计划做准备，我们收集了许昌地区的航磁资料和钻孔资料。为了对比，我们也赴海南岛收集了和其他类型铁矿有关的航磁资料和钻孔资料。由于富铁会战的时间是比较短的，要在那样紧的时间内把什么都做得很完美是困难的，因此在三个步骤中，我将研究的重点放在第一个步骤，在这个步骤中需要知道磁性体或密度体的埋深，我们也配合第一步骤的实施研究了求单个异常体埋深和许多异常体平均埋深的方法。此外在第三个步骤中，几何结构是一系列密集型系列矩形柱体，这对某些特殊的地质体，如倾斜的接触带地质体几何结构的模拟反而是费时的，所以我们针对接触带型号地质体的情况，研究了直接求接触带地质体参数的方法。在参加富铁会战期间，我一直按照这样的思路进行我的富铁科研工作。

富铁会战中各科研队都全力以赴，克服重重困难，兢兢业业，做出了不少成绩。在 1976、1977 年后需要对已经做出的成绩进行总结。同时也要对今后的富铁科研工作做更合理的部署，以及要为 1978 年召开的全国科学大会推荐优秀成果，于是在 1977 年 12 月 26 日到 1978 年 1 月 8 日期间，在广西桂林召开了中国科学院第四次富铁会议，会议领导小组由中国科学院富铁办主任张从周和广西科委马启鸿共同主持。张从周主任在大会上做了总结。按此总结，当时共有 42 个单位，161 名代表参加会议，提交了新理论新技术论文 108 篇，基础理论论文 68 篇，会议提出了许多新观点、新认识，贯彻了百家争鸣，成果显著，向全国科学大会推荐了宁芜和弓长岭式矿的二个找矿成果。会议也总结了不足方面，根据二年会战的情况，提出了充实、调整、加强、提高的方针，安排了 1978 年的会战计划，修改了八年规划，争取将富铁科研推进到一个新阶段。张从周主任进一步讲了几个问题。

（1）关于弓长岭、宁芜、石碌型矿是我国目前重要铁矿资源，力争对矿成因做出有利判别，要有较明确的规律性认识，要预测出有希望的远景区。

（2）关于前寒武型富铁矿以中朝准地台为统一地质单元作战略性探索研究。从基础研究着手，解剖不同类型，争取在 3~5 年内做出不同程度的有力评价和远景预测，为国家做出应有贡献。

此外，对海相火山岩型铁矿和菱铁矿也提出了要求，并说道：对新方法新技术应早做安排，进行探索性研究。

最后强调要按我国具体情况按国家需求部署科研工作。

在第四次富铁会议上还安排了先进集体和先进个人的评选。记得评选小组有 7 名成员组成，八室王谦身是评选小组成员。在会议上，室领导决定八室参加先进集体评选。各个分队的骨干和室领导坐在一起，组织先进集体的材料，大家充分发表意见，提供素材后，孟桂芝责成我写书面汇报材料。记得当时已经很累，当晚没有动笔，第二天一早，将我室如何白手起家，克服困难，英勇奋战以及将宁芜物探分队、石碌物探分队、郯庐物探分队、冀东物探分队、许昌物探分队八室队员的先进事迹综合成一个整体，完成了中国科学院第八研究室先进集体的书面材料，上交评选小组。经评选小组评审，共评选出先进集体 10 个，先进个人 32 个，表扬 9 人。中国科学院地球物理研究所第八研究室成为被评上的 10 个先进集体之一。

八室先进集体奖状

1978 年中国科学院第四次富铁会议之后，中国科学院地球物理所经历了迎接全国科学大会召开；国家地震局独立后，地球物理所又经历了分所，分成国家地震局地球物理所和中国科学院地球物理所。第八研究室被划分到新组建的中国科学院地球物理所中。全国科学大会、分所使中国科学院地球物理所包括第八研究室历经了多次方向任务的讨论，讨论结果，科学院地球物理所八室不能成为生产部门的第 101 个找矿队，要突出找矿中的基础研究和新方法新技术研究，同时要急国家需要之所急，结合国民经济建设的需要开展科学研究。当前（指当时的当前）要以富铁矿科研为主，长远要解决资源勘探的基础研究和新方法新技术研究。分所后八室自身也进行了改组，有一部分充实到其他研究室中。在八室中，综合组和磁法组合并为综磁组，主要继续完成许昌物探分队的科研任务，所幸，我们原先定的综合组的科研方向和分所后中国科学院对地球物理所八室的要求是一致的，没有矛盾的，因此分所后，我们继续按照原来的计划来完成许昌物探分队中我们所承担的任务。1979 年，国家选派科研人员到美国等西方发达国家进修深造，我有幸被选送到美国哥伦比亚大学郭宗汾教授处当访问学者，进修地震勘探新方法新技术。综磁组在许昌物探分队中所承担的任务，特别是在许昌物探分队中承担的富铁会战的总结由刘长风代为完成。富铁会战规划 8 年，实际进行了 5 年。富铁会战中，我们工作的学术成绩和后富铁会战时期和富铁会战时计划中未完成后来在后富铁会战时期中完成的工作成绩将一并在下部分的回忆中阐述。

三、富铁科研的成绩

（一）富铁科研期间的成绩

1. 高磁化强度体分布的计算

利用在许昌长葛收集的航磁面积性资料和已知磁铁矿的埋深和厚度资料，将埋深和厚度视为磁性层统一的埋深和厚度的条件下计算了许昌矿区及其周围磁性层的高磁化强度的分布。计算出来的高磁化强度值的位置和一些井揭示的矿体位置重合，从而在没有钻井的地方的高磁化强度值对应的位置可能也是矿体的指示。文章的价值在于通过这样计算得到的面积性高磁化强度平面图可以为预测磁铁矿的水平位置提供依据。缺点是事先需要知道磁性层的埋深和厚度，需要使用其他资料估计，或者用其他方法求出。当年（1979）我计划带着论文赴美国 SEG 参会宣读，由于所委派我到哥伦比亚大学当访问学者，因此我让朱连到美国 SEG 年会宣读我们的这篇论文。论文引起了注意，会后外国刊物杂志编辑向朱连约稿，愿意刊载我们的论文（朱连未告诉我杂志名）。朱连感到文章不是他写的，所以未承诺。回来告诉我后，因忙于出国，论文出版之事就不了了之。

2. 君召 45 号航磁异常地质接触面参数的计算

在 45 号航磁异常上，利用地面磁测和重力测量的资料得到的剖面和面积性等值线图表明磁性和密度体的几何特征可以用一个接触面等效。采用希尔伯特变换方法计算了接触面的几何结构和物性参数，文章刊载在当时的地球物理学报上。

3. 求单个磁性体埋深和多个磁性体平均值埋深

前述提到，为了求高磁化强度的分布，需要事先知道磁性体或磁性层的埋深，这里在波数域中实现了这一目标，研究表明，在波数域中，磁性体的频谱特征和磁性体的埋深有关，利用计算区内随机分布的一系列局部磁性体或单个磁性体的频谱特征，可计算单体磁性体的埋深或一系列磁性体的平均埋深，文章只是手稿，未发表。

（二）后富铁期间的成绩

由于在富铁会战结束前去了美国，原定的研究磁性层起伏以及重磁 CT 的任务没有完成，从美国回来后富铁会战已经结束，而我也马上承担了南方海相碳酸盐油气国家攻关任务，无暇顾及富铁矿会战时没有完成的任务，因此，想邀刘长风一起继续原定的而未能完成的上述二个任务，刘长风也愿意做，于是我设计了理论方法思路，整理了相关公式，刘长风独立地编写了求磁性层起伏的程序和重磁 CT 的程序。对于求磁性层起伏的程序未能得到满意的结果，而对于重磁 CT 刘长风得到了很好的结果，不仅对理论资料而且对塔里木的航磁资料也得到了三维磁化强度分布的结果，并写成论文发表在地球物理学报上。我自己也用另一种解方程的方法独立地编写了程序，不仅能得到重磁相对标量磁化强度或相对密度分布的结果，而且能得到相对矢量磁化强度分布的结果，结果也已在地球物理学报等刊物上发表，并已计算了大量的实际资料，完成了富铁会战时定下的计划。重磁 CT 的结果，特别矢量磁化强度 CT 的结果可以得到剩磁的方向，从而有可能用于推测不同的火成岩形成的相对时代，这是非常有意义的。此外，在后富铁期间，在调研国外重磁工作进展时，发现国外已经实现了重磁偏移。场的偏移首先是在处理地震波场时使用的，后来推广到高频电磁雷达波，进而推广到音频电磁扩散波，最后才推广到重磁位场资料，当然也应该可推广到直流电位资料。如前所述，传统的重磁位场特征处理中也使用延拓的方法，但主要是向上延拓，很少做向下延拓，因为向下延拓就延拓到源的位置，会使延拓场发生奇异。现在的重磁场偏移向下延拓时是采用地下重磁源的镜像源产生的场做向下延拓的。镜像源在地面以上，在空中，而镜像源在地面产生的场和实际源在地面产生的场是一致的，是可以观测的，将观测场利用镜像源场向下延拓技术就不会产生奇异，当配合适当的成像条件后，可以得到偏移成像结果。值得指出的是，将 CT 结果和偏移结果进行联合解释有可能得到更合理的地质解释结果。

Ⅳ—8

按照国家需要做好科研使我不断成长[*]

王妙月

中国科学院地质与地球物理研究所

1965 年科大毕业被分配到中国科学院地球物理研究所。由于核侦测的需要，我被分配到七室，从师于傅承义先生，研究从地震波记录的震源机制来区分天然地震和地下核爆炸。傅先生告诉我，这是国家需要好好研究的，并给了我一些资料，在先生的指导下了解了国内的已有工作，调研了西方国家和苏联的工作和相关的理论方法，推导了所有用到的公式。在这个过程中作了几次读书报告后，正好 1966 年开始地震发生了，傅先生让我到邢台了解大地震的感性知识和地震记录图。数个月后队长梅世蓉让我回所处理邢台地震的震源机制，这是我第一次学了震源机制理论后有了处理实际地震震源机制的机会。

从"57"干校回所后，1971 年国家地震局调集了地球物理所，地质所，兰州、昆明、成都、广州、山东、河北、哈尔滨等地震队的相关科研人员，成立了震源机制会战组，让我当组长，处理我国自 1933 年以来发生在我国的大地震的震源机制。为了完成这么重要的任务，发动大家对国外的相关文献进行了再调研。然后收集材料，开展会战。这个任务是第二次给了我研究实际大地震的机会。国内已有的工作是确定两个可能断层面解，利用这次机会，我们要对有光记录的地震在两个可能的断层面中确定哪个是真正的断层面，还要确定断层的地震矩，断层长度，破裂方向、错矩、应力降等参数。使我们的研究工作赶上了当时国外的水平，我们处理地震的数量和规模是空前的，我们处理的地震几乎遍及我国所有的地震带。内部发表了《我国大地震震源机制结果》第一集、第二集，为相关的地震工作研究提供了资料基础。我第三次研究地震震源机制是因为国家要组织几篇参加加拿大国际首届诱发地震讨论的论文。让我组织《新丰江水库地震震源机制及其成因初步探讨》，我没有搞过水库地震的经历，搞主震震源机制可以，要探讨成因就想到最好能做大量前震和余震的机制，正好周围有 4 个地震台，这些地震都被这 4 个台记录，可是用 4 个台能记录确定一个地震的震源机制过去从来没有过，国际上也无人做过。我查到加拿大杂志上发表了一个非线性反演的网格参数法。也许这个方法能帮我的忙，于是自编了程序，经收集 4 个台站的 P 波初动振幅资料，用此方法得到了前震和余震的一系列地震的震源机制。分析机制的不同特征为成因分析提供了依据。国家地震局震源机制会战组的工作获得了国家地震局科技进步二等奖，使我初步认识到按照国家的需要搞科研是有前途的。

1979 年我便到美国哥伦比亚大学郭宗汾教授处当访问学者。郭宗汾教授是我工作后的第二位恩师。他和我的第一位恩师傅承义先生一样，也主张从国家需要、市场需要来寻找课题。当时郭宗汾教授正在几个石油公司的资助下承担着为石油公司服务的 MIADS（偏移、反演、衍射和散射）项目。他给了一些油气勘探的材料让我阅读，读完后感到地震波偏移是很重要的。但材料中的已有的偏移都是声波偏移，材料中也有了弹性波克希霍夫积分的理论文章，心想郭教授是不是想让我研究弹性波偏移，就决定研究弹性波偏移。经郭教授认可后开始这一方面的研究。研究结果发表在 MIPAS 报告（一）、（二）上和参加 SEG 年会时的详细摘要上公布。回国后我按照国家需要先后参加了国家"六五""七五"南方海相油气科技攻关，国家"八五"塔里木油气攻关和天然气油气攻关和国家"九五"矿产资

———————————————
* 本文为 2018 年地球科学联合学术年会稿件

源攻关，将在郭教授处学到的 2D、3D 有限数值模拟方法使用进来。更好地将弹性偏移方法应用到实际资料的处理中去，这一个工作进展的过程中，我获得了中国科学院科技进步二等奖（第一贡献者）和中国科学院科技进步一等奖（第七贡献者）。亲身经历使我进一步记住作为一个科技工作者，就是要结合国家需求来搞科研。

第 V 部分　获奖及荣誉证书

奖　状

0001067

为表扬在我国科学技术工作中作出重大贡献的先进工作者和先进集体，特颁发此奖状，以资鼓励。

受奖者：王妙月

全国科学大会

一九七八年

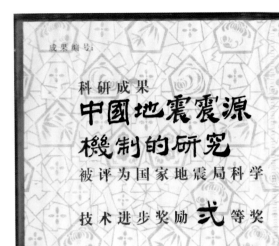

科研成果

中國地震震源機制的研究

被评为国家地震局科学

技术进步奖励 弍 等奖

国家地震局

一九八四年五月九日

完成单位：

震源機制會戰小組

协作单位：

主要人员：

王妙月 宋惠珍 秦保燕
李钦祖 刘蒲雄 段星北

获 奖 证 书

《南方海相碳酸盐岩复杂结构中地震波
正演和成像研究》项目，荣获一九八九
年中国科学院科学技术进步二等奖。

王妙月同志是本项目的负责人，在
完成本项科研工作中做出了贡献。

特此转发获奖证明。

中国科学院地球物理研究所
一九九四年五月十日

科学技术进步奖

二 等 奖

授奖项目：南方海相碳酸盐岩复杂结构中
地震波正演和成像研究
完成单位：地球物理研究所

中国科学院
1989年

国家科技成果完成者证书

证书编号：030051

中华人民共和国国家科学技术委员会

项目名称：粘弹介质有限元计算及应用

完成者：王妙月（第1完成人）

所属单位：中国科学院地球物理研究所

国家登记号：912004

登记日期：1993年1月

发证日期：1993年9月

国家科技成果完成者证书

证书编号：030055

中华人民共和国国家科学技术委员会

项目名称：P波转换S波振幅比剖面方法研究及其在四川大足地区野外资料处理中的应用

完成者：王妙月（第1完成人）

所属单位：中国科学院地球物理研究所

国家登记号：911992

登记日期：1993年1月

发证日期：1993年9月

为表彰在促进科学技术进步工作中做出重大贡献者，特颁发此证书，以资鼓励。

获奖项目：天然气成因理论及大中型气田的地学基础研究

奖励种类：中国科学院科技进步奖

奖励等级：一等奖

完成者：王妙月

证书编号：96J-1-007-07

中国科学院

1996 年 11 月

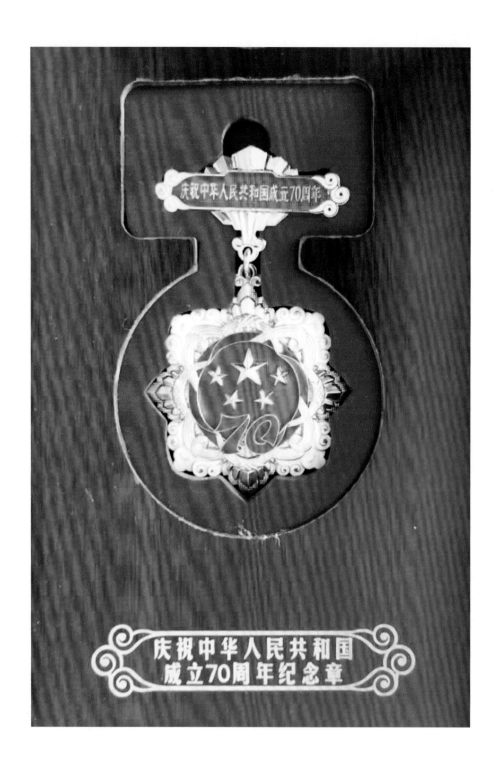

图书在版编目（CIP）数据

王妙月文集/王妙月等著. —北京：地震出版社，2020.5

ISBN 978-7-5028-4913-9

Ⅰ.①王…　Ⅱ.①王…　Ⅲ.①地震学–文集　Ⅳ.①P315–53

中国版本图书馆 CIP 数据核字（2020）第 074986 号

地震版　XM4604/P（5616）

王妙月文集

王妙月　底青云　等　著

责任编辑：王　伟

责任校对：凌　樱

出版发行：地震出版社

北京市海淀区民族大学南路 9 号　　　　邮编：100081

发行部：68423031　68467993　　　　传真：88421706

门市部：68467991　　　　　　　　　　传真：68467991

总编室：68462709　68423029　　　　传真：68455221

专业部：68721991

http：//seismologicalpress.com

E-mail：68721991@sina.com

经销：全国各地新华书店

印刷：北京盛彩捷印刷有限公司

版（印）次：2020 年 5 月第一版　2020 年 5 月第一次印刷

开本：880×1230　1/16

字数：1944 千字

印张：60.75

印数：001～700

书号：ISBN 978-7-5028-4913-9

定价：200.00 元